国外经典数学教材译丛

微积分

上册

CALCULUS

威廉·布里格斯(William Briggs)
莱尔·科克伦(Lyle Cochran) /著
伯纳德·吉勒特(Bernard Gillett)
阳庆节 黄志勇 周泽民 陈 慈 /译

中国人民大学出版社
·北京·

前　　言

这本教材为大学微积分课程而写. 其主要对象是主修数学、工程和自然科学的大学本科学生. 编写依据是多年来我们在许多不同学校教授微积分的经验, 我们在教授微积分的过程中使用了所知的最好的教学训练方法.

纵贯全书, 我们用简单、扼要而且新鲜的叙述阐明了微积分思想的来源和动机. 本书的评阅者和试用者都告诉我们, 本书内容与他们讲授的课程是一致的. 我们通过具体的例子、应用及类推, 而不是抽象的论述来引入主题. 借助于学生的直觉和几何天性, 我们使微积分看起来是自然的并且是可信的. 一旦建立了直观基础, 紧接着就是推广和抽象化. 我们在教材中给出了非正式的证明, 但不太显而易见的证明则放在每节的结尾处或附录 B 中.

本书教学特色

习题

每一节后面的习题是本教材最主要的特色之一. 全部习题都按难易程度分级, 题目类型丰富多彩, 其中许多是独创的. 此外, 每个习题都有标题并仔细划分到各个组.

- 每节后面的习题都由"复习题"开始, 以检验学生对这一节的基本思想和概念是否理解.
- "基本技能"中的问题是建立自信的练习, 为接下来更具挑战性的习题打下坚实的基础. 教材中讲述的每个例题都通过题解后面指出的"相关习题"与"基本技能"中的一批习题相联系.
- "深入探究"习题拓展了"基本技能"习题, 来挑战学生的创新思维和推广新技巧的能力.
- "应用"习题把前面的习题所发展出来的技能与实际问题和建模问题联系起来, 可以说明微积分的强大威力和作用.
- "附加练习"一般是最困难、最具挑战性的问题; 包括教材中所引用的结果的证明.

在每一章最后有一组综合性的复习题.

图

考虑到绘图软件的强大功能及许多学生容易理解直观图像, 我们在本教材中用大量篇幅详细地讨论图形. 我们尽可能使用注释让图与基本思想交流, 注释可以使学生回想起教师在黑板上所说的话. 读者将很快发现图是促进学习的新方法.

迅速核查与边注

正文中的“迅速核查”问题作为点缀用来鼓励学生边读边写, 它们就像教师在课堂上提出的一些问题. “迅速核查”问题的答案放在每节的结尾处. 边注则对正文给予提示, 帮助理解和澄清学术要点.

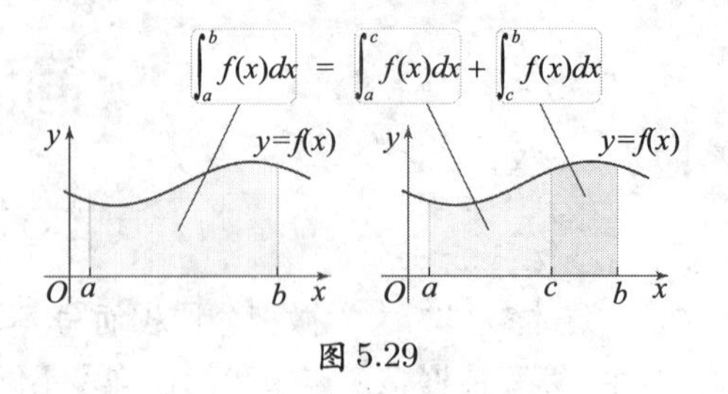

图 5.29

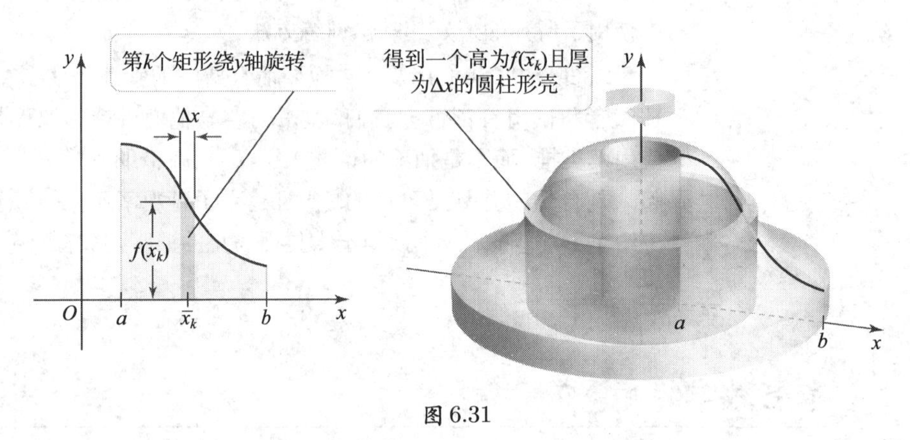

图 6.31

精彩内容

在写这本教材时, 我们发现微积分课程中的一些内容始终困扰着我们的学生. 因此, 我们对这些主题的标准介绍作了一些组织上的改变, 放慢讲述的进度, 以使学生对传统上比较困难的部分容易理解. 值得指出的两个变化概述如下.

在微积分中, 数列和级数极具挑战性, 而且经常是在学期末才学习这部分内容. 我们把这部分内容分为两章, 以更加从容的速度介绍这个主题, 在没有显著增加课时的情况下, 使学生更容易理解和掌握数列和级数.

有一条清晰且合乎逻辑的途径直接通向多元微积分, 但在许多教材中并没有显现出来. 我们小心地将多元函数与向量值函数分开, 目的是使学生意识到这两个概念是不同的. 当这两种思想在最后一章的向量微积分中会合时, 本书到达高潮.

保证正确率

我们在第一版所面临的巨大挑战之一是确保本书的正确率符合高标准, 这也是教师们所期望的. 200 多名数学家复查了原稿的准确性、难易程度及教学有效性. 此外, 在出版之前, 近 1 000 名同学参加了本书的课堂试用. 一个数学家团队在多轮编辑、校对及核对正确性的过程中, 仔细检查了每个例题、习题和图. 从开始到整个发展过程中, 我们的目标是精心地制作一本在数学上准确清晰并且在教学上合理可靠的教材.

致　学　生

我们提供一些建议, 以使读者从本书及微积分课程中得到最大的收获.

1. 多年教授微积分的经验告诉我们, 学习微积分的最大障碍不是微积分中的新概念, 这些概念通常都是容易理解的. 学生们遇到的更大的挑战是一些必备能力, 特别是代数和三角. 如果在第 2 章之前能够很好地理解代数和三角函数, 那么你在学习掌握微积分时将会减少许多困难. 利用第 1 章和附录 A 中的内容, 同时复习你的授课老师可能提供的材料, 可使你在开始学习微积分之前具有优秀的必备能力.

2. 一个古老的说法值得重复: 数学不是一个能吸引大量旁观者的运动. 没有人能够期望仅仅通过阅读本书和听课就可以学好微积分. 参与和投入是必须的. 在阅读本书时, 请准备好笔和纸. 边读边在页边空白处作笔记, 并回答 迅速核查的问题. 做习题来学习微积分将比其他任何方法都更加迅速有效.

3. 使用图形计算器和计算机软件是教授和学习微积分的一个主要争议点. 不同的教师对技术的强调是不同的, 所以重要的是了解教师对使用技术的要求, 并尽可能快地掌握这些所要求的技术. 要在使用技术和使用所谓分析, 或者说笔和纸的方法之间平衡. 技术应该用来拓展和检验分析能力, 但不能替代分析能力.

记住这些思想, 现在可以开始微积分的旅行了. 我们希望这会令你们激动兴奋, 就像每次教授微积分时我们都会感到激动兴奋一样.

威廉・布里格斯

莱尔・科克伦

伯纳德・吉勒特

目　　录

第1章　函　　数

本章概要　本章的目的是为微积分之旅准备所需要的知识. 在本章中, 将会看到许多在微积分中要用到的函数: 多项式、有理函数、代数函数及三角函数等. (对数函数和指数函数将在第 7 章中介绍.) 必须努力掌握本章中的思想. 以后当出现问题时, 请参考本章.

1.1　函数的回顾

数学是包括字母、词汇和许多法则的一种语言. 如果不熟悉集合的记号、实数直线上的区间、绝对值、直角坐标系或直线与圆的方程, 请参考附录 A. [1] 本书从函数的基本概念开始.

在我们的周围, 处处都有数量或**变量**之间的关系. 例如, 消费物价指数随时间变化, 海洋的气温随纬度变化. 这些关系通常可以用称为**函数**的数学对象表示. 微积分研究的是函数, 我们用函数描述周围的世界, 所以微积分是人类探索世界时使用的一种通用语言.

定义　函数

一个函数 f 是一个确定的对应法则, 使得对集合 D 中的每一个值 x 指定一个唯一的值, 记作 $f(x)$. 集合 D 称为这个函数的**定义域**. 当 x 取遍定义域中的所有值时, $f(x)$ 的取值全体称为**值域**(见图 1.1).

如果没有阐明定义域, 我们取使 f 有定义的所有 x 的取值集合为定义域. 我们马上就可以体会到函数的定义域和值域可能由所考虑的问题限定.

伴随定义域的变量称为**自变量**, 属于值域的变量称为**因变量**. 函数 f 的**图像**是 xy- 平面中满足方程 $y=f(x)$ 的所有点 (x,y) 的集合. 函数作用于称为**自变数**的表达式. 例如, 当我们写出 $f(x)$ 时, 表示 x 是自变数. 类似地, 在 $f(2)$ 中 2 是自变数, 在 $f(x^2+4)$ 中 x^2+4 是自变数.

迅速核查 1. 如果 $f(x)=x^2-2x$, 求 $f(-1)$, $f(x^2)$, $f(t)$ 和 $f(p-1)$. ◄

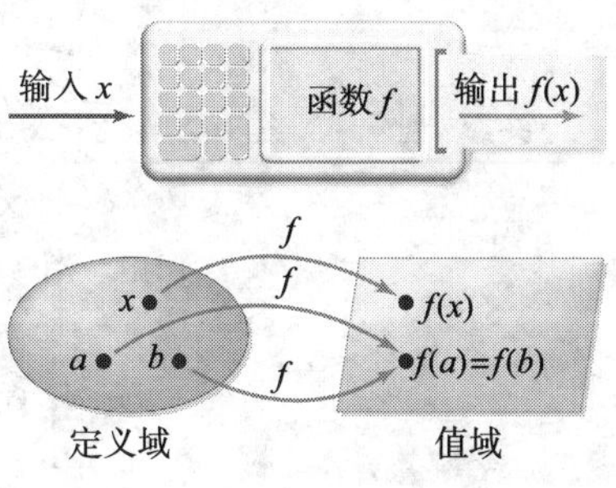

图 1.1

一个函数要求定义域中的每一个值对应于因变量的*唯一*一个值, 这可以用垂直线检验法检验 (见图 1.2).

[1] 书中提到的附录见相关网站: www.crup.com.cn/jingji.

垂直线检验法

一个图像表示函数当且仅当这个图像可通过**垂直线检验法**：每条垂直线与图像最多相交一次. 不能通过这个检验的图像不表示函数.

不对应函数的点集或图像也表示变量之间的一个**关系**. 所有函数都是关系, 但并非所有关系都是函数.

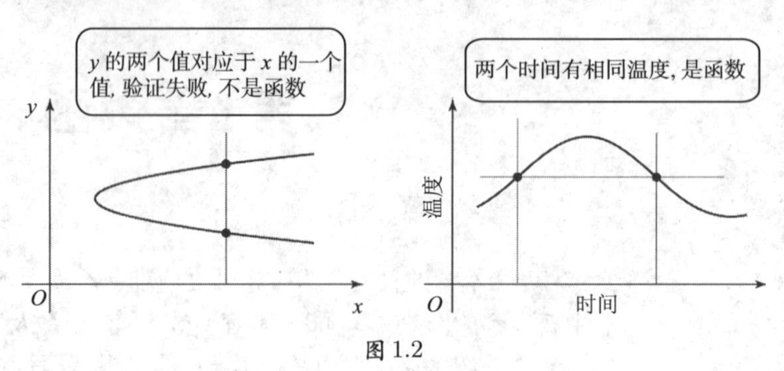

图 1.2

例 1　识别函数 指出图 1.3 中的每个图像是否对应一个函数.

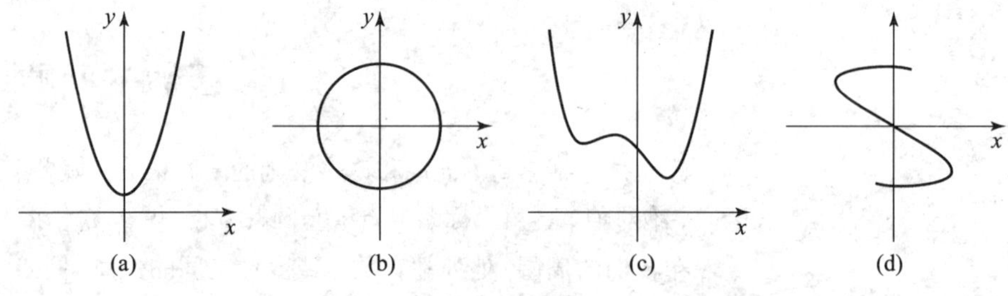

图 1.3

解　垂直线检验法指出只有图像 (a) 和 (c) 表示函数. 在图像 (b) 和 (d) 中, 可以划一条垂直线使其与图像相交多于一次. 等价地, 可以找到 x 的值使其对应的 y 的值多于一个. 因此, 图像 (b) 和 (d) 不能通过垂直线检验, 即它们不表示函数.　*相关习题 11～12* ◀

一个作图窗口 $[a,b]\times[c,d]$ 表示 $a\leqslant x\leqslant b$, $c\leqslant y\leqslant d$.

例 2　定义域和值域 用绘图工具在指定窗口中作出每个函数的图像. 指出函数的定义域和值域.

a. $y=f(x)=x^2+1; [-3,3]\times[-1,5]$.

b. $z=g(t)=\sqrt{4-t^2}; [-3,3]\times[-1,3]$.

c. $w=h(u)=\dfrac{1}{u-1}; [-3,5]\times[-4,4]$.

解

a. 图 1.4 显示 $f(x)=x^2+1$ 的图像. 因为 f 对 x 的所有值有定义, 所以它的定义域是全体实数集合 $(-\infty,\infty)$, 或 $\mathbf{R}$. 由于对所有 x, $x^2\geqslant 0$, 得 $x^2+1\geqslant 1$, 故 f 的值域是 $[1,\infty)$.

b. 当 n 是偶数时, 只要根号下的值非负, 包含 n 次根号的函数就有定义. 在本题中, 只要 $4-t^2\geqslant 0$ 即 $t^2\leqslant 4$, 或 $-2\leqslant t\leqslant 2$, 函数 g 就有定义. 因此, g 的定义域是 $[-2,2]$. 由平方根的定义, 值域只包含非负数. 当 $t=0$ 时, z 达到其最大值 $g(0)=\sqrt{4}=2$, 且当 $t=\pm2$ 时, z 达到其最小值 $g(\pm2)=0$. 因此, g 的值域是 $[0,2]$ (见图 1.5).

c. 函数 h 在 $u=1$ 处没有定义, 所以其定义域是 $\{u:u\neq 1\}$ 且其图像不包括 $u=1$ 对应的点. 可以看到, w 取除 0 外的所有值, 因此, 值域是 $\{w:w\neq 0\}$. 如果绘图工具显示了垂直线 $u=1$ 作为图像的一部分, 那么它不能正确地表示这个函数 (见图 1.6).

相关习题 13～18 ◀

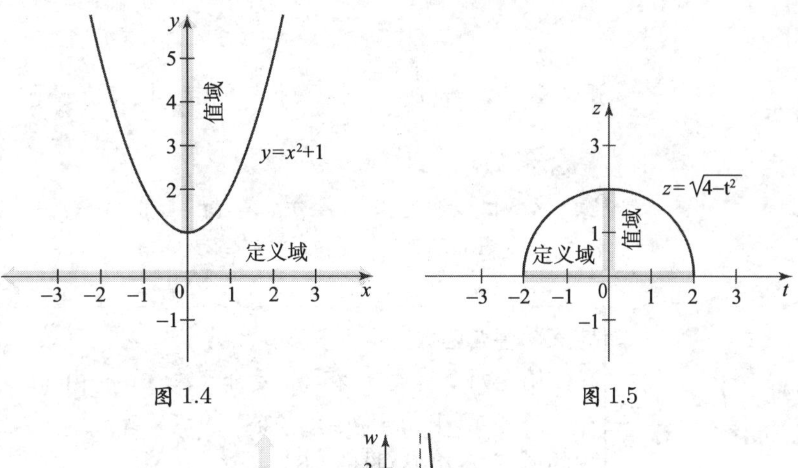

图 1.4　　　　图 1.5

图 1.6 中的垂直虚线 $u=1$ 指出当 u 趋于 1 时, $w=h(u)$ 的图像趋于一条*垂直渐近线*, 并且当 u 接近 1 时, w 的绝对值变大. 垂直渐近线和水平渐近线将在第 2 章详细讨论.

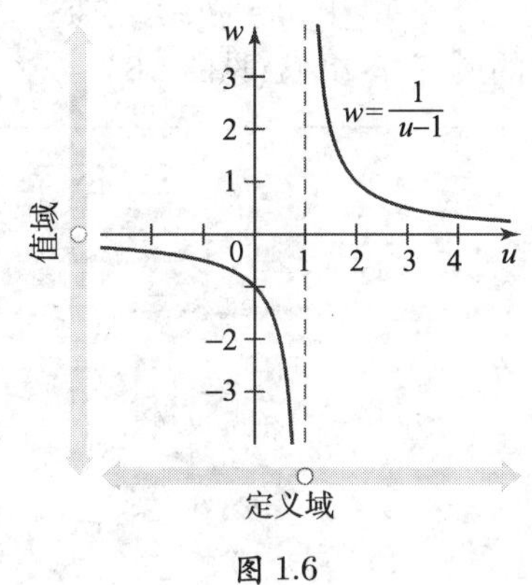

图 1.6

例 3 文字问题中的定义域与值域 在时间 $t=0$ 时, 从地面以 30m/s 的速度垂直向上投掷一个石块. 它距地面以米计的高度 (在忽略空气阻力的条件下) 近似地等于函数 $h=f(t)=30t-5t^2$. 对这个特殊问题, 求函数的定义域和值域.

解 虽然 f 对所有 t 都有定义, 但我们只考虑从投掷石块 ($t=0$) 到石块撞击地面这段时间. 解方程 $h=30t-5t^2=0$, 我们求得

$$
\begin{aligned}
30t-5t^2&=0\\
5t(6-t)&=0 &&\text{(分解因式)}\\
5t=0 \quad \text{或} \quad 6-t&=0 &&\text{(让每个因式为 0)}\\
t=0 \quad \text{或} \quad t&=6. &&\text{(解)}
\end{aligned}
$$

因此, 石块在 $t=0$ 时离开地面, 在 $t=6$ 时返回地面. 一个适合所考虑问题情形的定义域是 $\{t: 0\leqslant t\leqslant 6\}$. 值域由 t 取遍 $[0,6]$ 时 $h=30t-5t^2$ 的所有值组成. h 的最大值发生在石块达到其最高点 $t=3\,\mathrm{s}$ 时, 即 $h=f(3)=45\,\mathrm{m}$. 所以, 值域是 $[0,45]$. 这些结论可以由高度函数的图像 (见图 1.7) 证实. 需要注意的是, 这个图像不是石块的轨道; 石块是垂直运动的.

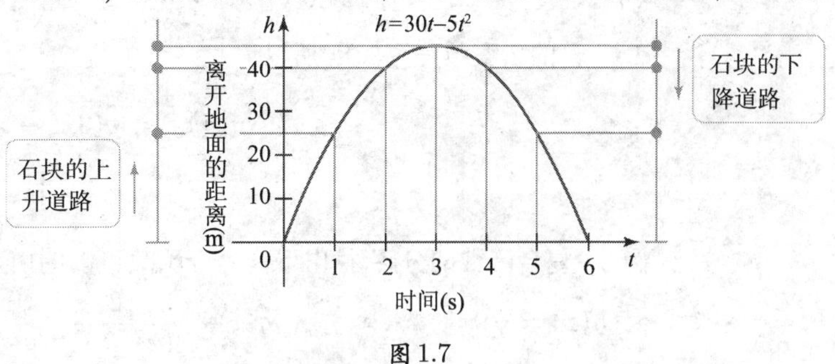

图 1.7

相关习题 19～20 ◀

迅速核查 2. $f(x)=(x^2+1)^{-1}$ 的定义域和值域是什么？ ◀

复合函数

函数可以通过和 $(f+g)$, 差 $(f-g)$, 积 (fg), 或商 (f/g) 组合得到. 所谓复合的过程也会产生新的函数.

在复合函数 $y=f(g(x))$ 中, f 称为外函数, g 称为内函数.

定义　复合函数

给定两个函数 f 和 g, 复合函数 $f\circ g$ 由 $(f\circ g)(x)=f(g(x))$ 定义. 通过两步赋值: $y=f(u)$, 其中 $u=g(x)$. $f\circ g$ 的定义域由 g 的定义域内的使 $u=g(x)$ 在 f 的定义域内的所有 x 组成 (见图 1.8).

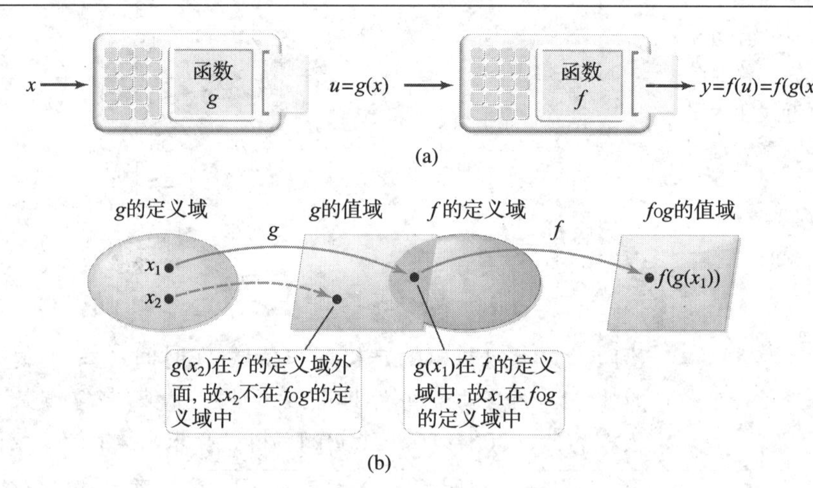

图 1.8

例 4　复合函数与记号 设 $f(x)=3x^2-x$, $g(x)=1/x$. 化简下列表达式.

a. $f(5p+1)$.　　**b.** $g(1/x)$.　　**c.** $f(g(x))$.　　**d.** $g(f(x))$.

解　在每一种情况中, 函数作用在其自变数上.

a.　f 的自变数是 $5p+1$, 所以

$$f(5p+1)=3(5p+1)^2-(5p+1)=75p^2+25p+2.$$

b.　因为 g 的取值是自变数的倒数, 所以我们取 $1/x$ 的倒数, 得 $g(1/x)=1/(1/x)=x$.

c.　f 的自变数是 $g(x)$, 所以

$$f(g(x))=f\left(\frac{1}{x}\right)=3\left(\frac{1}{x}\right)^2-\left(\frac{1}{x}\right)=\frac{3-x}{x^2}.$$

d.　g 的自变数是 $f(x)$, 所以

$$g(f(x))=g(3x^2-x)=\frac{1}{3x^2-x}.$$

相关习题 21～30 ◀

例 5　复合函数的分解 找出下列复合函数可能的内函数和外函数. 确定复合函数的定义域.

a. $h(x)=\sqrt{9x-x^2}$.　　**b.** $h(x)=\dfrac{2}{(x^2-1)^3}$.

解

a. 一个明显的外函数是 $f(x)=\sqrt{x}$, 它作用在内函数 $g(x)=9x-x^2$ 上. 因此, h 可以表示为 $h=f\circ g$ 或 $h(x)=f(g(x))$. $f\circ g$ 的定义域由满足 $9x-x^2\geqslant 0$ 的所有 x 构成. 解这个不等式, 得 $\{x:0\leqslant x\leqslant 9\}$ 是 $f\circ g$ 的定义域.

b. 选择一个外函数为 $f(x)=2/x^3=2x^{-3}$, 它作用在内函数 $g(x)=x^2-1$ 上. 因此, h 可以表示为 $h=f\circ g$ 或 $h(x)=f(g(x))$. $f\circ g$ 的定义域包括使 $g(x)\neq 0$ 的所有 x 值[此处 x 原文误为 $g(x)$—— 译者注], 即 $\{x:x\neq\pm 1\}$.

相关习题 31～34 ◀

例 6 更多的复合函数 给定 $f(x)=\sqrt[3]{x}$ 和 $g(x)=x^2-x-6$, 求 (a) $g\circ f$ 和 (b) $g\circ g$, 以及它们的定义域.

解

a. 我们有

$$(g\circ f)(x)=g(f(x))=(\underbrace{\sqrt[3]{x}}_{f(x)})^2-\underbrace{\sqrt[3]{x}}_{f(x)}-6=x^{2/3}-x^{1/3}-6.$$

因为 f 和 g 的定义域都是 $(-\infty,\infty)$, 所以 $f\circ g$ 的定义域也是 $(-\infty,\infty)$.

b. 这种情况是两个多项式的复合:

$$\begin{aligned}(g\circ g)(x)&=g(g(x))=g(x^2-x-6)\\&=(\underbrace{x^2-x-6}_{g(x)})^2-(\underbrace{x^2-x-6}_{g(x)})-6\\&=x^4-2x^3-12x^2+13x+36\end{aligned}$$

两个多项式复合的定义域是 $(-\infty,\infty)$.

相关习题 35～44 ◀

迅速核查 3. 设 $f(x)=x^2+1$, $g(x)=x^2$, 求 $f\circ g$ 及 $g\circ f$. ◀

例 7 用图像给复合函数赋值 用图 1.9 中 f 和 g 的图像求下列值.

a. $f(g(5))$. **b.** $f(g(3))$. **c.** $g(f(3))$. **d.** $f(f(4))$.

解

a. 根据图像, $g(5)=1$ 和 $f(1)=6$, 得 $f(g(5))=f(1)=6$.

b. 从图像知, $g(3)=4$ 和 $f(4)=8$, 于是 $f(g(3))=f(4)=8$.

c. 可见, $g(f(3))=g(5)=1$. 注意 $f(g(3))\neq g(f(3))$.

d. 在这种情况下, $f(\underbrace{f(4)}_{8})=f(8)=6$.

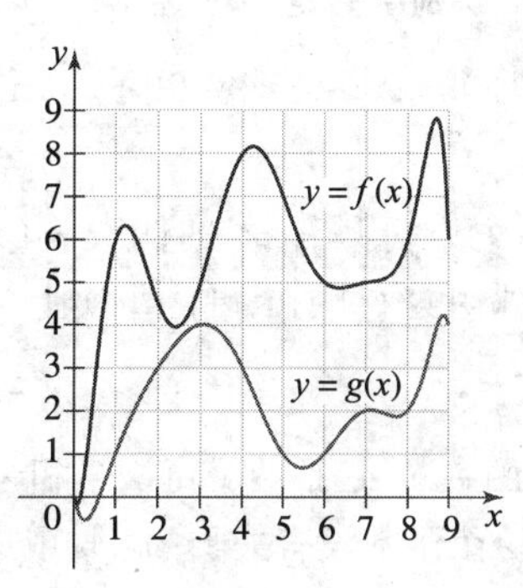

图 1.9

相关习题 45～46 ◀

对称性

对称一词在数学中有许多含义. 这里我们考虑图像的对称性及其表示的关系. 利用对称性可以节省时间并深刻地理解所讨论的问题.

> **定义　图像的对称性**
>
> 如果当点 (x,y) 在一个图像上时点 $(-x,y)$ 也在这个图像上, 那么这个图像**关于 y- 轴对称**. 这个性质的意义是当图像对 y- 轴作反射时, 图像不变 (见图 1.10(a)).
>
> 如果当点 (x,y) 在一个图像上时点 $(x,-y)$ 也在这个图像上, 那么这个图像**关于 x- 轴对称**. 这个性质的意义是当图像对 x- 轴作反射时, 图像不变 (见图 1.10(b)).
>
> 如果当点 (x,y) 在图像上时点 $(-x,-y)$ 也在这个图像上, 那么这个图像**关于原点对称**(见图 1.10(c)). 既关于 x- 轴对称也关于 y- 轴对称的图像关于原点对称, 但反之不然.

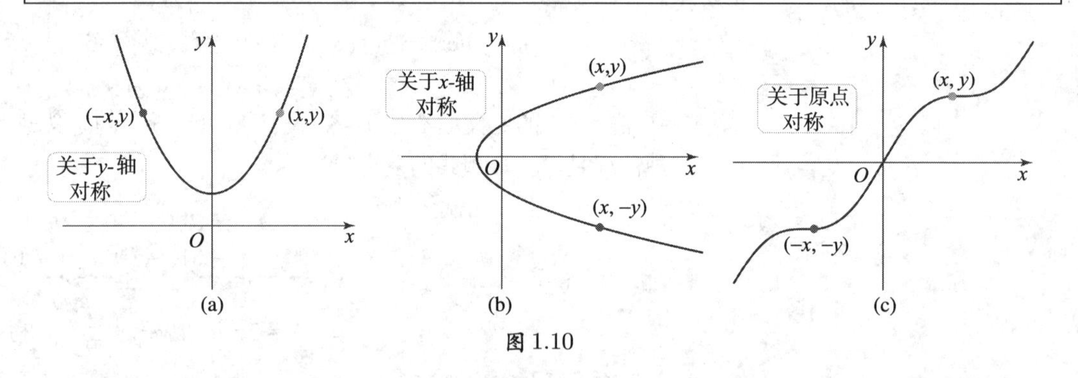

图 1.10

> **定义　函数的对称性**
>
> **偶函数** f 具有性质: $f(-x)=f(x)$ 对于定义域中的所有 x 成立. 偶函数的图像关于 y- 轴对称. 只有偶次幂 (x^{2n} 的形式, 其中 n 是非负整数) 的多项式是偶函数.
>
> **奇函数** f 具有性质: $f(-x)=-f(x)$ 对于定义域中的所有 x 成立. 奇函数的图像关于原点对称. 只有奇次幂 (x^{2n+1} 的形式, 其中 n 是非负整数) 的多项式是奇函数.

迅速核查 4. 解释为什么非零函数的图像不能关于 x- 轴对称. ◄

例 8　识别函数的对称性 确认下列函数的对称性.

a. $f(x)=x^4-2x^2-20$.　　**b.** $g(x)=x^3-3x+1$.　　**c.** $h(x)=\dfrac{1}{x^3-x}$.

解

a. 函数 f 只有 x 的偶次幂 (其中 $20=20\cdot 1=20x^0$, x^0 被认定为偶次幂). 因此, f 是偶函数 (见图 1.11). 事实上, 可以通过证明 $f(-x)=f(x)$ 来验证:

$$f(-x)=(-x)^4-2(-x)^2-20=x^4-2x^2-20=f(x).$$

b. 函数 g 包括两个奇次幂和一个偶次幂 (同样, $1=x^0$ 被认定为偶次幂). 因此, 我们认为这个函数没有关于 y- 轴或原点的对称性 (见图 1.12). 注意到

$$g(-x)=(-x)^3-3(-x)+1=-x^3+3x+1,$$

故 $g(-x)$ 既不等于 $g(x)$ 又不等于 $-g(x)$, 这个函数没有对称性.

c. 这种情况下, h 是奇函数 $f(x)=1/x$ 与奇函数 $g(x)=x^3-x$ 的复合. 注意

$$h(-x)=\frac{1}{(-x)^3-(-x)}=-\frac{1}{x^3-x}=-h(x).$$

因为 $h(-x)=-h(x)$, 所以 h 是奇函数 (见图 1.13).

在习题 65～71 中将考虑偶函数和奇函数的复合函数的对称性.

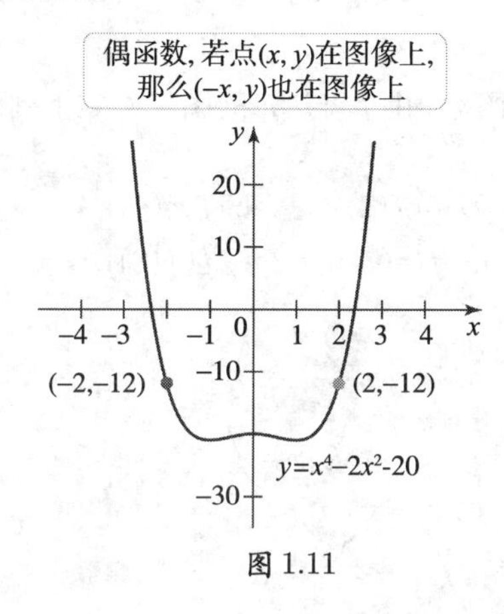

图 1.11

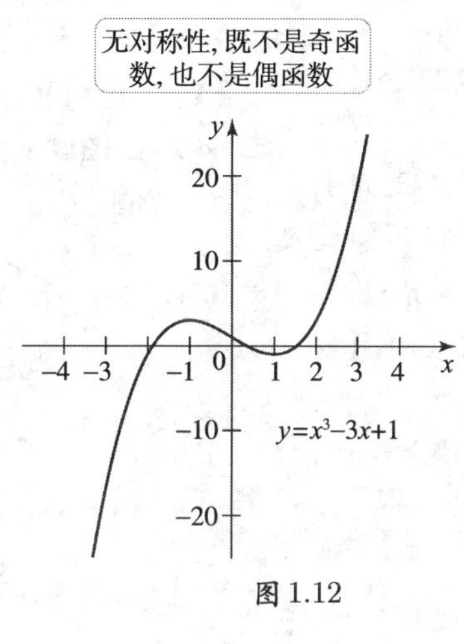

图 1.12

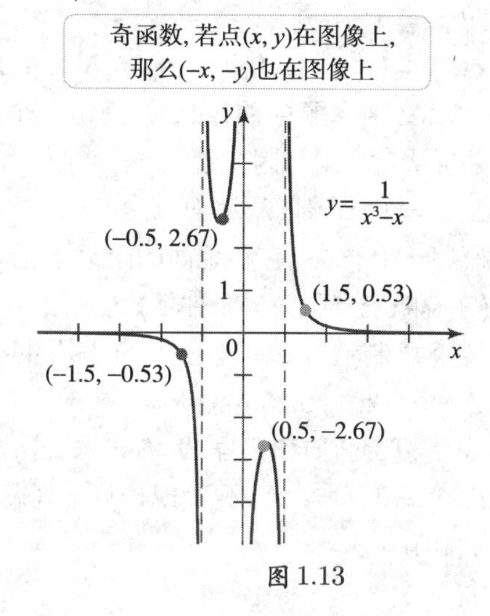

图 1.13

相关习题 47～54 ◀

1.1 节 习题

复习题

1. 用定义域、值域、自变量和因变量等术语解释函数是怎样给出一个变量与另一个变量的关系的.
2. 一个函数的自变量是否属于其定义域或值域? 因变量是否属于定义域或值域?
3. 解释如何用垂直线检验法检测函数.
4. 如果 $f(x)=1/(x^3+1)$, 那么 $f(2)$ 等于什么? $f(y^2)$ 等于什么?
5. 下列关于函数的命题哪一个是正确的? (i) 定义域中 x 的每个值对应 y 的一个值; (ii) 值域中 y 的每个值对应 x 的一个值. 解释理由.
6. 若 $f(x)=\sqrt{x}$ 和 $g(x)=x^3-2$, 求复合函数 $f\circ g$, $g\circ f$, $f\circ f$ 和 $g\circ g$.
7. 若 $f(\pm2)=2, g(\pm2)=-2$, 计算 $f(g(2))$ 和 $g(f(-2))$ 的值.
8. 已知 f 与 g 的定义域和值域, 解释如何确定 $f\circ g$ 的定义域.
9. 作一个偶函数的图像并给出函数的定义性质.
10. 作一个奇函数的图像并给出函数的定义性质.

基本技能

11～12. 垂直线检验法 判断图像 A 和图像 B 是否表示函数.

11.

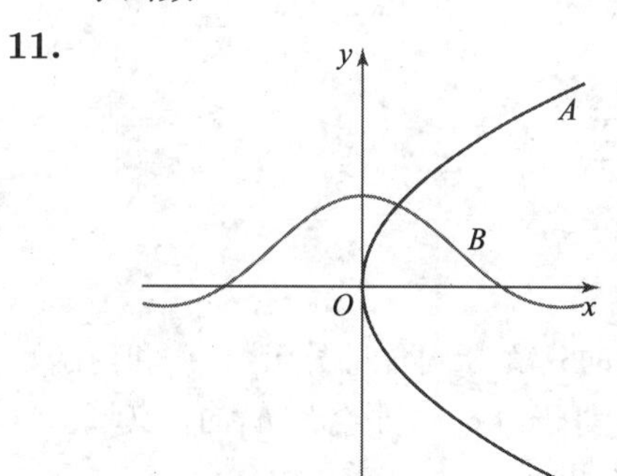

12.

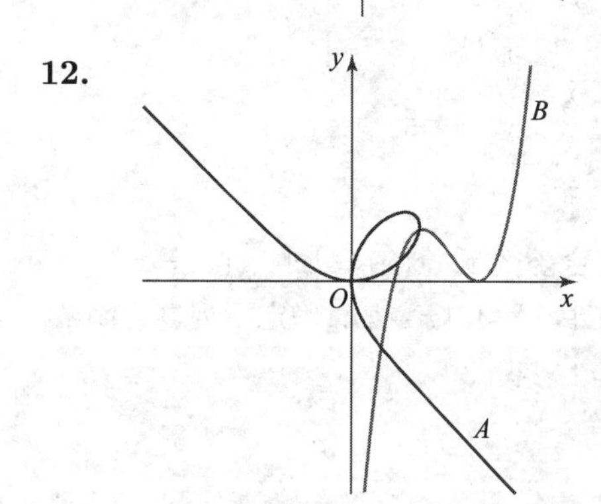

13～18. 定义域和值域 用绘图工具在指定窗口中作函数的图像, 并指出函数的定义域与值域.

13. $f(x)=3x^4-10$; $[-2,2]\times[-10,15]$.

14. $g(y)=\dfrac{y+1}{y^2-y-6}$; $[-4,6]\times[-3,3]$.

15. $f(x)=\sqrt{4-x^2}$; $[-4,4]\times[-4,4]$.

16. $F(w)=\sqrt[4]{2-w}$; $[-3,2]\times[0,2]$.

17. $h(u)=\sqrt[3]{u-1}$; $[-7,9]\times[-2,2]$.

18. $g(x)=(x^2-4)\sqrt{x+5}$; $[-5,5]\times[-10,50]$.

19～20. 文字问题中的定义域 确定每个函数的定义域并确认自变量与因变量.

19. 在 $t=0$ 时刻, 从地面以 40m/s 的速度垂直向上投掷一个石块. 它距地面的距离 d (单位: m) 近似地 (在忽略空气阻力的条件下) 为函数 $f(t)=40t-5t^2$.

20. 某公司制造 n 辆自行车的平均生产成本由函数 $c(n)=120-0.25n$ 给出.

21～30. 复合函数和记号 设 $f(x)=x^2-4$, $g(x)=x^3$, $F(x)=1/(x-3)$. 化简或计算下列表达式.

21. $f(10)$.

22. $f(p^2)$.

23. $g(1/z)$.

24. $F(y^4)$.

25. $F(g(y))$.

26. $f(g(w))$.

27. $g(f(u))$.

28. $\dfrac{f(2+h)-f(2)}{h}$.

29. $F(F(x))$.

30. $g(F(f(x)))$.

31～34. 复合函数的分解 求可能的外函数 f 和内函数 g 使得函数 h 等于 $f\circ g$, 并给出 h 的定义域.

31. $h(x)=(x^3-5)^{10}$.

32. $h(x)=2/(x^6+x^2+1)^2$.

33. $h(x)=\sqrt{x^4+2}$.

34. $h(x)=\dfrac{1}{\sqrt{x^3-1}}$.

35～40. 更多的复合函数 设 $f(x)=|x|$, $g(x)=x^2-4$, $F(x)=\sqrt{x}$, $G(x)=1/(x-2)$. 确定下列复合函数, 并指出它们的定义域.

35. $f\circ g$.

36. $g\circ f$.

37. $f\circ G$.

38. $f\circ g\circ G$.

39. $G\circ g\circ f$.

40. $F\circ g\circ g$.

41～44. 缺失部分 设 $g(x)=x^2+3$. 求函数 f 使之与 g 构成给定的复合函数.

41. $(f\circ g)(x)=x^4+6x^2+9$.

42. $(f\circ g)(x)=x^4+6x^2+20$.

43. $(g\circ f)(x)=x^4+3$.

44. $(g\circ f)(x)=x^{2/3}+3$.

45. 由图像求复合函数 用 f 与 g 的图像确定下列函数值.

a. $f(g(2))$; **b.** $g(f(2))$; **c.** $f(g(4))$;
d. $g(f(5))$; **e.** $f(g(7))$; **f.** $f(f(8))$.

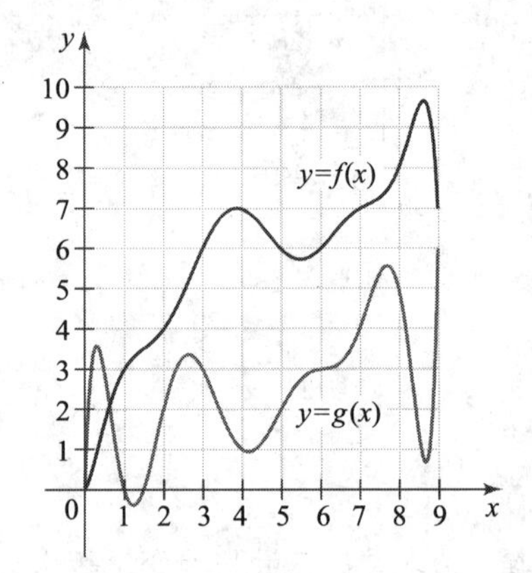

46. 由图表求复合函数 利用图表计算下列复合函数的函数值.

x	-1	0	1	2	3	4
$f(x)$	3	1	0	-1	-3	-1
$g(x)$	-1	0	2	3	4	5
$h(x)$	0	-1	0	3	0	4

a. $h(g(0))$; **b.** $g(f(4))$; **c.** $h(h(0))$;
d. $g(h(f(4)))$; **e.** $f(f(f(1)))$; **f.** $h(h(h(0)))$;
g. $f(h(g(2)))$; **h.** $g(f(h(4)))$; **i.** $g(g(g(1)))$;
j. $f(f(h(3)))$.

47～52. 对称性 确定下列方程或函数的图像是否关于 x- 轴对称, 关于 y- 轴对称, 或关于原点对称. 作图核对结论.

47. $f(x)=x^4+5x^2-12$.

48. $f(x)=3x^5+2x^3-x$.

49. $f(x)=x^5-x^3-2$.

50. $f(x)=2|x|$.

51. $x^{2/3}+y^{2/3}=1$.

52. $x^3-y^5=0$.

53. 图像的对称性 确定图中的图像 A, B, C 所表示的函数是否为偶函数, 奇函数, 或两者都不是.

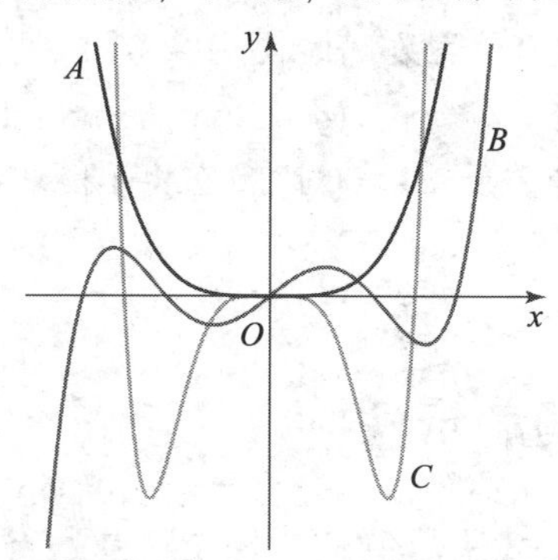

54. 图像的对称性 确定图中的图像 A, B, C 表示的函数是否为偶函数, 奇函数, 或两者都不是.

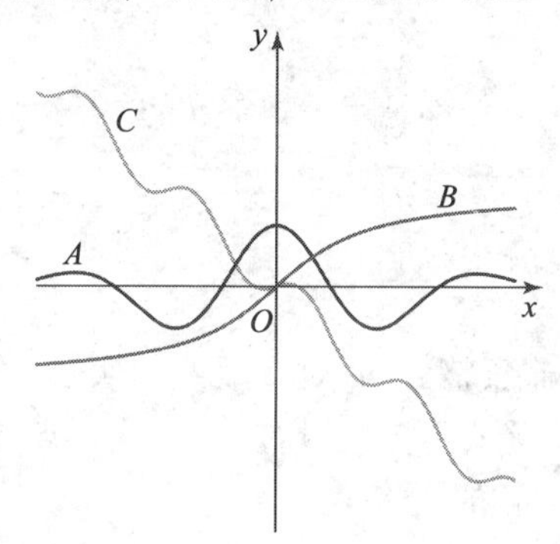

深入探究

55. 解释为什么是, 或不是 判断下列命题是否正确, 并说明理由或举出反例.

a. $f(x) = 2x - 38$ 的值域是全体实数.

b. 关系 $f(x) = x^6 + 1$ 不是函数, 因为 $f(1) = f(-1) = 2$.

c. 若 $f(x) = x^{-1}$, 则 $f(1/x) = 1/f(x)$.

d. 一般地, $f(f(x)) = (f(x))^2$.

e. 一般地, $f(g(x)) = g(f(x))$.

f. 一般地, $f(g(x)) = (f \circ g)(x)$.

g. 若 $f(x)$ 是偶函数, 那么 $cf(ax)$ 是偶函数, 其中 a 和 c 是实数.

h. 若 $f(x)$ 是奇函数, 那么 $f(x) + d$ 是奇函数, 其中 d 是实数.

i. 若 $f(x)$ 既是偶函数也是奇函数, 那么对所有 x, $f(x) = 0$.

56. 幂函数的值域 用文字或图像解释为什么当 n 是正奇数时, $f(x) = x^n$ 的值域是全体实数; 当 n 是正偶数时, $f(x) = x^n$ 的值域是全体非负实数.

57. 绝对值的图像 根据绝对值函数的定义作方程 $|x| - |y| = 1$ 的图像, 并用绘图工具核对结果.

58. 原点处的奇偶性

a. 如果 $f(0)$ 有定义且 f 是偶函数, 那么 $f(0) = 0$ 一定成立吗? 解释为什么.

b. 如果 $f(0)$ 有定义且 f 是奇函数, 那么 $f(0) = 0$ 一定成立吗? 解释为什么.

59～62. 多项式的复合 确定多项式 f 是否满足下列性质. (*提示*: 先确定 f 的次数, 然后代入一个同次的多项式, 求解其系数.)

59. $f(f(x)) = 9x - 8$.

60. $(f(x))^2 = 9x^2 - 12x + 4$.

61. $f(f(x)) = x^4 - 12x^2 + 30$.

62. $(f(x))^2 = x^4 - 12x^2 + 36$.

应用

63. 发射火箭 在距地面 80 ft 高的悬崖边上以 96 ft/s 的速度垂直向上发射一枚小型火箭. 它距地面的高度由函数 $h = -16t^2 + 96t + 80$ 确定, 其中 t 表示时间, 以秒计.

a. 假设在 $t = 0$ 时发射火箭, h 的定义域是什么?

b. 作出 h 的图像并确定火箭到达其最高点的时间. 此时的高度是多少?

64. 水箱排水 (托里切利定律) 一个横截面面积为 $100\,\text{cm}^2$ 的直圆柱形水箱充满了 100 cm 深的水. 在 $t = 0$ 时, 水箱底部的一个面积为 $10\,\text{cm}^2$ 的出水孔被打开使水流出. 在 $t \geqslant 0$ 时, 水箱中的水深是 $d(t) = (10 - 2.2t)^2$.

a. 验证 $d(0) = 100$.

b. d 合适的定义域是什么?

c. 何时水箱中的水被排空?

附加练习

65～71. 偶函数与奇函数的组合 设 E 是偶函数, O 是奇函数. 判断下列函数是否有对称性.

65. $E + O$.

66. $E \cdot O$.

67. E/O.

68. $E \circ O$.

69. $E \circ E$.

70. $O \circ O$.

71. $O \circ E$.

72～75. 使用函数记号 考虑下列函数, 化简表达式

$$\frac{f(x)-f(a)}{x-a} \text{ 和 } \frac{f(x+h)-f(x)}{h}.$$

72. $f(x)=3-2x$.

73. $f(x)=4x-3$.

74. $f(x)=4x^2-1$.

75. $f(x)=1/(2x)$.

迅速核查 答案

1. $3, x^4-2x^2, t^2-2t, p^2-4p+3$.

2. 定义域是全体实数; 值域是 $\{y: 0<y\leqslant 1\}$.

3. $(f\circ g)(x)=x^4+1, (g\circ f)(x)=(x^2+1)^2$.

4. 如果图像关于 x- 轴对称, 它将不能通过垂直线检验.

1.2 函数的表示法

我们考虑四种定义和表示函数的不同方法: 公式法、图像法、图表法和文字法.

公式法

下面列出了本书将系统研究的几类主要函数; 它们都是用公式定义的.

代数基本定理的一种表述是次数为 n 的非常数多项式恰好有 n 个根, 重根按重数计算.

1. **多项式**是具有如下形式的函数:

$$f(x)=a_nx^n+a_{n-1}x^{n-1}+\cdots+a_1x+a_0,$$

其中**系数** $a_0, a_1, \ldots, a_n$ 为实数且 $a_n\neq 0$. 非负整数 n 是多项式的次数. 任何多项式的定义域都是全体实数的集合. 一个 n 次多项式至多可以有 n 个实**零点或根**——使 $f(x)=0$ 的 x 值, 对应于 f 的图像是与 x- 轴的交点.

2. **有理函数**是形如 $f(x)=p(x)/q(x)$ 的比, 其中 p 和 q 是多项式. 因为禁止零作除数, 所以有理函数的定义域是除去使分母为零的所有实数构成的集合.

3. **代数函数**是用代数运算: 加、减、乘、除和开方构造的. 代数函数的例子如 $f(x)=\sqrt{2x^3+4}$ 和 $f(x)=x^{1/4}(x^3+2)$. 一般地, 如果出现偶数次根号 (平方根, 四次方根, 等等), 则定义域不包括使根号下的值为负的点 (和其他可能的点).

指数函数和对数函数及反三角函数在第 7 章介绍.

4. **指数函数** 形如 $f(x)=b^x$, 其中底 $b\neq 1$ 是正实数. 与指数函数紧密相伴的是**对数函数** $f(x)=\log_b x$, 其中 $b>0$ 且 $b\neq 1$. 指数函数的定义域是全体实数, 而对数函数对全体正实数有定义.

最重要的指数函数是以 $b=e$ 为底的**自然指数函数** $f(x)=e^x$, 其中 $e\approx 2.718\,28\cdots$ 是数学中的一个基本常数. 伴随自然指数函数的是**自然对数函数** $f(x)=\ln x$, 其底也是 $b=e$.

5. **三角函数**是 $\sin x$, $\cos x$, $\tan x$, $\cot x$, $\sec x$ 及 $\csc x$; 它们都是数学及许多应用方面的基本内容. 与三角函数相关的**反三角函数**也是重要的.

6. 三角函数、指数函数和对数函数是一大类函数中的几个例子, 这类函数称为**超越函数**. 图 1.14 显示了这些函数的组织关系, 后面的章节将详细探究这些函数.

迅速核查 1. 所有多项式都是有理函数吗? 所有代数函数都是多项式吗? ◀

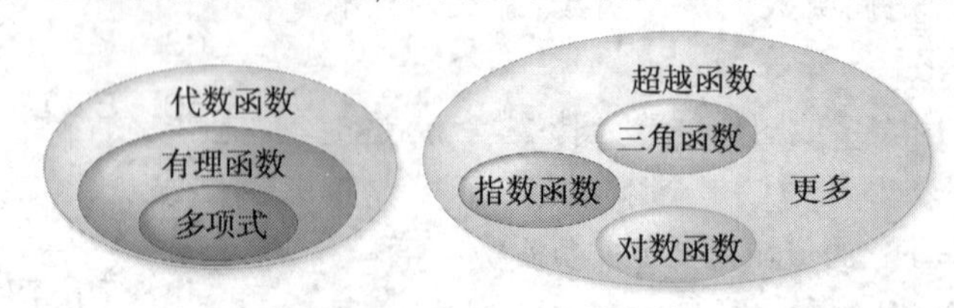

图 1.14

图像法

尽管公式是表示大量函数的最简洁的方法, 但图像通常提供了最直观的表示. 图 1.15 显示了两个例子, 这样的函数例子有无数个. 本书中的许多内容致力于绘制并分析函数的图像.

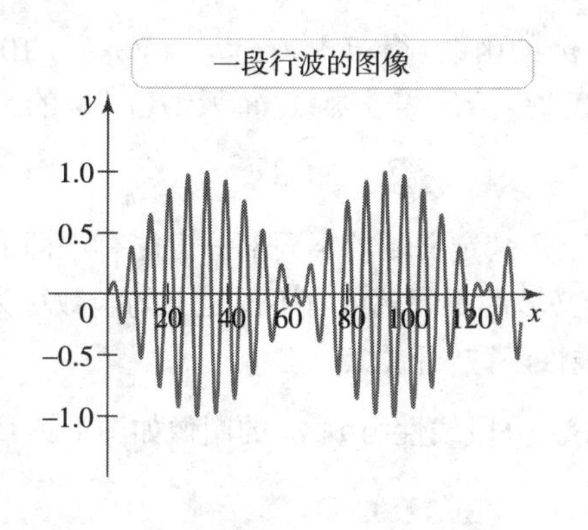

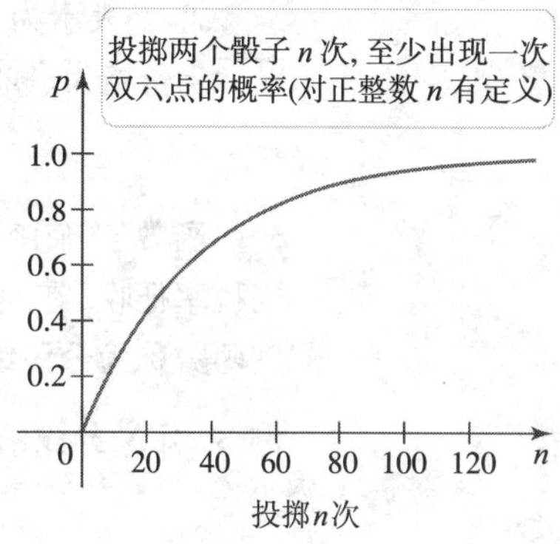

图 1.15

有两个作函数图像的方法.

- 图形计算器和软件功能强大, 易于使用. 这样的**技术工具**容易作出本书遇到的绝大多数函数的图像. 我们假设, 已经知道如何使用绘图工具.
- 无论如何, 图形计算器不是绝对可靠的. 因此, 也应该努力掌握用**解析法**(笔和纸的方法)去分析函数并手工作出准确的图像. 解析法极大地依赖于微积分, 将会出现在本书中的各个部分.

重要信息: 技术和解析法都是必要的, 必须将两种方法结合起来使用, 以作出准确的图像.

线性函数 直线方程 (见附录A) 的一个形式是 $y = mx + b$, 其中斜率 m 和 y- 截距 b 是常数. 于是, 函数 $f(x) = mx + b$ 的图像是一条直线, 这个函数称为**线性函数**, 也称为**一次函数**.

例 1 线性函数及其图像 确定图 1.16 中的直线所表示的函数.

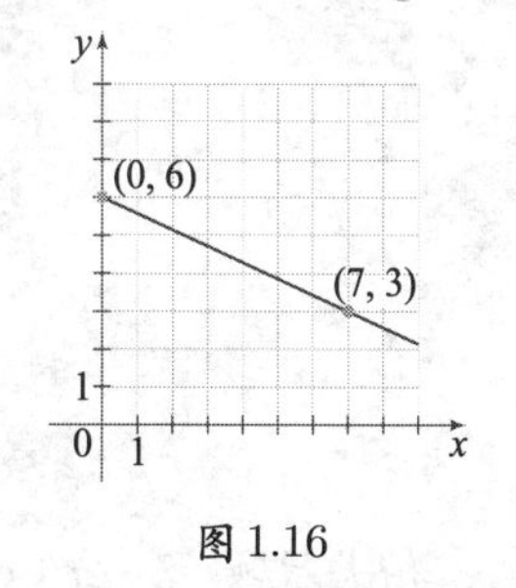

图 1.16

解 由图像可见, y- 截点是 $(0, 6)$. 由点 $(0, 6)$ 和 $(7, 3)$, 得直线的斜率是

$$m = \frac{3-6}{7-0} = -\frac{3}{7}.$$

所以, 刻画直线的函数是 $f(x) = -3x/7 + 6$. *相关习题 11 ~ 12* ◀

例 2 CD 的需求函数 经过几个月对销售的学习, 一个大型 CD 零售经销店的老板知道每天新 CD 的销售数量 (称为需求) 随价格的上升而下降. 特别地, 她的数据指出, 当每张 CD 价格为 \$14 时平均每天销售 400 张 CD, 而当每张 CD 价格为 \$17 时平均每天销售 250 张 CD. 假设需求 d 是价格 p 的线性函数.

a. 求需求函数 $d = f(p) = mp + b$, 并作其图像.

b. 根据这个模型, 当价格为 \$20 时, 平均每天销售多少张 CD?

斜率的意义是: 价格每降低 1 美元, 可以多销售 50 张 CD.

解

a. 已知需求函数图像上的两个点: $(p, d) = (14, 400)$ 和 $(17, 250)$. 因此, 需求曲线的斜率是

$$m=\frac{400-250}{14-17}=-50\text{CD 每美元}$$

于是, 线性需求函数的方程为

$$d-250=-50(p-17).$$

把 d 表示为 p 的函数, 得 $d=f(p)=-50p+1\,100$ (见图 1.17).

b. 当价格为 \$20 时, 应用需求函数, 每天销售 CD 的平均数应该为 $f(20)=100$.

相关习题 13～14 ◄

分段函数 一个函数在其定义域的不同部分可能有不同的定义. 例如, 个人所得税分等级按不同税率征收. 在定义域的不同部分有不同定义的函数称为**分段函数**. 如果每一段都是线性的, 则函数称为**分段线性函数**. 下面有一些例子.

例 3　定义分段函数 分段线性函数 g 的图像如图 1.18 所示. 求函数的公式.

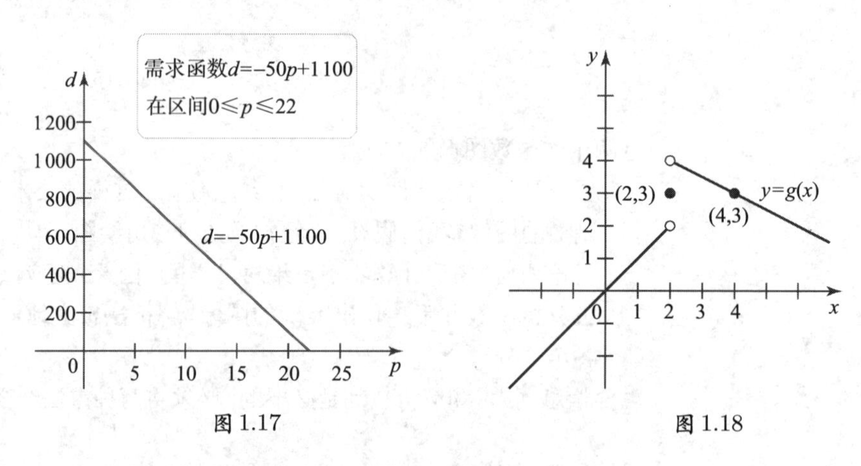

图 1.17　　　图 1.18

解　对于 $x<2$, 图像是斜率为 1、y-截距为 0 的直线, 其方程为 $y=x$. 对于 $x>2$, 直线的斜率是 $-\frac{1}{2}$ 并且直线过点 $(4,3)$, 所以函数在这一部分的方程是

$$y-3=-\frac{1}{2}(x-4)\quad\text{或}\quad y=-\frac{1}{2}x+5.$$

当 $x=2$ 时, $g(2)=3$. [g 原文误为 f——译者注] 所以,

$$g(x)=\begin{cases}x, & \text{若 } x<2\\ 3, & \text{若 } x=2\\ -\frac{1}{2}x+5, & \text{若 } x<2\end{cases}$$

相关习题 15～16 ◄

例 4　作分段函数的图像 作下列函数的图像.

a. $f(x)=\begin{cases}\dfrac{x^2-5x+6}{x-2}, & \text{若 } x\neq 2\\ 1, & \text{若 } x=2\end{cases}$.

b. $f(x)=|x|$, 绝对值函数.

解

a. 假设 $x \neq 2$, 化简函数 f, 先因式分解, 再消去 $x-2$:

$$\frac{x^2-5x+6}{x-2}=\frac{(x-2)(x-3)}{x-2}=x-3.$$

因此, 当 $x \neq 2$ 时, f 的图像与直线 $y=x-3$ 的图像是一样的. 而 $f(2)=1$(见图1.19).

b. 一个实数的绝对值定义为

$$f(x)=|x|=\begin{cases} x, & 若\, x \geqslant 0 \\ -x, & 若\, x<0 \end{cases}.$$

当 $x<0$ 时, 作 $y=-x$ 的图像, 当 $x \geqslant 0$ 时, 作 $y=x$ 的图像, 得图1.20中的图像.

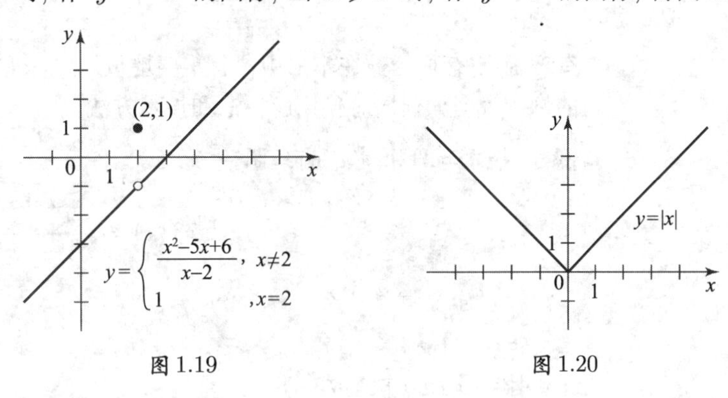

图 1.19　　图 1.20

相关习题 17～20◀

幂函数和根函数

迅速核查 2. $f(x)=x^7$ 的值域是什么? $f(x)=x^8$ 的值域是什么? ◀

1. **幂函数**是多项式的特殊情形; 形如 $f(x)=x^n$, 其中 n 是正整数. 当 n 是偶数时, 函数值为非负, 其图像过原点, 开口向上 (见图1.21). 对于奇数 n, 当 x 为正时, 幂函数 $f(x)=x^n$ 的函数值为正, 且当 x 为负时, 函数值为负 (见图1.22).

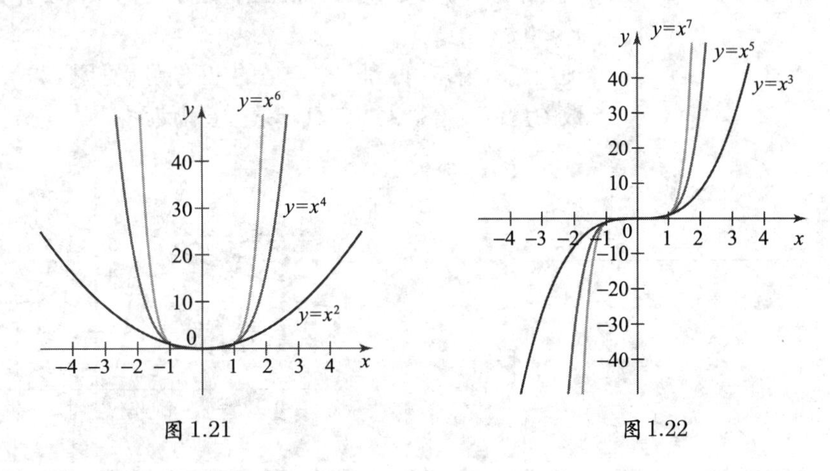

图 1.21　　图 1.22

回顾一下, 当 n 是正整数时, $x^{1/n}$ 是 x 的 n 次根, 即 $f(x)=x^{1/n}=\sqrt[n]{x}$.

2. **根函数**是代数函数的特殊情形; 形如 $f(x)=x^{1/n}$, 其中 $n>1$ 是正整数. 注意, 当 n 是偶数 (平方根, 四次方根, 等等) 时, 定义域和值域由非负数构成. 它们的图像在原点处是陡峭的, 且当 x 增大时变得平缓 (见图1.23).

相反, 奇次根函数 (立方根, 五次方根, 等等) 对 x 的所有实值有定义, 其值域亦包括所有实数. 它们的图像过原点, 当 $x<0$ 时开口向上, 当 $x>0$ 时开口向下, 且当 x 的量值增大时变得平缓 (见图 1.24).

迅速核查 3. $f(x)=x^{1/7}$ 的定义域和值域是什么? $f(x)=x^{1/10}$ 的定义域和值域是什么? ◄

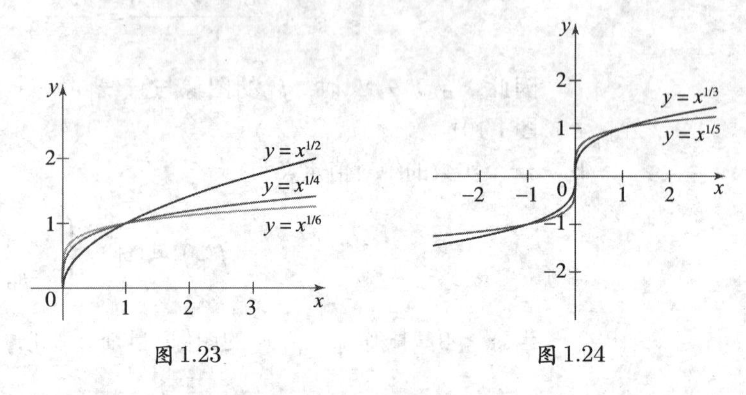

图 1.23　　图 1.24

有理函数 有理函数在本书中占有重要地位. 在后面将更多地谈到有理函数的作图问题. 下面的例子说明如何同时使用解析法和技术方法.

例 5　技术与分析 考虑有理函数

$$f(x)=\frac{3x^3-x-1}{x^3+2x^2-6}.$$

a. f 的定义域是什么?

b. 求 f 的根 (零点).

c. 用绘图工具作函数的图像.

d. 在哪些点处, 函数有峰或谷?

e. 当 x 的量值很大时, f 的性状如何?

解

a. 定义域由除使分母为零的实数外的所有实数构成. 计算机代数系统显示分母有一个实零点 $x\approx1.34$.

b. 有理函数的根是分子的根但不是分母的根. 用计算机代数系统求得分子有唯一实根 $x\approx0.85$.

c. 适当选取窗口, 得到一个合适的 f 图像 (见图 1.25). 在使分母为零的点 $x\approx1.34$ 处, 函数的量值变得很大, f 有一条*垂直渐近线*.

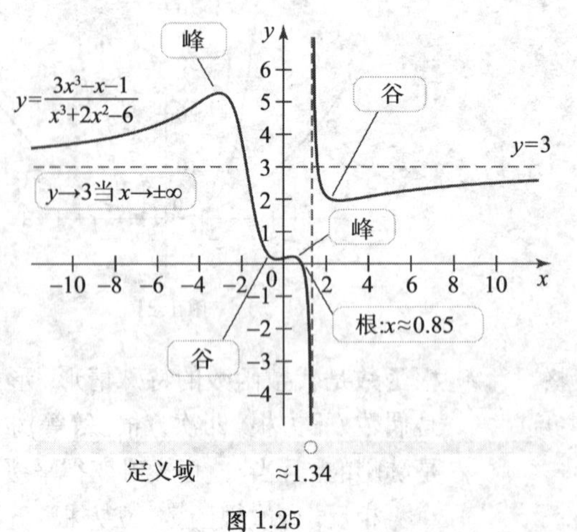

图 1.25

d. 函数有两个峰 (很快定义为*极大值*), 一个在 $x=-3.0$ 附近, 另一个在 $x=0.4$ 附近. 函数还有两个谷 (很快定义为*极小值*), 一个在 $x=-0.3$ 附近, 另一个在 $x=2.6$ 附近.

e. 缩小图像可见, 当 x 沿正方向增加时, 图像从下方趋近于*水平渐近线* $y=3$, 当 x 为负且其量值增大时, 图像从上方趋近于 $y=3$.

相关习题 21～24 ◀

表 1.1

$t(s)$	$d(\text{cm})$
0	0
1	2
2	6
3	14
4	24
5	34
6	44
7	54

图表法

有时函数不是作为公式或图像产生的, 开始时只是一些数或数据. 例如, 假设做一个实验, 让一块大理石自由地落入装有重油的圆柱油箱. 在落入后 $t=0,1,2,3,4,5,6,7$ 秒时, 测量总的距离 d, 以 cm 计 (见表 1.1). 首先画出数据点 (见图 1.26).

由数据点可见, 存在一个函数 $d=f(t)$ 给出了大理石在所有感兴趣时刻的距离. 因为大理石在油中下落时没有突然的变化, 用一条通过数据点附近的光滑图像来表示函数是合理的. 求适合数据的最佳函数是一个更困难的问题, 我们将在本教材的后面进行讨论.

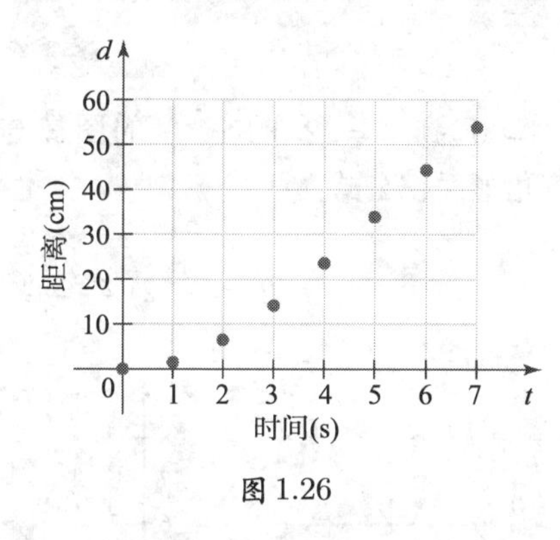

图 1.26

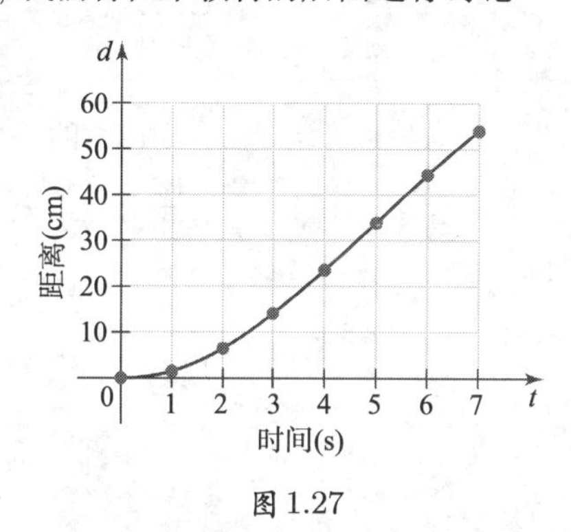

图 1.27

文字法

用文字定义函数是最缺少数学味道的方法, 但函数经常来源于这种方法. 一旦用文字定义了一个函数, 这个函数就可以用图表、图像或公式来表示.

例 6 斜率函数 设 g 是已知函数 f 的**斜率函数**. 也就是说, $g(x)$ 是曲线 $y=f(x)$ 在点 $(x,f(x))$ 处的斜率. 求图 1.28 中函数 f 的斜率函数, 并作出其图像.

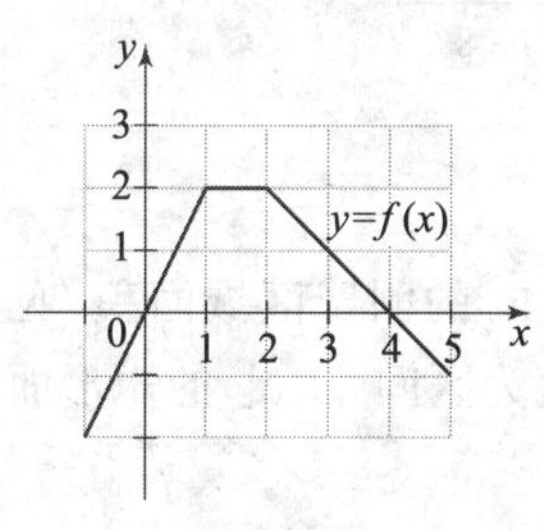

图 1.28

解 当 $x<1$ 时, $y=f(x)$ 的斜率是 2. 当 $1<x<2$ 时, 斜率是 0, 且当 $x>2$ 时, 斜率是 -1. f 的图像在 $x=1$ 和 $x=2$ 处是角点, 所以在这两个点处斜率是没有定义的. 因此, g 的定义域是除 $x=1$ 和 $x=2$ 外所有实数的集合, 斜率函数由分段函数定义 (见图 1.29)

$$g(x)=\begin{cases}2, & \text{若 } x<1\\ 0, & \text{若 } 1<x<2.\\ -1, & \text{若 } x>2\end{cases}$$

相关习题 25～26 ◀

例 7 面积函数 设 A 是正值函数 f 的**面积函数**. 也就是说, $A(x)$ 是在 f 的图像与 t- 轴之间从 $t=0$ 到 $t=x$ 的区域面积. 考虑函数 (见图 1.30)

$$f(t)=\begin{cases}2t, & 若\ 0\leqslant t\leqslant 3\\ 6, & 若\ t>3\end{cases}.$$

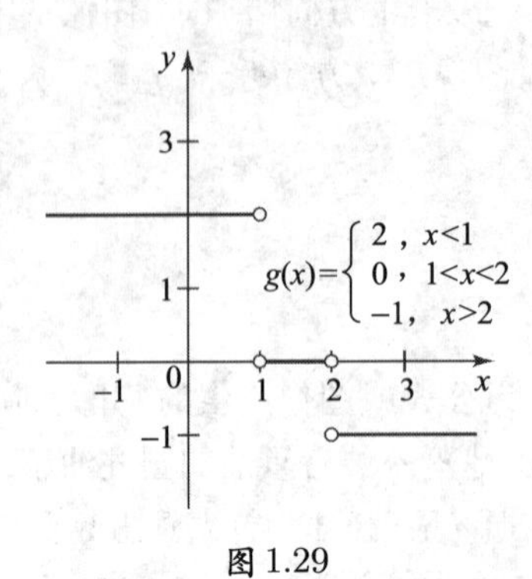

图 1.29

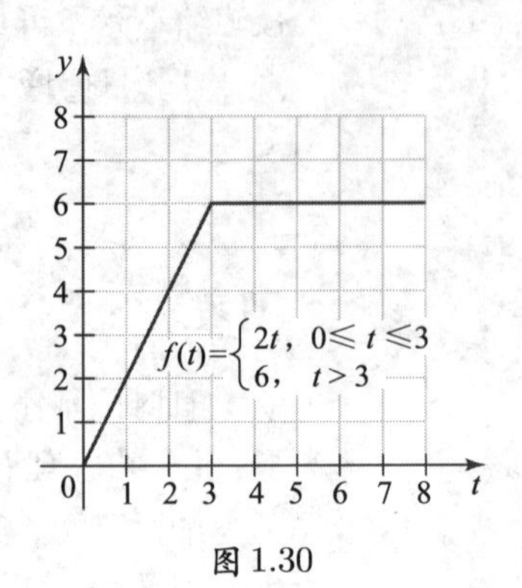

图 1.30

a. 求 $A(2)$ 和 $A(5)$.

b. 求 f 的面积函数的分段表达式.

解

a. $A(2)$ 的值是从 $t=0$ 到 $t=2$ 的在 f 的图像与 t- 轴之间的阴影区域面积 (见图 1.31(a)). 利用三角形面积公式,

$$A(2)=\frac{1}{2}(2)(4)=4.$$

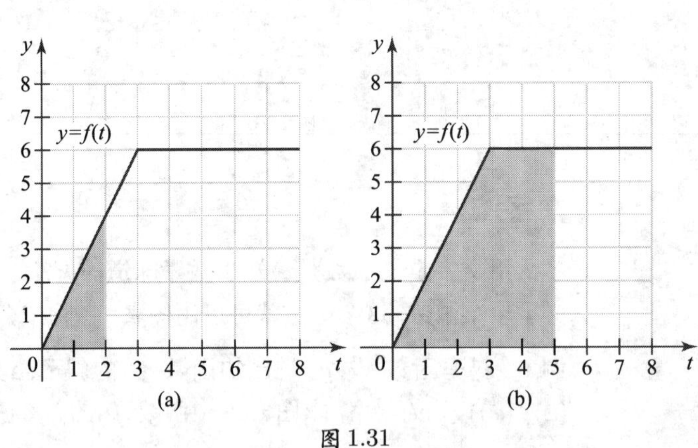

图 1.31

$A(5)$ 的值是在 f 的图像与 t- 轴之间从 $t=0$ 到 $t=5$ 的阴影区域面积 (见图 1.31(b)). 这个面积等于底为区间 $[0,3]$ 的三角形面积加上底为区间 $[3,5]$ 的矩形面积:

$$A(5)=\overbrace{\frac{1}{2}(3)(6)}^{\text{三角形面积}}+\overbrace{(2)(6)}^{\text{矩形面积}}=21.$$

b. 当 $0\leqslant x\leqslant 3$ 时 (见图 1.32(a)), $A(x)$ 是底为区间 $[0,x]$ 的三角形面积. 因为三角形在 $t=x$ 处的高是 $f(x)$, 所以

$$A(x)=\frac{1}{2}xf(x)=\frac{1}{2}x\underbrace{(2x)}_{f(x)}=x^2.$$

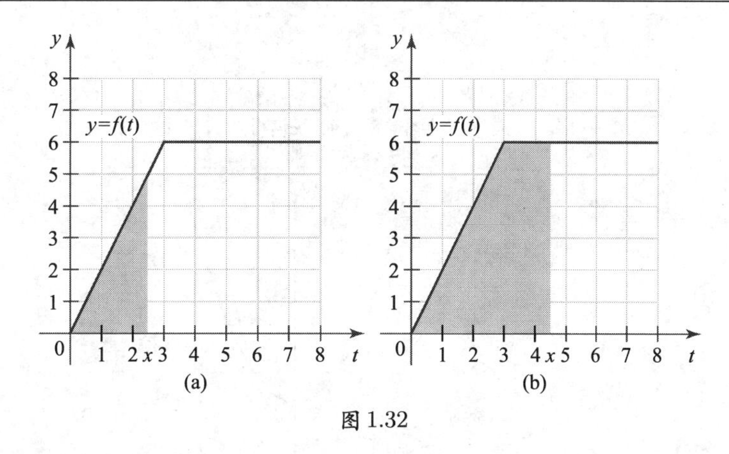

图 1.32

当 $x>3$ 时 (见图1.32(b)), $A(x)$ 是底为区间 $[0,3]$ 的三角形面积加上底为区间 $[3,x]$ 的矩形面积:

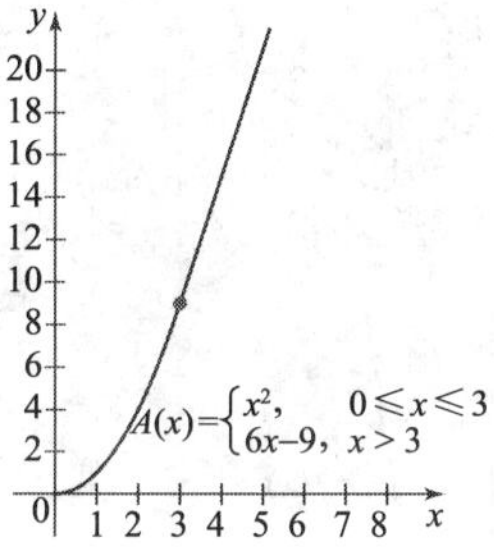

$$A(x)=\overbrace{\frac{1}{2}(3)(6)}^{\text{三角形面积}}+\overbrace{(x-3)(6)}^{\text{矩形面积}}=6x-9.$$

因此, 面积函数 A (见图1.33) 的分段定义是

$$y=A(x)=\begin{cases}x^2, & 0\leqslant x\leqslant 3\\ 6x-9, & x>3\end{cases}.$$

图 1.33

相关习题 27～28◀

函数变换与图像变换

变换一个函数的图像产生新函数的图像的方法有许多. 最常用的变换有四种: 沿 x-方向或 y-方向平移与沿 x-方向或 y-方向缩放. 图1.34～ 图1.39 中汇总了这些变换, 这样在作图或显示函数时可以节省时间.

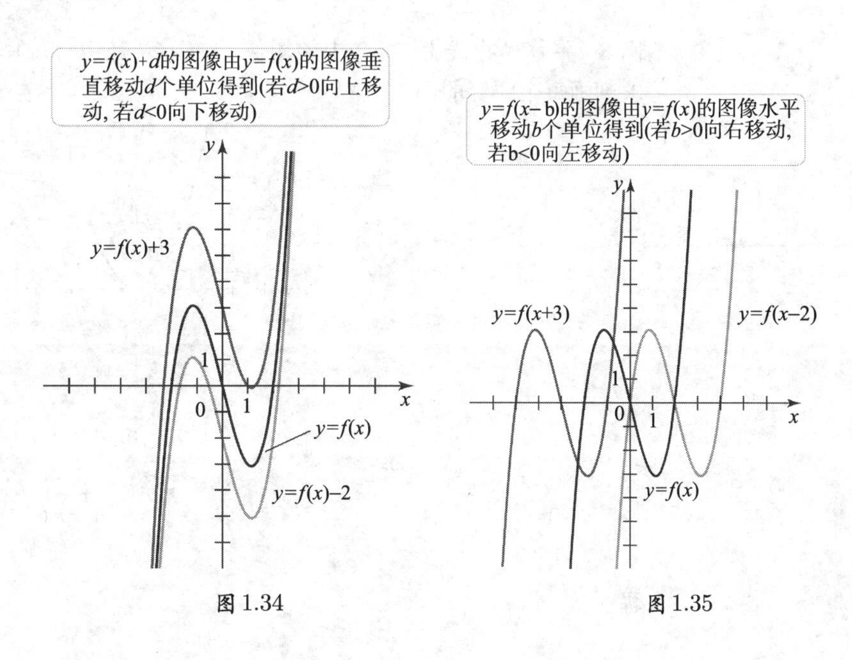

图 1.34　　　　图 1.35

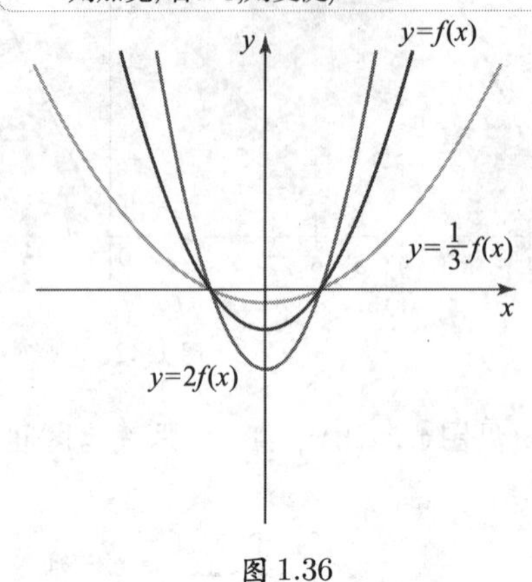

图 1.36

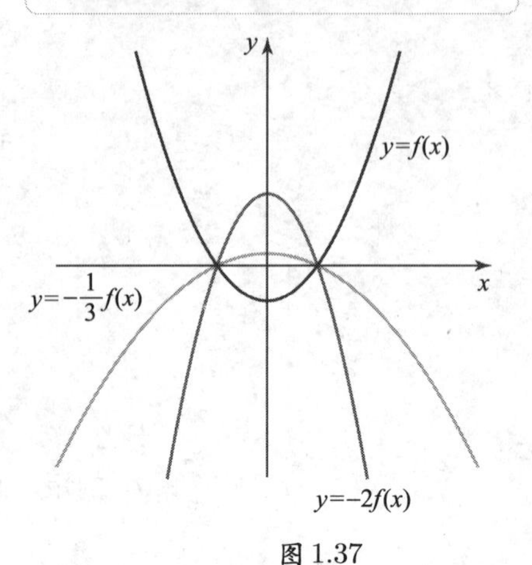

图 1.37

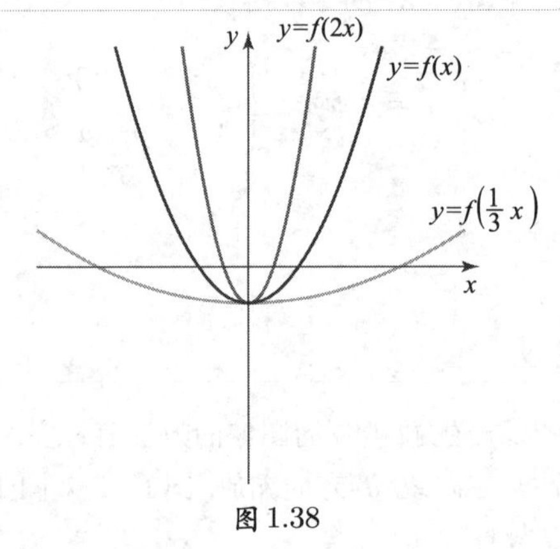

图 1.38

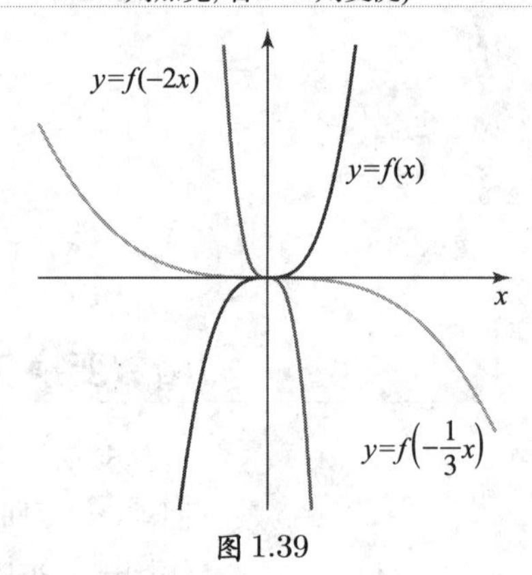

图 1.39

例 8　平移抛物线 图 1.40 中的图像 A,B,C 是由 $f(x)=x^2$ 的图像经平移和缩放得到的. 求刻画每个图像的函数.

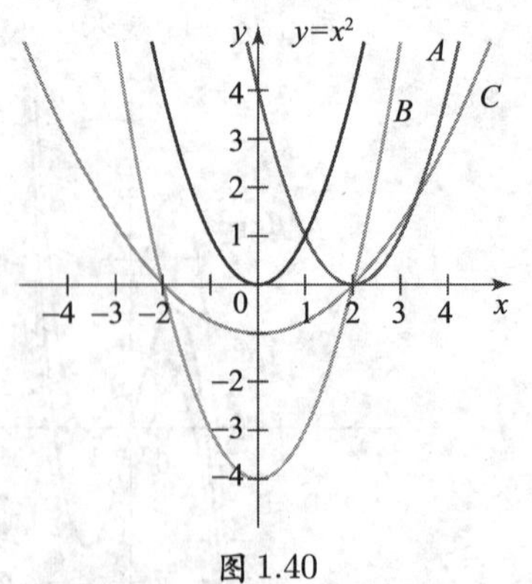

图 1.40

解

a. 图像 A 是把 f 的图像向右平移 2 个单位. 它表示的函数是

$$f(x-2)=(x-2)^2=x^2-4x+4.$$

b. 图像 B 是把 f 的图像向下平移 4 个单位. 它表示的函数是

$$f(x)-4=x^2-4.$$

c. 图像 C 是 f 的图像向下平移 1 个单位后变宽的版本. 因此, 它表示的函数是 $cf(x)-1=cx^2-1$, 其中 c 满足 $0<c<1$ (因为图像变宽). 由于图像 C 过点 $(\pm2,0)$, 我们求出 $c=\dfrac{1}{4}$. 于是, 图像表示

$$y=\frac{1}{4}f(x)-1=\frac{1}{4}x^2-1.$$

应该验证曲线 C 也对应于一个水平缩放和一个垂直移动. 它的方程是 $y=f(ax)-1$, 其中 $a=\dfrac{1}{2}$.

相关习题 29～38◀

迅速核查 4. 怎样改变 $f(x)=1/x$ 的图像得到 $g(x)=1/(x+4)$ 的图像? ◀

例 9 缩放和平移 作 $g(x)=|2x+1|$ 的图像.

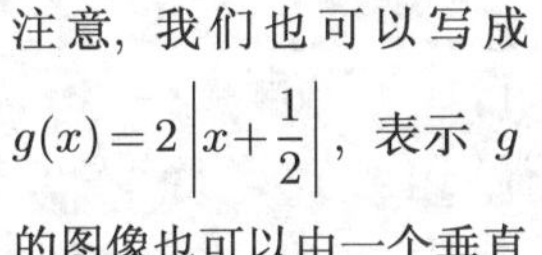

注意, 我们也可以写成 $g(x)=2\left|x+\dfrac{1}{2}\right|$, 表示 g 的图像也可以由一个垂直缩放和水平移动得到.

解 我们把函数写成 $g(x)=\left|2\left(x+\dfrac{1}{2}\right)\right|$, 这样函数可以解释为一个水平缩放和一个水平移动. 设 $f(x)=|x|$, 得 $g(x)=f\left(2\left(x+\dfrac{1}{2}\right)\right)$. 故 g 的图像是由 f 的图像水平缩小 (变陡) 和向左平移 $\dfrac{1}{2}$ 个单位得到的 (见图 1.41).

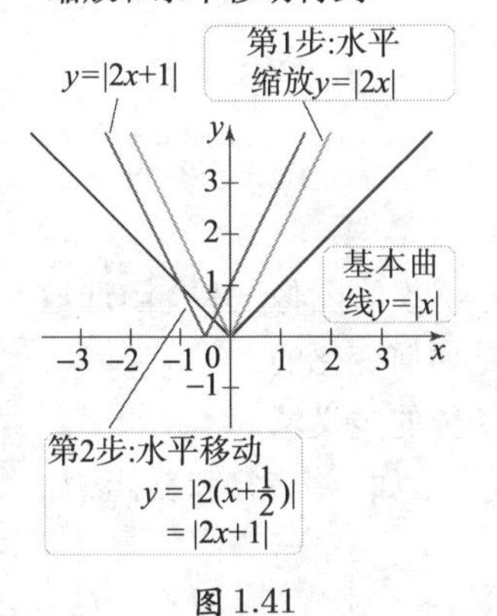

图 1.41

相关习题 29～38◀

> **总结 变换**
>
> 已知实数 a,b,c,d 和函数 f, 则 $y=cf(a(x-b))+d$ 的图像可以由 $y=f(x)$ 的图像经下列步骤得到.
>
> $$y=f(x)\xrightarrow{\text{水平缩放 }|a|\text{ 倍}}y=f(ax)$$
> $$\xrightarrow{\text{水平移动 }b\text{ 个单位}}y=f(a(x-b))$$
> $$\xrightarrow{\text{垂直缩放 }|c|\text{ 倍}}y=cf(a(x-b))$$
> $$\xrightarrow{\text{垂直移动 }d\text{ 个单位}}y=cf(a(x-b))+d$$

1.2 节 习题

复习题

1. 给出四种定义或表示函数的方法.
2. 多项式的定义域是什么?
3. 有理函数的定义域是什么?
4. 描述分段函数的含义.
5. 作 $y=x^5$ 的图像.
6. 作 $y=x^{1/5}$ 的图像.
7. 如果已知 $y=f(x)$ 的图像, 如何得到 $y=f(x+2)$

的图像?

8. 如果已知 $y=f(x)$ 的图像, 如何得到 $y=-3f(x)$ 的图像?

9. 如果已知 $y=f(x)$ 的图像, 如何得到 $y=f(3x)$ 的图像?

10. 已知 $y=x^2$ 的图像, 如何得到 $y=4(x+3)^2+6$ 的图像?

基本技能

11～12. 函数作图 求线性函数使其对应于下列图像.

11.

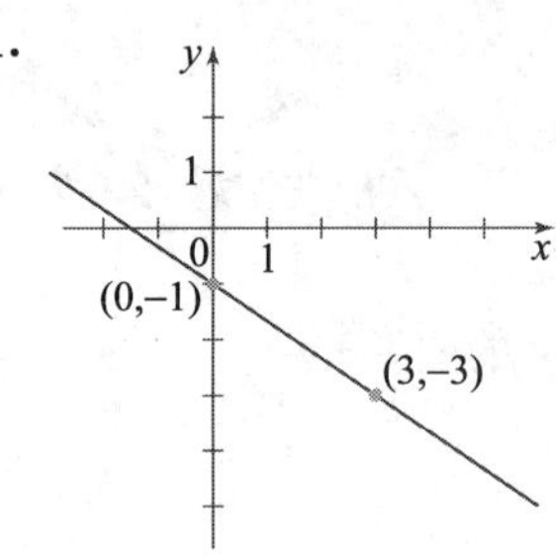

12.

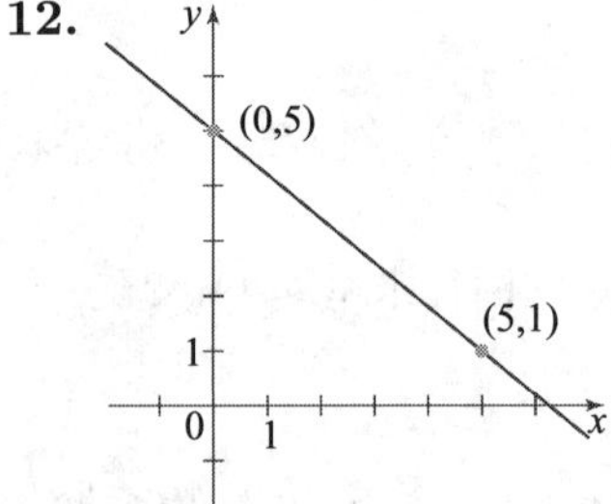

13. 需求函数 销售记录显示若 DVD 播放机的价格是 \$250, 一个大型商店平均每天销售 12 台. 如果价格是 \$200, 那么该商店平均每天销售 15 台. 求 DVD 销售的线性需求函数并作图.

14. 募集资金 生物学俱乐部计划一个筹款活动, 票价 \$8. 房租和茶点花费 \$175. 求当售出 n 张票时筹款活动所得利润的函数 $p=f(n)$ 并作其图像. 注意, $f(0)=-\$175$, 即不管卖出多少张票, 房租与茶点的成本是必需的. 需要卖出多少张票才能收支平衡 (零利润)?

15～16. 分段函数作图 写出下列已知图像表示的函数.

15.

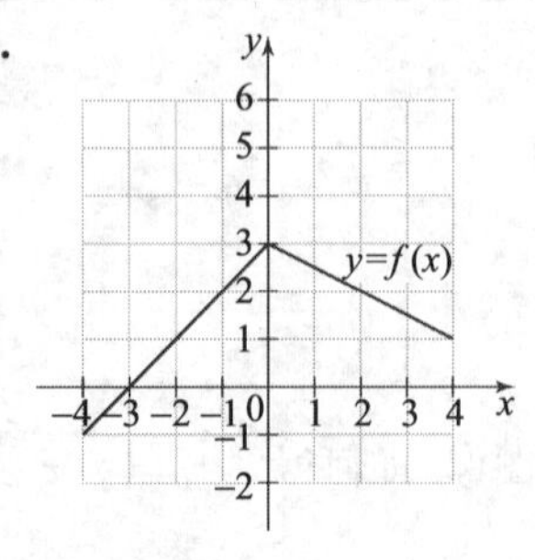

16.

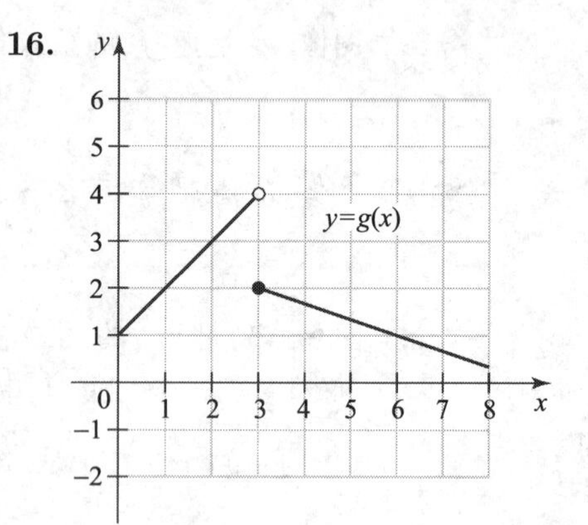

17～20. 分段线性函数 作下列函数的图像.

17. $f(x)=\begin{cases}3x-1, & x\leqslant 0\\ -2x+1, & x>0\end{cases}$.

18. $f(x)=\begin{cases}3x-1, & x<1\\ x+1, & x\geqslant 1\end{cases}$.

19. $f(x)=\begin{cases}-2x-1, & x<-1\\ 1, & -1\leqslant x\leqslant 1\\ 2x-1, & x>1\end{cases}$.

20. $f(x)=\begin{cases}2x+2, & x<0\\ x+2, & 0\leqslant x\leqslant 2\\ 3-x/2, & x>2\end{cases}$.

21～24. 函数的图像

a. 用绘图工具作出指定函数的图像. 体会当选取不同的窗口时, 图像是如何变化的.

b. 给函数分类, 并指出函数的定义域.

c. 讨论感兴趣的函数特征, 如, 峰、谷和截距 (如例 5).

21. $f(x)=x^3-2x^2+6$.

22. $f(x)=\sqrt[3]{2x^2-8}$.

23. $g(x)=\left|\dfrac{x^2-4}{x+3}\right|$.

24. $f(x)=\dfrac{\sqrt{3x^2-12}}{x+1}$.

25～26. 斜率函数 确定下列函数的斜率函数.

25. 用习题 15 的图.

26. 用习题 16 的图.

27～28. 面积函数 设 $A(x)$ 是在 f 的图像与 t 轴之间从 $t=0$ 到 $t=x$ 的区域面积. 考虑下列函数和图像.

a. 求 $A(2)$　**b.** 求 $A(6)$　**c.** 求 $A(x)$ 的表达式.

27. $f(t)=6$ (见图)

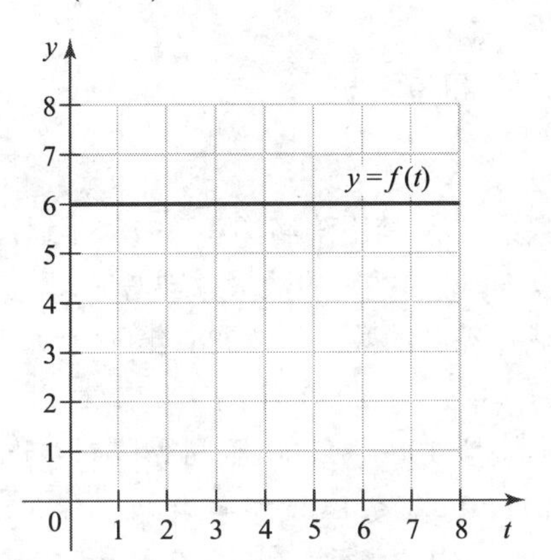

28. $y=f(t)=\begin{cases}-t+2, & t\leqslant 2\\ 2t-4, & 2<t<4\\ -\dfrac{1}{2}t+6, & t\geqslant 4\end{cases}$ (见图).

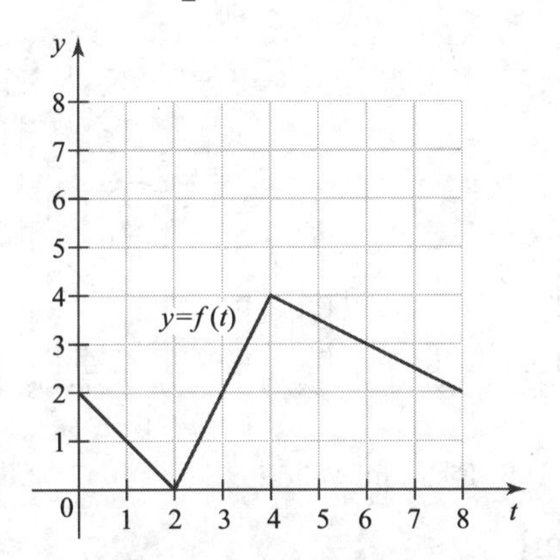

29. $y=|x|$ **的变换** 图中函数 f 和 g 的图像由 $y=|x|$ 作垂直或水平的移动与缩放得到. 求 f 和 g 的表达式. 用绘图工具核对答案.

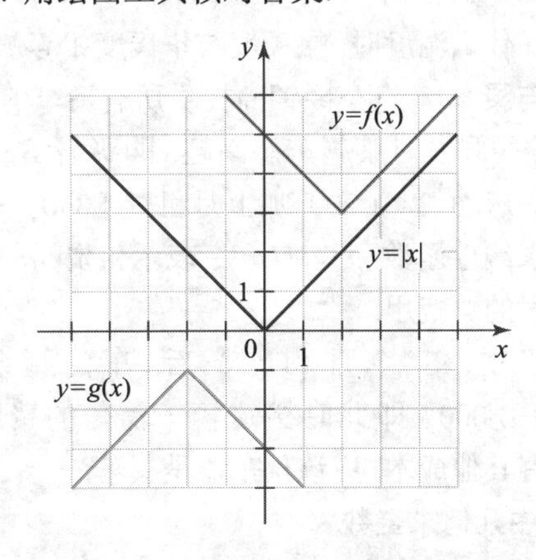

30. **变换** 用图中 f 的图像画出下列函数的图像.

a. $y=-f(x)$; **b.** $y=f(x+2)$; **c.** $y=f(x-2)$;

d. $y=f(2x)$; **e.** $y=f(x-1)+2$; **f.** $y=2f(x)$.

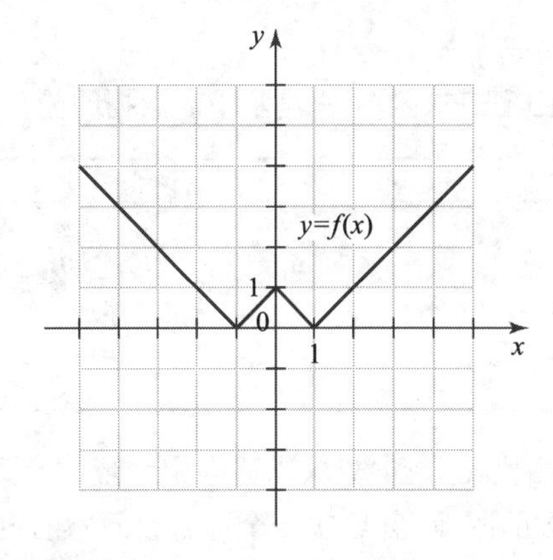

31. $y=x^2$ **的变换** 用平移和缩放把 $f(x)=x^2$ 的图像变换为 g 的图像. 绘图工具仅用来检验工作.

a. $g(x)=f(x-3)$; **b.** $g(x)=f(2x-4)$;

c. $g(x)=-3f(x-2)+4$; **d.** $g(x)=6f\left(\dfrac{x-2}{3}\right)+1$.

32. $y=\sqrt{x}$ **的变换** 用平移和缩放把 $f(x)=\sqrt{x}$ 的图像变换为 g 的图像. 绘图工具仅用来检验工作.

a. $g(x)=f(x+4)$; **b.** $g(x)=2f(2x-1)$;

c. $g(x)=\sqrt{x-1}$; **d.** $g(x)=3\sqrt{x-1}-5$.

33～38. **平移和缩放** 用平移和缩放作指定函数的图像. 用绘图工具检验工作. 一定要确认作平移和缩放变换之前的原始函数.

33. $g(x)=-3x^2$.

34. $g(x)=2x^3-1$.

35. $g(x)=2(x+3)^2$.

36. $p(x)=x^2+3x-5$.

37. $h(x)=-4x^2-4x+12$.

38. $h(x)=|3x-6|+1$.

深入探究

39. **解释为什么是, 或不是** 判断下列命题是否正确, 并说明理由或举出反例.

a. 多项式都是有理函数, 但并非所有有理函数都是多项式.

b. 若 f 是线性函数, 那么 $f\circ f$ 是二次函数.

c. 若 f 和 g 是多项式, 那么 $f\circ g$ 与 $g\circ f$ 的次数相同.

d. 将 f 的图像向右平移两个单位, 就得 $g(x)=f(x+2)$ 的图像.

40～41. **交点问题** 用解析法求下列交点. 绘图工具仅用来检验工作.

40. 求抛物线 $y=x^2+2$ 与直线 $y=x+4$ 的交点.

41. 求抛物线 $y = x^2$ 与 $y = -x^2 + 8x$ 的交点.

42～43. 由图表求函数 求满足下表数据的简单函数.

42.

x	y
−1	0
0	1
1	2
2	3
3	4

43.

x	y
0	−1
1	0
4	1
9	2
16	3

44～47. 由文字求函数 求描述指定情形的函数表达式. 作函数的图像, 并给出一个适合该问题的定义域. 回忆一下, 对于常速运动, 距离 = 速度 × 时间, 即 $d = vt$.

44. 函数 $y = f(x)$ 满足 y 比 x 的立方小 1.

45. 函数 $y = f(x)$ 满足如果以 5 mi/hr 的速度跑 x 小时, 则跑了 y 英里.

46. 函数 $y = f(x)$ 满足如果以每小时 x 英里的速度骑车 50 mi, 则在 y 小时后到达目的地.

47. 函数 $y = f(x)$ 满足若汽车油耗是 32 mi/gal 且汽油成本是 \$$x$/gal, 则 \$100 是 y 英里行程的成本.

48. 地板函数 地板函数 $f(x) = \lfloor x \rfloor$, 表示小于或等于 x 的最大整数, 也称为最大整数函数. 作地板函数在 $-3 \leqslant x \leqslant 3$ 的图像.

49. 天花板函数 天花板函数 $f(x) = \lceil x \rceil$, 表示大于或等于 x 的最小整数, 也称为最小整数函数. 作天花板函数在 $-3 \leqslant x \leqslant 3$ 的图像.

50. 锯齿波 作出由下面表达式定义的锯齿波函数的图像

$$f(x) = \begin{cases} \vdots \\ x+1, & 1 \leqslant x < 0 \\ x, & 0 \leqslant x < 1 \\ x-1, & 1 \leqslant x < 2 \\ x-2, & 2 \leqslant x < 3 \\ \vdots \end{cases}.$$

51. 方波 作出由下面表达式定义的方波函数的图像

$$f(x) = \begin{cases} 0, & x < 0 \\ 1, & 0 \leqslant x < 1 \\ 0, & 1 \leqslant x < 2 \\ 1, & 2 \leqslant x < 3 \\ \vdots \end{cases}.$$

52～54. 开方与幂 作出每对函数的草图. 一定要画出彼此的准确关系.

52. $y = x^4$ 和 $y = x^6$.

53. $y = x^3$ 和 $y = x^7$.

54. $y = x^{1/3}$ 和 $y = x^{1/5}$.

应用

55. 秃鹰数量 自从禁用滴滴涕和 1973 年通过濒危物种法案以来, 美国秃鹰的数量急剧增加 (见图). 在本土 48 个州, 秃鹰的数量从 1986 年的 1 875 对以近似线性速率增长到 2000 年的 6 471 对.

a. 求模拟 1986—2000 年间秃鹰对数的线性函数 $p(t)$ ($0 \leqslant t \leqslant 14$).

b. 由 (a) 中的函数, 1995 年本土 48 个州近似地有多少对秃鹰?

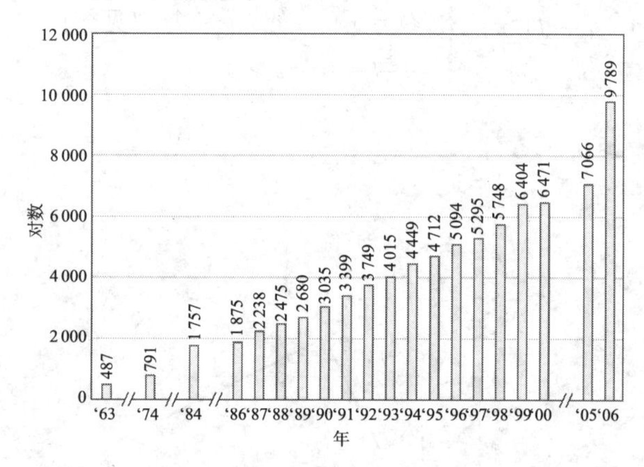

来源: U.S. Fish and Wildlife Service

56. 温度单位

a. 求线性函数 $C = f(F)$, 使得摄氏温度对应于华氏温度. 当 $F = 32$ 时, $C = 0$ (冰点), 且当 $F = 212$ 时, $C = 100$ (沸点).

b. 在什么温度时, 摄氏度与华氏度相等?

57. 租车与买车 一汽车经销商提供所有新车的购买与租赁服务. 假设对某款车感兴趣, 购买需 \$25 000, 租赁则需启动费 \$1 200 加上月租费 \$350.

a. 求线性函数 $y = f(m)$, 表示租赁 m 个月后已付的总费用.

b. 租赁 48 个月 (4 年) 后, 车的剩余价值为 \$10 000, 即此时买这辆车需付的费用. 若没有其他成本, 应该租车还是买车?

58～59. 由几何求函数

58. 半径为 r 的球面面积为 $S = 4\pi r^2$. 解 r, 用 S 表示, 并作半径函数的图像, $S \geqslant 0$.

59. 在半径为 r 的球上割下一片, 得一球冠. 如果球冠

的厚度是 h, 那么其体积是 $V=\frac{1}{3}\pi h^2(3r-h)$. 取球的半径为 1, 作体积函数的图像. h 取何值时, 该函数有意义?

60. 步行和乘船 凯利结束了在离岸 200 米的小岛上的野餐 (见图), 要返回岸边的家中. 岸上到岛的最近点在 P 处, 此处距她的家有 600 米. 她计划先划船到距 P 点 x 米处的岸边, 然后沿岸边 (直线) 慢跑回家.

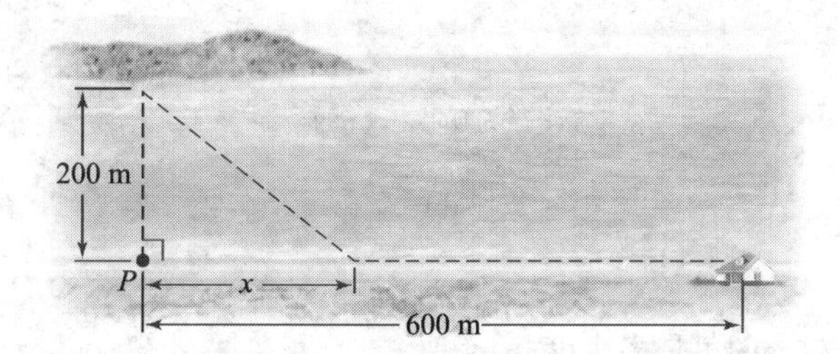

- **a.** 设 $d(x)$ 作为 x 的函数表示她的行程总长度. 作这个函数的图像.
- **b.** 假设凯利划船的速度 $2\,\mathrm{m/s}$, 慢跑的速度是 $4\,\mathrm{m/s}$. 设 $T(x)$ 作为 x 的函数表示她的行程所用总时间. 作 $y=T(x)$ 的图像.
- **c.** 根据 (b) 中的图像, 估计岸边的某一点, 使得凯利在此上岸时她的行程总时间达到最短. 最短时间是多少?

61. 最优盒子 想象一个底为正方形的无边盒子, 其高为 h, 底边长为 x, 体积是 $125\,\mathrm{ft}^3$.

- **a.** 对 $x>0$ 的所有值, 求盒子表面积的函数 $S(x)$, 并作其图像.
- **b.** 根据 (a) 中的图像, 估计 x 的值, 使得盒子的表面积最小.

附加练习

62. 多项式的复合 设 f 是 n 次多项式, g 是 m 次多项式. 下列多项式的次数是多少?

a. $f\cdot f$ **b.** $f\circ f$ **c.** $f\cdot g$ **d.** $f\circ g$

63. 抛物线顶点的性质 证明如果抛物线过 x-轴两次, 那么其顶点的 x-坐标是 x-截距的中点.

64. 抛物线的性质 考虑一般的二次函数 $f(x)=ax^2+bx+c$, $a\neq 0$.

- **a.** 求用 a,b,c 表示的顶点坐标.
- **b.** 求 a,b,c 满足的条件, 使得 f 的图像过 x-轴两次.

65. 阶乘函数 阶乘函数对所有正整数有定义, 为 $n!=n(n-1)(n-2)\cdot 3\cdot 2\cdot 1$.

- **a.** 对 $n=1,2,3,4,5$ 作阶乘函数的表.
- **b.** 作出这些数据点的图像, 并用光滑曲线把它们连接起来.
- **c.** 使 $n!>10^6$ 成立的最小 n 是多少?

66. 整数的和 设 $S(n)=1+2+\cdots+n$, 其中 n 是正整数. 可以证明 $S(n)=n(n+1)/2$.

- **a.** 对 $n=1,2,\ldots,10$, 作 $S(n)$ 的表.
- **b.** 如何描述这个函数的定义域.
- **c.** 使 $S(n)>1\,000$ 成立的最小 n 是多少?

67. 整数平方的和 设 $T(n)=1^2+2^2+\cdots+n^2$, 其中 n 是正整数. 可以证明 $T(n)=n(n+1)(2n+1)/6$.

- **a.** 对 $n=1,2,\ldots,10$, 作 $T(n)$ 的表.
- **b.** 如何描述这个函数的定义域?
- **c.** 使 $T(n)>1\,000$ 成立的最小 n 是多少?

迅速核查 答案

1. 是; 否.
2. $(-\infty,\infty)$, $[0,\infty)$.
3. 定义域和值域是 $(-\infty,\infty)$. 定义域和值域是 $[0,\infty)$.
4. f 的图像向左平移 4 个单位.

1.3 三角函数

这一节复习为学习三角函数的微积分所需要熟悉的知识.

弧度制

微积分中一般要求角度用**弧度**(rad) 度量. 设圆的半径为 r, 角 θ 的弧度等于角 θ 所对应的弧长 s 与圆的半径 r 之比 (见图 1.42(a)). 对于单位圆 ($r=1$), 角 θ 的弧度仅仅是其所对应的弧长 s (见图 1.42(b)). 例如, 单位圆的周长是 2π, 于是 π 弧度角对应半圆

度数	弧度
0	0
30	$\pi/6$
45	$\pi/4$
60	$\pi/3$
90	$\pi/2$
120	$2\pi/3$
135	$3\pi/4$
150	$5\pi/6$
180	π

($\theta = 180°$), $\pi/2$ 弧度角对应四分之一圆 ($\theta = 90°$).

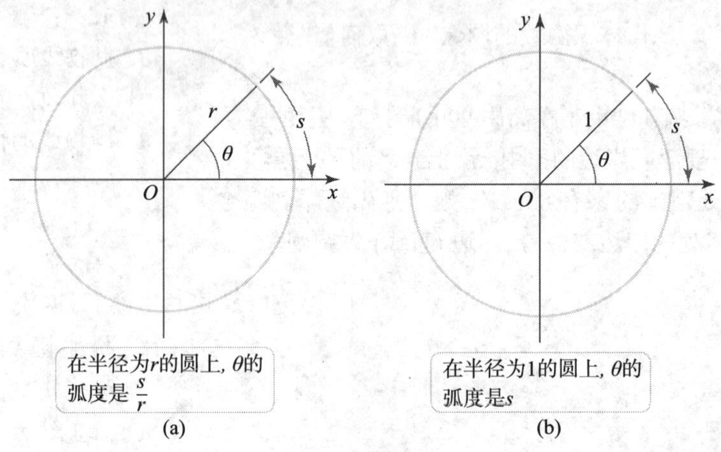

图 1.42

迅速核查 1. $270°$ 角是多少弧度? $5\pi/4\,\text{rad}$ 角是多少度? ◄

三角函数

对于锐角, 三角函数定义为直角三角形边的比 (见图 1.43). 为把这些定义推广到任意角, 我们需要用 xy - 坐标系中的半径为 r 、圆心在原点的圆. 设 $P(x, y)$ 是圆上一点. 如果角 θ 的始边是正 x - 轴, 终边是连接原点与 P 的线段 OP, 我们称 θ 处于**标准位置**. 由正 x - 轴按逆时针方向旋转得到的角是正角 (见图 1.44). 当图 1.43 中的直角三角形换为图 1.44 中的直角三角形时, 三角函数可由 x, y 和圆的半径 $r = \sqrt{x^2 + y^2}$ 表示.

当用单位圆 ($r = 1$) 时, 这些定义变为

$$\sin\theta = y, \quad \cos\theta = x,$$
$$\tan\theta = \frac{y}{x}, \quad \cot\theta = \frac{x}{y},$$
$$\sec\theta = \frac{1}{x}, \quad \csc\theta = \frac{1}{y}.$$

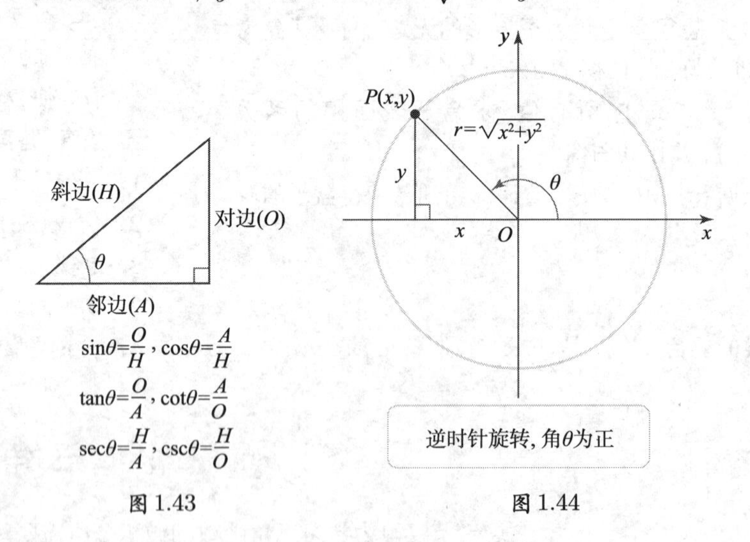

图 1.43　　图 1.44

定义　三角函数

设 $P(x, y)$ 是半径为 r 的圆上的一点, 对应的夹角为 θ. 则

$$\sin\theta = \frac{y}{r}, \quad \cos\theta = \frac{x}{r}, \quad \tan\theta = \frac{y}{x},$$
$$\cot\theta = \frac{x}{y}, \quad \sec\theta = \frac{r}{x}, \quad \csc\theta = \frac{r}{y}.$$

对于求一些标准角 (30° 或 45° 的整数倍) 的三角函数, 知道其弧度及在单位圆上的对应点坐标是很有帮助的 (见图 1.45).

标准三角形

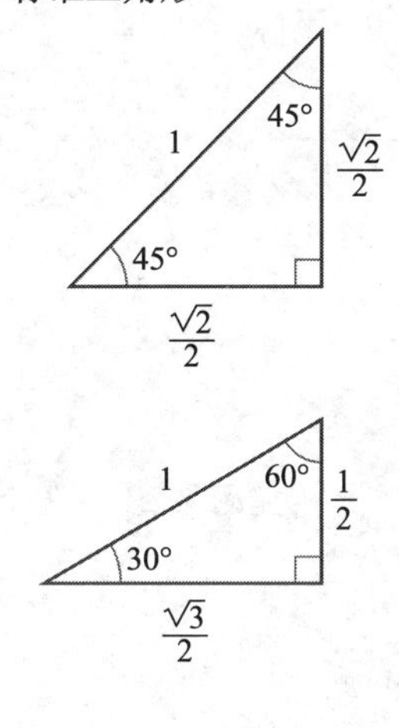

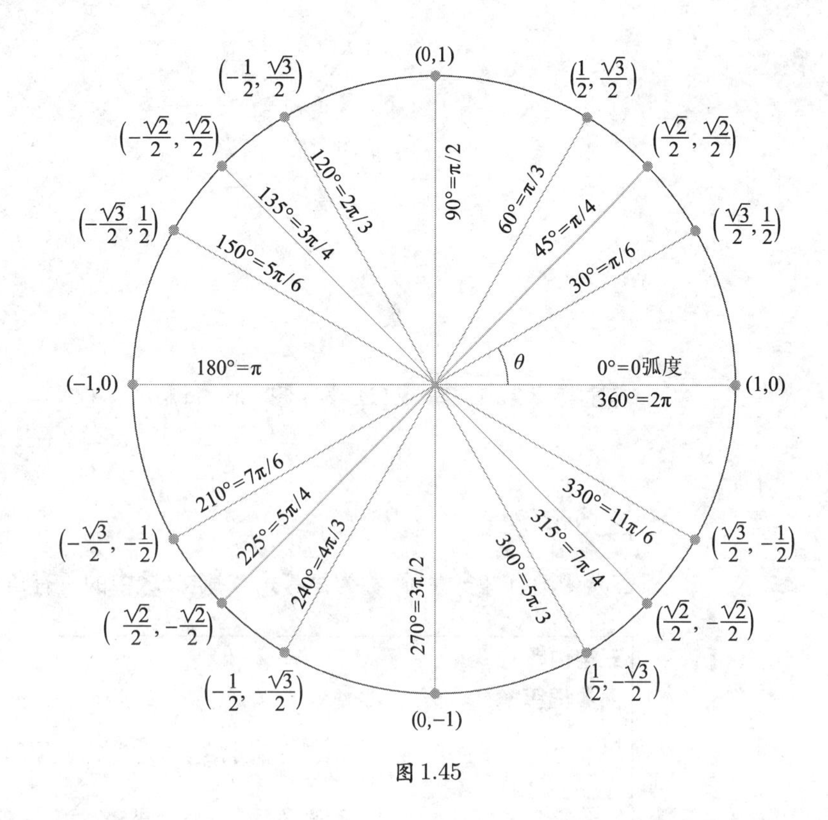

图 1.45

结合三角函数的定义和图 1.45 显示的坐标, 我们可以得到任意标准角的三角函数. 例如,

$$\sin\frac{2\pi}{3}=\frac{\sqrt{3}}{2},\qquad \cos\frac{5\pi}{6}=-\frac{\sqrt{3}}{2},\quad \tan\frac{7\pi}{6}=\frac{1}{\sqrt{3}},$$
$$\cot\frac{5\pi}{3}=-\frac{1}{\sqrt{3}},\quad \sec\frac{7\pi}{4}=\sqrt{2},\qquad \csc\frac{3\pi}{2}=-1.$$

例 1　求三角函数值 求下列表达式的值.

a. $\sin(8\pi/3)$.　　**b.** $\csc(-11\pi/3)$.

解

a. 角 $8\pi/3=2\pi+2\pi/3$ 对应于逆时针旋转一周 (2π) 再加上 $2\pi/3$ (见图 1.46). 所以, 该角与角 $2\pi/3$ 有相同的终边, 在单位圆上的对应点的坐标是 $(-1/2,\sqrt{3}/2)$. 于是 $\sin(8\pi/3)=y=\sqrt{3}/2$.

b. 角 $-11\pi/3=-2\pi-5\pi/3$ 对应于顺时针旋转一周 (2π) 再加上 $5\pi/3$ (见图 1.47). 该角与角 $\pi/3$ 有相同的终边, 在单位圆上的对应点的坐标是 $(1/2,\sqrt{3}/2)$. 故 $\csc(-11\pi/3)=1/y=2/\sqrt{3}$.

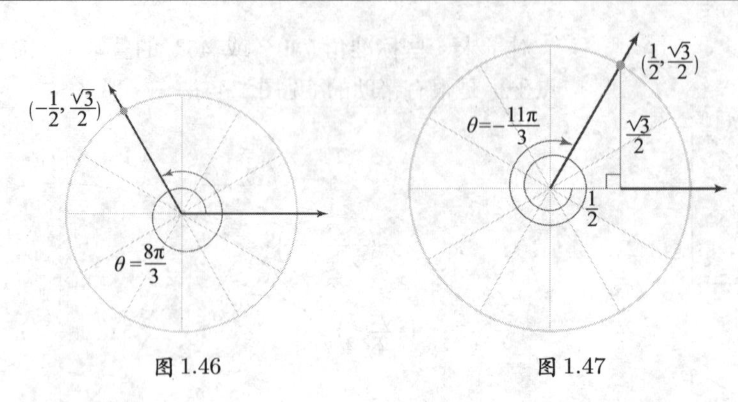

图 1.46　　　　图 1.47

相关习题 9 ~ 16 ◀

迅速核查 2. 计算 $\cos(11\pi/6)$ 和 $\sin(5\pi/4)$. ◀

三角恒等式

三角函数有许多性质, 称为**恒等式**, 对定义域中的所有角都成立. 下面是一些常用的恒等式.

三角恒等式

倒数恒等式

$$\tan\theta = \frac{\sin\theta}{\cos\theta}, \quad \cot\theta = \frac{1}{\tan\theta} = \frac{\cos\theta}{\sin\theta},$$
$$\csc\theta = \frac{1}{\sin\theta}, \quad \sec\theta = \frac{1}{\cos\theta}.$$

毕达哥拉斯恒等式

$$\sin^2\theta + \cos^2\theta = 1, \quad 1 + \cot^2\theta = \csc^2\theta, \quad \tan^2\theta + 1 = \sec^2\theta.$$

倍角和半角公式

$$\sin 2\theta = 2\sin\theta\cos\theta, \quad \cos 2\theta = \cos^2\theta - \sin^2\theta,$$
$$\cos^2\theta = \frac{1+\cos 2\theta}{2}, \quad \sin^2\theta = \frac{1-\cos 2\theta}{2}.$$

迅速核查 3. 证明 $1 + \cot^2\theta = \csc^2\theta$. ◀

例 2　解三角方程 解下列方程.

a. $\sqrt{2}\sin x + 1 = 0$.　　**b.** $\cos 2x = \sin 2x$, 其中 $0 \leqslant x < 2\pi$.

解

通过分母有理化, 得 $\frac{1}{\sqrt{2}} = \frac{1}{\sqrt{2}} \cdot \frac{\sqrt{2}}{\sqrt{2}} = \frac{\sqrt{2}}{2}$.

a. 首先我们解 $\sin x$, 得 $\sin x = -1/\sqrt{2} = -\sqrt{2}/2$. 由单位圆 (见图 1.45), 发现若 $x = 5\pi/4$ 或 $x = 7\pi/4$, 则 $\sin x = -\sqrt{2}/2$. 再加上 2π 的整数倍可得到其他解. 所以, 全部解的集合是

$$x = \frac{5\pi}{4} + 2n\pi \quad 和 \quad x = \frac{7\pi}{4} + 2n\pi, \quad n = 0, \pm1, \pm2, \pm3, \cdots.$$

b. 方程的两边同时除以 $\cos 2x$ (假设 $\cos 2x \neq 0$), 得 $\tan 2x = 1$. 令 $\theta = 2x$, 得等价方程 $\tan\theta = 1$. 满足这个方程的 θ 是

$$\theta = \frac{\pi}{4}, \frac{5\pi}{4}, \frac{9\pi}{4}, \frac{13\pi}{4}, \frac{17\pi}{4}, \cdots.$$

注意, 对 x 的这些取值, 假设 $\cos 2x \neq 0$ 是成立的.

除以 2, 并限制 $0 \leqslant x < 2\pi$, 得解为

$$x = \frac{\theta}{2} = \frac{\pi}{8}, \frac{5\pi}{8}, \frac{9\pi}{8}, 和\ \frac{13\pi}{8}.$$

相关习题 *17～28*◄

三角函数的图像

三角函数都是**周期函数**, 即其函数值在固定长度的每个区间上重复. 如果函数 f 满足, 对其定义域内的所有 x 有 $f(x+P) = f(x)$, 则 f 称为周期的, 其中**周期** P 是具有此性质的最小正数.

三角函数的周期

函数 $\sin\theta, \cos\theta, \sec\theta$ 和 $\csc\theta$ 的周期是 2π:

$$\sin(\theta+2\pi) = \sin\theta, \quad \cos(\theta+2\pi) = \cos\theta,$$
$$\sec(\theta+2\pi) = \sec\theta, \quad \csc(\theta+2\pi) = \csc\theta,$$

对定义域中的所有 θ 值成立.

函数 $\tan\theta$ 和 $\cot\theta$ 的周期是 π:

$$\tan(\theta+\pi) = \tan\theta, \quad \cot(\theta+\pi) = \cot\theta,$$

对定义域中的所有 θ 值成立.

在图 1.48(a) 中展示了 $y = \sin\theta$ 的图像. 由于 $\csc\theta = 1/\sin\theta$, 故这两个函数有相同的符号, 但 $y = \csc\theta$ 在 $\theta = 0, \pm\pi, \pm 2\pi, \cdots$ 处没有定义, 而是有垂直渐近线. 函数 $\cos\theta$ 与 $\sec\theta$ 有类似的关系 (见图 1.48(b)).

在图 1.49 中展示的是 $\tan\theta$ 和 $\cot\theta$ 的图像. 每个函数分别在一些相距 π 个单位的点处没有定义.

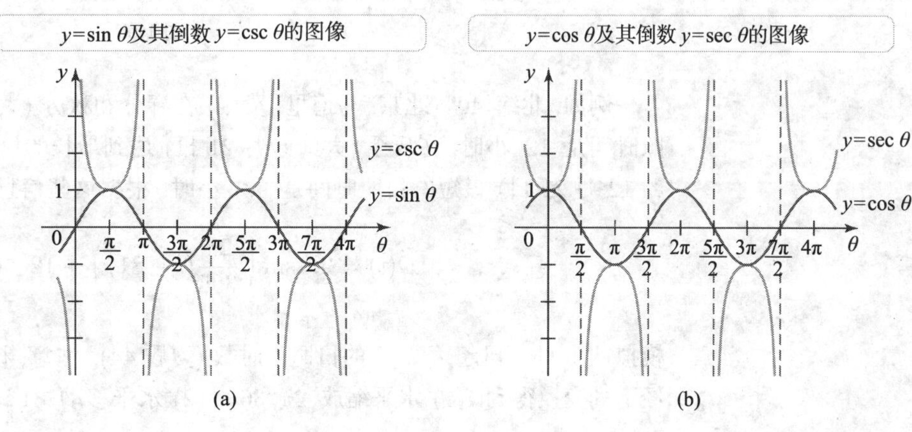

图 1.48

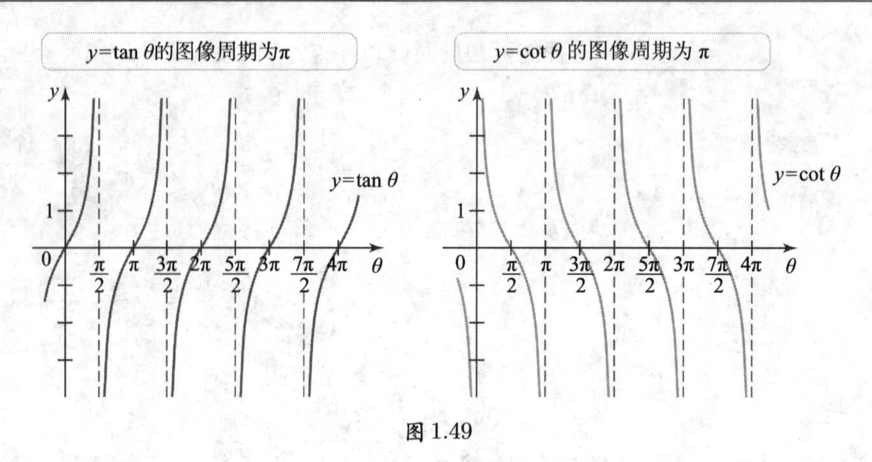

图 1.49

变换图像

许多物理现象, 如波的运动或者太阳的升降, 都可以用三角函数模拟; 特别是正弦和余弦函数非常有用. 由 1.2 节中介绍的变换方法, 我们可以证明函数

$$y = A\sin(B(\theta - C)) + D \quad 和 \quad y = A\cos(B(\theta - C)) + D,$$

在与 $y = \sin\theta$ 和 $y = \cos\theta$ 的图像比较时, 作了垂直伸长 (或**振幅**) $|A|$ 、周期 $2\pi/|B|$ 、水平移动 (或**相位移动**) C 和**垂直移动** D (见图 1.50).

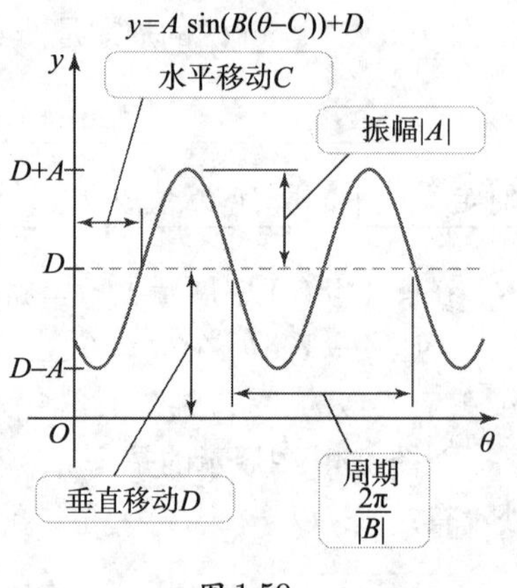

图 1.50

例如, 北纬 40° (北京, 马德里, 费城) 在春分和秋分 (大约 3 月 21 日和 9 月 21 日) 的日照时间是 12 小时, 在夏至 (大约 6 月 21 日) 达到最长的日照时间是 14.8 小时, 在冬至 (大约 12 月 21 日) 最短的日照时间是 9.2 小时. 根据这些信息可以证明函数

$$D(t) = 2.8\sin\left(\frac{2\pi}{365}(t - 81)\right) + 12 \quad (见图 1.51)$$

模拟从 1 月 1 日起第 t 天的日照小时数 (习题 44). 注意, 该函数的图像由 $y = \sin t$ 的图像经下列变换得到: (1) 水平缩放 $2\pi/365$, (2) 水平移动 81, (3) 垂直放大 2.8 倍, (4) 垂直移动 12.

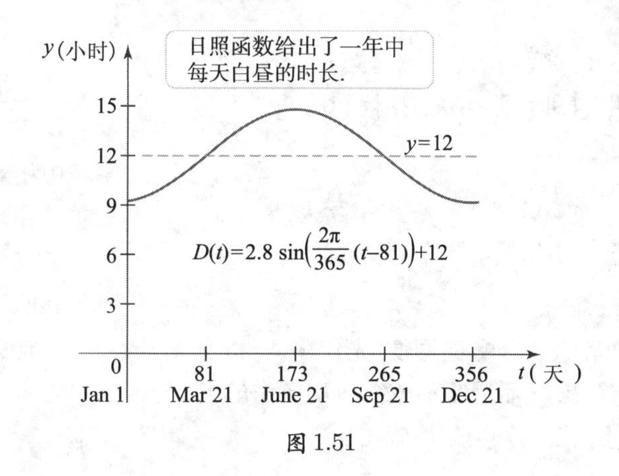

图 1.51

1.3节 习题

复习题

1. 用直角三角形的边定义六个三角函数.

2. 解释如何用半径为 r 的圆上的点 $P(x,y)$ 确定角 θ 及其六个三角函数的值.

3. 解释如何确定一个角的弧度.

4. 解释三角函数周期的意义. 六个三角函数的周期是什么?

5. 三个毕达哥拉斯恒等式是什么?

6. 如何用正弦函数和余弦函数定义其余四个三角函数?

7. 正切函数在哪些点没有定义?

8. 正割函数的定义域是什么?

基本技能

9～16. 计算三角函数的值 用单位圆和适当的直角三角形求下列表达式的值. 计算器只用来核对结果. 所有角都用弧度制表示.

9. $\cos(2\pi/3)$.

10. $\sin(2\pi/3)$.

11. $\tan(-3\pi/4)$.

12. $\tan(15\pi/4)$.

13. $\cot(-13\pi/3)$.

14. $\sec(7\pi/6)$.

15. $\cot(-17\pi/3)$.

16. $\sin(16\pi/3)$.

17～22. 三角恒等式

17. 证明 $\tan^2\theta+1=\sec^2\theta$.

18. 证明 $\dfrac{\sin\theta}{\csc\theta}+\dfrac{\cos\theta}{\sec\theta}=1$.

19. 证明 $\sec(\pi/2-\theta)=\csc\theta$.

20. 证明 $\sec(x+\pi)=\sec x$.

21. 求 $\cos(\pi/12)$ 的精确值.

22. 求 $\tan(3\pi/8)$ 的精确值.

23～28. 解三角方程 解下列方程.

23. $\tan x=1$.

24. $2\theta\cos\theta+\theta=0$.

25. $\sqrt{2}\sin x-1=0$.

26. $\sin 3x=\sqrt{2}/2, 0\leqslant x<2\pi$.

27. $\cos 3x=\sin 3x, 0\leqslant x<2\pi$.

28. $\sin^2\theta-1=0$.

深入探究

29. 解释为什么是, 或不是 判断下列命题是否正确, 并说明理由或举出反例.

a. $\sin(a+b)=\sin a+\sin b$.

b. 方程 $\cos\theta=2$ 有多个解.

c. 方程 $\sin\theta=\dfrac{1}{2}$ 有唯一解.

d. 函数 $\sin(\pi x/12)$ 的周期是 12.

e. 六个基本三角函数中, 只有正切和余切函数的值域是 $(-\infty,\infty)$.

30～33. 一个函数确定所有六个 已知下列关于一个三角函数的信息, 求其余五个函数的值.

30. $\sin\theta=-\dfrac{4}{5}$, $\pi<\theta<3\pi/2$ (求 $\cos\theta, \tan\theta, \cot\theta, \sec\theta$, $\csc\theta$).

31. $\cos\theta=\dfrac{5}{13}$, $0<\theta<\pi/2$.

32. $\sec\theta=\dfrac{5}{3}$, $3\pi/2<\theta<2\pi$.

33. $\csc\theta = \dfrac{13}{12}$, $0 < \theta < \pi/2$.

34～37. 振幅和周期 识别下列函数的振幅和周期.

34. $f(\theta) = 2\sin 2\theta$.

35. $g(\theta) = 3\cos(\theta/3)$.

36. $p(t) = 2.5\sin\left(\dfrac{1}{2}(t-3)\right)$.

37. $q(x) = 3.6\cos(\pi x/24)$.

38～41. 作正弦函数和余弦函数的图像 先作 $y = \sin x$ 或 $y = \cos x$ 的图像, 然后用平移或缩放变换作出下列函数的图像. 绘图工具只用来检验结果.

38. $f(x) = 3\sin 2x$.

39. $g(x) = -2\cos(x/3)$.

40. $p(x) = 3\sin(2x - \pi/3) + 1$.

41. $q(x) = 3.6\cos(\pi x/24) + 2$.

42～43. 设计的函数 根据已知性质设计一个正弦函数.

42. 周期是 12 hr, 在 $t = 0$ hr 时有最小值 -4, 在 $t = 6$ hr 时有最大值 4.

43. 周期是 24 hr, 在 $t = 3$ hr 时有最小值 10, 在 $t = 15$ hr 时有最大值 16.

应用

44. 在北纬 40° 的日照函数 验证函数

$$D(t) = 2.8\sin\left(\frac{2\pi}{365}(t-81)\right) + 12$$

具有下列性质, 其中 t 以天计, D 以小时计.

a. 周期是 365 天.

b. 最大值和最小值分别是 14.8 hr 和 9.2 hr, 大约出现在 $t = 172$ 和 $t = 355$ (对应夏至和冬至).

c. $D(81) = D(264) = 12$ (对应春分和秋分).

45. 弹簧上的木块 一个轻木块挂在一个弹簧的末端, 处于静止状态. 向下拉动木块 10 cm 后释放. 假设木块以相对初始位置上下 10 cm 的振幅振动, 周期是 1.5 s. 求函数 $d(t)$ (表示释放 t 秒后木块的位移), 其中 $d(t) > 0$ 表示向下的位移.

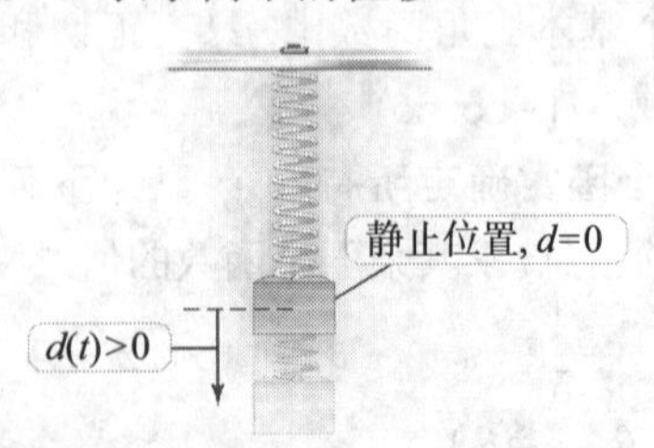

46. 走近灯塔 一艘船走向位于海平面上高 50 ft 的灯塔. d 是船与灯塔底部的距离, L 是船与灯塔顶部的距离, θ 是船与灯塔顶部的仰角.

a. 把 d 表示为 θ 的函数.

b. 把 L 表示为 θ 的函数.

47. 梯子 两个长为 a 的梯子分别斜着倚靠在一个小巷中相对的两面墙上, 底部接触在一起 (见图). 一个梯子在墙上的高是 h ft, 与地面成 75° 角. 另一个梯子在对面墙上的高是 k ft, 与地面成 45° 角. 求小巷的宽, 用 a, h 和 (或) k 表示. 假设地面是水平的并垂直于两个墙面.

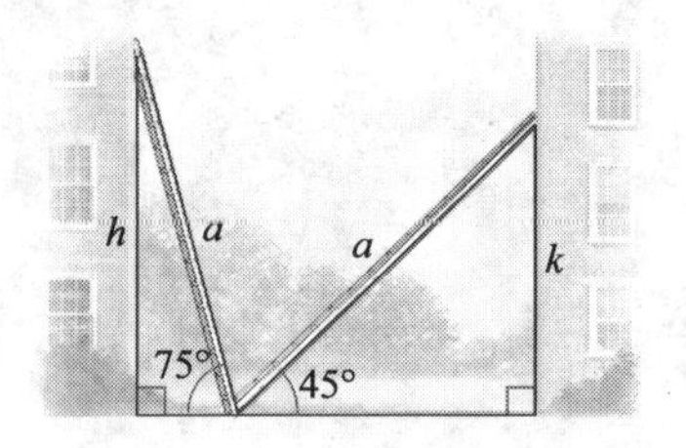

48. 拐角处的杆子 一根长 L 的杆子水平地穿过一个连接 3 ft 宽走廊与 4 ft 宽走廊的拐角. 对于 $0 < \theta < \pi/2$, 求当杆子同时接触墙和拐角 P 时, L 与 θ 的关系. 估计当 $L = 10$ ft 时 θ 的值.

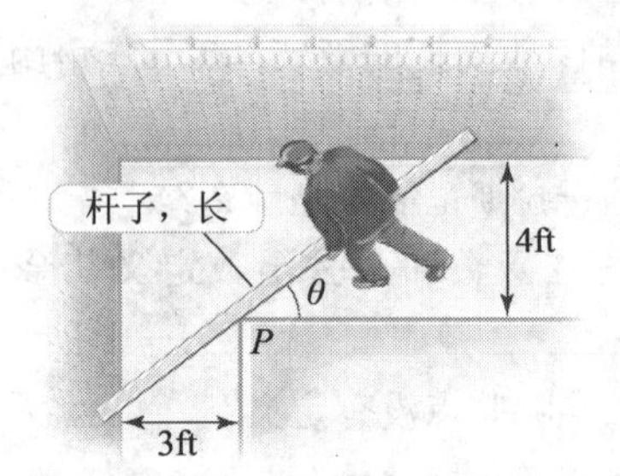

49. 鲜为人知的事实 一年当中白昼最短的一天是冬至 (12 月 21 日前后), 最长的一天是夏至 (6 月 21 日前后). 但太阳初升最晚的一天却不是冬至, 初升最早的一天也不是夏至. 在北纬 40°, 日出最晚在 1 月 4 日 7:25 A.M.(冬至 14 天之后), 日落最早在 12 月 7 日 4:37 P.M.(冬至 14 天以前). 类似地, 日出最早在 7 月 2 日 4:30 A.M.(夏至 14 天之后), 日落最晚在 6 月 7 日 7:32 P.M.(夏至 14 天以前). 用正弦函数作函数 $s(t)$ 表示 1 月 1 日后第 t 天日出的时间和函数 $S(t)$ 表示 1 月 1 日后第 t 天日落的时间. 假设 s 和 S 以分钟计, $s = 0$ 和 $S = 0$ 对应于 4:00 A.M. 作两个函数的图像. 再作白昼时长函数 $D(t) = S(t) - s(t)$ 的图像并证明最长与最短的一天分别在夏至和冬至.

附加练习

50. 扇形面积 证明半径为 r、圆心角为 θ (以弧度计) 的

扇形面积是 $A=\dfrac{1}{2}r^2\theta$.

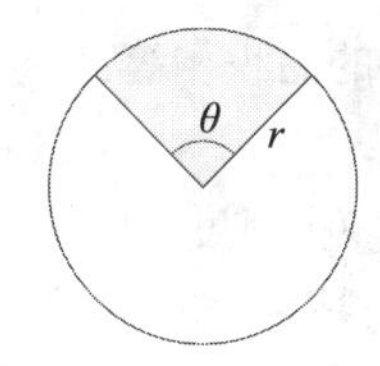

51. **余弦定律** 利用图像证明余弦定律 (勾股定理的一般化):

$$c^2=a^2+b^2-2ab\cos\theta.$$

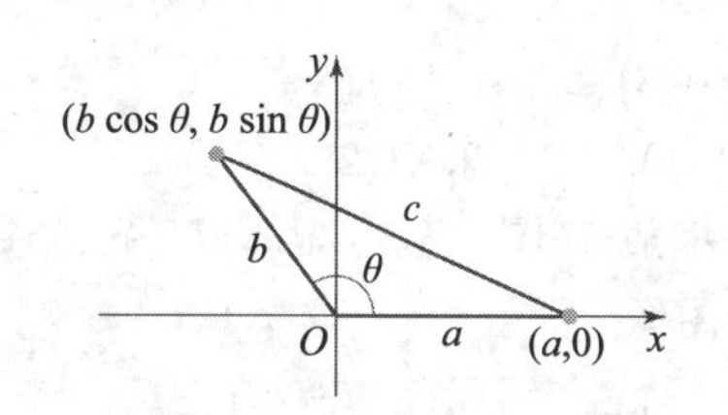

迅速核查 答案

1. $3\pi/2, 225^\circ$.
2. $\sqrt{3}/2; -\sqrt{2}/2$.
3. 用 $\sin^2\theta$ 除以 $\sin^2\theta+\cos^2\theta=1$ 的两边.

第 1 章　总复习题

1. **解释为什么是, 或不是** 判断下列命题是否正确, 并说明理由或举出反例.
   - a. 一个函数可能有性质: $f(x)=f(-x)$ 对所有 x 成立.
   - b. 对 $[0,2\pi]$ 中所有 a 和 b, $\cos(a+b)=\cos a+\cos b$.
   - c. 若 f 是线性函数 $f(x)=mx+b$, 则对所有 u 和 v, $f(u+v)=f(u)+f(v)$.
   - d. 函数 $f(x)=1-x$ 有性质 $f(f(x))=x$.
   - e. 集合 $\{x:|x+3|>4\}$ 可以一笔画在数轴上.
2. **定义域和值域** 求下列函数的定义域和值域.
   - a. $f(x)=x^5+\sqrt{x}$.　　b. $g(y)=\dfrac{1}{y-2}$.
   - c. $h(z)=\sqrt{z^2-2z-3}$.
3. **直线方程** 求具有下列性质的直线方程, 并作直线的图像.
   - a. 直线过点 $(2,-3)$ 和 $(4,2)$.
   - b. 直线的斜率是 $\dfrac{3}{4}$, x-截距是 $(-4,0)$.
   - c. 直线的截距是 $(4,0)$ 和 $(0,-2)$.
4. **分段线性方程** 城市车库的停车费是首半小时 \$2.00, 每增加半小时增加 \$1.00. 作函数 $C=f(t)$ 的图像, 其中 $f(t)$ 表示停车 t 小时的费用, $0\leqslant t\leqslant 3$.
5. **绝对值作图** 考虑函数 $f(x)=2(x-|x|)$. 去绝对值符号, 把函数表示为分段函数. 绘图工具仅用来验证.
6. **由文字求函数** 假设计划驾驶一辆汽油里程为 35 mi/gal 的轿车进行一次 500 mi 的旅行. 当汽油成本是每加仑 $\$p$ 时, 求这个旅行的汽油费用函数 $C=f(p)$.
7. **方程作图** 作下列方程的图像. 绘图工具仅用来验证.
   - a. $2x-3y+10=0$.
   - b. $y=x^2+2x-3$.
   - c. $x^2+2x+y^2+4y+1=0$.
   - d. $x^2-2x+y^2-8y+5=0$.
8. **根函数** 作函数 $f(x)=x^{1/3}$ 和 $g(x)=x^{1/4}$ 的图像. 求它们的所有交点. 当 $x>1$ 时, $f(x)>g(x)$ 还是 $g(x)>f(x)$?
9. **根函数** 求 $f(x)=x^{1/7}$ 与 $g(x)=x^{1/4}$ 的定义域和值域.
10. **交点** 作方程 $y=x^2$ 与 $x^2+y^2-7y+8=0$ 的图像. 两曲线在何处相交?
11. **沸点函数** 在海平面上水的沸点是 212° F, 在 6 000 ft 高空水的沸点 200° F. 假设沸点 B 随高度 a 线性变化. 求描述这个依赖关系的函数 $B=f(a)$. 对线性函数是否为一个现实的模型作出评论.
12. **出版成本** 一个小出版商计划花 \$1 000 为一本平装书做广告. 估计印刷成本是每本 \$2.50. 出版商每卖一本书收入 \$7.
    - a. 求生产 x 本书的成本函数 $C=f(x)$.
    - b. 求销售 x 本书的收入函数 $R=g(x)$.
    - c. 作成本函数与收入函数的图像, 并求必须销售多少本书才能使出版商的收支平衡.
13. **平移和缩放** 由 $y=x^2$ 的图像开始, 作下列函数的图像. 绘图工具仅用来验证.

a. $f(x+3)$.　　**b.** $2f(x-4)$.

c. $-f(3x)$.　　**d.** $f(2(x-3))$.

14. 平移和缩放 在图中显示 $y=f(x)$ 的图像. 作下列函数的图像.

a. $f(x+1)$.　　**b.** $2f(x-1)$.

c. $-f(x/2)$.　　**d.** $f(2(x-1))$.

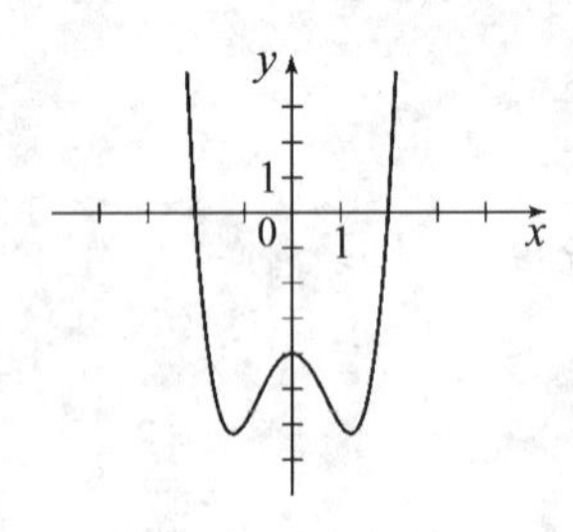

15. 复合函数 设 $f(x)=x^3$, $g(x)=\sin x$, $h(x)=\sqrt{x}$.

a. 计算 $h(g(\pi/2))$.

b. 求 $h(f(x))$.

c. 求 $f(g(h(x)))$.

d. 求 $g\circ f$ 的定义域.

16. 复合函数 求函数 f 和 g 使得 $h=f\circ g$.

a. $h(x)=\sin(x^2+1)$.　　**b.** $h(x)=(x^2-4)^{-3}$.

17. 对称 识别下列方程图像的对称性.

a. $y=\cos 3x$. **b.** $y=3x^4-3x^2+1$. **c.** $y^2-4x^2=4$.

18. 比较面积 考虑单位圆在第一象限中所围的区域. R_1 是三角形 OPQ, R_2 是扇形 ORQ 去掉三角形 OPQ (见图).

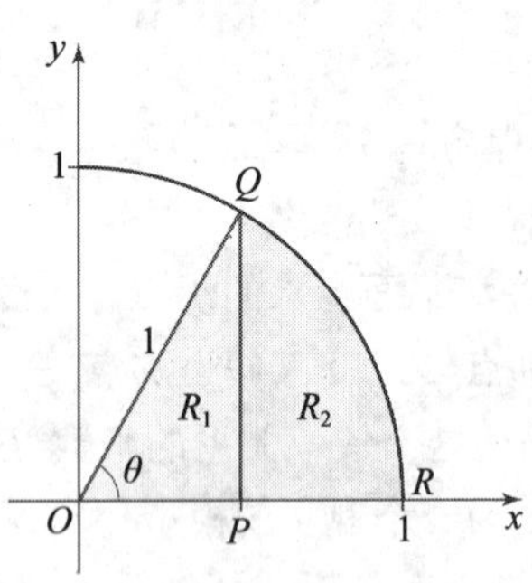

a. 求 R_1 的面积函数 $A_1(\theta)$, $0\leqslant\theta\leqslant\pi/2$.

b. 作函数 A_1 的图像.

c. 在区间 $0\leqslant\theta\leqslant\pi/2$ 中, θ 取何值时, A_1 最大?

d. 求 R_2 的面积函数 $A_2(\theta)$. 利用扇形 ORQ 的面积为 $\theta/2$, 其中 θ 以弧度计.

e. 作函数 A_2 的图像.

f. 在区间 $0\leqslant\theta\leqslant\pi/2$ 中, θ 取何值时, A_2 最大?

g. 在区间 $0\leqslant\theta\leqslant\pi/2$ 中, θ 近似地取何值时, R_1 与 R_2 的面积相等?

19. 度与弧度

a. 135° 角是多少弧度?

b. $4\pi/5\,\mathrm{rad}$ 角是多少度?

c. 半径为 10. 圆心角为 $4\pi/3\,\mathrm{rad}$ 的圆弧长是多少?

20. 正弦函数和余弦函数作图 用平移和缩放作下列函数的图像, 并确定振幅和周期.

a. $f(x)=4\cos(x/2)$.　　**b.** $g(\theta)=2\sin(2\pi\theta/3)$.

c. $h(\theta)=-\cos(2(\theta-\pi/4))$.

21. 设计的函数 求满足下列各组性质的三角函数 f. 答案不唯一.

a. 周期为 6 hr, 在 $t=0$ hr 时, 有最小值 -2; 且在 $t=3$ hr 时, 有最大值 2.

b. 周期为 24 hr, 在 $t=6$ hr 时, 有最大值 20; 且在 $t=18$ hr 时, 有最小值 10.

22. 由图像求函数 求由图中的图像表示的三角函数 f.

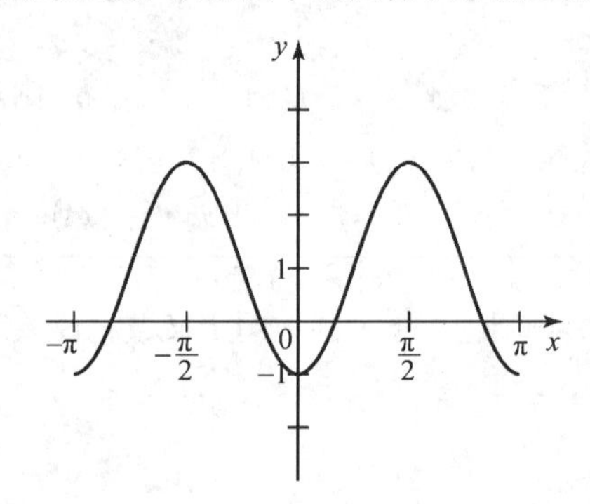

23. 匹配 找出与图像 (A) ~ (F) 相匹配的函数.

a. $f(x)=-\sin x$.　　**b.** $f(x)=\cos 2x$.

c. $f(x)=\tan(x/2)$.　　**d.** $f(x)=-\sec x$.

e. $f(x)=\cot 2x$.　　**f.** $f(x)=\sin^2 x$.

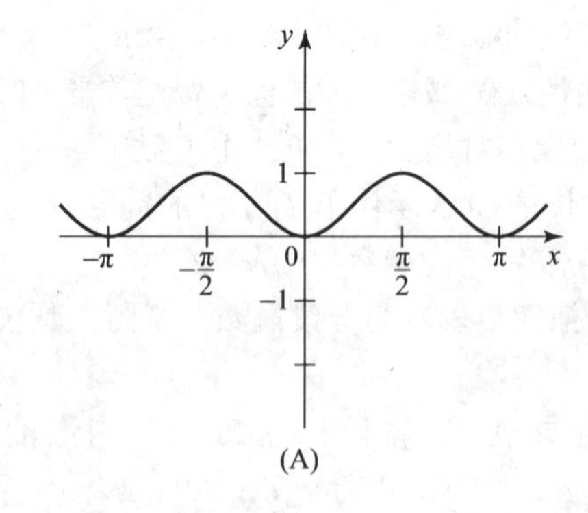

(A)

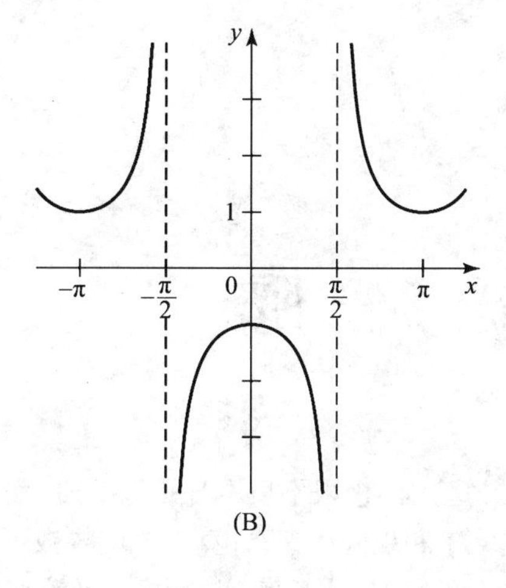

(B)

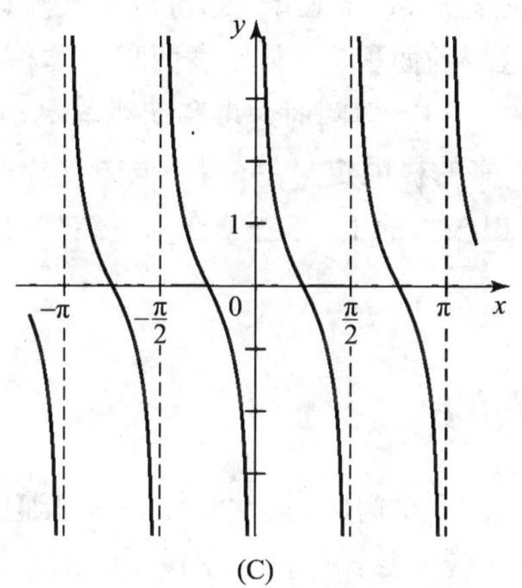

(C)

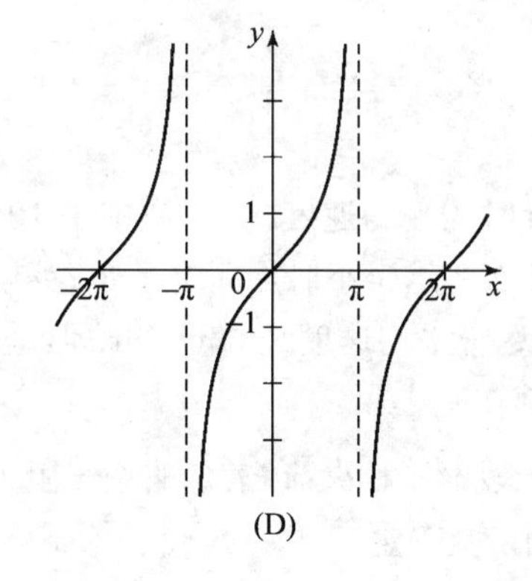

(D)

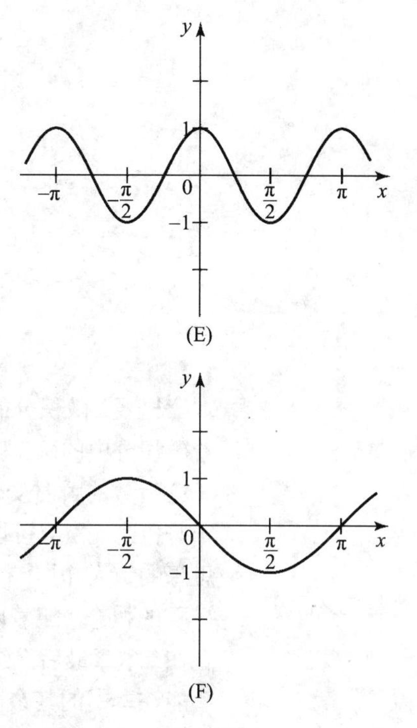

(E)

(F)

24. 球极平面投影 将一个球面 (如地球) 展示在平面 (如地图) 上的通常方法是球极平面投影. 这里是该方法的二维情形, 把一个圆映射到直线上. 设 P 是圆右半边上的一点, 由角 φ 确定. 求对应于 φ 的 x - 坐标 ($x \geqslant 0$) 的函数 $x = F(\varphi)$, $0 < \varphi \leqslant \pi$.

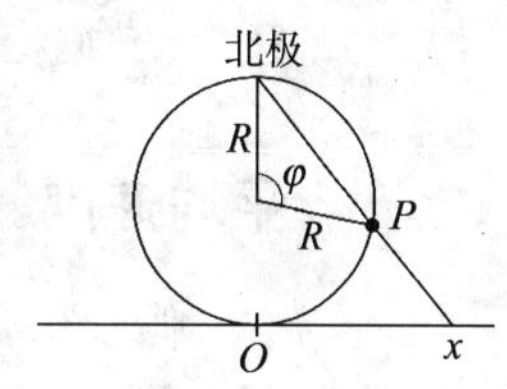

第2章　极　　限

本章概要 微积分的所有内容都以极限的思想为基础. 极限不仅本身是重要的, 而且还支撑着微积分中的两个基本运算: 微分运算 (计算导数) 和积分运算 (计算积分). 导数可以使我们谈论函数的瞬时变化率, 依次导出如速度与加速度、人口增长率、边际成本及流速等这样的一些概念. 积分可以使我们能够计算曲线下面区域的面积、立体的表面积和体积. 由于极限思想的惊人作用, 有必要深入理解极限. 我们首先通过计算瞬时速度和切线斜率, 直观地引入极限的概念. 随着内容的进展, 我们将建立更严格的极限定义, 并用不同方法检验极限是否存在. 本章最后介绍被称为连续的重要性质, 给出极限的正式定义. 在本章结束时, 要做好准备能在本书的其余部分使用极限.

2.1　极限的概念

在最开始的这一节中，我们先讨论看似无关的两个问题: 运动物体的瞬时速度和曲线切线的斜率. 通过这两个问题说明如何导出极限的概念. 这两个问题提供了深刻理解极限的洞察力, 它们将在本书中以不同的形式多次出现.

平均速度

假设想要计算在一条笔直的高速公路上旅行时的平均速度. 如果在中午 12 时通过 100 英里标志, 在 12:30P.M. 时通过 130 英里标志, 那么在这半小时期间走了 30 英里, 因此在这段时间的**平均速度**是 (30mi)/(0.5hr)=60mi/hr. 尽管平均速度是 60mi/hr, 但是几乎可以肯定**瞬时速度**, 即汽车的速度表所显示的速度时刻都在变化.

例 1　平均速度 从地面以 96 ft/s 的速度垂直向上发射一枚火箭. 若忽略空气阻力, 物理学上的一个著名公式指出在 t 秒后火箭的位置由下面函数确定

$$s(t) = -16t^2 + 96t.$$

位置 s 以英尺计, $s = 0$ 对应地面. 计算火箭在下列每个时间间隔的平均速度.

a. $t = 1\,\text{s}$ 到 $t = 3\,\text{s}$.　　　　**b.** $t = 1\,\text{s}$ 到 $t = 2\,\text{s}$.

解　图 2.1 显示了火箭在时间区间 $0 \leqslant t \leqslant 3$ 上的位置.

a.　火箭在任意时间区间 $[t_0, t_1]$ 上的平均速度是位置的变化除以时间间隔:

$$v_{\text{av}} = \frac{s(t_1) - s(t_0)}{t_1 - t_0}.$$

于是, 在区间 $[1, 3]$ 上的平均速度是

$$v_{\text{av}} = \frac{s(3) - s(1)}{3 - 1} = \frac{144\ \text{ft} - 80\ \text{ft}}{3\text{s} - 1\text{s}} = \frac{64\ \text{ft}}{2\ \text{s}} = 32\ \text{ft/s}.$$

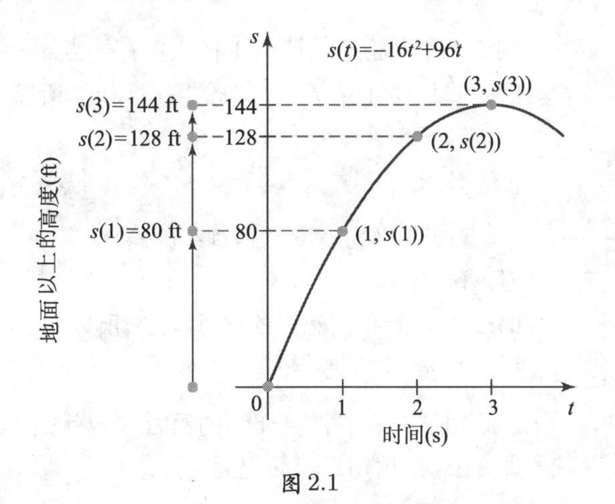

图 2.1

一个重要的观察结论是: 平均速度是连接位置函数图像上两点 $(1, s(1))$ 和 $(3, s(3))$ 的直线的斜率, 如图 2.2(a) 所示.

b. 火箭在区间 [1, 2] 上的平均速度是

$$v_{\text{av}} = \frac{s(2) - s(1)}{2 - 1} = \frac{128 \text{ ft} - 80 \text{ ft}}{2\text{s} - 1\text{s}} = \frac{48 \text{ ft}}{1 \text{ s}} = 48 \text{ ft/s}.$$

同样, 平均速度是连接位置函数图像上两点 $(1, s(1))$ 和 $(2, s(2))$ 的直线的斜率 (见图 2.2(b)).

相关习题 7～8 ◀

连接曲线上两点的直线称为**割线**. 例 1 中的位置函数在区间 $[t_0, t_1]$ 上的割线斜率为

$$m_{\text{sec}} = \frac{s(t_1) - s(t_0)}{t_1 - t_0}.$$

例 1 说明平均速度是位置函数图像上的一条割线的斜率, 即 $v_{\text{av}} = m_{\text{sec}}$ (见图 2.3).

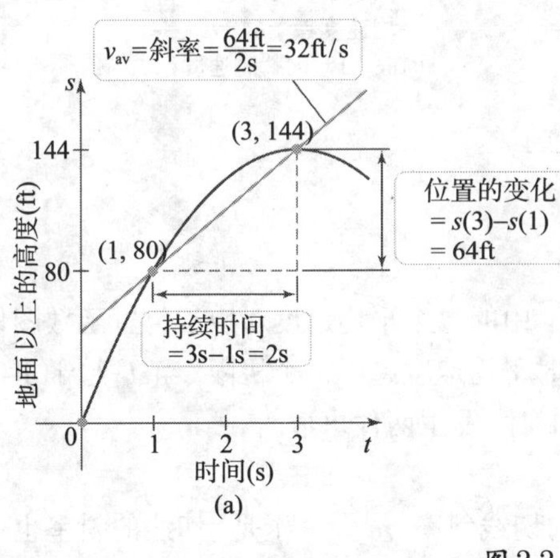

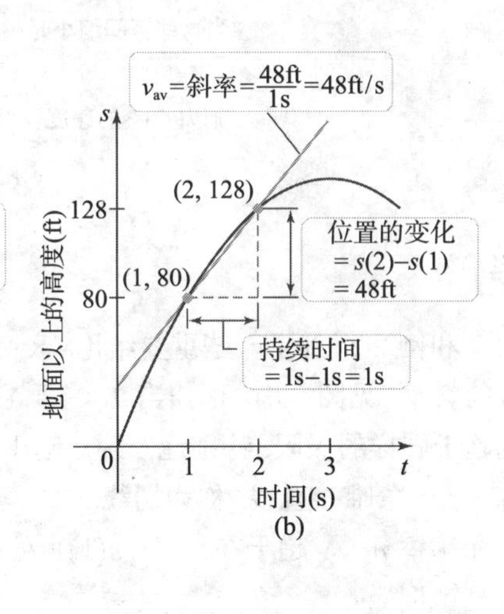

图 2.2

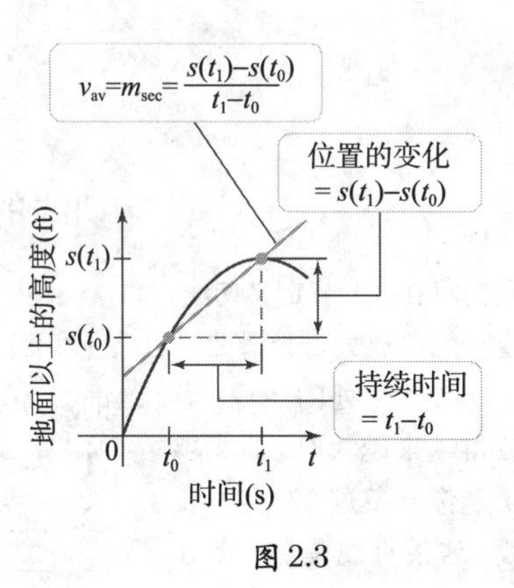

图 2.3

瞬时速度

我们用物体在两个不同时间点的位置计算其运动的平均速度. 那么我们怎样计算在一个时间点处的瞬时速度呢? 如例 2 所阐述, 在 $t = t_0$ 时刻的瞬时速度通过计算正在缩短长度的区间 $[t_0, t_1]$ 上的平均速度确定. 当 t_1 趋于 t_0 时, 平均速度一般趋于一个唯一数, 这就是瞬时速度. 这个数值称为**极限**.

例 2　瞬时速度 估计例 1 中火箭在一点 $t=1$ 时的瞬时速度.

解　我们要计算 $t=1$ 时的瞬时速度, 所以用下面公式计算越来越小的时间区间 $[1,t]$ 上的平均速度.

$$v_{\text{av}}=\frac{s(t)-s(1)}{t-1}.$$

表 2.1

时间区间	平均速度
[1, 2]	48 ft/s
[1, 1.5]	56 ft/s
[1, 1.1]	62.4 ft/s
[1, 1.01]	63.84 ft/s
[1, 1.001]	63.984 ft/s
[1, 1.000 1]	63.998 4 ft/s

注意, 平均速度也是割线的斜率, 其中一些平均速度显示在表 2.1 中. 可见, 当 t 趋于 1 时, 平均速度趋于 64ft/s. 事实上, 当我们让 t 充分接近于 1 时, 可以使平均速度任意接近 64ft/s, 达到我们想要的接近程度. 所以 64 ft/s 是 $t=1$ 时瞬时速度的合理估计. *相关习题 9～12* ◀

t 从左边 $(t<1)$ 趋于 1 时和 t 从右边 $(t>1)$ 趋于 1 时, 得到的瞬时速度相同.

0　t　1　t　2　t

用 2.2 节中将要介绍的语言来说就是, 当 t 趋于 1 时, v_{av} 的极限等于瞬时速度 v_{inst}, 即 64ft/s. 这句话可简记为

$$v_{\text{inst}}=\lim_{t\to 1}v_{\text{av}}=\lim_{t\to 1}\frac{s(t)-s(1)}{t-1}=64\text{ ft/s}.$$

图 2.4 给出了这个极限的图示.

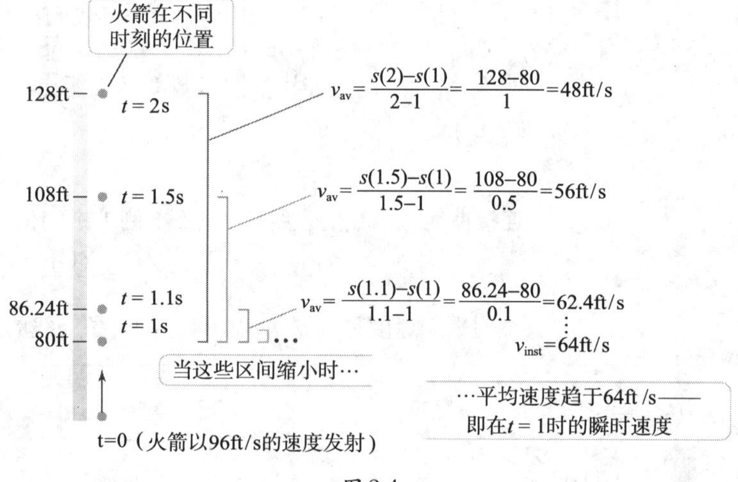

图 2.4

切线的斜率

我们将在 3.1 节定义切线. 现在想象放大一光滑曲线在一点 P 处的图像, 当放得越来越大时, 曲线越来越像一条过 P 点的直线. 这条直线是 P 点处的切线.

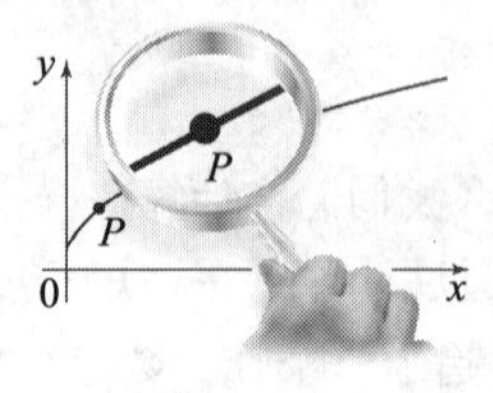

从例 1 和例 2 得到了一些重要结论. 表 2.1 中的每个平均速度对应于位置函数图像上的一条割线的斜率 (见图 2.5). 正如当 t 趋于 1 时平均速度趋于一个极限, 当 t 趋于 1 时割线的斜率也趋于同样的极限. 特别地, 当 t 趋于 1 时, 发生两件事情:

1. 割线趋于一条唯一直线, 称为**切线**.
2. 割线的斜率 m_{sec} 趋于在点 $(1,s(1))$ 处的切线斜率 m_{tan}. 于是, 切线的斜率也可以表示为一个极限:

$$m_{\text{tan}}=\lim_{t\to 1}m_{\text{sec}}=\lim_{t\to 1}\frac{s(t)-s(1)}{t-1}=64.$$

因为这个极限与定义瞬时速度的极限相同, 所以在 $t=1$ 时的瞬时速度就是位置曲线在 $t=1$ 处的切线斜率.

平均速度和瞬时速度与割线斜率和切线斜率相似, 说明极限思想背后的威力. 当 t 趋于 1 时, 割线斜率趋于切线斜率. 同样当 t 趋于 1 时, 平均速度趋于瞬时速度. 图 2.6 总结了这两个相似的极限过程. 这些思想是下面几章的基础.

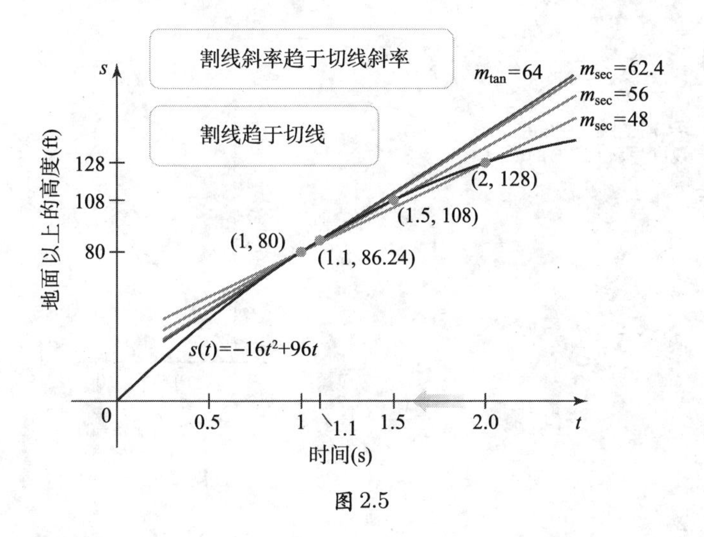
割线斜率趋于切线斜率
割线趋于切线
$m_{tan}=64$
$m_{sec}=62.4$
$m_{sec}=56$
$m_{sec}=48$
地面以上的高度(ft)
128
108
80
(2, 128)
(1.5, 108)
(1, 80)
(1.1, 86.24)
$s(t)=-16t^2+96t$
0
0.5
1
1.1
1.5
2.0
t
s
时间(s)

图 2.5

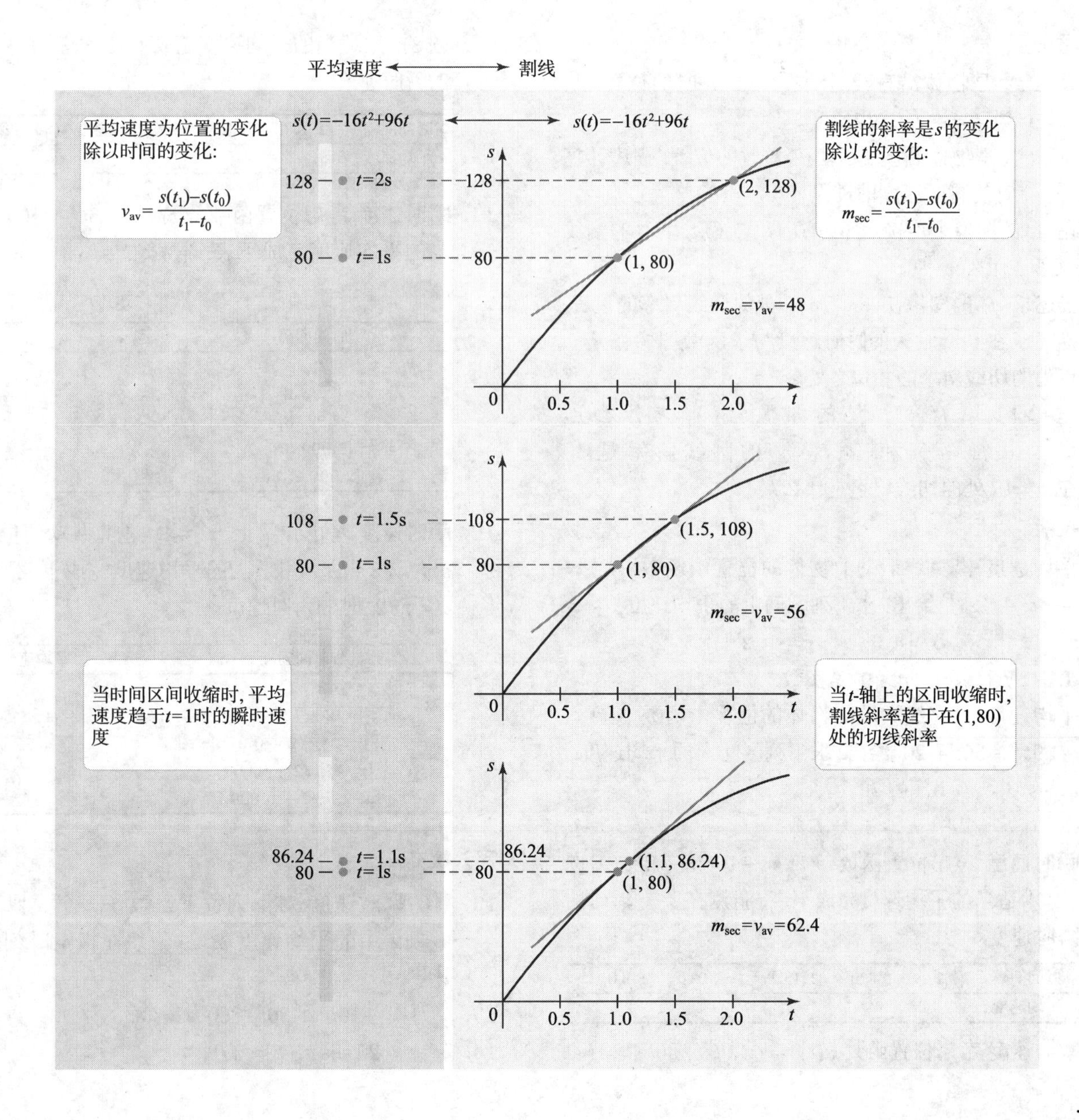
平均速度
割线
平均速度为位置的变化除以时间的变化:
$v_{av}=\frac{s(t_1)-s(t_0)}{t_1-t_0}$
$s(t)=-16t^2+96t$
$s(t)=-16t^2+96t$
割线的斜率是s的变化除以t的变化:
$m_{sec}=\frac{s(t_1)-s(t_0)}{t_1-t_0}$
128
t=2s
80
t=1s
(2, 128)
(1, 80)
$m_{sec}=v_{av}=48$
108
t=1.5s
80
t=1s
(1.5, 108)
(1, 80)
$m_{sec}=v_{av}=56$
当时间区间收缩时, 平均速度趋于t=1时的瞬时速度
当t-轴上的区间收缩时, 割线斜率趋于在(1,80)处的切线斜率
86.24
t=1.1s
80
t=1s
(1.1, 86.24)
(1, 80)
$m_{sec}=v_{av}=62.4$
0
0.5
1.0
1.5
2.0
t
s

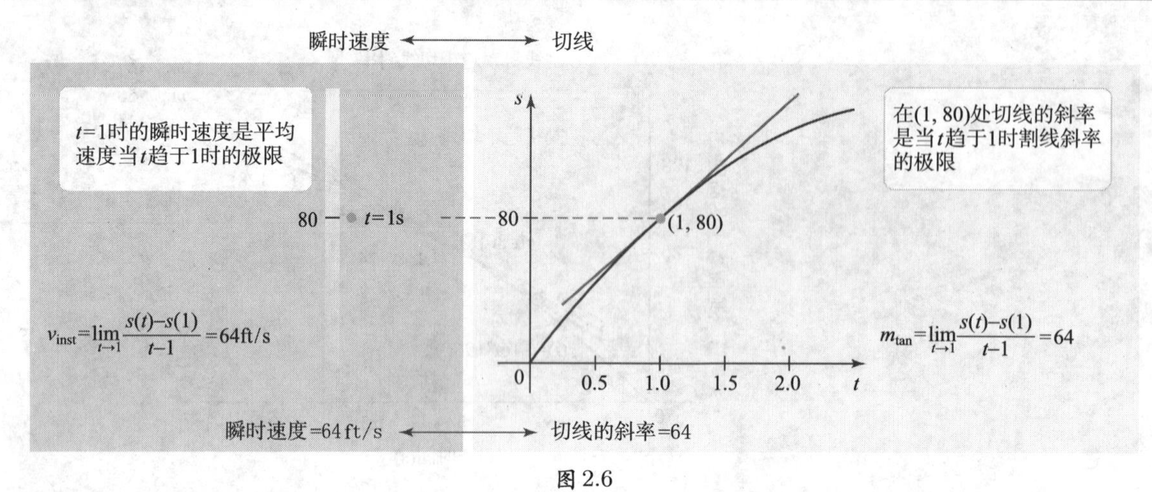

图 2.6

2.1 节 习题

复习题

1. 设 $s(t)$ 是物体沿直线运动在 $t \geqslant 0$ 时的位置. 从 $t=a$ 到 $t=b$ 的平均速度是什么?
2. 设 $s(t)$ 是物体沿直线运动在 t 时的位置. 描述计算 $t=a$ 时的瞬时速度的过程.
3. 在 f 的图像上连接点 $(a, f(a))$ 与 $(b, f(b))$ 的割线斜率是什么?
4. 描述求 f 的图像在 $(a, f(a))$ 处的切线斜率的过程.
5. 描述求在某一时刻的瞬时速度与求函数图像在某一点处的切线斜率的相似之处.
6. 作抛物线 $f(x)=x^2$ 的图像. 解释为什么连接 $(-a, f(-a))$ 和 $(a, f(a))$ 的割线斜率是零. 在 $x=0$ 处的切线斜率是什么?

基本技能

7. **平均速度** 沿直线运动的物体的位置由函数 $s(t)=-16t^2+128t$ 给出. 求下列区间上的平均速度.
   a. $[1, 4]$. **b.** $[1, 3]$. **c.** $[1, 2]$.
   d. $[1, h]$, 其中 $h>0$ 是实数.
8. **平均速度** 沿直线运动的物体的位置由函数 $s(t)=-4.9t^2+30t+20$ 给出. 求下列区间上的平均速度.
   a. $[0, 3]$. **b.** $[0, 2]$. **c.** $[0, 1]$.
   d. $[0, h]$, 其中 $h>0$ 是实数.
9. **瞬时速度** 考虑位置函数 $s(t)=-16t^2+128t$ (习题 7). 用适当的平均速度完成下表. 猜测在 $t=1$ 时的瞬时速度.

时间间隔	[1,2]	[1,1.5]	[1,1.1]	[1,1.01]	[1,1.001]
平均速度					

10. **瞬时速度** 考虑位置函数 $s(t)=-4.9t^2+30t+20$ (习题 8). 用适当的平均速度完成下表. 猜测在 $t=2$ 时的瞬时速度.

时间间隔	[2,3]	[2,2.5]	[2,2.1]	[2,2.01]	[2,2.001]
平均速度					

11. **瞬时速度** 考虑位置函数 $s(t)=-16t^2+100t$. 用适当的平均速度完成下表. 猜测在 $t=3$ 时的瞬时速度.

时间间隔	平均速度
[2, 3]	
[2.9, 3]	
[2.99, 3]	
[2.999, 3]	
[2.999 9, 3]	

12. **瞬时速度** 考虑弹簧上一个木块垂直跳动的位置函数 $s(t)=3\sin t$. 用适当的平均速度完成下表. 猜测在 $t=\pi/2$ 时的瞬时速度.

时间间隔	平均速度
$[\pi/2, \pi]$	
$[\pi/2, \pi/2+0.1]$	
$[\pi/2, \pi/2+0.01]$	
$[\pi/2, \pi/2+0.001]$	
$[\pi/2, \pi/2+0.000\,1]$	

深入探究

13～16 瞬时速度 对下列位置函数作一个类似于习题 9～12 中的平均速度表, 并猜想在指定时刻的瞬时速度.

13. $s(t)=-16t^2+80t+60$, $t=3$.
14. $s(t)=20\cos t$, $t=\pi/2$.

15. $s(t)=40\sin 2t$, $t=0$.

16. $s(t)=20/(t+1)$, $t=0$.

17～20 切线斜率 对下列函数作一个割线斜率表. 并猜想在指定点处的切线斜率.

17. $f(x)=2x^2$, $x=2$.

18. $f(x)=3\cos x$, $x=\pi/2$.

19. $f(x)=4-x^2$, $x=1$.

20. $f(x)=x^3-x$, $x=1$.

21. 零斜率切线

a. 作函数 $f(x)=x^2-4x+3$ 的图像.

b. 确定点 $(a,f(a))$ 使得在此处的切线斜率为零.

c. 通过作割线斜率表估计在该点处的切线斜率, 证实 (b) 中的答案.

22. 零斜率切线

a. 作函数 $f(x)=4-x^2$ 的图像.

b. 确定点 $(a,f(a))$ 使得在此处的切线斜率为零.

c. 考虑 (b) 中得到的点 $(a,f(a))$. 对任意 $h\neq 0$, 连接 $(a-h,f(a-h))$ 和 $(a+h,f(a+h))$ 的割线斜率为零是否成立?

23. 零速度 垂直向上发射一枚炮弹, 其位置为 $s(t)=-16t^2+128t+192$, $0\leqslant t\leqslant 9$.

a. 作位置函数的图像, $0\leqslant t\leqslant 9$.

b. 由位置函数的图像确定炮弹的瞬时速度为零的时刻, 记为 $t=a$.

c. 通过作平均速度表估计在 $t=a$ 时的瞬时速度, 确认 (b) 中的答案.

d. 在区间 $[0,9]$ 上, t 取何值时, 瞬时速度为正 (炮弹向上运动)?

e. 在区间 $[0,9]$ 上, t 取何值时, 瞬时速度为负 (炮弹向下运动)?

24. 撞击速度 石块由悬崖边落下, t 秒后其距崖顶的距离为 $s(t)=16t^2$. 设崖顶到水面的距离是 96 ft.

a. 何时石块撞击水面?

b. 作平均速度表并估计石块撞击水面的速度.

25. 切线斜率 给定函数 $f(x)=1-\cos x$ 和点 $A(\pi/2,f(\pi/2))$, $B(\pi/2+0.05,f(\pi/2+0.05))$, $C(\pi/2+0.5,f(\pi/2+0.5))$ 和 $D(\pi,f(\pi))$ (见图). 求割线 AD, AC 和 AB 的斜率. 用计算的结果猜测 f 在 $x=\pi/2$ 处的切线斜率.

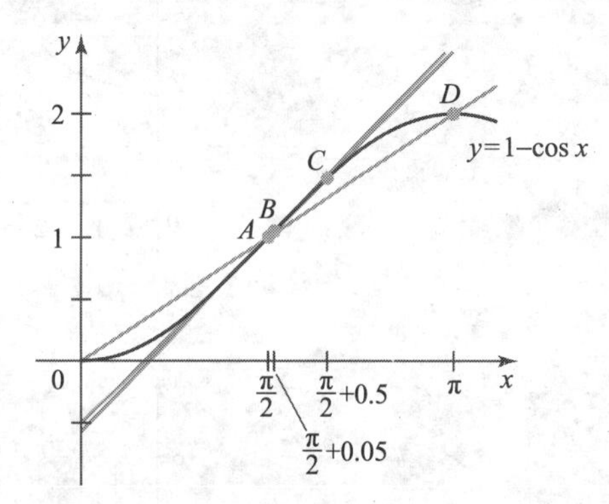

2.2 极限的定义

计算切线和瞬时速度是两个重要的微积分问题, 这些问题都依赖于极限. 现在先把这两个问题放在一边, 到第 3 章再讨论. 我们从函数极限的初步定义开始.

术语 “任意接近” 和 “充分接近” 将在 2.7 节严格定义极限时给予精确化

定义 函数的极限 (初步)

设函数 f 除了可能在 a 处没有定义外, 在 a 附近的所有 x 处有定义. 如果当 x 充分接近 (但不等于) a 时, $f(x)$ 可以任意接近 L (要多接近就有多接近), 那么我们记

$$\lim_{x\to a} f(x)=L$$

并称当 x 趋于 a 时 $f(x)$ 的极限等于 L.

通俗地讲, 如果当 x 从 a 的两边越来越接近 a 时, $f(x)$ 越来越接近 L, 我们就称 $\lim\limits_{x\to a} f(x)=L$. 极限 $\lim\limits_{x\to a} f(x)$ 的值 (如果存在) 依赖于 f 在 a 附近的值, 但不依赖于 $f(a)$ 的取值. 在有些情形, 极限 $\lim\limits_{x\to a} f(x)$ 等于 $f(a)$. 而在另外一些情形, $\lim\limits_{x\to a} f(x)$ 与 $f(a)$ 不同, 甚至 $f(a)$ 可能没有定义.

例 1　由图像求极限 如果可能, 用 f 的图像 (见图 2.7) 确定下列值.

a. $f(1)$ 和 $\lim\limits_{x \to 1} f(x)$.　**b.** $f(2)$ 和 $\lim\limits_{x \to 2} f(x)$.　**c.** $f(3)$ 和 $\lim\limits_{x \to 3} f(x)$.

解

a. 我们发现 $f(1) = 2$. 当 x 从两边趋于 1 时, $f(x)$ 的取值趋于 2(见图 2.8). 所以 $\lim\limits_{x \to 1} f(x) = 2$.

b. 可见 $f(2) = 5$. 但当 x 从两边趋于 2 时, $f(x)$ 趋于 3, 这是因为 f 图像上的点趋于在 $(2, 3)$ 处的小圆圈 (见图 2.9). 所以尽管 $f(2)=5$, 但 $\lim\limits_{x \to 2} f(x) = 3$.

c. 这种情况, $f(3)$ 没有定义. 当 x 从两边趋于 3 时, $f(x)$ 趋于 4(见图 2.10). 所以尽管 $f(3)$ 无定义, 但 $\lim\limits_{x \to 3} f(x) = 4$.

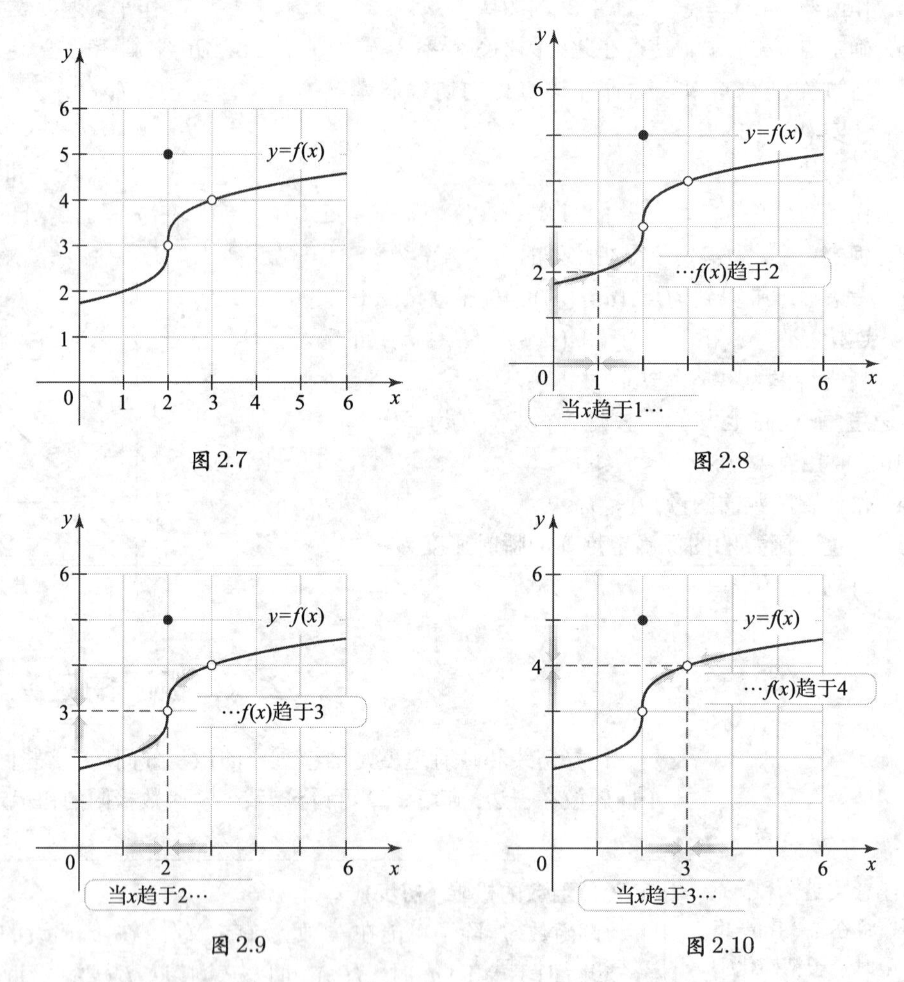

图 2.7　图 2.8　图 2.9　图 2.10

相关习题 7～10 ◀

迅速核查 1. 在例 1 中, 假设重新定义函数在一点处的值使 $f(1) = 1$, $\lim\limits_{x \to 1} f(x)$ 的值是否改变? ◀

在例 2 中, 我们没有确定 $\lim\limits_{x \to 1} f(x) = 0.5$. 但这是用数值作出的最好猜测. 精确计算极限的方法将在 2.3 节中介绍.

例 2　由表求极限 作 $f(x) = \dfrac{\sqrt{x} - 1}{x - 1}$ 对应于 1 附近 x 的取值表. 然后猜测 $\lim\limits_{x \to 1} f(x)$ 的值.

解　表 2.2 列出了对应于 x 从两边趋于 1 时 f 的取值. 这些数值显示当 x 趋于 1 时 $f(x)$ 趋于 0.5. 所以, 我们猜测 $\lim\limits_{x \to 1} f(x) = 0.5$.

表 2.2

				$\longrightarrow$ 1 $\longleftarrow$				
x	0.9	0.99	0.999	0.9999	1.0001	1.001	1.01	1.1
$f(x)=\dfrac{\sqrt{x}-1}{x-1}$	0.5131670	0.5012563	0.5001251	0.5000125	0.4999875	0.4998750	0.4987562	0.4880885

相关习题 11～14◀

单边极限

极限 $\lim\limits_{x\to a} f(x)=L$ 称为*双边极限*. 这是因为当 x 从大于 a 和小于 a 趋于 a 时, $f(x)$ 趋于 L. 对于某些函数, 有理由考虑*单边极限*, 这样的极限称为左极限或右极限.

同双边极限一样, 单边极限 (如果存在) 的值依赖于 $f(x)$ 在 $x=a$ 附近的值, 而不依赖于 $f(a)$ 的值.

定义　单边极限

1. **右极限** 设 f 在 a 附近的所有 $x>a$ 处有定义. 如果当 x 充分接近 a 且 $x>a$ 时, $f(x)$ 可以任意接近 L, 那么我们记

$$\lim_{x\to a^+} f(x)=L$$

并称当 x 从右边趋于 a 时 $f(x)$ 的极限等于 L.

2. **左极限** 设 f 在 a 附近的所有 $x<a$ 处有定义. 如果当 x 充分接近 a 且 $x<a$ 时, $f(x)$ 可以任意接近 L, 那么我们记

$$\lim_{x\to a^-} f(x)=L$$

并称当 x 从左边趋于 a 时 $f(x)$ 的极限等于 L.

用计算机作图和表可以帮助我们理解极限的概念. 必须注意, 计算机不总是可靠的, 也会得出错误的结果, 即使对一些简单的函数 (见例 5 和习题 37～38).

例 3 用图像法和数值法考查极限 设 $f(x)=\dfrac{x^3-8}{4(x-2)}$. 若存在, 用表和图像猜测 $\lim\limits_{x\to 2^+} f(x)$, $\lim\limits_{x\to 2^-} f(x)$ 与 $\lim\limits_{x\to 2} f(x)$ 的值.

解 图 2.11(a) 显示由绘图工具得到的 f 的图像. 这个图像有些误导, 因为 $f(2)$ 没有定义, 其图像在 $(2,3)$ 处有一个洞 (见图 2.11(b)).

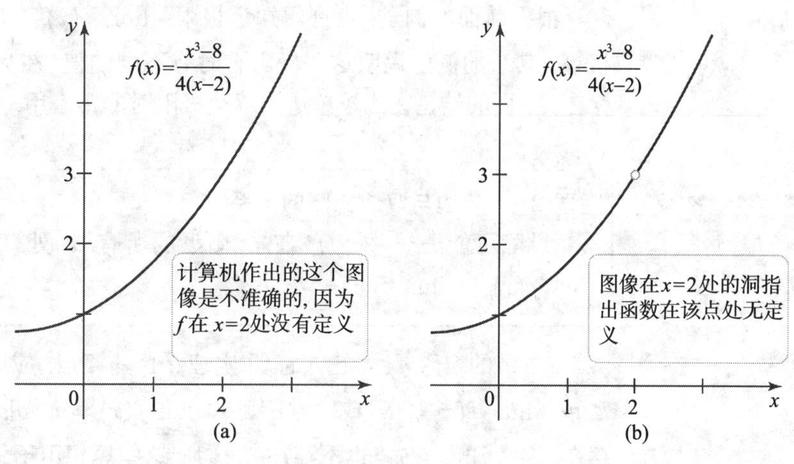

图 2.11

图 2.12(a) 中的图像与表 2.3 中的函数值提示当 x 从右边趋于 2 时 $f(x)$ 趋于 3. 所以我们记为

$$\lim_{x\to 2^+} f(x) = 3,$$

表示当 x 从右边趋于 2 时 $f(x)$ 的极限等于 3.

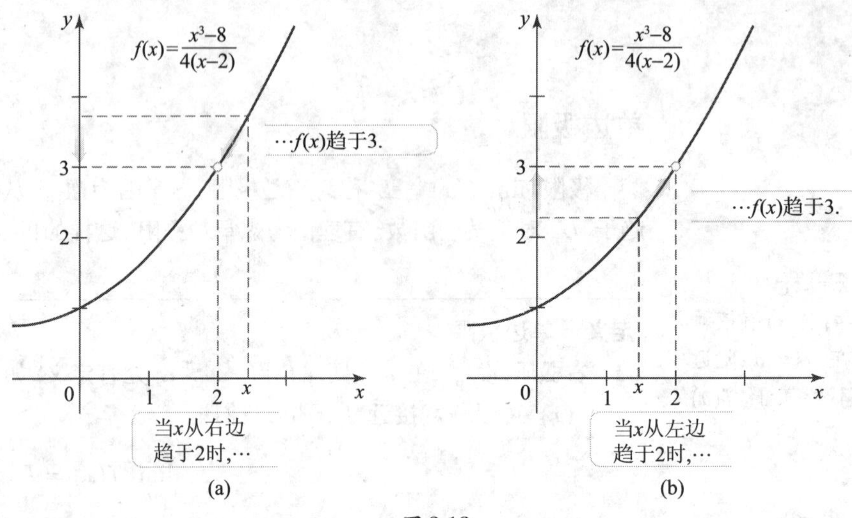

图 2.12

记住极限值不依赖于函数值 $f(2)$. 此处, 尽管 $f(2)$ 无定义, 但 $\lim\limits_{x\to 2} f(x)=3$.

类似的, 图 2.12(b) 和表 2.3 提示当 x 从左边趋于 2 时 $f(x)$ 趋于 3. 于是, 我们记为

$$\lim_{x\to 2^-} f(x) = 3,$$

表示当 x 从左边趋于 2 时 $f(x)$ 的极限等于 3. 因为当 x 从两边趋于 2 时 $f(x)$ 的极限是 3, 所以我们记为 $\lim\limits_{x\to 2} f(x) = 3$.

表 2.3

	$\longrightarrow$			2	$\longleftarrow$			
x	1.9	1.99	1.999	1.999 9	2.000 1	2.001	2.01	2.1
$f(x)=\dfrac{x^3-8}{4(x-2)}$	2.852 5	2.985 025	2.998 500 25	2.999 850 00	3.000 150 00	3.001 500 25	3.015 025	3.152 5

相关习题 15～16◀

根据前面的例子, 也许想知道极限 $\lim\limits_{x\to a^+} f(x)$, $\lim\limits_{x\to a^-} f(x)$ 与 $\lim\limits_{x\to a} f(x)$ 是否总存在且相等. 其余的例子说明这些极限有时有不同的值, 在另一些情况下, 这些极限部分或全部不存在. 下面的结论在比较单边和双边极限时非常有用.

回忆一下, 当 P 蕴含 Q 且 Q 蕴含 P 时, 我们称 P 当且仅当 Q.

定理 2.1　单边与双边极限的关系

设除可能的 a 外, f 在 a 附近的所有 x 处有定义. 那么 $\lim\limits_{x\to a} f(x) = L$ 当且仅当 $\lim\limits_{x\to a^+} f(x) = \lim\limits_{x\to a^-} f(x) = L$.

2.7 节的习题 44 给出了证明 定理 2.1 的要点. 应用这个定理得到推论: 若 $\lim\limits_{x\to a^+} f(x) \neq L$ 或 $\lim\limits_{x\to a^-} f(x) \neq L$ (或同时), 那么 $\lim\limits_{x\to a} f(x) \neq L$. 进一步, 若 $\lim\limits_{x\to a^+} f(x)$ 或 $\lim\limits_{x\to a^-} f(x)$ 不存在, 那么 $\lim\limits_{x\to a} f(x)$ 也不存在. 我们把这些思想用于下面两个例子.

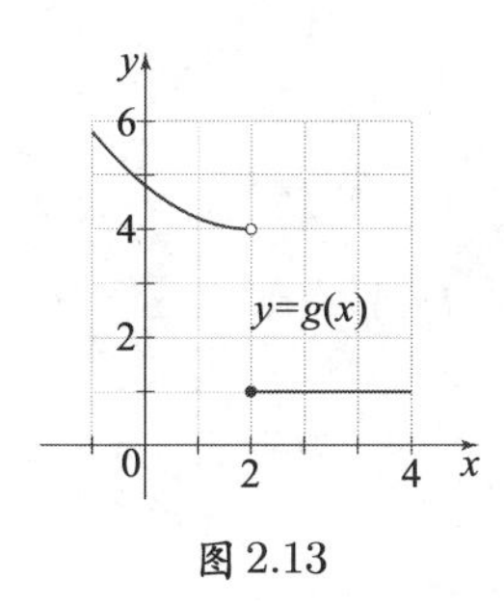

图 2.13

例 4　有跳跃的函数 已知图 2.13 中 g 的图像, 若极限存在, 求下列极限.

a. $\lim\limits_{x\to 2^-} g(x)$.　**b.** $\lim\limits_{x\to 2^+} g(x)$.　**c.** $\lim\limits_{x\to 2} g(x)$.

解

a. 当 x 从左边趋于 2 时, $g(x)$ 趋于 4. 所以 $\lim\limits_{x\to 2^-} g(x)=4$.

b. 因为对所有 $x\geqslant 2$, $g(x)=1$, 所以 $\lim\limits_{x\to 2^+} g(x)=1$.

c. 由定理 2.1, $\lim\limits_{x\to 2} g(x)$ 不存在, 这是因为 $\lim\limits_{x\to 2^-} g(x)\neq \lim\limits_{x\to 2^+} g(x)$.

相关习题 17～20 ◀

例 5　一些怪异性状 考查 $\lim\limits_{x\to 0}\cos(1/x)$.

解　在表 2.4 中, $\cos(1/x)$ 的前三个值诱使我们得出结论 $\lim\limits_{x\to 0}\cos(1/x)=-1$. 但当我们计算 x 更接近于 0 的 $\cos(1/x)$ 值时, 不能证实这个结论.

表2.4

x	$\cos(1/x)$
0.001	0.562 38
0.000 1	−0.95216
0.000 01	−0.999 36
0.000 001	0.936 75
0.000 0001	−0.907 27
0.000 00001	−0.363 38

我们可能得出当 x 从右边趋于 0 时, $\cos(1/x)$ 趋于 −1 这个不正确的结论

取 $x=1/(n\pi)$ 可以帮助我们更好地理解 $\cos(1/x)$ 在 $x=0$ 附近的性状, 其中 n 是正整数. 此时,

$$\cos\left(\frac{1}{x}\right)=\cos n\pi=\begin{cases}1, & n\text{ 为偶数}\\ -1, & n\text{ 为奇数}\end{cases}.$$

当 n 增大时, $x=1/(n\pi)$ 趋近于 0, 而 $\cos(1/x)$ 的值在 −1 与 1 之间来回振荡 (见图 2.14). 所以当 x 从右边趋于 0 时, $\cos(1/x)$ 不趋于一个单一数. 我们得出结论 $\lim\limits_{x\to 0^+}\cos(1/x)$ 不存在, 于是 $\lim\limits_{x\to 0}\cos(1/x)$ 不存在.

迅速核查 2. 由图 2.14 解释为什么绘制 $y=\cos(1/x)$ 在 $x=0$ 附近的图像有困难? ◀

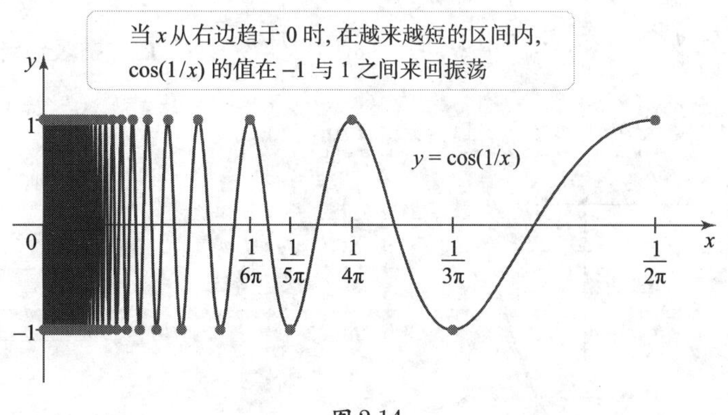

图 2.14

相关习题 21～22 ◀

直到例 5, 我们用表和图像猜测极限值都很顺利. 这个例子中技术的局限性不是孤立的事件. 因此, 在下一节开发计算极限的分析技术 (纸和笔的方法).

2.2 节 习题

复习

1. 用文字解释 $\lim\limits_{x\to a} f(x)=L$ 的含义.
2. 判断正误: 当 $\lim\limits_{x\to a} f(x)$ 存在时, 其值等于 $f(a)$. 解释理由.
3. 解释 $\lim\limits_{x\to a^+} f(x)=L$ 的含义.
4. 解释 $\lim\limits_{x\to a^-} f(x)=L$ 的含义.
5. 设 $\lim\limits_{x\to a^-} f(x)=L$ 且 $\lim\limits_{x\to a^+} f(x)=M$, 其中 L 和 M 是有限实数. L 和 M 必须满足什么条件才能使得 $\lim\limits_{x\to a} f(x)$ 存在?
6. 用绘图工具确定 $\lim\limits_{x\to a} f(x)$ 的潜在问题是什么?

基本技能

7. **由图像求极限** 如果存在, 用图中 h 的图像求下列极限.

   a. $h(2)$.　b. $\lim\limits_{x\to 2} h(x)$.　c. $h(4)$.
   d. $\lim\limits_{x\to 4} h(x)$.　e. $\lim\limits_{x\to 5} h(x)$.

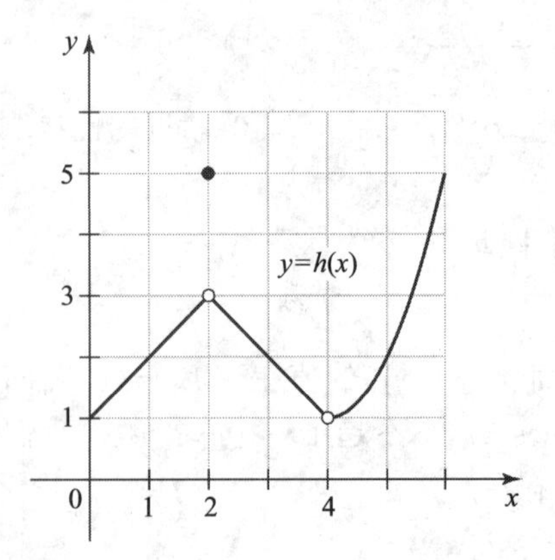

8. **由图像求极限** 如果存在, 用图中 g 的图像求下列极限.

   a. $g(0)$.　b. $\lim\limits_{x\to 0} g(x)$.　c. $g(1)$.　d. $\lim\limits_{x\to 1} g(x)$.

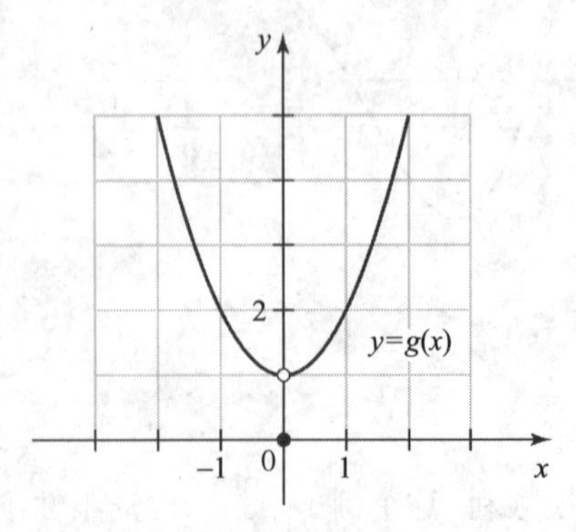

9. **由图像求极限** 如果存在, 用图中 f 的图像求下列极限.

   a. $f(1)$.　b. $\lim\limits_{x\to 1} f(x)$.　c. $f(0)$.　d. $\lim\limits_{x\to 0} f(x)$.

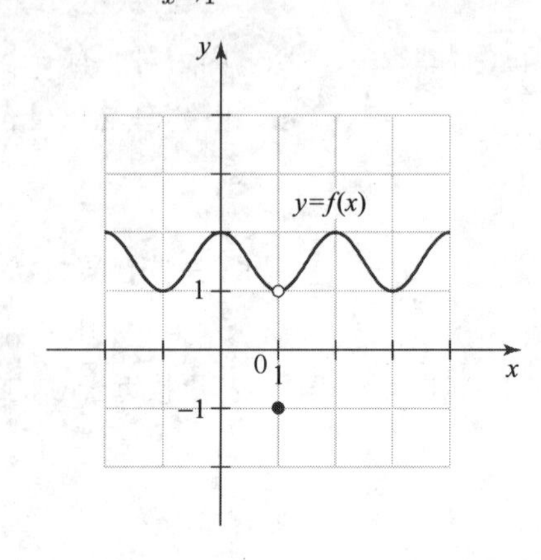

10. **由图像求极限** 如果存在, 用图中 f 的图像求下列极限.

    a. $f(2)$.　b. $\lim\limits_{x\to 2} f(x)$.　c. $\lim\limits_{x\to 4} f(x)$.　d. $\lim\limits_{x\to 5} f(x)$.

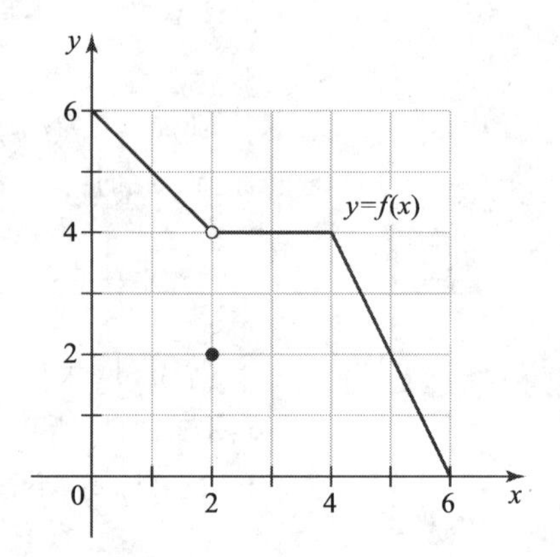

11. **由表估计极限** 设 $f(x)=\dfrac{x^2-4}{x-2}$.

    a. 对下表中的每个 x 值计算 $f(x)$.

    b. 猜测 $\lim\limits_{x\to 2}\dfrac{x^2-4}{x-2}$ 的值.

x	1.9	1.99	1.999	1.999 9
$f(x)=\dfrac{x^2-4}{x-2}$				
x	2.1	2.01	2.001	2.000 1
$f(x)=\dfrac{x^2-4}{x-2}$				

12. **由表估计极限** 设 $f(x)=\dfrac{x^3-1}{x-1}$.

    a. 对下表中的每个 x 值计算 $f(x)$.

b. 猜测 $\lim\limits_{x\to 1}\dfrac{x^3-1}{x-1}$ 的值.

x	0.9	0.99	0.999	0.999 9
$f(x)=\dfrac{x^3-1}{x-1}$				
x	1.1	1.01	1.001	1.000 1
$f(x)=\dfrac{x^3-1}{x-1}$				

13. 估计函数的极限 设 $g(t)=\dfrac{t-9}{\sqrt{t}-3}$.

a. 作两个表, 一个显示 g 在 $t=8.9, 8.99, 8.999$ 时的值, 另一个显示 g 在 $t=9.1, 9.01, 9.001$ 时的值.

b. 猜测 $\lim\limits_{t\to 9}\dfrac{t-9}{\sqrt{t}-3}$ 的值.

14. 估计函数的极限 设 $f(x)=(1+x)^{1/x}$.

a. 作两个表, 一个显示 f 在 x=0.01, 0.001, 0.000 1, 0.000 01 处的值, 另一个显示 f 在 $x=-0.01, -0.001, -0.000\,1, -0.000\,01$ 处的值. 精确到小数点后五位.

b. 估计 $\lim\limits_{x\to 0}(1+x)^{1/x}$ 的值.

c. $\lim\limits_{x\to 0}(1+x)^{1/x}$ 看起来等于哪个数学常数?

15. 单边极限与双边极限 设 $f(x)=\dfrac{x^2-25}{x-5}$. 如果 $\lim\limits_{x\to 5^+}f(x)$, $\lim\limits_{x\to 5^-}f(x)$, $\lim\limits_{x\to 5}f(x)$ 存在, 用函数值表和图像猜测它们的值.

16. 单边极限与双边极限 设 $g(x)=\dfrac{x-100}{\sqrt{x}-10}$. 如果 $\lim\limits_{x\to 10^+}g(x)$, $\lim\limits_{x\to 10^-}g(x)$, $\lim\limits_{x\to 10}g(x)$ 存在, 用函数值表和图像猜测它们的值.

17. 单边极限与双边极限 如果下列表达式的值存在, 用图中 f 的图像求它们的值. 如果极限不存在, 解释为什么.

a. $f(1)$. b. $\lim\limits_{x\to 1^-}f(x)$. c. $\lim\limits_{x\to 1^+}f(x)$. d. $\lim\limits_{x\to 1}f(x)$.

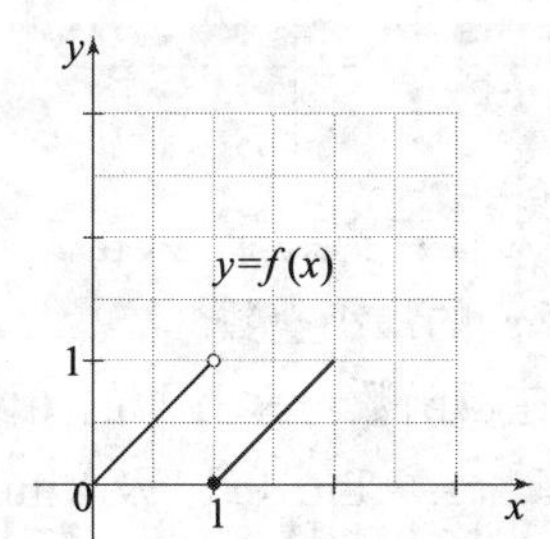

18. 单边极限与双边极限 如果下列表达式的值存在, 用图中 g 的图像求它们的值. 如果极限不存在, 解释为什么.

a. $g(2)$. b. $\lim\limits_{x\to 2^-}g(x)$. c. $\lim\limits_{x\to 2^+}g(x)$.

b. $\lim\limits_{x\to 2}g(x)$. e. $g(3)$. f. $\lim\limits_{x\to 3^-}g(x)$.

g. $\lim\limits_{x\to 3^+}g(x)$. h. $g(4)$. i. $\lim\limits_{x\to 4}g(x)$.

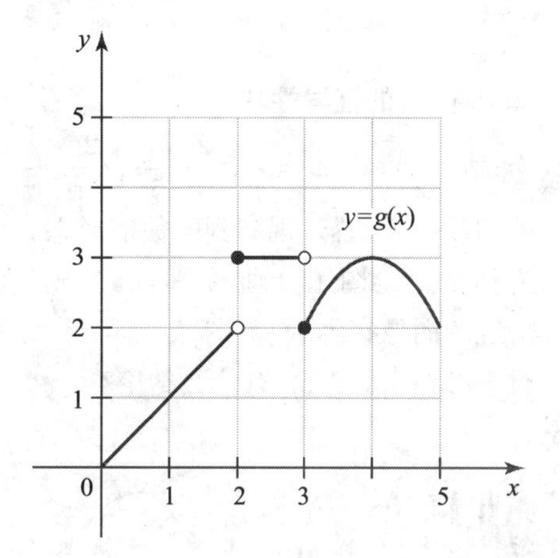

19. 由图像求极限 如果下列表达式的值存在, 用图中 f 的图像求它们的值. 如果极限不存在, 解释为什么.

a. $f(1)$. b. $\lim\limits_{x\to 1^-}f(x)$. c. $\lim\limits_{x\to 1^+}f(x)$.

d. $\lim\limits_{x\to 1}f(x)$. e. $f(3)$. f. $\lim\limits_{x\to 3^-}f(x)$.

g. $\lim\limits_{x\to 3^+}f(x)$. h. $\lim\limits_{x\to 3}f(x)$. i. $f(2)$.

j. $\lim\limits_{x\to 2^-}f(x)$. k. $\lim\limits_{x\to 2^+}f(x)$. l $\lim\limits_{x\to 2}f(x)$.

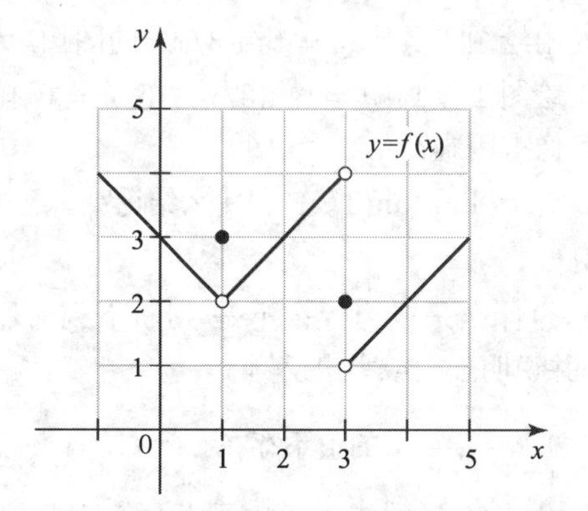

20. 由图像求极限 如果下列表达式的值存在, 用图中 g 的图像求它们的值. 如果极限不存在, 解释为什么.

a. $g(-1)$. b. $\lim\limits_{x\to -1^-}g(x)$. c. $\lim\limits_{x\to -1^+}g(x)$.

d. $\lim\limits_{x\to -1}g(x)$. e. $g(1)$. f. $\lim\limits_{x\to 1}g(x)$.

g. $\lim\limits_{x\to 3}g(x)$. h. $g(5)$. i. $\lim\limits_{x\to 5^-}g(x)$.

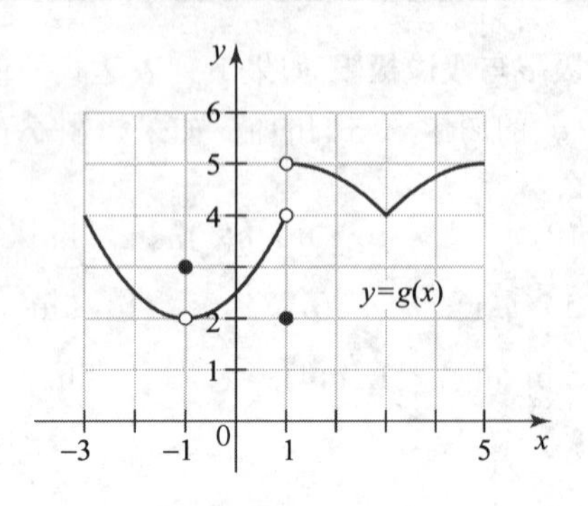

21. 在 $x=0$ 附近的怪异性状

a. 作 $\sin\left(\dfrac{1}{x}\right)$ 在 $x=\dfrac{2}{\pi},\dfrac{2}{3\pi},\dfrac{2}{5\pi},\dfrac{2}{7\pi},\dfrac{2}{9\pi}$ 和 $\dfrac{2}{11\pi}$ 处的数值表. 描述观察到的数值形态.

b. 为什么用绘图工具画 $y=\sin(1/x)$ 在 $x=0$ 附近的图像有困难 (见图)?

c. 对于 $\lim\limits_{x\to 0}\sin(1/x)$ 有什么结论?

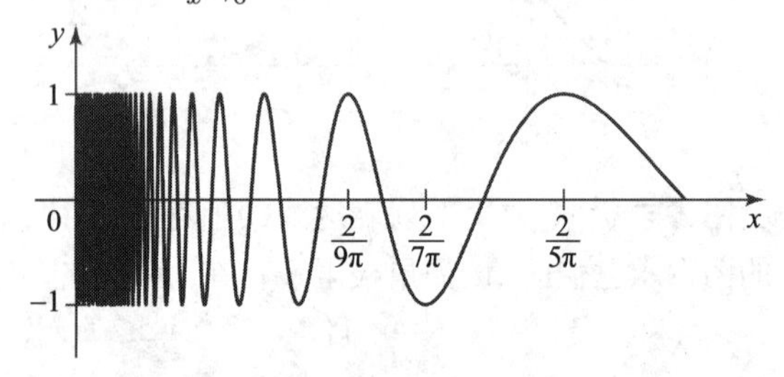

22. 在 $x=0$ 附近的怪异性状

a. 作 $\tan(3/x)$ 在 $x=1,0.1,0.01,0.001,0.000\,1$ 和 $0.000\,01$ 处的数值表. 描述观察到的数值形态.

b. 用绘图工具作 $y=\tan(3/x)$ 的图像. 为什么用绘图工具画 $y=\tan(3/x)$ 在 $x=0$ 附近的图像有困难?

c. 对于 $\lim\limits_{x\to 0}\tan(3/x)$ 有什么结论?

深入探究

23. 解释为什么是或为什么不是 判断下列命题是否正确, 并说明理由或举出反例.

a. $\lim\limits_{x\to 3}\dfrac{x^2-9}{x-3}$ 的值不存在.

b. $\lim\limits_{x\to a}f(x)$ 的值总可以通过计算 $f(a)$ 得到.

c. 若 $f(a)$ 无定义, 则 $\lim\limits_{x\to a}f(x)$ 不存在.

24-25. 作函数草图 根据已知性质作函数的草图. 不需要函数的公式.

24. $f(1)=0, f(2)=4, f(3)=6$, $\lim\limits_{x\to 2^-}f(x)=-3$, $\lim\limits_{x\to 2^+}f(x)=5$.

25. $g(1)=0, g(2)=1, g(3)=-2$, $\lim\limits_{x\to 2}g(x)=0$, $\lim\limits_{x\to 3^-}g(x)=-1$, $\lim\limits_{x\to 3^+}g(x)=-2$.

26～29. 计算器计算的极限 作在 $h=0.01, 0.001, 0.000\,1$ 和 $h=-0.01,-0.001,-0.000\,1$ 处的函数值表, 并估计下列极限的值.

26. $\lim\limits_{h\to 0}\dfrac{\sin h}{h}$.

27. $\lim\limits_{h\to 0}\dfrac{\tan 3h}{h}$.

28. $\lim\limits_{h\to 0}\dfrac{\sqrt{h+4}-2}{h}$.

29. $\lim\limits_{h\to 0}\dfrac{1-\cos h}{h}$.

30. 阶梯函数 设 $f(x)=\dfrac{|x|}{x}$, $x\neq 0$.

a. 作 f 在区间 $[-2,2]$ 上的图像.

b. $\lim\limits_{x\to 0}f(x)$ 存在吗? 先考查 $\lim\limits_{x\to 0^-}f(x)$ 和 $\lim\limits_{x\to 0^+}f(x)$, 然后再解释原因.

31. 地板函数 对任意实数 x, 地板函数 (或最大整数函数) $\lfloor x\rfloor$ 定义为小于或等于 x 的最大整数 (见图).

a. 计算 $\lim\limits_{x\to -1^-}\lfloor x\rfloor$, $\lim\limits_{x\to -1^+}\lfloor x\rfloor$, $\lim\limits_{x\to 2^-}\lfloor x\rfloor$, 及 $\lim\limits_{x\to 2^+}\lfloor x\rfloor$.

b. 计算 $\lim\limits_{x\to 2.3^-}\lfloor x\rfloor$, $\lim\limits_{x\to 2.3^+}\lfloor x\rfloor$ 和 $\lim\limits_{x\to 2.3}\lfloor x\rfloor$.

c. 一般地, 对整数 a, 确定 $\lim\limits_{x\to a^-}\lfloor x\rfloor$ 和 $\lim\limits_{x\to a^+}\lfloor x\rfloor$ 的值.

d. 若 a 不是整数, 确定 $\lim\limits_{x\to a^-}\lfloor x\rfloor$ 和 $\lim\limits_{x\to a^+}\lfloor x\rfloor$ 的值.

e. a 取何值时, $\lim\limits_{x\to a}\lfloor x\rfloor$ 存在? 解释为什么.

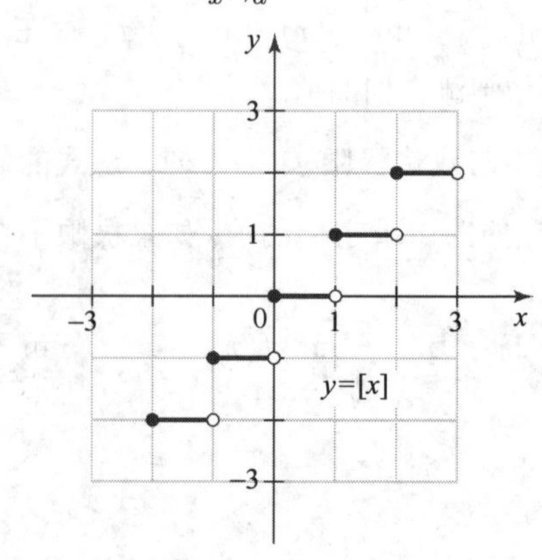

32. 天花板函数 对任意实数 x, 天花板函数 $\lceil x\rceil$ 定义为大于或等于 x 的最小整数.

a. 作出天花板函数 $y=\lceil x\rceil$ 的图像, $-2\leqslant x\leqslant 3$.

b. 求 $\lim\limits_{x\to 2^-}\lceil x\rceil$, $\lim\limits_{x\to 1^+}\lceil x\rceil$, 及 $\lim\limits_{x\to 1.5}\lceil x\rceil$.

c. a 取何值时, $\lim_{x\to a}\lceil x\rceil$ 存在? 解释为什么.

33. 作图求极限 用绘图工具的缩放和跟踪功能求 $\lim_{x\to 1}\dfrac{\sqrt{2x-x^4}-\sqrt[3]{x}}{1-x^{3/4}}$ 的近似值.

34. 作图求极限 用绘图工具的缩放和跟踪功能求 $\lim_{x\to 3}\dfrac{x^4-7x^3+15x^2-9x}{x-3}$ 的近似值.

应用

35. 邮政费率 假设在美国寄一封重一盎司以内 (包括 1 盎司) 的甲类信件的邮费是 \$0.44, 每增加一盎司 (包括少于和等于一盎司) 增加 \$0.17.

a. 作函数 $p=f(w)$ 的图像, 其中 p 表示寄一封重 w 盎司的信所需的邮费.

b. 计算 $\lim_{w\to 3.3}f(w)$.

c. 解释极限 $\lim_{w\to 1^+}f(w)$ 和 $\lim_{w\to 1^-}f(w)$.

d. $\lim_{w\to 4}f(w)$ 存在吗? 解释为什么.

36. 赫维赛德函数 赫维赛德函数作为敲击开关的模型用于工程应用中. 其定义为

$$H(x)=\begin{cases}0, & x<0\\ 1, & x\geqslant 0\end{cases}.$$

a. 作 H 在区间 $[-1,2]$ 上的图像.

b. $\lim_{x\to 0}H(x)$ 存在吗? 先考查 $\lim_{x\to 0^-}H(x)$ 和 $\lim_{x\to 0^+}H(x)$, 然后再解释原因.

37～38 使用计算器的缺陷 假设要估计 $\lim_{x\to a}\dfrac{f(x)}{g(x)}$. 如果当 x 接近于 0 时 $g(x)$ 近似地等于 0, 则计算工具可能把 $g(x)$ 的值四舍五入为 0.

37. 计算器的局限 对 $x=0.1,0.01,\ldots,0.000\,01$, 计算 $\dfrac{\sin x^{20}}{x^{20}}$. 根据计算器得出的结果, 推荐一个 $\lim_{x\to 0^+}\dfrac{\sin x^{20}}{x^{20}}$ 的值. 由后面介绍的极限技术可以证明 $\lim_{x\to 0^+}\dfrac{\sin x^{20}}{x^{20}}=1$. 推荐值与这个极限一致吗? 解释为什么.

38. 计算器的局限

a. 用窗口 $[-1,1]\times[0,3]$ 作函数 $y=\dfrac{x\sin x}{1-\cos x}$ 的图像. 根据这个图像, 估计 $\lim_{x\to 0}\dfrac{x\sin x}{1-\cos x}$. 在 $x=0$ 处 $\dfrac{x\sin x}{1-\cos x}$ 的值是什么?

b. 由计算机代数系统计算出的 $\dfrac{x\sin x}{1-\cos x}$ 在 0 附近的值列在附表中. 似乎 $\lim_{x\to 0}\dfrac{x\sin x}{1-\cos x}$ 不存在. 由后面介绍的极限技术可以证明 $\lim_{x\to 0}\dfrac{x\sin x}{1-\cos x}=2$. 对此有什么想法? 为什么?

x	$\pm10^{-6}$	$\pm10^{-7}$	$\pm10^{-8}$	$\pm10^{-9}$	$\pm10^{-10}$
$\dfrac{x\sin x}{1-\cos x}$	2	1	无定义	无定义	无定义

附加练习

39. 偶函数的极限 如果对于函数 f 的定义域中的所有 x, 都有 $f(-x)=f(x)$, 那么 f 是一个偶函数. 设 f 是偶函数, $\lim_{x\to 2^+}f(x)=5$ 且 $\lim_{x\to 2^-}f(x)=8$. 求下列极限.

a. $\lim_{x\to -2^+}f(x)$. **b.** $\lim_{x\to -2^-}f(x)$.

40. 奇函数的极限 如果对于函数 g 的定义域中的所有 x, 都有 $g(-x)=-g(x)$, 那么 g 是一个奇函数. 设 g 是奇函数, $\lim_{x\to 2^+}g(x)=5$ 且 $\lim_{x\to 2^-}g(x)=8$. 求下列极限.

a. $\lim_{x\to -2^+}g(x)$. **b.** $\lim_{x\to -2^-}g(x)$.

41. 由图像求极限

a. 用绘图工具估计 $\lim_{x\to 0}\dfrac{\tan 2x}{\sin x}$, $\lim_{x\to 0}\dfrac{\tan 3x}{\sin x}$, 及 $\lim_{x\to 0}\dfrac{\tan 4x}{\sin x}$.

b. 对任意实常数 n, 猜测 $\lim_{x\to 0}\dfrac{\tan nx}{\sin x}$ 的值.

42. 由图像求极限 在窗口 $[-1,1]\times[0,5]$ 中作 $f(x)=\dfrac{\sin nx}{x}$ 的图像, $n=1,2,3,4$ (四个图).

a. 估计 $\lim_{x\to 0}\dfrac{\sin x}{x}$, $\lim_{x\to 0}\dfrac{\sin 2x}{x}$, $\lim_{x\to 0}\dfrac{\sin 3x}{x}$, 及 $\lim_{x\to 0}\dfrac{\sin 4x}{x}$.

b. 对任意实常数 n, 猜测 $\lim_{x\to 0}\dfrac{\sin nx}{x}$ 的值.

43. 由图像求极限 选择至少三对不同的非零常数 m 和 n, 用绘图工具作 $y=\dfrac{\sin nx}{\sin mx}$ 的图像. 估计每种情况的 $\lim_{x\to 0}\dfrac{\sin nx}{\sin mx}$. 对于 m 和 n 的任意非零取值, 猜测 $\lim_{x\to 0}\dfrac{\sin nx}{\sin mx}$.

迅速核查 答案

1. $\lim\limits_{x\to1} f(x)$ 的值只依赖于 f 在 1 附近的值, 而不依赖于在 1 处的值. 所以, 改变 $f(1)$ 的值不改变 $\lim\limits_{x\to1} f(x)$.

2. 因为当 x 趋近于 0 时在越来越短的区间上函数值在 -1 和 1 之间变化, 所以用绘图工具作 $y=\cos(1/x)$ 在 0 附近的图像有困难.

2.3　极限的计算方法

正如前一节所展示的, 估计极限的图像和数值技术提供了极限的直观意义. 但这些技术有时会得出不正确的结果, 因此我们需要研究计算极限精确值的分析方法.

线性函数的极限

$f(x)=mx+b$ 的图像是一条直线, 其斜率为 m 且 y- 截距为 b. 由图 2.15，我们发现对任意 a, 当 x 趋于 a 时 $f(x)$ 趋于 $f(a)$. 所以, 若 f 是线性函数, 则 $\lim\limits_{x\to a} f(x)=f(a)$. 于是对于线性函数, 求 $\lim\limits_{x\to a} f(x)$, 只要把 $x=a$ 代入 $f(x)$ 即得. 这个观察导出下面的定理, 将在 2.7 节习题 28 中给予证明.

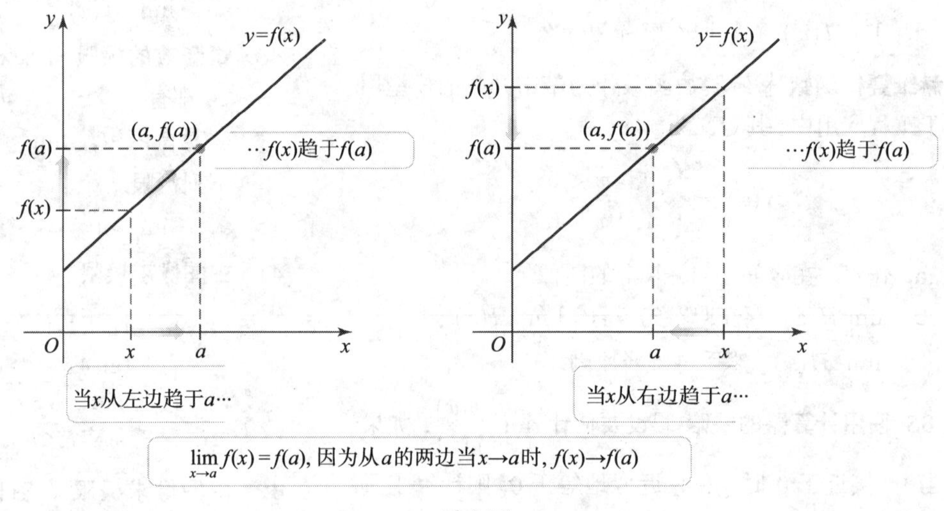

图 2.15

> **定理 2.2　线性函数的极限**
>
> 设 a,b 及 m 是实数. 对线性函数 $f(x)=mx+b$,
>
> $$\lim_{x\to a} f(x)=f(a)=ma+b.$$

例 1　线性函数的极限 计算下列极限.

a. $\lim\limits_{x\to3} f(x)$, 其中 $f(x)=\dfrac{1}{2}x-7$.　**b.** $\lim\limits_{x\to2} g(x)$, 其中 $g(x)=6$.

解

a. $\lim\limits_{x\to3} f(x)=\lim\limits_{x\to3}\left(\dfrac{1}{2}x-7\right)=f(3)=-\dfrac{11}{2}$.

b. $\lim\limits_{x\to 2} g(x) = \lim\limits_{x\to 2} 6 = g(2) = 6.$

相关习题 11 ~ 16 ◀

极限定律

下列极限定律可以极大地简化极限的计算.

定理 2.3 极限定律

设 $\lim\limits_{x\to a} f(x)$ 和 $\lim\limits_{x\to a} g(x)$ 存在. 下列性质成立 (其中 c 是实数, $m>0$ 和 $n>0$ 都为整数):

1. **和** $\lim\limits_{x\to a}[f(x)+g(x)] = \lim\limits_{x\to a} f(x) + \lim\limits_{x\to a} g(x)$.
2. **差** $\lim\limits_{x\to a}[f(x)-g(x)] = \lim\limits_{x\to a} f(x) - \lim\limits_{x\to a} g(x)$.
3. **常数倍** $\lim\limits_{x\to a}[cf(x)] = c\lim\limits_{x\to a} f(x)$.
4. **积** $\lim\limits_{x\to a}[f(x)g(x)] = [\lim\limits_{x\to a} f(x)][\lim\limits_{x\to a} g(x)]$.
5. **商** $\lim\limits_{x\to a}\left[\dfrac{f(x)}{g(x)}\right] = \dfrac{\lim\limits_{x\to a} f(x)}{\lim\limits_{x\to a} g(x)}$, 假设 $\lim\limits_{x\to a} g(x) \neq 0$.
6. **幂** $\lim\limits_{x\to a}[f(x)]^n = [\lim\limits_{x\to a} f(x)]^n$.
7. **分数幂** $\lim\limits_{x\to a}[f(x)]^{n/m} = [\lim\limits_{x\to a} f(x)]^{n/m}$, 当 m 是偶数且 n/m 是既约分数时, 假设对 a 附近的 x 有 $f(x)\geqslant 0$.

定律 6 是定律 7 的特殊情形. 在定律 7 中取 $m=1$ 就是定律 6.

定律 1 的证明将在 2.7 节的例 5 中给出. 定律 2～ 定律 5 在附录 B 中证明. 由定律 4 证明定律 6 步骤如下:

回顾一下, 对一个数开偶次方 (例如, 开平方或开四次方), 要使结果是实数, 那么这个数必须是非负的.

$$\begin{aligned}
\lim_{x\to a}[f(x)]^n &= \lim_{x\to a}\underbrace{[f(x)f(x)\cdots f(x)]}_{n\text{个}f(x)\text{因子}} \\
&= \underbrace{[\lim_{x\to a} f(x)][\lim_{x\to a} f(x)]\cdots[\lim_{x\to a} f(x)]}_{n\text{个}\lim\limits_{x\to a} f(x)\text{因子}} \quad (\text{反复使用定律 4}) \\
&= [\lim_{x\to a} f(x)]^n.
\end{aligned}$$

在定律 7 中, $[f(x)]^{n/m}$ 的极限包含当 x 在 a 附近时 $f(x)$ 的 m 次根. 若 n/m 是既约分数且 m 是偶数, 只有 $f(x)\geqslant 0$, $f(x)$ 的 m 次根才有意义, 这解释了限制条件的原因.

例 2 计算极限 设 $\lim\limits_{x\to 2} f(x) = 4$, $\lim\limits_{x\to 2} g(x) = 5$, $\lim\limits_{x\to 2} h(x) = 8$. 用定理 2.3 中的极限定律计算下列极限.

a. $\lim\limits_{x\to 2}\dfrac{f(x)-g(x)}{h(x)}$. **b.** $\lim\limits_{x\to 2}[6f(x)g(x)+h(x)]$. **c.** $\lim\limits_{x\to 2}[g(x)]^3$.

解

a.
$$\begin{aligned}
\lim_{x\to 2}\frac{f(x)-g(x)}{h(x)} &= \frac{\lim\limits_{x\to 2}[f(x)-g(x)]}{\lim\limits_{x\to 2} h(x)} \quad (\text{定律 5}) \\
&= \frac{\lim\limits_{x\to 2} f(x) - \lim\limits_{x\to 2} g(x)}{\lim\limits_{x\to 2} h(x)} \quad (\text{定律 2})
\end{aligned}$$

$$= \frac{4-5}{8} = -\frac{1}{8}.$$

b. $\lim\limits_{x\to 2}[6f(x)g(x)+h(x)] = \lim\limits_{x\to 2}[6f(x)g(x)] + \lim\limits_{x\to 2}h(x)$ (定律 1)

$= 6\cdot\lim\limits_{x\to 2}[f(x)g(x)] + \lim\limits_{x\to 2}h(x)$ (定律 3)

$= 6\cdot[\lim\limits_{x\to 2}f(x)]\cdot[\lim\limits_{x\to 2}g(x)] + \lim\limits_{x\to 2}h(x)$ (定律 4)

$= 6\cdot 4\cdot 5+8 = 128.$

c. $\lim\limits_{x\to 2}[g(x)]^3 = [\lim\limits_{x\to 2}g(x)]^3 = 5^3 = 125.$ (定律 6)

相关习题 17～22 ◀

多项式和有理函数的极限

现在用极限定律来求多项式和有理函数的极限. 举个例子, 计算多项式 $p(x)=7x^3+3x^2+4x+2$ 在任意点 a 处的极限, 计算过程如下:

$$\begin{aligned}
\lim_{x\to a}p(x) &= \lim_{x\to a}(7x^3+3x^2+4x+2)\\
&= \lim_{x\to a}(7x^3)+\lim_{x\to a}(3x^2)+\lim_{x\to a}(4x+2) \quad \text{(定律 1)}\\
&= 7\lim_{x\to a}(x^3)+3\lim_{x\to a}(x^2)+\lim_{x\to a}(4x+2) \quad \text{(定律 3)}\\
&= 7\underbrace{\left(\lim_{x\to a}x\right)}_{a}{}^3+3\underbrace{\left(\lim_{x\to a}x\right)}_{a}{}^2+\underbrace{\lim_{x\to a}(4x+2)}_{4a+2} \quad \text{(定律 6)}\\
&= 7a^3+3a^2+4a+2=p(a). \quad \text{(定理 2.2)}
\end{aligned}$$

如同线性函数的情形, 多项式的极限可以直接代入得到, 即 $\lim\limits_{x\to a}p(x)=p(a)$ (习题 85).

一个简短的步骤可以计算有理函数 $f(x)=p(x)/q(x)$ 的极限, 其中 p,q 是多项式, 应用定律 5, 我们有

$$\lim_{x\to a}\frac{p(x)}{q(x)} = \frac{\lim\limits_{x\to a}p(x)}{\lim\limits_{x\to a}q(x)} = \frac{p(a)}{q(a)}, \quad q(a)\neq 0,$$

这表明有理函数的极限也可以通过直接代入计算.

在 2.6 节讨论重要的连续性质时, 将明确给出可以直接代入求极限 ($\lim\limits_{x\to a}f(x)=f(a)$) 的条件.

> **定理 2.4 多项式和有理函数的极限**
>
> 设 p 和 q 是两个多项式, a 是一个常数.
>
> **a.** 多项式函数: $\lim\limits_{x\to a}p(x)=p(a)$.
>
> **b.** 有理函数: $\lim\limits_{x\to a}\dfrac{p(x)}{q(x)}=\dfrac{p(a)}{q(a)}$, $q(a)\neq 0$.

例 3 有理函数的极限 计算 $\lim\limits_{x\to 2}\dfrac{3x^2-4x}{5x^3-36}$.

解 注意到这个函数的分母在 $x=2$ 处不为零. 应用 定理 2.4 b,

$$\lim_{x\to 2}\frac{3x^2-4x}{5x^3-36} = \frac{3(2^2)-4(2)}{5(2^3)-36} = 1.$$

相关习题 23～25 ◀

迅速核查 1. 计算 $\lim\limits_{x\to 2}(2x^4-8x-16)$ 和 $\lim\limits_{x\to -1}\dfrac{x-1}{x}$. ◀

迅速核查 2. 用 定理 2.4 b 计算 $\lim\limits_{x\to 1}\dfrac{5x^4-3x^2+8x-6}{x+1}$. ◀

例 4 代数函数 计算 $\lim\limits_{x\to 2}\dfrac{\sqrt{2x^3+9}+3x-1}{4x+1}$.

解 应用 定理 2.3 和 定理 2.4, 有

$$\begin{aligned}\lim_{x\to 2}\frac{\sqrt{2x^3+9}+3x-1}{4x+1} &= \frac{\lim\limits_{x\to 2}(\sqrt{2x^3+9}+3x-1)}{\lim\limits_{x\to 2}(4x+1)} &&\text{(定律 5)}\\ &= \frac{\sqrt{\lim\limits_{x\to 2}(2x^3+9)}+\lim\limits_{x\to 2}(3x-1)}{\lim\limits_{x\to 2}(4x+1)} &&\text{(定律 1 和定律 7)}\\ &= \frac{\sqrt{(2(2)^3+9)}+(3(2)-1)}{(4(2)+1)} &&\text{(定理 2.4)}\\ &= \frac{\sqrt{25}+5}{9}=\frac{10}{9}.\end{aligned}$$

注意, $x=2$ 处的极限等于 $x=2$ 处的函数值.

相关习题 26～30◀

单边极限

定理 2.2, 极限定律 1～ 定律 6 以及 定理 2.4 对左极限和右极限也成立. 换句话说, 把这些定律中的 $\lim\limits_{x\to a}$ 换成 $\lim\limits_{x\to a^+}$ 或 $\lim\limits_{x\to a^-}$ 也是成立的. 对单边极限, 定律 7 必须作一点修改, 如下所述.

定理 2.3 (续) 单边极限的极限定律

把 $\lim\limits_{x\to a}$ 换成 $\lim\limits_{x\to a^+}$ 或 $\lim\limits_{x\to a^-}$ 定律1～ 定律6 也成立. 定律 7 修正如下. 设 $m>0$, $n>0$ 是整数.

7. 分数幂

a. $\lim\limits_{x\to a^+}[f(x)]^{n/m}=\left[\lim\limits_{x\to a^+}f(x)\right]^{n/m}$ 若 m 是偶数且 n/m 是既约分数, 则要求在 a 附近且 $x>a$ 有 $f(x)\geqslant 0$.

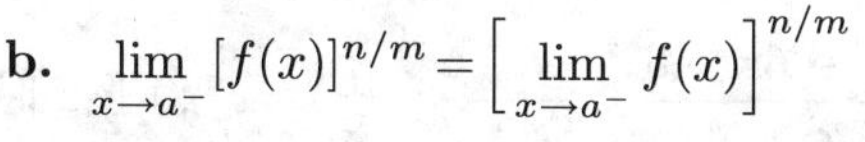

b. $\lim\limits_{x\to a^-}[f(x)]^{n/m}=\left[\lim\limits_{x\to a^-}f(x)\right]^{n/m}$ 若 m 是偶数且 n/m 是既约分数, 则要求在 a 附近且 $x<a$ 有 $f(x)\geqslant 0$.

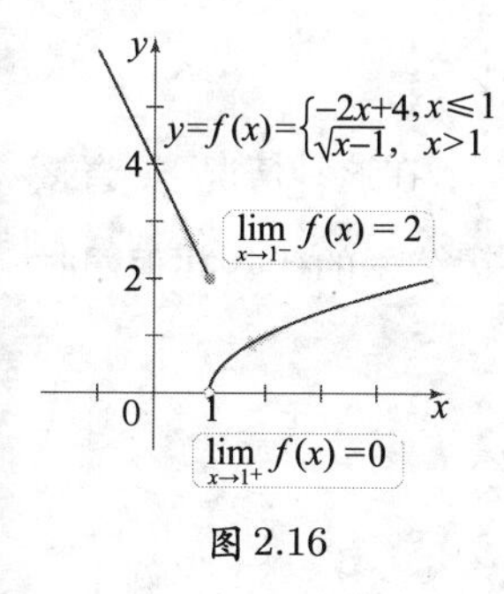

图 2.16

例 5 计算左极限和右极限 设

$$f(x)=\begin{cases}-2x+4, & x\leqslant 1\\ \sqrt{x-1}, & x>1\end{cases},$$

求 $\lim\limits_{x\to 1^-}f(x)$, $\lim\limits_{x\to 1^+}f(x)$, 及 $\lim\limits_{x\to 1}f(x)$, 或指出它们不存在.

解 f 的图像 (见图 2.16) 提示 $\lim\limits_{x\to 1^-}f(x)=2$, $\lim\limits_{x\to 1^+}f(x)=0$. 我们用极限定律验证这个结论. 当 $x\leqslant 1$ 时, $f(x)=-2x+4$, 所以

$$\lim_{x\to 1^-}f(x)=\lim_{x\to 1^-}(-2x+4)=2. \quad \text{(定理 2.2)}$$

当 $x>1$ 时, 注意 $x-1>0$, 于是得

$$\lim_{x\to 1^+} f(x) = \lim_{x\to 1^+}(\sqrt{x-1}) = 0. \quad (\text{定律 } 7)$$

因为 $\lim\limits_{x\to 1^-} f(x)=2$, $\lim\limits_{x\to 1^+} f(x)=0$, 所以由 定理 2.1, $\lim\limits_{x\to 1} f(x)$ 不存在.

相关习题 31 ~ 36 ◀

其他技术

到目前为止, 我们用直接代入法计算极限. 更具挑战性的问题是, 如果 $\lim\limits_{x\to a} f(x)$ 存在, 但是 $\lim\limits_{x\to a} f(x)\neq f(a)$, 如何计算 $\lim\limits_{x\to a} f(x)$? 图 2.17 显示了两个典型的情形. 第一种情形, $f(a)$ 有定义但不等于 $\lim\limits_{x\to a} f(x)$; 第二种情形, $f(a)$ 没有定义.

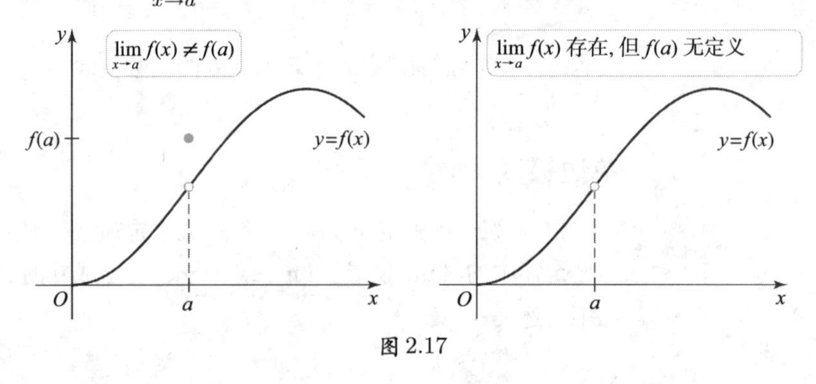

图 2.17

例 6　其他技术 计算下列极限.

a. $\lim\limits_{x\to 2}\dfrac{x^2-6x+8}{x^2-4}$.　　**b.** $\lim\limits_{x\to 1}\dfrac{\sqrt{x}-1}{x-1}$.

解

a. 这个极限不能通过直接代入求得, 因为当 $x=2$ 时其分母为零. 作为替代方法, 把分子和分母因式分解; 然后假设 $x\neq 2$, 消去同类因式:

该例所用的方法是通用的. 在极限过程中, x 趋于2, 但 $x\neq 2$. 所以我们能消去同类因式.

$$\frac{x^2-6x+8}{x^2-4}=\frac{(x-2)(x-4)}{(x-2)(x+2)}=\frac{x-4}{x+2}.$$

只要 $x\neq 2$, 就有 $\dfrac{x^2-6x+8}{x^2-4}=\dfrac{x-4}{x+2}$. 故当 x 趋于 2 时, 两个函数有相同的极限 (见图 2.18). 所以,

$$\lim_{x\to 2}\frac{x^2-6x+8}{x^2-4}=\lim_{x\to 2}\frac{x-4}{x+2}=\frac{2-4}{2+2}=-\frac{1}{2}.$$

b. 在 2.2 节的例 2 中, 我们用数值逼近的方法, 猜测这个极限值为 $\dfrac{1}{2}$. 在这种情况下, 直接代入法失效, 因为当 $x=1$ 时分母为零. 作为替代方法, 我们先用分子的代数共轭同时乘以分子和分母来化简函数. $\sqrt{x}-1$ 的共轭是 $\sqrt{x}+1$, 于是

$$\begin{aligned}\frac{\sqrt{x}-1}{x-1}&=\frac{(\sqrt{x}-1)(\sqrt{x}+1)}{(x-1)(\sqrt{x}+1)} &&(\text{分子有理化})\\&=\frac{x+\sqrt{x}-\sqrt{x}-1}{(x-1)(\sqrt{x}+1)} &&(\text{展开分子})\\&=\frac{x-1}{(x-1)(\sqrt{x}+1)} &&(\text{化简})\end{aligned}$$

$$= \frac{1}{\sqrt{x}+1}. \qquad (\text{当 } x \neq 1 \text{ 时消去相同因式})$$

迅速核查 3. 计算 $\lim\limits_{x\to5}\frac{x^2-7x+10.}{x-5}$ ◀

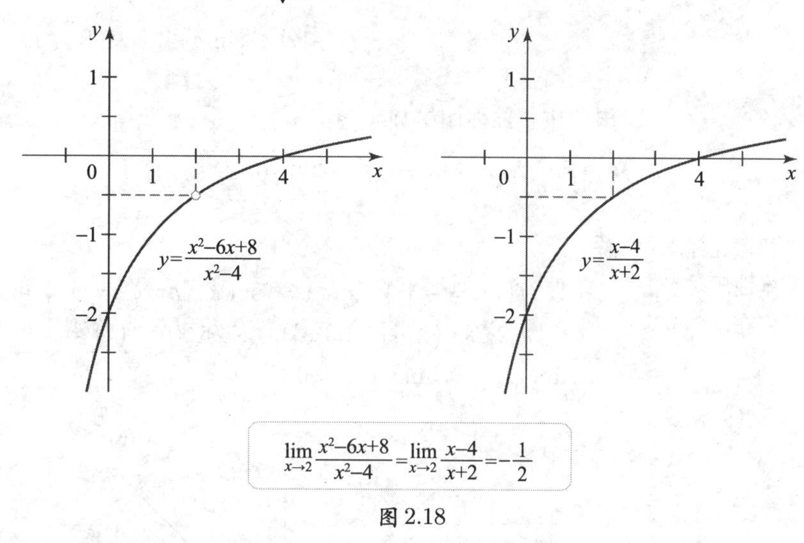

图 2.18

现在可以计算极限如下:

$$\lim_{x\to1}\frac{\sqrt{x}-1}{x-1}=\lim_{x\to1}\frac{1}{\sqrt{x}+1}=\frac{1}{1+1}=\frac{1}{2}.$$

相关习题 37～48 ◀

挤压定理

挤压定理也称为夹逼定理或三明治定理.

挤压定理提供了另一个计算极限的有效方法. 假设函数 f 和 h 在 a 处有相同的极限 L, 函数 g 在 f 和 h 之间 (见图 2.19), 挤压定理说, g 在 a 处必有极限 L. 2.7 节习题 54 给出了证明这个定理的提纲.

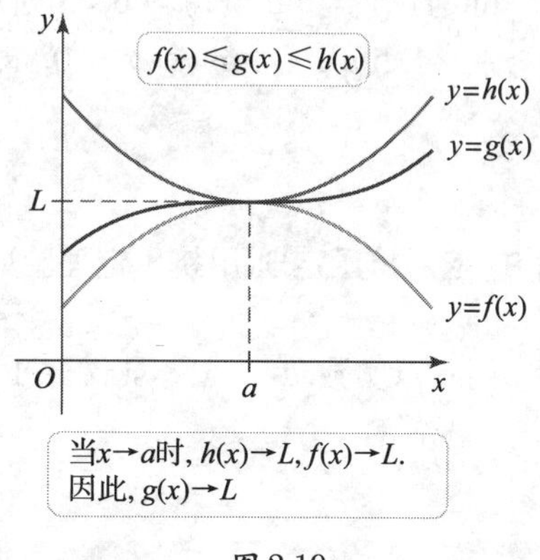

图 2.19

定理 2.5 挤压定理

设除可能的 a 外, 函数 f、g 和 h 对于 a 附近的所有 x, 满足 $f(x)\leqslant g(x)\leqslant h(x)$. 若 $\lim\limits_{x\to a}f(x)=\lim\limits_{x\to a}h(x)=L$, 那么 $\lim\limits_{x\to a}g(x)=L$.

例 7 正弦和余弦的极限 用几何方法 (习题 84) 可以证明, 对于 $-\pi/2 < x < \pi/2$,

$$-|x| \leqslant \sin x \leqslant |x|, \quad 0 \leqslant 1-\cos x \leqslant |x|.$$

用挤压定理证明下列极限:

a. $\lim\limits_{x\to 0}\sin x = 0$. **b.** $\lim\limits_{x\to 0}\cos x = 1$.

例 7 中的两个极限在建立三角函数的基本性质时起了重要作用. 将在 2.6 节重新出现.

解

a. 设 $f(x) = -|x|$, $g(x) = \sin x$, $h(x) = |x|$, 可见在 $-\pi/2 < x < \pi/2$ 上, g 在 f 和 h 之间 (见图 2.20(a)). 因为 $\lim\limits_{x\to 0} f(x) = \lim\limits_{x\to 0} h(x) = 0$ (习题 35), 由挤压定理推得 $\lim\limits_{x\to 0} g(x) = \lim\limits_{x\to 0}\sin x = 0$.

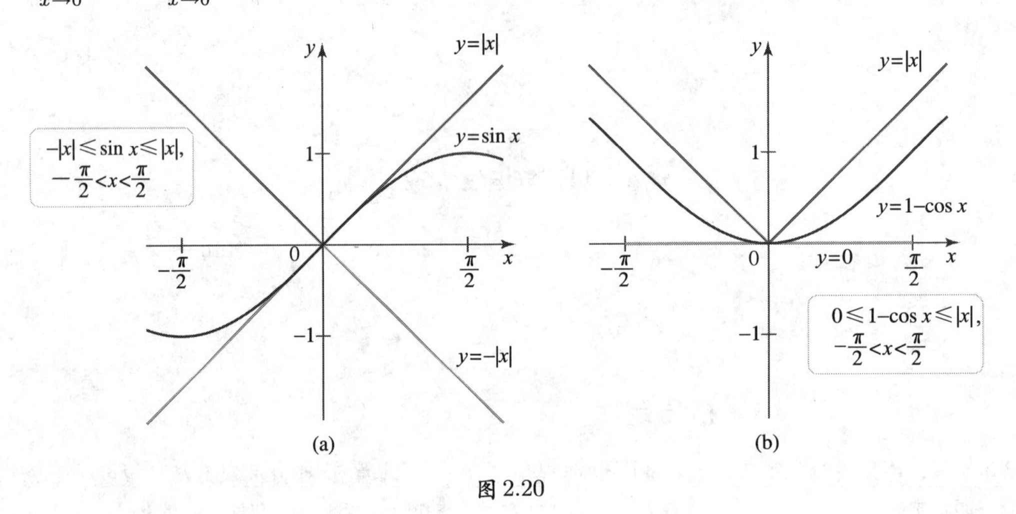

图 2.20

b. 在这种情况下, 我们取 $f(x) = 0$, $g(x) = 1-\cos x$, $h(x) = |x|$ (见图 2.20(b)). 因为 $\lim\limits_{x\to 0} f(x) = \lim\limits_{x\to 0} h(x) = 0$, 由挤压定理推得 $\lim\limits_{x\to 0} g(x) = \lim\limits_{x\to 0}(1-\cos x) = 0$. 根据极限定律, 得 $\lim\limits_{x\to 0} 1 - \lim\limits_{x\to 0}\cos x = 0$, 即 $\lim\limits_{x\to 0}\cos x = 1$.

相关习题 49～52◀

例 8 应用挤压定理 用挤压定理验证极限 $\lim\limits_{x\to 0} x^2\sin(1/x) = 0$.

解 对任意实数 θ, $-1 \leqslant \sin\theta \leqslant 1$. 对 $x \neq 0$, 令 $\theta = 1/x$, 得

$$-1 \leqslant \sin\left(\frac{1}{x}\right) \leqslant 1.$$

注意, 当 $x \neq 0$ 时 $x^2 > 0$, 不等式中的每一项乘以 x^2:

$$-x^2 \leqslant x^2\sin\left(\frac{1}{x}\right) \leqslant x^2.$$

图 2.21 阐释了这些不等式. 因为 $\lim\limits_{x\to 0} x^2 = \lim\limits_{x\to 0}(-x^2) = 0$, 由挤压定理得 $\lim\limits_{x\to 0} x^2\sin(1/x) = 0$.

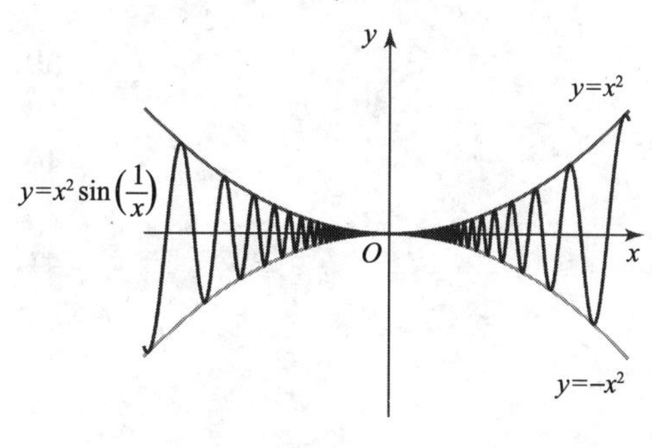

图 2.21

迅速核查 4. 设对 0 附近的所有 x, f 满足 $1 \leqslant f(x) \leqslant 1+\dfrac{x^2}{6}$. 如果可能, 求 $\lim\limits_{x\to 0} f(x)$. ◀

相关习题 49～52◀

2.3节 习题

复习题

1. 如果 f 是多项式, 怎样计算 $\lim\limits_{x\to a} f(x)$?
2. 如果 f 是多项式, 怎样计算 $\lim\limits_{x\to a^-} f(x)$ 和 $\lim\limits_{x\to a^+} f(x)$?
3. 如果 r 是有理函数, a 取何值可使 $\lim\limits_{x\to a} r(x) = r(a)$?
4. 设 $\lim\limits_{x\to 3} g(x) = 4$, 且当 $x \neq 3$ 时 $f(x) = g(x)$. 可能的话, 求 $\lim\limits_{x\to 3} f(x)$.
5. 解释为什么 $\lim\limits_{x\to 3} \dfrac{x^2-7x+12}{x-3} = \lim\limits_{x\to 3}(x-4)$.
6. 设 $\lim\limits_{x\to 2} f(x) = -8$, 求 $\lim\limits_{x\to 2}[f(x)]^{2/3}$.
7. 设 p 和 q 是多项式. 若 $\lim\limits_{x\to 0} \dfrac{p(x)}{q(x)} = 10$, $q(0)=2$, 求 $p(0)$.
8. 若 $\lim\limits_{x\to 2} f(x) = \lim\limits_{x\to 2} h(x) = 5$, 且 $f(x) \leqslant g(x) \leqslant h(x)$ 对所有 x 成立, 求 $\lim\limits_{x\to 2} g(x)$.
9. 计算 $\lim\limits_{x\to 5} \sqrt{x^2-9}$.
10. 设

$$f(x) = \begin{cases} 4, & x \leqslant 3 \\ x+2, & x > 3 \end{cases}.$$

计算 $\lim\limits_{x\to 3^-} f(x)$ 和 $\lim\limits_{x\to 3^+} f(x)$.

基本技能

11～16 线性函数的极限 计算下列极限.

11. $\lim\limits_{x\to 4}(3x-7)$.
12. $\lim\limits_{x\to 1}(-2x+5)$.
13. $\lim\limits_{x\to -9}(5x)$.
14. $\lim\limits_{x\to 2}(-3x)$.
15. $\lim\limits_{x\to 6}(4)$.
16. $\lim\limits_{x\to -5}(\pi)$.

17～22 应用极限定律 设 $\lim\limits_{x\to 1} f(x) = 8$, $\lim\limits_{x\to 1} g(x) = 3$, $\lim\limits_{x\to 1} h(x) = 2$. 计算下列极限并写出计算时所用的极限定律.

17. $\lim\limits_{x\to 1}[4f(x)]$.
18. $\lim\limits_{x\to 1}\left[\dfrac{f(x)}{h(x)}\right]$.
19. $\lim\limits_{x\to 1}\left[\dfrac{f(x)g(x)}{h(x)}\right]$.
20. $\lim\limits_{x\to 1}\left[\dfrac{f(x)}{g(x)-h(x)}\right]$.
21. $\lim\limits_{x\to 1}[h(x)]^5$.
22. $\lim\limits_{x\to 1}\sqrt[3]{f(x)g(x)+3}$.

23-30 计算极限 计算下列极限.

23. $\lim\limits_{x\to 1}(2x^3-3x^2+4x+5)$.
24. $\lim\limits_{t\to -2}(t^2+5t+7)$.
25. $\lim\limits_{x\to 1}\dfrac{5x^2+6x+1}{8x-4}$.
26. $\lim\limits_{t\to 3}\sqrt[3]{t^2-10}$.

27. $\lim\limits_{b\to 2}\dfrac{3b}{\sqrt{4b+1}-1}$.

28. $\lim\limits_{x\to 2}(x^2-x)^5$.

29. $\lim\limits_{x\to 3}\dfrac{-5x}{\sqrt{4x-3}}$.

30. $\lim\limits_{h\to 0}\dfrac{3}{\sqrt{16+3n}+4}$.

31. 单边极限 设

$$f(x)=\begin{cases}x^2+1, & x<-1\\ \sqrt{x+1}, & x\geqslant -1\end{cases}.$$

计算下列极限, 或指出极限不存在.

a. $\lim\limits_{x\to -1^-}f(x)$. **b.** $\lim\limits_{x\to -1^+}f(x)$. **c.** $\lim\limits_{x\to -1}f(x)$.

32. 单边极限 设

$$f(x)=\begin{cases}0, & x\leqslant -5\\ \sqrt{25-x^2}, & -5<x<5\\ 3x, & x\geqslant 5\end{cases}.$$

计算下列极限, 或指出极限不存在.

a. $\lim\limits_{x\to -5^-}f(x)$. **b.** $\lim\limits_{x\to -5^+}f(x)$. **c.** $\lim\limits_{x\to -5}f(x)$.

d. $\lim\limits_{x\to 5^-}f(x)$. **e.** $\lim\limits_{x\to 5^+}f(x)$. **b.** $\lim\limits_{x\to 5}f(x)$.

33. 单边极限

a. 计算 $\lim\limits_{x\to 2^+}\sqrt{x-2}$.

b. 为什么不考虑计算 $\lim\limits_{x\to 2^-}\sqrt{x-2}$?

34. 单边极限

a. 计算 $\lim\limits_{x\to 3^-}\sqrt{\dfrac{x-3}{2-x}}$.

b. 为什么不考虑计算 $\lim\limits_{x\to 3^+}\sqrt{\dfrac{x-3}{2-x}}$?

35. 绝对值的极限 先计算 $\lim\limits_{x\to 0^-}|x|$ 和 $\lim\limits_{x\to 0^+}|x|$, 然后证明 $\lim\limits_{x\to 0}|x|=0$. 回顾一下,

$$|x|=\begin{cases}-x, & x<0\\ x, & x\geqslant 0\end{cases}.$$

36. 绝对值的极限 证明对任意实数 a, $\lim\limits_{x\to a}|x|=|a|$. (*提示*: 考虑三种情况, $a<0$, $a=0$ 和 $a>0$.)

37～48 其他技术 计算下列极限, 其中 a 和 b 是定实数.

37. $\lim\limits_{x\to 1}\dfrac{x^2-1}{x-1}$.

38. $\lim\limits_{x\to 3}\dfrac{x^2-2x-3}{x-3}$.

39. $\lim\limits_{x\to 4}\dfrac{x^2-16}{4-x}$.

40. $\lim\limits_{t\to 2}\dfrac{3t^2-7t+2}{2-t}$.

41. $\lim\limits_{x\to b}\dfrac{(x-b)^{50}-x+b}{x-b}$.

42. $\lim\limits_{x\to -b}\dfrac{(x+b)^7+(x+b)^{10}}{4(x+b)}$.

43. $\lim\limits_{x\to -1}\dfrac{(2x-1)^2-9}{x+1}$.

44. $\lim\limits_{h\to 0}\dfrac{\dfrac{1}{5+h}-\dfrac{1}{5}}{h}$.

45. $\lim\limits_{x\to 9}\dfrac{\sqrt{x}-3}{x-9}$.

46. $\lim\limits_{t\to a}\dfrac{\sqrt{3t+1}-\sqrt{3a+1}}{t-a}$.

47. $\lim\limits_{h\to 0}\dfrac{\sqrt{16+h}-4}{h}$.

48. $\lim\limits_{x\to 0}\dfrac{a-\sqrt{a^2-x^2}}{x^2}$.

49. 挤压定理的应用

a. 证明 $-|x|\leqslant x\sin\left(\dfrac{1}{x}\right)\leqslant |x|$ 对所有 $x\neq 0$ 成立.

b. 用图像阐释 (a) 中的不等式.

c. 用挤压定理证明 $\lim\limits_{x\to 0}x\sin\left(\dfrac{1}{x}\right)=0$.

50. 由挤压定理得余弦的极限 可以证明: 对 0 附近的 x, 有 $1-x^2/2\leqslant\cos x\leqslant 1$.

a. 用图像阐释这些不等式.

b. 用这些不等式求 $\lim\limits_{x\to 0}\cos x$.

51. 由挤压定理得正弦的极限 可以证明: 对 0 附近的 x, 有 $1-\dfrac{x^2}{6}\leqslant\dfrac{\sin x}{x}\leqslant 1$.

a. 用图像阐释这些不等式.

b. 用这些不等式求 $\lim\limits_{x\to 0}\dfrac{\sin x}{x}$.

52. 由挤压定理得正割的极限

a. 作图验证 $0\leqslant x^2\sec x^2\leqslant x^4+x^2$ 对 0 附近的 x 成立.

b. 用挤压定理确定 $\lim\limits_{x\to 0}x^2\sec x^2$.

深入探究

53. 解释为什么是或不是 判断下列命题是否正确, 并说明理由或举出反例. 假设 a 和 L 是有限的数.

a. 若 $\lim_{x\to a} f(x)=L$, 则 $f(a)=L$.

b. 若 $\lim_{x\to a^-} f(x)=L$, 则 $\lim_{x\to a^+} f(x)=L$.

c. 若 $\lim_{x\to a} f(x)=L$ 且 $\lim_{x\to a} g(x)=L$, 则 $f(a)=g(a)$.

d. 当 $g(a)=0$ 时, 极限 $\lim_{x\to a}\dfrac{f(x)}{g(x)}$ 不存在.

e. 若 $\lim_{x\to 1^+}\sqrt{f(x)}=\sqrt{\lim_{x\to 1^+} f(x)}$, 则 $\lim_{x\to 1}\sqrt{f(x)}=\sqrt{\lim_{x\to 1} f(x)}$.

54～61 计算极限 计算下列极限, 其中 c 和 k 是常数.

54. $\lim_{h\to 0}\dfrac{100}{(10h-1)^{11}+2}$.

55. $\lim_{x\to 2}(5x-6)^{3/2}$.

56. $\lim_{x\to 5}(3x-16)^{3/7}$.

57. $\lim_{x\to 1}\dfrac{\sqrt{10x-9}-1}{x-1}$.

58. $\lim_{x\to 2}\left(\dfrac{1}{x-2}-\dfrac{2}{x^2-2x}\right)$.

59. $\lim_{h\to 0}\dfrac{(5+h)^2-25}{h}$.

60. $\lim_{x\to c}\dfrac{x^2-2cx+c^2}{x-c}$.

61. $\lim_{w\to -k}\dfrac{w^2+5kw+4k^2}{w^2+kw}$.

62. 求常数 假设

$$f(x)=\begin{cases}3x+b, & x\leqslant 2\\ x-2, & x>2\end{cases}.$$

确定常数 b 的值使得 $\lim_{x\to 2} f(x)$ 存在. 可能的话, 确定极限值.

63. 求常数 假设

$$g(x)=\begin{cases}x^2-5x, & x\leqslant -1\\ ax^3-7, & x>-1\end{cases}.$$

确定常数 a 的值使得 $\lim_{x\to -1} g(x)$ 存在. 可能的话, 确定极限值.

64～70 有用的因式分解公式 用因式分解公式

$$x^n-a^n=(x-a)(x^{n-1}+x^{n-2}a+x^{n-3}a^2+\cdots+xa^{n-2}+a^{n-1}),$$

计算下列极限, 其中 n 是正整数, a 是实数.

64. $\lim_{x\to 2}\dfrac{x^5-32}{x-2}$.

65. $\lim_{x\to 1}\dfrac{x^6-1}{x-1}$.

66. $\lim_{x\to -1}\dfrac{x^7+1}{x+1}$. (提示: 用公式 x^7-a^7, $a=-1$.)

67. $\lim_{x\to a}\dfrac{x^5-a^5}{x-a}$.

68. $\lim_{x\to a}\dfrac{x^n-a^n}{x-a}$, 这里 n 是正整数.

69. $\lim_{x\to 1}\dfrac{\sqrt[3]{x}-1}{x-1}$. (提示: $x-1=(\sqrt[3]{x})^3-(1)^3$)

70. $\lim_{x\to 16}\dfrac{\sqrt[4]{x}-2}{x-16}$.

71～74 包含共轭的极限 计算下列极限

71. $\lim_{x\to 1}\dfrac{x-1}{\sqrt{x}-1}$.

72. $\lim_{x\to 1}\dfrac{x-1}{\sqrt{4x+5}-3}$.

73. $\lim_{x\to 4}\dfrac{3(x-4)\sqrt{x+5}}{3-\sqrt{x+5}}$.

74. $\lim_{x\to 0}\dfrac{x}{\sqrt{cx+1}-1}$, 其中 c 是常数.

75. 作满足极限条件的函数 举出函数 f 和 g 的例子使得 $\lim_{x\to 1} f(x)=0$ 且 $\lim_{x\to 1}(f(x)g(x))=5$.

76. 作满足极限条件的函数 举出函数 f 的例子, 使其满足 $\lim_{x\to 1}\left(\dfrac{f(x)}{x-1}\right)=2$.

77. 求常数 求多项式 $p(x)=x^2+bx+c$ 中的常数 b 和 c, 使得 $\lim_{x\to 2}\dfrac{p(x)}{x-2}=6$. 这些常数是否唯一?

应用

78. 相对论中的问题 设长为 L_0 的宇宙飞船相对于观察者以高速率 v 飞行. 对观察者来说, 飞船的长度似乎变小了, 这由*洛伦兹收缩公式*

$$L=L_0\sqrt{1-\frac{v^2}{c^2}}$$

给出, 其中 c 为光速.

a. 如果飞船以 50 %的光速飞行, 观测到的飞船长度 L 是多少?

b. 如果飞船以 75 %的光速飞行, 观测到的飞船长度 L 是多少?

c. 在 (a) 和 (b) 中, 当飞船的速度增加时长度 L 发生什么变化?

d. 求极限 $\lim\limits_{v\to c^-} L_0\sqrt{1-\dfrac{v^2}{c^2}}$ 并解释其意义.

79. 圆柱体半径的极限 高为 10cm、表面积为 $S\,\mathrm{cm}^2$ 的正圆柱体的半径为

$$r(S)=\frac{1}{2}\left(\sqrt{100+\frac{2S}{\pi}}-10\right).$$

求 $\lim\limits_{S\to 0^+} r(S)$, 并解释结果.

80. 托里切利定律 一个圆柱形水箱装有深 9m 的水. 在 t=0 时, 打开水箱底部水龙头开关, 让水从水箱中流出. t 秒后水的深度 (从水箱底部算起) 近似为

$$d(t)=(3-0.015t)^2, 0\leqslant t\leqslant 200.$$

计算并解释 $\lim\limits_{t\to 200^-} d(t)$.

81. 电场 在距离一个 0.1-m 线电荷的中点 x 米处的电场大小为 $E(x)=\dfrac{4.35}{x\sqrt{x^2+0.01}}$ (单位是每库仑牛顿, N/C). 计算 $\lim\limits_{x\to 10} E(x)$.

附加练习

82～83. 复合函数的极限

82. 若 $\lim\limits_{x\to 1} f(x)=4$, 求 $\lim\limits_{x\to -1} f(x^2)$.

83. 设对所有 x, $g(x)=f(1-x)$, 且 $\lim\limits_{x\to 1^+} f(x)=4$, $\lim\limits_{x\to 1^-} f(x)=6$. 求 $\lim\limits_{x\to 0^+} g(x)$ 和 $\lim\limits_{x\to 0^-} g(x)$.

84. 两个三角不等式 考虑标准单位圆中的角 θ, $0\leqslant\theta<\pi/2$ 或 $-\pi/2<\theta\leqslant 0$ (用两个图).

a. 证明 $|AC|=|\sin\theta|$, $-\pi/2<\theta<\pi/2$. (提示: 分两种情况 $0<\theta<\pi/2$ 和 $-\pi/2<\theta<0$ 考虑.)

b. 证明 $|\sin\theta|<|\theta|$, $-\pi/2<\theta<\pi/2$ 且 $\theta\neq 0$ [$\theta\neq 0$ 为译者加——译者注]. (提示: 若 $0<\theta<\pi/2$, 弧 AB 的长是 θ, 若 $-\pi/2<\theta<0$, 弧 AB 的长是 $-\theta$.)

c. 推导结论 $-|\theta|\leqslant\sin\theta\leqslant|\theta|$, $-\pi/2<\theta<\pi/2$.

d. 证明 $0\leqslant 1-\cos\theta\leqslant|\theta|$, $-\pi/2<\theta<\pi/2$.

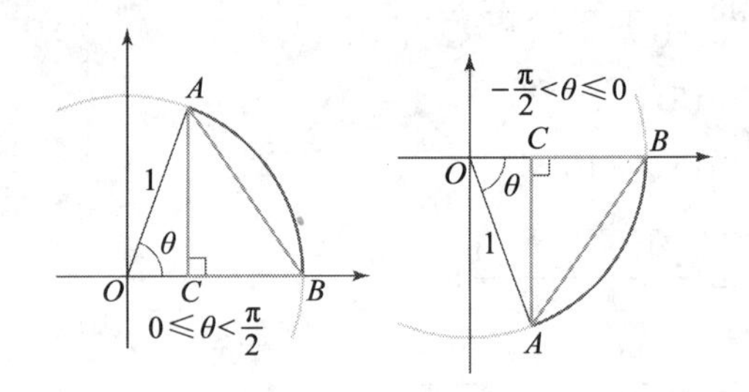

85. 定理 2.4 a 已知多项式

$$p(x)=b_nx^n+b_{n-1}x^{n-1}+\cdots+b_1x+b_0,$$

证明: 对任意 a 的值, $\lim\limits_{x\to a} p(x)=p(a)$.

迅速核查 答案

1. 0,2　**2.** 2　**3.** 3　**4.** 1◀

2.4　无穷极限

在这一节和下一节, 我们将讨论在微积分中还经常遇到的另外两种类型的极限过程. 当函数值在一点附近无限上升或下降时, 就产生了*无穷极限*. 另一种类型的极限是当自变量 x 无限上升或下降时的极限, 称为*无穷远处极限*. 无穷极限与无穷远处极限背后的思想是很不相同的. 所以区别这两类极限及其计算方法是重要的.

表 2.5

x	$f(x)=1/x^2$
±0.1	100
±0.01	10 000
±0.001	1 000 000
↓	↓
0	∞

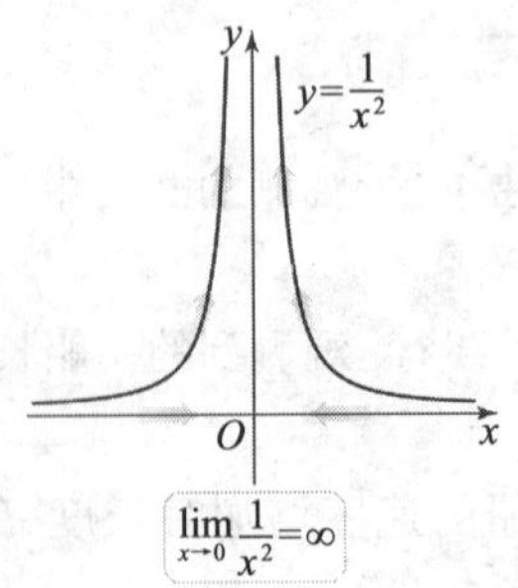

概述

为说明无穷远处极限与无穷极限的区别, 考虑表 2.5 中 $f(x)=1/x^2$ 的取值. 当 x 从两边趋于 0 时, $f(x)$ 变得越来越大. 由于当 x 趋于 0 时 $f(x)$ 不趋于有限数, 故 $\lim\limits_{x\to 0} f(x)$ 不存在. 我们仍然使用极限的记号, 记为 $\lim\limits_{x\to 0} f(x)=\infty$. 无穷大记号表示当 x 趋于 0 时 $f(x)$ 任意增大. 这是**无穷极限**的一个例子. 一般地, 无穷极限表示当*自变量*趋于一个有限数时, *因变量*的量值变得任意大.

相反, **无穷远处极限**则表示当*自变量*任意大时, *因变量*趋于一个有限数. 由表 2.6 可见, 当 x 任意大时 $f(x)=1/x^2$ 趋于 0. 这种情况, 我们记为 $\lim\limits_{x\to\infty} f(x)=0$.

图 2.22 显示了这两类极限过程的一般图形.

表 2.6

x	$f(x)=1/x^2$
10	0.01
100	0.000 1
1 000	0.000 001
↓	↓
∞	0

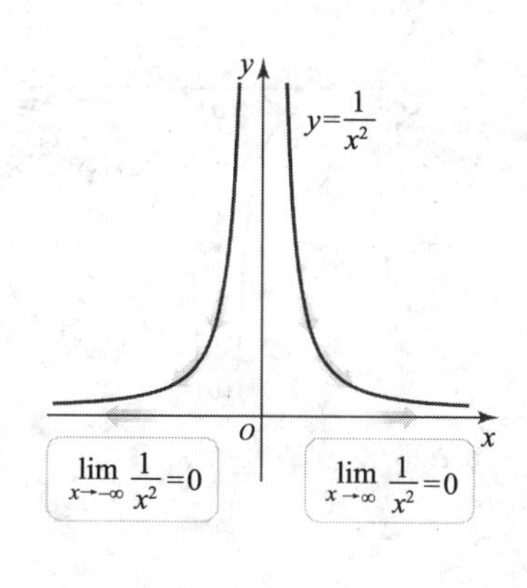

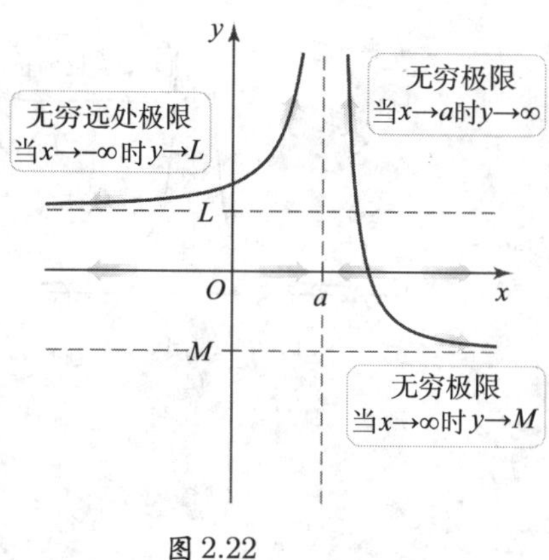

图 2.22

无穷极限

下面无穷极限的定义是非正式的, 但适用于本书中的大多数函数. 2.7 节将给出精确的定义.

定义　无穷极限

假设 f 对 a 附近的所有 x 有定义. 如果当 x 充分接近 (但不等于) a 时, $f(x)$ 可以任意大 (见图 2.23(a)), 我们记为

$$\lim_{x\to a} f(x)=\infty,$$

并称当 x 趋于 a 时, $f(x)$ 的极限是无穷大.

如果当 x 充分接近 (但不等于) a 时, $f(x)$ 为负且量值任意大 (见图 2.23(b)), 我们记为

$$\lim_{x\to a} f(x)=-\infty,$$

并称当 x 趋于 a 时, $f(x)$ 的极限是负无穷大. 这两种情况的极限都不存在.

例 1　无穷极限 使用函数的图像求 $\lim\limits_{x\to 1}\dfrac{x}{(x^2-1)^2}$ 和 $\lim\limits_{x\to -1}\dfrac{x}{(x^2-1)^2}$.

解　$f(x)=\dfrac{x}{(x^2-1)^2}$ 的图像 (见图 2.24) 显示, 当 x (从两边) 趋于 1 时, f 的值任意大. 因此, 极限不存在, 写成

$$\lim_{x\to 1}\frac{x}{(x^2-1)^2}=\infty.$$

当 x 趋于 -1 时, f 的值为负且量值任意大, 所以,

$$\lim_{x\to -1}\frac{x}{(x^2-1)^2}=-\infty.$$

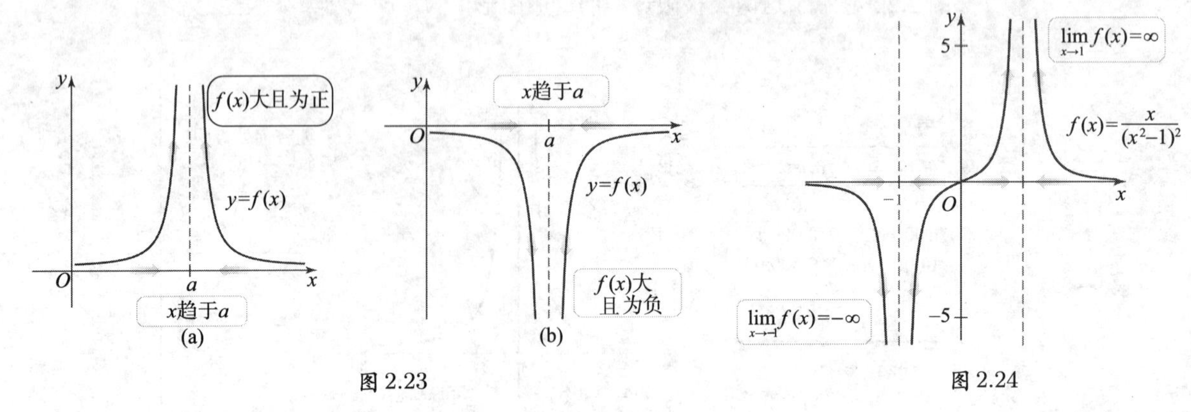

图 2.23　　图 2.24

相关习题 7～8◀

例 1 阐述了一个双边无穷极限. 同有限极限一样, 我们也需要讨论右无穷极限和左无穷极限, 统称为单边无穷极限.

定义　单边无穷极限

假设 f 对 a 附近 $x>a$ 的所有 x 有定义. 如果当 $x>a$ 且充分接近 a 时, $f(x)$ 任意大, 则记为 $\lim\limits_{x\to a^+} f(x)=\infty$ (见图 2.25(a)). 类似地, 定义单边无穷极限 $\lim\limits_{x\to a^+} f(x)=-\infty$ (见图 2.25(b)), $\lim\limits_{x\to a^-} f(x)=\infty$ (见图 2.25(c)) 和 $\lim\limits_{x\to a^-} f(x)=-\infty$ (见图 2.25(d)).

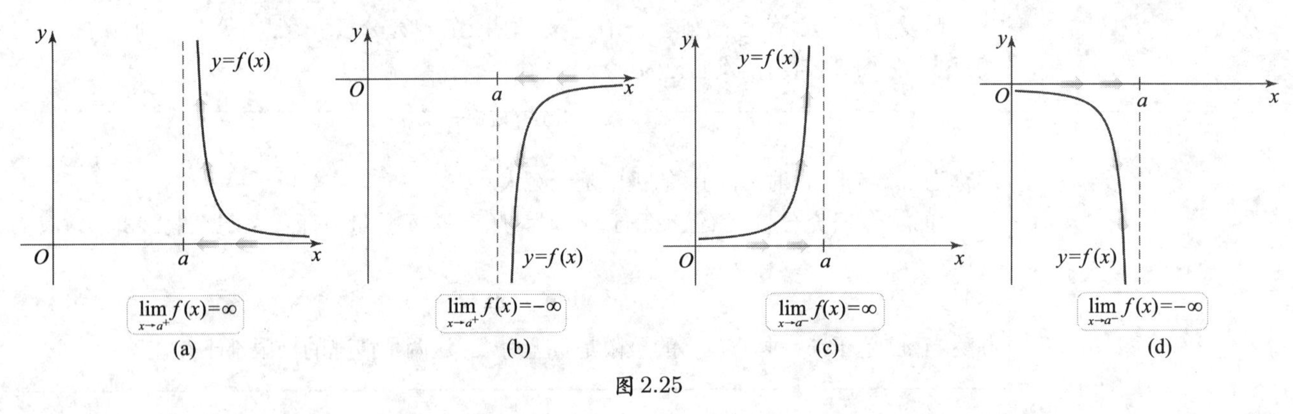

图 2.25

在图 2.25 展示的所有无穷极限中, 当 x 趋于 a 时, f 的图像趋于垂直线 $x=a$, 直线 $x=a$ 称为垂直渐近线.

记号 $\pm\infty$ 表示 $+\infty$ 或 $-\infty$.

定义　垂直渐近线

如果 $\lim\limits_{x\to a} f(x)=\pm\infty$, 或 $\lim\limits_{x\to a^+} f(x)=\pm\infty$, 或 $\lim\limits_{x\to a^-} f(x)=\pm\infty$, 则称直线 $x=a$ 为 f 的一条**垂直渐近线**.

迅速核查 1. 作满足条件 $\lim\limits_{x\to 2^+} f(x)=-\infty$ 和 $\lim\limits_{x\to 2^-} f(x)=\infty$ 的函数图像及其垂直渐近线. ◀

例 2 用图像法确定极限 垂直线 $x=1$ 和 $x=3$ 是函数 $g(x)=\dfrac{x-2}{(x-1)^2(x-3)}$ 的垂直渐近线. 如果可能的话, 用图 2.26 确定下列极限.

a. $\lim\limits_{x\to 1} g(x)$. **b.** $\lim\limits_{x\to 3^-} g(x)$. **c.** $\lim\limits_{x\to 3} g(x)$.

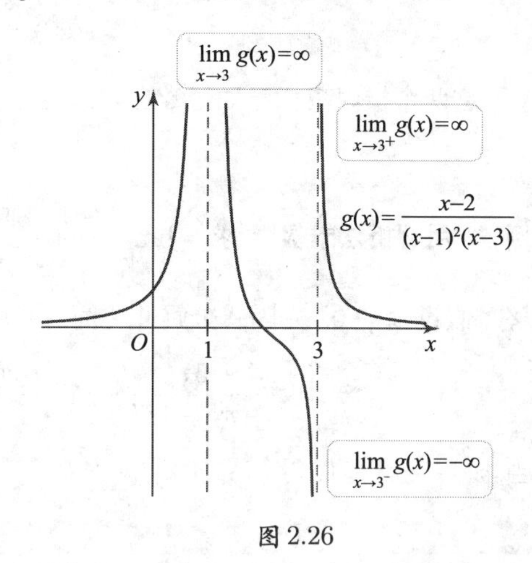

图 2.26

解

a. 当 x 从两边趋于 1 时, g 的值任意大. 所以, $\lim\limits_{x\to 1} g(x)=\infty$.

b. 当 x 从左边趋于 3 时, g 的值为负且量值任意大. 于是 $\lim\limits_{x\to 3^-} g(x)=-\infty$.

c. 注意, $\lim\limits_{x\to 3^+} g(x)=\infty$. 因为 $x=3$ 处的两个单边极限不相等, 所以 $\lim\limits_{x\to 3} g(x)$ 不存在.

相关习题 9 ~ 16 ◀

表 2.7

x	$\dfrac{5+x}{x}$
0.01	$\dfrac{5.01}{0.01}=501$
0.001	$\dfrac{5.001}{0.001}=5\,001$
0.000 1	$\dfrac{5.000\,1}{0.000\,1}=50\,001$
↓	↓
0^+	∞

解析法求无穷极限

利用一个简单的算术性质可以解析地计算许多无穷极限: 当 a 相对地保持非零常数且 b 趋于 0 时, 分式 a/b 的量值任意增大. 例如, 当 x 的值从右边趋于 0 时, 考虑分式 $\dfrac{5+x}{x}$ (见表 2.7).

可见当 $x\to 0^+$ 时, $\dfrac{5+x}{x}\to\infty$, 这是因为当分母为正且趋于 0 时, 分子 $5+x$ 趋于 5. 所以得 $\lim\limits_{x\to 0^+}\dfrac{5+x}{x}=\infty$. 类似地, $\lim\limits_{x\to 0^-}\dfrac{5+x}{x}=-\infty$, 因为当分母取负值趋于 0 时, 分子趋于 5.

迅速核查 2. 先确定分子和分母的符号, 然后求 $\lim\limits_{x\to 0^+}\dfrac{x-5}{x}$ 和 $\lim\limits_{x\to 0^-}\dfrac{x-5}{x}$. ◀

例 3 用解析法计算极限 计算下列极限.

a. $\lim\limits_{x\to 3^+}\dfrac{2-5x}{x-3}$. **b.** $\lim\limits_{x\to 3^-}\dfrac{2-5x}{x-3}$.

解

a. 当 $x\to 3^+$ 时, 分子 $2-5x$ 趋于 $2-5(3)=-13$, 同时分母 $x-3$ 为正且趋于 0. 所以,

$$\lim_{x\to 3^+}\frac{\overbrace{2-5x}^{\text{趋于}-13}}{\underbrace{x-3}_{\text{正且趋于0}}}=-\infty.$$

b. 当 $x \to 3^-$ 时, 分子 $2-5x$ 趋于 $2-5(3)=-13$, 同时 $x-3$ 为负且趋于 0. 所以,

$$\lim_{x\to 3^-}\frac{\overbrace{2-5x}^{\text{趋于}-13}}{\underbrace{x-3}_{\text{负且趋于0}}}=\infty.$$

这两个极限蕴含已知函数在 $x=3$ 处有一条垂直渐近线.

相关习题 17～22 ◄

例 4 用解析法求极限 求 $\displaystyle\lim_{x\to -4^+}\frac{-x^3+5x^2-6x}{-x^3-4x^2}$.

因为在这个极限中我们考虑 $x=-4$ 附近的函数值, 所以可以假设 $x\neq 0$.

解 假设 $x\neq 0$. 先因式分解并化简:

$$\frac{-x^3+5x^2-6x}{-x^3-4x^2}=\frac{-x(x-2)(x-3)}{-x^2(x+4)}=\frac{(x-2)(x-3)}{x(x+4)}.$$

当 $x\to -4^+$ 时, 得

$$\lim_{x\to -4^+}\frac{-x^3+5x^2-6x}{-x^3-4x^2}=\lim_{x\to -4^+}\frac{\overbrace{(x-2)(x-3)}^{\text{趋于}42}}{\underbrace{x(x+4)}_{\text{负且趋于0}}}=-\infty.$$

这个极限蕴含已知函数在 $x=-4$ 处有一条垂直渐近线.

相关习题 17～22 ◄

迅速核查 3. 验证当 $x\to -4^+$ 时 $x(x+4)\to 0$ 且由负值趋近. ◄

例 5 说明, 当 $f(x)$ 和 $g(x)$ 都趋于 0 时, $f(x)/g(x)$ 的量值未必任意大. 这样的极限称为不定式, 将在 4.7 节中详细考查.

例 5 垂直渐近线的位置 设 $f(x)=\dfrac{x^2-4x+3}{x^2-1}$. 求下列极限及 f 的垂直渐近线. 用绘图工具验证结果.

a. $\displaystyle\lim_{x\to 1}f(x)$. **b.** $\displaystyle\lim_{x\to -1^-}f(x)$. **c.** $\displaystyle\lim_{x\to -1^+}f(x)$.

解

a. 注意, 当 $x\to 1$ 时 f 的分子和分母都趋于 0, 并且函数在 $x=1$ 处没有定义. 为计算 $\displaystyle\lim_{x\to 1}f(x)$, 先因式分解:

$$\begin{aligned}\lim_{x\to 1}f(x)&=\lim_{x\to 1}\frac{x^2-4x+3}{x^2-1}\\&=\lim_{x\to 1}\frac{(x-1)(x-3)}{(x-1)(x+1)}\qquad\text{(分解因式)}\\&=\lim_{x\to 1}\frac{(x-3)}{(x+1)}\qquad\text{(当 } x\neq 1 \text{ 时, 消去相同因式)}\\&=\frac{1-3}{1+1}=-1\qquad\text{(代入 } x=1\text{)}\end{aligned}$$

因为 x 趋于 1, 但不等于 1, 所以 $x-1\neq 0$, 故可以在 $\displaystyle\lim_{x\to 1}\frac{(x-1)(x-3)}{(x-1)(x+1)}$ 中消去因子 $x-1$.

所以, $\displaystyle\lim_{x\to 1}f(x)=-1$ (尽管 $f(1)$ 无定义). 直线 $x=1$ 不是 f 的垂直渐近线.

b. 在 (a) 中, 我们证明了

$$f(x)=\frac{x^2-4x+3}{x^2-1}=\frac{x-3}{x+1},\quad x\neq 1.$$

再次应用这一事实, 当 x 从左边趋于 -1 时, 单边极限为

$$\lim_{x\to-1^-} f(x) = \lim_{x\to-1^-} \frac{\overbrace{x-3}^{\text{趋于}-4}}{\underbrace{x+1}_{\text{负且趋于}0}} = \infty.$$

c. 当 x 从右边趋于 -1 时, 单边极限为

$$\lim_{x\to-1^+} f(x) = \lim_{x\to-1^+} \frac{\overbrace{x-3}^{\text{趋于}-4}}{\underbrace{x+1}_{\text{正且趋于}0}} = -\infty.$$

无穷极限 $\lim\limits_{x\to-1^+} f(x) = -\infty$ 和 $\lim\limits_{x\to-1^-} f(x) = \infty$ 蕴含直线 $x=-1$ 是 f 的一条垂直渐近线. 由绘图工具画出的 f 的图像可能如图 2.27(a) 所示. 若如此, 有两点需要更正. 因为 $\lim\limits_{x\to1} f(x) = -1$, 但 $f(1)$ 没有定义, 所以图像在 $(1,-1)$ 处应该有一个洞. 把实垂直线改为虚线是一个不错的主意 (见图 2.27(b)), 这样来强调垂直渐近线不是 f 图像的一部分.

不同的绘图工具显示垂直渐近线的方式是不同的. 并非所有绘图工具都会出现图 2.27 中这样的错误.

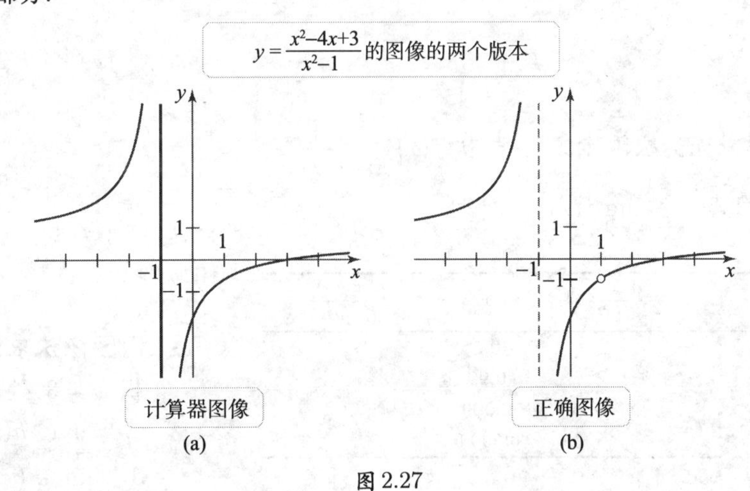

(a) (b)

图 2.27

相关习题 23～26 ◀

迅速核查 4. 直线 $x=2$ 不是 $y=\dfrac{(x-1)(x-2)}{x-2}$ 的垂直渐近线, 为什么? ◀

例 6 三角函数的极限 求下列极限.

a. $\lim\limits_{\theta\to0^+} \cot\theta$.　　**b.** $\lim\limits_{\theta\to0^-} \cot\theta$.

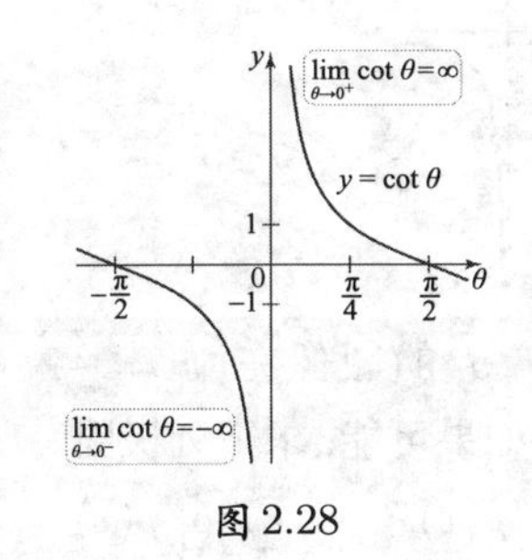

图 2.28

解

a. 回忆一下, $\cot\theta = \cos\theta/\sin\theta$. 此外, $\lim\limits_{\theta\to0^+}\cos\theta = 1$ (2.3 节, 例 7), 并且当 $\theta\to0^+$ 时, $\sin\theta$ 为正且趋于 0. 所以, 当 $\theta\to0^+$ 时, $\cot\theta$ 任意大且为正, 即 $\lim\limits_{\theta\to0^+}\cot\theta=\infty$. $\cot\theta$ 的图像 (见图 2.28) 在 $\theta=0$ 处有一条垂直渐近线, 这说明极限是正确的.

b. 在这种情况下, $\lim\limits_{\theta\to0^-}\cos\theta=1$. 当 $\theta\to0^-$ 时, $\sin\theta\to0$ 并且 $\sin\theta<0$. 所以, 当 $\theta\to0^-$ 时, $\cot\theta$ 为负且量值任意大. 于是得 $\lim\limits_{\theta\to0^-}\cot\theta=-\infty$. $\cot\theta$ 的图像说明极限是正确的.

相关习题 27～32 ◀

2.4节 习题

复习题

1. 用图像解释 $\lim\limits_{x\to a^+} f(x) = -\infty$ 的意义.
2. 用图像解释 $\lim\limits_{x\to a} f(x) = \infty$ 的意义.
3. 什么是垂直渐近线?
4. 考虑函数 $F(x) = f(x)/g(x)$, $g(a) = 0$. F 在 $x = a$ 处一定有垂直渐近线吗? 解释原因.
5. 当 $x \to 2$ 时, $f(x) \to 100$, $g(x) \to 0$ 且 $g(x) < 0$. 求 $\lim\limits_{x\to 2} \dfrac{f(x)}{g(x)}$.
6. 求 $\lim\limits_{x\to 3^-} \dfrac{1}{x-3}$ 和 $\lim\limits_{x\to 3^+} \dfrac{1}{x-3}$ 的值.

基本技能

7. **用数值法求无穷极限** 计算下表中 $f(x) = \dfrac{x+1}{(x-1)^2}$ 的值, 并用其确定 $\lim\limits_{x\to 1} f(x)$.

x	$\dfrac{x+1}{(x-1)^2}$	x	$\dfrac{x+1}{(x-1)^2}$
1.1		0.9	
1.01		0.99	
1.001		0.999	
1.000 1		0.999 9	

8. **用图像法求无穷极限** 用 $f(x) = \dfrac{x}{(x^2-2x-3)^2}$ 的图像确定 $\lim\limits_{x\to -1} f(x)$ 和 $\lim\limits_{x\to 3} f(x)$.

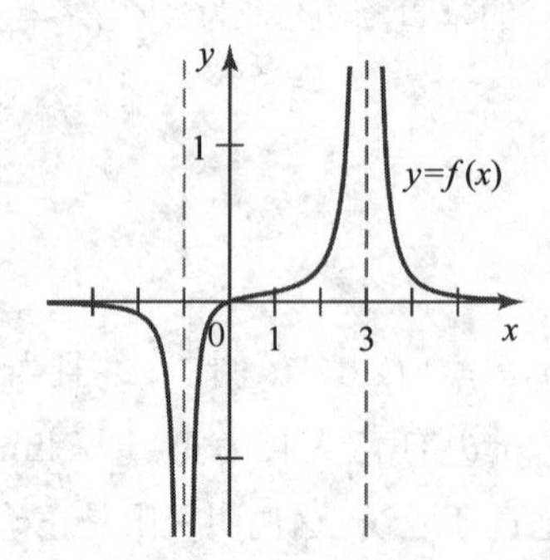

9. **用图像法求无穷极限** 图中 f 的图像在 x=1 和 x=2 处有垂直渐近线. 如果可能, 求下列极限.

   a. $\lim\limits_{x\to 1^-} f(x)$. b. $\lim\limits_{x\to 1^+} f(x)$. c. $\lim\limits_{x\to 1} f(x)$.
   d. $\lim\limits_{x\to 2^-} f(x)$. e. $\lim\limits_{x\to 2^+} f(x)$. f. $\lim\limits_{x\to 2} f(x)$.

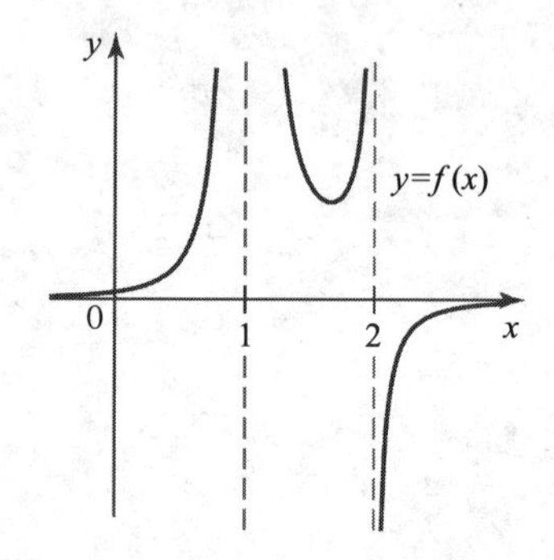

10. **用图像法求无穷极限** 图中 g 的图像在 x=2 和 x=4 处有垂直渐近线. 如果可能, 求下列极限.

    a. $\lim\limits_{x\to 2^-} g(x)$. b. $\lim\limits_{x\to 2^+} g(x)$. c. $\lim\limits_{x\to 2} g(x)$.
    d. $\lim\limits_{x\to 4^-} g(x)$. e. $\lim\limits_{x\to 4^+} g(x)$. f. $\lim\limits_{x\to 4} g(x)$.

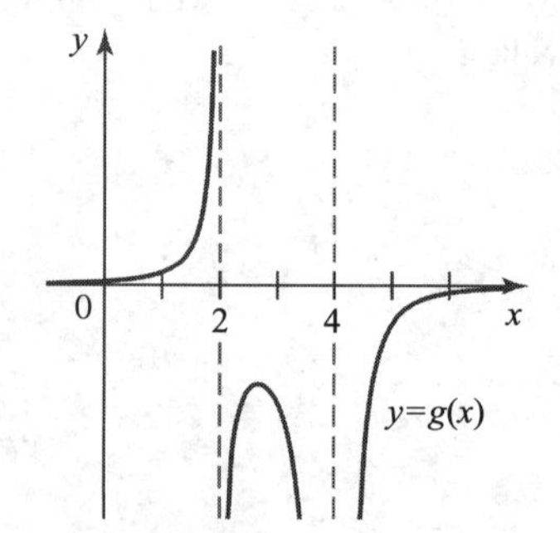

11. **用图像法求无穷极限** 图中 h 的图像在 $x = -2$ 和 $x = 3$ 处有垂直渐近线. 如果可能, 求下列极限.

    a. $\lim\limits_{x\to -2^-} h(x)$. b. $\lim\limits_{x\to -2^+} h(x)$. c. $\lim\limits_{x\to -2} h(x)$.
    d. $\lim\limits_{x\to 3^-} h(x)$. e. $\lim\limits_{x\to 3^+} h(x)$. f. $\lim\limits_{x\to 3} h(x)$.

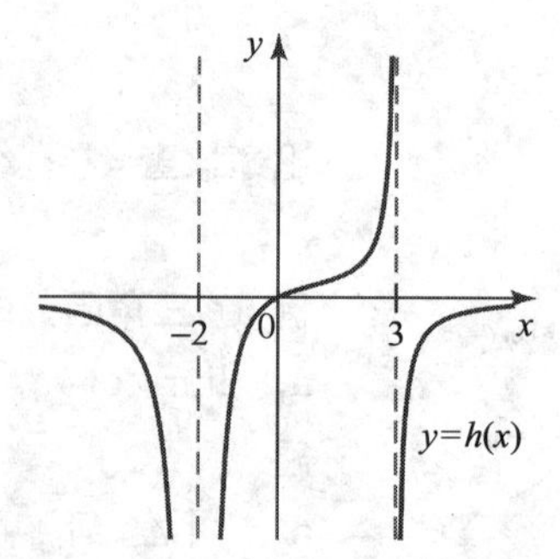

12. **用图像法求无穷极限** 图中 p 的图像在 $x = -2$ 和 $x = 3$ 处有垂直渐近线. 如果可能, 求下列极限.

    a. $\lim\limits_{x\to -2^-} p(x)$. b. $\lim\limits_{x\to -2^+} p(x)$. c. $\lim\limits_{x\to -2} p(x)$.
    d. $\lim\limits_{x\to 3^-} p(x)$. e. $\lim\limits_{x\to 3^+} p(x)$. f. $\lim\limits_{x\to 3} p(x)$.

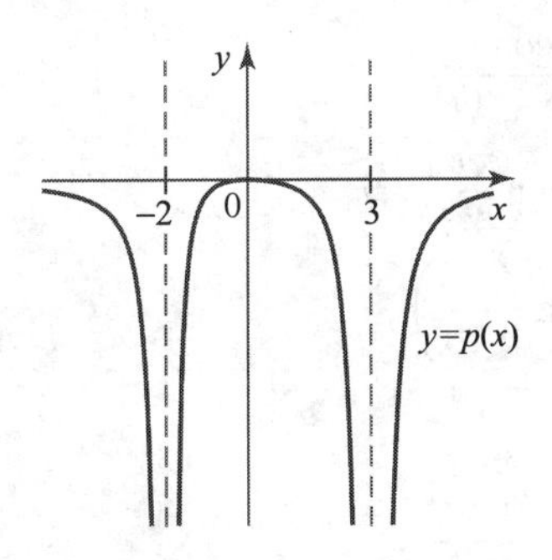

13. 用图像法求无穷极限 用绘图工具在窗口 $[-1,2]\times[-10,10]$ 中作函数 $f(x)=\dfrac{1}{x^2-x}$ 的图像. 用图像确定下列极限.

a. $\lim\limits_{x\to 0^-} f(x)$. b. $\lim\limits_{x\to 0^+} f(x)$.
c. $\lim\limits_{x\to 1^-} f(x)$. d. $\lim\limits_{x\to 1^+} f(x)$.

14. 用图像法求无穷极限 用绘图工具作函数 $f(x)=x\cot x$ 在区间 $[0,2\pi]$ 上的图像 (试着选取合适窗口). 用图像确定下列极限.

a. $\lim\limits_{x\to \pi^+} f(x)$. b. $\lim\limits_{x\to \pi^-} f(x)$.
c. $\lim\limits_{x\to 2\pi^-} f(x)$. d. $\lim\limits_{x\to 0^+} f(x)$.

15. 作草图 作函数 f 的可能图像和垂直渐近线使 f 满足所有下列条件.

$f(1)=0$, $f(3)$ 无定义, $\lim\limits_{x\to 3} f(x)=1$, $\lim\limits_{x\to 0^+} f(x)=-\infty$, $\lim\limits_{x\to 2} f(x)=\infty$, $\lim\limits_{x\to 4^-} f(x)=\infty$.

16. 作草图 作函数 g 的可能图像和垂直渐近线使 g 满足所有下列条件.

$g(2)=1$. $g(5)=-1$. $\lim\limits_{x\to 4} g(x)=-\infty$. $\lim\limits_{x\to 7^-} g(x)=\infty$. $\lim\limits_{x\to 7^+} g(x)=-\infty$.

17 ~ 22. 用解析法求极限 求下列极限, 或指出极限不存在.

17. a. $\lim\limits_{x\to 2^+} \dfrac{1}{x-2}$. b. $\lim\limits_{x\to 2^-} \dfrac{1}{x-2}$. c. $\lim\limits_{x\to 2} \dfrac{1}{x-2}$.

18. a. $\lim\limits_{x\to 3^+} \dfrac{2}{(x-3)^3}$. b. $\lim\limits_{x\to 3^-} \dfrac{2}{(x-3)^3}$.
c. $\lim\limits_{x\to 3} \dfrac{2}{(x-3)^3}$.

19. $\lim\limits_{x\to 0} \dfrac{x^3-5x^2}{x^2}$.

20. $\lim\limits_{t\to 5} \dfrac{4t^2-100}{t-5}$.

21. $\lim\limits_{x\to 1^+} \dfrac{x^2-5x+6}{x-1}$.

22. $\lim\limits_{z\to 4} \dfrac{z-5}{(z^2-10z+24)^2}$.

23 ~ 26. 求垂直渐近线 求下列函数的所有垂直渐近线 $x=a$. 对 a 的每个值, 求 $\lim\limits_{x\to a^+} f(x)$, $\lim\limits_{x\to a^-} f(x)$ 和 $\lim\limits_{x\to a} f(x)$.

23. $f(x)=\dfrac{x^2-9x+14}{x^2-5x+6}$.

24. $f(x)=\dfrac{\cos x}{x^2+2x}$.

25. $f(x)=\dfrac{x+1}{x^3-4x^2+4x}$.

26. $f(x)=\dfrac{x^3-10x^2+16x}{x^2-8x}$.

27 ~ 30. 三角函数的极限 求下列极限.

27. $\lim\limits_{\theta\to 0^+} \csc\theta$.

28. $\lim\limits_{x\to 0^-} \csc x$.

29. $\lim\limits_{x\to 0^+} (-10\cot x)$.

30. $\lim\limits_{\theta\to \pi/2^+} \dfrac{1}{3}\tan\theta$.

31. 用图像法求无穷极限 作函数 $y=\tan x$ 在窗口 $[-\pi,\pi]\times[-10,10]$ 中的图像. 用这个图像确定下列极限.

a. $\lim\limits_{x\to \pi/2^+} \tan x$. b. $\lim\limits_{x\to \pi/2^-} \tan x$.
c. $\lim\limits_{x\to -\pi/2^+} \tan x$. d. $\lim\limits_{x\to -\pi/2^-} \tan x$.

32. 用图像法求无穷极限 作函数 $y=\sec x\tan x$ 在窗口 $[-\pi,\pi]\times[-10,10]$ 中的图像. 用这个图像确定下列极限.

a. $\lim\limits_{x\to \pi/2^+} \sec x\tan x$. b. $\lim\limits_{x\to \pi/2^-} \sec x\tan x$.
c. $\lim\limits_{x\to -\pi/2^+} \sec x\tan x$. d. $\lim\limits_{x\to -\pi/2^-} \sec x\tan x$.

深入探究

33. 解释为什么是, 或不是 判断下列命题是否正确, 并说明理由或举出反例.

a. 直线 $x=1$ 是函数 $f(x)=\dfrac{x^2-7x+6}{x^2-1}$ 的一条垂直渐近线.

b. 直线 $x=-1$ 是函数 $f(x)=\dfrac{x^2-7x+6}{x^2-1}$ 的一条垂直渐近线.

c. 若 g 在 $x=1$ 处有垂直渐近线且 $\lim\limits_{x\to 1^+} g(x)=\infty$, 则 $\lim\limits_{x\to 1^-} g(x)=\infty$.

34. 用垂直渐近线求函数 求多项式 p 和 q 使得 p/q

在 $x=1$ 和 $x=2$ 处没有定义, 但只在 $x=2$ 处有垂直渐近线. 作所得函数的图像.

35. 用无穷极限求函数 给出函数 f 的一个表达式使其满足 $\lim\limits_{x\to 6^+} f(x)=\infty$ 和 $\lim\limits_{x\to 6^-} f(x)=-\infty$.

36. 配对 不用绘图工具把函数 a～f 与图中的图像 A～F 配对.

a. $f(x)=\dfrac{x}{x^2+1}$. **b.** $f(x)=\dfrac{x}{x^2-1}$.

c. $f(x)=\dfrac{1}{x^2-1}$. **d.** $f(x)=\dfrac{x}{(x-1)^2}$.

e. $f(x)=\dfrac{1}{(x-1)^2}$. **f.** $f(x)=\dfrac{x}{x+1}$.

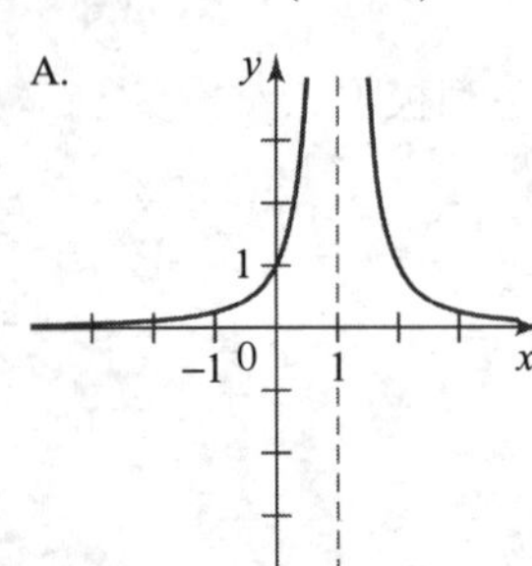

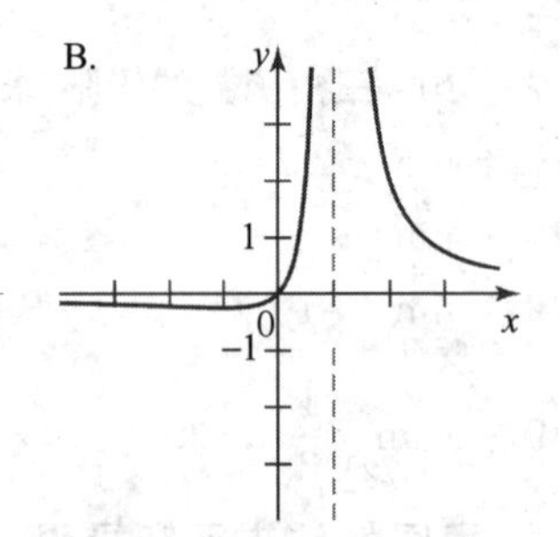

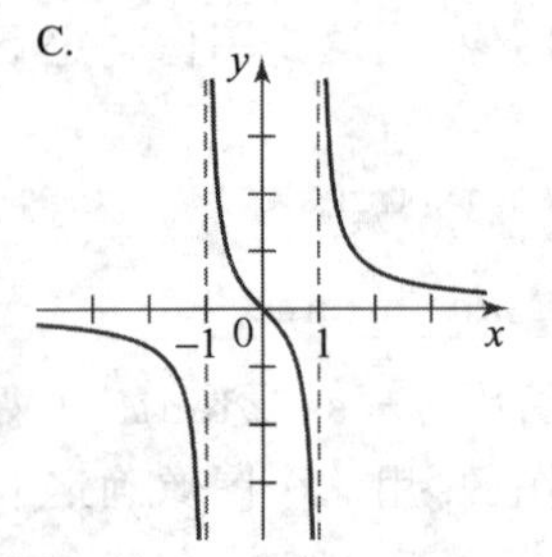

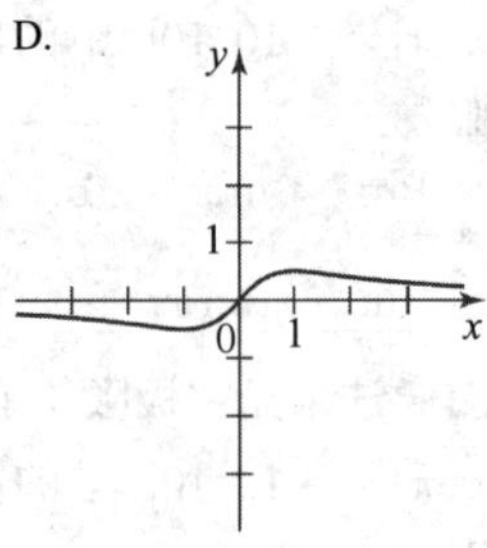

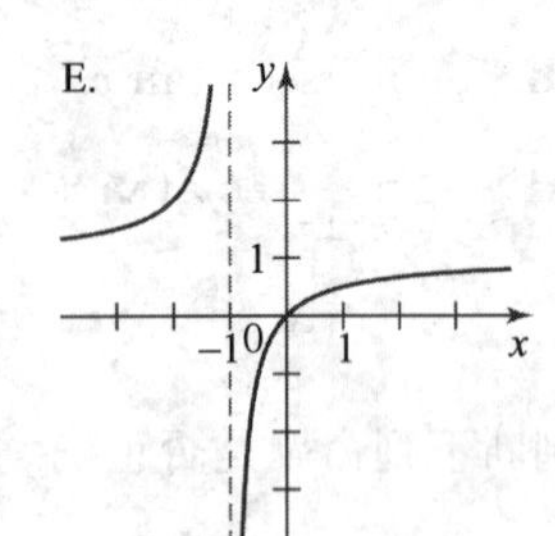

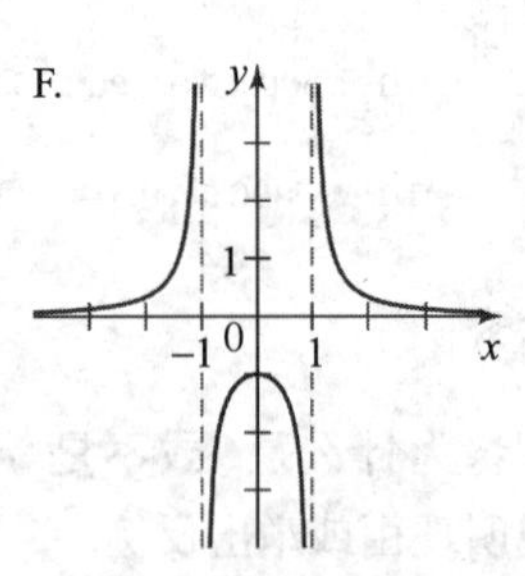

37～44. 渐近线 用解析法或绘图工具识别下列函数的垂直渐近线.

37. $f(x)=\dfrac{x^2-3x+2}{x^{10}-x^9}$.

38. $g(x)=\cot\left(x-\dfrac{\pi}{2}\right), |x|\leqslant \pi$.

39. $h(x)=\dfrac{\cos x}{(x+1)^3}$.

40. $p(x)=\sec\left(\dfrac{\pi x}{2}\right), |x|<2$.

41. $g(\theta)=\tan\left(\dfrac{\pi\theta}{10}\right)$.

42. $q(s)=\dfrac{\pi}{s-\sin s}$.

43. $f(x)=\dfrac{1}{\sqrt{x}\sec x}$.

44. $g(x)=\dfrac{1}{\sqrt{x(x^2-1)}}$.

附加练习

45. 带参数的极限 设 $f(x)=\dfrac{x^2-7x+12}{x-a}$.

a. 对 a 的哪些取值, $\lim\limits_{x\to a^+} f(x)$ 等于一个有限数?

b. 对 a 的哪些取值, $\lim\limits_{x\to a^+} f(x)=\infty$?

c. 对 a 的哪些取值, $\lim\limits_{x\to a^+} f(x)=-\infty$?

46～47. 陡的割线

a. 已知下列图中的 f 图像, 对 $h>0$ 和 $h<0$ 分别求过 $(0,0)$ 与 $(h,f(h))$ 的割线斜率.

b. 计算当 $h\to 0^+$ 或 $h\to 0^-$ 时 (a) 中割线斜率的极限. 这将告诉我们关于曲线在 $(0,0)$ 处切线的什么结论?

46. $f(x)=x^{1/3}$. **47.** $f(x)=x^{2/3}$.

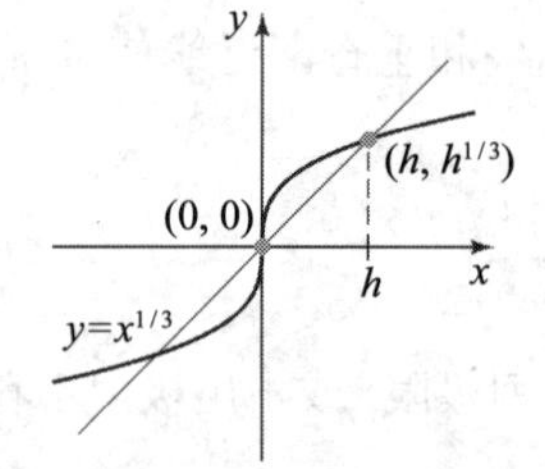

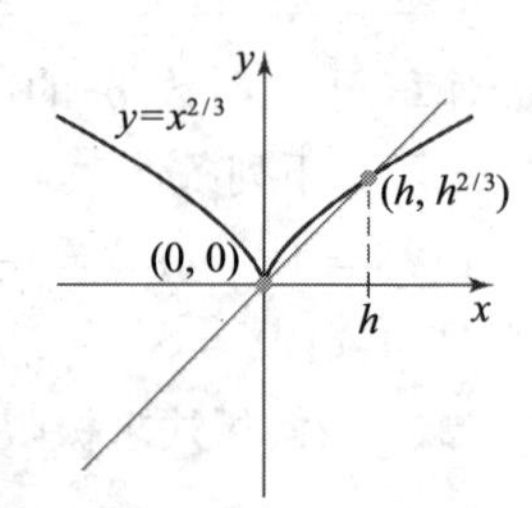

迅速核查 答案

1. 答案不唯一, 但所有图像在 $x=2$ 处都有垂直渐近线.
2. $-\infty;\infty$.
3. 当 $x\to -4^+$ 时, $x<0$ 且 $(x+4)>0$, 所以 $x(x+4)\to 0$ (由负值).
4. $\lim\limits_{x\to 2}\dfrac{(x-1)(x-2)}{x-2}=\lim\limits_{x\to 2}(x-1)=1$, 不是无穷极限, 故 $x=2$ 不是垂直渐近线.

2.5 无穷远处极限

与无穷极限相反, 无穷远处极限出现在当自变量的量值变大时. 由于这个原因, 无穷远处极限决定了所谓函数的末端性态. 这类极限的一个应用是确定一个随时间演进的系统 (如生态系统或大型振荡结构) 是否会达到稳定状态.

无穷远处极限与水平渐近线

考虑函数 $f(x)=\dfrac{x}{\sqrt{x^2+1}}$, (见图 2.29) 其定义域为 $(-\infty,\infty)$. 当 x 的取值任意变大时 (记为 $x\to\infty$), $f(x)$ 趋于 1, 而当 x 的量值任意变大且为负时 (记为 $x\to-\infty$), $f(x)$ 趋于 -1. 这两个极限分别记为

$$\lim_{x\to\infty} f(x)=1, \quad \lim_{x\to-\infty} f(x)=-1.$$

当 $x\to\infty$ 时, f 的图像趋于水平直线 $y=1$, 且当 $x\to-\infty$ 时, f 的图像趋于水平直线 $y=-1$. 这两条直线称为水平渐近线.

定义 无穷远处极限与水平渐近线

如果当 x 为正且充分大时, $f(x)$ 可以任意接近有限数 L, 则记为

$$\lim_{x\to\infty} f(x)=L,$$

并称当 x 趋于无穷大时, $f(x)$ 的极限为 L. 此时, 直线 $y=L$ 称为 f 的一条**水平渐近线**(见图 2.30). 类似地, 定义在负无穷远处的极限 $\lim\limits_{x\to-\infty} f(x)=M$ 及水平渐近线 $y=M$.

迅速核查 1. 对 $x=10,100,1\,000$, 求 $x/(x+1)$ 的值. $\lim\limits_{x\to\infty}\dfrac{x}{x+1}$ 是什么? ◂

例 1 无穷远处极限 求下列极限.

a. $\lim\limits_{x\to-\infty}\left(2+\dfrac{10}{x^2}\right)$.　　**b.** $\lim\limits_{x\to\infty}\left(5+\dfrac{\sin x}{\sqrt{x}}\right)$.

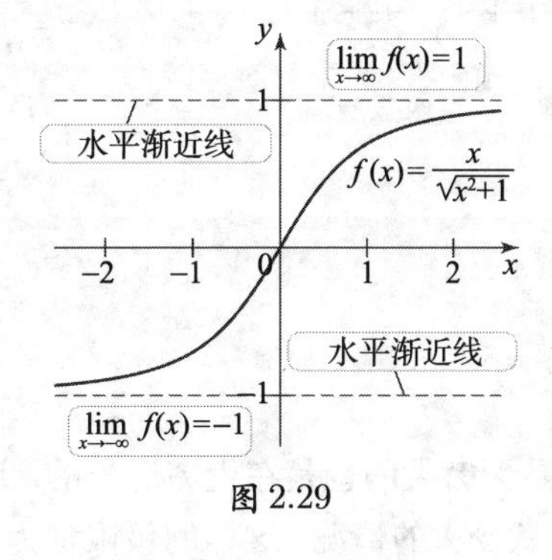

图 2.29

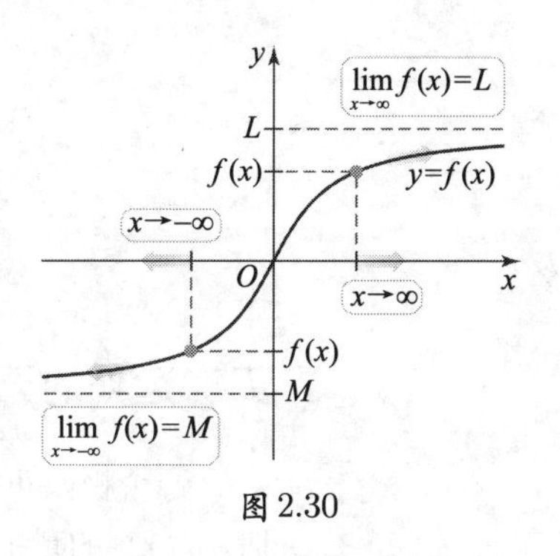

图 2.30

解

a. 当 x 为负且量值变大时, x^2 为正且变大; 从而 $10/x^2$ 趋于 0. 根据 定理 2.3 中的极限定律,

$$\lim_{x\to-\infty}\left(2+\frac{10}{x^2}\right)=\underbrace{\lim_{x\to-\infty}2}_{\text{等于}2}+\underbrace{\lim_{x\to-\infty}\left(\frac{10}{x^2}\right)}_{\text{等于}0}=2+0=2.$$

把 $x\to a$ 换为 $x\to\infty$ 或 $x\to-\infty$, 定理 2.3 中的极限定律和挤压定理都成立.

注意, $\lim\limits_{x\to\infty}\left(2+\dfrac{10}{x^2}\right)$ 也等于 2. 所以当 $x\to\infty$ 或 $x\to-\infty$ 时, $y=2+10/x^2$ 的图像趋于水平渐近线 $y=2$ (见图 2.31).

b. $\sin x/\sqrt{x}$ 的分子被限制在 $-1\sim 1$; 所以, 对于 $x>0$,

$$-\frac{1}{\sqrt{x}}\leqslant\frac{\sin x}{\sqrt{x}}\leqslant\frac{1}{\sqrt{x}}.$$

当 $x\to\infty$ 时, $\sqrt{x}$ 变得任意大, 说明

$$\lim_{x\to\infty}\frac{-1}{\sqrt{x}}=\lim_{x\to\infty}\frac{1}{\sqrt{x}}=0.$$

由挤压定理 (定理 2.5) 得 $\lim\limits_{x\to\infty}\dfrac{\sin x}{\sqrt{x}}=0.$

应用 定理 2.3 中的极限定律, 有

$$\lim_{x\to\infty}\left(5+\frac{\sin x}{\sqrt{x}}\right)=\underbrace{\lim_{x\to\infty}5}_{\text{等于}5}+\underbrace{\lim_{x\to\infty}\left(\frac{\sin x}{\sqrt{x}}\right)}_{\text{等于}0}=5.$$

当 x 增大时, $y=5+\dfrac{\sin x}{\sqrt{x}}$ 的图像趋于水平渐近线 $y=5$ (见图 2.32). 注意, 曲线与其渐近线相交无穷多次.

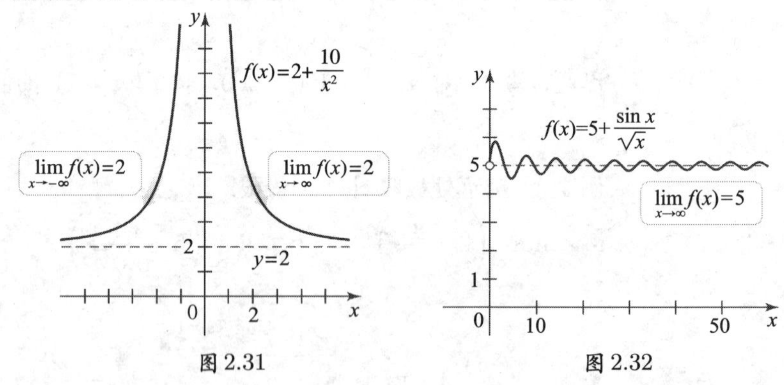

图 2.31　　图 2.32

相关习题 9～14◀

无穷远处的无穷极限

一个极限可能既是无穷大的也是在无穷远处的. 这类极限出现在当 x 的量值任意变大时, $f(x)$ 的量值也任意变大的情况. 这样的极限称为**无穷远处的无穷极限**. 函数 $f(x)=x^3$ 说明了这一情形 (见图 2.33).

定义　无穷远处的无穷极限

如果当 x 任意增加时, $f(x)$ 可以任意大, 则记为

$$\lim_{x\to\infty} f(x)=\infty.$$

类似地, 定义 $\lim\limits_{x\to\infty} f(x)=-\infty$, $\lim\limits_{x\to-\infty} f(x)=\infty$ 和 $\lim\limits_{x\to-\infty} f(x)=-\infty$.

无穷远处的无穷极限告诉我们对于 x 的大量值多项式的性质和状态. 首先考虑幂函数 $f(x)=x^n$, 其中 n 是正整数. 图 2.34 显示当 n 是偶数时, $\lim\limits_{x\to\pm\infty} x^n=\infty$. 而当 n 是奇数时, $\lim\limits_{x\to\infty} x^n=\infty$ 及 $\lim\limits_{x\to-\infty} x^n=-\infty$.

由此可得, 当 n 是正整数时, 幂函数的倒数 $f(x)=1/x^n=x^{-n}$ 有如下性状:

$$\lim_{x\to\infty}\frac{1}{x^n}=\lim_{x\to\infty}x^{-n}=0,\quad \lim_{x\to-\infty}\frac{1}{x^n}=\lim_{x\to-\infty}x^{-n}=0.$$

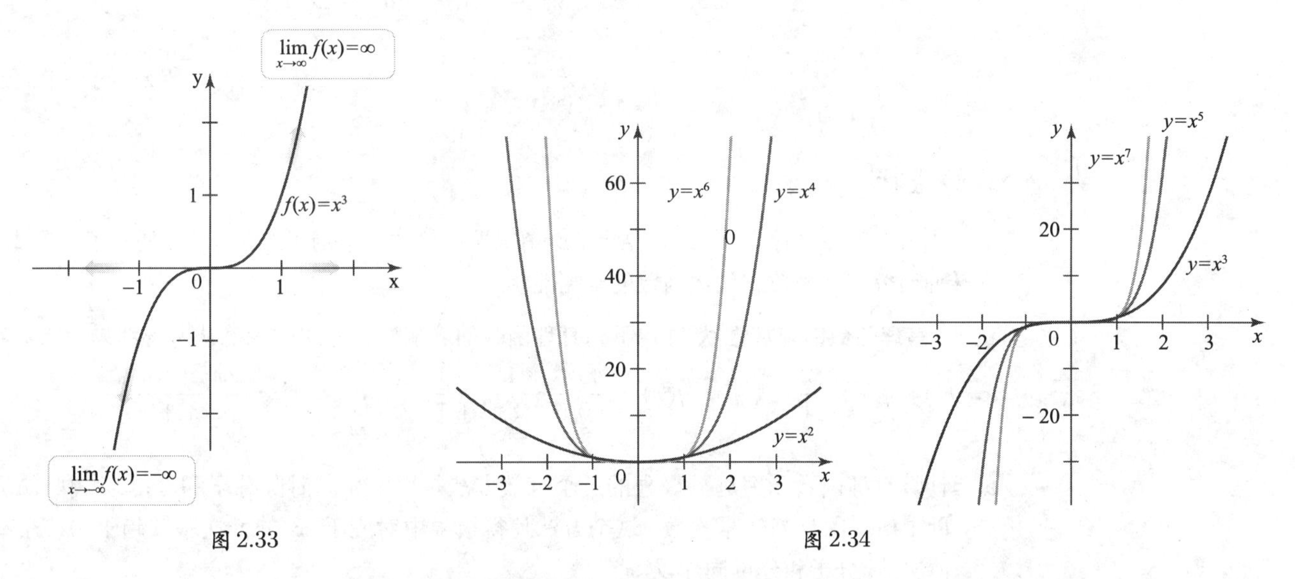

图 2.33　　　　图 2.34

由此, 一个简短的步骤可以导出当 $x\to\pm\infty$ 时任意多项式的性状. 设 $p(x)=a_nx^n+a_{n-1}x^{n-1}+\cdots+a_2x^2+a_1x+a_0$. 注意, 当 $x\to\pm\infty$ 时, p 的性状由 x 的最高次项 a_nx^n 决定.

迅速核查 2. 描述当 $x\to\infty$ 或 $x\to-\infty$ 时 $p(x)=-3x^3$ 的性状. ◄

定理 2.6　幂函数和多项式在无穷远处的极限

设 n 是正整数, p 是多项式 $p(x)=a_nx^n+a_{n-1}x^{n-1}+\cdots+a_2x^2+a_1x+a_0$, 其中 $a_n\neq 0$.

1. 当 n 是偶数时, $\lim\limits_{x\to\pm\infty} x^n=\infty$.

2. 当 n 是奇数时, $\lim\limits_{x\to\infty} x^n=\infty$ 且 $\lim\limits_{x\to-\infty} x^n=-\infty$.

3. $\lim\limits_{x\to\pm\infty}\dfrac{1}{x^n}=\lim\limits_{x\to\pm\infty}x^{-n}=0$.

4. $\lim\limits_{x\to\pm\infty}p(x)=\infty$ 或 $-\infty$, 依赖于多项式的次数和首项系数 a_n 的符号.

例 2 无穷远处极限 求下列函数当 $x \to \pm\infty$ 时的极限.

a. $p(x) = 3x^4 - 6x^2 + x - 10$. **b.** $q(x) = -2x^3 + 3x^2 - 12$.

解

a. 应用事实, 多项式在无穷远处的极限取决于首项的性状:

$$\lim_{x\to\infty}(3x^4 - 6x^2 + x - 10) = \lim_{x\to\infty} 3\underbrace{x^4}_{\to\infty} = \infty.$$

类似地,

$$\lim_{x\to-\infty}(3x^4 - 6x^2 + x - 10) = \lim_{x\to-\infty} 3\underbrace{x^4}_{\to\infty} = \infty.$$

b. 注意到首项系数为负, 得

$$\lim_{x\to\infty}(-2x^3 + 3x^2 - 12) = \lim_{x\to\infty}(-2\underbrace{x^3}_{\to\infty}) = -\infty.$$

$$\lim_{x\to-\infty}(-2x^3 + 3x^2 - 12) = \lim_{x\to-\infty}(-2\underbrace{x^3}_{\to-\infty}) = \infty.$$

相关习题 15～20◀

末端性状

当 $x \to \pm\infty$ 时, 多项式的性状是所谓末端性状的一个例子. 我们已经处理了多项式, 现在转而研究有理函数和代数函数的末端性状.

例 3 有理函数的末端性状 确定下列有理函数的末端性状并用图像确认所得结果.

a. $f(x) = \dfrac{3x+2}{x^2-1}$. **b.** $g(x) = \dfrac{40x^4 + 4x^2 - 1}{10x^4 + 8x^2 + 1}$. **c.** $h(x) = \dfrac{2x^2 + 6x - 2}{x+1}$.

解

a. 计算有理函数无穷远处极限的一个有效方法是用 x^n 同时除分子和分母, 其中 n 是分母中出现的最高次幂次数. 这个方法使得极限中对应于 x 的低次幂项趋于 0. 在本例情况下, 分子和分母同除以 x^2:

$$\lim_{x\to\infty}\frac{3x+2}{x^2-1} = \lim_{x\to\infty}\frac{\dfrac{3x+2}{x^2}}{\dfrac{x^2-1}{x^2}} = \lim_{x\to\infty}\frac{\overbrace{\dfrac{3}{x} + \dfrac{2}{x^2}}^{\text{趋于0}}}{1 - \underbrace{\dfrac{1}{x^2}}_{\text{趋于 0}}} = \frac{0}{1} = 0.$$

回顾一下, 多项式的次数指最高次幂的次数.

类似的计算得 $\lim\limits_{x\to-\infty}\dfrac{3x+2}{x^2-1} = 0$, 于是 f 的图像有一条水平渐近线 $y = 0$. 应该看到, 分母的零点是 $x = -1$ 或 $x = 1$, 对应于两条垂直渐近线 (见图 2.35). 在这个例子中, 分子的多项式次数低于分母的多项式次数.

b. 再次用分母中出现的最高次幂 x^4 同时除分子和分母:

$$\lim_{x\to\infty}\frac{40x^4 + 4x^2 - 1}{10x^4 + 8x^2 + 1} = \lim_{x\to\infty}\frac{\dfrac{40x^4}{x^4} + \dfrac{4x^2}{x^4} - \dfrac{1}{x^4}}{\dfrac{10x^4}{x^4} + \dfrac{8x^2}{x^4} + \dfrac{1}{x^4}} \quad (\text{分子和分母同除以 } x^4)$$

$$= \lim_{x\to\infty} \frac{40 + \overbrace{\frac{4}{x^2}}^{\text{趋于0}} - \overbrace{\frac{1}{x^4}}^{\text{趋于0}}}{10 + \underbrace{\frac{8}{x^2}}_{\text{趋于 0}} + \underbrace{\frac{1}{x^4}}_{\text{趋于0}}} \qquad \text{(化简)}$$

$$= \frac{40+0+0}{10+0+0} = 4 \qquad \text{(计算极限)}$$

用同样的步骤 (每一项除以 x^4), 可以证明 $\lim\limits_{x\to-\infty} \dfrac{40x^4+4x^2-1}{10x^4+8x^2+1} = 4$. 这个函数有水平渐近线 $y=4$ (见图 2.36). 在这个例子中, 分子的多项式次数等于分母的多项式次数.

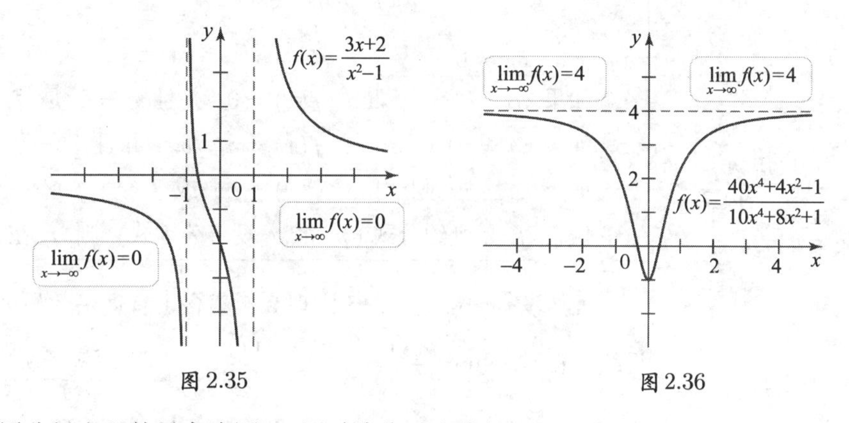

图 2.35　　图 2.36

c. 先用分母出现的最高次幂 x 同时除分子和分母:

$$\lim_{x\to\infty} \frac{2x^2+6x-2}{x+1} = \lim_{x\to\infty} \frac{\frac{2x^2}{x} + \frac{6x}{x} - \frac{2}{x}}{\frac{x}{x} + \frac{1}{x}} \quad \text{(分子和分母同除以 } x\text{)}$$

$$= \lim_{x\to\infty} \frac{\overbrace{2x}^{\text{无穷大}} + \overbrace{6}^{\text{常数}} - \overbrace{\frac{2}{x}}^{\text{趋于0}}}{\underbrace{1}_{\text{常数}} + \underbrace{\frac{1}{x}}_{\text{趋于0}}} \qquad \text{(化简)}$$

$$= \infty. \qquad \text{(取极限)}.$$

类似的分析证明 $\lim\limits_{x\to-\infty} \dfrac{2x^2+6x-2}{x+1} = -\infty$. 由于这两个极限都不是有限的, 这个函数没有水平渐近线. 在这种情况下, 分子的多项式次数高于分母的多项式次数.

关于这个函数的末端性状有更多的内容需要学习. 用长除法可以把函数 h 写成

$$h(x) = \frac{2x^2+6x-2}{x+1} = 2x+4 - \underbrace{\frac{6}{x+1}}_{\text{当 } x\to\infty \text{ 时, 趋于 0}}.$$

当 $x\to\infty$ 时, $6/(x+1)$ 趋于 0, 可见函数 h 的末端性状与线性函数 $\ell(x) = 2x+4$ 相像. 因此, 当 $x\to\infty$ 时, h 的图像与 ℓ 的图像相互趋近 (见图 2.37). 类似的过程证明当

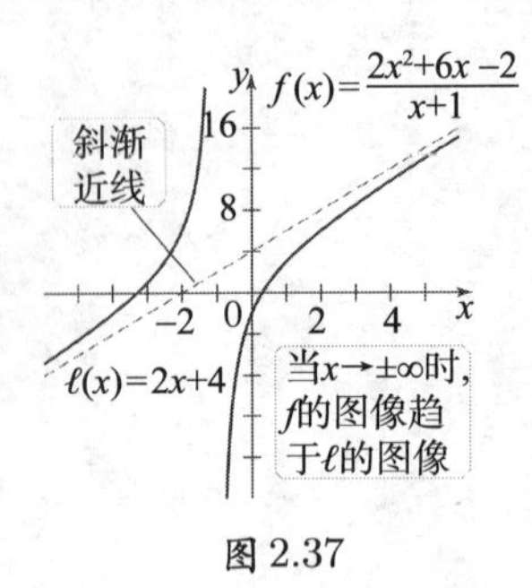

图 2.37

$x \to -\infty$ 时, h 的图像与 ℓ 的图像相互趋近. 由 ℓ 刻画的直线称为**斜渐近线**(习题 54～59).

相关习题 21～26 ◀

例 3 中的结论可以推广到所有有理函数. 定理 2.7 总结了这些结论 (见习题 60).

定理 2.7 有理函数的末端性状和渐近线

设 $f(x)=\dfrac{p(x)}{q(x)}$ 是有理函数, 其中

$$\begin{aligned}p(x)&=a_mx^m+a_{m-1}x^{m-1}+\cdots+a_2x^2+a_1x+a_0,\\q(x)&=b_nx^n+b_{n-1}x^{n-1}+\cdots+b_2x^2+b_1x+b_0,\end{aligned}$$

$a_m\neq 0,\ \ b_n\neq 0$.

a. 如果 $m<n$, 则 $\lim\limits_{x\to\pm\infty} f(x)=0$, 并且 $y=0$ 是 f 的水平渐近线.

b. 如果 $m=n$, 则 $\lim\limits_{x\to\pm\infty} f(x)=a_m/b_n$, 并且 $y=a_m/b_n$ 是 f 的水平渐近线.

c. 如果 $m>n$, 则 $\lim\limits_{x\to\pm\infty} f(x)=\infty$ 或 $-\infty$, f 没有水平渐近线.

d. 假设 f 是既约分式 (p 和 q 没有公因式), 则 f 在 q 的零点处有垂直渐近线.

迅速核查 3. 应用定理 2.7 求 $y=\dfrac{10x}{3x-1}$ 的垂直渐近线和水平渐近线. ◀

虽然没有明确指出, 但定理 2.7 蕴含了有理函数最多只有一条水平渐近线, 即当水平渐近线存在时, $\lim\limits_{x\to\infty}\dfrac{p(x)}{q(x)}=\lim\limits_{x\to-\infty}\dfrac{p(x)}{q(x)}$. 正如下面例子所示, 这对于其他函数是不一样的.

例 4 代数函数的末端性状 检验 $f(x)=\dfrac{10x^3-3x^2+8}{\sqrt{25x^6+x^4+2}}$ 的末端性状.

回顾

$$\sqrt{x^2}=|x| =\begin{cases}x & ,x\geqslant 0\\-x & ,x<0\end{cases},$$

所以

$$\sqrt{x^6} =|x^3|=\begin{cases}x^3 & ,x\geqslant 0\\-x^3 & ,x<0\end{cases}.$$

因为当 $x\to-\infty$ 时, x 为负, 故 $\sqrt{x^6}=-x^3$.

解 分母中的平方根使我们需要修正对有理函数使用的策略. 首先, 考虑当 $x\to\infty$ 时的极限. 分母中的多项式最高次数是 6. 这个多项式在平方根号下, 所以对于 $x\geqslant 0$, 用 $\sqrt{x^6}=x^3$ 除分子和分母. 计算极限如下:

$$\begin{aligned}\lim_{x\to\infty}\frac{10x^3-3x^2+8}{\sqrt{25x^6+x^4+2}}&=\lim_{x\to\infty}\frac{\dfrac{10x^3}{x^3}-\dfrac{3x^2}{x^3}+\dfrac{8}{x^3}}{\sqrt{\dfrac{25x^6}{x^6}+\dfrac{x^4}{x^6}+\dfrac{2}{x^6}}} && (\text{除以 }\sqrt{x^6}=x^3)\\&=\lim_{x\to\infty}\frac{10-\overbrace{\dfrac{3}{x}}^{\text{趋于}0}+\overbrace{\dfrac{8}{x^3}}^{\text{趋于}0}}{\sqrt{25+\underbrace{\dfrac{1}{x^2}}_{\text{趋于}0}+\underbrace{\dfrac{2}{x^6}}_{\text{趋于}0}}} && (\text{化简})\\&=\frac{10}{\sqrt{25}}=2. && (\text{计算极限})\end{aligned}$$

当 $x\to-\infty$ 时, x^3 为负, 故用 $\sqrt{x^6}=-x^3$ (为正) 除分子和分母:

$$\lim_{x\to-\infty}\frac{10x^3-3x^2+8}{\sqrt{25x^6+x^4+2}}=\lim_{x\to-\infty}\frac{\dfrac{10x^3}{-x^3}-\dfrac{3x^2}{-x^3}+\dfrac{8}{-x^3}}{\sqrt{\dfrac{25x^6}{x^6}+\dfrac{x^4}{x^6}+\dfrac{2}{x^6}}}\qquad(\text{除以 }\sqrt{x^6}=-x^3>0)$$

$$= \lim_{x\to-\infty} \frac{-10+\overbrace{\frac{3}{x}}^{\text{趋于0}}-\overbrace{\frac{8}{x^3}}^{\text{趋于0}}}{\sqrt{25+\underbrace{\frac{1}{x^2}}_{\text{趋于0}}+\underbrace{\frac{2}{x^6}}_{\text{趋于0}}}} \quad \text{(化简)}$$

$$= \frac{-10}{\sqrt{25}} = -2. \quad \text{(计算极限)}$$

这两个极限揭示 f 有两条水平渐近线, $y=2$ 和 $y=-2$. 注意, f 的图像穿过两条水平渐近线 (见图 2.38).

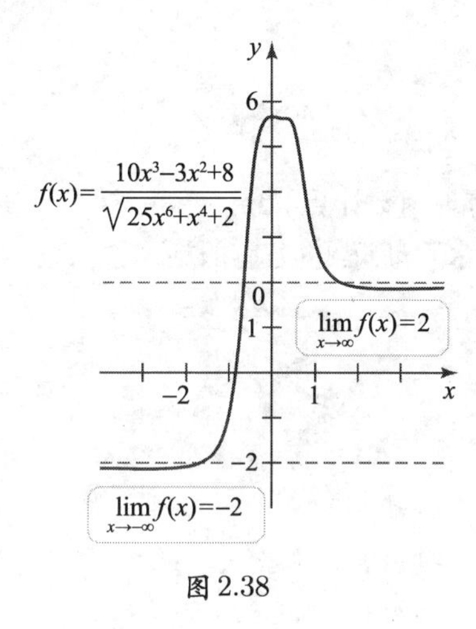

图 2.38

相关习题 27～30◀

$\sin x$ 和 $\cos x$ 的末端性状

我们将来的工作要求了解 $\sin x$ 和 $\cos x$ 的末端性状. 当 x 的量值增大时, 两个函数的函数值在 -1 和 1 之间振荡. 所以, $\lim\limits_{x\to\pm\infty}\sin x$ 和 $\lim\limits_{x\to\pm\infty}\cos x$ 都不存在. 无论如何, 当 $x\to\pm\infty$ 时, 两个函数都是有界的; 即对于所有 x, $|\sin x|\leqslant 1$ 且 $|\cos x|\leqslant 1$.

2.5 节 习题

复习题

1. 解释 $\lim\limits_{x\to-\infty} f(x)=10$ 的意义.

2. 什么是水平渐近线?

3. 若当 $x\to\infty$ 时, $f(x)\to 100\,000$, $g(x)\to\infty$, 确定 $\lim\limits_{x\to\infty}\dfrac{f(x)}{g(x)}$.

4. 描述 $g(x)=(\sin x)/x$ 的末端性状.

5. 描述 $f(x)=-2x^3$ 的末端性状.

6. 考察有理函数 $f(x)=p(x)/q(x)$ 的末端性状时有三种情况. 阐述每种情况, 并描述伴随的末端性状.

7. 计算 $\lim\limits_{x\to\infty}\dfrac{1-x}{2x}$, $\lim\limits_{x\to-\infty}\dfrac{1-x}{x^2}$ 和 $\lim\limits_{x\to\infty}\dfrac{1-x^2}{2x}$.

8. 用草图描述 $f(x)=\cos x$ 的末端性状.

基本技能

9～14. 无穷远处极限 计算下列极限.

9. $\lim\limits_{x\to\infty}\left(3+\dfrac{10}{x^2}\right)$.

10. $\lim\limits_{x\to\infty}\left(5+\dfrac{1}{x}+\dfrac{10}{x^2}\right)$.

11. $\lim\limits_{\theta\to\infty}\dfrac{\cos\theta}{\theta^2}$.

12. $\lim_{x\to\infty}\frac{3+2x+4x^2}{x^2}$.

13. $\lim_{x\to-\infty}\frac{\cos x^5}{x}$.

14. $\lim_{x\to-\infty}\left(5+\frac{100}{x}+\frac{\sin^4 x^3}{x^2}\right)$.

15～20. 无穷远处的无穷极限 决定下列极限.

15. $\lim_{x\to\infty}(3x^{12}-9x^7)$.

16. $\lim_{x\to-\infty}(3x^7+x^2)$.

17. $\lim_{x\to-\infty}(-3x^{16}+2)$.

18. $\lim_{x\to-\infty}2x^{-8}$.

19. $\lim_{x\to\infty}(-12x^{-5})$.

20. $\lim_{x\to-\infty}(2x^{-8}+4x^3)$.

21～26. 有理函数 对下列有理函数计算 $\lim_{x\to\infty}f(x)$ 和 $\lim_{x\to-\infty}f(x)$. 给出 f 的水平渐近线 (若有的话).

21. $f(x)=\frac{6x^2-9x+8}{3x^2+2}$.

22. $f(x)=\frac{4x^2-7}{8x^2+5x+2}$.

23. $f(x)=\frac{2x+1}{3x^4-2}$.

24. $f(x)=\frac{12x^8-3}{3x^8-2x^7}$.

25. $f(x)=\frac{40x^5+x^2}{16x^4-2x}$.

26. $f(x)=\frac{-x^3+1}{2x+8}$.

27～30. 代数函数 对下列函数计算 $\lim_{x\to\infty}f(x)$ 和 $\lim_{x\to-\infty}f(x)$. 给出 f 的水平渐近线 (若有的话).

27. $f(x)=\frac{4x^3+1}{2x^3+\sqrt{16x^6+1}}$.

28. $f(x)=\frac{4x^3}{2x^3+\sqrt{9x^6+15x^4}}$.

29. $f(x)=\frac{\sqrt[3]{x^6+8}}{4x^2+\sqrt{3x^4+1}}$.

30. $f(x)=4x(3x-\sqrt{9x^2+1})$.

深入探究

31. 解释为什么是, 或不是 判断下列命题是否正确, 并说明理由或举出反例.

a. 函数的图像可以永远不穿过其水平渐近线.

b. 对有理函数 f, $\lim_{x\to\infty}f(x)=L$ 和 $\lim_{x\to-\infty}f(x)=\infty$ 可以同时成立.

c. 任意函数的图像最多可以有两条水平渐近线.

32～41. 水平渐近线和垂直渐近线

a. 计算 $\lim_{x\to\infty}f(x)$ 和 $\lim_{x\to-\infty}f(x)$, 并识别水平渐近线.

b. 求垂直渐近线. 对每条垂直渐近线 $x=a$, 求 $\lim_{x\to a^-}f(x)$ 和 $\lim_{x\to a^+}f(x)$.

32. $f(x)=\frac{x^2-4x+3}{x-1}$.

33. $f(x)=\frac{2x^3+10x^2+12x}{x^3+2x^2}$.

34. $f(x)=\frac{\sqrt{16x^4+64x^2}+x^2}{2x^2-4}$.

35. $f(x)=\frac{3x^4+3x^3-36x^2}{x^4-25x^2+144}$.

36. $f(x)=16x^2(4x^2-\sqrt{16x^4+1})$.

37. $f(x)=\frac{x^2-9}{x(x-3)}$.

38. $f(x)=\frac{x-1}{x^{2/3}-1}$.

39. $f(x)=\frac{\sqrt{x^2+2x+6}-3}{x-1}$.

40. $f(x)=\frac{|1-x^2|}{x(x+1)}$.

41. $f(x)=\sqrt{|x|}-\sqrt{|x-1|}$.

42～43. 作草图 作函数 f 的可能图像满足所有已知条件. 一定要识别所有的垂直渐近线和水平渐近线.

42. $f(-1)=-2$, $f(1)=2$, $f(0)=0$, $\lim_{x\to\infty}f(x)=1$, $\lim_{x\to-\infty}f(x)=-1$.

43. $\lim_{x\to0^+}f(x)=\infty$, $\lim_{x\to0^-}f(x)=-\infty$, $\lim_{x\to\infty}f(x)=1$, $\lim_{x\to-\infty}f(x)=-2$.

44. 渐近线 求 $f(x)=\frac{2x}{\sqrt{x^2-x-2}}$ 的垂直渐近线和水平渐近线.

45. 渐近线 求 $f(x)=\frac{\cos x+2\sqrt{x}}{\sqrt{x}}$ 的垂直渐近线和水平渐近线.

应用

46～49. 稳定状态 如果函数 f 代表一个随时间变化的系统, $\lim_{t\to\infty}f(t)$ 的存在表示系统达到一个稳定状态 (或平衡状态). 对下列系统, 确定稳定状态是否存在, 并给出稳定状态的值.

46. 一个细菌培养基中的细菌数量 $p(t)=\frac{2\,500}{t+1}$.

47. 一个肿瘤细胞培养基中的细胞数量 $p(t)=\dfrac{3\,500t}{t+1}$.

48. 一群松鼠的数量 $p(t)=\dfrac{1\,500t^2}{2t^2+3}$.

49. 一个振动器的振幅 $a(t)=2\left(\dfrac{t+\sin t}{t}\right)$.

50～53. 前瞻: 数列 数列是数的无限有序列, 通常可以用函数定义. 例如, 数列 $\{2,4,6,8,\cdots\}$ 由函数 $f(n)=2n$ 定义, 其中 $n=1,2,3,\cdots$. 只要极限存在, 这个数列的极限就为 $\lim\limits_{n\to\infty}f(n)$. 所有关于无穷远处极限的极限定律都可以用于数列的极限. 求下列数列的极限, 或指出极限不存在.

50. $\left\{4,2,\dfrac{4}{3},1,\dfrac{4}{5},\dfrac{2}{3},\cdots\right\}$, 定义为 $f(n)=\dfrac{4}{n}$, $n=1,2,3,\cdots$.

51. $\left\{0,\dfrac{1}{2},\dfrac{2}{3},\dfrac{3}{4},\cdots\right\}$, 定义为 $f(n)=\dfrac{n-1}{n}$, $n=1,2,3,\cdots$.

52. $\left\{\dfrac{1}{2},\dfrac{4}{3},\dfrac{9}{4},\dfrac{16}{5},\cdots\right\}$, 定义为 $f(n)=\dfrac{n^2}{n+1}$, $n=1,2,3,\cdots$.

53. $\left\{2,\dfrac{3}{4},\dfrac{4}{9},\dfrac{5}{16},\cdots\right\}$, 定义为 $f(n)=\dfrac{n+1}{n^2}$, $n=1,2,3,\cdots$.

附加练习

54～59. 斜渐近线 设 p/q 是有理函数, p 的次数比 q 的次数大 1. 应用多项式的长除法, p/q 可以写成

$$\frac{p(x)}{q(x)}=mx+b+\frac{r(x)}{s(x)}$$

其中 r/s 是有理函数, 具有性质: 当 $x\to\pm\infty$ 时, $r(x)/s(x)\to 0$. 这个事实蕴含当 x 很大时, $\dfrac{p(x)}{q(x)}\approx mx+b$. 直线 $y=mx+b$ 是 p/q 的一条斜渐近线. 对下列指定函数完成下列步骤.

a. 应用多项式的长除法求 f 的斜渐近线.

b. 求 f 的垂直渐近线.

c. 用绘图工具作 f 的图像及所有渐近线. 用手工画函数的草图, 并更正计算机生成的图像中出现的错误.

54. $f(x)=\dfrac{x^2-1}{x+2}$.

55. $f(x)=\dfrac{x^2-3}{x+6}$.

56. $f(x)=\dfrac{3x^2-2x+7}{2x-5}$.

57. $f(x)=\dfrac{x^2-2x+5}{3x-2}$.

58. $f(x)=\dfrac{3x^2-2x+5}{3x+4}$.

59. $f(x)=\dfrac{4x^3+4x^2+7x+4}{1+x^2}$.

60. 有理函数的末端性状 设 $f(x)=\dfrac{p(x)}{q(x)}$ 是有理函数, 其中,

$$p(x)=a_mx^m+a_{m-1}x^{m-1}+\cdots+a_2x^2+a_1x+a_0,$$
$$q(x)=b_nx^n+b_{n-1}x^{n-1}+\cdots+b_2x^2+b_1x+b_0,\ a_m\neq 0,b_n\neq 0.$$

a. 证明如果 $m=n$, 则 $\lim\limits_{x\to\pm\infty}f(x)=\dfrac{a_m}{b_n}$.

b. 证明如果 $m<n$, 则 $\lim\limits_{x\to\pm\infty}f(x)=0$.

迅速核查 答案

1. $10/11, 100/101, 1\,000/1\,001, 1$.

2. 当 $x\to\infty$ 时 $p(x)\to-\infty$, 当 $x\to-\infty$ 时 $p(x)\to-\infty$.

3. 水平渐近线是 $y=\dfrac{10}{3}$; 垂直渐近线是 $x=\dfrac{1}{3}$.

2.6 连 续 性

本教材中遇到的许多函数图像都没有洞、跳跃或断裂. 例如, 若 $L=f(t)$ 表示一条鱼出生 t 年后的长度, 则当 t 增加时, 鱼的长度逐渐变化. 因此 $L=f(t)$ 的图像没有断裂 (见图 2.39(a)). 可是, 有些函数的函数值却突然地变化. 考虑只接受 25 美分硬币的停车付费表, 每个 25 美分硬币可以停车 15 分钟. 设 $c(t)$ 是停车 t 分钟的成本 (以美元计), 则 c 的图像在 15 分钟的整数倍处有断裂 (见图 2.39(b)).

迅速核查 1. 在 $(0,60)$ 中 t 取何值时, 可使图 2.39(b) 中 $y=c(t)$ 的图像有间断? ◄

通俗地讲, 如果函数 f 的图像在 $x=a$ 处没有洞或断裂 (笔不离纸就可作出在 $x=a$

附近的图像), 则称 f 在 $x=a$ 处连续. 若 f 在 $x=a$ 处不连续, 则称 a 是一个间断点.

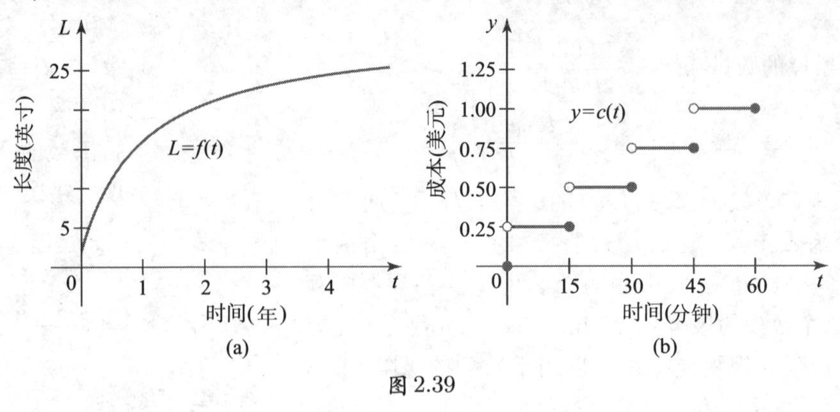

图 2.39

在一点处的连续性

连续性的非正式定义在确定简单函数的连续性时是够用的, 但在处理更复杂的函数时却不够精确. 例如

$$h(x)=\begin{cases} x\sin\dfrac{1}{x}, & x\neq 0 \\ 0, & x=0 \end{cases},$$

当 x 趋于 0 时 h 快速地振荡 (见图 2.40), 所以难以确定其图像在 $x=0$ 处是否有断裂. 我们需要更好的定义.

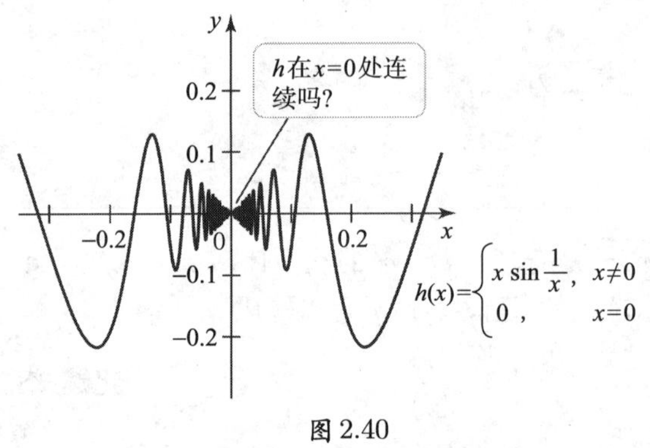

图 2.40

定义　在一点处的连续性

如果 $\lim\limits_{x\to a} f(x)=f(a)$, 则称 f 在 $x=a$ 处**连续**. 如果 f 在 a 处不连续, 则称 a 为一个间断点.

定义比其表面上包含更多的内容. 如果 $\lim\limits_{x\to a} f(x)=f(a)$, 则 $f(a)$ 和 $\lim\limits_{x\to a} f(x)$ 必存在, 并且相等. 下面的检验清单对于确定一个函数在 a 处是否连续很有帮助.

连续性检验清单

要使 f 在 a 处连续, 下列三个条件必须满足:

1. $f(a)$ 有定义 (a 在 f 的定义域中).

2. $\lim\limits_{x\to a} f(x)$ 存在.

3. $\lim\limits_{x\to a} f(x)=f(a)$ (f 在 a 处的函数值等于其在 a 处的极限).

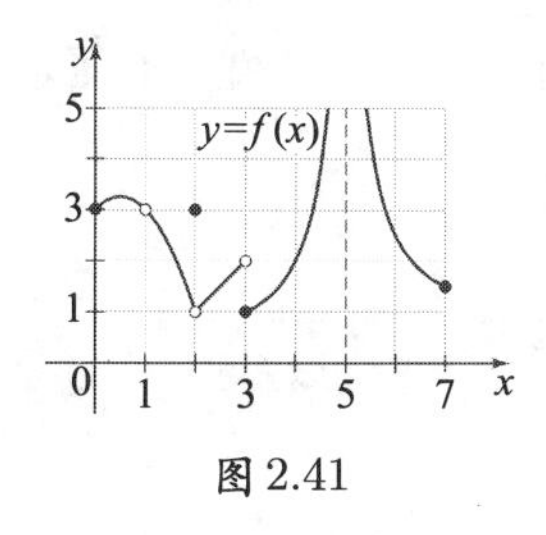

图 2.41

如果清单中的某一条不满足, 则函数在 a 处不连续. 由这个定义, 可见连续性有一个重要的应用:

如果 f 在 a 处连续, 则 $\lim\limits_{x\to a} f(x)=f(a)$, 即可以用直接代入法计算 $\lim\limits_{x\to a} f(x)$.

例 1 间断点 用图 2.41 中的图像确定在区间 $(0,7)$ 中使 f 不连续的 x.

解 函数 f 在 $x=1,2,3,5$ 处有间断, 因为其图像在这些位置有洞或断裂. 用连续性检验清单验证这个断言.

- $f(1)$ 无定义.
- $f(2)=3$, $\lim\limits_{x\to 2} f(x)=1$. 因此, $f(2)$ 和 $\lim\limits_{x\to 2} f(x)$ 存在但不相等.
- $\lim\limits_{x\to 3} f(x)$ 不存在, 因为左极限 $\lim\limits_{x\to 3^-} f(x)=2$ 不同于右极限 $\lim\limits_{x\to 3^+} f(x)=1$.
- $\lim\limits_{x\to 5} f(x)$ 和 $f(5)$ 都不存在.

相关习题 9～12◀

在例 1 中, 在 $x=1$ 和 $x=2$ 处的间断称为**可去间断**, 因为可以定义或重新定义在这些点处的函数值, 从而去掉间断 (此时, $f(1)=3$, $f(2)=1$). 在 $x=3$ 处的间断称为**跳跃间断**. 在 $x=5$ 处的间断称为**无穷间断**. 在习题 79～85 中将讨论这些术语.

例 2 识别间断 确定下列函数在 a 处是否连续. 用连续性检验清单验证.

a. $f(x)=\dfrac{3x^2+2x+1}{x-1}$; $a=1$.

b. $f(x)=\dfrac{3x^2+2x+1}{x-1}$; $a=2$.

c. $h(x)=\begin{cases} x\sin\left(\dfrac{1}{x}\right), & x\neq 0 \\ 0, & x=0 \end{cases}$; $a=0$.

解

a. 由于 $f(1)$ 没有定义, 得函数 f 在 $x=1$ 处不连续.

b. 因为 f 是有理函数, 分母在 $x=2$ 时非零, 根据 定理 2.3, $\lim\limits_{x\to 2} f(x)=f(2)=17$. 所以 f [原文此处 f 误为 g——译者注] 在 2 处连续.

c. 根据定义 $h(0)=0$. 在 2.3 节的习题 49 中, 我们用挤压定理证明了 $\lim\limits_{x\to 0} x\sin\left(\dfrac{1}{x}\right)=0$. 所以, $\lim\limits_{x\to 0} h(x)=h(0)$, 得 h 在 0 处连续.

相关习题 13～18◀

下列定理简化了函数的多种组合在一点处连续性的验证.

> **定理 2.8 连续性法则**
>
> 如果 f 和 g 在 a 处连续, 则下列函数也在 a 处连续. 假设 c 是常数, $n>0$ 是整数.
>
> **a.** $f+g$, **b.** $f-g$,
> **c.** cf, **d.** fg,
> **e.** $f/g, g(a)\neq 0$ **f.** f^n.

为证明第一个结论, 注意到, 若 f 和 g 在 a 处连续, 则 $\lim\limits_{x\to a} f(x)=f(a)$, $\lim\limits_{x\to a} g(x)=g(a)$. 根据 定理 2.3 中的极限定律, 得

$$\lim_{x\to a}[f(x)+g(x)]=f(a)+g(a).$$

所以，$f+g$ 在 a 处连续. 类似的过程可导出连续函数的差、积、商和幂的连续性. 下面定理是 定理 2.8 的直接推论.

定理 2.9 多项式和有理函数

a. 多项式函数对所有 x 连续.

b. 有理函数 (形为 p/q 的函数, 其中 p 和 q 是多项式) 对使 $q(x)\neq 0$ 的所有 x 连续.

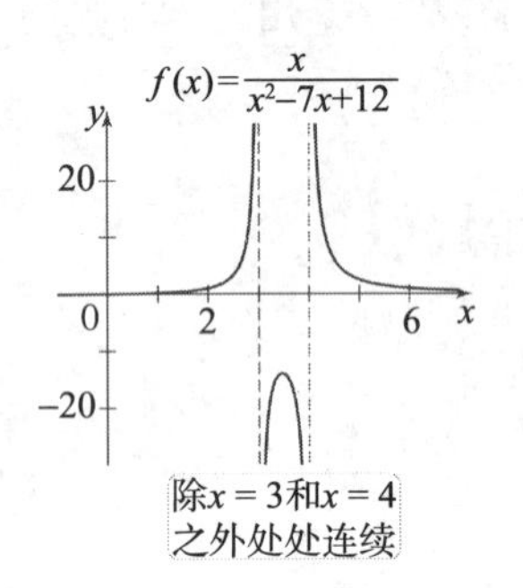

图 2.42

例 3 应用连续性定理 x 取何值时, 函数 $f(x)=\dfrac{x}{x^2-7x+12}$ 连续?

解 因为 f 是有理函数, 由 定理 2.9 b 得其对所有使分母非零的 x 连续. 分母分解为 $(x-3)(x-4)$, 故在 $x=3$ 或 $x=4$ 处为零. 所以, f 对除 $x=3$ 和 $x=4$ 外的所有 x 连续 (见图 2.42).

相关习题 19 ~ 24 ◀

下面定理使我们可以确定什么时候两个函数的复合函数在一点处连续. 定理的证明可以增长见识, 其要点在习题 86 中给出.

定理 2.10 复合函数在一点处的连续性

如果 g 在 a 处连续且 f 在 $g(a)$ 处连续, 则复合函数 $f\circ g$ 在 a 处连续.

迅速核查 2.

求 $\lim\limits_{x\to 4}\sqrt{x^2+9}$ 和 $\sqrt{\lim\limits_{x\to 4}(x^2+9)}$. 这两个结果如何说明连续函数的赋值与极限的顺序可以交换? ◀

这个定理说明若 f 和 g 满足定理中的条件, 则它们复合的极限由直接代入法计算, 即

$$\lim_{x\to a} f(g(x))=f(g(a)).$$

这个结论可以用另外一种启发式的方法叙述. 因为 g 在 a 处连续, 有 $\lim\limits_{x\to a} g(x)=g(a)$. 所以,

$$\lim_{x\to a} f(g(x))=f(\underbrace{g(a)}_{\lim\limits_{x\to a} g(x)})=f(\lim_{x\to a} g(x)).$$

换句话说, 连续函数的赋值与极限的顺序可以交换.

例 4 复合函数的极限 计算 $\lim\limits_{x\to 0}\left(\dfrac{x^4-2x+2}{x^6+2x^4+1}\right)^{10}$.

解 有理函数 $\dfrac{x^4-2x+2}{x^6+2x^4+1}$ 对所有 x 连续, 这是因为其分母总是正的 (定理 2.9 b). 所以, $\left(\dfrac{x^4-2x+2}{x^6+2x^4+1}\right)^{10}$ 是连续函数 $f(x)=x^{10}$ 与一个连续有理函数的复合. 由 定理 2.10, 它对所有 x 连续. 直接代入,

$$\lim_{x\to 0}\left(\frac{x^4-2x+2}{x^6+2x^4+1}\right)^{10}=\left(\frac{0^4-2\cdot 0+2}{0^6+2\cdot 0+1}\right)^{10}=2^{10}=1\,024.$$

相关习题 25 ~ 28 ◀

区间上的连续性

如果一个函数在某区间上的每个点处都连续, 就称这个函数*在该区间上连续*. 考虑图 2.43 中所显示的函数 f 和 g 的图像. 两个函数对 (a,b) 中的所有 x 连续, 但在端点处呢? 为回答这个问题, 我们引入左连续和右连续的概念.

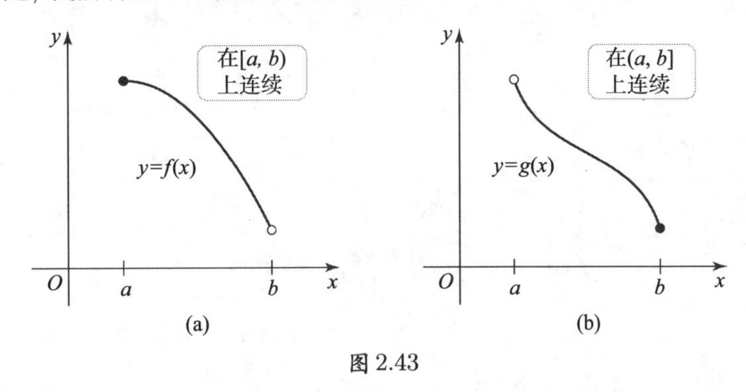

图 2.43

定义　在端点处的连续性

如果 $\lim\limits_{x\to a^-} f(x) = f(a)$, 则称函数 f 在 a 处**从左边连续**(或**左连续**); 如果 $\lim\limits_{x\to a^+} f(x) = f(a)$, 则称 f 在 a 处**从右边连续**(或**右连续**).

结合在一点处左连续、右连续与连续的定义, 我们定义函数在一个区间上连续的含义.

定义　在区间上的连续性

如果函数 f 在一个区间 I 的所有点处连续, 则称 f 在区间 I 上连续. 如果 I 包含端点, 则在 I 上连续表示在端点处从右边或左边连续.

迅速核查 3. 修改图 2.43 中函数 f 和 g 的图像使得函数在 $[a,b]$ 上连续. ◀

为说明这些定义, 再次考虑图 2.43 中的函数. 在图 2.43(a) 中, 因为 $\lim\limits_{x\to a^+} f(x) = f(a)$, 故 f 在 a 处从右边连续; 但由于 $f(b)$ 无定义, f 在 b 处从左边不连续. 所以 f 在区间 $[a,b)$ 上连续. 图 2.43(b) 中函数 g 的性状正好相反: 在 b 处从左边连续, 但在 a 处从右边不连续. 所以 g 在 $(a,b]$ 上连续.

例 5　连续区间 确定下面函数的连续区间,

$$f(x) = \begin{cases} x^2+1, & x \leqslant 0 \\ 3x+5, & x > 0 \end{cases}.$$

解　这个分段函数包括两个多项式, 一个是抛物线, 另一个是直线 (见图 2.44). 根据 定理 2.9, f 在所有 $x \neq 0$ 处连续. 从其图像上看, f 在 $x=0$ 处左连续. 这个结果验证如下:

$$\lim_{x\to 0^-} f(x) = \lim_{x\to 0^-} (x^2+1) = 1,$$

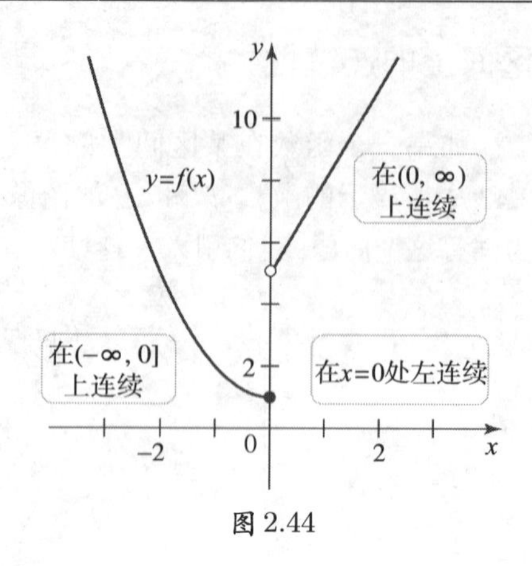

图 2.44

表明 $\lim\limits_{x\to 0^-} f(x) = f(0)$. 但因为

$$\lim_{x\to 0^+} f(x) = \lim_{x\to 0^+}(3x+5) = 5 \neq f(0),$$

可见 f 在 $x=0$ 处不右连续. 所以, f 在 $(-\infty, 0]$ 上连续, 同时在 $(0,\infty)$ 上连续.

相关习题 29～34◀

含根式的函数

回顾一下, 定理 2.3 的极限定律 7 说, 对既约分数 n/m,

$$\lim_{x\to a}[f(x)]^{n/m} = [\lim_{x\to a} f(x)]^{n/m},$$

若 m 是偶数则要求 a 附近的 x 满足 $f(x) \geqslant 0$. 所以如果 m 为奇数且 f 在 a 处连续, 则 $[f(x)]^{n/m}$ 在 a 处连续, 因为

$$\lim_{x\to a}[f(x)]^{n/m} = [\lim_{x\to a} f(x)]^{n/m} = [f(a)]^{n/m}.$$

当 m 为偶数时, 因为只有当 $f(x) \geqslant 0$ 时函数 $[f(x)]^{n/m}$ 才有定义, 所以对待 $[f(x)]^{n/m}$ 的连续性要更加小心. 2.7 节的习题 59 建立了一个重要事实:

如果 f 在 a 处连续且 $f(a) > 0$, 则对充分接近 a 的所有 x, $f(x)$ 为正.

结合这个事实和定理 2.10 (复合函数的连续性), 我们得到只要 $f(a) > 0$, 就有 $[f(x)]^{n/m}$ 在 a 处连续. 在 $f(a) = 0$ 的点, $[f(x)]^{n/m}$ 的性状是多样的: 在该点处可能左连续或右连续, 也可能从两边连续.

定理 2.11　函数开根的连续性

设 m 和 n 为没有公因数的正整数.

若 m 为奇数, 则 $[f(x)]^{n/m}$ 在使 f 连续的所有点处连续.

若 m 为偶数, 则 $[f(x)]^{n/m}$ 在使 f 连续且 $f(a) > 0$ 的所有点 a 处连续.

例 6　开根的连续性　x 取何值时, 下列函数连续?

a. $g(x) = \sqrt{9-x^2}$.　　**b.** $f(x) = (x^2-2x+4)^{2/3}$.

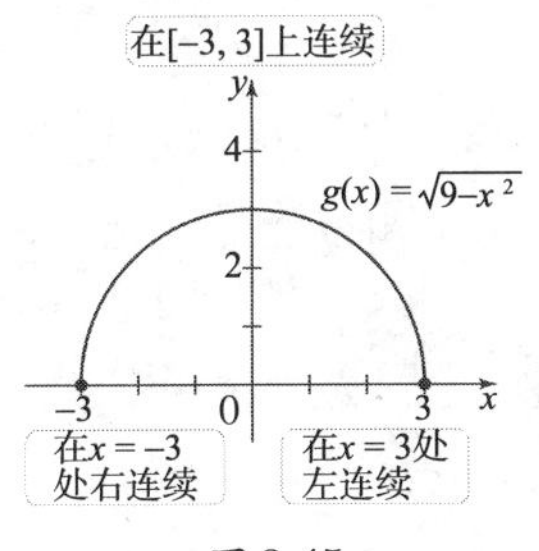

图 2.45

迅速核查 4. $f(x) = x^{1/4}$ 在哪个区间上连续? $f(x) = x^{2/5}$ 在哪个区间上连续? ◀

解

a. g 的图像是圆 $x^2+y^2=9$ 的上半部分 (可以通过从 $x^2+y^2=9$ 中解 y 验证). 由图 2.45, g 似乎在 $[-3,3]$ 上连续. 要验证这个事实, 注意到 g 包含一个偶次根式 (定理 2.11 中的 $m=2, n=1$). 如果 $-3<x<3$, 则 $9-x^2>0$, 且根据定理 2.11, g 对 $(-3,3)$ 中的所有 x 连续.

在右端点, 由极限定律 7, $\lim\limits_{x\to 3^-}\sqrt{9-x^2}=0=g(3)$, 得 g 在 3 处左连续. 类似地, 由于 $\lim\limits_{x\to -3^+}\sqrt{9-x^2}=0=g(-3)$, 得 g 在 -3 处右连续. 所以, g 在 $[-3,3]$ 上连续.

b. 根据定理 2.9 a, 多项式 x^2-2x+4 对所有 x 连续. 因为 f 包含一个奇次根式 (定理 2.11 中的 $m=3, n=2$), 所以 f 对所有 x 连续.

相关习题 35 ~ 44 ◀

三角函数的连续性

在 2.3 节的例 7 中, 我们用挤压定理证明了 $\lim\limits_{x\to 0}\sin x=0$ 和 $\lim\limits_{x\to 0}\cos x=1$. 由于 $\sin 0=0$ 和 $\cos 0=1$, 故这两个极限蕴含 $\sin x$ 和 $\cos x$ 在 0 处连续. $y=\sin x$ 的图像 (见图 2.46) 暗示对 a 的任意取值 $\lim\limits_{x\to a}\sin x=\sin a$, 即 $\sin x$ 处处连续. $y=\cos x$ 的图像也表明 $\cos x$ 对所有 x 连续. 习题 89 给出了证明这些结论的提纲.

掌握了这些事实, 我们诉求于定理 2.8 e 可以发现其他三角函数在它们的定义域上连续. 例如, 因为 $\sec x=1/\cos x$, 故正割函数在使 $\cos x\neq 0$ 的所有 x (除 $\pi/2$ 的奇数倍外的所有 x) 处连续 (见图 2.47). 相似地, 正切函数、余切函数和余割函数在它们定义域内的所有点处连续.

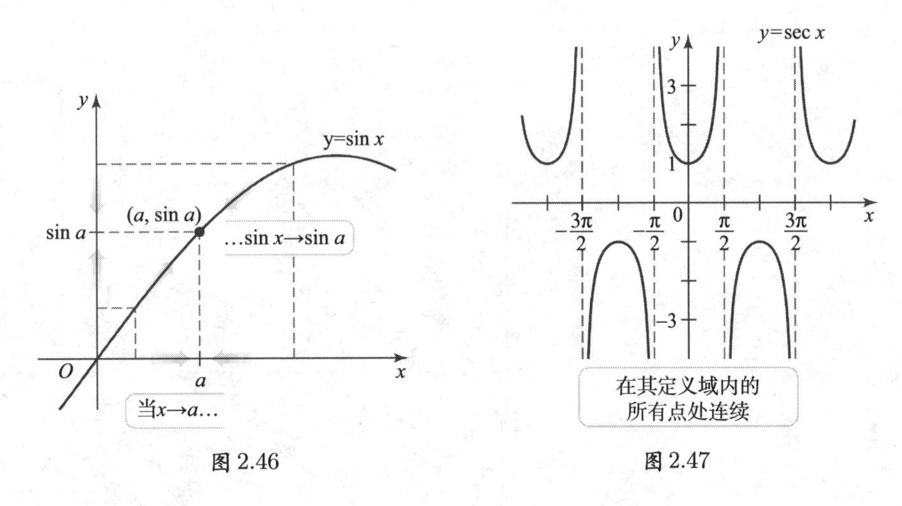

图 2.46　　图 2.47

> **定理 2.12　三角函数的连续性**
> 函数 $\sin x$, $\cos x$, $\tan x$, $\cot x$, $\sec x$ 和 $\csc x$ 在它们定义域内的所有点处连续.

对定理 2.12 中的每个函数, 只要 a 在其定义域内, 都有 $\lim\limits_{x\to a}f(x)=f(a)$. 即这些函数在其定义域内各点处的极限都可以用直接代入法计算.

例 7　含三角函数的极限 计算.

$$\lim_{x\to 0}\frac{\cos^2 x-1}{\cos x-1}.$$

例 7 中这样的极限记为 0/0, 称为不定式, 将在 4.7 节进一步研究.

解 由定理 2.8 和定理 2.12 可知 $\cos^2 x-1$ 和 $\cos x-1$ 对所有 x 连续. 但当 $\cos x-1=0$ 时, 即 x 对应于 2π 的整数倍时, 这两个函数的比不连续. 注意当 $x\to 0$ 时, $\dfrac{\cos^2 x-1}{\cos x-1}$ 的分子和分母都趋于 0 . 为计算极限, 我们分解因式并化简:

$$\lim_{x\to 0}\frac{\cos^2 x-1}{\cos x-1}=\lim_{x\to 0}\frac{(\cos x-1)(\cos x+1)}{\cos x-1}=\lim_{x\to 0}(\cos x+1).$$

($\cos x-1$ 可以消去是因为当 x 趋于 0 时 $\cos x-1$ 不为零.) 现在用直接代入法求右边的极限:

$$\lim_{x\to 0}(\cos x+1)=\cos 0+1=2.$$

相关习题 45 ~ 48 ◀

介值定理

数学中一个常见的问题是解形如 $f(x)=L$ 的方程. 在试图求满足方程的 x 值之前, 有必要先确定解是否存在.

通常用所谓介值定理的结论建立解的存在性. 已知函数 f 和常数 L, 我们假设 L 在 $f(a)$ 和 $f(b)$ 之间. 介值定理指出, 如果 f 在 $[a,b]$ 上连续, 那么 $y=f(x)$ 的图像必穿过水平线 $y=L$ 至少一次 (见图 2.48). 虽然图解这个定理是容易的, 但证明却超出了本教材的范围.

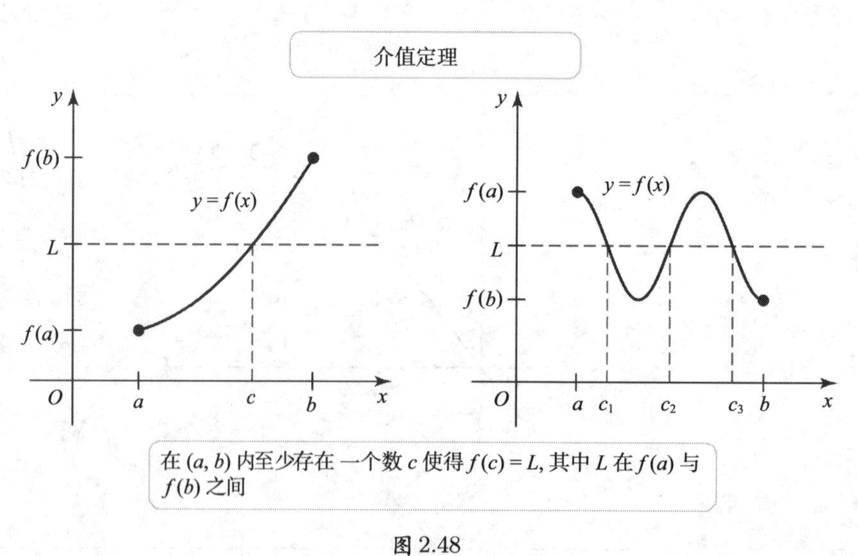

图 2.48

> **定理 2.13 介值定理** 设 f 在 $[a,b]$ 上连续且 L 是介于 $f(a)$ 和 $f(b)$ 之间的数, 则在 (a,b) 内至少存在一个数 c 满足 $f(c)=L$.

图 2.49 中的函数 f 在 $[a,b]$ 上不连续, 说明定理 2.13 中的连续性条件是重要的. 因为对于图中所示的 L, 在 (a,b) 内不存在 c 的值满足 $f(c)=L$.

例 8 求利息率 设投资 $\$1\,000$ 于一个具有固定年利率 r 且按月计复利的 5 年特别储蓄账户. 该账户 5 年 (60 个月) 后的余额是 $A(r)=1\,000\left(1+\dfrac{r}{12}\right)^{60}$. 目标是 5 年后账户中的余额为 $\$1\,400$.

a. 应用介值定理证明在 $(0,0.08)$ 中存在 r, 即利息率在 $0\%\sim 8\%$ 之间, 使得 $A(r)=1\,400$.

b. 用绘图工具解释在 (a) 中的证明, 然后估计要达到目标的利息率.

迅速核查 5. 方程 $f(x)=x^3+x+1=0$ 在区间 $[-1,1]$ 上有解吗? 解释原因. ◄

解

a. 作为 r 的多项式 (次数为 60), $A(r)=1\,000\left(1+\dfrac{r}{12}\right)^{60}$ 对所有 r 连续. 计算 $A(r)$ 在区间 $[0,0.08]$ 端点处的值, 得 $A(0)=1\,000$ 和 $A(0.08)=1\,489.85$. 所以,

$$A(0)<1\,400<A(0.08).$$

于是由介值定理, 在 $(0,0.08)$ 中存在 r 使得 $A(r)=1\,400$.

b. 图 2.50 显示了 $y=A(r)$ 和水平线 $y=1\,400$ 的图像, 显然它们在 $r=0$ 和 $r=0.08$ 之间相交. 代数地或用求根工具解 $A(r)=1\,400$, 得曲线与直线相交于 $r\approx 0.067\,5$. 因此, 要使投资 5 年后价值为 $\$1\,400$, 利息率应约为 6.75%.

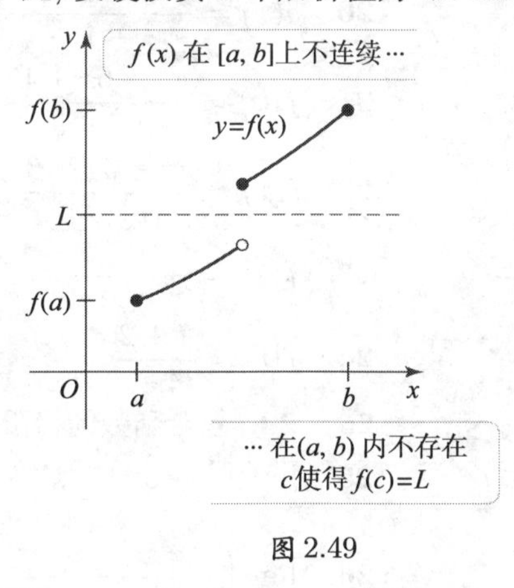

图 2.49

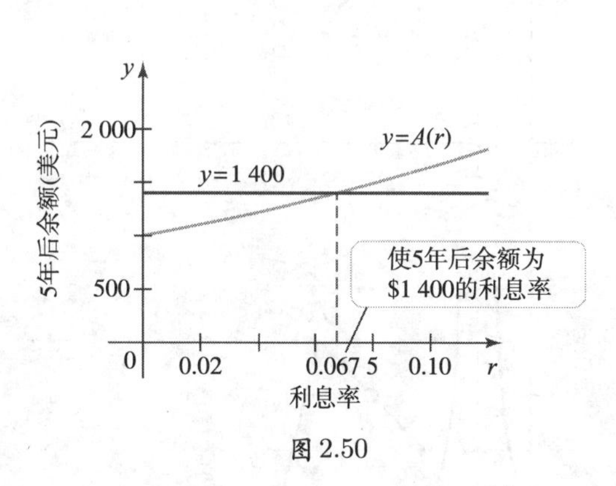

图 2.50

相关习题 49～54 ◄

2.6 节 习题

复习题

1. 下列函数中哪个对其定义域内的所有值连续? 证明结论.
   - **a.** $a(t)=$ 跳伞员离开飞机 t 秒后的高度.
   - **b.** $n(t)=$ 在有咪表的停车场停 t 分钟需付的 25 分硬币的个数.
   - **c.** $T(t)=$ 芝加哥在 1 月 1 日午夜后 t 分时的气温.
   - **d.** $p(t)=$ 蓝球比赛开始 t 分后一蓝球手所得的分数.
2. 给出函数在一点处连续必须满足的三个条件.
3. 函数在一个区间上连续表示什么含义?
4. 通俗的定义, 如果函数 f 的图像在 a 处没有洞和断裂, 则 f 在 a 处连续. 解释为什么这不是连续的合适定义.
5. 完成下列句子.
   - **a.** 如果________, 则函数在 a 处从左边连续.
   - **b.** 如果________, 则函数在 a 处从右边连续.
6. 描述使有理函数不连续的点 (若存在的话).
7. $f(x)=\sqrt{1-x^2}$ 的定义域是什么? f 在何处连续?

8. 用文字和图像解释介值定理.

基本技能

9～12. 由图像确定间断点 确定下列函数在哪些点处间断. 对每个点指出其不满足连续性检验清单中的哪个条件.

9.

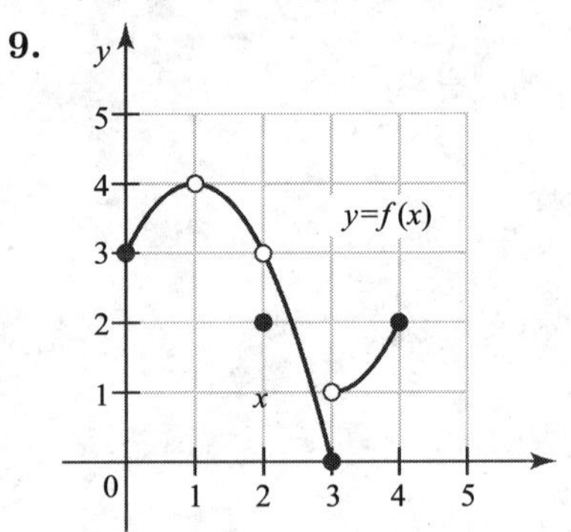

10.

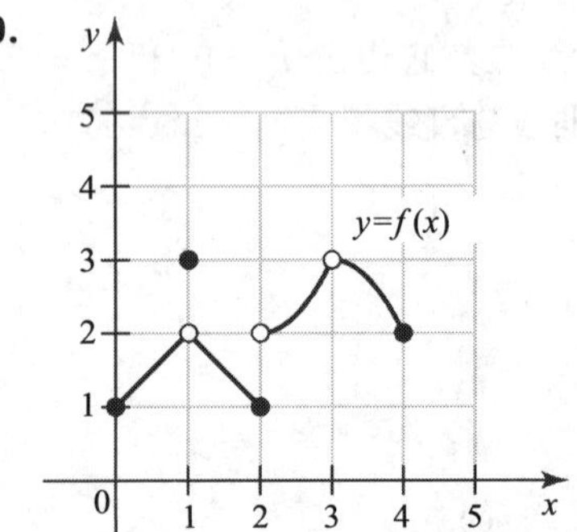

11.

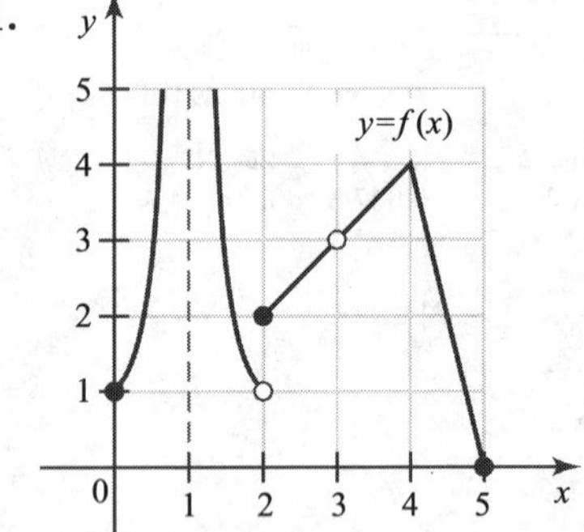

12.

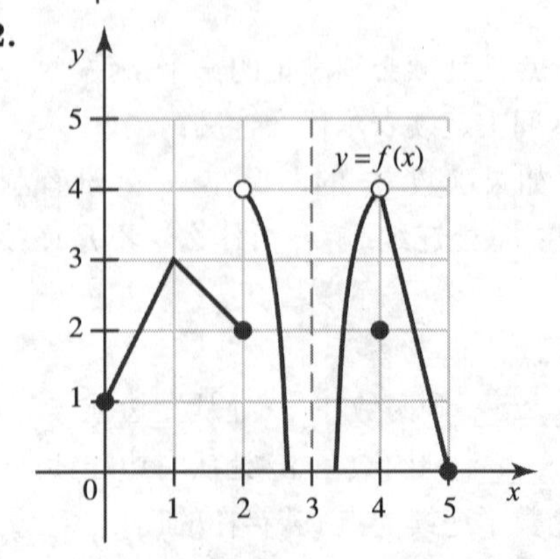

13～18. 一点处的连续性 确定下列函数在 a 处是否连续. 应用连续性检验清单证明答案.

13. $f(x)=\sqrt{x-2}; a=1$.

14. $g(x)=\dfrac{1}{x-3}; a=3$.

15. $f(x)=\begin{cases}\dfrac{x^2-1}{x-1}, & x\neq 1\\ 3, & x=1\end{cases}; a=1$.

16. $f(x)=\begin{cases}\dfrac{x^2-4x+3}{x-3}, & x\neq 3\\ 2, & x=3\end{cases}; a=3$.

17. $f(x)=\dfrac{5x-2}{x^2-9x+20}; a=4$.

18. $f(x)=\begin{cases}\dfrac{x^2-x}{x+1}, & x\neq -1\\ 0, & x=-1\end{cases}; a=-1$.

19～24. 区间上的连续性 应用 定理 2.9 确定下列函数的连续区间.

19. $p(x)=4x^5-3x^2+1$.

20. $g(x)=\dfrac{3x^2-6x+7}{x^2+x+1}$.

21. $f(x)=\dfrac{x^5+6x+17}{x^2-9}$.

22. $s(x)=\dfrac{x^2-4x+3}{x^2-1}$.

23. $f(x)=\dfrac{1}{x^2-4}$.

24. $f(t)=\dfrac{t+2}{t^2-4}$.

25～28. 复合函数的极限 计算下列极限并证明答案.

25. $\lim\limits_{x\to 0}(x^8-3x^6-1)^{40}$.

26. $\lim\limits_{x\to 2}\left(\dfrac{3}{2x^5-4x^2-50}\right)^4$.

27. $\lim\limits_{x\to 1}\left(\dfrac{x+5}{x+2}\right)^4$.

28. $\lim\limits_{x\to\infty}\left(\dfrac{2x+1}{x}\right)^3$.

29～32. 连续区间 确定下列函数的连续区间.

29. 习题 9 的图像.

30. 习题 10 的图像.

31. 习题 11 的图像.

32. 习题 12 的图像.

33. **连续区间** 设

$$f(x)=\begin{cases}x^2+3x, & x\geqslant 1\\ 2x, & x<1\end{cases}.$$

a. 用连续性检验清单证明 f 在 1 处不连续.

b. f 在 1 处左连续或右连续吗?

c. 指出连续区间.

34. 连续区间 设

$$f(x)=\begin{cases} x^3+4x+1, & x\leqslant 0 \\ 2x^3, & x>0 \end{cases}.$$

a. 用连续性检验清单证明 f 在 0 处不连续.

b. f 在 0 处左连续或右连续吗?

c. 指出连续区间.

35～40. 函数开根 确定下列函数的连续区间. 一定要考虑在端点处的右连续性和左连续性.

35. $f(x)=\sqrt{2x^2-16}$.

36. $g(x)=\sqrt{x^4-1}$.

37. $f(x)=\sqrt[3]{x^2-2x-3}$.

38. $f(t)=(t^2-1)^{3/2}$.

39. $f(x)=(2x-3)^{2/3}$.

40. $f(z)=(z-1)^{3/4}$.

41～44. 开根的极限 确定下列极限并证明答案.

41. $\lim\limits_{x\to 2}\sqrt{\dfrac{4x+10}{2x-2}}$.

42. $\lim\limits_{x\to -1}(x^2-4+\sqrt[3]{x^2-9})$.

43. $\lim\limits_{x\to 3}(\sqrt{x^2+7})$.

44. $\lim\limits_{t\to 2}\dfrac{t^2+5}{1+\sqrt{t^2+5}}$.

45～48. 三角函数的连续性和极限 确定下列函数的连续区间; 然后计算指定极限.

45. $f(x)=\csc x$; $\lim\limits_{x\to\pi/4}f(x)$; $\lim\limits_{x\to 2\pi^-}f(x)$.

46. $f(x)=\sqrt{\sin x}$; $\lim\limits_{x\to\pi/2}f(x)$; $\lim\limits_{x\to 0^+}f(x)$.

47. $f(x)=\dfrac{1+\sin x}{\cos x}$; $\lim\limits_{x\to\pi/2^-}f(x)$; $\lim\limits_{x\to 4\pi/3}f(x)$.

48. $f(x)=\dfrac{1}{2\cos x-1}$; $\lim\limits_{x\to\pi/6}f(x)$.

49. 介值定理与利率 设投资 \$5 000 在一个为期 10 年 (120 个月) 的储蓄账户, 年利率为 r, 按月计复利. 10 年后该账户余额为 $A(r)=5\,000(1+r/12)^{120}$.

a. 用介值定理证明在 $(0,0.08)$ 中存在 r 值, 即存在 0 %～8 %之间的利率使得 10 年后达到 \$7 000 的储蓄目标.

b. 用图像解释 (a) 的证明, 然后估计达到该目标所需的利率.

50. 介值定理与贷款月供 用期限为 30 年 (360 个月) 的贷款 \$150 000 购买别墅. 月供为

$$m(r)=\frac{150\,000(r/12)}{1-(1+r/12)^{-360}},$$

其中 r 是年利率. 假设银行现在提供的利率在 6 %～8 %之间.

a. 用介值定理证明在 $(0.06,0.08)$ 中存在 r 值, 即存在 6 %～8 %之间的利率使得月供是每月 \$1 000.

b. 用图像解释 (a) 部分的证明. 然后确定月供为 \$1 000 时需要的利率.

51～54. 应用介值定理

a. 用介值定理证明下列方程在指定区间上有解.

b. 用绘图工具找出方程在指定区间上的全部解.

c. 用适当的图像解释结论.

51. $2x^3+x-2=0$; $(-1,1)$.

52. $\sqrt{x^4+25x^3+10}=5$; $(0,1)$.

53. $x^3-5x^2+2x=-1$; $(-1,5)$.

54. $-x^5-4x^2+2\sqrt{x}+5=0$; $(0,3)$.

深入探究

55. 解释为什么是, 或不是 判断下列命题是否正确, 并说明理由或举出反例.

a. 如果一个函数在 a 处既左连续也右连续, 则它在 a 处连续.

b. 如果一个函数在 a 处连续, 则它在 a 处既左连续也右连续.

c. 如果 $a<b$ 且 $f(a)\leqslant L\leqslant f(b)$, 则在 a 和 b 之间存在 c 值使 $f(c)=L$.

d. 设 f 在 $[a,b]$ 上连续, 则存在 (a,b) 中的一点 c 使得 $f(c)=(f(a)+f(b))/2$.

56. 绝对值函数的连续性 证明绝对值函数 $|x|$ 对所有 x 连续. (*提示*: 用绝对值函数的定义计算 $\lim\limits_{x\to 0^-}|x|$ 和 $\lim\limits_{x\to 0^+}|x|$.)

57～60. 绝对值函数的连续性 应用绝对值函数的连续性 (习题 56) 确定下列函数的连续区间.

57. $f(x)=|x^2+3x-18|$.

58. $g(x)=\left|\dfrac{x+4}{x^2-4}\right|$.

59. $h(x)=\left|\dfrac{1}{\sqrt{x}-4}\right|$.

60. $h(x)=|x^2+2x+5|+\sqrt{x}$.

61 ~ 70. 各种各样的极限 计算下列极限.

61. $\lim\limits_{x\to\pi}\dfrac{\cos^2 x+3\cos x+2}{\cos x+1}$.

62. $\lim\limits_{x\to 5\pi/2}\dfrac{\sin^2 x+6\sin x+5}{\sin^2 x-1}$.

63. $\lim\limits_{x\to\pi/2}\dfrac{\sin x-1}{\sqrt{\sin x}-1}$.

64. $\lim\limits_{\theta\to 0}\dfrac{\dfrac{1}{2+\sin\theta}-\dfrac{1}{2}}{\sin\theta}$.

65. $\lim\limits_{x\to 0}\dfrac{\cos x-1}{\sin^2 x}$.

66. $\lim\limits_{x\to 0^+}\cot x$.

67. 使用技术的误区 用绘图工具得锯齿函数 $y=x-\lfloor x\rfloor$ 的图像 (见图), 其中 $\lfloor x\rfloor$ 是最大整数函数或地板函数 (2.2 节, 习题 31). 找出图像中不准确的地方并手工画出准确的图像.

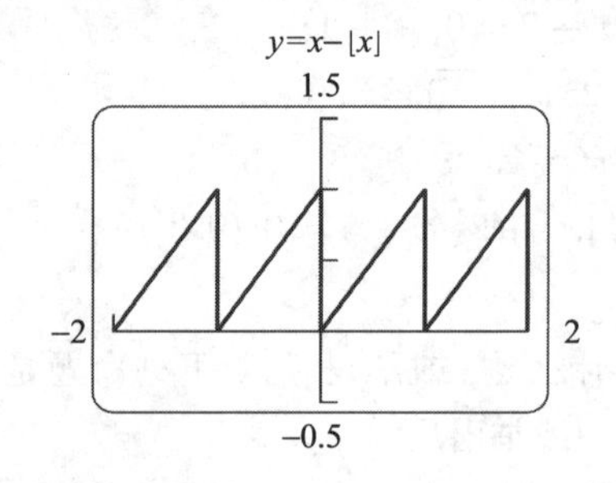

68. 使用技术的误区 在窗口 $[-\pi,\pi]\times[0,2]$ 作函数 $f(x)=\dfrac{\sin x}{x}$ 的图像.

a. 用绘图工具作图像的副本并指出任何不确切的地方.

b. 作函数的准确图像. f 在 0 处连续吗?

69. 作函数的草图

a. 作在 1 处不连续但有定义的函数图像.

b. 作在 1 处不连续但有极限的函数图像.

70. 未知常数 确定常数 a 的值使函数

$$f(x)=\begin{cases}\dfrac{x^2+3x+2}{x+1}, & x\neq -1\\ a, & x=-1\end{cases}$$

在 -1 处连续.

71. 未知常数 设

$$g(x)=\begin{cases}x^2+x, & x<1\\ a, & x=1\\ 3x+5, & x>1\end{cases}$$

a. 确定 a 的值使 g 在 1 处从左边连续.

b. 确定 a 的值使 g 在 1 处从右边连续.

c. 存在 a 的值使 g 在 1 处连续吗? 解释原因.

72 ~ 73. 应用介值定理 应用介值定理验证下列方程在指定区间有三个解. 用绘图工具求近似根.

72. $x^3+10x^2-100x+50=0;(-20,10)$.

73. $70x^3-87x^2+32x-3=0;(0,1)$.

应用

74. 停车成本 确定在本节开始介绍的停车成本函数 c (见图) 的连续区间. 考虑 $0\leqslant t\leqslant 60$.

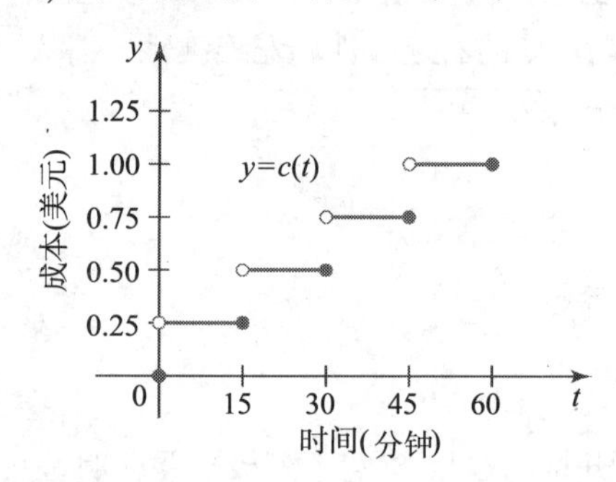

75. 投资问题 假设每年底投资 \$250, 连续 10 年, 年利率为 r. 10 年后账户余额为 $A=\dfrac{250[(1+r)^{10}-1]}{r}$. 假设投资目标是 10 年后账户余额为 \$3 500.

a. 应用介值定理证明在区间 $(0.01, 0.10)$ 内 —— 即在 1 % ~ 10 %之间存在利率 r 能够达到投资目标.

b. 用计算器估计为达到目标所要求的利率.

76. 应用介值定理 假设在星期五早晨7 A.M., 一名游人把车停在国家公园内一条小路的起始点, 然后步行 2 小时到达湖边. 星期六早晨7 A.M.他离开湖边, 步行 2 小时返回停车场. 假设停车场到湖的距离是 3 英里. 用 $f(t)$ 表示星期五早晨7 A.M.后第 t 小时他与车的距离, 用 $g(t)$ 表示星期六早晨7 A.M.后第 t 小时他与车的距离.

a. 求 $f(0)$, $f(2)$, $g(0)$, $g(2)$.

b. 设 $h(t)=f(t)-g(t)$. 求 $h(0)$ 和 $h(2)$.

c. 应用介值定理证明小路上存在一点, 在两天早晨的同一时刻他通过该点.

77. 僧侣与山路 一名僧侣在黎明时从山谷中的寺院出发. 他一整天在弯曲的小路上行走, 中午停下来吃饭小憩. 他在傍晚时到达山顶的寺庙. 第二天, 僧侣在黎明时离开寺庙沿同一小路返回山谷, 晚上回到寺院. 沿小路一定存在一点使得僧侣在上山和下山两天的同一时刻处于该点吗?(*提示:* 回答这个问题可以不需要介值定理.)(*来源:* 阿瑟 • 库斯勒, *The Act of Creation*.)

附加练习

78. $|f|$ **的连续性蕴含** f **的连续性吗?** 设

$$g(x)=\begin{cases}1, & x\geqslant 0\\ -1, & x<0\end{cases}.$$

a. 写出 $|g(x)|$ 的表达式.

b. g 在 $x=0$ 处连续吗? 解释原因.

c. $|g|$ 在 $x=0$ 处连续吗? 解释原因.

d. 对任意函数 f, 如果 $|f|$ 在 a 处连续, 必有 f 在 a 处连续吗? 解释原因.

79～80. 间断的分类 图 (a) 和 (b) 中的间断是可去间断, 因为如果我们定义或重新定义 f 在 a 处的值 $f(a)=\lim\limits_{x\to a}f(x)$, 则间断消失. 图 (c) 中的函数有一个跳跃间断, 因为在 a 处的左极限和右极限都存在, 但不相等. 图 (d) 中的间断点是无穷间断, 因为这个函数在 a 处有垂直渐近线.

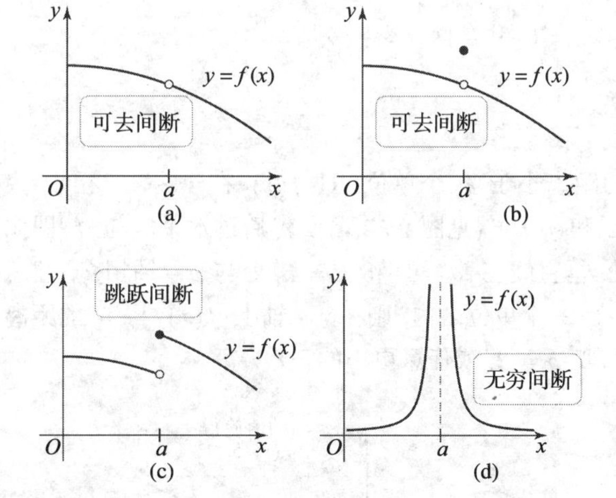

79. 图 (c) 中在 a 处的间断是可去的吗? 解释原因.

80. 图 (d) 中在 a 处的间断是可去的吗? 解释原因.

81～82. 可去间断 证明下列函数在指定点处有可去间断.

81. $f(x)=\dfrac{x^2-7x+10}{x-2}; x=2.$

82. $g(x)=\begin{cases}\dfrac{x^2-1}{1-x}, & x\neq 1\\ 3, & x=1\end{cases}; x=1.$

83. 可去间断存在吗?

a. 函数 $f(x)=x\sin(1/x)$ 在 $x=0$ 处有可去间断吗?

b. 函数 $g(x)=\sin(1/x)$ 在 $x=0$ 处有可去间断吗?

84～85. 间断的分类 指出下列函数在指定点处的间断类型.

84. $f(x)=\dfrac{|x-2|}{x-2}; x=2.$

85. $h(x)=\dfrac{x^3-4x^2+4x}{x(x-1)}; x=0, x=1.$

86. 复合函数的连续性 证明 定理 2.10: 如果 g 在 a 处连续且 f 在 $g(a)$ 处连续, 那么复合 $f\circ g$ 在 a 处连续. (*提示:* 分别写出 f 和 g 的连续定义; 然后组合成 $f\circ g$ 的连续定义形式.)

87. 复合的连续性

a. 找函数 f 和 g 使得每个函数都在 0 处连续, 但复合函数 $f\circ g$ 在 0 处不连续.

b. 解释为什么满足 (a) 的例子与 定理 2.10 不矛盾.

88. 违反介值定理吗? 设 $f(x)=\dfrac{|x|}{x}$, 则 $f(-2)=-1$ 且 $f(2)=1$. 于是 $f(-2)<0<f(2)$, 但在 $-2\sim 2$ 之间没有 c 值使 $f(c)=0$. 这个事实违反介值定理吗? 解释原因.

89. $\sin x$ **和** $\cos x$ **的连续性**

a. 用恒等式 $\sin(a+h)=\sin a\cos h+\cos a\sin h$ 与事实 $\lim\limits_{x\to 0}\sin x=0$ 证明 $\lim\limits_{x\to a}\sin x=\sin a$, 于是 $\sin x$ 对所有 x 连续.(*提示:* 令 $h=x-a$ 即 $x=a+h$ 并且注意当 $x\to a$ 时, $h\to 0$.)

b. 用恒等式 $\cos(a+h)=\cos a\cos h-\sin a\sin h$ 与事实 $\lim\limits_{x\to 0}\cos x=1$ 证明 $\lim\limits_{x\to a}\cos x=\cos a$.

迅速核查 答案

1. $t=15,30,45.$

2. 两个表达式的值都是 5, 说明 $\lim\limits_{x\to a}f(g(x))=f\left(\lim\limits_{x\to a}g(x)\right).$

3. 填上端点.

4. $[0,\infty); (-\infty,\infty).$

5. 因为 f 在区间 $[-1,1]$ 上连续且 $f(-1)<0<f(1)$, 所以方程在 $[-1,1]$ 上有解.

2.7 极限的严格定义

在本章中已经见过的极限定义适用于最基本的极限问题. 但是仍然需要明确一些所使用的术语的意义, 如充分*接近*和*任意*大等. 这一节的目的是把前面的极限定义翻译为精确的数学语言, 为极限建立一个坚实的数学基础.

走向严格定义

短语"a 附近的所有 x"表示在一个包含 a 的开区间内的所有 x.

设除去可能的 a 外, 函数 f 对 a 附近的所有 x 有定义. 回顾一下, $\lim\limits_{x\to a} f(x)=L$ 表示对充分接近于 (但不等于) a 的所有 x, $f(x)$ 任意接近 L. 注意到 $f(x)$ 与 L 的距离是 $|f(x)-L|$, x 与 a 的距离是 $|x-a|$, 由此可以把这个定义精确化. 如果对任意不同于 a 的 x, 当 $|x-a|$ 充分小时, 可以使 $|f(x)-L|$ 任意小, 我们就记成 $\lim\limits_{x\to a} f(x)=L$. 例如, 如果期望 $|f(x)-L|$ 小于 0.1, 那么我们必须寻找一个数 $\delta>0$ 使得

$|x-a|<\delta$ 和 $x\neq a$ 两个条件可以确切地记为 $0<|x-a|<\delta$.

$$|f(x)-L|<0.1, \quad 当 \quad |x-a|<\delta \quad 且 \quad x\neq a \text{时}.$$

如果期望 $|f(x)-L|$ 小于 0.001, 我们必须寻找另一个数 $\delta>0$ 使得

$$|f(x)-L|<0.001, \quad 当 0<|x-a|<\delta \text{时}.$$

在讨论极限时, 用小写希腊字母 δ 和 ε 表示小正数.

为使极限存在, 必定对任意的 $\varepsilon>0$, 我们总能找到一个 $\delta>0$ 使得

$$|f(x)-L|<\varepsilon, \quad 当 \quad 0<|x-a|<\delta \text{时}.$$

微积分的奠基者伊萨克·牛顿 (1642—1727) 与戈特弗里德·莱布尼茨 (1646—1716) 都未使用极限的严格定义来发展微积分的核心思想. 直到 19 世纪路易·柯西 (1789—1857) 才引入严格的定义, 后来卡尔·魏尔斯特拉斯 (1815—1897) 作了完善.

例 1 从图像确定 δ 的值 图 2.51 显示了一个线性函数 f 的图像, $\lim\limits_{x\to 3} f(x)=5$. 对 $\varepsilon>0$ 的每个取值, 确定 $\delta>0$ 的值使其满足

$$|f(x)-5|<\varepsilon, \quad 当 \quad 0<|x-3|<\delta \text{时}.$$

a. $\varepsilon=1$. **b.** $\varepsilon=\dfrac{1}{2}$.

解

a. 对 $\varepsilon=1$, 我们期望 $f(x)$ 与 5 的距离小于 1 个单位, 即 $f(x)$ 在 $4\sim 6$ 之间. 为确定对应的 δ 值, 画出水平线 $y=4$ 和 $y=6$ (见图 2.52(a)). 然后过水平线与 f 图像的交点作垂直线 (见图 2.52(b)). 可见, 垂直线在 $x=1$ 和 $x=5$ 处与 x- 轴相交. 注意到如果在 x- 轴上的 x 与 3 的距离在 2 个单位之内, 则在 y- 轴上 $f(x)$ 与 5 的距离小于 1 个单位. 于是, 对 $\varepsilon=1$, 我们取 $\delta=2$ 或任意更小的正数.

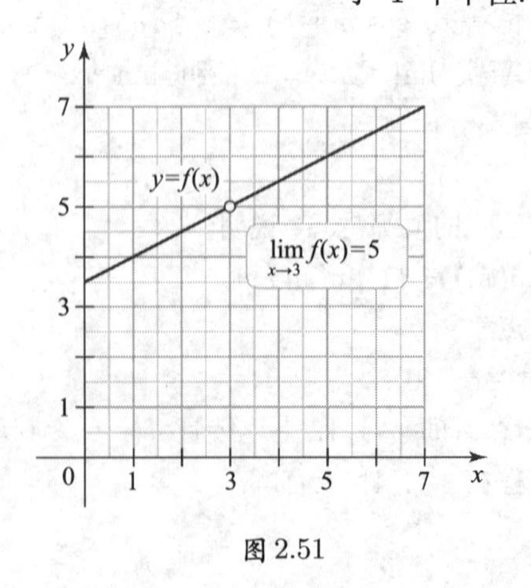

图 2.51

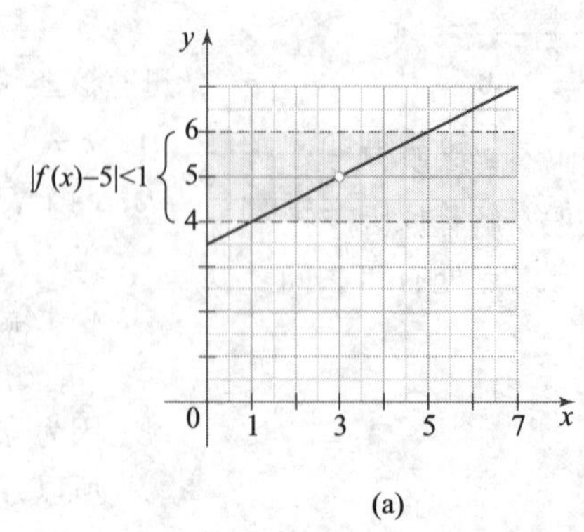

(a)

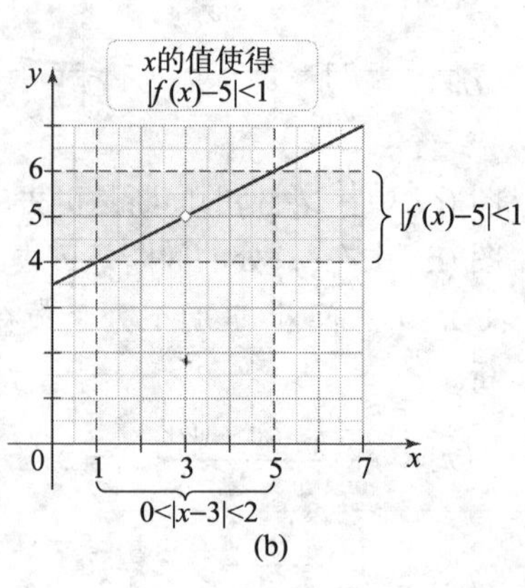

(b)

图 2.52

一旦找到可接受的 δ 值满足

$$|f(x)-L|<\varepsilon,$$
$$0<|x-a|<\delta,$$

则 δ 的任意更小正值都成立.

b. 对 $\varepsilon=\dfrac{1}{2}$, 我们期望 $f(x)$ 处于 5 的半个单位之内, 或等价地, $f(x)$ 必须在 $4.5\sim5.5$ 之间. 与 (a) 中的过程相同, 可见, 如果在 x- 轴上 x 与 3 的距离在 1 个单位之内, 则在 y- 轴上 $f(x)$ 与 5 的距离小于半个单位 (见图 2.53). 于是, 对 $\varepsilon=\dfrac{1}{2}$, 我们取 $\delta=1$ 或任意更小的正数.

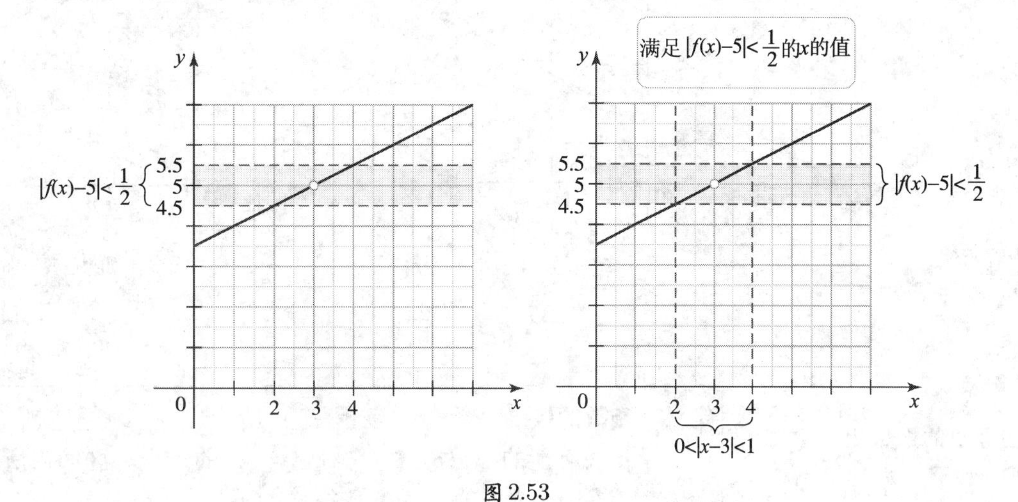

图 2.53

相关习题 9～12◀

正如例 1 所阐述的, 极限的思想可以用两个人艾普 (ε) 与德尔 (δ) 的比赛来描述. 首先, 艾普选一个特定的数 $\varepsilon>0$, 然后向德尔挑战, 寻找 $\delta>0$ 的对应值使得

$$|f(x)-5|<\varepsilon,\quad 当 0<|x-3|<\delta 时. \tag{1}$$

为了便于说明, 假设艾普选择 $\varepsilon=1$. 由例 1, 我们知道德尔选择 $0<\delta\leqslant2$ 就满足 (1). 如果艾普选择 $\varepsilon=\dfrac{1}{2}$, 那么德尔取 $0<\delta\leqslant1$ 回应 (由例 1). 如果艾普选择 $\varepsilon=\dfrac{1}{8}$, 那么德尔选择 $0<\delta\leqslant\dfrac{1}{4}$ (见图 2.54). 事实上, 对艾普选的任意 $\varepsilon>0$, 不管有多小, 德尔只要选择一个正的 δ 满足 $0<\delta\leqslant2\varepsilon$, 就满足 (1). 德尔发现了一个数学关系: 对任意 $\varepsilon>0$, 如果 $0<\delta\leqslant2\varepsilon$ 且 $0<|x-3|<\delta$, 则 $|f(x)-5|<\varepsilon$. 这段话揭示了证明 $\lim\limits_{x\to a}f(x)=L$ 的一般过程.

迅速核查 1. 在例 1 中, 求正数 δ 满足下面命题

$$|f(x)-5|<\frac{1}{100},\quad 当\quad 0<|x-3|<\delta 时.$$ ◀

严格定义

例 1 研究的是线性函数, 但指出了对任意函数严格定义极限的方法. 如图 2.55 所示, $\lim\limits_{x\to a}f(x)=L$ 的含义是, 对任意正数 ε, 存在一个正数 δ 使得

$$|f(x)-L|<\varepsilon,\quad 当\quad 0<|x-a|<\delta 时.$$

在所有的极限证明中, 目标是找出 ε 与 δ 之间的关系, 给出由 ε 表示的可允许的 δ. 这个关系必须对 ε 的任意正值有效.

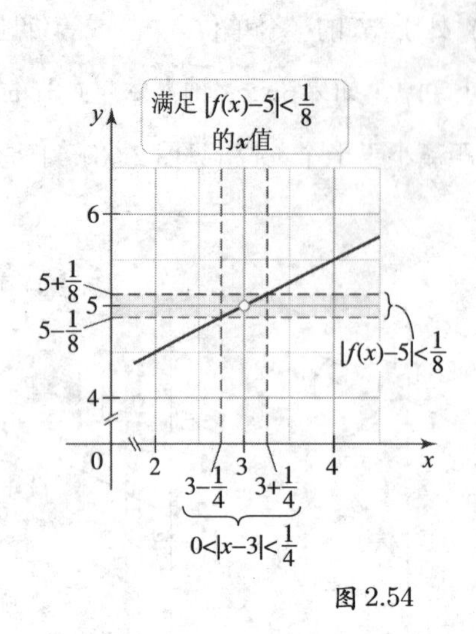

图 2.54

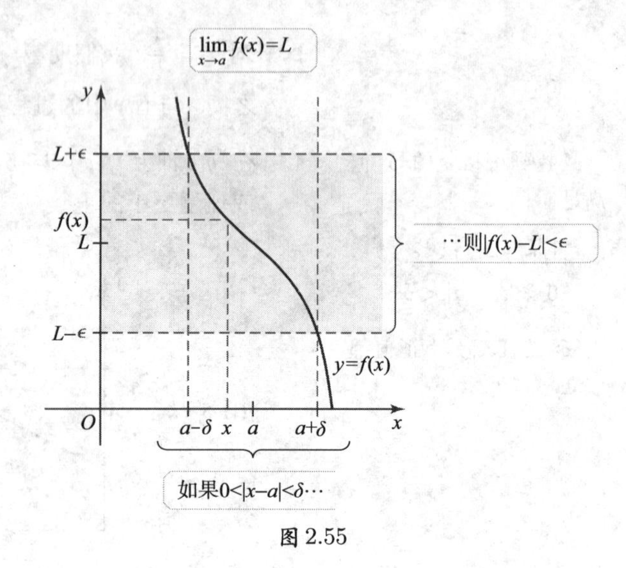

图 2.55

在极限的严格定义中 δ 只依赖于 ε.

定义　函数的极限

设除去可能的 a 外, $f(x)$ 对包含 a 的一个开区间内所有的 x 存在. 如果对任意 $\varepsilon>0$, 存在一个对应的 $\delta>0$ 使得

$$|f(x)-L|<\varepsilon, \quad 当 \quad 0<|x-a|<\delta 时.$$

我们就说当 x 趋于 a 时 $f(x)$ 的极限是 L. 记作

$$\lim_{x\to a} f(x)=L,$$

在习题 39 ~ 43 中将讨论单边极限 $\lim\limits_{x\to a^-} f(x)=L$ 和 $\lim\limits_{x\to a^+} f(x)=L$ 的定义.

例 2　已知 ε 用绘图工具求 δ 设 $f(x)=x^3-6x^2+12x-5$. 证明 $\lim\limits_{x\to 2} f(x)=3$ 如下. 对指定的 ε, 用绘图工具求 $\delta>0$ 的值使得

$$|f(x)-3|<\delta, \quad 当 \quad 0<|x-2|<\delta 时.$$

a. $\varepsilon=1$.　　**b.** $\varepsilon=\dfrac{1}{2}$.

解

a. 条件 $|f(x)-3|<\varepsilon=1$ 蕴含 $f(x)$ 在 $2\sim4$ 之间. 应用绘图工具, 作 f、直线 $y=2$ 与 $y=4$ 的图像 (见图 2.56). 这两条直线分别在 $x=1$ 和 $x=3$ 处与 f 的图像相交, 并且可见只要在 x- 轴上 x 与 2 相距 1 个单位之内, $f(x)$ 就与 3 相距一个单位之内 (见图 2.56). 所以, 对 $\varepsilon=1$, 我们选 δ 使 $0<\delta\leqslant 1$.

b. 条件 $|f(x)-3|<\varepsilon=\dfrac{1}{2}$ 蕴含 $f(x)$ 在 y- 轴上的 $2.5\sim3.5$ 之间. 我们得直线 $y=2.5$ 和 $y=3.5$ 分别在 $x\approx1.21$ 和 $x\approx2.79$ 处与 f 的图像相交 (见图 2.57). 可见只要在 x- 轴上 x 与 2 的距离小于 0.79 个单位, 在 y- 轴上 $f(x)$ 与 3 的距离就小于半个单位. 所以, 对 $\varepsilon=\dfrac{1}{2}$, 我们令 $0<\delta\leqslant 0.79$.

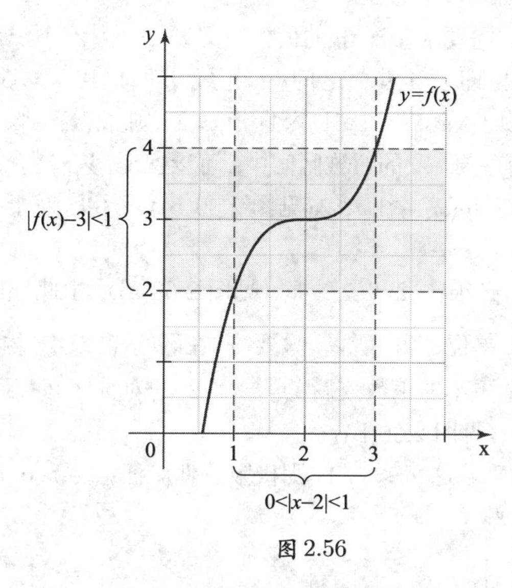

图 2.56

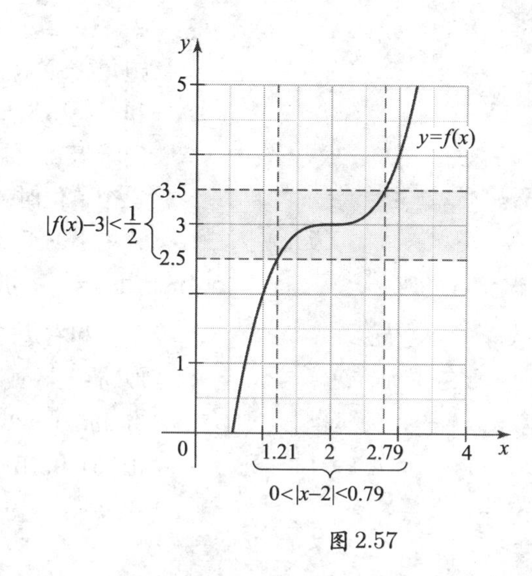

图 2.57

对 $\varepsilon>0$ 的越来越小的值重复这个过程. 对每个 ε 的值, 存在对应的 δ 的值, 由此证明极限存在.

相关习题 13～14 ◂

不等式 $0<|x-a|<\delta$ 表示 x 处在 $a-\delta\sim a+\delta$ 之间, 但 $x\neq a$. 我们称区间 $(a-\delta,a+\delta)$ **关于** a **对称**, 这是因为 a 是该区间的中点. 对称区间很方便, 但例 3 说明我们要得到对称区间有时不得不做一点额外的工作.

迅速核查 2. 对例 2 中的函数 f, 估计 $\delta>0$ 的值, 使其满足只要 $0<|x-2|<\delta$ 就有 $|f(x)-3|<0.25$. ◂

例 3 求对称区间 图 2.58 展示 g 的图像及 $\lim\limits_{x\to 2}g(x)=3$. 对指定的 ε, 求 $\delta>0$ 的对应值, 其满足条件

$$|g(x)-3|<\varepsilon,\quad 当\quad 0<|x-2|<\delta 时.$$

a. $\varepsilon=2$.　　**b.** $\varepsilon=1$.

c. 对任意 $\varepsilon>0$, 猜测一个 δ 的对应值满足极限条件.

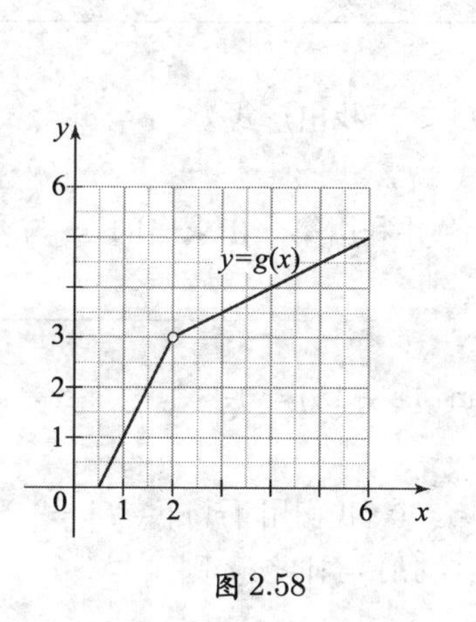

图 2.58

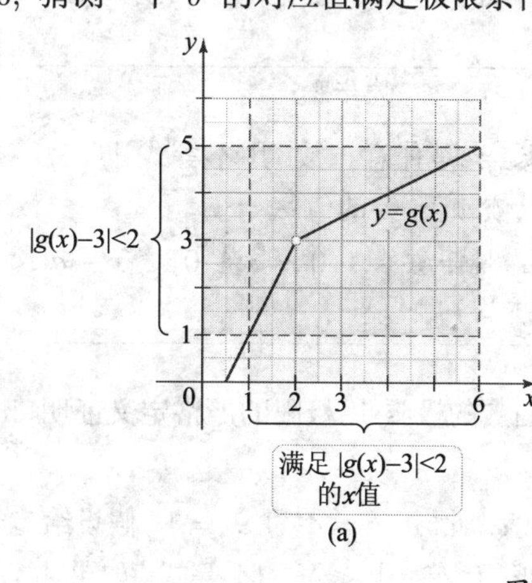

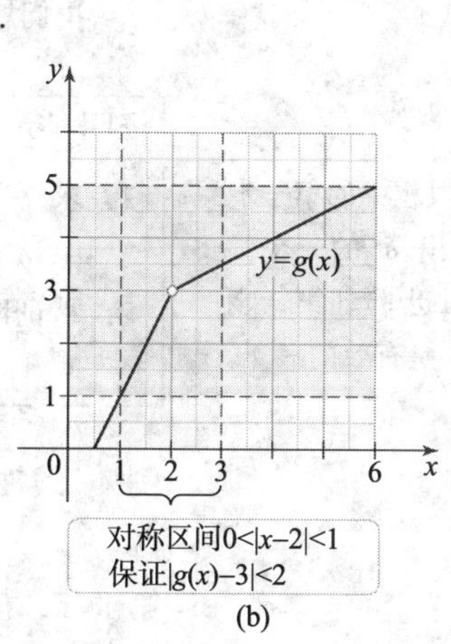

图 2.59

解

a. 对于 $\varepsilon=2$, 我们需要求 $\delta>0$ 的值使得只要 x 距 2 小于 δ 个单位, $g(x)$ 就与 3 相距 2 个单位之内, 即在 $1\sim5$ 之间. 水平线 $y=1$ 和 $y=5$ 分别交 y 的图像于 $x=1$ 和 $x=6$. 所以如果 x 在 $(1,6)$ 内且 $x\neq2$, 则 $|g(x)-3|<2$ (见图 2.59(a)). 然而我们希望 x 在一个关于 2 的对称区间中. 可以保证, 只有当 x 在 2 的两边且距 2 小于 1 个单位时, 就有 $|g(x)-3|<2$ (见图 2.59(b)). 所以, 对于 $\varepsilon=2$, 我们取 $\delta=1$ 或任意更小的正数.

b. 当 $\varepsilon=1$, $g(x)$ 必须在 $2\sim4$ 之间 (见图 2.60(a)). 由此导出 x 必须在 2 的左边半个单位和右边 2 个单位之内. 所以, 只要 x 在区间 $(1.5,4)$ 内, 就有 $|g(x)-3|<1$. 我们取 $\delta=\dfrac{1}{2}$ 或任意更小的正数, 就得到一个 2 的对称区间. 于是当 $0<|x-2|<\dfrac{1}{2}$ 时, 必有 $|g(x)-3|<1$. (见图 2.60(b))

c. 由 (a) 和 (b), 似乎若选 $\delta\leqslant\varepsilon/2$, 则极限条件对任意 $\varepsilon>0$ 成立.

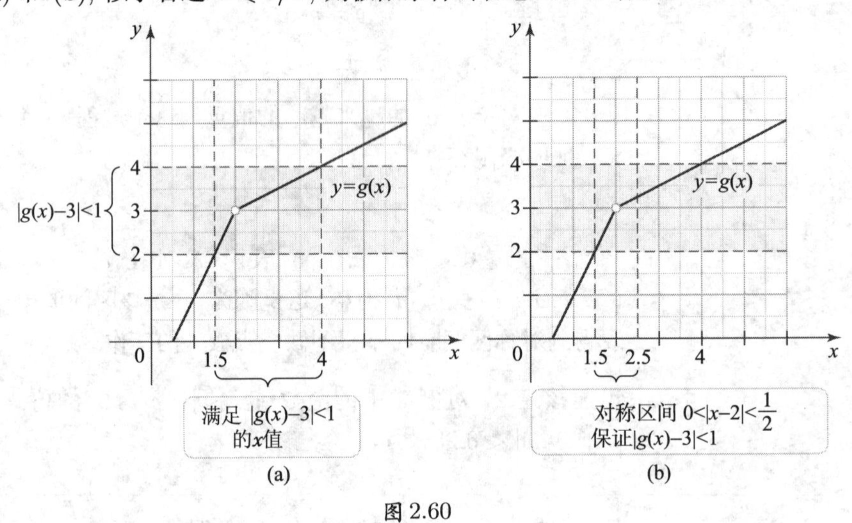

图 2.60

相关习题 15～18◀

极限的证明

我们用下面两个步骤证明 $\lim\limits_{x\to a}f(x)=L$.

> **证明 $\lim\limits_{x\to a}f(x)=L$ 的步骤:**
>
> **1. 求** δ. 设 ε 是任意正数. 用不等式 $|f(x)-L|<\varepsilon$ 找出形式为 $|x-a|<\delta$ 的条件, 其中 δ 只依赖于 ε 的值.
>
> **2. 写证明**. 对任意 $\varepsilon>0$, 假设 $0<|x-a|<\delta$ 并利用第一步求出的 ε 与 δ 的关系证明 $|f(x)-L|<\varepsilon$.

极限证明过程中的第一步是初步求出 δ 的一个候选值. 第二步验证第一步得到的 δ 是有效的.

例 4　线性函数的极限 用极限的严格定义证明 $\lim\limits_{x\to4}(4x-15)=1$.

解

第 1 步: 求 δ. 此时, $a=4$ 且 $L=1$. 假设给定 $\varepsilon>0$, 我们用 $|f(x)-L|=|(4x-15)-1|<\varepsilon$ 去求形为 $|x-4|<\delta$ 的不等式. 如果 $|(4x-15)-1|<\varepsilon$, 则

$$|4x-16|<\varepsilon,$$

$$4|x-4| < \varepsilon, \quad (\text{分解 } 4x-16)$$
$$|x-4| < \frac{\varepsilon}{4}. \quad (\text{除以 4, 并识别 } \delta = \varepsilon/4)$$

我们证明了 $|(4x-15)-1| < \varepsilon$ 蕴含 $|x-4| < \varepsilon/4$. 所以, δ 与 ε 似乎合理的关系是 $\delta = \varepsilon/4$. 现在我们写出实际证明.

第 2 步: 写证明. 设给定 $\varepsilon > 0$ 且 $0 < |x-4| < \delta$, 其中 $\delta = \varepsilon/4$. 目标是证明: 对于 $0 < |x-4| < \delta$ 的所有 x, $|(4x-15)-1| < \varepsilon$. 化简 $|(4x-15)-1|$ 并分离 $|x-4|$:

$$\begin{aligned} |(4x-15)-1| &= |4x-16| \\ &= 4|\underbrace{x-4}_{\text{小于}\delta=\varepsilon/4}| \\ &< 4\left(\frac{\varepsilon}{4}\right) = \varepsilon. \end{aligned}$$

我们证明了对任意 $\varepsilon > 0$, 只要 $0 < \delta \leqslant \varepsilon/4$,

$$|f(x) - L| = |(4x-15)-1| < \varepsilon, \quad \text{当} 0 < |x-4| < \delta \text{时},$$

所以, $\lim\limits_{x \to 4}(4x-15) = 1$.

相关习题 19 ~ 24◀

证明极限定律

极限的严格定义可以用来证明 定理 2.3 中的极限定律. 这些证明的一个基础是三角不等式, 叙述如下

$$|x+y| \leqslant |x| + |y|, \quad x \text{ 和 } y \text{ 为任意实数}.$$

例 5 极限定律 1 的证明 证明如果 $\lim\limits_{x \to a} f(x)$ 和 $\lim\limits_{x \to a} g(x)$ 存在, 则

$$\lim_{x \to a}[f(x) + g(x)] = \lim_{x \to a} f(x) + \lim_{x \to a} g(x).$$

用 $\min(a,b)$ 记 a 与 b 中的较小值. 设 $x = \min(a,b)$. 若 $a \neq b$, 则 x 是 a 和 b 中较小者. 若 $a = b$, 则 x 等于 a 和 b. 在两种情况下, 都有 $x \leqslant a$ 且 $x \leqslant b$.

解 设 $\varepsilon > 0$ 给定. 设 $\lim\limits_{x \to a} f(x) = L$, 则存在 $\delta_1 > 0$ 使得

$$|f(x) - L| < \frac{\varepsilon}{2}, \quad \text{当} \quad 0 < |x-a| < \delta_1 \text{时}.$$

类似地, 设 $\lim\limits_{x \to a} g(x) = M$, 则存在 $\delta_2 > 0$ 使得

$$|g(x) - M| < \frac{\varepsilon}{2}, \quad \text{当} \quad 0 < |x-a| < \delta_2 \text{ 时}.$$

令 $\delta = \min(\delta_1, \delta_2)$, 设 $0 < |x-a| < \delta$. 由 $\delta \leqslant \delta_1$, 得 $0 < |x-a| < \delta_1$ 且 $|f(x) - L| < \varepsilon/2$. 同理, 由 $\delta \leqslant \delta_2$, 得 $0 < |x-a| < \delta_2$ 和 $|g(x) - M| < \varepsilon/2$. 所以,

$$\begin{aligned} |[f(x) + g(x)] - (L+M)| &= |(f(x) - L) + (g(x) - M)| \quad (\text{重排各项}) \\ &\leqslant |f(x) - L| + |g(x) - M| \quad (\text{三角不等式}) \\ &< \frac{\varepsilon}{2} + \frac{\varepsilon}{2} = \varepsilon. \end{aligned}$$

在习题 25 ~ 26 中阐述其他极限定律的证明提纲.

我们已经证明, 对任意给定的 $\varepsilon > 0$, 如果 $0 < |x-a| < \delta$, 则 $|[f(x) + g(x)] - (L+M)| < \varepsilon$, 故

$$\lim_{x \to a}[f(x) + g(x)] = L + M = \lim_{x \to a} f(x) + \lim_{x \to a} g(x).$$

相关习题 25 ~ 28◀

无穷极限

注意, 对无穷极限, N 扮演通常极限中 ε 的角色. 它对函数值 $f(x)$ 设置范围或界限.

在 2.4 节中, 如果当 x 趋于 a 时, $f(x)$ 任意增大, 我们就称 $\lim\limits_{x\to a} f(x)=\infty$. 更精确的说法是, 对任意正数 N (无论有多大), 若 x 充分接近于 a 但不等于 a, 则 $f(x)$ 大于 N.

> **定义 双边无穷极限**
>
> 无穷极限 $\lim\limits_{x\to a} f(x)=\infty$ 的含义是, 对任意正数 N, 存在对应的 $\delta>0$ 使得
>
> $$f(x)>N,\quad 当\quad 0<|x-a|<\delta 时.$$

如图 2.61 所示, 为证明 $\lim\limits_{x\to a} f(x)=\infty$, 我们令 N 代表任意正数. 然后求一个 $\delta>0$ 且只依赖于 N 的 δ 值, 使得

$$f(x)>N,\quad 当\quad 0<|x-a|<\delta 时.$$

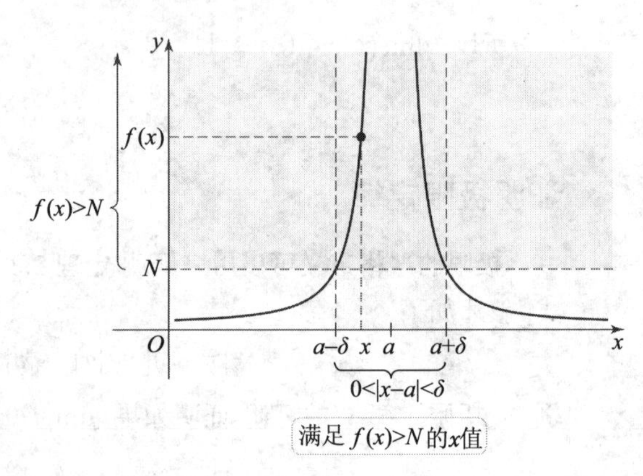

图 2.61

关于 $\lim\limits_{x\to a} f(x)=-\infty$, $\lim\limits_{x\to a^+} f(x)=-\infty$, $\lim\limits_{x\to a^+} f(x)=\infty$, $\lim\limits_{x\to a^-} f(x)=-\infty$, $\lim\limits_{x\to a^-} f(x)=\infty$ 的严格定义在习题 45 ~ 49 中讨论.

这个过程类似于有限极限的两步过程.

> **证明 $\lim\limits_{x\to a} f(x)=\infty$ 的步骤:**
>
> **a. 求 δ.** 设 N 是任意正数. 用不等式 $f(x)>N$ 找出形式为 $|x-a|<\delta$ 的不等式, 其中 δ 仅依赖于 N.
>
> **b. 写证明.** 对任意 $N>0$, 假设 $0<|x-a|<\delta$ 并利用第一步求出的 N 与 δ 的关系证明
> $f(x)>N$.

例 6 无穷极限的证明 设 $f(x)=\dfrac{1}{(x-2)^2}$. 证明 $\lim\limits_{x\to 2} f(x)=\infty$.

解

第 1 步: 求 δ. 设 $N>0$, 我们用不等式 $\dfrac{1}{(x-2)^2}>N$ 去求 δ, 这里 δ 只依赖于 N. 取不等式的倒数, 得

回顾 $\sqrt{x^2}=|x|$.

$$(x-2)^2<\frac{1}{N},$$

$$|x-2| < \frac{1}{\sqrt{N}}. \quad \text{(两边求平方根)}.$$

如果令 $\delta = \frac{1}{\sqrt{N}}$, 则不等式 $|x-2| < \frac{1}{\sqrt{N}}$ 具有形式 $|x-2| < \delta$. 现在我们根据 δ 与 N 的这个关系写出证明.

第 2 步: 写证明. 设给定 $N > 0$. 令 $\delta = \frac{1}{\sqrt{N}}$ 且设 $0 < |x-2| < \delta = \frac{1}{\sqrt{N}}$. 不等式 $|x-2| < \frac{1}{\sqrt{N}}$ 两边平方并取倒数, 有

$$(x-2)^2 < \frac{1}{N}, \quad \text{(两边平方)}$$

$$\frac{1}{(x-2)^2} > N. \quad \text{(两边取倒数)}.$$

可见, 对任意正数 N, 如果 $0 < |x-2| < \delta = \frac{1}{\sqrt{N}}$, 则 $f(x) = \frac{1}{(x-2)^2} > N$. 于是得 $\lim\limits_{x\to 2} \frac{1}{(x-2)^2} = \infty$. 注意, 因为 $\delta = \frac{1}{\sqrt{N}}$, 当 N 增加时 δ 减小.

相关习题 29-32 ◀

迅速核查 3. 在例 6 中, 若 N 增加 100 倍, δ 必须如何变化? ◀

无穷远处极限

对无穷远处极限 $\lim\limits_{x\to\infty} f(x) = L$ 与 $\lim\limits_{x\to-\infty} f(x) = L$ 也可写出其严格定义. 相关讨论和例子见习题 50 ~ 53.

2.7 节 习题

复习题

1. 设 x 在区间 $(1, 3)$ 内且 $x \neq 2$. 求 δ 的最小正值使得不等式 $0 < |x-2| < \delta$ 成立.
2. 设 $f(x)$ 在区间 $(2, 6)$ 内. 使 $|f(x)-4| < \varepsilon$ 的最小 ε 值是多少?
3. 下列区间中哪个不是关于 $x = 5$ 的对称区间?
   a. $(1, 9)$. **b.** $(4, 6)$. **c.** $(3, 8)$. **d.** $(4.5, 5.5)$.
4. 集合 $\{x : 0 < |x-a| < \delta\}$ 包含点 $x = a$ 吗? 解释理由.
5. 叙述 $\lim\limits_{x\to a} f(x) = L$ 的严格定义.
6. 用文字解释 $|f(x) - L| < \varepsilon$.
7. 假设只要 $0 < x < 5$, 就有 $|f(x) - 5| < 0.1$. 求 $\delta > 0$ 的所有值, 使得当 $0 < |x-2| < \delta$ 时, $|f(x) - 5| < 0.1$.
8. 给出 $\lim\limits_{x\to a} f(x) = \infty$ 的定义, 并用图解释.

基本技能

9. **由图像确定 δ 的值** 图中函数 f 满足 $\lim\limits_{x\to 2} f(x) = 5$. 确定 $\delta > 0$ 的最大值以满足每个命题.

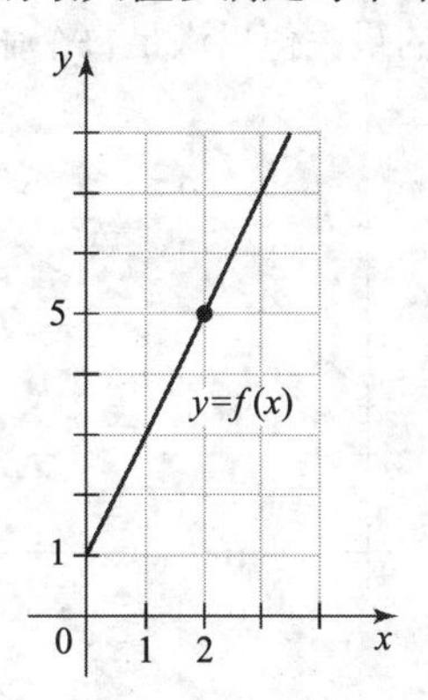

a. 如果 $0<|x-2|<\delta$, 则 $|f(x)-5|<2$.

b. 如果 $0<|x-2|<\delta$, 则 $|f(x)-5|<1$.

10. 由图像确定 δ 的值 图中函数 f 满足 $\lim\limits_{x\to 2} f(x)=4$. 确定 $\delta>0$ 的最大值以满足每个命题.

a. 如果 $0<|x-2|<\delta$, 则 $|f(x)-4|<1$.

b. 如果 $0<|x-2|<\delta$, 则 $|f(x)-4|<1/2$.

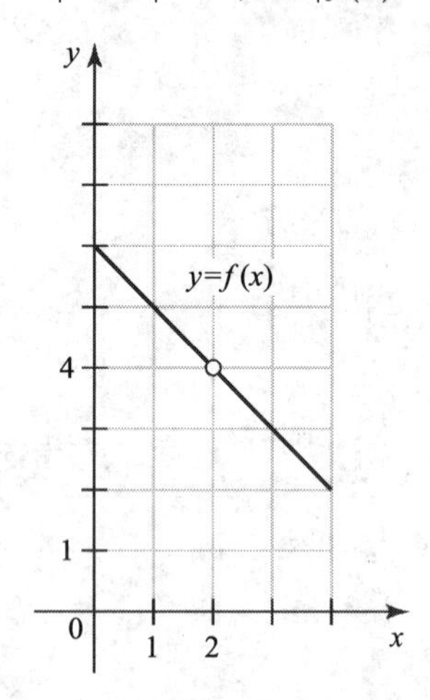

11. 由图像确定 δ 的值 图中函数 f 满足 $\lim\limits_{x\to 3} f(x)=6$. 确定 $\delta>0$ 的最大值以满足每个命题.

a. 如果 $0<|x-3|<\delta$, 则 $|f(x)-6|<3$.

b. 如果 $0<|x-3|<\delta$, 则 $|f(x)-6|<1$.

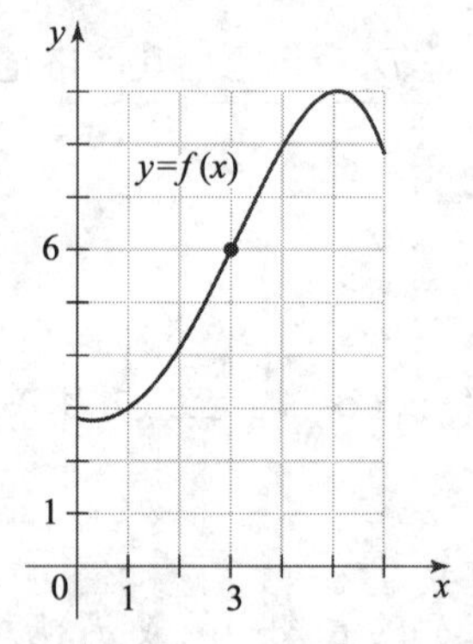

12. 由图像确定 δ 的值 图中函数 f 满足 $\lim\limits_{x\to 4} f(x)=5$. 确定 $\delta>0$ 的最大值以满足每个命题.

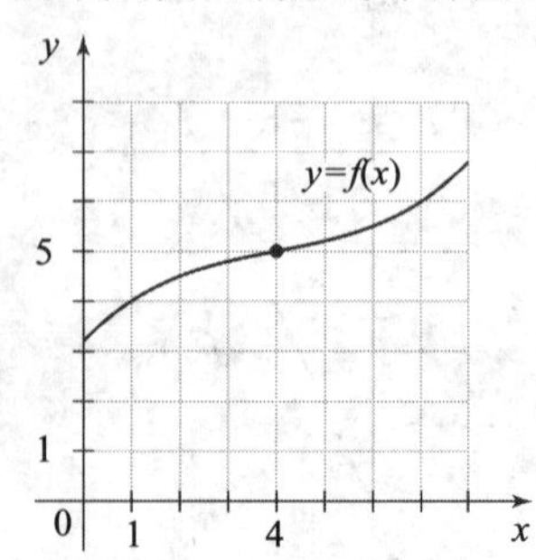

a.如果 $0<|x-4|<\delta$, 则 $|f(x)-5|<1$.

b.如果 $0<|x-4|<\delta$, 则 $|f(x)-5|<0.5$.

13. 已知 ε, 由图像求 δ 设 $f(x)=x^3+3$ 并注意到 $\lim\limits_{x\to 0} f(x)=3$. 对 ε 的每个值, 用绘图工具求 $\delta>0$ 的值使得当 $0<|x-0|<\delta$ 时, 有 $|f(x)-3|<\varepsilon$. 作图说明解法.

a. $\varepsilon=1$.　　b. $\varepsilon=0.5$.

14. 已知 ε, 由图像求 δ 设 $g(x)=2x^3-12x^2+26x+4$ 并注意到 $\lim\limits_{x\to 2} g(x)=24$. 对 ε 的每个值, 用绘图工具求 $\delta>0$ 的值使得当 $0<|x-2|<\delta$ 时, 有 $|g(x)-24|<\varepsilon$. 作图说明解法.

a. $\varepsilon=1$.　　b. $\varepsilon=0.5$.

15. 求对称区间 图中函数 f 满足 $\lim\limits_{x\to 2} f(x)=3$, 对 ε 的每个值, 求 $\delta>0$ 的值使得

$$|f(x)-3|<\varepsilon, \quad \text{当} \quad 0<|x-2|<\delta \text{时}.$$

a. $\varepsilon=1$.　　b. $\varepsilon=\dfrac{1}{2}$.

c. 对任意 $\varepsilon>0$，猜测满足 (2) 的 δ 的对应值.

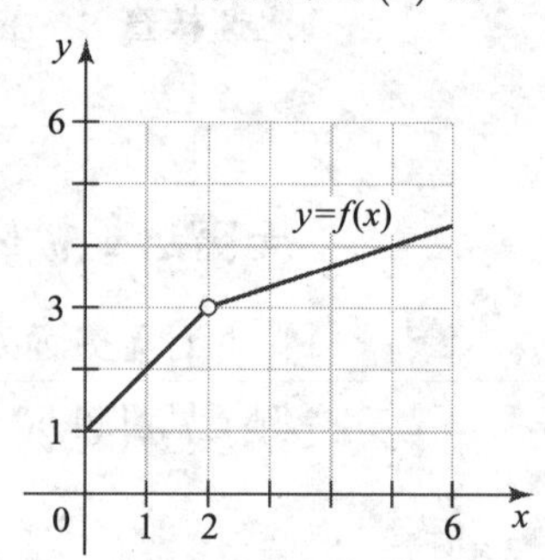

16. 求对称区间 图中函数 f 满足 $\lim\limits_{x\to 3} f(x)=4$, 对 ε 的每个值, 求 $\delta>0$ 的值使得

$$|f(x)-4|<\varepsilon \quad \text{当} \quad 0<|x-3|<\delta \text{时}.$$

a. $\varepsilon=2$.　　b. $\varepsilon=\dfrac{1}{2}$.

c. 对任意 $\varepsilon>0$，猜测满足 (3) 的 δ 的对应值.

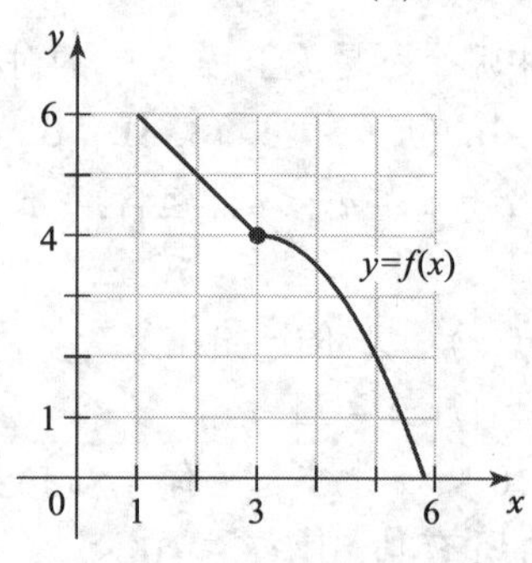

17. 求对称区间 设 $f(x)=x^2$ 且注意到 $\lim\limits_{x\to 2} f(x)=4$.

对 ε 的每个值, 用绘图工具求 $\delta>0$ 的值使得当 $0<|x-2|<\delta$ 时, 有 $|f(x)-4|<\varepsilon$.

a. $\varepsilon=1$. **b.** $\varepsilon=0.5$.

c. 对任意 $\varepsilon>0$, 猜测满足不等式的 δ 值.

18. 求对称区间 设 $f(x)=\dfrac{x^3-1}{x-1}$ 且注意到 $\lim\limits_{x\to 1}f(x)=3$. 对 ε 的每个值, 用绘图工具求 $\delta>0$ 的值使得当 $0<|x-1|<\delta$ 时, 有 $|f(x)-3|<\varepsilon$.

a. $\varepsilon=1.5$. **b.** $\varepsilon=0.75$.

c. 对任意 $\varepsilon>0$, 猜测满足不等式的 δ 值.

19-24. 极限的证明 用极限的严格定义证明下列极限.

19. $\lim\limits_{x\to 1}(8x+5)=13$.

20. $\lim\limits_{x\to 3}(-2x+8)=2$.

21. $\lim\limits_{x\to 4}\dfrac{x^2-16}{x-4}=8$ (*提示:* 因式化简).

22. $\lim\limits_{x\to 3}\dfrac{x^2-7x+12}{x-3}=-1$.

23. $\lim\limits_{x\to 0}x^2=0$ (*提示:* 用恒等式 $\sqrt{x^2}=|x|$).

24. $\lim\limits_{x\to 3}(x-3)^2=0$ (*提示:* 用恒等式 $\sqrt{x^2}=|x|$).

25. 极限定律 2 的证明 设 $\lim\limits_{x\to a}f(x)=L$ 且 $\lim\limits_{x\to a}g(x)=M$. 证明 $\lim\limits_{x\to a}[f(x)-g(x)]=L-M$.

26. 极限定律 3 的证明 设 $\lim\limits_{x\to a}f(x)=L$. 证明 $\lim\limits_{x\to a}[cf(x)]=cL$, 其中 c 为常数.

27. 常值函数和 $f(x)=x$ 的极限 给出下列定理的证明.

a. $\lim\limits_{x\to a}c=c$ 对任意常数 c.

b. $\lim\limits_{x\to a}x=a$ 对任意常数 a.

28. 线性函数的连续性 证明 定理 2.2: 对常数 m 和 b, 如果 $f(x)=mx+b$, 则 $\lim\limits_{x\to a}f(x)=ma+b$. (*提示:* 对给定的 $\varepsilon>0$, 令 $\delta=\varepsilon/|m|$.) 解释为什么这个结论蕴含线性函数是连续的.

29～32. 无穷极限的证明 用无穷极限的严格定义证明下列极限.

29. $\lim\limits_{x\to 4}\dfrac{1}{(x-4)^2}=\infty$.

30. $\lim\limits_{x\to -1}\dfrac{1}{(x+1)^4}=\infty$.

31. $\lim\limits_{x\to 0}\left(\dfrac{1}{x^2}+1\right)=\infty$.

32. $\lim\limits_{x\to 0}\left(\dfrac{1}{x^4}-\sin x\right)=\infty$.

深入探究

33. 解释为什么是, 或不是 判断下列命题是否正确, 并说明理由或举出反例.

设 a 和 L 是有限数, 且 $\lim\limits_{x\to a}f(x)=L$.

a. 对给定的 $\varepsilon>0$, 存在 $\delta>0$ 使得当 $0<|x-a|<\delta$ 时, 有 $|f(x)-L|<\varepsilon$.

b. 极限 $\lim\limits_{x\to a}f(x)=L$ 表示对于任意给定的 $\delta>0$, 总可以找到 $\varepsilon>0$ 使得当 $0<|x-a|<\delta$ 时, 有 $|f(x)-L|<\varepsilon$.

c. 极限 $\lim\limits_{x\to a}f(x)=L$ 表示对于任意给定的 $\varepsilon>0$, 总可以找到 $\delta>0$ 使得当 $0<|x-a|<\delta$ 时, 有 $|f(x)-L|<\varepsilon$.

d. 如果 $|x-a|<\delta$, 则 $a-\delta<x<a+\delta$.

34. 代数方法求 δ 设 $f(x)=x^2-2x+3$.

a. 对 $\varepsilon=0.25$, 求 $\delta>0$ 的对应值满足命题

$$|f(x)-2|<\varepsilon,\quad 当\quad 0<|x-1|<\delta\ 时.$$

b. 验证 $\lim\limits_{x\to 1}f(x)=2$. 对任意 $\varepsilon>0$, 求 $\delta>0$ 的对应值满足命题

$$|f(x)-2|<\delta,\quad 当\quad 0<|x-1|<\delta\ 时.$$

35～38. 有挑战性的极限证明 用极限定义证明下列结论.

35. $\lim\limits_{x\to 3}\dfrac{1}{x}=\dfrac{1}{3}$ (*提示:* 当 $x\to 3$ 时, x 与 3 的距离逐渐小于 1. 由假设 $|x-3|<1$ 开始, 并证明 $\dfrac{1}{|x|}<\dfrac{1}{2}$.)

36. $\lim\limits_{x\to 4}\dfrac{x-4}{\sqrt{x}-2}=4$ (*提示:* 用 $\sqrt{x}+2$ 乘分子和分母.)

37. $\lim\limits_{x\to 1/10}\dfrac{1}{x}=10$ (*提示:* 为求 δ, 需要限制 x 离 0 远一些. 于是令 $\left|x-\dfrac{1}{10}\right|<\dfrac{1}{20}$.)

38. $\lim\limits_{x\to 5}\dfrac{1}{x^2}=\dfrac{1}{25}$.

39～43. 左极限和右极限的严格定义 使用下列定义. 假设 f 对 a 附近且 $x>a$ 的所有 x 存在. 如果对任意 $\varepsilon>0$, 存在 $\delta>0$ 使得

$$|f(x)-L|<\varepsilon,\quad 当\quad 0<x-a<\delta\ 时,$$

则称当 x 从左边趋于 L 时, $f(x)$ 的极限是 L, 记为 $\lim\limits_{x\to a^+}f(x)=L$. 假设 f 对 a 附近且 $x<a$ 的所有 x 存在. 如果对任意 $\varepsilon>0$, 存在 $\delta>0$ 使得

$$|f(x)-L|<\varepsilon,\quad 当\quad 0<a-x<\delta\ 时,$$

则称当 x 从左边趋于 L 时, $f(x)$ 的极限是 L, 记为 $\lim\limits_{x\to a^-} f(x)=L$.

39. 比较定义 为什么 $\lim\limits_{x\to a} f(x)=L$ 的定义中的不等式 $0<|x-a|<\delta$ 被替换为 $\lim\limits_{x\to a^+} f(x)=L$ 的定义中的 $0<x-a<\delta$?

40. 比较定义 为什么 $\lim\limits_{x\to a} f(x)=L$ 的定义中的不等式 $0<|x-a|<\delta$ 被替换为 $\lim\limits_{x\to a^-} f(x)=L$ 的定义中的 $0<a-x<\delta$?

41. 单边极限的证明 证明下列极限, 其中

$$f(x)=\begin{cases}3x-4, & x<0\\ 2x-4, & x\geqslant 0\end{cases}.$$

a. $\lim\limits_{x\to 0^+} f(x)=-4$. **b.** $\lim\limits_{x\to 0^-} f(x)=-4$.
c. $\lim\limits_{x\to 0} f(x)=-4$.

42. 由图像确定 δ 的值 图中函数 f 的图像满足 $\lim\limits_{x\to 2^+} f(x)=0$, $\lim\limits_{x\to 2^-} f(x)=1$. 确定 $\delta>0$ 的值以满足每个命题.

a. $|f(x)-0|<2$, 当 $0<x-2<\delta$ 时.
b. $|f(x)-0|<1$, 当 $0<x-2<\delta$ 时.
c. $|f(x)-1|<2$, 当 $0<2-x<\delta$ 时.
d. $|f(x)-1|<1$, 当 $0<2-x<\delta$ 时.

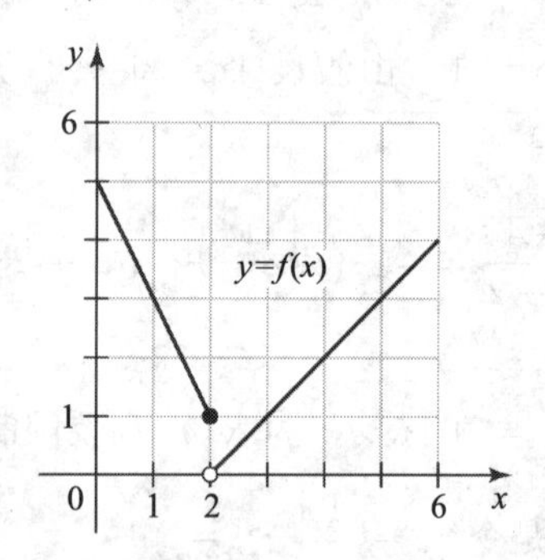

43. 单边极限的证明 证明 $\lim\limits_{x\to 0^+}\sqrt{x}=0$.

附加练习

44. 单边极限与双边极限的关系 通过证明下列命题建立事实: $\lim\limits_{x\to a} f(x)=L$ 当且仅当 $\lim\limits_{x\to a^-} f(x)=L$ 且 $\lim\limits_{x\to a^+} f(x)=L$.

a. 如果 $\lim\limits_{x\to a^-} f(x)=L$ 且 $\lim\limits_{x\to a^+} f(x)=L$, 则 $\lim\limits_{x\to a} f(x)=L$.

b. 如果 $\lim\limits_{x\to a} f(x)=L$, 则 $\lim\limits_{x\to a^-} f(x)=L$ 且 $\lim\limits_{x\to a^+} f(x)=L$.

45. 单边无穷极限的定义 如果对每一个负数 N, 存在 $\delta>0$ 使得

$$f(x)<N,\quad 当\quad a<x<a+\delta 时,$$

我们就说 $\lim\limits_{x\to a^+} f(x)=-\infty$.

a. 写出类似的 $\lim\limits_{x\to a^+} f(x)=\infty$ 的正式定义.
b. 写出类似的 $\lim\limits_{x\to a^-} f(x)=-\infty$ 的正式定义.
c. 写出类似的 $\lim\limits_{x\to a^-} f(x)=\infty$ 的正式定义.

46～47 单边无穷极限 应用习题 45 中的定义证明下列无穷极限.

46. $\lim\limits_{x\to 1^+}\dfrac{1}{1-x}=-\infty$.

47. $\lim\limits_{x\to 1^-}\dfrac{1}{1-x}=\infty$.

48～49 无穷极限的定义 如果对每一个负数 N, 存在 $\delta>0$ 使得

$$f(x)<M,\quad 当\quad 0<|x-a|<\delta 时,$$

我们就说 $\lim\limits_{x\to a} f(x)=-\infty$. 用此定义证明下列命题.

48. $\lim\limits_{x\to 1}\dfrac{-2}{(x-1)^2}=-\infty$.

49. $\lim\limits_{x\to -2}\dfrac{-10}{(x+2)^4}=-\infty$.

50～51 无穷远处极限的定义 无穷远处极限 $\lim\limits_{x\to\infty} f(x)=L$ 表示对任意 $\varepsilon>0$, 存在 $N>0$ 使得

$$|f(x)-L|<\varepsilon,\quad 当\quad x>N 时.$$

用此定义证明下列命题.

50. $\lim\limits_{x\to\infty}\dfrac{10}{x}=0$.

51. $\lim\limits_{x\to\infty}\dfrac{2x+1}{x}=2$.

52～53 无穷远处的无穷极限的定义 如果对每一个正数 M, 存在 $N>0$ 使得

$$f(x)>M,\quad 当\quad x>N 时,$$

我们就称 $\lim\limits_{x\to\infty} f(x)=\infty$. 用此定义证明下列命题.

52. $\lim\limits_{x\to\infty}\dfrac{x}{100}=\infty$.

53. $\lim\limits_{x\to\infty}\dfrac{x^2+x}{x}=\infty$.

54. 挤压定理的证明 设除了可能的 a 外, 对 a 附近的所有 x, 函数 f,g 和 h 满足不等式 $f(x)\leqslant g(x)\leqslant h(x)$. 证明如果 $\lim\limits_{x\to a} f(x)=\lim\limits_{x\to a} h(x)=L$, 则 $\lim\limits_{x\to a} g(x)=L$.

55. 极限的证明 设除了可能的 a 外, f 对 a 附近的全体 x 有定义. 对每一个整数 $N>0$, 存在

一个整数 $M>0$ 使得只要 $|x-a|<1/M$，就有 $|f(x)-L|<1/N$. 用极限的严格定义证明 $\lim_{x\to a} f(x)=L$.

56～58. $\lim_{x\to a} f(x)\neq L$ **的证明** 应用下面极限不存在的定义. 设除了可能的 a 外，f 对 a 附近的全体 x 有定义. 如果对某些 $\varepsilon>0$，不存在 $\delta>0$ 满足条件

$$|f(x)-L|<\varepsilon,\quad 当\quad 0<|x-a|<\delta 时,$$

我们就称 $\lim_{x\to a} f(x)\neq L$.

56. 对下面函数，$\lim_{x\to 2} f(x)\neq 3$. 求 $\varepsilon>0$ 的值以满足极限不存在的条件.

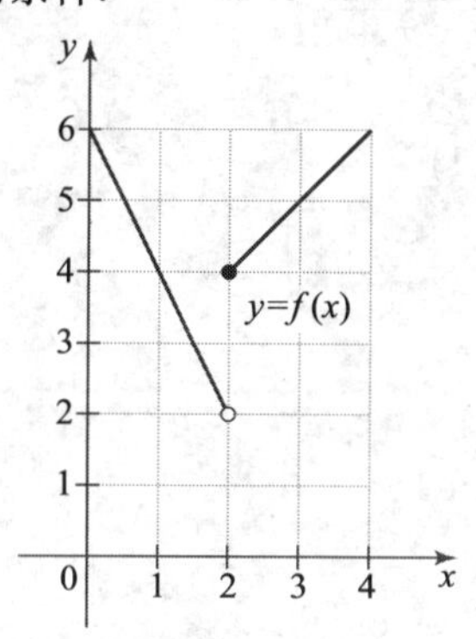

57. 证明 $\lim_{x\to 0}\frac{|x|}{x}$ 不存在.

58. 设

$$f(x)=\begin{cases}0, & x 是有理数\\ 1, & x 是无理数\end{cases}.$$

证明对 a 的任意取值，$\lim_{x\to a} f(x)$ 不存在.（提示：假设对某些 a 和 L 的取值，$\lim_{x\to a} f(x)=L$. 取 $\varepsilon=\frac{1}{2}$.）

59. 连续性的证明 设 f 在 a 处连续且 $f(a)>0$. 证明存在一个正数 $\delta>0$，对 $(a-\delta,a+\delta)$ 内的所有 x，$f(x)>0$.（换句话说，对充分接近 a 的所有 x，$f(x)$ 为正.）

迅速核查　答案

1. $\delta=\frac{1}{50}$ 或更小.
2. $\delta=0.62$ 或更小.
3. δ 下降，下降因子（至少）为 $\sqrt{100}=10$.

第2章　总复习题

1. 解释为什么是，或不是 判断下列命题是否正确，并说明理由或举出反例.

a. 有理函数 $\frac{x-1}{x^2-1}$ 在 $x=-1$ 和 $x=1$ 处有垂直渐近线.

b. 数值法或图像法总可以给出 $\lim_{x\to a} f(x)$ 的好估计.

c. 若极限存在，$\lim_{x\to a} f(x)$ 的值由 $f(a)$ 求得.

d. 如果 $\lim_{x\to a} f(x)=\infty$ 或 $\lim_{x\to a} f(x)=-\infty$，则 $\lim_{x\to a} f(x)$ 不存在.

e. 如果 $\lim_{x\to a} f(x)$ 不存在，则 $\lim_{x\to a} f(x)=\infty$ 或 $\lim_{x\to a} f(x)=-\infty$.

f. 如果函数在区间 (a,b) 和 $[b,c)$ 上连续，其中 $a<b<c$，则函数在 (a,c) 上也连续.

g. 如果 $\lim_{x\to a} f(x)$ 可以用直接代入法计算，则 $f(x)$ 在 $x=a$ 处连续.

2. 图像法估计极限 可能的话，用图中 f 的图像求下列极限.

a. $f(-1)$.　b. $\lim_{x\to -1^-} f(x)$.　c. $\lim_{x\to -1^+} f(x)$.

d. $\lim_{x\to -1} f(x)$　e. $f(1)$.　f. $\lim_{x\to 1} f(x)$.

g. $\lim_{x\to 2} f(x)$.　h. $\lim_{x\to 3^-} f(x)$.　i. $\lim_{x\to 3^+} f(x)$.

j. $\lim_{x\to 3} f(x)$.

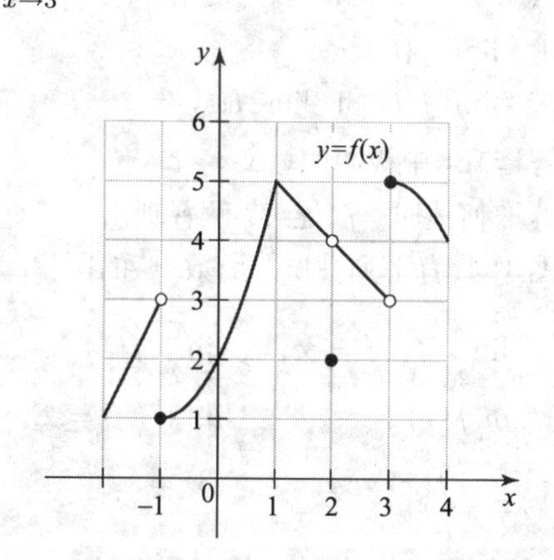

3. 间断点 用图中 f 的图像确定区间 $(-3,5)$ 内的 x 使得 f 在该点处不连续. 用连续性检验清单证明结果.

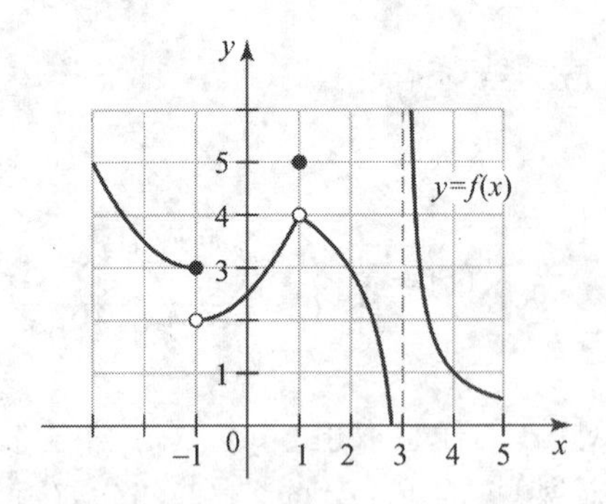

4. 图像法和分析法计算极限

a. 作 $y=\dfrac{\sin 2\theta}{\sin\theta}$ 的图像. 指出图像中的任何不确切之处并作一个准确的图像.

b. 用 (a) 中的图像估计 $\lim\limits_{\theta\to 0}\dfrac{\sin 2\theta}{\sin\theta}$.

c. 用三角恒等式 $\sin 2\theta = 2\sin\theta\cos\theta$ 解析地计算 $\lim\limits_{\theta\to 0}\dfrac{\sin 2\theta}{\sin\theta}$ 的值, 由此验证 (b) 中的结论.

5. 数值法和分析法计算极限

a. 作一个当 x 趋于 $\pi/4$ 时, $\dfrac{\cos 2x}{\cos x-\sin x}$ 的取值表, 并估计 $\lim\limits_{x\to\pi/4}\dfrac{\cos 2x}{\cos x-\sin x}$ 的值, 精确到四位有效数字.

b. 用解析法求 $\lim\limits_{x\to\pi/4}\dfrac{\cos 2x}{\cos x-\sin x}$ 的值.

6. 长途电话费 设长途电话的费用是第一分钟 (或第一分钟的任意部分) \$0.75, 每增加一分钟 (或一分钟的任意部分) 增加 \$0.10.

a. 用 $f(t)$ 表示在电话上谈 t 分钟的成本. 作函数 $c=f(t)$ 的图像, $0\leqslant t\leqslant 5$.

b. 求 $\lim\limits_{t\to 2.9} f(t)$.

c. 求 $\lim\limits_{t\to 3^-} f(t)$ 和 $\lim\limits_{t\to 3^+} f(t)$.

d. 解释 (c) 中极限的意义.

e. t 取何值时, f 连续? 解释理由.

7. 作草图 作具有下列性质的函数 f 的图像.

$$\lim_{x\to -2^-} f(x)=\infty,\quad \lim_{x\to -2^+} f(x)=-\infty,$$
$$\lim_{x\to 0} f(x)=\infty,\quad \lim_{x\to 3^-} f(x)=2,$$
$$\lim_{x\to 3^+} f(x)=4,\quad f(3)=1.$$

8～21. 计算极限 用解析法计算下列极限.

8. $\lim\limits_{x\to 1\,000} 18\pi^2$.

9. $\lim\limits_{x\to 1}\sqrt{5x+6}$.

10. $\lim\limits_{h\to 0}\dfrac{\sqrt{5x+5h}-\sqrt{5x}}{h}$, 其中 x 为常数.

11. $\lim\limits_{x\to 1}\dfrac{x^3-7x^2+12x}{4-x}$.

12. $\lim\limits_{x\to 4}\dfrac{x^3-7x^2+12x}{4-x}$.

13. $\lim\limits_{x\to 1}\dfrac{1-x^2}{x^2-8x+7}$.

14. $\lim\limits_{x\to 3}\dfrac{\sqrt{3x+16}-5}{x-3}$.

15. $\lim\limits_{x\to 3}\dfrac{1}{x-3}\left(\dfrac{1}{\sqrt{x+1}}-\dfrac{1}{2}\right)$.

16. $\lim\limits_{t\to 1/3}\dfrac{t-1/3}{(3t-1)^2}$.

17. $\lim\limits_{x\to 3}\dfrac{x^4-81}{x-3}$.

18. $\lim\limits_{p\to 1}\dfrac{p^5-1}{p-1}$.

19. $\lim\limits_{x\to 81}\dfrac{\sqrt[4]{x}-3}{x-81}$.

20. $\lim\limits_{\theta\to\pi/4}\dfrac{\sin^2\theta-\cos^2\theta}{\sin\theta-\cos\theta}$.

21. $\lim\limits_{x\to\pi/2}\dfrac{\dfrac{1}{\sqrt{\sin x}}-1}{x+\pi/2}$.

22. 单边极限 计算 $\lim\limits_{x\to 1^+}\sqrt{\dfrac{x-1}{x-3}}$ 和 $\lim\limits_{x\to 1^-}\sqrt{\dfrac{x-1}{x-3}}$.

23. 应用挤压定理

a. 用绘图工具解释在 $[-1,1]$ 上的不等式

$$\cos x\leqslant\frac{\sin x}{x}\leqslant\frac{1}{\cos x}.$$

b. 用 (a) 和挤压定理解释为什么

$$\lim_{x\to 0}\frac{\sin x}{x}=1.$$

24. 应用挤压定理 假设函数 g 对 0 附近的 x 满足不等式 $1\leqslant g(x)\leqslant \sin^2 x+1$. 用挤压定理求 $\lim\limits_{x\to 0} g(x)$.

25～29. 求无穷极限 计算下列无穷极限或指出无穷极限不存在.

25. $\lim\limits_{x\to 5}\dfrac{x-7}{x(x-5)^2}$.

26. $\lim\limits_{x\to -5^+}\dfrac{x-5}{x+5}$.

27. $\lim\limits_{x\to 3^-}\dfrac{x-4}{x^2-3x}$.

28. $\lim\limits_{u\to 0^+}\dfrac{u-1}{\sin u}$.

29. $\lim\limits_{x\to 0^-}\dfrac{2}{\tan x}$.

30. **求垂直渐近线** 设 $f(x)=\dfrac{x^2-5x+6}{x^2-2x}$.

  a. 计算 $\lim\limits_{x\to 0^-}f(x)$, $\lim\limits_{x\to 0^+}f(x)$, $\lim\limits_{x\to 2^-}f(x)$ 和 $\lim\limits_{x\to 2^+}f(x)$.

  b. f 的图像有垂直渐近线吗? 解释理由.

  c. 用绘图工具作 f 的图像, 然后用纸和笔作草图, 改正绘图工具产生的错误.

31～36. 无穷远处极限 计算下列极限或指出极限不存在.

31. $\lim\limits_{x\to\infty}\dfrac{2x-3}{4x+10}$.

32. $\lim\limits_{x\to\infty}\dfrac{x^4-1}{x^5+2}$.

33. $\lim\limits_{x\to -\infty}(-3x^3+5)$.

34. $\lim\limits_{x\to\infty}\dfrac{x}{\sqrt{4x^2+1}}$.

35. $\lim\limits_{x\to\infty}\dfrac{\sqrt{25x^2+8}}{x+2}$.

36. $\lim\limits_{r\to\infty}\dfrac{1}{\cos r+1}$.

37～40. 末端性状 确定下列函数的末端性状.

37. $f(x)=\dfrac{4x^3+1}{1-x^3}$.

38. $f(x)=\dfrac{x+1}{\sqrt{9x^2+x}}$.

39. $f(x)=\dfrac{12x^2}{\sqrt{16x^4+7}}$.

40. $f(x)=\sqrt[3]{\dfrac{8x+1}{x-3}}$.

41～42. 垂直渐近线与水平渐近线 求下列函数的所有垂直渐近线与水平渐近线.

41. $f(x)=\dfrac{x^2-x}{x^2-1}$.

42. $f(x)=\dfrac{2x^2+6}{2x^2+3x-2}$.

43～46. 在一点处的连续性 确定下列函数在 $x=a$ 处是否连续, 并用连续性检验清单证明答案.

43. $f(x)=\dfrac{1}{x-5}$; $a=5$.

44. $g(x)=\begin{cases}\dfrac{x^2-16}{x-4}, & x\neq 4\\ 9, & x=4\end{cases}$; $a=4$.

45. $h(x)=\sqrt{x^2-9}$; $a=3$.

46. $g(x)=\begin{cases}\dfrac{x^2-16}{x-4}, & x\neq 4\\ 8, & x=4\end{cases}$; $a=4$.

47～50. 区间上的连续性 求下列函数的连续区间. 明确指出在端点处的右连续性或左连续性.

47. $f(x)=\sqrt{x^2-5}$.

48. $g(x)=\sqrt{x^2-5x+6}$.

49. $h(x)=\dfrac{2x}{x^3-25x}$.

50. $g(x)=\cos\sqrt{x}$.

51. **确定未知常数** 设

$$g(x)=\begin{cases}5x-2, & x<1\\ a, & x=1\\ ax^2+bx, & x>1\end{cases}.$$

确定 a 与 b 的值使 g 在 $x=1$ 处连续.

52. **左连续性和右连续性**

  a. $h(x)=\sqrt{x^2-9}$ 在 $x=3$ 处左连续吗? 解释理由.

  b. $h(x)=\sqrt{x^2-9}$ 在 $x=3$ 处右连续吗? 解释理由.

53. **作草图** 一个函数在 $(0,1]$ 和 $(1,2)$ 上连续, 但在 $(0,2)$ 上不连续, 作此函数的图像.

54. **介值定理**

  a. 应用介值定理证明方程 $x^5+7x+5=0$ 在区间 $(-1,0)$ 内有解.

  b. 用求根工具求 $x^5+7x+5=0$ 在 $(-1,0)$ 内的解.

55. **可变的矩形** 想象一个矩形集合, 其中矩形的长为 x、宽为 y、面积为 $xy=100$.

  a. 证明在此集合中长为 x 的矩形周长为 $P(x)=2x+200/x$, 其中 $x>0$.

  b. 应用介值定理证明至少存在一个矩形有 $2\leqslant x\leqslant 30$ 且周长为 50.

  c. 估计周长为 50 的矩形的长.

  d. 此集合中存在周长为 30 的矩形吗? 解释理由.

  e. 估计此集合中周长最短的矩形的大小.

56. **极限证明** 给出 $\lim\limits_{x\to 1}(5x-2)=3$ 的正式证明.

57. 极限证明 给出 $\lim_{x \to 5} \frac{x^2-25}{x-5} = 10$ 的正式证明.

58. 极限证明

a. 设对 a 附近的所有 x，$|f(x)| \leqslant L$，且 $\lim_{x \to a} g(x) = 0$. 给出 $\lim_{x \to a}[f(x)g(x)] = 0$ 的正式证明.

b. 求一个函数 $f(x)$ 使得 $\lim_{x \to 2}[f(x)(x-2)] \neq 0$. 为什么这没有违背 (a) 中的结果?

c. 赫维赛德函数定义为

$$H(x) = \begin{cases} 0, & x < 0 \\ 1, & x \geqslant 0 \end{cases}.$$

解释为什么 $\lim_{x \to 0}[xH(x)] = 0$.

59. 无穷极限证明 给出 $\lim_{x \to 2} \frac{1}{(x-2)^4} = \infty$ 的正式证明.

第3章　导　　数

本章概要　现在我们熟悉了极限, 通往微积分的大门就已经打开. 第一个任务是介绍导数的基本概念. 设 f 表示一个我们感兴趣的量, 如生产某个产品的可变成本、一个国家的人口总数或轨道卫星的位置等. f 的导数是另一个函数, 记为 f'. 它给出了曲线 $y=f(x)$ 变化的斜率, 等价地, 给出了 f 在其定义域内各点处的*瞬时变化率*. 我们不仅用极限定义导数, 而且用极限推导求导数的高效运算法则. 依我们引入导数的方法, 导数的应用是无止境的, 这是因为我们身边几乎每一件事情都处在变化的状态, 而导数就是解释变化的.

3.1　导数的概念

在这节中, 我们回到在第 2 章开始时介绍的求曲线切线斜率的问题. 这个概念是重要的, 有以下几个原因.

- 我们把切线的斜率等同于函数的瞬时变化率 (见图 3.1).
- 沿曲线变化的切线斜率是称为导数的新函数之值.
- 如果一条曲线表示运动物体的轨道, 则曲线在一点处的切线指出了物体该点处的运动方向 (见图 3.2).

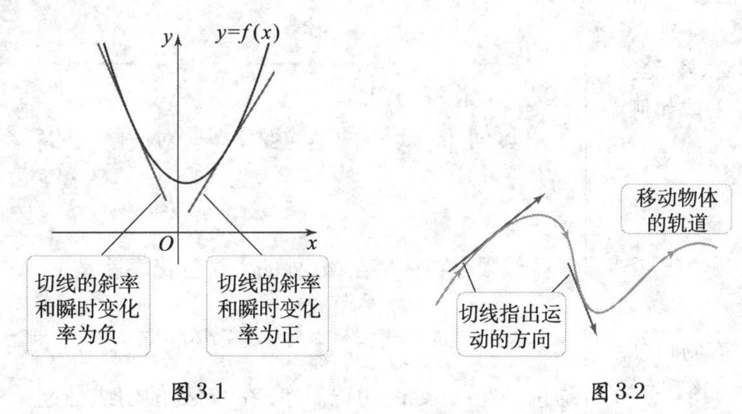

图 3.1　　图 3.2

在 2.1 节中, 我们已经给出了切线的直观定义, 并用数值法估计其斜率. 现在把这些思想精确化.

切线与变化率

考虑曲线 $y=f(x)$ 与连接点 $P(a,f(a))$ 和 $Q(x,f(x))$ 的割线 (见图 3.3). 当 x 的变化为 $x-a$ 时, 在区间 $[a,x]$ 上 f 值的变化是差 $f(x)-f(a)$. 如同第 2 章所讨论的一样,

割线 $\overleftrightarrow{PQ}$ 的斜率为

$$m_{\sec} = \frac{f(x) - f(a)}{x - a},$$

它给出了 f 在区间 $[a, x]$ 上的**平均变化率**.

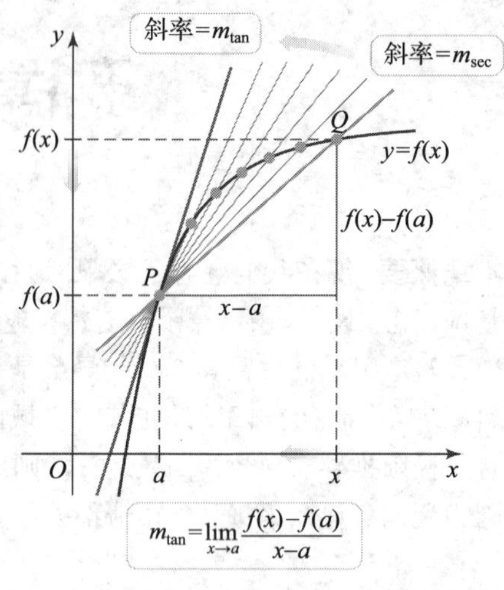

图 3.3

图 3.3 假设 $x > a$. 对 $x < a$ 可以作类似的图像与讨论.

图 3.3 也显示了当变点 x 趋于定点 a 时所发生的事情. 在适当的条件下, 割线斜率 $m_{\sec}$ 趋于一个唯一数 $m_{\tan}$, 我们称之为*切线的斜率*, 即

$$m_{\tan} = \lim_{x \to a} \frac{f(x) - f(a)}{x - a}.$$

割线本身趋于一条唯一直线, 这条直线与曲线交于 P 且斜率为 $m_{\tan}$, 它是在 a 处的*切线*. 切线的斜率也称为 f 在 a 处的**瞬时变化率**, 因为它度量 f 在 a 处变化的快慢. 把这些观察总结如下.

迅速核查 1. 作函数 f 在点 a 附近的草图. 如图 3.3 所示, 对 $x < a$ 画过 $(a, f(a))$ 和邻点 $(x, f(x))$ 的割线. 显示当 x 趋于 a 时, 割线如何趋于切线. ◄

定义　变化率与切线

f 在区间 $[a, x]$ 上的**平均变化率**是对应割线的斜率:

$$m_{\sec} = \frac{f(x) - f(a)}{x - a}.$$

只要极限存在, f 在 a 处的**瞬时变化率**就是

$$m_{\tan} = \lim_{x \to a} \frac{f(x) - f(a)}{x - a}, \tag{1}$$

这也是在 a 处的切线斜率. 在 a 处的切线是过 $(a, f(a))$ 且斜率为 $m_{\tan}$ 的唯一直线. 其方程为

$$y - f(a) = m_{\tan}(x - a).$$

如果 x 和 y 有物理单位, 那么平均变化率和瞬时变化率也有单位, 为 (y 的单位)/(x 的单位). 例如, 若 y 的单位是米, x 的单位是秒, 则变化率的单位是 m/s.

例 1　切线方程 设 $f(x) = -16x^2 + 96x$ (2.1 节中考虑的位置函数), 考虑曲线上的点 $P(1, 80)$.

a. 求 f 的图像在 P 点处的切线斜率.

b. 求 f 的图像在 P 点处的切线方程.

解

a. 应用切线斜率的定义于 $a=1$:

$$\begin{aligned} m_{\tan} &= \lim_{x\to 1}\frac{f(x)-f(1)}{x-1} && \text{(切线斜率的定义)}\\ &= \lim_{x\to 1}\frac{(-16x^2+96x)-80}{x-1} && (f(x)=-16x^2+96x;\ f(1)=80)\\ &= \lim_{x\to 1}\frac{-16(x-5)(x-1)}{x-1} && \text{(分子分解因式)}\\ &= -16\underbrace{\lim_{x\to 1}(x-5)}_{-4}=64 && \text{(约掉因子 (} x\neq 1 \text{) 并计算极限)} \end{aligned}$$

我们证明了在 2.1 节所作的猜想: $f(x)=-16x^2+96x$ 的图像在 $(1,80)$ 处的切线斜率为 64.

b. 过 $(1,80)$ 且斜率为 $m_{\tan}=64$ 的直线方程为 $y-80=64(x-1)$ 或 $y=64x+16$. 图 3.4 显示 f 及其在 $(1,80)$ 处切线的图像.

相关习题 11～16◂

迅速核查 2. 例 1 中, 在 $(2,128)$ 处的切线斜率大于还是小于在 $(1,80)$ 处的斜率? ◂

切线斜率的另一个公式对将来的工作是很有帮助的. 现在我们用 $(a,f(a))$ 和 $(a+h,f(a+h))$ 分别表示 P 和 Q 的坐标(见图 3.5). P 与 Q 的 x-坐标差是 $(a+h)-a=h$. 注意, 若 $h>0$, Q 在 P 的右边; 若 $h<0$, Q 在 P 的左边.

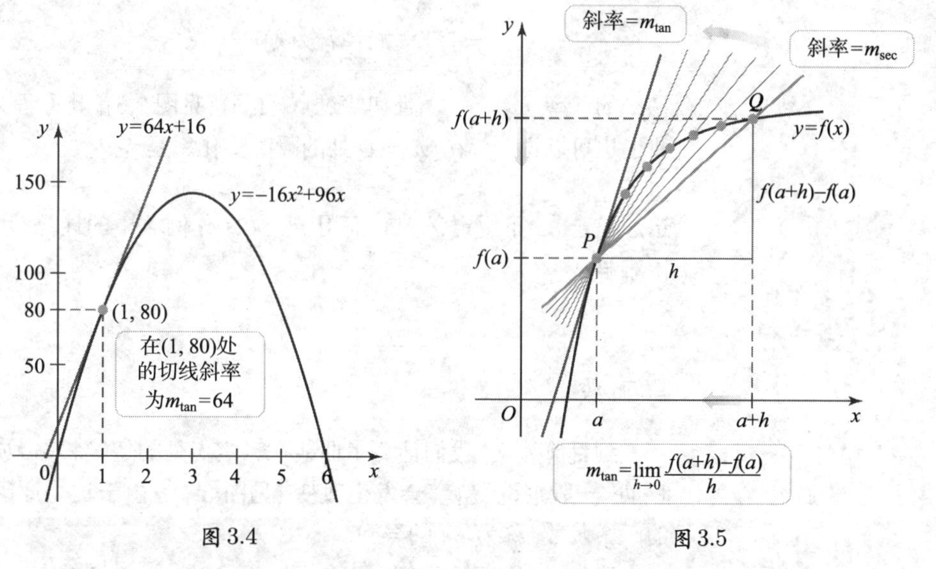

图 3.4　　图 3.5

用新的记号表示割线 $\overleftrightarrow{PQ}$ 的斜率为 $m_{\sec}=\dfrac{f(a+h)-f(a)}{h}$. 当 h 趋于 0 时, 变点 Q 趋于 P 且割线斜率趋于切线斜率. 所以, 在 $(a,f(a))$ 处的切线斜率为

$$m_{\tan}=\lim_{h\to 0}\frac{f(a+h)-f(a)}{h}.$$

这也是 f 在 a 处的瞬时变化率.

另一种定义 变化率与切线

f 在区间 $[a, a+h]$ 上的**平均变化率**是对应割线的斜率:

$$m_{\sec} = \frac{f(a+h)-f(a)}{h}.$$

只要极限存在, f 在 a 处的**瞬时变化率**就是

$$m_{\tan} = \lim_{h\to 0}\frac{f(a+h)-f(a)}{h}. \qquad (2),$$

这也是在 $(a, f(a))$ 处的**切线斜率**.

例 2　切线方程 求 $f(x)=x^3+4x$ 的图像在 $x=1$ 处的切线方程.

在此极限中, 注意 h 趋于 0 但 $h\neq 0$. 因此允许从 $\dfrac{h(h^2+3h+7)}{h}$ 的分子和分母中消去 h.

解　令定义 (2) 中的 $a=1$, 先计算 $f(1+h)$. 展开并合并同类项, 得

$$f(1+h)=(1+h)^3+4(1+h)=h^3+3h^2+7h+5.$$

替换 $f(1+h)$ 和 $f(1)=5$, 得切线斜率为

$$\begin{aligned}
m_{\tan} &= \lim_{h\to 0}\frac{f(1+h)-f(1)}{h} \qquad (m_{\tan}\text{ 的定义})\\
&= \lim_{h\to 0}\frac{(h^3+3h^2+7h+5)-5}{h} \qquad (\text{代入 } f(1+h) \text{ 和 } f(1)=5)\\
&= \lim_{h\to 0}\frac{h(h^2+3h+7)}{h} \qquad (\text{化简})\\
&= \lim_{h\to 0}(h^2+3h+7) \qquad (\text{消去 } h\text{, 注意 } h\neq 0)\\
&= 7. \qquad (\text{计算极限})
\end{aligned}$$

切线的斜率 $m_{\tan}=7$ 且切线过点 $(1,5)$ (见图 3.6); 其方程为 $y-5=7(x-1)$ 或 $y=7x-2$. 我们也可以说, f 在 $x=1$ 处的瞬时变化率是 7. *相关习题 17～22* ◀

迅速核查 3. 不用定义 (1), 而用定义 (2) 作例 2 中的计算. 用定义 (2) 作计算比用定义 (1) 更困难吗? ◀

导函数

到目前为止, 我们计算了曲线在一定点处的切线斜率. 如果这个点沿曲线移动, 切线也会移动; 一般来说, 斜率会发生改变 (见图 3.7). 由于这个原因, 函数 f 的切线斜率本身是 x 的一个函数, 称为 f 的**导数**.

我们用 f' 记 f 的导函数, 即 $f'(a)$ 是 f 的图像在 $(a, f(a))$ 处的切线斜率. 用切线斜率的定义 (2), 则

$$f'(a)=\lim_{h\to 0}\frac{f(a+h)-f(a)}{h}.$$

求 f' 的过程称为求导, 对 f 求导表示求 f'.

更一般地, $f'(x)$ 是在动点 $(x, f(x))$ 处的切线斜率 (或瞬时变化率). 用 x 代替 $f'(a)$ 的表达式中的 a, 便给出导函数的定义.

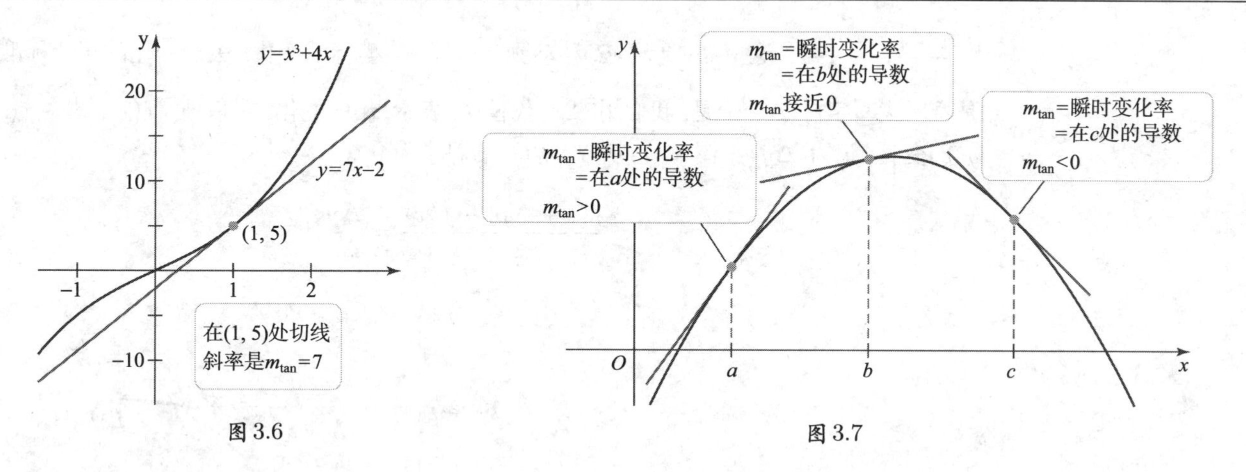

图 3.6　　图 3.7

正如切线的斜率有两个定义, f 在 a 处的导数也有下面的定义: 只要极限存在, $f'(a)=\lim\limits_{x\to a}\dfrac{f(x)-f(a)}{x-a}$.

定义　导数

只要下面极限存在, f 的**导数**就是函数

$$f'(x)=\lim_{h\to 0}\frac{f(x+h)-f(x)}{h},$$

如果 $f'(x)$ 存在, 我们就称 f 在 x 处**可微**(也称**可导**). 如果 f 在开区间 I 内的每个点处都可微, 我们就称 f 在 I 上可微 (可导).

例 3　曲线的斜率 再次考虑函数 $f(x)=-16x^2+96x$ (例 1) 并求其导数.

解

注意, 这个论证也适用于 $h>0$ 和 $h<0$, 即当 $h\to 0^+$ 时的极限与当 $h\to 0^-$ 时的极限相等.

$$\begin{aligned}
f'(x) &= \lim_{h\to 0}\frac{f(x+h)-f(x)}{h} && (f'(x)\text{的定义})\\
&= \lim_{h\to 0}\frac{\overbrace{-16(x+h)^2+96(x+h)}^{f(x+h)}-\overbrace{(-16x^2+96x)}^{f(x)}}{h} && (\text{代入})\\
&= \lim_{h\to 0}\frac{-16(x^2+2xh+h^2)+96x+96h+16x^2-96x}{h} && (\text{分子展开})\\
&= \lim_{h\to 0}\frac{h(-32x+96-16h)}{h} && (\text{化简并提取 } h)\\
&= \lim_{h\to 0}(-32x+96-16h)=-32x+96 && (\text{约去 } h\neq 0 \text{ 并计算极限})
\end{aligned}$$

导数为 $f'(x)=-32x+96$, 它给出了在曲线上任意点处的切线斜率 (等价地, 瞬时变化率). 例如, 在点 $(1,80)$ 处, 切线的斜率为 $f'(1)=-32(1)+96=64$, 证实了例 1 中的计算. 在 $(3,144)$ 处的切线斜率是 $f'(3)=-32(3)-96=0$, 表示在该点处的切线是水平线 (见图 3.8).

相关习题 23～32 ◂

迅速核查 4. 在例 3 中, 确定在 $x=2$ 处的切线斜率. ◂

导数的记号

由于历史的和实用的原因, 用多种记号表示导数. 为观察一种记号的起源, 回顾一下, 曲线 $y=f(x)$ 上两个点 $P(x,f(x))$ 和 $Q(x+h,f(x+h))$ 之间的割线 $\overleftrightarrow{PQ}$ 斜率是

$\dfrac{f(x+h)-f(x)}{h}$. 这里 h 是从 P 移动到 Q 时 x- 坐标的变化. 关于变化的一个标准记号是希腊大写字母 Δ. 于是, 我们用 Δx 代替 h 表示 x 的变化. 类似地, $f(x+h)-f(x)$ 是 y 的变化, 记为 Δy (见图 3.9). 所以, $\overleftrightarrow{PQ}$ 的斜率为

$$\frac{f(x+\Delta x)-f(x)}{\Delta x}=\frac{\Delta y}{\Delta x}.$$

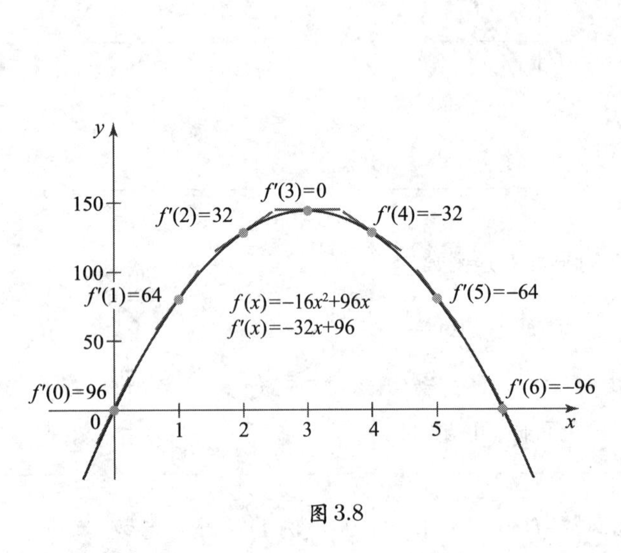

图 3.8

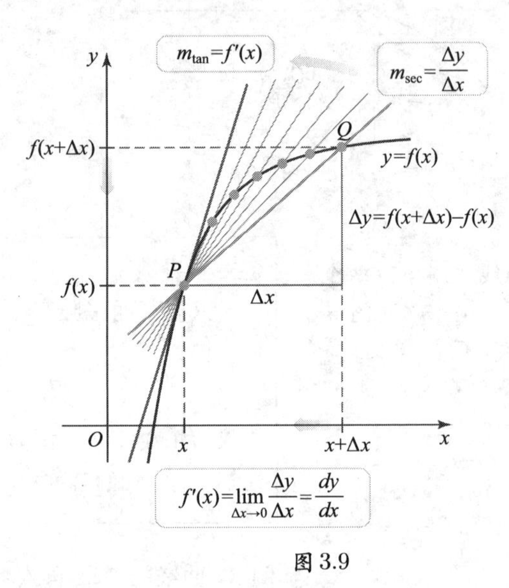

图 3.9

记号 $\dfrac{dy}{dx}$ 读作 y 对于 x 的导数或 $dydx$. $\dfrac{dy}{dx}$ 不表示 dy 除以 dx, 但提醒我们它是 $\Delta y/\Delta x$ 的极限.

令 $\Delta x\to 0$, 在 $(x,f(x))$ 处的切线斜率为

$$f'(x)=\lim_{\Delta x\to 0}\frac{f(x+\Delta x)-f(x)}{\Delta x}=\lim_{\Delta x\to 0}\frac{\Delta y}{\Delta x}=\frac{dy}{dx}.$$

导数的新记号为 $\dfrac{dy}{dx}$; 这个记号提醒我们 $f'(x)$ 是当 $\Delta x\to 0$ 时, $\dfrac{\Delta dy}{\Delta dx}$ 的极限.

除记号 $f'(x)$ 和 $\dfrac{dy}{dx}$ 外, 其他表示导数的常用方法包括

$$\frac{df}{dx},\quad \frac{d}{dx}(f(x)),\quad D_x(f(x)),\quad y'(x).$$

导数记号 dy/dx 由微积分的发明者之一莱布尼茨 (1646—1716) 引入. 他的原始记号一直沿用至今. 微积分的另一个发明者伊萨克・牛顿 (1642—1727) 所使用的记号现在已经不用了.

下面的每一种记号都表示 f 在 a 处的导数值.

$$f'(a),\quad y'(a),\quad \left.\frac{df}{dx}\right|_{x=a},\quad \left.\frac{dy}{dx}\right|_{x=a}.$$

迅速核查 5. 其他表示 $f'(3)$ 的方法是什么, 其中 $y=f(x)$? ◄

例 4 给出了教材中将会介绍的众多导数公式中的第一个:

$$\frac{d}{dx}(\sqrt{x})=\frac{1}{2\sqrt{x}}.$$

例 4　导数的计算 设 $y=f(x)=\sqrt{x}$.

a. 计算 $\dfrac{dy}{dx}$.

b. 求 f 的图像在 $(4,2)$ 处的切线方程.

解

a. $$\frac{dy}{dx}=\lim_{h\to 0}\frac{f(x+h)-f(x)}{h} \qquad \left(\frac{dy}{dx}=f'(x)\text{的定义}\right)$$

$$=\lim_{h\to 0}\frac{\sqrt{x+h}-\sqrt{x}}{h} \qquad (\text{代入}f(x)=\sqrt{x})$$

$$=\lim_{h\to 0}\frac{(\sqrt{x+h}-\sqrt{x})}{h}\frac{(\sqrt{x+h}+\sqrt{x})}{(\sqrt{x+h}+\sqrt{x})} \qquad (\text{分子和分母同乘以 }\sqrt{x+h}+\sqrt{x})$$

$$=\lim_{h\to 0}\frac{1}{\sqrt{x+h}+\sqrt{x}}=\frac{1}{2\sqrt{x}} \qquad (\text{化简并计算极限}).$$

b. 在 $x=4$ 处的切线斜率为

$$\left.\frac{dy}{dx}\right|_{x=4}=\frac{1}{2\sqrt{4}}=\frac{1}{4}.$$

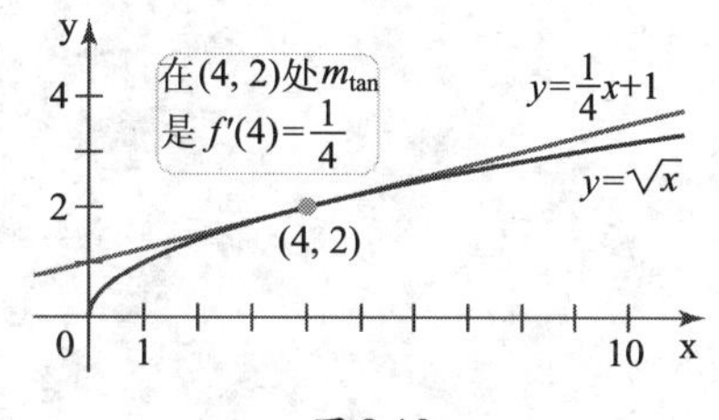

图 3.10

在 $(4,2)$ 处的切线斜率 $m=\dfrac{1}{4}$ (见图 3.10), 所以切线方程为 $y-2=\dfrac{1}{4}(x-4)$ 或 $y=\dfrac{1}{4}x+1$.

相关习题 33～34 ◀

迅速核查 6. 在例 4 中, 当 x 增大时, 切线的斜率增大还是减小? ◀

如果已知函数的变量不是 x 和 y, 我们可以调整导数的定义. 例如, 如果 $y=g(t)$, 则用 g 替换 f 并用 t 替换 x, 得到 g 关于 t 的导数:

$$g'(t)=\lim_{h\to 0}\frac{g(t+h)-g(t)}{h}.$$

迅速核查 7. 用三种方法表示 $p=q(r)$ 的导数. ◀

$g'(t)$ 的其他记号包括 $\dfrac{dg}{dt},\dfrac{d}{dt}(g(t)),D_t(g(t))$, $y'(t)$.

例 5 另一个导数的计算 设 $g(t)=1/t^2$. 计算 $g'(t)$.

解

$$g'(t)=\lim_{h\to 0}\frac{g(t+h)-g(t)}{h} \qquad (g'\text{ 的定义})$$

$$=\lim_{h\to 0}\frac{1}{h}\left[\frac{1}{(t+h)^2}-\frac{1}{t^2}\right] \qquad (\text{代入 } g(t)=1/t^2)$$

$$=\lim_{h\to 0}\frac{1}{h}\left[\frac{t^2-(t+h)^2}{t^2(t+h)^2}\right] \qquad (\text{通分})$$

$$=\lim_{h\to 0}\frac{1}{h}\left[\frac{-2ht-h^2}{t^2(t+h)^2}\right] \qquad (\text{展开分子, 化简})$$

$$=\lim_{h\to 0}\left[\frac{-2t-h}{t^2(t+h)^2}\right] \qquad (\text{消去 } h\neq 0)$$

$$=-\frac{2}{t^3}. \qquad (\text{计算极限})$$

相关习题 35～38 ◀

导数的图像

函数 f' 称为 f 的导数, 因为它由 f 导出. 下面例子说明如何由 f 的图像导出 f' 的图像.

例 6　导数的图像 由 f 的图像作 f' 的图像 (见图 3.11).

解　f 的图像由线段组成, 直线的切线就是直线本身. 所以, 对 $x<-2$, 曲线 $y=f(x)$ 的斜率为 -1; 即 $f'(x)=-1$, $x<-2$. 类似地, $f'(x)=1$, $-2<x<0$, 且 $f'(x)=-\dfrac{1}{2}$, $x>0$ (见图 3.12).

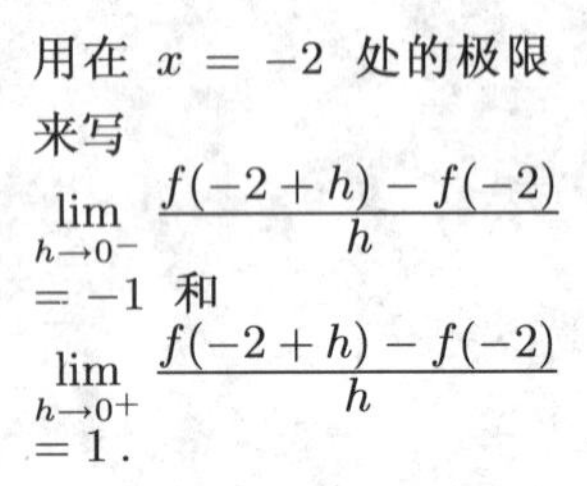

用在 $x=-2$ 处的极限来写 $\lim\limits_{h\to0^-}\dfrac{f(-2+h)-f(-2)}{h}=-1$ 和 $\lim\limits_{h\to0^+}\dfrac{f(-2+h)-f(-2)}{h}=1$. 单边极限不相等, 故 $f'(-2)$ 不存在. 在 $x=0$ 处类似的单边极限也不相等.

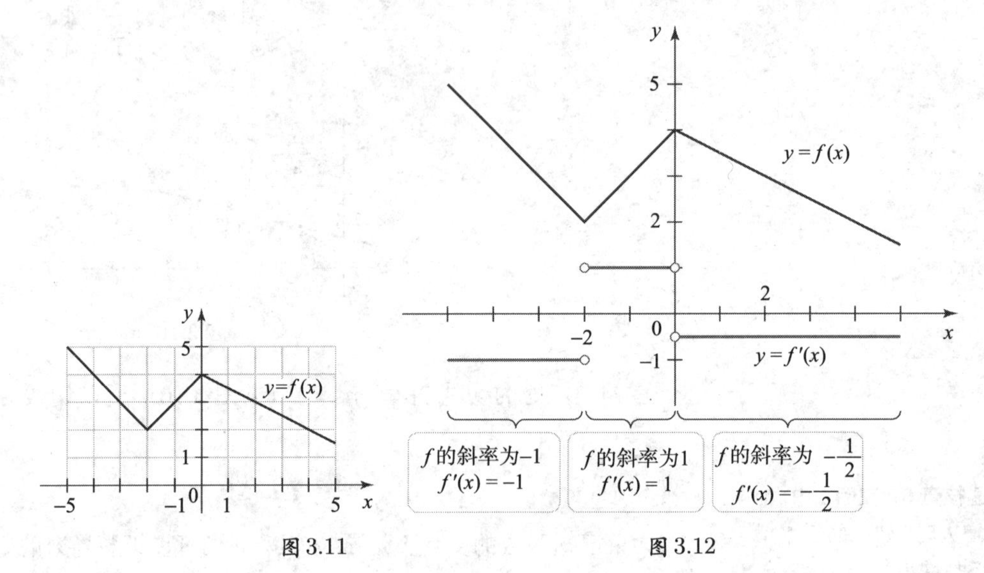

图 3.11　　　　图 3.12

注意, 切线的斜率在 $x=-2$ 和 $x=0$ 处突然改变. 故 $f'(-2)$ 和 $f'(0)$ 没有定义, 导数的图像在这两点不连续.

相关习题 39 ~ 44 ◀

迅速核查 8. 在例 6 中, 为什么 f' 的图像在 $x=-2$ 和 $x=0$ 处不连续? ◀

例 7　导数的图像 由 g 的图像作 g' 的图像 (见图 3.13).

图 3.13

解　由于没有 g 的方程, 我们所能做的就是找出 g' 图像的形状. 主要的结果如下.

1. 首先, g 的图像在 $x=-3,-1,1$ 处的切线斜率为 0. 所以,
$$g'(-3)=g'(-1)=g'(1)=0,$$
表示 g' 的图像在这些点处有 x- 截距 (见图 3.14).
2. 当 $x<-3$ 时, 切线的斜率为正, 且当 x 从左边趋于 -3 时, 下降到 0. 所以, 当 $x<-3$ 时, $g'(x)$ 为正, 且当 x 从左边趋于 -3 时, $g'(x)$ 递减到 0.
3. 当 $-3<x<-1$ 时, $g'(x)$ 为负, 且随 x 增大, $g'(x)$ 在开始时递减, 然后递增, 在 $x=-1$ 处回到 0. 当 $-1<x<1$ 时, $g'(x)$ 为正, 且随 x 增大, $g'(x)$ 在开始时递增, 然后递减, 在 $x=1$ 处回到 0.
4. 最后, 当 $x>1$ 时, $g'(x)$ 为负且递减. 因为 g 的斜率是逐渐变化的, 所以 g' 的图像是连续的, 没有跳跃或断裂.

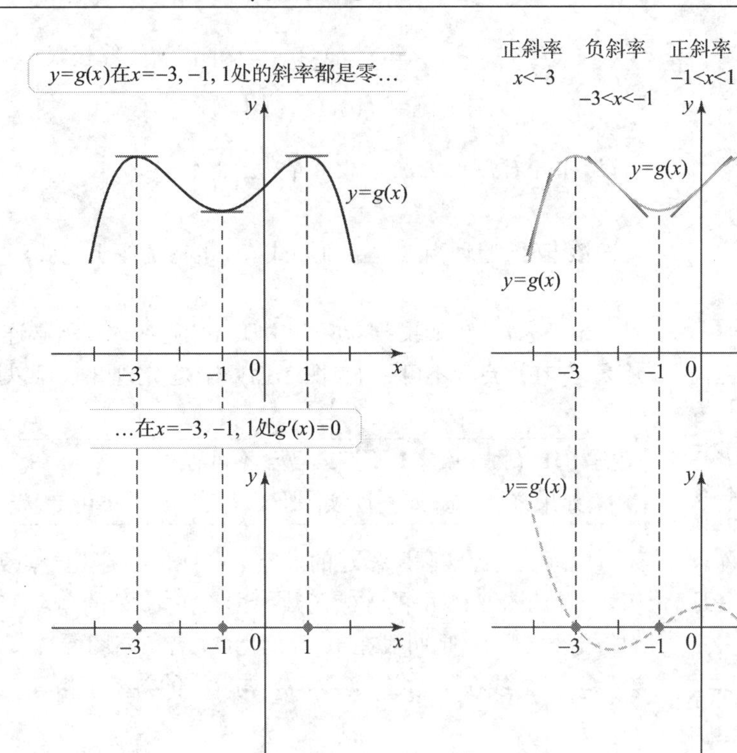

图 3.14

相关习题 39 ~ 44◀

连续性

现在我们回来讨论连续性 (2.6 节) 并研究连续与可导的关系. 特别地, 我们将证明如果函数在一点处可导, 那么函数在该点处也连续.

定理 3.1　可导蕴含连续

如果 f 在 a 处可导, 那么 f 在 a 处连续.

证明　假设 f 在点 a 处可导, 则

$$f'(a)=\lim_{x\to a}\frac{f(x)-f(a)}{x-a}$$

存在. 为证明 f 在 a 处连续, 我们必须证明 $\lim\limits_{x\to a}f(x)=f(a)$. 证明的关键是恒等式

表达式 (3) 是一个恒等式, 因为它对 $x\neq a$ 的所有值成立. 这可以通过消去 $x-a$ 并化简证明.

$$f(x)=\frac{f(x)-f(a)}{x-a}(x-a)+f(a),\quad x\neq a. \tag{3}$$

在式 (3) 的两边取 x 趋于 a 的极限, 得

$$\begin{aligned}\lim_{x\to a}f(x)&=\lim_{x\to a}\left[\frac{f(x)-f(a)}{x-a}(x-a)+f(a)\right] &&\text{(用恒等式)}\\&=\underbrace{\lim_{x\to a}\left(\frac{f(x)-f(a)}{x-a}\right)}_{f'(a)}\underbrace{\lim_{x\to a}(x-a)}_{0}+\underbrace{\lim_{x\to a}f(a)}_{f(a)} &&\text{(定理 2.3)}\end{aligned}$$

$$= f'(a)\cdot 0 + f(a) \qquad (\text{计算极限})$$
$$= f(a). \qquad (\text{化简})$$

所以, $\lim\limits_{x\to a} f(x) = f(a)$, 即 f 在 a 处连续. ◄

迅速核查 9. 验证当 $x \neq a$ 时, 式 (3) 的右边等于 $f(x)$. ◄

定理 3.1 的另一版本称为定理 3.1 的逆否命题. 一个命题与其逆否命题是同一命题的两个等价表达方式. 例如, 命题: 如果我住在丹佛, 那么我住在科罗拉多; 逻辑上等价于其逆否命题: 如果我不住在科罗拉多, 那么我不住在丹佛.

定理 3.1 说, 如果 f 在一点处可导, 则在该点处必连续. 所以, 如果 f 在一点处不连续, 那么 f 在这点处不可导 (见图 3.15). 于是 定理 3.1 可以用另一种方法叙述.

定理 3.1 (另一版本) 不连续蕴含不可导

如果 f 在 a 处不连续, 那么 f 在 a 处不可导.

为避免混淆连续性与可导性, 考虑函数 $f(x) = |x|$ 是有帮助的: 这个函数处处连续, 但在 $x = 0$ 处不可导.

定理 3.1 比实际所叙述的内容更多. 如果 f 在一点处连续, 则 f 不一定在该点处可导. 例如, 考虑图 3.16 中的连续函数并注意在 a 处的**角点**. 若忽略图像 $x > a$ 的部分, 诱使我们得出结论, ℓ_1 是曲线在 a 处的切线. 若忽略图像 $x < a$ 的部分, 我们可能错误地得出结论, ℓ_2 是曲线在 a 处的切线. ℓ_1 与 ℓ_2 的斜率不相等: 定义 f' 的极限在 a 处不存在.

连续性要求 $\lim\limits_{x\to a}(f(x) - f(a)) = 0$. 可导性则要求更多: $\lim\limits_{x\to a}\dfrac{f(x) - f(a)}{x - a}$ 必须存在.

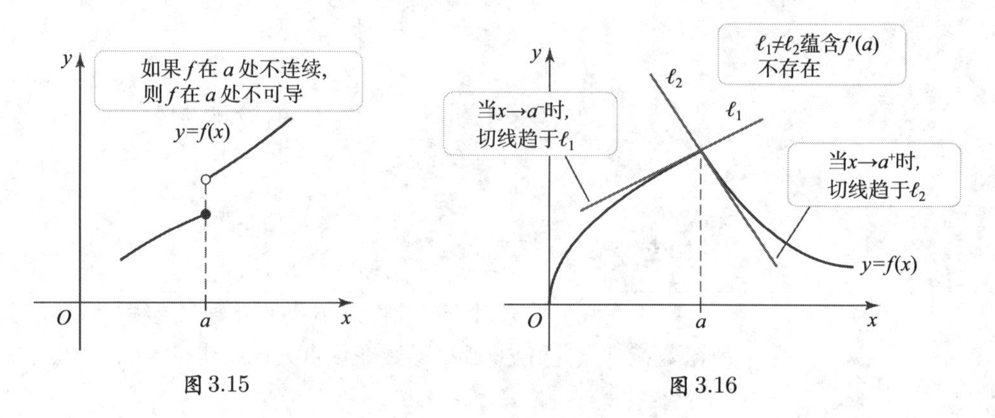

图 3.15　　图 3.16

另外一种常常出现的情况是 f 的图像在 a 处有垂直切线. 此时, $f'(a)$ 没有定义, 因为垂直线的斜率没有定义. 垂直切线可能出现在曲线的**尖点**处 (例如, 图 3.17(a) 中的函数 $f(x) = \sqrt{|x|}$). 在其他情况中, 垂直切线可能出现在非尖点处 (例如, 图 3.17(b) 中的函数 $f(x) = \sqrt[3]{x}$).

垂直切线的正式定义见习题 61 ~ 64.

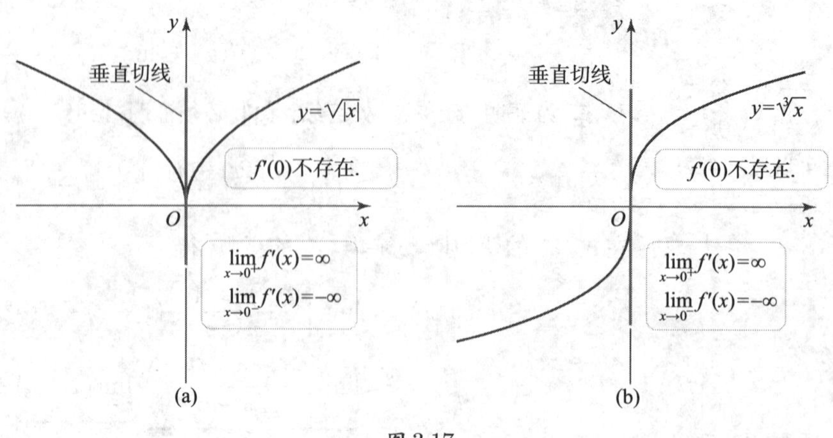

图 3.17

函数在一点处何时不可导?

如果函数 f 满足下列条件之一, 则 f 在 a 处不可导.

a. f 在 a 处不连续 (见图 3.15).

b. f 在 a 处有角点 (见图 3.16).

c. f 在 a 处有垂直切线 (见图 3.17).

例 8 连续与可导 考虑图 3.18 中 g 的图像.

a. 在区间 $(-4,4)$ 中求 x 的值使 g 在 x 处不连续.

b. 在区间 $(-4,4)$ 中求 x 的值使 g 在 x 处不可导.

c. 作 g 的导数图像.

解

a. 函数 g 在 $x=-2$ 处不连续 (单边极限不相等) 且在 $x=2$ 处也不连续 (g 在此处没有定义).

b. 因为 g 在 $x=\pm 2$ 处不连续, 所以 g 在这两点处不可导. 进一步, g 在 $x=0$ 处不可导, 因为其图像在此处有一个尖点.

c. 导数的草图 (见图 3.19) 有下列特征:

- $g'(x)>0,\ -4<x<-2$ 或 $0<x<2$.
- $g'(x)<0,\ -2<x<0$ 或 $2<x<4$.
- 当 $x\to 0^-$ 时, $g'(x)$ 趋于 $-\infty$; 当 $x\to 0^+$ 时, $g'(x)$ 趋于 ∞.
- 尽管 $g'(2)$ 不存在, 但当 $x\to 2$ (从两边) 时, $g'(x)$ 趋于 0.

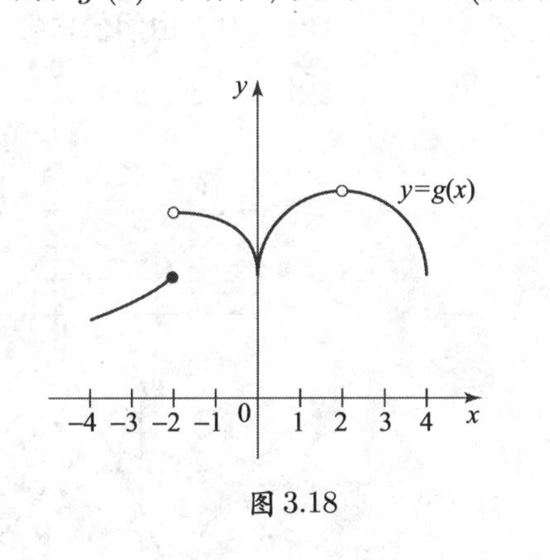

图 3.18

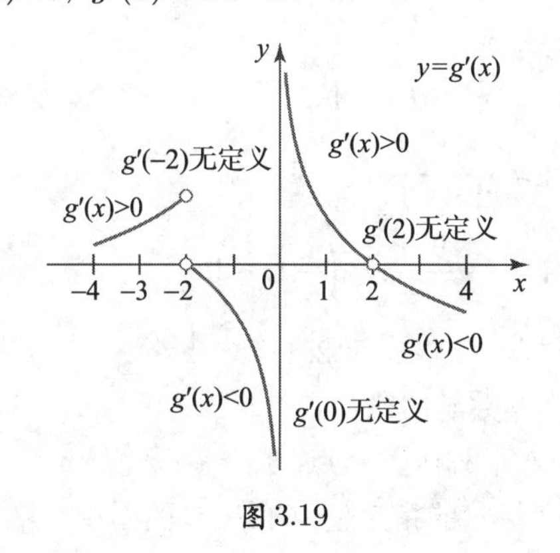

图 3.19

相关习题 45 ~ 46

3.1 节 习题

复习题

1. 用切线斜率的定义 (1) 解释割线斜率怎样趋于一点处的切线斜率.

2. 解释为什么割线斜率可以理解为平均变化率.

3. 解释为什么切线斜率可以理解为瞬时变化率.

4. 已知函数 f, f' 表示什么?

5. 已知函数 f 及其定义域中的一点 a, $f'(a)$ 表示什么?

6. 解释在一点处的切线斜率、瞬时变化率及导数值之间的关系.

7. 为什么用记号 $\dfrac{dy}{dx}$ 表示导数?

8. 如果 f 在 a 处可导, f 在 a 处必连续吗?

9. 如果 f 在 a 处连续, f 在 a 处必可导吗?

10. 写出表示 f 关于 x 的导数的三种不同记号.

基本技能

11～16. 用定义 (1) 求切线方程

a. 用定义 (1)(p.104) 求 f 的图像在 P 处的切线斜率.

b. 确定在 P 处的切线方程.

c. 画出 f 及其在 P 处切线的图像.

11. $f(x)=x^2-5; P(3,4)$.

12. $f(x)=-3x^2-5x+1; P(1,-7)$.

13. $f(x)=-5x+1; P(1,-4)$.

14. $f(x)=5; P(1,5)$.

15. $f(x)=\dfrac{1}{x}; P(-1,-1)$.

16. $f(x)=\dfrac{4}{x^2}; P(-1,4)$.

17～22. 用定义 (2) 求切线方程

a. 用定义 (2)(p.106) 求 f 的图像在 P 处的切线斜率.

b. 确定在 P 处的切线方程.

17. $f(x)=2x+1; P(0,1)$.

18. $f(x)=3x^2-4x; P(1,-1)$.

19. $f(x)=x^4; P(-1,1)$.

20. $f(x)=\dfrac{1}{2x+1}; P(0,1)$.

21. $f(x)=\dfrac{1}{3-2x}; P\left(-1,\dfrac{1}{5}\right)$.

22. $f(x)=\sqrt{x-1}; P(2,1)$.

23～28. 导数与切线

a. 对下列函数及点, 求 $f'(a)$.

b. 对 a 的指定值, 确定 f 的图像在 $(a,f(a))$ 处的切线方程.

23. $f(x)=8x; a=-3$.

24. $f(x)=x^2; a=3$.

25. $f(x)=4x^2+2x; a=-2$.

26. $f(x)=2x^3; a=10$.

27. $f(x)=\dfrac{1}{\sqrt{x}}; a=1/4$.

28. $f(x)=\dfrac{1}{x^2}; a=1$.

29～32. 抛物线的切线

a. 求下列函数 f 的导数 f'.

b. 对 a 的指定值, 求 f 的图像在 $(a,f(a))$ 处的切线方程.

c. 作 f 和切线的图像.

29. $f(x)=3x^2+2x-10; a=1$.

30. $f(x)=3x^2; a=0$.

31. $f(x)=5x^2-6x+1; a=2$.

32. $f(x)=1-x^2; a=-1$.

33. 导数公式

a. 用导数的定义确定 $\dfrac{d}{dx}(ax^2+bx+c)$, 其中 a,b,c 是常数.

b. 用 (a) 的结论求 $\dfrac{d}{dx}(4x^2-3x+10)$.

34. 导数公式

a. 用导数的定义确定 $\dfrac{d}{dx}(\sqrt{ax+b})$, 其中 a,b 是常数.

b. 用 (a) 的结论求 $\dfrac{d}{dx}(\sqrt{5x+9})$.

35～38. 导数计算 求下列函数在指定点处的导数.

35. $y=1/(t+1); t=1$.

36. $y=t-t^2; t=2$.

37. $c=2\sqrt{s}-1; s=25$.

38. $A=\pi r^2; r=3$.

39～40. 由图像求导数 用 f 的图像作 f' 的图像.

39.

40.

41. 匹配函数与导数 把第一组图中的函数 (a)～(d) 与第二组图中的导函数 (A)～(D) 配对.

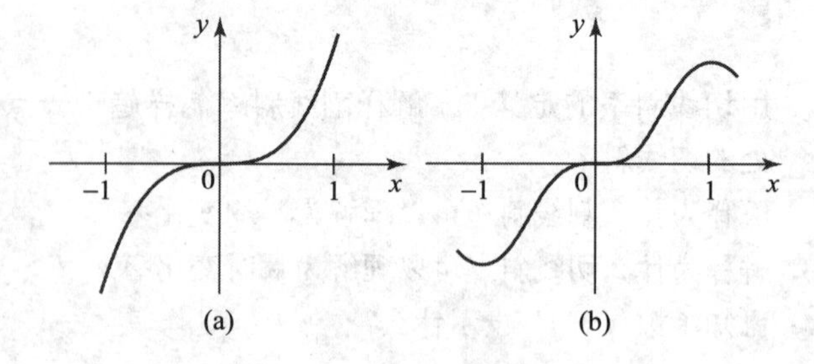

(a)　　(b)

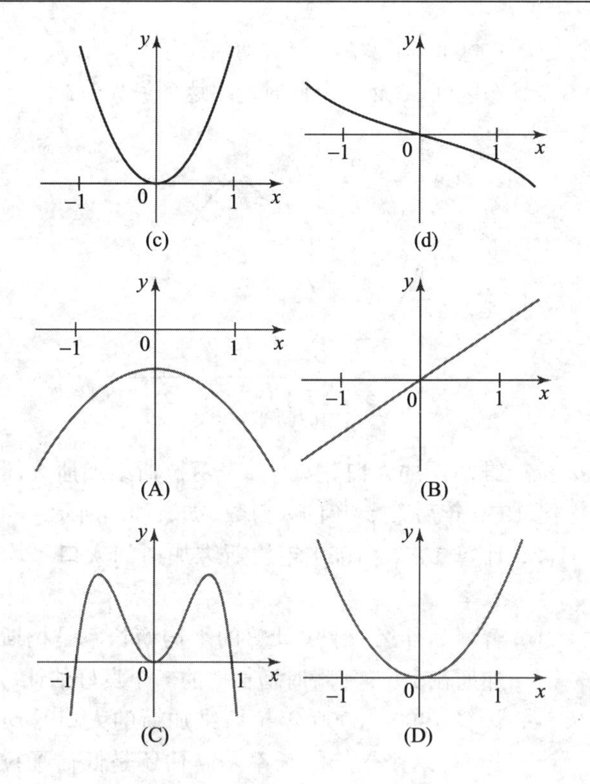

42 ~ 44. 作导数图像 重新画出 f 的图像并在同一坐标系下作出 f' 的草图.

42.

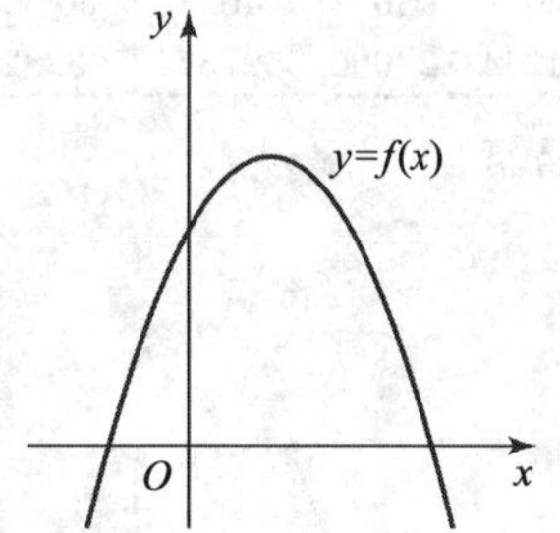

43.

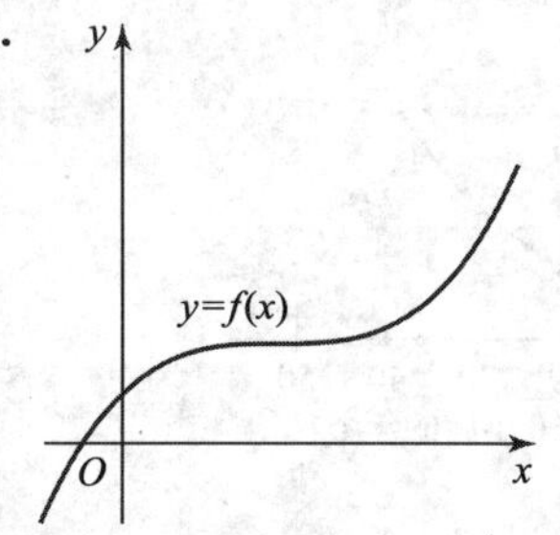

44.

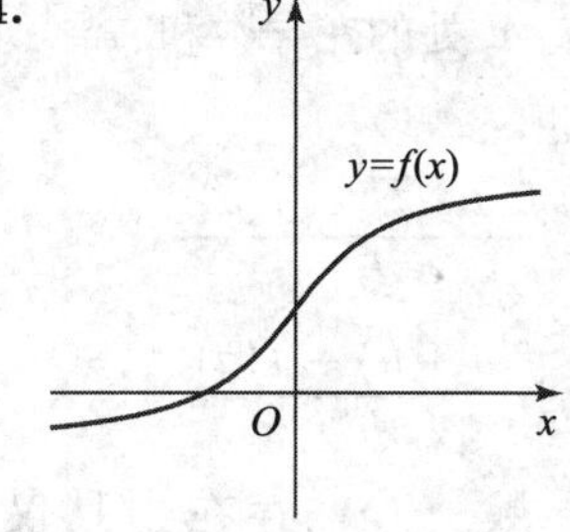

45. 函数在何处连续? 可导? 用图中 f 的图像完成下列工作.

a. 在 $(0,3)$ 中求 x 的值, 使得 f 在 x 处不连续.

b. 在 $(0,3)$ 中求 x 的值, 使得 f 在 x 处不可导.

c. 作出 f' 的草图.

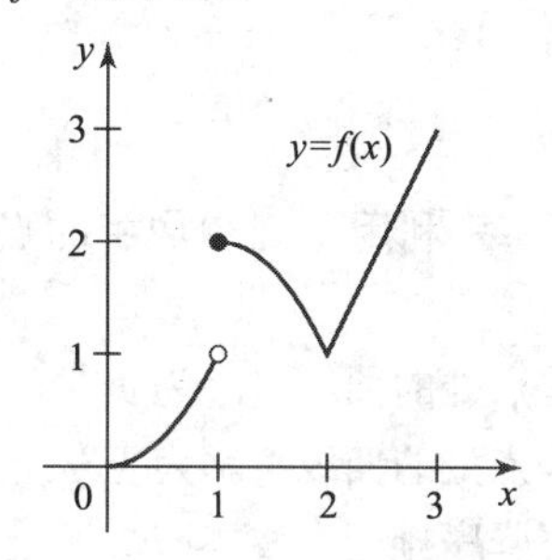

46. 函数在何处连续? 可导? 用图中 g 的图像完成下列工作.

a. 在 $(0,4)$ 中求 x 的值, 使得 g 在 x 处不连续.

b. 在 $(0,4)$ 中求 x 的值, 使得 g 在 x 处不可导.

c. 作出 g' 的草图.

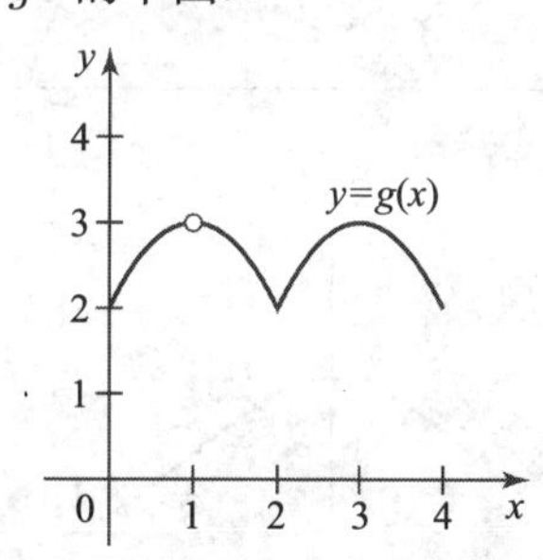

深入探究

47. 解释为什么是, 或不是 判断下列命题是否正确, 并说明理由或举出反例.

a. 线性函数的任意割线斜率总是等于任意切线斜率.

b. 过点 P 和 Q 的割线斜率小于在 P 处的切线斜率.

c. 考虑抛物线 $f(x)=x^2$ 的图像. 当 $x>0, h>0$ 时, 过 $(x,f(x))$ 和 $(x+h,f(x+h))$ 的割线斜率大于在 $(x,f(x))$ 处的切线斜率.

d. 如果函数 f 对 x 的所有取值可导, 那么 f 对 x 的所有值连续.

48. 直线的斜率 考虑直线 $f(x)=mx+b$, 其中 m 和 b 是常数. 证明 $f'(x)=m$ 对所有 x 成立. 解释结论.

49 ~ 52. 计算导数

a. 对下列函数, 用定义求 f'.

b. 对 a 的指定值, 确定 f 的图像在 $(a, f(a))$ 处的切线方程.

49. $f(x) = \sqrt{3x+1}; a = 8$.

50. $f(x) = \sqrt{x+2}; a = 7$.

51. $f(x) = \dfrac{2}{3x+1}; a = -1$.

52. $f(x) = \dfrac{1}{x}; a = -5$.

53～54. 分析斜率 利用下列图像中的点 A, B, C, D, E 回答问题.

a. 在哪些点处的曲线斜率为负?

b. 在哪些点处的曲线斜率为正?

c. 按斜率降序排列点 $A \sim E$.

53.

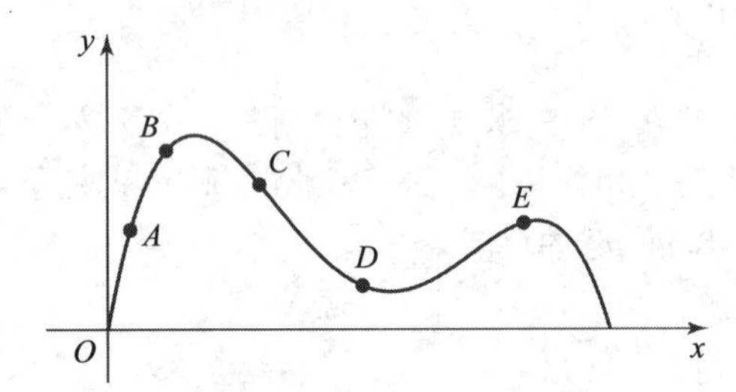

54.

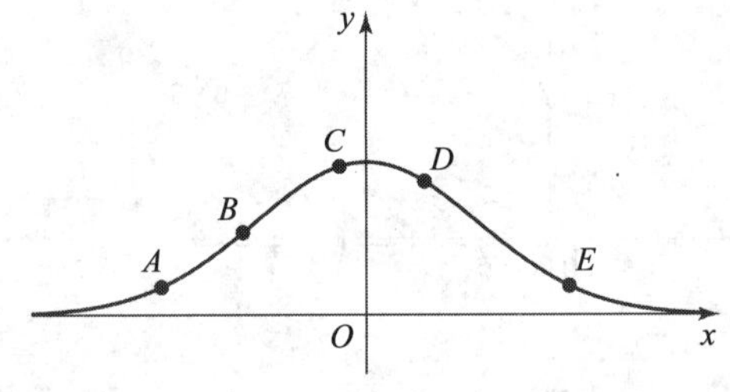

55. 由 f' 求 f 作 $f'(x) = x$ 的图像. 然后作 f 的可能草图. 存在超过一个的可能图像吗?

56. 由 f' 求 f 作一个连续函数 f 的草图, 使得

$$f'(x) = \begin{cases} 1, & x < 0 \\ 0, & 0 < x < 1 \\ -1, & x > 1 \end{cases}.$$

存在超过一个的可能图像吗?

应用

57. 功率与能量 能量是做功的能力, 功率是使用或消耗能量的变化率. 所以, 如果 $E(t)$ 是一个系统的能量函数, 那么 $P(t) = E'(t)$ 就是功率函数. 能量的单位是千瓦时 (1 kWh 是十个 100W 灯泡点一小时需要的能量); 对应的功率单位是千瓦 (kW). 下图展示某小型社区在 25 小时的一个时间段内消耗的能量.

a. 估计在 $t = 10$ 和 $t = 20$ 时的功率. 一定要在计算中包括单位.

b. 在区间 $[0, 25]$ 上何时功率为零?

c. 在区间 $[0, 25]$ 上何时功率达到最大值?

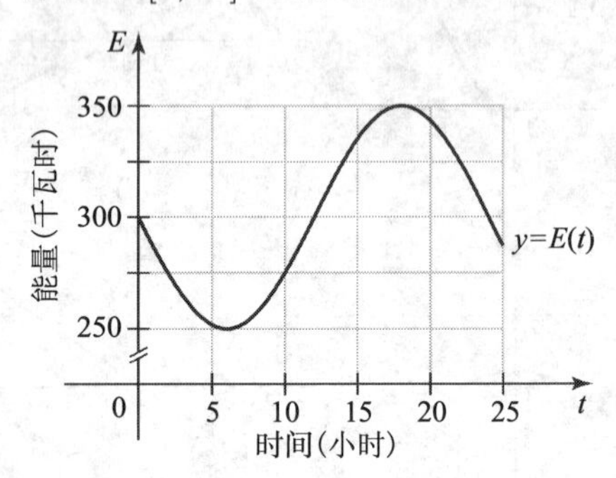

58. 拉斯维加斯的人口数 $p(t)$ 表示拉斯维加斯大都会区 1950 年后第 t 年的人口数, 如表和图所示.

a. 计算 1970—1980 年拉斯维加斯的人口平均增长率.

b. 解释为什么 (a) 中计算的平均增长率是拉斯维加斯在 1975 年瞬时增长率的一个良好估计.

c. 计算 1990—2000 年拉斯维加斯的人口平均增长率. 这个平均增长率是高估还是低估了拉斯维加斯在 2000 年的瞬时增长率?

年份	1950	1960	1970	1980	1990	2000
t	0	10	20	30	40	50
$p(t)$	59900	139126	304744	528000	852737	1563282

来源: U.S. Bureau Census

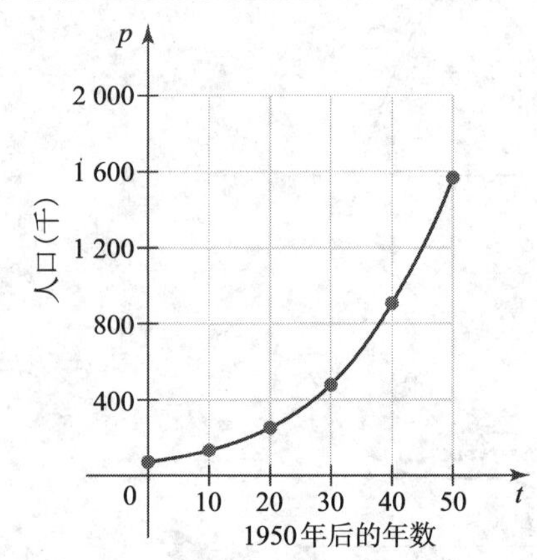

附加练习

59～60. 单边导数 函数在点 a 处的左导数和右导数定义为

$$f'_+(a) = \lim_{h \to 0^+} \frac{f(a+h) - f(a)}{h},$$

$$f'_-(a) = \lim_{h \to 0^-} \frac{f(a+h) - f(a)}{h},$$

只要这些极限存在. 导数 $f'(a)$ 存在当且仅当

$f'_-(a) = f'_+(a)$.

a. 作下列函数的图像.

b. 在指定点 a 处计算 $f'_-(a)$ 和 $f'_+(a)$.

c. f 在 a 处连续吗? f 在 a 处可导吗?

59. $f(x) = |x-2|; a = 2$.

60. $f(x) = \begin{cases} 4 - x^2, & x \leqslant 1 \\ 2x+1, & x > 1 \end{cases}; a = 1$.

61～64. 垂直切线 如果函数 f 在 a 处连续且 $\lim\limits_{x\to a}|f'(x)| = \infty$, 那么曲线 $y = f(x)$ 在 a 处有垂直切线, 其方程为 $x = a$. 如果 a 是定义域的端点, 则用适当的单边导数 (习题 59～60). 用此定义回答下列问题.

61. 作下列函数的图像, 并确定垂直切线的位置.

a. $f(x) = (x-2)^{1/3}$. **b.** $f(x) = (x+1)^{2/3}$.

c. $f(x) = \sqrt{|x-4|}$. **d.** $f(x) = x^{5/3} - 2x^{1/3}$.

62. 上面的垂直切线定义包括四种情形: 是 $\lim\limits_{x\to a^+} f'(x) = \pm\infty$ 与 $\lim\limits_{x\to a^-} f'(x) = \pm\infty$ 的组合 (例如, 一种情形是 $\lim\limits_{x\to a^+} f'(x) = -\infty$ 且 $\lim\limits_{x\to a^-} f'(x) = \infty$). 对每种情形, 作一个在 a 点处有垂直切线的 (连续) 函数的草图.

63. 验证 $f(x) = x^{1/3}$ 在 $x = 0$ 处有垂直切线.

64. 作下列曲线的图像, 并确定垂直切线的位置.

a. $x^2 + y^2 = 9$ **b.** $x^2 + y^2 + 2x = 0$

65～68 . 求函数 下列极限表示曲线 $y = f(x)$ 在点 $(a, f(a))$ 处的斜率. 确定函数 f 和点 a; 然后计算极限.

65. $\lim\limits_{x\to 2} \dfrac{\dfrac{1}{x+1} - \dfrac{1}{3}}{x-2}$.

66. $\lim\limits_{h\to 0} \dfrac{\sqrt{2+h} - \sqrt{2}}{h}$.

67. $\lim\limits_{h\to 0} \dfrac{(2+h)^4 - 16}{h}$.

68. $\lim\limits_{x\to 1} \dfrac{3x^2 + 4x - 7}{x-1}$.

69. 可导吗? $f(x) = \dfrac{x^2 - 5x + 6}{x-2}$ 在 $x = 2$ 处可导吗? 说明理由.

70. 前瞻: x^n 的导数 根据定义 $\lim\limits_{h\to 0} \dfrac{f(x+h) - f(x)}{h}$, 对下列函数用计算器的符号运算功能计算 $f'(x)$.

a. $f(x) = x^2$. **b.** $f(x) = x^3$. **c.** $f(x) = x^4$.

d. 在 (a)～(c) 的结果基础上, 提出 $f'(x)$ 的一个公式, 其中 $f(x) = x^n$, n 是正整数.

71. 确定未知常数 设

$$f(x) = \begin{cases} 2x^2, & x \leqslant 1 \\ ax - 2, & x > 1 \end{cases},$$

确定 a 的值 (可能的话) 使 $f'(1)$ 存在.

72. 正弦曲线的导数图像

a. 用 $y = \sin x$ 的图像 (见图) 作正弦函数导数的草图.

b. 在 (a) 中图像的基础上, $\dfrac{d}{dx}(\sin x)$ 等于什么函数?

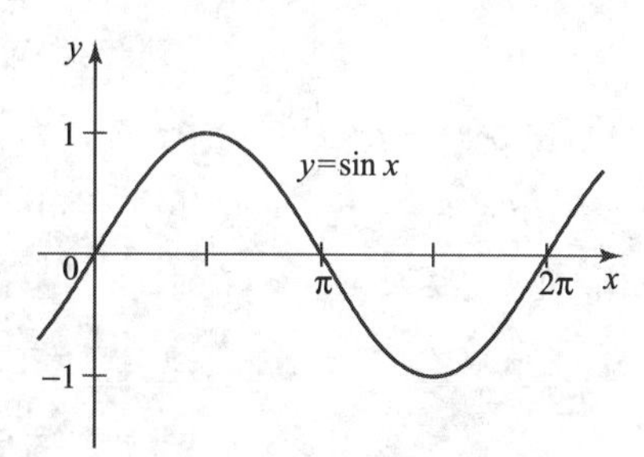

迅速核查 答案

2. 小于.

3. 定义 (a) 要求因式分解分子或用长除法消去 $(x-1)$.

4. 32.

5. $\left.\dfrac{df}{dx}\right|_{x=3}$, $\left.\dfrac{dy}{dx}\right|_{x=3}$, $y'(3)$.

6. 当 x 增加时, 切线的斜率递减.

7. $\dfrac{dq}{dr}$, $\dfrac{dp}{dr}$, $D_r(q(r))$, $q'(r)$, $p'(r)$.

8. 切线的斜率在 $x = -2$ 和 $x = 0$ 处突然变化.

3.2 导数的运算法则

如果像 3.1 节那样, 总是用极限计算导数, 微积分将是一个冗长乏味的学科. 本节的目的是建立快速计算导数的法则和公式, 不仅仅针对个别函数, 而是对整个函数族.

导数的常值法则和幂法则

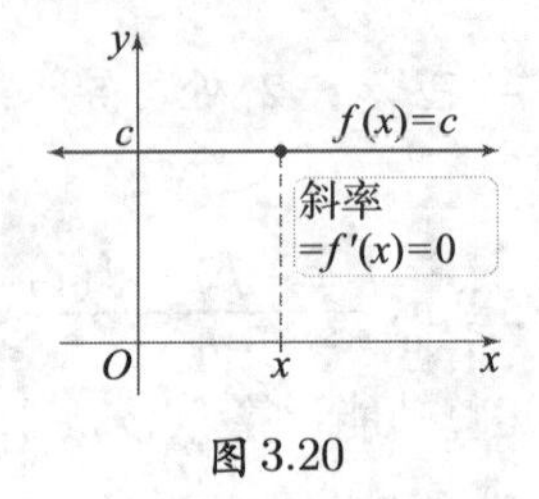

图 3.20

常值函数 $f(x)=c$ 的图像是一条水平线, 在每一点处的斜率都为 0(见图 3.20). 于是 $f'(x)=0$, 或等价地, $\dfrac{d}{dx}(c)=0$ (习题 64).

我们预期常值函数的导数处处为 0, 因为常值函数的值不变. 这表明在每一点处的变化率是 0.

> **定理 3.2　常值法则**
>
> 如果 c 是实数, 则 $\dfrac{d}{dx}(c)=0$.

下面考虑形如 $f(x)=x^n$ 的幂函数, 其中 n 是正整数. 由 3.1 节习题 70, 发现

$$\frac{d}{dx}(x^2)=2x,\quad \frac{d}{dx}(x^3)=3x^2,\quad \frac{d}{dx}(x^4)=4x^3.$$

对每种情况, x^n 的导数似乎是通过把指数 n 放在 x 的前面作系数并把指数减 1 得到的; 也就是说, 对正整数 n, $\dfrac{d}{dx}(x^n)=nx^{n-1}$. 为证明这个猜想, 我们使用导数的定义

迅速核查 1. 求 $\dfrac{d}{dx}(5)$ 和 $\dfrac{d}{dx}(\pi)$ 的值. ◄

$$f'(a)=\lim_{x\to a}\frac{f(x)-f(a)}{x-a}.$$

如果 $f(x)=x^n$, 那么 $f(x)-f(a)=x^n-a^n$. 已知因式分解公式

$$x^n-a^n=(x-a)(x^{n-1}+x^{n-2}a+\cdots+xa^{n-2}+a^{n-1}).$$

注意, 这个公式与熟知的平方差和立方差因式分解公式:

$$x^2-a^2=(x-a)(x+a)$$
$$x^3-a^3=(x-a)(x^2+ax+a^2)$$

是一致的.

所以,

$$\begin{aligned}
f'(a)&=\lim_{x\to a}\frac{x^n-a^n}{x-a} && (f'(a)\text{ 的定义})\\
&=\lim_{x\to a}\frac{(x-a)(x^{n-1}+x^{n-2}a+\cdots+xa^{n-2}+a^{n-1})}{x-a} && (\text{分解 } x^n-a^n)\\
&=\lim_{x\to a}(x^{n-1}+x^{n-2}a+\cdots+xa^{n-2}+a^{n-1}) && (\text{消去公因式})\\
&=\underbrace{a^{n-1}+a^{n-2}\cdot a+\cdots+a\cdot a^{n-2}+a^{n-1}}_{n\text{个}a^{n-1}}=na^{n-1}. && (\text{计算极限})
\end{aligned}$$

用变量 x 替换 $f'(a)=na^{n-1}$ 中的 a, 我们得到下面的结论, 称为*幂法则*.

幂法则中 $n=0$ 的情形是常数法则. 随着内容的进展, 将会看到一些不同版本的幂法则. 首先可以扩展到整数指数, 包括正整数和负整数, 然后可以扩展到有理数指数, 最后到实数指数.

> **定理 3.3　幂法则**
>
> 如果 n 是正整数, 则 $\dfrac{d}{dx}(x^n)=nx^{n-1}$.

例 1　幂函数和常值函数的导数 求下列导数

a. $\dfrac{d}{dx}(x^9)$.　　**b.** $\dfrac{d}{dx}(x)$.　　**c.** $\dfrac{d}{dx}(2^8)$.

解　a. $\dfrac{d}{dx}(x^9)=9x^{9-1}=9x^8$　(幂法则).

b. $\dfrac{d}{dx}(x)=\dfrac{d}{dx}(x^1)=1x^0=1$　(幂法则).

迅速核查 2. 用 $y=x$ 的图像给出为什么 $\dfrac{d}{dx}(x)=1$ 的一个几何解释. ◄

c. 也许会被诱惑使用幂法则, 但 $2^8=256$ 是一常数. 故由常值法则, $\dfrac{d}{dx}(2^8)=0$.

相关习题 7～12 ◄

常数倍法则

考虑问题, 求常数 c 乘以函数 f (假设 f' 存在) 的导数. 应用导数的定义

$$f'(x)=\lim_{h\to 0}\frac{f(x+h)-f(x)}{h}$$

于函数 cf:

$$\begin{aligned}\frac{d}{dx}[cf(x)] &= \lim_{h\to 0}\frac{cf(x+h)-cf(x)}{h} && (cf \text{ 的导数定义})\\ &= \lim_{h\to 0}\frac{c[f(x+h)-f(x)]}{h} && (\text{提出因子 } c)\\ &= c\lim_{h\to 0}\frac{f(x+h)-f(x)}{h} && (\text{定理 } 2.3)\\ &= cf'(x). && (f'(x) \text{ 的定义})\end{aligned}$$

定理 3.4 表明函数常数倍的导数是函数导数的常数倍.

> **定理 3.4 常数倍法则**
>
> 如果 f 在 x 处可导, c 是一个常数, 则
>
> $$\frac{d}{dx}[cf(x)]=cf'(x).$$

例 2 函数常数倍的导数 求下列导数.

a. $\dfrac{d}{dx}\left(-\dfrac{7x^{11}}{8}\right)$.　　**b.** $\dfrac{d}{dt}\left(\dfrac{3}{8}\sqrt{t}\right)$.

解 a.

$$\begin{aligned}\frac{d}{dx}\left(-\frac{7x^{11}}{8}\right) &= -\frac{7}{8}\cdot\frac{d}{dx}(x^{11}) && (\text{倍乘法则})\\ &= -\frac{7}{8}\cdot 11x^{10} && (\text{幂法则})\\ &= -\frac{77}{8}x^{10}. && (\text{化简})\end{aligned}$$

回顾 3.1 节的例 4, $\dfrac{d}{dt}(\sqrt{t})=\dfrac{1}{2\sqrt{t}}$.

b.

$$\begin{aligned}\frac{d}{dt}\left(\frac{3}{8}\sqrt{t}\right) &= \frac{3}{8}\cdot\frac{d}{dt}(\sqrt{t}) && (\text{常数倍法则})\\ &= \frac{3}{8}\cdot\frac{1}{2\sqrt{t}} && \left(\text{用}\frac{1}{2\sqrt{t}}\text{替换}\frac{d}{dt}(\sqrt{t})\right)\\ &= \frac{3}{16\sqrt{t}}.\end{aligned}$$

相关习题 13～18 ◀

和法则

许多函数是一些简单函数的和. 所以, 建立计算两个或两个以上函数和的导数法则是有用的.

用文字描述, 定理 3.5 指出和的导数是导数的和.

> **定理 3.5 和法则**
>
> 如果 f 和 g 在 x 处可导, 则
>
> $$\frac{d}{dx}[f(x)+g(x)]=f'(x)+g'(x).$$

证明　令 $F=f+g$, 其中 f 和 g 在 x 处可导. 应用导数的定义:

$$
\begin{aligned}
\frac{d}{dx}[f(x)+g(x)] &= F'(x) \\
&= \lim_{h\to 0}\frac{F(x+h)-F(x)}{h} \qquad \text{(导数的定义)} \\
&= \lim_{h\to 0}\frac{[f(x+h)+g(x+h)]-[f(x)+g(x)]}{h} \qquad \text{(用 } f+g \text{ 替换 } F\text{)} \\
&= \lim_{h\to 0}\left[\frac{f(x+h)-f(x)}{h}+\frac{g(x+h)-g(x)}{h}\right] \qquad \text{(重组)} \\
&= \lim_{h\to 0}\frac{f(x+h)-f(x)}{h}+\lim_{h\to 0}\frac{g(x+h)-g(x)}{h} \qquad \text{(定理 2.3)} \\
&= f'(x)+g'(x). \qquad (f' \text{ 和 } g' \text{ 的定义})
\end{aligned}
$$

◀

迅速核查 3. 设 $f(x)=x^2$, $g(x)=2x$. $f(x)+g(x)$ 的导数是什么? ◀

和的法则可以拓展到三个或更多的可导函数, $f_1, f_2, \cdots, f_n$, 从而得到**一般和法则**:

$$\frac{d}{dx}[f_1(x)+f_2(x)+\cdots+f_n(x)]=f_1'(x)+f_2'(x)+\cdots+f_n'(x).$$

两个函数的差 $f-g$ 可以写成和 $f+(-g)$. 把和法则与常数倍法则结合起来可建立**差法则**:

$$\frac{d}{dx}[f(x)-g(x)]=f'(x)-g'(x).$$

例 3　多项式的导数 确定 $\frac{d}{dw}(2w^3+9w^2-6w+4)$.

解

$$
\begin{aligned}
&\frac{d}{dw}(2w^3+9w^2-6w+4) \\
&= \frac{d}{dw}(2w^3)+\frac{d}{dw}(9w^2)-\frac{d}{dw}(6w)+\frac{d}{dw}(4) \qquad \text{(一般和法则与差法则)} \\
&= 2\frac{d}{dw}(w^3)+9\frac{d}{dw}(w^2)-6\frac{d}{dw}(w)+\frac{d}{dw}(4) \qquad \text{(常数倍法则)} \\
&= 2\cdot 3w^2+9\cdot 2w-6\cdot 1+0 \qquad \text{(幂法则)} \\
&= 6w^2+18w-6. \qquad \text{(化简)}
\end{aligned}
$$

相关习题 19～34 ◀

例 3 中使用的求多项式导数的技术可以用于任意多项式. 本章余下的大部分内容是发掘有理函数、代数函数和三角函数的求导法则.

切线的斜率

本节出现的导数法则使我们可以确定切线的斜率、切线的方程及许多函数的变化率.

例 4　切线斜率与切线方程 设 $f(x)=2x^3-15x^2+24x$.

a. 求 f 的图像在点 $(2,4)$ 处的切线方程.

b. f 的图像在何点处有水平切线?

c. x 取何值时, 切线的斜率为 6?

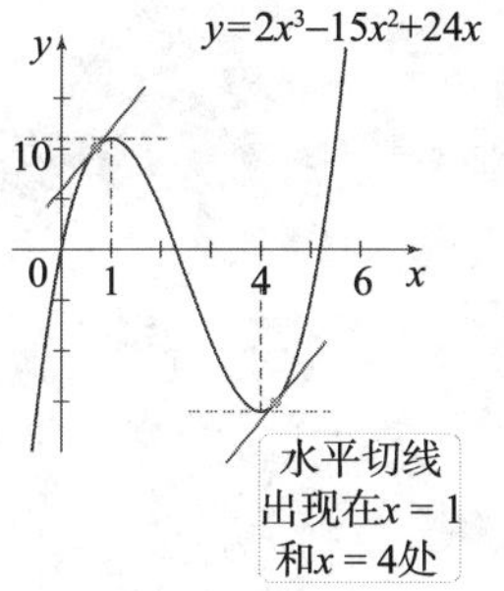

解

a. 一般地, f 的图像在点 $(x, f(x))$ 处的切线斜率为

$$f'(x) = 6x^2 - 30x + 24.$$

在点 $(2,4)$ 处, 切线的斜率 $f'(2) = -12$. 所以, 过 $(2,4)$ 的切线方程为

$$y - 4 = -12(x-2) \quad \text{或} \quad y = -12x + 28.$$

b. f 在 x 处的切线是水平线满足

$$f'(x) = 6x^2 - 30x + 24 = 6(x-4)(x-1) = 0.$$

此方程的解为 $x = 1$ 和 $x = 4$; 所以, 在 $(1,11)$ 和 $(4,-16)$ 处有水平切线 (见图 3.21).

$y=2x^3-15x^2+24x$

水平切线出现在$x=1$和$x=4$处

图 3.21

c. 当

$$f'(x) = 6x^2 - 30x + 24 = 6$$

时, 切线的斜率为 6. 方程的两边减去 6, 再因式分解, 得

$$6(x^2 - 5x + 3) = 0.$$

应用二次方程求根公式, 两个根为

$$x = \frac{5-\sqrt{13}}{2} \approx 0.697 \quad \text{和} \quad x = \frac{5+\sqrt{13}}{2} \approx 4.303.$$

所以, 曲线在这两点处的斜率为 6.

相关习题 35 ~ 41 ◀

迅速核查 4. 确定使 $f(x) = x^3 - 12x$ 有水平切线的点. ◀

高阶导数

在 n 上加括号以区别导数和幂. 所以 $f^{(n)}$ 是 f 的 n 阶导数, 而 f^n 是函数 f 的 n 次幂.

因为一个函数的导数本身也是一个函数, 我们可以对 f' 求导. 结果是 f 的二阶导数, 记作 f''. 二阶导数的导数是 f 的三阶导数, 记作 f''' 或 $f^{(3)}$. 对任意正整数 n, $f^{(n)}$ 表示 f 的 n 阶导数. 表示 $y = f(x)$ 的 n 阶导数的其他常用记号有 $\dfrac{d^n f}{dx^n}$ 和 $y^{(n)}$. 一般地, 阶数 $n \geqslant 2$ 的导数称为**高阶导数**.

记号 $\dfrac{d^2 f}{dx^2}$ 源于 $\dfrac{d}{dx}\left(\dfrac{df}{dx}\right)$, 读作 $d\,2\,f$ dx 平方.

定义　高阶导数

设 f 按需要可导, 则 f 的二阶导数为

$$f''(x) = f^{(2)}(x) = \frac{d^2 f}{dx^2} = \frac{d}{dx}[f'(x)].$$

对整数 $n \geqslant 1$,, n 阶导数为

$$f^{(n)}(x) = \frac{d^n f}{dx^n} = \frac{d}{dx}[f^{(n-1)}(x)].$$

例 5　求高阶导数 求下列函数的三阶导数.

a. $f(x) = 3x^3 - 5x + 12$.　　**b.** $y = 3t + 2t^{10}$.

在例5中,注意 $f^{(4)}(x)=0$,表示所有接下来的导数也是0. 一般地,n 次多项式的 n 阶导数是常数,蕴含 $k>n$ 阶导数是0.

解

a.

$$f'(x)=9x^2-5,$$
$$f''(x)=\frac{d}{dx}(9x^2-5)=18x,$$
$$f'''(x)=18.$$

b. 我们用高阶导数的另一种记号:

$$\frac{dy}{dt}=\frac{d}{dt}(3t+2t^{10})=3+20t^9,$$
$$\frac{d^2y}{dt^2}=\frac{d}{dt}(3+20t^9)=180t^8,$$
$$\frac{d^3y}{dt^3}=\frac{d}{dt}(180t^8)=1\,440t^7.$$

迅速核查 5. $f(x)=x^5$,求 $f^{(5)}(x)$, $f^{(6)}(x)$, $f^{(100)}(x)$. ◀

相关习题 42～46 ◀

3.2节 习题

复习题

在习题1～6中假设 f 和 g 的导数存在.

1. 如果可以用导数的极限定义求 f',那么用其他法则求 f' 的目的是什么?
2. 在本节中证明的法则 $\frac{d}{dx}(x^n)=nx^{n-1}$ 对 n 的哪些取值成立?
3. 怎样求一个常数与一个函数乘积的导数?
4. 怎样求两个函数之和 $f+g$ 的导数?
5. 求 $f(x)=\frac{1}{2}x^6-3x^4+101x+7$ 的导数.
6. 怎样求一个函数的五阶导数?

基本技能

7～12. 幂与常值函数的导数 求下列函数的导数.

7. $y=x^5$.
8. $f(t)=t^{11}$.
9. $f(x)=5$.
10. $g(x)=\pi^3$.
11. $h(x)=t$.
12. $f(v)=v^{100}$.

13～18. 函数常数倍的导数 求下列函数的导数.

13. $f(x)=5x^3$.
14. $g(w)=\frac{5}{6}w^{12}$.
15. $p(x)=8x$.
16. $g(t)=6\sqrt{t}$.
17. $g(t)=100t^2$.
18. $f(s)=\frac{\sqrt{s}}{4}$.

19～24. 函数和的导数 求下列函数的导数.

19. $f(x)=3x^4+7x$.
20. $g(x)=6x^5-x$.
21. $f(x)=10x^4-32x+\frac{1}{2}$.
22. $f(t)=6\sqrt{t}-4t^3+9$.
23. $g(w)=2w^3+3w$.
24. $s(t)=4\sqrt{t}-\frac{1}{4}t^4+t+1$.

25～28. 积的导数 先展开下列函数的表达式,再求导数并化简.

25. $f(x)=(2x+1)(3x^2+2)$.
26. $g(r)=(5r^3+3r+1)(r^2+3)$.
27. $h(x)=(x^2+1)^2$.
28. $h(x)=\sqrt{x}(\sqrt{x}-1)$.

29～34. 商的导数 先化简下列函数的表达式,再求导数.

29. $f(w)=\frac{w^3-w}{w}$.
30. $y=\frac{12s^3-8s^2+12s}{4s}$.
31. $g(x)=\frac{x^2-1}{x-1}$.
32. $h(x)=\frac{x^3-6x^2+8x}{x^2-2x}$.

33. $y=\dfrac{x-a}{\sqrt{x}-\sqrt{a}}$；$a$ 是一个正常数.

34. $y=\dfrac{x^2-2ax+a^2}{x-a}$；$a$ 是常数.

35～38. 切线方程

a. 求在 $x=a$ 处的切线方程.

b. 用绘图工具在同一个坐标系下作曲线和切线的图像.

35. $y=-3x^2+2; a=1$.

36. $y=x^3-4x^2+2x-1; a=2$.

37. $y=\sqrt{x}; a=4$.

38. $y=\dfrac{1}{2}x^4+x; a=2$.

39. 求斜率的位置 设 $f(x)=x^2-6x+5$.

a. 求 x 的值使曲线 $y=f(x)$ 在该处的斜率为 0.

b. 求 x 的值使曲线 $y=f(x)$ 在该处的斜率为 2.

40. 求斜率的位置 设 $f(t)=t^3-27t+5$.

a. 求 t 的值使曲线 $y=f(t)$ 在该处的斜率为 0.

b. 求 t 的值使曲线 $y=f(t)$ 在该处的斜率为 21.

41. 求斜率的位置 设 $f(x)=2x^3-3x^2-12x+4$.

a. 求曲线 $y=f(x)$ 上的所有点, 使在该点处的切线为水平线.

b. 求曲线 $y=f(x)$ 上的所有点, 使在该点处的切线斜率为 60.

42～46. 高阶导数 对下列函数求 $f'(x)$，$f''(x)$ 和 $f^{(3)}(x)$.

42. $f(x)=3x^3+5x^2+6x$.

43. $f(x)=5x^4+10x^3+3x+6$.

44. $f(x)=3x^{12}+4x^3$.

45. $f(x)=\dfrac{x^2-7x-8}{x+1}$.

46. $f(x)=\dfrac{1}{8}x^4-3x^2+1$.

深入探究

47. 解释为什么是, 或不是 判断下列命题是否正确, 并说明理由或举出反例.

a. 导数 $\dfrac{d}{dx}(10^5)$ 等于 $5\cdot 10^4$.

b. 曲线 $y=4x+1$ 的切线斜率从不为 0.

c. n 阶导数 $\dfrac{d^n}{dx^n}(5x^3+2x+5)$ 等于 0 对任意 $n\geqslant 3$ 的整数成立.

48. 切线 假设 $f(3)=1$ 且 $f'(3)=4$. 令 $g(x)=x^2+f(x)$，$h(x)=3f(x)$.

a. 求 $y=g(x)$ 在 $x=3$ 处的切线方程.

b. 求 $y=h(x)$ 在 $x=3$ 处的切线方程.

49. 由切线求导数 设 f 的图像在 $x=2$ 处的切线为 $y=4x+1$, $y=3x-2$ 是 g 的图像在 $x=2$ 处的切线. 求下列曲线在 $x=2$ 处的切线方程.

a. $y=f(x)+g(x)$.

b. $y=f(x)-2g(x)$.

c. $y=4f(x)$.

50～53. 由图像求导数 设 $F=f+g$ 且 $G=3f-g$，其中 f 和 g 的图像如图所示. 求下列导数.

50. $F'(1)$.

51. $G'(1)$.

52. $F'(5)$.

53. $G'(5)$.

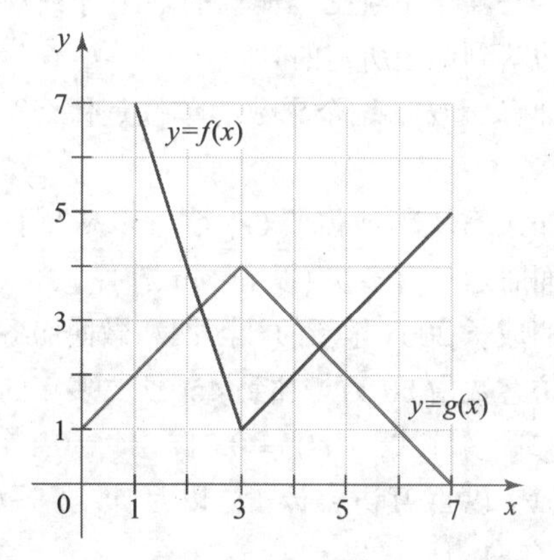

54～56. 由表求导数 用表中的值求下列导数.

x	1	2	3	4	5
$f'(x)$	3	5	2	1	4
$g'(x)$	2	4	3	1	5

54. $\dfrac{d}{dx}[f(x)+g(x)]\Big|_{x=1}$.

55. $\dfrac{d}{dx}[1.5f(x)]\Big|_{x=2}$.

56. $\dfrac{d}{dx}[2x-3g(x)]\Big|_{x=4}$.

57～59. 导数与极限 下列极限表示 $f'(a)$, 其中 f 是某些函数, a 是某些实数.

a. 求函数 f 和实数 a.

b. 通过求 $f'(a)$ 确定极限值.

57. $\lim\limits_{h\to 0}\dfrac{\sqrt{9+h}-\sqrt{9}}{h}$.

58. $\lim\limits_{h\to 0}\dfrac{(1+h)^8+(1+h)^3-2}{h}$.

59. $\lim\limits_{x\to 1}\dfrac{x^{100}-1}{x-1}$.

应用

60. 抛射轨道 垂直向上发射一枚小型火箭, 其位置为 $s(t)=-5t^2+40t+100,\ 0\leqslant t\leqslant 10$, 其中 t 以秒计, s 表示地面以上以米计的高度.

a. 求火箭的位置变化率 (瞬时速度), $0\leqslant t\leqslant 10$.

b. 何时瞬时速度为零?

c. 对于 $0\leqslant t\leqslant 10$, 何时瞬时速度达到最大值?

d. 作位置和瞬时速度的图像, $0\leqslant t\leqslant 10$.

61. 高度估计 物体落下 (在地球引力作用下, 忽略空气阻力) 的距离为 $d(t)=16t^2$, 其中 d 以英尺计, t 以秒计. 一攀岩者坐在一垂直的墙上仔细观察小石块从墙边落到地面所需的时间.

a. 计算 $d'(t)$. 这个导数的单位是什么? 它度量什么?

b. 如果石块落地需要 6s, 墙有多高? 石块撞击地面时运动有多快 (以 mi/hr 计)?

62. 推特的成长 2008 年新的社区网和微博服务商推特的独立访客数由 50 万增加到 450 万. 多年的访客数据适合二次多项式, $V(t)=0.017\,3t^2+0.173\,6t+0.5$, 其中 V 以百万访客计, t 以月计, $t=0$ 对应于 2008 年 1 月 1 日.

a. 计算 $V'(t)$. 这个导数的单位是什么? 它度量什么?

b. 在 2008 年 (区间 $[0,12]$) 中, 何时增长率最大? 此时的增长率是多少?

c. 在 2008 年中, 何时增长率最小? 此时的增长率是多少?

63. 汽油里程 一辆装满汽油的特定轿车的行使距离为 $D(g)=0.05g^2+35g$, 其中 D 以英里计, g 是所消耗的汽油量, 以加仑计.

a. 计算 dD/dg. 这个导数的单位是什么? 它度量什么?

b. 对 $g=0,5,10\,\text{gal}$, 求 dD/dg (包括单位). 关于这辆车的汽油里程有什么结论?

c. 如果油箱的容积是 $12\,\text{gal}$, 这辆车行使的距离是多少?

附加练习

64. 常值法则的证明 对常值函数 $f(x)=c$, 用导数的定义证明 $f'(x)=0$.

65. 幂法则的另一个证明 二项定理叙述如下, 对任意正整数 n,

$$\begin{aligned}(a+b)^n=a^n+na^{n-1}b+\frac{n(n-1)}{2\cdot 1}a^{n-2}b^2\\+\frac{n(n-1)(n-2)}{3\cdot 2\cdot 1}a^{n-3}b^3\\+\cdots+nab^{n-1}+b^n.\end{aligned}$$

应用此公式和定义 $f'(x)=\lim\limits_{h\to 0}\dfrac{f(x+h)-f(x)}{h}$ 证明 $\dfrac{d}{dx}(x^n)=nx^{n-1}$, n 是任意正整数.

66. 前瞻: 负整数指数幂的法则 设 n 是负整数, $f(x)=x^n$. 用下列步骤证明 $f'(x)=nx^{n-1}$, 即幂法则可以从正整数拓展到所有整数. 在 3.3 节将用另一种方法证明这个结论.

a. 设 $m=-n$, 则 $m>0$. 应用定义

$$f'(a)=\lim_{x\to a}\frac{x^n-a^n}{x-a}=\lim_{x\to a}\frac{x^{-m}-a^{-m}}{x-a}.$$

用因式分解公式

$$\begin{aligned}x^n-a^n=(x-a)(x^{n-1}+x^{n-2}a\\+\cdots+xa^{n-2}+a^{n-1})\end{aligned}$$

化简, 直到可以取极限.

b. 用这个结论求 $\dfrac{d}{dx}(x^{-7})$ 和 $\dfrac{d}{dx}\left(\dfrac{1}{x^{10}}\right)$.

67. 把幂法则拓展到 $n=\dfrac{1}{2},\dfrac{3}{2},\dfrac{5}{2}$ 由定理 3.3 和习题 66, 我们证明了幂法则 $\dfrac{d}{dx}(x^n)=nx^{n-1}$ 对任意整数 n 成立. 本章的后面, 我们将把这个法则拓展到任意有理数 n.

a. 解释为什么幂法则与公式 $\dfrac{d}{dx}(\sqrt{x})=\dfrac{1}{2\sqrt{x}}$ 是一致的.

b. 证明幂法则对 $n=\dfrac{3}{2}$ 成立.(*提示*: 应用导数的定义: $\dfrac{d}{dx}(x^{3/2})=\lim\limits_{h\to 0}\dfrac{(x+h)^{3/2}-x^{3/2}}{h}$.)

c. 证明幂法则对 $n=\dfrac{5}{2}$ 成立.

d. 对任意正整数 n, 给出 $\dfrac{d}{dx}(x^{n/2})$ 的公式.

迅速核查 答案

1. $\dfrac{d}{dx}(5)=0$, $\dfrac{d}{dx}(\pi)=0$, 因为 5 和 π 是常数.

2. $y=x$ 在任意点处的斜率是 1, 所以 $\dfrac{d}{dx}(x)=1$.

3. $2x+2$.

4. $x=2$, $x=-2$.

5. $f^{(5)}(x)=120$, $f^{(6)}(x)=0$, $f^{(100)}(x)=0$.

3.3 积法则与商法则

函数之和的导数是导数的和. 这可能诱使我们认为函数之积的导数是导数的积. 考虑函数 $f(x)=x^3$ 和 $g(x)=x^4$. 此时, $\dfrac{d}{dx}[f(x)g(x)]=\dfrac{d}{dx}(x^7)=7x^6$, 但 $f'(x)g'(x)=3x^2\cdot 4x^3=12x^5$. 所以, $\dfrac{d}{dx}(fg)\neq f'g'$. 类似地, 函数之商的导数不是导数的商. 本节的目的是寻求函数积和商的导数法则.

积法则

一个有趣的例子启发我们得到积法则的公式. 想象沿一道路以常速跑步. 速度由两个因素决定: 步长和每秒钟的步数. 所以

$$\text{速度} = \text{步长} \times \text{步频}.$$

若步长为 3ft 并且 2 步/s, 则速度是 6 ft/s.

现在假设步长增加 0.5ft, 从 3ft 增加到 3.5ft. 速度的变化计算如下:

$$\text{速度的变化} = \text{步长的变化} \times \text{步频} = 0.5\times 2 = 1\,\text{ft/s}.$$

或假设步长保持常数不变, 但步频增加 0.25 步/s, 从 2 步/s 增加到 2.25 步/s. 则

$$\text{速度的变化} = \text{步长} \times \text{步频的变化} = 3\times 0.25 = 0.75\,\text{ft/s}.$$

如果步频和步长同时变化, 都对跑步速度的变化有贡献:

$$\begin{aligned}\text{速度的变化} &= (\text{步长的变化}\times\text{步频})+(\text{步长}\times\text{步频的变化})\\ &= 1\text{ft/s} + 0.75\text{ft/s} = 1.75\text{ft/s}.\end{aligned}$$

这个论述启发我们: 两个函数积的导数包括两部分, 正如下面法则所示.

用文字叙述 定理 3.6, 两个函数之积的导数等于第一个函数的导数乘第二个函数再加上第一个函数乘第二个函数的导数.

定理 3.6 积法则

如果 f 和 g 在 x 处可导, 那么

$$\frac{d}{dx}[f(x)g(x)]=f'(x)g(x)+f(x)g'(x).$$

证明 应用函数 fg 的导数定义:

$$\frac{d}{dx}[f(x)g(x)]=\lim_{h\to 0}\frac{f(x+h)g(x+h)-f(x)g(x)}{h}$$

一个有用的策略是分子加上 $-f(x)g(x+h)+f(x)g(x+h)$ (这等于 0), 于是

$$\begin{aligned}&\frac{d}{dx}[f(x)g(x)]\\ &=\lim_{h\to 0}\frac{f(x+h)g(x+h)-f(x)g(x+h)+f(x)g(x+h)-f(x)g(x)}{h}\end{aligned}$$

分成两个分式, 然后分子因式分解:

$$\begin{aligned}
&\frac{d}{dx}[f(x)g(x)] \\
&= \lim_{h\to 0}\frac{f(x+h)g(x+h)-f(x)g(x+h)}{h}+\lim_{h\to 0}\frac{f(x)g(x+h)-f(x)g(x)}{h} \\
&= \lim_{h\to 0}\left[\overbrace{\frac{f(x+h)-f(x)}{h}}^{\text{当 } h\to 0 \text{ 时, 趋于 } f'(x)}\cdot\overbrace{g(x+h)}^{\text{当 } h\to 0 \text{ 时, 趋于 } g(x)}\right] \\
&\quad+\lim_{h\to 0}\left[\overbrace{f(x)}^{\text{当 } h\to 0 \text{ 时, 等于 } f(x)}\cdot\overbrace{\frac{g(x+h)-g(x)}{h}}^{\text{当 } h\to 0 \text{ 时, 趋于 } g'(x)}\right] \\
&= f'(x)\cdot g(x)+f(x)\cdot g'(x).
\end{aligned}$$

当 $h\to 0$ 时, $f(x)$ 的值不变; 与 h 无关.

这里用 g 的连续性得出 $\lim\limits_{h\to 0}g(x+h)=g(x)$. ◀

例 1　应用积法则 计算并化简下列导数.

a. $\dfrac{d}{dv}[v^2(2\sqrt{v}+1)]$.　　**b.** $\dfrac{d}{dx}[(x^3-8)(x^2+4)]$.

解

回顾 3.1 节例 4, $\dfrac{d}{dv}(\sqrt{v})=\dfrac{1}{2\sqrt{v}}$.

a.
$$\begin{aligned}
\frac{d}{dv}[v^2(2\sqrt{v}+1)] &= \left[\frac{d}{dv}(v^2)\right](2\sqrt{v}+1)+v^2\left[\frac{d}{dv}(2\sqrt{v}+1)\right] && \text{(积法则)} \\
&= 2v(2\sqrt{v}+1)+v^2\left(2\cdot\frac{1}{2\sqrt{v}}\right) && \text{(计算导数)} \\
&= (4v^{3/2}+2v)+v^{3/2}=5v^{3/2}+2v. && \text{(化简)}
\end{aligned}$$

b. $$\frac{d}{dx}[(x^3-8)(x^2+4)]=\underbrace{3x^2}_{\frac{d}{dx}(x^3-8)}\cdot(x^2+4)+(x^3-8)\cdot\underbrace{2x}_{\frac{d}{dx}(x^2+4)}=x(5x^3+12x-16).$$

相关习题 7～16 ◀

迅速核查 1. 求 $f(x)=x^5$ 的导数. 然后对 $f(x)=x^2x^3$ 用积法则求同一导数。◀

商法则

考虑商 $q(x)=\dfrac{f(x)}{g(x)}$, 注意到 $f(x)=g(x)q(x)$. 根据积法则, 有

$$f'(x)=g'(x)q(x)+g(x)q'(x).$$

解出 $q'(x)$, 我们发现

$$q'(x)=\frac{f'(x)-g'(x)q(x)}{g(x)}.$$

把 $q(x)=\dfrac{f(x)}{g(x)}$ 代入得求 $q'(x)$ 的法则:

$$q'(x)=\frac{f'(x)-g'(x)\dfrac{f(x)}{g(x)}}{g(x)}\qquad \left(\text{用 } \frac{f(x)}{g(x)} \text{ 替换 } q(x)\right)$$

$$= \frac{g(x)\left(f'(x) - g'(x)\dfrac{f(x)}{g(x)}\right)}{g(x) \cdot g(x)} \quad \text{(分子和分母同乘以 } g(x)\text{)}$$

$$= \frac{g(x)f'(x) - f(x)g'(x)}{[g(x)]^2}. \quad \text{(化简)}$$

这个计算导出了商的导数的正确结果. 但有一点: 怎么在一开始就知道 f/g 的导数存在? 习题 66 给出了商法则完整证明的要点.

用文字叙述 定理 3.7, 两个函数之商的导数等于分子的导数乘分母再减去分子乘分母的导数, 然后整个除以分母的平方.

记忆商法则的简单方法是 $\dfrac{LoD(Hi) - HiD(Lo)}{(Lo)^2}$.

定理 3.7 商法则

如果 f 和 g 在 x 处可导, 则当 $g(x) \neq 0$ 时, f/g 在 x 处可导, 且导数为

$$\frac{d}{dx}\left[\frac{f(x)}{g(x)}\right] = \frac{g(x)f'(x) - f(x)g'(x)}{[g(x)]^2}.$$

例 2 应用商法则 计算并化简下列导数.

a. $\dfrac{d}{dx}\left[\dfrac{x^2+3x+4}{x^2-1}\right]$. **b.** $\dfrac{d}{dx}(2x^{-3})$.

解

积法则和商法则的使用贯穿整个教材. 所以记住这些法则 (以及本章出现的其他导数法则和公式) 是一个好主意, 以便能够快速地计算导数.

a. $$\frac{d}{dx}\left[\frac{x^2+3x+4}{x^2-1}\right] = \frac{\overbrace{(x^2-1)(2x+3)}^{(x^2-1)\text{乘以}(x^2+3x+4)\text{的导数}} - \overbrace{(x^2+3x+4)2x}^{(x^2+3x+4)\text{乘以}(x^2-1)\text{的导数}}}{\underbrace{(x^2-1)^2}_{\text{分母}(x^2-1)\text{的平方}}} \quad \text{(商法则)}$$

$$= \frac{2x^3 - 2x + 3x^2 - 3 - 2x^3 - 6x^2 - 8x}{(x^2-1)^2} \quad \text{(展开)}$$

$$= \frac{-3x^2 - 10x - 3}{(x^2-1)^2}. \quad \text{(化简)}$$

b. 把 $2x^{-3}$ 写成 $\dfrac{2}{x^3}$, 用商法则:

$$\frac{d}{dx}\left(\frac{2}{x^3}\right) = \frac{x^3 \cdot 0 - 2 \cdot 3x^2}{(x^3)^2} = -\frac{6}{x^4} = -6x^{-4}.$$

相关习题 17～26 ◀

迅速核查 2. 求 $f(x) = x^5$ 的导数. 然后对 $f(x) = x^8/x^3$ 用商法则求同一导数. ◀

例 3 求切线 求 $f(x) = \dfrac{x^2+1}{x^2-4}$ 在点 $(3,2)$ 处的切线方程. 画出曲线和切线.

解 为求切线的斜率, 用商法则计算 f':

$$f'(x) = \frac{(x^2-4)2x - (x^2+1)2x}{(x^2-4)^2} \quad \text{(商法则)}$$

$$= \frac{2x^3 - 8x - 2x^3 - 2x}{(x^2-4)^2} = \frac{-10x}{(x^2-4)^2}. \quad \text{(化简)}$$

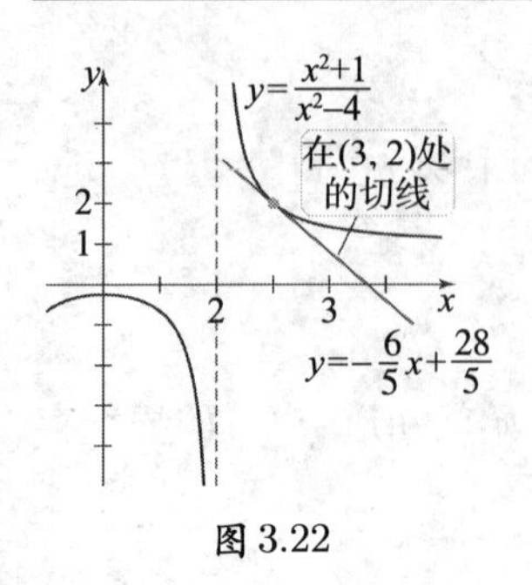

图 3.22

在 $(3,2)$ 处的切线斜率为

$$m_{\tan}=f'(3)=\frac{-10(3)}{(3^2-4)^2}=-\frac{6}{5}.$$

所以, 切线方程为

$$y-2=-\frac{6}{5}(x-3),\quad 或\quad y=-\frac{6}{5}x+\frac{28}{5}.$$

f 及切线的图像如图 3.22 所示.　　*相关习题 27～30* ◀

扩展幂法则: 负整数指数

3.2 节中的幂法则指出 $\frac{d}{dx}(x^n)=nx^{n-1}$ 对任意非负整数 n 成立. 应用商法则, 我们将证明幂法则对负整数 n 也成立. 假设 n 是负整数, 并令 $m=-n$, 则 $m>0$. 于是

$$\begin{aligned}\frac{d}{dx}(x^n)&=\frac{d}{dx}\left(\frac{1}{x^m}\right)\quad \left(x^n=\frac{1}{x^{-n}}=\frac{1}{x^m}\right)\\&=\frac{x^m\overbrace{\left[\frac{d}{dx}(1)\right]}^{常数的导数为 0}-1\overbrace{\left(\frac{d}{dx}x^m\right)}^{等于\ mx^{m-1}}}{(x^m)^2}\quad (商法则)\\&=\frac{-mx^{m-1}}{x^{2m}}\quad (化简)\\&=-mx^{-m-1}\quad \left(\frac{x^{m-1}}{x^{2m}}=x^{m-1-2m}\right)\\&=nx^{n-1}.\quad (用\ n\ 替换\ -m)\end{aligned}$$

定理 3.8　扩展幂法则

如果 n 是任意整数, 则

$$\frac{d}{dx}(x^n)=nx^{n-1}.$$

迅速核查 3. 用扩展幂法则和商法则两种方法计算 $f(x)=1/x^5$ 的导数. ◀

例 4　应用扩展幂法则 求下列导数.

a. $\frac{d}{dx}\left(\frac{9}{x^5}\right)$.　　**b.** $\frac{d}{dt}\left[\frac{3t^{16}-4}{t^6}\right]$.

解

a. $\frac{d}{dx}\left(\frac{9}{x^5}\right)=\frac{d}{dx}(9x^{-5})=9(-5x^{-6})=-45x^{-6}=-\frac{45}{x^6}.$

b. $\frac{3t^{16}-4}{t^6}$ 的导数可以用商法则计算, 另一个方法是用负指数改写表达式:

$$\frac{3t^{16}-4}{t^6}=\frac{3t^{16}}{t^6}-\frac{4}{t^6}=3t^{10}-4t^{-6}.$$

现在用扩展幂法则求导:

$$\frac{d}{dt}\left[\frac{3t^{16}-4}{t^6}\right]=\frac{d}{dt}(3t^{10}-4t^{-6})=30t^9+24t^{-7}$$

相关习题 31～36 ◀

变化率

导数提供了关于函数瞬时变化率的信息. 下面例子说明这个概念.

例 5 种群增长模型 一个细菌培养基中的细菌数量递增并趋于一个常值水平 (称为稳定状态或承载容量), 其模型为 $p(t)=400\left(\dfrac{t^2+1}{t^2+4}\right)$, 其中 $t\geqslant 0$, 以小时计 (见图3.23).

a. 对 $t\geqslant 0$ 计算细菌数量的瞬时增长率, 并作图.

b. 大约何时瞬时增长率最大?

c. 稳定状态的细菌数量是多少?

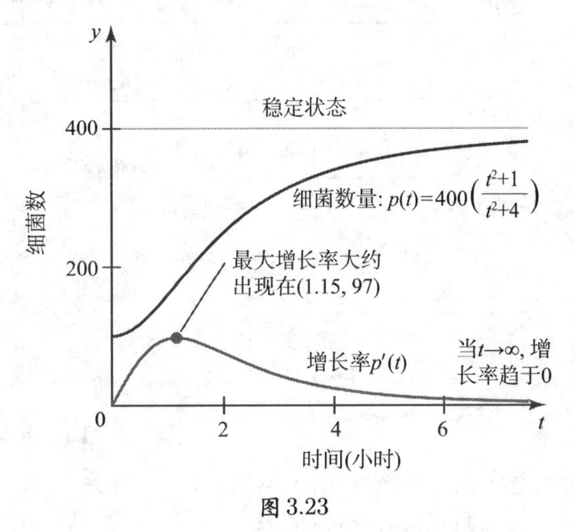

图 3.23

精确确定增长率何时最大的方法将在第 4 章中讨论.

解

a. 瞬时增长率由细菌数量函数的导数给出:

$$
\begin{aligned}
p'(t) &= \frac{d}{dt}\left[400\left(\frac{t^2+1}{t^2+4}\right)\right]\\
&= 400\frac{(t^2+4)(2t)-(t^2+1)(2t)}{(t^2+4)^2} \qquad \text{(商法则)}\\
&= \frac{2\,400t}{(t^2+4)^2}. \qquad \text{(化简)}
\end{aligned}
$$

增长率的单位是每小时的细菌数; 其图像如图 3.23 所示.

b. 增长率 p' 在细菌数量曲线最陡的点处有最大值. 使用绘图工具, 这个点对应于 $t\approx 1.15$ 小时, 增长率为 $p'(1.15)\approx 97$ 个细菌/小时.

c. 为确定细菌数量长期是否趋于一个固定值 (稳态数量), 我们考察当 $t\to\infty$ 时, 细菌数量函数的极限. 此时, 稳态数量存在且为

$$
\lim_{t\to\infty} p(t)=\lim_{t\to\infty}\left[400\underbrace{\left(\frac{t^2+1}{t^2+4}\right)}_{\text{趋于}1}\right]=400,
$$

这可由细菌数量曲线 (见图 3.23) 证实. 注意, 当细菌数量趋于稳定状态时, 增长率 p' 趋于零.

相关习题 37～40 ◀

导数法则的组合使用

有些情况需要多次使用导数法则. 下面以一个例子结束本节.

例 6　导数法则的组合使用 求导数

$$y=\frac{4x(2x^3-3x^{-1})}{x^2+1}.$$

解　此时, y 是两个函数的商, 而分子是两个函数的积:

$$\begin{aligned}\frac{dy}{dx}&=\frac{(x^2+1)\cdot\frac{d}{dx}[4x(2x^3-3x^{-1})]-[4x(2x^3-3x^{-1})]\cdot\frac{d}{dx}(x^2+1)}{(x^2+1)^2} &&\text{(商法则)}\\&=\frac{(x^2+1)(4(2x^3-3x^{-1})+4x(6x^2+3x^{-2}))-[4x(2x^3-3x^{-1})](2x)}{(x^2+1)^2} &&\text{(分子同积法则)}\\&=\frac{8x(2x^4+4x^2+3)}{(x^2+1)^2}. &&\text{(化简)}\end{aligned}$$

相关习题 41～44◀

3.3节 习题

复习题

1. 怎样求在同一点处可导的两个函数之积的导数?
2. 怎样求在同一点处可导的两个函数之商的导数?
3. 叙述关于求 x^n 导数的扩展幂法则. 对 n 的哪些值成立?
4. 用两种方法对 $f(x)=1/x^{10}$ 求导.
5. 设 n 是正整数, 并注意到 $x^n\cdot x^{-n}=1$. 用积法则对 $x^n\cdot x^{-n}$ 求导, 证明结论 $\frac{d}{dx}(1)=0$.
6. 用两种方法对 $f(x)=(x-3)(x^2+4)$ 求导.

基本技能

7～12. 积的导数 求下列函数的导数.

7. $f(x)=3x^4(2x^2-1)$.
8. $g(x)=6x-2x(x^{10}-3x^3)$.
9. $h(x)=(5x^7+5x)(6x^3+3x^2+3)$.
10. $f(x)=\left(1+\frac{1}{x^2}\right)(x^2+1)$.
11. $g(w)=(w^3+4)(w^3-1)$.
12. $s(t)=4(3t^2+2t-1)\sqrt{t}$.

13～16. 用两种方法求导

a. 用积法则求下列指定函数的导数, 并化简.

b. 先展开再求导. 验证答案与 (a) 相同.

13. $f(x)=(x-1)(3x+4)$.
14. $y=(t^2+7t)(3t-4)$.
15. $g(y)=(3y^4-y^2)(y^2-4)$.
16. $h(z)=(z^3+4z^2+z)(z-1)$.

17～22. 商的导数 求下列函数的导数.

17. $f(x)=\frac{x}{x+1}$.
18. $f(x)=\frac{x^3-4x^2+x}{x-2}$.
19. $y=(3t-1)(2t-2)^{-1}$.
20. $h(w)=\frac{w^2-1}{w^2+1}$.
21. $g(x)=\frac{x^4+1}{x^2-1}$.
22. $y=(2\sqrt{x}-1)(4x+1)^{-1}$.

23～26. 用两种方法求导

a. 用商法则求下列指定函数的导数, 并化简.

b. 先化简函数再求导. 验证答案与 (a) 相同.

23. $f(w)=\frac{w^3-w}{w}$.
24. $y=\frac{12s^3-8s^2+12s}{4s}$.
25. $y=\frac{x-a}{\sqrt{x}-\sqrt{a}}$; a 为正常数.
26. $y=\frac{x^2-2ax+a^2}{x-a}$; a 为常数.

27 ~ 30. 切线方程

a. 求指定曲线在 a 处的切线方程.

b. 用绘图工具在同一坐标系下作曲线及切线的图像.

27. $y=\dfrac{x+5}{x-1}; a=3$.

28. $y=\dfrac{2x^2}{3x-1}; a=1$.

29. $y=x(2x^{-2}+1); a=-1$.

30. $y=\dfrac{x-2}{x+1}; a=1$.

31 ~ 36. 扩展幂法则 求下列函数的导数.

31. $f(x)=3x^{-9}$.

32. $y=\dfrac{4}{p^3}$.

33. $g(t)=3t^2+\dfrac{6}{t^7}$.

34. $y=\dfrac{w^4+5w^2+w}{w^2}$.

35. $g(t)=\dfrac{t^3+3t^2+t}{t^3}$.

36. $p(x)=\dfrac{4x^3+3x+1}{2x^5}$.

37 ~ 38. 种群增长 考虑下列种群函数.

a. 对 $t\geqslant 0$, 求种群的瞬时增长率.

b. $t=5$ 时, 瞬时增长率是多少?

c. 何时瞬时增长率最大?

d. 计算并解释 $\lim\limits_{t\to\infty} p'(t)$.

e. 用绘图工具作种群及其增长率的图像, $0\leqslant t\leqslant 20$.

37. $p(t)=\dfrac{200t}{t+2}$.

38. $p(t)=600\left(\dfrac{t^2+3}{t^2+9}\right)$.

39. 求斜率的位置 设 $f(x)=\dfrac{x-x^2}{2x^2+1}$.

a. 求 x 的值, 使曲线 $y=f(x)$ 在该处的斜率为 0.

b. 用切线解释 (a) 中答案的意义.

40. 求斜率的位置 设 $f(t)=\dfrac{3t^2}{t^2+1}$.

a. 求 t 的值, 使曲线 $y=f(t)$ 在该处的斜率为 0.

b. f 有斜率为 3 的点吗? 解释理由.

41 ~ 44. 组合使用法则 计算下列函数的导数.

41. $g(x)=\dfrac{x(3-x)}{2x^2}$.

42. $h(x)=\dfrac{(x-1)(2x^2-1)}{(x^3-1)}$.

43. $g(x)=\dfrac{4x}{(x^2+x)(1-x)}$.

44. $h(x)=\dfrac{(x+1)}{x^2(2x^3+1)}$.

深入探究

45. 解释为什么是, 或不是 判断下列命题是否正确, 并说明理由或举出反例.

a. 设 $f(x)=x^{-n}$, 其中 n 是正整数, 则 $f^{(8)}(1)>0$.

b. 必须用商法则计算 $\dfrac{d}{dx}\left(\dfrac{x^2+3x+2}{x}\right)$.

c. $\dfrac{d}{dx}\left(\dfrac{1}{x^5}\right)=\dfrac{1}{5x^4}$.

46 ~ 49. 高阶导数 求 $f'(x)$, $f''(x)$ 和 $f'''(x)$.

46. $f(x)=\dfrac{1}{x}$.

47. $f(x)=x^2(2+x^{-3})$.

48. $f(x)=\dfrac{x}{x+2}$.

49. $f(x)=\dfrac{x^2-7x}{x+1}$.

50~53. 选择求导方法 用任意方法计算下列函数的导数.

50. $f(x)=\dfrac{4-x^2}{x-2}$.

51. $f(x)=4x^2-\dfrac{2x}{5x+1}$.

52. $f(z)=z^2(z+4)-\dfrac{2z}{z^2+1}$.

53. $h(r)=\dfrac{2-r-\sqrt{r}}{r+1}$.

54. 切线 假设 $f(2)=2$, $f'(2)=3$. 令 $g(x)=x^2\cdot f(x)$, $h(x)=\dfrac{f(x)}{x-3}$.

a. 求 $y=g(x)$ 在 $x=2$ 处的切线方程.

b. 求 $y=h(x)$ 在 $x=2$ 处的切线方程.

55. 阿涅西箕舌线 $y=\dfrac{a^3}{x^2+a^2}$ 的图像称为阿涅西箕舌线, 其中 a 是常数.(以 18 世纪意大利数学家阿涅西命名.)

a. 设 $a=3$, 求 $y=\dfrac{27}{x^2+9}$ 在 $x=2$ 处的切线方程.

b. 画 (a) 中的函数及求出的切线.

56～61. 由表求导数 用下表求指定导数.

x	1	2	3	4	5
$f(x)$	5	4	3	2	1
$f'(x)$	3	5	2	1	4
$g(x)$	4	2	5	3	1
$g'(x)$	2	4	3	1	5

56. $\dfrac{d}{dx}[f(x)g(x)]\bigg|_{x=1}$.

57. $\dfrac{d}{dx}\left[\dfrac{f(x)}{g(x)}\right]\bigg|_{x=2}$.

58. $\dfrac{d}{dx}[xf(x)]\bigg|_{x=3}$.

59. $\dfrac{d}{dx}\left[\dfrac{f(x)}{x+2}\right]\bigg|_{x=4}$.

60. $\dfrac{d}{dx}\left[\dfrac{xf(x)}{g(x)}\right]\bigg|_{x=4}$.

61. $\dfrac{d}{dx}\left[\dfrac{f(x)g(x)}{x}\right]\bigg|_{x=4}$.

62. 切线与导数 假设 f 的图像在 $x=2$ 处的切线方程为 $y=4x+1$, $y=3x-2$ 是 g 的图像在 $x=2$ 处的切线方程. 求下列曲线在 $x=2$ 处的切线方程.

a. $y=f(x)g(x)$. **b.** $y=\dfrac{f(x)}{g(x)}$.

应用

63. 静电力 两个同号点电荷 Q 和 q 之间静电力的大小为 $F(x)=\dfrac{kQq}{x^2}$, 其中 x 是电荷之间的距离, $k=9\times10^9\,\mathrm{Nm^2/C^2}$ 是物理常数 (C 代表库仑, 是电荷的单位; N 代表牛顿, 是力的单位).

a. 求力相对于电荷距离的瞬时变化率.

b. 对 $Q=q=1\,\mathrm{C}$ 的等电荷, 在间隔 $x=0.001\,\mathrm{m}$ 时的瞬时变化率是多少?

c. 力的瞬时变化率随间隔的变化递增还是递减? 解释理由.

64. 引力 两个质量为 M 和 m 的物体之间的引力大小为 $F(x)=-\dfrac{GMm}{x^2}$, 其中 x 是两物体中心之间的距离, $G=6.7\times10^{11}\,\mathrm{Nm^2/kg^2}$ 是引力常数 (N 代表牛顿, 是力的单位; 负号表示吸引力).

a. 求力相对于物体距离的瞬时变化率.

b. 对 $M=m=0.1\,\mathrm{kg}$ 的相同物体, 在间隔 $x=0.01\,\mathrm{m}$ 时的瞬时变化率是多少?

c. 力的瞬时变化率随间隔的变化递增还是递减? 解释理由.

附加练习

65. 均值与切线 设 f 在包含 a 和 b 的区间上可导, 并设 $P(a,f(a))$ 和 $Q(b,f(b))$ 是 f 图像上的两个不同点. 设 c 是曲线在 P 和 Q 处两切线交点的 x-坐标, 假设两切线不平行 (见图).

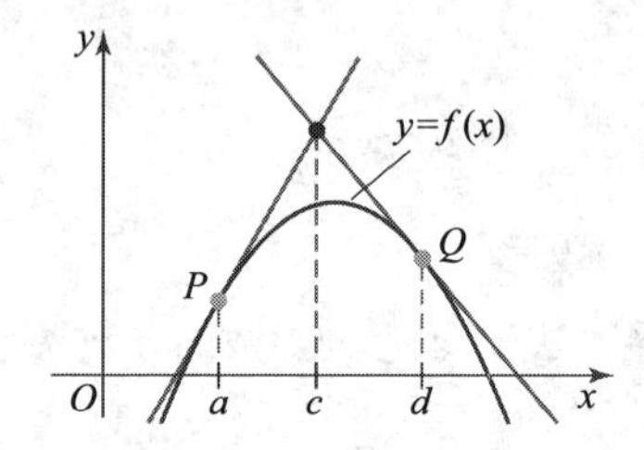

a. 如果 $f(x)=x^2$, 证明 $c=(a+b)/2$, a 和 b 是实数. 即 c 是 a 与 b 的算术平均值.

b. 如果 $f(x)=\sqrt{x}$, 证明 $c=\sqrt{ab}$, $a>0$ 且 $b>0$. 即 c 是 a 与 b 的几何平均值.

c. 如果 $f(x)=1/x$, 证明 $c=2ab/(a+b)$, $a>0$ 且 $b>0$. 即 c 是 a 与 b 的调和平均值.

d. 当 c 存在时, 对任意 (可导) 函数 f, 求 c 的表达式, 用 a 和 b 表示.

66. 商法则的证明 设 $F=f/g$ 是两个在 x 处可导的函数之商.

a. 用 F' 的定义证明
$$\frac{d}{dx}\left[\frac{f(x)}{g(x)}\right]=\lim_{h\to0}\frac{f(x+h)g(x)-f(x)g(x+h)}{h\cdot g(x+h)\cdot g(x)}.$$

b. 把 $-f(x)g(x)+f(x)g(x)$ (等于 0) 加到上面极限的分子中, 得
$$\lim_{h\to0}\frac{f(x+h)g(x)-f(x)g(x)+f(x)g(x)-f(x)g(x+h)}{h\cdot g(x+h)\cdot g(x)}.$$
用这个极限得到商法则.

c. 解释为什么只要 $g(x)\neq0$, $F'=(f/g)'$ 就存在.

67. 二阶导数的积法则 设 f 和 g 在 x 处的一阶导数和二阶导数存在, 求 $\dfrac{d^2}{dx^2}[f(x)g(x)]$ 的公式.

68. 二阶导数的商法则 设 f 和 g 在 x 处的一阶导数和二阶导数存在, 求 $\dfrac{d^2}{dx^2}\left[\dfrac{f(x)}{g(x)}\right]$ 的公式.

69. 三个函数的积法则 设 f,g 和 h 在 x 处可导.

a. 用积法则 (两次) 求 $\dfrac{d}{dx}[f(x)g(x)h(x)]$ 的公式.

b. 用 (a) 中的公式求 $\dfrac{d}{dx}[x(x-1)(x+3)]$.

70. 一个莱布尼茨法则 众多莱布尼茨法则中有一个涉及积的高阶导数. 用 $(fg)^{(n)}$ 表示积 fg 的 n 阶导数, $n \geqslant 1$.

a. 证明 $(fg)^{(2)} = gf'' + 2f'g' + fg''$.

b. 证明, 一般地,

$$(fg)^{(n)} = \sum_{k=0}^{n} \binom{n}{k} f^{(k)} g^{(n-k)},$$

其中 $\binom{n}{k} = \dfrac{n!}{k!(n-k)!}$ 是二项展开的系数.

c. 比较一下 (b) 中的结果和 $(a+b)^n$ 的展开式.

迅速核查 答案

1. 由两种方法得, $f'(x) = 5x^4$.
2. 由两种方法得, $f'(x) = 5x^4$.
3. 由两种方法得, $f'(x) = -5x^{-6}$.

3.4 三角函数的导数

从市场趋势的变化、海洋温度的改变到潮汐与荷尔蒙的每日涨落, 这些变化都是循环的或周期的. 三角函数尤其适于描述这种周期现象. 在本节中, 我们研究三角函数的导数及其许多应用.

在本节所叙述的结论中, 都假设角以弧度计.

两个特殊极限

我们的首要目标是确定 $\sin x$ 和 $\cos x$ 的导数公式. 为此, 要应用两个特殊极限.

定理 3.9 三角函数的极限

$$\lim_{x\to 0}\frac{\sin x}{x} = 1, \quad \lim_{x\to 0}\frac{\cos x - 1}{x} = 0.$$

注意, 当 $x \to 0$ 时, 这两个极限的分子和分母都趋于零, 所以不能用直接代入法计算极限. 我们首先考察函数值和图像, 可以看到明显支持 定理 3.9, 然后提供一个分析的证明.

表 3.1 列出了一些 $\dfrac{\sin x}{x}$ 的值, 精确到 10 位有效数字. 看起来, 当 x 从两边趋于零时, $\dfrac{\sin x}{x}$ 趋于 1. 图 3.24 显示 $y = \dfrac{\sin x}{x}$ 的图像在 $x = 0$ 处有一个洞, 函数在该点处无定义. 这个图像强烈支持 (但没有证明) $\lim\limits_{x\to 0}\dfrac{\sin x}{x} = 1$. 类似的证据也指出, 当 x 趋于 0 时, $\dfrac{\cos x - 1}{x}$ 趋于 0.

表 3.1

x	$\dfrac{\sin x}{x}$
± 0.1	0.998 334 166 5
± 0.01	0.999 983 333 4
± 0.001	0.999 999 833 3

现在应用几何方法与第 2 章的方法, 证明 $\lim\limits_{x\to 0}\dfrac{\sin x}{x} = 1$. $\lim\limits_{x\to 0}\dfrac{\cos x - 1}{x} = 0$ 的证明见习题 61.

证明 考虑图 3.25 中的 $\triangle OAD$, $\triangle OBC$ 和单位圆的扇形 OAC (圆心角为 x). 注意到, $0 < x < \pi/2$, 并且

$$\triangle OAD \text{ 的面积} < \text{扇形 } OAC \text{ 的面积} < \triangle OBC \text{ 的面积}. \tag{1}$$

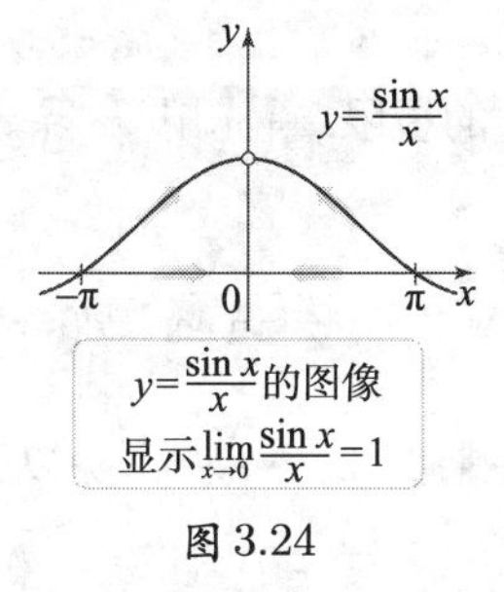

图 3.24

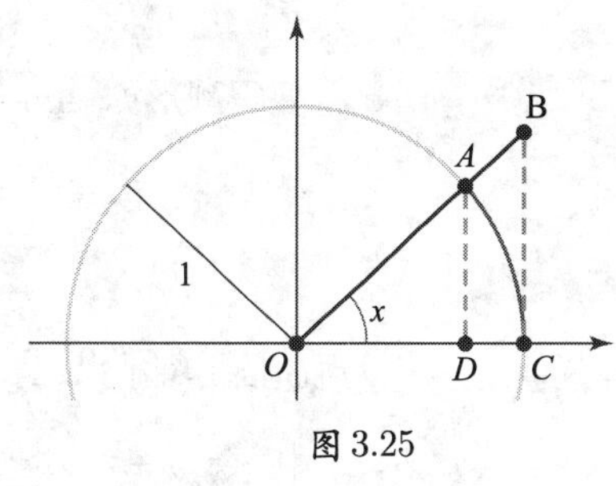

图 3.25

因为图 3.25 中的圆是单位圆, 所以 $OA = OC = 1$. 于是得 $\sin x = \dfrac{AD}{OA} = AD$, $\cos x = \dfrac{OD}{OA} = OD$, $\tan x = \dfrac{BC}{OC} = BC$. 根据这些事实, 得

- $\triangle OAD$ 的面积 $= \dfrac{1}{2}(OD)(AD) = \dfrac{1}{2}\cos x \sin x$.
- 扇形 OAC 的面积 $= \dfrac{1}{2} \cdot 1^2 \cdot x = \dfrac{x}{2}$.
- $\triangle OBC$ 的面积 $= \dfrac{1}{2}(OC)(BC) = \dfrac{1}{2}\tan x$.

半径为 r, 圆心角为 θ 的扇形面积:

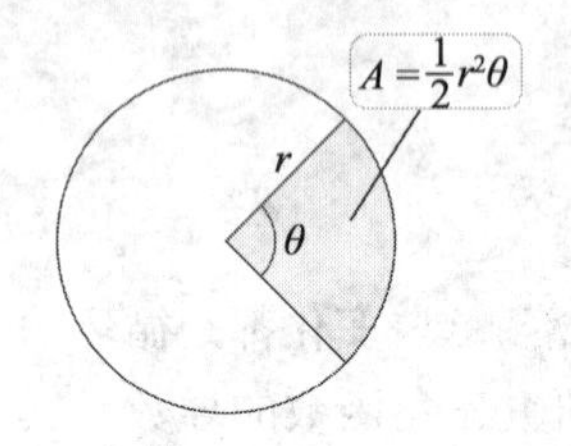

把这些结果代入 (1), 得

$$\frac{1}{2}\cos x \sin x < \frac{x}{2} < \frac{1}{2}\tan x.$$

用 $\dfrac{\sin x}{\cos x}$ 替换 $\tan x$, 再用 $\dfrac{2}{\sin x}$ 乘不等式, 导出下面不等式

$$\cos x < \frac{x}{\sin x} < \frac{1}{\cos x}.$$

取倒数, 不等式反号, 有

$$\cos x < \frac{\sin x}{x} < \frac{1}{\cos x}, \tag{2}$$

对 $0 < x < \pi/2$ 成立.

类似的方法证明 (2) 中的不等式对 $-\pi/2 < x < 0$ 也成立. 在 (2) 中取 $x \to 0$ 的极限, 得

$$\underbrace{\lim_{x\to 0}\cos x}_{1} < \lim_{x\to 0}\frac{\sin x}{x} < \underbrace{\lim_{x\to 0}\frac{1}{\cos x}}_{1}.$$

由挤压定理 (定理 2.5) 推得 $\displaystyle\lim_{x\to 0}\frac{\sin x}{x} = 1$. ◀

例 1　计算三角函数的极限 计算下列极限.

a. $\displaystyle\lim_{x\to 0}\frac{\sin 4x}{x}$.　　**b.** $\displaystyle\lim_{x\to 0}\frac{\sin 3x}{\sin 5x}$.

解

a. 为应用 $\displaystyle\lim_{x\to 0}\frac{\sin x}{x} = 1$, 分子中正弦函数的变量必须与分母一致. $\dfrac{\sin 4x}{x}$ 同时除以并乘以 4, 计算如下:

$$\begin{aligned}\lim_{x\to 0}\frac{\sin 4x}{x} &= \lim_{x\to 0}\frac{4\sin 4x}{4x} && \text{(乘以和除以 4)}\\ &= 4\lim_{t\to 0}\frac{\sin t}{t} && \text{(提出因数 4, 令 } t=4x\text{; 当 } x\to 0 \text{ 时, } t\to 0)\\ &= 4(1) = 4. && \text{(定理 3.9)}\end{aligned}$$

b. 要得到形如 $\displaystyle\lim_{x\to 0}\frac{\sin ax}{ax}$ 的极限, 首先用 x 除 $\dfrac{\sin 3x}{\sin 5x}$ 的分子和分母:

$$\frac{\sin 3x}{\sin 5x} = \frac{(\sin 3x)/x}{(\sin 5x)/x}.$$

如同 (a), $\dfrac{\sin 3x}{x}$ 除以并乘以 3, $\dfrac{\sin 5x}{x}$ 除以并乘以 5. 在分子中, 令 $t = 3x$, 在分母中, 令 $u = 5x$. 当 $x \to 0$ 时, $t \to 0$ 且 $u \to 0$. 所以,

$$\begin{aligned}\lim_{x\to 0}\frac{\sin 3x}{\sin 5x} &= \lim_{x\to 0}\frac{\dfrac{3\sin 3x}{3x}}{\dfrac{5\sin 5x}{5x}} && (\text{乘以和除以 3 和 5})\\ &= \frac{3}{5}\frac{\lim\limits_{t\to 0}(\sin t)/t}{\lim\limits_{u\to 0}(\sin u)/u} && (\text{分子中 } t=3x\text{, 分母中 } u=5x)\\ &= \frac{3}{5}\cdot\frac{1}{1}=\frac{3}{5}. && (\text{两个极限等于 1})\end{aligned}$$

迅速核查 1. 求 $\lim\limits_{x\to 0}\dfrac{\tan 2x}{x}$ ◀

相关习题 7～14◀

正弦函数和余弦函数的导数

由 定理 3.9 中三角函数的极限, 可得正弦函数的导数. 从导数的定义开始

$$f'(x)=\lim_{h\to 0}\frac{f(x+h)-f(x)}{h},$$

当 $f(x)=\sin x$ 时, 求助于正弦的两角和公式

$$\sin(x+h)=\sin x\cos h+\cos x\sin h.$$

正弦函数的导数为

$$\begin{aligned}f'(x) &= \lim_{h\to 0}\frac{\sin(x+h)-\sin x}{h} && (\text{导数的定义})\\ &= \lim_{h\to 0}\frac{\sin x\cos h+\cos x\sin h-\sin x}{h} && (\text{正弦的两角和公式})\\ &= \lim_{h\to 0}\frac{\sin x(\cos h-1)+\cos x\sin h}{h} && (\text{提出 } \sin x)\\ &= \lim_{h\to 0}\frac{\sin x(\cos h-1)}{h}+\lim_{h\to 0}\frac{\cos x\sin h}{h} && (\text{定理 2.3})\\ &= \sin x\underbrace{\left[\lim_{h\to 0}\frac{\cos h-1}{h}\right]}_{0}+\cos x\underbrace{\left[\lim_{h\to 0}\frac{\sin h}{h}\right]}_{1} && (\sin x \text{ 和 } \cos x \text{ 与 } h \text{ 无关})\\ &= \sin x\cdot 0+\cos x\cdot 1 && (\text{定理 3.9})\\ &= \cos x. && (\text{化简})\end{aligned}$$

我们证明了重要结论 $\dfrac{d}{dx}(\sin x)=\cos x$.

类似地, 用余弦的两角和公式证明 $\dfrac{d}{dx}(\cos x)=-\sin x$ (习题 63).

定理 3.10 正弦函数和余弦函数的导数

$$\frac{d}{dx}(\sin x)=\cos x,\quad \frac{d}{dx}(\cos x)=-\sin x.$$

从几何的观点看, 这两个导数公式是有道理的. 因为 $f(x)=\sin x$ 是周期函数, 我们认为其导数也是周期的. 观察到图像 $f(x)=\sin x$ 的水平切线 (见图 3.26(a)) 出现在 $f'(x)=\cos x$ 的零点处. 类似地, 图像 $f(x)=\cos x$ 的水平切线出现在 $f'(x)=-\sin x$ 的零点处 (见图 3.26(b)).

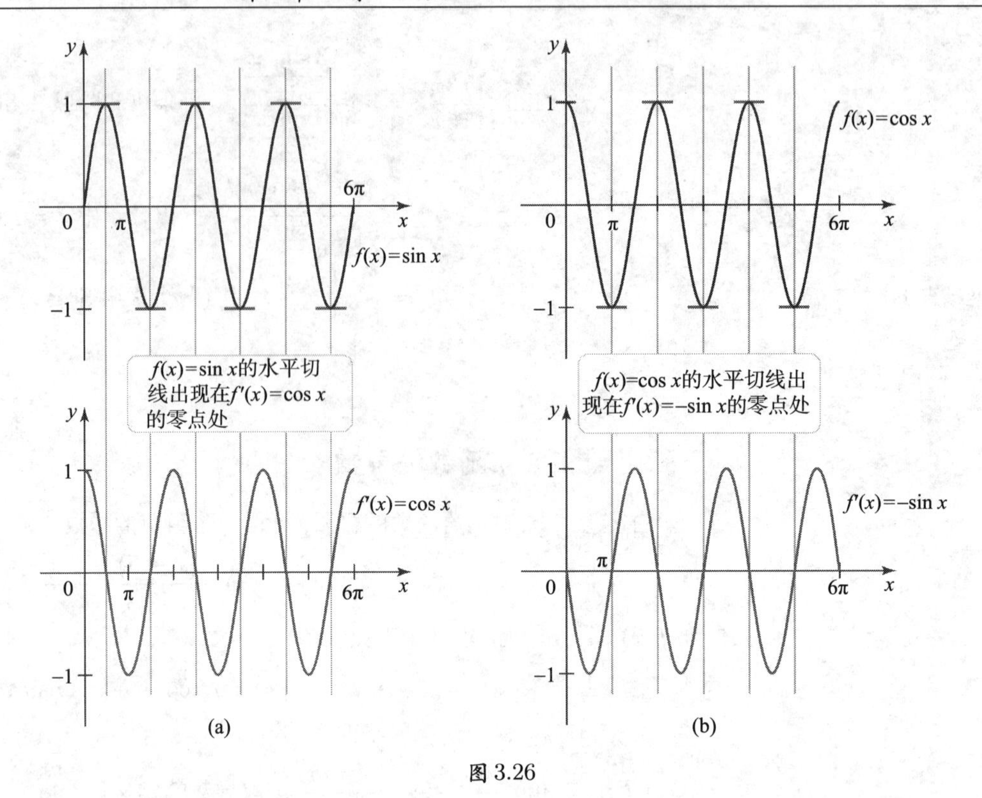

图 3.26

迅速核查 2. 在区间 $[0,2\pi]$ 上的哪些点处, $f(x)=\sin x$ 的图像切线斜率为正? 在区间 $[0,2\pi]$ 上的哪些点处, $\cos x>0$? 解释两者的关系. ◄

例 2 含三角函数的导数 对下列函数计算 dy/dx.

a. $y=x^2\cos x$. **b.** $y=\sin x-x\cos x$. **c.** $y=\dfrac{1+\sin x}{1-\sin x}$.

解

a. $$\frac{dy}{dx}=\frac{d}{dx}(x^2\cdot\cos x)=\overbrace{2x\cos x}^{x^2\cdot\cos x\text{的导数}}\overbrace{+x^2(-\sin x)}^{x^2\cdot\cos x\text{的导数}}\quad\text{(积法则)}$$
$$=x(2\cos x-x\sin x).\quad\text{(化简)}$$

b. $$\frac{dy}{dx}=\frac{d}{dx}(\sin x)-\frac{d}{dx}(x\cos x)\quad\text{(差法则)}$$
$$=\cos x-[\underbrace{(1)\cos x}_{x\text{的导数}\cdot\cos x}+\underbrace{x(-\sin x)}_{x\cdot\cos x\text{的导数}}]\quad\text{(积法则)}$$
$$=x\sin x.\quad\text{(化简)}$$

c. $$\frac{dy}{dx}=\frac{(1-\sin x)\overbrace{(\cos x)}^{1+\sin x\text{的导数}}-(1+\sin x)\overbrace{(-\cos x)}^{1-\sin x\text{的导数}}}{(1-\sin x)^2}\quad\text{(商法则)}$$
$$=\frac{\cos x-\cos x\sin x+\cos x+\sin x\cos x}{(1-\sin x)^2}\quad\text{(展开)}$$
$$=\frac{2\cos x}{(1-\sin x)^2}.\quad\text{(化简)}$$

相关习题 15 ~ 22 ◄

其他三角函数的导数

用 $\sin x$ 和 $\cos x$ 的导数与商法则及三角恒等式可以得到 $\tan x, \cot x$, $\sec x$ 和 $\csc x$ 的导数.

回顾一下, $\tan x=\dfrac{\sin x}{\cos x}$, $\cot x=\dfrac{\cos x}{\sin x}$, $\sec x=\dfrac{1}{\cos x}$, $\csc x=\dfrac{1}{\sin x}$.

例 3 正切函数的导数 计算 $\dfrac{d}{dx}(\tan x)$.

解

$$\begin{aligned}\frac{d}{dx}(\tan x) &= \frac{d}{dx}\left(\frac{\sin x}{\cos x}\right)\\ &= \frac{\cos x \overbrace{\cos x}^{\sin x\text{的导数}} - \sin x \overbrace{(-\sin x)}^{\cos x\text{的导数}}}{\cos^2 x} \quad (\text{商法则})\\ &= \frac{\cos^2 x+\sin^2 x}{\cos^2 x} \quad (\text{化简分子})\\ &= \frac{1}{\cos^2 x}=\sec^2 x. \quad (\cos^2 x+\sin^2 x=1)\end{aligned}$$

所以 $\dfrac{d}{dx}(\tan x)=\sec^2 x$.

相关习题 23～25 ◀

$\cot x$, $\sec x$ 和 $\csc x$ 的导数在 定理 3.11 中给出 (习题 23～25).

记 定理 3.11 的一个方法是先记住正弦、正切和正割函数的导数, 然后把每个函数换成对应的余函数, 并在右边添一个负号得新的导数公式.

$$\frac{d}{dx}(\sin x)=\cos x \leftrightarrow \frac{d}{dx}(\cos x)=-\sin x,$$
$$\frac{d}{dx}(\tan x)=\sec^2 x \leftrightarrow \frac{d}{dx}(\cot x)=-\csc^2 x,$$
$$\frac{d}{dx}(\sec x)=\sec x\tan x \leftrightarrow \frac{d}{dx}(\csc x)=-\csc x\cot x.$$

定理 3.11 三角函数的导数

$$\frac{d}{dx}(\sin x)=\cos x, \qquad \frac{d}{dx}(\cos x)=-\sin x,$$
$$\frac{d}{dx}(\tan x)=\sec^2 x, \qquad \frac{d}{dx}(\cot x)=-\csc^2 x,$$
$$\frac{d}{dx}(\sec x)=\sec x\tan x, \qquad \frac{d}{dx}(\csc x)=-\csc x\cot x.$$

迅速核查 3. 可以用商法则确定 $\dfrac{d}{dx}(\cot x)$, $\dfrac{d}{dx}(\sec x)$ 和 $\dfrac{d}{dx}(\csc x)$ 的公式. 为什么? ◀

例 4 含 $\sec x$ 和 $\csc x$ 的导数 求 $y=\sec x\csc x$ 的导数.

解

$$\begin{aligned}\frac{dy}{dx} &= \frac{d}{dx}(\sec x\cdot\csc x)\\ &= \underbrace{\sec x\tan x}_{\sec x\text{的导数}}\csc x+\sec x\underbrace{(-\csc x\cot x)}_{\csc x\text{的导数}} \quad (\text{积法则})\\ &= \underbrace{\frac{1}{\cos x}}_{\sec x}\cdot\underbrace{\frac{\sin x}{\cos x}}_{\tan x}\cdot\underbrace{\frac{1}{\sin x}}_{\csc x}-\underbrace{\frac{1}{\cos x}}_{\sec x}\cdot\underbrace{\frac{1}{\sin x}}_{\csc x}\cdot\underbrace{\frac{\cos x}{\sin x}}_{\cot x} \quad (\text{用 }\sin x\text{ 和 }\cos x\text{ 表示函数})\\ &= \frac{1}{\cos^2 x}-\frac{1}{\sin^2 x} \quad (\text{消去并化简})\\ &= \sec^2 x-\csc^2 x. \quad (\sec x\text{ 和 }\csc x\text{ 的定义})\end{aligned}$$

迅速核查 4. 为什么 $\sec x\csc x$ 的导数等于 $\dfrac{1}{\cos x\sin x}$ 的导数? ◀

相关习题 26～32 ◀

三角函数的高阶导数

正弦与余弦函数的高阶导数在许多应用中是重要的. $y=\sin x$ 的一些高阶导数揭示了其模式:

$$\frac{dy}{dx}=\cos x,\qquad \frac{d^2y}{dx^2}=\frac{d}{dx}(\cos x)=-\sin x,$$
$$\frac{d^3y}{dx^3}=\frac{d}{dx}(-\sin x)=-\cos x,\qquad \frac{d^4y}{dx^4}=\frac{d^4y}{dx^4}=\frac{d}{dx}(-\cos x)=\sin x.$$

可见 $\sin x$ 的高阶导数周期地回到 $\pm\sin x$. 一般地, 可以证明 $\dfrac{d^{2n}y}{dx^{2n}}=(-1)^n\sin x$ 及关于 $\cos x$ 的类似结论 (习题 68). 其他三角函数没有 $\sin x$ 和 $\cos x$ 这样的导数循环现象.

迅速核查 5. 对 $y=\cos x$ 求 $\dfrac{d^2y}{dx^2}$ 和 $\dfrac{d^4y}{dx^4}$. 对 $y=\sin x$, 求 $\dfrac{d^{40}y}{dx^{40}}$ 和 $\dfrac{d^{42}y}{dx^{42}}$. ◄

例 5　二阶导数 求 $\csc x$ 的二阶导数.

解　由 定理 3.11, $\dfrac{dy}{dx}=-\csc x\cot x$. 应用积法则求出二阶导数:

$$\begin{aligned}\frac{d^2y}{dx^2}&=\frac{d}{dx}(-\csc x\cot x)\\&=\left(\frac{d}{dx}(-\csc x)\right)\cot x-\csc x\frac{d}{dx}(\cot x)\qquad\text{(积法则)}\\&=(\csc x\cot x)\cot x-\csc x(-\csc^2 x)\qquad\text{(计算导数)}\\&=\csc x(\cot^2 x+\csc^2 x).\qquad\text{(提取公因式)}\end{aligned}$$

相关习题 33～36 ◄

3.4 节 习题

复习题

1. 为什么不能用直接代入法计算 $\lim\limits_{x\to 0}\dfrac{\sin x}{x}$?
2. 本节中如何使用 $\lim\limits_{x\to 0}\dfrac{\sin x}{x}$?
3. 解释为什么用商法则确定 $\tan x$ 和 $\cot x$ 的导数.
4. 如何用导数 $\dfrac{d}{dx}(\sin x)=\cos x$, $\dfrac{d}{dx}(\tan x)=\sec^2 x$ 和 $\dfrac{d}{dx}(\sec x)=\sec x\tan x$ 记住 $\cos x$, $\cot x$ 和 $\csc x$ 的导数?
5. 如果 $f(x)=\sin x$, 那么 $f'(\pi)$ 的值是什么?
6. $\sin x$ 在何处有水平切线? $\cos x$ 在何处取零值? 解释两者之间的关系.

基本技能

7～14. 三角函数的极限 应用 定理 3.9 计算下列极限.

7. $\lim\limits_{x\to 0}\dfrac{\sin 3x}{x}$.
8. $\lim\limits_{x\to 0}\dfrac{\sin 5x}{3x}$.
9. $\lim\limits_{x\to 0}\dfrac{\tan 5x}{x}$.
10. $\lim\limits_{\theta\to 0}\dfrac{\cos^2\theta-1}{\theta}$.
11. $\lim\limits_{x\to 0}\dfrac{\tan 7x}{\sin x}$.
12. $\lim\limits_{\theta\to 0}\dfrac{\sec\theta-1}{\theta}$.
13. $\lim\limits_{x\to 2}\dfrac{\sin(x-2)}{x^2-4}$.
14. $\lim\limits_{x\to -3}\dfrac{\sin(x+3)}{x^2+8x+15}$.

15～22. 计算导数 对下列函数求 dy/dx.

15. $y=\sin x+\cos x$.
16. $y=5x^2+\cos x$.
17. $y=3x^4\sin x$.
18. $y=\sin x+\dfrac{4\cos x}{x}$.
19. $y=\sin x\cos x$.
20. $y=\dfrac{(x^2-1)\sin x}{\sin x+1}$.
21. $y=\cos^2 x$.

22. $y = \dfrac{x\sin x}{1+\cos x}$.

23～25. 其他三角函数的导数 用商法则验证下列导数公式.

23. $\dfrac{d}{dx}(\cot x) = -\csc^2 x$.

24. $\dfrac{d}{dx}(\sec x) = \sec x\tan x$.

25. $\dfrac{d}{dx}(\csc x) = -\csc x\cot x$.

26～32. 含其他三角函数的导数 求下列函数的导数.

26. $y = \tan x + \cot x$.

27. $y = \sec x + \csc x$.

28. $y = \dfrac{\tan w}{1+\tan w}$.

29. $y = \dfrac{\cot x}{1+\csc x}$.

30. $y = \dfrac{\tan t}{1+\sec t}$.

31. $y = \dfrac{1}{\sec z\csc z}$.

32. $y = \csc^2\theta - 1$.

33～36. 二阶导数 对下列函数求 y''.

33. $y = \cot x$.

34. $y = \tan x$.

35. $y = \sec x\csc x$.

36. $y = \cos\theta\sin\theta$.

深入探究

37. 解释为什么是, 或不是 判断下列命题是否正确, 并说明理由或举出反例.

a. $\dfrac{d}{dx}(\sin^2 x) = \cos^2 x$.

b. $\dfrac{d}{dx^2}(\sin x) = \sin x$.

c. $\dfrac{d^4}{dx^4}(\cos x) = \cos x$.

d. 函数 $\sec x$ 在 $x = \pi/2$ 处不可导.

38～43. 三角函数的极限 求下列极限, 或指出极限不存在.

38. $\lim\limits_{x\to 0}\dfrac{\sin ax}{bx}$, 其中 a 和 b 是常数且 $b\neq 0$.

39. $\lim\limits_{x\to 0}\dfrac{\sin ax}{\sin bx}$, 其中 a 和 b 是常数且 $b\neq 0$.

40. $\lim\limits_{x\to\pi/2}\dfrac{\cos x}{x-(\pi/2)}$.

41. $\lim\limits_{x\to 0}\dfrac{3\sec^5 x}{x^2+4}$.

42. $\lim\limits_{x\to\infty}\dfrac{\cos x}{x}$.

43. $\lim\limits_{x\to\pi/4} 3\csc 2x\cot 2x$.

44～49. 计算导数 对下列函数求 dy/dx.

44. $y = \dfrac{\sin x}{1+\cos x}$.

45. $y = x\cos x\sin x$.

46. $y = \dfrac{1}{2+\sin x}$.

47. $y = \dfrac{2\cos x}{1+\sin x}$.

48. $y = \dfrac{x\cos x}{1+x^3}$.

49. $y = \dfrac{1-\cos x}{1+\cos x}$.

50～53. 切线方程

a. 求下列曲线在指定 x 处的切线方程.

b. 用绘图工具作曲线和切线的图像.

50. $y = 4\sin x\cos x; x = \pi/3$.

51. $y = 1+2\sin x; x = \pi/6$.

52. $y = \csc; x = \pi/4$.

53. $y = \dfrac{\cos x}{1-\cos x}; x = \pi/3$.

54. 切线的位置

a. x 取何值时, $g(x) = x-\sin x$ 有水平切线?

b. x 取何值时, $g(x) = x-\sin x$ 有斜率 1?

55. 水平切线的位置 x 取何值时, $f(x) = x-2\cos x$ 有水平切线?

56. 配对 把函数图像 (a)～(d) 与导数图像 (A)～(D) 配对.

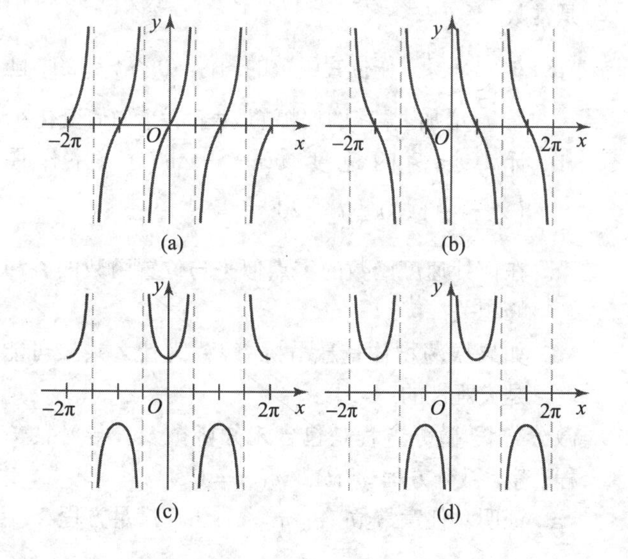

(a) (b) (c) (d)

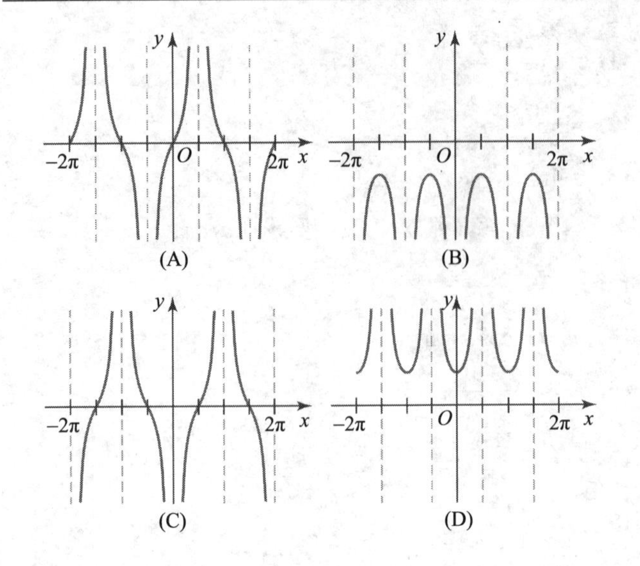

应用

57. 振荡的速度 物体沿垂直线振荡, 其位移以厘米计, 由 $y(t)=30(\sin t-1)$ 给出, 其中 $t\geqslant 0$ 以秒计, 且方向向上时 y 为正.

a. 作位置函数的图像, $0\leqslant t\leqslant 10$.

b. 求振荡的速度 $v(t)=y'(t)$.

c. 作速度函数的图像, $0\leqslant t\leqslant 10$.

d. 在何时何处速度为零?

e. 在何时何处速度最大?

f. 振荡的加速度为 $a(t)=v'(t)$. 求加速度函数并作其图像.

58. 共振 振荡物体 (如弹簧上的一个物体或电路中的一个元件) 在受到具有相同频率的外力作用时产生的强迫运动称为共振 (至少在一个短时期内). 共振中振荡物体的位置函数形如 $y(t)=At\sin t$, 其中 A 是常数.

a. 对 $A=\dfrac{1}{2}$, 作位置函数的图像, $0\leqslant t\leqslant 20$. 随着 t 增加, 振荡的振幅 (最大高度) 如何变化?

b. 计算振荡的速度 $v(t)=y'(t)$, 并作图 $\left(A=\dfrac{1}{2}\right)$, $0\leqslant t\leqslant 20$.

c. 在何处速度函数的零点似乎与位置函数的谷和峰相关?

d. 如果振荡物体是悬吊桥, 解释为什么共振可能是灾难性的.

59. 微分方程 微分方程是包含未知函数及其导数的方程. 考虑微分方程 $y''(t)+y(t)=0$.

a. 证明对任意常数 A, $y=A\sin t$ 满足方程.

b. 证明对任意常数 B, $y=B\cos t$ 满足方程.

c. 证明对任意常数 A 和 B, $y=A\sin t+B\cos t$ 满足方程.

附加练习

60. 用恒等式 用恒等式 $\sin 2x=2\sin x\cos x$ 求 $\dfrac{d}{dx}(\sin 2x)$. 然后由恒等式 $\cos 2x=\cos^2 x-\sin^2 x$ 把 $\sin 2x$ 的导数用 $\cos 2x$ 表示.

61. 证明 $\lim\limits_{x\to 0}\dfrac{\cos x-1}{x}=0$ 用三角恒等式 $\cos^2 x+\sin^2 x=1$ 证明 $\lim\limits_{x\to 0}\dfrac{\cos x-1}{x}=0$. (提示: 分子和分母同乘 $\cos x+1$.)

62. 另一种方法证明 $\lim\limits_{x\to 0}\dfrac{\cos x-1}{x}=0$ 用半角公式 $\sin^2 x=\dfrac{1-\cos 2x}{2}$ 证明 $\lim\limits_{x\to 0}\dfrac{\cos x-1}{x}=0$.

63. 证明 $\dfrac{d}{dx}(\cos x)=-\sin x$ 用极限的定义和三角恒等式

$$\cos(x+h)=\cos x\cos h-\sin x\sin h$$

证明 $\dfrac{d}{dx}(\cos x)=-\sin x$.

64. 分段函数的连续性 设

$$f(x)=\begin{cases}\dfrac{3\sin x}{x}, & x\neq 0\\ a, & x=0\end{cases},$$

a 取何值时, f 连续?

65. 分段函数的连续性 设

$$g(x)=\begin{cases}\dfrac{1-\cos x}{2x}, & x\neq 0\\ a, & x=0\end{cases},$$

a 取何值时, g 连续?

66. 计算角度制的极限 假设图形计算器中有两个函数, 一个计算 x 以弧度计的正弦值, 称为 $\sin x$, 另外一个计算 x 以角度计的正弦值, 称为 $s(x)$.

a. 解释为什么 $s(x)=\sin\left(\dfrac{\pi}{180}x\right)$.

b. 计算 $\lim\limits_{x\to 0}\dfrac{s(x)}{x}$. 用计算器估计极限来验证答案.

67. $\sin^n x$ 的导数 用积法则计算下列极限.

a. $\dfrac{d}{dx}(\sin^2 x)$.

b. $\dfrac{d}{dx}(\sin^3 x)$.

c. $\dfrac{d}{dx}(\sin^4 x)$.

d. 根据 (a) ~ (c) 的答案, 做一个关于 $\dfrac{d}{dx}(\sin^n x)$ 的猜想, 其中 n 是正整数. 用归纳法证明之.

68. $\sin x$ **和** $\cos x$ **的高阶导数** 证明

$$\frac{d^{2n}}{dx^{2n}}(\sin x) = (-1)^n \sin x,$$

$$\frac{d^{2n}}{dx^{2n}}(\cos x) = (-1)^n \cos x.$$

69 ~ 72. 由极限识别导数 下列极限等于一个函数 f 在一点 a 处的导数.

a. 求可能的 f 和 a. **b.** 计算极限.

69. $\displaystyle\lim_{h\to 0}\frac{\sin\left(\frac{\pi}{6}+h\right)-\frac{1}{2}}{h}$.

70. $\displaystyle\lim_{h\to 0}\frac{\cos\left(\frac{\pi}{6}+h\right)-\frac{\sqrt{3}}{2}}{h}$.

71. $\displaystyle\lim_{x\to\pi/4}\frac{\cot x-1}{x-\frac{\pi}{4}}$.

72. $\displaystyle\lim_{h\to 0}\frac{\tan\left(\frac{5\pi}{6}+h\right)+\frac{1}{\sqrt{3}}}{h}$.

迅速核查 答案

1. 2.

2. $0 < x < \frac{\pi}{2}$ 和 $\frac{3\pi}{2} < x < 2\pi$. $\cos x$ 的值是曲线 $y = \sin x$ 的切线斜率.

3. 因为每个函数用正弦函数和余弦函数表示时是一个商, 所以用商法则.

4. $\dfrac{1}{\cos x \sin x} = \dfrac{1}{\cos x}\cdot\dfrac{1}{\sin x} = \sec x \csc x$.

5. $\dfrac{d^2y}{dx^2} = -\cos x$, $\dfrac{d^4y}{dx^4} = \cos x$, $\dfrac{d^{40}}{dx^{40}}(\sin x) = \sin x$, $\dfrac{d^{42}}{dx^{42}}(\sin x) = -\sin x$.

3.5 作为变化率的导数

这一节的主题是作为变化率的导数. 观察周围的世界, 我们发现几乎所有的事物都处在变化的状态: 互联网的大小在增长, 人的血压在上下波动; 当供给增加时, 价格下降; 宇宙在膨胀. 本节探究这一思想的众多应用中的几个例子, 并阐明为什么称微积分为变化的数学.

一维运动

描述抛射物体或行星的运动是 17 世纪时众多导致微积分发展的挑战之一. 我们从考察物体限制在一维的运动开始, 即先考察物体沿直线运动. 这种运动可能是水平的 (例如, 汽车行使在直的高速公路上), 也可能是垂直的 (如垂直向空中抛射的物体).

描述物体运动时, 习惯上用 t 作为自变量表示时间. 通常假设在 $t = 0$ 时开始运动.

位置和速度 假设物体沿直线运动, 其在 t 时刻的位置由位置函数 $s = f(t)$ 确定. 所有位置相对于一个参考点度量, 这个参考点通常取原点 $s = 0$. 物体在 $t = a$ 到 $t = a + \Delta t$ 之间的位移是 $\Delta s = f(a+\Delta t) - f(a)$, 这里时间间隔是 Δt 个单位 (见图 3.27).

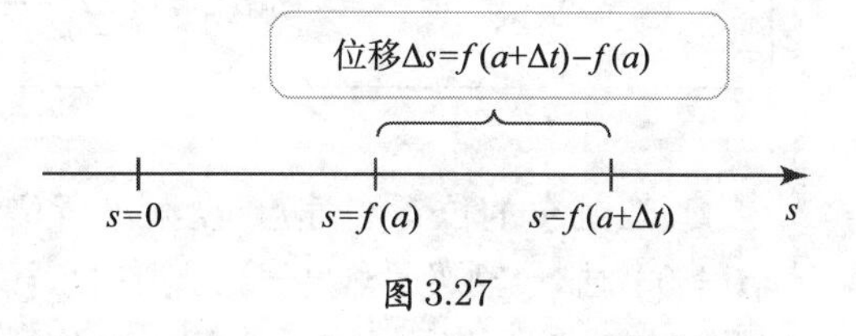

图 3.27

回顾 2.1 节中, 物体在区间 $[a, a+\Delta t]$ 上的平均速度是物体的位移 Δs 除以时间间隔 Δt:

$$\frac{\Delta s}{\Delta t} = \frac{f(a+\Delta t) - f(a)}{\Delta t}$$

平均速度是过 $P(a, f(a))$ 和 $Q(a+\Delta t, f(a+\Delta t))$ 的割线斜率 (见图 3.28).

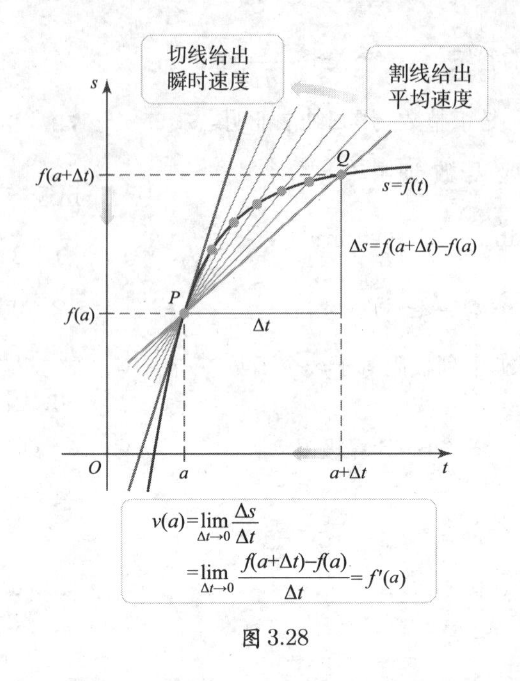

图 3.28

当 Δt 趋于 0 时, 在越来越小的区间上计算平均速度, 并且如果极限存在, 平均速度的极限是在 a 处的瞬时速度. 这与定义导数的论点相同. 结论是在时刻 a 的瞬时速度 $v(a)$ 是位置函数在 a 处的导数:

$$v(a)=\lim_{\Delta t \to 0} \frac{f(a+\Delta t)-f(a)}{\Delta t}=f'(a).$$

等价地, 在 a 处的瞬时速度是位置函数在 a 处的变化率; 也等于曲线 $s=f(t)$ 在点 $P(a, f(a))$ 处的切线斜率.

使用不同的导数记号, 速度也可以写成 $v(t)=s'(t)=ds/dt$. 若没有明确平均或瞬时, 则速度都理解为瞬时速度.

定义 平均速度与瞬时速度

设 $s=f(t)$ 是一物体沿直线运动的位置函数. 该物体在时间区间 $[a, a+\Delta t]$ 上的平均速度是 $(a, f(a))$ 和 $(a+\Delta t, f(a+\Delta t))$ 之间割线的斜率:

$$\frac{f(a+\Delta t)-f(a)}{\Delta t}.$$

在 a 处的瞬时速度为位置曲线在 $(a, f(a))$ 处的切线斜率, 即位置函数的导数:

$$v(a)=\lim_{\Delta t \to 0} \frac{f(a+\Delta t)-f(a)}{\Delta t}=f'(a).$$

迅速核查 1. 汽车里的速度表测的是平均速度还是瞬时速度? ◄

例 1 巡逻车的位置和速度 设派出所位于一条东西走向的笔直的高速公路上. 在正午 ($t=0$) 时, 一辆巡逻车离开派出所向东行驶. 巡逻车的位置函数 $s=f(t)$ 表示午后 t 小时巡逻车在派出所东边 ($s>0$) 或西边 ($s<0$) 的位置, 以英里计 (见图 3.29).

a. 描述巡逻车在第一个 3.5 小时期间的位置.

b. 计算从正午到 2:00P.M. 巡逻车的平均速度 ($0 \leqslant t \leqslant 2$).

c. 计算从 2:00P.M. 到 3:30P.M. 巡逻车的位移和平均速度 ($2 \leqslant t \leqslant 3.5$).

d. 当巡逻车向东行驶时, 何时瞬时速度最大?

e. 何时巡逻车没有行驶?

解

a. 位置函数的图像显示巡逻车在 $t=0$ (正午) 到 $t=1.5$ (1:30P.M.) 期间行驶 80 mi. 巡逻车的位置从 $t=1.5$ 到 $t=2$ 没有变化, 所以从 1:30P.M. 到 2:00P.M. 没有行驶. 从 $t=2$ 开始, 巡逻车到派出所的距离下降, 表示巡逻车向西行驶, 最后在 $t=3.5$ (3:00P.M.) 时终止行驶, 停在派出所西边 20 mi 处 (见图 3.30).

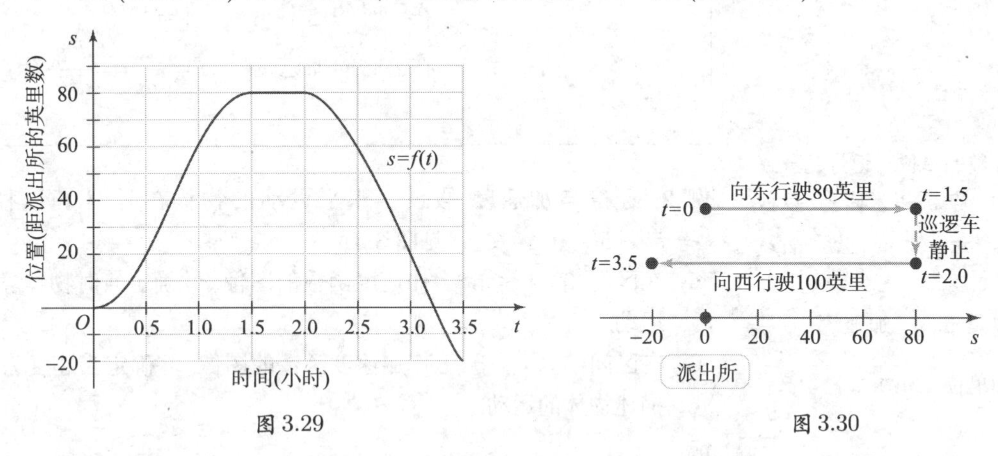

图 3.29

图 3.30

b. 从图 3.29 发现, $f(0)=0\,\text{mi}$, $f(2)=80\,\text{mi}$. 所以在前 2 个小时的平均速度是

$$\frac{\Delta s}{\Delta t}=\frac{f(2)-f(0)}{2-0}=\frac{80\text{mi}}{2\text{hr}}=40\text{mi/hr}.$$

c. 在 3:30P.M. 时巡逻车的位置是 $f(3.5)=-20$ (负号表示巡逻车在派出所西边 20 英里), 在 2:00P.M. 时巡逻车的位置是 $f(2)=80$. 所以在时间间隔 $\Delta t=3.5-2=1.5\,\text{hr}$ 的位移是

$$\Delta s=f(3.5)-f(2)=-20\text{mi}-80\text{mi}=-100\text{mi}.$$

(负位移表示巡逻车向西行驶 100 英里). 平均速度是

$$\frac{\Delta s}{\Delta t}=\frac{-100\text{mi}}{1.5\text{hr}}\approx-66.7\text{mi/hr}.$$

d. 向东最大的瞬时速度对应于图像中有最大正斜率的点. 最大斜率似乎出现在 $t=0.5\sim t=1$ 之间. 在这个时间区间内, 因为曲线近似直线, 所以巡逻车也接近常速行驶. 我们得出结论, 从 12:30 到 1:00, 向东行驶的速度最大.

e. 当瞬时速度为零时, 巡逻车没有行驶. 于是, 寻找曲线斜率为零的点. 这些点出现在 $t=1.5\sim t=2$ 期间.

相关习题 9 ~ 10 ◀

牛顿第一运动定律指出, 在没有外力的作用下移动物体没有加速度, 表示速度的大小和方向是常值.

速率与加速度 当只对速度的大小感兴趣时, 我们使用速率表示速度的绝对值:

$$\text{速率}=|v|.$$

例如, 瞬时速度为 $-30\,\text{mi/hr}$ 的轿车速率为 $30\,\text{mi/hr}$.

物体沿直线运动的一个更复杂的描述包括其加速度, 它是速度的变化率; 即加速度是速度函数对时间 t 的导数. 如果加速度是正的, 物体速度增加; 如果加速度是负的, 物体速度减小. 因为速度是位置函数的导数, 所以加速度是位置函数的二阶导数, 故

$$a = \frac{dv}{dt} = \frac{d^2s}{dt^2}.$$

定义　速度、速率和加速度

设物体沿直线运动, 位置 $s = f(t)$.

在 t 时的速度：　$v = \dfrac{ds}{dt} = f'(t)$.

在 t 时的速率：　$|v| = |f'(t)|$.

在 t 时的加速度：　$a = \dfrac{dv}{dt} = \dfrac{d^2s}{dt^2} = f''(t)$.

导数的单位与记号是一致的. 若 s 以米计, t 以秒计, 那么速度 $\dfrac{ds}{dt}$ 的单位是 m/s. 加速度 $\dfrac{d^2s}{dt^2}$ 的单位是 m/s^2 .

例 2　速度与加速度 假设一水平运动的物体在时刻 t(以秒计) 的位置 (以英尺计) 为 $s = t^2 - 5t$, $0 \leqslant t \leqslant 5$ (见图 3.31).

a. 在区间 $0 \leqslant t \leqslant 5$ 上作速度函数的图像, 并确定何时物体静止, 何时向左运动, 何时向右运动.

b. 在区间 $0 \leqslant t \leqslant 5$ 上作加速度函数的图像, 并确定当速度为零时物体的加速度.

c. 描述物体的运动.

解

a. 速度是 $v = s'(t) = 2t-5$. 当 $v = 2t-5 = 0$, 即 $t = 2.5$ 时, 物体静止. 解 $v = 2t-5 > 0$, 得当 $\dfrac{5}{2} < t < 5$ 时速度为正 (向右运动). 类似地, 当 $0 \leqslant t < \dfrac{5}{2}$ 时速度为负 (向左运动). 速度函数的图像 (见图 3.32) 证实了这些结论.

图 3.31 给出的是位置函数的图像, 而不是物体的路径. 物体沿直线运动.

b. 加速度是速度的导数, $a = v'(t) = s''(t) = 2$. 表示加速度是 $2\,\text{ft/s}^2$, $0 \leqslant t \leqslant 5$ (见图 3.33).

c. 从初始位置 $s(0) = 0$ 开始, 物体往负方向 (向左) 以递减速度运动, 直到在 $s\left(\dfrac{5}{2}\right) = -\dfrac{25}{4}$ 处暂时静止. 然后物体沿正方向 (向右) 以递增速率运动, 在 $t = 5$ 时回到其初始位置. 在此时间区间内加速度是常值.

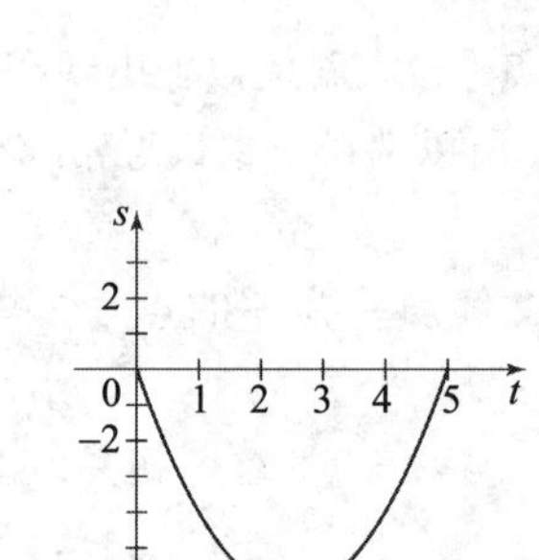

图 3.31

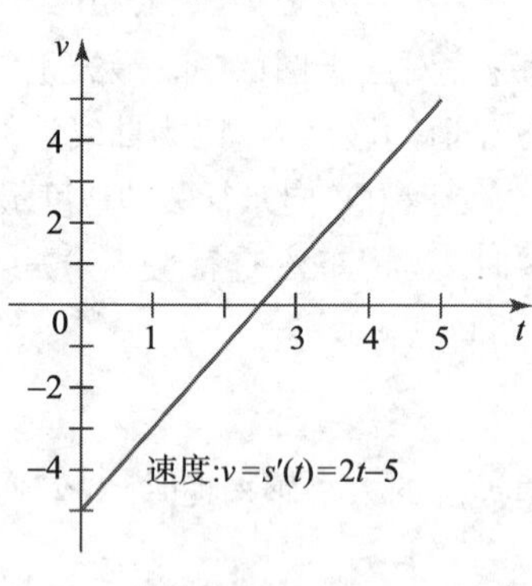

图 3.32

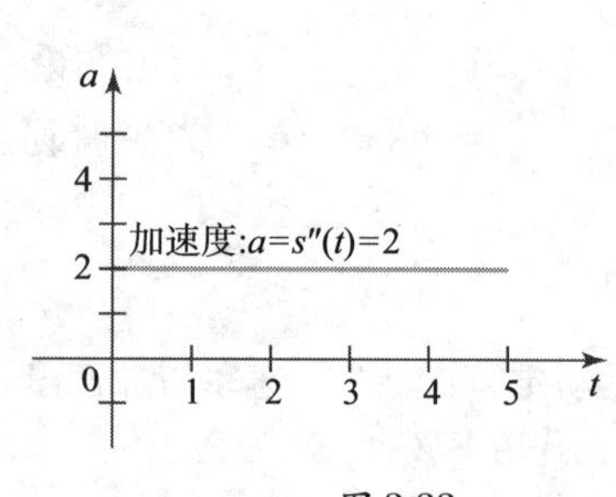

图 3.33

相关习题 11～16 ◂

迅速核查 2. 用文字描述具有正加速度的物体速度. 一个物体能否同时具有正加速度和递减速率? ◂

地球的引力加速度记为 g. 在公制单位下, 地球表面的 $g = 9.8\,\mathrm{m/s^2}$; 在英美制下, $g \approx 32\,\mathrm{ft/s^2}$.

自由落体 现在我们考虑在地球引力场中, 物体垂直运动的问题, 假设没有其他力 (如空气阻力) 的作用.

例 3 引力场中的运动 假设在高出河面 96 ft 的桥上以初始速度 64 ft/s 垂直向上投掷一个石块. 根据牛顿运动定律, t 秒后石块的位置 (以高出河面的高度计) 是

$$s(t) = -16t^2 + 64t + 96,$$

其中 $s = 0$ 指河面 (见图 3.34(a)).

位置函数的偏差在 6.1 节中给出. 再次提示, 位置函数的图像不是石块的路径.

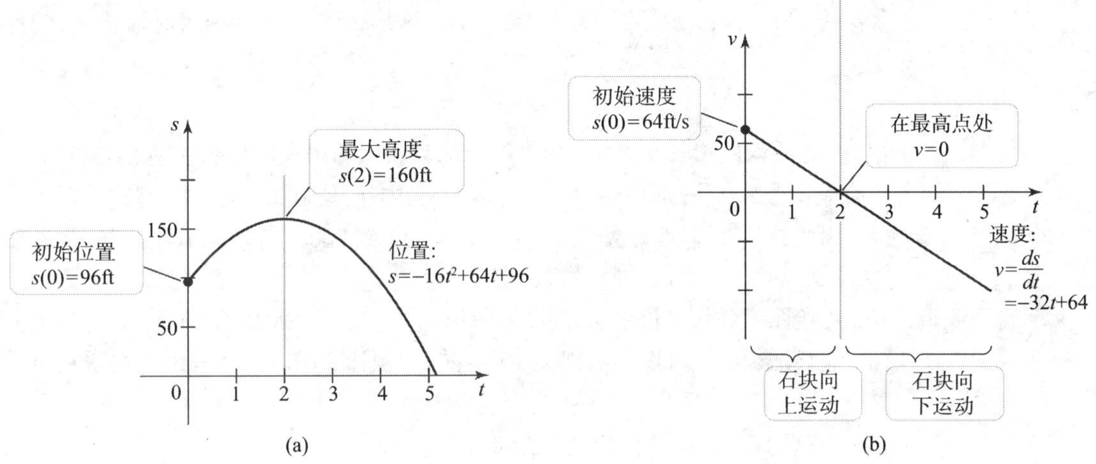

图 3.34

a. 求速度函数和加速度函数.

b. 石块到达河面以上的最高点是什么?

c. 石块将以什么速度撞击水面?

解

a. 石块的速度是位置函数的导数, 加速度是速度函数的导数. 所以

$$v = \frac{ds}{dt} = -32t + 64 \quad \text{and} \quad a = \frac{dv}{dt} = -32.$$

b. 当石块达到最高点时, 其速度为零 (见图 3.34(b)). 解方程 $v(t) = -32t + 64 = 0$, 得 $t = 2$, 于是石块在被投掷后经过 2 s 达到最高点. 此刻, 石块的高度是

$$s(2) = -16(2)^2 + 64(2) + 96 = 160\text{ft}.$$

c. 为确定石块撞击水面时的速度, 我们先确定何时石块撞击水面. 当 $s(t) = -16t^2 + 64t + 96 = 0$ 时, 石块撞击水面. 用 -16 除方程的两边, 得 $t^2 - 4t - 6 = 0$. 用二次求根公式, 解得 $t \approx 5.16$ 或 $t \approx -1.16$. 因为在 $t = 0$ 时投掷石块, 只对 t 的正值感兴趣; 所以相关的根是 $t \approx 5.16$. 当石块撞击水面时其速度近似为

$$v(5.16) = -32(5.16) + 64 = -101.1.$$

相关习题 17～18 ◀

迅速核查 3. 在例 3 中, 当 $t = 1$ 或 $t = 3$ 时石块有更大的速率吗? ◀

增长模型

我们周围世界中许多变化可以归结为增长: 种群数量、价格及计算机网络都有增长的趋势. 增长模型是重要的, 可以使我们了解基本过程并作出预测.

设 $p = f(t)$ 是我们感兴趣的量 (例如, 种群数量或消费价格指数), 其中 $t \geqslant 0$ 表示时间. p 在时间 $t = a$ 到 $t = a + \Delta t$ 的平均增长率是变化 Δp 除以时间间隔 Δt. 所以 p 在区间 $[a, a+\Delta t]$ 上的平均增长率为

$$\frac{\Delta p}{\Delta t} = \frac{f(a+\Delta t) - f(a)}{\Delta t}.$$

如果令 $\Delta t \to 0$, 则 $\dfrac{\Delta p}{\Delta t}$ 趋于导数 $\dfrac{dp}{dt}$, 这是 p 对于时间的瞬时增长率 (简称增长率):

$$\frac{dp}{dt} = \lim_{\Delta t \to 0} \frac{\Delta p}{\Delta t}.$$

例 4 互联网的增长 1995—2010 年全球互联网的用户数显示在图 3.35 中. 一个适当的数据拟合是函数 $p(t) = 3.0t^2 + 70.8t - 45.8$, 其中 t 是 1995 年后的年数.

a. 用函数 p 近似地计算从 2000 年 ($t=5$) 到 2005 年 ($t=10$) 互联网用户的平均增长率.

b. 在 2006 年互联网的瞬时增长率是多少?

c. 用绘图工具作增长率 dp/dt 的图像. 关于 1995—2010 年的增长率, 图像说明什么?

d. 假设增长函数可以扩展到 2010 年以后, 预计 2015 年 ($t=20$) 互联网的用户数是多少?

解

a. 在区间 $[5,10]$ 上的平均增长率为

$$\frac{\Delta p}{\Delta t} = \frac{p(10) - p(5)}{10-5} \approx \frac{962 - 383}{5} \approx 116 \text{ 百万用户/年}.$$

b. 在时刻 t 的增长率为 $p'(t) = 6.0t + 70.8$. 在 2006 年 ($t = 11$) 互联网的瞬时增长率是 $p'(11) \approx 137$ 百万用户/年.

c. p' 的图像如图 3.36 所示, $0 \leqslant t \leqslant 16$. 可见对 $t \geqslant 0$, 增长率为正并且递增.

d. 预测 2015 年互联网用户数是 $p(20) \approx 2\,570$ 百万用户, 或者说大约 26 亿用户. 这一数值大约相当于三分之一的全球人口, 假设 2015 年预计人口数是 72 亿.

迅速核查 4. 用例 4 中增长函数的图像比较 1996 年与 2010 年的增长率. ◀

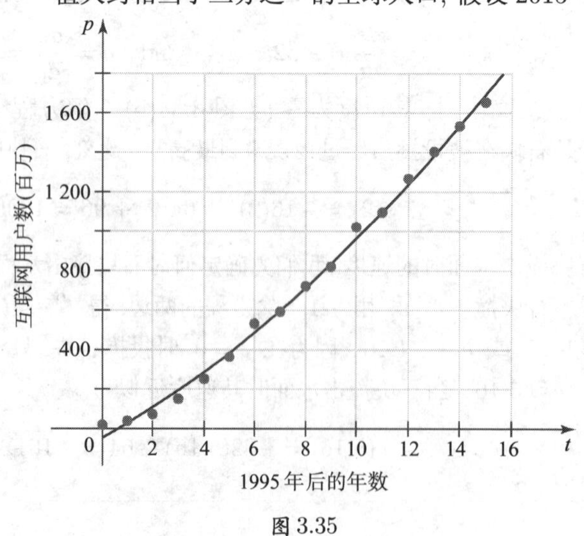

图 3.35

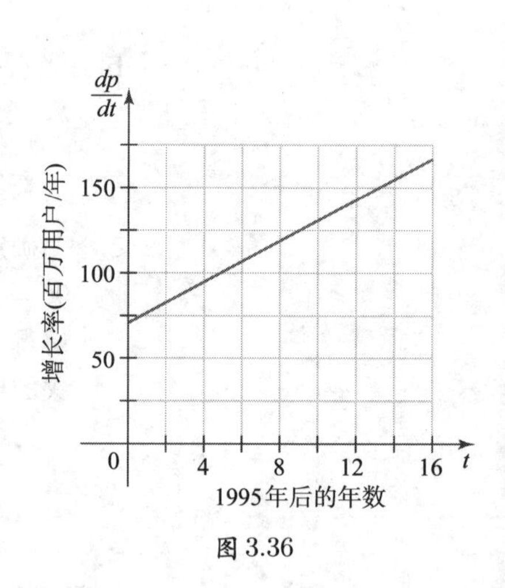

图 3.36

相关习题 19 ~ 20 ◀

平均成本和边际成本

我们最后的例子阐述导数如何出现在商学和经济学中. 正如将要看到的, 导数的数学在经济学中与在其他应用中是一样的. 然而, 经济学家用的词汇与解释有很大不同.

设想某公司制造大量的某种产品, 比如捕鼠器、DVD 播放机或滑雪板等. 与生产过程相关联的是**成本函数** $C(x)$, 表示生产 x 件产品的成本. 如图 3.37 所示, 一个简单的成本函数为 $y = C(x) = 500 + 0.1x$. 它包括不依赖于产品数量的**固定成本** \$500 (启动成本和日常开支), 也包括**单位成本**或**可变成本**, 每件产品 \$0.10. 例如, 生产 1 000 件产品的成本是 $C(1\,000) = \$600$.

虽然 x 是整数单位, 但我们把 x 看作连续变量. 如果 x 很大, 这就是合理的.

如果该公司以成本 $C(x)$ 生产 x 件产品, 那么**平均成本**是每件 $\dfrac{C(x)}{x}$. 对于成本函数 $C(x) = 500 + 0.1x$, 平均成本为

$$\frac{C(x)}{x} = \frac{500 + 0.1x}{x} = \frac{500}{x} + 0.1.$$

例如, 生产 1 000 件产品的成本是

$$\frac{C(1\,000)}{1\,000} = \frac{\$600}{1\,000} = \$0.60/\text{件}.$$

作 $C(x)/x$ 的图像, 可以看到平均成本随产品数量的增加而下降 (见图 3.38).

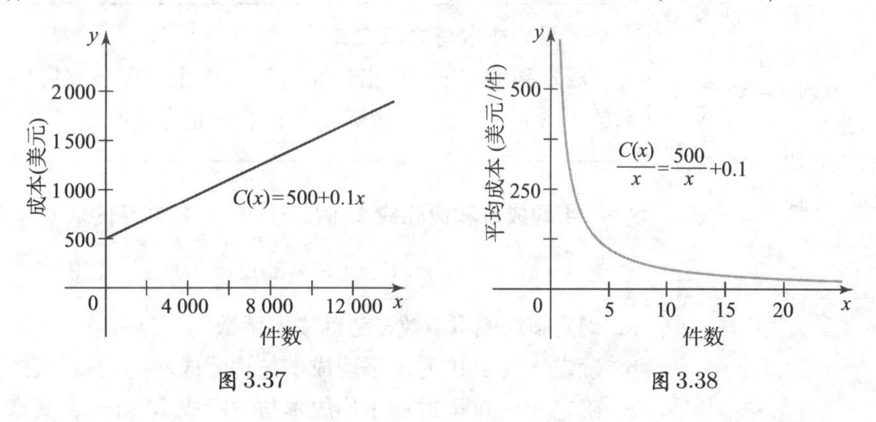

图 3.37　　图 3.38

平均成本给出已经完成的产品的成本. 但另外增加一些产品的生产成本是多少? 已完成 x 件产品, 生产另外 Δx 件产品的成本是 $C(x + \Delta x) - C(x)$. 于是, 这新增的 Δx 件产品每件的平均成本为

$$\frac{C(x + \Delta x) - C(x)}{\Delta x} = \frac{\Delta C}{\Delta x}.$$

一句老话: 平均说明过去; 边际刻画未来.

若令 $\Delta x \to 0$, 可见

$$\lim_{\Delta x \to 0} \frac{\Delta C}{\Delta x} = C'(x),$$

称为**边际成本**. 实际上, 我们不能让 $\Delta x \to 0$, 因为 Δx 表示产品的数量为整数.

这里是边际成本的一个有用解释. 设 $\Delta x = 1$, 则 $\Delta C = C(x + 1) - C(x)$ 是增加一件产品的成本. 此时我们记

$$\frac{\Delta C}{\Delta x} = \frac{C(x + 1) - C(x)}{1}.$$

如果成本曲线的斜率在 x 附近变化不大 (见图 3.39), 则有

$$\frac{\Delta C}{\Delta x} \approx \lim_{\Delta x \to 0} \frac{\Delta C}{\Delta x} = C'(x).$$

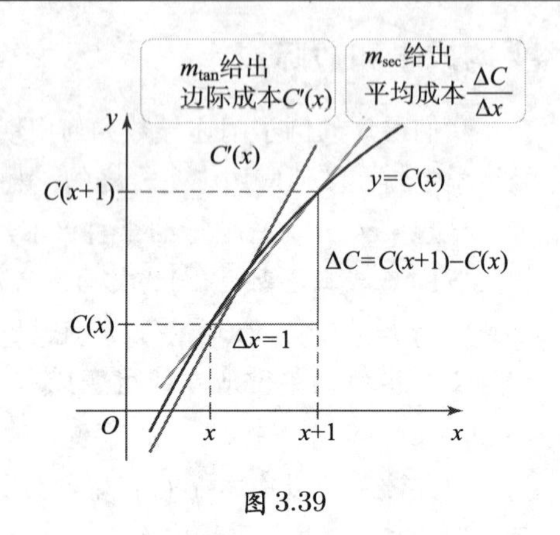

图 3.39

所以, 已生产 x 件产品, 再增加一件产品的成本近似地等于边际成本 $C'(x)$. 在前面的例子中, $C'(x)=0.1$. 若已生产 1 000 件产品, 则生产第 1 001 件产品的成本是 $C'(1\,000)=\$0.10$. 由这个简单的线性成本函数, 边际成本告诉我们已经知道的事实: 增加生产一件产品的成本是可变成本 \$0.10. 对于更真实的成本函数, 边际成本可能随产品数量变化.

近似等式 $\Delta C/\Delta x \approx C'(x)$ 说明 $(x,C(x))$ 和 $(x+1,C(x+1))$ 之间的割线斜率近似地等于在 $(x,C(x))$ 处的切线斜率. 如果成本曲线在一个单位区间上接近直线, 那么这是一个好的近似.

定义　平均成本与边际成本

成本函数 $C(x)$ 给出在制造过程中生产前 x 件产品的成本. 生产 x 件产品的**平均成本**是 $\overline{C}(x)=C(x)/x$. **边际成本** $C'(x)$ 是在生产 x 件产品后再多生产一件产品的近似成本.

例 5　平均成本和边际成本 假设生产 x 件产品的成本为函数 (见图 3.40)

$$C(x)=-0.02x^2+50x+100,\quad 0\leqslant x\leqslant 1\,000.$$

a. 确定平均成本函数与边际成本函数.

b. 确定 $x=100$ 时的平均成本与边际成本, 并解释其意义.

c. 确定 $x=900$ 时的平均成本与边际成本, 并解释其意义.

解

a. 平均成本为

$$\overline{C}(x)=\frac{C(x)}{x}=\frac{-0.02x^2+50x+100}{x}=-0.02x+50+\frac{100}{x}.$$

边际成本为

$$C'(x)=-0.04x+50.$$

当生产的产品数量增加时, 平均成本下降 (见图 3.41(a)). 边际成本线性递减, 斜率为 -0.04 (见图 3.41(b)).

b. 为生产 $x=100$ 件产品, 平均成本是

$$\overline{C}(100)=\frac{C(100)}{100}=\frac{-0.02(100)^2+50(100)+100}{100}=\$49/\text{件},$$

边际成本是

$$C'(100)=-0.04(100)+50=\$46/\text{件}.$$

这些结果表明生产 100 件产品的平均成本是每件 \$49, 但多生产一件 (第 101 件) 产品的成本只有 \$46. 因此, 多生产一件产品不贵于生产前 100 件产品的平均成本.

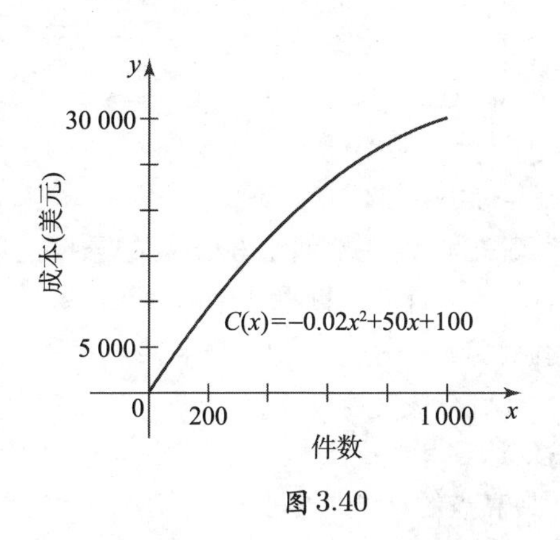

图 3.40

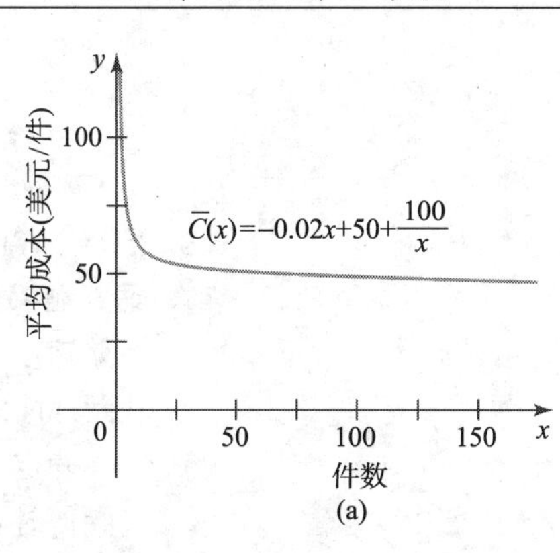

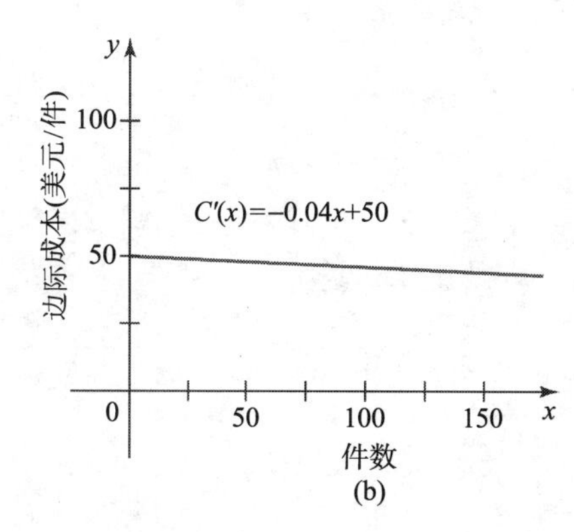

图 3.41

c. 为生产 $x = 900$ 件产品, 平均成本是

$$\overline{C}(900) = \frac{C(900)}{900} = \frac{-0.02(900)^2 + 50(900) + 100}{900} \approx \$32/\text{件}.$$

边际成本是

$$C'(900) = -0.04(900) + 50 = \$14/\text{件}.$$

与 (b) 比较. 生产 900 件产品的平均成本下降为每件 \$32 . 更为惹人注意的是多生产一件产品的成本 (生产第 901 件产品的成本) 下降为 \$14 .

相关习题 21 ~ 24 ◀

迅速核查 5. 在例 5 中, 当生产的产品数量从 $x = 1$ 增加到 $x = 100$ 时, 平均成本发生什么变化?

◀

3.5 节 习题

复习题

1. 用图像解释函数 f 的平均变化率与瞬时变化率的区别.

2. 完成命题. 如果 $\dfrac{dy}{dx}$ 大, 则 x 的小变化将引起 y 的相对较 ____ 变化.

3. 完成命题. 如果 $\dfrac{dy}{dx}$ 小, 则 x 的小变化将引起 y 的相对较 ____ 变化.

4. 沿直线运动物体的速度与速率的区别是什么?

5. 给出沿直线运动物体的加速度的定义.

6. 沿直线运动物体的加速度是负常数, 描述物体的运动速度.

7. 假设生产 $x = 200$ 个燃气炉的平均成本是每个 \$70 , 且在 $x = 200$ 时的边际成本是每个 \$65. 解释这两个成本.

8. 用自己的语言解释箴言: 平均说明过去; 边际刻画未来.

基本技能

9. 高速公路旅行 州巡逻站在一条笔直的南北向高速公路上. 一辆巡逻车在 9:00 A.M.离开巡逻站向北行驶, 其位置函数 $s = f(t)$ 表示 t 小时后巡逻车所在的位置 (见图), 以英里计. 假设当巡逻车在巡逻站的北边时, s 为正.

a. 确定巡逻车在行程前 45 分钟的平均速度.

b. 求巡逻车在区间 $[0.25, 0.75]$ 上的平均速度. 这个平均速度是 9:30 A.M.的瞬时速度的好估计吗?

c. 求巡逻车在区间 $[1.75, 2.25]$ 上的平均速度. 估计巡逻车在 11:00 A.M.的瞬时速度, 并确定此时巡逻车的行驶方向.

d. 描述从 9:00 A.M.到 12:00 P.M.期间巡逻车相对于巡逻站的行驶过程.

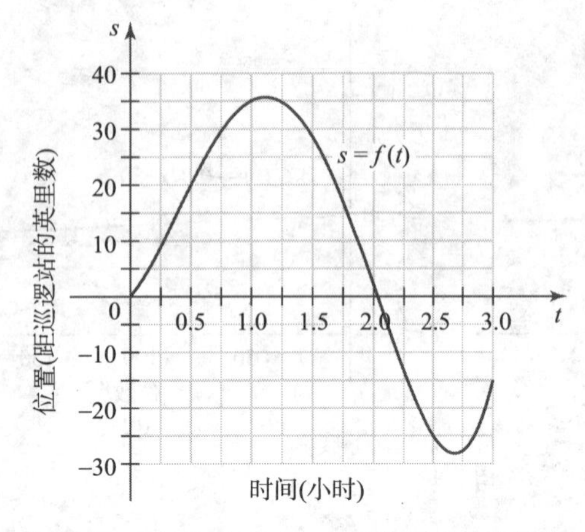

10. 航空旅行 一架飞机往返于西雅图和明尼阿波利斯之间, 其位置函数 $s=f(t)$ 显示在下图, 这里 $s=f(t)$ 表示在 6:00 A.M.起飞后 t 小时飞机距西雅图的地面距离. 飞机 8.5 小时后于 2:30 P.M.返回西雅图.

a. 计算飞机在此行程前 1.5 小时 ($0 \leqslant t \leqslant 1.5$) 的平均速度.

b. 计算飞机在 1:30 P.M.到 2:30 P.M.期间 ($7.5 \leqslant t \leqslant 8.5$) 的平均速度.

c. 何时速度为 0? 给出可信的解释.

d. 确定飞机在正午 ($t=6$) 时的速度并解释为什么这个速度为负.

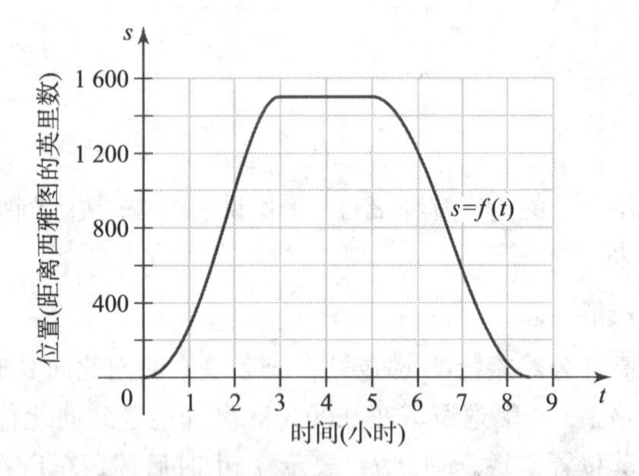

11～16. 位置, 速度与加速度 设一水平运动物体在 t 秒后的位置由下列函数 $s=f(t)$ 给出, 其中 s 以英尺计, $s>0$ 对应于原点右侧的位置.

a. 作位置函数的图像.

b. 求速度函数并作图. 何时物体静止? 何时向右运动? 何时向左运动?

c. 确定 $t=1$ 时物体的速度与加速度.

d. 确定当物体速度为零时的加速度.

11. $f(t)=t^2-4t; 0 \leqslant t \leqslant 5.$

12. $f(t)=-t^2+4t-3; 0 \leqslant t \leqslant 5.$

13. $f(t)=2t^2-9t+12; 0 \leqslant t \leqslant 3.$

14. $f(t)=18t-3t^2; 0 \leqslant t \leqslant 8.$

15. $f(t)=2t^3-21t^2+60t; 0 \leqslant t \leqslant 6.$

16. $f(t)=-6t^3+36t^2-54t; 0 \leqslant t \leqslant 4.$

17. 垂直抛掷的石块 假设在地面上 32ft 高的悬崖边以初始速度 64ft/s 垂直向上抛掷一个石块. t 秒后石块距地面的高度为 $s=-16t^2+64t+32$.

a. 确定 t 秒后石块的速度 v.

b. 何时石块达到其最高点?

c. 石块在最高点的高度是多少?

d. 何时石块撞击地面?

e. 石块以什么速度撞击地面?

18. 在火星上垂直抛掷的石块 假设在距火星表面 (这里的引力加速度大约只有 12ft/s ^{2})192ft 高的悬崖边以初始速度 64ft/s 垂直向上抛掷一个石块. t 秒后石块距火星表面的高度为 $s=-6t^2+64t+192$.

a. 确定 t 秒后石块的速度 v.

b. 何时石块达到其最高点?

c. 石块在最高点的高度是多少?

d. 何时石块撞击火星表面?

e. 石块以什么速度撞击火星表面?

19. 乔治亚州的人口增长 1995 年 ($t=0$) 到 2005 年 ($t=10$) 乔治亚州的人口数量 (以千人计) 模型为多项式 $p(t)=-0.27t^2+10t+7\,055$.

a. 确定 1995—2005 年的平均增长率.

b. 乔治亚州在 1997 年 ($t=2$) 和 2005 年 ($t=10$) 的增长率是多少?

c. 对 $0 \leqslant t \leqslant 10$, 用绘图工具作 p' 的图像. 关于 1995—2005 年期间乔治亚州的人口增长, 图像说明什么?

20. 消费物价指数 美国的消费物价指数 (CPI) 以 1982—1984 年为基数 100, 用来衡量生活成本. 1995—2010 年的 CPI 模型为函数 $c(t)=0.10t^2+3.18t+153.09$ (见图), 其中 t 表示 1995 年以后的年数.

a. 1995—2000 年的平均增长率与 2005—2010 年的平均增长率哪个大?

b. 2000 年 ($t=5$) 的增长率与 2005 年 ($t=10$) 的增长率哪个大?

c. 用绘图工具作增长率的图像, $0 \leqslant t \leqslant 15$. 关于这一时期的生活成本, 图像说明什么?

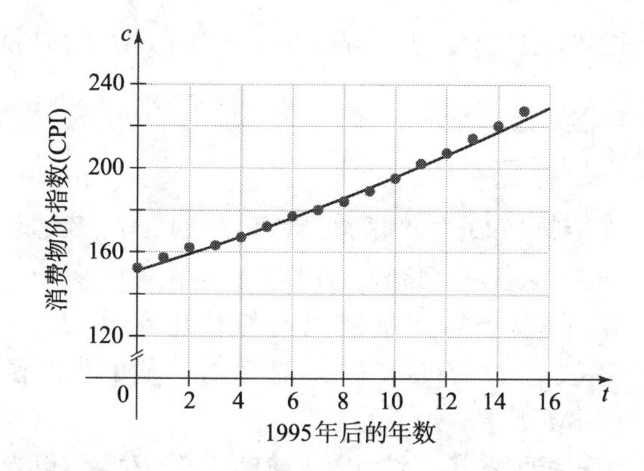

21～24. 平均成本与边际成本 考虑下列成本函数.

a. 求平均成本函数与边际成本函数.

b. 确定 $x=a$ 时的平均成本与边际成本.

c. 解释 (b) 中得到的值.

21. $C(x)=1\,00+0.1x, 0\leqslant x\leqslant 5\,000, a=2\,000$.

22. $C(x)=500+0.02x, 0\leqslant x\leqslant 2\,000, a=1\,000$.

23. $C(x)=-0.01x^2+40x+100, 0\leqslant x\leqslant 1\,500, a=1\,000$.

24. $C(x)=-0.04x^2+100x+800, 0\leqslant x\leqslant 1\,000, a=500$.

深入探究

25. 解释为什么是, 或不是 判断下列命题是否正确, 并说明理由或举出反例.

a. 如果物体的加速度保持常值, 那么其速度为常值.

b. 如果沿直线运动物体的加速度总是 0, 那么其速度为常值.

c. 在 $a\leqslant t\leqslant b$ 上所有时刻的瞬时速度不可能等于在区间 $a\leqslant t\leqslant b$ 上的平均速度.

d. 运动物体可以有负加速度和递增速率.

26. 月球上落下的羽毛 在月球上羽毛落到月球表面的速率与重石相同. 假设一根羽毛从月球表面 40m 的高度落下. 则 t 秒后其高度 (以米计) 为 $s=40-0.8t^2$. 确定羽毛撞击月球表面时的速度和加速度.

27. 子弹的速度 以初始速度 1 200ft/s 垂直向上射击一发子弹. 在火星上, t 秒后子弹距火星表面的高度 (以英尺计) 是 $s=1\,200t-6t^2$, 而在地球上为 $s=1\,200t-16t^2$. 子弹在火星上达到的高度比在地球上高多少?

28. 轿车的速度 图像显示一辆轿车在 5:00 P.M.以后 t 小时时相对于出发点 $s=0$ 的位置 $s=f(t)$, 其中 s 以英里计.

a. 描述该轿车的速度. 特别地, 何时加速? 何时减速?

b. 近似地, 在何时该车行驶最快? 何时最慢?

c. 该车最大速度近似为多少? 最小速度近似为多少?

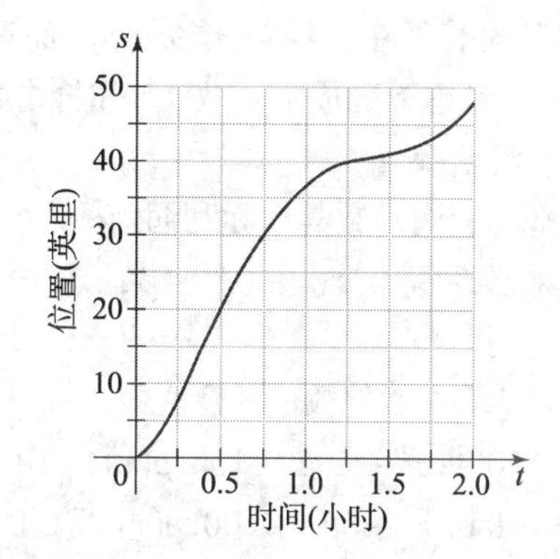

29. 由位置求速度 $s=f(t)$ 的图像表示一沿直线运动物体在时刻 $t\geqslant 0$ 的位置.

a. 假设当 $t=0$ 时物体速度为 0. 对 t 的其他哪些值, 物体速度为零?

b. 何时物体沿正方向运动? 何时沿负方向运动?

c. 作速度函数的草图.

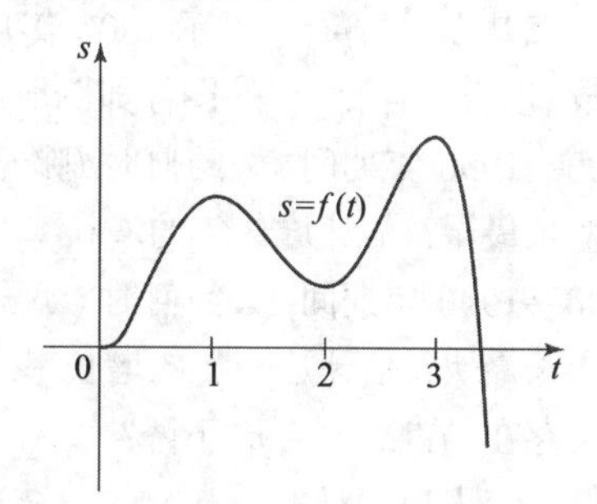

30. 鱼的长度 假设某种鱼 t 年后长 L (以厘米计) 的模型为下面图像.

a. dL/dt 表示什么? 当 t 增加时, 这个导数发生什么变化?

b. 关于这种鱼如何生长, 导数说明什么?

c. 作 L' 和 L'' 的草图.

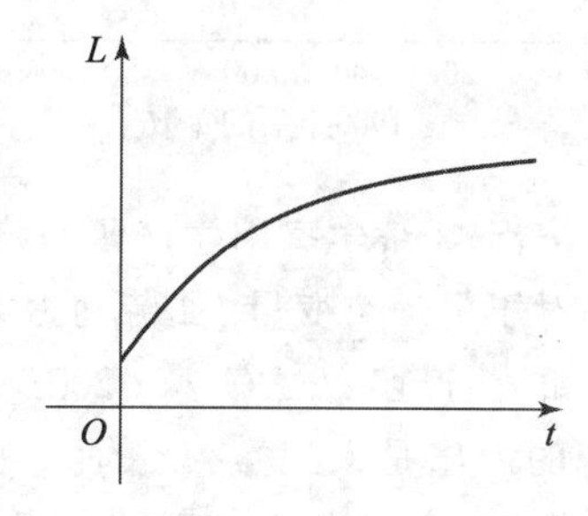

31～34. 平均利润与边际利润 设 $C(x)$ 表示生产 x 件产品的成本, $p(x)$ 是当销售 x 件产品时每件产品的销售价格. 销售 x 件产品的利润为 $P(x)=xp(x)-C(x)$ (收入减成本). 当销售 x 件产品时**每件平均利润**是 $P(x)/x$, **边际利润**是 dP/dx. 边际利润约等于在已经售出 x 件产品后多销售一件的利润. 考虑下列成本函数 C 和价格函数 p.

a. 求利润函数 P.

b. 求平均利润函数与边际利润函数.

c. 如果已经售出 $x=a$ 件产品, 求平均利润与边际利润.

d. 解释 (c) 中所得数值的意义.

31. $C(x)=-0.02x^2+50x+100, p(x)=100, a=500.$

32. $C(x)=-0.02x^2+50x+100, p(x)=100-0.1x, a=500.$

33. $C(x)=-0.04x^2+100x+800, p(x)=200, a=1\,000.$

34. $C(x)=-0.04x^2+100x+800, p(x)=200-0.1x, a=1\,000.$

应用

35. 美国的人口增长 设 $p(t)$ 表示 1900 年后 t 年的美国人口数 (以百万计). p' 的图像如图所示.

a. 1900—1990 年期间, 大约何时 (哪一年) 美国人口增长最慢? 估计这一年的增长率.

b. 1900—1990 年期间, 大约何时 (哪一年) 美国人口增长最快? 估计这一年的增长率.

c. 如果存在, 在哪一年 p 下降?

d. 在哪一年人口增长率上升?

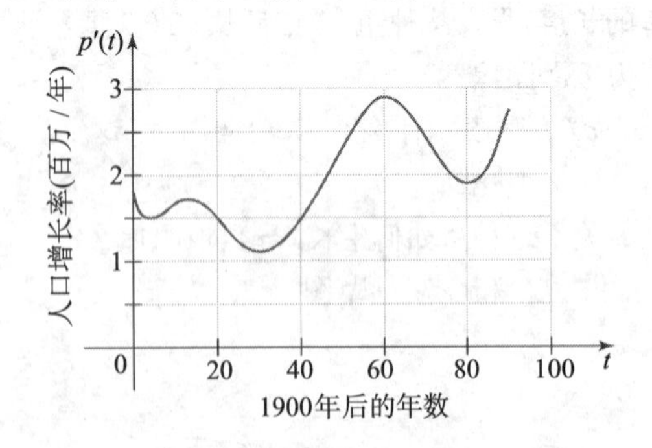

36. 平均边际产出 经济学家用生产函数描述一个系统的产出相对于另一个变量 (如劳动力或资本) 如何变化. 例如, 生产函数 $P(L)=200L+10L^2-L^3$ 表示系统的产出是人工数 L 的函数. 平均产量 $A(L)$ 是当 L 个工人工作时平均每个人工的产出; 即 $A(L)=P(L)/L$. 边际产量 $M(L)$ 是从 L 个人工再增加一个人工时产出变化的近似值, 即 $M(L)=\dfrac{dP}{dL}$.

a. 对已知的生产函数, 计算 P, A, M [原文为 L, 有误——译者注], 并作它们的图像.

b. 假设平均产量曲线的峰值出现在 $L=L_0$ 处, 即 $A'(L_0)=0$. 证明对一般的生产函数, $M(L_0)=A(L_0)$.

37. 弹珠的速度 在长斜面向上滚动的弹珠位置 (以米计) 由 $s=\dfrac{100t}{t+1}$ 给出, 其中 t 以秒计, $s=0$ 是出发点.

a. 作位置函数的图像.

b. 求弹珠的速度函数.

c. 作速度函数的图像并描述弹珠的运动.

d. 何时弹珠距离出发点 80m?

e. 何时速度为 50m/s?

38. 树的成长 设 b 表示一棵针叶树底部直径, h 表示树的高, 其中 b 以厘米计, h 以米计. 假设高与底部直径的关系为 $h=5.67+0.70b+0.006\,7b^2$.

a. 作高度函数的图像.

b. 作 $\dfrac{dh}{db}$ 的图像并解释其意义.

39. 边际成本的不同解释 假设一大型公司每年制造 25 000 个小器具, 分批生产, 每次 x 个. 分析每次生产的启动成本并且考虑储存成本后, 该公司确定总成本为

$$C(x)=1\,250\,000+\frac{125\,000\,000}{x}+1.5x.$$

a. 确定边际成本函数和平均成本函数. 作图并解释这两个函数.

b. 确定 $x=5\,000$ 时的平均成本和边际成本.

c. 这里平均成本和边际成本的意义不同于前面的例子和习题. 解释 (b) 中答案的意义.

40. 递减回报 形式为 $C(x)=\dfrac{1}{2}x^2$ 的成本函数反映了规模报酬递减. 作成本函数、平均成本函数及边际成本函数的图像. 解释图像并说明递减回报的概念.

41. 收益函数 商店经理估计当价格增加时能量饮料的需求下降, 取决于函数 $d(p)=\dfrac{100}{p^2+1}$, 表示在价格 p (以美元计) 时销售 $d(p)$ 单位产品. 在价格 p 时的收益为 $R(p)=p\cdot d(p)$ (价格乘以单位数).

a. 求收益函数并作其图像.

b. 求边际收益 $R'(p)$ 并作其图像.

c. 从收益函数及其导数的图像估计使收益达到最大的销售价格.

42. 燃油经济 假设一辆节油混合动力轿车的仪表板显示屏显示里程和耗油量. 用油箱中所剩的 g 加仑汽油, 可以在高速公路的某个特殊直路段行使的英里数为 $m = 50g - 25.8g^2 + 12.5g^3 - 1.6g^4$, $0 \leqslant g \leqslant 4$.

a. 作里程函数的图像并解释其意义.

b. 作汽油里程 m/g 的图像并解释其意义.

c. 作 dm/dg 的图像并解释其意义.

43. 弹簧振荡 一个弹簧的一端悬挂于天花板, 另一端系一重物, 处于平衡状态. 假设向下拉动重物, 使其低于其平衡位置 10 英寸, 然后释放. t 秒后重物到平衡位置的距离 x(以英寸计) 由函数 $x(t) = 10\sin t - 10\cos t$ 给出, 当重物在平衡位置上方时 x 为正.

a. 作这个函数的图像并解释其意义.

b. 求 $\dfrac{dx}{dt}$ 并解释其意义.

c. 何时重物的速度是零?

d. 这里给出的函数是弹簧上的重物运动模型. 在哪些方面这个模型是不切实际的?

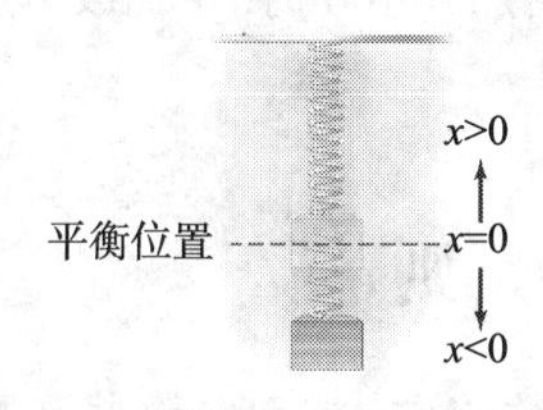

44. 前瞻: 椭圆轨道 如同在第 10 章所讨论的, 在 xy- 平面内的椭圆轨道 (见图) 上运动物体的路径可以用下面形式的参数方程刻画

$$x = 400\cos t, \quad y = 200\sin t, \quad 0 \leqslant t \leqslant 2\pi.$$

在这种情形下, 轨道在 x- 方向的长为 800 单位, 在 y- 方向的长为 400 单位. 物体完成一周需 2π 时间单位.

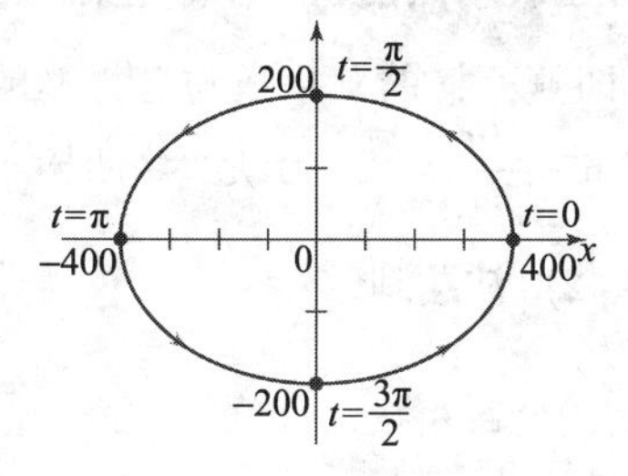

a. 求物体速度在 x- 方向和 y- 方向上的分量, 即 $x'(t)$ 和 $y'(t)$.

b. 在区间 $0 \leqslant t \leqslant 2\pi$ 内何时速度的 x- 分量达到最大?

c. 计算物体沿其路径运动的速率, 即 $\sqrt{x'(t)^2 + y'(t)^2}$.

d. 对 $0 \leqslant t \leqslant 2\pi$, 作速率函数的图像. 大约何时物体达到最大速率.

45. 跑步比赛 吉恩和胡安在圆形跑道上进行一圈跑步比赛. 比赛中他们在跑道上的角位置分别为函数 $\theta(t)$ 和 $\phi(t)$, 其中 $0 \leqslant t \leqslant 4$ 以秒计 (见图). 角以弧度计, $\theta = \phi = 0$ 表示起点位置, $\theta = \phi = 2\pi$ 表示终点位置. 他们的角速度为 $\theta'(t)$ 和 $\phi'(t)$.

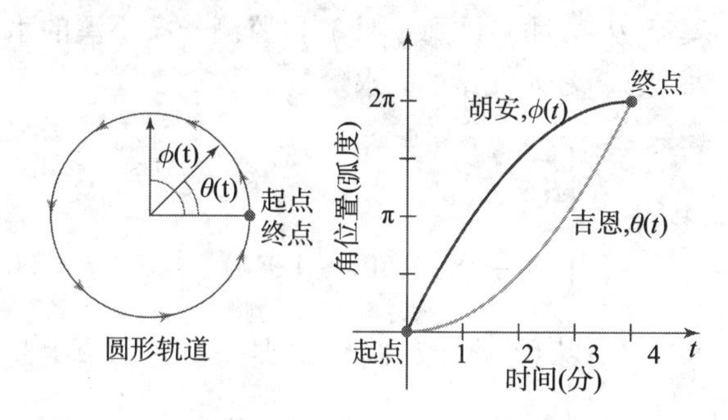

a. 用文字比较两位参赛者的角速度和比赛的过程.

b. 哪个参赛者有较大的平均角速度?

c. 谁赢得比赛?

d. 吉恩的位置为 $\theta(t) = \pi t^2/8$. 她在 $t = 2$ 时的角速度是多少? 何时她的角速度最大?

e. 胡安的位置为 $\phi(t) = \pi t(8 - t)/8$. 他在 $t = 2$ 时的角速度是多少? 何时他的角速度最大?

46. 功率与能量 功率与能量经常交换使用, 但它们有很大不同. **能量**是使物体运动或升温的能力, 以**焦耳**或**大卡**计, 1Cal=4 184J. 走路一小时大约消耗 10^6 J 或 240Cal. 而**功率**是消耗能量的变化率, 以**瓦特**计, 1W=1J/s. 功率的其他有用单位是**千瓦**(1kW= 10^3 W) 和**兆瓦**(1MW= 10^6 W). 如果以 1kW 的速率消耗能量一小时, 总的能量消耗是 1 千瓦时 (1kWh= 3.6×10^6 J). 假设一座大型建筑中在一个 24 小时的周期内累积消耗的能量为 $E(t) = 100t + 4t^2 - \dfrac{t^3}{9}$ kWh, 其中 $t = 0$ 表示午夜.

a. 作能量函数的图像.

b. 功率是消耗能量的变化率, 即 $P(t) = E'(t)$. 求

在区间 $0 \leqslant t \leqslant 24$ 上的功率.

c. 作功率函数的图像并解释这个图像. 此时功率的单位是什么?

47. 从水箱中流水 一个圆柱形水箱充满水, 在时刻 $t=0$ 时打开水箱底部的出水口. 根据托里切利定律, t 小时后水箱中水的体积为 $V=100(200-t)^2$, 以 m^3 计.

a. 作体积函数的图像. 在出水口被打开之前水箱中水的体积是多少?

b. 需要多长时间水箱排空?

c. 求从水箱中流出的水流速度, 并作流速函数的图像.

d. 何时流速的量值最小? 何时最大?

48. 溪流 从 5 月 1 日到 8 月 1 日监测一条小溪的水流 90 天. 流经水文站的总水量是

$$V(t)=\begin{cases}\dfrac{4}{5}t^2 & ,0 \leqslant t < 45 \\ -\dfrac{4}{5}(t^2-180t+4\,050) & ,45 \leqslant t < 90\end{cases}$$

其中 V 以 ft^3 计, t 以天记, 且 $t=0$ 对应于 5 月 1 日.

a. 作体积函数的图像.

b. 求流速函数 $V'(t)$ 并作其图像. 流速的单位是什么?

c. 描述这三个月小溪的水流. 特别地, 何时流速最大?

49. 温度分布 一根细铜棍长 4m. 在铜棍的中点加热, 并保持两端常温, 为 0°. 当温度达到平衡时, 温度曲线由 $T(x)=40x(4-x)$ 确定, $0 \leqslant x \leqslant 4$ 表示铜棍上的位置. 铜棍上一点的热通量等于 $-kT'(x)$, 其中 k 是常数. 如果在一点处的热通量为正, 则热在该点向 x 的正方向流动, 而如果热通量为负, 则热向 x 的负方向流动.

a. $k=1$ 时, 在 $x=1$ 处的热通量是多少? 在 $x=3$ 处呢?

b. x 取何值时, 热通量为负? 何时为正?

c. 解释命题: 热在棍的端点处流出.

迅速核查 答案

1. 瞬时速度.

2. 如果物体有正加速度, 则其速度递增. 如果速度为负但递增, 则加速度为正但速率递减. 例如, 速度可能从 $-2\,\mathrm{m/s}$ 增加到 $-1\,\mathrm{m/s}$ 再到 $0\,\mathrm{m/s}$.

3. $v(1)=32\,\mathrm{ft/s}$, $v(3)=-32\,\mathrm{ft/s}$, 于是速率都是 $32\mathrm{ft/s}$.

4. 1996 年 ($t=1$) 的增长率近似为 77 百万用户/年, 小于 2010 年 ($t=10$) 的增长率 (大约 161 百万用户/年) 的一半.

5. 当 x 从 1 增加到 100 时, 平均成本从 \$150 /件下降到 \$49 /件.

3.6　链　法　则

迅速核查 1. 解释为什么先展开 $(5x+4)^{100}$, 再计算 $\dfrac{d}{dx}(5x+4)^{100}$ 是现实的. ◄

到目前为止, 导数法则使我们可以求出许多函数的导数. 可是这些法则不能计算大多数复合函数的导数. 这里有一个典型的情形. 如果 $f(x)=x^3$, $g(x)=5x+4$, 则复合函数 $f(g(x))=(5x+4)^3$. 一种求导方法是先把 $(5x+4)^3$ 展开, 然后求多项式的导数. 不幸的是, 对于像 $(5x+4)^{100}$ 这样的函数, 这个策略因成本过高而不可行. 我们需要更好的方法.

链法则公式

复合函数求导的一个有效方法称为链法则, 这个方法受下面例子的启发而得. 假设燕西、乌力和克桑三个人摘苹果. 设 y、u 和 x 分别表示燕西、乌力和克桑在同一时间段内摘的苹果数. 燕西摘苹果的速度为乌力的 3 倍, 即燕西摘的苹果数与乌力摘的苹果数的比是 $\dfrac{dy}{du}=3$. 乌力摘苹果的速度为克桑的两倍, 故 $\dfrac{du}{dx}=2$. 于是, 燕西摘苹果的速度是 $3\cdot 2=6$ 倍于克桑的速度, 表明 $\dfrac{dy}{dx}=6$ (见图 3.42). 注意到

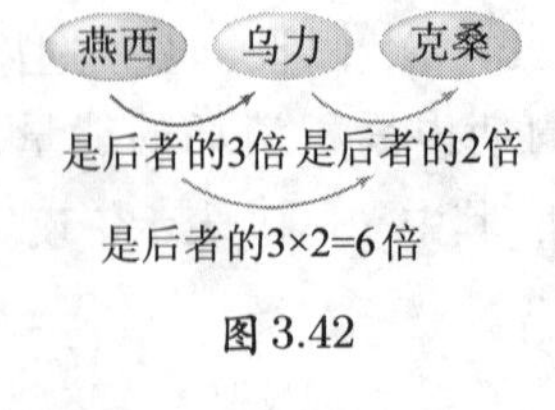

图 3.42

$$\frac{dy}{dx}=\frac{dy}{du}\cdot\frac{du}{dx}=3\cdot 2=6.$$

方程 $\frac{dy}{dx}=\frac{dy}{du}\cdot\frac{du}{dx}$ 是链法则的一个形式. 在本教材中, 把此形式称为链法则版本一.

此外, 链法则也可以用复合函数表示. 设 $y=f(u)$, $u=g(x)$, 表示 y 通过复合函数 $y=f(u)=f(g(x))$ 与 x 相关. 现在把导数 $\frac{dy}{dx}$ 表示为乘积的形式

$$\underbrace{\frac{d}{dx}[f(g(x))]}_{\frac{dy}{dx}}=\underbrace{f'(u)}_{\frac{dy}{du}}\cdot\underbrace{g'(x)}_{\frac{du}{dx}}.$$

像 dy/dx 这样的表达式不应该看作分式. 不过, 注意到 "分子" 和 "分母" 中都出现了 du, 可以象征性地验证链法则的准确性. 如果可以消去 du, 则链法则的两端都是 dy/dx.

把 u 用 $g(x)$ 替换得

$$\frac{d}{dx}[f(g(x))]=f'(g(x))\cdot g'(x),$$

我们称其为链法则版本二.

定理 3.12 链法则

设 g 在 x 处可导, $y=f(u)$ 在 $u=g(x)$ 处可导. 则复合函数 $y=f(g(x))$ 在 x 处可导, 且其导数可以用两个等价的方法表示:

$$\frac{dy}{dx}=\frac{dy}{du}\cdot\frac{du}{dx}, \qquad (\text{版本 } 1)$$

$$\frac{d}{dx}[f(g(x))]=f'(g(x))\cdot g'(x). \qquad (\text{版本 } 2)$$

链法则的两个版本仅仅在记号上不同. 在数学上, 它们完全一致. 链法则版本二指出, $y=f(g(x))$ 的导数是 f 在 $g(x)$ 处的导数乘以 g 在 x 处的导数.

链法则的证明在本节末给出. 现在重要的是学习如何使用链法则. 在处理复合函数 $f(g(x))$ 时, 我们称 g 为内函数, f 为外函数. 使用链法则的要点是识别内函数与外函数. 下列四个步骤列出了求导过程, 将很快看到这个过程是可以简化的.

使用链法则的指南

假设已知可导函数 $y=f(g(x))$.

1. 识别外函数 f 及内函数 g, 并设 $u=g(x)$.

2. 用 u 替换 $g(x)$ 以便把 y 用 u 表示:

$$y=f(\underbrace{g(x)}_{u})\Rightarrow y=f(u).$$

3. 计算乘积 $\frac{dy}{du}\cdot\frac{du}{dx}$.

4. 用 $g(x)$ 替换 $\frac{dy}{du}$ 中的 u, 得到 $\frac{dy}{dx}$.

也许会有不同的方法选择内函数 $u=g(x)$ 和外函数 $y=f(u)$. 然而, 我们提到的内函数和外函数是指最明显的选择.

迅速核查 2. 识别 $y=(5x+4)^3$ 的内函数 (称为 g). 令 $u=g(x)$, 用 u 表示外函数 f. ◄

例 1 链法则版本一 对下列复合函数, 求内函数 $u=g(x)$ 和外函数 $y=f(u)$. 然后用链法则的版本一求 $\frac{dy}{dx}$.

a. $y=(5x+4)^3$. **b.** $y=\sin^3 x$. **c.** $y=\sin x^3$.

当使用三角函数时，除 $n=-1$ 外，像 $\sin^n(x)$ 这样的表达式总是指 $(\sin x)^n$. 在例1中，$\sin^3 x=(\sin x)^3$.

迅速核查 3. 在例 1a 中我们证明了 $\frac{d}{dx}((5x+4)^3)=15(5x+4)^2$. 通过展开 $(5x+4)^3$ 并求导来验证这个结论. ◄

解

a. $y=(5x+4)^3$ 的内函数是 $u-5x+4$, 外函数是 $y=u^3$. 根据链法则的版本一, 得

$$\begin{aligned}\frac{dy}{dx}&=\frac{dy}{du}\cdot\frac{du}{dx} \quad (\text{版本 } 1)\\&=3u^2\cdot(5)\quad \left(y=u^3\Rightarrow\frac{dy}{du}=3u^2, u=5x+4\Rightarrow\frac{du}{dx}=5\right)\\&=3(5x+4)^2\cdot(5)\quad (\text{把 } u \text{ 替换为 } 5x+4)\\&=15(5x+4)^2.\end{aligned}$$

b. 替换简写形式 $y=\sin^3 x$ 为 $y=(\sin x)^3$, 确认内函数为 $u=sinx$. 令 $y=u^3$, 有

$$\frac{dy}{dx}=\frac{dy}{du}\cdot\frac{du}{dx}=3u^2\cdot\cos x=\underbrace{3\sin^2 x}_{3u^2}\cos x.$$

c. 虽然 $y=\sin x^3$ 与 (b) 中的函数 $y=\sin^3 x$ 类似, 但此时内函数是 $u=x^3$, 外函数是 $y=\sin u$. 所以

$$\frac{dy}{dx}=\frac{dy}{du}\cdot\frac{du}{dx}=(\cos u)\cdot 3x^2=3x^2\cos x^3.$$

相关习题 7～16 ◄

链法则版本二, $\frac{d}{dx}[f(g(x))]=f'(g(x))\cdot g'(x)$ 与版本一等价; 只是使用了不同的导数记号. 用版本二, 我们要识别外函数 $y=f(u)$ 和内函数 $u=g(x)$. 故 $\frac{d}{dx}[f(g(x))]$ 是 $f'(u)$ 在 $u=g(x)$ 处的值与 $g'(x)$ 的乘积.

例 2　链法则版本二 用链法则的版本二计算下列函数的导数.

a. $(6x^3+3x+1)^{10}$.　　**b.** $\sqrt{5x^2+1}$.　　**c.** $\left(\frac{5t^2}{3t^2+2}\right)^3$.

解

a. $(6x^3+3x+1)^{10}$ 的内函数是 $g(x)=6x^3+3x+1$, 外函数是 $f(u)=u^{10}$. 外函数的导数是 $f'(u)=10u^9$, 它在 $g(x)$ 处的值为 $10(6x^3+3x+1)^9$. 内函数的导数是 $g'(x)=18x^2+3$. 外函数的导数与内函数的导数相乘, 得

$$\begin{aligned}\frac{d}{dx}[(6x^3+3x+1)^{10}]&=\underbrace{10(6x^3+3x+1)^9}_{f'(u)\text{在}g(x)\text{处的值}}\cdot\underbrace{(18x^2+3)}_{g'(x)}\\&=30(6x^2+1)(6x^3+3x+1)^9.\quad(\text{分解并化简})\end{aligned}$$

b. $\sqrt{5x^2+1}$ 的内函数是 $g(x)=5x^2+1$, 外函数是 $f(u)=\sqrt{u}$. 这两个函数的导数是 $f'(u)=\frac{1}{2\sqrt{u}}$ 和 $g'(x)=10x$. 所以

$$\frac{d}{dx}\sqrt{5x^2+1}=\underbrace{\frac{1}{2\sqrt{5x^2+1}}}_{f'(u)\text{在}g(x)\text{处的值}}\cdot\underbrace{10x}_{g'(x)}=\frac{5x}{\sqrt{5x^2+1}}.$$

c. $\left(\frac{5t^2}{3t^2+2}\right)^3$ 的内函数是 $g(t)=\frac{5t^2}{3t^2+2}$. 外函数是 $f(u)=u^3$, 其导数是 $f'(u)=3u^2$. 求内函数的导数需要用商法则. 应用链法则, 得

$$\frac{d}{dt}\left(\frac{5t^2}{3t^2+2}\right)^3 = \underbrace{3\left(\frac{5t^2}{3t^2+2}\right)^2}_{f'(u)\text{ 在 }g(t)\text{ 处的值}} \cdot \underbrace{\frac{(3t^2+2)10t-5t^2(6t)}{(3t^2+2)^2}}_{\text{商法则计算}g'(t)} = \frac{1\,500t^5}{(3t^2+2)^4}.$$

相关习题 17～30 ◀

链法则也可以用于计算复合函数在变量特定值处的导数. 如果 $h(x)=f(g(x))$, g 在 a 处可导且 f 在 $g(a)$ 处可导, 则 $h'(a)=f'(g(a))g'(a)$. 所以, $h'(a)$ 是 f 在 $g(a)$ 处的导数值乘以 g 在 a 处的导数值.

例 3 计算在一点处的导数 设 $h(x)=f(g(x))$. 用表 3.2 中的值计算 $h'(1)$ 和 $h'(2)$.

表 3.2

x	$f'(x)$	$g(x)$	$g'(x)$
1	5	2	3
2	7	1	4

解 对于 $a=1$, 我们应用 $h'(a)=f'(g(a))g'(a)$:

$$h'(1)=f'(g(1))g'(1)=f'(2)g'(1)=7\cdot 3=21.$$

对于 $a=2$, 我们有

$$h'(2)=f'(g(2))g'(2)=f'(1)g'(2)=5\cdot 4=20.$$

相关习题 31～32 ◀

幂链法则

由链法则可以导出可导函数幂的一般求导法则. 事实上, 我们已经在一些例子中使用了这个法则. 考虑函数 $f(x)=(g(x))^n$, 其中 n 是整数. 令 $f(u)=u^n$ 是外函数, $u=g(x)$ 是内函数, 我们就得到函数幂的链法则.

定理 3.13 幂链法则

如果 g 对其定义域中的所有 x 可导, n 是一个整数, 则

$$\frac{d}{dx}[(g(x))^n]=n(g(x))^{n-1}g'(x).$$

例 4 幂链法则 求 $\dfrac{d}{dx}(\tan x+10)^{21}$.

解 由于 $g(x)=\tan x+10$, 由链法则推得

$$\begin{aligned}\frac{d}{dx}(\tan x+10)^{21} &= 21(\tan x+10)^{20}\frac{d}{dx}(\tan x+10)\\ &= 21(\tan x+10)^{20}\sec^2 x.\end{aligned}$$

相关习题 33～36 ◀

三个或更多个函数的复合

如下面例子所示, 我们可以重复使用链法则, 对三个或更多个函数的复合求导.

例 5 三个函数的复合 计算 $\sin(\cos x^2)$ 的导数.

解 $\sin(\cos x^2)$ 的内函数是 $\cos x^2$. 因为 $\cos x^2$ 也是两个函数的复合, 再次使用链法则计算 $\frac{d}{dx}(\cos x^2)$, 其中 x^2 是内函数:

$$\begin{aligned}\frac{d}{dx}[\underbrace{\sin}_{外}(\underbrace{\cos x^2}_{内})] &= \cos(\cos x^2)\frac{d}{dx}(\cos x^2) \qquad (\text{链法则})\\ &= \cos(\cos x^2)\underbrace{(-\sin x^2)\cdot\frac{d}{dx}(x^2)}_{\frac{d}{dx}(\cos x^2)} \qquad (\text{链法则})\\ &= \cos(\cos x^2)\cdot(-\sin x^2)\cdot 2x \qquad (\text{对 } x^2 \text{ 求导})\\ &= -2x\cos(\cos x^2)\sin x^2. \qquad (\text{化简})\end{aligned}$$

相关习题 37～46 ◀

迅速核查 4. 设 $y=\tan^{10}(x^5)$. 求 f, g 和 h 使得 $y=f(u)$, 其中 $u=g(v)$, $v=h(x)$. ◀

链法则的证明

设 f 和 g 是可导函数, $h(x)=f(g(x))$. 由 h 的导数定义,

$$h'(a)=\lim_{x\to a}\frac{h(x)-h(a)}{x-a}=\lim_{x\to a}\frac{f(g(x))-f(g(a))}{x-a}. \tag{1}$$

我们假设对 a 附近但不等于 a 的 x 都有 $g(a)\neq g(x)$. 这个假设对本教材遇到的大多数函数 (但不是所有) 成立. 没有这个假设的链法则证明见习题 79.

我们用 $\frac{g(x)-g(a)}{g(x)-g(a)}$ (其值等于 1) 乘以方程 (1) 的右边, 并令 $v=g(x)$, $u=g(a)$. 于是

$$\begin{aligned}h'(a) &= \lim_{x\to a}\frac{f(g(x))-f(g(a))}{g(x)-g(a)}\cdot\frac{g(x)-g(a)}{x-a}\\ &= \lim_{x\to a}\frac{f(v)-f(u)}{v-u}\cdot\frac{g(x)-g(a)}{x-a}.\end{aligned}$$

由假设, g 是可导函数, 故是连续的. 即 $\lim\limits_{x\to a}g(x)=g(a)$, 所以当 $x\to a$ 时, $v\to u$. 从而

$$h'(a)=\underbrace{\lim_{v\to u}\frac{f(v)-f(u)}{v-u}}_{f'(u)}\cdot\underbrace{\lim_{x\to a}\frac{g(x)-g(a)}{x-a}}_{g'(a)}=f'(u)g'(a).$$

因为 f 和 g 是可导的, 表达式中的两个极限存在; 所以 $h'(a)$ 存在. 注意 $u=g(a)$, 得 $h'(a)=f'(g(a))g'(a)$. 用变量 x 替换 a 导出链法则: $h'(x)=f'(g(x))g'(x)$.

3.6节 习题

复习题

1. 在本节中展示了用于计算 $y=f(g(x))$ 的导数的链法则的两个等价形式. 叙述这两个形式.
2. 设 $h(x)=f(g(x))$, 其中 f 和 g 在它们的定义域上可导. 若 $g(1)=3$, $g'(1)=5$, 要计算 $h'(1)$ 还需要知道什么?
3. 填空. $f(g(x))$ 的导数等于 f' 在 ________ 处的值乘以 g' 在 ________ 处的值.

4. 识别复合函数 $\cos^4 x$ 的内函数和外函数.

5. 识别复合函数 $(x^2+10)^{-5}$ 的内函数和外函数.

6. 把 $Q(x)=\cos^4(x^2+1)$ 表示为三个函数的复合; 即确定 f, g 和 h 使得 $Q(x)=f(g(h(x)))$.

基本技能

7～16. 链法则版本一 用链法则版本一计算 $\dfrac{dy}{dx}$.

7. $y=(3x+7)^{10}$.

8. $y=(5x^2+11x)^{20}$.

9. $y=\sqrt{x^2+1}$.

10. $y=\sin\sqrt{x}$.

11. $y=\tan(5x^2)$.

12. $y=\sin\left(\dfrac{x}{4}\right)$.

13. $y=\sqrt{\cos x}$.

14. $y=\left(\dfrac{3x}{4x+2}\right)^5$.

15. $y=\tan x^4$.

16. $y=((x+2)(3x^3+3x))^4$.

17～28. 链法则版本二 用链法则版本二计算下列复合函数的导数.

17. $y=(3x^2+7x)^{10}$.

18. $y=\sqrt{x^2+9}$.

19. $y=5(7x^3+1)^{-3}$.

20. $y=\cos(5t+1)$.

21. $y=\tan(3x+1)$.

22. $y=(\tan t)^{-2}$.

23. $y=\sin(4x^3+3x+1)$.

24. $y=\csc(t^2+t)$.

25. $y=\theta^2\sec 5\theta$.

26. $y=\cos^4\theta+\sin^4\theta$.

27. $y=(\sec x+\tan x)^5$.

28. $y=\sin(4\cos z)$.

29～30. 相似的复合函数 两个已知的复合函数看起来相似, 但事实上很不相同. 确认内函数 $u=g(x)$ 和外函数 $y=f(u)$; 然后用链法则计算 $\dfrac{dy}{dx}$.

29. a. $y=\cos^3 x$. b. $y=\cos x^3$.

30. a. $y=\sin\left(\dfrac{1}{t}\right)$. b. $y=\dfrac{1}{\sin t}$.

31. 链法则与表 设 $h(x)=f(g(x))$, $p(x)=g(f(x))$. 用表计算下列导数.

a. $h'(3)$. b. $h'(2)$. c. $p'(4)$. d. $p'(2)$.

e. $h'(5)$.

x	1	2	3	4	5
$f(x)$	0	3	5	1	0
$f'(x)$	5	2	-5	-8	-10
$g(x)$	4	5	1	3	2
$g'(x)$	2	10	20	15	20

32. 链法则与表 设 $h(x)=f(g(x))$, $k(x)=g(g(x))$. 用表计算下列导数.

a. $h'(1)$. b. $h'(2)$. c. $h'(3)$. d. $k'(3)$.

e. $k'(1)$ f. $k'(5)$.

x	1	2	3	4	5
$f'(x)$	-6	-3	8	7	2
$g(x)$	4	1	5	2	3
$g'(x)$	9	7	3	-1	-5

33～36. 幂链法则 用链法则求下列函数的导数.

33. $y=(2x^6-3x^3+3)^{25}$.

34. $y=(\cos x+2\sin x)^8$.

35. $y=(1+2\tan x)^{15}$.

36. $y=(1-\sqrt{x})^4$.

37～46. 重复使用链法则 计算下列函数的导数.

37. $\sqrt{1+\cot^2 x}$.

38. $\sqrt{(3x-4)^2+3x}$.

39. $\sin^5(\cos 3x)$.

40. $\cos^4(7x^3)$.

41. $f(x)=\tan(\sqrt{\sec x})$.

42. $(1-\sqrt{x+4})^{-1}$.

43. $\sqrt{x+\sqrt{4}}$.

44. $\sqrt{x+\sqrt{x+\sqrt{x}}}$.

45. $f(g(x^2))$, 其中 f 和 g 对所有实数可导.

46. $f(\sqrt{g(x^2)})$, 其中 f 和 g 对所有实数可导, 且 g 是非负的.

深入探究

47. 解释为什么是, 或不是 判断下列命题是否正确, 并说明理由或举出反例.

a. 函数 $x\sin x$ 可以不用链法则求导.

b. 函数 $(x^2+10)^{-2}$ 必须用链法则求导.

c. 积的导数不是导数的积, 但复合函数的导数是导数的积.

d. $\dfrac{d}{dx}P(Q(x))=P'(x)Q'(x)$.

48～51. 二阶导数 对下列函数求 $\dfrac{d^2y}{dx^2}$.

48. $y = x\cos x^2$.

49. $y = \sin x^2$.

50. $y = \sqrt{3x^3 + 4x + 1}$.

51. $y = (x^2+1)^{-2}$.

52. 求导的不同方法

a. 用链法则计算 $\dfrac{d}{dx}(x^2+x)^2$, 并化简.

b. 先展开 $(x^2+x)^2$, 再计算导数. 验证答案与 (a) 相同.

53～54. 平方根的导数 求下列函数的导数.

53. $y = \sqrt{f(x)}$, 其中 f 在 x 处可导且非负.

54. $y = \sqrt{f(x)g(x)}$, 其中 f 和 g 在 x 处可导且非负.

55. 切线 确定 $y = \dfrac{(x^2-1)^2}{x^3-6x-1}$ 的图像在点 $(3,8)$ 处的切线方程. 作函数和切线的图像.

56. 切线 确定 $y = x\sqrt{5-x^2}$ 的图像在点 $(1,2)$ 和 $(-2,-2)$ 处的切线方程. 作函数和切线的图像.

57. 切线 假设 f 和 g 在其定义域上可导, 且 $h(x) = f(g(x))$. 设 g 的图像在点 $(4,7)$ 处的切线方程为 $y = 3x - 5$, f 的图像在点 $(7,9)$ 处的切线方程为 $y = -2x + 23$.

a. 计算 $h(4)$ 和 $h'(4)$.

b. 确定 h 的图像在点 $x = 4$ 处的切线方程.

58. 切线 设 f 是可导函数, 其图像过 $(1,4)$ 点. 如果 $g(x) = f(x^2)$ 且 f 的图像在 $(1,4)$ 点的切线方程为 $y = 3x - 1$, 确定下列值.

a. $g(1)$. **b.** $g'(x)$. **c.** $g'(1)$.

d. 求 g 的图像在 $x = 1$ 处的切线方程.

59. 切线 求 $y = \sec 2x$ 在 $x = \pi/6$ 处的切线方程. 作函数及该切线的图像.

60. 含 $\sin x$ 的复合函数 设 f 在区间 $[-2,2]$ 上可导, 且 $f'(0) = 3$, $f'(1) = 5$. 设 $g(x) = f(\sin x)$. 计算下列表达式.

a. $g'(0)$. **b.** $g'\left(\dfrac{\pi}{2}\right)$. **c.** $g'(\pi)$.

61. 含 $\sin x$ 的复合函数 设 f 对所有实数可导, 且 $f(0) = -3$, $f(1) = 3$, $f'(0) = 3$, $f'(1) = 5$. 设 $g(x) = \sin(\pi f(x))$. 计算下列表达式.

a. $g'(0)$. **b.** $g'(1)$.

应用

62～64. 弹簧的振动 假设质量为 m 的物体系于悬挂在天花板上的弹簧的末端. 当弹簧静止时, 我们称物体处于平衡位置 $y = 0$. 假设把物体推到平衡位置以上 y_0 个单位的地方, 然后释放. 当物体上下振荡时 (忽略系统内任何摩擦阻力), t 秒后物体的位置 y 由下面表达式给出,

$$y = y_0 \cos\left(\sqrt{\frac{k}{m}}t\right), \tag{2}$$

其中 k 是常数, 表示弹簧的硬度 (k 的值越大, 弹簧越硬), 在上方时 y 为正.

62. 用表达式 (2) 回答下列问题.

a. 求物体的速度 $\dfrac{dy}{dt}$. (假设 k 和 m 是常数.)

b. 如果用四倍质量的物体重复实验, 速度有何影响?

c. 如果用四倍硬度 (k 增加到 4 倍) 的弹簧重复实验, 速度有何影响?

d. 假设 y 的单位为米, t 的单位为秒, m 的单位为 kg, k 的单位为 kg/s^2. 证明 (a) 中速度的单位是一致的.

63. 用表达式 (2) 回答下列问题.

a. 求二阶导数 $\dfrac{d^2y}{dt^2}$.

b. 验证 $\dfrac{d^2y}{dt^2} = -\dfrac{k}{m}y$.

64. 用表达式 (2) 回答下列问题.

a. 周期 T 是物体完成一个振荡需要的时间. 证明 $T = 2\pi\sqrt{\dfrac{m}{k}}$.

b. 假设 k 是常数, 计算 $\dfrac{dT}{dm}$.

c. 给出为什么 $\dfrac{dT}{dm}$ 为正的物理解释.

65. 日照时间 在地球上任意点的日照小时数在一年中是波动的. 在北半球, 冬至白昼最短, 夏至白昼最长. 在北纬 $40°$, 一天日照时长近似地为

$$D(t) = 12 - 3\cos\left[\frac{2\pi(t+10)}{365}\right],$$

其中 D 以小时计, $0 \leqslant t \leqslant 365$ 以天计, $t = 0$ 对应于 1 月 1 日.

a. 3 月 1 日 ($t = 59$) 此处的日照时间近似等于多少?

b. 求日照函数的变化率.

c. 求日照函数在 3 月 1 日的变化率. 把答案的单位改为分/天, 并解释这个结果的意义是什么.

d. 用绘图工具作 $y = D'(t)$ 的图像.

e. 在一年中, 哪天日照时间变化最快? 哪天最慢?

66. 混合水箱 一个容积 500L 的水箱装满了纯水. 在 $t = 0$ 时刻, 一种盐溶液以 5L/min 的速率开始流入水箱, 同时 (完全混合的) 溶液以 5.5L/min 的速率流出水箱. 在任意时刻 $t \geqslant 0$, 已知水箱中以克计的盐的质量为

$$M(t) = 250(1\,000 - t)[1 - 10^{-30}(1\,000 - t)^{10}],$$

水箱中溶液的体积为 $V(t) = 500 - 0.5t$ L.

a. 作质量函数的图像, 并验证 $M(0) = 0$.

b. 作体积函数的图像, 并验证当 $t = 1\,000$ min 时水箱为空.

c. 水箱中盐溶液的浓度 (以 g/L 计) 为 $C(t) = M(t)/V(t)$. 作浓度函数的图像, 并阐明其性质. 特别地, $C(0)$ 和 $C(1\,000)$ 是什么?

d. 求质量的变化率 $M'(t)$, $0 \leqslant t \leqslant 1\,000$.

e. 求浓度的变化率 $C'(t)$, $0 \leqslant t \leqslant 1\,000$.

f. 何时溶液的浓度增大? 何时减小?

67. 功率与能源 已知一个城镇使用的以兆瓦时 (MWh) 计的总能量为

$$E(t) = 400t + \frac{2\,400}{\pi}\sin\left(\frac{\pi t}{12}\right),$$

其中 $t \geqslant 0$ 以小时计, $t = 0$ 对应于正午.

a. 求功率, 即能源消耗的变化率 $P(t) = E'(t)$, 以兆瓦 (MW) 为单位.

b. 在一天中, 何时能源消耗的变化率最大? 此时的功率是多少?

c. 在一天中, 何时能源消耗的变化率最小? 此时的功率是多少?

d. 作功率函数的草图, 要反映出何时能源使用最少或最多.

附加练习

68. 推导三角恒等式

a. 回顾 $\cos 2t = \cos^2 t - \sin^2 t$. 用导数求关于 $\sin 2t$ 的三角恒等式.

b. 用恒等式 $\cos 2t = 2\cos^2 t - 1$ 将得到与 (a) 中相同的关于 $\sin 2t$ 的恒等式, 验证此结论.

c. 用恒等式 $\cos 2t = 1 - 2\sin^2 t$ 将得到与 (a) 中相同的关于 $\sin 2t$ 的恒等式, 验证此结论.

69. $\cos^2 x+\sin^2 x = 1$ 的证明 设 $f(x) = \cos^2 x+\sin^2 x$.

a. 用链法则证明 $f'(x) = 0$.

b. 假设如果 $f'(x)=0$, 则 $f(x)$ 是常值函数. 计算 $f(0)$ 并用 (a) 解释为什么 $\cos^2 x+\sin^2 x=1$.

70. 一般三角函数的导数

a. 识别 $f(g(x)) = \sin kx$ 的内函数 g 和外函数 f, 其中 k 是实数.

b. 用链法则证明 $\dfrac{d}{dx}(\sin kx) = k\cos kx$.

c. 求 $\cos kx$, $\tan kx$, $\cot kx$, $\sec kx$ 和 $\csc kx$ 的导数.

71. 用积法则和链法则推导商法则 假设忘记了计算 $\dfrac{d}{dx}\left[\dfrac{f(x)}{g(x)}\right]$ 的商法则. 用链法则和积法则以及恒等式 $\dfrac{f(x)}{g(x)} = f(x)(g(x))^{-1}$ 推导出商法则.

72. 二阶导数的链法则

a. 推导二阶导数 $\dfrac{d^2}{dx^2}(f(g(x)))$ 的公式.

b. 用 (a) 中的公式计算 $\dfrac{d^2}{dx^2}(\sin(3x^4 + 5x^2 + 2))$.

73～76. 计算极限 下列极限是复合函数 h 在点 a 处的导数.

a. 求复合函数 h 和 a 的值.

b. 用链法则求每个极限. 用计算器的极限命令验证答案.

73. $\displaystyle\lim_{x\to 2}\frac{(x^2-3)^5-1}{x-2}$.

74. $\displaystyle\lim_{x\to 0}\frac{\sqrt{4+\sin x}-2}{x}$.

75. $\displaystyle\lim_{h\to 0}\frac{\sin(\pi/2+h)^2-\sin(\pi^2/4)}{h}$.

76. $\displaystyle\lim_{h\to 0}\frac{\dfrac{1}{3((1+h)^5+7)^{10}}-\dfrac{1}{3(8)^{10}}}{h}$.

77. 差商的极限 假设 f 对所有 x 可导, 化简

$$\lim_{x\to 5}\frac{f(x^2)-f(25)}{x-5}.$$

78. 偶函数和奇函数的导数 回顾一下, 如果 $f(x) = f(-x)$ 对 f 定义域内的所有 x 成立, 则 f 是偶函数. 如果 $f(x) = -f(-x)$ 对 f 定义域内的所有 x 成立, 则 f 是奇函数.

a. 如果 f 是在其定义域上可导的偶函数, 确定 f' 是否为偶函数, 是否为奇函数, 或两者都不是.

b. 如果 f 是在其定义域上可导的奇函数, 确定 f'

是否为偶函数, 是否为奇函数, 或两者都不是.

79. 链法则的一般证明 设 f 和 g 是可导函数, $h(x)=f(g(x))$. 对于给定的常数 a, 令 $u=g(a)$, $v=g(x)$, 并定义

$$H(v)=\begin{cases}\dfrac{f(v)-f(u)}{v-u}-f'(u) & ,v\neq u\\ 0 & ,v=u\end{cases}.$$

a. 证明 $\lim\limits_{v\to u}H(v)=0$.

b. 对 u 的任意值, 证明

$$f(v)-f(u)=(H(v)+f'(u))(v-u).$$

c. 证明

$$h'(a)=\lim_{x\to a}\left[[H(g(x))+f'(g(a))]\cdot\frac{g(x)-g(a)}{x-a}\right].$$

d. 证明 $h'(a)=f'(g(a))g'(a)$.

迅速核查 答案

1. $(5x+4)^{100}$ 的展开式包含 101 项. 要用太多的时间计算展开式及其导数.
2. 内函数是 $u=5x+4$, 外函数是 $y=u^3$.
4. $f(u)=u^{10}$; $u=g(v)=\tan v; v=h(x)=x^5$.

3.7 隐函数求导法

本章前面专注于计算形如函数 $y=f(x)$ 的导数, 其中 y 作为 x 的函数是显式定义的. 可是, 变量之间的关系经常是隐式表示的. 例如, 单位圆方程 $x^2+y^2=1$, 当写成 $x^2+y^2-1=0$ 时, 具有隐式的形式 $F(x,y)=0$. 这个方程不表示一个函数, 因为其图像不满足垂直线检验法 (见图 3.43(a)). 然而, 如果从方程 $x^2+y^2=1$ 中解出 y, 则出现两个函数 $y=-\sqrt{1-x^2}$ 和 $y=\sqrt{1-x^2}$ (见图 3.43(b)). 两个显函数组成圆, 用链法则求出其导数:

$$\text{若 } y=\sqrt{1-x^2}, \text{ 则 } \frac{dy}{dx}=-\frac{x}{\sqrt{1-x^2}}. \tag{1}$$

$$\text{若 } y=-\sqrt{1-x^2}, \text{ 则 } \frac{dy}{dx}=\frac{x}{\sqrt{1-x^2}}. \tag{2}$$

我们用式 (1) 计算在上半单位圆任意点处的曲线斜率, 用式 (2) 计算在下半单位圆任意点处的曲线斜率.

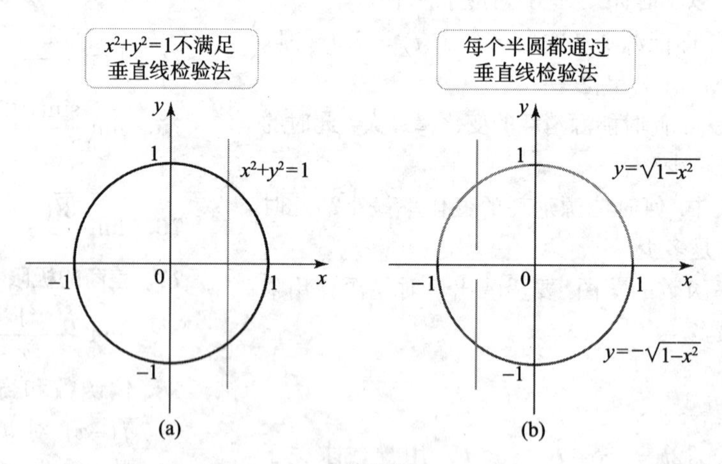

图 3.43

迅速核查 1. 方程 $x-y^2=0$ 隐式地定义了哪两个函数? ◄

尽管从某些隐函数方程 (如 $x^2+y^2=1$ 或 $x-y^2=0$) 可以直接解出 y, 但从其他一些方程解出 y 是困难的, 甚至是不可能的. 例如, $x+y^3-xy=1$ 的图像 (见图 3.44(a)) 表示三个函数: 抛物线的上半部分 $y=f_1(x)$, 抛物线的下半部分 $y=f_2(x)$ 和水平线 $y=f_3(x)$ (见图 3.44(b)). 解 y 得到这三个函数具有挑战性 (习题 55), 并且解出 y 后每个函

数的导数必须分别计算. 本节的目的是寻求一个方法, 不需要解出 y, 而是从方程 $F(x,y)=0$ 直接求得导数的表达式. 这个方法称为**隐函数求导法**, 我们将通过例子给予阐述.

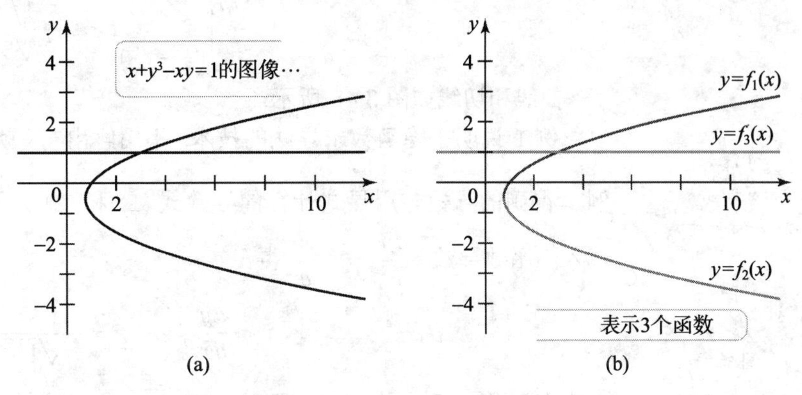

图 3.44

例 1 隐函数求导法

a. 从单位圆方程 $x^2+y^2=1$ 直接计算 $\dfrac{dy}{dx}$.

b. 求单位圆在 $\left(\dfrac{1}{2},\dfrac{\sqrt{3}}{2}\right)$ 和 $\left(\dfrac{1}{2},-\dfrac{\sqrt{3}}{2}\right)$ 处的斜率.

解

a. 为表示选择 x 作为自变量, 用 $y(x)$ 替换 y 是方便的:

$$x^2+(y(x))^2=1. \qquad (\text{把 } y \text{ 替换为 } y(x))$$

我们现在对方程中每一项求关于 x 的导数:

$$\underbrace{\frac{d}{dx}(x^2)}_{2x}+\underbrace{\frac{d}{dx}[y(x)]^2}_{\text{用链法则}}=\underbrace{\frac{d}{dx}(1)}_{0}.$$

由链法则, $\dfrac{d}{dx}[y(x)]^2=2y(x)y'(x)$, 或简写为 $\dfrac{d}{dx}(y^2)=2y\dfrac{dy}{dx}$. 由此则有

$$2x+2y\frac{dy}{dx}=0.$$

最后一步解 $\dfrac{dy}{dx}$:

$$\begin{aligned}2y\frac{dy}{dx}&=-2x, && (\text{两边减 } 2x)\\ \frac{dy}{dx}&=-\frac{x}{y}, && (\text{除以 } 2y \text{ 并化简})\end{aligned}$$

只要 $y\neq 0$ 这个结果就成立. 在点 $(-1,0)$ 和 $(1,0)$ 处, 圆有垂直切线.

b. 注意, 导数 $\dfrac{dy}{dx}=-\dfrac{x}{y}$ 同时依赖于 x 和 y. 所以, 求圆在 $\left(\dfrac{1}{2},\dfrac{\sqrt{3}}{2}\right)$ 处的斜率, 我们把 $x=1/2$ 和 $y=\sqrt{3}/2$ 代入导数公式, 结果是

$$\left.\frac{dy}{dx}\right|_{\left(\frac{1}{2},\frac{\sqrt{3}}{2}\right)}=-\frac{1/2}{\sqrt{3}/2}=-\frac{1}{\sqrt{3}}.$$

圆在 $\left(\frac{1}{2},-\frac{\sqrt{3}}{2}\right)$ 处的斜率是

$$\left.\frac{dy}{dx}\right|_{\left(\frac{1}{2},-\frac{\sqrt{3}}{2}\right)}=-\frac{1/2}{-\sqrt{3}/2}=\frac{1}{\sqrt{3}}.$$

曲线和切线如图 3.45 所示. *相关习题 5～20*◀

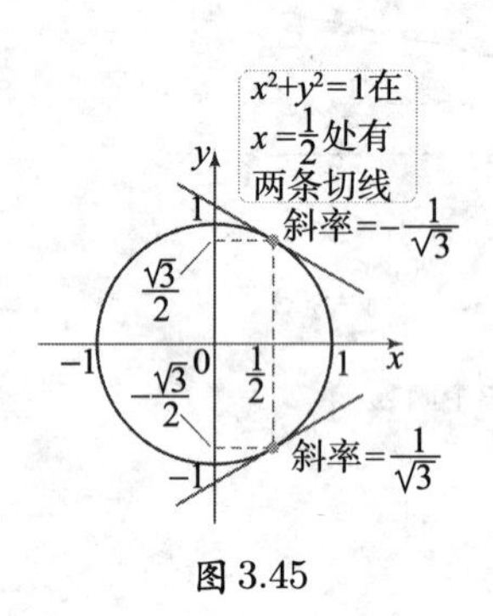

图 3.45

例 1 说明了隐函数求导法的技术. 不用解出 y, 就可得到同时用 x 和 y 表示的 $\frac{dy}{dx}$. 例 1 得到的导数与用显式计算的导数式 (1) 和 (2) 是一致的. 对于上半圆, 把 $y=\sqrt{1-x^2}$ 代入隐函数导数 $\frac{dy}{dx}=-\frac{x}{y}$ 得

$$\frac{dy}{dx}=-\frac{x}{y}=-\frac{x}{\sqrt{1-x^2}},$$

与式 (1) 相同. 对于下半圆, 把 $y=-\sqrt{1-x^2}$ 代入隐函数导数 $\frac{dy}{dx}=-\frac{x}{y}$ 得

$$\frac{dy}{dx}=-\frac{x}{y}=\frac{x}{\sqrt{1-x^2}},$$

与式 (2) 一致. 所以, 隐函数求导法给出了一个统一的导数 $\frac{dy}{dx}=-\frac{x}{y}$.

迅速核查 2. 用隐函数求导法对 $x-y^2=3$ 求 $\frac{dy}{dx}$. ◀

切线的斜率

隐函数求导法求出的导数一般依赖于 x 和 y. 所以, 曲线在特定点 (x,y) 处的斜率同时要求该点的 x- 坐标与 y- 坐标. 求该点处的切线方程也需要这两个坐标.

迅速核查 3. 如果函数显式地定义为形式 $y=f(x)$, 求一切线的斜率需要知道哪个坐标, x- 坐标, y- 坐标, 或两者都要? ◀

因为 y 是 x 的函数, 有

$$\frac{d}{dx}(x)=1 \text{和}$$

$$\frac{d}{dx}(y)=y'.$$

用链法则求 y^3 关于 x 的导数.

例 2　求隐函数曲线的切线 求曲线 $x^2+xy-y^3=7$ 在 $(3,2)$ 处的切线方程.

解　我们计算方程 $x^2+xy-y^3=7$ 每一项的导数:

$$\begin{aligned}
\frac{d}{dx}(x^2)+\frac{d}{dx}(xy)-\frac{d}{dx}(y^3) &= \frac{d}{dx}(7) && \text{(对每项求导)}\\
2x+\underbrace{y+xy'}_{\text{积法则}}-\underbrace{3y^2y'}_{\text{连法则}} &= 0 && \text{(计算导数)}\\
3y^2y'-xy' &= 2x+y && \text{(合并含 } y' \text{ 的项)}\\
y' &= \frac{2x+y}{3y^2-x}. && \text{(提取公因子并解出 } y'\text{)}
\end{aligned}$$

把 $x=3$, $y=2$ 代入导数公式, 求出在 $(3,2)$ 处的切线斜率:

$$\left.\frac{dy}{dx}\right|_{(3,2)}=\left.\frac{2x+y}{3y^2-x}\right|_{(3,2)}=\frac{8}{9}.$$

过 $(3,2)$ 斜率为 $\frac{8}{9}$ 的直线方程是

$$y-2=\frac{8}{9}(x-3) \quad \text{或} \quad y=\frac{8}{9}x-\frac{2}{3}.$$

图 3.46 显示了曲线 $x^2+xy-y^3=7$ 和切线的图像. *相关习题 21～26*◀

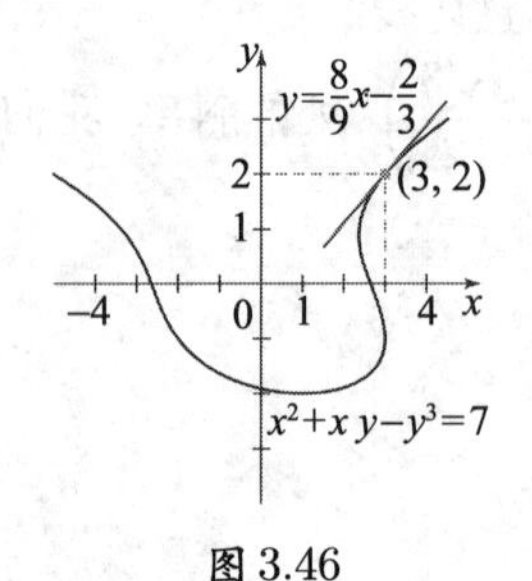

图 3.46

隐函数的高阶导数

在该章的前几节中, 我们先计算 $\dfrac{dy}{dx}$, $\dfrac{d^2y}{dx^2}$, $\cdots$, $\dfrac{d^{n-1}y}{dx^{n-1}}$, 再求 $\dfrac{d^ny}{dx^n}$. 同样的方法可用于隐函数.

例 3　二阶导数 如果 $x^2+y^2=1$, 求 $\dfrac{d^2y}{dx^2}$.

解　在例 1 中已经计算一阶导数为 $\dfrac{dy}{dx}=-\dfrac{x}{y}$.

现在我们计算等式两边的导数, 然后解出二阶导数:

$$\begin{aligned}
\frac{d}{dx}\left(\frac{dy}{dx}\right) &= \frac{d}{dx}\left(-\frac{x}{y}\right) && (\text{对 } x \text{ 求导})\\
\frac{d^2y}{dx^2} &= -\frac{y\cdot 1 - x\dfrac{dy}{dx}}{y^2} && (\text{商法则})\\
&= -\frac{y - x\left(-\dfrac{x}{y}\right)}{y^2} && \left(\text{代入 } \frac{dy}{dx}\right)\\
&= -\frac{x^2+y^2}{y^3} && (\text{化简})\\
&= -\frac{1}{y^3}. && (x^2+y^2=1)
\end{aligned}$$

相关习题 27～32◀

有理数指数的幂法则

扩展幂法则指出 $\dfrac{d}{dx}(x^n)=nx^{n-1}$, n 是整数. 用隐函数求导法可以把这个法则拓展到 n 的有理值, 如 $\dfrac{1}{2}$ 或 $-\dfrac{5}{3}$. 设 p 和 q 是整数且 $q\neq 0$. 设 $y=x^{p/q}$, 其中当 q 是偶数时, $x\geqslant 0$. 两边取 q 次幂, 我们得 $y^q=x^p$. 假设在其定义域上 y 是 x 的可导函数, 对 $y^q=x^p$ 的两边求关于 x 的导数:

$$qy^{q-1}\frac{dy}{dx}=px^{p-1}.$$

用 qy^{q-1} 除等式的两边, 并化简:

$$\begin{aligned}
\frac{dy}{dx} &= \frac{p}{q}\cdot\frac{x^{p-1}}{y^{q-1}} = \frac{p}{q}\cdot\frac{x^{p-1}}{(x^{p/q})^{q-1}} && (\text{用 } x^{p/q} \text{ 替换 } y)\\
&= \frac{p}{q}\cdot\frac{x^{p-1}}{x^{p-p/q}} && (\text{分母中指数相乘})\\
&= \frac{p}{q}\cdot x^{p/q-1}. && (\text{化简})
\end{aligned}$$

如果令 $n=\dfrac{p}{q}$, 则 $\dfrac{d}{dx}(x^n)=nx^{n-1}$. 所以, 有理数指数的幂法则与整数幂法则是一样的.

定理 3.14　有理数指数的幂法则 设 p 和 q 是整数且 $q \neq 0$. 则

$$\frac{d}{dx}(x^{p/q}) = \frac{p}{q}x^{p/q-1},$$

当 q 是偶数时, $x \geqslant 0$.

$y = x^{p/q}$ 在其定义域上可导的假设在 7.3 节给予证明. 不仅如此, 还将证明幂法则对所有实数指数幂成立, 即 $\frac{d}{dx}(x^n) = nx^{n-1}$ 对所有实数 n 成立.

例 4　有理数指数 对下列函数计算 $\frac{dy}{dx}$.

a. $y = \sqrt{x}$.　　**b.** $y = (x^6 + 3x)^{2/3}$.

解

在 3.1 节用导数的定义确定了 $\sqrt{x}$ 的导数 (例 4a).

a. $\frac{dy}{dx} = \frac{d}{dx}(x^{1/2}) = \frac{1}{2}x^{-1/2} = \frac{1}{2\sqrt{x}}$

b. 应用链法则, 其中外函数是 $u^{2/3}$, 内函数是 $x^6 + 3x$:

$$\begin{aligned}\frac{dy}{dx} &= \frac{d}{dx}((x^6+3x)^{2/3}) = \underbrace{\frac{2}{3}(x^6+3x)^{-1/3}}_{\text{外函数的导数}}\underbrace{(6x^5+3)}_{\text{内函数的导数}} \\ &= \frac{2(2x^5+1)}{(x^6+3x)^{1/3}}.\end{aligned}$$

相关习题 33 ~ 40 ◀

例 5　有理数指数的隐函数求导法 求曲线 $2(x+y)^{1/3} = y$ 在点 $(4,4)$ 处的斜率.

解　对方程两边求导:

$$\begin{aligned}\frac{2}{3}(x+y)^{-2/3}\left(1+\frac{dy}{dx}\right) &= \frac{dy}{dx} && \text{(隐函数求导法链法则, 定理 3.14)} \\ \frac{2}{3}(x+y)^{-2/3} &= \frac{dy}{dx} - \frac{2}{3}(x+y)^{-2/3}\frac{dy}{dx} && \text{(展开并合并同类项)} \\ \frac{2}{3}(x+y)^{-2/3} &= \frac{dy}{dx}\left(1-\frac{2}{3}(x+y)^{-2/3}\right). && \text{(提出 } \tfrac{dy}{dx}\text{)}\end{aligned}$$

现在我们解 dy/dx:

$$\begin{aligned}\frac{dy}{dx} &= \frac{\frac{2}{3}(x+y)^{-2/3}}{1-\frac{2}{3}(x+y)^{-2/3}} && \text{(除以} 1-\tfrac{2}{3}(x+y)^{-2/3}\text{)} \\ \frac{dy}{dx} &= \frac{2}{3(x+y)^{2/3}-2}. && \text{(乘以} 3(x+y)^{2/3} \text{并化简)}\end{aligned}$$

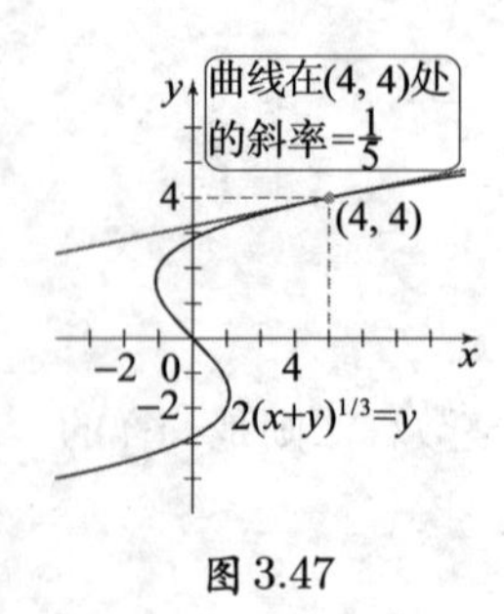

图 3.47

注意到点 $(4,4)$ 在曲线上 (见图 3.47), 把 $x = 4$, $y = 4$ 代入 $\frac{dy}{dx}$ 的公式, 求得曲线在 $(4,4)$ 处的斜率:

$$\left.\frac{dy}{dx}\right|_{(4,4)} = \frac{2}{3(8)^{2/3}-2} = \frac{1}{5}$$

相关习题 41 ~ 46 ◀

3.7节 习题

复习题

1. 对某些方程, 如 $x^2+y^2=1$ 或 $x-y^2=0$, 可以先解出 y, 然后计算 $\dfrac{dy}{dx}$. 解释为什么即使在这些情况下通常用隐函数求导法计算导数也更有效.
2. 解释计算隐函数的导数与显函数的导数的区别.
3. 对隐式定义的函数, 为什么求在一点处的斜率一般同时需要 x- 坐标和 y- 坐标?
4. 在本节中, 对 n 的哪些值, 我们证明了 $\dfrac{d}{dx}(x^n)=nx^{n-1}$?

基本技能

5～10. 隐函数求导法 完成下列步骤.

a. 用隐函数求导法求 $\dfrac{dy}{dx}$.

b. 求曲线在指定点处的斜率.

5. $y^2=4x;(1,2)$.
6. $y^2+3x=2;(-1,\sqrt{5})$.
7. $\sin y=5x^4-5;(1,\pi)$.
8. $5\sqrt{x}-10\sqrt{y}=\sin x;(4\pi,\pi)$.
9. $\cos y=x;\left(0,\dfrac{\pi}{2}\right)$.
10. $\tan xy=x+y;(0,0)$.

11～20. 隐函数求导法 用隐函数求导法求 $\dfrac{dy}{dx}$.

11. $\sin xy=x+y$.
12. $\tan(x+y)=2y$.
13. $\cos y^2+x=y^2$.
14. $y=\dfrac{x+1}{y-1}$.
15. $x^3=\dfrac{x+y}{x-y}$.
16. $(xy+1)^3=x-y^2+8$.
17. $6x^3+7y^3=13xy$.
18. $(x^2+y^2)(x^2+y^2+x)=8xy^2$.
19. $\sqrt{x^4+y^2}=5x+2y^3$.
20. $\sqrt{3x^7+y^2}=\sin^2 y+100xy$.

21～26. 切线 完成下列步骤.

a. 验证指定点在曲线上.

b. 确定曲线在指定点处的切线方程.

21. $x^2+xy+y^2=7;(2,1)$.

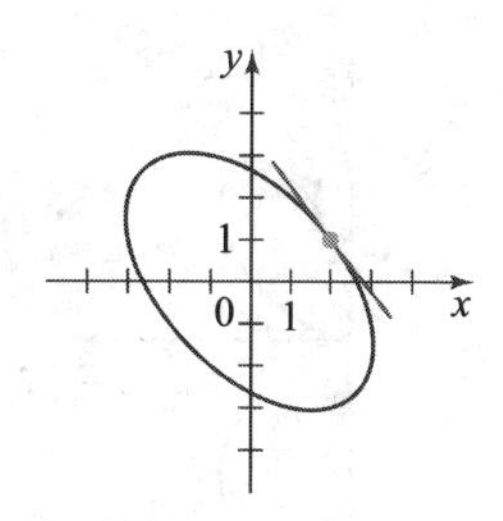

22. $x^4-x^2y+y^4=1;(-1,1)$.

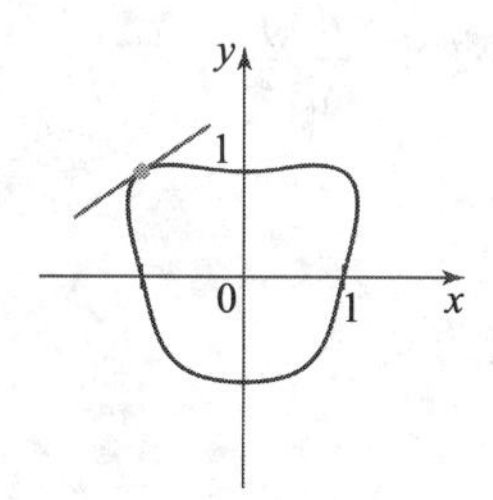

23. $\sin y+5x=y^2,\left(\dfrac{\pi^2}{5},\pi\right)$.

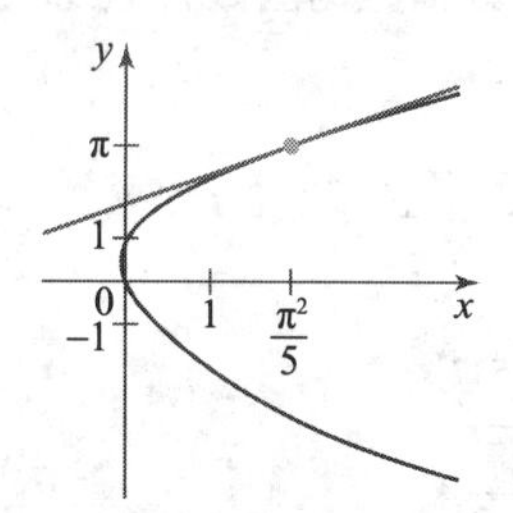

24. $x^3+y^3=2xy;(1,1)$.

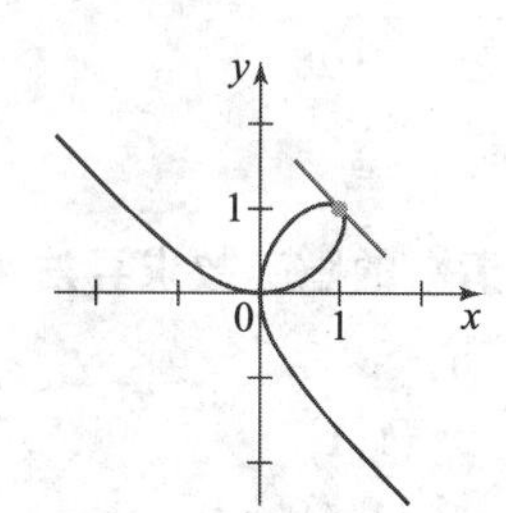

25. $\cos(x-y)+\sin y=\sqrt{2};\left(\dfrac{\pi}{2},\dfrac{\pi}{4}\right)$.

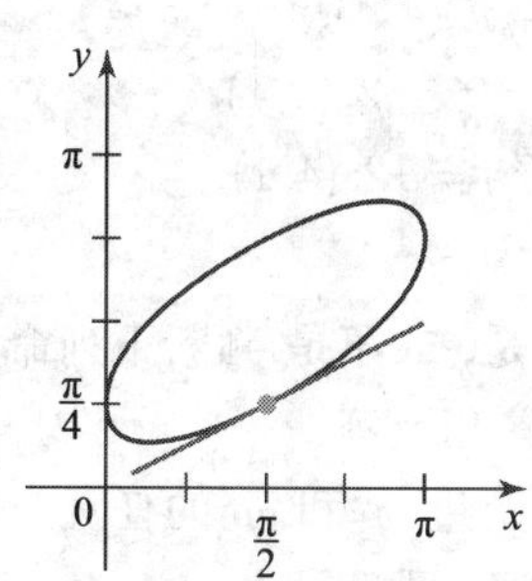

26. $(x^2+y^2)^2=\frac{25}{4}xy^2;(1,2)$.

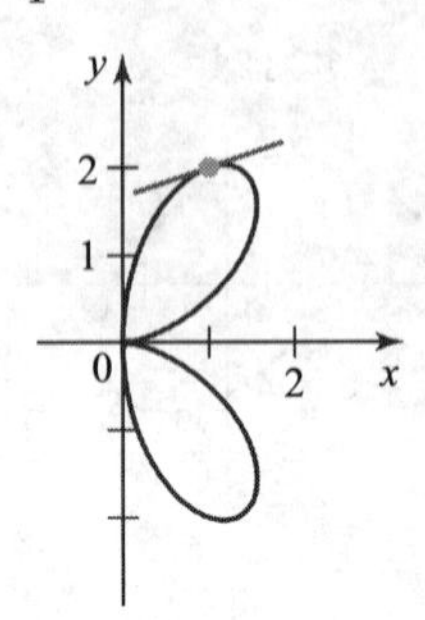

27～32. 二阶导数 求 $\frac{d^2y}{dx^2}$.

27. $x+y^2=1$.

28. $2x^2+y^2=4$.

29. $\sqrt{y}+xy=1$.

30. $x^4+y^4=64$.

31. $\sin y+x=y$.

32. $\sin x+x^2y=10$.

33～40. 含有理数指数的函数导数 求 $\frac{dy}{dx}$.

33. $y=x^{5/4}$.

34. $y=\sqrt[3]{x^2-x+1}$.

35. $y=(5x+1)^{2/3}$.

36. $y=\sqrt{x^3}(\cos x)$.

37. $y=\sqrt[4]{\frac{2x}{4x-3}}$.

38. $y=(2x+3)^2(4x+6)^{1/4}$.

39. $y=x\sqrt[3]{x^2+5x+1}$.

40. $y=\frac{x}{\sqrt[5]{x}+x}$.

41～46. 有理数指数的隐函数求导法 确定下列曲线在指定点处的斜率.

41. $\sqrt[3]{x}+\sqrt[3]{y^4}=2;(1,1)$.

42. $x^{2/3}+y^{2/3}=2;(1,1)$.

43. $xy^{1/3}+y=10;(1,8)$.

44. $(x+y)^{2/3}=y;(4,4)$.

45. $xy+x^{3/2}y^{-1/2}=2;(1,1)$.

46. $xy^{5/2}+x^{3/2}y=12;(4,1)$.

深入探究

47. **解释为什么是，或不是** 判断下列命题是否正确，并说明理由或举出反例.

a. 对含有变量 x 和 y 的任意方程，可以先用代数方法把方程改写为 $y=f(x)$ 的形式，然后求得 $\frac{dy}{dx}$.

b. 对于半径为 r 的圆方程 $x^2+y^2=r^2$，有 $\frac{dy}{dx}=-\frac{x}{y}$，其中 $y\neq 0$ 且 $r>0$ 是实数.

c. 如果 $x=1$，则由隐函数求导法得 $1=0$.

d. 如果 $xy=1$，则 $y'=1/x$.

48～50. 多重切线 完成下列步骤.

a. 求曲线在指定的 x 值处的切线方程.

b. 在已知图像上作切线.

48. $x+y^3-y=1;x=1$.

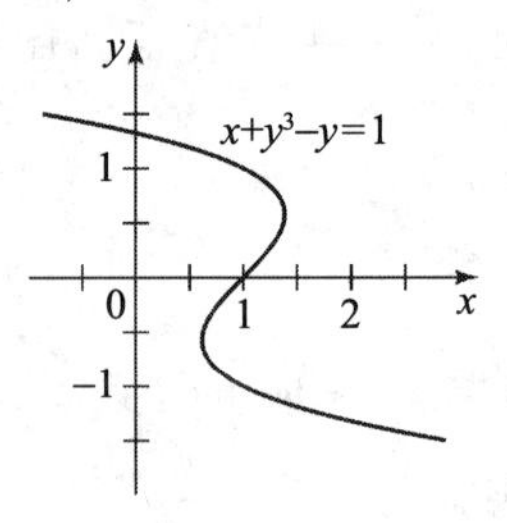

49. $x+y^2-y=1;x=1$.

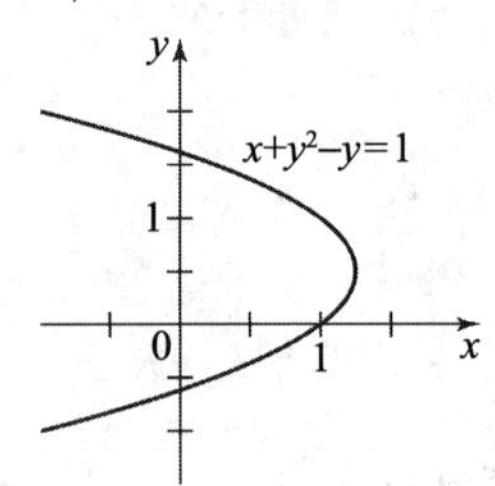

50. $4x^3=y^2(4-x);x=2$ (尖点蔓叶线).

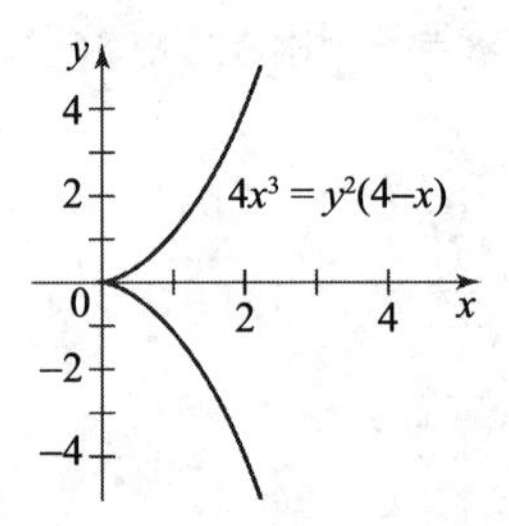

51. **多重切线** 设 $y(x^2+4)=8$ (阿涅西箕舌线).

a. 用隐函数求导法求 $\frac{dy}{dx}$.

b. 求曲线 $y(x^2+4)=8$ 当 $y=1$ 时的所有切线方程.

c. 从方程 $y(x^2+4)=8$ 解出 y 的一个显式表达式，然后计算 $\frac{dy}{dx}$.

d. 验证 (a) 与 (c) 的结果一致.

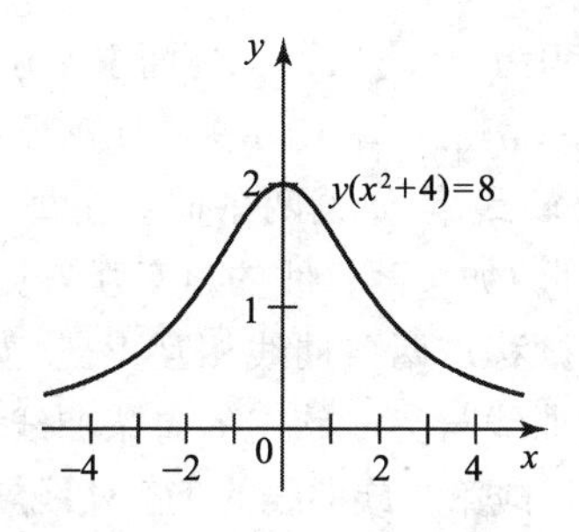

52. 垂直切线

a. 确定曲线 $x+y^3-y=1$ 有垂直切线的点 (见习题 48).

b. 曲线有水平切线吗? 解释理由.

53. 垂直切线

a. 确定曲线 $x+y^2-y=1$ 有垂直切线的点 (见习题 49).

b. 曲线有水平切线吗? 解释理由.

54～58. 从方程识别函数 下列方程隐式地定义一个或多个函数.

a. 用隐函数求导法求 $\dfrac{dy}{dx}$.

b. 从指定方程中解出 y, 确认隐式定义的函数 $y=f_1(x)$, $y=f_2(x)$, ...

c. 用 (b) 中求出的函数作指定方程的图像.

d. 求 (b) 中每一个函数的导数, 并验证其结果与 (a) 是一致的.

54. $y^3=ax^2$ (尼尔半三次抛物线).

55. $x+y^3-xy=1$ (提示: 改写为 $y^3-1=xy-x$, 然后两边因式分解).

56. $y^2=\dfrac{x^2(4-x)}{4+x}$ (正环索线).

57. $x^4=2(x^2-y^2)$ (八字曲线).

58. $y^2(x+2)=x^2(6-x)$ (三等分角线).

59～64. 法线 曲线的法线是过曲线上一点 P 且垂直于曲线在 P 处切线的直线 (见图). 用下列方程及其图像确定在指定点处的法线方程, 并用曲线和法线的图像说明之.

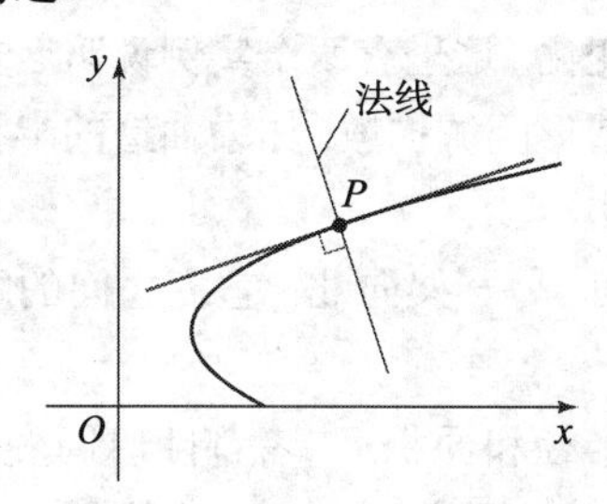

59. 习题 21.

60. 习题 22.

61. 习题 23.

62. 习题 24.

63. 习题 25.

64. 习题 26.

65～68. 切线与法线

a. 确定曲线在指定点 (x_0,y_0) 处的切线与法线方程. (见习题 59～64 的说明.)

b. 在已知曲线的图像上作切线与法线.

65. $3x^3+7y^3=10y$; $(x_0,y_0)=(1,1)$.

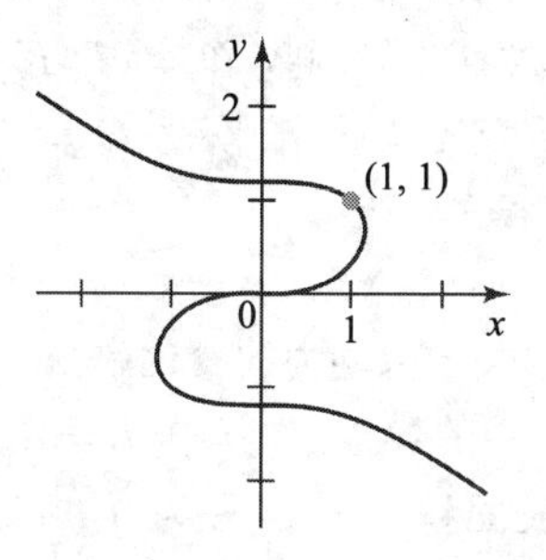

66. $x^4=2x^2+2y^2$; $(x_0,y_0)=(2,2)$ (杖头线).

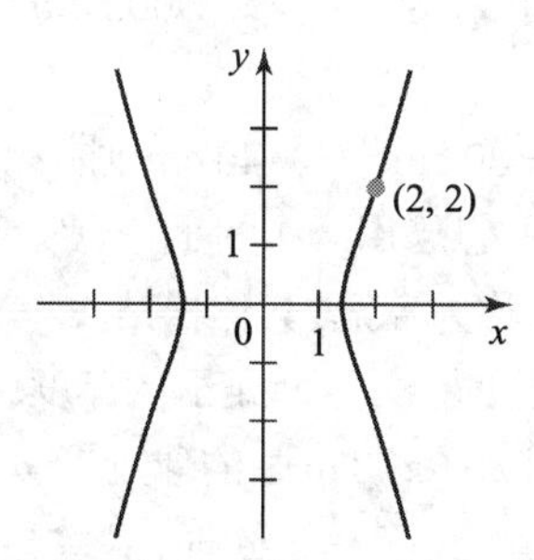

67. $(x^2+y^2-2x)^2=2(x^2+y^2)$; $(x_0,y_0)=2.2$ (帕斯卡蚶线).

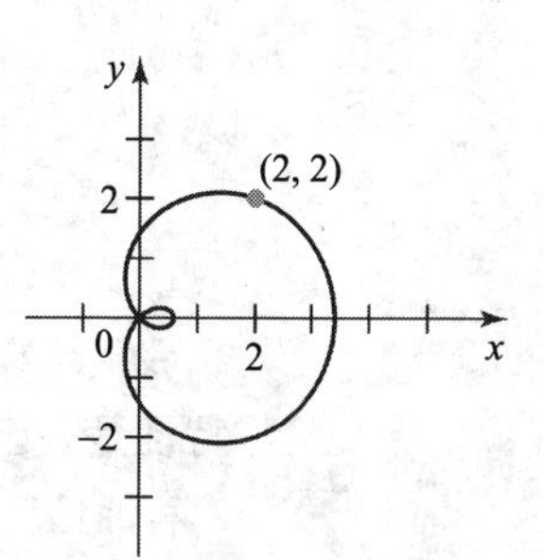

68. $(x^2+y^2)^2=\dfrac{25}{3}(x^2-y^2)$; $(x_0,y_0)=(2,-1)$ (伯努利双扭线).

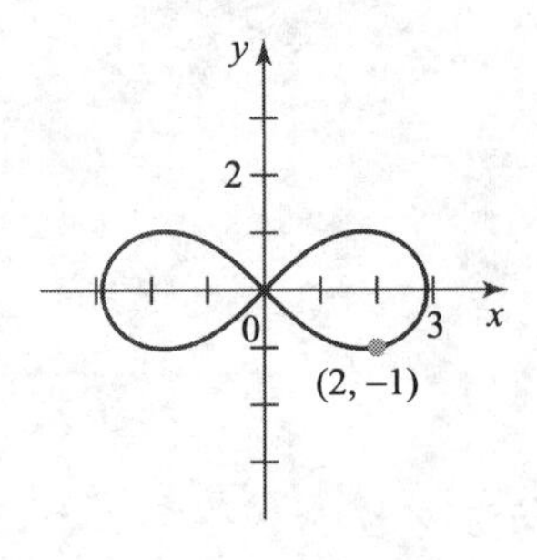

应用

69. 柯布–道格拉斯生产函数 一个经济系统的产出 Q 受两个投入的限制, 如劳动力和资本, 通常取模型为柯布–道格拉斯生产函数 $Q=cL^aK^b$. 当 $a+b=1$ 时, 称为不变规模报酬.假设 $Q=1\,280$, $a=\frac{1}{3}$, $b=\frac{2}{3}$, $c=40$.

a. 求资本关于劳动力的变化率 dK/dL.

b. 求 (a) 中的导数值, 其中 $L=8$, 且 $K=64$.

70. 圆锥体的表面积 一个半径为 r, 高为 h 的圆锥体的侧面积 (不包括底面积) 是 $A=\pi r\sqrt{r^2+h^2}$.

a. 对侧面积为 $A=1\,500\pi\,\mathrm{cm}^2$ 的圆锥体求 dr/dh.

b. 当 $r=30\,\mathrm{cm}$, $h=40\,\mathrm{cm}$ 时, 计算导数值.

71. 球冠的体积 想象用一个平面 (一张纸) 切割一个球. 较小的部分称为球冠, 其体积是 $V=\pi h^2(3r-h)/3$, 其中 r 为球的半径, h 是冠的厚度.

a. 对体积为 $5\pi/3\,\mathrm{m}^3$ 的球冠求 dr/dh.

b. 当 $r=2\,\mathrm{m}$, $h=1\,\mathrm{m}$ 时, 计算导数值.

72. 环面的体积 一个内半径为 a, 外半径为 b 的环面 (炸圈饼或面包圈) 的体积是 $V=\pi^2(b+a)(b-a)^2/4$.

a. 对体积为 $64\pi^2\,\mathrm{in}^3$ 的环面求 db/da.

b. 当 $a=6\,\mathrm{in}$, $b=10\,\mathrm{in}$ 时, 计算导数值.

73～75. 正交轨线族 如果两条曲线在每个交点处的切线相互垂直 (如果两直线的斜率互为负倒数, 则两直线垂直), 则称这两条曲线相互正交. 如果一族曲线中的每条曲线与另一族中的每条曲线正交, 则称第一族曲线构成第二族曲线的**正交轨线族**. 例如, 抛物线族 $y=cx^2$ 构成椭圆族 $x^2+2y^2=k$ 的正交轨线族, 其中 c 和 k 是常数 (见图).

对下列各对方程, 求 dy/dx. 如果需要, 使用隐函数求导法. 用导数解释为什么曲线族构成正交轨线族.

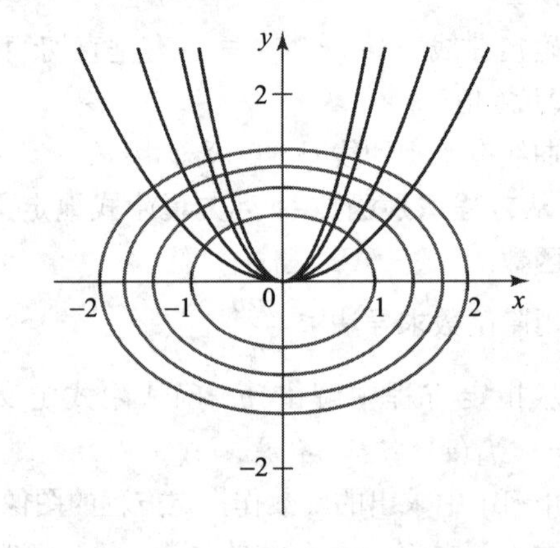

73. $y=mx; x^2+y^2=a^2$, 其中 m 和 a 是常数.

74. $y=cx^2; x^2+2y^2=k$, 其中 c 和 k 是常数.

75. $xy=a; x^2-y^2=b$, 其中 a 和 b 是常数.

迅速核查 答案

1. $y=\sqrt{x}$ 和 $y=-\sqrt{x}$.
2. $\frac{dy}{dx}=\frac{1}{2y}$.
3. 只需要 x-坐标.

3.8　相关变化率

我们现在回到导数作为变化率的主题, 考虑变量相对于时间变化的问题. 这些问题的基本特征是有已知关系的两个或多个变量都随时间变化. 这里有两个实例说明这类问题.

- 石油钻塔发生泄漏, 油在钻塔周围以 (近似) 圆形区域扩散. 如果油迹的半径以已知速率增加, 油迹面积变化多快 (例 1)?
- 两架飞机以已知速率飞向一个机场, 一架向西, 另一架向北. 它们之间的距离变化多快 (例 2)?

在第一个问题中, 两个相关的变量是油迹的半径和面积. 二者都随时间变化. 第二个问题有三个相关的变量: 两架飞机的位置和它们的距离. 同样, 三个变量都随时间变化. 这两个问题的目的都是确定其中一个变量在特定时刻的变化率,所以命名为相关变化率.

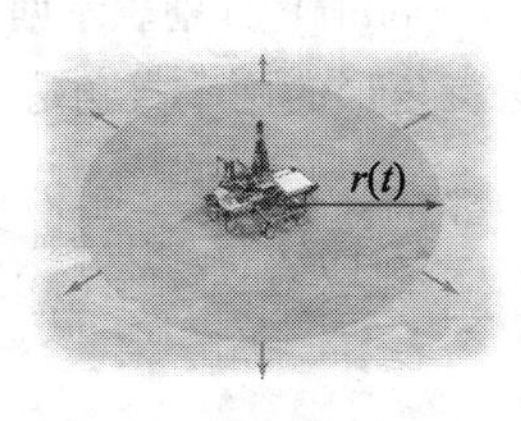

图 3.48

在本节中,我们描述这类问题的解法. 第一个例子之后,我们给出解相关变化率问题的过程.

例 1　扩散的石油 在平静的海上,一个油井发生泄漏,漏油以钻井为圆心呈圆形扩散. 圆的半径以 30m/hr 的速度增加,当半径为 100m 时,圆的面积以多快的速度增加 (见图 3.48)?

解　圆的半径和面积这两个变量同时变化. 半径和面积的关系是 $A=\pi r^2$. 把这个基本关系改写为量值随时间变化对于我们理解问题有帮助. 此时,我们改写 A 和 r 为 $A(t)$ 与 $r(t)$,以强调二者相对于 t (时间) 变化. 在任意时刻 t ,半径与面积的关系为 $A(t)=\pi r(t)^2$.

目的是求圆面积的变化率 $A'(t)$. 为应用导数解决这个问题,我们对面积关系 $A(t)=\pi r(t)^2$ 求关于 t 的导数:

$$\begin{aligned}A'(t) &= \frac{d}{dt}(\pi r(t)^2)\\ &= \pi\frac{d}{dt}(r(t)^2)\\ &= \pi(2r(t))r'(t) \qquad \text{(链法则)}\\ &= 2\pi r(t)r'(t). \qquad \text{(化简)}\end{aligned}$$

重要的是,要记住在求导之后再代入变量的特定值.

代入已知值 $r(t)=100\,\mathrm{m},\ r'(t)=30\,\mathrm{m/hr}$, 得到 (包括单位)

$$\begin{aligned}A'(t) &= 2\pi r(t)r'(t)\\ &= 2\pi(100\mathrm{m})\left(30\frac{\mathrm{m}}{\mathrm{hr}}\right)\\ &= 6\,000\pi\frac{\mathrm{m}^2}{\mathrm{hr}}.\end{aligned}$$

可见,漏油污染的面积以 $6\,000\pi\approx 18\,850\,\mathrm{m}^2/\mathrm{hr}$ 的速度增加. 包括单位是检验结论的简单方法. 在本题中,希望以每单位时间面积的单位数为答案,所以 m^2/hr 是合理的.

注意面积的变化率依赖于漏油污染的半径. 如果假设半径以常速度增加,则当半径增加时,面积的变化率也增加.

相关习题 5 ~ 13 ◀

迅速核查 1. 在例 1 中,当半径是 200m, 300m 时,面积的变化率是多少? ◀

把例 1 作为样板,我们提供一个解决相关变化率问题的指导方针. 对各个问题经常会有差别,但这是一般步骤.

程序　解相关变化率问题的步骤

1. 仔细读题,作图并整理已知信息. 识别已知变化率和待求变化率.
2. 写出表示变量之间基本关系的一个或多个方程.
3. 通过对方程求关于时间 t 的导数引入变化率.
4. 代入已知数值,解出所求量.
5. 检查单位是否一致,答案是否合理.(例如,是否有正确的符号?)

例 2　会合的飞机 两架小型飞机飞向同一个机场. 一架飞机以 120mi/hr 的速度向西飞行,另一架飞机以 150mi/hr 的速度向北飞行. 假设它们在同一高度飞行,当西行飞机距机场 180mi 且北行飞机距机场 225mi 时,两架飞机距离的变化有多快?

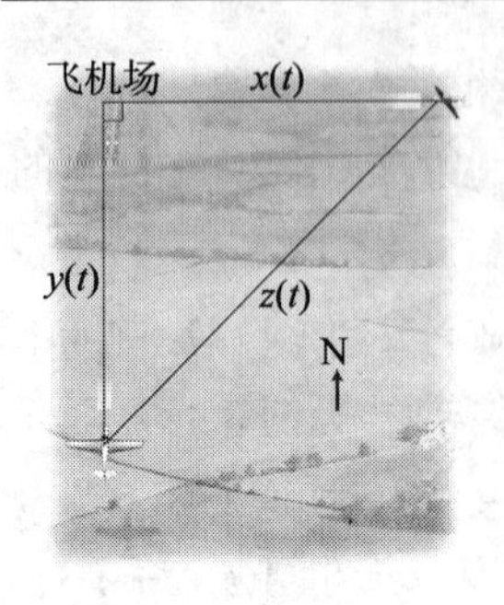

图 3.49

可以从方程 $z^2 = x^2 + y^2$ 解出 z,

$$z = \sqrt{x^2 + y^2},$$

然后求导. 无论如何, 如例题所示, 隐函数求导法要容易得多.

解　如图 3.49 所示, 该草图帮助我们使问题形象化并整理信息. 用 $x(t)$ 与 $y(t)$ 分别表示西行飞机与北行飞机到机场的距离. 两架飞机的飞行路线构成一个直角三角形的两个直角边, 它们之间的距离 $z(t)$ 是斜边. 由勾股定理, $z^2 = x^2 + y^2$.

我们的目的是求两架飞机之间的距离的变化率 dz/dt. 先对 $z^2 = x^2 + y^2$ 的两边求关于 t 的导数:

$$\frac{d}{dt}(z^2) = \frac{d}{dt}(x^2 + y^2) \Rightarrow 2z\frac{dz}{dt} = 2x\frac{dx}{dt} + 2y\frac{dy}{dt}.$$

注意这里用到链法则, 因为 x, y, z 是 t 的函数. 解出 dz/dt 得

$$\frac{dz}{dt} = \frac{2x\dfrac{dx}{dt} + 2y\dfrac{dy}{dt}}{2} = \frac{x\dfrac{dx}{dt} + y\dfrac{dy}{dt}}{z}.$$

这个等式给出了未知变化率 dz/dt 与已知量 $x, y, z, dx/dt, dy/dt$ 的关系. 对于西行飞机, $dx/dt = -120\,\text{mi/hr}$(负号表示距离减少), 且对于北行飞机, $dy/dt = -150\,\text{mi/hr}$. 在感兴趣的时刻, 即 $x = 180\,\text{mi}$, $y = 225\,\text{mi}$, 两架飞机的距离是

$$z = \sqrt{x^2 + y^2} = \sqrt{180^2 + 225^2} \approx 288\text{mi}.$$

代入这些值, 得

迅速核查 2. 假设两架飞机有如例 2 中同样的速率, 若 $x = 60\,\text{mi}$, $y = 75\,\text{mi}$, 两架飞机距离的变化有多快? ◀

$$\frac{dz}{dt} = \frac{x\dfrac{dx}{dt} + y\dfrac{dy}{dt}}{z} \approx \frac{(180\text{mi})(-120\text{mi/hr}) + (225\text{mi})(-150\text{mi/hr})}{288\text{mi}} \approx -192\text{mi/hr}.$$

注意 $dz/dt < 0$, 这表明两架飞机的距离以大约 192mi/hr 的速度减少. *相关习题 14 ~ 20* ◀

例 3　沙堆 沙子从在高处的容器中落下, 在地面堆成一个圆锥形状, 其半径总是高的三倍. 如果沙子从容器中落下的速率是 $120\text{ft}^3/\text{min}$, 当沙堆的高是 10ft 时, 高的变化有多快?

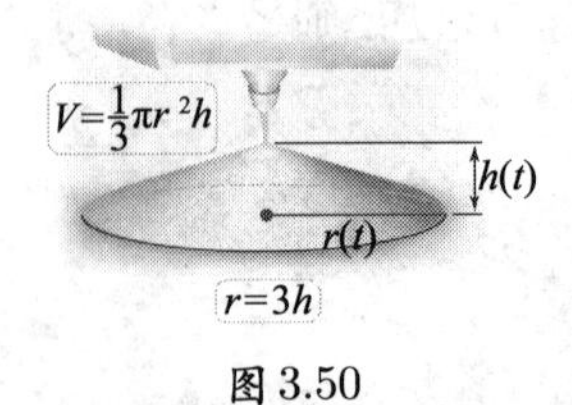

图 3.50

解　问题的草图 (见图 3.50) 显示三个相关的变量: 沙堆的体积 V, 半径 r 和高 h. 目标是求在 $h = 10\,\text{ft}$ 时高的变化率 dh/dt. 变量之间的基本关系是圆锥的体积公式, $V = \frac{1}{3}\pi r^2 h$. 我们用已知事实, 半径总是高的三倍. 把 $r = 3h$ 代入体积关系得 V 用 h 表示为:

$$V = \frac{1}{3}\pi r^2 h = \frac{1}{3}\pi(3h)^2 h = 3\pi h^3.$$

通过对 $V = 3\pi h^3$ 的两边求关于 t 的导数引入变化率. 应用链法则, 有

$$\frac{dV}{dt} = 9\pi h^2 \frac{dh}{dt}.$$

现在已知 $dV/dt = 120\,\text{ft}^3/\text{min}$, 求在 $h = 10\,\text{ft}$ 时的 dh/dt. 解 dh/dt 并代入值, 有

$$\begin{aligned}\frac{dh}{dt} &= \frac{dV/dt}{9\pi h^2} \quad (\text{求解}\frac{dh}{dt}) \\ &= \frac{120\text{ft}^3/\text{min}}{9\pi(10\text{ft})^2} \approx 0.042\frac{\text{ft}}{\text{min}}. \quad (\text{代入}\frac{dV}{dt}\text{和 } h)\end{aligned}$$

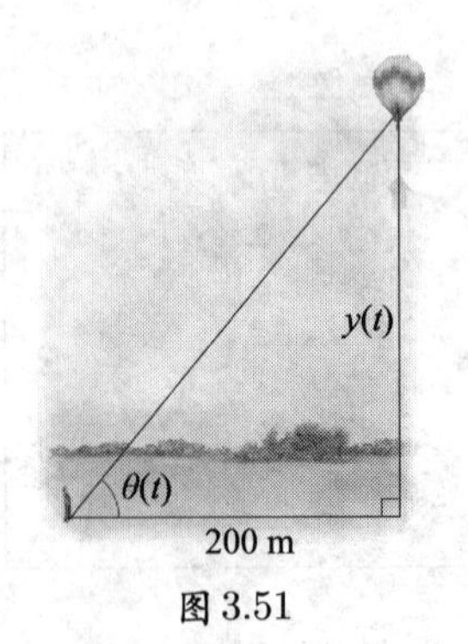

图 3.51

在沙堆高为 10ft 时, 高以 0.042ft/min, 大约 30in/hr 的速度改变. 注意单位是一致的.

相关习题 21 ~ 25 ◀

迅速核查 3. 在例 3 中, 当 $h = 2\,\text{ft}$ 时, 高的变化率是多少? 当高增加时, 高的变化率增大还是减小? ◀

例 4 观察热气球 一名观测者站在离热气球升空点 200m 的地方. 气球以 4m/s 的常速度垂直升起. 气球升空 30s 后, 其仰角增加有多快? (仰角是地面与观测者看气球的视线之间的夹角.)

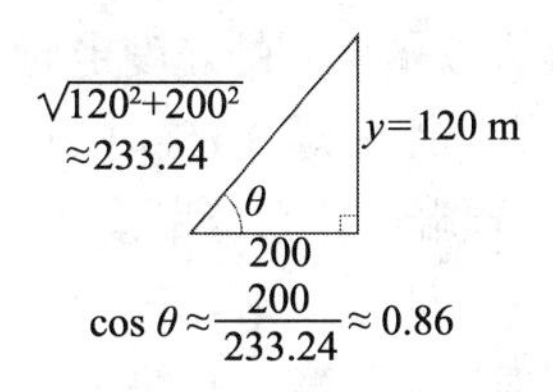

解 图 3.51 显示了气球升空的几何关系. 当气球升起时, 它到地面的距离 y 和仰角 θ 同时变化. 表示它们关系的方程是 $\tan\theta = y/200$. 为求 $d\theta/dt$, 用链法则对这个关系方程的两边求导:

$$\sec^2\theta \frac{d\theta}{dt} = \frac{1}{200}\frac{dy}{dt}.$$

进一步解 $\dfrac{d\theta}{dt}$:

$$\frac{d\theta}{dt} = \frac{dy/dt}{200\sec^2\theta} = \frac{(dy/dt)\cdot\cos^2\theta}{200}.$$

仰角的变化率依赖于仰角与气球的速率. 气球升空 30 秒后, 其高度 $y = (4\text{m/s})(30\text{s}) = 120\,\text{m}$. 要完成解答问题, 还需要知道 $\cos\theta$ 的值. 注意当 $y = 120\,\text{m}$ 时, 观测者到气球的距离是

$$d = \sqrt{120^2 + 200^2} \approx 233.24\text{m}.$$

所以, $\cos\theta \approx 200/233.24 \approx 0.86$ (见页边图), 仰角的变化率是

$$\frac{d\theta}{dt} = \frac{(dy/dt)\cdot\cos^2\theta}{200} \approx \frac{(4\text{m/s})(0.86^2)}{200\text{m}} = 0.015\text{rad/s}.$$

此刻, 在观测者看来, 气球以 0.015rad/s 或稍微低于 $1°$/s 的角速度上升. *相关习题 26～31* ◀

例 4 的解以 rad/s 为单位. 弧度从何而来? 因为弧度不是一个物理量 (它是弧长与半径的比), 没有单位出现. 为清楚起见, 我们写出 rad/s, 因为 $d\theta/dt$ 是角的变化率.

回顾我们用

$$\text{度} = \frac{180}{\pi}\cdot \text{弧度}$$

把弧度转化为度.

迅速核查 4. 在例 4 中, 注意当气球上升 (当 θ 递增) 时, 仰角的变化率递减到零. $\theta'(t)$ 的最大值在何时出现? 最大值是多少? ◀

3.8 节 习题

复习题

1. 给出一个几何图形的例子, 当其一个维度尺寸变化时, 图形的面积和体积产生相应的变化.
2. 解释隐函数求导法怎样简化解相关变化率问题的工作.
3. 如果一个矩形的一组对边长增加, 当该矩形面积保持常值时, 另一组对边一定如何变化?
4. 解释为什么使用术语相关变化率来描述本节中的问题.

基本技能

5. **膨胀的正方形** 一个正方形的边长以 2m/s 的速度增加.
   a. 当边长为 10m 时, 正方形的面积以什么样的变化率变化?
   b. 当边长为 20m 时, 正方形的面积以什么样的变化率变化?
   c. 作图说明面积的变化率如何依赖于边长.
6. **膨胀的正立方体** 一个正立方体的棱长以 2cm/s 的速度增加. 当棱长为 50cm 时, 体积变化多快?
7. **收缩的圆** 一个圆的初始半径为 50ft, 半径以 2ft/min 的速度缩小. 在半径为 10ft 时, 面积的变化率是多少?
8. **收缩的正立方体** 一个正立方体的体积以 0.5 ft^3/min 的速度下降. 当边长为 12 ft 时, 边长的变化率是多少?
9. **气球** 给一个球形充气, 其体积以 15 in^3/min 的速度增加. 当半径为 10 in 时, 半径的变化率是多少?
10. **活塞压缩** 一个活塞在一个半径为 5 cm 的圆柱形汽缸的顶部, 开始以 3 cm/s 的速度进入汽缸 (见图). 当距离汽缸底部 2 cm 时, 活塞下面与汽缸之间圆柱体体积的变化率是多少?

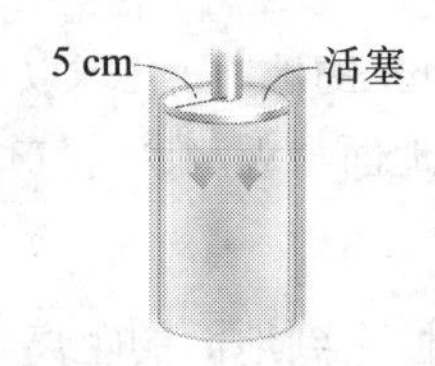

11. 融化的雪球 一个雪球融化的速度与其表面积成比例. 证明其半径的变化率是常值. (*提示:* 表面积 $=4\pi r^2$.)

12. 膨胀的长方形 一个长方形初始时长和宽分别为 4 cm 和 2 cm. 所有边的长以 1 cm/s 的速度增加. 20 s 后, 长方形的面积以什么速度增加?

13. 给池子注水 一个游泳池长 50m, 宽 20m. 其深沿长边从 3 m 线性递减到 1 m(见图). 初始时游泳池是空的, 以 $1\,\mathrm{m}^3$ /min 的速度注水. 注水开始后 250 min 时, 水面上升有多快? 多长时间注满整个游泳池?

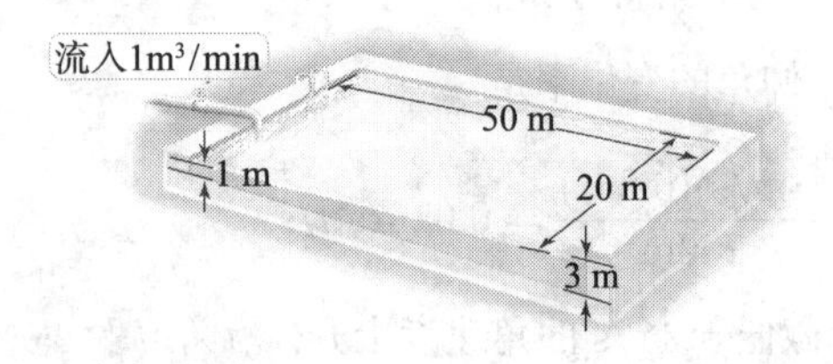

14. 飞机的高度 一架飞机以 550 mi/hr 的空速, 与水平面成 10° 角向上飞行 (其速率沿其飞行路线是 550 mi/hr). 飞机的高度增加有多快? 如果太阳正在头顶上, 飞机在地面上的影子移动有多快?

15. 潜水艇的下潜速度 一艘舰艇在水面以 10 km/hr 的速度 (水平地) 直线行驶. 同时, 敌方一艘潜艇始终保持在舰艇正下方, 并沿与水平面成 20° 角下潜. 潜艇的高度下降有多快?

16. 分开的道路 两只船同时离开一个码头. 一只以 20 mi/hr 的速度向西行驶, 另一只以 15 mi/hr 的速度向西南行驶. 离开码头 30 min 后, 它们的距离以什么速度变化?

17. 靠墙的梯子 一个 13 ft 长的梯子斜靠在垂直的墙上 (见图). 杰克开始以 0.5 ft/s 的速度拉梯子脚远离墙. 当梯子脚距离墙 5 ft 时, 在墙面上梯子顶端的下滑有多快?

18. 再一个靠墙的梯子 一个 12 ft 长的梯子斜靠在垂直的墙上. 杰克开始以 0.2 ft/s 的速度拉梯子脚远离墙. 在何种状态时, 梯子顶端的垂直速率等于梯子脚的水平速率?

19. 移动的影子 一名 5 ft 高的女人以 8 ft/s 的速度走向一个高出地面 20 ft 的路灯. 当她距路灯 15 ft 时, 其影子长的变化率是多少? 影子顶端以什么速率移动?

20. 跑垒员 在一次棒球比赛中跑垒员分别站在第一垒和第二垒处. 当球被击中的时刻, 在第一垒的跑垒员以 18 ft/s 的速度跑向第二垒, 同时在第二垒的跑垒员以 20 ft/s 的速度跑向第三垒 (见图). 球被击中 1s 后, 两名跑垒员的距离变化有多快? (*提示:* 相邻两个垒的距离是 90 ft, 并且垒处于一个正方形的角上.)

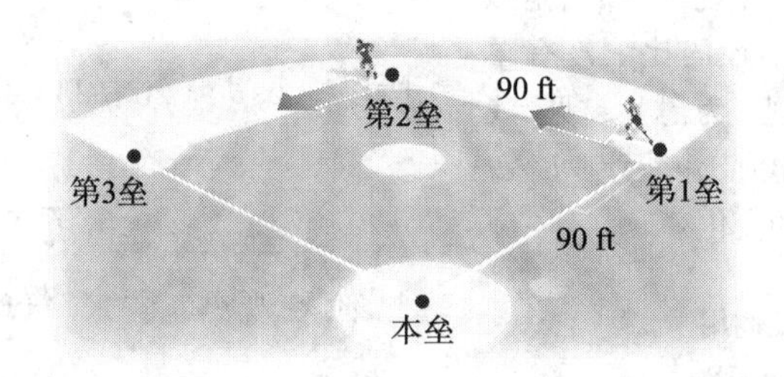

21. 增长的沙堆 沙子从在高处的容器中落下, 在地面堆成一个圆锥体, 其半径总是高的三倍. 假设当沙堆 12 cm 高时, 沙堆的高以 2 cm/s 的速度增加. 在此刻, 沙子以什么速度从容器中落下?

22. 喝苏打水 用一个吸管喝圆柱形玻璃杯中的苏打水, 杯的高为 6in, 半径为 2in. 杯中水的深度以常速度 0.25in/s 下降, 苏打水以什么速度被从杯中吸出?

23. 排水的水箱 一个高为 12ft, 半径为 6ft 的倒锥形水箱. 水从顶点处的一个洞以 $2\mathrm{ft}^3$ /s 的速度流出 (见图). 当水深 3ft 时, 水深的变化率是多少?(*提示:* 用相似三角形.)

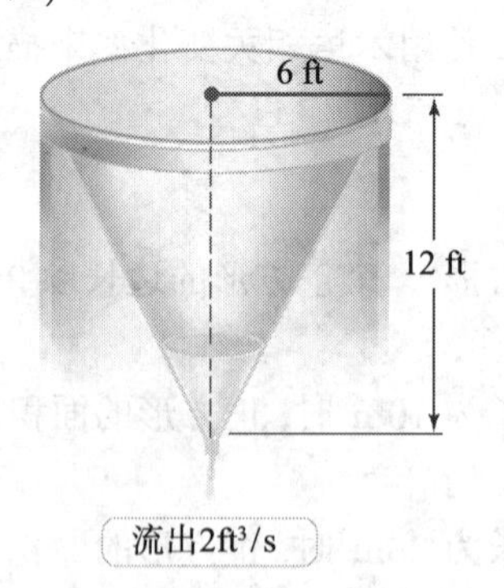

24. 给半球形水箱注水 从注水管以 $3\text{m}^3/\text{min}$ 的速度向一个半径为 10m 的半球形水箱注水 (见图). (*提示*: 从半径为 r 的球上得到高为 h 的球冠体积是 $\pi h^2(3r-h)/3$.)

a. 当水面与水箱底部距离为 5m 时, 水面上升有多快?

b. 当水深 5m 时, 水面表面积的变化率是多少?

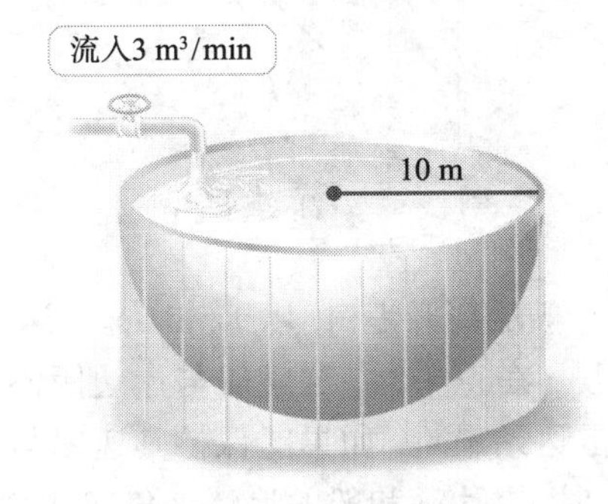

25. 放水的饮水槽 一个饮水槽为长 5m、半径 1m 的半圆柱形. 饮水槽装满水, 打开底部的一个出水孔, 水从饮水槽中以 $1.5\text{m}^3/\text{hr}$ 的速度流出 (见图). (*提示*: 半径为 r、圆心角为 θ 的扇形面积是 $r^2\theta/2$.)

a. 当水面与水箱底部的高为 0.5m 时, 水面高度的变化有多快?

b. 当水深 0.5m 时, 水面表面积的变化率是多少?

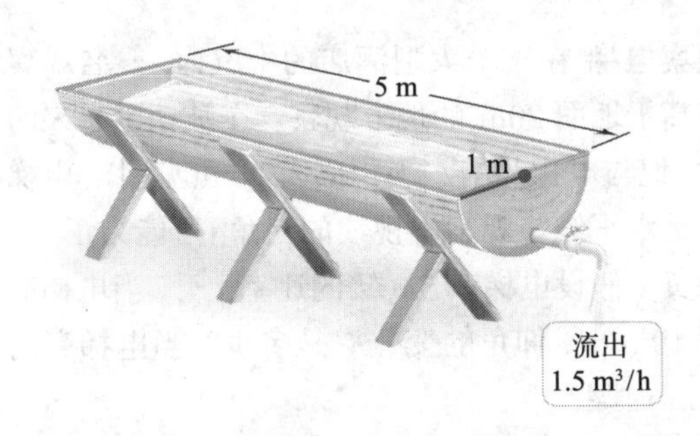

26. 观测热气球 一名观测者站在距离热气球升空点 300ft 的地方. 热气球垂直升空并保持向上的常速度 20ft/s. 当热气球距地面 400ft 时, 热气球仰角的变化率是多少? 仰角是观测者到热气球的视线与地面的夹角 θ.

27. 另一个气球问题 一个热气球在高出地面 150ft 处, 一辆摩托车以 40mi/hr(58、67ft/s) 的速度从其正下方通过 (在水平道路上直线行驶). 如果热气球正以 10ft/s 的速率垂直上升, 10s 后摩托车与热气球距离的变化率是多少?

28. 钓鱼问题 一名飞钓者钩住一条鳟鱼, 开始以 1.5rev/s 的速率转动圆形绕线轮. 如果绕线轮 (鱼线绕在上面) 的半径是 2in, 那么他绕鱼线的速度有多快?

29. 另一个钓鱼问题 一名钓鱼者钩住一条鳟鱼并以 4in/s 的速率收鱼线. 假设鱼竿的顶端在钓鱼者正上方且高出水面 12ft, 鱼被拽着水平地直接向钓鱼者移动 (见图). 求鱼距钓鱼者 20ft 时的水平速率.

30. 放飞风筝 一次凯特的风筝飞到 50ft 高 (高出她的手), 不能再升高了, 但在速度为 5ft/s 的风的吹动下风筝向东飘移. 在凯特释放 120ft 长的线时, 线通过她手的速度有多快?

31. 船上的绳子 一条绳子通过码头上的一个绞盘栓在一条离岸不远的船上, 绞盘高出水面 5ft, 以常速率 3ft/s 拉绳子. 当船距码头 10ft 时, 船行驶的速度有多快?

深入探究

32. 抛物运动 一个射向空中的箭沿抛物道路 $y=x(50-x)$ 运动 (见图). 速度的水平分量总是 30ft/s. 当 (i) $x=10$ 和 (ii) $x=20$ 时, 速度的垂直分量是多少?

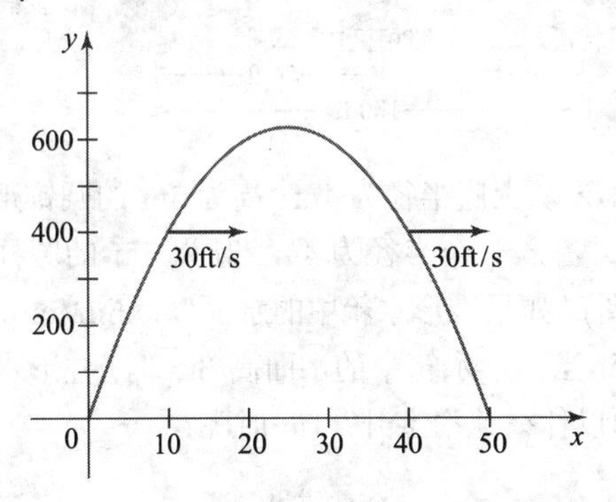

33. 延迟的飞机 一架速度为 500mi/hr 向西飞行的飞机在正午时经过一个机场上空. 在 1:00 P.M., 另一架速度为 550mi/hr 向北飞行的飞机以同样高度飞越同一机场. 假设两架飞机保持其 (相同的) 高度, 在 2:30 P.M.时, 它们的距离变化有多快?

34. 正在消失的三角形 一个初始边长为 20ft 的等边三角形的每个顶点以 1.5ft/min 的速率向其对边中点运动. 假设三角形保持等边, 在三角形消失时, 三角形面积的变化率是多少?

35. 钟表的指针 伦敦议会塔上的大钟的两个指针长近似为 3m 和 2.5m. 在 9:00 时, 两个指针顶端的距离变化有多快?(*提示:* 用余弦定律.)

36. 两个池子注水 以同样的速率 (以 m^3/min 计) 同时向两个圆柱形游泳池注水 (见图). 小池的半径是 5m, 水面以 0.5m/min 的速率上升. 大池的半径是 8m. 大池的水面上升有多快?

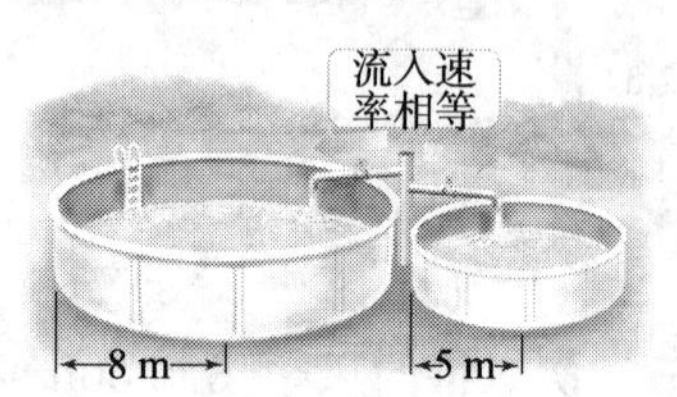

37. 拍摄赛车 一架照相机设置在拉力赛的出发线上, 距出发线上的一辆赛车 50ft(图中的照相机 1). 比赛开始两秒后, 赛车行驶 100ft, 照相机为跟踪赛车以 0.75rad/s 的速率转动.

a. 赛车在此刻的速度是多少?

b. 第二架拍摄赛车的照相机 (图中的照相机 2) 设置在拉力赛出发线上, 在比赛开始时, 距赛车 100ft. 比赛开始 2s 后, 这架照相机转动有多快?

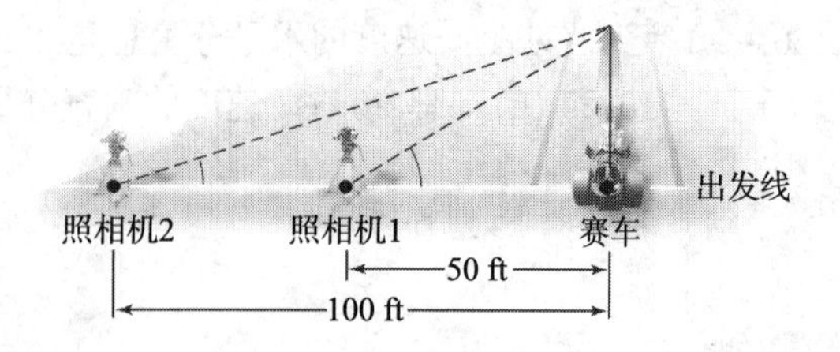

38. 双水箱 从上底半径为 4m、高为 5m 的圆锥形水箱中放水, 流入一个半径为 4m、高为 5m 的圆柱形水箱 (见图). 如果锥形水箱中的水面以 0.5m/min 的速率下降, 当锥形水箱中的水面高 3m 时, 柱形水箱中的水面以什么速率上升? 1m 时呢?

39. 斜追踪 港口与雷达站坐落在东西向的海岸线上, 相距 2mi. 一艘船在正午时离开港口, 以 15mi/hr 的速率向东北方向行驶. 如果船保持其速率与方向, 在 12:30 P.M.时, 海岸线与雷达站和船之连线的追踪夹角 θ 的变化率是多少?(*提示:* 用正弦定律.)

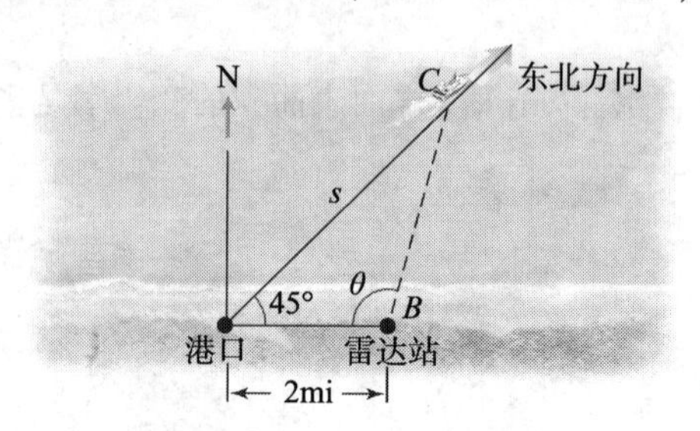

40. 斜追踪 一艘船离开港口, 以 12mi/hr 的速率向西南方向行驶. 在正午时, 这艘船与岸边距港口 1.5mi 的一个雷达站最近. 如果船保持其速率与方向, 在 1:30 P.M.时, 雷达站和船的追踪夹角 θ 的变化率是多少?(见图)(*提示:* 用正弦定律.)

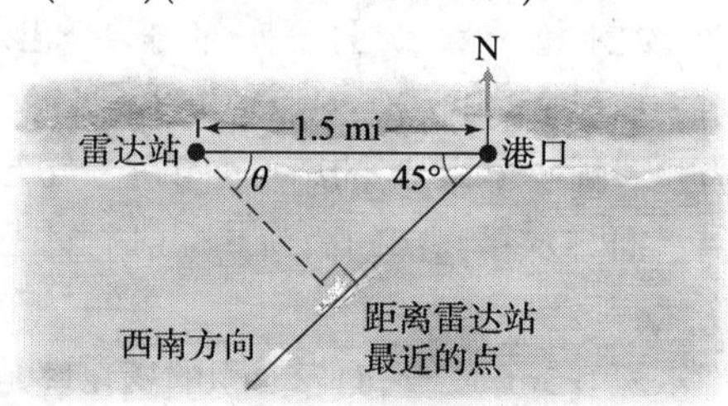

41. 观察电梯 在一个大型酒店的中庭内, 一名观察者站在高于地面 20m 的地方观察一个玻璃围起来的电梯井, 他与电梯井的水平距离为 20m(见图). 电梯的仰角是水平线与观察者视线的夹角 (可能为正, 也可能为负). 假设电梯以 5m/s 的速率上升, 当电梯高出地面 10m 时, 仰角的变化率是多少? 当电梯高出地面 40m 时呢?

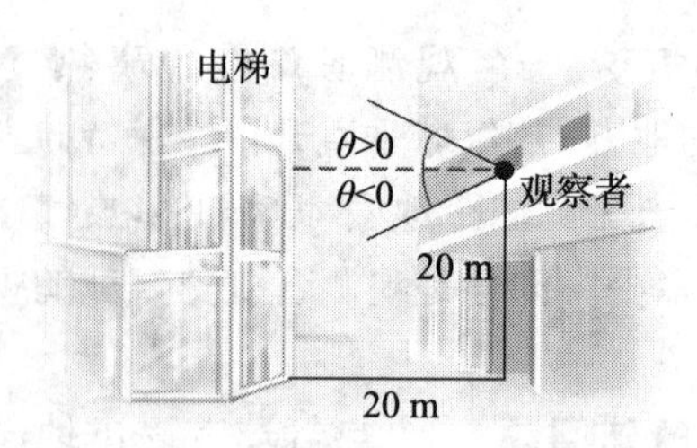

42. 灯塔问题 一个灯塔立在一笔直的海岸线外 500m 处, 其聚光灯每分钟转 4 次. 如图所示, P 是岸边与灯塔最近的点, Q 是岸边距 P 200m 处的一点. 当灯光照在点 Q 时, 灯光沿岸边的速率是多少? 描述灯光沿岸边的速率相对于 P 与 Q 的距离如何变化.

忽略灯塔的高度.

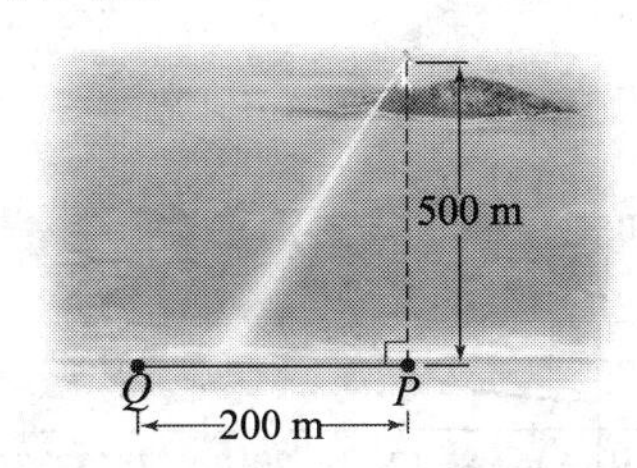

43. 航海 一只船离开港口以 12 mi/hr 的速率向东行驶. 与此同时, 另一只船离开同一港口以 15mi/hr 的速率向东北方向行驶. 两只船的连线与北方向的夹角记为 θ (见图). 当两只船离开港口 30min 后, 这个角的变化率是多少? 两只船离开港口 2hr 后呢?

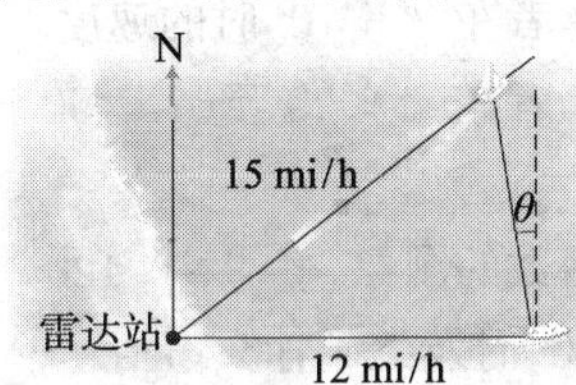

44. 观察摩天轮 一名观察者站在距一个 10m 高的摩天轮底部 20m 远处, 正面对摩天轮的轮盘. 摩天轮以 π rad/min 的速率转动, 观察者对摩天轮上一个特定座椅的视线与地面成角 θ (见图). 当座椅离开最低点 40 秒后, θ 的变化率是多少? 假设观察者的眼睛与摩天轮的底部在同一水平线上.

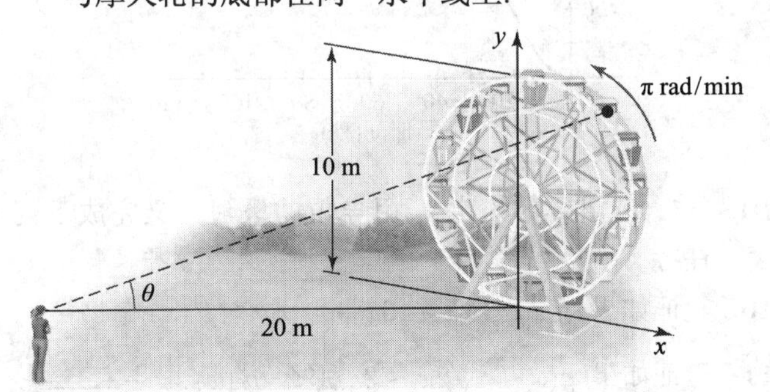

45. 视角 一个大型电影银幕的下边高于眼睛 3ft, 上边高于眼睛 10ft. 从银幕以 3ft/s 的速率走开 (垂直于银幕), 同时盯着银幕. 假设地板是平的, 当距离挂银幕的墙 30ft 时, 视角 θ 的变化率是多少 (见图)?

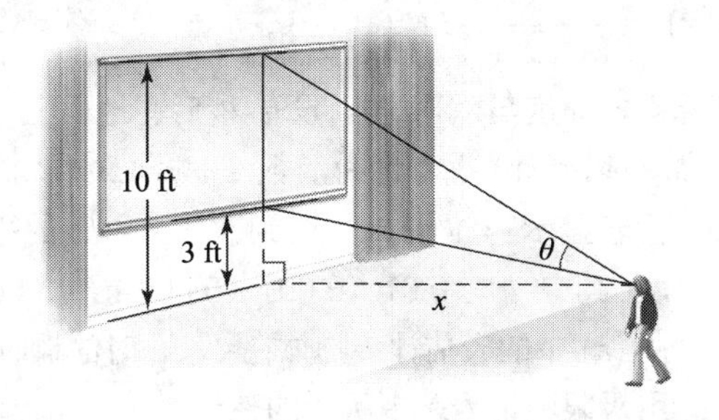

46. 探照灯 —— 宽光束 一个旋转的探照灯到一个笔直的高速公路中线最近的点 100m. 沿高速公路投射水平光束 (见图). 光束离开聚光灯时呈 $\pi/16$ 角, 并以 $\pi/6$ rad/s 的速率转动. 设 w 是光束扫在高速公路上的宽度, θ 是光束中心与高速公路垂线的夹角. 若忽略灯塔的高, 当 $\theta=\pi/3$ 时, w 的变化率是多少?

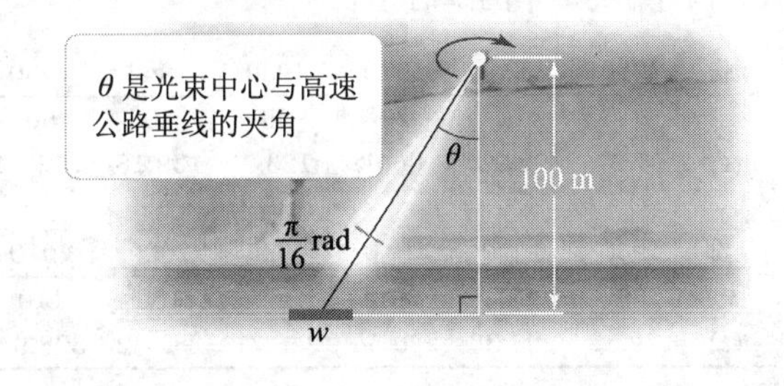

迅速核查 答案

1. $12\,000\pi\text{m}^2/\text{hr}, 18\,000\pi\text{m}^2/\text{hr}$.
2. -192mi/hr.
3. 1.1 ft/min; 随高度增加而下降.
4. $t=0, \theta=0, \theta'(0)=0.02$rad/s.

第 3 章　总复习题

1. 解释为什么是, 或不是 判断下列命题是否正确, 并说明理由或举出反例.

a. 函数 $f(x)=|2x+1|$ 对所有 x 连续; 所以对所有 x 可导.

b. 若 $\dfrac{d}{dx}(f(x))=\dfrac{d}{dx}(g(x))$, 那么 $f=g$.

c. 对任意函数 f, $\dfrac{d}{dx}|f(x)|=|f'(x)|$.

d. 仅当曲线 $y=f(x)$ 在 $x=a$ 处有垂直切线时, $f'(a)$ 的值不存在.

e. 一个物体可以有负的加速度和递增的速率.

2～5. 切线

a. 用导数的定义确定曲线 $y=f(x)$ 在指定点 P 处的斜率.

b. 求曲线 $y=f(x)$ 在 P 处的切线方程, 然后作曲线和此切线的图像.

2. $f(x)=4x^2-7x+5; P(2,7)$.

3. $f(x)=5x^3+x; P(1,6)$.

4. $y=f(x)=\dfrac{x+3}{2x+1}; P(0,3)$.

5. $f(x)=\dfrac{1}{2\sqrt{3x+1}}; P\left(0,\dfrac{1}{2}\right)$.

6. **计算平均速度与瞬时速度** 设 t 秒后在地面上一物体的高 s (以米计) 近似地为函数 $s=-4.9t^2+25t+1$.

  a. 作表显示物体从 $t=1$ 到 $t=1+h$ 的平均速度, 其中 $h=0.01$, 0.001, $0.000\,1$, $0.000\,01$.

  b. 用 (a) 中的表估计该物体在 $t=1$ 时的瞬时速度.

  c. 用极限验证 (b) 中所作的估计.

7. **20 世纪美国的人口数** 美国每 10 年的人口数 (百万) 由下表给出, 其中 t 表示 1900 年后的年数. 用这些数据作图且用图中的一条光滑曲线 $y=p(t)$ 拟合.

  a. 计算 1950—1960 年的人口平均增长率.

  b. 解释为什么 1950—1960 年的平均增长率是 1955 年 (瞬时) 增长率的一个好估计.

  c. 估计 1985 年的瞬时增长率.

年份	1900	1910	1920	1930	1940	1950
t	0	10	20	30	40	50
$p(t)$	76.21	92.23	106.02	123.2	132.16	152.32

年份	1960	1970	1980	1990	2000	2010
t	60	70	80	90	100	110
$p(t)$	179.32	203.30	226.54	248.71	281.42	308.94

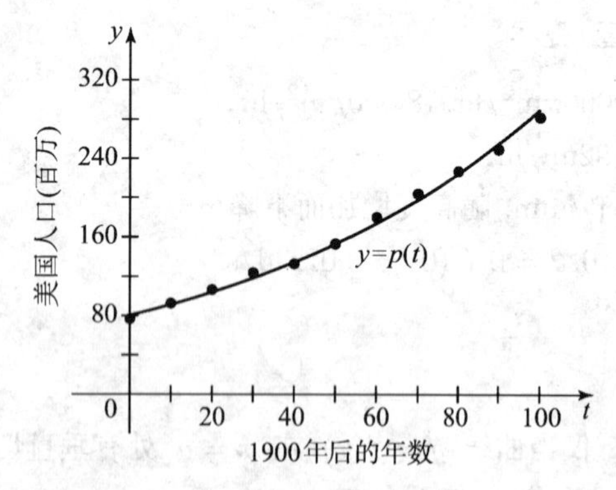

8. **细菌的增长率** 设下图表示某实验开始 t 小时后, 培养基中细菌的数量.

  a. 大约在何时瞬时增长率最大? 估计此时的增长率.

  b. 在 $0\leqslant t\leqslant 36$ 范围内, 大约何时瞬时增长率最小? 估计此时的增长率.

  c. 在区间 $0\leqslant t\leqslant 36$ 上的平均增长率是多少?

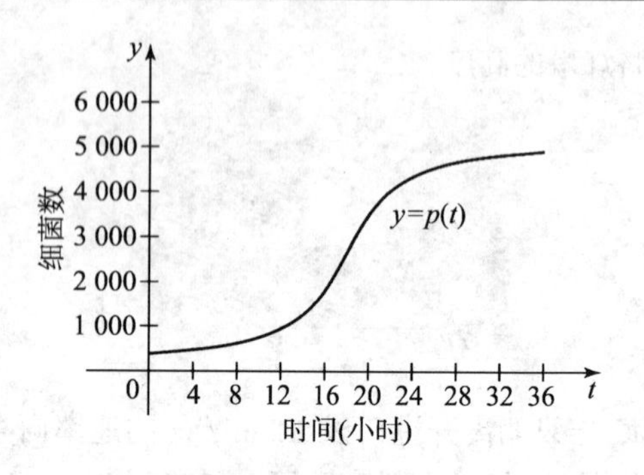

9. **跳伞者的速度** 设下图表示某跳伞者从飞机跳出后 t 秒下落的距离 (以米计).

  a. 估计跳伞者在 $t=15$ 时的速度.

  b. 估计跳伞者在 $t=70$ 时的速度.

  c. 估计跳伞者在 $t=20$ 到 $t=90$ 期间的平均速度.

  d. 作速度函数的图像, $0\leqslant t\leqslant 120$.

  e. 在 $t=30$ 时发生了什么事情?

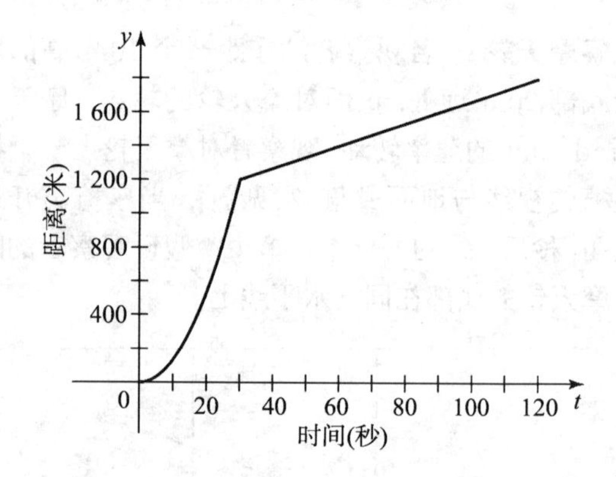

10～11. **应用导数的定义** 用导数的极限定义完成下列任务.

10. 验证如果 $f(x)=2x^2-3x+1$, 那么 $f'(x)=4x-3$.

11. 验证如果 $g(x)=\sqrt{2x-3}$, 那么 $g'(x)=\dfrac{1}{\sqrt{2x-3}}$.

12. **作导数的草图** f 的图像如图所示, 作 f' 的草图.

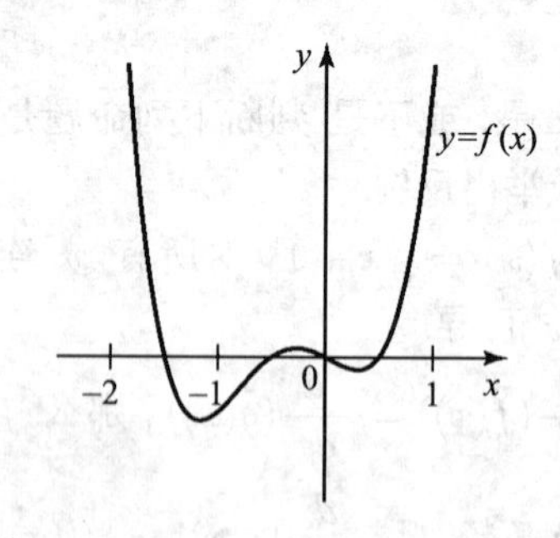

13. **作导数的草图** g 的图像如图所示, 作 g' 的草图.

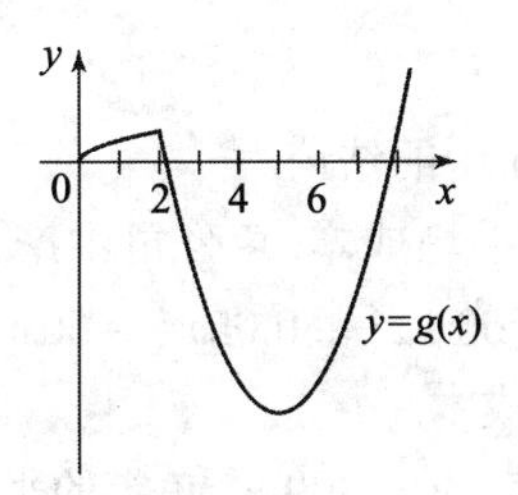

14. 函数与导数配对 把函数 (a) ~ (d) 与导数 (A) ~ (D) 配对.

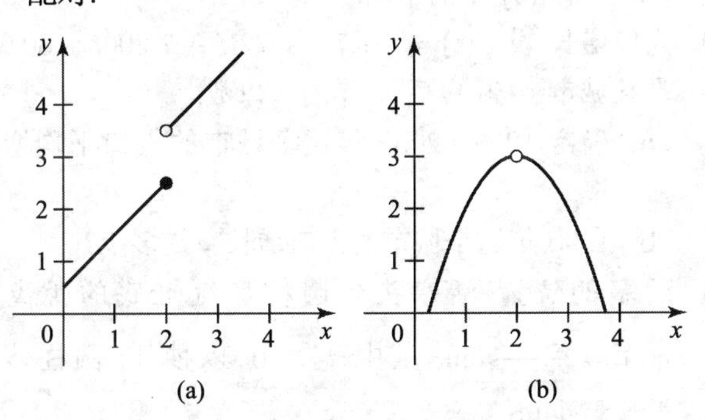
(a)　(b)

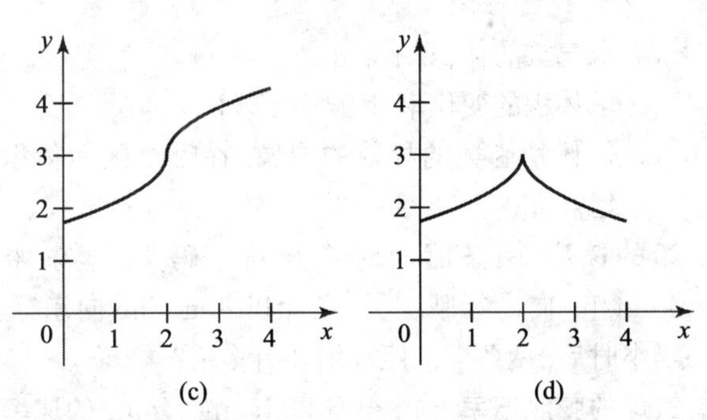
(c)　(d)

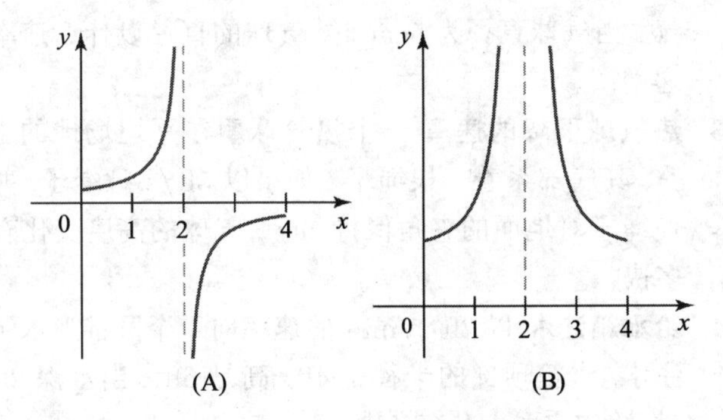
(A)　(B)

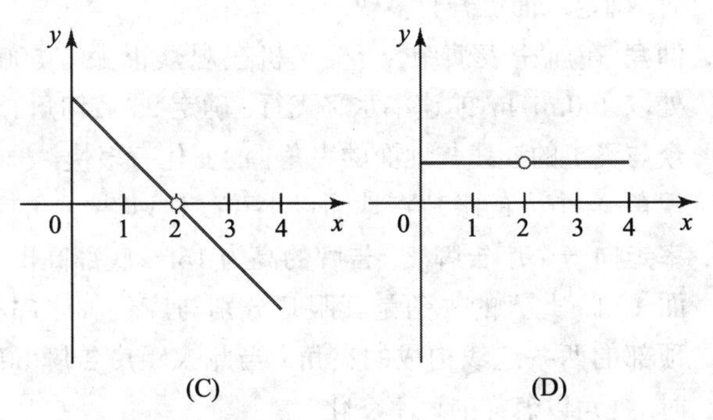
(C)　(D)

15 ~ 26. 计算导数 计算并化简下列导数.

15. $\dfrac{d}{dx}\left(\dfrac{2}{3}x^3+\pi x^2+7x+1\right)$.

16. $\dfrac{d}{dx}(2x\sqrt{x^2-2x+2})$.

17. $\dfrac{d}{dt}(5t^2\sin t)$.

18. $\dfrac{d}{dx}(5x+\sin^3 x+\sin x^3)$.

19. $\dfrac{d}{d\theta}(4\tan(\theta^2+3\theta+2))$.

20. $\dfrac{d}{dx}(\csc^5 3x)$.

21. $\dfrac{d}{du}\left(\dfrac{4u^2+u}{8u+1}\right)$.

22. $\dfrac{d}{dt}\left(\dfrac{3t^2-1}{3t^2+1}\right)^{-3}$.

23. $\dfrac{d}{d\theta}(\tan(\sin\theta))$.

24. $\dfrac{d}{dv}\left(\dfrac{v}{3v^2+2v+1}\right)^{1/3}$.

25. $\dfrac{d}{dx}(2x(\sin x)\sqrt{3x-1})$.

26. $\dfrac{d}{dx}\left(\dfrac{\sin^2 x}{\cos^3 4x}\right)$.

27 ~ 29. 隐函数求导法 对下列关系求 $y'(x)$.

27. $y=\dfrac{\cos y}{1+\sin x}$.

28. $\sin x\cos(y-1)=\dfrac{1}{2}$.

29. $y\sqrt{x^2+y^2}=15$.

30. 二次函数

a. 证明如果 $(a, f(a))$ 是 $f(x)=x^2$ 的图像上任意一点, 则在该点处切线的斜率是 $2a$.

b. 证明如果 $(a, f(a))$ 是 $f(x)=bx^2+cx+d$ 的图像上的任意一点, 则在该点处的切线斜率是 $2ab+c$.

31 ~ 34. 切线 求下列曲线在指定点处的切线方程.

31. $y=3x^3+\sin x; (0,0)$.

32. $y=\dfrac{4x}{x^2+3}; (3,1)$.

33. $y+\sqrt{xy}=6; (1,4)$.

34. $x^2y+y^3=75; (4,3)$.

35. 水平切线 当 x 取何值时曲线 $y=x\sqrt{6-x}$ 的切线是水平线?

36. 抛物线的一个性质 设 $f(x)=x^2$.

a. 证明 $\dfrac{f(x)-f(y)}{x-y}=f'\left(\dfrac{x+y}{2}\right)$, $x\neq y$.

b. 这个性质对 $f(x)=ax^2$ 成立吗? 其中 a 是非零实数.

c. 给出这个性质的一个几何解释.

d. 这个性质对 $f(x)=ax^3$ 成立吗?

37～38. 高阶导数 对下列函数求 y', y'' 和 y'''.

37. $y=\sin\sqrt{x}$.

38. $y=\sqrt{x+2}(x-3)$.

39～42. 导数公式 计算下列导数. 用 f, g, f', g' 表示结果.

39. $\dfrac{d}{dx}(x^2f(x))$.

40. $\dfrac{d}{dx}\sqrt{\dfrac{f(x)}{g(x)}}$.

41. $\dfrac{d}{dx}\left(\dfrac{x\cdot f(x)}{g(x)}\right)$.

42. $\dfrac{d}{dx}f(\sqrt{g(x)})$.

43. 由表求导数 用表求下列导数.

x	1	3	5	7	9
$f(x)$	3	1	9	7	5
$f'(x)$	7	9	5	1	3
$g(x)$	9	7	5	3	1
$g'(x)$	5	9	3	1	7

a. $\dfrac{d}{dx}[f(x)+2g(x)]\big|_{x=3}$. b. $\dfrac{d}{dx}\left[\dfrac{x\cdot f(x)}{g(x)}\right]\Bigg|_{x=1}$.

c. $\dfrac{d}{dx}f[g(x^2)]\big|_{x=3}$.

44～45. 极限 下列极限表示某个函数 f 在点 a 处的导数. 求可能的 f 和 a, 并求极限值.

44. $\lim\limits_{h\to0}\dfrac{\sin^2\left(\dfrac{\pi}{4}+h\right)-\dfrac{1}{2}}{h}$.

45. $\lim\limits_{x\to5}\dfrac{\tan(\pi\sqrt{3x-11})}{x-5}$.

46. 火箭的速度 火箭在地面以上以英尺计的高度是 $s(t)=\dfrac{200t^2}{t^2+1}$, $t\geqslant0$.

a. 作高度函数的图像并描述火箭的运动.

b. 求火箭的速度 $v(t)=s'(t)$.

c. 作速度函数的图像并确定大约何时速度最大.

47. 边际成本和平均成本 设生产 x 台割草机的成本是 $C(x)=-0.02x^2+400x+5\,000$.

a. 确定生产 $x=3\,000$ 台割草机的平均成本和边际成本.

b. 解释 (a) 中的结论.

48. 边际成本和平均成本 某公司生产飞钓鱼竿. 假设 $C(x)=-0.000\,1x^3+0.05x^2+60x+800$ 表示制造 x 个鱼竿的成本.

a. 确定生产 $x=400$ 个鱼竿的平均成本和边际成本.

b. 解释 (a) 中的结论.

49. 人口增长 设 $p(t)=-1.7t^3+72t^2+7\,200t+80\,000$ 是某城市 1950 年后 t 年的人口数.

a. 确定 1950—2000 年这个城市的人口平均增长率.

b. 1990 年这个城市的人口增长率是多少?

50. 活塞的位置 活塞头到圆柱形汽缸底的距离是 $x(t)=\dfrac{8t}{t+1}$ cm, 其中 $t\geqslant0$ 以秒计. 圆柱体的半径是 4cm.

a. 求气缸的体积, $t\geqslant0$.

b. 求体积的变化率 $V'(t)$, $t\geqslant0$.

c. 作体积函数的导数的图像. 在哪个区间体积递增? 递减?

51. 船的速率 两条船同时离开同一码头. 一条船以 30mi/hr 向南行驶, 另一条船以 40mi/hr 向东行驶. 半小时后, 两条船的距离增加有多快?

52. 气球的膨胀速率 一个气球以 10cm^3/min 的速率充气. 当气球直径为 5cm 时, 气球的直径以什么速率递增?

53. 热气球下降的速率 一个热气球飘在平坦场地的上空, 其底部系着一根绳子. 如果以 5ft/s 拉绳子, 并使绳子对地面的夹角保持 65°, 气球的高度变化有多快?

54. 给水箱注水 以 2ft^3/min 的速率向一个圆锥形水箱注水. 水箱顶部的半径是 4ft, 高是 6ft. 当水深 2ft 时, 确定水面上升有多快.

55. 仰角 在航空表演中, 一架飞机在观众正上方 500ft 处以 450mi/hr 的速率水平飞行. 确定 2s 后仰角 (观众与飞机的连线与地面的夹角) 的变化有多快.

56. 视角 一个人的眼睛在地面以上 6ft, 他以 2ft/s 的速率走向一个广告牌. 广告牌的高为 15ft, 底部高出地面 10ft. 此人的视角是其眼睛分别与广告牌底部和顶部的两条连线构成的夹角. 当此人距广告牌 30ft 时, 视角以怎样的速率变化?

第4章　导数的应用

本章概要　前面几章致力于导数的基本技术: 计算导数, 把导数解释为变化率. 我们现在把导数应用于讨论函数及其图像的性质等各种数学问题. 这个工作的一个重要成果是解析作图法, 用此方法可以作出函数的精确图像. 同样重要的是, 我们可以用导数系统地阐述并解决大量实际问题. 例如, 从飞机上释放的一个气象探测器加速到其最终速度: 何时加速度最大? 经济学家有联系需求与产品价格的数学模型: 什么价格可以使收益达到最大? 在本章中, 我们将发展解答这类问题的工具. 此外, 我们开始持续讨论逼近函数, 我们将呈现被称为中值定理的重要结论, 我们还会用一个强有力的方法计算一类新的极限.

4.1　最大值与最小值

理解了导数的意义之后, 我们现在来完成微积分的基本任务之一: 分析函数的性状并作出精确的函数图像. 伴随任意函数的一个重要问题涉及其最大值和最小值: 在给定区间 (也许是整个定义域) 上, 函数在何处取到最大值和最小值? 当函数表示现实的量时, 最大值和最小值问题更具意义, 如公司的利润、容器的表面积或宇宙飞船的速率.

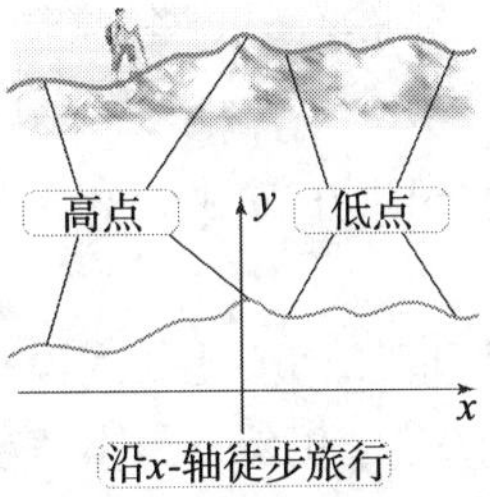

最大值和最小值

想象进行一次从西到东的长途徒步旅行, 要走过许多不同的地形. 过山岗, 穿峡谷, 走平原, 高度会发生变化. 整个行程中, 会有几次达到高点或低点. 类似地, 当我们考察在 x- 轴某区间上的函数时, 函数值递增或递减, 到达高点或低点 (见图 4.1). 可以把我们在本章中对函数的研究看作一次沿 x- 轴的探究式徒步旅行.

高点　低点　沿x-轴徒步旅行

图 4.1

绝对最大值和绝对最小值也称为全局最大值和全局最小值.

定义　最大值和最小值

设 f 定义在包含 c 点的一个区间 I 上. 如果对每个 $x \in I$, $f(c) \geqslant f(x)$, 则 f 在 I 上的 c 处有**最大值**, 也称为绝对最大值. 类似地, 如果对每个 $x \in I$, $f(c) \leqslant f(x)$, 则 f 在 I 上的 c 处有**最小值**, 也称为绝对最小值. 最大值和最小值统称为**最值**.

最值的存在性及其位置既依赖于函数也依赖于感兴趣的区间. 注意如果感兴趣的区间不是闭的, 函数可能没有最值.

但函数定义在闭区间上, 不足以保证最值的存在. 图 4.2 中的两个函数在闭区间上的每个点都有定义, 但两个函数都不能达到最大值, 其间断点阻止了最大值的出现.

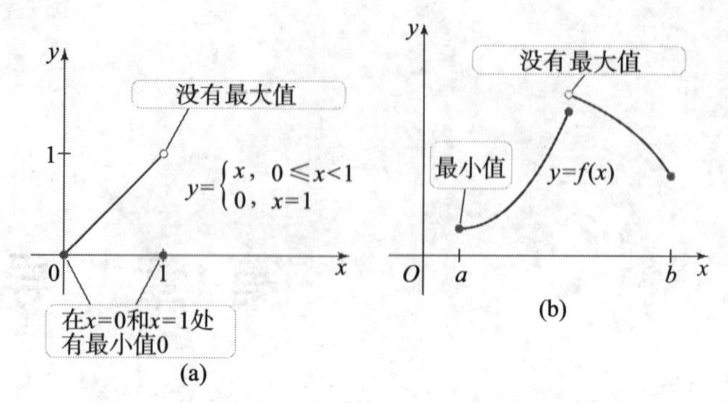

图 4.2

可以证明, 有两个条件保证在区间上存在最小值和最大值: 函数必须在区间上连续, 并且区间必须是闭的和有界的.

最值定理依赖于实数的深刻性质, 其证明可以在高级教材中找到.

定理 4.1　最值定理

在闭区间 $[a,b]$ 上的连续函数在该区间上有最大值和最小值.

例 1　确定最大值和最小值的位置 对于图 4.3 中的函数确定在区间 $[a,b]$ 上的最大值和最小值的位置. 这两个函数满足最值定理的条件吗?

迅速核查 1. 作一函数的图像, 使这个函数在某区间上连续, 但没有最小值. 作一个定义在闭区间上的函数图像, 使这个函数没有最小值. ◀

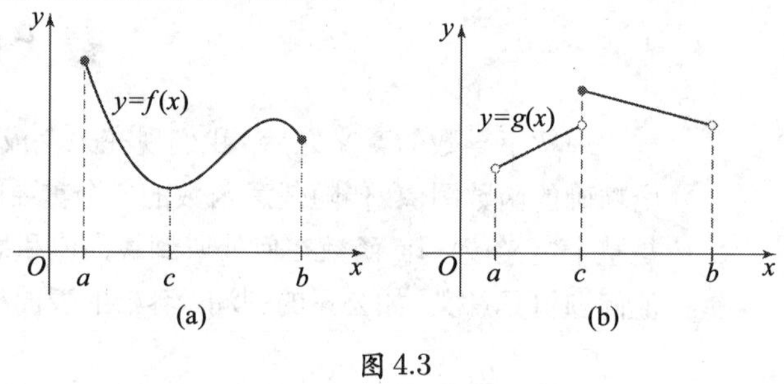

图 4.3

解

a. 函数 f 在闭区间 $[a,b]$ 上连续, 于是最值定理保证了一个最大值 (出现在 a 处) 和一个最小值 (出现在 b 处).

b. 函数 g 不满足最值定理的条件, 因为它不连续, 并且只定义在开区间 (a,b) 上. g 没有最小值, 但在 c 处有最大值. 所以, 一个函数可以违背最值定理的条件, 仍然有最小值或最大值 (或同时都有).

相关习题 11～14 ◀

极大值和极小值

函数在一点取其附近的最大值或最小值是重要的.

局部最大值和局部最小值也称为相对最大值和相对最小值.

定义　极大值和极小值

设 I 是一个区间, f 在 I 上有定义, c 是 I 的一个内点. 如果对包含 c 的一个开区间内的所有 $x\in I$, $f(c)\geqslant f(x)$, 则称 $f(c)$ 是 f 的一个**极大值**, 也称为局部最大值. 如果对包含 c 的一个开区间内的所有 $x\in I$, $f(c)\leqslant f(x)$, 则称 $f(c)$ 是 f 的一个**极小值**, 也称为局部最小值. 极大值和极小值统称为**极值**.

注意, 极大值和极小值只出现在区间的内点, 而不出现在端点.

例 2 确定最大值和最小值的位置 图 4.4 显示了定义在 $[a,b]$ 上的一个函数图像. 使用术语“绝对”和“局部”识别各种类型的最大值和最小值的位置.

解 函数 f 在一个闭区间上连续. 根据 定理 4.1, f 在 $[a,b]$ 上有绝对最大值和绝对最小值. 函数在 p 处有局部最小值, 也是绝对最小值. 它在 r 处有另外一个局部最小值. f 的绝对最大值出现在 q 和 s 处 (也是局部最大值). 函数在端点 a 和 b 处没有最大值和最小值.

相关习题 15 ~ 22 ◂

临界点 图 4.4 显示极大值和极小值出现在开区间 (a,b) 内导数为零的点 ($x=q,r,s$) 和导数不存在的点 ($x=p$). 我们现在把这个结论严格化.

假设一个函数在 c 处可导且有极大值. 对 c 附近的 $x<c$, 连接点 $(x,f(x))$ 和 $(c,f(c))$ 的割线斜率为非负. 对 c 附近的 $x>c$, 连接点 $(x,f(x))$ 和 $(c,f(c))$ 的割线斜率为非正. 当 $x\to c$ 时, 这些割线的斜率趋于在 $(c,f(c)$ 处切线的斜率. 由此, 切线斜率必为非负且非正, 所以只能是 $f'(c)=0$. 类似的原因对在 c 处有极小值的函数可以导出同样的结论: $f'(c)$ 一定为零. 以上的讨论是证明下面定理 (习题 71) 的一个提纲.

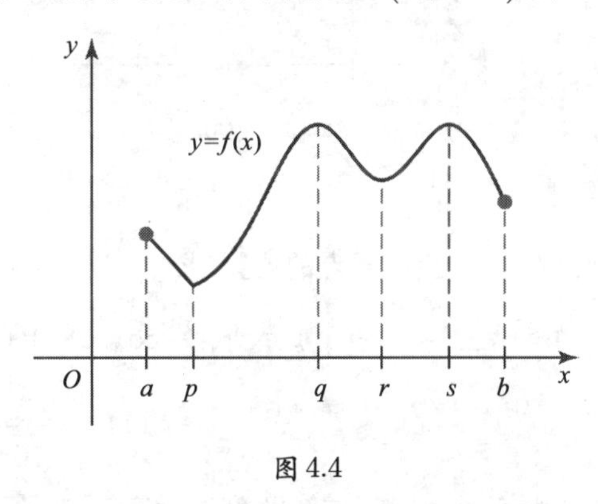

图 4.4

> **定理 4.2 极值点定理**
> 如果 f 在 c 处有极小值或极大值且 $f'(c)$ 存在, 则 $f'(c)=0$.

定理 4.2 通常称为费马定理. 费马定理是数学中必要条件不必是充分条件的一个最明显的例子. 在 c 的极小值 (或极大值) 必然蕴含 c 是临界点, 但 c 是临界点不充分地蕴含在该点处存在极小值 (或极大值).

极值也可能出现 $f'(c)$ 不存在的点 c 处. 图 4.5 展示了两种这样的情形, 一种情形 c 是间断点, 另一种情形 f 在 c 处有角点. 因为极值出现在 $f'(c)=0$ 和 $f'(c)$ 不存在的点 c 处, 引入如下定义.

> **定义 临界点**
> 如果在 f 的定义域中的一个内点 c 处 $f'(c)=0$ 或 $f'(c)$ 不存在, 则 c 称为 f 的一个**临界点**.

注意, 定理 2 的逆命题不一定成立. 在没有极大值或极小值的点处可能有 $f'(c)=0$ (见图 4.6(a)). 在没有极大值或极小值的点 c 处也可能 $f'(c)$ 不存在 (见图 4.6(b)). 所以临界点是候选极值点, 但必须确定它们是否对应极大值或极小值. 这个过程将在 4.2 节讨论.

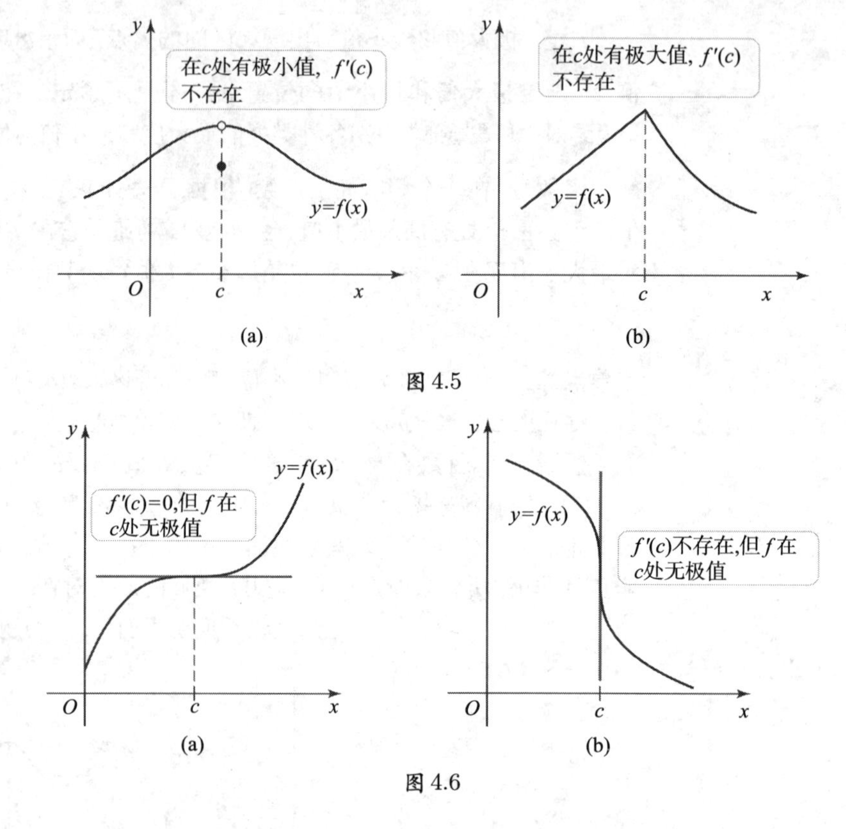

图 4.5

图 4.6

例 3　确定临界点的位置 求 $f(x)=\dfrac{x}{x^2+1}$ 的临界点.

解　注意, f 在其定义域 $(-\infty,\infty)$ 上可导. 由商法则,

$$f'(x)=\frac{(x^2+1)-2x^2}{(x^2+1)^2}=\frac{1-x^2}{(x^2+1)^2}.$$

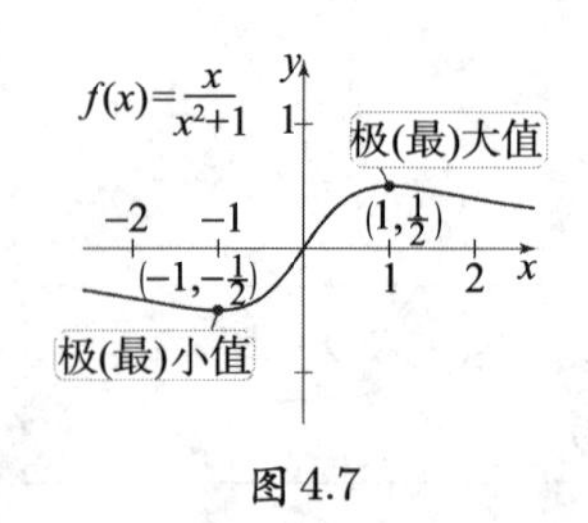

图 4.7

令 $f'(x)=0$, 并注意到对所有 x, $x^2+1>0$, 故临界点满足方程 $1-x^2=0$. 所以, 临界点是 $x=1$ 和 $x=-1$. f 的图像 (见图 4.7) 显示 f 在 $\left(1,\dfrac{1}{2}\right)$ 处有极 (最) 大值, 在 $\left(-1,-\dfrac{1}{2}\right)$ 处有极 (最) 小值.

相关习题 23～30 ◀

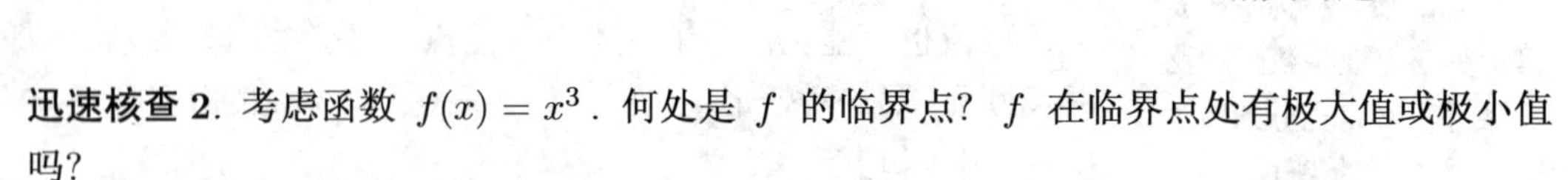

迅速核查 2. 考虑函数 $f(x)=x^3$. 何处是 f 的临界点? f 在临界点处有极大值或极小值吗?

◀

确定最大值和最小值的位置

定理 4.1 保证了在闭区间 $[a,b]$ 上的连续函数存在最值, 但没有说最值在什么位置. 两个结论可以导出确定最值位置的步骤.

- 在区间内点处的最值也是极值, 并且我们知道极值出现在 f 的临界点.
- 最值也可能出现在区间的端点.

这两个事实给出确定闭区间上连续函数最值位置的步骤.

程序　确定最大值和最小值的位置

设 f 在闭区间 $[a,b]$ 上连续.

1. 确定 (a,b) 内的临界点 c, 满足 $f'(c)=0$ 或 $f'(c)$ 不存在. 这些点是候选的最大值点和最小值点.

2. 计算 f 在临界点和 $[a,b]$ 端点处的函数值.

3. 从第 2 步得到的 f 值中选择最大的和最小的, 分别对应于最大值和最小值.

如果考虑的区间是一个开区间, 且最值存在, 则最值出现在内点处.

例 4　最值 求下列函数的最大值和最小值.

a. $f(x)=x^4-2x^3$, $[-2,2]$.

b. $g(x)=x^{2/3}(2-x)$, $[-1,2]$.

解

a. 因为 f 是一个多项式, 其导数处处存在. 于是, 若 f 有临界点, 则在临界点处 $f'(x)=0$. 计算 f' 并令其等于零, 有

$$f'(x)=4x^3-6x^2=2x^2(2x-3)=0.$$

解这个方程得临界点 $x=0$ 和 $x=\frac{3}{2}$, 都在区间 $[-2,2]$ 内. 这两个点和端点是候选最值点. 计算 f 在这些点处的值, 有

$$f(-2)=32,\quad f(0)=0,\quad f\left(\frac{3}{2}\right)=-\frac{27}{16},\quad f(2)=0.$$

其中最大的 $f(-2)=32$ 是 f 在 $[-2,2]$ 上的最大值, 最小的 $f\left(\frac{3}{2}\right)=-\frac{27}{16}$ 是 f 在 $[-2,2]$ 上的最小值. f 的图像 (见图 4.8) 显示临界点 $x=0$ 既不对应极大值也不对应极小值.

b. 对 $g(x)=x^{2/3}(2-x)=2x^{2/3}-x^{5/3}$ 求导, 有

$$g'(x)=\frac{4}{3}x^{-1/3}-\frac{5}{3}x^{2/3}=\frac{4-5x}{3\sqrt[3]{x}}.$$

因为 $g'(0)$ 无定义, 且 0 在 g 的定义域内, 所以 $x=0$ 是一个临界点. 另外, 当 $4-5x=0$ 时, $g'(x)=0$, 于是 $x=\frac{4}{5}$ 也是一个临界点. 这两个临界点和端点是最值位置的候选点. 下一步是计算 g [原文误为 f——译者注] 在临界点和端点处的函数值:

$$g(-1)=3,\quad g(0),\quad g(4/5)\approx 1.03,\quad g(2)=0.$$

其中最大的 $g(-1)=3$ 是 g 在 $[-1,2]$ 上的最大值. 最小的 0 出现两次. 所以, g 在 $[-1,2]$ 上的最小值在临界点 $x=0$ 和端点 $x=2$ 处达到 (见图 4.9).

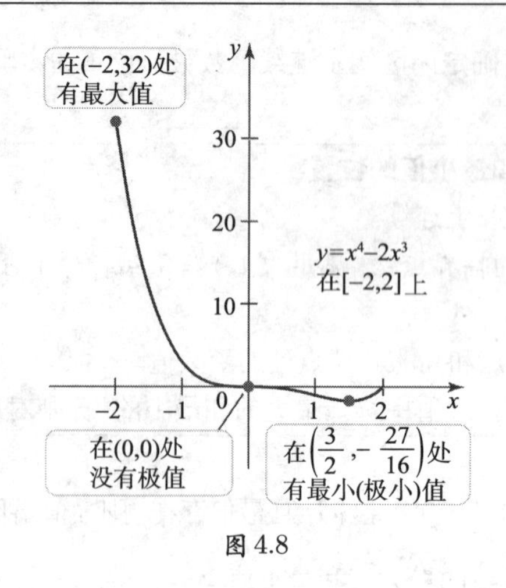

图 4.8

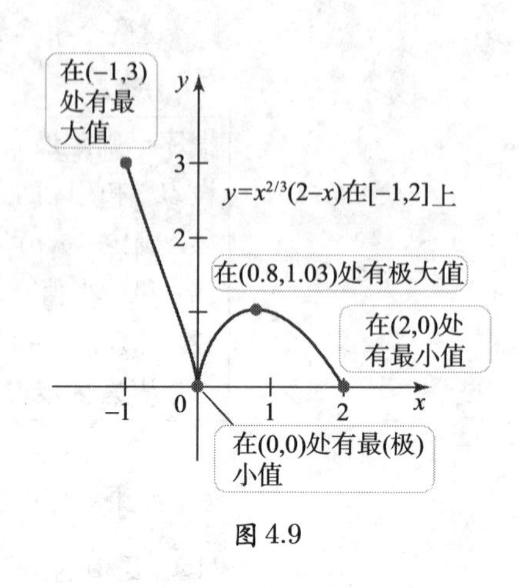

图 4.9

相关习题 31～40◀

例 5　轨道高点 在高出地面 80ft 的桥上以 64ft/s 的速率垂直向上抛射一个石块. t 秒后石块在地面以上的高度为

在 6.1 节中给出了引力场中运动物体的位置函数的推导.

$$f(t)=-16t^2+64t+80,\quad 0\leqslant t\leqslant 5.$$

何时石块达到其最高点?

解　必须计算高度函数在临界点和端点处的值. 临界点满足方程

$$f'(t)=-32t+64=-32(t-2)=0,$$

于是唯一临界点是 $t=2$. 现在求 f 在端点和临界点处的值:

$$f(0)=80,\quad f(2)=144,\quad f(5)=0,$$

在区间 $[0,5]$ 上, 最大值出现在 $t=2$ 处, 此时石块达到高 144ft. 因为 $f'(t)$ 是石块的速度, 最高点出现在速度为零的时刻.

相关习题 41～44◀

4.1 节 习题

复习题

1. 函数在区间 $[a,b]$ 上的点 c 处有最值表示什么含义?
2. 什么是函数的极大值和极小值?
3. 什么条件可以保证函数在一个区间上有最大值和最小值?
4. 作一个函数的图像, 使其在开区间 (a,b) 上连续, 但既没有最大值也没有最小值.
5. 作一个函数的图像, 使其在 $[0,3]$ 上有最大值和极小值, 但没有最小值.
6. 什么是函数的临界点?
7. 作一个函数的图像, 使其在 c 处有极大值且 $f'(c)=0$.
8. 作一个函数的图像, 使其在 $f'(x)$ 无定义的一点处有极小值.
9. 怎样确定闭区间上的连续函数的最大值和最小值.
10. 解释函数如何在区间的端点处可以有最小值.

基本技能

11～14. 由图像求最大值和最小值 用下列图像确定区间 $[a,b]$ 上的点, 使得函数在该点处有最大值或最小值.

11.

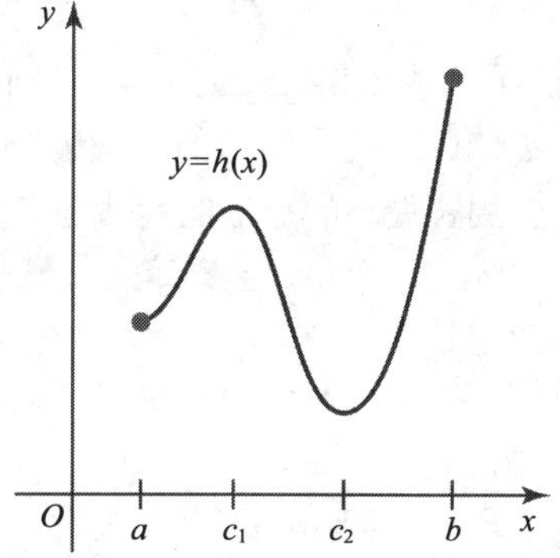

12.

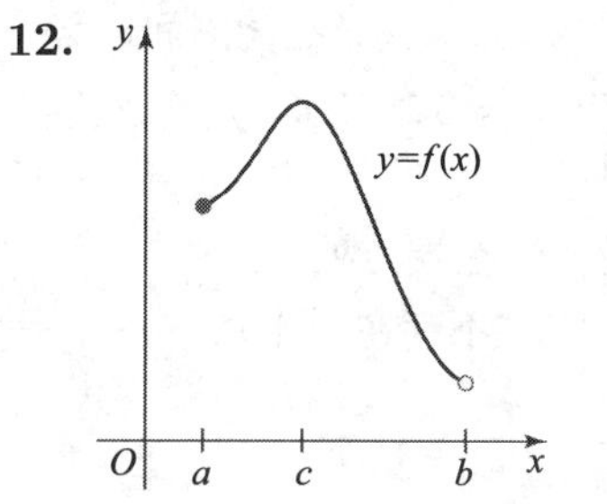

13.

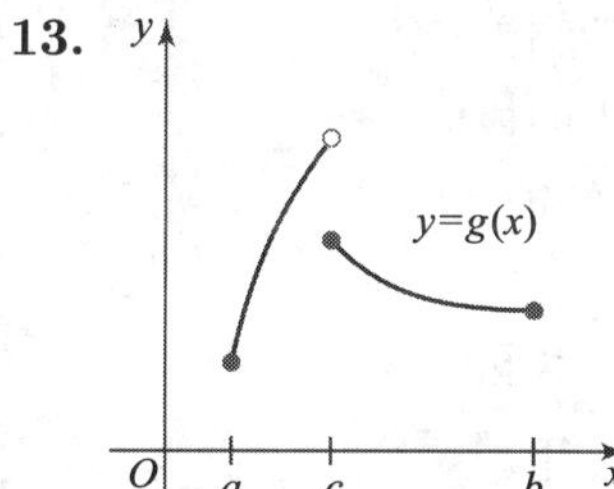

14.

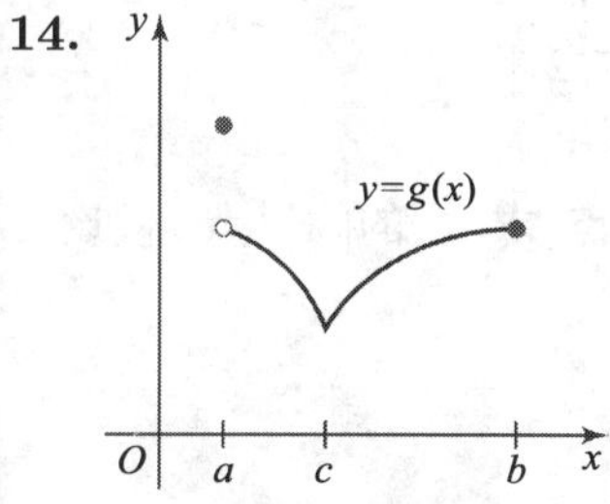

15～18. 极值与最值 用下列图像确定区间 $[a,b]$ 上的点, 使得函数在该点处有极值和最值.

15.

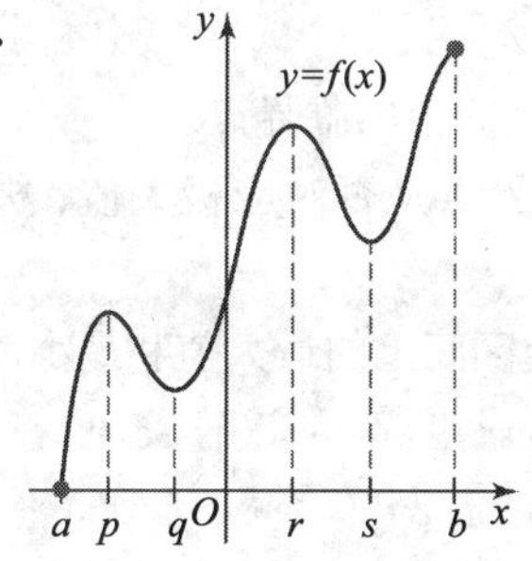

16.

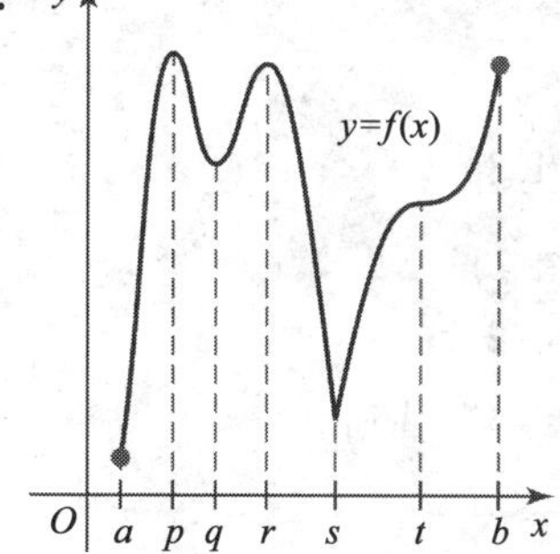

17.

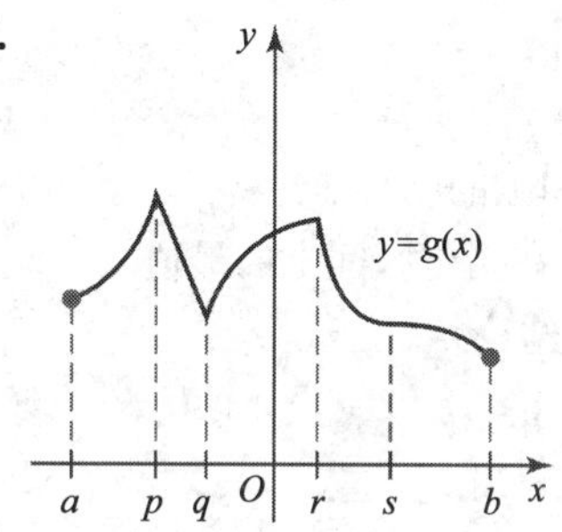

18.

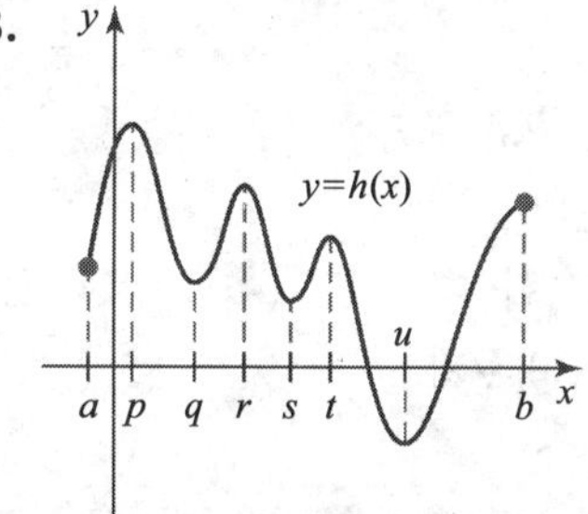

19～22. 设计函数 在 $[0,4]$ 上作一个连续函数的图像, 使其满足指定性质.

19. 当 $x=1$ 和 2 时, $f'(x)=0$; f 在 $x=4$ 处有最大值, 在 $x=0$ 处有最大值; f 在 $x=2$ 处有极小值.

20. 当 $x=1,2,3$ 时, $f'(x)=0$; f 在 $x=1$ 处有最小值; f 在 $x=2$ 处没有极值; f 在 $x=3$ 处有最大值.

21. 当 $x=1$ 和 3 时, $f'(x)$ 无定义; $f'(2)=0$; f 在 $x=1$ 处有极大值; f 在 $x=2$ 处有极小值; f 在 $x=3$ 处有最大值; f 在 $x=4$ 处有最小值.

22. 当 $x=1$ 和 3 时, $f'(x)=0$; $f'(2)$ 无定义; f 在 $x=2$ 处有最大值, 在 $x=1$ 处既没有极大值也没有极小值; f 在 $x=3$ 处有最小值.

23～30. 确定临界点的位置

a. 求下列函数在其定义域或指定区间上的临界点.

b. 用绘图工具确定每一个临界点是否对应于极小

值、极大值或两者都不是.

23. $f(x) = 3x^2 - 4x + 2$.

24. $f(x) = \frac{1}{8}x^3 - \frac{1}{2}x; [-1, 3]$.

25. $f(x) = (4x - 3)/(x^2 + 1)$.

26. $f(x) = 12x^5 - 20x^3; [-2, 2]$.

27. $f(x) = \cos 2x + \sqrt{3}\sin 2x; [0, \pi]$.

28. $f(x) = \sin x \cos x; [0, 2\pi]$.

29. $f(x) = 1/x - 1/x^2$.

30. $f(x) = x^2\sqrt{1 - x^2}$.

31～40. 最大值和最小值

a. 求 f 在指定区间上的临界点.

b. 若存在, 确定 f 在指定区间上的最值.

c. 用绘图工具验证结论.

31. $f(x) = x^2 - 10; [-2, 3]$.

32. $f(x) = (x + 1)^{4/3}; [-8, 8]$.

33. $f(x) = \cos^2 x; [0, \pi]$.

34. $f(x) = x/(x^2 + 1)^2; [-2, 2]$.

35. $f(x) = \sin 3x; [-\pi/4, \pi/3]$.

36. $f(x) = x^{2/3}; [-8, 8]$.

37. $f(x) = (4x - 3)/x^2; [1, 4]$.

38. $f(x) = x\sqrt{2 - x^2}; [-\sqrt{2}, \sqrt{2}]$.

39. $f(x) = \dfrac{x}{\sqrt{4 - x^2}}; (-2, 2)$.

40. $f(x) = x^3 - 2x^2 - 5x + 6; [4, 8]$.

41. 轨道高点 在高出地面 192ft 的悬崖上以 64ft/s 的速率垂直向上抛掷一个石块. t 秒后石块距地面的高度为 $s = -16t^2 + 64t + 192$, $0 \leqslant t \leqslant 6$. 何时石块达到其最高点?

42. 收益最大化 销售分析师确定销售水果冰沙的收入是 $R(x) = -60x^2 + 300x$, 其中 x 是每份水果冰沙以美元计的价格, 且 $0 \leqslant x \leqslant 5$.

a. 求收益函数的临界点.

b. 确定收益函数的最大值并给出取得最大收益的价格.

43. 利润最大化 假设某导游有一辆最多载 100 人的大客车. 设该导游带 n 个人作一次城市游的利润 (以美元计) 为 $P(n) = n(50 - 0.5n) - 100$.(虽然 P 只对正整数有定义, 但将其视为连续函数.)

a. 该导游一次带多少人旅游可使利润最大?

b. 假设客车最多载 45 人. 一次带多少人旅游可使利润最大?

44. 矩形周长最小化 面积为 64m^2 的矩形的周长为 $P(x) = 2x + 128/x$, 其中 x 是矩形的一条边长. 求周长函数的最小值. 周长最小的矩形的尺寸是多少?

深入探究

45. 解释为什么是, 或不是 判断下列命题是否正确, 并说明理由或举出反例.

a. 函数 $f(x) = \sqrt{x}$ 在区间 $[0, 1]$ 上有极大值.

b. 如果函数有最大值, 那么函数必在闭区间连续.

c. 函数 f 有性质 $f'(2) = 0$. 因此, f 在 $x = 2$ 处有极大值或极小值.

d. 在区间上的最值总出现在端点处.

e. 函数 f 有性质: $f'(3)$ 不存在. 因此, $x = 3$ 是 f 的一个临界点.

46～51. 最大值和最小值

a. 求 f 在指定期间上的临界点.

b. 确定 f 在指定区间上的最值.

c. 用绘图工具验证所得结论.

46. $f(x) = (x - 2)^{1/2}; [2, 6]$.

47. $f(x) = x^2(x^2 + 4x - 8); [-5, 2]$.

48. $f(x) = x^{1/2}(x^2/5 - 4); [0, 4]$.

49. $f(x) = \sec x; [-\pi/4, \pi/4]$.

50. $f(x) = x^{1/3}(x + 4); [-27, 27]$.

51. $f(x) = x/\sqrt{x - 4}; [6, 12]$.

52～55. 带参数函数的临界点 求 f 的临界点. 假设 a 和 b 是常数.

52. $f(x) = x/\sqrt{x - a}$.

53. $f(x) = x\sqrt{x - a}$.

54. $f(x) = x^3 - 3ax^2 + 3a^2x - a^3 + b$.

55. $f(x) = \frac{1}{5}x^5 - a^4x$.

56～61. 临界点与极值

a. 求下列函数在指定区间上的临界点.

b. 用绘图工具确定临界点是否对应极大值、极小值或两者都不是.

c. 如果存在, 求在指定区间上的最大值和最小值.

56. $f(x) = 6x^4 - 16x^3 - 45x^2 + 54x + 23; [-5, 5]$.

57. $f(\theta) = 2\sin\theta + \cos\theta; [-2\pi, 2\pi]$.

58. $f(x) = x^{2/3}(4 - x^2); [-3, 4]$.

59. $g(x) = (x - 3)^{5/3}(x + 2); [-4, 4]$.

60. $f(t) = 3t/(t^2 + 1); [-2, 2]$.

61. $h(x)=(5-x)/(x^2+2x-3);[-10,10]$.

62～63. 绝对值函数 作下列函数的图像并确定其在指定区间上的极值和最值.

62. $f(x)=|x-3|+|x+2|;[-4,4]$.

63. $g(x)=|x-3|-2|x+1|;[-2,3]$.

应用

64. 表面积最小的盒子 所有底为正方形且体积为 $50\mathrm{ft}^3$ 的盒子表面积为 $S(x)=2x^2+200/x$, 其中 x 是底边长. 求表面积函数的最小值. 表面积最小的盒子的尺寸是多少?

65. 计算每一秒 必须从湖的笔直岸边上的一点 P 到距岸边另一点 Q 50m 处受困的游泳者身边, P 到 Q 的距离也是 50m(见图). 若游泳的速率是 2m/s, 跑步的速率是 4m/s, 通过下列步骤确定沿岸边的一点, 它到 Q 的距离是 x 米, 当跑到此处后, 开始游泳, 可以用最短的时间到达游泳者身边.

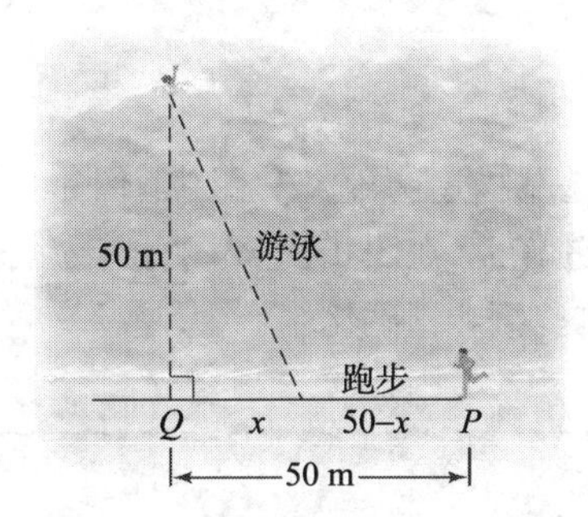

a. 求 x 的函数 T, 这里 T 表示所用的时间, $0\leqslant x\leqslant 50$.

b. 求 T 在 $(0,50)$ 上的临界点.

c. 计算 T 在临界点和端点 ($x=0$ 和 $x=50$) 处的值, 验证临界点对应最小值. 最短时间是多少?

d. 作函数 T 的图像来验证结果.

66. 在抛物线上跳舞 假设两个人 A 与 B 沿抛物线 $y=x^2$ 散步, 他们之间的线段 L 总是垂直于抛物线在 A 处位置的切线. 当 L 的长度达到最短时, A 和 B 处在什么位置?

a. 设 A 的位置是 (a,a^2), 其中 $a>0$. 求抛物线在 A 处的切线斜率, 并求与此切线垂直的直线斜率.

b. 当 A 在 (a,a^2) 处时, 求连接 A 和 B 的直线方程.

c. 当 A 在 (a,a^2) 处时, 求 B 在抛物线上的位置.

d. 写出以变量 a 表示的 A 与 B 距离平方的函数 $F(a)$.(距离平方与距离在同一点达到最小; 用距离平方比较容易处理.)

e. 求 F 在区间 $a>0$ 上的临界点.

f. 计算 F 在临界点处的值, 并验证其对应于最小值. A 和 B 处在什么位置时 L 的长度最小? 最小长度是多少?

g. 作 F 的图像来检验结论.

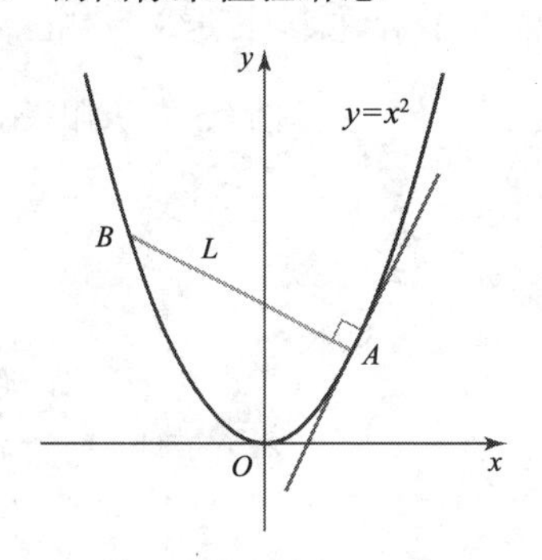

附加练习

67. 相关函数值 设 f 在 $(-\infty,\infty)$ 上可导, 并在 $x=2$ 处有极值 $f(2)=0$. 设对所有 x, $g(x)=xf(x)+1$ 且 $h(x)=xf(x)+x+1$.

a. 求 $g(2)$, $h(2)$, $g'(2)$, $h'(2)$.

b. g 或 h 在 $x=2$ 处有极值吗? 解释理由.

68. 抛物线的极值 考虑函数 $f(x)=ax^2+bx+c$, $a\neq 0$. 用几何方法解释为什么 f 在 $(-\infty,\infty)$ 上恰好有一个最值. 通过求临界点确定 x 的值, 使 f 在该处有最值.

69. 偶函数与奇函数

a. 设偶函数 f 在 c 处有极小值. f 在 $-c$ 处有极大值或极小值吗? 解释理由.(偶函数满足 $f(x)=f(-x)$.)

b. 设奇函数 f 在 c 处有极小值. f 在 $-c$ 处有极大值或极小值吗? 解释理由.(奇函数满足 $f(x)=-f(-x)$.)

70. 一族双峰函数 考虑函数 $f(x)=x/(x^2+1)^n$, 其中 n 是正整数.

a. 证明这些函数对所有正整数 n 是奇函数.

b. 证明对所有正整数 n, 这些函数的临界点是 $x=\pm\sqrt{\dfrac{1}{2n-1}}$.(从特殊情形 $n=1$ 和 $n=2$

开始.)

c. 证明当 n 增加时, 这些函数的最大值下降.

d. 用绘图工具验证结果.

71. 极值点定理的证明 用下列步骤证明定理 4.2 的极大值部分: 如果 f 在 c 处有极大值, 且 $f'(c)$ 存在, 则 $f'(c)=0$.

a. 如果 f 在 c 处有极大值, 那么当 x 在 c 附近且 $x>c$ 时 $f(x)-f(c)$ 是什么符号? 当 x 在 c 附近且 $x<c$ 时 $f(x)-f(c)$ 是什么符号?

b. 如果 $f'(c)$ 存在, 则其定义为 $\lim\limits_{x\to c}\dfrac{f(x)-f(c)}{x-c}$. 检验当 $x\to c^+$ 时的这个极限并得到 $f'(c)\leqslant 0$.

c. 检验当 $x\to c^-$ 时的极限并得到 $f'(c)\geqslant 0$.

d. 结合 (b) 和 (c) 给出结论 $f'(c)=0$.

迅速核查　答案

1. 连续函数 $f(x)=x$ 在开区间 $(0,1)$ 上没有最小值. 在 $\left[0,\dfrac{1}{2}\right)$ 上 $f(x)=-x$ 且在 $\left[\dfrac{1}{2},1\right]$ 上 $f(x)=0$ 的函数 f 在 $[0,1]$ 上没有最小值; 它在 $x=\dfrac{1}{2}$ 处不连续.

2. 临界点是 0. 虽然 $f'(0)=0$, 但函数在 $x=0$ 处既没有极小值也没有极大值.

4.2　导数提供的信息

在上一节, 我们看到导数是求临界点的工具, 而临界点与极大值和极小值相关. 我们将在本节证明, 导数 (一阶和二阶) 可以告诉我们关于函数性状的更多信息.

递增函数与递减函数

在前面我们已经非正式地使用术语递增和递减描述函数及其图像. 例如, 在图 4.10(a) 中, 当 x 增加时, 图像上升, 所以对应的函数是递增的. 在图 4.10(b) 中, 当 x 增加时, 图像下降, 所以对应的函数是递减的. 下面的定义使这些概念精确化.

定义　递增函数与递减函数

设 f 定义在区间 I 上. 如果当 x_1,x_2 属于 I 且 $x_2>x_1$ 时, 有 $f(x_2)>f(x_1)$, 则称 f 在 I 上**递增**. 如果当 x_1,x_2 属于 I 且 $x_2>x_1$ 时, 有 $f(x_2)<f(x_1)$, 则称 f 在 I 上**递减**.

递增函数与递减函数称为**单调函数**. 某些教科书作了更进一步的区分, 定义**非减函数**(对任意 $x_2>x_1$, $f(x_2)\geqslant f(x_1)$) 和**非增函数**(对任意 $x_2>x_1$, $f(x_2)\leqslant f(x_1)$).

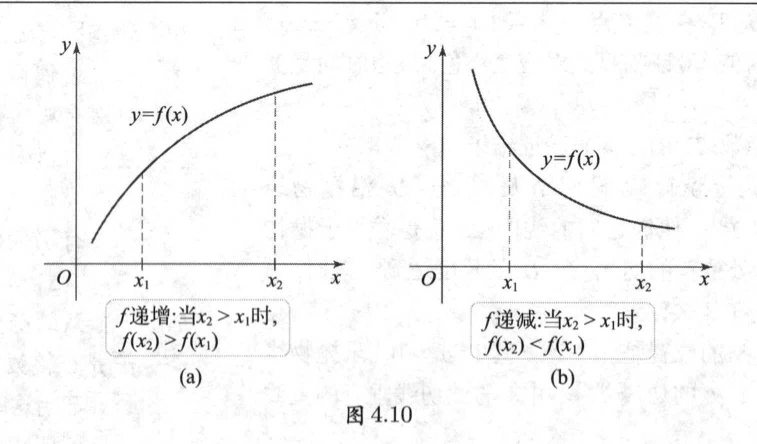

图 4.10

递增区间与递减区间 函数 f 的图像提供了对 f 的递增区间和递减区间的推断. 但如何精确地确定这些区间呢? 这个问题通过与导数的联系来回答.

回想一下, 函数的导数给出了切线的斜率. 如果在一个区间上导数为正, 那么在该区间上的切线有正的斜率, 函数在这个区间上递增 (见图 4.11(a)). 换一种说法, 在区间上的正导数蕴含正的变化率, 由此表示函数值递增.

类似地, 如果在一个区间上导数为负, 那么在该区间上的切线有负的斜率, 函数在这个区间上递减 (见图 4.11(b)). 这些结论将在 4.6 节用中值定理给予证明.

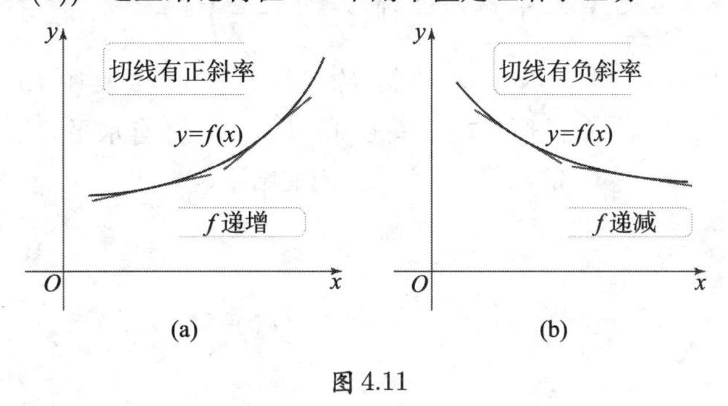

图 4.11

定理 4.3 的逆命题不一定成立. 根据定义 $f(x)=x^3$ 在 $(-\infty,\infty)$ 上递增, 但在 $(-\infty,\infty)$ 上 $f'(x)>0$ 不成立 (因为 $f'(0)=0$).

迅速核查 1. 解释为什么在一个区间上有正导数意味着函数在该区间上递增. ◄

定理 4.3 递增区间与递减区间判别法

设 f 在区间 I 上连续并且在 I 的每个内点处可导. 如果对 I 的所有内点, $f'(x)>0$, 则 f 在 I 上递增. 如果对 I 的所有内点, $f'(x)<0$, 则 f 在 I 上递减.

例 1 作函数图 作函数 f 的草图, 其中 f 在其定义域 $(-\infty,\infty)$ 上连续且满足下列条件:

1. $f'>0$, $(-\infty,0),(4,6)$, $(6,\infty)$.

2. $f'<0$, (0,4).

3. $f'(0)$ 无定义.

4. $f'(4)=f'(6)=0$.

解 由条件 (1), f 在区间 $(-\infty,0)$, $(4,6)$ 和 $(6,\infty)$ 上递增. 由条件 (2), f 在 $(0,4)$ 上递减. 条件 (3) 蕴含在 $x=0$ 处 f 有一个尖点或角点、由条件 (4), 图像在 $x=4$ 和 $x=6$ 处有水平切线. 在作图之前, 有必要把这些结论汇总一下 (见图 4.12). 有许多图像满足这些条件, 其中之一如图 4.13 所示.

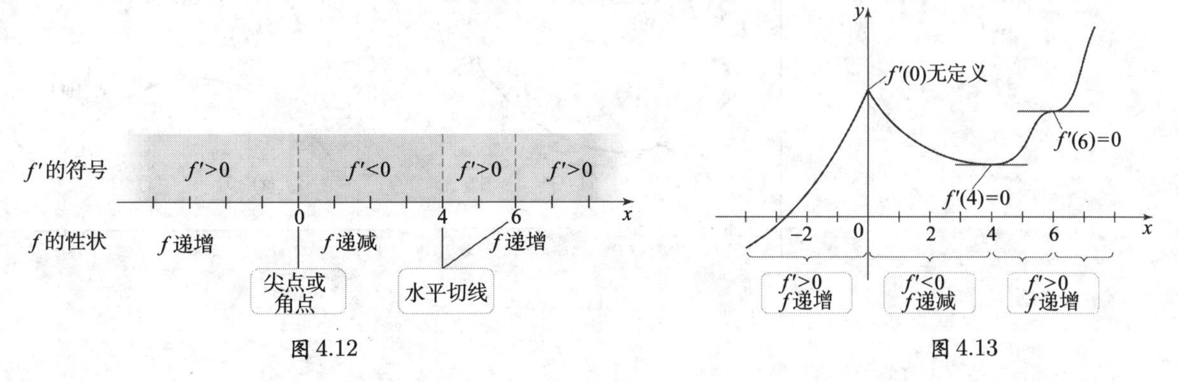

图 4.12 图 4.13

相关习题 11～16◄

例 2 递增区间与递减区间 求函数 $f(x)=2x^3+3x^2+1$ 的递增区间和递减区间.

解　$f'(x)=6x^2+6x=6x(x+1)$. 为求递增区间, 先解 $6x(x+1)=0$, 于是确定临界点是 $x=0$ 和 $x=-1$. f' 只可能在这两个点处改变符号, 即 f' 在区间 $(-\infty,-1)$, $(-1,0)$ 和 $(0,\infty)$ 上各有相同的符号. 计算 f' 在每个区间上某一点的值以确定 f' 在该区间的符号.

用试值法解不等式见附录 A.

- 当 $x=-2$ 时, $f'(-2)=12>0$, 于是在 $(-\infty,-1)$ 上, $f'>0$, f 递增.
- 当 $x=-\dfrac{1}{2}$ 时, $f'\left(-\dfrac{1}{2}\right)=-\dfrac{3}{2}<0$, 于是在 $(-1,0)$ 上, $f'<0$, f 递减.
- 当 $x=1$ 时, $f'(1)=12>0$, 于是在 $(0,\infty)$ 上, $f'>0$, f 递增.

f 的图像在 $x=0$ 和 $x=-1$ 处有水平切线. 图 4.14 展示了叠印在一个坐标系下的 f 与 f' 的图像, 证实了我们的结论.

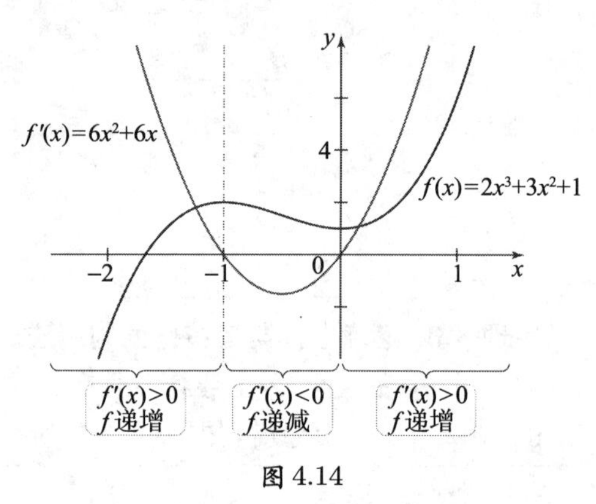

图 4.14

相关习题 17～28◀

识别极大值与极小值

应用关于递增函数和递减函数的结论, 我们现在可以识别极值. 设 $x=c$ 是 f 的一个临界点, 使得 $f'(c)=0$. 并假设 f' 在 c 处改变符号, 在 c 的左侧区间 (a,c) 上 $f'(x)<0$, 在 c 的右侧区间 (c,b) 上 $f'(x)>0$. 在此情形下, f 在 c 的左侧递减, 在 c 的右侧递增, 表明 f 在 c 处有极小值, 如图 4.15(a) 所示.

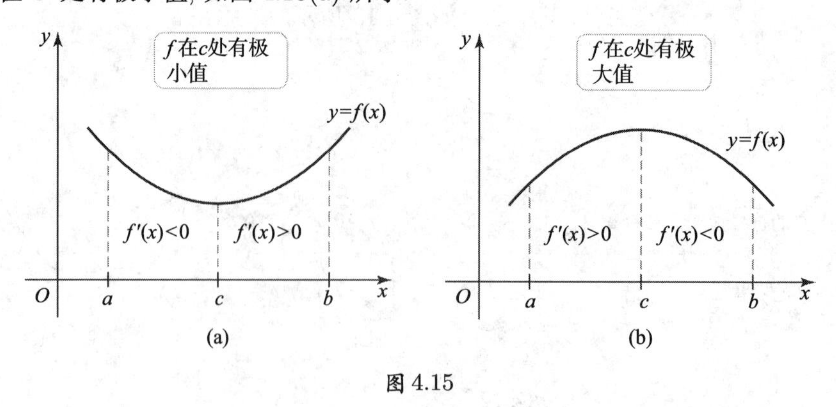

图 4.15

类似地, 假设 f' 在 c 处改变符号, 在 c 的左侧区间 (a,c) 上 $f'(x)>0$, 在 c 的右侧区间 (c,b) 上 $f'(x)<0$. 则 f 在 c 的左侧递增, 在 c 的右侧递减, 所以 f 在 c 处有极大值, 如图 4.15(b) 所示.

图 4.16 展示了区间 $[a,b]$ 上一个函数的典型特征. 在极大值点和极小值点 (c_2, c_3, c_4) 处, f' 改变符号. 虽然 c_1 和 c_5 是临界点, 但 f' 在这两点处不改变符号, 所以在这两点处没有极大值或极小值. 正如前面所强调的, 临界点并不总是对应极值.

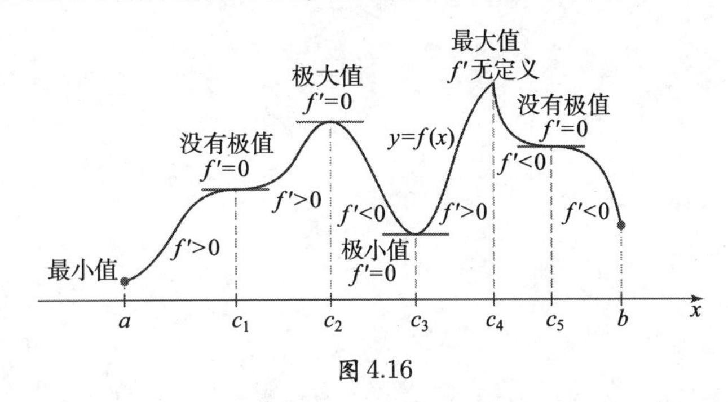

图 4.16

迅速核查 2. 作函数 f 的图像, 其中 f 在 $(-\infty, \infty)$ 上可导, 且满足下列性质: (i) $x=0$ 和 $x=2$ 是临界点; (ii) f 在 $(-\infty, 2)$ 上递增; (iii) f 在 $(2, \infty)$ 上递减. ◄

一阶导数判别法 现在把对图 4.16 的讨论总结为一个识别极大值和极小值的有力判别法.

定理 4.4 一阶导数判别法

设 f 在一个包含临界点 c 的区间 I 上连续, 且假定除可能的 c 外 f 在 I 上可导.

- 如果当 x 增加且经过 c 时, f' 的符号由正变为负, 则 f 在 c 处有极大值.
- 如果当 x 增加且经过 c 时, f' 的符号由负变为正, 则 f 在 c 处有极小值.
- 如果 f' 在 c 处没有改变符号 (从正到负或相反), 则 f 在 c 处没有极值.

证明 设在区间 (a,c) 上 $f'(x)>0$, 即 f 在 (a,c) 上递增, 这蕴含对 (a,c) 中所有的 x, $f(x)<f(c)$. 类似地, 设在区间 (c,b) 上 $f'(x)<0$, 即 f 在 (c,b) 上递减, 蕴含对 (c,b) 中所有的 x, $f(x)<f(c)$. 所以对 (a,b) 中所有的 x, $f(x) \leqslant f(c)$, 即 f 在 c 处有极大值. 其余两种情形的证明是相似的. ◄

例 3 应用一阶导数判别法 考虑函数

$$f(x)=3x^4-4x^3-6x^2+12x+1.$$

a. 求 f 的递增区间和递减区间.

b. 确定 f 的极值.

解

a. 对 f 求导, 我们发现

$$\begin{aligned} f'(x) &= 12x^3-12x^2-12x+12 \\ &= 12(x^3-x^2-x+1) \\ &= 12(x+1)(x-1)^2. \end{aligned}$$

解 $f'(x)=0$, 得临界点为 $x=-1$ 和 $x=1$. 这两个临界点把定义域分成三个区间 $(-\infty,-1)$, $(-1,1)$, $(1,\infty)$. f' 在每个区间上不变号. 在每个区间选一个测试点, 构造 f' 的符号图, 并总结 f 的性状 (见图 4.17).

b. 因为当 x 经过临界点 $x=-1$ 时, f' 的符号由负变为正, 由一阶导数判别法, f 在 $x=-1$ 处有极小值 $f(-1)=-10$. 当 x 经过临界点 $x=1$ 时, f' 的符号没有改变, 所以 f 在 $x=1$ 处没有极值 (见图 4.18).

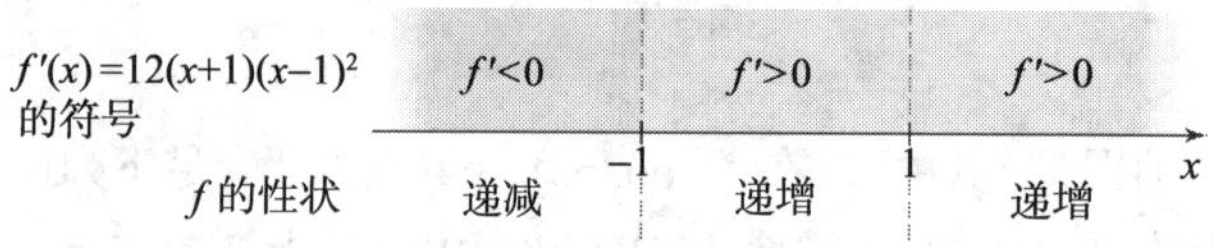

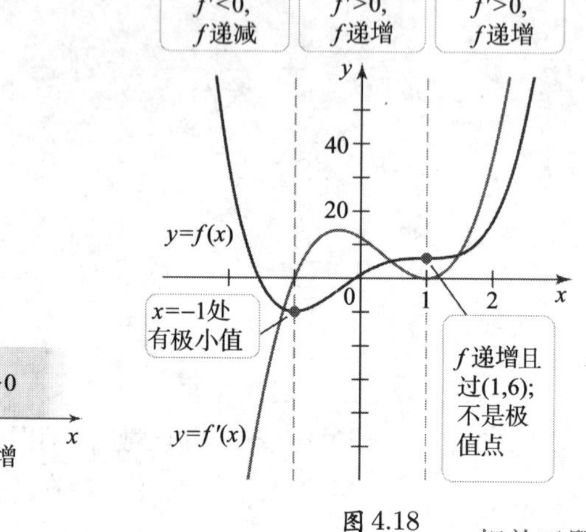

$f'(x)=12(x+1)(x-1)^2$ 的符号　$f'<0$　$f'>0$　$f'>0$

f 的性状　递减　-1　递增　1　递增　x

图 4.17

图 4.18

相关习题 29～34◀

例 4　极值点 求函数

$$f(x)=x^{2/3}(2-x)$$

的极值点.

解　在 4.1 节的例 4b 中, 我们求得

$$f'(x)=\frac{4}{3}x^{-1/3}-\frac{5}{3}x^{2/3}=\frac{4-5x}{3x^{1/3}},$$

及 f 的临界点是 $x=0$ 和 $x=\frac{4}{5}$. 这两个临界点是候选极值点, 用 定理 4.4 来识别每个临界点是极大值点、极小值点或两者都不是.

由图 4.19 可见, f 在 $x=0$ 处有极小值, 在 $x=\frac{4}{5}$ 处有极大值. f 和 f' 的图像可以证实这些结论 (见图 4.20).

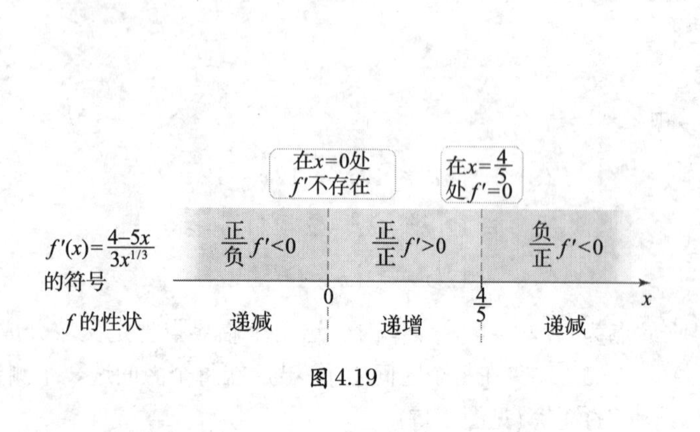

图 4.19

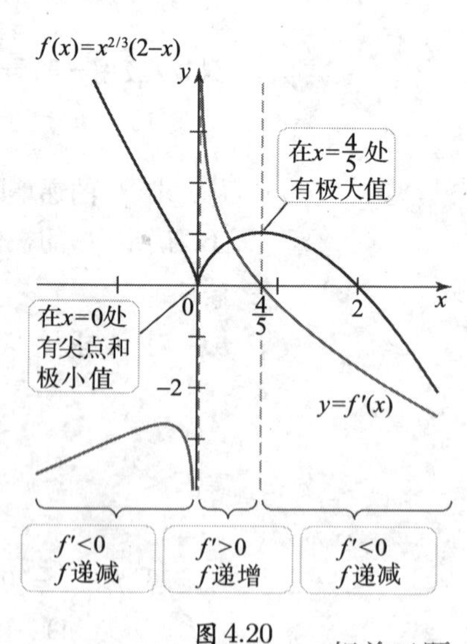

图 4.20

相关习题 29～34◀

迅速核查 3. 解释如何用一阶导数判别法确定 $f(x)=x^2$ 在 $x=0$ 处是否有极大值或极小值.

◀

任意区间上的最值 定理 4.1 仅仅保证了在闭区间上最值的存在性. 对于非闭区间上的最值有什么结论呢? 下面定理提供了一个有价值的判别法.

定理 4.5 单一极值蕴含最值 设 f 在区间 I 上连续, I 包含唯一极值点 c.
- 如果在 c 处有极小值, 则 $f(c)$ 是 f 在 I 上的最小值.
- 如果在 c 处有极大值, 则 $f(c)$ 是 f 在 I 上的最大值.

虽然图 4.21 说明定理是正确的, 但定理 4.5 的证明超出了本书的范围. 假设 f 只在 I 上的 c 处有一个极小值. 注意在 f 的图像上没有其他点处的 f 值小于 $f(c)$. 如果存在某一点的 f 值小于 $f(c)$, 那么 f 的图像必须向下弯曲, 落在 $f(c)$ 的下方. 因为 f 在 I 上连续, 这将导致另外的极值, 所以是不可能发生的. 对极大值有类似的说明.

例 5 求最值 验证 $f(x)=\dfrac{1}{4}x^4-x^3+\dfrac{3}{2}x^2-9x+2$ 在其定义域上有最值.

解 作为多项式, f 在其定义域 $(-\infty,\infty)$ 上可导, 且

$$f'(x)=x^3-3x^2+3x-9=(x-3)(x^2+3).$$

注意到对所有 x, $x^2+3>0$, 解 $f'(x)=0$, 得唯一临界点 $x=3$. 可以验证, 当 $x<3$ 时, $f'(x)<0$; 当 $x>3$ 时, $f'(x)>0$. 所以, 由 定理 4.4, f 在 $x=3$ 处有极小值. 因为在 $(-\infty,\infty)$ 上只有一个极值, 由 定理 4.5, 得 f 的最小值出现在 $x=3$ 处, 最小值为 $f(3)=-\dfrac{73}{4}$ (见图 4.22).

相关习题 35 ~ 38 ◀

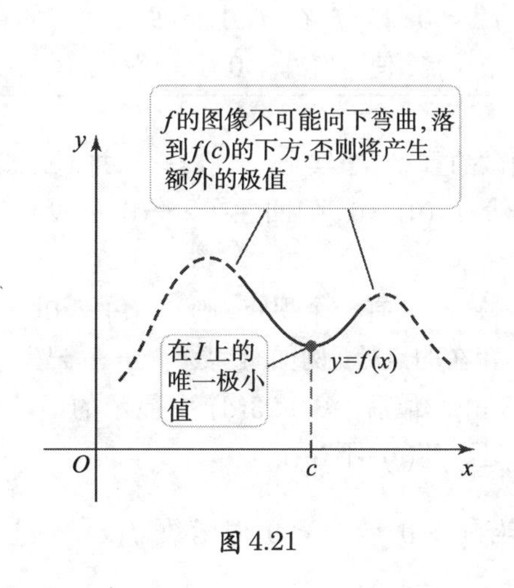

图 4.21

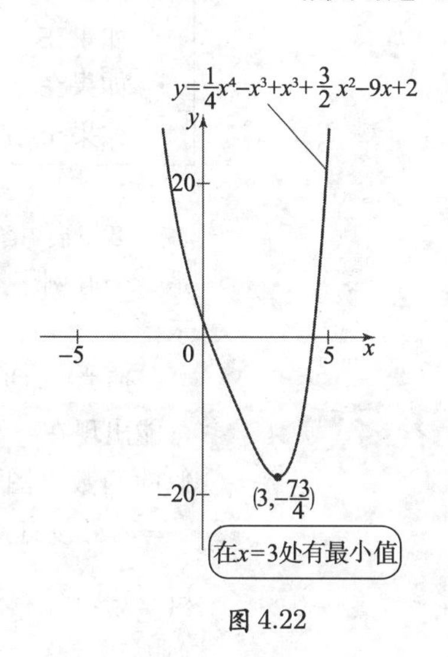

图 4.22

凹性与拐点

正如一阶导数与切线斜率相关, 二阶导数也有其几何意义. 考虑 $f(x)=x^3$. 当 $x>0$ 时, f 的图像向上弯曲. 这反映一个事实, 当 x 增加时, 切线变陡, 即当 $x>0$ 时, 一阶导数递增. 在该区间上一阶导数 f' 递增的函数是**上凹**的.

类似地, 对 $x<0$, $f(x)=x^3$ 向下弯曲, 因为在此区间上函数有递减的一阶导数. 在该区间上一阶导数 f' 递减的函数是**下凹**的. 现在二阶导数有一个实用诠释: 度量凹性.

凹性有另一个实用特征. 如果函数在一点处上凹 ($x>0$ 的任意点), 则该点附近的图像在该点处切线之上. 类似地, 如果函数在一点处下凹 ($x<0$ 的任意点), 则该点附近的图像在该点处切线之下 (习题 76).

最后, 想象函数在一点 c 处改变凹性 (从上凹到下凹, 或相反). 例如, 当 x 通过 $x=0$ 点时, $f(x)=x^3$ 从下凹变成上凹. f 的图像上使 f 改变凹性的点称为**拐点**.

定义　凹性与拐点

设 f 在开区间 I 上可导. 如果 f' 在 I 上递增, 则称 f 在 I 上是**上凹**的. 如果 f' 在 I 上递减, 则称 f 在 I 上是**下凹**的.

如果 f 在 c 处连续, 且 f 在 c 处改变凹性 (从上凹到下凹, 或相反), 则称 f 在 c 处有一个**拐点**.

把 定理 4.3 应用于 f' 可导出一个二阶导数凹性判别法. 特别地, 如果在区间 I 上 $f''>0$, 则 f' 在 I 上递增, f 在 I 上上凹. 类似地, 如果在 I 上 $f''<0$, 则 f 在 I 上下凹. 如果在点 c 处 f'' 的值通过零 (从正到负, 或相反), 则 f 在 c 处改变凹性, f 在 c 处有一个拐点 (见图 4.23(a)).

定理 4.6　凹性判别法 设 f'' 在区间 I 上存在.

- 如果在 I 上 $f''>0$, 则 f 在 I 上上凹.
- 如果在 I 上 $f''<0$, 则 f 在 I 上下凹.
- 如果 c 是 I 中一点, 使 $f''(c)=0$ 且 f'' 在 c 处变号, 则 f 在 c 处有拐点.

这里有几个细微的重点. 事实上, $f''(c)=0$ 并不必然蕴含 f 在 c 处有拐点. $f(x)=x^4$ 是一个好例子. 虽然 $f''(0)=0$, 但凹性在 $x=0$ 处没有改变 (类似的函数在图 4.23(b) 中展示).

通常, 如果 f 在 c 处有一个拐点, 则 $f''(c)=0$, 反映了凹性光滑变化. 但是, 拐点也可能出现在 f'' 不存在的点处. 例如, 函数 $f(x)=x^{1/3}$ 在 $x=0$ 处有垂直切线和拐点 (类似的函数见图 4.23(c)). 最后, 图 4.23(d) 中显示的函数与 $f(x)=x^{2/3}$ 有相似的性状, 在 $x=c$ 处没有拐点, 且 $f''(c)$ 不存在.

迅速核查 4. 验证当 $x>0$ 或 $x<0$ 时函数 $f(x)=x^4$ 上凹. $x=0$ 是一个拐点吗? 解释理由.

◀

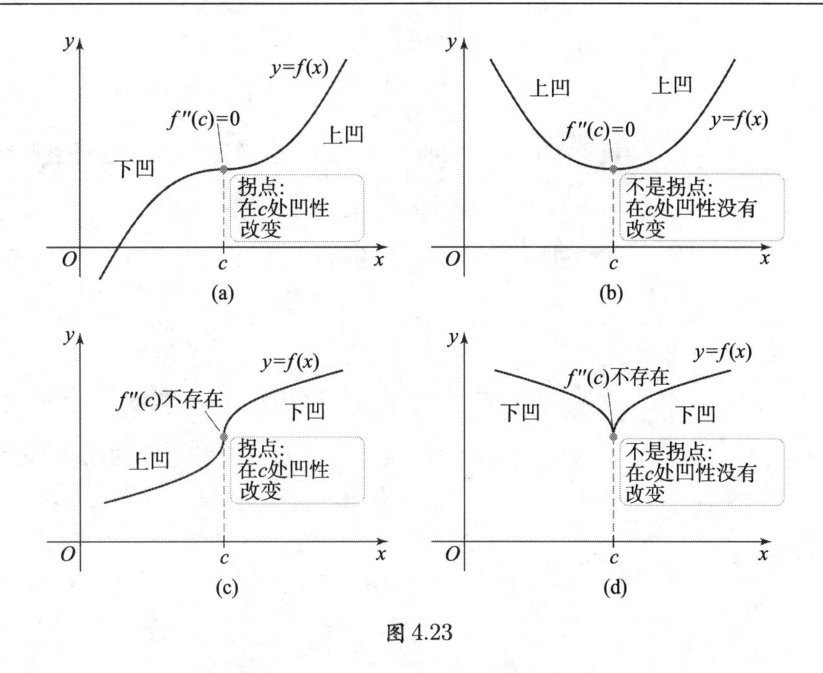

图 4.23

例 6　解释凹性 作函数的图像, 其中函数在某区间上满足各组条件.

a. $f'(t)>0$ 且 $f''(t)>0$.　　**b.** $g'(t)>0$ 且 $g''(t)<0$.

c. 期望用 f 和 g 中的哪一个函数代表所拥有房产的市场价值?

解

a. 图 4.24(a) 显示一个递增 ($f'(t)>0$) 且上凹 ($f''(t)>0$) 的函数图像.

b. 图 4.24(b) 显示一个递增 ($g'(t)>0$) 但下凹 ($g''(t)<0$) 的函数图像.

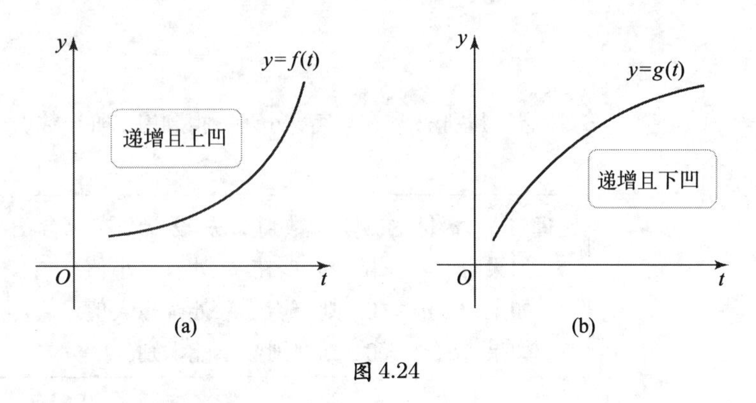

图 4.24

c. 因为 f 以递增的变化率增加, g 以递减的变化率增加, 所以对所拥有房产的价值而言, f 是较好的函数.

相关习题 39～42◀

例 7　识别凹性 确定函数 $f(x)=3x^4-4x^3-6x^2+12x+1$ 的上凹区间与下凹区间. 然后确定拐点的位置.

解　这个函数在例 3 中考虑过, 我们有

$$f'(x)=12(x+1)(x-1)^2.$$

于是

$$f''(x) = 12(x-1)(3x+1).$$

可见, 在 $x=1$ 和 $x=-\dfrac{1}{3}$ 处 $f''(x)=0$. 这两个点是候选拐点, 必须确定凹性在这两个点处是否改变. 图 4.25 中符号显示:

- 在 $\left(-\infty,-\dfrac{1}{3}\right)$ 和 $(1,\infty)$ 上 $f''(x)>0$, f 上凹;
- 在 $\left(-\dfrac{1}{3},1\right)$ 上 $f''(x)<0$, f 下凹.

可见, f'' 的符号在 $x=1$ 和 $x=-\dfrac{1}{3}$ 处改变, 于是 f 的凹性也在这两点处改变. 所以, 拐点出现在 $x=1$ 和 $x=-\dfrac{1}{3}$ 处. f 和 f'' 的图像 (见图 4.26) 显示 f 的凹性在 f'' 的零点处改变.

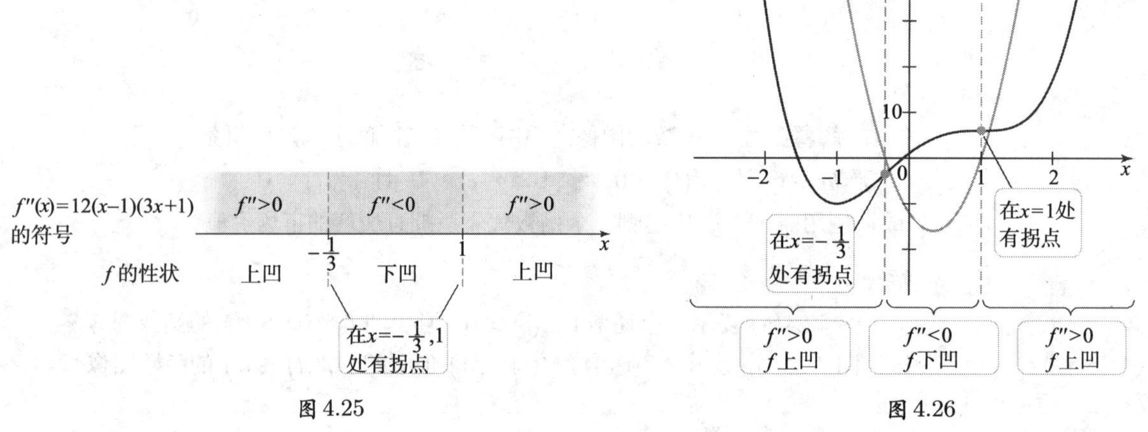

图 4.25　　　　图 4.26

相关习题 43 ~ 50 ◀

二阶导数判别法 现在只需一小步就得到用二阶导数识别极大值和极小值的判别法 (见图 4.27).

> **定理 4.7　极值的二阶导数判别法** 设 f'' 在包含 c 的一个开区间上连续, 且 $f'(c)=0$.
> - 如果 $f''(c)>0$, 则 f 在 c 处有极小值.
> - 如果 $f''(c)<0$, 则 f 在 c 处有极大值.
> - 如果 $f''(c)=0$, 则判别法不能识别.

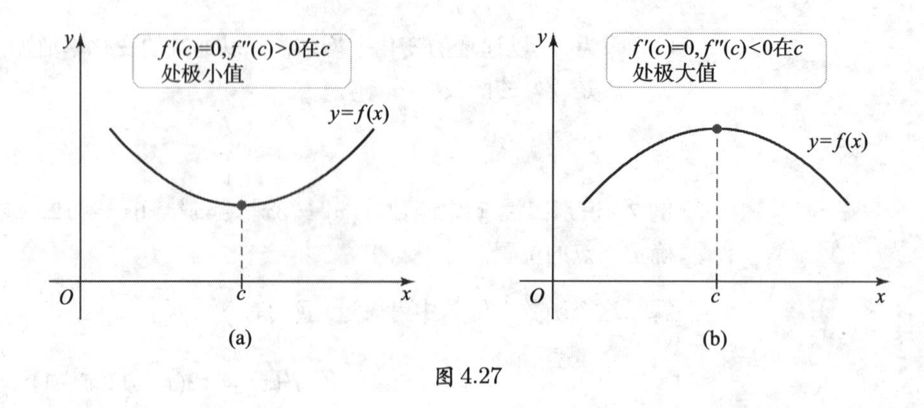

图 4.27

证明 因为 $f''(c) > 0$, 且 f'' 在包含 c 的某区间 I 上连续, 于是在 I 上, $f'' > 0$, f' 递增. 因为 $f'(c) = 0$, 得 f' 在 c 处改变符号, 由负到正, 由一阶导数判别法推出 f 在 c 处有极小值. 其余两种情况的证明类似. ◀

迅速核查 5. 作一个函数的图像, 使其在某区间上 $f'(x) > 0$ 且 $f''(x) > 0$. 作另一个函数的图像, 使其在某区间上 $f'(x) < 0$ 且 $f''(x) < 0$. ◀

例 8 二阶导数判别法 用二阶导数判别法确定下列函数极值的位置.

a. $f(x) = 3x^4 - 4x^3 - 6x^2 + 12x + 1$, $[-2, 2]$. **b.** $f(x) = \sin^2 x$.

解

对于定理 4.7 中 $f''(c) = 0$ 不能判定的情形, 最好使用一阶导数判别法.

a. 这个函数在例 3 和例 7 中考虑过, 我们有

$$f'(x) = 12(x+1)(x-1)^2, \quad f''(x) = 12(x-1)(3x+1).$$

所以 f 的临界点是 $x = -1$ 和 $x = 1$. 计算 f'' 在临界点处的值, 得 $f''(-1) = 48 > 0$. 由二阶导数判别法, f 在 $x = -1$ 处有极小值. 在另一个临界点处, $f''(1) = 0$, 所以判别法不能确定. 但可以验证一阶导数在 $x = 1$ 处不变号, 表明 f 在 $x = 1$ 处没有极大值或极小值 (见图 4.28).

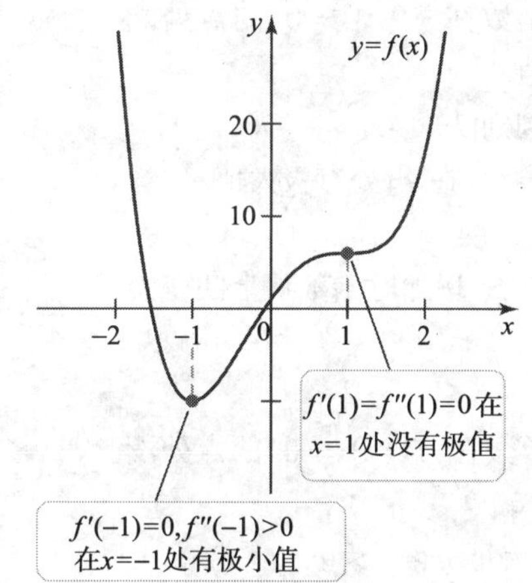

图 4.28

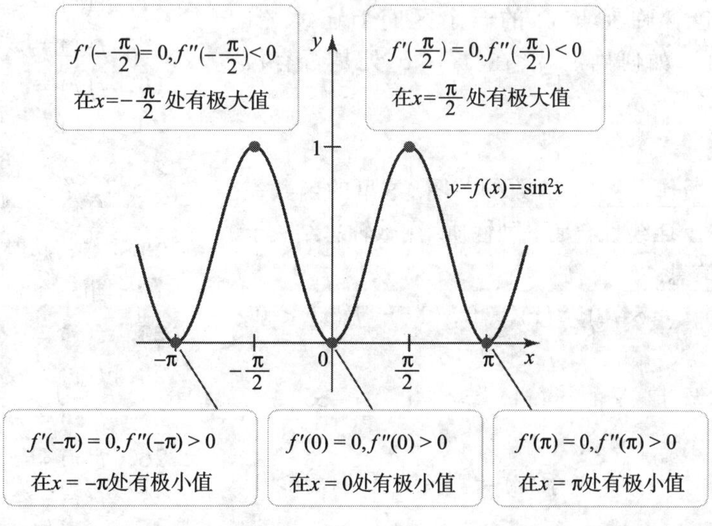

$f'(-\frac{\pi}{2}) = 0, f''(-\frac{\pi}{2}) < 0$ 在 $x = -\frac{\pi}{2}$ 处有极大值

$f'(\frac{\pi}{2}) = 0, f''(\frac{\pi}{2}) < 0$ 在 $x = \frac{\pi}{2}$ 处有极大值

$y = f(x) = \sin^2 x$

$f'(-\pi) = 0, f''(-\pi) > 0$ 在 $x = -\pi$ 处有极小值

$f'(0) = 0, f''(0) > 0$ 在 $x = 0$ 处有极小值

$f'(\pi) = 0, f''(\pi) > 0$ 在 $x = \pi$ 处有极小值

图 4.29

b. 用链法则和三角恒等式, 得 $f'(x) = 2\sin x\cos x = \sin 2x$, $f''(x) = 2\cos 2x$. 临界点出现在 $f'(x) = \sin 2x = 0$ 处, 即 $x = 0, \pm\pi/2, \pm\pi, \cdots$. 为使用二阶导数判别法, 计算 f'' 在临界点处的值:

- $f''(0) = 2 > 0$, 故 f 在 $x = 0$ 处有极小值.
- $f''(\pm\pi/2) = -2 < 0$, 故 f 在 $x = \pm\pi/2$ 处有极大值.
- $f''(\pm\pi) = 2 > 0$, 故 f 在 $x = \pm\pi$ 处有极小值.

继续下去, 可见 f 有交错的极大值和极小值, 均匀地相距 $\pi/2$ 个单位 (见图 4.29).

相关习题 51 ~ 56 ◀

4.2 节 习题

复习题

1. 解释如何用函数的一阶导数确定函数在何处递增和递减.

2. 解释如何应用一阶导数判别法.

3. 作一函数的图像, 要求函数在 $f'(x) = 0$ 的点处既没有极大值也没有极小值.

4. 解释如何应用二阶导数判别法.

5. 假设 f 在 c 处二阶可导, 且在 c 处有极大值. 解释为什么 $f''(c) \leqslant 0$.

6. 作一函数的图像, 要求当 x 增加时函数从上凹变为下凹.

7. 什么是拐点?

8. 作一函数的图像, 要求函数在 $f''(x) = 0$ 的点处没有拐点.

9. 函数在一个区间上可以满足 $f(x) > 0$, $f'(x) > 0$, $f''(x) > 0$ 吗? 解释理由.

10. 设 f 在包含临界点 c 的一个区间上连续, 且 $f'(c) = 0$. 如何确定 f 在 $x = c$ 处是否有极值?

基本技能

11 ~ 14. 由性质作草图 作函数的草图, 这里的函数在 $(-\infty, \infty)$ 上连续且满足下列性质. 用数轴总结关于该函数的信息.

11. $f'(x) < 0$, $(-\infty, 2)$; $f'(x) > 0$, $(2,5)$; $f'(x) < 0$, $(5, \infty)$.

12. $f'(-1)$ 无定义; $f'(x) > 0$, $(-\infty, -1)$; $f'(x) < 0$, $(-1, \infty)$.

13. $f(0) = f(4) = f'(0) = f'(2) = f'(4) = 0$; $f(x) \geqslant 0$, $(-\infty, \infty)$.

14. $f'(2) = f'(2) = f'(6) = 0$; $f'(x) \geqslant 0$, $(-\infty, \infty)$.

15 ~ 16. 由导数求函数 下列图形给出了过原点的连续函数 f 的导数图像. 在同一坐标系下作 f 的可能草图. f 的图像不唯一.

15.

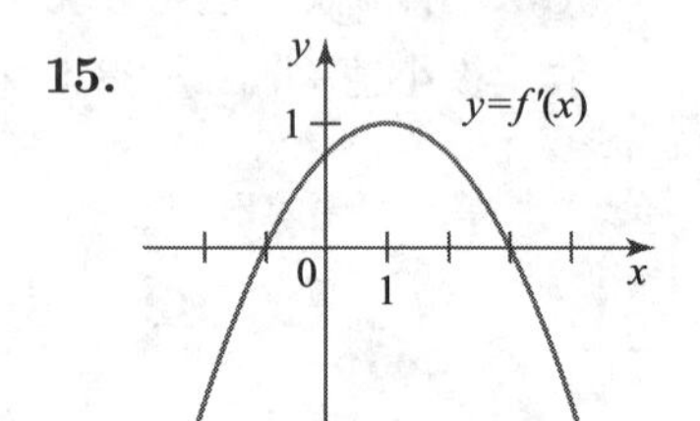

16.

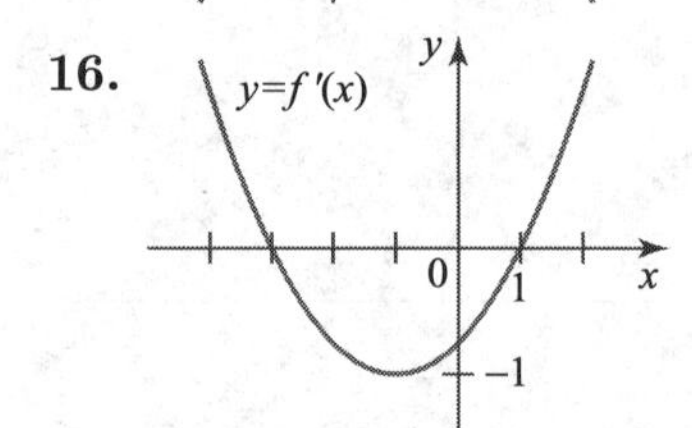

17 ~ 22. 递增函数与递减函数 求 f 的递增区间与递减区间. 把 f 与 f' 的图像画在一起验证结果.

17. $f(x) = 4 - x^2$.

18. $f(x) = x^2 - 16$.

19. $f(x) = (x-1)^2$.

20. $f(x) = x^3 + 4x$.

21. $f(x) = 12 + x - x^2$.

22. $f(x) = x^4 - 4x^3 + 4x^2$.

23 ~ 28. 递增函数与递减函数 求 f 的递增区间与递减期间.

23. $f(x) = 3\cos 3x$, $[-\pi, \pi]$.

24. $f(x) = \cos^2 x$, $[-\pi, \pi]$.

25. $f(x) = x^{4/3}$.

26. $f(x) = x^2\sqrt{x+5}$.

27. $f(x) = -12x^5 + 75x^4 - 80x^3$.

28. $f(x) = \dfrac{1}{3}x^3 - 2x^2 + 3x + 10$.

29～34. 一阶导数判别法

a. 确定已知函数的临界点位置.

b. 用一阶导数判别法确定极大值和极小值的位置.

c. 识别函数在指定区间上的最大值和最小值 (当存在时).

29. $f(x) = x^2 + 3; [-3, 2]$.

30. $f(x) = -x^2 - x + 2; [-4, 4]$.

31. $f(x) = x\sqrt{9 - x^2}; [-3, 3]$.

32. $f(x) = 2x^3 + 3x^2 - 12x + 1; [-2, 4]$.

33. $f(x) = x^{2/3}(x - 4); [-5, 5]$.

34. $f(x) = \dfrac{x^2}{x^2 - 1}; [-4, 4]$.

35～38. 最值 验证下列函数在其定义域上满足定理 4.5 的条件. 求由定理保证的存在的最值及所在位置.

35. $f(x) = -3x^2 + 2x - 5$.

36. $f(x) = 4x + 1/\sqrt{x}, x \geqslant 0$.

37. $A(r) = 24/r + 2\pi r^2, r > 0$.

38. $f(x) = x\sqrt{3 - x}, x \leqslant 3$.

39～42. 作曲线图 作函数 f 的草图, 其中 f 在 $(-\infty, \infty)$ 上连续且满足下列性质.

39. $f'(x) > 0, f''(x) > 0$.

40. $f'(x) < 0$ 且 $f''(x) > 0$, $(-\infty, 0); f'(x) > 0$ 且 $f''(x) > 0$, $(0, \infty)$.

41. $f'(x) < 0$ 且 $f''(x) < 0$, $(-\infty, 0); f'(x) < 0$ 且 $f''(x) > 0$, $(0, \infty)$.

42. $f'(x) < 0$ 且 $f''(x) > 0$, $(-\infty, 0); f'(x) < 0$ 且 $f''(x) < 0$, $(0, \infty)$.

43～50. 凹性 确定下列函数的上凹区间和下凹区间. 识别拐点.

43. $f(x) = 5x^4 - 20x^3 + 10$

44. $f(x) = \dfrac{1}{1 + x^2}$.

45. $g(t) = (t - 2)/(t + 3)$.

46. $g(x) = \sqrt[3]{x - 4}$.

47. $f(x) = (x^2 - 1)/(x^2 + 1)$.

48. $h(t) = 2 + \cos 2t, -\pi \leqslant t \leqslant \pi$.

49. $g(t) = 3t^5 - 30t^4 + 80t^3 + 100$.

50. $f(x) = 2x^4 + 8x^3 + 12x^2 - x - 2$.

51～56. 二阶导数判别法 确定下列函数的临界点位置. 然后用二阶导数判别法确定这些临界点是否对应极小值与极大值, 或者是否判别法不能判定.

51. $f(x) = 4 - x^2$.

52. $g(x) = x^3 - 6$.

53. $f(x) = 2x^3 - 3x^2 + 12$.

54. $p(x) = (x - 4)/(x^2 + 20)$.

55. $f(x) = 1/x - 3/x^3$.

56. $g(x) = x^4/2 - 12x^2$.

深入探究

57. 解释为什么是, 或不是 判断下列命题是否正确, 并说明理由或举出反例.

a. 如果在某区间上 $f'(x) > 0$ 且 $f''(x) < 0$, 则 f 以递减的变化率上升.

b. 如果 $f'(c) > 0$ 且 $f''(c) = 0$, 则 f 在 c 处有极大值.

c. 两个差为常值的函数在同一区间上递增或递减.

d. 若 f 和 g 在某区间上递增, 那么乘积 fg 也在该区间上递增.

e. 存在函数 f, 使得 f 在 $(-\infty, \infty)$ 上连续, 恰有三个临界点, 并且这三个临界点都对应极大值.

58～59. 由导数求函数 考虑下列 f' 和 f'' 的图像. 在同一坐标系下作 f 的可能草图. f 的图像不唯一.

58.

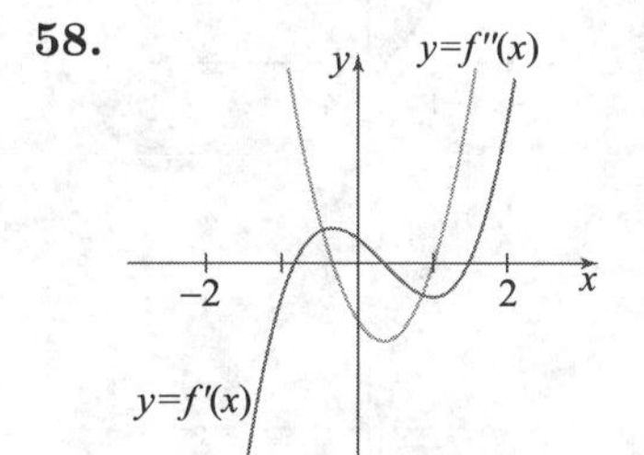

59.

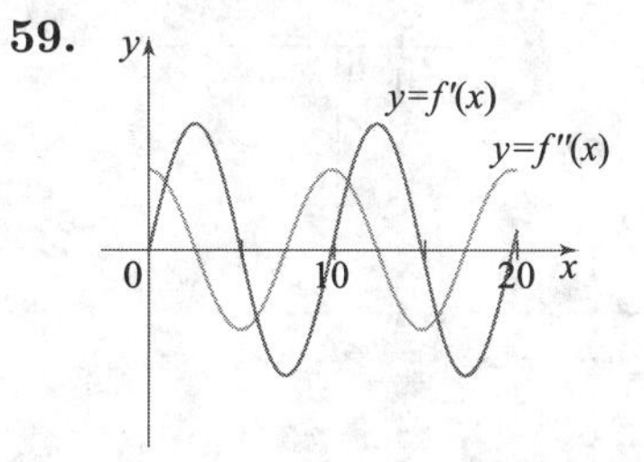

60. 可能吗? 确定是否存在在 $(-\infty, \infty)$ 上连续的函数满足下列性质. 如果这样的函数存在, 给出一个例子或作函数的草图. 如果这样的函数不存在, 解释为什么.

a. 函数 f 处处下凹且为正.

b. 函数 f 处处递增且下凹.

c. 函数 f 恰有两个极值点和三个拐点.

d. 函数 f 恰有四个零点和两个极值点.

61. 匹配导数与函数 下列图展示三个函数的图像 (图像 (a) ~ (c)). 匹配函数与其导数 (图像 (d) ~ (f)) 和二阶导数 (图像 (g) ~ (i)).

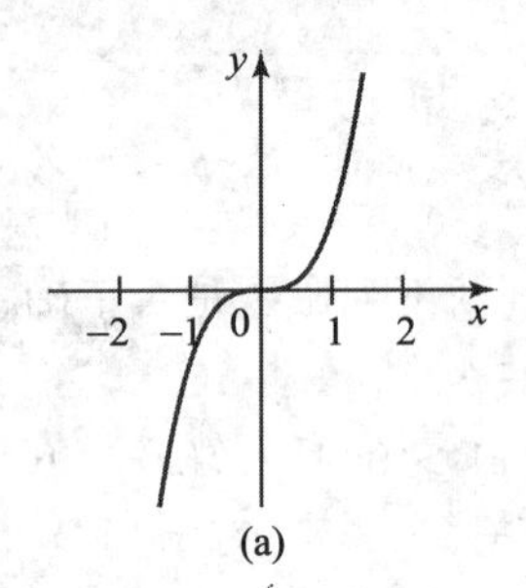

(a)

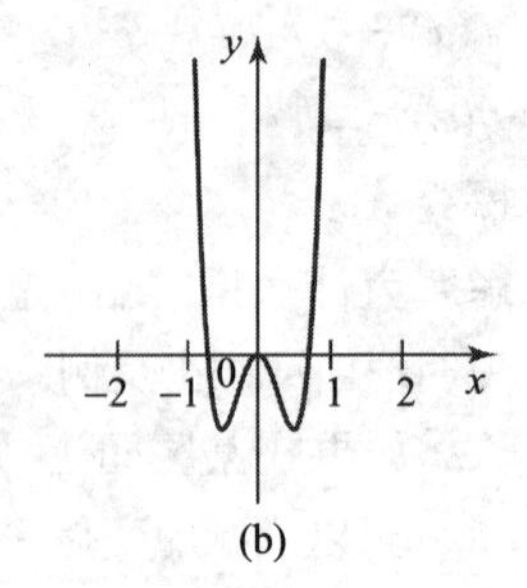

(b)

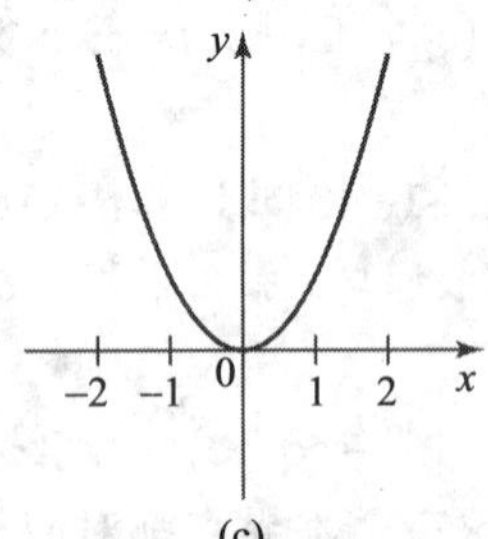

(c)

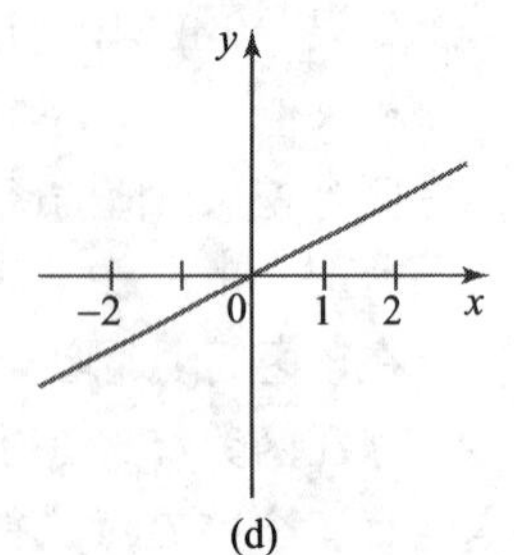

(d)

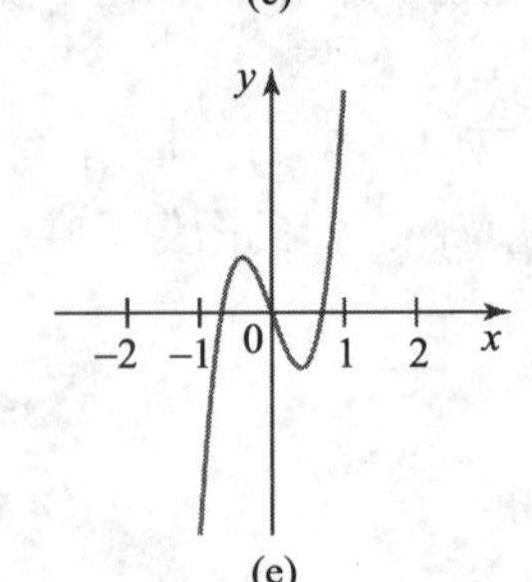

(e)

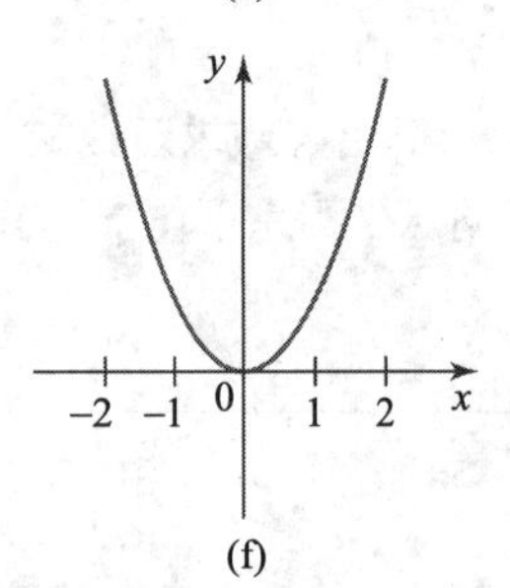

(f)

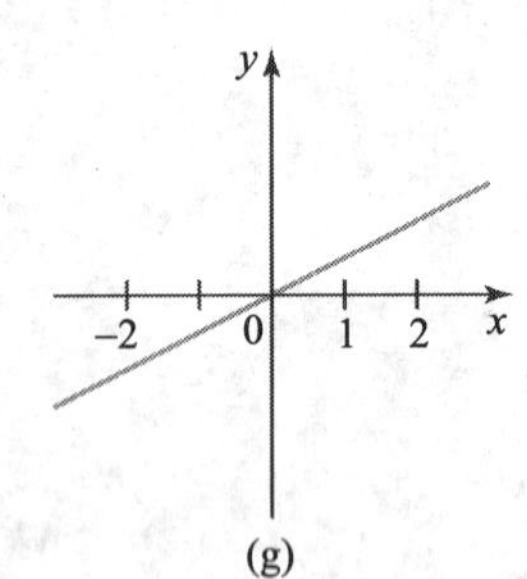

(g)

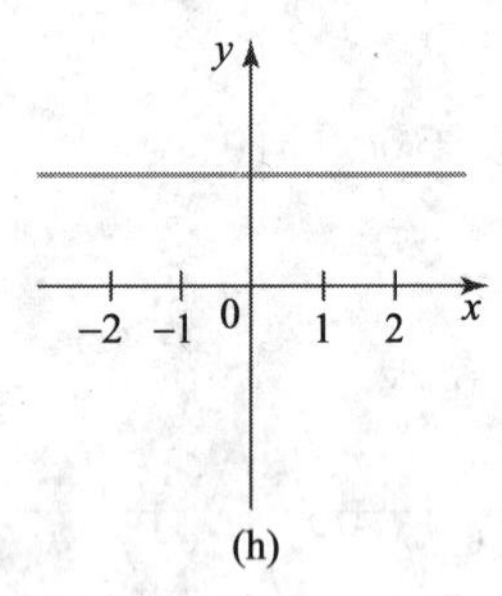

(h)

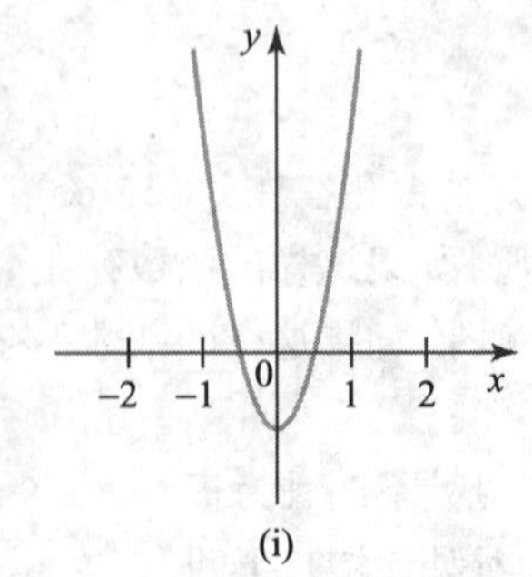

(i)

62. 图像分析 附图显示 f, f' 和 f'' 的图像. 哪个曲线对应哪个函数?

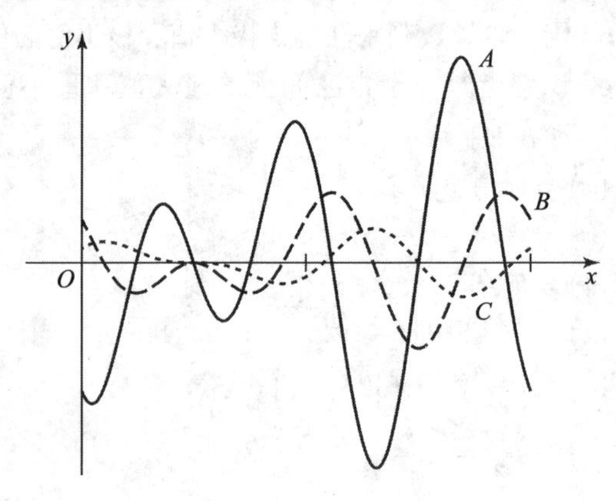

63. 作草图 作在 $[a,b]$ 上连续的函数 f 的图像, 其中 f, f' 和 f'' 在 $[a,b]$ 上的符号由下表给出. 有 A ~ H 八种不同的情形及八种不同的图像.

情形	A	B	C	D	E	F	G	H
f	+	+	+	+	−	−	−	−
f'	+	+	−	−	+	+	−	−
f''	+	−	+	−	+	−	+	−

64 ~ 66. 设计的函数 作函数的草图, 要求函数在 $(-\infty,\infty)$ 上连续且满足下列性质.

64. $f''(x) > 0$, $(-\infty,-2)$; $f''(-2)=0$; $f'(-1)=f'(1)=0$; $f''(2)=0$; $f'(3)=0$; $f''(x)>0$, $(4,\infty)$.

65. $f(-2)=f''(-1)=0$; $f'\left(-\dfrac{3}{2}\right)=0$; $f(0)=f'(0)=0$; $f(1)=f'(1)=0$.

66. $f(x)>f'(x)>0$ 对所有 x 成立 ; $f''(1)=0$.

67. 解释导数 f' 在区间 $[-3,2]$ 上的图像如图所示.

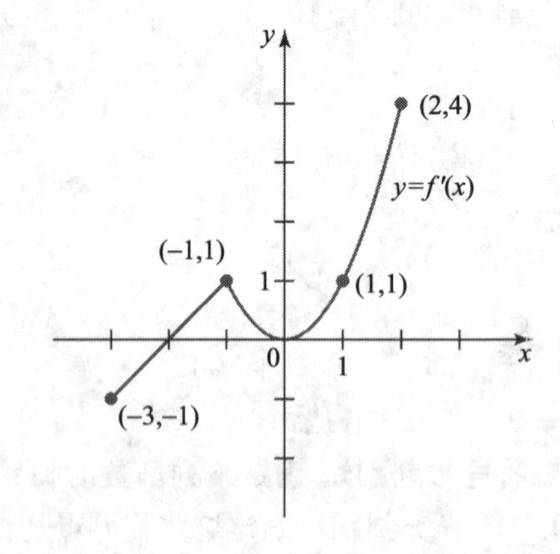

a. 在什么区间上 f 递增? 递减?

b. 求 f 的临界点. 哪个临界点对应极大值? 极小值? 或两者都不对应?

c. 在什么区间上 f 上凹? 下凹?

d. 作 f'' 的草图.

e. 作 f 的可能草图.

68～71. 二阶导数判别法 确定下列函数的临界点, 并用二阶导数判别法确定这些临界点是否对应极大值、极小值或两者都不对应.

68. $p(t) = 2t^3 + 3t^2 - 36t$.

69. $f(x) = \dfrac{x^4}{4} - \dfrac{5x^3}{3} - 4x^2 + 48x$.

70. $h(x) = (x+a)^4$, a 为常数.

71. $f(x) = x^3 + 2x^2 + 4x - 1$.

72. 抛物线的凹性 考虑由函数 $f(x) = ax^2 + bx + c$ 表示的一般抛物线. 对于 a, b 和 c 的哪些值 f 上凹? 对于 a, b 和 c 的哪些值 f 下凹?

应用

73. 需求函数与弹性系数 经济学家用需求函数描述在不同价格下产品的销售量. 例如, 需求函数 $D(p) = 500 - 10p$ 表示在价格 $p = 10$ 时, 可以销售 $D(10) = 400$ 个单位的产品. 需求的弹性系数 $E = \dfrac{dD}{dp}\dfrac{p}{D}$ 给出当价格每改变 1％时, 需求变化的近似百分比.

a. 计算需求函数 $D(p) = 500 - 10p$ 的弹性系数.

b. 如果价格是 \$12, 增加 4.5％, 需求改变的近似百分比是多少?

c. 证明对线性需求函数 $D(p) = a - bp$, 其中 a 和 b 为正实数, 弹性系数是递减函数, $p \geqslant 0$ 且 $p \neq a/b$,

d. 证明需求函数 $D(p) = a/p^b$ 对所有正价格有常值的弹性系数, 其中 a 和 b 是正实数.

74. 种群模型 一个典型的种群曲线如图所示. 当 $t = 0$ 时种群很小, 种群随时间递增到所谓的容许承载量的稳定水平. 解释为什么最大增长率出现在种群曲线的拐点.

75. 种群模型 某类种群数量为函数 $P(t) = \dfrac{Kt^2}{t^2+b}$, 其中 $t \geqslant 0$ 以年计, K 和 b 是正实数.

a. 当 $K = 300$, $b = 30$ 时, 种群的容许承载量 $\lim\limits_{t\to\infty} P(t)$ 是多少?

b. 当 $K = 300$, $b = 30$ 时, 最大增长率在何时出现?

c. 对于 K 和 b 的任意正值, 最大增长率在何时出现 (用 K 和 b 表示)?

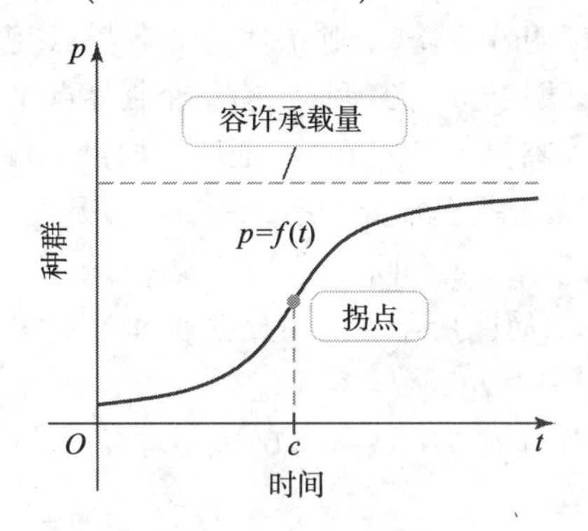

附加练习

76. 切线和凹性 给出支持下面结论的理由, 如果函数在一点处上凹, 则该点处的切线在该点附近位于曲线的下方.

77. 三次函数的对称性 考虑广义三次函数 $f(x) = x^3 + ax^2 + bx + c$, 其中 a, b, c 是实数.

a. 证明 f 恰好有一个拐点, 出现在 $x^* = -a/3$ 处.

b. 证明 f 是关于拐点 $(x^*, f(x^*))$ 的奇函数. 即对于所有 x, 有 $f(x^*) - f(x^* + x) = f(x^* - x) - f(x^*)$.

78. 三次函数的性质 考虑广义三次函数 $f(x) = x^3 + ax^2 + bx + c$, 其中 a, b, c 是实数.

a. 证明只要 $a^2 > 3b$, f 就恰好有一个极小值和一个极大值.

b. 证明如果 $a^2 < 3b$, 则 f 没有极值.

c. 证明对 a, b, c 的所有实值, 函数恰有一个拐点. 拐点在何处?

79. 一族单峰函数 考虑函数 $f(x) = \dfrac{1}{x^{2n}+1}$, 其中 n 是正整数.

a. 证明这些函数都是偶函数.

b. 证明对 n 的所有正值, 这些函数的图像相交于点 $\left(\pm 1, \dfrac{1}{2}\right)$.

c. 证明对 n 的所有正值, 这些函数的拐点出现在 $x = \sqrt[2n]{\dfrac{2n-1}{2n+1}}$ 处.

d. 用绘图工具验证结果.

e. 描述当 n 增大时拐点和图像的形状如何变化.

80. 四次偶函数 考虑只包含偶次项的四次函数 $f(x) = x^4 + bx^2 + d$.

a. 证明 f 的图像关于 y- 轴对称.

b. 证明若 $b \geqslant 0$, 则 f 有一个临界点, 没有拐点.

c. 证明若 $b < 0$, 则 f 有三个临界点和两个拐点. 求临界点和拐点, 并证明它们沿 x- 轴交错出现. 解释为什么总有一个临界点是 $x = 0$.

d. 证明 f 不同实根的个数依赖于系数 b 和 d, 如图所示. 图中分割平面的曲线是抛物线 $d = b^2/4$.

e. 求当 $b = 0$ 或 $d = 0$ 或 $d = b^2/4$ 时实根的个数.

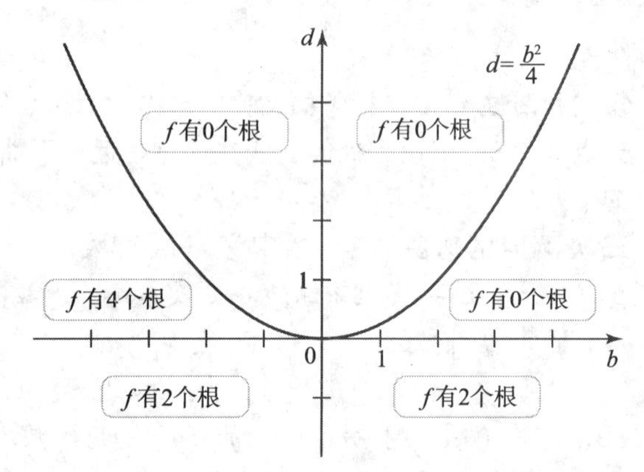

81. 一般四次函数 证明广义四次多项式 $f(x) = x^4 + ax^3 + bx^2 + cx + d$ 有零个或两个拐点, 且只要 $b < 3a^2/8$, 就会发生后一种情形.

迅速核查 答案

1. 在区间上的正导数表示曲线上升, 即在该区间上函数递增.

2. 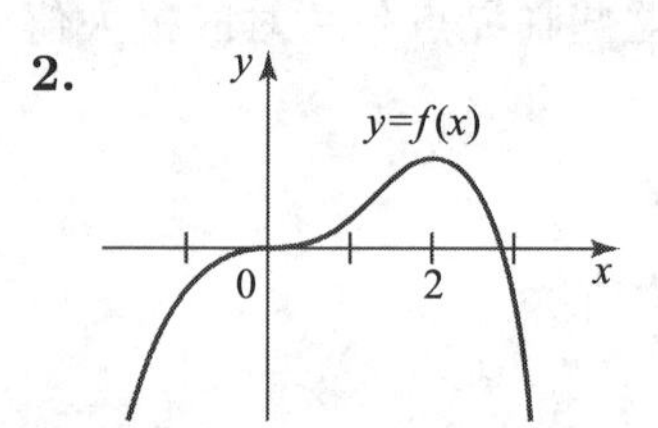

3. 在 $(-\infty, 0)$ 上 $f'(x) < 0$, 在 $(0, \infty)$ 上 $f'(x) > 0$. 所以, 由一阶导数判别法, f 在 $x = 0$ 处有极小值.

4. $f''(x) = 12x^2$, 故对于 $x < 0$ 或 $x > 0$, $f''(x) > 0$. 在 $x = 0$ 处没有拐点, 因为二阶导数没有改变符号.

5. 第一条曲线上升且上凹. 第二条曲线下降且下凹.

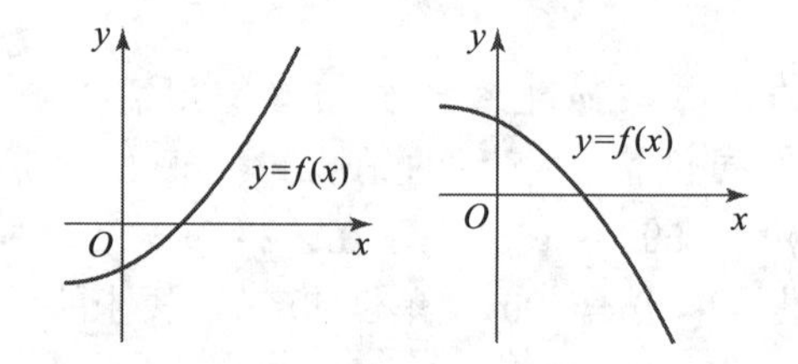

4.3　函数作图

在前面超过三章的内容中, 我们已经掌握了许多综合处理函数作图所需要的工具. 尽管有功能强大的绘图工具, 这些分析方法仍是必不可少的. 下面例子说明了这一点.

计算器与分析

假设要作函数 $f(x) = x^3/4 - 400x$ 的图像, 这个函数看起来没有缺陷. 如果用通常的绘图工具以 $[-10, 10] \times [-10, 10]$ 的窗口画 f, 画出的图像如图 4.30(a) 所示; 一条垂直线出现在屏幕上. 推远镜头, 缩小图像到窗口 $[-100, 100] \times [-100, 100]$ 将产生三条垂直线 (见图 4.30(b)), 这也不是函数的准确图像. 甚至扩展窗口到 $[-1\,000, 1\,000] \times [-1\,000, 1\,000]$ 也不会更好. 那么, 我们怎么办?

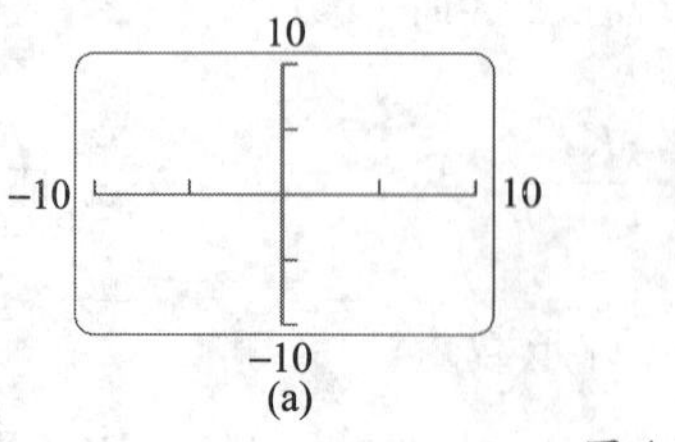

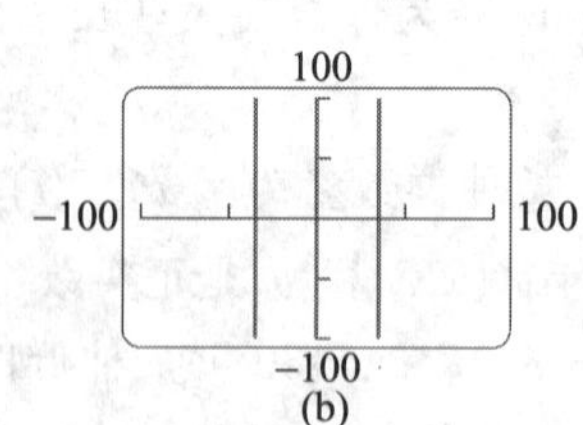

图 4.30

迅速核查 1. 用一个绘图工具以不同窗口试作 $f(x)=x^3/3-400x$ 的图像. 能找到一个窗口给出比图 4.30 更好的 f 图像吗? ◂

与大多数函数一样, $f(x)=x^3/3-400x$ 有一个适当的图像, 但不能由技术来做所有工作而自动地找到这个图像. 本节的信息是: 绘图工具对探究函数是有价值的, 可以产生初步的图像、检验所做的工作. 但不能完全依赖绘图工具, 因为绘图工具不能解释图像为什么有特定形状. 绘图工具应该与本章所介绍的分析方法交替使用.

作图指南

不必对每个函数都遵守下面的作图指南, 我们将会发现几个步骤通常可一次完成. 一些步骤最好用分析方法完成, 而另外一些步骤可以用绘图工具完成, 这依赖特定的问题. 用两种方法进行试验, 并尝试找到好的平衡点. 我们也将记账式地展示主要过程, 以便跟踪所得到的发现.

这些步骤的具体顺序可能因问题的不同而改变.

$y=f(x)$ **的作图指南**

1. **确定定义域或感兴趣的区间** 在什么区间上作函数的图像? 这个区间可能是函数的定义域, 也可能是定义域的某些子集.
2. **寻找对称性** 利用对称性. 例如, 函数是偶函数 ($f(-x)=f(x)$), 奇函数 ($f(-x)=-f(x)$) 吗? 或两者都不是?
3. **求一阶导数和二阶导数** 需要用它们确定极值、凹性、拐点及递增和递减区间. 计算导数, 特别是计算二阶导数可能是不现实的, 所以有些函数需要在没有完整导数信息的情况下作图.
4. **求临界点和可能的拐点** 确定 $f'(x)=0$ 或 f' 没有定义的点. 确定 $f''(x)=0$ 或 f'' 没有定义的点.
5. **求函数的递增/递减区间和上/下凹区间** 一阶导数决定递增和递减区间. 二阶导数决定上凹和下凹区间.
6. **识别极值点和拐点** 用一阶或二阶导数判别法把临界点归类. 作图时需要极大值点、极小值点与拐点的 x- 坐标和 y- 坐标.
7. **确定垂直/水平渐近线并确定末端性状** 垂直渐近线经常出现在分母的零点处. 水平渐近线要求考察当 $x\to\pm\infty$ 时的极限, 它们决定末端性状.
8. **求截距** 令 $x=0$ 可得图像的 y- 截距. x- 截距是函数的实零点 (根): 使得 $f(x)=0$ 的 x 值.
9. **选择合适的窗口并作图** 用以上步骤的结果作函数的图像. 如果使用绘图软件, 要检验与分析的结果是否一致. 图像是完全的吗 —— 即展示了函数的所有基本细节吗?

例 1 一个热身问题 已知关于函数 f 的一阶和二阶导数的如下信息, f 在 $(-\infty,\infty)$ 上连续. 用数轴整理这些信息, 然后画出 f 的可能图像.

$$f'<0, f''>0\,, (-\infty,0);\quad f'>0, f''>0\,, (0,1);\quad f'>0, f''<0,\ (1,2);$$
$$f'<0, f''<0\,, (2,3);\quad f'<0, f''>0,\ (3,4);\quad f'>0, f''>0,\ (4,\infty).$$

解　我们将已知信息画在数轴上. 例如, 在区间 $(-\infty, 0)$ 上, f 递减且上凹; 于是我们在此区间上画一个具有这些性质的曲线段 (见图 4.31). 依照这个方法, 得到 f 的性质汇总.

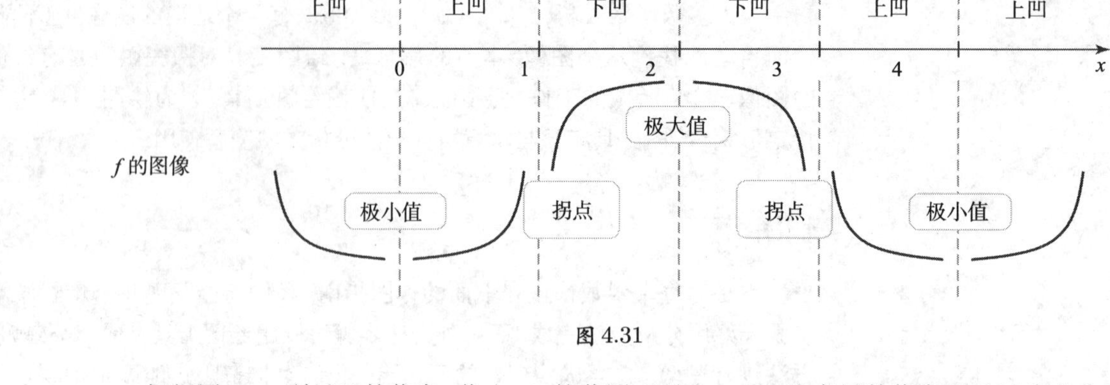
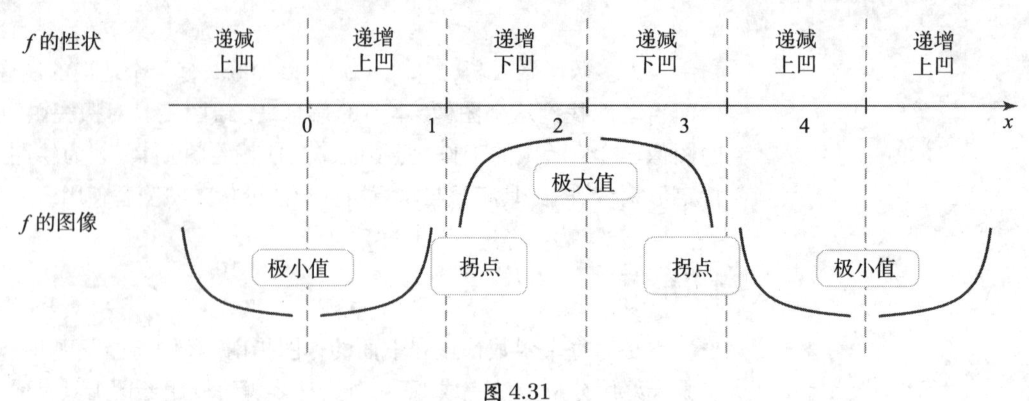

图 4.31

根据图 4.31 所显示的信息, 作出 f 的草图 (见图 4.32). 注意导数信息不足以确定曲线上点的 y-坐标.

相关习题 7～8 ◀

$x=2$　y-坐标不能确定　$x=1$　$x=3$　$x=0$　x　$x=4$

图 4.32

迅速核查 2. 解释为什么函数 f 和 $f+C$ 有相同的导数性质, 其中 C 是常数. ◀

例 2　令人迷惑的多项式 根据作图指南作 $f(x)=\dfrac{x^3}{3}-400x$ 在其定义域上的图像.

解

1. **定义域** 任意多项式的定义域是 $(-\infty, \infty)$.
2. **对称性** 因为 f 由变量的奇次幂组成, 所以是奇函数. 它的图像关于原点对称.
3. **导数** f 的前两阶导数是

$$f'(x)=x^2-400, \quad f''(x)=2x.$$

注意, 奇多项式的一阶导数是偶多项式, 二阶导数是奇多项式.

4. **临界点和可能的拐点** 解 $f'(x)=0$, 求出临界点是 $x=\pm 20$. 解 $f''(x)=0$, 得可能的拐点出现在 $x=0$ 处.
5. **递增/递减区间和凹性** 注意到

$$f'(x)=x^2-400=(x-20)(x+20).$$

用试值法解不等式见附录 A.

解不等式 $f'(x)<0$, 得 f 在区间 $(-20, 20)$ 上递减. 解不等式 $f'(x)>0$, 发现 f 在区间 $(-\infty, -20)$ 和 $(20, \infty)$ 上递增 (见图 4.33). 由一阶导数判别法, 我们有充分的信息得出结论: f 在 $x=-20$ 处有极大值, 在 $x=20$ 处有极小值.

此外, 在区间 $(-\infty, 0)$ 上 $f''(x)=2x<0$, 故 f 在此区间上下凹. 又在区间 $(0, \infty)$ 上 $f''(x)>0$, 所以 f 在 $(0, \infty)$ 上上凹 (见图 4.34).

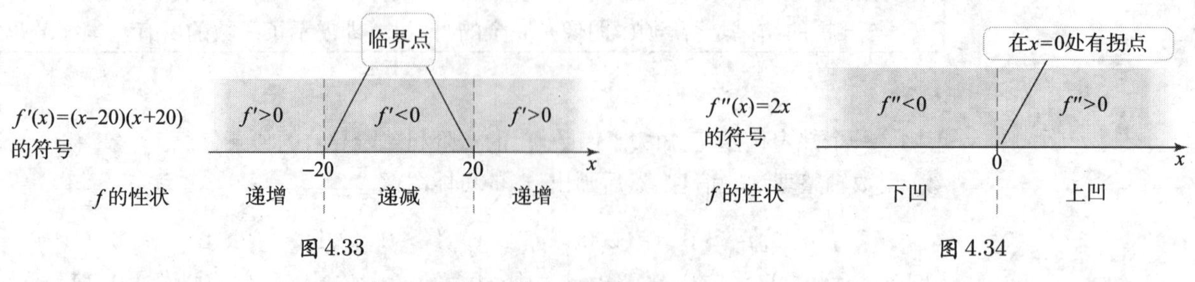

图 4.33　　　　图 4.34

把目前已经得到的结论汇总在图 4.35 中.

6. **极值和拐点** 此时用二阶导数判别法比较简单, 并且可以证实我们已经得到的结论. 因为 $f''(-20)<0$ 和 $f''(20)>0$, 所以 f 在 $x=-20$ 处有极大值, 在 $x=20$ 处有极小值. 对应的函数值为 $f(-20)=16\,000/3=5\,333\frac{1}{3}$, $f(20)=-f(-20)=-5\,333\frac{1}{3}$. 最后, 我们看到 f'' 在 $x=0$ 处改变符号, 故 $(0,0)$ 是一个拐点.
7. **渐近线和末端性状** 多项式既没有垂直渐近线也没有水平渐近线. 因为这个多项式的最高次项是 x^3 (奇数幂), 首项系数为正, 所以末端性状为

$$\lim_{x\to\infty} f(x)=\infty, \quad \lim_{x\to-\infty} f(x)=-\infty.$$

8. **截距** y-截距是 $(0,0)$. 解方程 $f(x)=0$ 求 x- 截距:

$$\frac{x^3}{3}-400x=x\left(\frac{x^2}{3}-400\right)=0.$$

这个方程的根是 $x=0$ 和 $x=\pm\sqrt{1\,200}\approx\pm34.6$.
9. **作图** 根据在步骤 1～8 得到的信息, 选择窗口 $[-40,40]\times[-6\,000,6\,000]$ 并作图, 如图 4.36 所示. 注意, 步骤 2 中得到的对称性在图中是明显的.

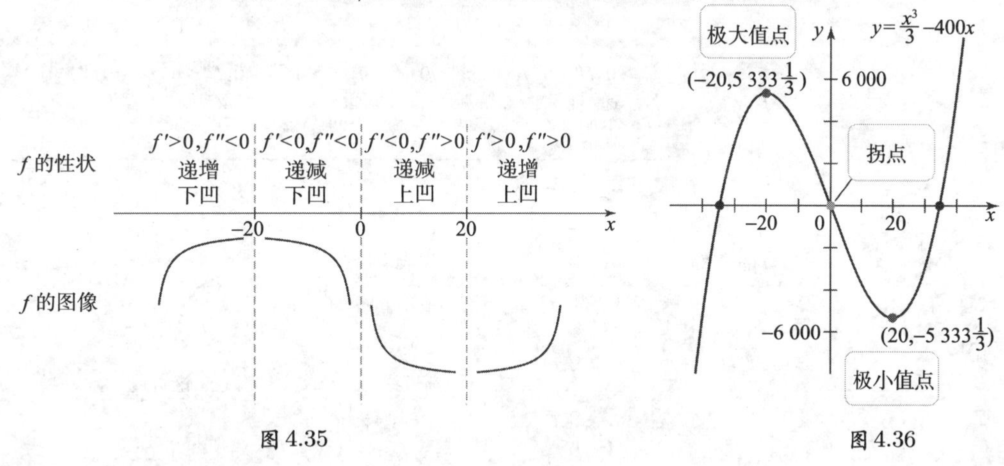

图 4.35

图 4.36

相关习题 9～14◀

例 3 令人惊讶的有理函数 根据作图指南作 $f(x)=\dfrac{10x^3}{x^2-1}$ 在其定义域上的图像.

解

1. **定义域** 分母的零点是 $x=\pm1$, 所以定义域是 $\{x: x\neq\pm1\}$.
2. **对称性** 这个函数是一个奇函数除以一个偶函数. 奇函数与偶函数的积和商是奇函数. 所以图像关于原点对称.
3. **导数** 用商法则求一阶导数与二阶导数:

$$f'(x)=\frac{10x^2(x^2-3)}{(x^2-1)^2}, \quad f''(x)=\frac{20x(x^2+3)}{(x^2-1)^3}.$$

4. **临界点和可能的拐点** $f'(x)=0$ 的解出现在分子等于 0 且分母非零的位置. 解 $10x^2(x^2-3)=0$ 给出临界点是 $x=0$ 和 $x=\pm\sqrt{3}$. 解 $20x(x^2+3)=0$ 可求得 $f''(x)=0$ 的解; 可见, 唯一候选拐点是 $x=0$.
5. **递增/递减区间和凹性** 欲求 f' 的符号, 首先注意到 f' 的分母是非负的, 同样分子中的因式 $10x^2$ 也是非负的. 所以 f' 的符号由因式 x^2-3 决定, 它在 $(-\sqrt{3},\sqrt{3})$ 上为负,

在 $(-\infty,-\sqrt{3})$ 和 $(\sqrt{3},\infty)$ 上为正. 故 f 在 $(-\sqrt{3},\sqrt{3})$ 上递减, 在 $(-\infty,-\sqrt{3})$ 和 $(\sqrt{3},\infty)$ 上递增.

f'' 的符号有点麻烦. 因为 x^2+3 为正, f'' 的符号由分子中 x 的符号和分母中 $(x^2-1)^3$ 的符号决定. 当 x 与 $(x^2-1)^3$ 有相同的符号时, $f''>0$; 当 x 与 $(x^2-1)^3$ 有相反的符号时, $f''<0$ (见表 4.1). 这个分析的结果如图 4.37 所示.

6. **极值和拐点** 观察图 4.37, 用一阶导数判别法比较简单. 函数在 $(-\infty,-\sqrt{3})$ 上递增且在 $(-\sqrt{3},\sqrt{3})$ 上递减, 所以 f 在 $x=-\sqrt{3}$ 处有极大值 $f(-\sqrt{3})=-15\sqrt{3}$. 类似地, f 在 $x=\sqrt{3}$ 处有极小值 $f(\sqrt{3})=15\sqrt{3}$ (这些结果也可以由二阶导数判别法得到). 在 $x=0$ 处没有极值, 只有一条水平切线.

表 4.1

	$20x$	x^2+3	$(x^2-1)^3$	f'' 的符号
$(-\infty,-1)$	$-$	$+$	$+$	$-$
$(-1,0)$	$-$	$+$	$-$	$+$
$(0,1)$	$+$	$+$	$-$	$-$
$(1,\infty)$	$+$	$+$	$+$	$+$

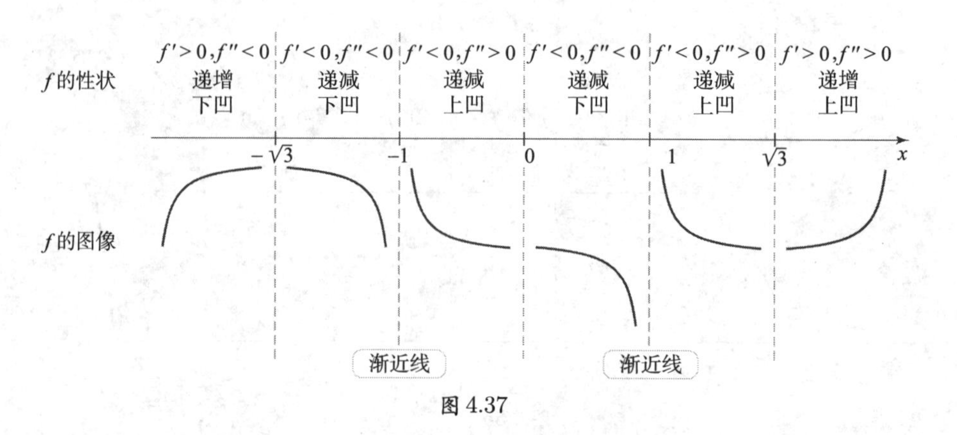

图 4.37

应用步骤 5 的计算结果, f'' 在 $x=\pm1$ 和 $x=0$ 处改变符号. 点 $x=\pm1$ 不在定义域内, 故不对应拐点. 但在 $(0,0)$ 处有一个拐点.

7. **渐近线和末端性状** 回顾 2.4 节, 分母的零点 $x=\pm1$ 是候选垂直渐近线. 检查 f 在 $x=\pm1$ 两边的符号, 有

$$\lim_{x\to-1^-}f(x)=-\infty,\quad \lim_{x\to-1^+}f(x)=+\infty,$$
$$\lim_{x\to1^-}f(x)=-\infty,\quad \lim_{x\to1^+}f(x)=+\infty.$$

于是 f 在 $x=\pm1$ 处有垂直渐近线. 分子的次数高于分母的次数, 所以没有水平渐近线. 可以证明, f 有一条斜渐近线 (见 2.5 节) $y=10x$.

8. **截距** 有理函数的零点与分子的零点一致, 前提是这些点不是分母的零点. 在这种情形下, f 的零点满足 $10x^3=0$, 或 $x=0$ (不是分母的零点). 所以 $(0,0)$ 是 x- 截距和 y- 截距.

9. **作图** 现在我们作出 f 的精确图像, 如图 4.38 所示. 窗口 $[-3,3]\times[-40,40]$ 给出了函数的完整图像. 注意, 步骤 2 中导出关于原点的对称性在图中是明显的.

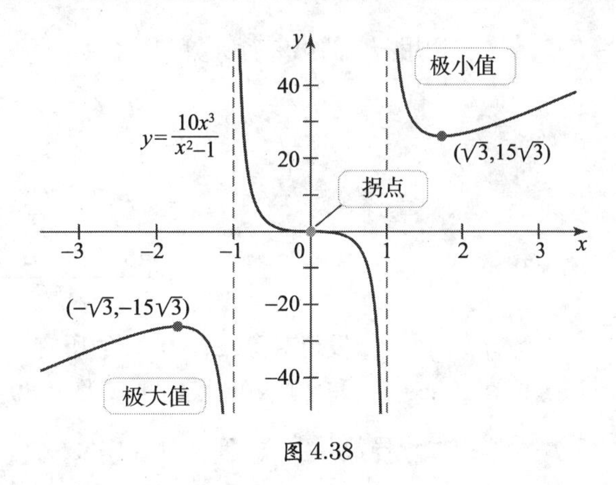

图 4.38

相关习题 15 ~ 20 ◀

迅速核查 3. 通过证明 $f(-x)=-f(x)$, 验证例 3 中的函数 f 关于原点对称. ◀

在下面例子中, 我们展示如何改进作图指南.

例 4 根式与尖点 作 $f(x)=\frac{1}{8}x^{2/3}(9x^2-8x-16)$ 在其定义域上的图像.

解 f 的定义域是 $(-\infty,\infty)$. f 的多项式因式包括偶次幂和奇次幂, 故 f 没有特殊的对称性. 先把 f 展开为三项的和, 直接计算一阶导数:

$$\begin{aligned} f'(x) &= \frac{d}{dx}\left(\frac{9x^{8/3}}{8}-x^{5/3}-2x^{2/3}\right) \qquad (\text{展开 } f)\\ &= 3x^{5/3}-\frac{5}{3}x^{2/3}-\frac{4}{3}x^{-1/3} \qquad (\text{求导})\\ &= \frac{(x-1)(9x+4)}{3x^{1/3}}. \qquad (\text{化简}) \end{aligned}$$

现在确定临界点: f' 在 $x=0$ 处无定义 (因为 $x^{-1/3}$ 在该处无定义), 且在 $x=1$ 和 $x=-\frac{4}{9}$ 处 $f'(x)=0$. 故有三个临界点需要分析. 表 4.2 列出了 f' 的三个因式的符号, 并指出 f' 在相关区间上的符号. 这个信息记录在图 4.39 中.

表 4.2

	$\frac{x^{-1/3}}{3}$	$9x+4$	$x-1$	f' 的符号
$\left(-\infty,-\frac{4}{9}\right)$	−	−	−	−
$\left(-\frac{4}{9},0\right)$	−	+	−	+
$(0,1)$	+	+	−	−
$(1,\infty)$	+	+	+	+

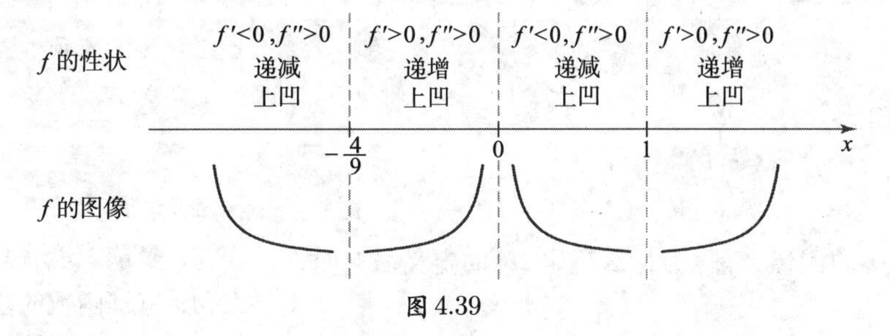

图 4.39

我们用 f' 的第二行计算二阶导数:

$$\begin{aligned}f''(x) &= \frac{d}{dx}\left(3x^{5/3}-\frac{5}{3}x^{2/3}-\frac{4}{3}x^{-1/3}\right)\\&= 5x^{2/3}-\frac{10}{9}x^{-1/3}+\frac{4}{9}x^{-4/3} \qquad \text{(求导)}\\&= \frac{45x^2-10x+4}{9x^{4/3}}. \qquad \text{(化简)}\end{aligned}$$

解 $f''(x)=0$, 发现对除 $x=0$ 外的所有 x, $f''(x)>0$. $f''(x)$ 在 $x=0$ 处无定义. 所以 f 在 $(-\infty,0)$ 和 $(0,\infty)$ 上上凹 (见图 4.39).

由二阶导数判别法, 因为对 $x\neq 0$, $f''(x)>0$, 故临界点 $x=-\frac{4}{9}$ 和 $x=1$ 对应极小值点; 它们的 y- 坐标是 $f\left(-\frac{4}{9}\right)\approx -0.78$, $f(1)=-\frac{15}{8}=-1.875$.

对于第三个临界点呢? 注意 $f(0)=0$, f 在 0 的左边递增, 在 0 的右边递减. 由一阶导数判别法, f 在 $x=0$ 处有极大值. 更进一步, 当 $x\to 0^-$ 时, $f'(x)\to\infty$, 并且当 $x\to 0^+$ 时, $f'(x)\to-\infty$, 故 f 的图像在 $x=0$ 处有一个尖点.

当 $x\to\pm\infty$ 时, f 由其最高次项 $9x^{8/3}/8$ 控制. 当 $x\to\pm\infty$ 时, 这一项变大且为正; 所以 f 没有最大值. 其最小值出现在 $x=1$ 处, 因为比较两个极小值, $f(1)<f\left(-\frac{4}{9}\right)$.

f 的根满足 $\frac{1}{8}x^{2/3}(9x^2-8x-16)=0$, 于是得 $x=0$ 或

$$x=\frac{4}{9}(1\pm\sqrt{10})\approx -0.96 \quad \text{或} \quad 1.85. \quad \text{(利用二次求根公式)}$$

由以上分析收集的信息, 得 f 的图像如图 4.40 所示. *相关习题 21 ~ 32* ◀

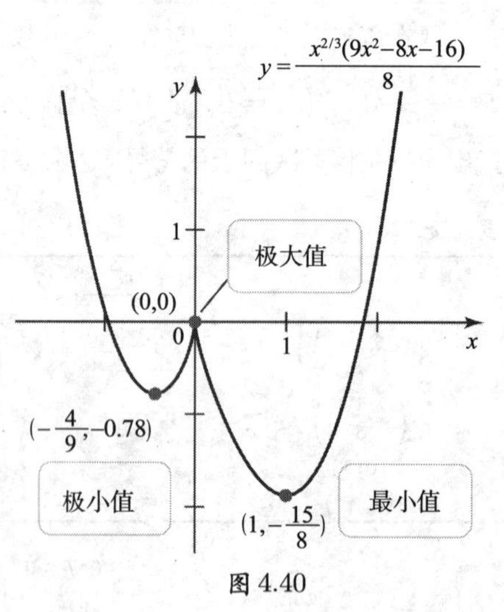

图 4.40

4.3 节 习题

复习题

1. 在作 f 的图像之前, 为什么确定 f 的定义域是重要的?
2. 解释为什么了解一个函数的对称性是有用的.
3. 多项式能有垂直渐近线或水平渐近线吗? 解释理由.
4. 有理函数的垂直渐近线在何处?

5. 如何求闭区间上连续函数的最大值和最小值?

6. 描述多项式可能的末端性状.

基本技能

7～8. 曲线的形状 作具有下列性质的曲线草图.

7. $x<3,\quad f'<0, f''<0;$
$x>3,\quad f'<0, f''>0.$

8. $x<-1,\quad f'<0, f''<0;$
$-1<x<2,\quad f'<0, f''>0;$
$2<x<8,\quad f'>0, f''>0;$
$8<x<10,\quad f'>0, f''<0;$
$x>10,\quad f'>0, f''>0.$

9～14. 作多项式的图像 作下列多项式的草图. 当存在时, 识别极值点、拐点及 x-截距与 y-截距.

9. $f(x)=\dfrac{1}{3}x^3-2x^2-5x+2.$

10. $f(x)=\dfrac{1}{15}x^3-x+1.$

11. $f(x)=x^4-6x^2.$

12. $f(x)=2x^6-3x^4.$

13. $f(x)=3x^4+4x^3-12x^2.$

14. $f(x)=x^3-33x^2+216x-2.$

15～20. 作有理函数的图像 根据本节的作图指南作 f 的完整图像.

15. $f(x)=\dfrac{x^2}{x-2}.$

16. $f(x)=\dfrac{x^2}{x^2-4}.$

17. $f(x)=\dfrac{3x-5}{x^2-1}.$

18. $f(x)=\dfrac{2x-3}{2x-8}.$

19. $f(x)=\dfrac{x^2+12}{2x+1}.$

20. $f(x)=\dfrac{4x+4}{x^2+3}.$

21～28. 更多作图 作下列函数的完整图像. 如果未指定区间, 作函数在其定义域上的图像. 用绘图工具核对结果.

21. $f(x)=x+2\cos x,\ [-2\pi,2\pi].$

22. $f(x)=x^{1/3}(x-2)^2.$

23. $f(x)=\sin x-x\ ,[0,2\pi].$

24. $f(x)=x\sqrt{x+4}.$

25. $g(t)=3/t^2-54/t^4.$

26. $g(x)=\sqrt{x+2}/(x+3).$

27. $f(x)=\sqrt{2+x^2}/(x-1).$

28. $f(x)=\cos^4 x\ ,[0,3\pi/2].$

29～32. 用技术方法作图 作下列函数的完整图像. 绘图工具对确定极值点和拐点的位置是很有用的.

29. $f(x)=\sin x-\cos 2x\ ,[-\pi,\pi].$

30. $f(x)=\dfrac{\sqrt{4x^2+1}}{x^2+1}.$

31. $f(x)=\dfrac{x\sin x}{x^2+1},\ [-2\pi,2\pi].$

32. $f(x)=\dfrac{2}{1+\sin^2 x},\ [-\pi,\pi].$

深入探究

33. 解释为什么是, 或不是 判断下列命题是否正确, 并说明理由或举出反例.

a. f' 的零点是 $x=-3,1$ 和 4, 故在这些点处有极值.

b. f'' 的零点是 $x=-2$ 和 4, 故拐点也在这些点处.

c. f 的分母的零点是 $x=-3$ 和 4, 故 f 在这些点处有垂直渐近线.

d. 如果当 $x\to\infty$ 时有理函数有有限极限, 则当 $x\to-\infty$ 时, 它必有有限极限.

34～37. 由导数作函数图像 用 f' 的导数确定 f 的极大值与极小值、递增区间与递减区间. 作 f 可能的草图 (f 不唯一).

34. $f'(x)=(x-1)(x+2)(x+4).$

35. $f'(x)=10\sin 2x\ ,[-2\pi,2\pi].$

36. $f'(x)=\dfrac{x-1}{(x-2)^2(x-3)}.$

37. $f'(x)=\dfrac{x+2}{x^2(x-6)}.$

38～39. 由导数图像作函数图像 用 f' 和 f'' 的图像求 f 的临界点和拐点、递增区间与递减区间、上凹区间与下凹区间. 作 f 的图像, 假设 $f(0)=0$.

38.

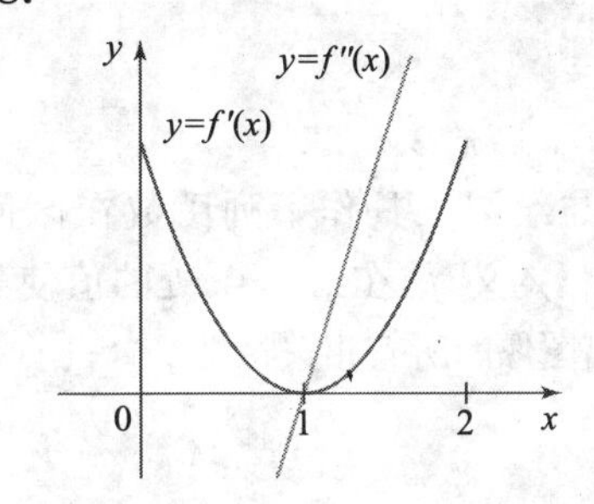

39.

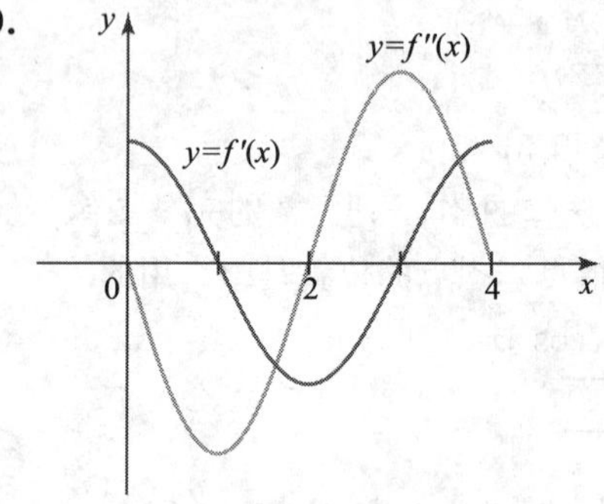

40～42. 好的三次和四次函数 下列三次和四次多项式相对容易作图. 作完整的图像并描述性质.

40. $f(x) = x^4 + 8x^3 - 270x^2 + 1$.

41. $f(x) = x^3 - 6x^2 - 135x$.

42. $f(x) = x^3 - 147x + 286$.

43～46. 设计的函数 作某区间上连续函数 f 的图像, 其中 f 具有所描述的性质.

43. 函数 f 有一个拐点但没有极值点.

44. 函数 f 有三个零点和两个极值点.

45. 函数 f 满足 $f'(-2) = 2$, $f'(0) = 0$, $f'(1) = -3$, $f'(4) = 1$.

46. 函数 f 当 $x \to \pm\infty$ 时有相同的有限极限, 且恰有一个极小值点和一个极大值点.

47～54. 更多作图 作下列函数的完整图像. 如果未指定区间, 作函数在其定义域上的图像. 分析法与绘图工具配合使用.

47. $f(x) = \dfrac{-x\sqrt{x^2-4}}{x-2}$.

48. $f(x) = 3\sqrt[4]{x} - \sqrt{x} - 2$.

49. $f(x) = 3x^4 - 44x^3 + 60x^2$ (提示: 可能需要两个不同的图形窗口).

50. $f(x) = \dfrac{1}{1+\cos(\pi x)}$, $(1, 3)$.

51. $f(x) = 10x^6 - 36x^5 - 75x^4 + 300x^3 + 120x^2 - 720x$.

52. $f(x) = \dfrac{\sin(\pi x)}{1+\sin(\pi x)}$,$[0, 2]$(提示: 可能需要两个不同的图形窗口).

53. $f(x) = \dfrac{x\sqrt{|x^2-1|}}{x^4+1}$.

54. $f(x) = \sin(3\pi\cos x)$, $[-\pi/2, \pi/2]$.

55. 隐振动 用分析法与绘图工具作下列函数在区间 $[-2\pi, 2\pi]$ 上的图像. 定义 f 在 $x = 0$ 处的值使其在该点处连续. 找出图像的所有相关特性.

a. $f(x) = \dfrac{1-\cos^3 x}{x^2}$.　**b.** $f(x) = \dfrac{1-\cos^5 x}{x^2}$.

56. 含参数的三次函数 确定 $f(x) = x^3 - 3bx^2 + 3a^2x + 23$ 的极大值和极小值的位置, 其中 a 和 b 是常数, 且分别满足下列情形.

a. $|a| < |b|$.　**b.** $|a| > |b|$.　**c.** $|a| = |b|$.

应用

57. 高度与体积 图中显示六个容器, 每一个从顶端注水. 设水以常速率流入容器 10s. 还假设容器的水平截面总是圆形的. 令 $h(t)$ 为在 t 时刻容器中的水深, $0 \leqslant t \leqslant 10$.

a. 对每个容器, 画函数 $y = h(t)$ 的草图, $0 \leqslant t \leqslant 10$.

b. 解释为什么 $h(t)$ 是递增函数.

c. 描述函数的凹性. 确定拐点在何时出现.

d. 对每个容器, h' (h 的导数) 在 $[0,10]$ 上何处有最大值?

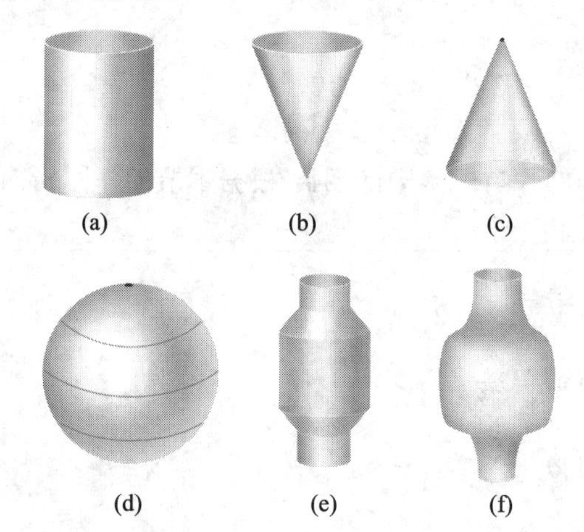

58. 追踪曲线 想象一人站在十字路口东边 1mi 处. 正午时一只狗从路口开始以 1mi/hr 的速率向北走 (见图). 同一时刻, 此人开始以 $s > 1$ mi/hr 的速率朝狗的方向走, 每时每刻都直接向着狗. 在 xy- 平面上这个人追踪狗所走的路径由下面函数给出:

$$y = f(x) = \frac{s}{2}\left(\frac{x^{(s+1)/s}}{s+1} - \frac{x^{(s-1)/s}}{s-1}\right) + \frac{s}{s^2-1}.$$

选取 $s > 1$ 的不同值, 作这个追踪曲线的图像. 点评当 s 增加时曲线的变化.

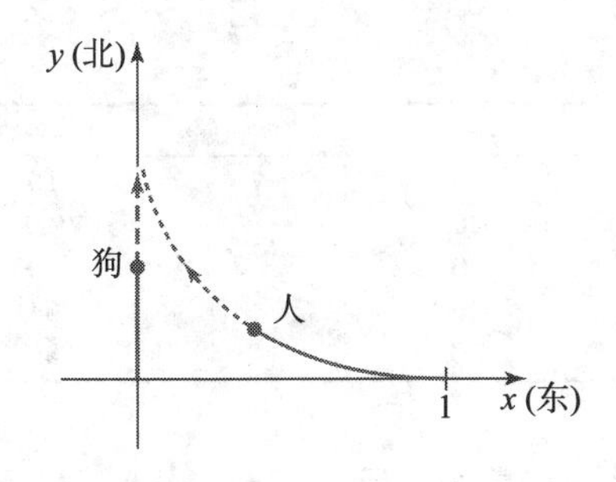

附加练习

59. **导数信息** 设连续函数 f 在 $(-\infty,0)$ 和 $(0,\infty)$ 内上凹. 假设 f 在 $x=0$ 处有极大值. 可知关于 $f'(0)$ 的什么结论? 用图像解释.

60. **$\cos x$ 的幂** 考虑函数 $f_n(x)=\cos^{2n}x$, 其中 n 是正整数.
    a. 对 $n=1,2,3,4$, 作 f_n 在区间 $[0,\pi]$ 上的图像.
    b. 证明对任意正整数 n, f_n 在 $[0,\pi]$ 上有两个拐点.
    c. 设 f_n 的拐点出现在 $x=c_n$ 处. 证明 c_n 满足 $\sin c_n=\dfrac{1}{\sqrt{2n}}$.
    d. 计算 $\lim\limits_{n\to\infty}c_n$ 并在 (a) 中的图像上解释这个结果.

61～67. **特殊曲线** 下列经典曲线已经被几代数学家研究过. 用分析法 (包括隐函数求导法) 和绘图工具作每条曲线的图像. 要包括尽可能多的细节.

61. $x^{2/3}+y^{2/3}=1$ (星形线或四尖内摆线).

62. $y=\dfrac{8}{x^2+4}$ (阿涅西箕舌线).

63. $x^3+y^3=3xy$ (笛卡儿叶形线).

64. $y^2=\dfrac{x^3}{2-x}$ (尖点蔓叶线).

65. $y^4-x^4-4y^2+5x^2=0$ (魔鬼曲线).

66. $y^2=x^3(1-x)$ (梨线).

67. $x^4-x^2+y^2=0$ (8 字形曲线).

68. **椭圆曲线** 方程 $y^2=x^3-ax+3$ 定义了一族著名的椭圆曲线, 其中 a 是参数.
    a. 验证如果 $a=3$, 则图像是单一曲线.
    b. 验证如果 $a=4$, 则图像由两条不同曲线组成.
    c. 用实验方法确定 $a\,(3<a<4)$ 的值, 使得图像分成两条曲线.

69. **拉梅曲线** 方程 $|y/a|^n+|x/a|^n=1$ 定义一族拉梅曲线, 其中 n 和 a 是正实数. 对 $n=\dfrac{2}{3},1,2,3$, 作这个函数在 $a=1$ 时的完整图像. 描述当 n 增加时曲线的变化情况.

70. **一条奇特的曲线 (1942 年普特南试题)** 求函数 $f(x)=\dfrac{x}{1+x^6\sin^2 x}$ 四个极值点的坐标, 并作图, $0\leqslant x\leqslant 10$.

迅速核查 答案

1. 使窗口在 y- 方向上更大些.
2. 注意, f 与 $f+C$ 有相同的导数.
3. $f(-x)=\dfrac{10(-x)^3}{(-x)^2-1}=-\dfrac{10x^3}{x^2-1}=-f(x)$.

4.4 最优化问题

本节的主题是最优化, 这是在许多依靠数学的学科中都会出现的课题. 结构工程师可能寻求梁的大小, 使其在一定成本下具有最大强度. 包装设计师可能寻求包装箱的尺寸, 使其对指定的表面积容积最大. 航线策划者需要在几个航空枢纽寻找航班的最佳配额, 使得油耗最少和旅客周转量最大. 在这些例子中, 具有挑战性的是找到一个有效方法完成某项任务, 这里的 “有效” 可以表示最少花费、最大收益、最小时耗或者是将会看到的许多其他标准.

为介绍最优化问题背后的思想, 考虑在 0～20 之间的一对非负实数 x 和 y, 满足性质: 和为 20, 即 $x+y=20$. 在所有可能的数对中, 哪对有最大的积?

表 4.3 列出了几种情况, 显示了和为常数的两个非负整数之积是如何变化的. 条件 $x+y=20$ 称为**约束条件**: 告诉我们只考虑满足这个方程的 x 值和 y 值 (非负).

表 4.3

x	y	$x+y$	$P=xy$
1	19	20	19
5.5	14.5	20	79.75
9	11	20	99
13	7	20	91
18	2	20	36

我们把期望最大化 (或在其他情形最小化) 的量称为**目标函数**. 此时, 目标函数是积 $P=xy$. 从表 4.3 来看, 似乎当 x 和 y 靠近区间 $[0,20]$ 的中点时积最大.

这个简单的问题包含最优化问题的所有基本特征. 它们的核心是, 所有最优化问题都具有下面形式:

在这个问题中, 消去 x 与消去 y 同样容易. 在其他问题中, 消去一个变量可能比消去另一个变量容易.

在约束条件下, 目标函数的最大 (小) 值是什么?

对上面的例子, 问题可以叙述为 "在 $x+y=20$ 的条件约束下, 非负数 x 和 y 取何值可使 $P=xy$ 最大?" 解这个问题的第一步是用约束条件把目标函数 $P=xy$ 用单变量表示. 此时, 约束条件是

$$x+y=20, \quad \text{或} \quad y=20-x.$$

把 y 代入, 目标函数变为

$$P=xy=x(20-x)=20x-x^2,$$

这是单变量 x 的函数. 注意 x 的值落在区间 $[0,20]$ 中, 并且 $P(0)=P(20)=0$.

为使 P 最大, 先解方程

$$P'(x)=20-2x=0,$$

求得临界点 $x=10$. 欲求 P 在区间 $[0,20]$ 上的最大值, 检查端点和临界点. 因为 $P(0)=P(20)=0$, $P(10)=100$, 我们断言 P 在 $x=10$ 处有最大值. 由约束条件 $x+y=20$, 求得使乘积最大的两个数是 $x=y=10$, 它们的积是 $P=100$.

图 4.41 总结了这个问题. 看到在 xy- 平面上的约束直线 $x+y=20$, 在此直线上方是目标函数 $P=xy$. 当 x 和 y 沿约束直线变化时, 目标函数也在变化, 并在 $x=y=10$ 时达到最大值 100.

迅速核查 1. 在上面例子中, 验证用约束条件 $x+y=20$ 消去 x 而不是消去 y 会得到同样结果.

◀

大多数最优化问题像前面例子一样有相同的基本结构: 有一个目标函数, 可能包括多个变量, 及一个或多个约束条件. 微积分的方法 (4.1 节和 4.2 节) 可以用来求目标函数的最大值或最小值.

例 1　牧场主困境 一个牧场主打算用 400ft 长的栅栏来建一个长方形的畜栏. 畜栏的一边是仓库, 不需要栅栏. 三个外部的栅栏和两个内部的栅栏把畜栏分成三个长方形区域. 什么尺寸使畜栏所围面积最大? 畜栏的最大面积是多少?

解　首先画出畜栏的图形 (见图 4.42), 其中 x 是畜栏的宽, y 是畜栏的长. 需要的总栅栏长是 $4x+y$, 于是约束条件为 $4x+y=400$, 或 $y=400-4x$.

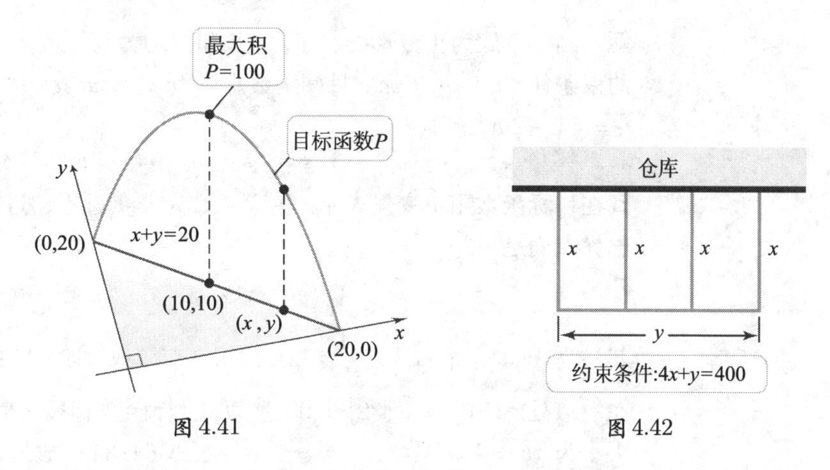

图 4.41　　图 4.42

要最大化的目标函数是畜栏的面积 $A = xy$. 用约束条件 $y = 400 - 4x$ 消去 y, 可把 A 表示为 x 的函数:

$$A = xy = x(400 - 4x) = 400x - 4x^2.$$

注意, 畜栏的宽最小为 $x = 0$, 并且不能超过 $x = 100$ (因为只有 400ft 长的栅栏). 所以要在 $0 \leqslant x \leqslant 100$ 上最大化 $A(x) = 400x - 4x^2$. 目标函数的临界点满足

回忆 4.1 节的结论, 最值出现在临界点或端点处.

$$A'(x) = 400 - 8x = 0,$$

这个方程的解为 $x = 50$. 为求 A 的最大值, 检查其在 $[0, 100]$ 的端点和临界点 $x = 50$ 处的值. 因为 $A(0) = A(100) = 0$, $A(50) = 10\,000$, 得 A 的最大值出现在 $x = 50$ 处. 由约束条件, 畜栏的最优长是 $y = 400 - 4 \times 50 = 200$ ft. 所以最大面积为 $10\,000\ \mathrm{ft}^2$ 且在 $x = 50$ ft, $y = 200$ ft 时达到. 目标函数 A 如图 4.43 所示.

相关习题 5～10 ◀

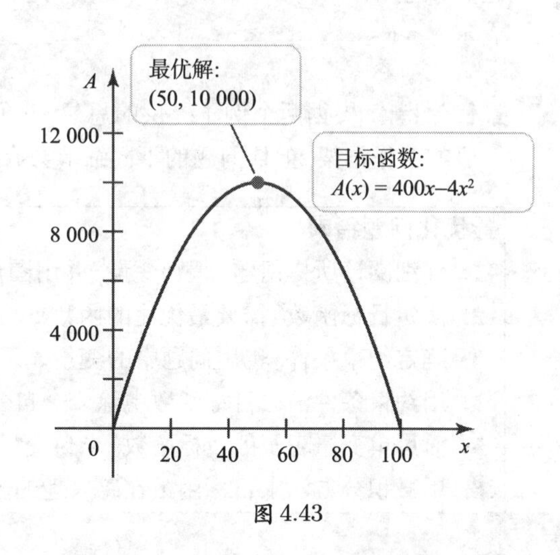

图 4.43

迅速核查 2. 在例 1 中, 当没有内部栅栏或只有一个内部栅栏时, 求目标函数 (用 x 表示). ◀

例 2　航空公司规则 假定某航空公司规定所有行李必须是箱型的, 其长、宽、高之和不能超过 64in. 在这个条件下, 底为正方形且体积最大的箱子的尺寸和体积是多少?

解　画一个底为正方形的箱子, 其长和宽均为 w, 高为 h (见图 4.44). 体积最大的箱子满足约束条件 $2w+h=64$. 目标函数是体积 $V=w^2h$. 从目标函数中可以消去 w 或 h; 代入 $h=64-2w$, 体积为

$$V=w^2h=w^2(64-2w)=64w^2-2w^3.$$

现在目标函数用单变量表示. 注意, w 为非负且不超过 32, 故 V 的定义域是 $0\leqslant w\leqslant 32$. 临界点满足

$$V'(w)=128w-6w^2=2w(64-3w)=0,$$

其根为 $w=0$ 和 $w=\dfrac{64}{3}\approx 21.3$. 由一阶 (或二阶) 导数判别法, $w=\dfrac{64}{3}$ 对应一个极大值. 在端点处, $V(0)=V(32)=0$. 所以, 目标函数有最大值 $V(64/3)\approx 9\,709\,\text{in}^3$. 最优箱子的大小为 $w=l=64/3\,\text{in}$, $h=64-2w=64/3\,\text{in}$, 故最优箱子是一个正立方体. 目标函数的图像如图 4.45 所示.

相关习题 11 ~ 13 ◀

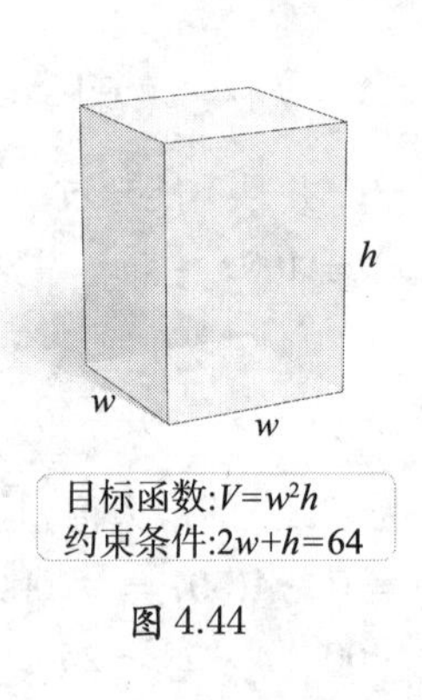

图 4.44

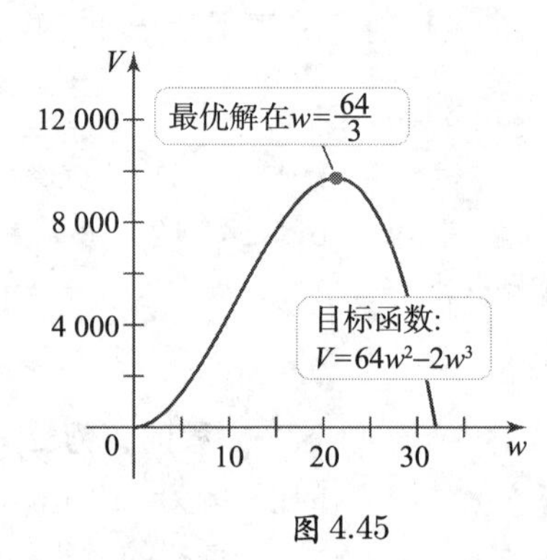

图 4.45

迅速核查 3. 在例 2 中, 如果约束条件是长、宽、高之和不能超过 108in, 求目标函数 (用 w 表示). ◀

最优化指南 根据两个例子提供的思想, 我们提出一个解最优化问题的程序. 这些指南提供了一般的工作框架, 但依问题的不同细节会有所变化.

最优化问题指南

1. 仔细阅读所提问题, 识别变量, 并用图形整理已知信息.
2. 确定目标函数 (需要最优化的函数), 将其用问题中的变量表示.
3. 确定约束条件, 也用问题中的变量表示.
4. 用约束条件消去目标函数中除一个自变量外的其余所有变量.
5. 对用单变量表示的目标函数, 求自变量的感兴趣的区间.
6. 用微积分方法求目标函数在感兴趣的区间上的最大值或最小值. 如果需要, 检查端点.

可以验证两个特殊情形: 如果整个旅行由步行完成, 则旅行时间是 $(\pi\text{mi})/(3\text{mi/hr})\approx 1.05\,\text{hr}$. 如果整个旅行由游泳完成, 则旅行时间是 $(2\text{mi})/(2\text{mi/hr})\approx 1\,\text{hr}$.

例 3　步行与游泳 假设某人站在一个半径为 1mi 的圆形池塘岸边, 想到其所在位置的正对岸 (直径的另一端). 他打算从现在的位置以 2mi/hr 的速率游到岸边另一点 P, 然后以 3mi/hr 的速率沿岸边步行到终点 (见图 4.46). 如何选择 P 才能使旅行的总时间最短?

解　如图 4.46 所示, 起点可以任意选择, 终点是直径的另一端. 刻画过渡点 P 的最简单方法是用圆心角 θ. 若 $\theta=0$, 则整个旅行靠步行完成; 若 $\theta=\pi$, 则整个旅行由游泳完成. 故感兴趣的区间是 $0\leqslant\theta\leqslant\pi$.

目标函数是旅行的总时间, 随 θ 变化. 对每一段旅行 (游泳和步行), 所用时间是行程除以速率. 需要一点圆的几何知识. 游泳的行程是圆心角 θ 所对的弦长. 圆的半径是 r, 则弦长为 $2r\sin(\theta/2)$ (见图 4.47). 故游泳用的时间 ($r=1$, 速率是 2mi/hr) 是

$$\frac{\text{行程}}{\text{速率}}=\frac{2\sin(\theta/2)}{2}=\sin\frac{\theta}{2}.$$

步行的行程是圆心上角 $\pi-\theta$ 所对应的弧长. 半径为 r 时, 角 θ 所对应的弧长是 $r\theta$ (见图 4.47). 所以步行用的时间 (角 $\pi-\theta$, $r=1$, 速率是 3mi/hr) 是

$$\frac{\text{行程}}{\text{速率}}=\frac{\pi-\theta}{3}.$$

为了证明圆的弦长是 $2r\sin(\theta/2)$, 作从圆心到弦中点的直线. 这条直线平分角 θ. 由一个直角三角形, 得弦长的一半是 $r\sin(\theta/2)$.

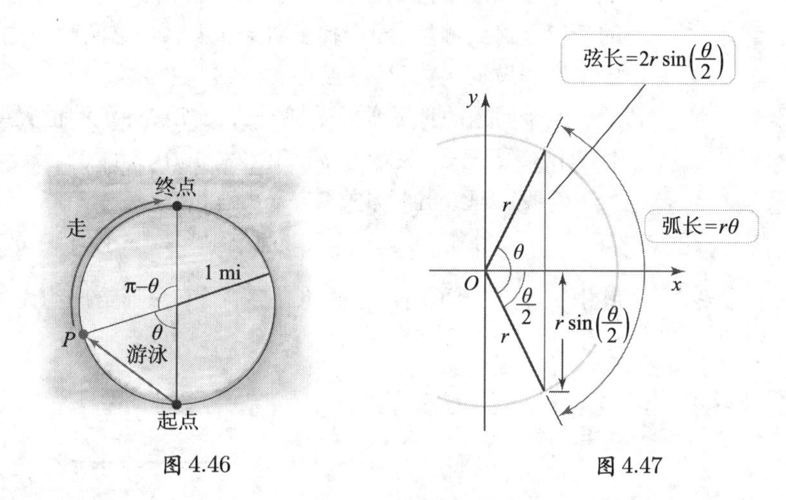

图 4.46

图 4.47

旅行的总时间是目标函数

$$T(\theta)=\sin\frac{\theta}{2}+\frac{\pi-\theta}{3},\quad 0\leqslant\theta\leqslant\pi.$$

现在分析目标函数. T 的临界点满足

$$\frac{dT}{d\theta}=\frac{1}{2}\cos\frac{\theta}{2}-\frac{1}{3}=0\quad\text{或}\quad\cos\frac{\theta}{2}=\frac{2}{3}.$$

用计算器, 求得在区间 $[0,\pi]$ 内的唯一解是 $\theta\approx 1.68\,\text{rad}\approx 96^\circ$, 它也是临界点. 计算目标函数在临界点和端点处的值, 发现 $T(1.68)\approx 1.23$, $T(0)=\pi/3=1.05$, $T(\pi)=1$. 我们断言, 当整个旅行由游泳完成时, 有最短旅行时间 $T(\pi)=1\,\text{hr}$. 最长旅行时间是 $T\approx 1.23\,\text{hr}$, 对应于 $\theta\approx 96^\circ$.

目标函数如图 4.48 所示. 一般来说, 最长和最短旅行时间都依赖于步行和游泳的速率 (习题 14).

相关习题 14- ~ 15 ◀

例 4 栅栏上的梯子 一个 8 英尺高的栅栏平行于房屋的一面, 栅栏距房屋 3 英尺远 (见图 4.49(a)). 能够到达房屋而不碰到栅栏的最短梯子的长是多少? 假设房屋的垂直墙面和水平地面有无限的范围 (更现实的假设见习题 17).

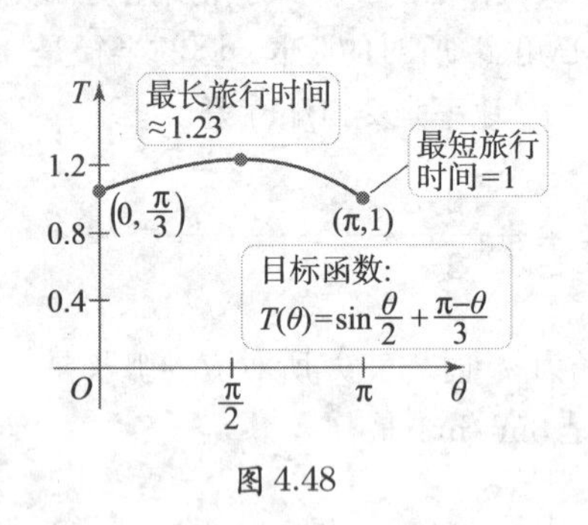

图 4.48

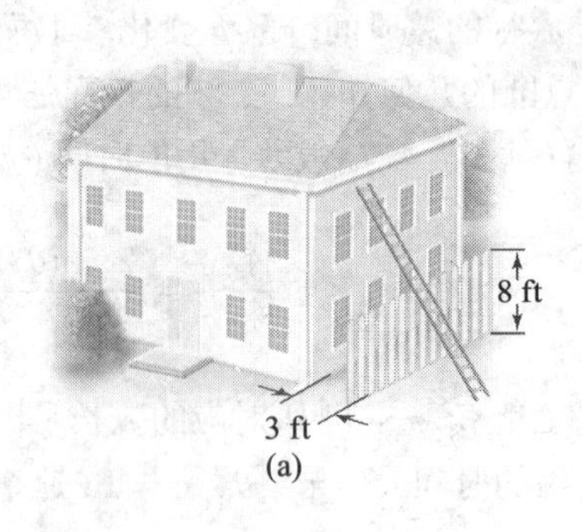

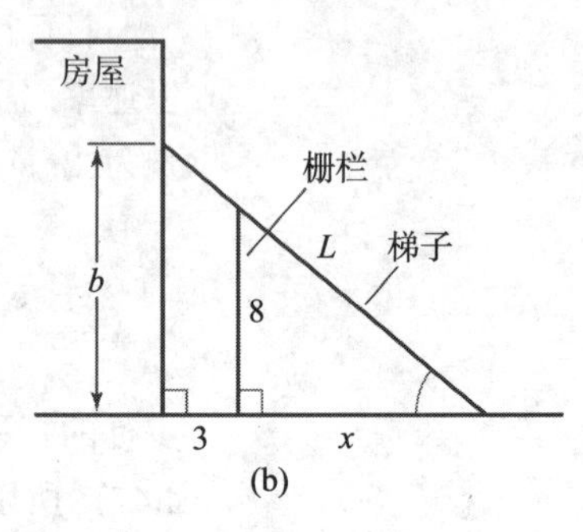

图 4.49

解　首先问一个问题, 为什么我们预期会有一个最短的梯子. 可以把梯子脚远离栅栏, 使其在一个小角度不碰到栅栏, 但梯子将会很长. 也可以把梯子脚靠近栅栏, 使梯子在一个很陡的角度不碰到栅栏, 同样梯子将会很长. 在这两种极端情况之间的某处, 存在一个梯子的位置使梯子最短.

这个问题的目标函数是梯子的长 L. 梯子的位置用梯子脚到栅栏的距离 x 表示 (见图 4.49(b)). 要把 L 表示为 x 的函数, 其中 $x > 0$.

勾股定理给出下面关系

$$L^2 = (x+3)^2 + b^2,$$

其中 b 是梯子顶端距地面的高. 相似三角形给出约束条件 $8/x = b/(x+3)$. 从约束方程中解出 b, 并代入, 得 L^2 的表达式:

$$L^2 = (x+3)^2 + \underbrace{\left(\frac{8(x+3)}{x}\right)}_{b}{}^2 = (x+3)^2\left(1+\frac{64}{x^2}\right).$$

此时, 可以先从上面方程解出 L, 然后解 $L' = 0$, 求得 L 的临界点. 但 L 是非负函数, L 与 L^2 在相同点处有极大值, 故我们选择极小化 L^2, 解法可以大大简化. L^2 的导数是

$$\begin{aligned}\frac{d}{dx}\left[(x+3)^2\left(1+\frac{64}{x^2}\right)\right] &= (x+3)^2\left(-\frac{128}{x^3}\right) + 2(x+3)\left(1+\frac{64}{x^2}\right) \quad \text{(链法则和积法则)}\\ &= \frac{2(x+3)(x^3-192)}{x^3}. \quad \text{(化简)}\end{aligned}$$

因为 $x > 0$, 有 $x + 3 \neq 0$; 故条件 $\dfrac{d}{dx}(L^2) = 0$ 为 $x^3 - 192 = 0$, 即 $x = 4\sqrt[3]{3} \approx 5.77$. 由一阶导数判别法, 临界点对应一个极小值. 由 定理 4.5, 这个唯一的极小值也是区间 $(0, \infty)$ 上的最小值. 所以, 最短梯子出现在梯子脚距栅栏大约 5.77ft 处. 求得 $L^2(5.77) = 224.77$, 最短梯子的长为 $\sqrt{224.77} \approx 15$ ft.

相关习题 16～17 ◄

4.4 节 习题

复习题

1. 填空: 最优化问题的目的是求在 ________ 条件下 ________ 函数的最大值或最小值.

2. 如果目标函数包含多个自变量, 如何消去多余的变量?

3. 如果目标函数是 $Q = x^2y$, 并已知 $x + y = 10$, 先

写出由 x 表示的目标函数, 然后把目标函数用 y 表示.

4. 假设希望最小化在闭区间上的连续函数, 但发现只有一个极大值. 应该在何处寻求问题的解?

基本技能

5. 面积最大的矩形 在周长为 10m 的所有矩形中, 哪个面积最大?(给出尺寸.)

6. 周长最小的矩形 在面积固定为 A 的所有矩形中, 哪个周长最短?(给出由 A 表示的尺寸.)

7. 最大积 和为 23 的哪两个非负实数有最大乘积?

8. 最大长 和为 23 的哪两个非负实数 a 与 b 可使 a^2+b^2 最大? 可使 a^2+b^2 最小?

9. 最小和 积为 50 的哪两个正实数有最小和?

10. 畜圈问题

a. 一个矩形畜圈的一边靠着仓库. 其他三个边使用了 200 米长的围栏. 什么尺寸可以使畜圈的面积最大?

b. 牧场主打算靠仓库建四个同样的连在一起的矩形畜圈, 每个面积 100m^2 (见图). 每个畜圈的尺寸是多少时可使所用围栏总量最少?

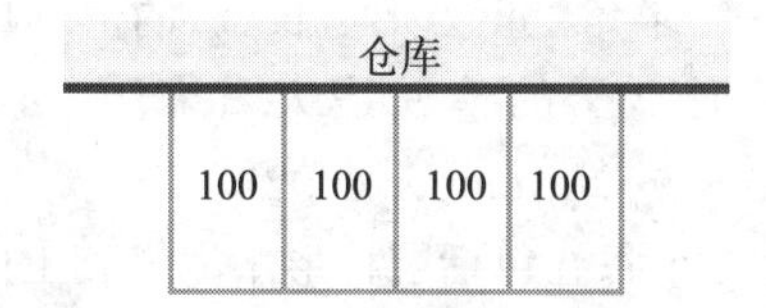

c. 靠仓库建两个矩形畜圈. 200 米长的围栏用于三个边和分割对角线 (见图). 什么尺寸可使畜圈的面积最大?

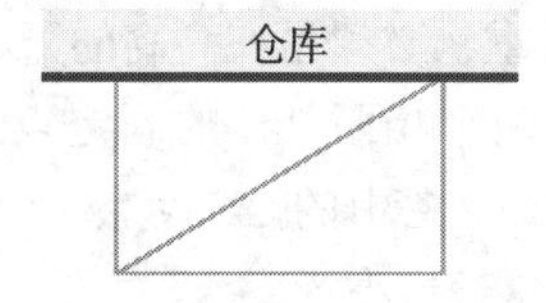

11. 表面积最小的盒子 在底为正方形且体积为 100m^3 的所有盒子中, 哪个表面积最小? (给出其尺寸.)

12. 体积最大的箱子 假设某航空公司规定所有行李必须是箱型的, 且长、宽、高之和不能超过 108in. 在这个条件下, 底为正方形且体积最大的箱子的尺寸和体积是多少?

13. 包装箱 一个盒子形状的底为正方形的包装箱设计的体积为 16ft^3. 用来制造底的材料成本 (每 ft^2) 是侧边材料成本的两倍, 制造上面的材料成本 (每 ft^2) 是侧边材料成本的一半. 使得材料成本最小的箱子尺寸是多少?

14. 步行与游泳 一个人希望从半径为 1mi 的圆形池塘岸边起点处到正对岸所在的终点处 (直径的另一端). 他打算从起点游到岸边另一点, 然后沿岸边步行到终点.

a. 如果他以 2mi/hr 的速率游泳, 4mi/hr 的速率步行, 其旅行的最短和最长时间是多少?

b. 如果他以 2mi/hr 的速率游泳, 1.5mi/hr 的速率步行, 其旅行的最短和最长时间是多少?

c. 如果他以 2mi/hr 的速率游泳, 最低的步行速率是多少时, 可使其完全靠步行最快?

15. 步行与划船 大海中有一条船距笔直的海岸线最近的一点 4mi, 该点距岸上一家餐馆 6mi. 一妇女打算划船沿直线到岸边一点, 然后沿岸边步行到餐馆.

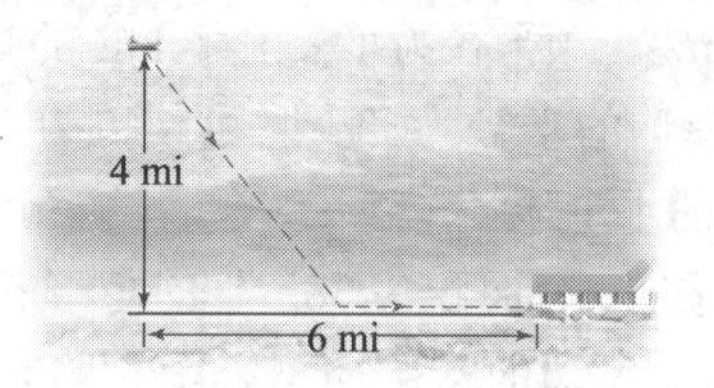

a. 如果她以 3mi/hr 的速率步行, 2mi/hr 的速率划船, 在岸边的哪一点上岸可使其用的总时间最短?

b. 如果她以 3mi/hr 的速率步行, 为使其直接划船到餐馆是最快的, 最低的划船速度是多少时可使其直接划船到餐馆最快?

16. 最短的梯子 一个 10ft 高的栅栏平行于某房屋的一边, 栅栏距房屋 4ft 远. 求能从地面通过栅栏上面到达房屋的最短梯子之长. 假设房屋的垂直墙面和水平地面有无限的范围.

17. 最短的梯子——更现实点 一个 8ft 高的栅栏平行于某房屋的一边, 栅栏距房屋 5ft 远 (见图 4.49(a)). 求能从地面通过栅栏上面到达房屋的最短梯子之长. 假设房屋的垂直墙面高为 20ft, 从栅栏开始的水平地面的范围为 20ft.

深入探究与应用

18. 抛物线下的矩形 一个矩形底在 x- 轴上, 另外两个顶点在抛物线 $y=16-x^2$ 上. 具有最大面积的矩形尺寸是多少? 最大面积是什么?

19. 半圆下的矩形 一个矩形底在半径为 5cm 的半圆直

径上, 另外两个顶点在半圆上. 具有最大面积的矩形尺寸是多少? 最大面积是什么?

20. 圆与正方形 一根长为 60cm 的铁丝剪成两段, 作成一个圆和一个正方形. 在何处剪下可以使圆与正方形的面积之和 (a) 最小, (b) 最大?

21. 体积最大的圆锥 从半径为 20cm 的圆形金属片上剪下一个角度为 θ 的扇形, 然后将剪下的扇形卷起来焊接成一个圆锥 (见图). 使圆锥体积最大的角 θ 是多少?

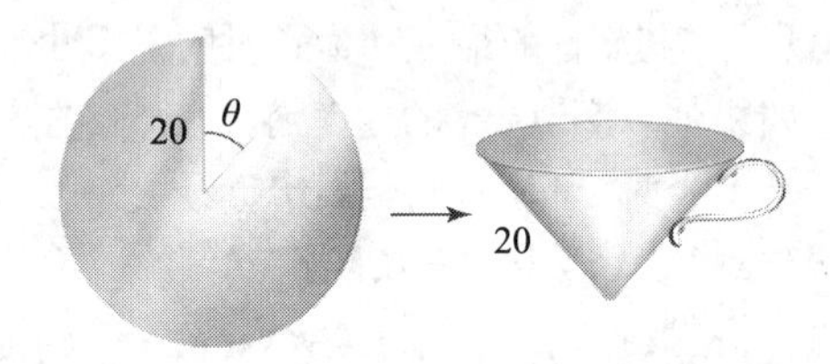

22. 覆盖弹珠 想象一个圆柱形平底罐, 其圆形截面的半径为 4in. 一颗半径为 $0 < r < 4\,\text{in}$ 的弹珠放在罐的底部. 弹珠的半径为多少时可使得为完全覆盖弹珠所需要的水量最多?

23. 最优花园 一个面积为 30m^2 的矩形花园周围是草地, 草地在两边的宽是 1m, 在另外两边的宽是 2m(见图). 使花园和草地的面积之和最小的花园尺寸是多少?

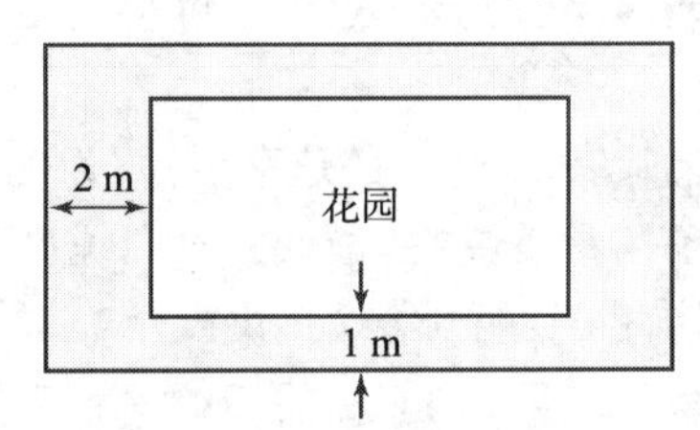

24. 直线下的矩形

a. 一个矩形的一边在正 x- 轴上, 另一边在正 y- 轴上, 原点的对顶点在直线 $y = 10 - 2x$ 上. 使面积最大的矩形尺寸是多少? 最大面积是多少?

b. 是否存在比 (a) 中矩形面积更大的矩形满足一边在直线 $y = 10 - 2x$ 上, 不在此直线上的两个顶点分别在正 x- 轴和正 y- 轴上? 求用此方法构造的面积最大的矩形尺寸.

25. 开普勒酒桶 一些数学故事源于数学家和天文学家开普勒的第二次婚礼. 下面是其中之一: 在为婚礼购买葡萄酒时, 开普勒注意到一桶酒 (这里假设是圆柱形) 的价格只由量酒尺的长 d 决定, 这个量酒尺从酒桶上面的一个洞斜着插入直到酒桶底部的边上 (见图). 开普勒发现这个测量不能决定酒桶的体积, 对于固定的 d, 体积随酒桶的半径 r 和高 h 的变化而变化. 对 d 的一个固定值, 使酒桶体积最大的比 r/h 是什么?

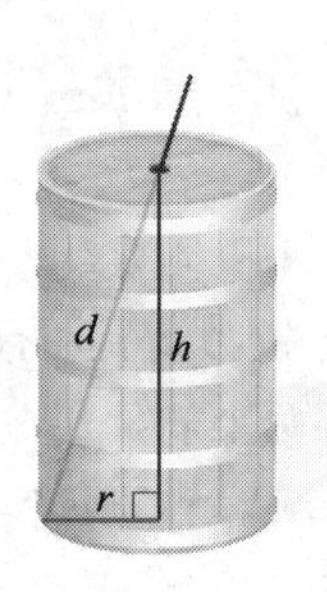

26. 折叠的盒子

a. 在长为 4ft、宽为 3ft 的长方形纸板的每个角上剪去一个边长为 x 的正方形. 然后折叠成一个没有盖的盒子. 求用这种方法作出的盒子的最大体积.

b. 设 (a) 中原纸板是边长为 ℓ 的正方形. 求用这种方法作出的盒子的最大体积.

c. 设 (a) 中原纸板是边长为 ℓ 和 L 的长方形. 固定 ℓ, 求角上正方形边长 x 的值, 使得当 $L \to \infty$ 时盒子的体积最大. (*来源: Mathematics Teacher*, November 2002)

27. 建谷仓 一个谷仓包括圆柱形水泥塔和上面的半球形金属穹顶. 穹顶上的金属成本 (每单位表面积) 是混凝土的 1.5 倍. 如果谷仓的体积是 750m^3, 谷仓的尺寸 (圆柱形塔的半径和高) 为多少时可使材料成本最小? 假设谷仓没有地板和穹顶下面的天花板.

28. 悬吊系统 一重物必须吊在高高的天花板下方 6m 处, 用绳子系在两个相距 2m 的固定点上 (见图). 在天花板下方多远 (图中的 x) 处将绳子系在一起可使所用绳子的总长最小?

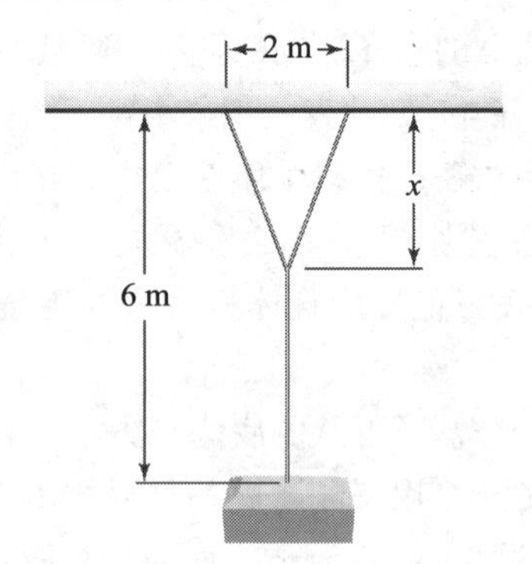

29. 光源 远距离光源的亮度与光源的强度成正比, 且与到光源距离的平方成反比. 两个相距 12m 的光源, 其中一个的强度是另一个的两倍. 在连接两个光源的线段上, 何点处亮度最低?

30. 折痕长度问题 一张长方形的纸宽为 a、长为 b, 其中 $0 < a < b$. 折叠这张纸的一角, 把该角顶点放在长对边的某一点 P 处, 捋平后在纸上出现一个折痕 (见图). 假定折叠部分没有超出原纸张的范围, 求点 P 使得折痕最短. 最短折痕的长是多少?

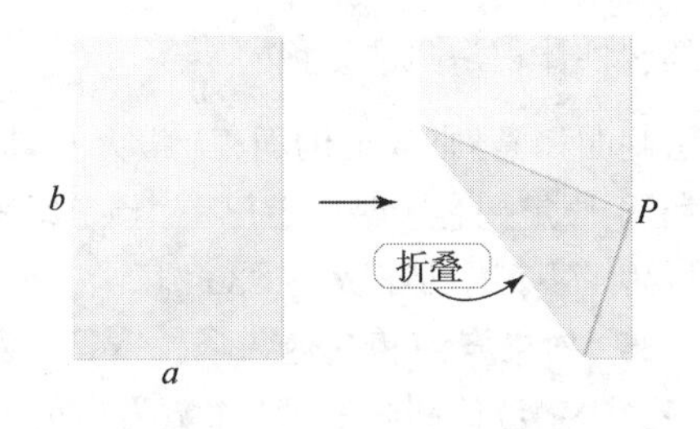

31. 铺设电缆 一个岛到直线岸边最近点的距离是 3.5mi; 该点距电站 8mi(见图). 一家公用事业公司计划铺设一条电缆, 从岛到岸边铺在水下, 然后沿岸边到电站铺设在地下. 假设铺设电缆的成本在水下是 \$2 400 /mi, 在地下是 \$1 200 /mi. 水下电缆应该在何处接到岸上可使得这个工程的总成本最小?

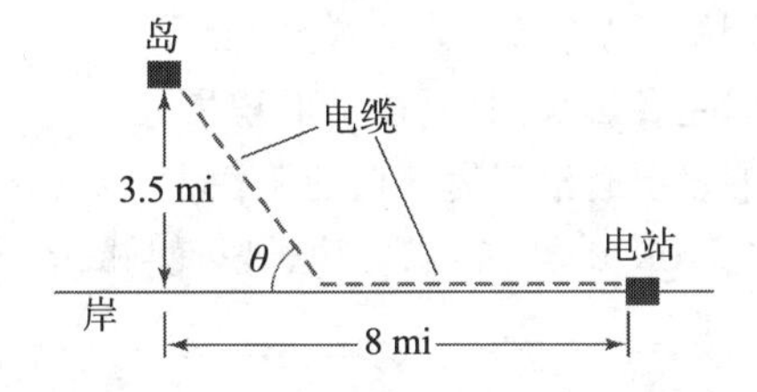

32. 再次铺设电缆 解习题 31 中的问题, 但这次求水下电缆与岸边的较小夹角 θ 以使成本最小.(将得到同样的答案.)

33. 等腰三角形的距离和

a. 一个等腰三角形底边长为 4, 两斜边长为 $2\sqrt{2}$. 设 P 是底的垂直平分线上一点. 求 P 的位置, 使得 P 到三个顶点的距离之和最小.

b. 假设 (a) 中等腰三角形的高为 $h(> 0)$, 底边长为 4. 证明对于 $h \geqslant \dfrac{2}{\sqrt{3}}$, 最小解 P 的位置与 h 无关.

34. 三角形中的圆 在腰长为 1 的等腰三角形的所有内切圆中, 最大面积的圆半径和面积是多少?

35. 曲轴 一个半径为 r 的曲轴以常角频率 ω 转动. 曲轴通过长为 L 的连接杆与一个活塞连接 (见图). 活塞的加速度根据函数

$$a(\theta) = \omega^2 r\left(\cos\theta + \frac{r\cos 2\theta}{L}\right).$$

随曲轴的位置变化. 固定 ω 和 r, 求 $0 \leqslant \theta \leqslant 2\pi$ 的值, 使得活塞的加速度最大和最小.

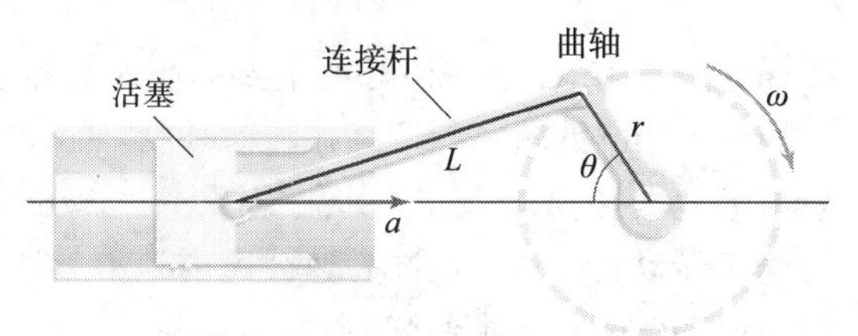

36. 金属雨水槽 用 9in 宽的金属片制作雨水槽. 雨水槽的底为 3in, 两边各 3in, 向上折成 θ 角 (见图). 角 θ 取何值时, 雨水槽的横截面积最大?

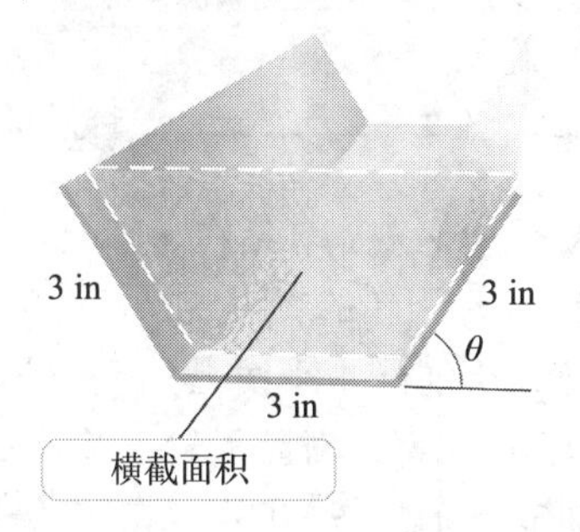

37. 最优饮料罐

a. 经典问题 求体积为 354cm^3 的圆柱形饮料罐的半径和高以使表面积最小.

b. 实际问题 比较 (a) 中的答案与实际的饮料罐, 实际体积为 354cm^3 的饮料罐半径为 3.1cm, 高为 12.0cm, 可以得出结论: 实际的饮料罐似乎不是最优设计. 事实上, 实际的饮料罐的底部和顶部有两倍的厚度. 用这个事实求半径和高, 使罐的表面积 (顶部和底部的表面积是 (a) 中其值的两倍) 最小. 这些尺寸是否接近实际饮料罐的尺寸?

38. 圆柱与圆锥 (普特南考试 1938) 在高为 h 且半径为 r 的正圆柱两端分别接一个高为 h、半径为 r 的正圆锥, 构成一个双尖物体. 已知表面积为 A, 问 r 和 h 为何值时, 物体的体积最大?

39. 视角 某礼堂的地板是平的. 在礼堂的一面墙上有一块大屏幕, 屏幕的下端高出观众的眼睛 3ft, 上端高出 10ft(见图). 观众离屏幕多远可使视角最大?

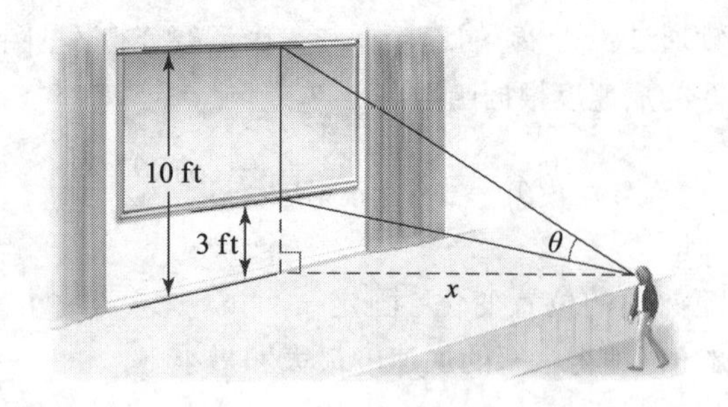

40. 探照灯——窄光 一探照灯距笔直的高速公路上最近的点 100m(见图). 探照灯在转动时投射的水平光束与高速公路交于一点. 如果探照灯以 $\pi/6\,\mathrm{rad/s}$ 的速率转动, 求光束扫过高速公路的速率, 它是 θ 的函数. θ 取何值时这个速率最小?

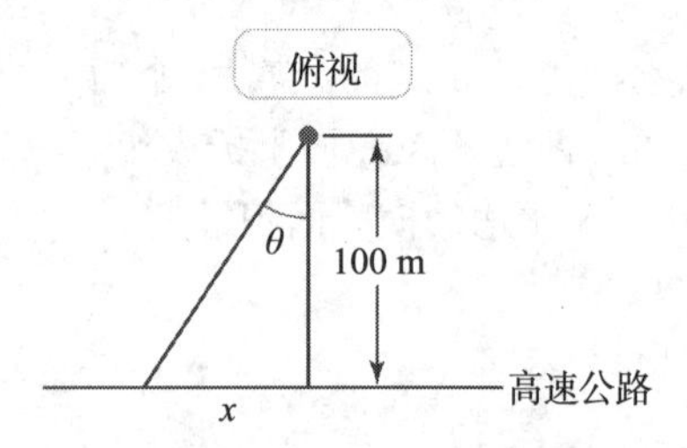

41. 观看摩天轮 一名观察者站在与摩天轮的面垂直的一条直线上, 距摩天轮的底部 20m 远, 她的眼睛与摩天轮的底部处于同一水平线上. 摩天轮以 $\pi\,\mathrm{rad/min}$ 的速率转动, 观察者对摩天轮上某特定座椅的视线与水平面成一个角 θ (见图). 在转动一圈的过程中何时 θ 变化最快?

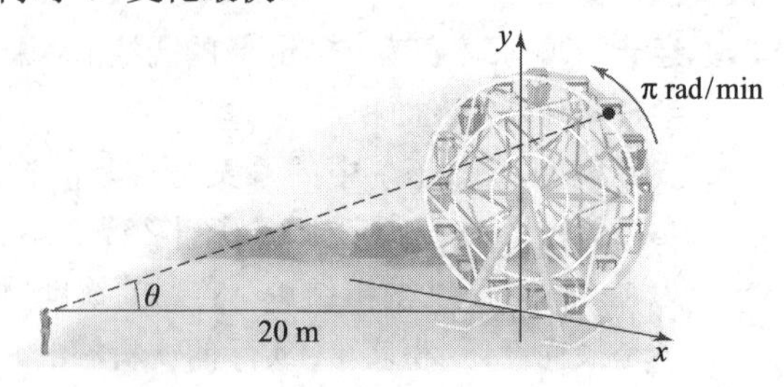

42. 最大角 求图中 x 的值使 θ 最大.

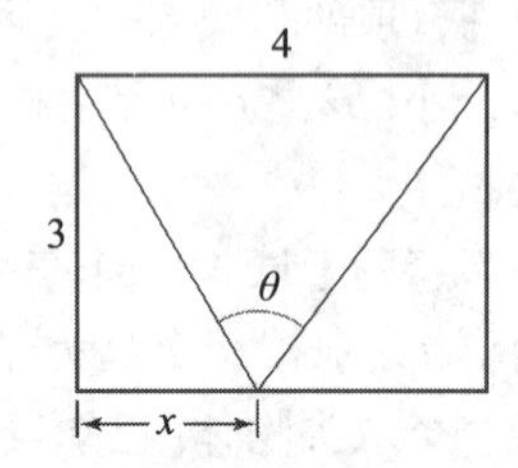

43. 球中体积最大的圆柱 求能够放在半径为 r 的球中的体积最大的正圆柱的尺寸.

44. 三角形中的矩形 求能够内接于下列图形的面积最大的长方形的尺寸和面积.

a. 斜边已知为 L 的直角三角形.

b. 边长已知为 L 的等边三角形.

c. 面积已知为 A 的直角三角形.

d. 面积已知为 A 的任意三角形 (结论适用于任意三角形, 但先考虑角小于或等于 $90°$ 的所有三角形).

45. 圆锥中的圆柱 在半径为 R、高为 H 的圆锥下放置一个正圆柱, 圆柱的底处于圆锥的底上.

a. 求体积最大的圆柱尺寸. 特别地, 证明体积最大的圆柱体积是圆锥体积的 $\dfrac{4}{9}$.

b. 求侧面积 (弯曲表面的面积) 最大的圆柱尺寸.

46. 最大利润 假定拥有一辆旅游巴士, 预定组织 $20\sim70$ 人一日游. 每个人的花费是 \$30, 每当售出一张票减去 \$0.25. 如果汽油和其他各项成本是 \$200, 应该售出多少张票可使利润最大? 票数为非负实数.

47. 圆锥中的圆锥 一个正圆锥内接于另一个较大的体积为 $150\mathrm{cm}^3$ 的正圆锥. 两个圆锥的轴重合, 内圆锥的顶点处于外圆锥底的中心. 求两个圆锥高之比为何值时内圆锥体积最大.

48. 另一个畜圈问题 一牧场主打算用 1 000ft 的栅栏在其房产的角上修建一个马圈. 由于她的房产的特殊形状, 这个马圈必须修成梯形 (见图).

a. 确定各边长, 使马圈的面积最大.

b. 假设已有沿房屋这边的栅栏, 其对边长为 y. 用 1 000ft 的栅栏, 求各边长以使马圈的面积最大.

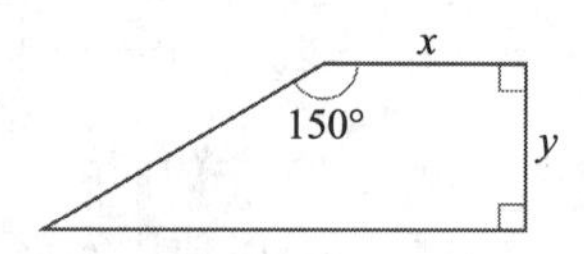

49. 最短道路 四幢房子坐落在边长为 1mi 的正方形的四个角上. 用直线道路连接所有房子的最短道路系统 (道路系统允许从任何房子开车到其他房子) 长是多少? (*提示:* 把两个点放入正方形, 道路交于这两个点.) (*来源:* Halmos, *Problems for Mathematicians Young and Old.*)

50. 光通量 一扇窗户包括一块长方形的透明玻璃和一块半圆形的有色玻璃. 透明玻璃每单位面积的透光量是有色玻璃的两倍. 在周长固定为 P 的所有窗户中, 透光最多的窗户尺寸是什么?

51. 最慢的捷径 假设某人站在直线铁路附近的原野中, 有一列火车的车头正好通过距其最近的点, 该点有

$\dfrac{1}{4}$ mi 远. 火车长 $\dfrac{1}{3}$ mi, 行驶速度为 20mi/hr. 如果开始跑步, 以直线穿过原野, 最慢速度是多少时可使其仍然能够追上火车? 往哪个方向跑?

52. 鞋匠的刀片 鞋匠的刀片是指三个相切的半圆所围区域; 这个区域在大半圆的内部和两个小半圆的外部 (见图).

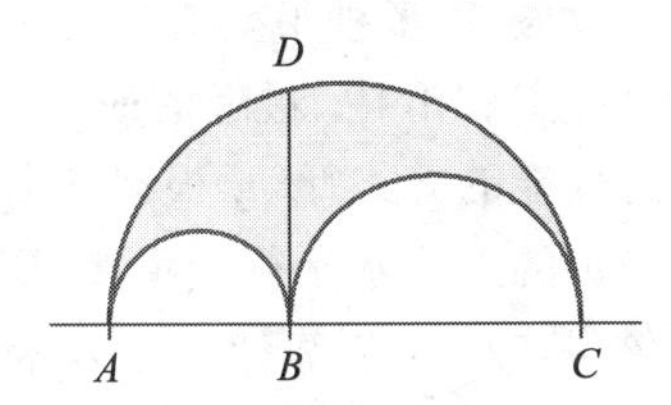

a. 已知刀片在直径为 1 的大圆内, B 在什么位置可使刀片的面积最大?

b. 证明刀片的面积等于图中以 BD 的距离为直径的圆的面积.

53. 邻近问题

a. 直线 $y=3x+4$ 上的哪一点与原点最近?

b. 抛物线 $y=1-x^2$ 上的哪一点与点 $(1,1)$ 最近?

c. 求 $y=\sqrt{x}$ 的图像上的点, 使其与点 $(p,0)$ 最近. (i) $p>\dfrac{1}{2}$; (ii) $0<p<\dfrac{1}{2}$. 用 p 表示答案.

54. 长杆过转角

a. 能够水平通过连接 3ft 宽通道与 4ft 宽通道的垂直拐角的最长杆的长度是多少?

b. 能够水平通过连接 a ft 宽通道与 b ft 宽通道的垂直拐角的最长杆的长度是多少?

c. 能够水平通过连接 $a=5$ ft 宽通道与 $b=5$ ft 宽通道的 120° 拐角的最长杆的长度是多少?

d. 能够通过连接 a ft 宽通道与 b ft 宽通道的垂直拐角的最长杆的长度是多少? 假设存在 8ft 高的天花板, 并可以使杆倾斜任意角度.

55. 旅行成本 一个关于旅游成本的简单模型包括汽油成本和司机成本. 特别地, 假设汽油成本是 $\$p$ /加仑, 汽车每加仑汽油行驶 g 英里. 又假设司机的收入是 $\$w$ /小时.

a. 一个似乎可信的描述汽油消耗量 (以 mi/gal 计) 如何随速率变化的函数是 $g(v)=v(85-v)/60$. 计算 $g(0)$, $g(40)$ 及 $g(60)$, 并解释为什么这些值是合理的.

b. 什么速度使汽油消耗函数有最大值?

c. 解释为什么行程 L 英里的成本是 $C(v)=Lp/g(v)+Lw/v$.

d. 取 $L=400$ mi, $p=\$4$ /gal, $w=\$20$ /hr. 以什么 (常) 速度驾驶汽车可使成本最小?

e. 如果 L 从 400mi 增加到 500mi, 最优速度应该上升还是下降 (与 (d) 比较)? 解释理由.

f. 如果 p 从 \$4 /gal 增加到 \$4.20 /gal, 最优速度应该上升还是下降 (与 (d) 比较)? 解释理由.

g. 如果 w 从 \$20 /hr 减少到 \$15 /hr, 最优速度应该上升还是下降 (与 (d) 比较)? 解释理由.

56. 狗懂得微积分吗? 一名数学家同他的狗一起站在海滩上一点 A 处. 他扔出一个网球击中水中一点 B. 狗打算尽快得到网球, 它沿笔直的海滩跑到 D 点, 然后从 D 点游泳到 B 点衔回他的球. 假设 C 是海滩边离网球最近的点 (见图).

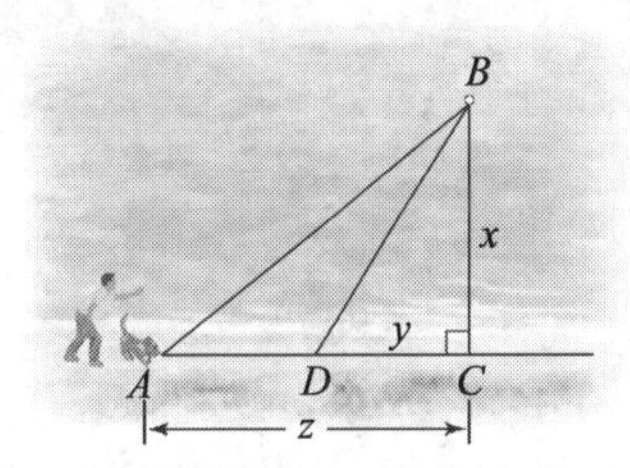

a. 假定狗跑的速率是 r m/s, 游泳的速率是 s m/s, 其中 $r>s$. 又假设 BC, CD 和 AC 的长分别是 x, y 和 z. 求狗得到球所用的总时间函数 $T(y)$.

b. 验证使衔回球所用时间最短的 y 值是 $y=\dfrac{x}{\sqrt{r/s+1}\sqrt{r/s-1}}$.

c. 如果狗跑的速率是 8 m/s, 游泳的速率是 1 m/s, 比率 y/x 为何值时有最短的衔回时间?

d. 已知名叫艾维斯的狗跑的速率是 6.4 m/s, 游泳的速率是 0.910 m/s. 发现它用 0.144 的平均比率 y/x 衔回球. 艾维斯似乎懂得微积分吗? (*来源:* Timothy Pennings, *College Mathematics Journal*, May 2003)

57. 费马原理

a. 两根高为 m 和 n 的杆子的水平距离为 d. 一根绳子从一根杆子的顶端拉到地面, 然后再到另一根杆子的顶端. 证明使绳子最短的结构出现在 $\theta_1=\theta_2$ 时 (见图).

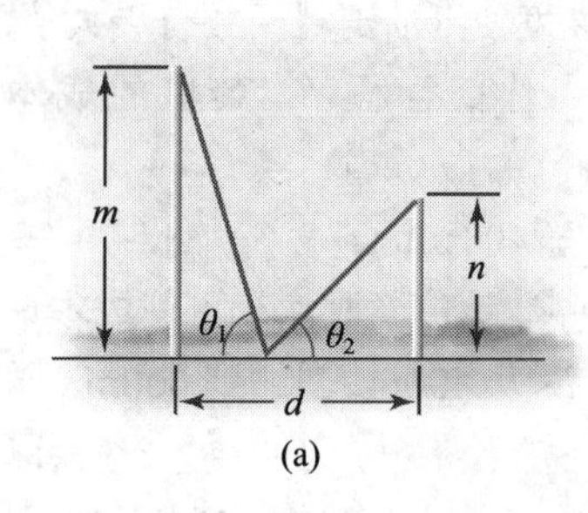

(a)

b. 费马原理指出光在相同介质 (以相同速率) 中的两点之间传导时, 传导所走的路径使传导时间最短. 证明若光从光源 A 照到一个表面反射出来, 并在 B 点接收, 则入射角等于反射角, 或 $\theta_1=\theta_2$ (见图).

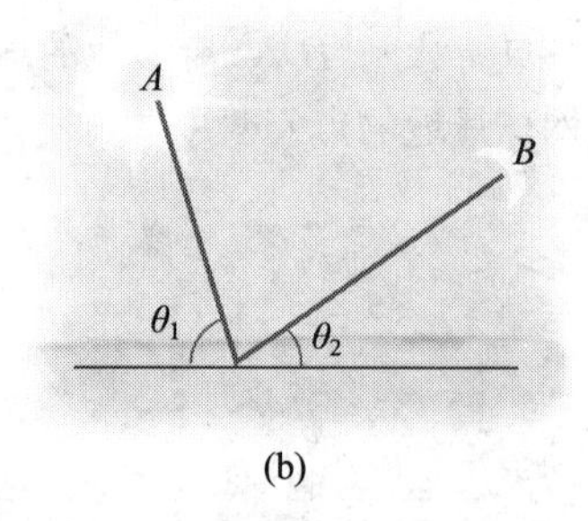

(b)

58. 斯涅尔定律 假设光源 A 在某种介质中, 光在此介质中的传导速率是 v_1, 且 B 点在另一种介质中, 光的传导速率是 v_2 (见图). 应用费马原理, 光传导的路径要求传导时间最短 (习题 57), 证明点 A 和点 B 之间的传导路径满足 $(\sin\theta_1)/v_1=(\sin\theta_2)/v_2$.

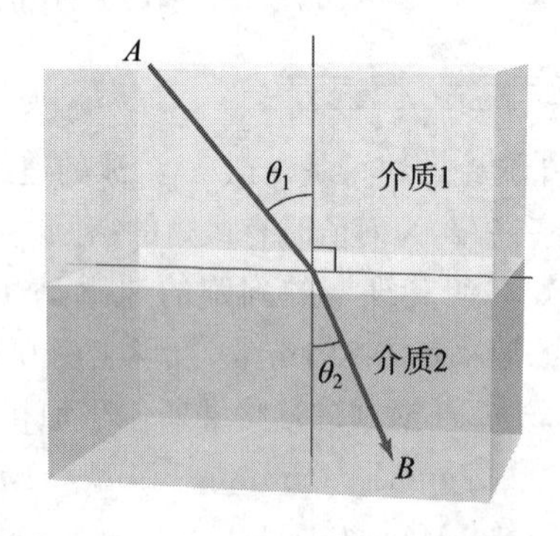

59. 树上的凹痕 (普特南考试 1938, 改编) 在圆柱形的树干上刻一个凹痕. 这个凹痕深入到树干的中心轴上, 界于在直径 D 上相交的两个半平面之间. 两个半平面的夹角是 θ. 证明对已知树和固定的角 θ, 当两个界面与过直径 D 的水平面有相同夹角时, 凹痕的体积最小.

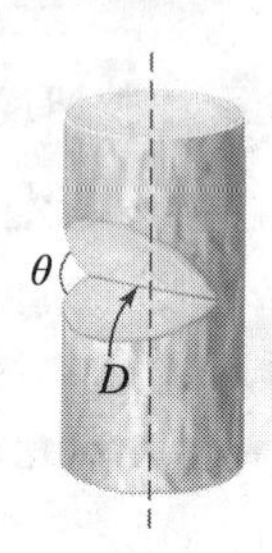

60. 滑行的哺乳动物 许多种小型哺乳动物 (如鼯鼠和袋鼯) 有能力行走和滑翔. 最近的研究指出这些动物都选择最有效能的方式行动. 根据一个经验模型, 一个体重为 m 的鼯鼠水平行走距离 D 所需能量是 $8.46\,Dm^{2/3}$ (其中 m 以克计, D 以米计, 能量以每次呼吸所消耗氧的毫升数度量). 登高 $D\tan\theta$, 然后以角 θ 滑翔 (低于水平线, $\theta=0$ 表示水平飞行, $\theta>45^\circ$ 表示有控制的下落) 水平距离 D 的能量成本是 $1.36\,mD\tan\theta$. 所以

$$S(m,\theta)=8.46m^{2/3}-1.36m\tan\theta$$

给出了移动水平距离一米, 行走与滑翔之间的能量差: 对已知的 m 和 θ 值, 若 $S>0$, 则行走的消耗高于滑翔.

a. 滑翔角度为何时, 重 200 克的动物滑翔比行走更有效?

b. 求门限函数 $\theta=g(m)$, 沿门限曲线行走与滑翔等效能. 它是动物体重的递增还是递减函数?

c. 为使滑翔比行走更有效, 较大的鼯鼠对滑翔角度的选择更大还是更小?

d. 设 $\theta=25^\circ$ (一个典型的滑翔角度), 作 m 的函数 S 的图像, $0\leqslant m\leqslant 3\,000$. m 取何值时滑翔更有效?

e. 对 $\theta=25^\circ$, m 为何值 (记为 m^*) 时 S 最大?

f. 当 θ 增加时, (e) 中定义的 m^* 递增还是递减? 即当鼯鼠减小其滑翔角度时, 最优体重变大还是变小?

g. 假设达姆博是一头飞象, 体重一吨 (10^6 g). 达姆博用多大的滑翔角度可以使滑翔比行走更有效?

(*来源: Energetic savings and the body size distribution of gliding mammals*, Roman Dial, *Evolutionary Ecology Research*, 5(2003): 1151-1162.)

迅速核查　答案

2. $A=400x-2x^2$, $A=400x-3x^2$.

3. $V=108w^2-2w^3$.

4.5 线性逼近与微分

想象用绘图工具绘制一条光滑曲线. 在曲线上取一点 P, 画出曲线在 P 处的切线, 然后多次放大图形. 当连续放大在 P 点附近的曲线时, 曲线看起来越来越像切线 (见图 4.50(a)). 光滑曲线在较小的尺度上似乎更直一些, 这个基本现象是许多重要数学概念的基础, 其中一个概念是线性逼近.

现在考虑在一点 Q 处有角点或尖点的曲线 (见图 4.50(b)). 不论怎样放大都不能把曲线"变直" 或去掉在 Q 处的角点. 在 P 和 Q 处的不同性状与可导性概念相关: 图 4.50(a) 中的函数在 P 处可导, 但图 4.50(b) 中的函数在 Q 处不可导. 本节所介绍的技术和方法有一个要求：函数在问题的指定点处可导.

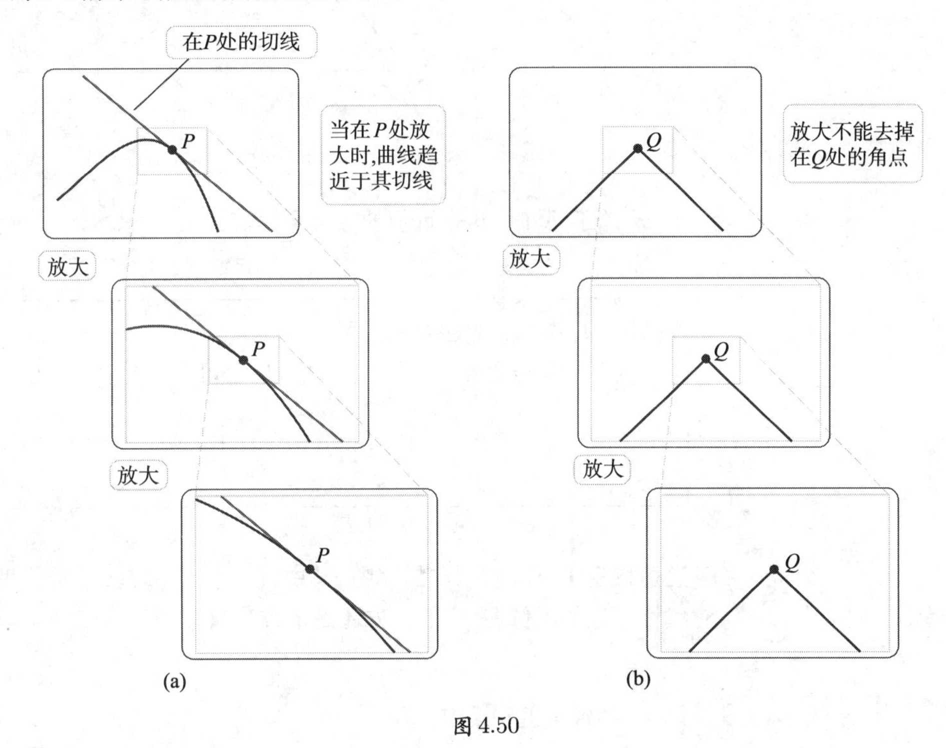

图 4.50

线性逼近

图 4.50(a) 揭示, 当放大光滑函数在点 P 处的图像时, 曲线趋近于在 P 处的切线. 这个事实是理解线性逼近的关键. 想法是用曲线在 P 处的切线去近似函数在 P 点附近的值. 下面来看一看, 这是如何起作用的.

设 f 在包含点 a 的一个区间上可导. 曲线在点 $(a, f(a))$ 处的切线斜率是 $f'(a)$. 所以切线方程是

$$y - f(a) = f'(a)(x-a) \quad 或 \quad y = \underbrace{f(a) + f'(a)(x-a)}_{L(x)}.$$

这条切线是一个新的函数 L, 我们称为 f 在 a 处的线性逼近 (见图 4.51). 若 f 和 f' 在 a 处的值容易计算, 那么 f 在 a 附近的值容易用线性逼近 L 来近似. 即

$$f(x) \approx L(x) = f(a) + f'(a)(x-a).$$

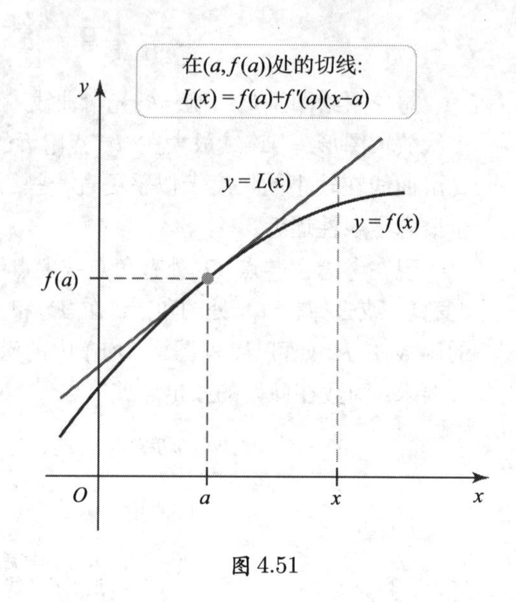

图 4.51

当 x 趋于 a 时, 这个近似的效果会更好.

> **定义　f 在 a 处的线性逼近**
>
> 设 f 在包含点 a 的一个区间 I 上可导. f 在 a 处的**线性逼近**是线性函数
>
> $$L(x) = f(a) + f'(a)(x-a), \quad x \in I.$$

迅速核查 1. 作函数 f 的草图, 其中 f 在点 $(a, f(a))$ 处上凹. 画出 f 在 a 处的线性逼近. 线性逼近的图像在 f 的上方还是下方? ◀

例 1　线性逼近和误差

a. 求 $f(x) = \sqrt{x}$ 在 $x = 1$ 处的线性逼近, 并用其求 $\sqrt{1.1}$ 的近似值.

b. 用线性逼近估计 $\sqrt{0.1}$ 的值.

解

a.　我们构造线性逼近

$$L(x) = f(a) + f'(a)(x-a),$$

其中 $f(x) = \sqrt{x}$, $f'(x) = 1/(2\sqrt{x})$, 且 $a = 1$. 注意 $f(a) = f(1) = 1$, $f'(a) = f'(1) = \dfrac{1}{2}$, 得

$$L(x) = 1 + \frac{1}{2}(x-1) = \frac{1}{2}(x+1),$$

这是曲线在点 $(1,1)$ 处的切线方程 (见图 4.52). 因为 $x = 1.1$ 接近 $x = 1$, 所以我们用 $L(1.1)$ 估计 $\sqrt{1.1}$:

$$\sqrt{1.1} \approx L(1.1) = \frac{1}{2}(1.1+1) = 1.05.$$

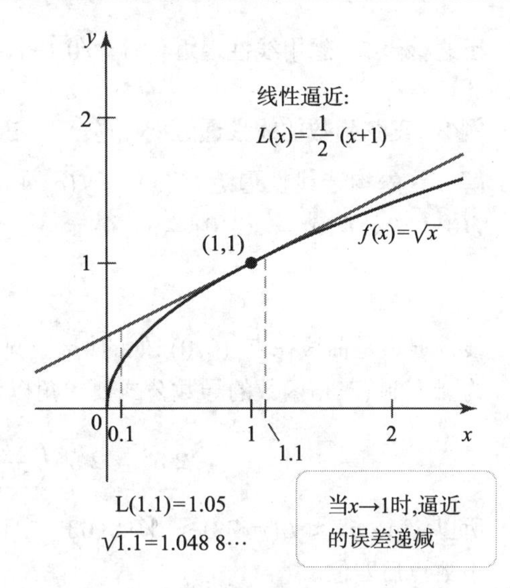

图 4.52

精确值是 $f(1.1)=\sqrt{1.1}=1.048\,8\cdots$；故线性逼近有大约 0.1 %的误差. 此外, 这个估计是一个高估, 因为切线在 f 图像的上方. 在表 4.4 中, 我们看到关于 1 附近的 x 、$\sqrt{x}$ 的一些近似值及误差. 明显地, 当 x 趋于 1 时误差递减.

表 4.4

x	$L(x)$	精确 $\sqrt{x}$	百分比误差
1.2	1.1	1.095 4⋯	0.4%
1.1	1.05	1.048 8⋯	0.1%
1.01	1.005	1.004 9⋯	0.001%
1.001	1.000 5	1.000 5⋯	0.000 01%

b. 如果用 (a) 中的线性逼近 $L(x)=\dfrac{1}{2}(x+1)$ 去估计 $\sqrt{0.1}$, 得

$$\sqrt{0.1}\approx L(0.1)=\frac{1}{2}(0.1+1)=0.55.$$

选择 $a=\dfrac{9}{100}$,因为其接近 0.1 并且容易计算平方根.

由计算器给出 $\sqrt{0.1}=0.316\,2\cdots$, 说明这个估计不符合要求. 误差增大是因为过 $(1,1)$ 的切线不靠近在 $x=0.1$ 处的曲线 (见图 4.52). 因此, 我们要寻找 a 的不同值, 使得 a 靠近 $x=0.1$, 且 $f(a)$ 和 $f'(a)$ 都容易计算. 这诱使我们用 $a=0$, 但 $f'(0)$ 不存在. 一个很好的选择是 $a=\dfrac{9}{100}=0.09$. 应用线性逼近 $L(x)=f(a)+f'(a)(x-a)$, 得

$$\begin{aligned}\sqrt{0,1}\approx L(0.1)&=\overbrace{\sqrt{\frac{9}{100}}}^{f(a)}+\overbrace{\frac{1}{2\sqrt{9/100}}}^{f'(a)}\overbrace{\left(\frac{1}{10}-\frac{9}{100}\right)}^{(x-a)}\\&=\frac{3}{10}+\frac{10}{6}\left(\frac{1}{100}\right)\\&=\frac{19}{60}\approx 0.316\,7\end{aligned}$$

这个估计与精确值的小数点后三位一致.

相关习题 7～22◀

迅速核查 2. 想用线性逼近估计 $\sqrt{0.18}$，a 选择什么比较好? ◀

例 2　正弦函数的线性逼近 求 $f(x)=\sin x$ 在 $x=0$ 处的线性逼近, 并用其估计 $\sin 2.5°$.

解　首先构造线性逼近 $L(x)=f(a)+f'(a)(x-a)$, 其中 $f(x)=\sin x$，$a=0$. 注意到 $f(0)=0$，$f'(0)=\cos(0)=1$, 得

$$L(x)=0+1(x-0)=x.$$

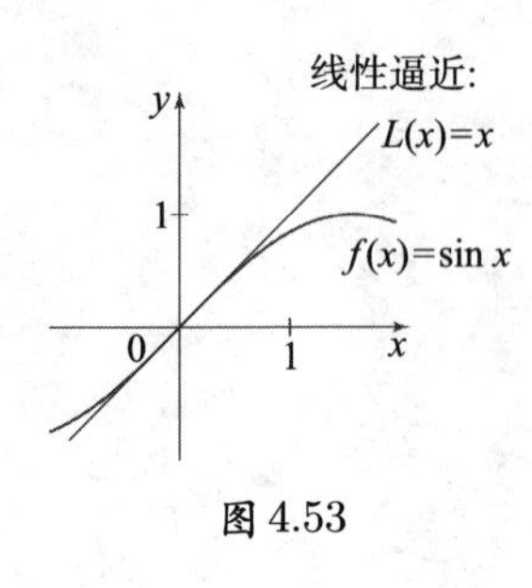

图 4.53

线性逼近是曲线在点 $(0,0)$ 处的切线 (见图 4.53). 在应用 $L(x)$ 估计 $\sin 2.5°$ 之前, 要转化为弧度制 (三角函数的导数公式要求角以弧度计):

$$2.5°=2.5°\left(\frac{\pi}{180°}\right)=\frac{\pi}{72}\approx 0.043\,63\ \mathrm{rad}.$$

所以 $\sin 2.5°\approx L(\pi/72)\approx 0.043\,63$. 由计算器给出 $\sin 2.5°\approx 0.043\,62$, 即这个估计精确到小数点后四位.

相关习题 7～22 ◀

在例 1 和例 2 中, 我们用计算器检查近似的精确性. 这里就有个问题: 既然计算器可以更好地完成任务, 为什么还要麻烦地使用线性逼近? 对此问题有一些好的回答.

实际上, 线性逼近恰好是更复杂的多项式逼近过程的第一步. 虽然线性逼近在估计函数在 a 附近 x 处的取值时有不错的表现, 但一般地, 用更高次的多项式可以做得更好. 这些想法将在第 10 章作深入探究.

线性逼近也使我们找到对复杂函数的简单近似. 在例 2 中, 得到对正弦函数的小角度近似: 对 0 附近的 x，$\sin x\approx x$. 最后, 在第 10 章将要证明, 线性逼近允许我们估计近似的误差.

迅速核查 3. 解释为什么 $f(x)=\cos x$ 在 $x=0$ 处的线性逼近是 $L(x)=1$. ◀

线性逼近的变差 线性逼近表示函数 f 可以近似为

$$f(x)\approx f(a)+f'(a)(x-a),$$

其中 a 固定, x 是 a 附近的点. 先把表达式改写为

$$\underbrace{f(x)-f(a)}_{\Delta y}\approx f'(a)\underbrace{(x-a)}_{\Delta x}.$$

习惯上用 Δ (希腊大写字母) 表示变化. 因子 $x-a$ 是 a 与其附近点 x 在 x- 坐标上的变化. 类似地, $f(x)-f(a)$ 是对应的在 y- 坐标上的变化 (见图 4.54). 于是把这个近似等式记为

$$\Delta y\approx f'(a)\Delta x.$$

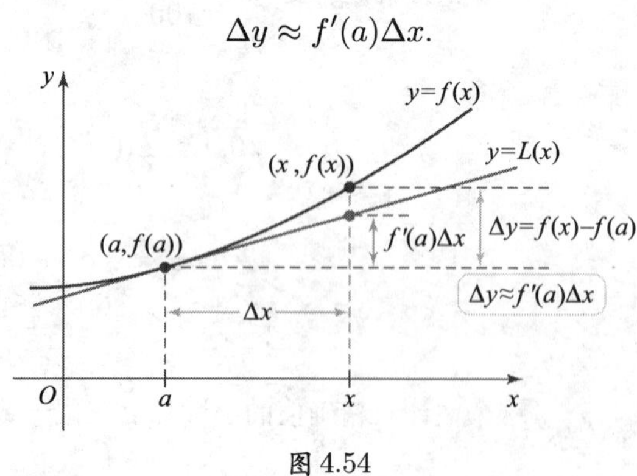

图 4.54

换句话说, y (函数值) 的变化可以用对应的 x 的变化放大或缩小 $f'(a)$ 倍来估计. 这个解释陈述了已经熟悉的事实, $f'(a)$ 是 y 关于 x 的变化率.

Δx 与 Δy 之间的关系

设 f 在包含点 a 的一个区间 I 上可导. f 的函数值在点 a 和 $a+\Delta x$ 之间的变化近似地为

$$\Delta y \approx f'(a)\Delta x,$$

其中 $a+\Delta x$ 在 I 内.

例 3 用线性逼近估计变化

a. 当 x 从 1.00 变到 1.05 时, 估计 $y=f(x)=x^9-2x+1$ 的变化.

b. 当热气球的半径从 4m 减小到 3.9m 时, 估计其表面积的变化.

解

a. y 的变化为 $\Delta y \approx f'(a)\Delta x$, 其中 $a=1$, $\Delta x=0.05$, $f'(x)=9x^8-2$. 把这些值代入, 求得

$$\Delta y \approx f'(a)\Delta x = f'(1)\cdot 0.05 = 7\cdot 0.05 = 0.35.$$

如果 x 从 1.00 增加到 1.05, 那么 y 近似地增加 0.35.

注意, 这些计算中的单位是一致的. 如果 r 的单位是米 (m), 则 S' 的单位是 $\mathrm{m}^2/\mathrm{m}=\mathrm{m}$, 故 ΔS 的单位是 m^2.

b. 球的表面积是 $S=4\pi r^2$, 所以当半径改变 Δr 时, 表面积的变化为 $\Delta S \approx S'(a)\Delta r$. 代入 $S'(r)=8\pi r$, $a=4$ 和 $\Delta r=-0.1$, 得表面积的近似变化为

$$\Delta S \approx S'(a)\Delta r = S'(4)\cdot(-0.1) = 32\pi\cdot(-0.1) \approx -10.05.$$

表面积的变化近似为 $-10.05\,^2$; 变化为负, 表示减小.

相关习题 23～26 ◀

迅速核查 4. 已知球的体积是 $V=4\pi r^3/3$, 求当半径从 a 变到 $a+\Delta r$ 时, 体积变化的近似表达式. ◀

总结 线性逼近的用途

- 在 $x=a$ 的附近估计 f, 用

$$f(x) \approx L(x) = f(a)+f'(a)(x-a).$$

- 当 x 从 a 变到 $a+\Delta x$ 时估计因变量的变化 Δy, 用

$$\Delta y \approx f'(a)\Delta x.$$

微分

现在我们介绍一个重要概念, 这个概念使我们可以区别两个相关的量:

- 当 x 从 a 变到 $a+\Delta x$ 时, 函数 $y=f(x)$ 的变化 (如上, 我们称为 Δy).
- 当 x 从 a 变到 $a+\Delta x$ 时, 线性逼近 $y=L(x)$ 的变化 (我们将称其为微分 dy).

考虑在包含 a 的某个区间上可导的函数 f. 若 x- 坐标从 a 变到 $a+\Delta x$, 则对应函数的精确变化为

$$\Delta y = f(a+\Delta x) - f(a).$$

利用线性逼近 $L(x) = f(a) + f'(a)(x-a)$, 当 x 从 a 变到 $a+\Delta x$ 时, L 的变化为

$$\begin{aligned}\Delta L &= L(a+\Delta x) - L(a) \\ &= \underbrace{[f(a)+f'(a)(a+\Delta x-a)]}_{L(a+\Delta x)} - \underbrace{[f(a)+f'(a)(a-a)]}_{L(a)} \\ &= f'(a)\Delta x.\end{aligned}$$

为区别 Δy 和 ΔL, 定义两个称作微分的新变量. 微分 dx 就是普通的 Δx; 微分 dy 是线性逼近的变化, 即 $\Delta L = f'(a)\Delta x$. 使用这个记号,

$$\Delta L = \underbrace{dy}_{\text{与 } \Delta L \text{ 相同}} = f'(a)\Delta x = f'(a)\underbrace{dx}_{\text{与 } \Delta x \text{ 相同}}.$$

所以, 在 a 处有 $dy = f'(a)dx$. 更一般地, 用变点 x 代替定点 a, 写成

$$dy = f'(x)dx.$$

定义　微分

设 f 在包含 x 的一个区间上可导. x 的一个小变化记为**微分** dx. 对应的 f 变化近似地为**微分** $dy = f'(x)dx$; 即

$$\Delta y = f(x+dx) - f(x) \approx dy = f'(x)dx.$$

微积分的两个发明者之一莱布尼茨在发展微积分的过程中依靠了微分的思想. 莱布尼茨关于微分的记号基本上与我们今天使用的记号一样. 当时的爱尔兰哲学家贝克莱主教称微分是“已死量的幽灵”.

图 4.55 显示, 若 $\Delta x = dx$ 很小, 则 f 的变化 Δy 可以很好地由线性逼近的变化近似. 此外, 当 dx 趋于 0 时, 近似 $\Delta y \approx dy$ 的效果更好. 微分记号与导数记号是一致的: 若用 dx 除 $dy = f'(x)dx$ 的两边, 得

$$\frac{dy}{dx} = \frac{f'(x)dx}{dx} = f'(x).$$

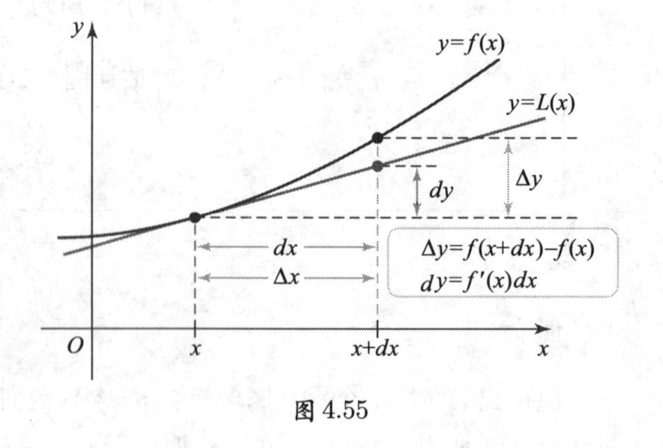

图 4.55

例 4　作为变化的微分 已知小变化 dx, 用微分记号写出 $f(x) = 3\cos^2 x$ 的近似变化.

回顾一下，
$\sin 2x = 2\sin x\cos x$.

解 由 $f(x)=3\cos^2 x$, 得 $f'(x)=-6\cos x\sin x=-3\sin 2x$. 所以

$$dy=f'(x)dx=-3\sin 2xdx.$$

其解释是自变量 x 的一个微小变化 dx 引起因变量 y 的一个近似为 $dy=-3\sin 2x\,dx$ 的变化. 例如, 若 x 从 $x=\pi/4$ 增加到 $x=\pi/4+0.1$, 则 $dx=0.1$, 且

$$dy=-3\sin(\pi/2)(0.1)=-0.3.$$

函数的变化近似为 -0.3 , 表示近似地减少 0.3 .

相关习题 27～34 ◀

4.5 节 习题

复习题

1. 作光滑函数 f 的草图, 在曲线上标出点 $P(a,f(a))$. 画出表示 f 在 P 处的线性逼近的直线.

2. 假设要求可导函数在极大值点处的线性逼近. 描述这个线性逼近的图像.

3. 假设 f 和 f' 在某点处的值容易计算, 如何用线性逼近去估计 f 在该点附近的值?

4. 已知 x 的变化, 如何用线性逼近去估计 $y=f(x)$ 的变化?

5. 已知函数 f 在其定义域上可导, 写出并解释 dx 与 dy 的关系.

6. 微分 dy 代表 f 的变化还是 f 的线性逼近的变化? 请解释.

基本技能

7～12. 线性逼近

a. 写出表示下列函数在指定点 a 处的线性逼近的直线方程.

b. 在 a 附近作函数及其线性逼近的图像.

c. 用线性逼近估计指定的函数值.

d. 计算估计的百分比误差:
$100\cdot|\text{近似值}-\text{精确值}|/|\text{精确值}|$,
其中精确值由计算器给出.

7. $f(x)=12-x^2; a=2; f(2.1)$.

8. $f(x)=\sin x; a=\pi/4; f(0.75)$.

9. $f(x)=1/(1+x); a=0; f(-0.1)$.

10. $f(x)=x/(x+1); a=1; f(1.1)$.

11. $f(x)=\cos x; a=0; f(-0.01)$.

12. $f(x)=x^{-3}; a=1; f(1.05)$.

13～22. 用线性逼近估计 用线性逼近估计下列值. 选择 a 的值使产生的误差微小.

13. $1/203$.

14. $\tan 3°$.

15. $\sqrt{146}$.

16. $\sqrt[3]{65}$.

17. $1/1.05$.

18. $\sqrt{5/29}$.

19. $\sin(\pi/4+0.1)$.

20. $1/\sqrt{119}$.

21. $1/\sqrt[3]{510}$.

22. $\cos 31°$.

23～26. 估计变化

23. 当球半径从 $r=5\,\text{ft}$ 变成 $r=5.1\,\text{ft}$ 时, 估计球体积的变化 ($V(r)=\dfrac{4}{3}\pi r^3$).

24. 正圆锥的高固定为 $h=4\,\text{m}$, 当底半径从 $r=3\,\text{m}$ 增加到 $r=3.05\,\text{m}$ 时, 估计圆锥体积的变化 ($V(r)=\dfrac{1}{3}\pi r^2 h$).

25. 正圆锥的高固定为 $h=6\,\text{m}$, 当底半径从 $r=10\,\text{m}$ 减小到 $r=9.9\,\text{m}$ 时, 估计圆锥侧面积 (不包括底面积) 的变化 ($S=\pi r\sqrt{r^2+h^2}$).

26. 当两个电荷的距离从 $r=20\,\text{m}$ 增加到 $r=21\,\text{m}$ 时, 估计它们之间静电力的变化 ($F(r)=0.01/r^2$).

27～34. 微分 考虑下列函数, 用 $dy=f'(x)dx$ 的形式表示 x 的微小变化与对应的 y 的变化之间的关系.

27. $f(x)=2x+1$.

28. $\sin^2 x$.

29. $f(x)=1/x^3$.

30. $f(x)=\sqrt{x^2+1}$.

31. $f(x)=2-a\cos x$.

32. $f(x)=(4+x)/(4-x)$.

33. $f(x) = 3x^3 - 4x$.

34. $f(x) = \tan x$.

深入探究

35. 解释为什么是, 或不是 判断下列命题是否正确, 并说明理由或举出反例.

- **a.** $f(x)=x^2$ 在点 $(0,0)$ 处的线性逼近是 $L(x)=0$.
- **b.** 线性逼近提供了 $f(x)=|x|$ 在 $(0,0)$ 处的一个好估计.
- **c.** 若 $f(x)=mx+b$, 那么在任意点 a 处, f 的线性逼近是 $L(x)=f(x)$.

36～39. 线性逼近

- **a.** 写出表示下列函数在点 a 处线性逼近的直线方程.
- **b.** 在 a 附近作函数及其线性逼近的图像.
- **c.** 用线性逼近估计指定的值.
- **d.** 计算估计的百分比误差.

36. $f(x)=\tan x$; $a=0$; $\tan 1.5°$.

37. $f(x)=1/(x+1)$; $a=0; 1/1.1$.

38. $f(x)=\cos x$; $a=\pi/4$; $\cos(0.8)$.

39. $f(x)=\sqrt[3]{64+x}$; $a=0$; $\sqrt[3]{62.5}$.

应用

40. 理想气体定律 理想气体的气压 P、温度 T 和体积 V 之间的关系是 $PV=nRT$, 其中 n 是气体的摩尔数, R 是气体常数. 为本题的目的, 设 $nR=1$, 故 $P=T/V$.

- **a.** 假设体积固定为常值, 温度上升 $\Delta T=0.05$. 气压的变化近似为多少? 气压上升还是下降?
- **b.** 假设温度固定为常值, 体积上升 $\Delta V=0.1$. 气压的变化近似为多少? 气压上升还是下降?
- **c.** 假设气压固定为常值, 体积上升 $\Delta V=0.1$. 温度的变化近似为多少? 温度上升还是下降?

41. 近似的误差 欲估计 $f(x)=\sqrt[3]{x}$ 在 $x=8$ 附近的值. 求 f 在 8 处的线性逼近. 然后完成下表, 显示各个估计的误差. 精确值由计算器得到. 百分比误差是 $100\cdot|\text{近似值}-\text{精确值}|/|\text{精确值}|$. 解释当 x 趋于 8 时误差的性状.

x	线性逼近	精确值	百分比误差
8.1			
8.01			
8.001			
8.000 1			
7.999 9			
7.999			
7.99			
7.9			

42. 近似的误差 欲估计 $f(x)=1/(1+x)$ 在 $x=0$ 附近的值. 求 f 在 0 处的线性逼近. 然后完成下表, 显示各个估计的误差. 精确值由计算器得到. 百分比误差是 $100\cdot|\text{近似值}-\text{精确值}|/|\text{精确值}|$. 解释当 x 趋于 0 时误差的性状.

x	线性逼近	精确值	百分比误差
0.1			
0.01			
0.001			
0.000 1			
−0.000 1			
−0.001			
−0.01			
−0.1			

附加练习

43. 线性逼近与二阶导数 作函数 f 的图像使得 $f(1)=f'(1)=f''(1)=1$. 画出这个函数在点 $(1,1)$ 处的线性逼近. 再作另一个函数 g 的图像使得 $g(1)=g'(1)=g''(1)=10$. (准确表示二阶导数是不可能的, 但图像要反映出事实: $f''(1)$ 相对较小, 而 $g''(1)$ 相对较大.) 现在假设用线性逼近估计 $f(1.1)$ 和 $g(1.1)$.

- **a.** 哪个函数在 $x=1$ 附近有更精确的线性估计? 为什么?
- **b.** 解释为什么 f 在点 a 附近的线性近似的误差与 $f''(a)$ 的量值成比例.

迅速核查 答案

1. 对 a 附近的 x, 线性逼近在 f 图像的下方.
2. $a=0.16$.
3. 注意到 $f(0)=1$, $f'(0)=0$, 所以 $L(x)=1$ (这是 $y=\cos x$ 在 $(0,1)$ 处的切线).
4. $\Delta V\approx 4\pi a^2\Delta r$.

4.6 中值定理

中值定理是微积分理论体系的基础. 一些关键定理 (前面的章节中介绍过几个) 都依赖于中值定理; 中值定理本身也有实际应用. 我们从称为罗尔定理的初步结果开始.

罗尔定理

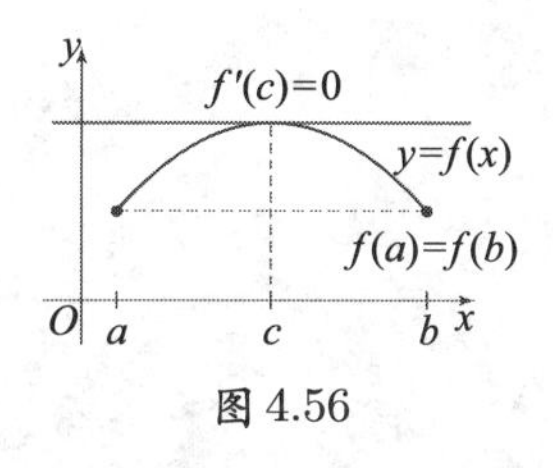

图 4.56

米歇尔 · 罗尔 (1652—1719) 是一个不很著名的数学家, 然而仍有以他的名字命名的定理. 大部分时间, 他在巴黎做一份抄写员的工作, 1691 年发表了他的定理.

在 4.1 节讨论的极值定理指出, 闭区间上的连续有界函数在该区间达到最大值和最小值.

考虑在闭区间 $[a,b]$ 上连续且在开区间 (a,b) 内可导的函数 f. 此外, 假设 f 还有特殊性质 $f(a)=f(b)$ (见图 4.56). 罗尔定理的结论是, 在 $a \sim b$ 之间至少存在一点使得 f 在该点处有水平切线. 这并不使人感到惊奇.

定理 4.8 罗尔定理

设 f 在闭区间 $[a,b]$ 上连续, 在开区间 (a,b) 内可导, 且 $f(a)=f(b)$. 则在 (a,b) 内至少存在一点 c, 使得 $f'(c)=0$.

证明 函数 f 满足 定理 4.1 (最值定理) 的条件, 故在 $[a,b]$ 上 f 达到最大值和最小值. 这些值在端点或某个内点 c 处达到.

情形 1: 首先假设 f 在端点处达到最大值和最小值. 因为 $f(a)=f(b)$, 最大值和最小值相等, 于是 f 在 $[a,b]$ 上是常值函数. 所以, 对 (a,b) 中的所有 x, $f'(x)=0$, 定理的结论成立.

情形 2: 假设 f 至少有一个最值不在端点处. 则 f 必在 (a,b) 的某个内点处达到最值; 所以, f 一定在 (a,b) 的某个内点 c 处有极大值或极小值. 因为 f 在 (a,b) 内可导, 由 定理 4.2 知在极值点处的导数为零. 所以, 至少在 (a,b) 中的点 c 处 $f'(c)=0$, 定理的结论同样成立. ◀

为什么罗尔定理要求连续性? 在 $[a,b]$ 上不连续的函数可能在端点处相同而在区间上的任意点没有水平切线 (见图 4.57(a)). 类似地, 在 $[a,b]$ 上连续但在 (a,b) 内某点处不可导的函数也可能没有水平切线 (见图 4.57(b))

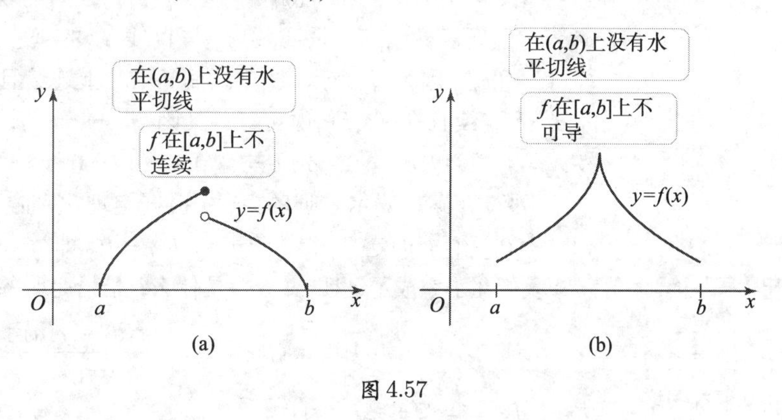

图 4.57

迅速核查 1. 在区间 $[0,4]$ 上的何点处, $f(x)=4x-x^2$ 有水平切线? ◀

例 1　验证罗尔定理 求一个区间使得罗尔定理可以应用于 $f(x)=x^3-7x^2+10x$. 然后求该区间上使 $f'(c)=0$ 的所有点.

解　f 是多项式, 所以 f 处处连续且可导. 需要找一个区间 $[a,b]$ 具有性质 $f(a)=f(b)$. 注意到 $f(x)=x(x-2)(x-5)$, 选择区间 $[0,5]$, 因为 $f(0)=f(5)=0$ (其他区间也可以). 目标是在区间 $(0,5)$ 内求点 c 使得 $f'(c)=0$, 这就是我们熟悉的求 f 临界点的工作. 临界点满足

$$f'(x)=3x^2-14x+10=0.$$

用二次求根公式, 解出根是

$$x=\frac{7\pm\sqrt{19}}{3},\quad 或\quad x\approx 0.88,\quad x\approx 3.79.$$

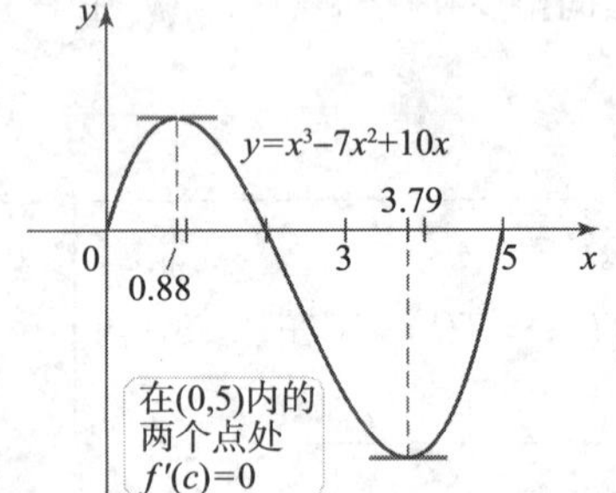

图 4.58

如图 4.58 所示, f 的图像在两个点处的切线是水平线.　*相关习题 7～12* ◀

中值定理

借助于图, 中值定理是容易理解的. 图 4.59 显示在 (a,b) 上的一个可导函数 f 及过 $(a,f(a))$ 和 $(b,f(b))$ 的割线; 此割线的斜率是 f 在 $[a,b]$ 上的平均变化率. 中值定理断言, 存在 (a,b) 中的一点 c 使得在 c 处的切线斜率等于这条割线斜率. 换句话说, 在 f 图像上的某点处的切线平行于这条割线.

定理 4.9　中值定理

如果 f 在闭区间 $[a,b]$ 上连续且在 (a,b) 内可导, 则在 (a,b) 内存在至少一点 c 使得

$$\frac{f(b)-f(a)}{b-a}=f'(c).$$

证明　证明的策略是用中值定理中的 f 构造一个满足罗尔定理的新函数 g. 注意, 罗尔定理与中值定理的连续性和可导性条件是相同的. 我们设计的 g 要满足条件 $g(a)=g(b)=0$.

如图 4.60 所示, $(a,f(a))$ 与 $(b,f(b))$ 之间的弦是一个直线段, 由函数 ℓ 表示. 现在定义一个新函数 g, 度量函数 f 与直线 ℓ 的垂直距离. 简而言之, 这个函数是 $g(x)=f(x)-\ell(x)$. 因为 f 和 ℓ 在闭区间 $[a,b]$ 上连续且在 (a,b) 内可导, 所以 g 也在闭区间 $[a,b]$ 上连续且在 (a,b) 内可导. 又因 f 与 ℓ 的图像相交于 $x=a$ 和 $x=b$ 处, 故有 $g(a)=f(a)-\ell(a)=0,\ g(b)=f(b)-\ell(b)=0$.

函数 g 满足罗尔定理的条件. 根据定理, 保证在区间 (a,b) 内至少存在一点 c 使得 $g'(c)=0$. 由 g 的定义, 得 $f'(c)-\ell'(c)=0$, 即 $f'(c)=\ell'(c)$.

罗尔定理和中值定理的证明不是构造性的: 定理声称某种点存在, 但定理的证明并未说明如何找到这些点.

我们几乎完成了证明. $\ell'(c)$ 是什么? 恰恰是弦的斜率,

$$\frac{f(b)-f(a)}{b-a}.$$

所以, $f'(c)=\ell'(c)$ 蕴含

$$\frac{f(b)-f(a)}{b-a}=f'(c).$$

◀

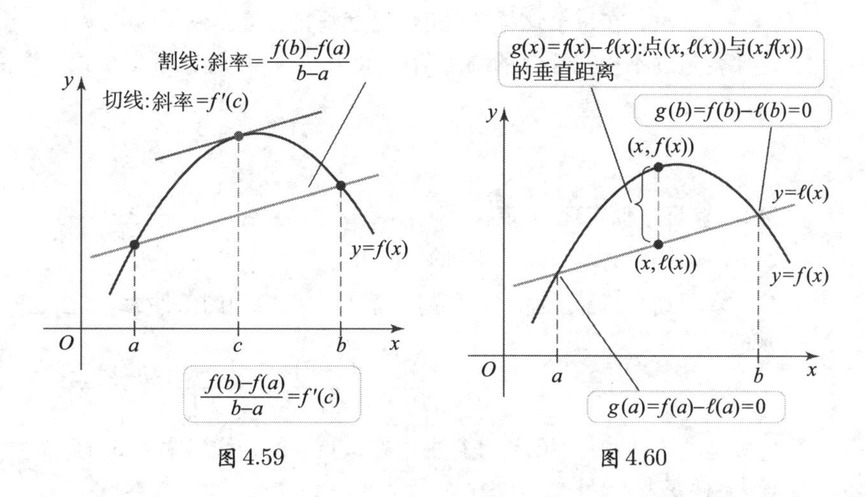

图 4.59　　　　图 4.60

迅速核查 2. 作一个函数的草图说明为什么中值定理中的连续条件是必需的. 作另一个函数的草图说明为什么中值定理中的可导条件是必需的. ◀

下面情形提供了关于中值定理的一个解释. 想象用 2 小时驾车去 100 英里外的一个小镇. 平均速率是 100mi/2hr=50mi/hr, 但瞬时速率 (由速率表测量) 似乎总在变化. 中值定理说, 在整个行程中的某些点处, 瞬时速率等于平均速率, 50mi/hr.

气象学家在气压从 700～500hPa(百帕斯卡) 之间的大气层中寻找 "陡的" 垂直梯度. 这个范围的气压往往对应 3km～5.5km 的高度. 例 2 中的数据是在丹佛采集到的, 几乎在同一时刻, 龙卷风袭击了其北部 50mi 处.

例 2　中值定理的作用 温度垂直梯度是大气温度 T 的下降对于高度 z 的上升的变化率. 通常用 $\gamma = -dT/dz$ 定义温度垂直梯度, 并以 $^\circ$C/km 为单位. 某个特定的大气中, 只要其他一些大气条件也存在, 当温度垂直梯度上升超出 7° C/km 时, 就表示适合雷雨和飓风生成的条件.

假设在 $z = 2.9$ km 处, 温度为 $T = 7.6^\circ$ C, 在 $z = 5.6$ km 处, 温度为 $T = -14.3^\circ$ C. 还假设温度函数在所有感兴趣的高度连续且可导. 由这些数据, 气象学家能给出什么结论?

解　图 4.61 显示在高度—温度坐标系下的两个数据点. 连接这两个点的直线斜率是

$$\frac{-14.3°\text{C} - 7.6°\text{C}}{5.6\text{km} - 2.9\text{km}} = -8.1°\text{C/km},$$

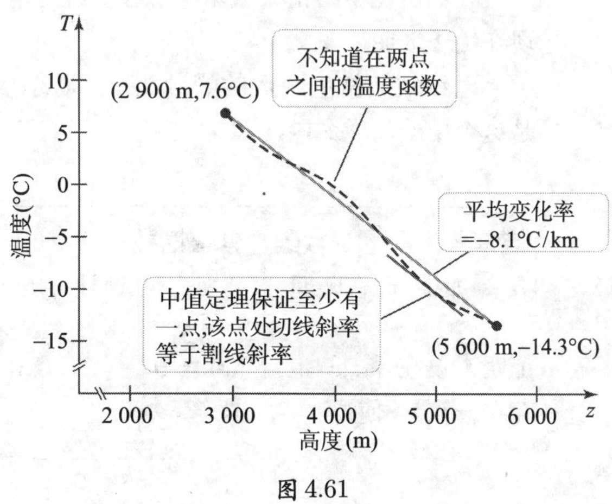

图 4.61

表示从空气层 2.9km～5.6km 之间温度平均下降 8.1° C/km. 仅用两个数据点, 我们不能了解整体温度图表. 但无论如何, 中值定理保证至少有一个高度, 在此高度 $dT/dz =$

$-8.1°\ \mathrm{C/km}$. 在每个这样的高度, 温度垂直梯度是 $\gamma = -dT/dz = 8.1°\ \mathrm{C/km}$. 因为温度垂直梯度超过不稳定天气的临界值 $7°\ \mathrm{C/km}$, 所以气象学家会预期调高发生强烈风暴的可能性.

相关习题 13～14 ◀

例 3　验证中值定理 确定在区间 $[-2,2]$ 上函数 $f(x)=2x^3-3x+1$ 是否满足中值定理的条件. 如果满足, 求由定理保证存在的点.

解　多项式 f 处处连续且可导, 故满足中值定理的条件. 函数在区间 $[-2,2]$ 上的平均变化率是

$$\frac{f(2)-f(-2)}{2-(-2)}=\frac{11-(-9)}{4}=5.$$

目标是求 $(-2,2)$ 中的点使得曲线在该点处的切线斜率为 5, 即求 $f'(x)=5$ 的点. 对 f 求导, 条件变为

$$f'(x)=6x^2-3=5 \quad 或 \quad x^2=\frac{4}{3}.$$

所以由中值定理保证存在的点是 $x=\pm 2/\sqrt{3}\approx \pm 1.15$. 在点 $(\pm 2/\sqrt{3}, f(\pm 2/\sqrt{3}))$ 处的切线斜率为 5(见图 4.62).

相关习题 15～22 ◀

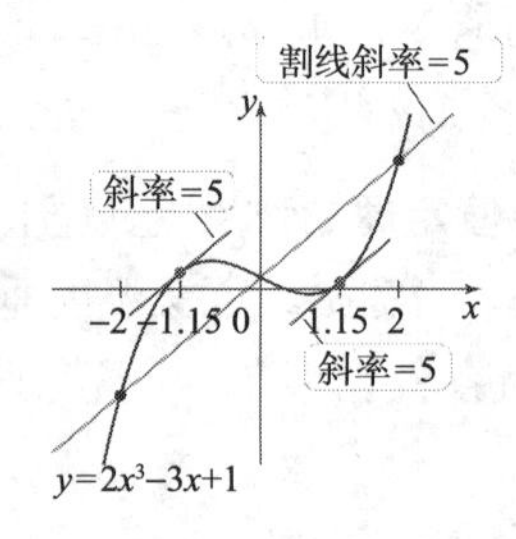

图 4.62

中值定理的推论

我们用几个结论结束本节. 这些结论是中值定理的推论, 其中一些在前面几节中提到过, 现在给予证明.

已经知道常值函数的导数为零; 即若 $f(x)=C$, 那么 $f'(x)=0$ (定理 3.2). 定理 4.10 是这个结论的逆命题.

> **定理 4.10　零导数蕴含常值函数**
> 如果 f 在区间 I 上处处可导且 $f'(x)=0$, 则 f 是 I 上的常值函数.

证明　设在 $[a,b]$ 上 $f'(x)=0$, 其中 a 和 b 是 I 中不同点. 根据中值定理, 在 (a,b) 中存在一点 c 使得

$$\frac{f(b)-f(a)}{b-a}=\underbrace{f'(c)=0}_{对\ I\ 中所有\ x\ 成立}.$$

在等式两边同乘以 $b-a\neq 0$, 得 $f(b)=f(a)$, 这对于 I 中任意一对点 a 和 b 都成立. 如果对某区间中每对点都有 $f(b)=f(a)$, 则 f 在该区间上为常值函数. ◀

定理 4.11 建立在 定理 4.10 的基础之上.

> **定理 4.11 导数相同的函数相差常数**
> 如果两个函数对区间 I 上的所有 x 有性质 $f'(x)=g'(x)$, 则在 I 上 $f(x)-g(x)=C$, 其中 C 是常数; 即 f 与 g 相差一个常数.

证明 在 I 上 $f'(x)=g'(x)$ 的事实蕴含在 I 上 $f'(x)-g'(x)=0$. 回顾一下, 两个函数差的导数等于导数的差, 故

$$f'(x)-g'(x)=(f-g)'(x)=0.$$

函数 $f-g$ 在 I 上的导数为零. 由 定理 4.10, 对 I 中所有 x, $f(x)-g(x)=C$, 其中 C 是常数; 即 f 与 g 相差一个常数. ◀

迅速核查 3. 已知两个线性函数 f 和 g 满足 $f'(x)=g'(x)$, 即两条直线有相等的斜率. 证明 f 和 g 相差一个常数. ◀

> **定理 4.12 递增区间与递减区间**
> 设 f 在区间 I 上连续且在 I 的所有内点处可导. 如果对 I 的所有内点 $f'(x)>0$, 则 f 在 I 上递增. 如果对 I 的所有内点 $f'(x)<0$, 则 f 在 I 上递减.

证明 设 a 和 b 是区间 I 中的任意互异两点, $b>a$. 由中值定理, 对 a 和 b 之间的某些 c 有

$$\frac{f(b)-f(a)}{b-a}=f'(c),$$

等价地,

$$f(b)-f(a)=f'(c)(b-a).$$

注意到假设 $b-a>0$, 可知, 如果 $f'(c)>0$, 则 $f(b)-f(a)>0$. 所以, 对 I 中的所有 a 和 b, $b>a$, 有 $f(b)>f(a)$, 这蕴含 f 在 I 上递增. 类似地, 如果 $f'(c)<0$, 则 $f(b)-f(a)<0$, 即 $f(b)<f(a)$. 于是 f 在 I 上递减. ◀

4.6节 习题

复习题

1. 用图像解释罗尔定理.
2. 画一个使罗尔定理的结论不成立的函数图像.
3. 解释为什么在区间 $[-a,a]$ 上罗尔定理对于函数 $f(x)=|x|$ 不成立, 其中 $a>0$ 任意.
4. 用图像解释中值定理.
5. 画一个使中值定理的结论不成立的函数图像.
6. 在区间 $[-10,10]$ 上哪个点 c 使中值定理对 $f(x)=x^3$ 成立?

基本技能

7～12. 罗尔定理 确定在指定区间上罗尔定理对下列函数是否成立. 如果成立, 求由罗尔定理保证存在的点.

7. $f(x)=x(x-1)^2; [0,1]$.
8. $f(x)=\sin 2x; [0,\pi/2]$.
9. $f(x)=\cos 4x; [\pi/8,3\pi/8]$.
10. $f(x)=1-|x|; [-1,1]$.
11. $f(x)=1-x^{2/3}; [-1,1]$.
12. $f(x)=x^3-2x^2-8x; [-2,4]$.

13. **大气中的温度垂直梯度** 同时测量的结果表明, 在

6.1km 高处, 温度是 $-10.3°$ C, 在 3.2km 高处, 温度是 $8.0°$ C. 依据中值定理, 能给出温度垂直梯度在某个高度超过临界值 $7°$ C/km 的结论吗? 解释理由.

14. 赛车的加速度 最快的赛车可以沿四分之一英里长的赛道在 4.45s 之内达到 330mi/hr 的速率 (从停止状态开始). 完成下面关于此赛车的结论: 在比赛的某点处, 赛车最大的加速度至少是 ____ mi/hr/s.

15～22. 中值定理 用绘图工具在指定窗口中作函数的图像, 并给出函数的定义域与值域.

- **a.** 确定中值定理在区间 $[a,b]$ 上是否可以应用于下列函数.
- **b.** 如果可以, 计算或估计由中值定理保证存在的点.
- **c.** 画函数的草图及过 $(a,f(a))$ 和 $(b,f(b))$ 的直线. 标出点 P (如果存在), 使得在该点处的函数斜率等于割线斜率. 作出在 P 处的切线.

15. $f(x)=7-x^2;[-1,2]$.

16. $f(x)=3\sin 2x;[0,\pi/4]$.

17. $f(x)=\sqrt{x};[1,4]$.

18. $f(x)=|x-1|;[-1,4]$.

19. $f(x)=x^{-1/3};[1/8,8]$.

20. $f(x)=x+1/x;[1,3]$.

21. $f(x)=2x^{1/3};[-8,8]$.

22. $f(x)=x/(x+2);[-1,2]$.

深入探究

23. 解释为什么是, 或不是 判断下列命题是否正确, 并说明理由或举出反例.

- **a.** 连续函数 $f(x)=1-|x|$ 在区间 $[-1,1]$ 上满足中值定理的条件.
- **b.** 两个差值为常数的函数总有相同的导数.
- **c.** 如果 $f'(x)=0$, 那么 $f(x)=10$.

24～26. 关于导数的问题

24. 不用计算导数, 下面哪些函数有相同的导数? $f(x)=\sin^2 x$, $g(x)=-\cos^2 x$, $h(x)=2\sin^2 x$, $p(x)=1/\csc^2 x$?

25. 不用计算导数, 在函数 $g(x)=2x^{10}$, $h(x)=x^{10}+2$, 和 $p(x)=x^{10}-\cos 2$ 中哪个与 $f(x)=x^{10}$ 有相同的导数?

26. 求所有的函数 f 使其导数为 $f'(x)=x+1$.

27. 中值定理与图像 通过观察, 在图像上确定所有的点, 使得在该点处的切线斜率等于函数在区间 $[-4,4]$ 上的平均变化率.

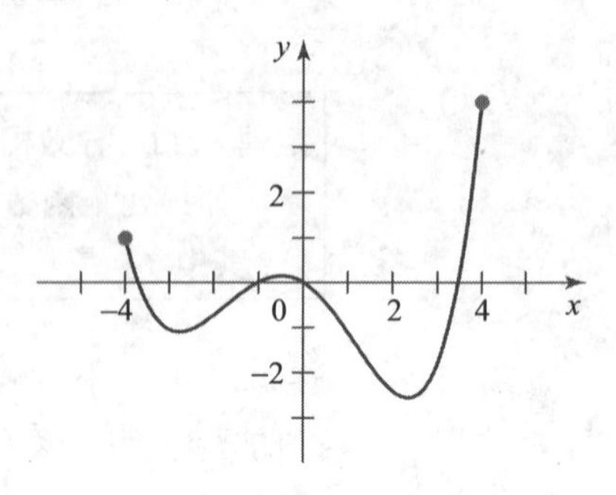

应用

28. 雪崩预报 雪崩预报员测量温度梯度 dT/dh, 它是积雪中的温度 T 相对于其深度 h 的变化率. 如果温度梯度大, 可能导致积雪中出现软雪层. 当这些软雪层坍塌时, 雪崩就发生了. 雪崩预报员遵循下面的基本原则: 如果在积雪中某处 dT/dh 超过 $10°$ C/m, 则有利于软雪层的形成, 雪崩发生的危险增加. 假设温度函数连续且可导.

- **a.** 雪崩预报员挖一个雪坑, 测量两个温度. 在表面 ($h=0$) 温度是 $-12°$ C. 在深 1.1m 处温度是 $2°$ C. 根据中值定理, 关于温度梯度能得出什么结论? 很可能形成软雪层吗?
- **b.** 在一英里远处, 一名滑雪者发现在 1.4m 深处的温度是 $-1°$ C, 在表面温度是 $-12°$ C. 关于温度梯度能得出什么结论? 在这个位置很可能形成软雪层吗?
- **c.** 因为雪是很好的隔热物质, 雪覆盖的地面温度接近 $0°$ C. 此外, 在特定地区内从一个位置到另一个位置雪表面的温度变化不大. 解释为什么在积雪不太深的地方更容易形成软雪层.
- **d.** 术语"等温的"用来描述积雪中各层有相同温度 (通常接近冰点) 这种情况. 等温的雪中很可能形成软雪层吗? 解释理由.

29. 中值定理与警察 一名州巡逻警官看到轿车在进入高速公路的匝道上启动. 她用步话机告诉沿高速公路前方 30mi 处的另一警官. 当轿车在 28min 后到达第二个警官所在位置时, 其速度为 60mi/hr. 轿车司机因为超过 60mi/hr 的限速而收到一张罚单. 为什么警官能得出司机超速的结论?

30. 又一个中值定理与警察 与习题 29 仔细比较. 一名州巡逻警官看到轿车在进入高速公路的匝道上启动. 她用步话机告诉沿高速公路前方 30mi 处的另一警

官. 当轿车在 30min 后到达第二个警官所在位置时, 其速度为 60mi/hr. 巡逻警官能得出司机超速的结论吗?

31. 跑步速度 如果赛跑者在 32min 内完成 6.2mi(10km) 的比赛, 那么他一定在比赛中至少有两次速率为 11mi/hr, 解释为什么. 假设赛跑者在终点处的速率为零.

附加练习

32. 线性函数的中值定理 诠释应用于任意线性函数时的中值定理.

33. 二次函数的中值定理 考虑二次函数 $f(x)=Ax^2+Bx+C$, 其中 A,B,C 是实数, 且 $A\neq 0$. 证明当在区间 $[a,b]$ 上对 f 应用中值定理时, 由定理保证存在的数值 c 是区间的中点.

34. 均值

a. 证明 $f(x)=x^2$ 在 $[a,b]$ 上满足中值定理的点 c 是 a 与 b 的算术平均值, 即 $c=(a+b)/2$.

b. 对 $0<a<b$, 证明 $f(x)=1/x$ 在 $[a,b]$ 上满足中值定理的点 c 是 a 与 b 的几何平均值, 即 $c=\sqrt{ab}$.

35. 等导数 验证函数 $f(x)=\tan^2 x$ 与 $g(x)=\sec^2 x$ 有相同的导数. 对于差 $f-g$ 有什么结论? 解释理由.

36. 等导数 验证函数 $f(x)=\sin^2 x$ 与 $g(x)=-\cos^2 x$ 有相同的导数. 对于差 $f-g$ 有什么结论? 解释理由.

37. 100m 速率 牙买加短跑运动员尤塞恩・博尔特在 2009 年夏天的 100 米短跑比赛中创造了 9.58s 的世界纪录. 在比赛过程中, 他的速率会超过 37km/hr 吗? 解释理由.

38. 不可导的条件 设 $f'(x)<0<f''(x)(x<a)$, 且 $f'(x)>0>f''(x)(x>a)$. 证明 f 在 a 处不可导. (*提示:* 假设 f 在 a 处可导, 对 f' 应用中值定理.) 更一般地, 证明如果 f' 和 f'' 在同一点处变号, 则 f 在该点处不可导.

39. 广义中值定理 设 f 和 g 是 $[a,b]$ 上的连续函数, 在 (a,b) 上可导, 且 $g(a)\neq g(b)$. 则在 (a,b) 中存在一点 c, 使得

$$\frac{f(b)-f(a)}{g(b)-g(a)}=\frac{f'(c)}{g'(c)}.$$

这个结果称为**广义 (或柯西) 中值定理**.

a. 若 $g(x)=x$, 证明广义中值定理蕴含中值定理.

b. 设 $f(x)=x^2-1$, $g(x)=4x+2$, $[a,b]=[0,1]$. 求满足广义中值定理的 c 值.

迅速核查 答案

1. $x=2$.
2. 图 4.57 中显示的函数提供了例子.
3. $f(x)=3x$ 和 $g(x)=3x+2$ 的图像有相同的斜率. 注意 $f(x)-g(x)=-2$ 是一常数.

4.7 洛必达法则

在第 2 章中完整地研究了极限, 但不够彻底. 有些称为不定式的极限一般不能用第 2 章提供的方法计算. 这些极限通常是实际问题中提出的更令人感兴趣的极限. 称为洛必达法则的强有力的工具可以使我们轻松地计算这样的极限.

现在说明一下不定式是如何形成的. 如果 f 是在点 a 处的连续函数, 则 $\lim\limits_{x\to a}f(x)=f(a)$, 即可以通过计算 $f(a)$ 求得极限. 但许多极限不能通过代入得到. 事实上, 在 3.4 节就遇到过这样的极限:

$$\lim_{x\to 0}\frac{\sin x}{x}=1.$$

如果试图把 $x=0$ 代入 $(\sin x)/x$, 得 $0/0$, 这是无意义的. 我们已经证明了 $(\sin x)/x$ 在 $x=0$ 处的极限是 1 (定理 3.9). 这个极限是不定式的一个例子.

记号 $0/0$ 和 ∞/∞ 仅仅是用来表示不定式的类型. 记号 $0/0$ 不表示被 0 除.

不定式的含义可以用 $\lim\limits_{x\to\infty}\frac{ax}{x}$ 作进一步说明, 其中 $a\neq 0$. 这个极限是 ∞/∞ 型不定式 (表示当 $x\to\infty$ 时, ax/x 的分子和分母的量值可以变得任意大), 但实际的极限值为 $\lim\limits_{x\to\infty}\frac{ax}{x}=\lim\limits_{x\to\infty}a=a$. 一般来说, ∞/∞ 或 $0/0$ 型的极限可以有任意值, 这就是为什么必

须小心处理这些极限.

0/0 型的洛必达法则

考虑形如 $f(x)/g(x)$ 的函数, 假定 $\lim\limits_{x\to a}f(x)=\lim\limits_{x\to a}g(x)=0$. 则极限 $\lim\limits_{x\to a}\dfrac{f(x)}{g(x)}$ 是 0/0 型不定式. 我们先叙述洛必达法则, 然后证明一个特殊情形.

第一本微积分学教科书归功于吉永 · 弗朗西斯 · 洛必达 (1661—1704). 这本书中的大部分材料都是由瑞士数学家约翰 · 伯努利 (1667—1748) 提供的, 包括洛必达法则.

定理 4.13　洛必达法则

设 f 和 g 在包含 a 的开区间 I 上可导, 且当 $x\neq a$ 时, $g'(x)\neq 0$. 如果 $\lim\limits_{x\to a}f(x)=\lim\limits_{x\to a}g(x)=0$, 那么只要右边的极限存在 (或 $\pm\infty$), 就有

$$\lim_{x\to a}\frac{f(x)}{g(x)}=\lim_{x\to a}\frac{f'(x)}{g'(x)},$$

若把 $x\to a$ 换成 $x\to\pm\infty$, $x\to a^+$, 或 $x\to a^-$, 这个法则也成立.

导数的定义提供了一个不定式的例子:

$$f'(x)=\lim_{h\to 0}\frac{f(x+h)-f(x)}{h}$$

是 0/0 型.

证明　(特殊情形) 定理的证明依赖于广义中值定理 (4.6 节习题 39). 我们证明定理的一个特殊情形: 假设 f' 和 g' 在 a 处连续, $f(a)=g(a)=0$, 且 $g'(a)\neq 0$. 有

$$\begin{aligned}
\lim_{x\to a}\frac{f'(x)}{g'(x)}&=\frac{f'(a)}{g'(a)} && (f' \text{ 和 } g' \text{ 的连续性})\\
&=\frac{\lim\limits_{x\to a}\dfrac{f(x)-f(a)}{x-a}}{\lim\limits_{x\to a}\dfrac{g(x)-g(a)}{x-a}} && (f'(a) \text{ 和 } g'(a) \text{ 的定义})\\
&=\lim_{x\to a}\frac{\dfrac{f(x)-f(a)}{x-a}}{\dfrac{g(x)-g(a)}{x-a}} && (\text{商的极限}, g'(a)\neq 0)\\
&=\lim_{x\to a}\frac{f(x)-f(a)}{g(x)-g(a)} && (\text{消去} x-a)\\
&=\lim_{x\to a}\frac{f(x)}{g(x)}. && (f(a)=g(a)=0)
\end{aligned}$$

◀

几何图形可以帮助我们理解洛必达法则. 先考虑两个线性函数 f 和 g, 它们的图像都过点 $(a,0)$, 斜率分别为 4 和 2; 即

$$f(x)=4(x-a),\quad g(x)=2(x-a).$$

还有 $f(a)=g(a)=0$, $f'(x)=4$, $g'(x)=2$ (见图 4.63).

考察商 f/g, 有

$$\frac{f(x)}{g(x)}=\frac{4(x-a)}{2(x-a)}=\frac{4}{2}=\frac{f'(x)}{g'(x)}.\qquad (\text{精确地})$$

这个论证可以一般化, 对任意线性函数 f 和 g, $f(a)=g(a)=0$, 只要 $g'(a)\neq 0$, 就有

$$\lim_{x\to a}\frac{f(x)}{g(x)}=\lim_{x\to a}\frac{f'(x)}{g'(x)}.$$

如果 f 和 g 不是线性函数, 我们用在 $(a,0)$ 处的线性逼近来替换它们 (见图 4.64). 放大点 a 处的图像, f 和 g 的图像分别接近它们的切线 $y=f'(a)(x-a)$ 和 $y=g'(a)(x-a)$, 切线的斜率分别是 $f'(a)$ 和 $g'(a)\neq 0$. 所以, 在 $x=a$ 附近, 有

迅速核查 1. 当 $x\to 0$ 时, 下列哪个函数导致一个不定式: $f(x)=x^2/(x+2)$, $g(x)=(\tan 3x)/x$, $h(x)=(1-\cos x)/x^2$? ◀

$$\frac{f(x)}{g(x)}\approx\frac{f'(a)(x-a)}{g'(a)(x-a)}=\frac{f'(a)}{g'(a)}.$$

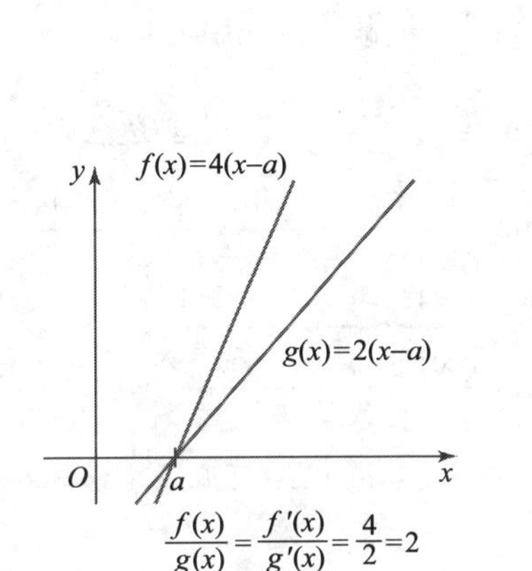

图 4.63

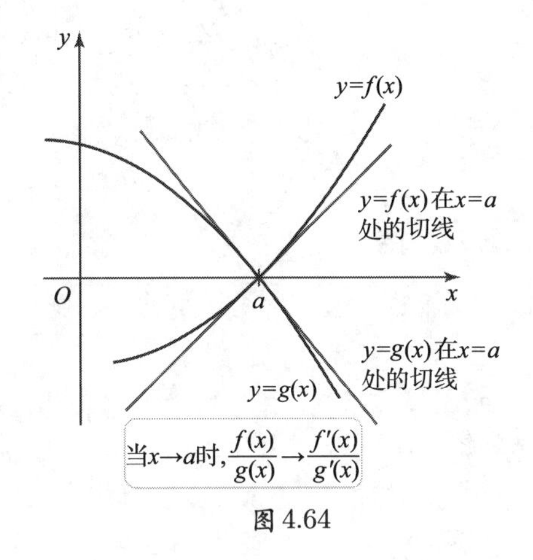

图 4.64

因此, 可以用导数的比很好地逼近函数的比. 在 $x\to a$ 的极限过程中, 也有

$$\lim_{x\to a}\frac{f(x)}{g(x)}=\lim_{x\to a}\frac{f'(x)}{g'(x)}.$$

例 1 应用洛必达法则 计算下列极限.

a. $\displaystyle\lim_{x\to 1}\frac{x^3+x^2-2x}{x-1}$. **b.** $\displaystyle\lim_{x\to 0}\frac{\sqrt{9+3x}-3}{x}$.

(a) 中的极限也可以通过分解分子的因式, 消去 $(x-1)$ 来计算:

$$\lim_{x\to 1}\frac{x^3+x^2-2x}{x-1}=\lim_{x\to 1}\frac{x(x-1)(x+2)}{x-1}=\lim_{x\to 1}x(x+2)=3.$$

解

a. 直接把 $x=1$ 代入 $\dfrac{x^3+x^2-2x}{x-1}$ 得到 $0/0$ 型不定式. 对 $f(x)=x^3+x^2-2x$ 和 $g(x)=x-1$ 使用洛必达法则, 得

$$\lim_{x\to 1}\frac{x^3+x^2-2x}{x-1}=\lim_{x\to 1}\frac{f'(x)}{g'(x)}=\lim_{x\to 1}\frac{3x^2+2x-2}{1}=3.$$

b. 把 $x=0$ 代入这个函数得到 $0/0$ 型不定式. 令 $f(x)=\sqrt{9+3x}-3$, $g(x)=x$. 注意到 $f'(x)=\dfrac{3}{2\sqrt{9+3x}}$, $g'(x)=1$. 应用洛必达法则, 有

$$\lim_{x\to 0}\underbrace{\frac{\sqrt{9+3x}-3}{x}}_{f/g}=\lim_{x\to 0}\underbrace{\frac{\frac{3}{2\sqrt{9+3x}}}{1}}_{f'/g'}=\frac{1}{2}.$$

相关习题 9～14 ◀

洛必达法则要求计算 $\lim\limits_{x\to a}f'(x)/g'(x)$. 后面的这个极限也可能是另外一个不定式, 所以可能再次应用洛必达法则.

例 2　重复使用洛必达法则 计算下列极限.

a. $\lim\limits_{x\to 0}\dfrac{\sec x-1}{x^2}$.　　**b.** $\lim\limits_{x\to 2}\dfrac{x^3-3x^2+4}{x^4-4x^3+7x^2-12x+12}$.

解

a. 这个极限是 0/0 型不定式. 应用洛必达法则, 有

$$\lim_{x\to 0}\frac{\sec x-1}{x^2}=\lim_{x\to 0}\frac{\sec x\tan x}{2x},$$

这是另一个 0/0 型的极限. 故再次应用洛必达法则:

$$\begin{aligned}\lim_{x\to 0}\frac{\sec x-1}{x^2}&=\lim_{x\to 0}\frac{\sec x\tan x}{2x} &&\text{(洛必达法则)}\\&=\lim_{x\to 0}\frac{(\sec x\tan x)\tan x+\sec x(\sec^2 x)}{2} &&\text{(再次用洛必达法则; 积法则)}\\&=\lim_{x\to 0}\frac{\overbrace{\sec x\tan^2 x}^{\text{趋于 }0}+\overbrace{\sec^3 x}^{\text{趋于 }1}}{2}=\frac{1}{2}. &&\text{(计算极限)}\end{aligned}$$

b. 计算分子和分母在 $x=2$ 处的值, 可见这个极限是 0/0 型不定式. 应用洛必达法则两次, 得

$$\begin{aligned}\lim_{x\to 2}\frac{x^3-3x^2+4}{x^4-4x^3+7x^2-12x+12}&=\underbrace{\lim_{x\to 2}\frac{3x^2-6x}{4x^3-12x^2+14x-12}}_{0/0\text{ 型的极限}} &&\text{(洛必达法则)}\\&=\lim_{x\to 2}\frac{6x-6}{12x^2-24x+14} &&\text{(再次用洛必达法则)}\\&=\frac{3}{7}. &&\text{(计算极限)}\end{aligned}$$

在这个计算中容易忽略的一个关键步骤: 在第一次应用洛必达法则之后, 必须确定新的极限也是不定式, 才可以第二次应用洛必达法则.

相关习题 15 ~ 22 ◄

不定式 ∞/∞

洛必达法则也可以直接应用于 $\lim\limits_{x\to a}f(x)/g(x)$, 其中 $\lim\limits_{x\to a}f(x)=\pm\infty$ 且 $\lim\limits_{x\to a}g(x)=\pm\infty$; 这样的不定式记为 ∞/∞. 这个结论的证明可以在高级教材中找到.

定理 4.14　洛必达法则 (∞/∞)

设 f 和 g 在包含 a 的开区间 I 上可导, 且当 $x\neq a$ 时, $g'(x)\neq 0$. 如果 $\lim\limits_{x\to a}f(x)=\pm\infty$, $\lim\limits_{x\to a}g(x)=\pm\infty$, 那么只要右边的极限存在 (或 $\pm\infty$), 就有

$$\lim_{x\to a}\frac{f(x)}{g(x)}=\lim_{x\to a}\frac{f'(x)}{g'(x)},$$

这个法则对 $x\to\pm\infty$, $x\to a^+$, 或 $x\to a^-$ 也成立.

迅速核查 2. 当 $x\to\infty$ 时, 下列哪个函数是不定式: $f(x)=\sin x/x$, $g(x)=(x-1)/x^3$, $h(x)=(3x^2+4)/x^2$? ◀

例 3 ∞/∞ **型的洛必达法则** 计算下列极限.

a. $\lim\limits_{x\to\infty}\dfrac{4x^3-6x^2+1}{2x^3-10x+3}$. **b.** $\lim\limits_{x\to\pi/2^-}\dfrac{1+\tan x}{\sec x}$.

解

a. 这个极限是 ∞/∞ 型不定式, 因为当 $x\to\infty$ 时, 分子和分母都趋于 $+\infty$. 三次应用洛必达法则, 得

如 2.5 节中所示, 这个极限也可以通过分子和分母同除以 x^3 来计算.

$$\underbrace{\lim_{x\to\infty}\frac{4x^3-6x^2+1}{2x^3-10x+3}}_{\infty/\infty}=\underbrace{\lim_{x\to\infty}\frac{12x^2-12x}{6x^2-10}}_{\infty/\infty}=\underbrace{\lim_{x\to\infty}\frac{24x-12}{12x}}_{\infty/\infty}=\lim_{x\to\infty}\frac{24}{12}=2.$$

b. 在此极限中, 当 $x\to\pi/2^-$ 时, 分子和分母都趋于 $+\infty$. 应用洛必达法则, 得

$$\begin{aligned}\lim_{x\to\pi/2^-}\frac{1+\tan x}{\sec x}&=\lim_{x\to\pi/2^-}\frac{\sec^2 x}{\sec x\tan x} &&(\text{洛必达法则})\\&=\lim_{x\to\pi/2^-}\frac{1}{\sin x} &&(\text{化简})\\&=1. &&(\text{计算极限})\end{aligned}$$

相关习题 23～26 ◀

相关的不定式: $0\cdot\infty$ 和 $\infty-\infty$

若 $\lim\limits_{x\to a}f(x)=0$, $\lim\limits_{x\to a}g(x)=\pm\infty$, 则极限 $\lim\limits_{x\to a}f(x)g(x)$ 是 $0\cdot\infty$ 型不定式. 洛必达法则不能直接应用于这个极限. 下面的例子将说明如何把这个不定式转化为 $0/0$ 型或 ∞/∞ 型.

例 4 $0\cdot\infty$ **型的洛必达法则** 计算 $\lim\limits_{x\to\infty}x^2\sin\left(\dfrac{1}{4x^2}\right)$.

迅速核查 3. 极限 $\lim\limits_{x\to\pi/2}(x-\pi/2)(\tan x)$ 是什么类型的不定式? 将其写为 $0/0$ 型不定式. ◀

解 这个极限是 $0\cdot\infty$ 型不定式. 把这个不定式转化为 $0/0$ 或 ∞/∞ 型的一个常用技巧是除以倒数. 改写这个极限, 并应用洛必达法则:

$$\begin{aligned}\underbrace{\lim_{x\to\infty}x^2\sin\left(\frac{1}{4x^2}\right)}_{0\cdot\infty\text{型}}&=\underbrace{\lim_{x\to\infty}\frac{\sin\left(\dfrac{1}{4x^2}\right)}{\left(\dfrac{1}{x^2}\right)}}_{\text{改为}0/0\text{型}}\quad\left(x^2=\frac{1}{1/x^2}\right)\\&=\lim_{x\to\infty}\frac{\cos\left(\dfrac{1}{4x^2}\right)\dfrac{1}{4}(-2x^{-3})}{-2x^{-3}}\quad(\text{洛必达法则})\\&=\lim_{x\to\infty}\cos\left(\frac{1}{4x^2}\right)\quad(\text{化简})\\&=\frac{1}{4}.\quad\left(\frac{1}{4x^2}\to 0,\cos 0=1\right)\end{aligned}$$

相关习题 27～30 ◀

不定式 $\infty-\infty$ 若 $\lim\limits_{x\to a} f(x)=\infty$，$\lim\limits_{x\to a} g(x)=\infty$，则极限 $\lim\limits_{x\to a}(f(x)-g(x))$ 是不定式，记作 $\infty-\infty$. 洛必达法则不能直接应用于 $\infty-\infty$ 型不定式，必须先把 $\infty-\infty$ 型表示为 $0/0$ 型或 ∞/∞ 型. 对于 $\infty-\infty$ 型不定式，容易导致错误的结果. 例如，若 $f(x)=3x+5$，$g(x)=3x$，则 $\infty-\infty$ 型不定式有极限

$$\lim_{x\to\infty}((3x+5)-(3x))=5.$$

但是，若 $f(x)=3x$，$g(x)=2x$，则 $\infty-\infty$ 型不定式有极限

$$\lim_{x\to\infty}(3x-2x)=\lim_{x\to\infty}x=\infty.$$

这些例子再次证明不定式是有欺骗性的. 在继续讨论 $\infty-\infty$ 型不定式之前，先介绍另外一个有用的技巧.

有时，通过变量替换把 $x\to\infty$ 转化为 $t\to0^+$ (或相反) 是有帮助的. 为计算 $\lim\limits_{x\to\infty}f(x)$，定义 $t=1/x$，注意当 $x\to\infty$ 时，$t\to0^+$. 于是

$$\lim_{x\to\infty}f(x)=\lim_{t\to0^+}f\left(\frac{1}{t}\right).$$

这个思想将在下面例子中说明.

例 5　$\infty-\infty$ 型的洛必达法则 计算 $\lim\limits_{x\to\infty}(x-\sqrt{x^2-3x})$.

解　当 $x\to\infty$ 时，$x-\sqrt{x^2-3x}$ 中的两项都趋于 ∞，故这个极限是 $\infty-\infty$ 型. 首先从表达式中提取 x，并构造一个商：

$$\begin{aligned}\lim_{x\to\infty}(x-\sqrt{x^2-3x})&=\lim_{x\to\infty}(x-\sqrt{x^2(1-3/x)})\qquad(\text{根号下提出因子 } x^2)\\&=\lim_{x\to\infty}x(1-\sqrt{1-3/x})\quad(x>0,\sqrt{x^2}=x)\\&=\lim_{x\to\infty}\frac{1-\sqrt{1-3/x}}{1/x}.\qquad(\text{把 } 0\cdot\infty \text{ 型写成 } 0/0 \text{ 型}; x=\frac{1}{1/x})\end{aligned}$$

这个新极限是 $0/0$ 型，可以应用洛必达法则.

一种方法是用变量替换 $t=1/x$：

$$\begin{aligned}\lim_{x\to\infty}\frac{1-\sqrt{1-3/x}}{1/x}&=\lim_{t\to0^+}\frac{1-\sqrt{1-3t}}{t}\qquad(\text{令 } t=1/x;\text{把 }\lim_{x\to\infty}\text{ 替换为 }\lim_{t\to0^+})\\&=\lim_{t\to0^+}\frac{\dfrac{3}{2\sqrt{1-3t}}}{1}\qquad(\text{洛必达法则})\\&=\frac{3}{2}.\qquad(\text{计算极限})\end{aligned}$$

相关习题 31 ~ 34◀

应用洛必达法则时容易犯的错误

作为本节的结束，我们罗列了一些使用洛必达法则时常犯的错误.

1. 洛必达法则指出 $\lim\limits_{x\to a}\frac{f(x)}{g(x)}=\lim\limits_{x\to a}\frac{f'(x)}{g'(x)}$, 而不是

$$\lim_{x\to a}\frac{f(x)}{g(x)}=\lim_{x\to a}\left[\frac{f(x)}{g(x)}\right]' \quad 或 \quad \lim_{x\to a}\frac{f(x)}{g(x)}=\lim_{x\to a}\left[\frac{1}{g(x)}\right]'f'(x).$$

换句话说, 应该计算 $f'(x)$ 和 $g'(x)$, 作出它们的商, 然后取极限. 不要混淆洛必达法则与商法则.

2. 在应用洛必达法则之前必须确认指定极限是 $0/0$ 型或 ∞/∞ 型不定式. 例如, 考虑下面对洛必达法则的误用:

$$\lim_{x\to 0}\frac{1-\sin x}{\cos x}=\lim_{x\to 0}\frac{-\cos x}{\sin x},$$

极限不存在. 首先这个极限不是不定式. 这个极限应该直接代入计算:

$$\lim_{x\to 0}\frac{1-\sin x}{\cos x}=\frac{1-\sin 0}{1}=1.$$

3. 在重复使用洛必达法则时, 每一步尽可能简化表达式, 并当极限不再是不定式时立即计算出极限值.

4. 重复使用洛必达法则偶尔会导致无限循环, 此时必须使用其他方法. 形如 $\lim\limits_{x\to\infty}\frac{\sqrt{ax+1}}{\sqrt{bx+1}}$ 的极限导致这一现象, 其中 a 和 b 是实数 (见习题 49).

5. 确保最后的极限存在. 考虑 ∞/∞ 型极限 $\lim\limits_{x\to\infty}\frac{3x+\cos x}{x}$. 应用洛必达法则, 有

$$\lim_{x\to\infty}\frac{3x+\cos x}{x}=\lim_{x\to\infty}\frac{3-\sin x}{1}.$$

因为右边的极限不存在, 诱使我们作出结论: 原极限也不存在. 事实上, 原极限的值为 1(分子和分母同除以 x). 要从洛必达法则得到一个结果, 计算中最后的极限必须存在 (或为 $\pm\infty$).

4.7节 习题

复习题

1. 用例子解释不定式 $0/0$ 表示什么意思.
2. 为什么需要像洛必达法则这样的特殊方法 (相对于代入法) 计算不定式?
3. 解释对 $0/0$ 型极限使用洛必达法则的步骤.
4. 哪些类型的不定式可以直接使用洛必达法则?
5. 解释如何把 $0\cdot\infty$ 型极限转化为 $0/0$ 或 ∞/∞ 型极限.
6. 举一个当 $x\to 0$ 时, ∞/∞ 型极限的例子.
7. 极限 $\lim\limits_{x\to 1^-}(x-1)\tan\frac{\pi x}{2}$ 是什么类型的不定式?
8. 极限 $\lim\limits_{x\to 2^+}\frac{1}{x-2}-\frac{1}{\sqrt{x^2-4}}$ 是什么类型的不定式?

基本技能

9～14. $0/0$ 型 用洛必达法则计算下列极限.

9. $\lim\limits_{x\to 2}\frac{x^2-2x}{8-6x+x^2}$.
10. $\lim\limits_{x\to -1}\frac{x^4+x^3+2x+2}{x+1}$.
11. $\lim\limits_{x\to 0}\frac{3\sin 4x}{5x}$.
12. $\lim\limits_{x\to 2\pi}\frac{x\sin x+x^2-4\pi^2}{x-2\pi}$.
13. $\lim\limits_{u\to \pi/4}\frac{\tan u-\cot u}{u-\pi/4}$.
14. $\lim\limits_{z\to 0}\frac{\tan 4z}{\tan 7z}$.

15～22. 0/0 型 计算下列极限.

15. $\lim_{x\to 0}\frac{1-\cos 3x}{8x^2}$.

16. $\lim_{x\to 0}\frac{\sin^2 3x}{x^2}$.

17. $\lim_{x\to -1}\frac{x^3-x^2-5x-3}{x^4+2x^3-x^2-4x-2}$.

18. $\lim_{x\to 1}\frac{x^n-1}{x-1}$，$n$ 是正整数.

19. $\lim_{v\to 3}\frac{v-1-\sqrt{v^2-5}}{v-3}$.

20. $\lim_{y\to 2}\frac{y^2+y-6}{\sqrt{8-y^2}-y}$.

21. $\lim_{h\to 0}\frac{\sin(x+h)-\sin x}{h}$，$x$ 是实数.

22. $\lim_{x\to 2}\frac{\sqrt[3]{3x+2}-2}{x-2}$.

23～26. ∞/∞ 型 计算下列极限.

23. $\lim_{x\to\infty}\frac{3x^4-x^2}{6x^4+12}$.

24. $\lim_{x\to\infty}\frac{4x^3-2x^2+6}{\pi x^3+4}$.

25. $\lim_{x\to\infty}\frac{8-4x^2}{3x^3+x-1}$.

26. $\lim_{x\to\pi/2}\frac{2\tan x}{\sec^2 x}$.

27～30. 0·∞ 型 计算下列极限.

27. $\lim_{x\to 0}x\csc x$.

28. $\lim_{x\to 1^-}(1-x)\tan\left(\frac{\pi x}{2}\right)$.

29. $\lim_{x\to(\pi/2)^-}\left(\frac{\pi}{2}-x\right)\sec x$.

30. $\lim_{x\to 0^+}(\sin x)\sqrt{\frac{1-x}{x}}$.

31～34. ∞ − ∞ 型 计算下列极限.

31. $\lim_{x\to 0^+}\left(\cot x-\frac{1}{x}\right)$.

32. $\lim_{x\to\infty}(x-\sqrt{x^2+1})$.

33. $\lim_{\theta\to\pi/2^-}(\tan\theta-\sec\theta)$.

34. $\lim_{x\to\infty}(x-\sqrt{x^2+4x})$.

深入探究

35. 解释为什么是，或不是 判断下列命题是否正确，并说明理由或举出反例.

a. 由洛必达法则，$\lim_{x\to 2}\frac{x-2}{x^2-1}=\lim_{x\to 2}\frac{1}{2x}=\frac{1}{4}$.

b. $\lim_{x\to 0}(x\sin x)=\lim_{x\to 0}f(x)g(x)=\lim_{x\to 0}f'(x)\lim_{x\to 0}g'(x)=(\lim_{x\to 0}1)(\lim_{x\to 0}\cos x)=1$.

c. $\lim_{x\to 2}\frac{x^3-2x^2+x-2}{x^2-1}=\lim_{x\to 2}\frac{3x^2-4x+1}{2x}$.

d. $\lim_{x\to 2}\frac{x^3-2x^2+x-2}{x^2-4}=\lim_{x\to 2}\frac{3x^2-4x+1}{2x}$.

36～37. 两种方法 用两种方法 (第 2 章的方法和洛必达法则) 求下列极限:

36. $\lim_{x\to\infty}\frac{100x^3-3}{x^4-2}$.

37. $\lim_{x\to\infty}\frac{2x^3-x^2+1}{5x^3+2x}$.

38. 洛必达的例子 计算大约 1700 年洛必达在他自己的教科书中使用的一个例子:

$$\lim_{x\to a}\frac{\sqrt{2a^3x-x^4}-a\sqrt[3]{a^2x}}{a-\sqrt[4]{ax^3}}\text{，其中 } a \text{ 是实数.}$$

39～47. 各种各样的极限 用分析方法计算下列极限.

39. $\lim_{x\to 6}\frac{\sqrt[5]{5x+2}-2}{1/x-1/6}$.

40. $\lim_{t\to\pi/2^+}\frac{\tan 3t}{\sec 5t}$.

41. $\lim_{x\to\infty}(\sqrt{x-2}-\sqrt{x-4})$.

42. $\lim_{x\to\pi/2}(\pi-2x)\tan x$.

43. $\lim_{x\to\infty}x^3\left(\frac{1}{x}-\sin\frac{1}{x}\right)$.

44. $\lim_{x\to\infty}(\sqrt{x^2-1}-\sqrt[3]{x^3-1})$.

45. $\lim_{x\to 1^+}\left(\frac{1}{x-1}-\frac{1}{\sqrt{x-1}}\right)$.

46. $\lim_{x\to\infty}\frac{3x^2-\cos x}{2x^2}$.

47. $\lim_{\theta\to\infty}\frac{\sin 2\theta-\theta^3}{3\theta^3}$.

应用

48. 一个光学极限 两个相关振荡的干扰理论需要求极限 $\lim_{\delta\to 2m\pi}\frac{\sin^2(N\delta/2)}{\sin^2(\delta/2)}$，其中 N 是正整数，m 是任意整数. 证明这个极限值为 N^2.

附加练习

49. 洛必达循环 考虑极限 $\lim_{x\to\infty}\frac{\sqrt{ax+b}}{\sqrt{cx+d}}$，其中 a,b,c,d

是正实数. 证明洛必达法则对这个极限失效. 用其他方法求极限.

50. $\infty-\infty$ **的一般结论** 设 a 和 b 是正实数. 计算 $\lim\limits_{x\to\infty}(ax-\sqrt{a^2x^2-bx})$, 用 a 和 b 表示.

51. **一个几何极限** 设 $f(\theta)$ 是三角形 ABP (见图) 的面积, $g(\theta)$ 是弦 PB 与弧 PB 之间的区域面积. 计算 $\lim\limits_{\theta\to 0}g(\theta)/f(\theta)$.

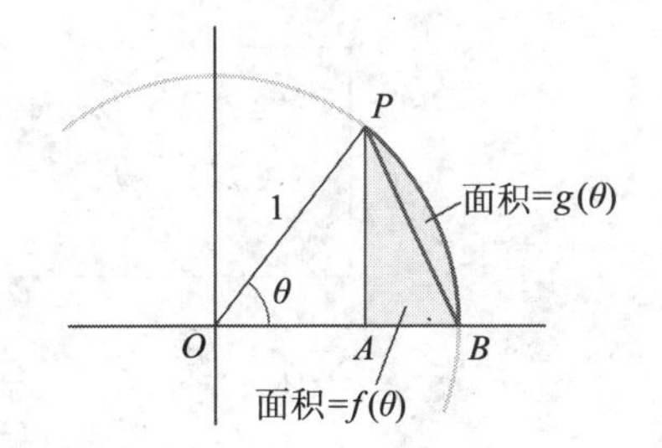

迅速核查 答案

1. g 和 h.

2. g 和 h.

3. $0\cdot\infty$; $(x-\pi/2)/\cot x$.

4.8 原 函 数

微分的目的是求已知函数 f 的导数 f'. 逆过程也同样重要: 给定函数 f, 寻找一个原函数 F 使得其导数是 f, 即 $F'=f$, 这个过程称为反微分.

> **定义 原函数**
> 只要对区间 I 中所有 x, $F'=f$, 则函数 F 称为 f 在 I 上的一个**原函数**.

在这一节中, 我们回顾在前面几章建立的导数公式, 发掘相应的原函数公式.

反向思考

考虑函数 $f(x)=1$ 和导数公式 $\dfrac{d}{dx}(x)=1$. 可见, f 的一个原函数是 $F(x)=x$, 因为 $F'(x)=1=f(x)$. 用同样的逻辑, 可得

$$\frac{d}{dx}(x^2)=2x \Rightarrow f(x)=2x \text{ 的一个原函数是 } F(x)=x^2,$$
$$\frac{d}{dx}(\sin x)=\cos x \quad \Rightarrow f(x)=\cos x \text{ 的一个原函数是 } F(x)=\sin x.$$

迅速核查 1. 通过导数验证 x^3 是 $3x^2$ 的一个原函数, $-\cos x$ 是 $\sin x$ 的一个原函数. ◄

每个所建议的原函数公式都容易通过证明 $F'=f$ 来验证.

马上提出一个问题: 函数有多个原函数吗? 为回答这个问题, 请关注 $f(x)=1$ 及其原函数 $F(x)=x$. 因为常数 C 的导数是零, 可见 $F(x)=x+C$ 也是 $f(x)=1$ 的原函数, 这容易验证:

$$F'(x)=\frac{d}{dx}(x+C)=1=f(x).$$

所以, 实际上 $f(x)=1$ 有无穷多个原函数. 基于同样的原因, 形如 $F(x)=x^2+C$ 的任意函数都是 $f(x)=2x$ 的原函数, 形如 $F(x)=\sin x+C$ 的任意函数都是 $f(x)=\cos x$ 的原函数, 其中 C 是任意常数.

我们也许会问, 对于给定函数是否有更多的原函数. 下面定理提供了一个答案.

定理 4.15　原函数族

设 F 是 f 的任意一个原函数, 则 f 的所有原函数有形式 $F+C$, 其中 C 是任意常数.

证明　设 F 和 G 是 f 在区间 I 上的原函数, 则 $F'=f$ 且 $G'=f$, 蕴含在 I 上, $F'=G'$. 根据 定理 4.11, 导数相等的函数相差一个常数, 得 $G=F+C$. 所以, f 的所有原函数有形式 $F+C$, 其中 C 是任意常数. ◄

定理 4.15 告诉我们, 尽管一个函数有无穷多个原函数, 但所有原函数都属于同一族, 即形如 $F+C$ 的函数族. 因为一个特定函数的不同原函数相差一个常数, 所以不同原函数的图像相互是垂直平移的 (见图 4.65).

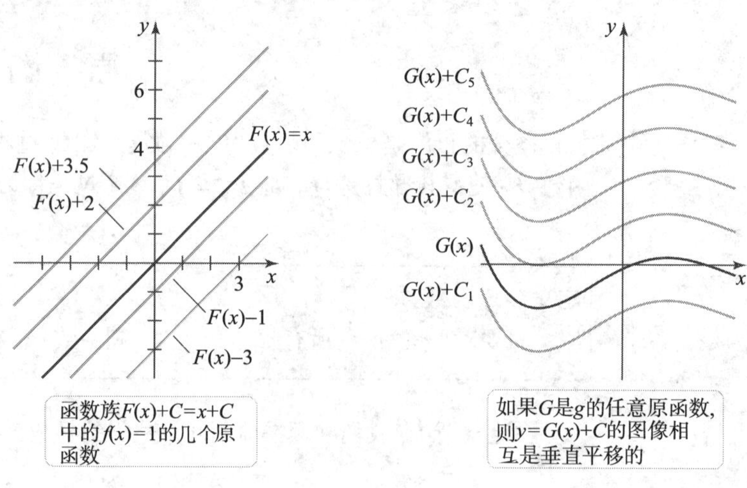

图 4.65

例 1　求原函数 用所知道的导数求下列函数的全体原函数.

a. $f(x)=3x^2$.　　**b.** $f(x)=-\dfrac{9}{x^{10}}$.　　**c.** $f(x)=\sin x$.

解

a. 我们知道 $\dfrac{d}{dx}(x^3)=3x^2$. 逆向使用这个导数公式, 得 $f(x)=3x^2$ 的一个原函数是 x^3. 由 定理 4.15, 全部的原函数族是 $F(x)=x^3+C$, 其中 C 是任意常数.

b. 因为 $\dfrac{d}{dx}(x^{-9})=-9x^{-10}=-9/x^{10}$, 所以 f 的全体原函数为 $F(x)=x^{-9}+C$, 其中 C 是任意常数.

c. 回顾 $\dfrac{d}{dx}(\cos x)=-\sin x$, 于是得 $\sin x$ 的原函数是 $F(x)=-\cos x+C$, 其中 C 是任意常数.

相关习题 9～16 ◄

迅速核查 2. 求每个函数的原函数族, $f(x)=\dfrac{1}{2\sqrt{x}}$, $g(x)=4x^3$, 以及 $h(x)=\sec^2 x$. ◄

不定积分

记号 $\dfrac{d}{dx}(f)$ 表示对 f 求导. 对于原函数也需要类似的记号. 由于历史的原因 (将在下

一章看到), 求 f 的原函数的记号是**不定积分** $\int f(x)dx$. 每当不定积分号出现时, 紧接着是**被积函数**, 然后是 dx. 现在 dx 仅表示 x 是自变量, 或**积分变量**. 记号 $\int f(x)dx$ 表示 f 的全体原函数.

用这个新记号, 例 1 中的三个结果可以记为

$$\int 3x^2dx = x^3 + C, \quad \int \left(-\frac{9}{x^{10}}\right)dx = x^{-9} + C, \quad \int \sin x dx = -\cos x + C,$$

其中 C 是任意常数, 称为**积分常数**. 本教材中前面的所有导数公式都可以写成不定积分的形式. 我们从幂法则开始.

注意, 在这个原函数公式中, 如果 $p=-1$, 则 $F(x)$ 无意义. $f(x)=x^{-1}$ 的原函数将在第 7 章讨论.

定理 4.16 不定积分的幂法则

$$\int x^p dx = \frac{x^{p+1}}{p+1} + C,$$

其中 $p \neq -1$ 是实数, C 是任意常数.

到目前为止, 对有理数 p, 证明了 $\frac{d}{dx}(x^p) = px^{p-1}$. 在第 7 章中将证明这个结论对实数 p 都成立.

证明 定理表示 $f(x)=x^p$ 的原函数是 $F(x)=\frac{x^{p+1}}{p+1}+C$. 对 F 求导, 验证 $F'(x)=f(x)$:

$$\begin{aligned} F'(x) &= \frac{d}{dx}\left(\frac{x^{p+1}}{p+1}+C\right) \\ &= \frac{d}{dx}\left(\frac{x^{p+1}}{p+1}\right) + \underbrace{\frac{d}{dx}(C)}_{0} \\ &= \frac{(p+1)x^{(p+1)-1}}{p+1} + 0 = x^p. \end{aligned}$$

◀

任意不定积分的计算可以通过导数验证: 声称的不定积分的导数必等于被积函数.

定理 3.4 和定理 3.5(3.2 节) 阐述了导数的常数倍法则与和法则. 这里是对应的原函数法则, 可以通过求导证明.

定理 4.17 常数倍法则与和法则

常数倍法则: $\int cf(x)dx = c\int f(x)dx$

和法则: $\int (f(x)+g(x))dx = \int f(x)dx + \int g(x)dx$

$\int dx$ 表示 $\int 1dx$, 即常值函数 $f(x)=1$ 的不定积分, 故 $\int dx = x + C$.

例 2 不定积分 确定下来下列积分.

a. $\int (3x^5 + 2 - 5x^{-3/2})dx$. **b.** $\int \left(\frac{4x^{19}-5x^{-8}}{x^2}\right)dx$.

解

a.

$$\begin{aligned}\int(3x^5+2-5x^{-3/2})dx &= \int 3x^5dx+\int 2dx-\int 5x^{-3/2}dx & \text{(和法则)}\\ &= 3\int x^5dx+2\int dx-5\int x^{-3/2}dx & \text{(常数倍法则)}\\ &= 3\cdot\frac{x^6}{6}+2\cdot x-5\cdot\frac{x^{-1/2}}{(-1/2)}+C & \text{(幂法则)}\\ &= \frac{x^6}{2}+2x+10x^{-1/2}+C. & \text{(化简)}\end{aligned}$$

每个不定积分产生一个任意常数, 所有这些任意常数可以合并成一个称为 C 的任意常数.

b.

$$\begin{aligned}\int\left(\frac{4x^{19}-5x^{-8}}{x^2}\right)dx &= \int(4x^{17}-5x^{-10})dx & \text{(化简被积函数)}\\ &= 4\int x^{17}dx-5\int x^{-10}dx & \text{(和与常数倍法则)}\\ &= 4\cdot\frac{x^{18}}{18}-5\cdot\frac{x^{-9}}{(-9)}+C & \text{(幂法则)}\\ &= \frac{2x^{18}}{9}+\frac{5x^{-9}}{9}+C. & \text{(化简)}\end{aligned}$$

这两个结论都应该通过求导验证. *相关习题 17～24* ◀

三角函数的不定积分

任何导数公式都可以改写为不定积分公式. 例如, 由链法则, 知

$$\frac{d}{dx}(\cos 3x)=-3\sin 3x.$$

于是, 马上可以写出

$$\int -3\sin 3x dx=\cos 3x+C.$$

从左边提出因子 -3, 再两边除以 -3, 得

$$\int \sin 3x dx=-\frac{1}{3}\cos 3x+C.$$

如果把 3 换为任意常数 $a\neq 0$, 论证也成立. 类似的原因导出表 4.5 中的结论, 其中 $a\neq 0$, C 是任意常数.

迅速核查 3. 用导数验证 $\int\sin 2x dx=-\frac{1}{2}\cos 2x+C$. ◀

表 4.5　　**三角函数的不定积分**

导数公式		不定积分公式
1. $\frac{d}{dx}(\sin ax)=a\cos ax$	→	$\int\cos ax dx=\frac{1}{a}\sin ax+C$
2. $\frac{d}{dx}(\cos ax)=-a\sin ax$	→	$\int\sin ax dx=-\frac{1}{a}\cos ax+C$
3. $\frac{d}{dx}(\tan ax)=a\sec^2 ax$	→	$\int\sec^2 ax dx=\frac{1}{a}\tan ax+C$
4. $\frac{d}{dx}(\cot ax)=-a\csc^2 ax$	→	$\int\csc^2 ax dx=-\frac{1}{a}\cot ax+C$
5. $\frac{d}{dx}(\sec ax)=a\sec ax\tan ax$	→	$\int\sec ax\tan ax dx=\frac{1}{a}\sec ax+C$
6. $\frac{d}{dx}(\csc ax)=-a\csc ax\cot ax$	→	$\int\csc ax\cot ax dx=-\frac{1}{a}\csc ax+C$

例 3 三角函数的不定积分 确定下列不定积分.

a. $\int \sec^2 3x dx$. **b.** $\int \cos\left(\frac{x}{2}\right) dx$.

解 这些积分直接从表 4.5 得到, 可以用导数验证.

a. 在表 4.5 的结论 3 中令 $a = 3$, 有

$$\int \sec^2 3x dx = \frac{\tan 3x}{3} + C.$$

b. 在表 4.5 的结论 1 中令 $a = \frac{1}{2}$, 即

$$\int \cos\left(\frac{x}{2}\right) dx = \frac{\sin(x/2)}{\frac{1}{2}} + C = 2\sin\left(\frac{x}{2}\right) + C.$$

相关习题 25～30 ◀

微分方程介绍

假设已知函数 f 的导数满足方程

$$f'(x) = 2x + 10.$$

要从这个微分方程中解出 f, 注意到解是 $2x + 10$ 的原函数, 即 $x^2 + 10x + C$, 其中 C 是任意常数. 故找到无穷多个解, 都具有形式 $f(x) = x^2 + 10x + C$.

迅速核查 4. 解释为什么 f' 的一个原函数是 f. ◀

现在考虑更一般的微分方程 $f'(x) = G(x)$, 其中 G 已知, f 未知. 解由 G 的原函数组成, 其中包括一个任意常数. 在大多数实际情形中, 微分方程伴随一个**初始条件**, 可以使我们确定任意常数. 所以, 我们考虑的问题是

$$\begin{aligned} &f'(x) = G(x), \quad \text{其中 } G \text{ 已知} \quad \text{(微分方程)} \\ &f(a) = b, \quad \text{其中 } a \text{ 和 } b \text{ 已知} \quad \text{(初始条件)} \end{aligned}$$

伴随初始条件的微分方程称为**初始值问题**.

例 4 初始值问题 解初始值问题

$$f'(x) = x^2 - 2x, \ f(1) = \frac{1}{3}.$$

解 解是 $x^2 - 2x$ 的一个原函数. 所以,

$$f(x) = \frac{x^3}{3} - x^2 + C,$$

其中 C 是任意常数. 我们已经确定解是某函数族中的一个函数, 此函数族中的不同函数相差一个常数. 这个函数族称为**通解**, 如图 4.66 所示, 可见不同 C 的曲线.

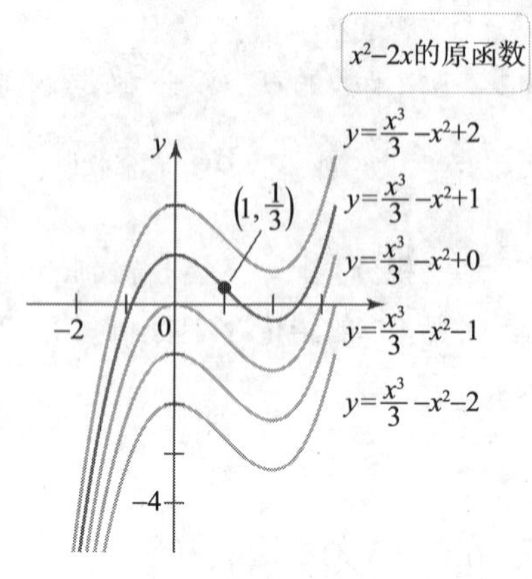

图 4.66

根据初始条件 $f(1)=\frac{1}{3}$, 需要在通解中找一个图像过点 $\left(1,\frac{1}{3}\right)$ 的特定函数. 用条件 $f(1)=\frac{1}{3}$, 解法如下:

$$\begin{aligned} f(x) &= \frac{x^3}{3}-x^2+C \qquad (\text{通解}) \\ f(1) &= \frac{1}{3}-1+C \qquad (\text{代入 } x=1) \\ \frac{1}{3} &= \frac{1}{3}-1+C \quad \left(f(1)=\frac{1}{3}\right) \\ C &= 1. \qquad (\text{解出 } C) \end{aligned}$$

验证解满足原问题是明智的: 求得 $f'(x)=x^2-2x$, $f(1)=\frac{1}{3}-1+1=\frac{1}{3}$.

所以, 初始问题的解为

$$f(x)=\frac{x^3}{3}-x^2+1,$$

这正是图 4.66 所示函数族中的一条曲线. *相关习题 31 ~ 46* ◀

迅速核查 5. 位置是速度的一个原函数. 但存在无穷多个原函数, 它们相差一个常数. 解释为什么两个物体可以有相同的速度函数, 但有不同的位置函数. ◀

再探运动问题

原函数允许我们再次探究 3.5 节中介绍的一维运动问题. 假设沿直线运动的一个物体相对于原点的位置是 $s(t)$, 其中 $t \geqslant 0$ 表示运动的时间. 物体的速度是 $v(t)=s'(t)$, 可以用原函数的术语表示: 位置函数是速度函数的一个原函数. 如果已知物体的速度函数和在特定时间的位置, 我们可以通过解初始值问题确定在未来所有时刻该物体的位置.

运动问题通常假设运动在 $t=0$ 时开始. 这表示在 $t=0$ 时指定初始条件.

我们也知道一维运动物体的加速度是速度的变化率, 即 $a(t)=v'(t)$. 用原函数的术语, 即速度是加速度的一个原函数. 于是, 如果已知物体的加速度和在特定时间的速度, 我们可以确定在所有时刻该物体的速度. 这是为物体的运动建模的核心思想.

速度和位置的初始值问题

假定物体沿直线运动, 已知速度 $v(t)$, $t \geqslant 0$. 则其位置通过解初始值问题得到:

$$s'(t)=v(t), s(0)=s_0, \qquad \text{其中 } s_0 \text{ 是初始位置.}$$

如果物体的加速度 $a(t)$ 已知, 则其速度可以通过解初始值问题得到:

$$v'(t)=a(t), v(0)=v_0, \qquad \text{其中 } v_0 \text{ 是初始速度.}$$

例 5 比赛 运动员 A 从点 $s(0)=0$ 处出发, 速度为 $v(t)=2t$. 运动员 B 从前面出发点 $S(0)=8$ 处出发, 速度为 $V(t)=2$. 求两个运动员在 $t\geqslant 0$ 时的位置, 并确定当 $t=6$ 个单位时间时谁在前面.

解 设运动员 A 的位置是 $s(t)$, 初始位置 $s(0)=0$. 则其位置函数满足初始值问题

$$s'(t)=v(t)=2t, s(0)=0.$$

解是 $s'(t)=2t$ 的一个原函数, 其形式为 $s(t)=t^2+C$. 代入 $s(0)=0$, 求得 $C=0$. 所以, 运动员 A 的位置为 $s(t)=t^2$, $t\geqslant 0$.

设运动员 B 的位置是 $S(t)$, 初始位置 $S(0)=8$. 这个位置函数满足初始值问题

$$S'(t)=V(t)=2, S(0)=8.$$

$S'(t)=2$ 的原函数是 $S(t)=2t+C$. 代入 $S(0)=8$ 蕴含 $C=8$. 所以, 运动员 B 的位置为 $S(t)=2t+8$, $t\geqslant 0$.

两个位置函数的图像如图 4.67 所示. 运动员 B 在前面出发点出发, 但当 $s(t)=S(t)$, 即 $t^2=2t+8$ 时被追上. 这个方程的解是 $t=4$ 或 $t=-2$. 只有正解是有意义的, 因为比赛发生在 $t\geqslant 0$ 时, 故运动员 A 在 $t=4$ 时追上运动员 B, 这时 $s=S=16$. 当 $t=6$ 时, 运动员 A 在前.

相关习题 47～54 ◀

例 6 引力下的运动 如果忽略空气阻力, 在地球表面附近垂直移动物体的运动由引力加速度决定, 引力加速度近似为 $9.8\mathrm{m/s^2}$. 假设当 $t=0$ 时, 在高于河面 100m 的悬崖边, 以 40m/s 的速度垂直向上投掷石块.

a. 求石块的速度 $v(t)$, $t\geqslant 0$.

b. 求石块的位置 $s(t)$, $t\geqslant 0$.

c. 求石块在河面上的最大高度.

d. 石块以什么速度冲击河面?

在地球表面的引力加速度近似为 $g=9.8\,\mathrm{m/s^2}$, 或 $g=32\,\mathrm{ft/s^2}$. 即使在海平面上引力加速度也是从极地的大约 9.864 0 到赤道的 9.798 2 变化的. 假设没有其他力 (如空气阻力) 的作用, 方程 $v'(t)=-g$ 是牛顿第二运动定律的一个实例.

解 先建立坐标系, 正 s- 轴指向垂直上方, $s=0$ 对应于河面 (见图 4.68). 设 $s(t)$ 是石块相对于河面的高度, $t\geqslant 0$. 石块的初始速度是 $v(0)=40\,\mathrm{m/s}$, 初始位置是 $s(0)=100\,\mathrm{m}$.

a. 引力引起的加速度指向 s 的反方向. 所以, 控制物体运动的初始值问题是

$$\text{加速度}=v'(t)=-9.8, v(0)=40.$$

-9.8 的原函数是 $v(t)=-9.8t+C$. 由初始条件 $v(0)=40$ 得出 $C=0$. 于是, 石块的速度为

$$v(t)=-9.8t+40.$$

如图 4.69 所示, 速度从初始值 $v(0)=40$ 下降, 直到在抛射轨道的最高点处达到零. 这个最高点在

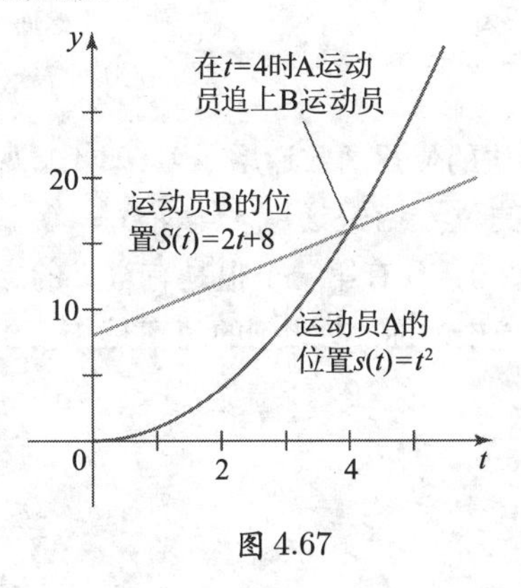

图 4.67

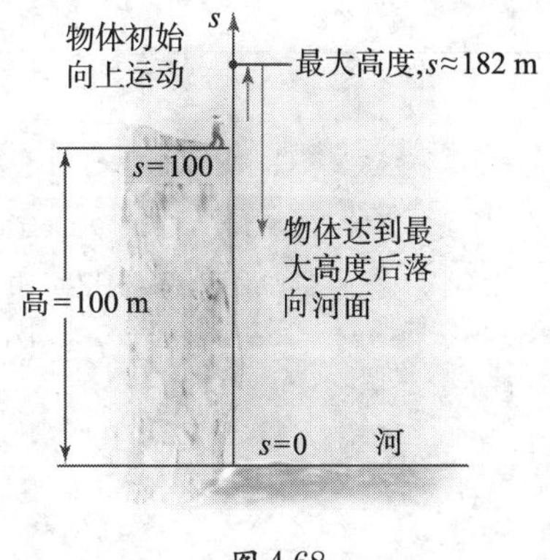

图 4.68

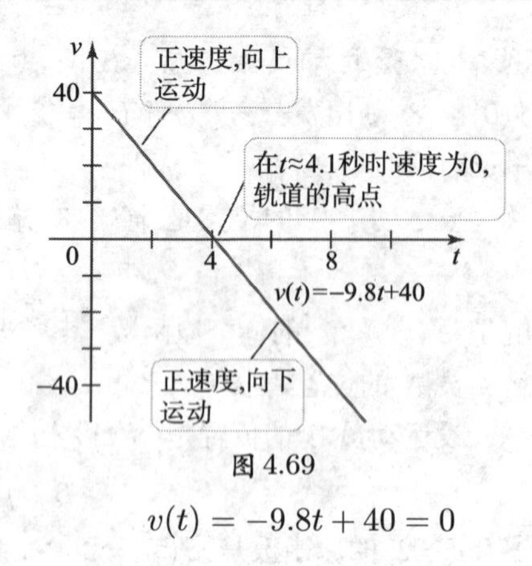

图 4.69

$$v(t) = -9.8t + 40 = 0$$

时达到, 即 $t \approx 4.1s$. 当 $t > 4.1$ 时, 速度开始为负且量值递增, 石块落回地面.

b. 知道了石块的速度, 就可以确定其位置. 位置函数满足初始值问题

$$v(t) = s'(t) = -9.8t + 40, s(0) = 100.$$

$-9.8t + 40$ 的原函数是

$$s(t) = -4.9t^2 + 40t + C.$$

初始条件 $s(0) = 100$ 蕴含 $C = 100$, 故石块的位置函数是

$$s(t) = -4.9t^2 + 40t + 100,$$

如图 4.70 所示. 位置函数的抛物线图像不是石块的实际轨迹; 石块沿 s - 轴垂直运动.

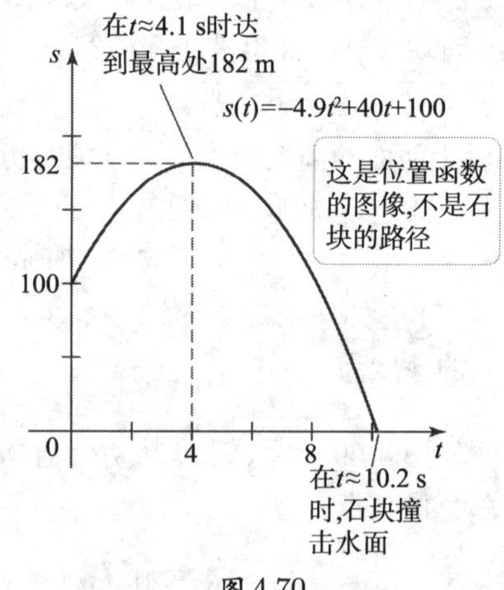

图 4.70

c. 对 $0 < t < 4.1$, 石块的位置函数递增. 当 $t \approx 4.1$ 时, 石块达到高点 $s(4.1) \approx 182\,\text{m}$.

d. 对 $t > 4.1$, 石块的位置函数递减, 当 $s(t) = 0$ 时, 石块撞击河面. 这个方程的解是 $t \approx 10.2$ 和 $t \approx -2.0$. 只有第一个根是有意义的, 因为运动发生在 $t \geqslant 0$ 时. 所以, 石块在 $t \approx 10.2\,\text{s}$ 时撞击河面. 在此刻的速率是 $|v(10.2)| \approx |-60| = 60\,\text{m/s}$.

相关习题 55 ~ 58 ◀

4.8节 习题

复习题

1. 用导数或原函数填空:
   如果 $F'(x)=f(x)$, 则 f 是 F 的 ________, F 是 f 的 ________.
2. 描述 $f(x)=0$ 的原函数集合.
3. 描述 $f(x)=1$ 的原函数集合.
4. 为什么一个函数的两个不同原函数相差一个常数?
5. 给出 x^p 的原函数. 对 p 的哪些值结论成立?
6. 计算 $\int \cos ax dx$ 和 $\int \sin ax dx$.
7. 若 $F(x)=x^2-3x+C$ 且 $F(-1)=4$, 则 C 的值是什么?
8. 对已知函数 f, 描述解初始值问题 $F'(t)=f(t)$, $F(0)=10$ 的步骤.

基本技能

9～16. 求原函数 求下列函数的全体原函数. 通过求导验证.

9. $f(x)=5x^4$.
10. $g(x)=11x^{10}$.
11. $f(x)=\sin 2x$.
12. $g(x)=-4\cos 4x$.
13. $P(x)=3\sec^2 x$.
14. $Q(s)=\csc^2 s$.
15. $f(y)=-2/y^3$.
16. $H(z)=-6z^{-7}$.

17～24. 不定积分 确定下列不定积分. 通过求导验证.

17. $\int (3x^5-5x^9)dx$.
18. $\int (3u^{-2}-4u^2+1)du$.
19. $\int \left(4\sqrt{x}-\frac{4}{\sqrt{x}}\right)dx$.
20. $\int \left(\frac{5}{t^2}+4t^2\right)dt$.
21. $\int (5s+3)^2 ds$.
22. $\int 5m(12m^3-10m)dm$.
23. $\int (3x^{1/3}+4x^{-1/3}+6)dx$.
24. $\int 6\sqrt[3]{x}dx$.

25～30. 含三角函数的不定积分 确定下列不定积分. 通过求导验证.

25. $\int (\sin 2y+\cos 3y)dy$.
26. $\int \left[\sin 4t-\sin\left(\frac{t}{4}\right)\right]dt$.
27. $\int (\sec^2 x-1)dx$.
28. $\int 2\sec^2 2v dv$.
29. $\int (\sec^2\theta+\sec\theta\tan\theta)d\theta$.
30. $\int \frac{\sin\theta-1}{\cos^2\theta}d\theta$.

31～34. 特殊的 对下列函数 f, 求满足指定条件的原函数 F.

31. $f(x)=x^5-2x^{-2}+1; F(1)=0$.
32. $f(t)=\sec^2 t; F(\pi/4)=1$.
33. $f(v)=\sec v\tan v; F(0)=2$.
34. $f(x)=(4\sqrt{x}+6/\sqrt{x})/x^2; F(1)=4$.

35～40. 解初始值问题 求下列初始值问题的解.

35. $f'(x)=2x-3; f(0)=4$.
36. $g'(x)=7x^6-4x^3+12; g(1)=24$.
37. $g'(x)=7x\left(x^6-\frac{1}{7}\right); g(1)=2$.
38. $h'(t)=6\sin 3t$; $h(\pi/6)=6$.
39. $f'(u)=4(\cos u-\sin 2u); f(\pi/6)=0$.
40. $p'(t)=\frac{1}{2\sqrt{t}}; p(4)=6$.

41～46. 作通解的图像 作一些函数的图像, 这些函数满足下列微分方程. 再求满足初始条件的特殊函数, 并作图.

41. $f'(x)=2x-5; f(0)=4$.
42. $f'(x)=3x^2-1; f(1)=2$.
43. $f'(x)=3x+\sin\pi x; f(2)=3$.
44. $f'(s)=4\sec s\tan s; f(\pi/4)=1$.
45. $f'(t)=1/t^2; f(1)=4$.
46. $f'(x)=2\cos 2x; f(0)=1$.

47～52. 由速度求位置 已知下列物体沿直线运动的速

度函数, 求给定初始位置的位置函数. 作速度函数和位置函数的图像.

47. $v(t)=2t+4; s(0)=0.$

48. $v(t)=2\cos t; s(0)=0.$

49. $v(t)=2\sqrt{t}; s(0)=1.$

50. $v(t)=\sin t+3\cos t; s(0)=4.$

51. $v(t)=6t^2+4t-10; s(0)=0.$

52. $v(t)=2\sin 2t; s(0)=0.$

53～54. 比赛 已知运动员 A 和 B 的速度函数和初始位置. 通过作运动员位置函数的图像分析比赛结果, 并求他们第一次相互超越的时间和位置 (如果存在).

53. $\mathrm{A}: v(t)=\sin t, s(0)=0; \mathrm{B}: V(t)=\cos t, S(0)=0.$

54. $\mathrm{A}: v(t)=2t, s(0)=0; \mathrm{B}: V(t)=3\sqrt{t}, S(0)=0.$

55～58. 引力下的运动 考虑下列只有引力加速度作用的物体垂直运动的情形.

- **a.** 求所有相关时间的物体速度.
- **b.** 求所有相关时间的物体位置.
- **c.** 求物体达到最高点的时间. (高是多少?)
- **d.** 求物体撞击地面的时间.

55. 以 30m/s 的速度 (从地面) 垂直向上抛出的棒球.

56. 在河面上 200m 高的悬崖边以 30m/s 的速度垂直向上投掷的石块.

57. 在高 400m 并以 10m/s 的速率上升的热气球上释放的载荷.

58. 在高 400m 并以 10m/s 的速率下降的热气球上释放的载荷.

深入探究

59. 解释为什么是, 或不是 判断下列命题是否正确, 并说明理由或举出反例.

- **a.** $F(x)=x^3-4x+100$ 与 $G(x)=x^3-4x-100$ 是同一函数的原函数.
- **b.** 若 $F'(x)=f(x)$, 则 f 是 F 的一个原函数.
- **c.** 若 $F'(x)=f(x)$, 则 $\int f(x)dx=F(x)+C$.
- **d.** $f(x)=x^3+3$ 与 $g(x)=x^3-4$ 是同一函数的导数.
- **e.** 若 $F'(x)=G'(x)$, 则 $F(x)=G(x)$.

60～67. 各种各样的不定积分 确定下列不定积分. 通过求导检验工作.

60. $\int(\sqrt[3]{x^2}+\sqrt{x^3})dx.$

61. $\int\frac{\sqrt{2x}+\sqrt[3]{8x}}{x}dx.$

62. $\int(4\cos 4w-3\sin 3w)dw.$

63. $\int(\csc^2\theta+2\theta^2-3\theta)d\theta.$

64. $\int(\csc^2\theta+1)d\theta.$

65. $\int\frac{1+\sqrt{x}}{x^2}dx.$

66. $\int(\sec^2 4x+1)dx.$

67. $\int\sqrt{x}(2x^6-4\sqrt[3]{x})dx.$

68～71. 由高阶导数求函数 求满足下列微分方程及初始条件的函数 F.

68. $F''(x)=1, F'(0)=3, F(0)=4.$

69. $F''(x)=\cos x, F'(0)=3, F(\pi)=4.$

70. $F'''(x)=4x, F''(0)=0, F'(0)=1, F(0)=3.$

71. $F'''(x)=672x^5+24x, F''(0)=0, F'(0)=2, F(0)=1.$

应用

72. 弹簧上的物体 系在弹簧一端的物体上下振荡. 如果其加速度为 $a(t)=\sin\pi t$, 初始速度和位置分别为 $v(0)=3$ 和 $s(0)=0$, 求相对于平衡点的位置函数 s.

73. 水流速度 一个大型水箱装满了水. 在 $t=0$ 时打开出水龙头, 水流出的速率是 $Q'(t)=0.1(100-t^2)$, $0\leqslant t\leqslant 10$.

- **a.** 已知初始条件 $Q(0)=0$, 求 t 分钟后流出的水量 $Q(t)$.
- **b.** 作流量函数 Q 的图像, $0\leqslant t\leqslant 10$.
- **c.** 在 10min 内从水箱中流出多少水?

74. 一般领先问题 当 $t=0$ 时, 位置在 $s=0$ 的物体 A 以速度 $v(t)=2at$ 沿 s- 轴开始运动, 其中 $a>0$. 位置在 $s=c>0$ 的物体 B 以速度 $V(t)=b>0$ 沿 s- 轴也开始运动. 证明 A 总是在

$$t=\frac{b+\sqrt{b^2+4ac}}{2a}.$$

时追上 B.

附加练习

75. 应用恒等式 用恒等式 $\sin^2 x=(1-\cos 2x)/2$ 和

$\cos^2 x=(1+\cos 2x)/2$ 求 $\int \sin^2 x dx$ 和 $\int \cos^2 x dx$.

76～79. 验证不定积分 通过求导验证下列不定积分. 这些积分将在后面的章节中推导出来.

76. $\int \frac{\cos\sqrt{x}}{\sqrt{x}}dx = 2\sin\sqrt{x}+C.$

77. $\int \frac{x}{\sqrt{x^2+1}}dx = \sqrt{x^2+1}+C.$

78. $\int x^2\cos x^3 dx = \frac{1}{3}\sin x^3 + C.$

79. $\int \frac{x}{(x^2-1)^2}dx = -\frac{1}{2(x^2-1)}+C.$

迅速核查 答案

1. $d/dx(x^3)=3x^2$, $d/dx(-\cos x)=\sin x$.
2. $\sqrt{x}+C$, x^4+C, $\tan x + C$.
3. $d/dx(-\cos(2x)/2+C)=\sin 2x$.
4. 可以通过求导得到 f' 的一个函数就是 f. 所以 f 是 f' 的一个原函数.
5. 两个位置函数包含不同的初始条件; 它们相差一个常数.

第4章　总复习题

1. 解释为什么是, 或不是 判断下列命题是否正确, 并说明理由或举出反例.

a. 如果 $f'(c)=0$, 则 f 在 c 处有极小值或极大值.

b. 如果 $f''(c)=0$, 则 f 在 $(c, f(c))$ 处有拐点.

c. $F(x)=x^2+10$ 和 $G(x)=x^2-100$ 是同一函数的原函数.

d. 在 $(-\infty,\infty)$ 上的连续函数的两个极小值之间必有一个极大值.

2. 确定极值点的位置 考虑函数 f 在区间 $[-3,3]$ 上的图像.

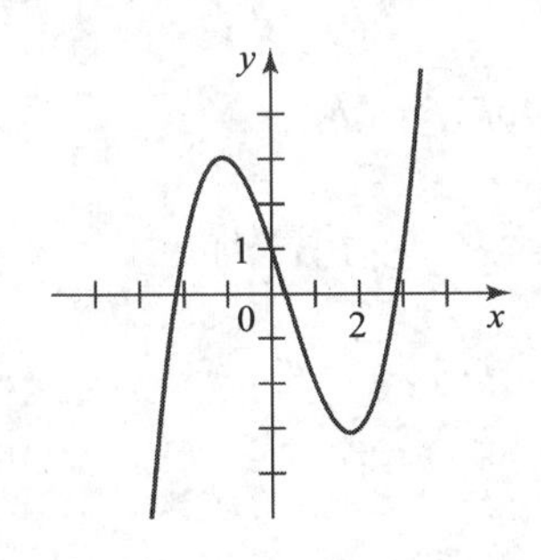

a. 给出 f 的极大值点和极小值点的近似坐标.

b. 给出 f 的最大值点和最小值点的近似坐标 (如果存在).

c. 给出 f 的拐点的近似坐标.

d. 给出 f 的零点的近似坐标.

e. 在什么 (近似的) 区间上 f 上凹?

f. 在什么 (近似的) 区间上 f 下凹?

3～4. 设计的函数 作满足下列条件的函数草图.

3. f 在区间 $[-4,4]$ 上连续, 当 $x=-2,0,3$ 时 $f'(x)=0$; f 在 $x=3$ 处有最小值; f 在 $x=-2$ 处有极小值; f 在 $x=0$ 处有极大值; f 在 $x=-4$ 处有最大值.

4. f 在 $(-\infty,\infty)$ 上连续; 在 $(-\infty,0)$ 上 $f'(x)<0$ 且 $f''(x)<0$; 在 $(0,\infty)$ 上 $f'(x)>0$ 且 $f''(x)>0$.

5. 由导数求函数 已知 f' 和 f'' 的图像, 作 f 的可能图像.

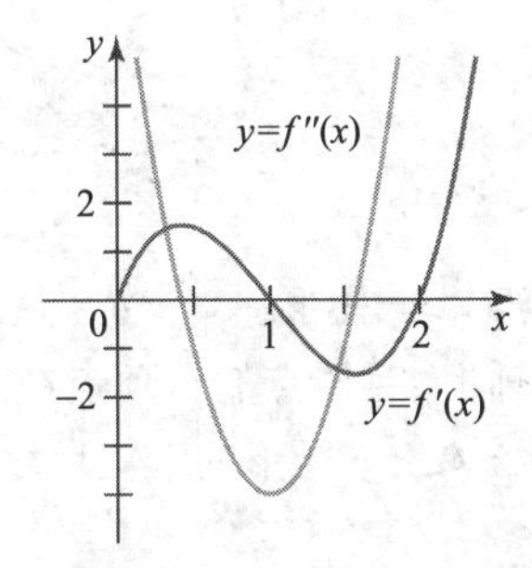

6～10. 临界点 求下列函数在指定区间上的临界点. 识别最大值和最小值 (如果可能). 用函数的图像证实得到的结论.

6. $f(x)=\sin 2x+3; [-\pi,\pi]$.

7. $f(x)=2x^3-3x^2-36x+12; (-\infty,\infty)$.

8. $f(x)=4x^{1/2}-x^{5/2}; [0,4]$.

9. $f(x)=(x^2+8)/(x+1); [-5,5]$.

10. $g(x)=x^{1/3}(9-x^2); [-4,4]$.

11. 绝对值 考虑 $[-4,4]$ 上的函数 $f(x)=|x-2|+|x+3|$. 作 f 的图像, 确定临界点, 并给出极值点和最值点的坐标.

12. 拐点 $f(x)=2x^5-10x^4+20x^3+x+1$ 有拐点吗?

如果有,确定拐点.

13～20. 曲线作图 用本章中的作图指南完成下列函数在其定义域或指定区间上的图像. 用绘图工具核对.

13. $f(x) = x^4/2 - 3x^2 + 4x + 1$.

14. $f(x) = \dfrac{3x}{x^2+3}$.

15. $f(x) = 4\cos(\pi(x-1))$, $[0,2]$.

16. $f(x) = \dfrac{x^2+x}{4-x^2}$.

17. $f(x) = \sqrt[3]{x} - \sqrt{x} + 2$.

18. $f(x) = \dfrac{\cos \pi x}{1+x^2}$, $[-2,2]$.

19. $f(x) = x^{2/3} + (x+2)^{1/3}$.

20. $f(x) = \dfrac{x^2+12}{x-2}$.

21. 最优化 直角三角形的两直角边长为 h 和 r, 斜边长为 4 (见图). 绕长为 h 的直角边旋转三角形得一个正圆锥. h 和 r 取何值时圆锥的体积最大?(圆锥的体积 $= \pi r^2 h/3$.)

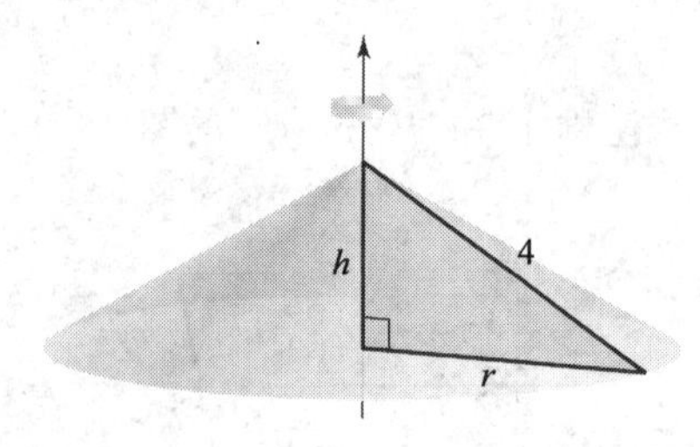

22. 曲线下的矩形 作一矩形, 其一边在正 x- 轴上, 另一边在正 y- 轴上, 且原点的对顶点在曲线 $y = \cos x$ 上, $0 < x < \pi/2$. 求矩形的近似尺寸使其面积最大. 最大面积是多少?

23. 最大长度 两个和为 23 的非负实数 a 和 b 取何值时, (a) 使 a^2+b^2 最小? (b) 使 a^2+b^2 最大?

24. 最近的点 在 $f(x) = \dfrac{5}{2} - x^2$ 的图像上哪个点与原点最近?(*提示:* 可以最小化距离的平方.)

25. 中值定理 细胞培养基中的细胞数量按照函数 $P(t) = \dfrac{100t}{t+1}$ 增长, 其中 $t \geqslant 0$ 以周计.

a. 在区间 $[0,8]$ 上细胞数量的平均变化率是多少?

b. 在区间 $[0,8]$ 上哪一点处的瞬时变化率等于平均变化率?

26～33. 极限 计算下列极限. 必要时使用洛必达法则.

26. $\lim\limits_{t\to 2} \dfrac{t^3-t^2-2t}{t^2-4}$.

27. $\lim\limits_{t\to 0} \dfrac{1-\cos 6t}{2t}$.

28. $\lim\limits_{x\to \infty} \dfrac{5x^2+2x-5}{\sqrt{x^4-1}}$.

29. $\lim\limits_{\theta\to 0} \dfrac{3\sin^2 2\theta}{\theta^2}$.

30. $\lim\limits_{x\to \infty} (\sqrt{x^2+x+1} - \sqrt{x^2-x})$.

31. $\lim\limits_{\theta\to 0} 2\theta \cot 3\theta$.

32. $\lim\limits_{\theta\to 0} \dfrac{3\sin 8\theta}{8\sin 3\theta}$.

33. $\lim\limits_{x\to 1} \dfrac{x^4-x^3-3x^2+5x-2}{x^3+x^2-5x+3}$.

34～43. 不定积分 确定下列不定积分.

34. $\int (x^8 - 3x^3 + 1)dx$.

35. $\int \left(\dfrac{1}{x^2} - \dfrac{2}{x^{5/2}}\right) dx$.

36. $\int \dfrac{x^4 - 2\sqrt{x} + 2}{x^2} dx$.

37. $\int (1 + \cos 3\theta) d\theta$.

38. $\int 2\sec^2 x dx$.

39. $\int \sec 2x \tan 2x dx$.

40. $\int (\sin 2\theta + 2\theta + 1) d\theta$.

41. $\int (4x^{1/3} - 7x^{2/5} + 10x^{3/7}) dx$.

42. $\int \dfrac{1+\tan\theta}{\sec\theta} d\theta$.

43. $\int (\sqrt[4]{x^3} + \sqrt{x^5}) dx$.

44～47. 由导数求函数 求具有下列性质的函数.

44. $f'(x) = 3x^2 - 1$, $f(0) = 10$.

45. $f'(t) = \sin t + 2t$, $f(0) = 5$.

46. $g'(t) = t^2 + t^{-2}$, $g(1) = 1$.

47. $h'(x) = \sin^2 x$, $h(1) = 1$. (提示: $\sin^2 x = (1 - \cos 2x)/2$.)

48. 直线运动 两个物体沿 x- 轴运动, 它们的位置函数分别是 $x_1(t) = 2\sin t$ 和 $x_2(t) = \sin(t - \pi/2)$. 在区间 $[0, 2\pi]$ 上的何时, 两物体相距最近和最远?

49. 引力下的垂直运动 在高出地面 125m 的平台上以初始速度 120m/s 垂直向上发射一枚火箭. 假设唯一的作用力是引力. 对 $t \geqslant 0$ 确定火箭的速度函数和位置函数, 并作图像. 用文字描述这个运动.

50. 一个有理函数族的临界点 考虑函数 $f(x) = \dfrac{x^2+a}{x-b}$, 其中 a 和 b 是实数.

a. a 和 b 取何值时, 保证 f 有两个临界点?

b. a 和 b 取何值时, 保证 f 有零个临界点?

c. 对 a 和 b 的任意值, f 可能恰有一个临界点吗?

51～52. 两种方法 用两种不同方法 (第 2 章中的方法和洛必达法则) 计算下列极限.

51. $\displaystyle\lim_{x\to\infty}\frac{2x^5-x+1}{5x^6+x}$.

52. $\displaystyle\lim_{x\to\infty}\frac{4x^4-\sqrt{x}}{2x^4+x^{-1}}$.

53. 余弦的极限 设 n 是正整数. 用图像或分析方法验证下列极限:

a. $\displaystyle\lim_{x\to 0}\frac{1-\cos x^n}{x^{2n}}=\frac{1}{2}$.　　**b.** $\displaystyle\lim_{x\to 0}\frac{1-\cos^n x}{x^2}=\frac{n}{2}$.

第5章 积 分

本章概要 我们现在处在微积分进程的关键时刻. 很多人认为本章是微积分的基础, 因为它解释了微积分的两个部分, 微分和积分之间的联系. 首先, 我们说明函数图像所围平面区域的面积问题在微积分中非常重要的原因. 然后我们会明白如何将原函数引入到我们用来解决这类面积问题的定积分中. 但是微积分远远不止这些. 我们还将看到导数和积分之间的重要联系, 微积分基本定理表述了这一联系. 在本章中, 我们给出定积分的主要性质, 研究它们的很多应用, 并且介绍计算定积分的一些有效方法中的第一种方法.

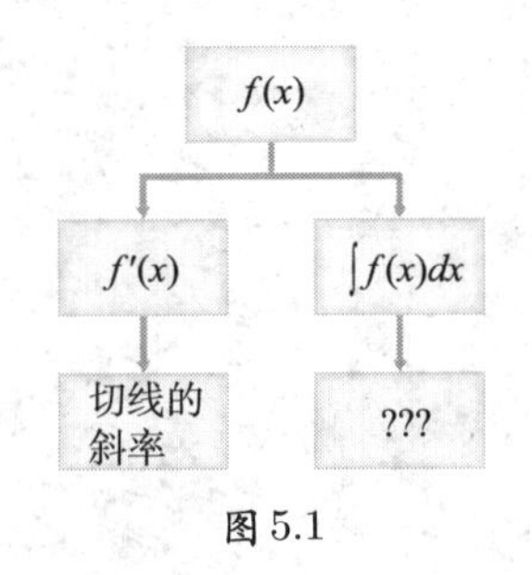

图 5.1

5.1 估计曲线下的面积

函数的导数是与变化率和切线斜率相联系的. 我们也知道原函数 (或不定积分) 是导数运算的逆运算. 图 5.1 总结了我们现在的理解并提出了问题: 积分的几何意义是什么? 下面的例子提供了线索.

速度曲线下的面积

考虑一沿直线运动的物体. 在前面的章节中, 我们已经知道位置函数的图像在某时刻的切线斜率是该时刻的瞬时速度. 现在我们把情况调换过来. 如果我们知道一运动物体的速度函数, 如何求它的位置函数?

想象一辆汽车沿着一条笔直的高速公路以 60mi/hr 的匀速行驶 2 小时. 速度函数 $v = 60$ 的图像在区间 $0 \leqslant t \leqslant 2$ 上是水平线 (见图 5.2). 汽车在 $t = 0$ 和 $t = 2\,\mathrm{hr}$ 之间的位移由一个熟悉的公式可得：

回忆 3.5 节中, 沿直线运动的物体的位移是起点位置和终点位置的差. 如果物体的速度是正的, 那么它的位移等于行驶的路程.

$$\text{位移} = \text{时间} \times \text{时间} = (60\mathrm{mi/hr}) \times (2\ \mathrm{hr}) = 120\mathrm{mi}.$$

这个乘积是由 $t = 0$ 与 $t = 2$ 之间的速度曲线和 t- 轴围成的矩形面积 (见图 5.3). 在速度恒正的情况下, 我们看到速率曲线与 t- 轴之间的面积是运动物体的位移.

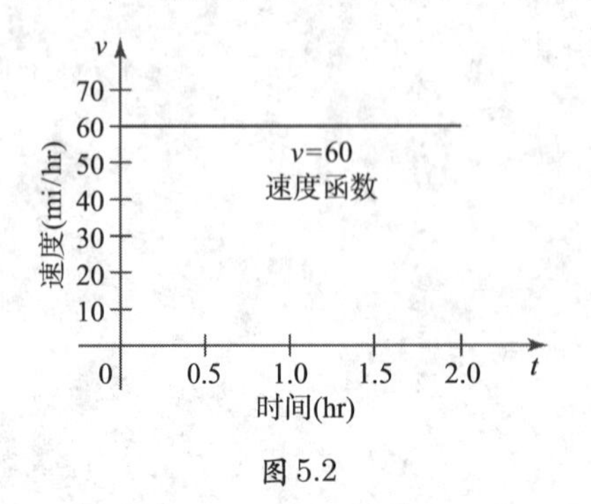

图 5.2

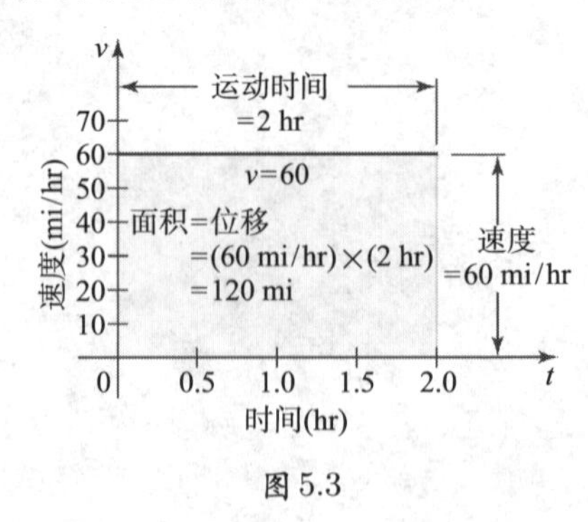

图 5.3

迅速核查 1. 一物体以 10mi/hr 的匀速运动半小时, 接下来以 20mi/hr 的匀速运动半小时, 再接下来以 30mi/hr 的匀速运动 1 小时, 它的位移是多少? ◄

图 5.3 中矩形边长的单位分别是 mi/hr 和 hr, 故面积的单位是 mi/hr · hr = mi, 这就是位移的单位.

因为物体未必匀速运动, 所以我们需要把这种想法推广到速度大小不时改变的正速度的情况当中. 一种策略就是把时间区间分成许多子区间, 每个子区间上的速度近似为常速度. 然后计算出每个子区间上的位移并把它们相加. 这种策略仅仅得到位移的近似值; 然而随着子区间的增多, 这个近似的精确度一般会提高.

例 1 近似位移 假设沿直线运动的物体以 m/s 计的速度为函数 $v=t^2$, $0 \leqslant t \leqslant 8$. 通过把时间区间 $[0,8]$ 等分成 n 个子区间来估计位移. 在每个子区间上, 用等于在中点处的速度 v 的常值作为在该子区间上速度的近似值.

a. 首先把 $[0,8]$ 分成 $n=2$ 个子区间: $[0,4],[4,8]$.

b. 把 $[0,8]$ 分成 $n=4$ 个子区间: $[0,2],[2,4],[4,6]$ 和 $[6,8]$.

c. 把 $[0,8]$ 分成 $n=8$ 个等长子区间.

解

a. 我们把 $[0,8]$ 分成 $n=2$ 个长度都等于 4 的子区间: $[0,4]$ 和 $[4,8]$. 在每个子区间上的速度用该子区间中点处的速度 v 值作为近似值 (见图 5.4(a)).

- 我们用 $v(2)=2^2=4\,\mathrm{m/s}$ 逼近在 $[0,4]$ 上的速度. 以 4m/s 的匀速运动 4 秒的位移是 4m/s × 4s=16m.
- 我们用 $v(6)=6^2=36\,\mathrm{m/s}$ 逼近在 $[4,8]$ 上的速度. 以 36m/s 的匀速运动 4 秒的位移是 36m/s × 4s=144m.

因此, 在整个区间 $[0,8]$ 上位移的近似值为

$$(v(2)\cdot 4s)+(v(6)\cdot 4s)=(4\,\mathrm{m}/s\times 4\,\mathrm{s})+(36\,\mathrm{m}/s\times 4s)=160\,\mathrm{m}.$$

b. $n=4$ 时 (见图 5.4(b)), 每个子区间的长度为 2. 整个区间上位移的近似值为

$$(\underbrace{1\,\mathrm{m/s}}_{v(1)}\times 2\,\mathrm{s})+(\underbrace{9\,\mathrm{m/s}}_{v(3)}\times 2\,\mathrm{s})+(\underbrace{25\,\mathrm{m/s}}_{v(5)}\times 2\,\mathrm{s})+(\underbrace{49\,\mathrm{m/s}}_{v(7)}\times 2\,\mathrm{s})=168\,\mathrm{m}.$$

c. 有 $n=8$ 个子区间时 (见图 5.4(c)), 位移的近似值是 170m. 在各种情况下, 位移的近似值是速度曲线下的矩形面积之和.

用每个子区间的中点去逼近该区间上的速度

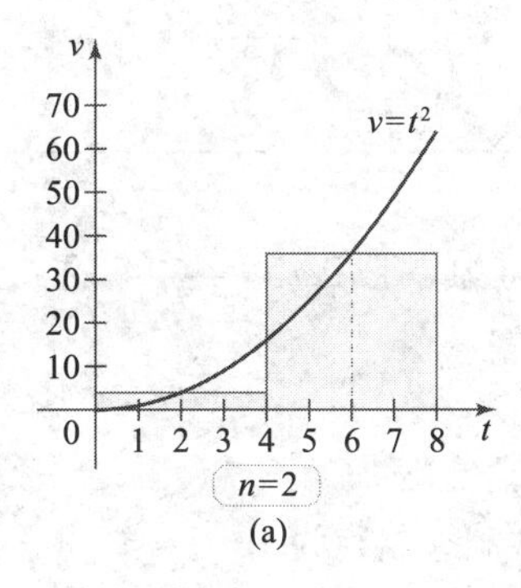

(a)

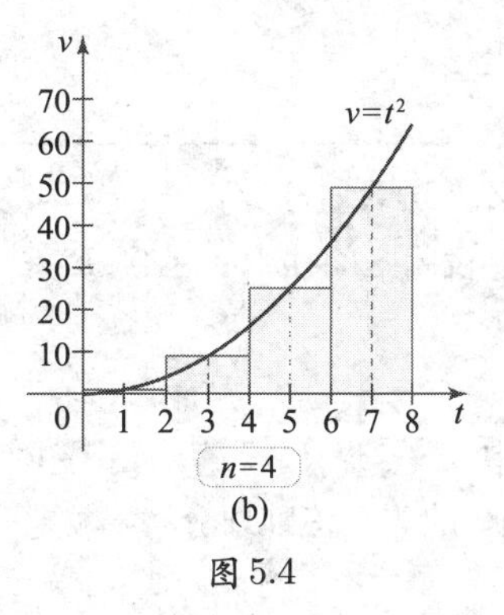

(b)

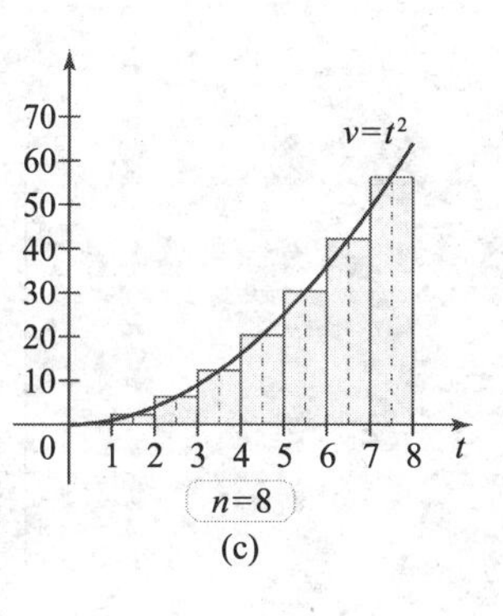

(c)

图 5.4

相关习题 9～14 ◄

迅速核查 2. 在例 1 中, 如果采用 $n=32$ 个子区间, 则每个子区间的长度是多少? 指出第一个和最后一个区间的中点. ◀

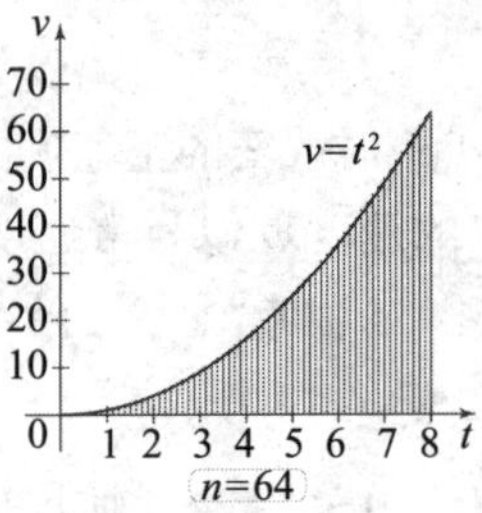

图 5.5

例 1 的过程可以继续下去. 更大的 n 值意味着更多的矩形; 一般地, 矩形越多对曲线下区域的拟合就越好 (见图 5.5). 采用 $n=1,2,4,8,16,32$ 和 62 个子区间时, 借助于计算器的帮助, 我们得到表 5.1 中的近似值. 注意到随着 n 的增大, 近似值看上去趋向于约 170.7m 的极限. 这个极限就是位移, 具体体现为速度曲线下的区域面积. 5.2 节完整地描述了这种取和求极限的思想.

表 5.1　　**速度曲线 $v=t^2, t\in[0,8]$ 下的面积的近似值**

子区间的数量	各区间的长度	位移的近似值 (曲线下的面积)
1	8s	128.0m
2	4s	160.0m
4	2s	168.0m
8	1s	170.0m
16	0.5s	170.5m
32	0.25s	170.625m
64	0.125s	170.656 25m

用黎曼和逼近面积

“由函数图像围成的区域面积”这种描述通常简称为“曲线下的面积.”

我们现在发掘一个逼近曲线下面积的方法. 考虑区间 $[a,b]$ 上的非负连续函数 f. 我们的目标是逼近由 f 在 $x=a$ 与 $x=b$ 之间的图像与 x- 轴所围区域 R 的面积 (见图 5.6). 首先, 我们把区间 $[a,b]$ 分成 n 个等长的子区间:

$$[x_0,x_1],[x_1,x_2],\cdots,[x_{n-1},x_n],$$

其中 $a=x_0, b=x_n$ (见图 5.7). 用区间 $[a,b]$ 的长度除以 n 得到每个子区间的长度 Δx:

$$\Delta x=\frac{b-a}{n}.$$

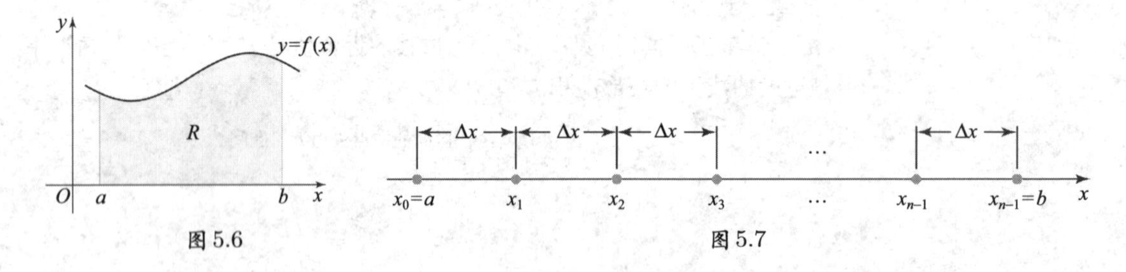

图 5.6　　图 5.7

定义　正则划分

设闭区间 $[a,b]$ 包含 n 个长度均等于 $\Delta x=\dfrac{b-a}{n}$ 的子区间:

$$[x_0,x_1],[x_1,x_2],\cdots,[x_{n-1},x_n],$$

其中 $a=x_0, b=x_n$. 子区间的端点 $x_0,x_1,x_2,\ldots,x_{n-1},x_n$ 叫**格点**. 它们产生了区间 $[a,b]$ 的一个**正则划分**. 一般地, 第 k 个格点为

$$x_k=a+k\Delta x,\quad k=0,1,2,\cdots,n.$$

迅速核查 3. 如果区间 $[1,9]$ 被分成 4 个长度相等的子区间, Δx 是多少? 列出格点 x_0, x_1, x_2, x_3, x_4. ◄

虽然积分的思想在 17 世纪已经得到明确表达, 但几乎是在 200 年后, 才由德国数学家伯恩哈德·黎曼 (1826—1866) 发展了积分所蕴含的数学理论.

在第 k 个子区间 $[x_{k-1},x_k]$ 上, 我们任选点 $\bar{x}_k$, 并构造高为 f 在 $\bar{x}_k$ 的函数值 $f(\bar{x}_k)$ 的矩形 (见图 5.8). 第 k 个子区间上矩形的面积为

$$\text{高} \times \text{底} = f(\bar{x}_k)\Delta x, \qquad k=1,2,\cdots,n.$$

把图 5.8 中的矩形面积加起来, 我们得到 R 的近似面积:

$$f(\bar{x}_1)\Delta x + f(\bar{x}_2)\Delta x + \cdots + f(\bar{x}_n)\Delta x,$$

这个和称为**黎曼和**. 三个著名的黎曼和是左和、右和与中点和.

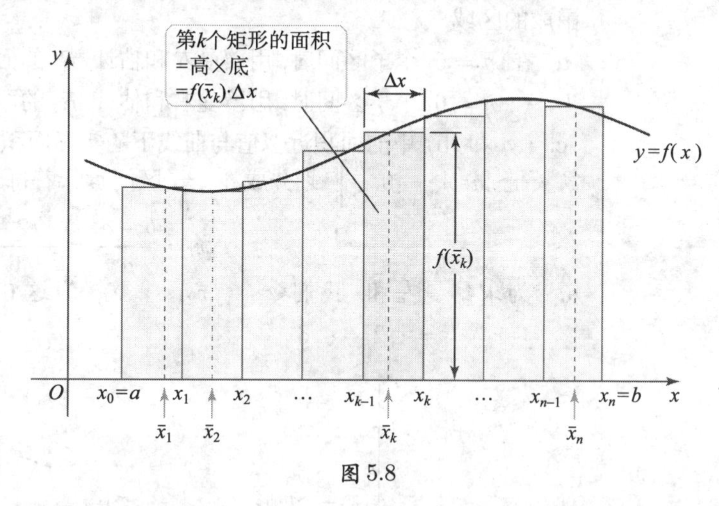

图 5.8

> **定义　黎曼和**
>
> 设 f 在闭区间 $[a,b]$ 上定义, $[a,b]$ 被分成 n 个长度均等于 Δx 的子区间. 如果 $\bar{x}_k$ 是第 k 个子区间 $[x_{k-1},x_k]$ 内的任意点, $k=1,2,\cdots,n$, 则
>
> $$f(\bar{x}_1)\Delta x + f(\bar{x}_2)\Delta x + \cdots + f(\bar{x}_n)\Delta x$$
>
> 称作 f 在 $[a,b]$ 上的一个**黎曼和**. 如果对 $k=1,2,\cdots,n$,
>
> - $\bar{x}_k$ 都是 $[x_{k-1},x_k]$ 的左端点 (见图 5.9), 则这个和称为**黎曼左和**;
> - $\bar{x}_k$ 都是 $[x_{k-1},x_k]$ 的右端点 (见图 5.10), 则这个和称为**黎曼右和**;
> - $\bar{x}_k$ 都是 $[x_{k-1},x_k]$ 的中点 (见图 5.11), 则这个和称为**黎曼中点和**.

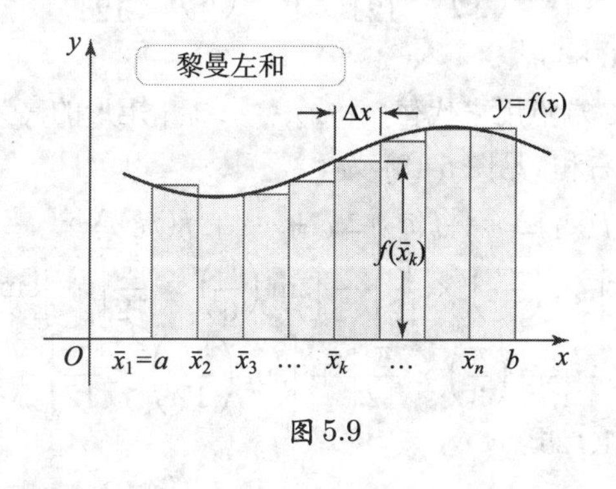

图 5.9

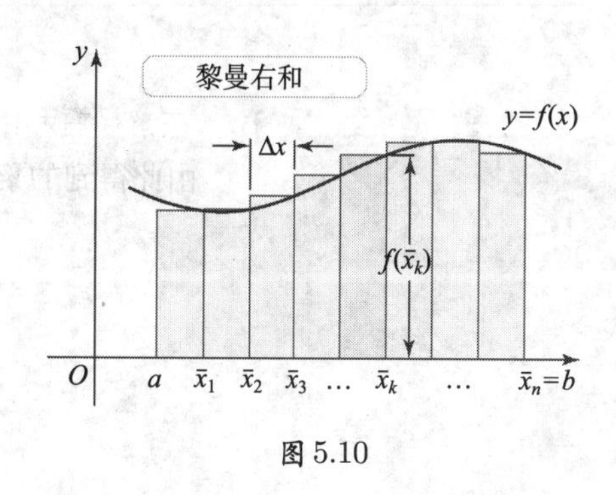

图 5.10

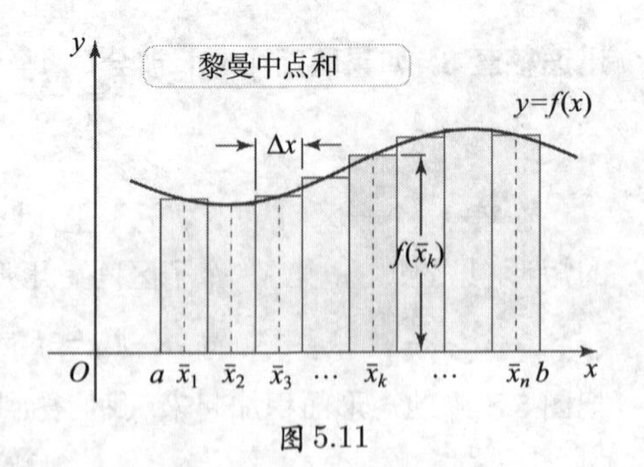

图 5.11

例 2　正弦曲线下的面积 设 R 是 $f(x)=\sin x$ 在 $x=0$ 与 $x=\dfrac{\pi}{2}$ 之间的图像与 x- 轴所围成的区域.

a. 在 $n=6$ 个子区间时, 用黎曼左和估计 R 的面积, 并用适当的矩形说明这个和.

b. 在 $n=6$ 个子区间时, 用黎曼右和估计 R 的面积, 并用适当的矩形说明这个和.

c. (a) 和 (b) 中的面积近似值与曲线下的实际面积相比, 有何关系?

解　把 $[a,b]=\left[0,\dfrac{\pi}{2}\right]$ 划分成 6 个子区间意味着每个子区间的长度为

$$\Delta x=\frac{b-a}{n}=\frac{\pi/2-0}{6}=\frac{\pi}{12}.$$

a.　为求黎曼左和, 我们令 $\bar{x}_1,\bar{x}_2,\cdots,\bar{x}_6$ 为这 6 个子区间的左端点. 这些矩形的高是 $f(\bar{x}_k),k=1,2,\cdots,6$.

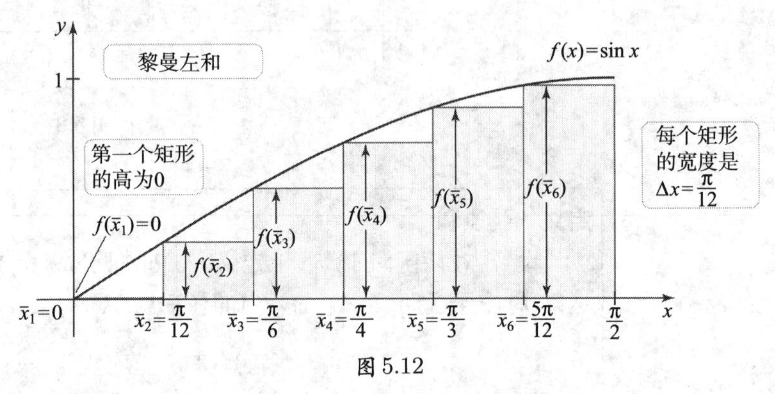

图 5.12

由此得到的黎曼左和 (见图 5.12) 为

$$\begin{aligned}&f(\bar{x}_1)\Delta x+f(\bar{x}_2)\Delta x+\cdots+f(\bar{x}_6)\Delta x\\=&\left[\sin(0)\times\frac{\pi}{12}\right]+\left[\sin\left(\frac{\pi}{12}\right)\times\frac{\pi}{12}\right]+\left[\sin\left(\frac{\pi}{6}\right)\times\frac{\pi}{12}\right]\\&+\left[\sin\left(\frac{\pi}{4}\right)\times\frac{\pi}{12}\right]+\left[\sin\left(\frac{\pi}{3}\right)\times\frac{\pi}{12}\right]+\left[\sin\left(\frac{5\pi}{12}\right)\times\frac{\pi}{12}\right]\\\approx&\ 0.863.\end{aligned}$$

b.　在黎曼右和中, 右端点用来代替 $\bar{x}_1,\bar{x}_2,\cdots,\bar{x}_6$, 矩形的高为 $f(\bar{x}_k),k=1,2,\cdots,6$. 由此得到的黎曼右和 (见图 5.13) 为

$$\begin{aligned}&f(\bar{x}_1)\Delta x+f(\bar{x}_2)\Delta x+\cdots+f(\bar{x}_6)\Delta x\\=&\left[\sin\left(\frac{\pi}{12}\right)\times\frac{\pi}{12}\right]+\left[\sin\left(\frac{\pi}{6}\right)\times\frac{\pi}{12}\right]+\left[\sin\left(\frac{\pi}{4}\right)\times\frac{\pi}{12}\right]\\&+\left[\sin\left(\frac{\pi}{3}\right)\times\frac{\pi}{12}\right]+\left[\sin\left(\frac{5\pi}{12}\right)\times\frac{\pi}{12}\right]+\left[\sin\left(\frac{\pi}{2}\right)\times\frac{\pi}{12}\right]\\\approx&\ 1.125.\end{aligned}$$

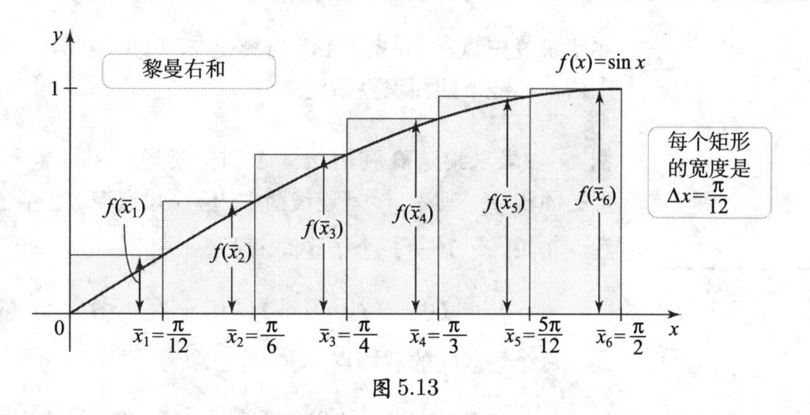

图 5.13

迅速核查 4. 如果例 2 中的函数换成 $f(x) = \cos x$, 那么是黎曼左和还是黎曼右和高估曲线下的面积? ◄

c. 从这些图中, 我们看到 (a) 的黎曼左和低估了 R 的实际面积, 而 (b) 的黎曼右和高估了 R 的实际面积. 因此 R 的面积介于 $0.863 \sim 1.125$ 之间. 随着矩形数目的增多, 这些近似值的精确度提高.

相关习题 15 ~ 20 ◄

例 3 黎曼中点和 设 R 是 $f(x) = \sin x$ 在 $x = 0$ 与 $x = \dfrac{\pi}{2}$ 之间的图像与 x- 轴所围成的区域. 在 $n = 6$ 个子区间时, 用黎曼中点和估计 R 的面积, 并用适当的矩形说明这个和.

解 格点和子区间的长度 $\Delta x = \pi/12$ 与例 2 中的相同. 为求黎曼中点和, 我们令 $\bar{x}_1, \bar{x}_2, \cdots, \bar{x}_6$ 为这 6 个子区间的中点. 第一个子区间的中点是 x_0 与 x_1 的中点, 即

$$\bar{x}_1 = \frac{x_1 + x_0}{2} = \frac{\pi/12 + 0}{2} = \frac{\pi}{24}.$$

其余的中点也通过求邻近的两个格点的平均值计算出来.

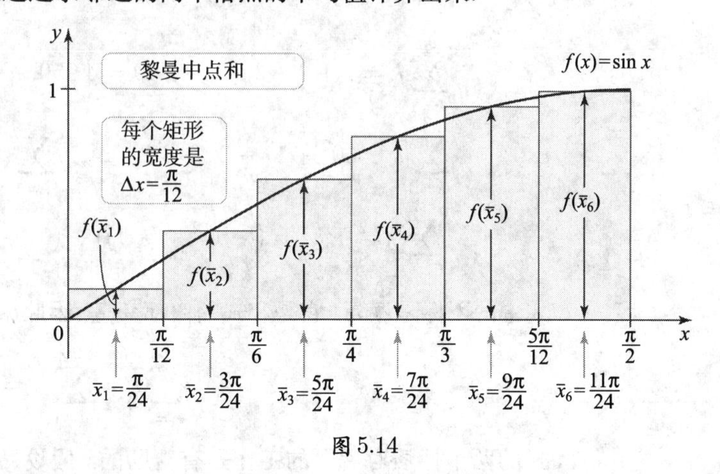

图 5.14

由此得到的黎曼中点和 (见图 5.14) 为

$$\begin{aligned}
&f(\bar{x}_1)\Delta x + f(\bar{x}_2)\Delta x + \cdots + f(\bar{x}_6)\Delta x \\
=&\left[\sin\left(\frac{\pi}{24}\right) \times \frac{\pi}{12}\right] + \left[\sin\left(\frac{3\pi}{24}\right) \times \frac{\pi}{12}\right] + \left[\sin\left(\frac{5\pi}{24}\right) \times \frac{\pi}{12}\right] \\
&+ \left[\sin\left(\frac{7\pi}{24}\right) \times \frac{\pi}{12}\right] + \left[\sin\left(\frac{9\pi}{24}\right) \times \frac{\pi}{12}\right] + \left[\sin\left(\frac{11\pi}{24}\right) \times \frac{\pi}{12}\right] \\
\approx& 1.003.
\end{aligned}$$

比较黎曼中点和 (见图 5.14) 与黎曼左和 (见图 5.12) 和黎曼右和 (见图 5.13), 表明用中点和来估计曲线下的面积更精确.

相关习题 21～26◀

例 4 由表求黎曼和 利用 $n=4$ 时的黎曼左和与黎曼右和估计区间 $[0,2]$ 上函数 f 的图像下的面积 A, 其中 f 是连续函数, 但仅知道表 5.2 中的点.

表 5.2

x	$f(x)$
0	1
0.5	3
1.0	4.5
1.5	5.5
2.0	6.0

解 $[0,2]$ 有 $n=4$ 个子区间, 则 $\Delta x=\dfrac{2}{4}=0.5$. 代入每个子区间的左端点, 得黎曼左和为

$$A\approx(f(0)+f(0.5)+f(1.0)+f(1.5))\Delta x=(1+3+4.5+5.5)\times 0.5=7.0$$

代入每个子区间的右端点, 得黎曼右和为

$$A\approx(f(0.5)+f(1.0)+f(1.5)+f(2.0))\Delta x=(3+4.5+5.5+6.0)\times 0.5=9.5.$$

由于只有 5 个函数值, 面积的这些估计值是非常粗略的. 通过更多的子区间与更多的函数值能得到更好的估计.

相关习题 27～30◀

西格玛 (求和) 记号

由于涉及大量的子区间, 黎曼和的计算是一项烦琐的工作. 因此我们先暂停下来介绍一些记号来简化我们的工作.

西格玛 (求和) 记号以紧凑的方式表示和式. 比如, 和式 $1+2+3+\cdots+10$ 用记号 $\sum$ 表示为 $\sum\limits_{k=1}^{10}k$. 下面说明这个记号是如何作用的. 记号 $\sum$ (西格玛, 希腊大写字母 S) 代表求和. **下标** k 取遍下限 ($k=1$) 到上限 ($k=10$) 之间的所有整数值. 将 k 的每个取值代入紧跟 $\sum$ 的表达式 (**求和式**) 并把所得的结果相加. 以下是一些例子:

$$\sum_{k=1}^{99}k=1+2+3+\cdots+99=4\,950,\quad \sum_{k=1}^{n}k=1+2+\cdots+n,$$

$$\sum_{k=0}^{3}k^2=0^2+1^2+2^2+3^2=14,\quad \sum_{k=1}^{4}(2k+1)=3+5+7+9=24,$$

$$\sum_{k=-1}^{2}(k^2+k)=((-1)^2+(-1))+(0^2+0)+(1^2+1)+(2^2+2)=8.$$

和式中的下标是*哑元*. 它是和式的内部变量, 因此用什么记号表示下标是无关紧要的. 比如

$$\sum_{k=1}^{99}k=\sum_{n=1}^{99}n=\sum_{p=1}^{99}p.$$

和式的两个性质对后面的工作是有帮助的. 假设 $a_1,a_2,\cdots,a_n$ 和 $b_1,b_2,\cdots,b_n$ 是两个实数集, c 是实数. 我们可以从和式中提出常数因子:

$$\text{常数倍法则}\qquad \sum_{k=1}^{n}ca_k=c\sum_{k=1}^{n}a_k\,,$$

我们也可以将一个和式分成两个:

$$\text{加法法则}\qquad \sum_{k=1}^{n}(a_k+b_k)=\sum_{k=1}^{n}a_k+\sum_{k=1}^{n}b_k.$$

在接下来的例子和习题中, 下面的求和公式是基本的.

正整数幂的求和公式已经得出几个世纪了. 指数 $p=0,1,2,3$ 的求和公式相当简单. p 越大, 公式越复杂.

定理 5.1　正整数的和

设 n 是正整数.

常数 c 的和　$\sum_{k=1}^{n} c = cn$

前 n 个整数的和　$\sum_{k=1}^{n} k = \frac{n(n+1)}{2}$

前 n 个整数的平方和　$\sum_{k=1}^{n} k^2 = \frac{n(n+1)(2n+1)}{6}$

前 n 个整数的立方和　$\sum_{k=1}^{n} k^3 = \frac{n^2(n+1)^2}{4}$

相关习题 31 ~ 34 ◀

用西格玛记号表示黎曼和

有了西格玛记号, 黎曼和就有了更方便紧凑的表示形式:

$$f(\bar{x}_1)\Delta x + f(\bar{x}_2)\Delta x + \cdots + f(\bar{x}_n)\Delta x = \sum_{k=1}^{n} f(\bar{x}_k)\Delta x.$$

为了用西格玛记号表示黎曼左和、黎曼右和与黎曼中点和, 我们必须明确点 $\bar{x}_k$.

- 对黎曼左和, 子区间的左端点是 $\bar{x}_k = a + (k-1)\Delta x, k = 1, \cdots, n$.
- 对黎曼右和, 子区间的右端点是 $\bar{x}_k = a + k\Delta x, k = 1, \cdots, n$.
- 对黎曼中点和, 子区间的中点是 $\bar{x}_k = a + \left(k - \frac{1}{2}\right)\Delta x, k = 1, \cdots, n$.

这三个黎曼和更紧凑的表达式如下.

定义　西格玛记号下的黎曼左和、右和与中点和

设 f 是定义在闭区间 $[a,b]$ 上的函数, 并且 $[a,b]$ 被划分成 n 个长度均等于 Δx 的子区间. 如果 $\bar{x}_k$ 是第 k 个子区间 $[x_{k-1}, x_k]$ 中的一点, $k=1,2,\cdots,n$, 则 f 在 $[a,b]$ 上的黎曼和是 $\sum_{k=1}^{n} f(\bar{x}_k)\Delta x$. 三种实用情形:

- **黎曼左和**: $\bar{x}_k = a + (k-1)\Delta x$,
- **黎曼右和**: $\bar{x}_k = a + k\Delta x$,
- **黎曼中点和**: $\bar{x}_k = a + \left(k - \frac{1}{2}\right)\Delta x$,

其中 $k = 1, \cdots, n$.

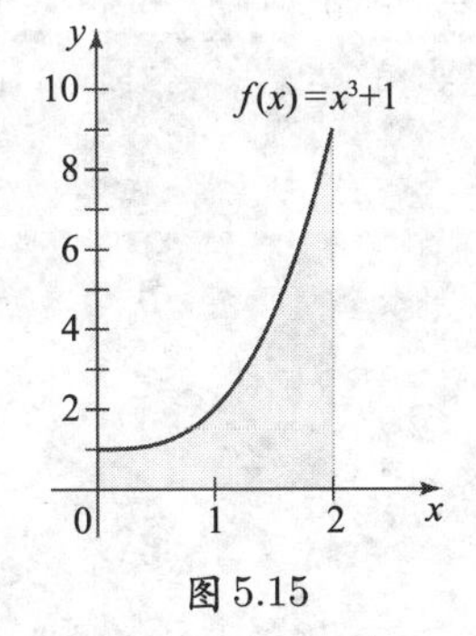

图 5.15

例 5　计算黎曼和 取 $n=50$ 个子区间, 估计函数 $f(x)=x^3+1$ 在 $a=0$ 和 $b=2$ 之间的黎曼左和、黎曼右和与黎曼中点和, 并对曲线下区域的精确面积作出猜测 (见图 5.15).

解　由 $n=50$, 各子区间的长度为

$$\Delta x=\frac{b-a}{n}=\frac{2-0}{50}=\frac{1}{25}=0.04.$$

对 $k=1,2,\cdots,50$, 黎曼左和中的 $\bar{x}_k$ 值为

$$\bar{x}_k=a+(k-1)\Delta x=0+0.04(k-1)=0.04k-0.04,$$

因此用计算器计算可得黎曼左和为

$$\sum_{k=1}^{n}f(\bar{x}_k)\Delta x=\sum_{k=1}^{50}f(0.04k-0.04)0.04=5.841\,6.$$

为计算黎曼右和, 令 $\bar{x}_k=a+k\Delta x=0.04k$, 我们得到

$$\sum_{k=1}^{n}f(\bar{x}_k)\Delta x=\sum_{k=1}^{50}f(0.04k)0.04=6.161\,6.$$

关于黎曼中点和, 我们令

$$\bar{x}_k=a+\left(k-\frac{1}{2}\right)\Delta x=0+0.04\left(k-\frac{1}{2}\right)=0.04k-0.02.$$

和的值为

$$\sum_{k=1}^{n}f(\bar{x}_k)\Delta x=\sum_{k=1}^{50}f(0.04k-0.02)0.04=5.999\,2.$$

因为 f 是 $[0,2]$ 上的递增函数, 所以黎曼左和低估了图 5.15 中阴影区域的面积, 而右和则高估了面积. 因此, 面积的精确值介于 5.841 6～6.161 6 之间. 通常情况下, 黎曼中点和给出了递增函数或递减函数的最佳估计; 曲线下面积的一个合理估计是 6.

另一种解法

研究例 5 的另一种解法是值得的, 这种解法在 5.2 节中将再次出现. 考虑先前得到的黎曼右和:

$$\sum_{k=1}^{n}f(\bar{x}_k)\Delta x=\sum_{k=1}^{50}f(0.04k)0.04.$$

注意到 $f(0.04k)=(0.04k)^3+1$, 我们不用计算器估计该和, 而是利用和式的性质:

$$\begin{aligned}\sum_{k=1}^{n}f(\bar{x}_k)\Delta x&=\sum_{k=1}^{50}\underbrace{[(0.04k)^3+1]}_{f(\bar{x}_k)}\underbrace{0.04}_{\Delta x}\\&=\sum_{k=1}^{50}(0.04k)^3 0.04+\sum_{k=1}^{50}1\times 0.04\quad\left(\sum(a_k+b_k)=\sum a_k+\sum b_k\right)\\&=(0.04)^4\sum_{k=1}^{50}k^3+0.04\sum_{k=1}^{50}1.\quad\left(\sum ca_k=c\sum a_k\right)\end{aligned}$$

利用 定理 5.1 中的整数幂求和公式, 我们求得

$$\sum_{k=1}^{50}1=50,\sum_{k=1}^{50}k^3=\frac{50^2\times 51^2}{4}.$$

将这些和的值代入黎曼右和得

$$\sum_{k=1}^{50} f(\bar{x}_k)\Delta x = \frac{3\,851}{625} = 6.161\,6,$$

这证实了第一种解法的结果. 在 5.2 节中, 计算当 $n \to \infty$ 时黎曼和的极限时, 应用了对任意的 n 值计算黎曼和的思想.

相关习题 35～42◀

5.1 节 习题

复习题

1. 假设一物体沿直线运动, 速度为 15m/s, $0 \leqslant t < 2$ 和 25m/s, $2 \leqslant t \leqslant 5$, 其中 t 以秒计. 作速度函数的草图并求物体在 $0 \leqslant t \leqslant 5$ 的位移.

2. 已知一沿直线运动物体的正速度函数图像, 在时间区间 $[a, b]$ 上位移的几何表示是什么?

3. 要逼近由 $f(x) = \cos x$ 在 $x = 0$ 与 $x = \dfrac{\pi}{2}$ 之间的图像与 x- 轴所围区域的面积, 请说明一个可行的方法.

4. 解释逼近曲线下区域面积的黎曼和如何随着子区间数量的增大而改变.

5. 设区间 $[1, 3]$ 被划分成 $n = 4$ 个子区间, 子区间的长度 Δx 是多少? 写出格点 x_0, x_1, x_2, x_3, x_4. 哪些点用于计算黎曼左和、黎曼右和及黎曼中点和?

6. 设区间 $[2, 6]$ 被划分成格点为 $x_0 = 2, x_1 = 3, x_2 = 4, x_3 = 5, x_4 = 6$ 的 $n = 4$ 个子区间, 写出但不计算函数 $f(x) = x^2$ 的黎曼左和、黎曼右和及黎曼中点和.

7. 黎曼右和是低估还是高估了递减正函数图像下的面积? 请说明理由.

8. 黎曼左和是低估还是高估了递增正函数图像下的面积? 请说明理由.

基本技能

9. 逼近位移 一沿直线运动的物体在区间 $0 \leqslant t \leqslant 4$ 上的速度为 $v = (3t^2 + 1)$ ft/s.

a. 把区间 $[0, 4]$ 划分成 4 个子区间: $[0,1], [1,2], [2,3], [3,4]$. 设该物体在各子区间上以该区间中点处的速度匀速运动, 利用这些近似值估计物体在 $[0, 4]$ 上的位移 (见图 (a)).

b. 对 $n = 8$ 个子区间的情形, 重复 (a) 的过程 (见图 (b)).

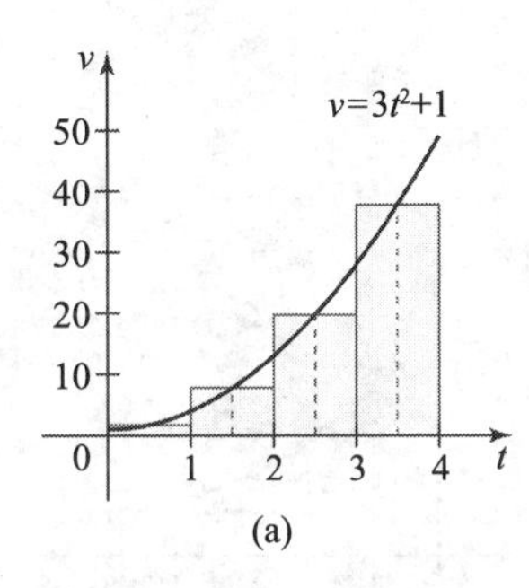

(a)

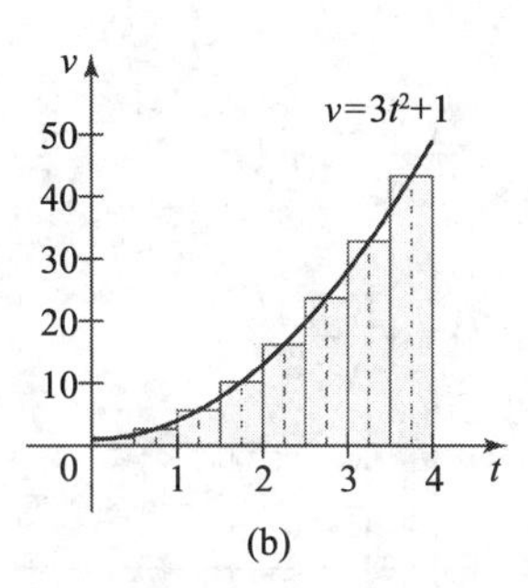

(b)

10. 逼近位移 一沿直线运动的物体在区间 $1 \leqslant t \leqslant 7$ 上的速度为 $v = \sqrt{10t}$ ft/s.

a. 把区间 $[1, 7]$ 分成 3 个子区间: $[1,3], [3,5], [5,7]$. 设该物体在各子区间上以该区间中点处的速度匀速运动, 利用这些近似值估计物体在 $[1, 7]$ 上的位移 (见图 (a)).

b. 对 $n = 6$ 个子区间的情形, 重复 (a) 的过程 (见图 (b)).

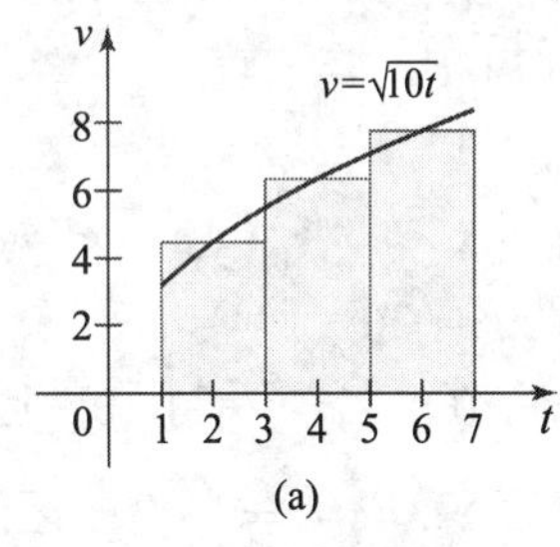

(a)

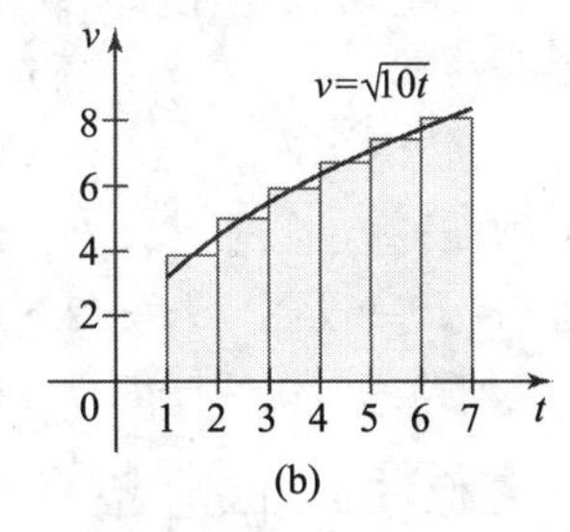

(b)

11～14. 逼近位移 物体的速度由定义在指定区间上的下列函数给出. 通过把该区间分成指定数量的子区间来逼近物体在该区间上的位移. 用各子区间的左端点来计算矩形的高.

11. $v = 1/(2t + 1)(\mathrm{m/s})$, $0 \leqslant t \leqslant 8; n = 4$.

12. $v = t^2/2 + 4(\mathrm{ft/s})$, $0 \leqslant t \leqslant 12; n = 6$.

13. $v = 4\sqrt{t+1}(\mathrm{mi/hr})$, $0 \leqslant t \leqslant 15; n = 5$.

14. $v = (t + 3)/6(\mathrm{m/s})$, $0 \leqslant t \leqslant 4; n = 4$.

15～16. 黎曼左和与黎曼右和 利用图形计算 f 在指定

区间上以及指定 n 值的黎曼左和与黎曼右和.

15. $f(x)=x+1$, $[1,6]; n=5$.

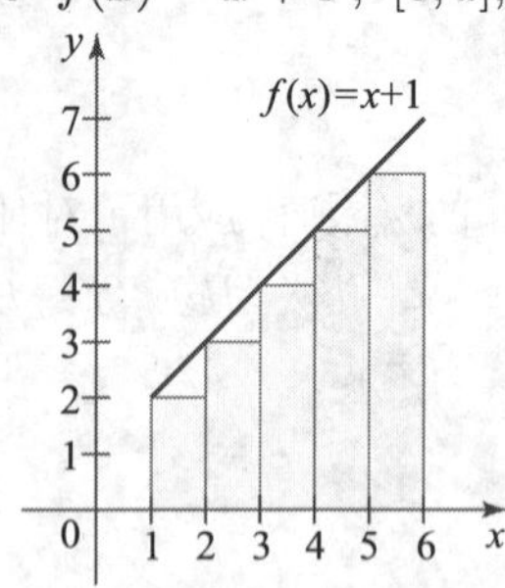

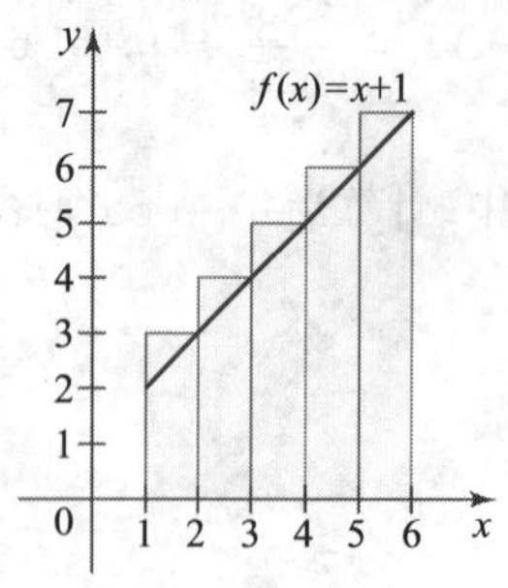

16. $f(x)=\dfrac{1}{x}$, $[1,5]; n=4$.

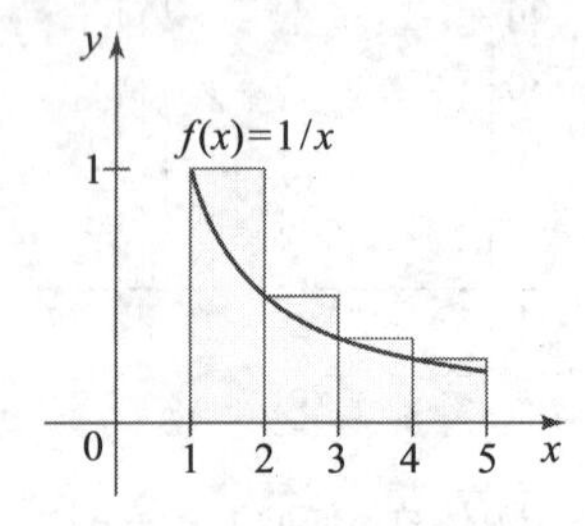

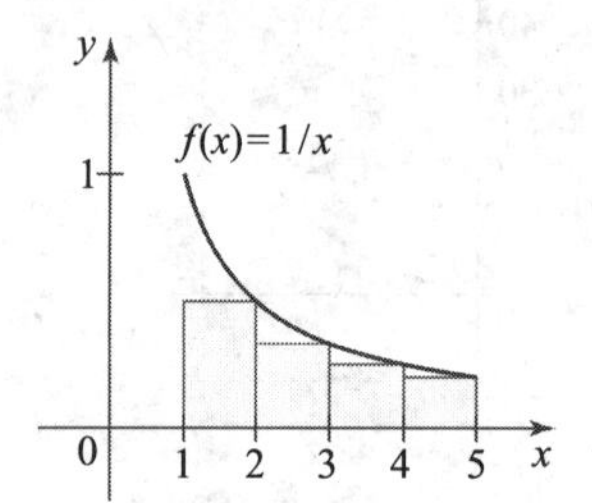

17～20. 黎曼左和与黎曼右和 对指定的函数、区间及 n 的值, 完成下列步骤.

a. 作函数在指定区间上的图像.

b. 计算 Δx 和格点 $x_0, x_1, \cdots, x_n$.

c. 用图表示黎曼左和与黎曼右和, 并确定哪个黎曼和低估曲线下的面积, 哪个黎曼和高估曲线下的面积.

d. 计算黎曼左和与黎曼右和.

17. $f(x)=x^2-1$, $[2,4]; n=4$.

18. $f(x)=2x^2$, $[1,6]; n=5$.

19. $f(x)=\cos x$, $[0,\pi/2]; n=4$.

20. $f(x)=\cos x$, $[-\pi/2,\pi/2]; n=6$.

21. 黎曼中点和 估计由 $f(x)=100-x^2$ 在 $[0,10]$ 上的图像与 x-轴所围区域的面积. 取 $n=5$ 个子区间, 并用每个子区间的中点确定每个矩形的高 (见图).

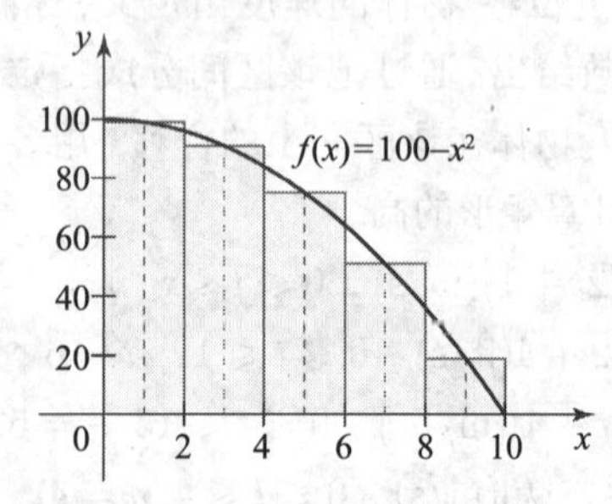

22. 黎曼中点和 估计由 $f(t)=\cos\dfrac{t}{2}$ 在 $[0,\pi]$ 上的图像与 t-轴所围区域的面积. 取 $n=4$ 个子区间, 并用每个子区间的中点确定每个矩形的高 (见图).

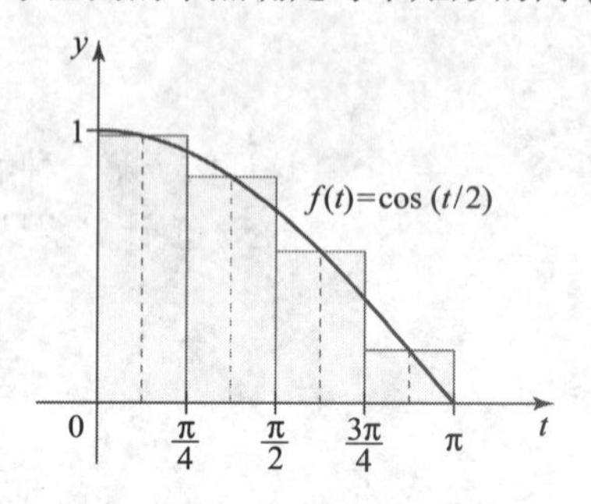

23～26. 黎曼中点和 对指定的函数、区间及 n 的值, 完成下列步骤.

a. 作函数在指定区间上的图像.

b. 计算 Δx 和格点 $x_0, x_1, \cdots, x_n$.

c. 作适当的矩形图像来解释黎曼中点和.

d. 计算黎曼中点和.

23. $f(x)=\sqrt{x}$, $[1,3]; n=4$.

24. $f(x)=x^2$, $[0,4]; n=4$.

25. $f(x)=\dfrac{1}{x}$, $[1,6]; n=5$.

26. $f(x)=4-x$, $[-1,4]; n=5$.

27～28. 由表求黎曼和 对指定的 n 值, 用 f 的图表值估计黎曼左和与黎曼右和.

27. $n=4; [0,2]$.

x	0	0.5	1	1.5	2
$f(x)$	5	3	2	1	1

28. $n=8; [1,5]$.

x	1	1.5	2	2.5	3	3.5	4	4.5	5
$f(x)$	0	2	3	2	2	1	0	2	3

29. 由速度表求位移的近似值 在笔直的高速公路上行驶的一辆汽车在 2 小时内的速度 (以 mi/hr 计) 由下面的图表给出.

t(hr)	0	0.25	0.5	0.75	1	1.25	1.5	1.75	2
v(mi/hr)	50	50	60	60	55	65	50	60	70

a. 画一条经过这些数据点的光滑曲线.

b. 对 $n=2$ 和 $n=4$ 个子区间, 用黎曼中点和求 $[0,2]$ 上位移的近似值.

30. 由速度表求位移的近似值 在笔直的高速公路上行驶的一辆汽车在 4 秒间隔内的速度 (以 m/s 计) 由下面的图表给出.

t(s)	0	0.5	1	1.5	2	2.5	3	3.5	4
v(m/s)	20	25	30	35	30	30	35	40	40

a. 画一条经过这些数据点的光滑曲线.

b. 对 $n=2$ 和 $n=4$ 个子区间, 用黎曼中点和求 $[0,4]$ 上位移的近似值.

31. 西格玛记号 用西格玛记号表示下列和式.(答案不唯一.)

a. $1+2+3+4+5$. **b.** $4+5+6+7+8+9$.

c. $1^2+2^2+3^2+4^2$. **d.** $1+\frac{1}{2}+\frac{1}{3}+\frac{1}{4}$.

32. 西格玛记号 用西格玛记号表示下列和式.(答案不唯一.)

a. $1+3+5+7+\cdots+99$.

b. $4+9+14+\cdots+44$.

c. $3+8+13+\cdots+63$.

d. $\frac{1}{1\times 2}+\frac{1}{2\times 3}+\frac{1}{3\times 4}+\cdot\cdot+\frac{1}{49\times 50}$.

33. 西格玛记号 计算下列表达式.

a. $\sum_{k=1}^{10} k$. **b.** $\sum_{k=1}^{6}(2k+1)$.

c. $\sum_{k=1}^{4} k^2$. **d.** $\sum_{n=1}^{5}(1+n^2)$.

e. $\sum_{m=1}^{3}\frac{2m+2}{3}$. **f.** $\sum_{j=1}^{3}(3j-4)$.

g. $\sum_{p=1}^{5}(2p+p^2)$. **h.** $\sum_{n=0}^{4}\sin\frac{n\pi}{2}$.

34. 计算和式 用两种方法计算下列表达式.

(i) 利用 定理 5.1 . (ii) 利用计算器.

a. $\sum_{k=1}^{45} k$. **b.** $\sum_{k=1}^{45}(5k-1)$. **c.** $\sum_{k=1}^{75} 2k^2$.

d. $\sum_{n=1}^{50}(1+n^2)$. **e.** $\sum_{m=1}^{75}\frac{2m+2}{3}$. **f.** $\sum_{j=1}^{20}(3j-4)$.

g. $\sum_{p=1}^{35}(2p+p^2)$. **h.** $\sum_{n=0}^{40}(n^2+3n-1)$.

35～38. 大的 n 值的黎曼和 对指定的函数和区间, 完成下列步骤.

a. 对指定的 n 值, 利用西格玛记号写出黎曼左和、黎曼右和与黎曼中点和、并用计算器计算每个和.

b. 根据 (a) 部分求得的近似值, 估计 f 在指定区间上的图像与 x- 轴所围区域的面积.

35. $f(x)=\sqrt{x}$, $[0,4]; n=40$.

36. $f(x)=x^2+1$, $[-1,1]; n=50$.

37. $f(x)=x^2-1$, $[2,7]; n=75$.

38. $f(x)=\cos 2x$, $[0,\pi/4]; n=60$.

39～42. 用计算器估计面积 用计算器及黎曼右和逼近所描述区域的面积. 列表显示 $n=10,30,60,80$ 个子区间情形下的近似值, 并说明近似值看上去是否趋于某极限.

39. 由 $f(x)=4-x^2$ 在 $[-2,2]$ 上的图像与 x- 轴所围的区域.

40. 由 $f(x)=x^2+1$ 在 $[0,2]$ 上的图像与 x- 轴所围的区域.

41. 由 $f(x)=2-2\sin x$ 在 $\left[-\frac{\pi}{2},\frac{\pi}{2}\right]$ 上的图像与 x- 轴所围的区域.

42. 由 $f(x)=\sqrt{x+1}$ 在 $[0,3]$ 上的图像与 x- 轴所围的区域.

深入探究

43. 解释为什么是, 或不是 判断下列命题是否正确, 并说明理由.

a. 考虑线性函数 $f(x)=2x+5$ 和由它在区间 $[3,6]$ 上的图像与 x- 轴所围的区域. 如果用黎曼中点和逼近该区域的面积, 那么对任意数量的子区间, 该近似值是该区域的确切面积.

b. 黎曼左和总是高估递增正函数在 $[a,b]$ 上的图像与 x- 轴所围区域的面积.

c. 对递增或递减的非常值函数及指定的 n 和区间 $[a,b]$, 黎曼中点和的值总是介于黎曼左和与黎曼右和的值之间.

44～45. 黎曼和 对定义在指定区间上的函数 f, n 及 $\bar{x}_k$ 的值, 计算黎曼和. 作 f 及黎曼和中用到的矩形图像.

44. $f(x)=x^2+2$, $[0,2]; n=2; \bar{x}_1=0.25$, $\bar{x}_2=1.75$,

45. $f(x)=1/x$, $[1,3]; n=5$; $\bar{x}_1=1.1, \bar{x}_2=1.5, \bar{x}_3=2$, $\bar{x}_4=2.3$, $\bar{x}_5=3$.

46. 半圆的黎曼和 令 $f(x)=\sqrt{1-x^2}$.

a. 证明 f 的图像是半径为 1. 圆心为原点的上半圆.

b. 取 $n=25$, 用黎曼中点和估计介于 f 在 $[-1,1]$ 上的图像与 x- 轴之间的面积.

c. 利用 $n=75$ 个矩形重复 (b).

d. 当 $n\to\infty$ 时, $[-1,1]$ 上的黎曼中点和会发生

什么情况?

47～50. 黎曼和的西格玛记号 用西格玛记号表示下列黎曼和, 然后利用计算器或 定理 5.1 计算每个黎曼和.

47. 黎曼右和: $f(x)=x+1, [0,4], n=50$.

48. 黎曼左和: $f(x)=\dfrac{3}{x}, [1,3], n=30$.

49. 黎曼中点和: $f(x)=x^3, [3,11], n=32$.

50. 黎曼中点和: $f(x)=1+\cos(\pi x), [0,2], n=50$.

51～54. 识别黎曼和 用右、左或中点以及 n 的值填空. 在某些情况下, 可能不止一个答案.

51. $\sum_{k=1}^{4} f(1+k)\cdot 1$ 是 $n=$____ 时的 f 在区间 [__,__] 上的黎曼 ________ 和.

52. $\sum_{k=1}^{4} f(2+k)\cdot 1$ 是 $n=$____ 时的 f 在区间 [__,__] 上的黎曼 ________ 和.

53. $\sum_{k=1}^{4} f(1.5+k)\cdot 1$ 是 $n=$____ 时的 f 在区间 [__,__] 上的黎曼 ________ 和.

54. $\sum_{k=1}^{8} f\left(1.5+\dfrac{k}{2}\right)\cdot\dfrac{1}{2}$ 是 $n=$____ 时的 f 在区间 [__,__] 上的黎曼 ________ 和.

55. 估计面积的近似值 用下列方法估计由 $f(x)=x^2+2$ 在 $[0,2]$ 上的图像与 x- 轴所围区域的面积.

a. 把 $[0,2]$ 划分成 $n=4$ 个子区间, 并用黎曼左和估计该区域的面积, 并说明解的几何意义.

b. 把 $[0,2]$ 划分成 $n=4$ 个子区间, 并用黎曼中点和估计该区域的面积, 并说明解的几何意义.

c. 把 $[0,2]$ 划分成 $n=4$ 个子区间, 并用黎曼右和估计该区域的面积, 并说明解的几何意义.

56. 由图像逼近面积 通过把 $[0,6]$ 分成 $n=3$ 个子区间逼近由 f 的图像 (见图) 和 x- 轴所围区域的面积. 然后用黎曼左和与黎曼右和得到两个不同的近似值.

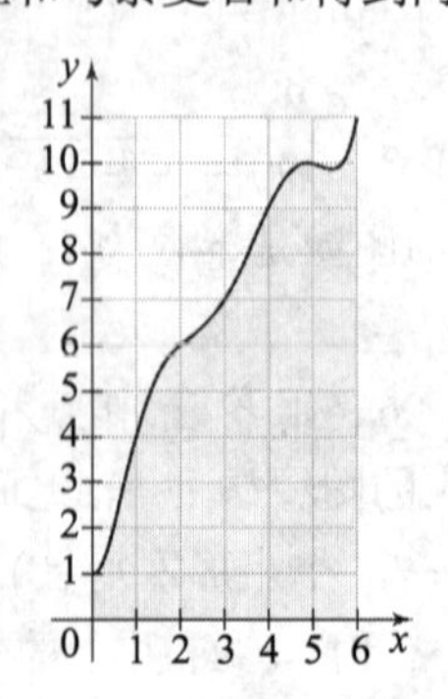

57. 由图像逼近面积 通过把 $[1,7]$ 分成 $n=6$ 个子区间逼近由 f 的图像 (见图) 和 x- 轴所围区域的面积. 然后用黎曼左和与黎曼右和得到两个不同的近似值.

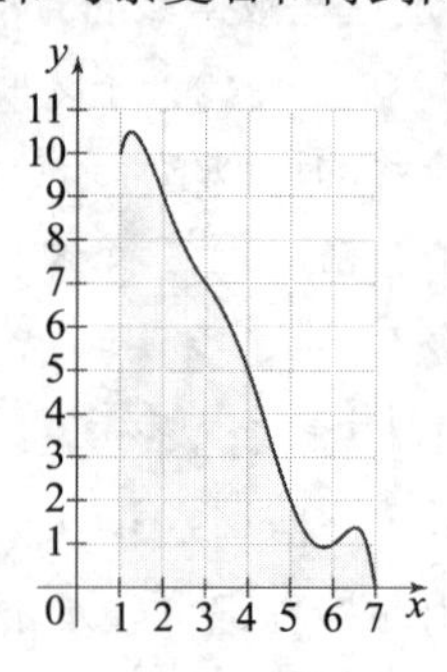

应用

58. 由速度图像求位移考虑直线运动物体的速度函数 (见图).

a. 描述该物体在区间 $[0,6]$ 上的运动情况.

b. 利用几何方法求该物体在 $t=0$ 与 $t=3$ 之间的位移.

c. 利用几何方法求该物体在 $t=3$ 与 $t=5$ 之间的位移.

d. 假定对任意 $t\geqslant 4$, 速度保持 30m/s, 求 $t=0$ 到任意 $t\geqslant 5$ 时刻的位移函数.

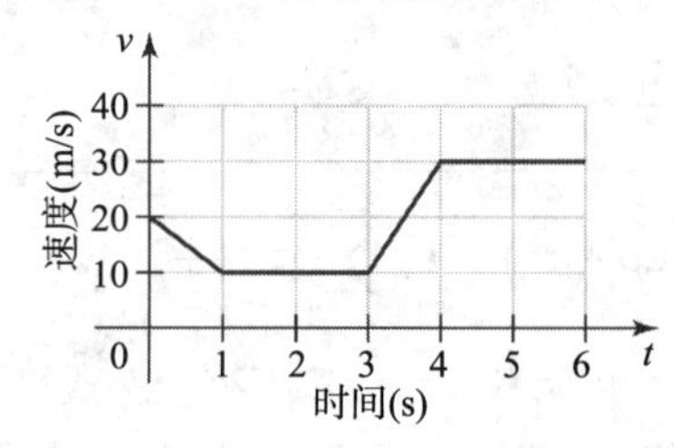

59. 由速度图像求位移考虑直线运动物体的速度函数 (见图).

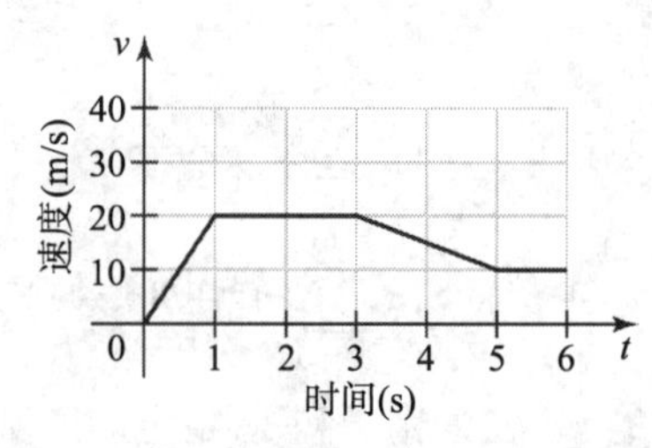

a. 描述该物体在区间 $[0,6]$ 上的运动情况.

b. 利用几何方法求该物体在 $t=0$ 与 $t-2$ 之间的位移.

c. 利用几何方法求该物体在 $t=2$ 与 $t=5$ 之间的位移.

d. 假定对任意 $t\geqslant 5$, 速度保持 10m/s, 求 $t=0$

到任意 $t \geqslant 5$ 时刻的位移函数.

60. 流速率 设某贮水池出水口处的水表测量水流速率以单位 $\mathrm{ft}^3/\mathrm{hr}$ 计. 我们在第 6 章将证明从贮水池流出的总水量是水流速率曲线下的面积. 考虑如图所示的水流速率函数.

a. 求在区间 $[0,4]$ 上从贮水池流出的总水量 (单位 ft^3).

b. 求在区间 $[8,10]$ 上从贮水池流出的总水量 (单位 ft^3).

c. 区间 $[0,4]$ 或 $[4,6]$ 中, 从贮水池流出的水量哪个大?

d. 证明所得答案的单位与坐标轴上所标变量的单位一致.

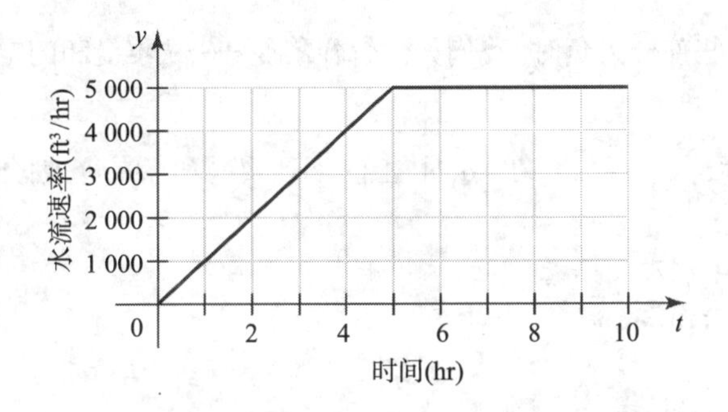

61. 由密度求质量 一根 10cm 长的细棒由合金制造, 其密度依长度变化, 函数关系如图所示. 设密度的计量单位是 g/cm. 我们在第 6 章将证明细棒的质量是密度曲线下的面积.

a. 求细棒左半部分的质量 ($0 \leqslant x \leqslant 5$).

b. 求细棒右半部分的质量 ($5 \leqslant x \leqslant 10$).

c. 求整个细棒的质量 ($0 \leqslant x \leqslant 10$).

d. 估计细棒上使细棒保持平衡的点 (称作质心).

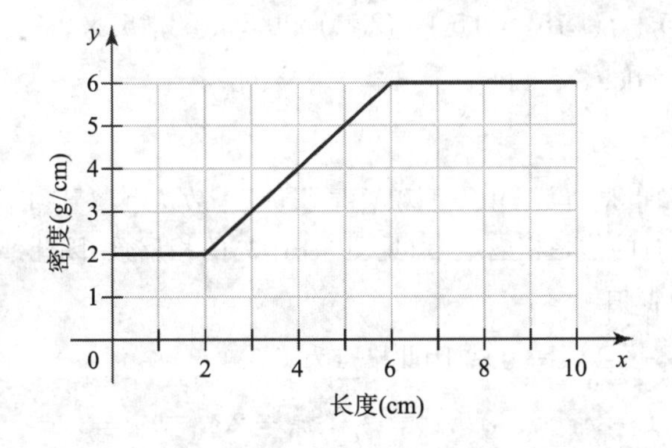

62 ~ 63 由速度求位移 下列函数描绘了在笔直的高速公路上行驶 3hr 的汽车的速度 (以 mi/hr 计). 在每种情形下, 求汽车在区间 $[0,t]$ 上的位移函数, $0 \leqslant t \leqslant 3$.

62. $v(t)=\begin{cases} 40, & 0 \leqslant t \leqslant 1.5 \\ 50, & 1.5 < t \leqslant 3 \end{cases}$.

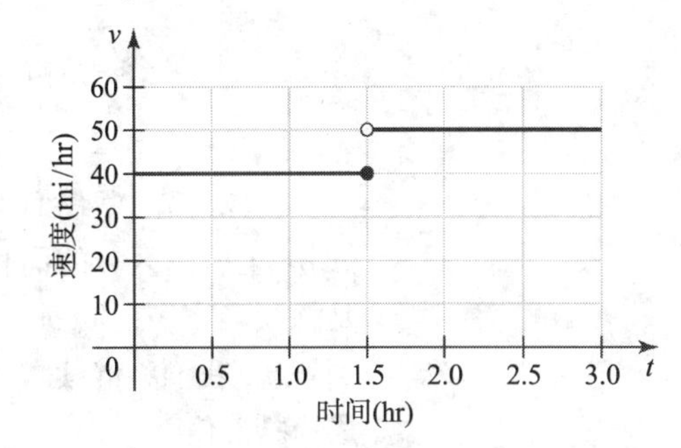

63. $v(t)=\begin{cases} 30, & 0 \leqslant t \leqslant 2 \\ 50, & 2 < t \leqslant 2.5 \\ 44, & 2.5 < t \leqslant 3 \end{cases}$.

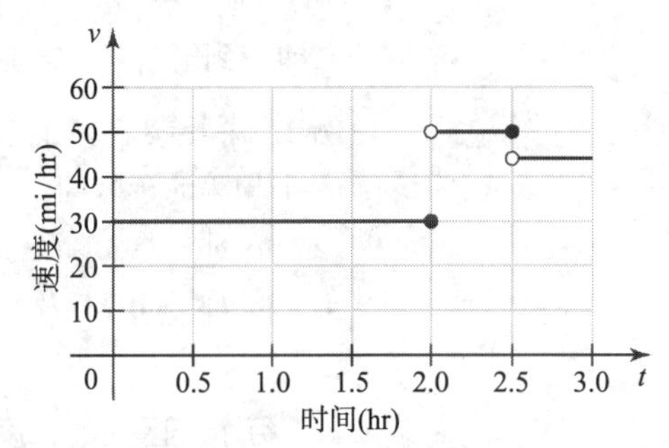

64 ~ 67 含绝对值的函数 利用计算器选择一个方法来逼近下列区域的面积. 把计算结果列在表中, 显示 $n=16, 32$ 和 64 个子区间的近似值. 说明近似值看上去是否趋于某极限.

64. 由函数 $f(x)=|25-x^2|$ 在区间 $[0,10]$ 上的图像与 x- 轴所围区域.

65. 由函数 $f(x)=|x(x^2-1)|$ 在区间 $[-1,1]$ 上的图像与 x- 轴所围区域.

66. 由函数 $f(x)=|\cos 2x|$ 在区间 $[0,\pi]$ 上的图像与 x- 轴所围区域.

67. 由函数 $f(x)=|1-x^3|$ 在区间 $[-1,2]$ 上的图像与 x- 轴所围区域.

附加练习

68. 常值函数的黎曼和 令 $f(x)=c, c>0$ 是 $[a,b]$ 上的常值函数. 证明对任意 n, 黎曼和是函数 f 在区间 $[a,b]$ 上的图像与 x- 轴所围区域的确切面积.

69. 线性函数的黎曼和 设线性函数 $f(x)=mx+c$ 是 $[a,b]$ 上的正函数. 证明对任意 n, 黎曼中点和是函数 f 在区间 $[a,b]$ 上的图像与 x- 轴所围区域的确切面积.

迅速核查 答案

1. 45 mi.

2. 0.25, 0.125, 7.875.

3. $\Delta x = 2$；$\{1, 3, 5, 7, 9\}$.

4. 左和高估面积.

5.2　定　积　分

在 5.1 节中, 我们引入了黎曼和作为一个方法来逼近由曲线 $y = f(x)$ 与 x- 轴在区间 $[a, b]$ 上所围区域的面积. 在讨论中, 我们假定 f 是区间上的非负函数. 我们的下一个目标是探索当 f 在 $[a, b]$ 的整个区间上或某些部分为负时黎曼和的几何意义. 一旦这些问题得到解决, 我们将继续本节的主要内容, 即定义定积分. 有了定积分, 由黎曼和给出的近似值将成为精确值.

净面积

当 f 在 $[a, b]$ 的整个区间上或某些部分为负时, 我们如何解释黎曼和? 从黎曼和的定义立即得到解答.

例 1　解释黎曼和 计算并解释函数 $f(x) = 1 - x^2$ 在 $[a, b]$ 上的下列黎曼和, $[a, b]$ 划分为 n 个相等的子区间.

a. $[a, b] = [1, 3]$ 及 $n = 4$ 时的黎曼中点和.

b. $[a, b] = [0, 3]$ 及 $n = 6$ 时的黎曼左和.

解

a. 每个子区间的长度为 $\Delta x = \dfrac{b-a}{n} = \dfrac{3-1}{4} = 0.5$, 因此格点为

$$x_0 = 1, \quad x_1 = 1.5, \quad x_2 = 2, \quad x_3 = 2.5, \quad x_4 = 3.$$

为计算黎曼中点和, 我们求出 f 在每个子区间中点的值. 这些中点分别是

$$\bar{x}_1 = 1.25, \quad \bar{x}_2 = 1.75, \quad \bar{x}_3 = 2.25, \quad \bar{x}_4 = 2.75.$$

求得黎曼中点和为

$$\begin{aligned}
\sum_{k=1}^{n} f(\bar{x}_k)\Delta x &= \sum_{k=1}^{4} f(\bar{x}_k) \times 0.5 \\
&= f(1.25) \times 0.5 + f(1.75) \times 0.5 + f(2.25) \times 0.5 + f(2.75) \times 0.5 \\
&= (-0.562\,5 - 2.062\,5 - 4.062\,5 - 6.562\,5) \times 0.5 \\
&= -6.625.
\end{aligned}$$

所有 $f(\bar{x}_k)$ 的值是负数, 故黎曼和也是负数. 由于面积总是非负量, 故这个黎曼和不是面积的近似值. 然而, 注意到 $f(\bar{x}_k)$ 的值是相应矩形 (见图 5.16) 高的相反数, 因此黎曼和是曲线所围区域面积相反数的近似值.

b. 每个子区间的长度为 $\Delta x = \dfrac{b-a}{n} = \dfrac{3-0}{6} = 0.5$, 因此格点为

$$x_0 = 0, \quad x_1 = 0.5, \quad x_2 = 1, \quad x_3 = 1.5, \quad x_4 = 2, \quad x_5 = 2.5, \quad x_6 = 3.$$

为计算黎曼左和, 我们取 $\bar{x}_1, \bar{x}_2, \cdots, \bar{x}_6$ 为各子区间的左端点:

$$\bar{x}_1 = 0, \quad \bar{x}_2 = 0.5, \quad \bar{x}_3 = 1, \quad \bar{x}_4 = 1.5, \quad \bar{x}_5 = 2, \quad \bar{x}_6 = 2.5.$$

求得黎曼左和为

$$
\begin{aligned}
\sum_{k=1}^{n} f(\bar{x}_k)\Delta x &= \sum_{k=1}^{6} f(\bar{x}_k) \times 0.5 \\
&= (\underbrace{f(0)+f(0.5)+f(1)}_{\text{非负贡献}}+\underbrace{f(1.5)+f(2)+f(2.5)}_{\text{负贡献}}) \times 0.5 \\
&= (1+0.75+0-1.25-3-5.25) \times 0.5 \\
&= -3.875.
\end{aligned}
$$

在这种情形下, $f(\bar{x}_k)$ 的值在 $k=1,2,3$ 时是非负的, $k=4,5,6$ 时是负的 (见图 5.17). 在 f 为正时, 我们得到对黎曼和的正贡献, 而当 f 为负时, 我们得到对黎曼和的负贡献.

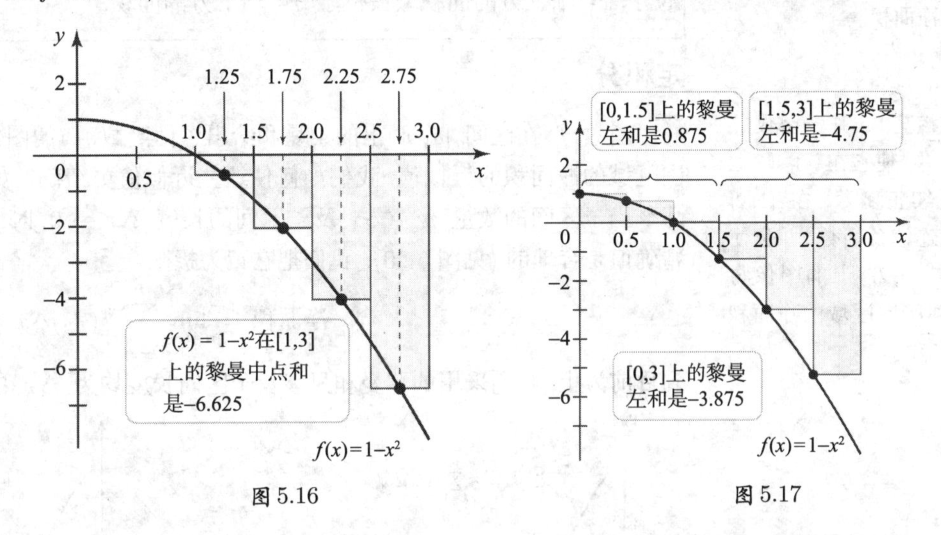

图 5.16　　　　图 5.17

相关习题 11～18◀

我们重新回顾在例 5.1 中学习到的. 在 $f(x)<0$ 的区间上, 黎曼和逼近由曲线所围区域面积的相反数 (见图 5.18).

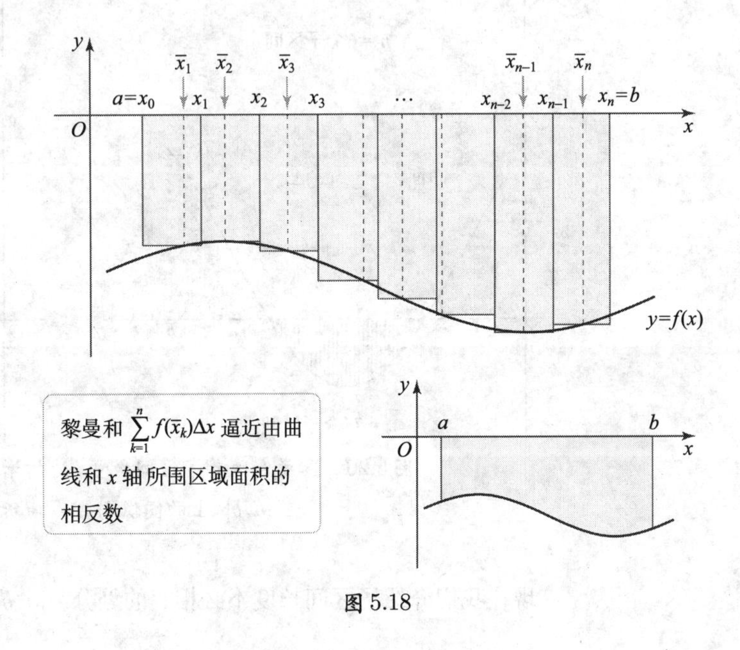

图 5.18

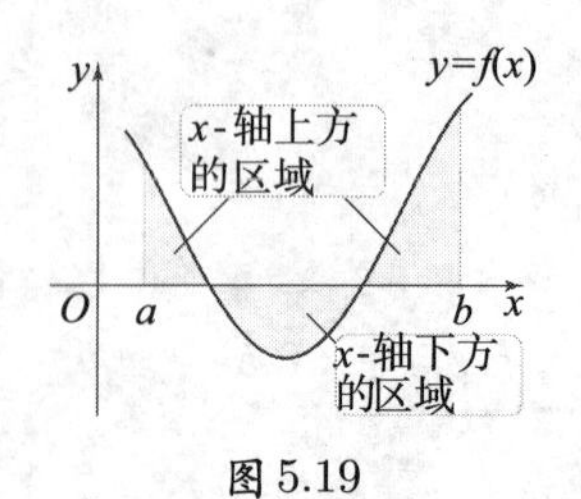

图 5.19

净面积与净变化或净利润非常相似, 表示正贡献与负贡献之间的差. 有些教材用术语**带符号的面积**来表示净面积.

在 f 仅在 $[a,b]$ 的某些部分为正的更一般的情形下, 在 f 为正的区间上我们得到对黎曼和的正贡献, f 为负的区间上我们得到对黎曼和的负贡献. 在这种情况下, 黎曼和逼近在 x- 轴上方的区域面积减去在 x- 轴下方的区域面积 (见图 5.19). 正贡献与负贡献之差叫做净面积; 它可能是正, 可能是负, 也可能是零.

迅速核查 1. 设 $f(x)=-5$. f 在 $[1,5]$ 上的图像与 x- 轴所围区域的净面积是多少? 作函数和区域的草图. ◀

定义　净面积

考虑由连续函数 f 的图像、$x=a$、$x=b$ 及 x- 轴所围区域 R. R 的**净面积**是 R 位于 x- 轴上方的面积减去位于 x- 轴下方的面积.

定积分

迅速核查 2. 作一函数 f 的图像, 使它在 $[0,1]$ 上是连续正函数, 在 $[1,2]$ 上是连续负函数, 并且使 f 在 $[0,2]$ 上的图像与 x- 轴所围区域的净面积等于零. ◀

函数 f 在区间 $[a,b]$ 上的黎曼和给出了由函数 f 的图像、$x=a$,、$x=b$ 及 x- 轴所围区域的净面积的近似值. 我们如何使这些近似值更精确? 如果 f 是 $[a,b]$ 上的连续函数, 那么当子区间的数量 $n\to\infty$ 及子区间的长度 $\Delta x\to 0$ 时, 我们期望黎曼和趋于净面积的精确值是合理的 (见图 5.20). 我们把它记为极限:

$$\text{净面积}=\lim_{n\to\infty}\sum_{k=1}^{n}f(\bar{x}_k)\Delta x.$$

到目前为止, 我们采用的黎曼和只涉及子区间长度均为 Δx 的正则划分.

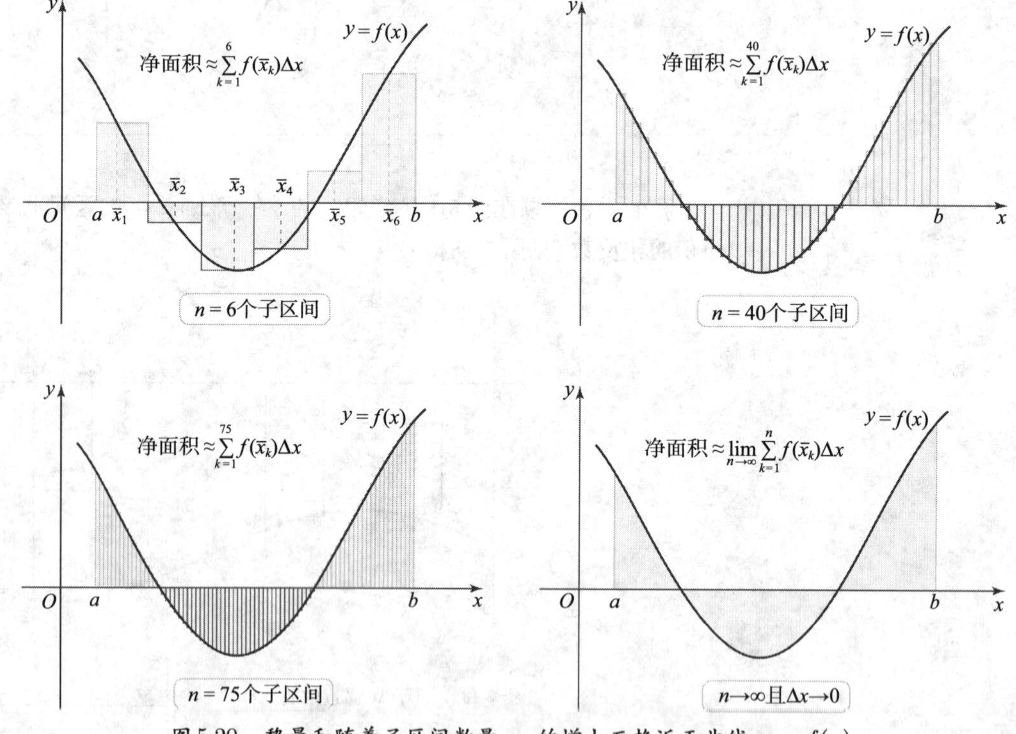

图 5.20　黎曼和随着子区间数量 n 的增大而趋近于曲线 $y=f(x)$ 在 $[a,b]$ 上的图像与 x- 轴所围区域的净面积

现在我们介绍子区间长度不必相等的划分. $[a,b]$ 的**一般划分**由 n 个子区间组成:

$$[x_0, x_1], [x_1, x_2], \cdots, [x_{n-1}, x_n],$$

其中 $x_0 = a$, $x_n = b$. 第 k 个子区间的长度 $\Delta x_k = x_k - x_{k-1}, k = 1, 2, \cdots, n$. 设 $\bar{x}_k$ 是子区间 $[x_{k-1}, x_k]$ 内的任意点. 这个一般划分通常用来定义一般黎曼和.

定义　一般黎曼和

设 $[x_0, x_1], [x_1, x_2], \cdots, [x_{n-1}, x_n]$ 是 $[a, b]$ 的子区间, 其中

$$a = x_0 < x_1 < x_2 < \cdots < x_{n-1} < x_n = b.$$

设 Δx_k 是子区间 $[x_{k-1}, x_k]$ 的长度, $\bar{x}_k$ 是子区间 $[x_{k-1}, x_k]$ 内的任意点, $k = 1, 2, \cdots, n$.

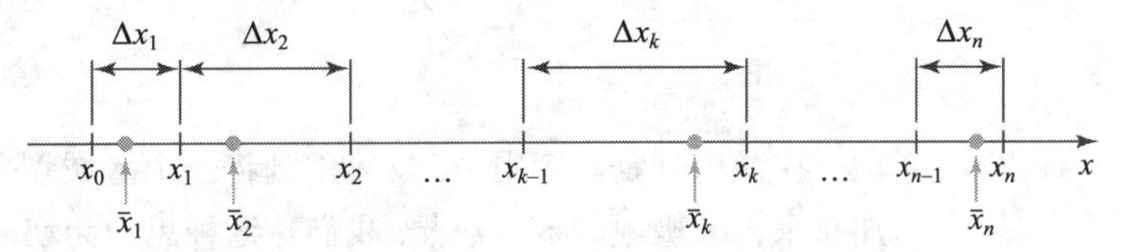

如果 f 在 $[a, b]$ 上定义, 则

$$\sum_{k=1}^{n} f(\bar{x}_k)\Delta x_k = f(\bar{x}_1)\Delta x_1 + f(\bar{x}_2)\Delta x_2 + \cdots + f(\bar{x}_n)\Delta x_n$$

称为 f 在 $[a, b]$ **上的一般黎曼和.**

令 $\Delta \to 0$ 迫使 $\Delta x_k \to 0$, 而这又迫使 $n \to \infty$. 因此, 在极限中只写 $\Delta \to 0$ 就足够了.

现在考虑当 $n \to \infty$ 及所有 $\Delta x_k \to 0$ 时 $\sum\limits_{k=1}^{n} f(\bar{x}_k)\Delta x_k$ 的极限. 我们把 Δx_k 的最大值记为 Δ, 即 $\Delta = \max\{\Delta x_1, \Delta x_2, \cdots, \Delta x_n\}$. 可以看到, 如果 $\Delta \to 0$, 则 $\Delta x_k \to 0, k = 1, 2, \cdots, n$. 为保证极限 $\lim\limits_{\Delta \to 0} \sum\limits_{k=1}^{n} f(\bar{x}_k)\Delta x_k$ 存在, 对 $[a, b]$ 的所有一般划分及划分中 $\bar{x}_k$ 的所有选择, 它必须有相同的极限值.

必须记住不定积分 $\int f(x)dx$ 是以 x 为自变量的函数族, 而定积分 $\int_a^b f(x)dx$ 是一个实数 (区域的净面积).

定义　定积分

设函数 f 在 $[a, b]$ 上定义, 如果对于 $[a, b]$ 的所有划分和 $\bar{x}_k$ 的所有选择, 极限 $\lim\limits_{\Delta \to 0} \sum\limits_{k=1}^{n} f(\bar{x}_k)\Delta x_k$ 存在并且唯一, 则称 f 在 $[a, b]$ 上是**可积的**, 这个极限称为 f **从** a **到** b **的定积分**. 我们写成

$$\int_a^b f(x)dx = \lim_{\Delta \to 0} \sum_{k=1}^{n} f(\bar{x}_k)\Delta x_k.$$

记号 需要对定积分的记号作一些解释. 定义中等式两边的记号有直接的对应 (见图 5.21). 在 $\Delta \to 0$ 的极限中, 由 $\sum$ 表示的有限和变成由 $\int$ 表示的无穷多项和. 积分号 $\int$ 是拉长的 S, 用来表示和. 在这个极限中, 子区间的长度 Δx 换成 dx. **积分限** a, b 与和的限也对应: 和式中的下限 $k = 1$ 对应于区间的左端点 $x = a$, 和式中的上限 $k = n$ 对应于区间的

右端点 $x=b$. 积分号下的函数称为**被积函数**. 最后, 积分中的因子 dx 是记号的必要部分; 它告诉我们 x 是**积分变量**.

积分变量是哑变量, 它相对于积分来说是完全内蕴的. 只要不与正在使用中的其他变量冲突, 积分变量用什么记号表示是无所谓的. 因此, 图 5.22 中的定积分具有相同的意义.

1675 年, 莱布尼茨引进这个记号, 他用 dx 表示无限窄的矩形的宽, 用 $f(x)dx$ 表示这样一个矩形的面积. 他用 $\int_a^b f(x)dx$ 表示 $a \sim b$ 中的所有这些面积的和.

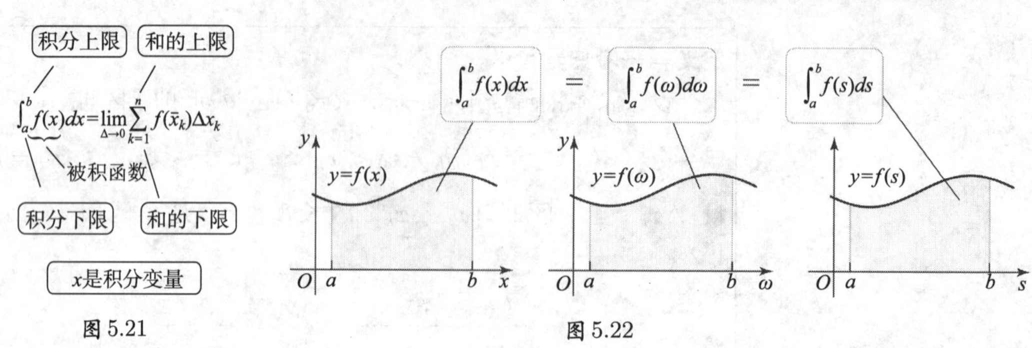

图 5.21

图 5.22

在微积分及其应用中, 反复用到将一个区域划分成更小的部分, 然后把各部分所得结果加起来再求极限的这种思想. 我们称这种思想为**切割 - 求和方法**. 通常由它得到黎曼和的一个极限, 这个极限就是定积分.

计算定积分

如果存在 M 使得对 I 内的所有 x 有 $|f(x)|<M$, 则函数 f 在区间 I 上有界.

本教材中碰到的大部分函数在某个区间上可积 (反例见习题 79). 事实上, 如果 f 在 $[a,b]$ 上连续或者 f 在 $[a,b]$ 上有界而且只有有限个不连续点, 则 f 在 $[a,b]$ 上可积. 这个结果的证明超出本书的范围.

定理 5.2 可积函数

如果 f 在 $[a,b]$ 上连续或者在 $[a,b]$ 上有界且只有有限个不连续点, 则 f 在 $[a,b]$ 上可积.

当 f 在 $[a,b]$ 上连续时, 我们已经知道定积分 $\int_a^b f(x)dx$ 是 f 的图像与 x- 轴在 $[a,b]$ 上所围区域的净面积. 图 5.23 说明了净面积的想法是如何应用到分段连续函数上的.

迅速核查 3. 作函数 $f(x)=x$ 的图像, 并用几何方法计算 $\int_{-1}^{1} xdx$. ◀

例 2 确认和的极限 设

$$\lim_{\Delta\to 0}\sum_{k=1}^{n}(3\bar{x}_k^2+2\bar{x}_k+1)\Delta x_k$$

是函数 f 在 $[1,3]$ 上的黎曼和的极限. 识别函数 f 并用定积分表示该极限. 定积分在几何上表示什么?

解 通过比较和 $\sum_k^n k=1(3\bar{x}_k^2+2\bar{x}+1)\Delta x_k$ 与一般黎曼和 $\sum_{k=1}^{n} f(\bar{x}_k)\Delta x_k$, 我们得 $f(x)=3x^2+2x+1$. 因为 f 是多项式, 所以 f 在 $[1,3]$ 上连续, 从而可积. 由此得

$$\lim_{\Delta\to 0}\sum_{k=1}^{n}(3\bar{x}_k^2+2\bar{x}_k+1)\Delta x_k=\int_1^3(3x^2+2x+1)dx.$$

因为 f 在 $[1,3]$ 上为正, 定积分就是曲线 $y=3x^2+2x+1$ 与 x- 轴在 $[1,3]$ 上所围区域的面积 (见图 5.24).

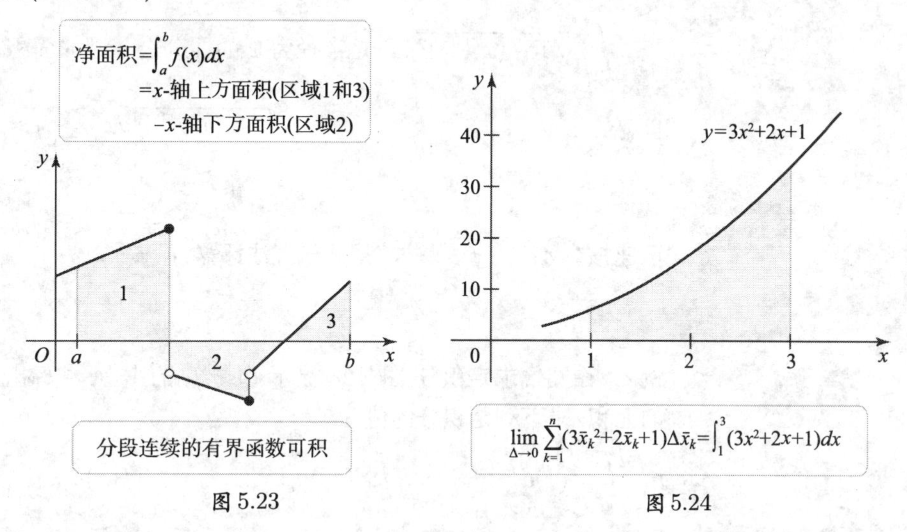

图 5.23　　图 5.24

相关习题 19～22◀

例 3　用几何方法计算定积分 利用熟悉的面积公式计算下列定积分.

a. $\int_2^4(2x+3)dx$.　**b.** $\int_1^6(2x-6)dx$.　**c.** $\int_3^4\sqrt{1-(x-3)^2}dx$.

解　为了用几何方法计算定积分, 必须作出相应区域的草图.

a. 定积分 $\int_2^4(2x+3)dx$ 是由 x- 轴和直线 $y=2x+3$ 从 $x=2$ 到 $x=4$ 所围梯形的面积 (见图 5.25). 梯形的底宽为 2, 两条互相平行的边长分别为 $f(2)=7$ 和 $f(4)=11$. 由梯形的面积公式, 我们得

$$\int_2^4(2x+3)dx=\frac{1}{2}\times 2(11+7)=18.$$

b. 图像显示这个区域是由直线 $y=2x-6$ 与 x- 轴所围成的三角形 (见图 5.26). 在区间 $[1,3]$ 上的三角形面积是 $\frac{1}{2}\times 2\times 4=4$. 类似地, 在 $[3,6]$ 上的三角形面积是 $\frac{1}{2}\times 3\times 6=9$. 定积分是整个区域的净面积, 即 x- 轴上方的三角形面积减去 x- 轴下方的三角形面积:

$$\int_1^6(2x-6)dx=净面积=9-4=5.$$

梯形及其面积. 当 $a=0$ 或 $b=0$ 时, 我们得到三角形面积. 当 $a=b$ 时, 我们得到矩形面积.

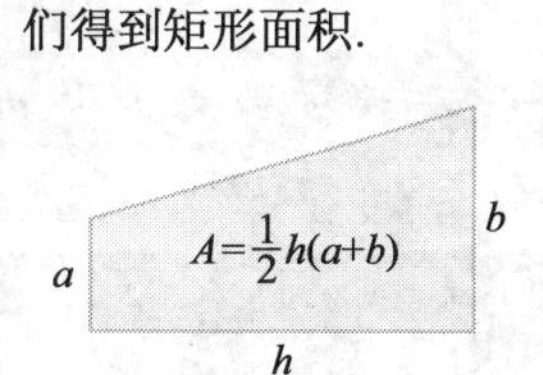

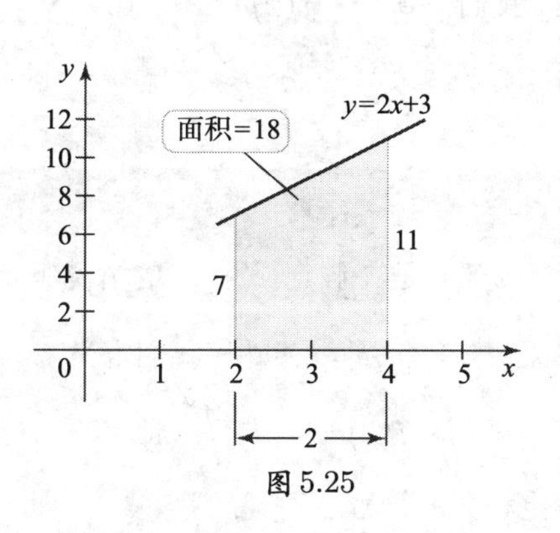

图 5.25

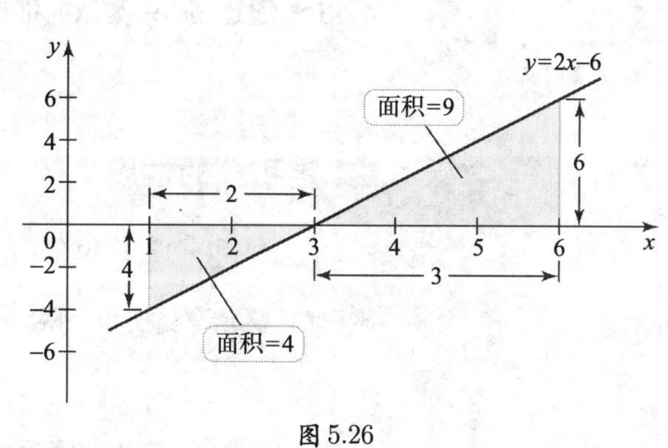

图 5.26

c. 首先设 $y=\sqrt{1-(x-3)^2}$ 并对等式两边同时平方得 $(x-3)^2+y^2=1$, 其图像是半径为 1、圆心为 $(1,3)$ 的圆. 由于 $y\geqslant 0$, $y=\sqrt{1-(x-3)^2}$ 的图像是上半圆. 所以积分 $\int_3^4 \sqrt{1-(x-3)^2}dx$ 是半径为 1 的四分之一圆的面积 (见图 5.27). 因此,

$$\int_3^4 \sqrt{1-(x-3)^2}dx=\frac{1}{4}\pi\times 1^2=\frac{\pi}{4}.$$

相关习题 23～30 ◀

迅速核查 4. 设 $f(x)=5$, 用几何方法计算 $\int_1^3 f(x)dx$. $\int_a^b cdx$ 的值是多少 (其中 c 是实数)? ◀

例 4 由图像求定积分 图 5.28 显示函数 f 的图像, 并标出了由 f 的图像和 x- 轴所围区域的面积. 求下列定积分的值.

a. $\int_a^b f(x)dx$. **b.** $\int_b^c f(x)dx$. **c.** $\int_a^c f(x)dx$. **d.** $\int_b^d f(x)dx$.

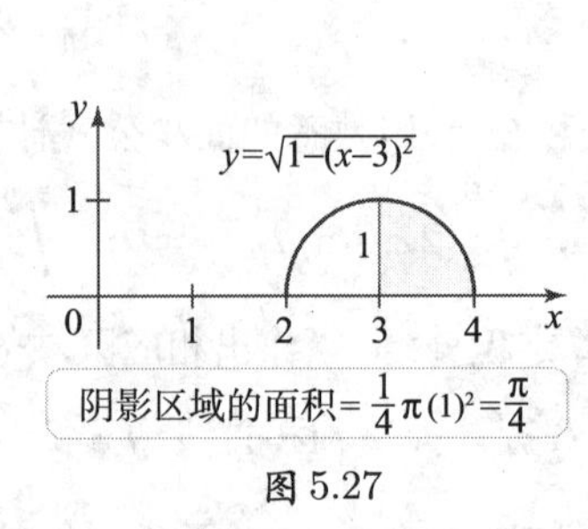

图 5.27

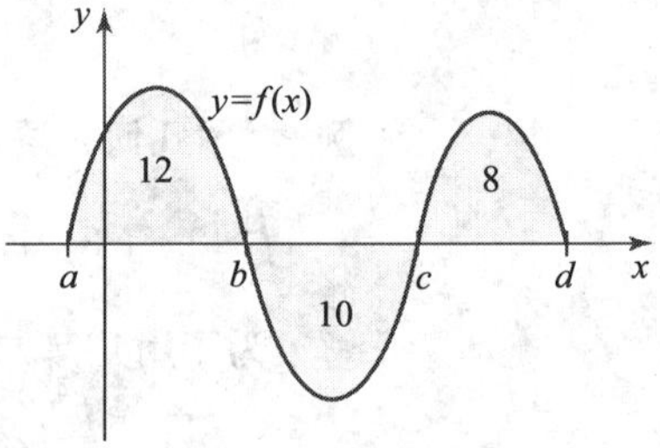

图 5.28

解

a. 由于 f 在 $[a,b]$ 上为正, 定积分的值就是其图像与 x- 轴在 $[a,b]$ 上所围区域的面积, 即 $\int_a^b f(x)dx=12$.

b. 由于 f 在 $[b,c]$ 上为负, 定积分的值就是相应区域面积的相反数, 即 $\int_b^c f(x)dx=-10$.

c. 定积分的值是 $[a,b]$ (这里 f 为正) 上的面积减去 $[b,c]$ (这里 f 为负) 上的面积. 因此, $\int_a^c f(x)dx=12-10=2$.

d. 通过与 (c) 类似的推理, 我们得到 $\int_b^d f(x)dx=-10+8=-2$.

相关习题 31～38 ◀

定积分的性质

回顾一下, 定积分 $\int_a^b f(x)dx$ 是在假定 $a<b$ 的情况下定义的. 然而, 在某些场合下, 有必要允许交换积分限. 如果 f 在 $[a,b]$ 上可积, 我们定义

$$\int_b^a f(x)dx=-\int_a^b f(x)dx.$$

换句话说, 对换积分限改变定积分的符号.

定积分的另一条基本性质是: 如果从一点到其自身积分, 则积分区间的长度是零, 这意味着定积分也为零.

迅速核查 5. 如果 f 在 $[a,b]$ 上可积, 计算
$$\int_a^b f(x)dx + \int_b^a f(x)dx.$$
◀

定义 对换积分限与相等的积分限

设 f 在 $[a,b]$ 上可积.

1. $\displaystyle\int_b^a f(x)dx = -\int_a^b f(x)dx.$ **2.** $\displaystyle\int_a^a f(x)dx = 0.$

和的积分 定积分有一些其他性质, 通常可以用来简化定积分的计算. 设 f 和 g 在 $[a,b]$ 上可积. 第一个性质陈述它们的和 $f+g$ 在 $[a,b]$ 上是可积的, 且它们和的积分等于它们积分的和:
$$\int_a^b (f(x)+g(x))dx = \int_a^b f(x)dx + \int_a^b g(x)dx.$$
在 f 和 g 在 $[a,b]$ 上连续的假设下, 我们来证明这个性质. 在这种情形下, $f+g$ 在 $[a,b]$ 上连续并且可积. 然后我们得
$$\begin{aligned}\int_a^b (f(x)+g(x))dx &= \lim_{\Delta\to 0}\sum_{k=1}^{n}[f(\bar{x}_k)+g(\bar{x}_k)]\Delta x_k \qquad \text{(定积分的定义)}\\ &= \lim_{\Delta\to 0}\left[\sum_{k=1}^{n} f(\bar{x}_k)\Delta x_k + \sum_{k=1}^{n} g(\bar{x}_k)\Delta x_k\right] \qquad \text{(拆成两个有限和)}\\ &= \lim_{\Delta\to 0}\sum_{k=1}^{n} f(\bar{x}_k)\Delta x_k + \lim_{\Delta\to 0}\sum_{k=1}^{n} g(\bar{x}_k)\Delta x_k \qquad \text{(拆成两个极限)}\\ &= \int_a^b f(x)dx + \int_a^b g(x)dx. \qquad \text{(定积分的定义)}\end{aligned}$$
积分中的常数 定积分的另一个性质是常数能提到定积分外. 如果 f 在 $[a,b]$ 上可积, c 是常数, 则 cf 在 $[a,b]$ 上可积, 而且
$$\int_a^b cf(x)dx = c\int_a^b f(x)dx.$$
其证明 (习题 77) 基于有限和的一个事实:
$$\sum_{k=1}^{n} cf(\bar{x}_k)\Delta x_k = c\sum_{k=1}^{n} f(\bar{x}_k)\Delta x_k.$$
子区间上的积分 如果 c 介于 a 和 b 之间, 则 $[a,b]$ 上的积分可以拆成两个积分之和. 如图 5.29 所示, 我们有性质

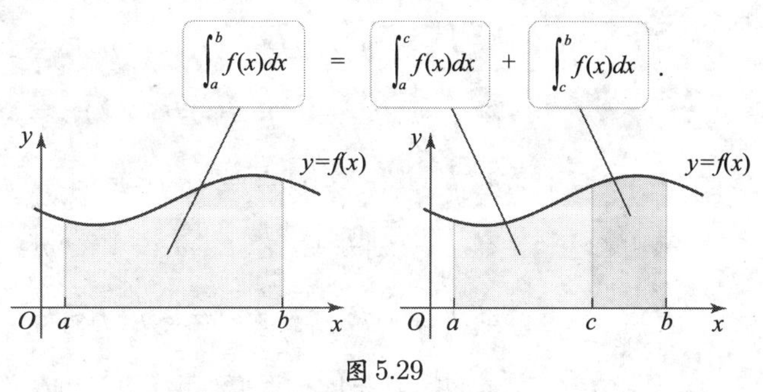

图 5.29

即使 c 在区间 $[a,b]$ 之外, 同样的性质也成立. 比如, 若 $a<b<c$ 且 f 在 $[a,c]$ 上可积, 则有 (见图 5.30): 因为 $\int_c^b f(x)dx=-\int_b^c f(x)dx$, 我们得到最初的性质 $\int_a^b f(x)dx=\int_a^c f(x)dx+\int_c^b f(x)dx$.

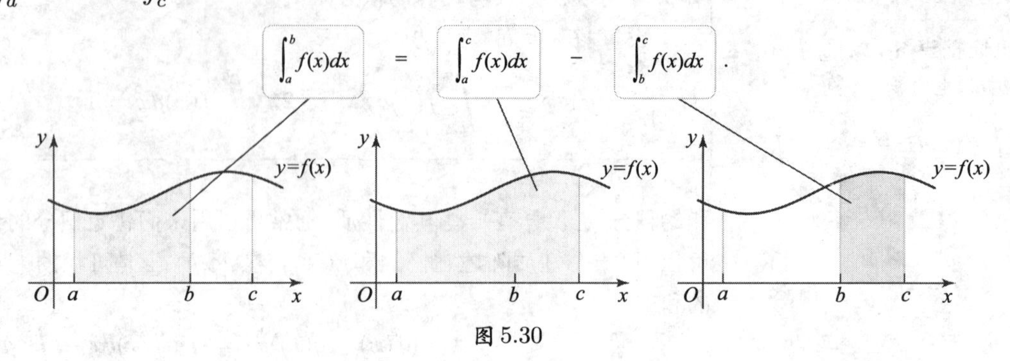

图 5.30

绝对值的积分 最后, 我们如何解释函数的绝对值的定积分 $\int_a^b |f(x)|dx$ 呢? f 和 $|f|$ 的图像如图 5.31 所示. 定积分 $\int_a^b |f(x)|dx$ 给出了区域 R_1^* 和 R_2 的面积之和. 但 R_1 和 R_1^* 有相同的面积, 因此 $\int_a^b |f(x)|dx$ 也给出 R_1 和 R_2 的面积之和. 结论就是 $\int_a^b |f(x)|dx$ 等于在 $[a,b]$ 上介于 f 的图像与 x - 轴之间的整个区域 (在 x - 轴上方和下方) 的面积.

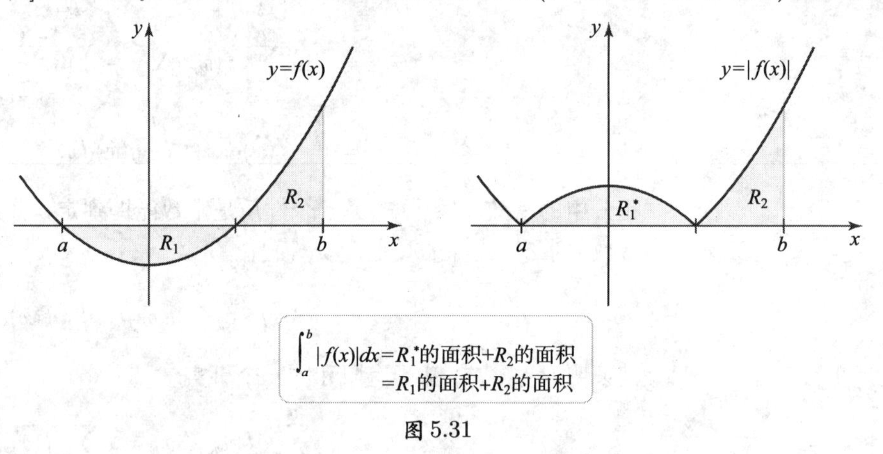

图 5.31

表 5.3　　**定积分的性质**

令 f 和 g 是包含 a,b,c 的区间上的可积函数.

1. $\int_a^a f(x)dx=0$ (定义).

2. $\int_b^a f(x)dx=-\int_a^b f(x)dx$ (定义).

3. $\int_a^b (f(x)+g(x))dx=\int_a^b f(x)dx+\int_a^b g(x)dx$.

4. $\int_a^b cf(x)dx=c\int_a^b f(x)dx$, c 是任意常数.

5. $\int_a^b f(x)dx=\int_a^c f(x)dx+\int_c^b f(x)dx$.

6. 函数 $|f|$ 在 $[a,b]$ 上可积, 且 $\int_a^b |f(x)|dx$ 等于 $[a,b]$ 上由 f 的图像与 x-轴所围区域的面积之和.

例 5 积分的性质 设 $\int_0^5 f(x)dx = 3, \int_0^7 f(x)dx = -10$. 如果可能, 计算下列定积分.

a. $\int_0^7 2f(x)dx$. **b.** $\int_5^7 f(x)dx$. **c.** $\int_5^0 f(x)dx$. **d.** $\int_7^0 6f(x)dx$. **e.** $\int_0^7 |f(x)|dx$.

解

a. 由表 5.3 中性质 4, $\int_0^7 2f(x)dx = 2\int_0^7 f(x)dx = 2\times(-10) = -20$.

b. 由表 5.3 中的性质 5, $\int_0^7 f(x)dx = \int_0^5 f(x)dx + \int_5^7 f(x)dx$.

因此 $\int_5^7 f(x)dx = \int_0^7 f(x)dx - \int_0^5 f(x)dx = -10-3 = -13$.

c. 由表 5.3 中的性质 2,

$$\int_5^0 f(x)dx = -\int_0^5 f(x)dx = -3.$$

d. 调换积分限并利用表 5.3 中的性质 2 和 4, 我们有

$$\int_7^0 6f(x)dx = -\int_0^7 6f(x)dx = -6\int_0^7 f(x)dx = (-6)\times(-10) = 60.$$

e. 由于不知道 f 在哪些区间上为正, 在哪些区间上为负, 定积分无法计算出来. 实际上它的值大于或等于 10.

相关习题 39～44 ◀

迅速核查 6. 利用几何方法求 $\int_{-1}^2 xdx, \int_{-1}^2 |x|dx$. ◀

用极限计算定积分

我们在例 3 中利用梯形、三角形和圆的面积公式计算定积分. 寻常的几何方法对由更一般的函数所围成的区域行之无效. 此时, 处理这样一类积分的唯一方法就是应用定积分的定义和 定理 5.1 提供的求和公式.

我们知道如果 f 在 $[a,b]$ 上可积, 则 $\int_a^b f(x)dx = \lim_{\Delta\to 0}\sum_{k=1}^n f(\bar{x}_k)\Delta x_k$ 对 $[a,b]$ 的任意划分和任意点 $\bar{x}_k$ 成立. 为简化这些计算, 我们通常用等距格点和黎曼右和. 即对任意 n, 令 $\Delta x_k = \Delta x = \frac{b-a}{n}$, $\bar{x}_k = a+k\Delta x$, $k=1,2,\cdots,n$. 然后令 $n\to\infty$, 从而 $\Delta\to 0$,

$$\int_a^b f(x)dx = \lim_{\Delta\to 0}\sum_{k=1}^n f(\bar{x}_k)\Delta x_k = \lim_{n\to\infty}\sum_{k=1}^n f(a+k\Delta x)\Delta x.$$

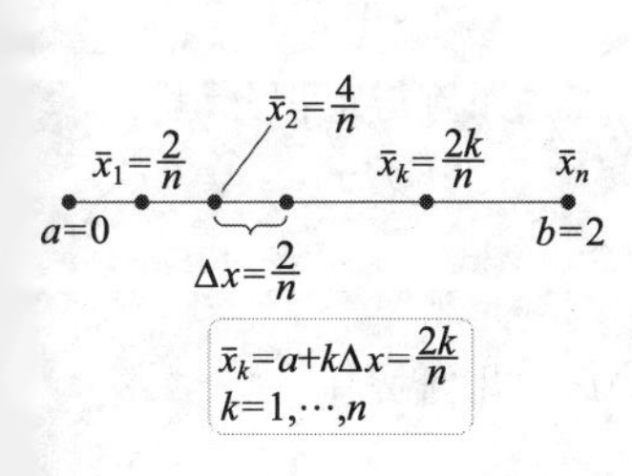

例 6 计算定积分 通过计算黎曼右和并令 $n\to\infty$, 求 $\int_0^2 (x^3+1)dx$ 的值.

解 根据 5.1 节例 5 所求的近似值, 我们猜测该积分的值为 6. 为证明这个猜测, 我们现在精确地计算这个定积分. 区间 $[a,b]=[0,2]$ 被分成 n 个长度均为 $\Delta x = \frac{b-a}{n} = \frac{2}{n}$ 的子区间, 由此得到格点

$$\bar{x}_k = a + k\Delta x = 0 + k \cdot \frac{2}{n} = \frac{2k}{n}, \quad k = 1, 2, \cdots, n.$$

用黎曼左和或黎曼中点和可以完成类似的计算.

令 $f(x) = x^3 + 1$, 黎曼右和为

$$\begin{aligned}
\sum_{k=1}^{n} f(\bar{x}_k)\Delta x &= \sum_{k=1}^{n} \left[\left(\frac{2k}{n}\right)^3 + 1\right]\frac{2}{n} \\
&= \frac{2}{n}\sum_{k=1}^{n}\left(\frac{8k^3}{n^3} + 1\right) \quad \left(\sum_{k=1}^{n} ca_k = c\sum_{k=1}^{n} a_k\right) \\
&= \frac{2}{n}\left(\frac{8}{n^3}\sum_{k=1}^{n} k^3 + \sum_{k=1}^{n} 1\right) \quad \left(\sum_{k=1}^{n}(a_k + b_k) = \sum_{k=1}^{n} a_k + \sum_{k=1}^{n} b_k\right) \\
&= \frac{2}{n}\left[\frac{8}{n^3}\left(\frac{n^2(n+1)^2}{4}\right) + n\right] \quad \left(\sum_{k=1}^{n} k^3 = \frac{n^2(n+1)^2}{4}, \sum_{k=1}^{n} 1 = n; \text{定理 } 5.1\right) \\
&= \frac{4(n^2 + 2n + 1)}{n^2} + 2. \quad (\text{化简})
\end{aligned}$$

现在我们通过令黎曼和中的 $n \to \infty$ 求得定积分 $\int_0^2 (x^3 + 1)dx$:

$$\begin{aligned}
\int_0^2 (x^3 + 1)dx &= \lim_{n\to\infty}\sum_{k=1}^{n} f(\bar{x}_k)\Delta x \\
&= \lim_{n\to\infty}\left[\frac{4(n^2 + 2n + 1)}{n^2} + 2\right] \\
&= 4\lim_{n\to\infty}\underbrace{\left(\frac{n^2 + 2n + 1}{n^2}\right)}_{\text{趋近于 } 1} + \lim_{n\to\infty} 2 \\
&= 4 \times 1 + 2 = 6.
\end{aligned}$$

因此, $\int_0^2 (x^3 + 1)dx = 6$, 验证了我们在 5.1 节的例 5 中所作的猜测.　*相关习题 45～50* ◀

即使 f 是简单函数, 例 6 中黎曼和的计算也是非常烦琐的. 对 4 次或更高次数的多项式, 计算更具有挑战. 对有理函数和超越函数, 需要高级的数学结果. 下一节将引入计算定积分的更有效的方法.

5.2 节 习题

复习题

1. 解释净面积的含义.

2. 如何解释在积分区间上改变定积分函数符号的几何意义?

3. 区域的净面积何时等于区域的面积? 区域的净面积何时不等于区域的面积?

4. 设在 $[a, b]$ 上 $f(x) < 0$. 利用黎曼和解释为什么定积分 $\int_a^b f(x)dx$ 是负数.

5. 利用图像求定积分 $\int_0^{2\pi} \sin x dx$ 和 $\int_0^{2\pi} \cos x dx$.

6. 解释黎曼和记号 $\sum_{k=1}^{n} f(\bar{x}_k)\Delta x$ 如何与定积分记号 $\int_a^b f(x)dx$ 对应.

7. 给出为什么 $\int_a^a f(x)dx = 0$ 的几何解释.

8. 利用表 5.3 将 $\int_1^6 (2x^3 - 4x)dx$ 写成两个定积分的和.

9. 根据几何意义, 求 $\int_0^a xdx$ 用 a 表示的公式.

10. 如果 f 在 $[a,b]$ 上连续且 $\int_a^b |f(x)|dx = 0$, 关于 f 能得到什么结论?

基本技能

11 ~ 14. 估计净面积 下列函数在指定区间上非负.

a. 作函数在指定区间上的图像.

b. 用 $n=4$ 的黎曼左和、黎曼右和及黎曼中点和逼近由 f 的图像与 x- 轴在指定区间上所围区域的净面积.

11. $f(x) = -2x-1; [0,4]$.

12. $f(x) = -4-x^3; [3,7]$.

13. $f(x) = \sin 2x; [\pi/2, \pi]$.

14. $f(x) = x^3-1; [-2,0]$.

15 ~ 18 估计净面积 下列函数在指定区间上有正有负.

a. 作函数在指定区间上的图像.

b. 用 $n=4$ 的黎曼左和、黎曼右和及黎曼中点和逼近由 f 的图像与 x- 轴在指定区间上所围区域的净面积.

c. 利用 (a) 中草图, 指出 $[a,b]$ 的哪些子区间对净面积有正贡献或负贡献.

15. $f(x) = 4-2x; [0,4]$.

16. $f(x) = 8-2x^2; [0,4]$.

17. $f(x) = \sin 2x; [0, 3\pi/4]$.

18. $f(x) = x^3; [-1,2]$.

19 ~ 22. 从和式的极限识别定积分 考虑下列在 $[a,b]$ 上的函数 f 的黎曼和的极限. 识别 f 并将极限表示成定积分.

19. $\lim\limits_{\Delta\to 0}\sum\limits_{k=1}^{n}(\bar{x}_k^2+1)\Delta x_k; [0,2]$.

20. $\lim\limits_{\Delta\to 0}\sum\limits_{k=1}^{n}(4-\bar{x}_k^2)\Delta x_k; [-2,2]$.

21. $\lim\limits_{\Delta\to 0}\sum\limits_{k=1}^{n}\bar{x}_k\cos\bar{x}_k\Delta x_k; [1,2]$.

22. $\lim\limits_{\Delta\to 0}\sum\limits_{k=1}^{n}|\bar{x}_k^2-1|\Delta x_k; [-2,2]$.

23 ~ 30. 净面积与定积分 利用几何方法 (不是黎曼和) 计算下列定积分. 作被积函数的图像, 显示问题中的区域并解释结果.

23. $\int_0^4 (8-2x)dx$.

24. $\int_{-4}^2 (2x+4)dx$.

25. $\int_{-1}^2 (-|x|)dx$.

26. $\int_0^2 (1-|x|)dx$.

27. $\int_0^4 \sqrt{16-x^2}dx$.

28. $\int_{-1}^3 \sqrt{4-(x-1)^2}dx$.

29. $\int_0^4 f(x)dx$, 其中 $f(x)=\begin{cases}5, & x\leqslant 2\\ 3x-1, & x>2\end{cases}$.

30. $\int_1^{10} g(x)dx$, 其中 $g(x)=\begin{cases}4x, & 0\leqslant x\leqslant 2\\ -8x+16, & 2<x\leqslant 3\\ -8, & x>3\end{cases}$.

31 ~ 34. 由图像求净面积 图中标明了 f 的图像与 x- 轴所围区域的面积. 计算下列定积分.

31. $\int_0^a f(x)dx$.

32. $\int_0^b f(x)dx$.

33. $\int_a^c f(x)dx$.

34. $\int_0^c f(x)dx$.

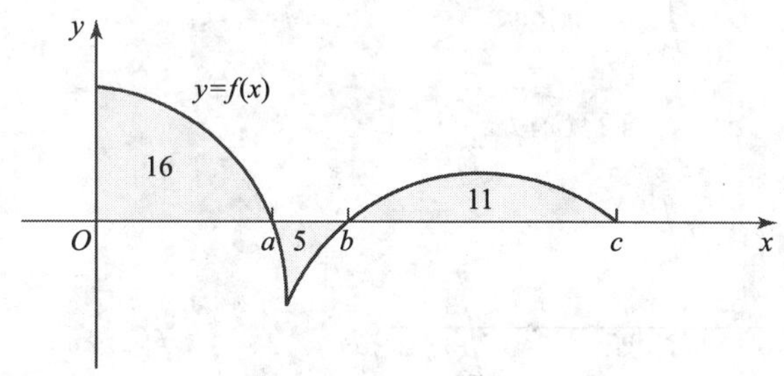

35 ~ 38. 由图像求净面积 附图标出了由 $f(x) = x\sin x$ 的图像所围成的 4 个区域: R_1, R_2, R_3, R_4, 它们的面积分别为 $1, \pi-1, \pi+1, 2\pi-1$. (我们本教材后面验证这些结论.) 用这些信息计算下列积分.

35. $\int_0^{\pi} x\sin x dx$.

36. $\int_0^{3\pi/2} x\sin x dx$.

37. $\int_0^{2\pi} x\sin x dx$.

38. $\int_{\pi/2}^{2\pi} x\sin x dx$.

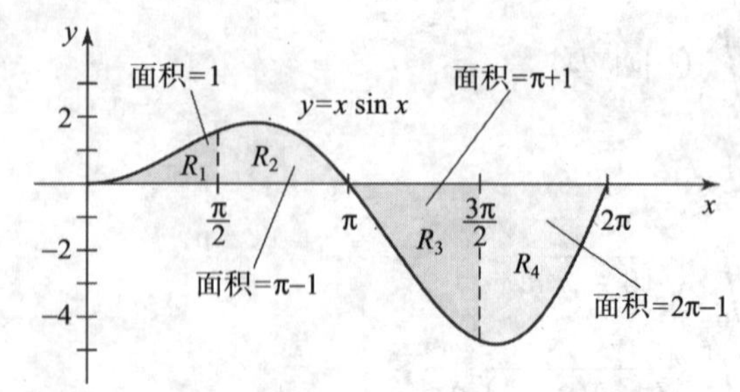

39. 定积分的性质 如果可能, 只利用 $\int_0^4 3x(4-x)dx = 32$ 这一事实与定积分的定义和性质计算下列积分.

a. $\int_4^0 3x(4-x)dx$.

b. $\int_0^4 x(x-4)dx$.

c. $\int_4^0 6x(4-x)dx$.

d. $\int_0^8 3x(4-x)dx$.

40. 定积分的性质 设 $\int_1^4 f(x)dx = 8$ 及 $\int_1^6 f(x)dx = 5$. 计算下列积分.

a. $\int_1^4 (-3f(x))dx$.

b. $\int_1^4 3f(x)dx$.

c. $\int_6^4 12f(x)dx$.

d. $\int_4^6 3f(x)dx$.

41. 定积分的性质 设 $\int_0^3 f(x)dx = 2$, $\int_3^6 f(x)dx = -5$ 及 $\int_3^6 g(x)dx = 1$. 计算下列积分.

a. $\int_0^3 5f(x)dx$.

b. $\int_3^6 [-3g(x)]dx$.

c. $\int_3^6 (3f(x) - g(x))dx$.

d. $\int_6^3 [f(x) + 2g(x)]dx$.

42. 定积分的性质 设 $f(x) \geqslant 0, x \in [0,2]$, $f(x) \leqslant 0, x \in [2,5]$, $\int_0^2 f(x)dx = 6$, $\int_2^5 f(x)dx = -8$. 计算下列积分.

a. $\int_0^5 f(x)dx$.

b. $\int_0^5 |f(x)|dx$.

c. $\int_2^5 4|f(x)|dx$.

d. $\int_0^5 (f(x) + |f(x)|)dx$.

43～44. 利用定积分的性质 利用第一个定积分的值 I 计算两个指定的积分.

43. $I = \int_0^1 (x^3 - 2x)dx = -\dfrac{3}{4}$.

a. $\int_0^1 (4x - 2x^3)dx$.　　**b.** $\int_1^0 (2x - x^3)dx$.

44. $I = \int_0^{\pi/2} (\cos\theta - 2\sin\theta)d\theta = -1$.

a. $\int_0^{\pi/2} (2\sin\theta - \cos\theta)d\theta$.　**b.** $\int_{\pi/2}^0 (4\cos\theta - 8\sin\theta)d\theta$.

45～50. 和的极限 利用定积分的定义计算下列定积分. 用黎曼右和与 定理 5.1 .

45. $\int_0^2 (2x+1)dx$.

46. $\int_1^5 (1-x)dx$.

47. $\int_3^7 (4x+6)dx$.

48. $\int_0^2 (x^2-1)dx$.

49. $\int_1^4 (x^2-1)dx$.

50. $\int_0^2 4x^3dx$.

深入探究

51. 解释为什么是, 或不是 判别下列命题是否正确, 并证明或举反例.

a. 如果 f 是 $[a,b]$ 上的常值函数, 那么对任意 n,

黎曼右和与黎曼左和给出 $\int_a^b f(x)dx$ 的精确值.

b. 如果 f 是 $[a,b]$ 上的线性函数, 那么对任意 n, 黎曼中点和给出 $\int_a^b f(x)dx$ 的精确值.

c. $\int_0^{\frac{2\pi}{a}} \sin ax dx = \int_0^{\frac{2\pi}{a}} \cos ax dx = 0$ (*提示:* 作函数图像并利用三角函数的性质).

d. 如果 $\int_a^b f(x)dx = \int_b^a f(x)dx$, 那么 f 是常值函数.

e. 表 5.3 中的性质 4 蕴含 $\int_a^b xf(x)dx = x\int_a^b f(x)dx$.

52～55. 估计定积分 对指定的定积分以及 n, 完成下列步骤.

a. 作被积函数在积分区间上的图像.

b. 设采用正则划分, 计算 Δx 和格点 $x_0, x_1, \cdots, x_n$.

c. 对指定的 n, 计算黎曼左和与黎曼右和.

d. 判断哪个黎曼和 (左和与右和) 低估还是高估定积分的值.

52. $\int_0^2 (x^2-2)dx; n=4$.

53. $\int_3^6 (1-2x)dx; n=6$.

54. $\int_0^{\pi/2} \cos x dx; n=4$.

55. $\int_1^7 \frac{1}{x}dx; n=6$.

56～60. 用计算器计算定积分的近似值 考虑下列定积分.

a. 取 $n=20, 50, 100$, 用西格玛记号表示黎曼左和与黎曼右和. 然后利用计算器计算这些和.

b. 根据 (a) 的答案, 对定积分的值作出猜测.

56. $\int_4^9 3\sqrt{x}dx$.

57. $\int_0^1 (x^2+1)dx$.

58. $\int_0^1 \tan\left(\frac{\pi x}{4}\right)dx$.

59. $\int_1^4 \frac{dx}{2x}$.

60. $\int_{-1}^1 \cos\left(\frac{x\pi}{2}\right)dx$.

61～64. 黎曼中点和与计算器 考虑下列定积分.

a. 对任意 n, 用西格玛记号表示黎曼中点和.

b. 用计算器计算 $n=20, 50, 100$ 时的和. 利用这些值估计积分值.

61. $\int_1^4 2\sqrt{x}dx$.

62. $\int_{-1}^2 \sin\left(\frac{x\pi}{4}\right)dx$.

63. $\int_0^4 (4x-x^2)dx$.

64. $\int_0^{\pi/4} \tan x dx$.

65. 积分的更多性质 考虑定义在 $[1,6]$ 上的两个函数 f 和 g 满足 $\int_1^6 f(x)dx = 10$, $\int_1^6 g(x)dx = 5$, $\int_4^6 f(x)dx = 5$ 及 $\int_1^4 g(x)dx = 2$. 计算下列积分.

a. $\int_1^4 3f(x)dx$.

b. $\int_1^6 (f(x)-g(x))dx$.

c. $\int_1^4 (f(x)-g(x))dx$.

d. $\int_4^6 (g(x)-f(x))dx$.

e. $\int_4^6 8g(x)dx$.

f. $\int_4^1 2f(x)dx$.

66～69. 面积对比净面积 作下列函数的图像. 然后利用几何方法 (不是黎曼和) 求所描述区域的面积与净面积.

66. $y=4x-8$ 的图像与 x-轴所围区域, $-4 \leqslant x \leqslant 8$.

67. $y=-3x$ 的图像与 x-轴所围区域, $-2 \leqslant x \leqslant 2$.

68. $y=3x-6$ 的图像与 x-轴所围区域, $0 \leqslant x \leqslant 6$.

69. $y=1-|x|$ 的图像与 x-轴所围区域, $-2 \leqslant x \leqslant 2$.

70～73. 用几何方法求面积 利用几何方法求下列积分.

70. $\int_{-2}^3 |x+1|dx$.

71. $\int_1^6 |2x-4|dx$.

72. $\int_1^6 (3x-6)dx$.

73. $\int_{-6}^4 \sqrt{24-2x-x^2}dx$.

附加练习

74. 分段连续函数的积分 设 f 分别在区间 $[a,c]$

和 $(c,b]$ 上连续, 其中 $a<c<b$ 为有限跳跃间断点. 构造区间 $[a,c]$ 有 n 个格点的正则划分及区间 $[c,b]$ 有 m 个格点的正则划分, 其中 c 是这两个划分的格点. 写出积分 $\int_a^b f(x)dx$ 的黎曼和并将它分成区间 $[a,c]$ 与 $[c,b]$ 上的两部分. 解释 $\int_a^b f(x)dx=\int_a^c f(x)dx+\int_c^b f(x)dx$ 为什么成立.

75～76. 分段连续函数 利用几何方法及习题 74 的结果计算下列积分.

75. $\int_0^{10} f(x)dx$, 其中 $f(x)=\begin{cases} 2, & 0\leqslant x\leqslant 5 \\ 3, & 5<x\leqslant 10 \end{cases}$.

76. $\int_1^6 f(x)dx$, 其中 $f(x)=\begin{cases} 2x, & 1\leqslant x\leqslant 4 \\ 10-2x, & 4<x\leqslant 6 \end{cases}$.

77. 积分中的常数 利用定积分的定义验证性质 $\int_a^b cf(x)dx=c\int_a^b f(x)dx$, 其中 f 是连续函数, c 是实数.

78. 精确面积 考虑区间 $[a,b]$ 上的线性函数 $f(x)=2px+q$, 其中 a,b,p,q 是正常数.

a. 证明对任意 n, 具有 n 个子区间的黎曼中点和等于 $\int_a^b f(x)dx$.

b. 证明 $\int_a^b f(x)dx=(b-a)[p(b+a)+q]$.

79. 不可积函数 考虑定义在 $[0,1]$ 上的函数, 满足如果 x 是有理数, 则 $f(x)=1$; 如果 x 是无理数, 则 $f(x)=0$. 这个函数有无穷多个不连续点, 且积分 $\int_0^1 f(x)dx$ 不存在. 证明对所有 n, 具有 n 个子区间的正则划分的黎曼右和、黎曼左和与黎曼中点和都等于 1.

80. 由黎曼和求幂函数的积分 考虑积分 $I(p)=\int_0^1 x^p dx$, 其中 p 是正整数.

a. 写具有 n 个子区间的黎曼左和.

b. 有事实 $\lim\limits_{n\to\infty}\frac{1}{n}\sum\limits_{k=0}^{n-1}\left(\frac{k}{n}\right)^p=\frac{1}{p+1}$ (由 17 世纪数学家费马和帕斯卡证明). 利用这个事实求 $I(p)$.

迅速核查 答案

1. -20.

2. $f(x)=1-x$ 是一个可能的函数.

3. 0.

4. 10; $c(b-a)$.

5. 0.

6. $\frac{3}{2}$; $\frac{5}{2}$.

5.3 微积分基本定理

像 5.2 节所描述的那样用黎曼和的极限计算定积分通常是不可能的, 或是不实用的. 幸运的是, 有一个计算定积分的有效且实用的方法. 在本节我们将发掘这一方法. 沿着这条路, 我们将发现微分与积分之间的互逆关系, 它是微积分中最重要的结果, 我们表示为微积分基本定理.

面积函数

面积函数对于讨论导数与积分之间的联系至关重要. 我们从连续函数 $f(t), t\geqslant a$ 开始讨论, 其中 a 是一固定的数. 以 a 为左端点的 f 的面积函数用 $A(x)$ 表示; 它是由 f 的图像与 t- 轴在 $t=a$ 与 $t=x$ 之间所围区域的净面积 (见图 5.32). 该区域的净面积也可以由定积分给出.

注意到 x 是积分上限且是面积函数的自变量: 随着 x 的变化, 曲线下的净面积也变化. 因为字母 x 已经作为 A 的自变量使用, 所以我们必须选择另一个字母表示积分变量. 除了 x 以外的任何记号都可以使用, 因为它是**哑变量**; 我们已选择 t 作为积分变量.

哑变量是占位符; 它的作用能被任何与问题中其他变量不发生冲突的记号代替.

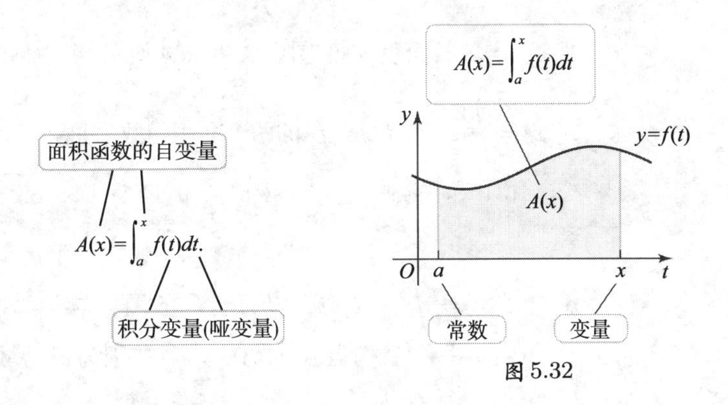

图 5.32

图 5.33 给出了对面积函数产生过程的一般看法. 假设对于固定数 a, f 对于 $t \geqslant a$ 连续. 现在选择一点 $b > a$. 由 f 的图像与 t- 轴在区间 $[a, b]$ 上所围区域的净面积是 $A(b)$. 将右端点移动到 $(c, 0)$ 或 $(d, 0)$, 得到净面积分别为 $A(c)$ 或 $A(d)$ 的不同区域. 一般地, 如果 $x > a$ 是变点, 则 $A(x) = \displaystyle\int_a^x f(t)dt$ 是 f 的图像与 t- 轴在区间 $[a, x]$ 上所围区域的净面积.

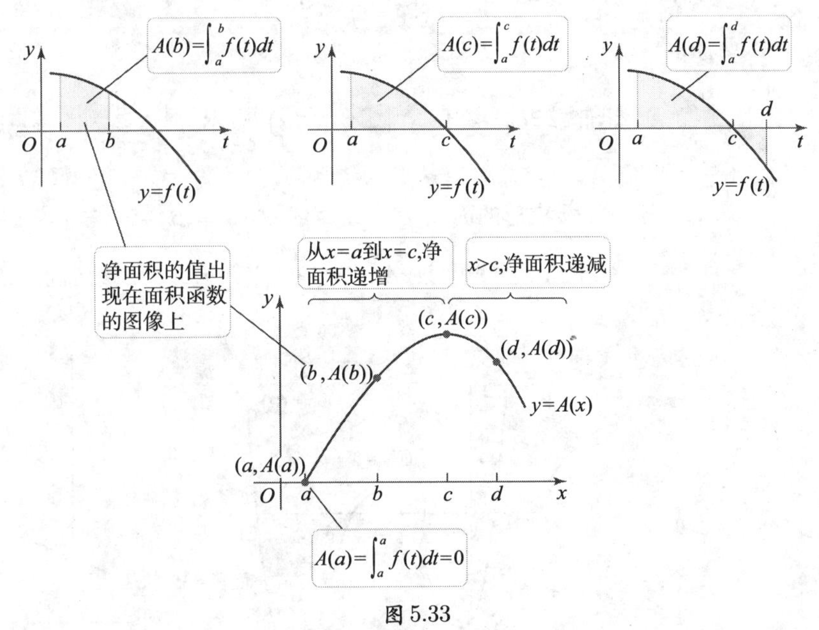

图 5.33

图 5.33 演示了 $A(x)$ 是如何随 x 变化的. 注意到 $A(a) = \displaystyle\int_a^a f(t)dt = 0$. 对于 $x > a$, 净面积递增直到满足 $f(c) = 0$ 的 $x = c$ 处. 对于 $x > c$, 函数 f 是负的, 对面积函数作负贡献. 因此面积函数对于 $x > c$ 递减.

定义　面积函数

设 f 对于 $t \geqslant a$ 是连续函数. **以 a 为左端点的 f 的面积函数是**

$$A(x) = \int_a^x f(t)dt,$$

其中 $x \geqslant a$. 面积函数给出了由 f 的图像与 t- 轴在区间 $[a, x]$ 上所围区域的净面积.

例 1　区域的面积 f 的图像如图 5.34 所示, 图中标注了不同区域的面积. 令 $A(x)=\int_{-1}^{x} f(t)dt$, $F(x)=\int_{3}^{x} f(t)dt$ 是 f 的两个面积函数 (注意不同的左端点). 计算下列面积函数值.

a. $A(3)$ 和 $F(3)$.　　**b.** $A(5)$ 和 $F(5)$.　　**c.** $A(9)$ 和 $F(9)$.

解

a. $A(3)=\int_{-1}^{3} f(t)dt$ 的值是 f 的图像与 t- 轴在区间 $[-1,3]$ 上所围区域的净面积. 由 f 的图像, 我们得到 $A(3)=-27$(因为该区域的面积为 27 且落在 t- 轴下方). 另一方面, 由表 5.3 中的性质 1, $F(3)=\int_{3}^{3} f(t)dt=0$.

b. $A(5)=\int_{-1}^{5} f(t)dt$ 的值通过用区间 $[3,5]$ 内的 t- 轴上方区域的面积减去区间 $[-1,3]$ 内 t 轴下方区域的面积得到. 因此 $A(5)=3-27=-24$. 类似地, $F(5)$ 是 f 的图像与 t- 轴在区间 $[3,5]$ 上所围区域的净面积; 因此 $F(5)=3$.

c. 如 (a) 和 (b) 的推导, 我们有 $A(9)=-27+3-35=-59$ 和 $F(9)=3-35=-32$.

相关习题 11～12 ◀

迅速核查 1. 在例 1 中, 令 $B(x)$ 表示 f 以 5 为左端点的面积函数. 计算 $B(5)$ 和 $B(9)$. ◀

例 2　梯形的面积 考虑由直线 $f(t)=2t+3$ 与 t- 轴从 $t=2$ 到 $t=x$ 所围成的梯形 (见图 5.35). 面积函数 $A(x)=\int_{2}^{x} f(t)dt, x\geqslant 2$ 给出了梯形的面积.

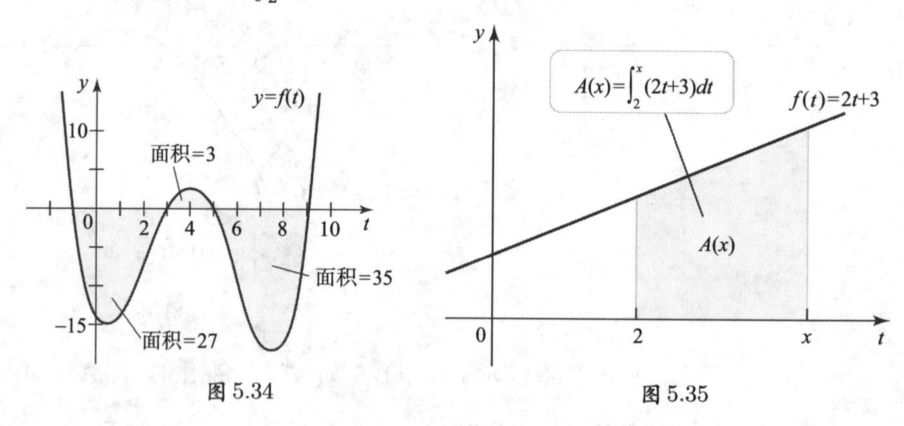

图 5.34　　　　图 5.35

a. 计算 $A(2)$.

b. 计算 $A(5)$.

c. 对于 $x\geqslant 2$, 求面积函数 $y=A(x)$ 并作图.

d. 将 A 的导数与 f 进行比较.

解

a. 由表 5.3 中的性质 1, $A(2)=\int_{2}^{2}(2t+3)dt=0$.

b. 注意到 $A(5)$ 是直线 $y=2t+3$ 的图像与 t- 轴在区间 $[2,5]$ 上所围梯形的面积. 利用梯形的面积公式 (见图 5.36), 我们得到

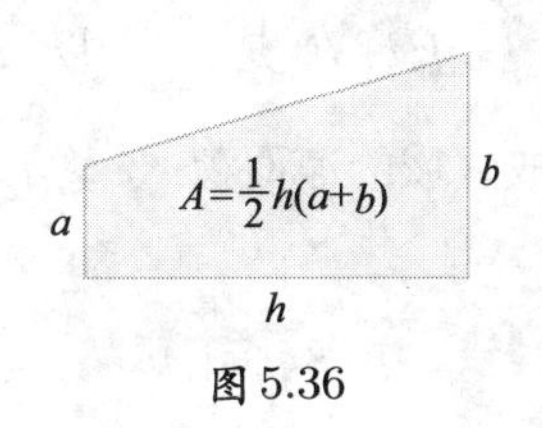

图 5.36

$$A(5)=\int_2^5(2t+3)dt=\frac{1}{2}\times\underbrace{(5-2)}_{\substack{\text{两条平行边}\\\text{之间的距离}}}\times\underbrace{(f(2)+f(5))}_{\substack{\text{两条平行边}\\\text{的长度之和}}}=\frac{1}{2}\times 3\times(7+13)=30.$$

c. 现在底的右端点是变量 $x\geqslant 2$ (见图 5.37). 梯形的两条平行边之间的距离等于 $x-2$. 由梯形的面积公式, 对任意 $x\geqslant 2$, 该梯形的面积为

$$\begin{aligned}A(x)&=\frac{1}{2}\underbrace{(x-2)}_{\substack{\text{两条平行边}\\\text{之间的距离}}}\underbrace{(f(2)+f(x))}_{\substack{\text{两条平行边}\\\text{的长度之和}}}\\&=\frac{1}{2}(x-2)(7+2x+3)\\&=(x-2)(x+5)\\&=x^2+3x-10.\end{aligned}$$

用变上限积分表示面积函数, 我们得

$$A(x)=\int_2^x(2t+3)dt=x^2+3x-10.$$

因为直线 $f(t)=2t+3$ 在 $t\geqslant 2$ 时落在 t 轴上方, 面积函数 $A(x)=x^2+3x-10$ 是 x 的增函数, 且满足 $A(2)=0$ (见图 5.38).

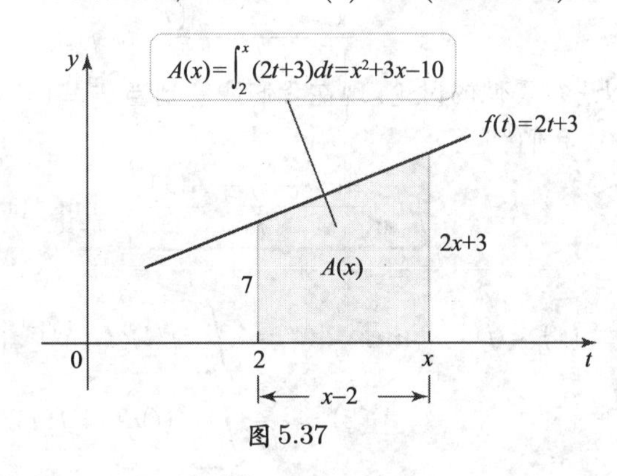

图 5.37

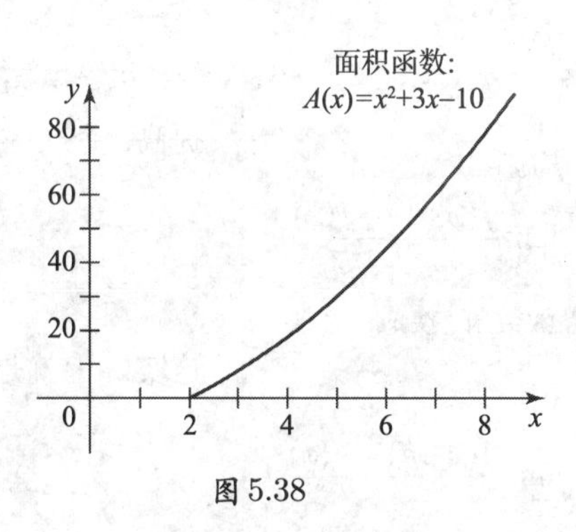

图 5.38

d. 对面积函数求导, 得

$$A'(x)=\frac{d}{dx}(x^2+3x-10)=2x+3=f(x).$$

回顾, 若 $A'(x)=f(x)$, 则 f 是 A 的导数; 等价地, A 是 f 的原函数.

因此, $A'(x)=f(x)$, 即面积函数 A 是 f 的原函数. 不久之后我们将证明这个关系不是偶然的; 它是微积分基本定理的一部分.

相关习题 13～22 ◄

迅速核查 2. 验证当 $x=6$ 和 $x=10$ 时, 例 2 中的面积函数给出了正确的面积. ◄

微积分基本定理

例 2 提示我们, 线性函数 f 的面积函数 A 是 f 的一个原函数, 即 $A'(x)=f(x)$. 我们的目标是证明这一猜想对更一般的函数也成立. 让我们从直观的论证开始.

设 f 是在区间 $[a,b]$ 上定义的连续函数. 和前面一样, $A(x)=\int_a^x f(t)\,dt$ 是 f 的以 a 为左端点的面积函数: 表示 f 的图像与 t- 轴在区间 $[a,x]$ 上所围成区域的净面积, $x \geqslant a$. 图 5.39 是这个论证的关键.

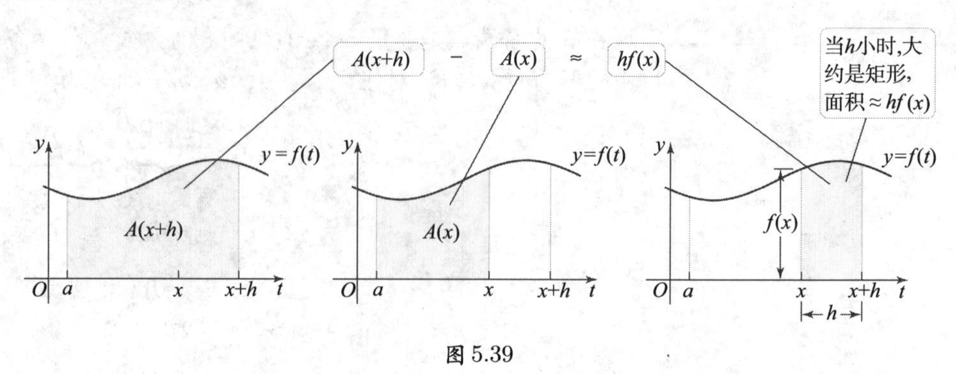

图 5.39

注意到如果 $h>0, A(x+h)$ 是底为区间 $[a,x+h]$ 的区域面积, 而 $A(x)$ 是底为区间 $[a,x]$ 的区域面积. 因此 $A(x+h)-A(x)$ 是底为区间 $[x,x+h]$ 的区域面积. 如果 h 很小, 那么该区域接近于底为 h、高为 $f(x)$ 的矩形. 故该区域的面积近似为

$$A(x+h)-A(x) \approx hf(x).$$

用 h 去除, 我们得到

$$\frac{A(x+h)-A(x)}{h} \approx f(x).$$

回顾

$$f'(x) = \lim_{h\to 0}\frac{f(x+h)-f(x)}{h}.$$

如果函数 f 换成 A, 则

$$A'(x) = \lim_{h\to 0}\frac{A(x+h)-A(x)}{h}.$$

对 $h<0$ 可以进行类似的讨论. 现在我们注意到当 h 趋于零时, 这个近似值的精确度得到提高. 令 $h\to 0$, 我们有

$$\underbrace{\lim_{h\to 0}\frac{A(x+h)-A(x)}{h}}_{A'(x)} = \underbrace{\lim_{h\to 0} f(x)}_{f(x)}.$$

这实际上就是 $A'(x)=f(x)$. 由于 $A(x)=\int_a^x f(t)dt$, 故这个结果也可写成

$$A'(x)=\frac{d}{dx}\underbrace{\int_a^x f(t)dt}_{A(x)}=f(x),$$

也就是说 f 积分的导数是 f. $A'(x)=f(x)$ 的正式证明在本节最后给出; 但是到目前为止, 我们有一个貌似有理的论证. 这个结论是微积分基本定理的第一部分.

定理 5.3 (第一部分)　微积分基本定理

如果 f 在 $[a,b]$ 上连续, 则面积函数

$$A(x)=\int_a^x f(t)dt, \quad a\leqslant x\leqslant b,$$

在 $[a,b]$ 上连续并且在 (a,b) 上可导. 面积函数满足 $A'(x)=f(x)$; 或等价地

$$A'(x)=\frac{d}{dx}\int_a^x f(t)dt=f(x),$$

即 f 的面积函数是 f 的一个原函数.

既然已知 A 是 f 的原函数, 得到计算定积分的有效方法就只需要短短一步. 记得 (4.8 节) f 的任意两个原函数相差一个常数. 假设 F 是 f 的另一原函数, 则

$$F(x)=A(x)+C$$

对所有 x 成立. 注意到 $A(a)=0$, 于是

$$F(b)-F(a)=(A(b)+C)-(\underbrace{A(a)}_{0}+C)=A(b).$$

用定积分表示 $A(b)$ 就导出著名的结果

$$A(b)=\int_a^b f(x)dx=F(b)-F(a).$$

我们已经证明为了计算 f 的定积分, 我们

- 求 f 的任意原函数, 记为 F .
- 计算 $F(b)-F(a)$, 即 F 在积分上限与下限处的函数值之差.

这个过程是微积分基本定理第二部分的本质.

定理 5.3 (第二部分)　微积分基本定理

如果 f 在 $[a,b]$ 上连续, F 是 f 的任意一个原函数, 则

$$\int_a^b f(x)dx=F(b)-F(a).$$

为方便起见, 我们习惯上将 $F(b)-F(a)$ 记为 $F(x)\big|_a^b$. 利用这个缩写, 我们将微积分基本定理总结在图 5.40 中.

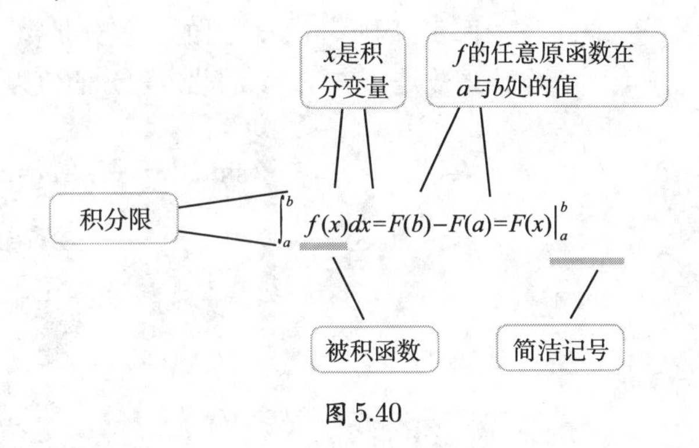

图 5.40

迅速核查 3. 求 $\left(\dfrac{x}{x+1}\right)\bigg|_1^2$. ◀

微分与积分的互逆关系

暂时停下来先看一看微积分基本定理的两部分表达了微分与积分的互逆关系, 这是值得的. 微积分基本定理的第一部分说

$$\frac{d}{dx}\int_a^x f(t)dt=f(x),$$

或者说 f 积分的导数是 f 本身.

迅速核查 4. 解释为什么 f 是 f' 的一个原函数. ◀

注意到 f 是 f' 的原函数, 微积分基本定理的第二部分说

$$\int_a^b f'(x)dx = f(b) - f(a),$$

或者说 f 导数的定积分由 f 在两点处的值确定. 也就是说, 积分 "抵消了" 求导.

例 3 计算定积分 利用微积分基本定理的第二部分求下列定积分. 从几何上解释结果.

a. $\int_0^{10} (60x - 6x^2)dx$. **b.** $\int_0^{2\pi} 3\sin x dx$. **c.** $\int_{1/16}^{1/4} \frac{\sqrt{t} - 2t}{t} dt$.

解 a. 利用 4.8 节的原函数法则, $60x - 6x^2$ 的一个原函数为 $30x^2 - 2x^3$. 由微积分基本定理, 定积分的值为

$$\begin{aligned}\int_0^{10} (60x - 6x^2)dx &= (30x^2 - 2x^3)\Big|_0^{10} \quad \text{(基本定理)}\\ &= (30\times10^2 - 2\times10^3) - (30\times0^2 - 2\times0^3) \quad (\text{求 } x=10 \text{ 与 } x=0 \text{ 处的值})\\ &= (3\,000 - 2\,000) - 0\\ &= 1\,000. \quad \text{(化简)}\end{aligned}$$

在计算定积分时, 任意常数 C 总是可以消去的. 计算在积分上限处的值时, 加上它; 而计算积分在下限处的值时, 减去它.

由于 f 在 $[0,10]$ 上是正的, 定积分 $\int_0^{10} (60x - 6x^2)dx$ 是在区间 $[0,10]$ 上 f 的图像与 x- 轴之间的区域面积 (见图 5.41).

b. 如图 5.42 所示, 由 $f(x) = 3\sin x$ 在 $[0, 2\pi]$ 上的图像与 x- 轴所围成的区域包括两部分, 其中一部分在 x- 轴上方, 另一部分在 x- 轴下方. 由 f 的对称性, 这两个区域有相同的面积, 因此 $[0, 2\pi]$ 上的定积分是零. 让我们来确认这个事实. $f(x) = 3\sin x$ 的一个原函数是 $-3\cos x$. 因此定积分的值为

$$\begin{aligned}\int_0^{2\pi} 3\sin x dx &= -3\cos x\Big|_0^{2\pi} \quad \text{(基本定理)}\\ &= (-3\cos(2\pi)) - (-3\cos(0)) \quad \text{(代入)}\\ &= -3 - (-3) = 0. \quad \text{(化简)}\end{aligned}$$

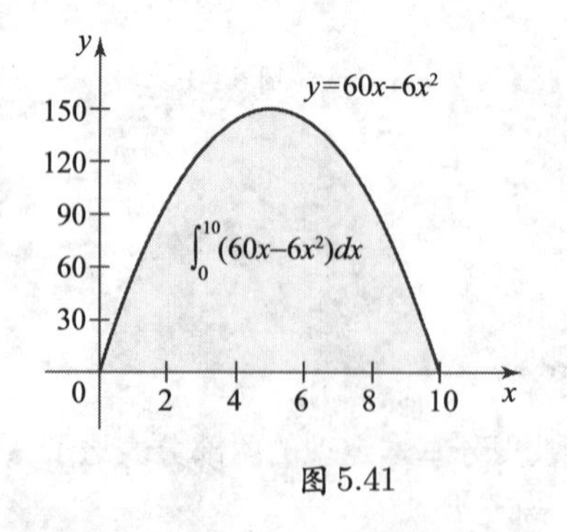

图 5.41

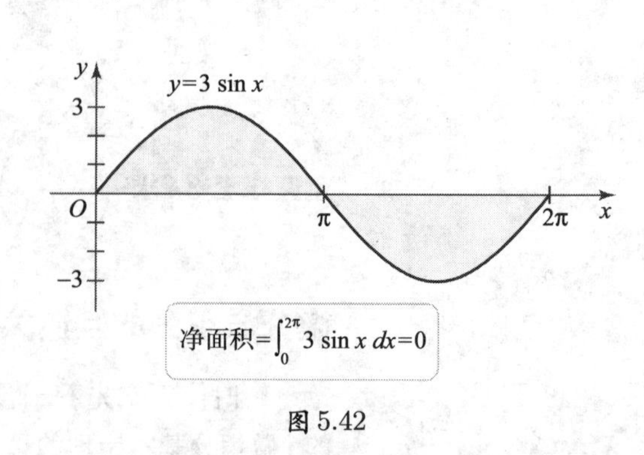

图 5.42

c. 虽然积分变量是 t 而不是 x, 我们像以前那样, 先化简被积函数

$$\frac{\sqrt{t} - 2t}{t} = \frac{1}{\sqrt{t}} - 2.$$

然后继续下去, 求关于 t 的原函数并应用微积分基本定理, 我们得

$$\begin{aligned}\int_{1/16}^{1/4}\frac{\sqrt{t}-2t}{t}dt &= \int_{1/16}^{1/4}(t^{-1/2}-2)dt \qquad (\text{简化被积函数})\\ &= 2t^{1/2}-2t\Big|_{1/16}^{1/4} \qquad (\text{基本定理})\\ &= \left[2\left(\frac{1}{4}\right)^{1/2}-\frac{1}{2}\right]-\left[2\left(\frac{1}{16}\right)^{1/2}-\frac{1}{8}\right] \qquad (\text{估值})\\ &= 1-\frac{1}{2}-\frac{1}{2}+\frac{1}{8} \qquad (\text{化简})\\ &= \frac{1}{8}.\end{aligned}$$

因为 f 的图像在 t- 轴上方 (见图 5.43), 所以定积分是正的.

我们知道

$$\frac{d}{dt}(t^{1/2})=\frac{1}{2}t^{-1/2}.$$

因此,

$$\int\frac{1}{2}t^{-1/2}dt=t^{1/2}+C$$

和

$$\int\frac{dt}{\sqrt{t}}=\int t^{-1/2}dt=2t^{1/2}+C.$$

相关习题 23 ~ 38 ◀

例 4 净面积与定积分 $f(x)=6x(x+1)(x-2)$ 的图像如图 5.44 所示. 区域 R_1 是由曲线与 x- 轴在 $[-1,0]$ 上围成, 区域 R_2 是由曲线与 x- 轴在 $[0,2]$ 上围成.

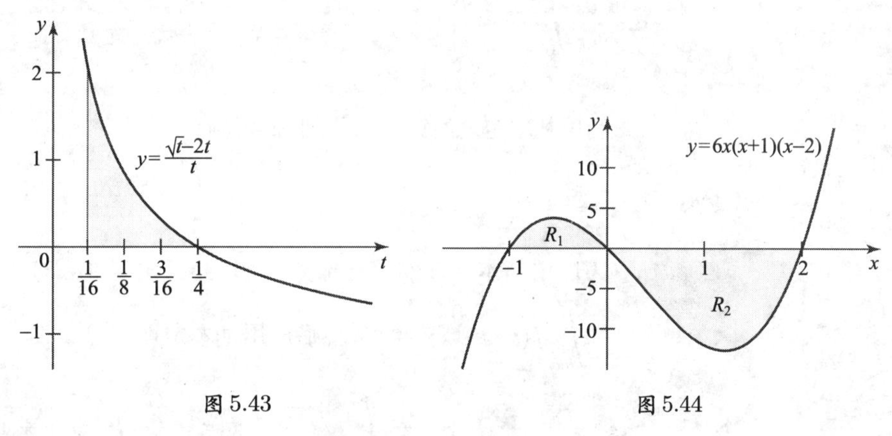

图 5.43 图 5.44

a. 求曲线与 x- 轴在 $[-1,2]$ 上围成的区域的净面积.

b. 求曲线与 x- 轴在 $[-1,2]$ 上围成的区域的面积.

解

a. 区域的净面积由定积分给出. 为求原函数, 首先展开被积函数 f:

$$\begin{aligned}\int_{-1}^{2}f(x)dx &= \int_{-1}^{2}(6x^3-6x^2-12x)dx \qquad (\text{展开 } f)\\ &= \left(\frac{3}{2}x^4-2x^3-6x^2\right)\Big|_{-1}^{2} \qquad (\text{基本定理})\\ &= -\frac{27}{2}. \qquad (\text{化简})\end{aligned}$$

曲线与 x- 轴在 $[-1,2]$ 上围成的区域的净面积是 $-\dfrac{27}{2}$, 它等于 R_1 的面积减去 R_2 的面积 (见图 5.44). 因为 R_2 的面积较 R_1 的面积大, 所以净面积是负的.

b. R_1 在 x- 轴上方, 所以它的面积等于

$$\int_{-1}^{0}(6x^3-6x^2-12x)dx=\left(\frac{3}{2}x^4-2x^3-6x^2\right)\Big|_{-1}^{0}=\frac{5}{2}.$$

R_2 在 x-轴下方, 所以它的净面积是负的:

$$\int_0^2 (6x^3 - 6x^2 - 12x)dx = \left(\frac{3}{2}x^4 - 2x^3 - 6x^2\right)\bigg|_0^2 = -16.$$

故 R_2 的面积是 $-(-16) = 16$. R_1 与 R_2 的面积之和是 $\frac{5}{2} + 16 = \frac{37}{2}$. 我们也可以通过直接计算 $\int_{-1}^2 |f(x)|dx$ 求得该区域的面积.

相关习题 39～48◀

例 3 和例 4 应用了微积分基本定理的第二部分, 这是计算定积分的最强工具. 剩下的例子用于说明对同等重要的基本定理第一部分的应用.

例 5 积分的导数 利用基本定理的第一部分化简下列表达式.

a. $\frac{d}{dx}\int_1^x \sin^2 t dt$.

b. $\frac{d}{dx}\int_x^5 \sqrt{t^2+1}dt$.

c. $\frac{d}{dx}\int_0^{x^2} \cos t^2 dt$.

解

a. 利用基本定理的第一部分, 我们得到

$$\frac{d}{dx}\int_1^x \sin^2 t dt = \sin^2 x.$$

b. 为应用基本定理的第一部分, 变量必须出现在积分上限. 因此, 我们应用 $\int_a^b f(t)dt = -\int_b^a f(t)dt$ 这一事实, 然后应用基本定理:

$$\frac{d}{dx}\int_x^5 \sqrt{t^2+1}dt = -\frac{d}{dx}\int_5^x \sqrt{t^2+1}dt = -\sqrt{x^2+1}.$$

例 5c 阐述了莱布尼茨法则的一种情况: $\frac{d}{dx}\int_a^{g(x)} f(t)dt = f(g(x))g'(x)$

c. 积分上限不是 x, 而是 x 的函数. 因此, 需要求导的函数是一复合函数, 这就需要链法则. 我们令 $u = x^2$, 得到

$$y = g(u) = \int_0^u \cos t^2 dt.$$

由链法则,

$$\begin{aligned}\frac{d}{dx}\int_0^{x^2} \cos t^2 dt &= \frac{dy}{du}\frac{du}{dx} && \text{(链法则)}\\ &= \left[\frac{d}{du}\int_0^u \cos t^2 dt\right](2x) && \text{(替换 } y\text{, 注意 } u'(x) = 2x\text{)}\\ &= (\cos u^2)(2x) && \text{(基本定理)}\\ &= 2x\cos x^4. && \text{(将 } u = x^2 \text{ 代入)}\end{aligned}$$

相关习题 49～54◀

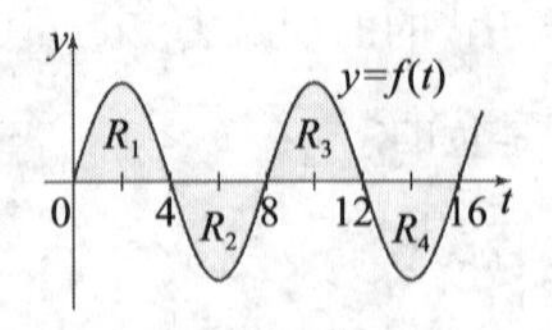

图 5.45

例 6 使用面积函数 考虑如图 5.45 所示的函数 f 和它的面积函数 $A(x) = \int_0^x f(t)dt, 0 \leqslant x \leqslant 17$. 假设 R_1, R_2, R_3 和 R_4 这四个区域有相同的面积. 根据 f 的图像, 完成以下任务.

a. 求 A 在 $[0,17]$ 上的零点.

b. 求 A 在区间 $[0,17]$ 上的极小值点和极大值点.

c. 对 $0 \leqslant x \leqslant 17$, 作 A 的图像.

解

a. 面积函数 $A(x)=\int_0^x f(t)dt$ 给出了由 f 的图像与 t- 轴在区间 $[0,x]$ 上所围成的区域的净面积 (见图 5.46(a)). 因此, $A(0)=\int_0^0 f(t)dt=0$. 由于 R_1 和 R_2 有相同的面积且在 t- 轴的不同侧, 所以 $A(8)=\int_0^8 f(t)dt=0$. 类似地, $A(16)=\int_0^{16} f(t)dt=0$. 故 A 的零点是 0, 8, 16.

b. 观察到对 $0<t<4$, 函数 f 是正的, 这意味着随着 x 从 $x=0$ 到 $x=4$ 递增, $A(x)$ 递增 (见图 5.46(b)). 然后, 随着 x 从 $x=4$ 到 $x=8$ 递增, $A(x)$ 递减, 这是因为 f 在 $4<t<8$ 时是负的 (见图 5.46(c)). 类似地, 当 x 从 $x=8$ 递增到 $x=12$ 时 $A(x)$ 递增 (见图 5.46(d)) 且从 $x=12$ 到 $x=16$ 时递减. 由一阶导数判别法, A 在 $x=4$ 和 $x=12$ 有极大值, 在 $x=8$ 和 $x=16$ 有极小值 (见图 5.46(e)).

回顾极值仅在定义域的内点取到.

c. 结合 (a) 和 (b) 的观察导出 A 的定性图像 (见图 5.46(e)). 注意到对所有 $x \geqslant 0$, $A(x) \geqslant 0$. 在 A 的图像上确定函数值 (y- 坐标) 是不可能的.

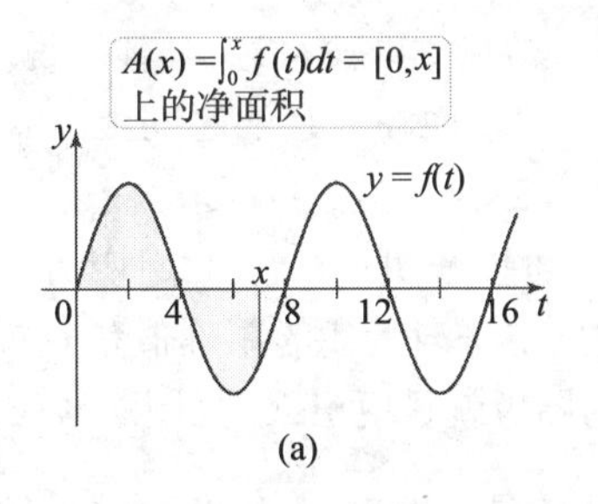

(a)

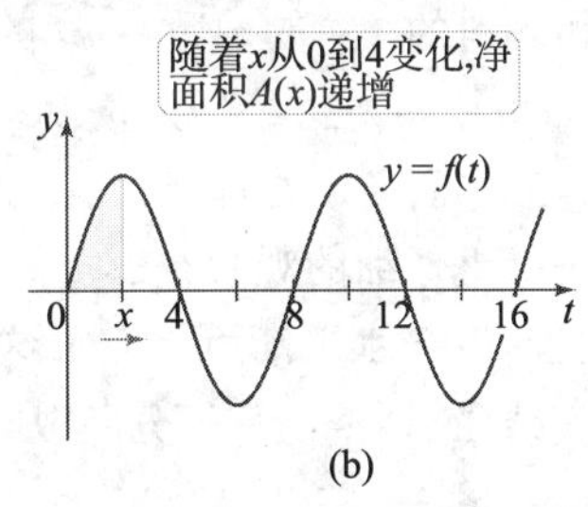

(b)

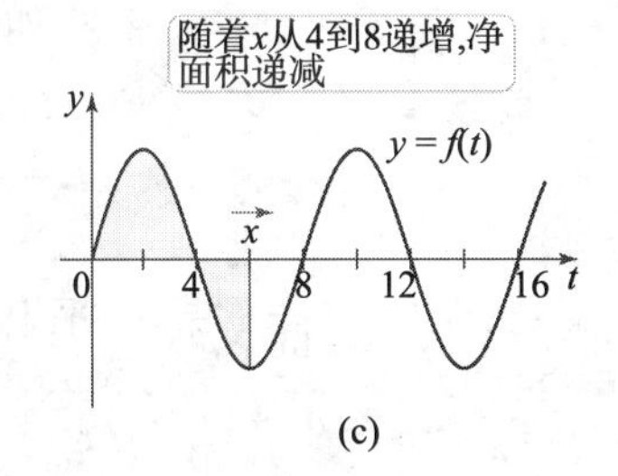

(c)

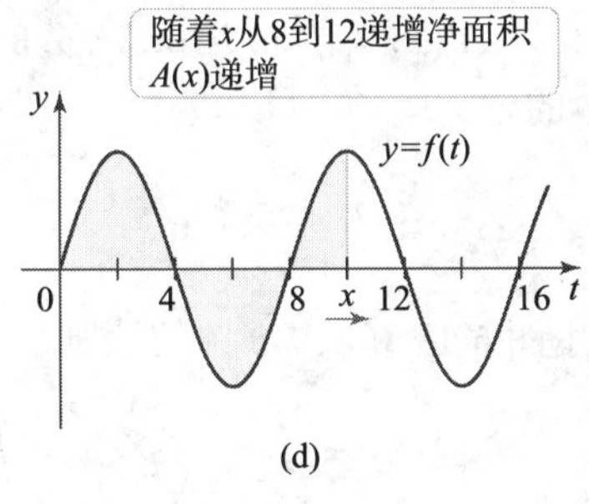

(d)

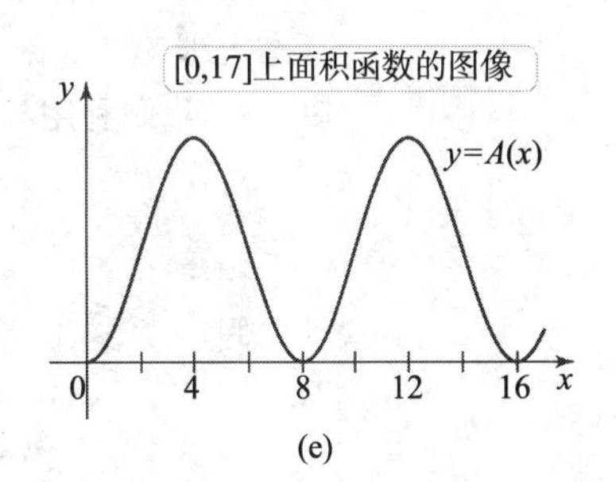

(e)

图 5.46

相关习题 55～66 ◀

例 7 正弦积分函数 令

$$g(t)=\begin{cases}\dfrac{\sin t}{t}, & t>0\\ 1, & t=0\end{cases}.$$

作正弦积分函数 $S(x)=\int_0^x g(t)dt, x \geqslant 0$ 的图像.

解 注意到 S 是 g 的面积函数. S 的自变量是 x, 而 t 被选择为积分 (哑) 变量. 从作被积函数 g 的图像着手是个好办法 (见图 5.47(a)). 函数以递减的幅度振荡且 $g(0)=1$. 面积函数 S 从 $S(0)=0$ 开始递增, 直到 $x=\pi$, 因为 g 在 $(0,\pi)$ 上是正的. 然而, 在 $(\pi,2\pi)$ 上, g 是负的, 净面积递减. 然后在 $(2\pi,3\pi)$ 上, g 再次为正, 因此面积函数 S 再次递增. 因此 S 的图像有交替的极大值和极小值. 因为 g 的幅度递减, 各极大值比前一个极大值小, 而各极小值比前一个大 (见图 5.47(b)). 确定 S 在这些极大值点和极小值点的精确值是困难的.

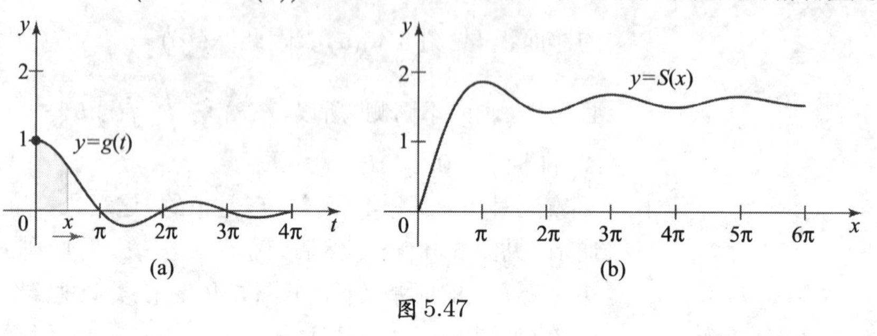

图 5.47

借助基本定理的第二部分, 我们求得

$$S'(x)=\frac{d}{dx}\int_0^x \frac{\sin t}{t}dt=\frac{\sin x}{x},\quad x>0.$$

正如所预料的, S 的导数在 π 的整数倍处改变符号. 具体地说, 在 $(0,\pi),(2\pi,3\pi),\cdots,(2n\pi,(2n+1)\pi),\cdots$ 上, S' 为正, S 递增; 而在其余的区间上, S' 为负, S 递减. 显然, S 在 $x=\pi,3\pi,5\pi,\cdots$ 处有极大值, $x=2\pi,4\pi,6\pi,\cdots$ 处有极小值.

注意到

$$\lim_{x\to\infty} S'(x)=\lim_{x\to\infty} g(x)=0$$

进行更仔细的观察是有益的. 可以证明, 在 S 对递增的 x 振荡的同时, 它的图像逐渐平坦且趋近一水平渐近线. (求这条水平渐近线的精确值是有挑战的; 见习题 93.) 将所有这些观察结合起来, 正弦积分函数的图像就显现出来 (见图 5.47(b)). *相关习题 67～70* ◀

基本定理的证明 设 f 在 $[a,b]$ 上连续, A 是以 a 为左端点的 f 的面积函数. 第一步证明基本定理的第一部分, 即 $A'(x)=f(x)$. 第二部分的证明马上得到.

第一步 我们利用导数的定义,

$$A'(x)=\lim_{h\to0}\frac{A(x+h)-A(x)}{h}.$$

首先假设 $h>0$. 利用图 5.48 和表 5.3 中的性质 5, 得

$$A(x+h)-A(x)=\int_a^{x+h}f(t)dt-\int_a^x f(t)dt=\int_x^{x+h}f(t)dt.$$

即 $A(x+h)-A(x)$ 是在区间 $[x,x+h]$ 上由曲线所围区域的净面积.

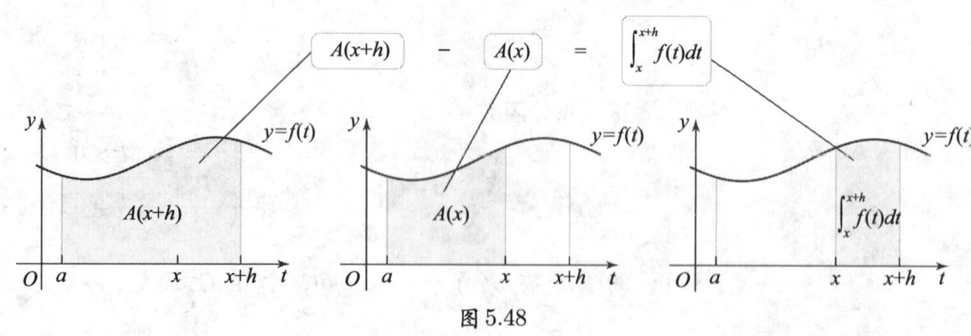

图 5.48

设 m 和 M 分别是 f 在 $[x,x+h]$ 上的最小值和最大值, 它们的存在性由 f 的连续性保证 (见图 5.49). 在 $0\leqslant m\leqslant M$ 的情况下, $A(x+h)-A(x)$ 大于或等于高为 m 、宽为 h 的矩形的面积, 小于或等于高为 M 、宽为 h 的矩形的面积; 即

对于任意 $h>0$, m 和 M 存在; 然而, 它们也依赖于 h. 图 5.48 显示了 $0\leqslant m\leqslant M$ 的情况. 接下来的论证对一般情形也成立.

$$mh\leqslant A(x+h)-A(x)\leqslant Mh.$$

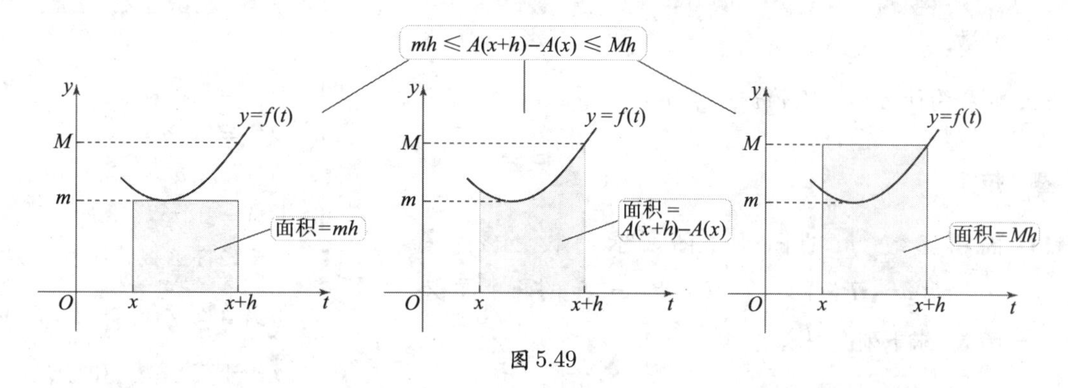

图 5.49

用 h 除这个不等式, 我们得到

$$m\leqslant\frac{A(x+h)-A(x)}{h}\leqslant M.$$

$h<0$ 的情形可以类似地处理并得到相同的结论.

现在我们对整个不等式取 $h\to 0$ 时的极限. 因为 $h\to 0$ 且 f 在 x 处连续, m 和 M 同时向 f 在 x 处的函数值挤压. 同时, 在 $h\to 0$ 时, 夹在 m 和 M 之间的商趋近 $A'(x)$:

$$\underbrace{\lim_{h\to 0}m}_{f(x)}=\underbrace{\lim_{h\to 0}\frac{A(x+h)-A(x)}{h}}_{A'(x)}=\underbrace{\lim_{h\to 0}M}_{f(x)}.$$

由挤压定理 (定理 2.5), 我们得到 $A'(x)=f(x)$.

我们再次用到重要事实: 同一函数的两个原函数相差一个常数.

第二步 已经证明了面积函数 A 是 f 的一个原函数, 我们知道 $F(x)=A(x)+C$, 其中 F 是 f 的任意原函数, C 是任意常数. 注意到 $A(a)=0$, 马上得到

$$F(b)-F(a)=(A(b)+C)-(A(a)+C)=A(b).$$

将 $A(b)$ 表示成定积分的形式, 我们得到

$$A(b)=\int_a^b f(x)dx=F(b)-F(a),$$

这就是基本定理的第二部分.

5.3 节 习题

复习题

1. 设 A 是 f 的面积函数, A 和 f 有何关系?
2. 设 F 是 f 的原函数, A 是 f 的面积函数. F 和 A 有何关系?
3. 用文字解释并从数学上描述如何用微积分基本定理计算定积分.
4. 设 $f(x)=c$, 其中 c 是正的常数. 解释为什么 f 的面积函数是增函数.
5. 线性函数 $f(x)=3-x$ 在区间 $[0,3]$ 上递减. 它的面积函数在区间 $[0,3]$ 上是递增还是递减? 作图并解释.
6. 计算 $\int_0^2 3x^2dx$ 和 $\int_{-2}^2 3x^2dx$.
7. 用文字解释并从数学上描述微积分基本定理所给出

的微分和积分的互逆关系.

8. 为什么在计算定积分时, 来自原函数的积分常数可以省略?

9. 计算 $\dfrac{d}{dx}\displaystyle\int_a^x f(t)dt$ 及 $\dfrac{d}{dx}\displaystyle\int_a^b f(t)dt$, 其中 a,b 是常数.

10. 解释为什么 $\displaystyle\int_a^b f'(x)dx = f(b) - f(a)$.

基本技能

11. 面积函数 f 的图像如图所示. 设 $A(x) = \displaystyle\int_{-2}^x f(t)dt$, $F(x) = \displaystyle\int_4^x f(t)dt$ 是 f 的两个面积函数. 求下列面积函数.

a. $A(-2)$. **b.** $F(8)$. **c.** $A(4)$. **d.** $F(4)$.
e. $A(8)$.

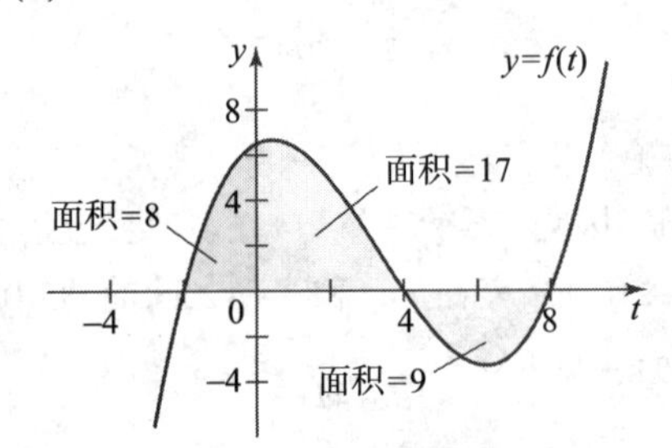

12. 面积函数 f 的图像如图所示. 设 $A(x) = \displaystyle\int_0^x f(t)dt$, $F(x) = \displaystyle\int_2^x f(t)dt$ 是 f 的两个面积函数. 求下列面积函数.

a. $A(2)$. **b.** $F(5)$. **c.** $A(0)$. **d.** $F(8)$.
e. $A(8)$. **f.** $A(5)$. **g.** $F(2)$.

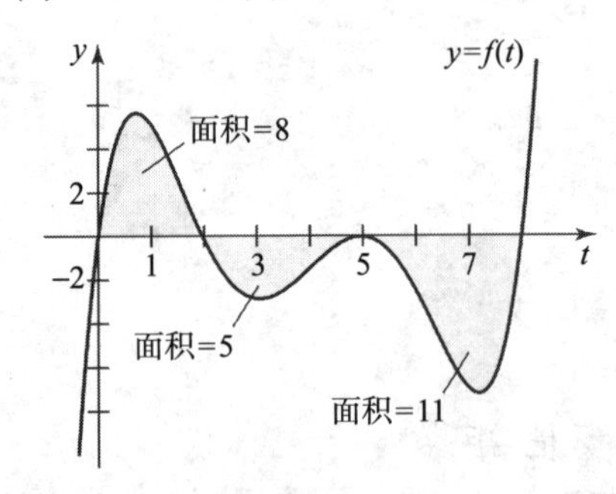

13～16. 常值函数的面积函数 考虑下列函数 f 及实数 a (见图).

a. 求 f 的面积函数 $A(x) = \displaystyle\int_a^x f(t)dt$, 并作 A 的图像.

b. 验证 $A'(x) = f(x)$.

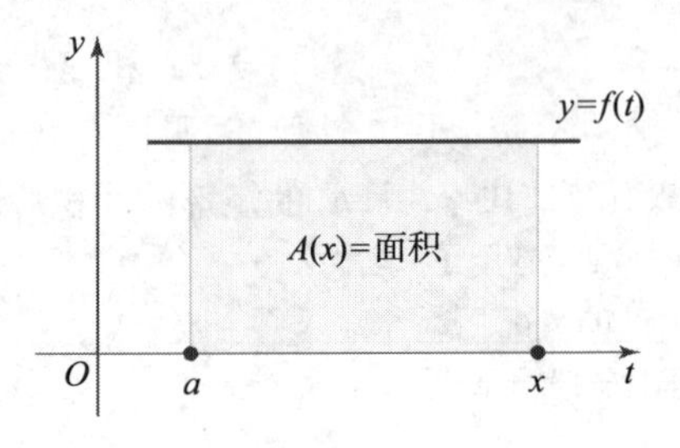

13. $f(t) = 5, a = 0$.

14. $f(t) = 10, a = 4$.

15. $f(t) = 5, a = -5$.

16. $f(t) = 2, a = -3$.

17. 同一线性函数的面积函数 设 $f(t) = t$, 并考虑两个面积函数 $A(x) = \displaystyle\int_0^x f(t)dt$ 和 $F(x) = \displaystyle\int_2^x f(t)dt$.

a. 计算 $A(2)$ 和 $A(4)$. 然后用几何方法求 $A(x)$, $x \geqslant 0$ 的表达式.

b. 计算 $F(4)$ 和 $F(6)$. 然后用几何方法求 $F(x)$, $x \geqslant 2$ 的表达式.

c. 证明 $A(x) - F(x)$ 是常数.

18. 同一线性函数的面积函数 设 $f(t) = 2t - 2$, 并考虑两个面积函数 $A(x) = \displaystyle\int_1^x f(t)dt$ 和 $F(x) = \displaystyle\int_4^x f(t)dt$.

a. 计算 $A(2)$ 和 $A(3)$. 然后用几何方法求 $A(x)$, $x \geqslant 1$ 的表达式.

b. 计算 $F(5)$ 和 $F(6)$. 然后用几何方法求 $F(x)$, $x \geqslant 4$ 的表达式.

c. 证明 $A(x) - F(x)$ 是常数.

19～22. 线性函数的面积函数 考虑下列函数 f 和实数 a (见图).

a. 求面积函数 $A(x) = \displaystyle\int_a^x f(t)dt$, 并作 A 的图像.

b. 验证 $A'(x) = f(x)$.

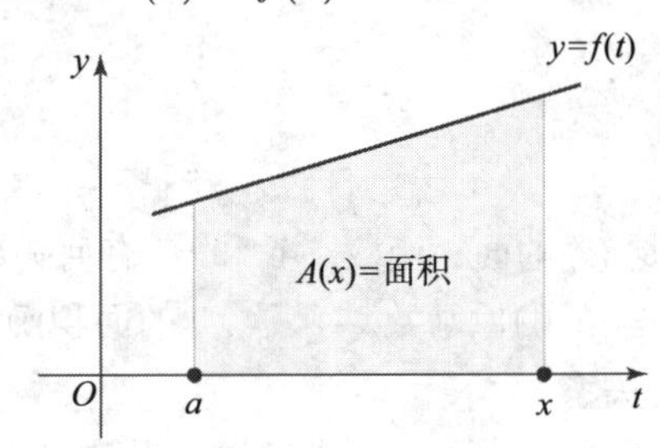

19. $f(t) = t + 5, a = -5$.

20. $f(t) = 2t + 5, a = 0$.

21. $f(t)=3t+1, a=2$.

22. $f(t)=4t+2, a=0$.

23～24. 定积分 用微积分基本定理计算下列积分. 讨论结果是否与图形一致.

23. $\int_0^1 (x^2-2x+3)dx$.

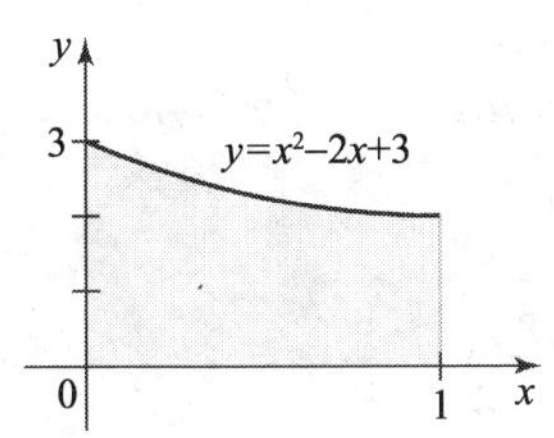

24. $\int_{-\pi/4}^{7\pi/4} (\sin x+\cos x)dx$.

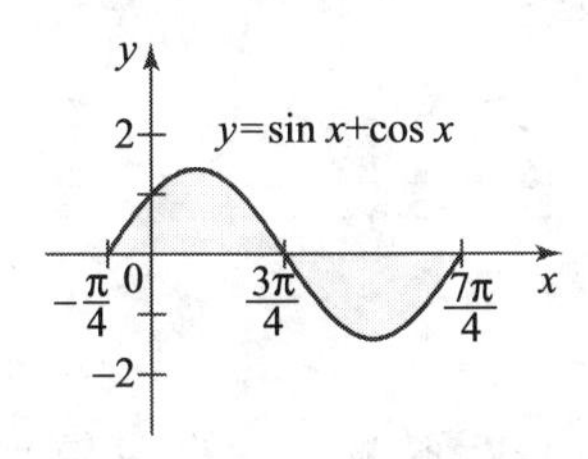

25～30. 定积分 用微积分基本定理计算下列积分. 作被积函数的图像, 并把所求净面积的区域涂上阴影.

25. $\int_1^4 (1-x)(x-4)dx$.

26. $\int_0^{\pi} (1-\sin x)dx$.

27. $\int_{-2}^3 (x^2-x-6)dx$.

28. $\int_0^1 (x-\sqrt{x})dx$.

29. $\int_0^5 (x^2-9)dx$.

30. $\int_{1/2}^2 \left(1-\frac{1}{x^2}\right)dx$.

31～38. 定积分 用微积分基本定理计算下列积分.

31. $\int_{-2}^2 (x^2-4)dx$.

32. $\int_{1/2}^1 (x^{-3}-8)dx$.

33. $\int_0^4 x(x-2)(x-4)dx$.

34. $\int_0^{\pi/4} \sec^2\theta d\theta$.

35. $\int_{-2}^{-1} x^{-3}dx$.

36. $\int_{-\pi/2}^{\pi/2} (\cos x-1)dx$.

37. $\int_1^4 \frac{5t^6-\sqrt{t}}{t^2}dt$.

38. $\int_4^9 \frac{x-\sqrt{x}}{x^3}dx$.

39～42. 面积 求下列区域的 (i) 净面积和 (ii) 面积. 作函数图像, 并标出问题中的区域.

39. 由 $y=x^{\frac{1}{2}}$ 的图像与 x- 轴在 $x=1$ 与 $x=4$ 之间围成的区域.

40. 由 $y=4-x^2$ 所围的 x- 轴上方的区域.

41. 由 $y=x^4-16$ 所围的 x- 轴下方的区域.

42. 由 $y=6\cos x$ 的图像与 x- 轴在 $x=-\frac{\pi}{2}$ 与 $x=\pi$ 之间围成的区域.

43～48. 区域的面积 求在指定区间上由函数 f 的图像与 x- 轴所围区域 R 的面积. 作函数 f 和区域 R 的图像.

43. $f(x)=x^2-25; [2,4]$.

44. $f(x)=x^3-1; [-1,2]$.

45. $f(x)=\frac{1}{x^3}; [-2,-1]$.

46. $f(x)=x(x+1)(x-2); [-1,2]$.

47. $f(x)=\sin x; [-\pi/4, 3\pi/4]$.

48. $f(x)=\cos x; [\pi/2, \pi]$.

49～54. 积分的导数 化简下列表达式.

49. $\frac{d}{dx}\int_3^x (t^2+t+1)dt$.

50. $\frac{d}{dx}\int_0^x \sin^2 t dt$.

51. $\frac{d}{dx}\int_2^{x^3} \frac{dp}{p^2}$.

52. $\frac{d}{dx}\int_{x^2}^{10} \frac{dz}{z^2+1}$.

53. $\frac{d}{dx}\int_x^1 \sqrt{t^4+1}dt$.

54. $\frac{d}{dx}\int_x^0 \frac{dp}{p^2+1}$.

55. 匹配函数与面积函数 匹配函数 f 与其面积函数 $A(x)=\int_0^x f(t)dt$. f 的图像由 (a)～(d) 给出, A

的图像由 (A) ~ (D) 给出.

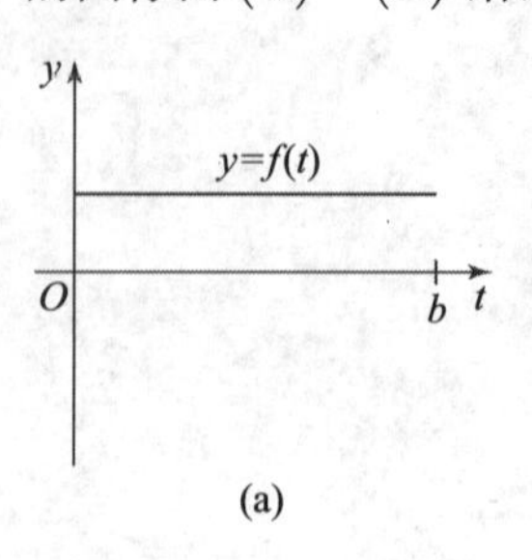

(a)

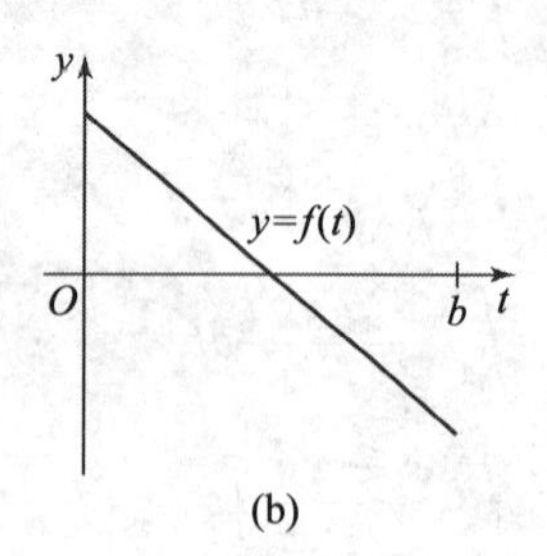

(b)

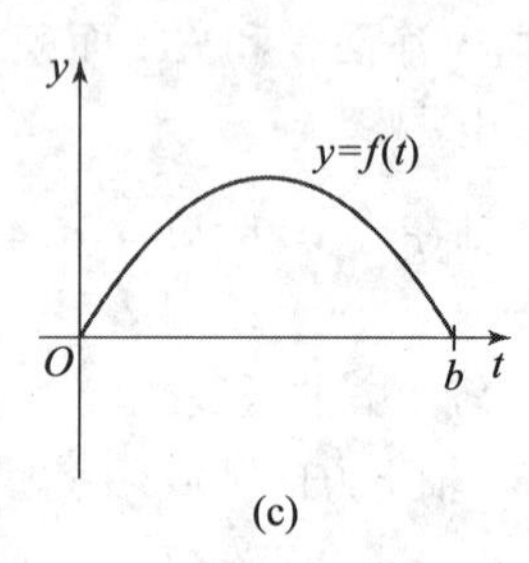

(c)

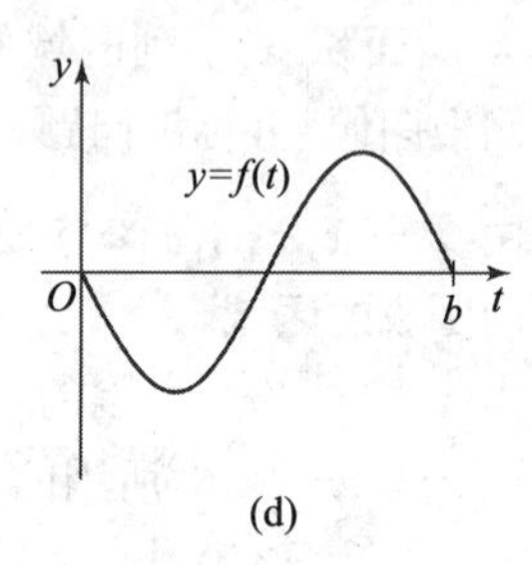

(d)

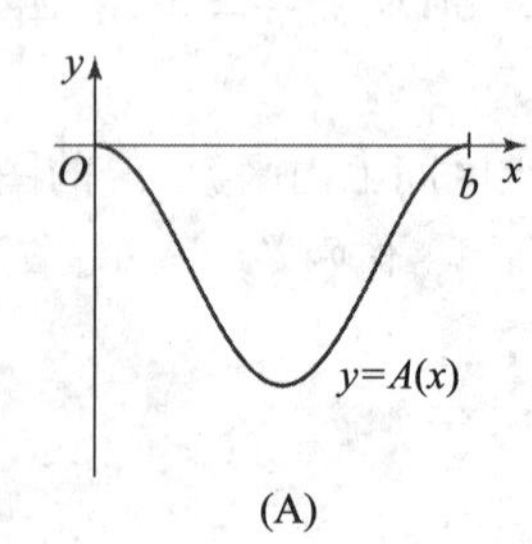

(A)

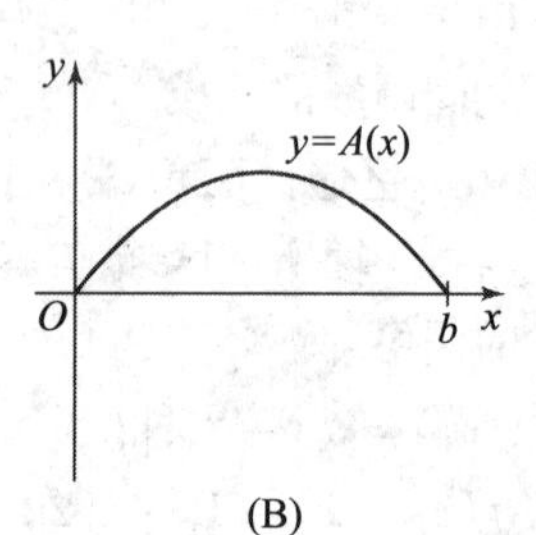

(B)

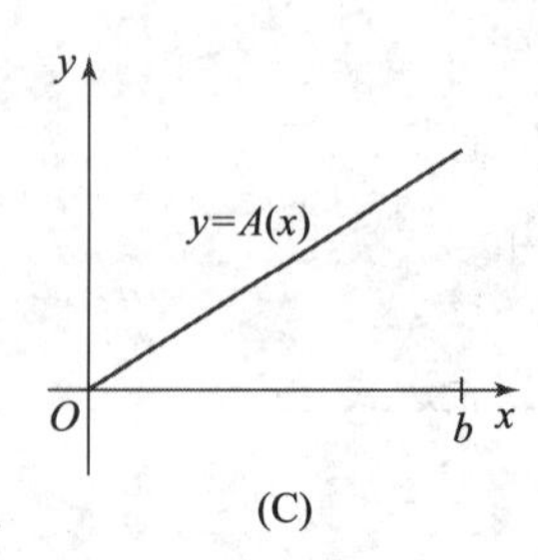

(C)

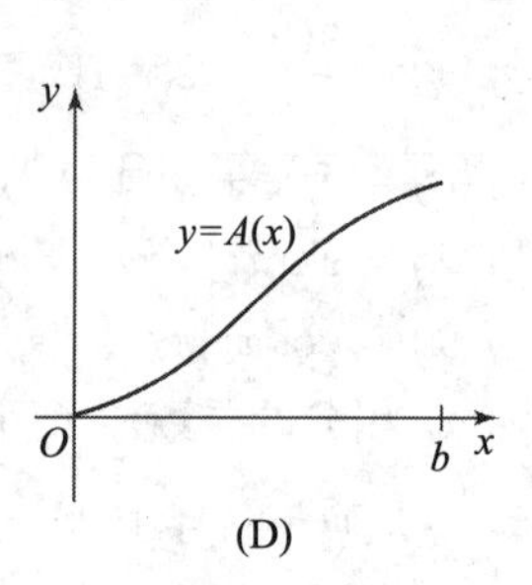

(D)

56 ~ 59. 使用面积函数 考虑下列函数 f 的图像.

a. 对 $0 \leqslant x \leqslant 10$, 估计函数 $A(x)=\int_0^x f(t)dt$ 的零点.

b. 估计 A 的极大值点或极小值点 (如果有).

c. 作 A 在 $[0,10]$ 上的草图, 不需标记 y- 轴上的刻度.

56.
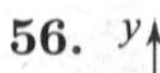
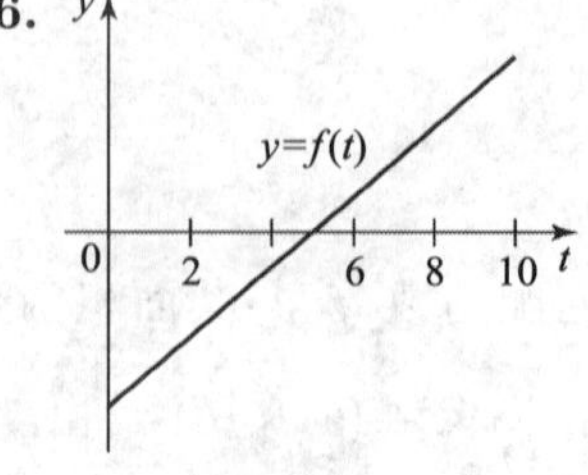

57.
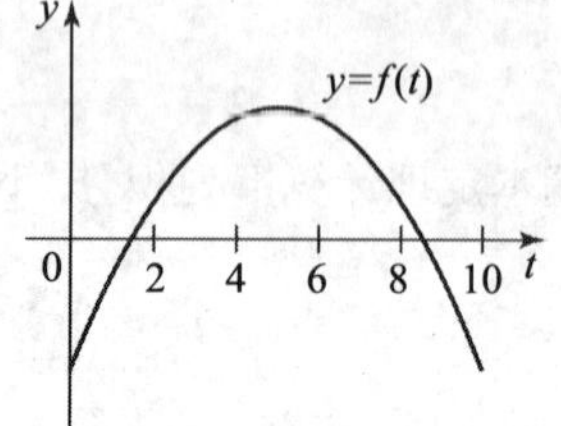

58.
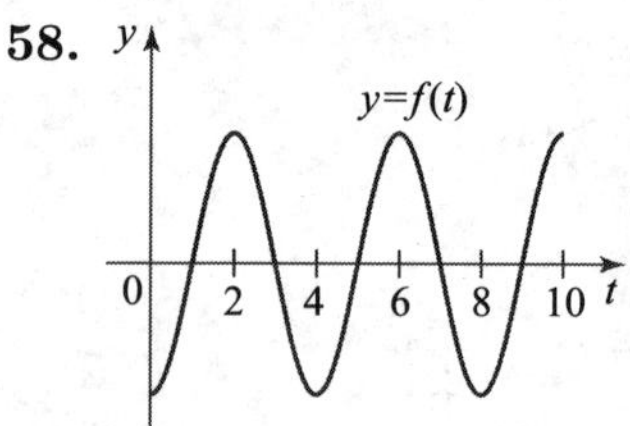

59.
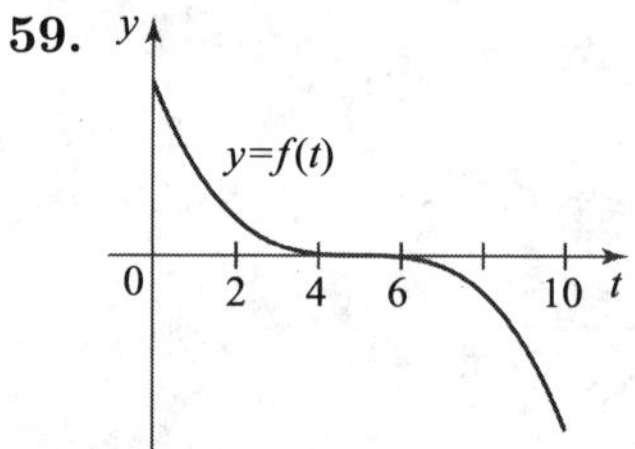

60. 由图像求面积 函数 f 的图像如图所示. 令 $A(x)=\int_0^x f(t)dt$, 计算 $A(1), A(2), A(4)$ 和 $A(6)$.

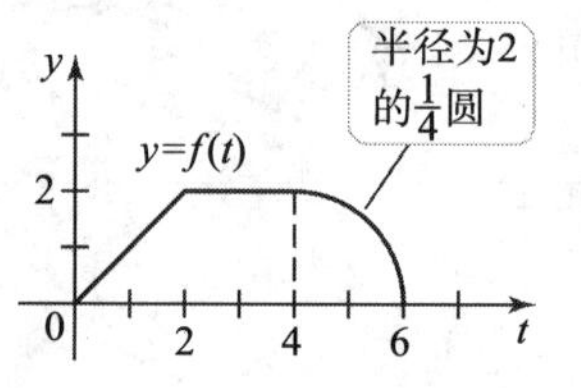

61. 由图像求面积 函数 f 的图像如图所示. 令 $A(x)=\int_0^x f(t)dt$, 计算 $A(2), A(5), A(8)$ 和 $A(12)$.

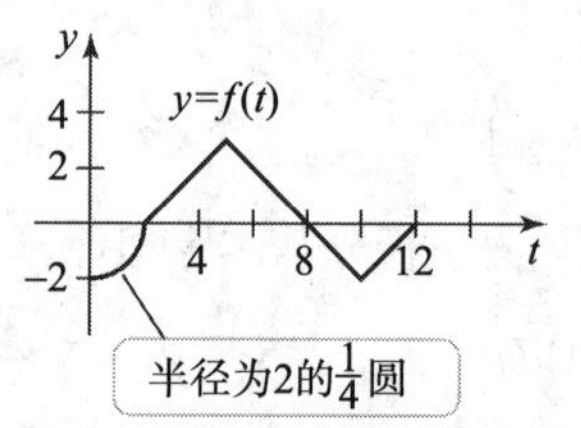

62 ~ 66. 使用面积函数 考虑函数 f 及点 a, b, c.

a. 利用微积分基本定理求面积函数 $A(x)=\int_a^x f(t)dt$.

b. 作 f 与 A 的图像.

c. 计算 $A(b)$ 与 $A(c)$, 并用 (b) 的图像解释结果.

62. $f(x)=\sin x; a=0, b=\pi/2, c=\pi$.

63. $f(x)=\cos x; a=0, b=\pi/2, c=\pi$.

64. $f(x)=x^3+1; a=0, b=2, c=3$.

65. $f(x)=x^{1/2}; a=1, b=4, c=9$.

66. $f(x)=1/x^2; a=1, b=4, c=4$.

67～70. 积分定义的函数 考虑由变上限积分定义的函数 g.

a. 作被积函数的图像.

b. 计算 $g'(x)$.

c. 作 g 的图像, 要包括所有的工作和推导.

67. $g(x)=\int_0^x \sin^2 t dt$.

68. $g(x)=\int_0^x (t^2+1)dt$.

69. $g(x)=\int_0^x \sin(\pi t^2)dt$ (菲涅尔积分).

70. $g(x)=\int_0^x \cos(\pi\sqrt{t})dt$.

深入探究

71. 解释为什么是, 或不是 判别下列命题是否正确, 并证明或举反例.

a. 设当 $x>0$ 时, f 是递减的正函数, 则面积函数 $A(x)=\int_0^x f(t)dt$ 是 x 的递增函数.

b. 设当 $x>0$ 时, f 是递增的负函数, 则面积函数 $A(x)=\int_0^x f(t)dt$ 是 x 的递减函数.

c. 函数 $p(x)=\sin 3x$ 和 $q(x)=4\sin 3x$ 是同一函数的原函数.

d. 如果 $A(x)=3x^2-x+2$ 是 f 的面积函数, 则 $B(x)=3x^2-x$ 也是 f 的面积函数.

72～78. 定积分 利用微积分基本定理计算下列定积分.

72. $\frac{1}{2}\int_1^4 \frac{x^2-1}{x^2}dx$.

73. $\int_1^4 \frac{x-2}{\sqrt{x}}dx$.

74. $\int_1^2 \left(\frac{2}{s^2}-\frac{4}{s^3}\right)ds$.

75. $\int_0^{\pi/3} \sec x\tan x dx$.

76. $\int_{\pi/4}^{\pi/2} \csc^2\theta d\theta$.

77. $\int_1^8 \sqrt[3]{y}dy$.

78. $\int_1^2 \frac{x^2+6x+8}{x^4+2x^3}dx$.

79～82. 区域的面积 求由 f 的图像与 x-轴在指定区间上所围区域 R 的面积. 作 f 的图像并显示区域 R.

79. $f(x)=2-|x|; [-2,4]$.

80. $f(x)=16-x^4; [-2,2]$.

81. $f(x)=x^4-4; [1,4]$.

82. $f(x)=x^2(x-2); [-1,3]$.

83～86. 导数与积分 化简已知表达式. 假设导数在积分区间上连续.

83. $\int_3^8 f'(t)dt$.

84. $\frac{d}{dx}\int_0^{x^2} \frac{1}{t^2+4}dt$.

85. $\frac{d}{dx}\int_0^{\cos x} (t^4+6)dt$.

86. $\frac{d}{dx}\int_x^1 \cos^3 t dt$.

附加练习

87. 零净面积 考虑函数 $f(x)=x^2-4x$.

a. 作 f 在区间 $x\geqslant 0$ 上的图像.

b. $b>0$ 取何值时, $\int_0^b f(x)dx=0$?

c. 一般地, 对函数 $f(x)=x^2-ax$, 其中 $a>0$, 当 $b>0$ 取何值 (作为 a 的函数) 时, $\int_0^b f(x)dx=0$?

88. 三次函数的零净面积 考虑三次函数 $y=x(x-a)(x-b)$ 的图像, 其中 $0<a<b$. 证明该图像在 $0<x<a$ 上围成的区域在 x-轴上方, 在 $a<x<b$ 上围成的区域在 x-轴下方. 如果这两个区域的面积相等, a 和 b 的关系是什么?

89. 最大净面积 $b>-1$ 取何值时, 定积分

$$\int_{-1}^b x^2(3-x)dx$$

的值最大?

90. 最大净面积 作函数 $f(x)=8+2x-x^2$ 的图像并确定 a 和 b 的值, 使得积分

$$\int_a^b (8+2x-x^2)dx$$

的值最大.

91. 一个积分方程 用微积分基本定理的第一部分求函数 f, 使其满足方程

$$\int_0^x f(t)dt = 2\cos x + 3x + 2.$$

92. 面积函数的极大值/极小值 设 f 在 $[0,\infty)$ 上连续, $A(x)$ 是由 f 的图像与 t- 轴在 $[0,x]$ 上所围成的区域的净面积. 证明 A 的极大值和极小值出现在 f 的零点处. 用函数 $f(x)=x^2-10x$ 验证这个事实.

93. 正弦积分的渐近线 用计算器估计

$$\lim_{x\to\infty} S(x) = \lim_{x\to\infty}\int_0^x \frac{\sin t}{t}dt,$$

其中 S 是正弦积分函数 (见例 7). 展示过程并描述原因.

94. 正弦积分 证明正弦积分 $S(x)=\int_0^x \frac{\sin t}{t}\,dt$ 满足 (微分) 方程 $xS'(x)+2S''(x)+xS'''(x)=0$.

95. 菲涅尔积分 证明菲涅尔积分 $S(x)=\int_0^x \sin(t^2)\,dt$ 满足 (微分) 方程 $(S'(x))^2+\left(\frac{S''(x)}{2x}\right)^2=1$.

96. 变积分限 计算 $\frac{d}{dx}\int_{-x}^x (t^2+t)\,dt$.(提示: 把积分分成两部分.)

迅速核查 答案

1. $0, -35$.
2. $A(6)=44$; $A(10)=120$.
3. $\frac{2}{3}-\frac{1}{2}=\frac{1}{6}$.
4. 如果 f 可导, 我们得 f'. 于是 f 是 f' 的一个原函数.

5.4 应用积分

掌握了微积分基本定理, 我们便可以开始研究积分及其应用. 本节我们讨论对称性在定积分中的作用, 利用切割 - 求和的方法定义函数的平均值, 然后探究所谓的积分中值定理的经典结果.

奇函数和偶函数的积分

对称性在整个数学学科中以许多不同的形式出现, 应用它通常导致对问题的深刻理解和解决问题的高效方法. 在这里我们用函数的对称性化简积分的计算.

在 1.1 节介绍了奇函数和偶函数的对称性. 一个**偶函数**满足性质 $f(-x)=f(x)$, 这意味着其图像关于 y- 轴对称 (见图 5.50(a)). 偶函数的例子有 $f(x)=\cos x$ 和 $f(x)=x^n$, 其中 n 是偶数. 一个**奇函数**满足性质 $f(-x)=-f(x)$, 意味着其图像关于原点对称 (见图 5.50(b)). 奇函数的例子有 $f(x)=\sin x$ 和 $f(x)=x^n$, 其中 n 是奇数.

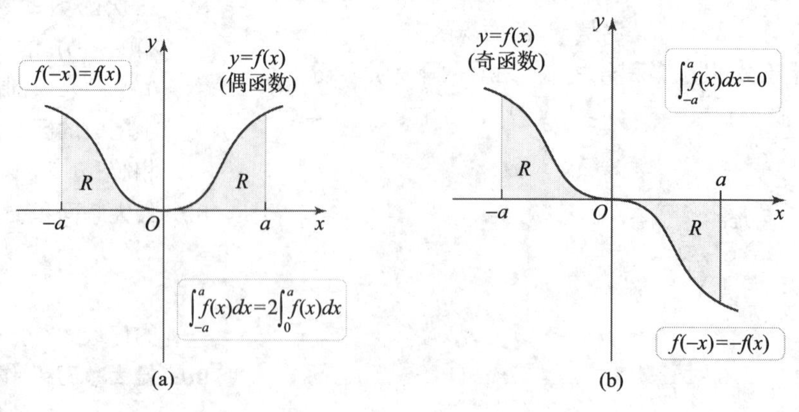

图 5.50

当我们在以原点为中心的区间上对奇函数和偶函数积分时, 特殊的情形发生了. 首先假

设 f 是偶函数并考虑 $\int_{-a}^{a} f(x)dx$. 由图 5.50a, 我们发现 f 在 $[-a, 0]$ 上的积分等于 $[0, a]$ 上的积分. 因此 $[-a, a]$ 上的积分是 $[0, a]$ 上积分的两倍, 即

$$\int_{-a}^{a} f(x)dx = 2\int_{0}^{a} f(x)dx.$$

另一方面, 假设 f 是奇函数并考虑 $\int_{-a}^{a} f(x)dx$. 如图 5.50(b) 所示, $[-a, 0]$ 上的积分等于 $[0, a]$ 上积分的相反数. 因此 $[-a, a]$ 上的积分等于 0, 即

$$\int_{-a}^{a} f(x)dx = 0.$$

我们把这些结果总结成下面的定理.

定理 5.4 偶函数与奇函数的积分

设 a 是正实数, f 是区间 $[-a, a]$ 上的可积函数.

- 如果 f 是偶函数, 则 $\int_{-a}^{a} f(x)dx = 2\int_{0}^{a} f(x)dx.$
- 如果 f 是奇函数, 则 $\int_{-a}^{a} f(x)dx = 0.$

迅速核查 1. 如果 f 和 g 都是偶函数, 那么它们的乘积 fg 是偶函数还是奇函数? 利用 $f(-x) = f(x)$, $g(-x) = g(x)$ 这一事实. ◄

例 1 求对称函数的积分 利用对称性的论断求下列定积分.

a. $\int_{-2}^{2} (x^4 - 3x^3)dx.$ **b.** $\int_{-\pi/2}^{\pi/2} (\cos x - 4\sin^3 x)dx.$

解

a. 利用表 5.3 中的性质 3 和 4, 我们将积分拆成两个积分并利用对称性:

$$\begin{aligned}
\int_{-2}^{2} (x^4 - 3x^3)dx &= \int_{-2}^{2} x^4 dx - 3\int_{-2}^{2} x^3 dx \\
&= 2\int_{0}^{2} x^4 dx - 0 \quad (x^4\text{是偶函数}, x^3\text{ 是奇函数}) \\
&= 2\left(\frac{x^5}{5}\right)\Bigg|_0^2 \qquad (\text{基本定理}) \\
&= 2 \times \left(\frac{32}{5}\right) = \frac{64}{5}. \qquad (\text{化简})
\end{aligned}$$

有多种方法说明 $\sin^3 x$ 是奇函数. 它的图像关于原点对称. 或者通过类比, 取 x 的奇次幂的函数, 再求奇次幂. 比如 $(x^5)^3 = x^{15}$ 是奇函数. 复合函数对称性的直接证明见习题 45 ~ 48 和 57.

注意, 被积函数中奇次项是如何利用对称性被消去的. 偶次项的积分得到简化, 因为积分下限是零.

b. $\cos x$ 是偶函数, 因此可以求它在 $\left[0, \frac{\pi}{2}\right]$ 上的积分. 那么 $\sin^3 x$ 又如何呢? 它是奇函数的奇次幂, 这也是一个奇函数; 它在 $\left[-\frac{\pi}{2}, \frac{\pi}{2}\right]$ 上的积分等于 0. 因此,

$$\int_{-\pi/2}^{\pi/2} (\cos x - 4\sin^3 x)dx = 2\int_{0}^{\pi/2} \cos x dx - 0 \qquad (\text{对称性})$$

$$= 2\sin x\Big|_0^{\pi/2} \quad \text{(基本定理)}$$
$$= 2(1-0) = 2. \quad \text{(化简)}$$

相关习题 7～18◀

函数的平均值

如果 5 个人的体重分别为 155, 143, 180, 105 和 123lb, 他们的平均体重为

$$\frac{155+143+180+105+123}{5} = 141.2\text{lb}.$$

这种想法非常自然地推广到函数. 考虑在 $[a,b]$ 上的连续函数 f. 设格点 $x_0 = a, x_1, x_2, x_3, \cdots, x_n = b$ 是 $[a,b]$ 的正则划分, $\Delta x = \frac{b-a}{n}$. 我们从每个子区间任取一点 $\bar{x}_k$ 并对各 $k=1,\cdots,n$ 求 $f(\bar{x}_k)$. $f(\bar{x}_k)$ 的值可以看成 f 在区间 $[a,b]$ 上的样本. 这些函数值的平均值为

$$\frac{f(\bar{x}_1)+f(\bar{x}_2)+\cdots+f(\bar{x}_n)}{n}.$$

注意到 $n = \frac{b-a}{\Delta x}$, 我们将这 n 个样本值的平均值表示成黎曼和:

$$\frac{f(\bar{x}_1)+f(\bar{x}_2)+\cdots+f(\bar{x}_n)}{(b-a)/\Delta x} = \frac{1}{b-a}\sum_{k=1}^{n} f(\bar{x}_k)\Delta x.$$

现在假设我们增大 n, 取 f 的更多样本值, 同时 Δx 递减趋于零. 这个和的极限是定积分, 它表示 $[a,b]$ 上的平均值 $\bar{f}$:

$$\bar{f} = \frac{1}{b-a}\lim_{n\to\infty}\sum_{k=1}^{n} f(\bar{x}_k)\Delta x$$
$$= \frac{1}{b-a}\int_a^b f(x)dx.$$

函数的平均值的这个定义与有限个数的平均值的定义非常类似.

定义　函数的平均值

可积函数 f 在区间 $[a,b]$ 上的平均值为

$$\bar{f} = \frac{1}{b-a}\int_a^b f(x)dx.$$

函数 f 在区间 $[a,b]$ 上的平均值有清楚的几何解释. 在平均值的定义的两侧同乘以 $(b-a)$, 我们得

$$\underbrace{(b-a)\bar{f}}_{\text{矩形的净面积}} = \underbrace{\int_a^b f(x)dx}_{\text{曲线所围区域的净面积}}.$$

我们看到平均值是与 f 的图像在 $[a,b]$ 上所围区域有相同净面积且以 $[a,b]$ 为底的矩形的高 (见图 5.51). (当 f 在 $[a,b]$ 的部分区间上为负时, 我们需要用净面积, 因为可能 $\bar{f}$ 为负.)

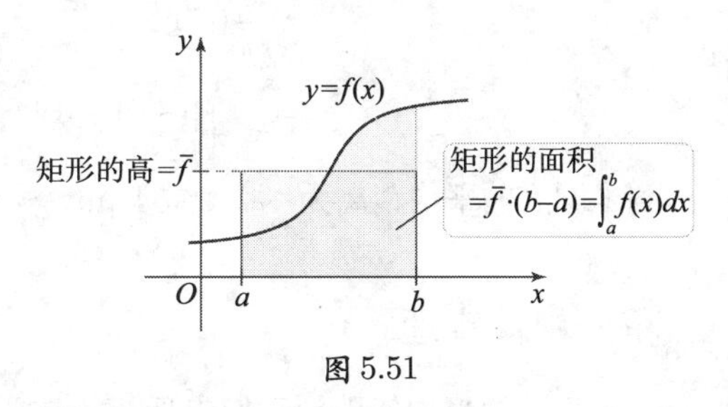

图 5.51

迅速核查 2. 常值函数在一个区间上的平均值等于多少? 一个奇函数在区间 $[-a,a]$ 上的平均值等于多少? ◀

例 2 平均海拔 某远足小道的海拔为

$$f(x)=60x^3-650x^2+1\,200x+4\,500,$$

其中 f 是以英尺计的海拔, x 是沿小道方向的水平距离, 以英里计, $0\leqslant x\leqslant 5$. 小道的平均海拔是多少?

解 小道的海拔大约介于 2 000 ~ 5 000ft 之间 (见图 5.52). 如果我们设小道的起点和终点分别对应于水平距离 $a=0$ 和 $b=5\,\text{mi}$, 则小道的平均海拔为

$$\begin{aligned}\bar{f}&=\frac{1}{5}\int_0^5(60x^3-650x^2+1\,200x+4\,500)dx\\&=\frac{1}{5}\left(60\frac{x^4}{4}-650\frac{x^3}{3}+1\,200\frac{x^2}{2}+4\,500x\right)\bigg|_0^5 \qquad \text{(基本定理)}\\&=3\,958\frac{1}{3}\text{ft}. \qquad \text{(化简)}\end{aligned}$$

小道的平均海拔略小于 3 960 英尺. *相关习题 19～26* ◀

例 3 平均距离 假设以均匀速率沿半径为 1 km 的半圆行走. 在整个行程中, 到半圆底的平均距离是多少?

解 当沿半圆行走时, x - 坐标和 y - 坐标连续地变化 (见图 5.53). 目的是求 y - 坐标的平均值. 最容易的方法是用 θ 来描述行走, 其中 θ 从 0 到 π 变化. 对每个 θ 值对应的路径上的点, 其 y - 坐标是 $y=\sin\theta$. 因此沿途各点 y - 坐标的平均值为

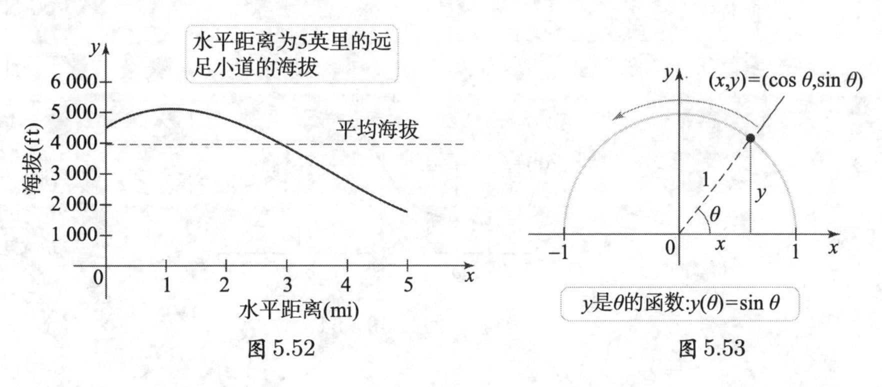

图 5.52

图 5.53

$$\begin{aligned}\bar{y} &= \frac{1}{\pi-0}\int_0^\pi y(\theta)d\theta = \frac{1}{\pi}\int_0^\pi \sin\theta d\theta \qquad (\text{代入 } y)\\ &= \frac{1}{\pi}(-\cos\theta)\Big|_0^\pi \qquad (\text{基本定理})\\ &= -\frac{1}{\pi}[(-1)-1] = \frac{2}{\pi}. \qquad (\text{化简})\end{aligned}$$

例 3 计算了沿半圆行走的人到 x- 轴的平均距离. 也可以计算半圆在 x- 轴上方的平均高度. 这个高度为 $\frac{\pi}{4}$.

到半圆底的平均距离为 $\frac{2}{\pi} \approx 0.64\,\text{km}$.

相关习题 27～28 ◀

积分中值定理

比较这个命题与微分中值定理: 在 (a,b) 内至少存在一点 c, 使得 $f'(c)$ 等于 f 的平均斜率.

函数的平均值引领我们走近一个重要的经典结果. **积分中值定理** 指出, 如果 f 在 $[a,b]$ 上连续, 则在 $[a,b]$ 上至少存在一点 c, 使得 $f(c)$ 等于 f 在 $[a,b]$ 上的平均值. 换句话说, 水平线 $y=\bar{f}=f(c)$ 在 $[a,b]$ 上的某点 c 处与 f 的图像相交 (见图 5.54). 如果 f 不连续, 这样的点可能不存在.

定理 5.5 积分中值定理

设 f 在 $[a,b]$ 上连续. 则在 $[a,b]$ 上存在一点 c 使得

$$f(c) = \bar{f} = \frac{1}{b-a}\int_a^b f(x)dx.$$

证明 证明非常漂亮地应用了极值定理 (定理 4.1) 和介值定理 (定理 2.13). 因为 f 在闭区间 $[a,b]$ 上连续, 所以它在 $[a,b]$ 上取到其最小值 $y_{\min}$ 和最大值 $y_{\max}$. 同时注意到

$$(b-a)y_{\min} \leqslant \int_a^b f(x)dx \leqslant (b-a)y_{\max} \qquad (\text{见图 } 5.55).$$

这些不等号成立是因为如果定积分的黎曼和中的每个函数值用 $y_{\min}$ 代替, 则我们得到定积分的下界. 如果定积分的黎曼和中的每个函数值用 $y_{\max}$ 代替, 则我们得到定积分的上界. 用 $(b-a)$ 除整个不等式, 我们得到

$$y_{\min} \leqslant \underbrace{\frac{1}{b-a}\int_a^b f(x)dx}_{\bar{f}} \leqslant y_{\max}.$$

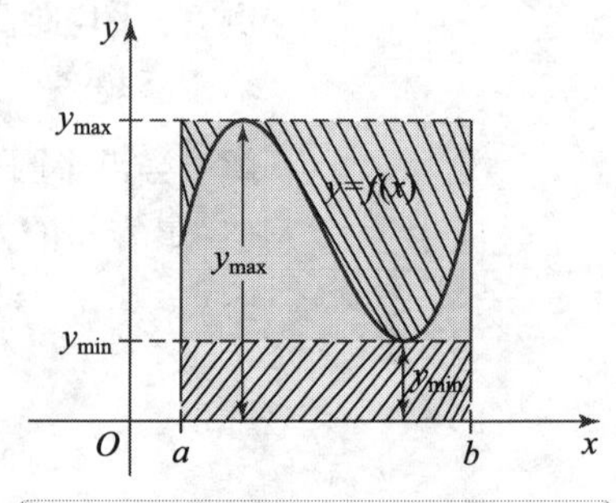

最小矩形的面积(左斜线)
$=(b-a)y_{\min}$
曲线下方的面积(左斜线+阴影)
$=\int_a^b f(x)dx$
最大矩形的面积(左斜线+阴影+右斜线)
$=(b-a)y_{\max}$

图 5.55

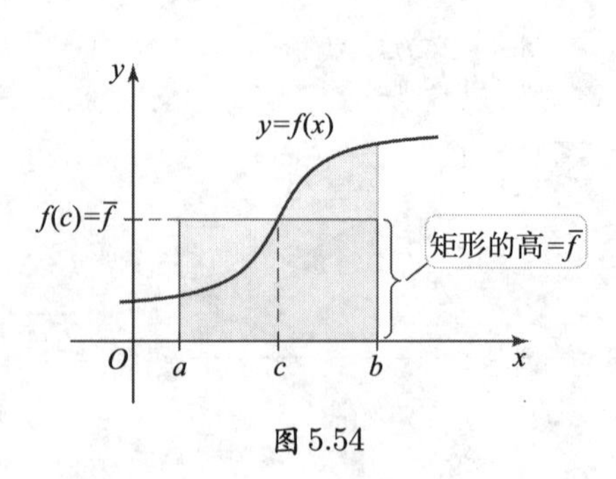

图 5.54

因为 f 在闭区间 $[a,b]$ 上连续, 由介值定理, f 取遍 $y_{\min}$ 和 $y_{\max}$ 之间的所有值. 特别地, $y_{\min} \leqslant \bar{f} \leqslant y_{\max}$, 于是一定存在 $[a,b]$ 上的点 c 使得 $f(c) = \bar{f} = \dfrac{1}{b-a}\displaystyle\int_a^b f(x)dx$. ◄

迅速核查 3. 如果 f 连续且 $\displaystyle\int_a^b f(x)dx = 0$, 解释为什么 $f(x) = 0$ 至少对 $[a,b]$ 内的一点成立. ◄

例 4　平均值等于函数值 求区间 $[0,1]$ 上的点, 使得 $f(x) = 2x(1-x)$ 在该点处的值等于它在 $[0,1]$ 上的平均值.

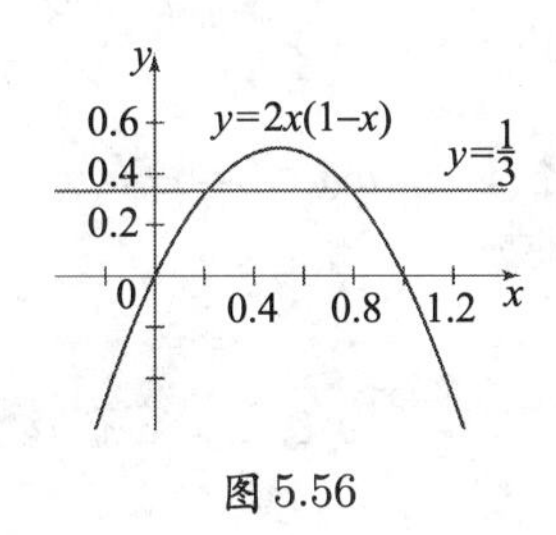

图 5.56

解　f 在 $[0,1]$ 上的平均值等于

$$\bar{f} = \frac{1}{1-0}\int_0^1 2x(1-x)dx = \left(x^2 - \frac{2}{3}x^3\right)\bigg|_0^1 = \frac{1}{3}.$$

我们必须求 $[0,1]$ 上的点使在该点处的函数值 $f(x) = \dfrac{1}{3}$ (见图 5.56). 利用二次求根公式, $f(x) = 2x(1-x) = \dfrac{1}{3}$ 的两个根是

$$\frac{1-\sqrt{1/3}}{2} \approx 0.211 \quad \text{和} \quad \frac{1+\sqrt{1/3}}{2} \approx 0.789.$$

这两个点对称地位于 $x = \dfrac{1}{2}$ 的两侧. 这两个解 0.211 和 0.789 对于 a 的任意值及 $f(x) = ax(1-x)$ 都是一样的 (习题 49).

相关习题 29～34 ◄

5.4 节 习题

复习题

1. 如果 f 是奇函数, 为什么 $\displaystyle\int_{-a}^{a} f(x)dx = 0$?
2. 如果 f 是偶函数, 为什么 $\displaystyle\int_{-a}^{a} f(x)dx = 2\int_0^a f(x)dx$?
3. x^{12} 是偶函数还是奇函数? $\sin x^2$ 是偶函数还是奇函数?
4. 解释如何求函数 f 在 $[a,b]$ 上的平均值及为什么这个定义与有限个数的平均值的定义相似.
5. 解释命题: $[a,b]$ 上的连续函数在 $[a,b]$ 内某点处的函数值等于其在该区间上的平均值.
6. 作 $y = x$ 在 $[0,2]$ 上的图像, 设 R 是 $y = x$ 和 x-轴在 $[0,2]$ 上所围的区域. 现在在第一象限中作底为 $[0,2]$ 且与 R 有相等面积的矩形.

基本技能

7～14. 积分中的对称性 利用对称性计算下列积分.

7. $\displaystyle\int_{-2}^{2}(3x^8 - 2)dx$.
8. $\displaystyle\int_{-\pi/4}^{\pi/4}\cos x dx$.
9. $\displaystyle\int_{-2}^{2}(x^9 - 3x^5 + 2x^2 - 10)dx$.
10. $\displaystyle\int_{-\pi/2}^{\pi/2} 5\sin x dx$.
11. $\displaystyle\int_{-10}^{10}\frac{x}{\sqrt{200-x^2}}dx$.
12. $\displaystyle\int_{-\pi/2}^{\pi/2}(\cos 2x + \cos x\sin x - 3\sin x^5)dx$.
13. $\displaystyle\int_{-\pi/4}^{\pi/4}\sin^5 x dx$.
14. $\displaystyle\int_{-1}^{1}(1-|x|)dx$.

15～18. 对称性和定积分 利用对称性计算下列积分. 作

图解释结果.

15. $\int_{-\pi}^{\pi} \sin x dx$.

16. $\int_{0}^{2\pi} \cos x dx$.

17. $\int_{0}^{\pi} \cos x dx$.

18. $\int_{0}^{2\pi} \sin x dx$.

19～22. 平均值 求下列函数在指定区间上的平均值.

19. $f(x)=\cos x; [-\pi/2, \pi/2]$.

20. $f(x)=x(1-x); [0,1]$.

21. $f(x)=x^n; [0,1]$ 对任意正整数 n.

22. $f(x)=x^{1/n}; [0,1]$ 对任意正整数 n

23. 抛物线上的平均距离 在区间 $[0,20]$ 上抛物线 $y=10x(20-x)$ 与 x-轴的平均距离是多少?

24. 平均海拔 一条路的海拔为 $f(x)=x^3-5x^2+10$, 其中 x 表示水平距离. 作海拔函数的图像, 求它的平均值, $0 \leqslant x \leqslant 4$.

25. 拱门的平均高度 拱门在地面上方的高度为函数 $y=10\sin x, 0 \leqslant x \leqslant \pi$. 地面上方拱门的平均高度是多少?

26. 波的平均高度 水波面为函数 $y=5(1+\cos x), -\pi \leqslant x \leqslant \pi$, 其中 $y=0$ 对应于该水波的波谷 (见图). 求在 $[-\pi,\pi]$ 上水波高于波谷的平均高度.

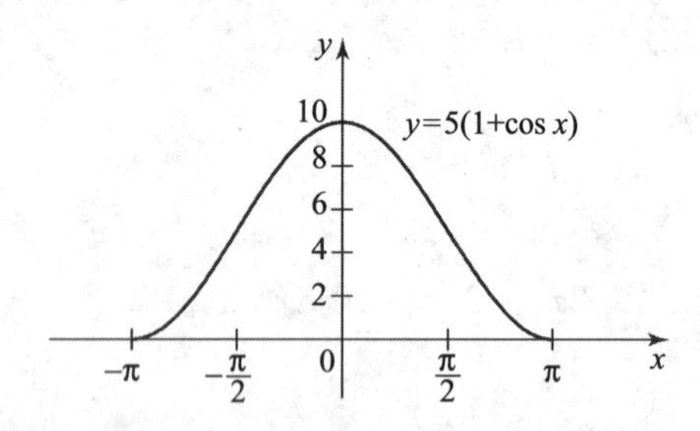

27. 半圆上的平均距离 假设以均匀速率沿半径为 2 km 的半圆行走. 与半圆底的平均距离是多少?

28. 半圆上的平均距离 假设以均匀速率沿半径为 2 km 的半圆行走. 与半圆圆心的平均距离是多少?

29～34. 积分中值定理 求或估计点使得函数在该点处的函数值等于其在指定区间上的平均值.

29. $f(x)=8-2x; [0,4]$.

30. $f(x)=\cos x; \left[-\frac{\pi}{2}, \frac{\pi}{2}\right]$.

31. $f(x)=1-x^2/a^2; [0,a]$, 其中 a 是正实数.

32. $f(x)=\frac{\pi}{4}\sin x; [0,\pi]$.

33. $f(x)=1-|x|; [-1,1]$.

34. $f(x)=1/x^2; [1,4]$.

深入探究

35. 解释为什么是, 或不是 判断下列命题是否正确, 并说明理由或举反例.

a. 如果 f 关于直线 $x=2$ 对称, 则 $\int_0^4 f(x)dx = 2\int_0^2 f(x)dx$.

b. 如果对所有 x, f 具有性质 $f(a+x)=-f(a-x)$, 其中 a 是常数, 则 $\int_{a-2}^{a+2} f(x)dx=0$.

c. 线性函数在区间 $[a,b]$ 上的平均值等于它在该区间中点处的函数值.

d. 考虑 $[0,a]$ 上的函数 $f(x)=x(a-x)$, $a>0$. 它在 $[0,a]$ 上的平均值等于最大值的 $\frac{1}{2}$.

36～39. 积分中的对称性 利用对称性计算下列积分.

36. $\int_{-\pi/4}^{\pi/4} \tan x dx$.

37. $\int_{-\pi/4}^{\pi/4} \sec^2 x dx$.

38. $\int_{-2}^{2} (1-|x|^3)dx$.

39. $\int_{-2}^{2} \frac{x^3-4x}{x^2+1}dx$.

应用

40. 均方根 均方根 (或 RMS) 用来度量振荡函数的平均值 (比如, 描述交流电的电流、电压或功率的正弦函数和余弦函数). f 在区间 $[0,T]$ 上的均方根是

$$\bar{f}_{RMS}=\sqrt{\frac{1}{T}\int_0^T f^2(t)dt}.$$

求 $f(t)=A\sin\omega t$ 的均方根, 其中 A, ω 是正常数, T 是 f 的周期 $2\pi/\omega$ 的整数倍.

41. 大拱门 圣路易斯大拱门高为 630ft, 底为 630ft. 它的形状可以建模为抛物线

$$y=630\left[1-\left(\frac{x}{315}\right)^2\right].$$

求大拱门在地面上方的平均高度.

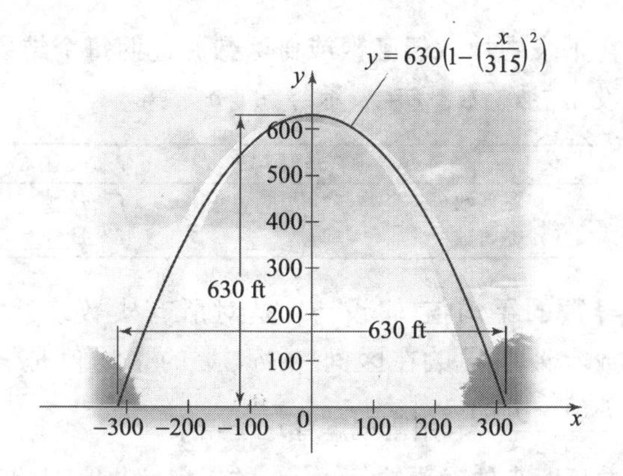

42. 前瞻——抛物面反射镜的表面积 考虑在区间 $[0,1]$ 上的抛物线段 $f(x) = 2\sqrt{x}$. 当这个线段绕 x- 轴旋转时, 它扫出的曲面 S 可用于 (望远镜或发射器的) 抛物面反射镜. 可以证明 S 的面积等于 $A = 2\pi\int_0^1 f(x)\sqrt{1+f'^2(x)}dx$.

a. 计算并化简这个积分的被积函数, 证明 $A = 4\pi\int_0^1 \sqrt{1+x}dx$.

b. 利用 $\frac{d}{dx}((x+a)^{3/2}) = \frac{3}{2}(x+a)^{1/2}$ 的事实求 S 的面积, 其中 a 是常数.

43. 行星轨道 行星以椭圆轨道环绕太阳运行, 太阳在一个焦点处 (为了更多地了解椭圆, 参见 11.4 节). x-轴方向上的尺寸为 $2a$, y-轴方向上的尺寸为 $2b$ 的椭圆方程为 $\frac{x^2}{a^2} + \frac{y^2}{b^2} = 1$.

a. 设 d^2 表示行星到椭圆中心 $(0,0)$ 的距离的平方. 在 $[-a,a]$ 上计算积分来证明 d^2 的平均值等于 $(a^2+2b^2)/3$.

b. 证明在圆 ($a=b=R$) 的情况下, (a) 的平均值是 R^2.

c. 假设 $0<b<a$, 太阳的坐标是 $(\sqrt{a^2-b^2},0)$. 设 D^2 表示行星到太阳的距离的平方. 在 $[-a,a]$ 上计算积分来证明 D^2 的平均值等于 $(4a^2-b^2)/3$.

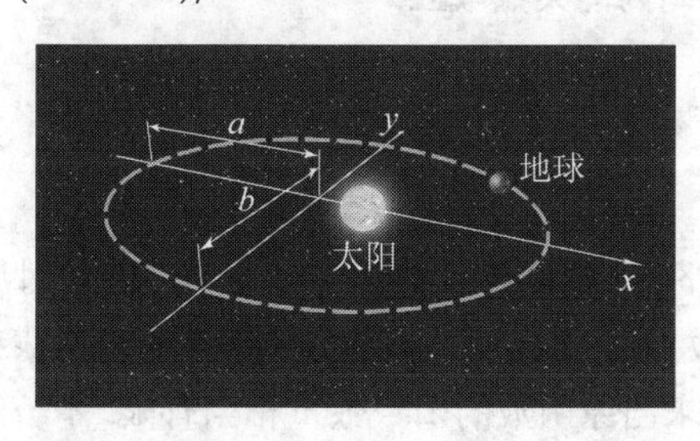

附加练习

44. 正弦函数与二次函数的对比 考虑函数 $f(x) = \sin x$ 和 $g(x) = \frac{4}{\pi^2}x(\pi - x)$.

a. 在同一坐标系下认真作 f 和 g 的图像. 验证这两个函数在 $[0,\pi]$ 上有唯一的极大值点, 且它们在 $[0,\pi]$ 上的极大值相等.

b. 在 $[0,\pi]$ 上, $f(x) \geqslant g(x)$ 和 $g(x) \geqslant f(x)$ 哪个为真? 还是都不为真?

c. 计算并比较 f 和 g 在 $[0,\pi]$ 上的平均值.

45～48. 复合函数的对称性 证明被积函数是偶函数或奇函数. 然后给出积分值或显示如何将它化简. 假设 f 和 g 是偶函数, p 和 q 是奇函数.

45. $\int_{-a}^{a} f(g(x))dx$.

46. $\int_{-a}^{a} f(p(x))dx$.

47. $\int_{-a}^{a} p(g(x))dx$.

48. $\int_{-a}^{a} p(q(x))dx$.

49. 带参数的平均值 考虑区间 $[0,1]$ 上的函数 $f(x) = ax(1-x)$, 其中 a 是正实数.

a. 求 f 的平均值, 将其表示成 a 的函数.

b. 求点使得 f 在这些点处的函数值等于它的平均值, 并证明它们与 a 无关.

50. 平均值的平方 当 f 是什么函数时, 对所有区间 $[a,b]$, f 的平均值的平方等于 f 的平方的平均值.

51. 古老问题 在发现微积分很久以前, 一些微积分问题已经被希腊数学家解决. 下列问题被阿基米德利用超前微积分 2 000 年的方法解决了.

a. 证明抛物线的弓形面积是其最大的内接三角形面积的 4/3. 换句话讲, 由抛物线 $y = a^2 - x^2$ 与 x- 轴所围面积是以 $(\pm a, 0)$ 和 $(0, a^2)$ 为顶点的三角形面积的 4/3. 假设 $a > 0$, 但不特别指定.

b. 证明由抛物线 $y = a^2 - x^2$ 与 x- 轴所围面积是以 $(\pm a, 0)$ 和 $(\pm a, a^2)$ 为顶点的矩形面积的 2/3. 假设 $a > 0$, 但不特别指定.

52. 单位面积的正弦曲线 求 c 的值, 使得由 $y = c\sin x$ 与 x- 轴在区间 $[0,\pi]$ 上所围区域的面积等于 1.

53. 单位面积的三次多项式 求 $c>0$ 的值, 使得三次多

项式 $y=x(x-c)^2$ 与 x- 轴在 $[0,c]$ 上所围区域的面积等于 1.

54. 单位面积

a. 考虑曲线 $y=\dfrac{1}{\sqrt{x}}$, $x\geqslant 1$. $b>0$ 取何值时, 曲线与 x- 轴在 $[1,b]$ 上所围区域的面积等于 1?

b. 考虑曲线 $y=\dfrac{1}{x^p}$, 其中 $x\geqslant 1$, $p>2$ 是有理数. b (作为 p 的函数) 取何值时, 曲线与 x- 轴在区间 $[1,b]$ 上所围区域有单位面积?

c. (b) 中的 $b(p)$ 是 p 的增函数还是减函数? 请说明理由.

55. 由黎曼和求正弦积分 考虑积分 $I=\displaystyle\int_0^{\pi/2}\sin x dx$.

a. 对 I 写出有 n 个子区间的黎曼左和.

b. 证明 $\displaystyle\lim_{\theta\to 0}\theta\left(\frac{\cos\theta+\sin\theta-1}{2(1-\cos\theta)}\right)=1$.

c. 已知事实 $\displaystyle\sum_{k=0}^{n-1}\sin\left(\frac{\pi k}{2n}\right)=\frac{\cos\left(\frac{\pi}{2n}\right)+\sin\left(\frac{\pi}{2n}\right)-1}{2\left(1-\cos\left(\frac{\pi}{2n}\right)\right)}$. 在 $n\to\infty$ 时取黎曼和的极限, 利用该事实及 (b) 的结果计算 I.

56. 均值的另一定义 考虑函数

$$f(t)=\frac{\displaystyle\int_a^b x^{t+1}dx}{\displaystyle\int_a^b x^t dx}.$$

证明下列均值可以用 f 定义.

a. 算术均值: $f(0)=\dfrac{a+b}{2}$.

b. 几何均值: $f\left(-\dfrac{3}{2}\right)=\sqrt{ab}$.

c. 调和均值: $f(-3)=\dfrac{2ab}{a+b}$.

(*来源: Mathematics Magazine* 78, No. 5 (December 2005))

57. 在下表中填入**偶函数**或**奇函数**并证明每个结果. 假设 n 是整数, f^n 表示 f 的 n 次幂.

	f 是偶函数	f 是奇函数
n 是偶数	f^n 是____	f^n 是____
n 是奇数	f^n 是____	f^n 是____

58. 导数的平均值 假设 f' 是对所有实数连续的函数. 证明导数在区间 $[a,b]$ 上的平均值是 $\overline{f'}=\dfrac{f(b)-f(a)}{b-a}$. 用割线解释这个结果.

59. 关于一点的对称性 函数 f 关于点 (c,d) 对称表示, 如果 $(c-x,d-y)$ 在图像上, 则 $(c+x,d+y)$ 也在图像上. 关于点 (c,d) 对称的函数在以 c 为中点的区间上的积分很容易计算.

a. 设 $a>0$, 证明如果 f 连续且关于 (c,d) 对称, 则 $\displaystyle\int_{c-a}^{c+a}f(x)dx=2af(c)=2ad$.

b. 作 $f(x)=\sin^2 x$ 在区间 $\left[0,\dfrac{\pi}{2}\right]$ 上的图像并证明它关于点 $(\pi/4,1/2)$ 对称.

c. 仅利用 f 的图像 (不积分), 证明 $\displaystyle\int_0^{\pi/2}\sin^2 x dx=\frac{\pi}{4}$.

60. 积分的界 设 f 是 $[a,b]$ 上的连续函数且在该区间上 $f''>0$. 可以证明

$$(b-a)f\left(\frac{a+b}{2}\right)\leqslant\int_a^b f(x)dx\leqslant(b-a)\frac{f(a)+f(b)}{2}.$$

a. 设 f 是 $[a,b]$ 上的非负函数, 作图像说明这些不等式的几何意义. 讨论所得结论.

b. 用 $(b-a)$ 除这些不等式并用 f 在 $[a,b]$ 上的平均值解释所得到的不等式.

迅速核查 答案

1. $f(-x)g(-x)=f(x)g(x)$, 因此 fg 是偶函数.
2. 平均值是常数; 平均值等于 0.
3. 区间上的平均值等于 0; 由积分中值定理, $f(x)=0$ 在区间内的某点成立.

5.5 换 元 法

给定可导函数, 利用充分的计算技巧与坚持, 就能够计算出它的导数. 但是对原函数就不是这样. 很多函数即使是非常简单的函数, 它的原函数也不能用熟悉的函数表示. 比如 $\sin x^2, (\sin x)/x$ 和 x^x. 到目前为止, 我们能求出原函数的函数数量相当有限. 本节的当前目

标是扩大能够求原函数的函数族. 在发掘其他积分方法的第 8 章将重新启动这个任务.

不定积分

寻找新的原函数法则的一种方法是把熟悉的求导公式倒过来使用. 当应用于链法则时, 这种策略就导致换元法. 举些例子来说明这种技术.

例 1 用试错法求原函数 求 $\int \cos 2x dx$.

每当 C 出现时, 我们总是假设它是任意常数.

解 我们所熟悉的与这个问题关系最近的不定积分是

$$\int \cos x dx = \sin x + C,$$

这是因为

$$\frac{d}{dx}(\sin x + C) = \cos x.$$

因此, 我们可能错误地得出结论 $\cos 2x$ 的不定积分是 $\sin 2x + C$. 然而, 由链法则,

$$\frac{d}{dx}(\sin 2x + C) = 2\cos 2x \neq \cos 2x.$$

注意到由于相差常数倍 2 , $\sin 2x$ 没能成为 $\cos 2x$ 的原函数. 一个小小的调整纠正了这个问题. 我们来尝试 $\frac{1}{2}\sin 2x$:

$$\frac{d}{dx}\left(\frac{1}{2}\sin 2x\right) = \frac{1}{2}\cdot 2\cos 2x = \cos 2x.$$

成功了! 因此我们得

$$\int \cos 2x dx = \frac{1}{2}\sin 2x + C.$$

相关习题 9 ~ 12 ◂

例 1 采用的试错法对复杂的积分无效. 为提出系统的方法, 考虑复合函数 $F(g(x))$, 其中 F 是 f 的一个原函数, 即 $F' = f$. 利用链法则对复合函数 $F(g(x))$ 求导, 我们得

$$\frac{d}{dx}[F(g(x))] = \underbrace{F'(g(x))}_{f(g(x))}g'(x) = f(g(x))g'(x).$$

这个等式说明 $F(g(x))$ 是 $f(g(x))g'(x)$ 的原函数, 可以表示成

$$\int f(g(x))g'(x)dx = F(g(x)) + C, \tag{1}$$

其中 F 是 f 的任意原函数.

为什么这种方法称作换元法 (或变量替换法)? 在等式 (1) 的复合函数 $f(g(x))$ 中, 我们将 $u = g(x)$ 看成内函数, 这意味着 $du = g'(x)dx$. 等式 (1) 中的积分采用这样的看法就可以写成

可以用任何记号表示新变量, 因为它仅仅是另一个积分的变量. u 通常是新变量的标准选择.

$$\int \underbrace{f(g(x))}_{f(u)}\underbrace{g'(x)dx}_{du} = \int f(u)du = F(u) + C.$$

我们看到关于 x 的积分 $\int f(g(x))g'(x)dx$ 被关于 u 的新积分 $\int f(u)du$ 代替. 也就是说,

我们用新变量 u 替换原来的变量 x. 当然, 如果关于 u 的新积分并不比原来的积分容易计算, 那么变量替换没有帮助. 换元法需要反复练习直到熟悉一些固定的模式.

定理 5.6 不定积分的换元法

设 $u = g(x)$, 其中 g' 在某区间上连续. f 在 g 的值域上连续. 在该区间上,

$$\int f(g(x))g'(x)dx = \int f(u)du.$$

程序 换元法 (变量替换)

a. 已知不定积分含有复合函数 $f(g(x))$, 识别内函数 $u = g(x)$ 使得 $u'(x)$ (等价地, $g'(x)$) 的常数倍出现在被积函数中.

b. 将 $u = g(x)$ 和 $du = u'(x)dx$ 代入积分.

c. 计算关于 u 的新不定积分.

d. 代入 $u = g(x)$ 将所得结果表示成 x 的函数.

声明: 换元法并不是对所有积分都有效.

例 2 完全换元 利用换元法求 $\int 2(2x+1)^3dx$, 并通过求导核对结果.

解 将 $u = 2x+1$ 看成复合函数 $(2x+1)^3$ 的内函数. 因此, 我们选择新变量 $u = 2x+1$, 由此得到 $du = 2dx$. 注意到 $du = 2dx$ 是被积函数的一个因子. 变量替换就类似这样:

核对结果是个好想法. 由链法则, 我们有

$$\frac{d}{dx}\left[\frac{(2x+1)^4}{4}+C\right] = 2(2x+1)^3.$$

$$\begin{aligned}\int \underbrace{(2x+1)^3}_{u^3}\cdot\underbrace{2dx}_{du} &= \int u^3du \qquad (\text{代入}u = 2x+1, du = 2dx)\\ &= \frac{u^4}{4}+C \qquad (\text{原函数})\\ &= \frac{(2x+1)^4}{4}+C. \qquad (\text{用 } 2x+1 \text{ 代替 } u)\end{aligned}$$

注意, 最后一步利用 $u = 2x+1$ 回到最初的变量. *相关习题 13～16* ◀

迅速核查 1. 求新变量 u, 使得 $\int 4x^3(x^4+5)^{10}dx = \int u^{10}du$. ◀

例 3 引入常数 求下列不定积分.

a. $\int x^4(x^5+6)^9dx$. **b.** $\int \cos^3 x\sin xdx$.

解

a. 复合函数 $(x^5+6)^9$ 的内函数是 x^5+6, 其导数 $5x^4$ 的常数倍也出现在被积函数中. 因此我们用替换 $u = x^5+6$, 于是 $du = 5x^4dx$ 或 $x^4dx = \frac{1}{5}du$. 由换元法,

$$\begin{aligned}\int \underbrace{(x^5+6)^9}_{u^9}\underbrace{x^4dx}_{\frac{1}{5}du} &= \int u^9\frac{1}{5}du \qquad (\text{代入}u = x^5+6du = 5\pi^4dx \Rightarrow x^4dx = \frac{1}{5}du)\\ &= \frac{1}{5}\int u^9du \quad (\int cf(x)dx = c\int f(x)dx)\end{aligned}$$

$$= \frac{1}{5} \cdot \frac{u^{10}}{10} + C \qquad (\text{原函数})$$
$$= \frac{1}{50}(x^5+6)^{10} + C. \qquad (\text{用 } x^5+6 \text{ 代替 } u)$$

b. 被积函数可以写成 $(\cos x)^3 \sin x$. 复合函数的内函数是 $\cos x$, 这提示我们用替换 $u = \cos x$. 注意到 $du = -\sin x dx$ 或 $\sin x dx = -du$. 变量替换如:

$$\int \underbrace{\cos^3 x}_{u^3} \underbrace{\sin x dx}_{-du} = -\int u^3 du \qquad (\text{代入} u = \cos x, du = -\sin x dx)$$
$$= -\frac{u^4}{4} + C \qquad (\text{原函数})$$
$$= -\frac{\cos^4 x}{4} + C. \qquad (\text{用 } \cos x \text{ 代替 } u)$$

相关习题 17～28 ◀

迅速核查 2. 解释为什么与例 3a 相同的替换对积分 $\int x^3(x^5+6)^9 dx$ 无效? ◀

例 4 换元法的变形 求 $\int \frac{x}{\sqrt{x+1}} dx$.

解

换元法 1 复合函数 $\sqrt{x+1}$ 提示新变量 $u = x+1$. 可能会怀疑这个选择是否有效, 因为 $du = dx$ 而且被积函数分子中的 x 未考虑到. 但是我们来继续下去. 令 $u = x+1$, 有 $x = u-1$, $du = dx$, 且

$$\int \frac{x}{\sqrt{x+1}} dx = \int \frac{u-1}{\sqrt{u}} du \qquad (\text{代入} u = x+1, du = dx)$$
$$= \int \left(\sqrt{u} - \frac{1}{\sqrt{u}}\right) du \qquad (\text{重写被积函数})$$
$$= \int (u^{1/2} - u^{-1/2}) du. \qquad (\text{分数幂})$$

我们对每一项分别求积分, 然后返回到原来的变量 x:

$$\int (u^{1/2} - u^{-1/2}) du = \frac{2}{3}u^{3/2} - 2u^{1/2} + C \qquad (\text{原函数})$$
$$= \frac{2}{3}(x+1)^{3/2} - 2(x+1)^{1/2} + C \qquad (\text{用 } x+1 \text{ 代 } u)$$
$$= \frac{2}{3}(x+1)^{1/2}(x-2) + C. \qquad (\text{提出 } (x+1)^{1/2} \text{ 再化简})$$

换元法 2 另一种可能的换元方法是 $u = \sqrt{x+1}$. 现在 $u^2 = x+1, x = u^2-1$ 及 $dx = 2u du$. 作这些替换得到

在换元法 2 中, 也可以用
$$u'(x) = \frac{1}{2\sqrt{x+1}},$$
这蕴含
$$du = \frac{1}{2\sqrt{x+1}} dx.$$

$$\int \frac{x}{\sqrt{x+1}} dx = \int \frac{u^2-1}{u} 2u du \qquad (\text{代入 } u = \sqrt{x+1}, x = u^2-1)$$
$$= 2\int (u^2-1) du \qquad (\text{简化被积函数})$$

$$= 2\left(\frac{u^3}{3} - u\right) + C \qquad \text{(原函数)}$$

$$= \frac{2}{3}(x+1)^{3/2} - 2(x+1)^{1/2} + C \qquad \text{(用 } \sqrt{x+1} \text{ 代入 } u\text{)}$$

$$= \frac{2}{3}(x+1)^{1/2}(x-2) + C. \qquad \text{(提出 } (x+1)^{1/2} \text{ 再化简)}$$

同一个不定积分通过两种换元方法求出. *相关习题 29～34* ◀

定积分

换元法也适用于定积分. 事实上, 有两种方法进行.

- 可以像上面所描述的那样先用换元法求出原函数 F, 再用基本定理计算 $F(b) - F(a)$.
- 另一种方法是, 一旦将积分变量从 x 替换成 u, 也需要改变积分限, 然后完成关于 u 的积分. 特别地, 如果 $u = g(x)$, 则下限 $x = a$ 替换为 $u = g(a)$, 上限 $x = b$ 替换为 $u = g(b)$.

第二种方法更有效, 我们尽可能都使用它. 下面一些例子阐释了这个想法.

定理 5.7　定积分的换元法

设 $u = g(x)$, 其中 g' 在 $[a, b]$ 上连续, 并设 f 在 g 的值域内连续. 则

$$\int_a^b f(g(x))g'(x)dx = \int_{g(a)}^{g(b)} f(u)du.$$

例 5　定积分 求下列定积分.

a. $\displaystyle\int_0^2 \frac{dx}{(x+3)^3}$.　　**b.** $\displaystyle\int_{-1}^2 \frac{x^2}{(x^3+2)^3}dx$.　　**c.** $\displaystyle\int_0^{\pi/2} \sin^4 x \cos x dx$.

解

如果被积函数形如 $f(ax+b)$, 则采用替换 $u = ax + b$ 通常有效.

a. 设新变量 $u = x + 3$, 则 $du = dx$. 因为我们将积分变量从 x 变成 u, 积分限也必须用 u 表示. 此时,

$$x = 0 \text{ 意味着 } u = 0 + 3 = 3 \qquad \text{(下限)}$$

$$x = 2 \text{ 意味着 } u = 2 + 3 = 5 \qquad \text{(上限)}$$

整个积分计算如下:

$$\int_0^2 \frac{dx}{(x+3)^3} = \int_3^5 u^{-3}du \qquad \text{(代入} u = x+3, du = dx\text{)}$$

$$= \left.\frac{u^{-2}}{-2}\right|_3^5 \qquad \text{(基本定理)}$$

$$= -\frac{1}{2}(5^{-2} - 3^{-2}) = \frac{8}{225}. \qquad \text{(化简)}$$

b. 注意到 $x^3 + 2$ 的导数的常数倍出现在分子上, 因此我们令 $u = x^3 + 2$, 则 $du = 3x^2 dx$ 或 $x^2 dx = \frac{1}{3}du$. 我们也改变积分限:

$$x = -1 \text{ 意味着 } u = -1 + 2 = 1 \qquad \text{(下限)}$$

$$x = 2 \text{ 意味着 } u = 2^3 + 2 = 10 \qquad \text{(上限)}$$

替换变量, 我们得

$$\begin{aligned}\int_{-1}^{2}\frac{x^2}{(x^3+2)^3}dx &= \frac{1}{3}\int_{1}^{10}u^{-3}du \quad (\text{代入 } u=x^3+2, du=3x^2dx)\\ &= \frac{1}{3}\left(\frac{u^{-2}}{-2}\right)\Big|_{1}^{10} \quad (\text{基本定理})\\ &= \frac{1}{3}\left[-\frac{1}{200}-\left(-\frac{1}{2}\right)\right] \quad (\text{化简})\\ &= \frac{33}{200}.\end{aligned}$$

c. 设 $u=\sin x$, 蕴含 $du=\cos x dx$. 积分下限变成 $u=0$, 上限变成 $u=1$. 变换变量, 我们有

$$\begin{aligned}\int_{0}^{\pi/2}\sin^4 x\cos x dx &= \int_0^1 u^4 du \quad (u=\sin x, du=\cos x dx)\\ &= \left(\frac{u^5}{5}\right)\Big|_0^1=\frac{1}{5}. \quad (\text{基本定理})\end{aligned}$$

相关习题 35 ~ 44 ◀

换元法使我们能计算实际中经常碰到的两个标准积分, $\int\sin^2\theta d\theta$ 和 $\int\cos^2\theta d\theta$. 这些积分用恒等式

$$\sin^2\theta=\frac{1-\cos 2\theta}{2} \quad 和 \quad \cos^2\theta=\frac{1+\cos 2\theta}{2}$$

处理.

例 6 $\cos^2\theta$ **的积分** 求 $\int_0^{\pi/2}\cos^2\theta d\theta$.

解 首先计算不定积分, 我们利用 $\cos^2\theta$ 的恒等式:

$$\int\cos^2\theta d\theta=\int\frac{1+\cos 2\theta}{2}d\theta=\frac{1}{2}\int d\theta+\frac{1}{2}\int\cos 2\theta d\theta.$$

关于例 6 的推广, 见习题 82. 8.2 节更详尽地探究了含 $\sin x$ 和 $\cos x$ 的幂的三角积分.

对第二个积分用变量替换 $u=2\theta$, 我们得

$$\begin{aligned}\int\cos^2\theta d\theta &= \frac{1}{2}\int d\theta+\frac{1}{2}\int\cos 2\theta d\theta\\ &= \frac{1}{2}\int d\theta+\frac{1}{2}\cdot\frac{1}{2}\int\cos u du \quad (u=2\theta, du=2d\theta)\\ &= \frac{\theta}{2}+\frac{1}{4}\sin 2\theta+C. \quad (\text{求积分}; u=2\theta)\end{aligned}$$

利用积分基本定理, 定积分的值为

$$\begin{aligned}\int_0^{\pi/2}\cos^2\theta d\theta &= \left(\frac{\theta}{2}+\frac{1}{4}\sin 2\theta\right)\Big|_0^{\pi/2}\\ &= \left(\frac{\pi}{4}+\frac{1}{4}\sin\pi\right)-\left(0+\frac{1}{4}\sin 0\right)=\frac{\pi}{4}.\end{aligned}$$

相关习题 45 ~ 50 ◀

换元法的几何解释

换元法可以从图形上解释. 为简单起见, 考虑积分 $\int_0^2 2(2x+1)dx$. 被积函数 $y=2(2x+1)$ 在 $[0,2]$ 上的图像如图 5.57 所示, 其中也标明了其面积由定积分给出的区域 R. 变量替换 $u=2x+1, du=2dx, u(0)=1$ 和 $u(2)=5$, 得到新积分

$$\int_0^2 2(2x+1)dx = \int_1^5 udu.$$

图 5.57 也显示了新被积函数 $y=u$ 在区间 $[1,5]$ 上的图像, 及其面积由新积分确定的区域 R'. 可以验证 R 的面积等于 R' 的面积. 对更复杂的积分和替换也有类似的解释.

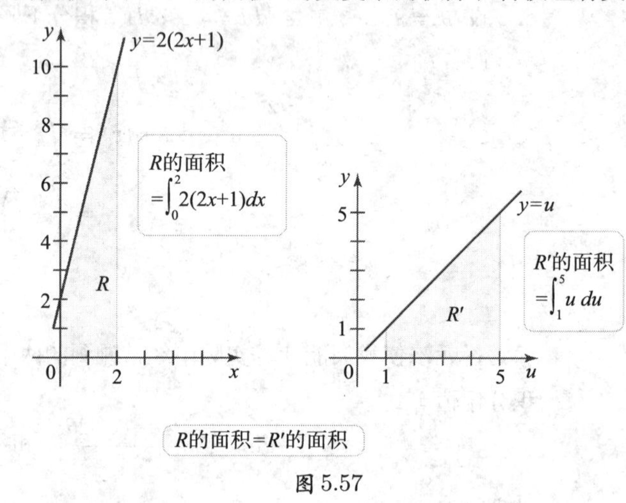

图 5.57

迅速核查 3. 变量替换经常出现在数学中. 比如, 假设要解方程 $x^4-13x^2+36=0$. 如果利用替换 $u=x^2$, 需要求解 u 的新方程是什么? 原方程的解是什么? ◄

5.5 节 习题

复习题

1. 换元法是根据哪个导数法则得到的?

2. 解释为什么换元法也称作变量替换.

3. 复合函数 $f(g(x))$ 由内函数 g 和外函数 f 组成. 作变量替换时, 哪个函数通常是新变量 u 的可能选择?

4. 为求 $\int \tan x \sec^2 x dx$, 找一个合适的替换, 并解释所做的选择.

5. 用变量替换 $u=g(x)$ 求定积分 $\int_a^b f(g(x))g'(x)dx$ 时, 积分限如何变化?

6. 如果用变量替换 $u=x^2-4$ 来求定积分 $\int_2^4 f(x)dx$, 新的积分限是多少?

7. 求 $\int \cos^2 x dx$.

8. 求 $\int \sin^2 x dx$ 需要什么恒等式?

基本技能

9～12. 试错法 用试错法求下列函数的原函数. 通过求导核对结果.

9. $f(x)=(x+1)^{12}$.

10. $f(x)=\sin 10x$.

11. $f(x)=\sqrt{2x+1}$.

12. $f(x)=\cos(2x+5)$.

13～6. 指定的替换 利用指定的替换求下列不定积分. 通过求导核对结果.

13. $\int 2x(x^2+1)^4dx, u=x^2+1$.

14. $\int 8x\cos(4x^2+3)dx, u=4x^2+3$.

15. $\int \sin^3 x\cos xdx, u=\sin x$.

16. $\int (6x+1)\sqrt{3x^2+x}dx, u=3x^2+x$.

17～28. 不定积分 利用变量替换求下列不定积分. 通过求导核对结果.

17. $\int 2x(x^2-1)^{99}dx$.

18. $\int x\cos x^2dx$.

19. $\int \frac{2x^2}{\sqrt{1-4x^3}}dx$.

20. $\int \frac{(\sqrt{x}+1)^4}{2\sqrt{x}}dx$.

21. $\int (x^2+x)^{10}(2x+1)dx$.

22. $\int \frac{1}{(10x-3)^2}dx$.

23. $\int x^3(x^4+16)^6dx$.

24. $\int \sin^{10}\theta\cos\theta d\theta$.

25. $\int \frac{x}{\sqrt{4-9x^2}}dx$.

26. $\int x^9\sin x^{10}dx$.

27. $\int (x^6-3x^2)^4(x^5-x)dx$.

28. $\int \frac{x}{(x-2)^3}dx$ (提示: 令 $u=x-2$).

29～34. 换元法的变形 求下列积分.

29. $\int \frac{x}{\sqrt{x-4}}dx$.

30. $\int \frac{y^2}{(y+1)^4}dy$.

31. $\int \frac{x}{\sqrt[3]{x+4}}dx$.

32. $\int \frac{2x}{\sqrt{3x+2}}dx$.

33. $\int x\sqrt[3]{2x+1}dx$.

34. $\int (x+1)\sqrt{3x+2}dx$.

35～44. 定积分 用变量替换计算下列定积分.

35. $\int_0^1 2x(4-x^2)dx$.

36. $\int_0^2 \frac{2x}{(x^2+1)^2}dx$.

37. $\int_0^{\pi/2} \sin^2\theta\cos\theta d\theta$.

38. $\int_0^{\pi/4} \frac{\sin x}{\cos^2 x}dx$.

39. $\int_{-\pi/12}^{\pi/8} \sec^2 2ydy$.

40. $\int_0^4 \frac{p}{\sqrt{9+p^2}}dp$.

41. $\int_{\pi/4}^{\pi/2} \frac{\cos x}{\sin^2 x}dx$.

42. $\int_0^{\pi/4} \frac{\sin x}{\cos^3 x}dx$.

43. $\int_2^6 \frac{x}{\sqrt{2x-3}}dx$.

44. $\int_0^3 \frac{v^2+1}{\sqrt{v^3+3v+4}}dv$.

45～50. 含 $\sin^2 x$ 和 $\cos^2 x$ 的积分 求下列定积分.

45. $\int_{-\pi}^{\pi} \cos^2 xdx$.

46. $\int \sin^2 xdx$.

47. $\int \sin^2\left(\theta+\frac{\pi}{6}\right)d\theta$.

48. $\int_0^{\pi/4} \cos^2 8\theta d\theta$.

49. $\int_{-\pi/4}^{\pi/4} \sin^2 2\theta d\theta$.

50. $\int x\cos^2(x^2)dx$.

深入探究

51. 解释为什么是, 或不是 判断下列命题是否正确, 并证明或举出反例. 假设 f, f', f'' 对任意实数连续.

a. $\int f(x)f'(x)dx=\frac{1}{2}(f(x))^2+C$.

b. $\int (f(x))^n f'(x)dx = \frac{1}{n+1}(f(x))^{n+1}+C$, $n\neq -1$.

c. $\int \sin 2x dx = 2\int \sin x dx$.

d. $\int (x^2+1)^9 dx = \frac{(x^2+1)^{10}}{10} + C$.

e. $\int_a^b f'(x)f''(x)dx = f'(b) - f'(a)$.

52～62. 附加的积分 用变量替换计算下列积分.

52. $\int \sec 4w \tan 4w dw$.

53. $\int \sec^2 10x dx$.

54. $\int (\sin^5 x + 3\sin^3 x - \sin x)\cos x dx$.

55. $\int \frac{\csc^2 x}{\cot^3 x} dx$.

56. $\int (x^{3/2}+8)^5 \sqrt{x} dx$.

57. $\int \sin x \sec^8 x dx$.

58. $\int_0^1 x\sqrt{1-x^2} dx$.

59. $\int_2^3 \frac{x}{\sqrt[3]{x^2-1}} dx$.

60. $\int_1^3 \frac{(1+4/x)^2}{x^2} dx$.

61. $\int_0^2 x^3\sqrt{16-x^4} dx$.

62. $\int_{\sqrt{2}}^{\sqrt{3}} (x-1)(x^2-2x)^{11} dx$.

63～66. 区域面积 求下列区域的面积.

63. 由 $f(x) = x\sin x^2$ 的图像与 x- 轴在 $x=0$ 和 $x=\sqrt{\pi}$ 之间所围成的区域.

64. 由 $f(\theta) = \cos\theta\sin\theta$ 与 θ- 轴在 $\theta=0$ 和 $\theta=\frac{\pi}{2}$ 之间所围成的区域.

65. 由 $f(x) = (x-4)^4$ 的图像与 x-轴在 $x=2$ 和 $x=6$ 之间所围成的区域.

66. 由 $f(x) = \frac{x}{\sqrt{x^2-9}}$ 的图像与 x-轴在 $x=4$ 和 $x=5$ 之间所围成的区域.

67. 变形的抛物线 抛物线族 $y=(1/a)-x^2/a^3$, $a>0$ 有性质: 对 $x\geqslant 0$, x- 截距是 $(a,0)$, y- 截距是 $(0,1/a)$. 设 $A(a)$ 表示抛物线与 x- 轴在第一象限所围区域的面积. 求 $A(a)$ 并判断它是否为 a 的增函数、减函数或常值函数.

应用

68. 周期运动 某物体以速度 $v(t) = 8\cos(\pi t/6)$ m/s 作一维运动.

a. 作速度函数的图像.

b. 正如第 6 章将要讨论的, 该物体的位置为 $s(t) = \int_0^t v(y)dy, t\geqslant 0$. 对 $t\geqslant 0$, 求位置函数.

c. 运动的周期是多少? 即从任意点出发, 该物体回到该点需要多长时间?

69. 种群模型 某细菌培养基中的种群增长率为 $p'(t) = \frac{200}{(t+1)^r}$ 个细菌每小时, 其中 $t\geqslant 0, r>1$. 在第 6 章将证明种群在时间区间 $[0,t]$ 内的增长值是 $\int_0^t p'(s)ds$. (注意到增长率随时间递减, 这反映了对生存空间和食物的竞争.)

a. 取 $r=2$ 的种群模型, 在时间区间 $0\leqslant t\leqslant 4$ 内, 种群增长多少?

b. 取 $r=3$ 的种群模型, 在时间区间 $0\leqslant t\leqslant 6$ 内, 种群增长多少?

c. 设 ΔP 表示种群在固定时间区间 $[0,T]$ 内的增长值. 对固定的 T, ΔP 关于参数 r 是递减还是递增? 解释理由.

d. 实验技术人员测量出种群在 10hr 的时间段 $[0,10]$ 内增长 350 个细菌. 估计最好地拟合该数据的 r 值.

e. 前瞻: 用 $r=3$ 对种群模型进行研究, 对任意 $T>0$, 求 $[0,T]$ 内的种群增长值. 如果培养基允许无限持续 ($T\to\infty$), 细菌种群可以无界增长吗? 还是趋于一个有限的极限?

70. 考虑以 $(0,0),(0,b),(a,0)$ 为顶点的直角三角形, 其中 $a>0, b>0$. 证明对所有 $a>0$, x- 轴上的点到斜边的平均垂直距离是 $b/2$.

71. 正弦函数的平均值 使用绘图工具验证函数 $f(x)=\sin kx$ 的周期为 $2\pi/k$, 其中 $k=1,2,3,\cdots$. 等价地, $f(x)=\sin kx$ 的第一个 “驼峰” 在区间 $[0,\pi/k]$ 上. 证明 $f(x)=\sin kx$ 的第一个 “驼峰” 的平均值与 k 无关. 平均值是多少? (关于平均值, 参见 5.4 节.)

附加练习

72. 相等的面积 (a) 中曲线 $y=2\sin 2x$ 下的阴影区域

面积等于 (b) 中曲线 $y=\sin x$ 下的阴影区域面积. 不计算面积, 解释为什么结论为真.

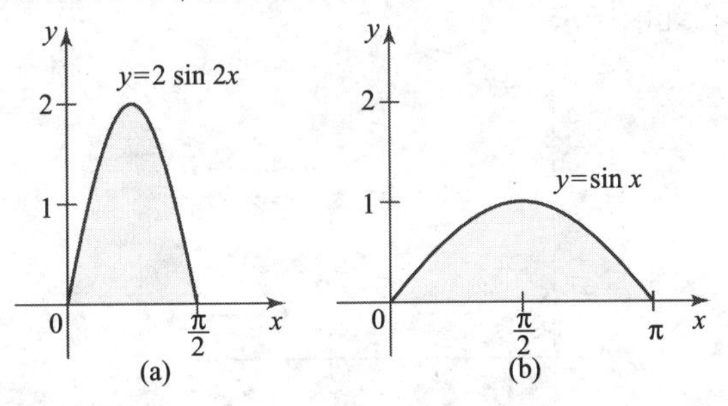

73. 相等的面积 (a) 中在区间 $[4,9]$ 上曲线 $y=\dfrac{(\sqrt{x}-1)^2}{2\sqrt{x}}$ 下的阴影区域面积等于 (b) 中在区间 $[1,2]$ 上曲线 $y=x^2$ 下的阴影区域面积. 不计算面积, 解释为什么结论为真.

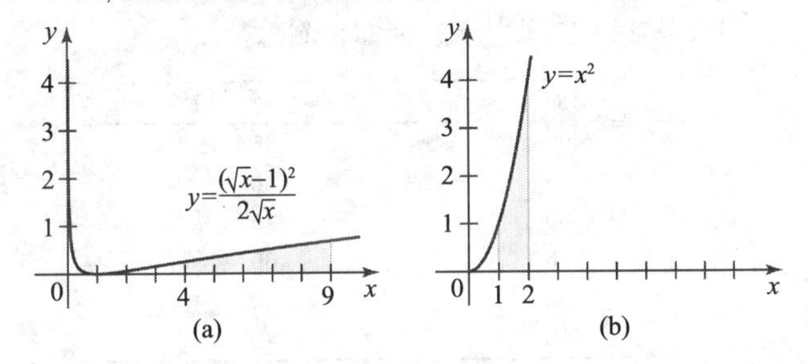

74～78. 一般结论 计算下列定积分, 其中函数没有特别指明. 注意 $f^{(p)}$ 是 f 的 p 阶导数, f^p 是 f 的 p 次幂. 假设 f 及其各阶导数对所有实数连续.

74. $\displaystyle\int(5f^3(x)+7f^2(x)+f(x))f'(x)dx$.

75. $\displaystyle\int_1^2(5f^3(x)+7f^2(x)+f(x))f'(x)dx$, 其中 $f(1)=4, f(2)=5$.

76. $\displaystyle\int_0^1 f'(x)f''(x)dx$, 其中 $f'(0)=3, f'(1)=2$.

77. $\displaystyle\int(f^{(p)}(x))^n f^{(p+1)}(x)dx$, 其中 p 是正整数, $n\neq-1$

78. $\displaystyle\int 2(f(x)^2+2f(x))f(x)f'(x)dx$.

79～81. 不止一种方法 偶尔会有两种换元方法可以使用. 用指定的两种换元方法计算下列积分.

79. $\displaystyle\int_0^1 x\sqrt{x+a}dx; a>0\quad(u=\sqrt{x+a}\text{和}u=x+a)$.

80. $\displaystyle\int_0^1 x\sqrt[3]{x+a}dx; a>0\quad(u=\sqrt[3]{x+a}\text{和}u=x+a)$.

81. $\displaystyle\int\sec^3\theta\tan\theta d\theta\quad(u=\cos\theta\text{和}u=\sec\theta)$.

82. $\sin^2 ax$ 和 $\cos^2 ax$ 的积分 用换元法证明

$$\int\sin^2 ax dx=\frac{x}{2}-\frac{\sin(2ax)}{4a}+C$$

和

$$\int\cos^2 ax dx=\frac{x}{2}+\frac{\sin(2ax)}{4a}+C.$$

83. $\sin^2 x\cos^2 x$ 的积分 考虑积分

$$I=\int\sin^2 x\cos^2 x dx.$$

a. 用恒等式 $\sin 2x=2\sin x\cos x$ 求 I.

b. 用恒等式 $\cos^2 x=1-\sin^2 x$ 求 I.

c. 证实 (a) 和 (b) 的结果一致, 并比较每种方法所涉及的工作.

84. 换元法: 平移 也许最简单的变量替换是平移 $u=x+c$, 其中 c 是实数.

a. 证明平移函数不改变曲线下的净面积, 可以理解为

$$\int_a^b f(x+c)dx=\int_{a+c}^{b+c}f(u)du.$$

b. 在 $f(x)=\sin x, a=0, b=\pi, c=\pi/2$ 的情形下, 作图阐释这个变量替换.

85. 换元法: 缩放 另一种可以用几何方法解释的变量替换是缩放变换 $u=cx$, 其中 c 是实数.

a. 证明并解释事实

$$\int_a^b f(cx)dx=\frac{1}{c}\int_{ac}^{bc}f(u)du.$$

b. 在 $f(x)=\sin x, a=0, b=\pi, c=1/2$ 的情形下, 作图阐释这个变量替换.

86～89. 多重换元 用换元法两次或两次以上求下列积分.

86. $\displaystyle\int x\sin^4 x^2\cos x^2 dx$ (提示: 先用 $u=x^2$, 再用 $v=\sin u$).

87. $\displaystyle\int\frac{dx}{\sqrt{1+\sqrt{1+x}}}$ (提示: 从 $u=\sqrt{1+x}$ 开始).

88. $\displaystyle\int\tan^{10}4x\sec^2 4x dx$ (提示: 从 $u=4x$ 开始).

89. $\displaystyle\int_0^{\pi/2}\frac{\cos\theta\sin\theta}{\sqrt{\cos^2\theta+16}}d\theta$ (提示: 从 $u=\cos\theta$ 开始).

迅速核查 答案

1. $u=x^4+5$.
2. 由 $u=x^5+6$, 得 $du=5x^4dx$, x^4 没有出现在被积函数中.
3. 新方程: $u^2-13u+36=0$; 根: $x=\pm2,\pm3$.

第 5 章 总复习题

1. 解释为什么是, 或不是 判别下列命题是否正确, 并证明或举反例. 假设 f 和 f' 对所有实数连续.

a. 如果 $A(x)=\int_a^x f(t)dt$, $f(t)=2t-3$, 则 A 是二次函数.

b. 已知面积函数 $A(x)=\int_a^x f(t)dt$ 及 f 的原函数 F, 则有 $A'(x)=F(x)$.

c. $\int_a^b f'(x)dx=f(b)-f(a)$.

d. 如果 $\int_a^b |f(x)|dx=0$, 则在 $[a,b]$ 上, $f(x)=0$.

e. 如果 f 在 $[a,b]$ 上的平均值等于零, 则在 $[a,b]$ 上, $f(x)=0$.

f. $\int_a^b (2f(x)-3g(x))dx = 2\int_a^b f(x)dx + 3\int_b^a g(x)dx$.

g. $\int f'(g(x))g'(x)dx=f(g(x))+C$.

2. 由速度求位移 沿 x- 轴运动的物体的速度为 $v(t)=2t+5,\ 0\leqslant t\leqslant 4$.

a. 对 $0\leqslant t\leqslant 4$, 物体移动多远?

b. v 在 $[0,4]$ 上的平均值是多少?

c. 对或错: 如果以 $0\leqslant t\leqslant 4$ 内的平均速度运动, 物体走过的路程与 (a) 的结果相等.

3. 几何方法求面积 用几何方法求 $\int_0^7 f(x)dx$, 其中 f 的图像如图所示.

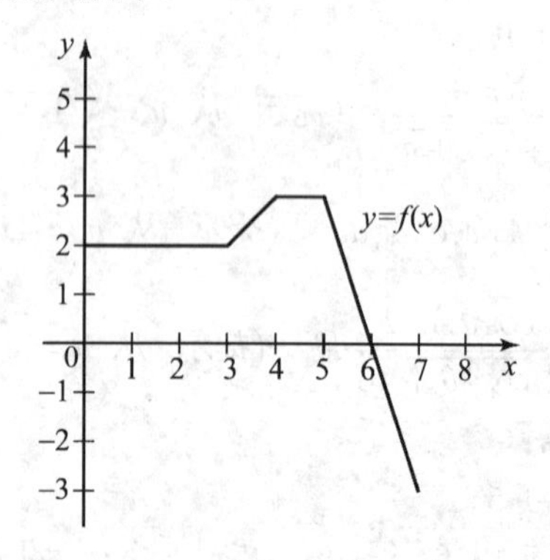

4. 几何方法求位移 用几何方法求沿直线移动的物体在 $0\leqslant t\leqslant 8$ 内的位移, 其中速度函数 $v=g(t)$ 的图像如图所示.

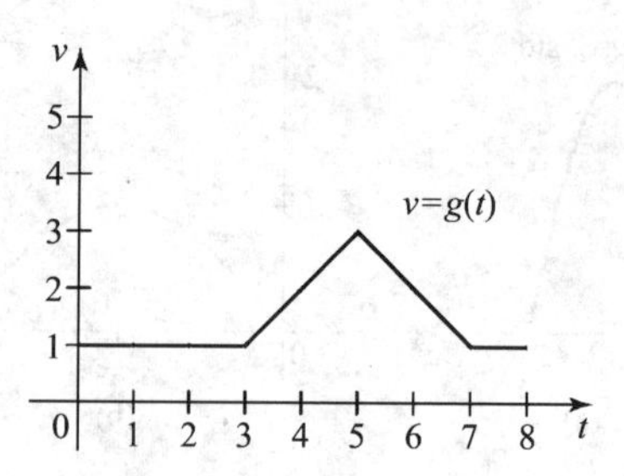

5. 几何方法求面积 用几何方法求积分 $\int_0^4 \sqrt{8x-x^2}dx$ (提示: 先对 $8x-x^2$ 配方).

6. 硬面包圈的产量 硬面包圈店的经理收集了早上 6 个不同时刻的生产率数据 (以个每分钟计). 估计早上 6:00～7:30 之间生产的硬面包圈总数.

时间	生产率 (个/分钟)
6:00	45
6:15	60
6:30	75
6:45	60
7:00	50
7:15	40

7. 由黎曼和求积分考虑积分 $\int_1^4 (3x-2)dx$.

a. 取 $n=3$, 求积分的黎曼右和.

b. 对任意正整数 n, 用和号表示黎曼右和.

c. 通过取 $n\to\infty$ 时 (b) 中黎曼和的极限计算定积分.

8. 计算黎曼和 考虑在区间 $[3,7]$ 上的函数 $f(x)=3x+4$. 证明 $n=4$ 时的黎曼中点和是函数图像所围区域的确切面积.

9. 由和求积分 通过识别其代表的定积分, 计算下面的极限:

$$\lim_{n\to\infty}\sum_{k=1}^{n}\left[\left(\frac{4k}{n}\right)^8+1\right]\left(\frac{4}{n}\right).$$

10. 几何方法求面积函数 用几何方法求由 $f(t)=2t-4$ 的图像与 x- 轴在点 $(2,0)$ 和变点 $(x,0)$ 之间所围区域的面积 $A(x)$, 其中 $x\geqslant 2$. 验证 $A'(x)=f(x)$.

11～26. 计算积分 计算下列积分.

11. $\int_{-2}^{2}(3x^4-2x+1)dx$.

12. $\int \cos 3x dx$.

13. $\int_0^2 (x+1)^3 dx$.

14. $\int_0^1 (4x^{21} - 2x^{16} + 1) dx$.

15. $\int (9x^8 - 7x^6) dx$.

16. $\int_{1/2}^1 \sin\left(\frac{\pi x}{2} - \frac{\pi}{4}\right) dx$.

17. $\int_0^1 \sqrt{x}(\sqrt{x}+1) dx$.

18. $\int \frac{x^2}{(x^3+27)^2} dx$.

19. $\int_0^1 \frac{6x}{(4-x^2)^{3/2}} dx$.

20. $\int y^2(3y^3+1)^4 dy$.

21. $\int_0^3 \frac{x}{\sqrt{25-x^2}} dx$.

22. $\int x \sin x^2 \cos^8 x^2 dx$.

23. $\int \sin^2 5\theta d\theta$.

24. $\int_0^\pi (1 - \cos^2 3\theta) d\theta$.

25. $\int \frac{x^2+2x-2}{(x^3+3x^2-6x)^2} dx$.

26. $\int_1^4 \frac{1+x^{3/2}}{x^{1/2}} dx$.

27. 对称性质 设 $\int_0^4 f(x)dx = 10$, $\int_0^4 g(x)dx = 20$. 而且假设 f 是偶函数, g 是奇函数. 计算下列积分.

a. $\int_{-4}^4 f(x)dx$. **b.** $\int_{-4}^4 3g(x)dx$.

c. $\int_{-4}^4 (4f(x) - 3g(x))dx$.

28. 积分的性质 图中显示 f 的图像与 x- 轴所围区域的面积. 计算下列积分.

a. $\int_a^c f(x)dx$. **b.** $\int_b^d f(x)dx$. **c.** $2\int_c^b f(x)dx$.

d. $4\int_a^d f(x)dx$. **e.** $3\int_a^b f(x)dx$. **f.** $2\int_b^d f(x)dx$.

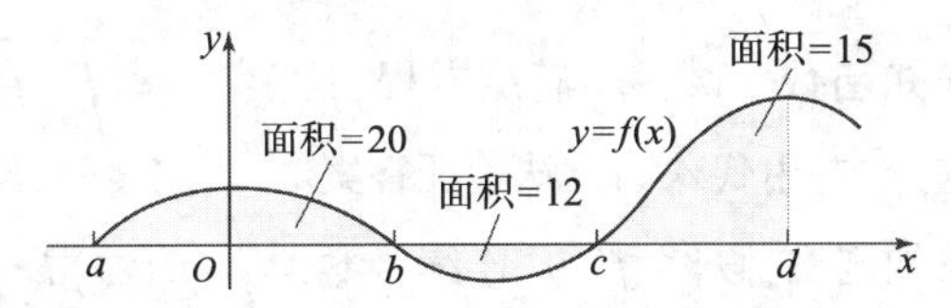

29～34. 积分的性质 设 $\int_1^4 f(x)dx = 6$, $\int_1^4 g(x)dx = 4$, $\int_3^4 f(x)dx = 2$. 计算下列积分或指出没有足够的信息求积分.

29. $\int_1^4 3f(x)dx$.

30. $-\int_4^1 2f(x)dx$.

31. $\int_1^4 (3f(x) - 2g(x))dx$.

32. $\int_1^4 f(x)g(x)dx$.

33. $\int_1^3 \frac{f(x)}{g(x)}dx$.

34. $\int_3^1 (f(x) - g(x))dx$.

35. 由速度求位移 粒子以初始位置 $s(0) = 0$, 速度 $v(t) = 5\sin(\pi t)$ 沿直线运动. 求粒子在 $t = 0$ 和 $t = 2$ 之间的位移 $s(t) = \int_0^2 v(t)dt$. 求该时间段内粒子走过的路程 $s(t) = \int_0^2 |v(t)|dt$.

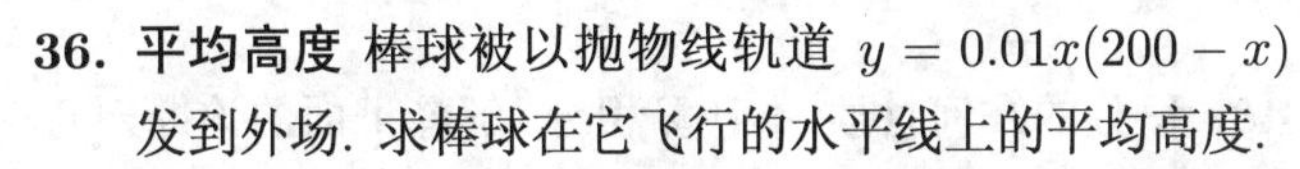

36. 平均高度 棒球被以抛物线轨道 $y = 0.01x(200 - x)$ 发到外场. 求棒球在它飞行的水平线上的平均高度.

37. 平均值 求 (a) 与 (b) 所示函数的平均值. 不需要积分.

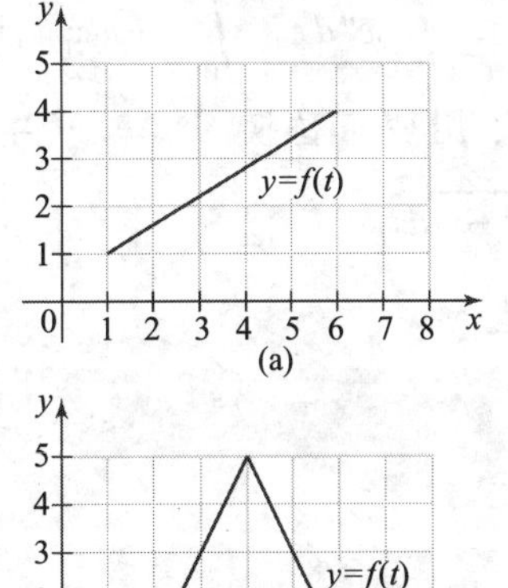

(a)

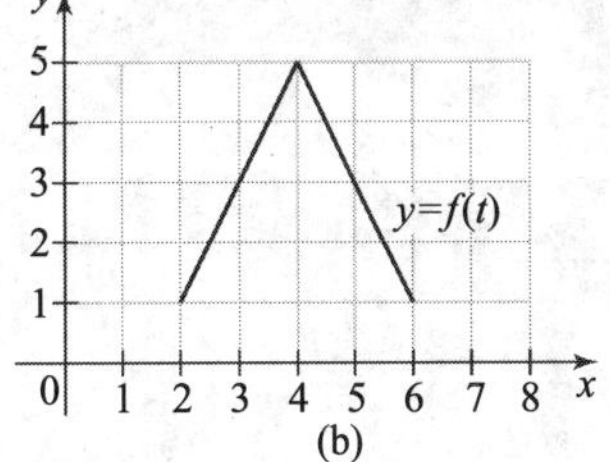

(b)

38. 未知函数 函数 f 满足方程 $3x^4-2=\int_a^x f(t)dt$. 求 f 并用代入的方法验证答案.

39. 未知函数 假设 f' 是连续函数, $\int_1^2 f'(2x)dx=10$, $f(2)=4$. 求 $f(4)$.

40. 积分定义的函数 设 $H(x)=\int_0^x \sqrt{4-t^2}dt$.

a. 计算 $H(0)$.

b. 计算 $H'(1)$.

c. 计算 $H'(2)$.

d. 用几何方法计算 $H(2)$.

e. 求 s 的值使 $H(x)=sH(-x)$.

41. 积分定义的函数 作函数 $f(x)=\int_1^x \frac{dt}{t}$ 的图像, $x\geqslant 1$. 确保在图像上显示得到图像的所有依据.

42. 识别函数 匹配图中的图像 A,B,C 与函数 $f(x)$, $f'(x)$ 和 $\int_0^x f(t)dt$.

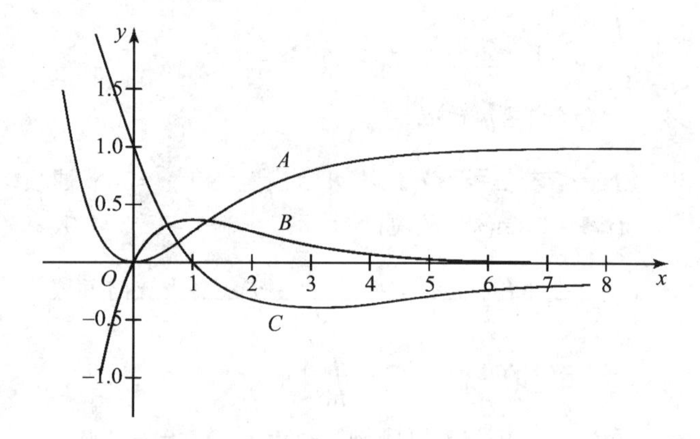

43. 积分的几何性质 不计算积分, 解释下面的论断对正整数 n 成立:

$$\int_0^1 x^n dx+\int_0^1 \sqrt[n]{x}dx=1.$$

44. 变量替换 用变量替换 $u^3=x^2-1$ 计算积分 $\int_1^3 x\sqrt[3]{x^2-1}dx$.

45. 多重换元 求

$$\int \sec^8(\tan x^2)\sin(\tan x^2)x\sec^2 x^2 dx.$$

46. 带参数的面积 设 $a>0$, 考虑区间 $[0,\pi/a]$ 上的函数族 $f(x)=\sin ax$.

a. 对 $a=1,2,3$, 作 f 的图像.

b. 设 $g(a)$ 是 f 的图像与 x- 轴在区间 $[0,\pi/a]$ 所围区域的面积. 对 $0<a<\infty$, 作 g 的图像. g 是增函数还是减函数? 或两者都不是?

47. 等价方程 解释为什么满足方程 $u(x)+2\int_0^x u(t)dt=10$ 的函数也满足 $u'(x)+2u(x)=0$.

48. 面积函数的性质 考虑函数 $f(x)=x^2-5x+4$ 和面积函数 $A(x)=\int_0^x f(t)dt$.

a. 作 f 在区间 $[0,6]$ 上的图像.

b. 计算 A 并作它在区间 $[0,6]$ 上的图像.

c. 证明 A 的极值出现在 f 的零点处.

d. 为 (c) 的结论提供几何与分析的解释.

e. 求 A 除 0 以外的近似零点, 并记它们为 x_1,x_2.

f. 求 b, 使由 f 的图像与 x- 轴在区间 $[0,x_1]$ 上所围面积等于由 f 的图像与 x- 轴在区间 $[x_1,b]$ 上所围面积.

g. 如果 f 是可积函数且 $A(x)=\int_a^x f(t)dt$, 则 A 的极值总是出现在 f 的零点处的说法是否为真? 说明理由.

49. 积分定义的函数 设 $f(x)=\int_0^x (t-1)^{15}(t-2)^9 dt$.

a. 求 f 的递增区间与递减区间.

b. 求 f 的上凹区间与下凹区间.

c. x 取何值时, f 有极小值? 极大值?

d. f 的拐点在何处?

第6章　积分的应用

本章概要 我们已经有一些求积分的基本技能, 现在把注意转移到实际上永无止境的积分的应用中来. 有些积分的用途是理论的, 有些是现实的. 我们首先介绍一般法则: 如果已知某量的变化率, 则可以用积分来求该量在某时间段内的净变化或未来值. 接下来我们探讨积分的大量几何应用: 计算几条曲线所围区域的面积, 三维立体的体积, 曲线的弧长. 积分的多种物理应用包括求变力所做的功及计算水坝后面所受到的水的总压力. 所有这些应用通过应用切割–求和的策略统一起来.

6.1　速度与净变化

前面几章我们建立了沿直线运动物体的速度和位移的关系. 有了积分, 我们更加了解这些联系. 一旦我们将速度与位移通过积分联系起来, 我们就能够对多种其他实际问题进行类似的观察, 它们包括流体的流动、种群增长、生产成本及自然资源消耗. 本节的思想直接来自于微积分基本定理, 它们是微积分中最有效的应用之一.

速度, 位置和位移

假设在笔直的高速公路上驾车, 对时间 $t \geqslant 0$, 相对于参考点或原点的位置是 $s(t)$ (见图 6.1). 在时间区间 $[a,b]$ 上, 位置的变化 $s(b)-s(a)$ 称为位移. 如果 $s(b)>s(a)$, 则位移是正的; 如果 $s(b)<s(a)$, 则位移是负的.

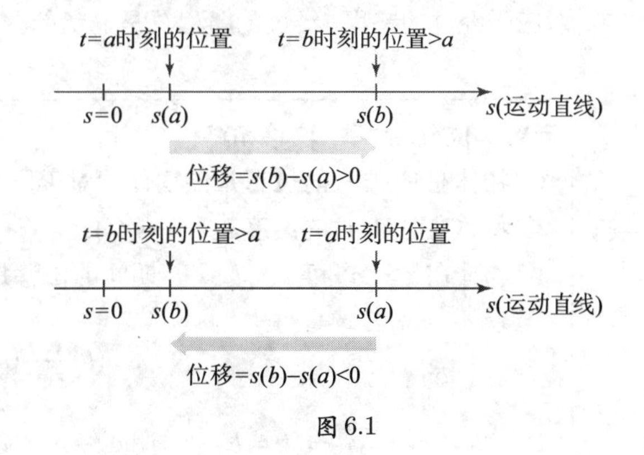

图 6.1

现设 $v(t)$ 是物体在 t 时刻的速度. 回顾第 3 章有 $v(t)=s'(t)$, 即 s 是 v 的原函数. 由微积分基本定理得

$$\int_a^b v(t)dt = \int_a^b s'(t)dt = s(b)-s(a) = \text{位移}.$$

我们看到定积分 $\int_a^b v(t)dt$ 是 $t=a$ 到 $t=b$ 间的位移 (位置的变化). 等价地, 在时间区间 $[a,b]$ 上的位移等于 $[a,b]$ 上的速度曲线下的净面积 (见图 6.2(a)).

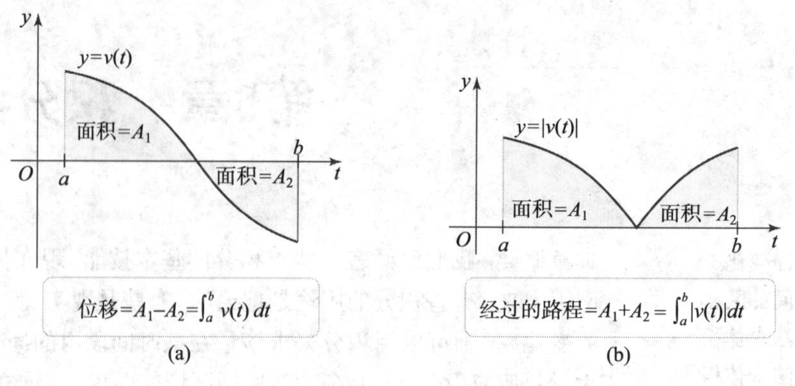

(a)　(b)

图 6.2

不要混淆位移与时间区间内所经过的路程, 经过的路程表示该物体走过的总距离, 它与运动方向无关. 如果速度为正, 则物体沿正方向移动, 位移等于经过的路程. 然而如果速度改变符号, 则位移与经过的路程通常不等.

迅速核查 1. 一个警察上午 9 点离开在南北向高速公路上的巡逻站. 上午 9 点到 10 点间朝北 (正方向) 行驶了 40mi. 上午 10 点到 11 点间, 他朝南行驶到巡逻站南面 20mi 处. 上午 9:00 到 11:00 点间, 行驶路程与位移各是多少? ◄

为计算经过的路程, 我们需要速度的大小而不是速度的符号. 速度的大小 $|v(t)|$ 称为速率. 在小时间区间 dt 上经过的路程是 $|v(t)|dt$ (速率乘以持续时间). 求这些路程之和, 得时间区间 $[a,b]$ 上经过的路程就是速率的积分, 即

$$\text{经过的路程} = \int_a^b |v(t)|dt.$$

如图 6.2(b) 所示, 对速率积分得到速度曲线与 t-轴所围的面积 (不是净面积), 这个面积对应于经过的路程. 经过的路程总是非负的.

定义　位置, 速率, 位移和路程

1. 物体在时刻 t 的**位置**是该物体相对于原点的所在地, 记为 $s(t)$.
2. 物体在时刻 t 的**速度** $v(t)=s'(t)$.
3. 物体在 $t=a$ 和 $t=b>a$ 期间的**位移**是

$$s(b)-s(a)=\int_a^b v(t)dt.$$

4. 物体在 $t=a$ 和 $t=b>a$ 期间**经过的路程**是

$$\int_a^b |v(t)|dt,$$

其中 $|v(t)|$ 是物体在时刻 t 的**速率**.

迅速核查 2. 描述 $0\leqslant t\leqslant 5$ 内物体的位移与经过的路程不同的可能的直线运动. ◄

例 1 由速度求位移 一个人以速度 (以 mi/hr 计) $v(t) = 2t^2 - 8t + 6, 0 \leqslant t \leqslant 3$ 在笔直公路上骑自行车.

a. 作速度函数在区间 $[0, 3]$ 上的图像. 判断骑车人何时沿正方向行驶, 何时沿负方向行驶.

b. 分别求骑车人在时间区间 $[0, 1], [1, 3]$ 及 $[0, 3]$ 上的位移 (以英里计).

c. 求在区间 $[0, 3]$ 上的行驶路程.

解

a. 由 $v(t) = 2t^2 - 8t + 6 = 2(t-1)(t-3)$, 我们发现速度在 $t = 1$ 和 $t = 3$ 为零. 速度在区间 $0 \leqslant t < 1$ 上是正的 (见图 6.3(a)), 这表明骑车人沿正方向行驶. 对于 $1 < t < 3$, 速度是负的, 骑车人沿负方向行驶.

b. 在区间 $[0, 1]$ 上的位移 (以英里计) 等于

$$\begin{aligned} s(1) - s(0) &= \int_0^1 v(t)dt \\ &= \int_0^1 (2t^2 - 8t + 6)dt \qquad (\text{代入 } v) \\ &= \left(\frac{2}{3}t^3 - 4t^2 + 6t\right)\Bigg|_0^1 = \frac{8}{3}. \qquad (\text{求积分}) \end{aligned}$$

类似的计算得到在区间 $[1, 3]$ 上的位移为

$$s(3) - s(1) = \int_1^3 v(t)dt = -\frac{8}{3}.$$

在区间 $[0, 3]$ 上, 位移为 $\frac{8}{3} + \left(-\frac{8}{3}\right) = 0$. 这表明骑车人 3 小时后回到出发点.

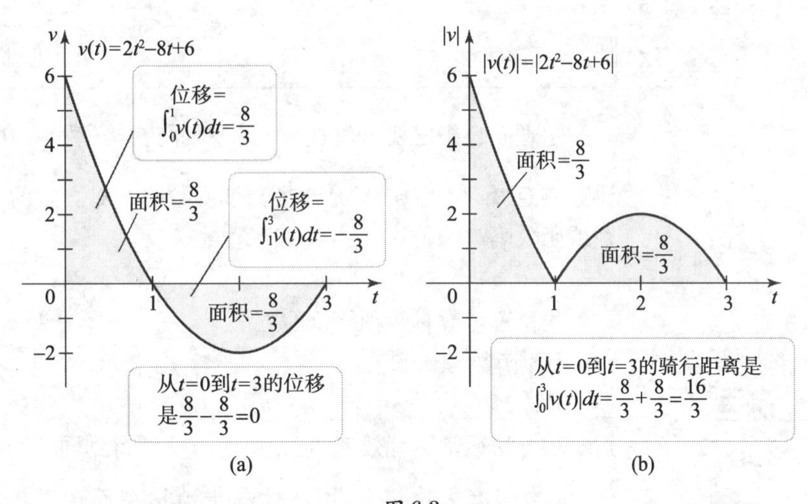

图 6.3

c. 我们从 (b) 能得到骑车人总的骑行路程. $[0, 1]$ 上的骑行路程是 $\frac{8}{3}$ mi; $[1, 3]$ 上的骑行路程也是 $\frac{8}{3}$ mi. 因此在 $[0, 3]$ 上的骑行路程是 $\frac{16}{3}$ mi. 或者 (见图 6.3(b)) 我们对速率函数积分并得到相同的结果:

$$\int_0^3 |v(t)|dt = \int_0^1 (2t^2 - 8t + 6)dt + \int_1^3 (-(2t^2 - 8t + 6))dt \quad (|v(t)|\text{的定义})$$

$$= \left(\frac{2}{3}t^3 - 4t^2 + 6t\right)\Big|_0^1 + \left(-\frac{2}{3}t^3 + 4t^2 - 6t\right)\Big|_1^3 \quad \text{(求定积分)}$$

$$= \frac{16}{3}. \quad \text{(化简)}$$

相关习题 7～10 ◄

位置函数的未来值

为求物体的位移, 我们不需要知道它的初始位置. 比如, 不管物体从 $s=-20$ 到 $s=-10$ 还是从 $s=50$ 到 $s=60$, 它的位移是 10 单位. 如果我们对物体在未来某个时刻的实际位置感兴趣, 情况将如何?

假设我们知道物体的速度及它的初始位置 $s(0)$. 我们的目标是求未来某时刻 $t \geqslant 0$ 的位置 $s(t)$. 微积分基本定理直接为我们提供了答案. 因为位置 s 是速度 v 的一个原函数, 我们有

注意, t 是位置函数的自变量. 因此用另一个 (哑) 变量作积分变量, 这里是 x.

$$\int_0^t v(x)dx = \int_0^t s'(x)dx = s(x)\big|_0^t = s(t) - s(0).$$

整理这个表达式, 我们得到如下结果.

定理 6.1　由速度求位置

给定沿直线运动物体的速度 v 及初始位置 $s(0)$, 物体在未来时刻 $t \geqslant 0$ 的位置函数是

$$\underbrace{s(t)}_{t\text{时刻位置}} = \underbrace{s(0)}_{\text{初始位置}} + \underbrace{\int_0^t v(x)dx}_{[0,t]\text{内的位移}}.$$

定理 6.1 是微积分基本定理的一个推论 (实际上是重述).

定理 6.1 指出要求位置 $s(t)$, 我们将初始位置 $s(0)$ 加上 $[0,t]$ 区间上的位移即可.

迅速核查 3. 位置 $s(t)$ 是一个数或函数吗? 对固定的 $t=a$ 和 $t=b$, $s(b)-s(a)$ 是一个数或函数吗? ◄

求位置函数有两种等价的方法:

- 用原函数 (4.8 节);
- 用 定理 6.1.

后一种方法通常更有效率, 但是每个方法都得到同一结果. 下面的例子阐述了这两种方法.

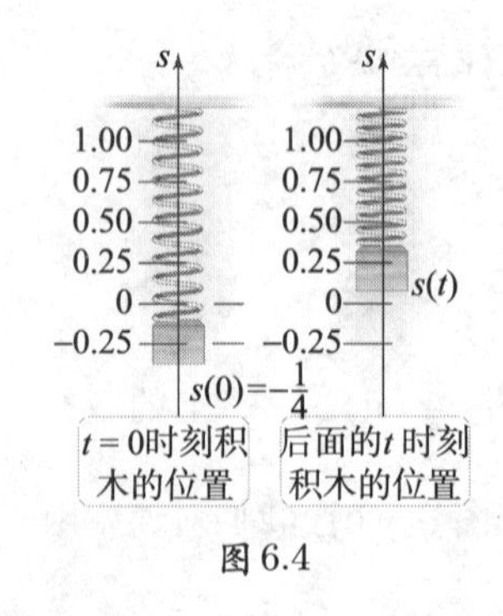

图 6.4

例 2　由速度求位置 一块物体静止地挂在不计重量的弹簧上, 位于原点处 ($s=0$). 在 $t=0$ 时, 物体被向下拉 $\frac{1}{4}$ m 到其初始位置 $s(0)=-\frac{1}{4}$, 然后放开 (见图 6.4). 它的速度是 $v(t)=\frac{1}{4}\sin t$ m/s, $t \geqslant 0$. 假设向上是正方向.

a. 对 $t \geqslant 0$, 求物体的位置.

b. 对 $0 \leqslant t \leqslant 3\pi$, 作位置函数图像.

c. 物体何时第一次经过原点?

d. 物体何时第一次达到最高点且在该时刻的位置是什么? 物体何时回到最低点?

解

a. 速度函数 (见图 6.5(a)) 在 $0 < t < \pi$ 时为正, 这表明物体沿正 (向上) 方向运动. 在 $t = \pi$ 时, 物体处于暂时静止状态; 对 $\pi < t < 2\pi$ 时, 物体沿负 (向下) 方向运动. 我们令 $s(t)$ 表示在 $t \geqslant 0$ 时的位置, 其中初始位置 $s(0) = -\dfrac{1}{4}$ m.

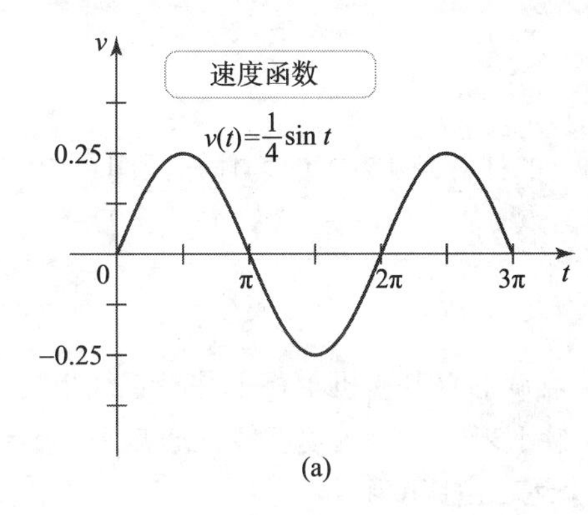

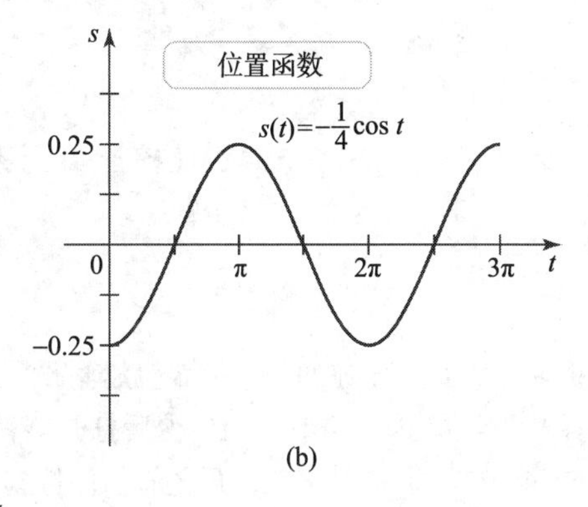

图 6.5

方法一: 用原函数 因为位置是速度的原函数, 于是

$$s(t) = \int v(t)dt = \int \frac{1}{4}\sin t dt = -\frac{1}{4}\cos t + C.$$

为确定任意常数 C, 我们将初始条件 $s(0) = -\dfrac{1}{4}$ 代入 $s(t)$ 的表达式:

$$-\frac{1}{4} = -\frac{1}{4}\cos 0 + C.$$

解关于 C 的方程我们得到 $C = 0$. 因此, 对任意时刻 $t \geqslant 0$, 位置是

$$s(t) = -\frac{1}{4}\cos t.$$

方法二: 用 定理 6.1 我们的另一方法是利用关系式

$$s(t) = s(0) + \int_0^t v(x)dx.$$

代入 $v(x) = \dfrac{1}{4}\sin x$ 和 $s(0) = -\dfrac{1}{4}$, 位置函数是

$$\begin{aligned} s(t) &= \underbrace{-\frac{1}{4}}_{s(0)} + \int_0^t \underbrace{\frac{1}{4}\sin x\,dx}_{v(x)} \\ &= -\frac{1}{4} - \left(\frac{1}{4}\cos x\right)\Big|_0^t \qquad (\text{求积分}) \\ &= -\frac{1}{4} - \frac{1}{4}(\cos t - 1) \qquad (\text{化简}) \\ &= -\frac{1}{4}\cos t. \qquad (\text{化简}) \end{aligned}$$

值得重复一下, 要求位移, 我们只需要知道速度. 要求位置, 我们必须知道速度和初始位置 $s(0)$.

b. 位置函数的图像如图 6.5(b) 所示. 我们看到 $s(0) = -\dfrac{1}{4}$, 这与事先给出的一样.

c. 物体最初沿正 s 方向 (向上) 运动, 在 $s(t) = -\frac{1}{4}\cos t = 0$ 时到达原点. 因此当 $t = \frac{\pi}{2}$ 时, 物体第一次到达原点.

d. 物体沿正方向运动并在 $t = \pi$ 时第一次到达最高点, 该点的位置是 $s(\pi) = \frac{1}{4}$. 然后物体改变方向沿负方向 (向下) 运动, 在 $t = 2\pi$ 时到达它的最低点. 这个运动每 2π 秒重复一次.

相关习题 11～18 ◄

迅速核查 4. 不做进一步的计算, 例 2 中的物体在区间 $[0, 2\pi]$ 上的位移和走过的路程是多少?

◄

一个物体的终端速度与其密度、形状、大小及下落通过的介质有关. 对人类自由下落的终端速度的估计是 120mi/hr(54m/s) ～ 180mi/hr(80m/s).

例 3　跳伞 设跳伞者从盘旋的直升飞机上跳下并沿直线下落. 他以 80m/s 的终端速度下落 19 秒后打开降落伞. 在接下来的 2 秒内速度线性递减到 6m/s, 然后他在 $t = 40$ s 时到达地面之前都保持匀速. 这个运动由速度函数

$$v(t) = \begin{cases} 80, & 0 \leqslant t < 19 \\ 783 - 37t, & 19 \leqslant t < 21 \\ 6, & 21 \leqslant t \leqslant 40 \end{cases}$$

描述. 求跳伞者跳下时的高度.

解　设跳伞者的位置向下增加, 其中原点 ($s = 0$) 对应于直升机的位置. 速度 (见图 6.6) 是正的, 因此跳伞者经过的路程等于位移, 为

$$\begin{aligned} \int_0^{40} |v(t)| dt &= \int_0^{19} 80 dt + \int_{19}^{21} (783 - 37t) dt + \int_{21}^{40} 6 dt \\ &= 80t\Big|_0^{19} + \left(783t - \frac{37t^2}{2}\right)\Big|_{19}^{21} + 6t\Big|_{21}^{40} \qquad \text{(基本定理)} \\ &= 1\,720. \qquad \text{(计算并化简)} \end{aligned}$$

跳伞者从地面上方 1 720m 处跳下. 注意, 跳伞者的位移是速度曲线下的面积.

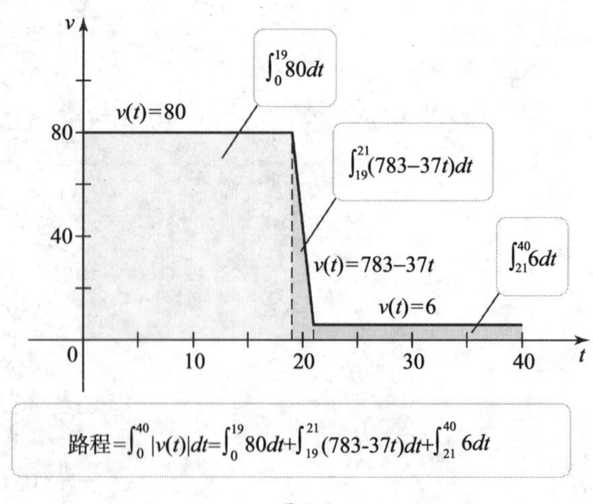

图 6.6

相关习题 19～20 ◄

迅速核查 5. 假设 (不太现实) 例 3 中跳伞者的速度是 80m/s, $0 < t < 20$, 然后瞬间变到 6m/s, $20 < t < 40$. 作速度函数的图像, 并且不积分求跳伞者在 40s 内下落的距离. ◀

加速度

因为物体沿直线运动的加速度是 $a(t) = v'(t)$, 所以速度与加速度之间的关系与位置和速度之间的关系相同. 给定物体的加速度, 速度在区间 $[a, b]$ 上的变化是

$$\text{速度的变化} = v(b) - v(a) = \int_a^b v'(t)dt = \int_a^b a(t)dt.$$

而且如果我们知道加速度和初始速度 $v(0)$, 则也能求未来时刻的速度.

定理 6.2 是微积分基本定理的推论.

定理 6.2 由加速度求速度

已知物体沿直线运动的加速度 $a(t)$ 及它的初始速度 $v(0)$, 则物体在未来时刻 $t \geqslant 0$ 的速度是

$$v(t) = v(0) + \int_a^t a(x)dx.$$

例 4 引力场中的运动 从地面上方 30m 处以 300m/s 的初始速度垂直向上发射一枚炮弹 (见图 6.7). 假设只有引力作用于炮弹, 且它产生 9.8m/ s^2 的加速度. 对 $t \geqslant 0$, 求炮弹的速度.

解 设正方向是向上且原点 ($s = 0$) 对应于地面. 炮弹的初始速率是 $v(0) = 300\text{m/s}$. 由于引力产生的加速度方向向下; 因此 $a(t) = -9.8\text{m/s}^2$. $t \geqslant 0$ 时的速度是

$$v(t) = \underbrace{v(0)}_{300\text{m/s}} + \int_0^t \underbrace{a(x)}_{-9.8\text{m/s}^2} dx = 300 + \int_0^t (-9.8)dx = 300 - 9.8t.$$

速度从初始值 300m/s 开始递减, 在轨道的最高点即 $v(t) = 300 - 9.8t = 0$ 或 $t \approx 30.6$ s(见图 6.8) 时取到零点. 在该点处速度变成负的, 炮弹开始下落.

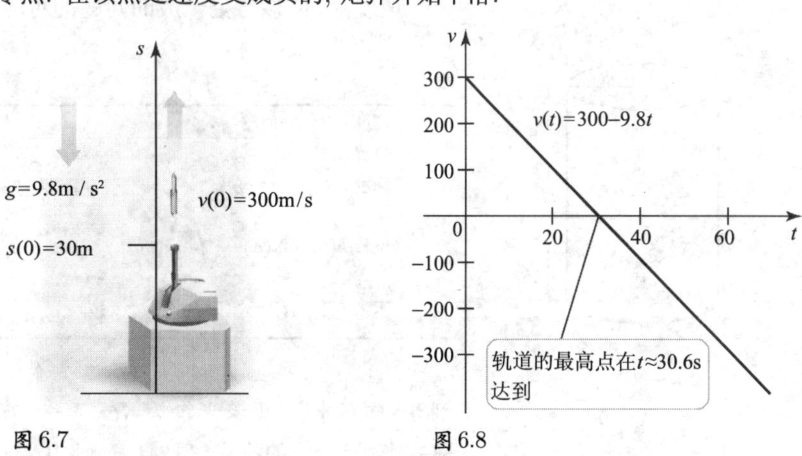

图 6.7　　图 6.8

已经知道了速度函数, 现在可以用例 3 的方法求位置函数.

相关习题 21～27 ◀

净变化和未来值

我们说过的有关速度、位置和位移的任何事情可以延伸到更一般的情形. 假设我们对随时间变化的某个量 Q 感兴趣; 这里 Q 可以表示水库中的水量、细胞培养基中的细菌数量及消耗或生产的资源总量. 如果已知 Q 的变化率 Q', 则积分允许我们计算 Q 的净变化或 Q 的未来值.

我们进行与速度和位置类似的讨论: 因为 Q 是 Q' 的一个原函数, 微积分基本定理告诉我们

$$\int_a^b Q'(t)dt = Q(b) - Q(a) = Q\text{在区间}[a,b]\text{上的净变化}.$$

注意, 积分中的单位是一致的. 比如, 如果 Q' 的单位是gal/s, t 和 x 的单位是秒, 则 $Q'(x)dx$ 的单位是 (gal/s)(s) = gal, 这就是 Q 的单位.

从几何上看, Q 在时间区间 $[a,b]$ 上的净变化是在 $[a,b]$ 上 Q' 的图像下面的净面积.

另一方面, 假设我们已知变化率 Q' 和初始值 $Q(0)$. 在区间 $[0,t]$, $t \geqslant 0$ 上积分, 我们得

$$\int_0^t Q'(x)dx = Q(t) - Q(0).$$

重新排列这个方程, 我们将 Q 在未来某时刻 $t \geqslant 0$ 的值写成

$$\underbrace{Q(t)}_{\text{未来值}} = \underbrace{Q(0)}_{\text{初始值}} + \underbrace{\int_0^t Q'(x)dx.}_{[0,t]\text{上的净变化}}$$

再次说明, 定理 6.3 也是微积分基本定理的推论. 我们假设 Q' 是可积函数.

> **定理 6.3　净变化和未来值**
>
> 设量 Q 随时间按已知速率 Q' 变化. 则 Q 在 $t=a$ 与 $t=b$ 之间的**净变化**是
>
> $$\underbrace{Q(b)-Q(a)}_{Q\text{的净变化}} = \int_a^b Q'(t)dt.$$
>
> 给定初始值 $Q(0)$, Q 在 $t \geqslant 0$ 时刻的**未来值**是
>
> $$Q(t) = Q(0) + \int_0^t Q'(x)dx.$$

速度 — 位移与更一般的问题的对应关系如表 6.1 所示.

表 6.1

速度 — 位移问题	一般问题
位置 $s(t)$	量 $Q(t)$ (比如体积或种群大小)
速度 $s'(t) = v(t)$	变化率 $Q'(t)$
位移 $s(b) - s(a) = \int_a^b v(t)dt$	净变化 $Q(b) - Q(a) = \int_a^b Q'(t)dt$
未来位置 $s(t) = s(0) + \int_0^t v(x)dx$	Q 的未来值 $Q(t) = Q(0) + \int_0^t Q'(x)dx$

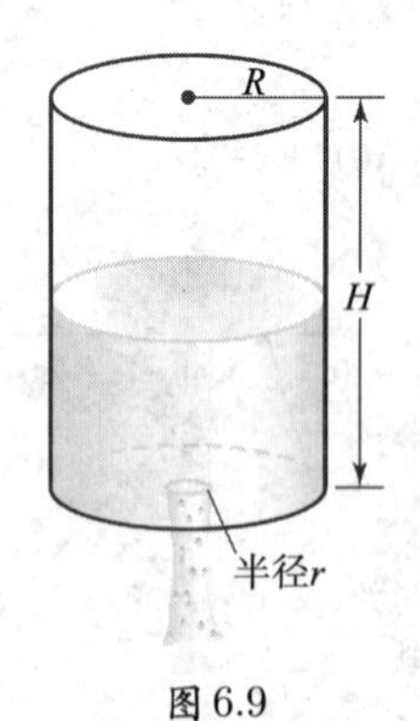

图 6.9

例 5　放空水箱 想象半径为 R、高为 H 的装满水的无盖圆柱形水箱. 在 $t=0$ 时, 水箱底部的半径为 r 的排水管被打开, 水从水箱中流出 (见图 6.9). 根据著名的**托里切利定律**(1643 年提出) 可以证明在理想状态下, 水箱中水的体积在 $t \geqslant 0$ 时的变化率是

$$V'(t) = \frac{\pi r^4 g}{R^2}t - \pi r^2\sqrt{2gH},$$

其中 $g=980\,\text{cm/s}^2$ 是引力产生的加速度. 在 $r=5\text{cm}$, $R=50\text{cm}$, $H=100\text{cm}$ 的特例中, 我们有 $V'(t)=769.690t-34\,771.059$, 其中 t 的单位是 s, $V(0)=785\,398.163\,\text{cm}^3$. 求水箱放空之前水箱中剩余水的体积函数.

解 如图 6.10 所示, 体积的变化率是负的, 反映了水箱中水的体积递减. 已知初始体积 $V(0)$ 及变化率 $V'(t)$, 定理 6.3 给出水箱中水的体积

$$\begin{aligned}V(t) &= V(0)+\int_0^t V'(x)dx \qquad (\text{定理 } 6.3)\\ &= \underbrace{785\,398.163}_{V(0)}+\int_0^t \underbrace{(769.690x-34\,771.059)}_{V'(x)}dx \qquad (\text{代入})\\ &= 785\,398.163+\left(\frac{769.690x^2}{2}-34\,771.059x\right)\Bigg|_0^t \qquad (\text{基本定理})\\ &= 785\,398.163-34\,771.059t+384.845t^2. \qquad (\text{化简})\end{aligned}$$

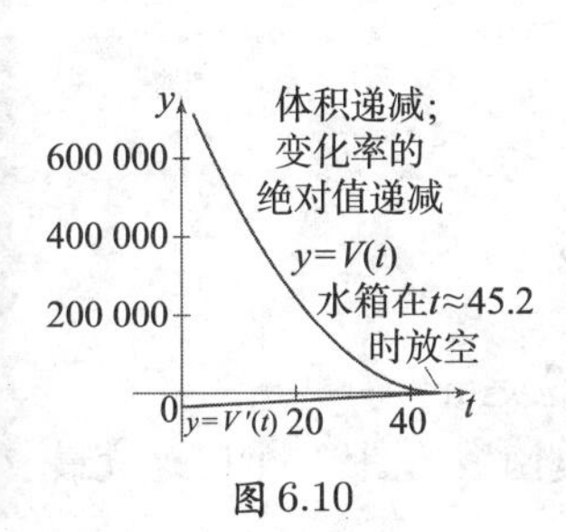

图 6.10

体积函数的图像 (见图 6.10) 显示在 $t\approx 45.2\,\text{s}$ 之前体积递减, 也就是在变化率等于零的同一时刻变为零.

相关习题 28～34 ◂

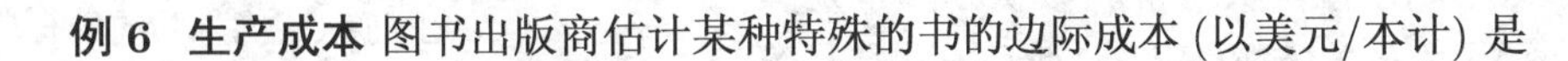

例 6 生产成本 图书出版商估计某种特殊的书的边际成本 (以美元/本计) 是

$$C'(x)=12-0.000\,2x$$

其中 $0\leqslant x\leqslant 50\,000$ 是书的印刷数量. 印刷第 12 001～15 000 本的成本是多少?

虽然 x 是正整数 (书的印刷数量), 但是在本例中我们还是将它当作连续变量处理.

迅速核查 6. 将印数从 9 000 本增加到 12 000 本的成本比将印数从 12 000 本增加到 15 000 本的成本大还是小? ◂

解 回顾 3.5 节, 成本函数 $C(x)$ 是生产 x 单位产品所需要的成本. 边际成本 $C'(x)$ 是在生产完 x 单位产品后再另外生产一单位产品的近似成本. 印刷第 12 001～15 000 本的成本是印刷 15 000 本书的成本减去印刷前 1 2000 本的成本. 因此, 印刷第 12 001～15 000 本的成本是

$$\begin{aligned}C(15\,000)-C(12\,000) &= \int_{12\,000}^{15\,000} C'(x)dx\\ &= \int_{12\,000}^{15\,000}(12-0.000\,2x)dx \qquad (\text{代入 } C'(x))\\ &= (12x-0.000\,1x^2)\Big|_{12\,000}^{15\,000} \qquad (\text{基本定理})\\ &= 27\,900. \qquad (\text{化简})\end{aligned}$$

相关习题 35～38 ◂

6.1 节 习题

复习题

1. 说明直线运动物体的位置、位移及路程的含义.
2. 假设沿直线运动物体的速率是正的. 位置、位移及经过的路程是否相等? 解释理由.
3. 已知沿直线运动物体的速度函数 v, 解释如何利用定积分求物体的位移.
4. 解释如何利用定积分求一个量的净变化, 假设已知其变化率.
5. 已知量 Q 的变化率及初始值 $Q(0)$, 解释如何求 Q 在未来时刻 $t\geqslant 0$ 的值.
6. 种群增长率在两个时间 $t=a$ 和 $t=b$ 期间的积分结果是什么 (其中 $b>a$)?

基本技能

7～10. 由速度求位移 设 t 是以秒度量的时间, 速度的单位是 m/s.

a. 作指定区间上速度函数的图像. 然后判断运动何时沿正方向, 何时沿负方向.

b. 求指定区间上的位移.

c. 求指定区间上走过的路程.

7. $v(t)=6-2t; 0\leqslant t\leqslant 6$.

8. $v(t)=10\sin 2t; 0\leqslant t\leqslant 2\pi$.

9. $v(t)=t^3-5t^2+6t; 0\leqslant t\leqslant 5$.

10. $v(t)=50/(t+1)^2, 0\leqslant t\leqslant 4$.

11～14. 由速度求位置 考虑沿直线运动的物体, 其速度及初始位置如下.

a. 作指定区间上速度函数的图像, 并判断该物体何时沿正方向运动, 何时沿负方向移动.

b. 对 $t\geqslant 0$, 利用原函数方法和微积分基本定理 (定理 6.1) 求位置函数. 验证这两种方法是一致的.

c. 在指定区间上作位置函数图像.

11. $v(t)=6-2t$, $[0,5]; s(0)=0$.

12. $v(t)=3\sin\pi t$, $[0,4]; s(0)=1$.

13. $v(t)=9-t^2$, $[0,4]; s(0)=-2$.

14. $v(t)=20/\sqrt{t+1}$, $[0,8]; s(0)=-4$.

15. 振荡运动 悬挂在弹簧上的物体开始运动, 接下来的速度是 $v(t)=2\pi\cos\pi t, t\geqslant 0$. 假设向上是正方向, $s(0)=0$.

a. 对 $t\geqslant 0$, 确定位置函数.

b. 作 $[0,4]$ 上的位置函数图像.

c. 求该物体前三次到达最低点的时间.

d. 求该物体前三次到达最高点的时间.

16. 骑行距离 一个人沿直路骑自行车的速度是 $v(t)=400-2t$ m/min, $0\leqslant t\leqslant 10$ min.

a. 骑车人前 5 分钟骑了多远?

b. 骑车人前 10 分钟骑了多远?

c. 速度是 250m/min 时, 她骑了多远?

17. 逆风飞行 一架飞机逆风飞行的速度 (以 mi/hr 计) 是 $v(t)=30(16-t^2)$, $0\leqslant t\leqslant 3$. 设 $s(0)=0$.

a. 对 $0\leqslant t\leqslant 3$, 确定位置函数并作其图像.

b. 前 2hr 内飞机飞行多远?

c. 在飞机速度达到 400mi/hr 时, 它飞行了多远?

18. 徒步旅行 徒步旅行者沿笔直小道行走的速度 (以 mi/hr 计) 是 $v(t)=3\sin^2(\pi t/2)$, $0\leqslant t\leqslant 4$. 假设 $s(0)=0$.

a. 对 $0\leqslant t\leqslant 4$, 确定位置函数并作其图像.

b. 旅行者在前 15 分钟内走过的路程是多少? (提示: $\sin^2 t=\dfrac{1}{2}(1-\cos 2t)$.)

c. 当 $t=3$ 时, 旅行者的位置在哪里?

19. 分段速度 沿直路行驶的 (快速) 汽车的速度为函数

$$v(t)=\begin{cases}3t, & 0\leqslant t<20\\ 60, & 20\leqslant t<45,\\ 240-4t, & t\geqslant 45\end{cases}$$

其中 t 以秒度量, v 的单位是 m/s.

a. 对 $0\leqslant t\leqslant 70$, 作速度函数的图像. 何时速度最大? 何时速度为零?

b. 在前 30s 内, 该汽车行驶的路程是多少?

c. 在前 60s 内, 该汽车行驶的路程是多少?

d. $t=75$ 时汽车的位置在哪里?

20. 探测器的速率 一数据探测器从静止的气球上落下. 它下落的速度 (以 m/s 计) 为 $v(t)=9.8t$ (忽略空气阻力). 10s 后, 降落伞打开, 探测器立即减速到常速率 10m/s 且保持这个速率直到落入海中.

a. 作位置函数的图像.

b. 探测器在被释放后的前 30s 下落多远?

c. 如果探测器在 3km 高处被释放, 它何时落入大海?

21～24. 由加速度求位置和速度 求具有指定加速度、初始速度及初始位置的直线运动物体的位置和速度.

21. $a(t)=-9.8, v(0)=20, s(0)=0$.

22. $a(t)=20-4t, v(0)=60, s(0)=40$.

23. $a(t)=-0.01t, v(0)=10, s(0)=0$.

24. $a(t)=20/(t+2)^{3/2}$, $v(0)=20, s(0)=10$.

25. 加速 汽车加速赛参赛者以 $a(t)=88\ \mathrm{ft/s^2}$ 加速. 假设 $v(0)=0, s(0)=0$.

a. 对 $t\geqslant 0$, 求位置函数并作其图像.

b. 最初 4s 内参赛者行驶了多远?

c. 以这个速率, 参赛者需要多长时间行驶 $\dfrac{1}{4}$ mi?

d. 参赛者需要多长时间行驶 300 ft?

e. 当速度达到 178ft/s 时, 参赛者已经行驶了多远?

26. 减速 一辆汽车以加速度 $a(t)=-15\ \mathrm{ft/s^2}$ 减速. 假设 $v(0)=60$ ft/s, $s(0)=0$.

a. 对 $t \geqslant 0$, 求位置函数并作其图像.

b. 当汽车停下时, 行驶了多远?

27. 进站 在 $t=0$ 时, 一列进站的火车开始从 80mi/hr 的速度以加速度 $a(t)=-1\,280(1+8t)^{-3}, t \geqslant 0$ 减速. 该火车在 $t=0$ 与 $t=0.2$ 之间行驶了多远? 在 $t=0.2$ 与 $t=0.4$ 之间呢? 加速度的单位是 $\mathrm{mi/hr^2}$.

28. 石油开采峰值 油田的老板在 $t=0$ 时开始开采石油. 根据对储备量的估计, 假设计划开采速率是 $Q'(t)=3t^2(40-t)^2$, 其中 $0 \leqslant t \leqslant 40$, Q 以百万桶度量, t 以年度量.

a. 开采速率的峰值何时出现?

b. 前 10, 20, 30 年开采了多少石油?

c. 40 年间开采的石油总量是多少?

d. 开采期的前 $\dfrac{1}{4}$ 阶段是否开采了总开采量的 $\dfrac{1}{4}$? 解释理由.

29. 石油生产 炼油厂以可变速率

$$Q'(t)=\begin{cases} 800, & 0 \leqslant t < 30 \\ 2\,600-60t, & 30 \leqslant t < 40 \\ 200, & t \geqslant 40 \end{cases}$$

生产石油, 其中 t 以天计, Q 以桶计.

a. 前 35 天生产了多少桶?

b. 前 50 天生产了多少桶?

c. 不使用微积分确定在区间 $[60, 80]$ 上生产的桶数.

30～33. 种群增长

30. 土拨鼠群落从初始值 $P(0)=55$ 开始以 $P'(t)=20-t/5, 0 \leqslant t \leqslant 200$ (单位: 只/月) 增长.

a. 6 个月后, 土拨鼠种群数量是什么?

b. 对 $0 \leqslant t \leqslant 200$, 求种群数量 $P(t)$.

31. 在开始记录时 ($t=0$), 某乡镇的人口是 250 人. 在接下来的时间里, 人口以 $P'(t)=30(1+\sqrt{t})$ 的速率增长, 其中 t 以年计.

a. 20 年后的人口数是多少?

b. 求任意时刻 $t \geqslant 0$ 的人口数量 $P(t)$.

32. 据观察, 某狐狸群落的种群数量由于可捕食猎物的变化以 10 年为一周期波动. 开始记录时 ($t=0$) 有狐狸 35 只. 据观察所得的以只/年为单位的增长率是

$$P'(t)=5+10\sin\left(\frac{\pi t}{5}\right).$$

a. 15 年后狐狸数量是多少? 35 年后呢?

b. 求任意时刻 $t \geqslant 0$ 的狐狸数量 $P(t)$.

33. 有盖培养皿中细菌的初始数量是 1 500, 并以 $N'(t)=200(t+2)^{-1/2}$ 的速率 (以个/天计) 增长.

a. 14 天后的细菌数量是多少? 34 天后呢?

b. 求在任意时刻 $t \geqslant 0$ 的细菌数量 $N(t)$.

34. 濒危物种 某濒临灭绝的物种数量以 $P'(t)=30-20t$ (个/年) 的速率变化. 假设该物种的初始数量是 300 个.

a. 5 年后的数量是多少?

b. 该物种何时灭绝?

c. 如果初始数量是 100 个, 灭绝的时间如何变化? 如果初始数量是 400 个呢?

35～38. 边际成本 考虑下列边际成本函数.

a. 求产量从 100 单位增加到 150 单位所需要的附加成本.

b. 求产量从 500 单位增加到 550 单位所需要的附加成本.

35. $C'(x)=2\,000-0.5x$.

36. $C'(x)=200-0.05x$.

37. $C'(x)=300+10x-0.01x^2$.

38. $C'(x)=3\,000-x-0.001x^2$.

深入探究

39. 解释为什么是, 或不是 判断下列命题是否正确, 并证明或举反例.

a. 直线运动物体走过的路程与其位移相等.

b. 当物体在一个区间上是正的时候, 该区间上的位移与走过的路程相等.

c. 考虑以流率 $V'(t)=1-t^2/100\,\mathrm{gal/min}$, $t \geqslant 0$ 装水和排水的水箱. 水箱中水的体积先增加 10min, 然后一直减小直到水箱被排空.

d. 某特定的边际成本函数是正负混杂的. 产量从 A 单位增加到 $2A$ 单位的成本大于从 $2A$ 单位增加到 $3A$ 单位的成本.

40～41. 速度图像 图形显示了直线运动物体的速度函数. 假设从初始位置 $s(0)=0$ 开始运动. 求

a. $t=0$ 与 $t=5$ 之间的位移.

b. $t=0$ 与 $t=5$ 之间走过的路程.

c. $t=5$ 时的位置.

d. 分段函数 $s(t)$.

40.

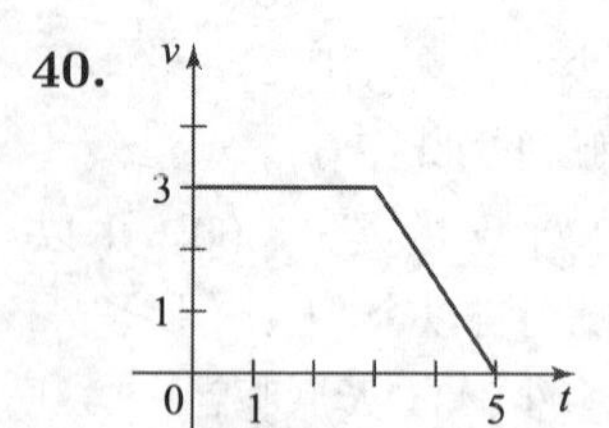

41.

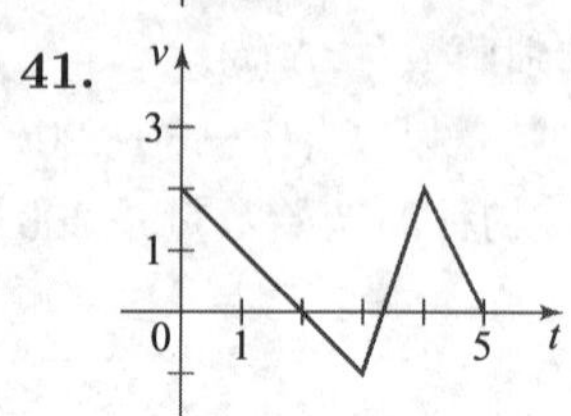

42～45. **等价匀速度** 考虑下列速度函数. 在各情形下, 填空: 同样的路程可以通过指定区间上的均匀速度为 ____ 的匀速运动实现.

42. $v(t)=2t+6$, $0\leqslant t\leqslant 8$.

43. $v(t)=1-t^2/16$, $0\leqslant t\leqslant 4$.

44. $v(t)=2\sin t$, $0\leqslant t\leqslant \pi$.

45. $v(t)=t(25-t^2)^{1/2}$, $0\leqslant t\leqslant 5$.

46. **他们何处相遇** 凯利在中午 ($t=0$) 开始以速度 $v(t)=15/(t+1)^2$ (递减是因为疲劳) 骑自行车从相距 20km 的尼沃特到博特欧德. 桑迪在中午 ($t=0$) 骑自行车从反方向出发, 其速度是 $u(t)=20/(t+1)^2$ (也因为疲劳而递减). 假设距离以公里度量, 时间以小时度量.

  a. 把凯利到尼沃特的距离表示成时间的函数并作其图像.

  b. 将桑迪到博特欧德的距离表示成时间的函数并作其图像.

  c. 他们相遇时, 两人各骑了多远? 他们何时相遇?

  d. 如果两名骑车者的速率是 $v(t)=A/(t+1)^2$, $u(t)=B/(t+1)^2$, 两镇之间的距离是 D. A, B, D 满足何种条件可以保证两人经过彼此?

  e. 前瞻: 基于 (d) 给定的速率, 对每个人能骑行的最大距离作出猜测 (已知时间无限).

47. **自行车比赛** 西奥和萨莎从直路上的同一地点出发骑自行车, 它们的速度 (以 mi/hr 度量) 如下:

  西奥: $v_T(t)=10, t\geqslant 0$

  萨莎: $v_S(t)=15t, 0\leqslant t\leqslant 1$ 且 $v_S(t)=15, t>1$

  a. 作两个人的速度函数的图像.

  b. 如果两个人都骑 1hr, 谁骑得远? 根据 (a) 的图像从几何上解释答案.

  c. 如果两个人都骑 2hr, 谁骑得远? 根据 (a) 的图像从几何上解释答案.

  d. 谁先到达 10、15 和 20mi 处比赛标志? 根据 (a) 的图像从几何上解释答案.

  e. 假设萨莎让西奥领先 0.2mi 且他们竞赛 20mi, 谁赢得比赛?

  f. 假设萨莎让西奥领先 0.2hr 且他们竞赛 20mi, 谁赢得比赛?

48. **两个跑步者** 艾丽西娅中午 ($t=0$) 以速度率 4mi/hr 沿长直路开始跑步. 她的速度依函数 $v(t)=4/(t+1)^2, t\geqslant 0$ 递减. 鲍里斯中午在艾丽西娅前面 2mi 处沿同一条路开始跑步, 他的速度函数是 $u(t)=2/(t+1)^2, t\geqslant 0$.

  a. 求艾丽西娅和鲍里斯的位置函数, 其中 $s=0$ 对应于艾丽西娅的起跑点.

  b. 艾丽西娅何时超过鲍里斯 (如果可能)?

49. **风中跑步** 强西风吹过一圆形跑道. 亚伯和贝丝同时从跑道的正南方出发, 亚伯沿顺时针方向跑, 贝丝沿逆时针方向跑. 亚伯的速率 (单位为 mi/hr) 是 $u(\varphi)=3-2\cos\varphi$, 贝丝的速率是 $v(\theta)=3+2\cos\theta$, 其中 φ,θ 表示跑步者的圆心角.

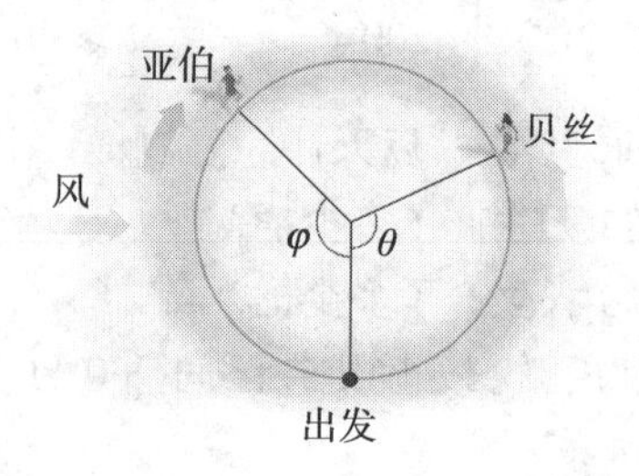

  a. 作速度函数 u,v 的图像, 并解释它们为什么描述了跑步者的速率 (根据风的影响).

  b. 在一圈中哪个跑步者的平均速率较大?

  c. 挑战: 如果跑道的半径是 $\frac{1}{10}$ mi, 每个跑步者需要多长时间跑完一圈? 谁获得这场比赛的胜利?

应用

50. **水箱注水** 水以 $Q'(t)=3\sqrt{t}\,\mathrm{L/min}$ 的速率开始 ($t=0$) 流入一个 200L 的空贮水器.

  a. 1hr 内多少水流入贮水器?

  b. 求表示任意 $t\geqslant 0$ 时刻贮水器内的水量函数并作图像.

  c. 贮水器何时满?

51. **水库注水** 容积为 2 500m³ 的水库内装有一根流入管. 流入管打开时, 水库是空的. 设 $Q(t)$ 是 t 时刻水库内水的总量, 水流入水库的流率 (以 m^3 /hr 计) 以 24hr 为周期振荡, 其表达式为

$$Q'(t)=20\left[1+\cos\left(\frac{\pi t}{12}\right)\right].$$

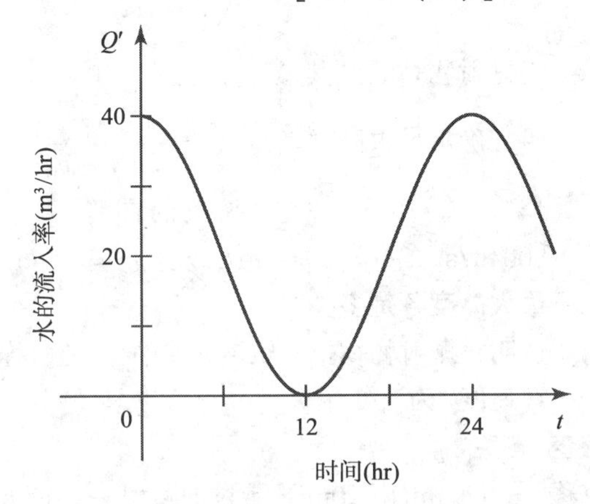

a. 前 2hr 内多少水流入水库?

b. 求时间区间 $[0,t]$ 内流入水库的水量函数并作图像.

c. 水库何时满?

52. 血流 一个普通人每次心跳泵出 20mL 血 (心搏量). 假设心率是 60 次/分钟, 则心脏流出率的合理模型是 $V'(t)=20(1+\sin(2\pi t))$, 其中 $V(t)$ 是区间 $[0,t]$ 内泵出的血液总量 (以 mL 计), $V(0)=0$, t 的计量单位是秒.

a. 作流出率函数的图像.

b. 验证一秒钟内泵出的血液量是 20mL.

c. 求在 $t=0$ 和未来时刻 $t>0$ 期间泵出的血液总量函数.

d. 求 1 分钟内的心脏输出量. (利用积分, 然后用代数方法验证答案.)

53. 肺脏内的气流 肺脏内呼出与呼入气流的一个合理模型 (不同的人有不同的参数) 是

$$V'(t)=-\frac{\pi V_0}{10}\sin\left(\frac{\pi t}{5}\right),$$

其中 $V(t)$ 是肺脏内 $t>0$ 时刻以升度量的气体体积, t 以秒计, V_0 是肺脏容积. $t=0$ 对应于肺脏是满的并开始呼气.

a. 设 $V_0=10$ 升, 作流出率函数的图像.

b. 假设 $V(0)=V_0=10$ 升, 求 V 并作其图像.

c. 以次/分钟计的呼吸率是多少?

54. 振荡生长率 某些物种的生长率按 (大约) 常数周期 P 振荡. 考虑生长率函数

$$N'(t)=A\sin\left(\frac{2\pi t}{P}\right)+r,$$

其中 A,r 是以个/年为单位的常数. 如果一个种群在 $t=0$ 后的某时刻数量达到 0, 则该种群灭绝.

a. 设 $P=10, A=20, r=0$, 如果初始数量是 $N(0)=10$, 则种群是否将灭绝? 解释理由.

b. 设 $P=10, A=20, r=0$, 如果初始数量是 $N(0)=100$, 则种群是否将灭绝? 解释理由.

c. 设 $P=10, A=50, r=5$, 如果初始数量是 $N(0)=10$, 则种群是否将灭绝? 解释理由.

d. 设 $P=10, A=50, r=-5$, 求初始数量 $N(0)$ 以保证种群不会灭绝.

55. 功率与能量 功率与能量经常交换使用, 但它们有很大不同. **能量**是使物体运动或升温的能力, 以单位**焦耳**或**大卡**计, 1Cal=4 184J. 走路一小时大约消耗 10^6 J 或 240Cal[*原文为 250, 疑有误——译者注*]. 另一方面, **功率**是能量的消耗率, 以**瓦特**(W; 1W=1J/s) 度量. 功率的其他有用单位是**千瓦**(1kW= 10^3 W) 和**兆瓦**(1MW= 10^6 W). 如果以 1kW 的速率消耗能量一小时, 总的能量消耗是 1 千瓦时, 即 3.6×10^6 J.

设某大城市在一个 24hr 周期内的功率函数是

$$P(t)=E'(t)=300-200\sin\left(\frac{\pi t}{12}\right),$$

其中 P 以 MW 度量, $t=0$ 对应 6:00 P.M.(见图).

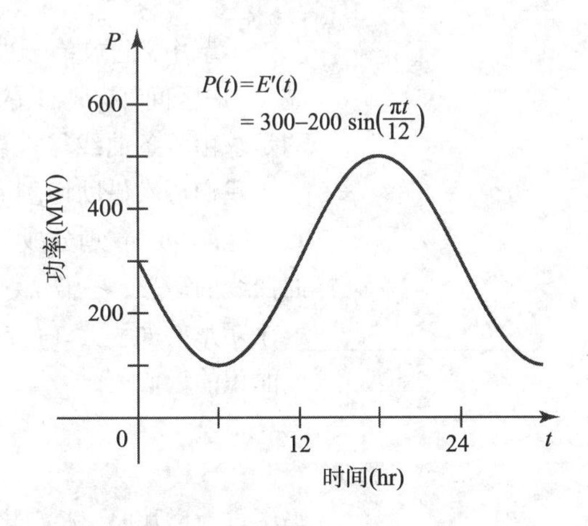

a. 该城市在典型的 24 小时周期内消耗的能量是多少? 用 MWh 和 J 表示答案.

b. 燃烧 1kg 的煤大约产生 450kWh 能量. 为满足该城市 1 天的能量要求, 需要多少千克的煤? 1 年呢?

c. 1g 铀 -235(U-235) 的裂变产生大约 16 000kWh 能量, 为满足该城市 1 天的能量要求, 需要多少克铀? 1 年呢?

d. 一台典型的风力涡轮发电机能以大约 200kW 的功率发电. 为满足该城市的平均能量要求, 需要多少台风力涡轮发电机?

56. 可变引力 地球表面上由于引力产生的加速度近似为 $g = 9.8\,\mathrm{m/s^2}$ (随位置改变). 然而, 根据牛顿的万有引力定律, 加速度随离地球表面的距离递减. 在距离地球表面 y 米处, 加速度是

$$a(y) = -\frac{g}{(1+y/R)^2},$$

其中 $R = 6.4\times10^6$ m 是地球半径.

a. 假设以初速度 v_0 m/s 向上抛射物体. 令 $v(t)$ 表示速度, $y(t)$ 是抛射 t 秒后物体离地球表面的高度 (以米计). 忽略空气阻力不计, 解释为什么 $\dfrac{dv}{dt} = a(y)$ 和 $\dfrac{dy}{dt} = v(t)$.

b. 用链法则证明 $\dfrac{dv}{dt} = \dfrac{1}{2}\dfrac{d}{dy}(v^2)$.

c. 证明抛射物体的运动方程是 $\dfrac{1}{2}\dfrac{d}{dy}(v^2) = a(y)$, 其中 $a(y)$ 如前给定.

d. 利用 $y=0$ 时, $v = v_0$ 这一事实, 在 (c) 中方程的两边同时关于 y 积分. 证明

$$\frac{1}{2}(v^2 - v_0^2) = gR\left(\frac{1}{1+y/R} - 1\right).$$

e. 当抛射物体达到其最高点时, $v=0$. 利用这个事实确定最大高度是 $y_{\max} = \dfrac{Rv_0^2}{2gR - v_0^2}$.

f. 作 $y_{\max}$ 关于 v_0 的函数的图像. 当 $v_0 = 500\,\mathrm{m/s}$, $v_0 = 1\,500\,\mathrm{m/s}$ 及 $v_0 = 5\,\mathrm{km/s}$ 时, 最大高度各是多少?

g. 证明将抛射物体推到轨道需要的 v_0 值 (称为逃逸速度) 为 $\sqrt{2gR}$.

迅速核查　答案

1. 位移 $=-20$ mi(南 20mi); 走过的路程 $=100$ mi.

2. 设物体在 $0\leqslant t\leqslant 3$ 时沿正方向移动, 在 $3<t\leqslant 5$ 时沿负方向移动.

3. 函数; 数.

4. 位移 =0; 走过的路程 =1.

5. 1 720m.

6. 9 000～12 000 本书之间的生产成本比 12 000～15 000 本书之间的增加得多. 作 C' 的图像并观察该曲线下的面积.

6.2　曲线之间的区域

本节中, 把求单一曲线所围区域面积的方法推广到由两条曲线或更多曲线所围成的区域. 考虑区间 $[a,b]$ 上的两个连续函数 f 和 g, 且在该区间上 $f(x)\geqslant g(x)$ (见图 6.11). 目的是求由两条曲线与垂直线 $x=a$ 和 $x=b$ 所围区域的面积 A.

我们再次借助切割–求和策略 (5.2 节) 用黎曼和求面积. 用等步长 $\Delta x = (b-a)/n$ 的格点将区间 $[a,b]$ 划分成 n 个子区间 (见图 6.12). 在每个子区间上, 我们构造从下面曲线到上面曲线的矩形. 在第 k 个子区间上选定一点 $\bar{x}_k$, 相应矩形的高度为 $f(\bar{x}_k) - g(\bar{x}_k)$. 因此第 k 个矩形的面积为 $(f(\bar{x}_k) - g(\bar{x}_k))\Delta x$ (见图 6.13). 这 n 个矩形的面积之和是曲线之间的区域面积的近似值:

$$A \approx \sum_{k=1}^{n}(f(\bar{x}_k) - g(\bar{x}_k))\Delta x.$$

当格点数增加时, Δx 趋于零并且这些和趋于曲线之间的面积; 即

$$A = \lim_{n\to\infty}\sum_{k=1}^{n}(f(\bar{x}_k) - g(\bar{x}_k))\Delta x.$$

这些黎曼和的极限是函数 $f-g$ 的定积分.

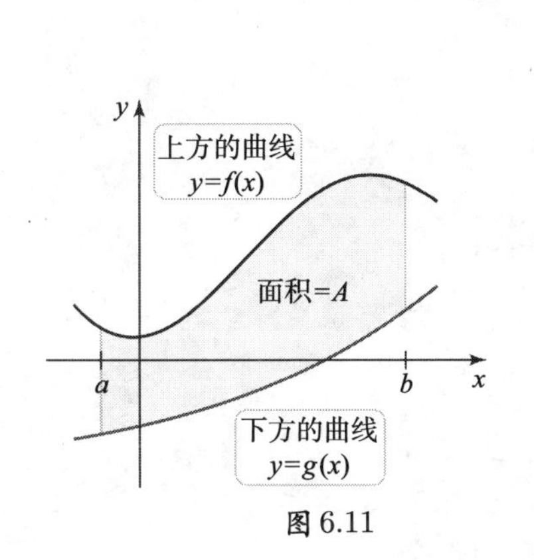

图 6.11

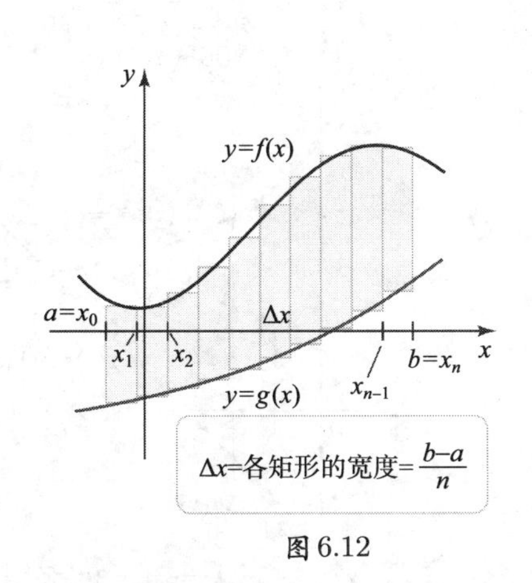

图 6.12

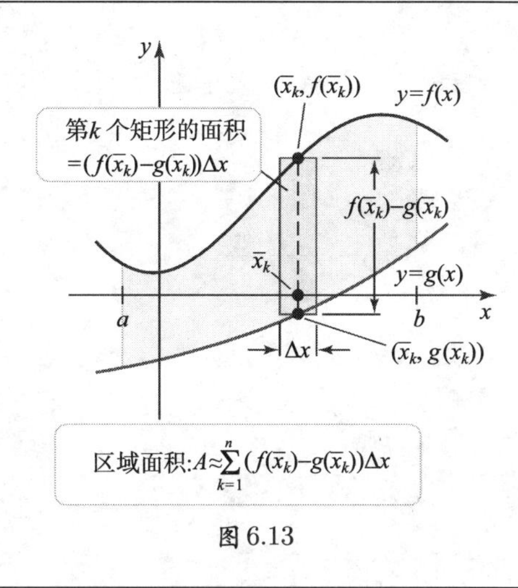

图 6.13

解释面积公式是有帮助的: $f(x)-g(x)$ 是矩形的长, dx 是宽. 我们对这些矩形的面积 $(f(x)-g(x))dx$ 求和 (积分) 得到区域的面积.

定义　两曲线之间的区域面积

设 f 和 g 是在区间 $[a,b]$ 上满足 $f(x)\geqslant g(x)$ 的连续函数. 由 f 和 g 在 $[a,b]$ 上的图像所围的区域面积是

$$A=\int_a^b (f(x)-g(x))dx.$$

迅速核查 1. 在两条曲线之间的区域面积公式中, 证明如果下面的曲线是 $g(x)=0$, 公式变为 $y=f(x)$ 和 x-轴所围的区域面积公式. ◄

图形计算器可以用来求 $\frac{4}{\sqrt{x+1}}=x-1$ 的近似根, 然后我们能够确定 $x=3$ 是唯一实根.

例 1　两曲线之间的面积 求由 $f(x)=\frac{4}{\sqrt{x+1}}, g(x)=x-1$ 的图像及 y-轴所围成的区域面积 (见图 6.14).

解　在许多面积问题的解答中, 关键一步是求边界曲线的交点, 它们通常决定了积分限. 这两条曲线的交点满足方程 $\frac{4}{\sqrt{x+1}}=x-1$. 它的唯一实数解是 $x=3$. 因为交点是区域最右侧的边界点, 它的 x- 坐标是积分上限. 在区间 $[0,3]$ 上, f 的图像是上面的曲线, g 的图像是下面的曲线, 因此区域的面积是

$$\begin{aligned}A&=\int_0^3\left[\frac{4}{\sqrt{x+1}}-(x-1)\right]dx && (\text{代入 } f \text{ 和 } g)\\&=\left(8\sqrt{x+1}-\frac{x^2}{2}+x\right)\Bigg|_0^3 && (\text{基本定理})\\&=\left(8\sqrt{4}-\frac{9}{2}+3\right)-8=\frac{13}{2}. && (\text{计算并化简})\end{aligned}$$

相关习题 5 ~ 14 ◄

迅速核查 2. 解释形式为 $A=\int_a^b f(x)dx-\int_a^b g(x)dx$ 的面积公式, 其中在 $[a,b]$ 上 $f(x)\geqslant g(x)\geqslant 0$. ◄

例 2　复合区域 求 $f(x)=x+3, g(x)=|2x|$ 的图像之间的区域面积 (见图 6.15(a)).

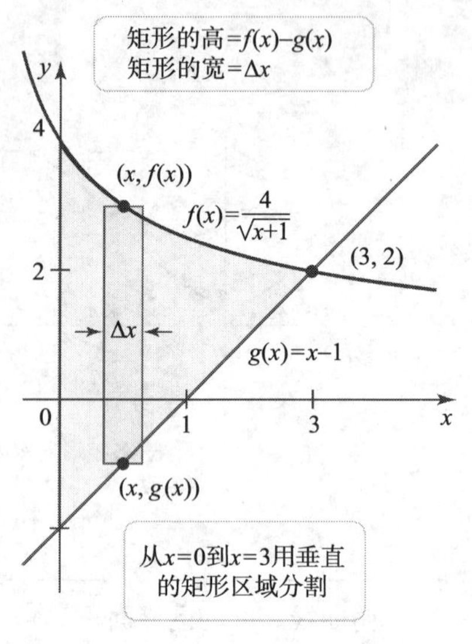

图 6.14

解　问题中区域的下边界是绝对值函数的两个不同分支. 像这样的情形, 区域被分成两个 (或更多) 子区域, 并分别求子区域的面积然后再求和. 这些区域被标记为 R_1, R_2 (见图 6.15(b)). 由绝对值的定义,

$$g(x) = |2x| = \begin{cases} 2x, & x \geqslant 0 \\ -2x, & x < 0 \end{cases}.$$

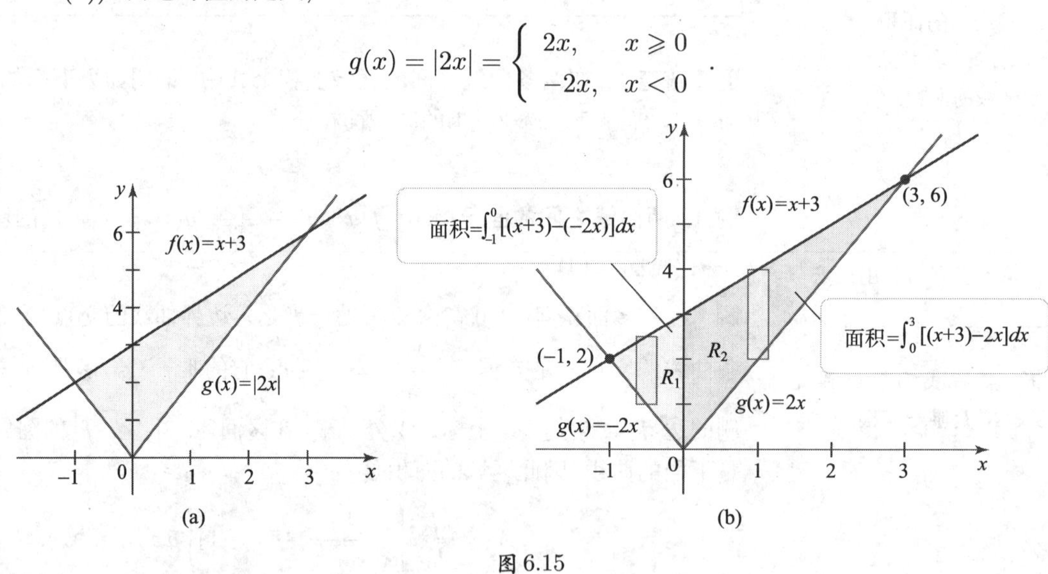

图 6.15

f 和 g 的左交点满足 $-2x = x+3$ 或 $x=-1$. 右交点满足 $2x = x+3$ 或 $x = 3$. 我们看到区域 R_1 由 $[-1,0]$ 上的直线 $y = x+3$ 和 $y=-2x$ 围成. 类似地, 区域 R_2 由 $[0,3]$ 上的直线 $y=x+3$ 和 $y=2x$ 围成 (见图 6.15). 因此,

$$\begin{aligned} A &= \underbrace{\int_{-1}^{0}[(x+3)-(-2x)]dx}_{\text{区域 } R_1 \text{ 的面积}} + \underbrace{\int_{0}^{3}[(x+3)-2x]dx}_{\text{区域 } R_2 \text{ 的面积}} \\ &= \int_{-1}^{0}(3x+3)dx + \int_{0}^{3}(-x+3)dx \qquad (\text{化简}). \\ &= \left(\frac{3}{2}x^2+3x\right)\bigg|_{-1}^{0} + \left(-\frac{x^2}{2}+3x\right)\bigg|_{0}^{3} \qquad (\text{基本定理}) \end{aligned}$$

$$= 0 - \left(\frac{3}{2} - 3\right) + \left(-\frac{9}{2} + 9\right) - 0 = 6. \qquad \text{(化简)}$$

相关习题 15～22 ◄

关于 y 积分

有些场合交换 x 和 y 的角色比较方便. 考虑如图 6.16 所示的由 $x = f(y)$ 和 $x = g(y)$ 的图像所围的区域, 其中 $f(y) \geqslant g(y), c \leqslant y \leqslant d$ (f 的图像在 g 的图像右侧). 区域的下边界和上边界分别是 $y = c$ 和 $y = d$.

在这样的情况下, 我们把 y 当作自变量, 并把区间 $[c, d]$ 划分成宽度均为 $\Delta y = \dfrac{d-c}{n}$ 的 n 个子区间. 在第 k 个子区间上, 选择一点 $\bar{y}_k$ 并构造从左边曲线到右边曲线的矩形. 第 k 个矩形的长度为 $f(\bar{y}_k) - g(\bar{y}_k)$, 因此第 k 个矩形的面积为 $(f(\bar{y}_k) - g(\bar{y}_k))\Delta y$. 区域的面积被这些矩形的面积之和逼近. $n \to \infty$ 且 $\Delta y \to 0$ 时, 区域的面积用定积分表示为

$$A = \lim_{n\to\infty} \sum_{k=1}^{n} (f(\bar{y}_k) - g(\bar{y}_k))\Delta y = \int_c^d (f(y) - g(y))dy.$$

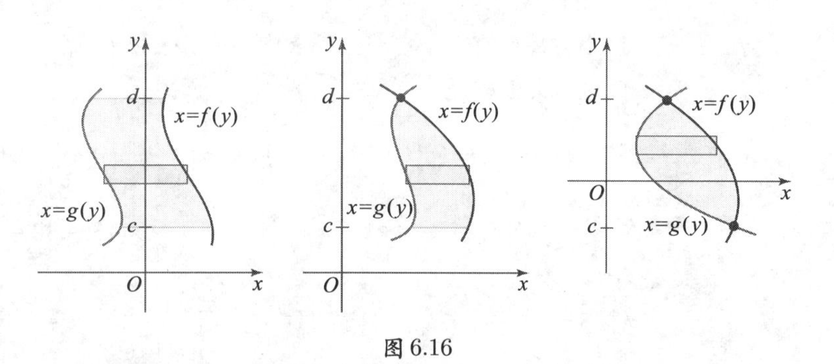

图 6.16

这个面积公式与 339 页所给的相同; 现在它是相对于 y-轴表示的. 在这个情形下, $f(y) - g(y)$ 是矩形的长度, dy 是宽. 我们对矩形的面积 $(f(y) - g(y))dy$ 求和 (积分) 得到区域的面积.

定义 关于 y 的两曲线之间的区域面积

设 f 和 g 是在区间 $[c, d]$ 上满足 $f(y) \geqslant g(y)$ 的连续函数. 由 $x = f(y)$ 和 $x = g(y)$ 在 $[c, d]$ 上的图像所围的区域面积是

$$A = \int_c^d (f(y) - g(y))dy.$$

例 3 对 y 积分 求由 $y = x^3, y = x + 6$ 的图像与 x-轴所围区域的面积.

解 区域的面积可以通过对 x 积分求得. 但是这种方法需要将区域分成两个部分 (见图 6.17). 另外一种方法是, 我们可以将 y 看作自变量, 将边界曲线表示成 y 的函数, 并在平行 x-轴的方向上进行细分 (见图 6.18).

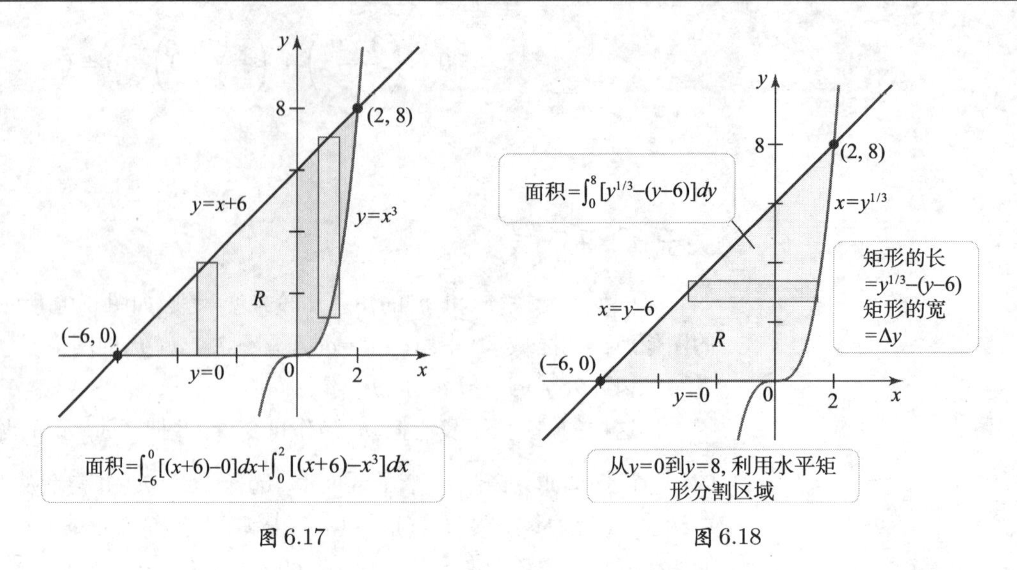

图 6.17　　图 6.18

可以利用综合除法或求根工具因式分解这个三次多项式. 然后用二次公式证明方程

$y^2-10y+27=0$

没有实根.

用 y 解出 x, 右边的曲线 $y=x^3$ 变为 $x=f(y)=y^{1/3}$. 左边的曲线 $y=x+6$ 变为 $x=g(y)=y-6$. 曲线的交点满足方程 $y^{1/3}=y-6$ 或 $y=(y-6)^3$. 展开这个方程得三次方程

$$y^3-18y^2+107y-216=(y-8)(y^2-10y+27)=0,$$

这个方程只有一个实根 $y=8$. 如图 6.18 所示, 将 $y=0$ 到 $y=8$ 之间的切片面积求和. 因此区域的面积是

$$\begin{aligned}\int_0^8 (y^{1/3}-(y-6))dy &= \left(\frac{3}{4}y^{4/3}-\frac{y^2}{2}+6y\right)\Bigg|_0^8 \qquad \text{(基本定理)}\\ &= \left(\frac{3}{4}\times 16-32+48\right)-0=28. \qquad \text{(化简)}\end{aligned}$$

相关习题 23～32 ◂

迅速核查 3. 区域 R 由曲线 $y=\sqrt{x}$, 直线 $y=x-2$ 及 x-轴围成. 将 R 的面积表示成 (a) 关于 x 的积分和 (b) 关于 y 的积分. ◂

例 4　微积分与几何 求由曲线 $y=x^{2/3}$ 和 $y=x-4$ 在第一象限所围成的区域 R 的面积 (见图 6.19).

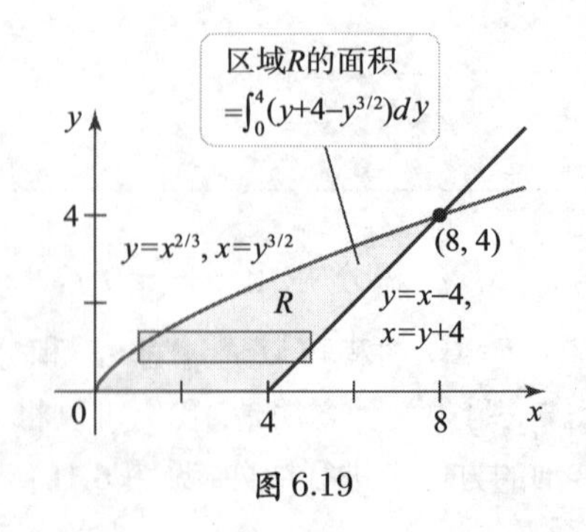

图 6.19

解　将区域垂直切分, 对 x 积分要求两个定积分. 将区域水平切分要求一个关于 y 的积分. 第二种方法似乎需要更少的工作.

水平切分, 右边的边界曲线是 $x=y+4$, 左边的边界曲线是 $x=y^{3/2}$. 这两条曲线相交于 $(8,4)$, 因此积分限是 $y=0$ 和 $y=4$. R 的面积是

$$\int_0^4(\underbrace{y+4}_{\text{右边曲线}}-\underbrace{y^{3/2}}_{\text{左边曲线}})dy=\left(\frac{y^2}{2}+4y-\frac{2}{5}y^{5/2}\right)\bigg|_0^4=\frac{56}{5}.$$

这个面积能通过不同的方法求得吗? 有时利用几何方法是有帮助的. 注意, 区域 R 能够看成在区间 $[0,8]$ 上曲线 $y=x^{2/3}$ 下的区域去掉以 $[4,8]$ 为底的三角形 (见图 6.20). 曲线 $y=x^{2/3}$ 下区域 R_1 的面积是

$$\int_0^8 x^{2/3}dx=\frac{3}{5}x^{5/3}\bigg|_0^8=\frac{96}{5}.$$

三角形 R_2 的底长为 4, 高为 4, 于是面积为 $\frac{1}{2}\times4\times4=8$. 因此 R 的面积是 $\frac{96}{5}-8=\frac{56}{5}$, 与第一个计算结果吻合.

迅速核查 4. 求例 3 中区域(见图 6.17) 面积的另一种方法是计算 $8+\int_0^2(x+6-x^3)dx$. 为什么? ◄

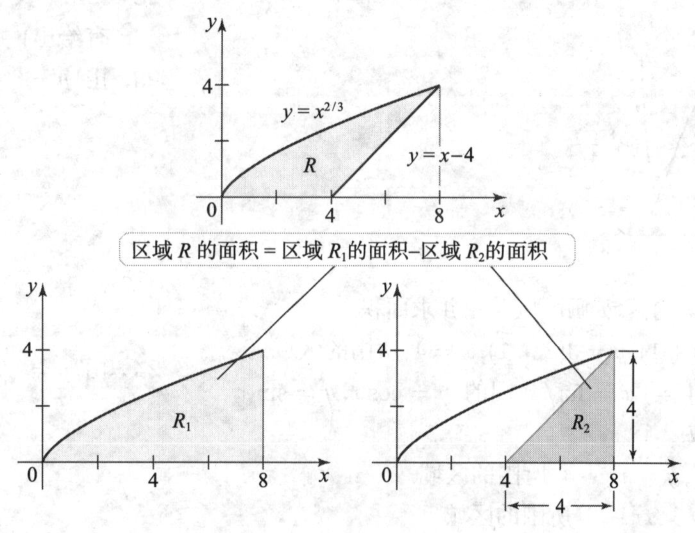

图 6.20

相关习题 33 ~ 38 ◄

6.2节 习题

复习题

1. 绘制在区间 $[a,b]$ 上都连续且恰好相交两次的两个函数 f 和 g 的图像. 解释如何利用积分求这两条曲线所围的区域面积.
2. 绘制在区间 $[a,b]$ 上都连续且恰好相交三次的两个函数 f 和 g 的图像. 解释如何利用积分求这两条曲线所围的区域面积.
3. 画草图显示一个例子, 使求两条曲线所围面积时, 关于 x 积分最简单.
4. 画草图显示一个例子, 使求两条曲线所围面积时, 关于 y 积分最简单.

基本技能

5 ~ 8. 求面积 确定下列图形中阴影区域的面积.

5.

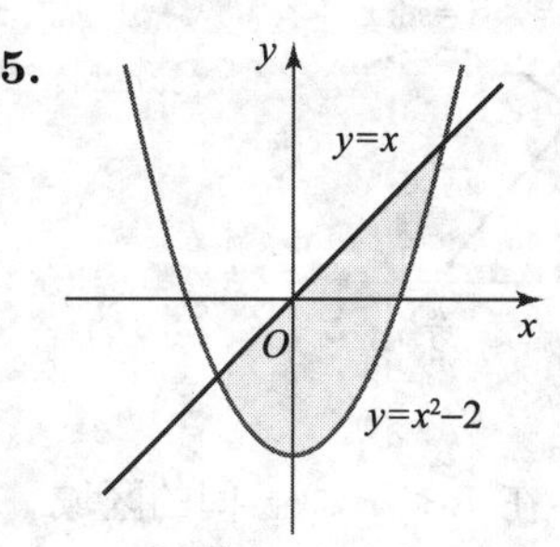

6.

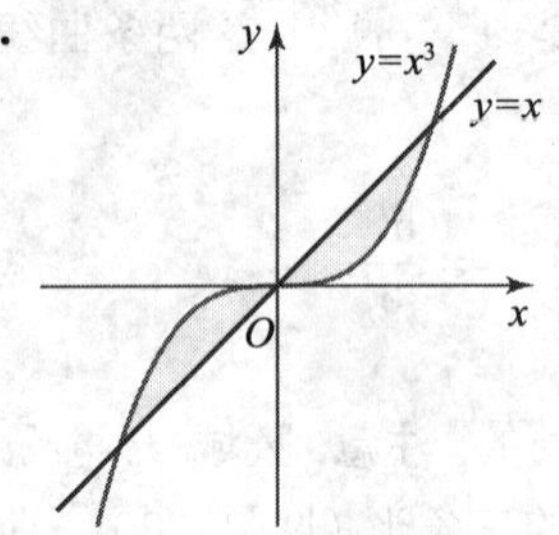

7.

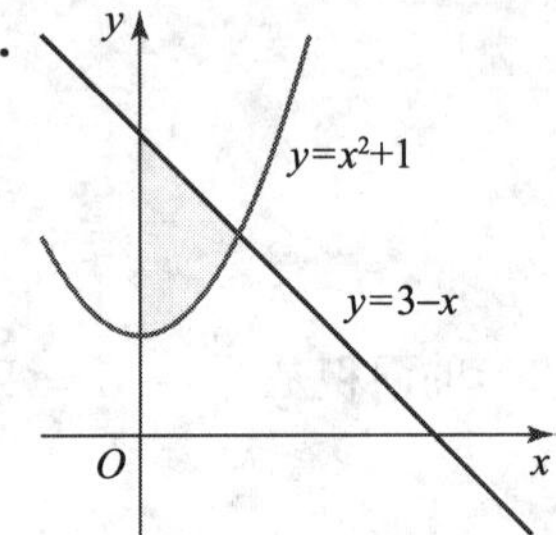

8.

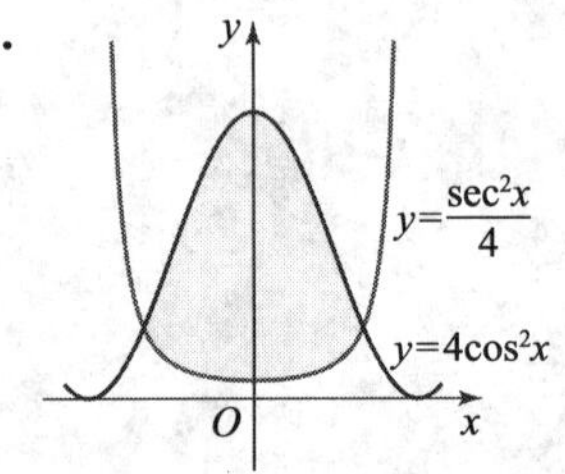

9～14 曲线之间的区域 画区域草图并求面积.

9. 由 $y=2(x+1), y=3(x+1), x=4$ 所围的区域.

10. 由 $x=\pi/4$ 与 $x=5\pi/4$ 间的 $y=\cos x, y=\sin x$ 所围的区域.

11. 由 $y=2x^2, y=x^2+4$ 所围的区域.

12. 由 $y=x, y=x^2-2$ 所围的区域.

13. 由 $y=x^4-9, y=7$ 所围的区域.

14. 由 $y=64\sqrt{x}, y=8x^2$ 所围的区域.

15～22. 复合区域 画下列区域的草图 (如果图像没有给出), 然后求面积.

15. 由 $y=\sin x, y=\cos x$ 在 $x=0$ 与 $x=\pi/2$ 间的图像与 x-轴围成的区域.

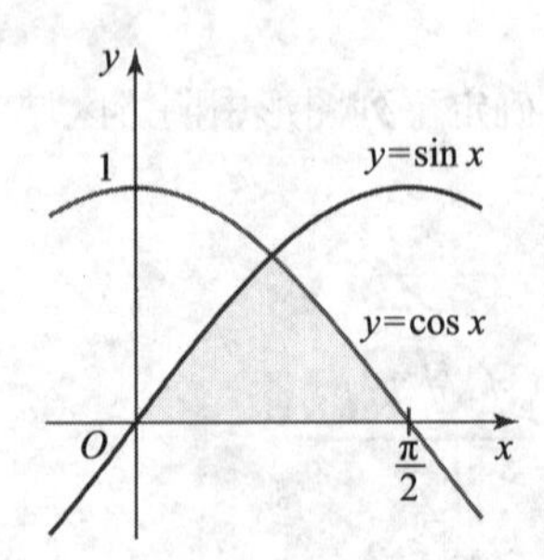

16. 在 $y=\sin x, y=\sin 2x$ 在 $0\leqslant x\leqslant \pi$ 间的区域.

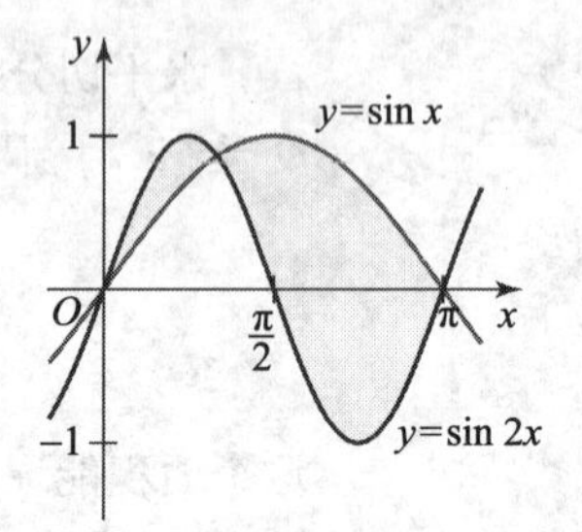

17. 由 $y=x, y=1/x^2, y=0$ 及 $x=2$ 围成的区域.

18. 由 $y=(x-1)^3, y=x-1$ 在第一象限所围的区域.

19. 由 $y=1-|x|$ 与 x-轴所围的区域.

20. $y=x^3$ 与 $y=9x$ 所围的区域.

21. $y=|x-3|$ 与 $y=x/2$ 所围的区域.

22. $y=x^2(3-x)$ 与 $y=12-4x$ 所围的区域.

23～26. 关于 y 积分 画下列区域的草图 (如果图像没有给出) 并求面积.

23. 由 $y=8-2x, y=x+8, y=0$ 所围的区域.

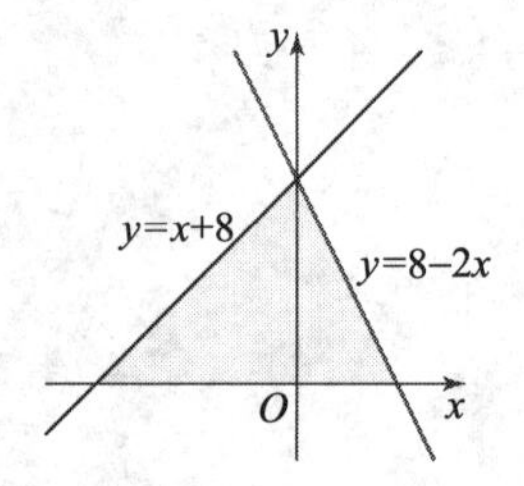

24. 由 $y=\sqrt{x-1}, y=2, y=0$ 及 $x=0$ 所围的区域.

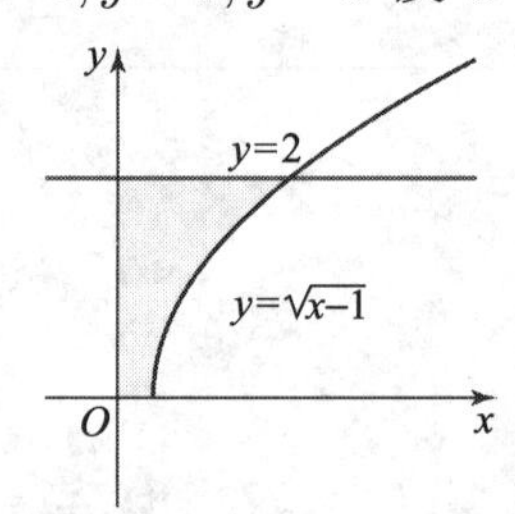

25. 由 $y=4-x^2$ 与 $y-x-2=0$ 所围的区域.

26. 由 $y=x$ 与 $x=(y-2)^2$ 所围的区域.

27～30. 两种方法 将以下阴影区域的面积表示成 (a) 一个或多个关于 x 的积分, (b) 一个或多个关于 y 的积分. 不需要计算积分.

27.

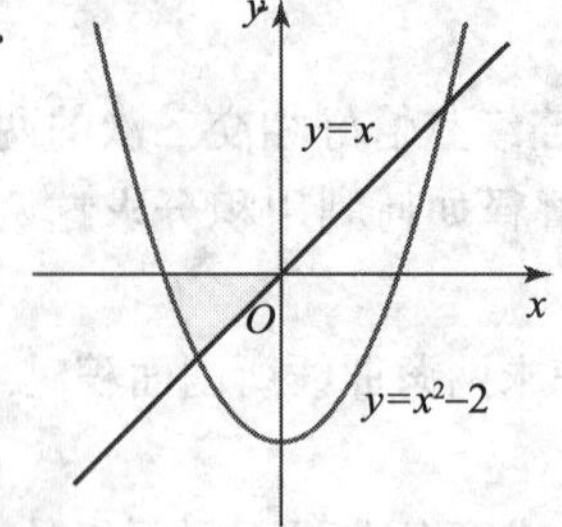

28.

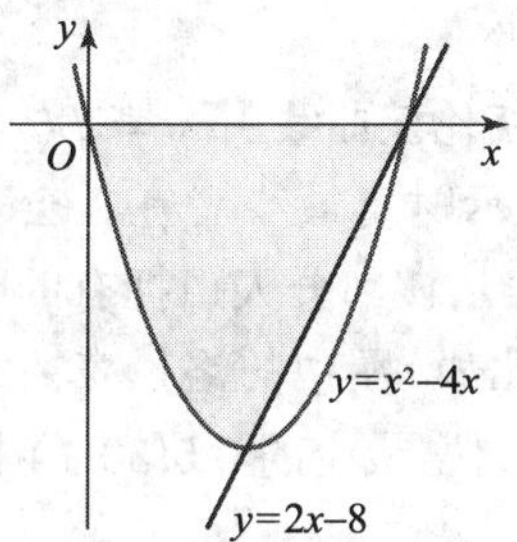

29.

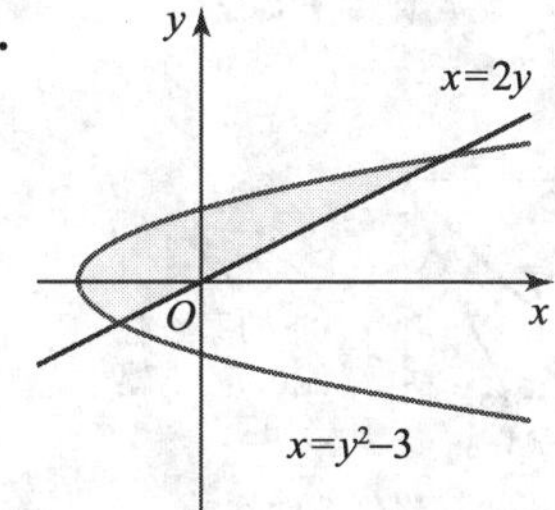

30.

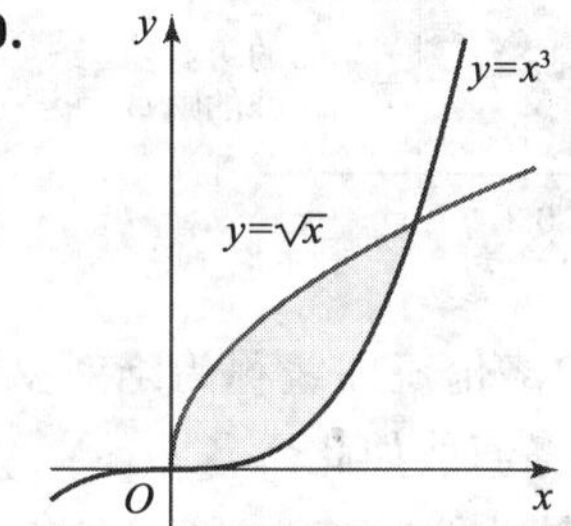

31～32. 两种方法 (a) 关于 x 积分, 然后 (b) 关于 y 积分, 求下列区域的面积. 确保结果一致. 在每种情况下, 画出问题中的边界曲线及区域.

31. 由 $y=\sqrt{x}, y=2x-15$ 及 $y=0$ 所围的区域.

32. 由 $y=x^{1/3}, 18y-x-27=0$ 及 $y=0$ 所围的区域.

33～38. 任何方法 利用任何方法 (包括几何) 求下列区域的面积. 在每种情形下, 画出问题中的边界曲线及区域.

33. $y=x^{2/3}$ 与 $y=4$ 在第一象限所围的区域.

34. $y=2$ 与 $y=2\sin x, x\in[0,\pi/2]$ 在第一象限所围的区域.

35. $y=x/4$ 和 $x=y^3$ 所围的区域.

36. 区间 $[0,\pi/4]$ 上的直线 $y=2$ 及曲线 $y=\sec^2 x$ 所围的区域.

37. 直线 $y=x$ 和曲线 $y=2x\sqrt{1-x^2}$ 在第一象限所围的区域.

38. $x=y^2-4$ 与 $y=x/3$ 所围的区域.

深入探究

39. 解释为什么是, 或不是 判别下列命题是否正确, 并证明或举反例.

a. $y=x$ 与 $x=y^2$ 所围的区域的面积仅能通过对 x 积分求出.

b. $y=\sin x$ 与 $y=\cos x$ 在 $[0,\pi/2]$ 上所围的区域面积是 $\int_0^{\pi/2}(\cos x-\sin x)dx$.

c. $\int_0^1(x-x^2)dx=\int_0^1(\sqrt{y}-y)dy$ (不计算积分).

40～43. 曲线之间的区域 作区域的草图并求面积.

40. 由 $y=\sin x, y=x(x-\pi), 0\leqslant x\leqslant\pi$ 围成的区域.

41. 由 $y=(x-1)^2, y=7x-19$ 所围的区域.

42. 由 $y=17, y=x^{2/3}+1$ 所围的区域.

43. 由 $y=x^2-2x+1, y=5x-9$ 所围的区域.

44～50. 任何方法 用最有效的方法计算下列区域的面积.

44. 由 $x=y(y-1), x=-y(y-1)$ 所围的区域.

45. 由 $x=y(y-1), y=x/3$ 所围的区域.

46. 由 $y=x^3, y=-x^3$ 和 $3y-7x-10=0$ 所围的区域.

47. 由 $y=\sqrt{x}, y=2x-15$ 和 $y=0$ 所围的区域.

48. 由 $y=x^2-4, 4y-5x-5=0$ 和 $y=0$ 所围的区域.

49. 由 $y=1-\cos x, y=\sin x$ 在区间 $[0,\pi/2]$ 和 $[\pi/2,2\pi]$ 所围的区域 (两个面积的计算).

50. $y=x^{-2}, y=8x$ 和 $y=x/8$ 在第一象限所围的区域.

51. 比较面积 设 $f(x)=x^p, g(x)=x^{1/q}$, 其中 $p>1, q>1$ 是正整数. 设 R_1 是 $y=f(x)$ 与 $y=x$ 在第一象限所围的区域, R_2 是 $y=g(x)$ 与 $y=x$ 在第一象限所围的区域.

a. 当 $p=q$ 时, 求 R_1, R_2 的面积并判断哪个区域面积大.

b. 当 $p>q$ 时, 求 R_1, R_2 的面积并判断哪个区域面积大.

c. 当 $p<q$ 时, 求 R_1, R_2 的面积并判断哪个区域面积大.

52～55. 复杂区域 求下列图形所示的区域面积.

52.

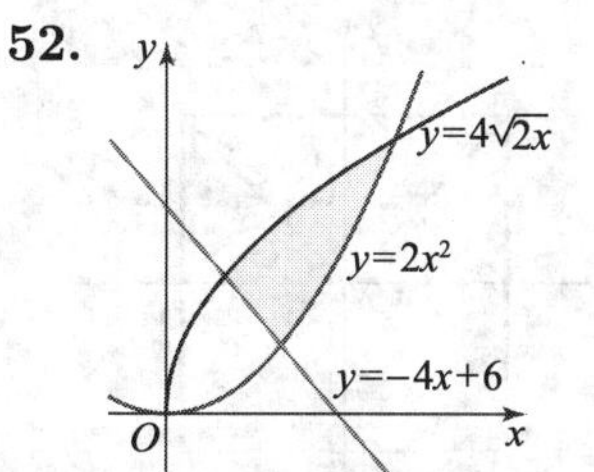

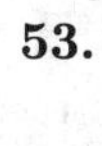

53.

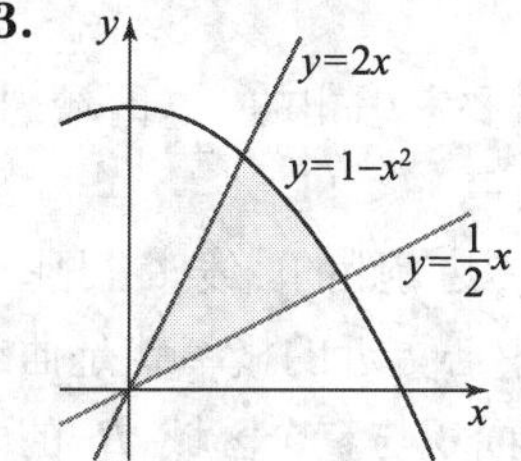

54.

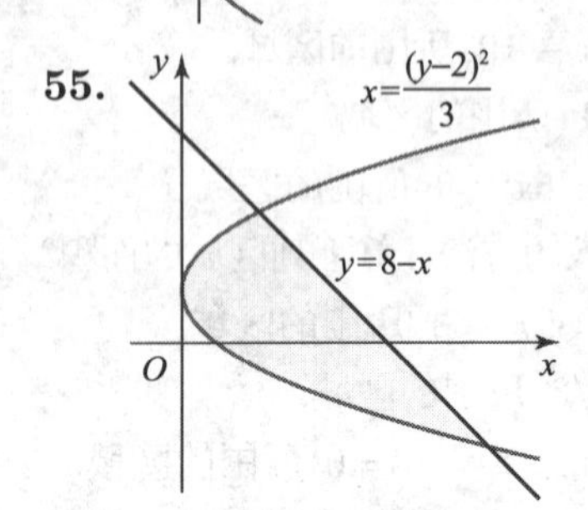

55.

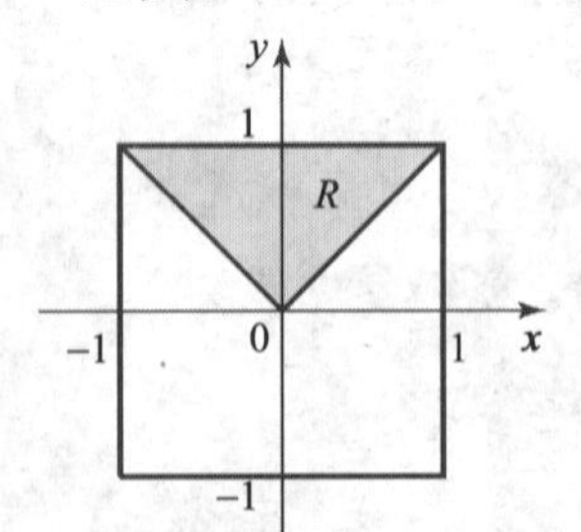

56～59. 根与幂 求下列区域的面积, 用正整数 $n\geqslant 2$ 表示答案.

56. $f(x)=x, g(x)=x^n, x\geqslant 0$ 所围的区域.

57. $f(x)=x, g(x)=x^{1/n}, x\geqslant 0$ 所围的区域.

58. $f(x)=x^{1/n}, g(x)=x^n, x\geqslant 0$ 所围的区域.

59. 设 A_n 是 $f(x)=x^{1/n}$ 和 $g(x)=x^n$ 在区间 $[0,1]$ 上所围的区域面积, 其中 n 是正整数. 求 $\lim\limits_{n\to\infty} A_n$ 并解释结果.

应用

60. 几何概率 假设一个靶占据正方形 $\{(x,y):0\leqslant |x|\leqslant 1, 0\leqslant |y|\leqslant 1\}$. 随机地多次投掷飞镖到靶上 (意味着它等可能地落在正方形中的任意点处). 平均看来, 飞镖落到距靶边比距中心更近的投掷比例是多少? 等价地, 飞镖落到距靶边比距中心近的概率是多少? 过程如下.

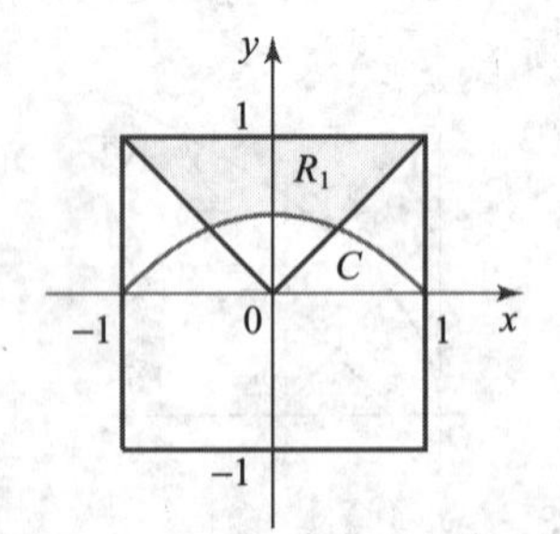

a. 论证根据对称性, 只需要考虑靶的 $\dfrac{1}{4}$ 区域, 比如区域 $R:\{(x,y):|x|\leqslant y\leqslant 1\}$.

b. 求此区域内与靶中心和靶边等距的曲线 C (见图).

c. 飞镖落到距靶边比距中心更近的概率就是曲线 C 上方的区域 R_1 的面积与整个区域 R 的面积之比. 计算这个概率.

61. 洛伦茨曲线和基尼系数 洛伦茨曲线由 $y=L(x)$ 给出, 其中 $0\leqslant x\leqslant 1$ 表示财富最少者在社会人口中的比例, $0\leqslant y\leqslant 1$ 表示该部分人口拥有的财富占社会总财富的比例. 比如, 图中的洛伦茨曲线表明 $L(0.5)=0.2$, 它表明财富最少的 0.5(50%) 拥有 0.2(20%) 的财富.

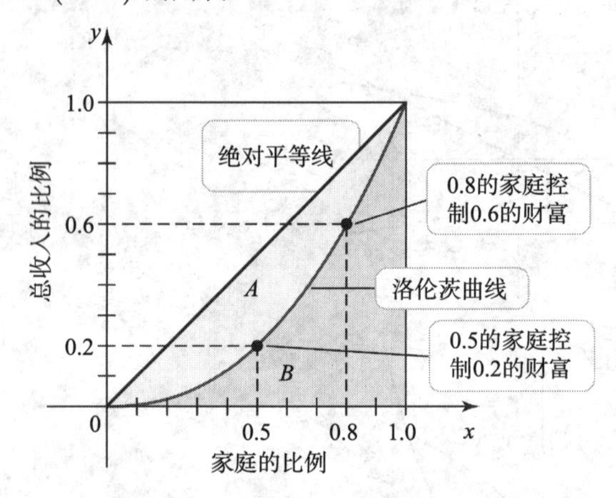

a. 伴随直线 $y=x$ 的洛伦茨曲线称为**绝对平等线**. 解释为什么给这条直线如此命名.

b. 解释洛伦茨曲线满足条件: $L(0)=0, L(1)=1$ 及在 $[0,1]$ 上, $L'(x)\geqslant 0$.

c. 作对应于 $p=1.1, 1.5, 2, 3, 4$ 的洛伦茨曲线 $y=x^p$ 的图像. p 的哪个值对应于财富的最平等分配 (最接近绝对平等线)? p 的哪个值对应于财富的最不平等分配? 解释理由.

d. 洛伦茨曲线包含的信息通常概括为称为**基尼系数**的单一度量. 其定义如下. 设 A 是 $y=x$ 和 $y=L(x)$ 之间的面积 (见图), B 是 $y=L(x)$ 和 x-轴之间的面积, 则基尼系数为 $G=\dfrac{A}{A+B}$. 证明 $G=2A=1-2\displaystyle\int_0^1 L(x)dx$.

e. 对 $L(x)=x^p, p=1.1, 1.5, 2, 3, 4$, 求基尼系数.

f. 求包括所有 $L(x)=x^p, p\geqslant 1$ 的基尼系数值的最小区间 $[a,b]$. $[a,b]$ 的哪个端点对应财富最不平等和最平等分配?

g. 考虑洛伦茨曲线 $L(x)=5x^2/6+x/6$, 证明它满足条件 $L(0)=0, L(1)=1$ 且在 $[0,1]$ 上 $L'(x)\geqslant 0$. 求这个函数的基尼系数.

附加练习

62. 抛物线的面积相等性质 考虑抛物线 $y=x^2$. 设

P,Q,R 是抛物线上的点, 其中 R 在曲线上介于 P 和 Q 之间. 设 ℓ_P,ℓ_Q,ℓ_R 分别是抛物线在 P,Q,R 处的切线 (见图). P' 是 ℓ_Q,ℓ_R 的交点, Q' 是 ℓ_P,ℓ_R 的交点, R' 是 ℓ_P,ℓ_Q 的交点. 对下列情形证明 $\triangle PQR$ 的面积 $=2\times\triangle P'Q'R'$ 的面积. (事实上, 这条性质对任何抛物线上的任何三点都成立.) (*Mathematics Magazine* 81, NO. 2 (April 2008): 83-95.)

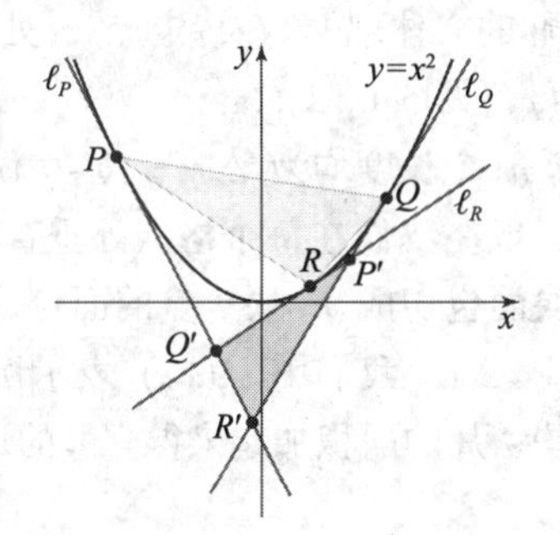

a. $P(-a,a^2),Q(a,a^2),R(0,0)$, 其中 a 是正实数.

b. $P(-a,a^2),Q(b,b^2),R(0,0)$, 其中 a,b 是正实数.

c. $P(-a,a^2),Q(b,b^2)$, R 是曲线上介于 P,Q 之间的任意点.

63. 最小面积 对 a 的不同值, 作曲线 $y=(x+1)(x-2)$ 及 $y=ax+1$ 的图像. a 取何值时, 两条曲线之间的区域面积最小?

64. 面积函数 对 $a>0$ 的不同值, 作曲线 $y=a^2x^3$ 及 $y=\sqrt{x}$ 的图像. 注意曲线之间的面积 $A(a)$ 是如何随 a 变化的. 求面积函数 $A(a)$ 并作其图像. a 取何值时, $A(a)=16$?

65. 隐式定义曲线的面积 求由曲线 $x^2=y^4(1-y^3)$ 所围的阴影区域的面积 (见图).

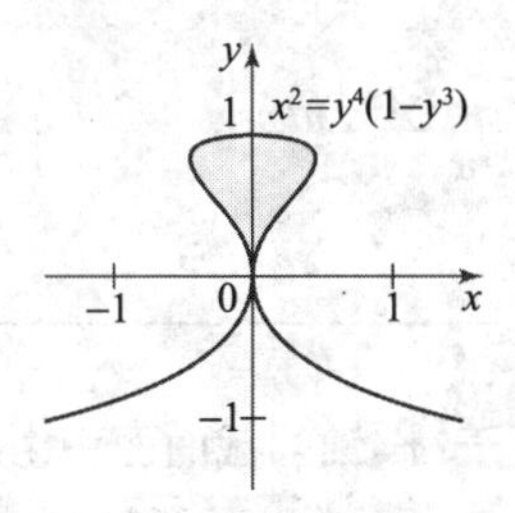

66. 先改写 求由曲线 $x=\dfrac{y}{\sqrt{1-y^2}}$ 与直线 $x=1$ 在第一象限所围区域的面积. (提示: 用 x 表示 y.)

67. 三次多项式的面积函数 考虑三次多项式 $f(x)=x(x-a)(x-b)$, 其中 $0\leqslant a\leqslant b$.

a. 固定 b 的值, 求函数 $F(a)=\int_0^b f(x)dx$. a 取何值 (依赖于 b) 时, $F(a)=0$?

b. 固定 b 的值, 求出 f 在 $x=0$ 与 $x=b$ 之间的图像与 x-轴所围区域的面积函数 $A(a)$. 作其图像并证明在 $a=b/2$ 时有最小值. $A(a)$ 的最大值是多少? 在何处取到 (用 b 表示)?

68. 偶函数的差 设 $a>1$, f 和 g 是偶函数, 在 $[-a,a]$ 上可积. 如果在 $[-a,a]$ 上 $f(x)>g(x)>0$ 且 f,g 在 $[-a,a]$上所围区域的面积等于 10, 求 $\int_0^{\sqrt{a}} x[f(x^2)-g(x^2)]dx$ 的值.

69. 根与幂 考虑函数 $f(x)=x^n$ 和 $g(x)=x^{1/n}$, 其中 $n\geqslant 2$ 是正整数.

a. 对 $n=2,3,4$ 及 $x\geqslant 0$, 作 f 和 g 的图像.

b. 给出面积函数 $A_n(x)=\int_0^x (f(s)-g(s))ds$, $n=2,3,4,\cdots$ 且 $x\geqslant 0$ 的几何意义.

c. 求 $A_n(x)=0$ 的正根, 用 n 表示. 根随 n 是递增还是递减?

70. 平移正弦 考虑函数 $f(x)=a\sin 2x$ 和 $g(x)=(\sin x)/a$, 其中 $a>0$ 是实数.

a. 对 $a=\dfrac{1}{2},1,2$, 作这两个函数在区间 $[0,\pi/2]$ 上的图像.

b. 假设 $a\geqslant 1/\sqrt{2}$, 证明这两条曲线在 $[0,\pi/2]$ 上有交点 (不是 $x=0$) x^*, 满足 $\cos x^*=1/(2a^2)$.

c. 求 $a=1$ 时 $[0,x^*]$ 上这两条曲线之间的区域面积.

d. 证明 $a\to 1/\sqrt{2}$ 时, 在 $[0,x^*]$ 上这两条曲线之间的区域面积趋于零.

迅速核查 答案

1. 如果 $g(x)=0, f(x)\geqslant 0$, 则两条曲线之间的面积是 $\int_a^b (f(x)-0)dx=\int_a^b f(x)dx$, 即 $y=f(x)$ 与 x-轴之间的面积.

2. $\int_a^b f(x)dx$ 是 f 的图像与 x-轴之间的面积. $\int_a^b g(x)dx$ 是 g 的图像与 x-轴间的面积. 这两个定积分的差是 f 和 g 的图像之间的区域面积.

3. a. $\int_0^2 \sqrt{x}dx+\int_2^4 (\sqrt{x}-x+2)dx$. **b.** $\int_0^2 (y+2-y^2)dy$.

4. y-轴左侧三角形的面积是 18. y-轴右侧三角形的面积由定积分确定.

6.3 用切片法求体积

我们已经掌握用积分计算由曲线所围成的二维区域的面积. 积分也可以用来求三维区域(或立体) 的体积. 切片 — 求和方法再次成为解决这些问题的关键.

一般切片法

考虑一个沿 x-轴方向从 $x=a$ 到 $x=b$ 延伸的立体. 想象在特定点 x 处垂直于 x-轴切割立体并设所得截面面积是已知的可积函数 $A(x)$ (见图 6.21).

为求这个立体的体积, 我们首先把 $[a,b]$ 分成 n 个长度均为 $\Delta x=(b-a)/n$ 的子区间. 子区间的端点是格点 $x_0=a, x_1, x_2, \cdots, x_n=b$. 现在我们在每个格点处垂直于 x-轴切割立体, 产生 n 个厚度为 Δx 的切片. (想象将一块面包切成 n 块等宽的面包片.) 在每个子区间上任取一点 $\overline{x}_k$. 立体的第 k 个切片的厚度是 Δx. 我们用 $A(\overline{x}_k)$ 表示切片的截面积. 因此第 k 个切片的体积近似为 $A(\overline{x}_k)\Delta x$. 把这些切片的面积加起来得立体的近似体积是

$$V \approx \sum_{k=1}^{n} A(\overline{x}_k)\Delta x.$$

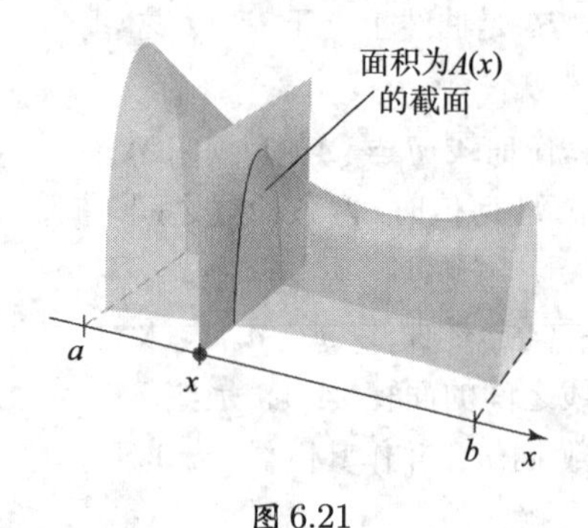

图 6.21

当切片数量增加 ($n\to\infty$) 时, 切片的厚度趋于零 ($\Delta x\to 0$), 得到用定积分表示的精确体积为 (见图 6.22)

$$V=\lim_{n\to\infty}\sum_{k=1}^{n} A(\bar{x}_k)\Delta x=\int_a^b A(x)dx.$$

体积积分中因式的含义是: $A(x)$ 是切片的截面积, dx 是它的厚度. 对切片的体积 $A(x)dx$ 求和(积分) 得到立体的体积.

一般切片法

设立体物体从 $x=a$ 延伸到 $x=b$ 且立体垂直于 x-轴的截面面积由 $[a,b]$ 上的可积函数 A 确定. 立体的体积是

$$V=\int_a^b A(x)dx.$$

迅速核查 1. 解释为什么一般切片法得出的体积等于 $A(x)$ 在 $[a,b]$ 上的平均值乘以 $b-a$. ◄

例 1 "抛物半球" 的体积 立体的底由 xy- 平面上的曲线 $y=x^2$ 和 $y=2-x^2$ 围成. 立体垂直 x-轴的截面是半圆. 求立体的体积.

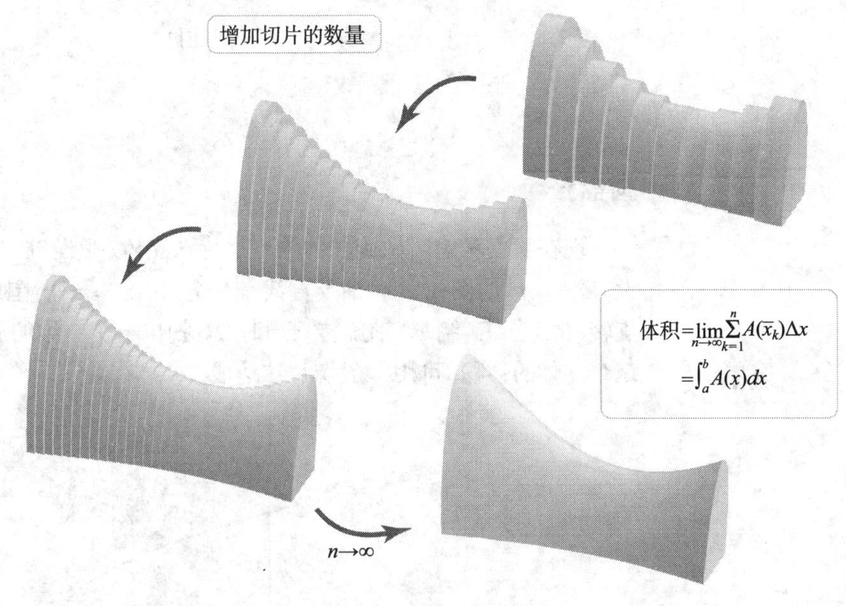

图 6.22

解 因为垂直 x-轴的截面是半圆 (见图 6.23), 所以截面的面积是 $\frac{1}{2}\pi r^2$, 其中 r 是截面的半径. 关键是观察到这个半径是上边界曲线 $y=2-x^2$ 和下边界曲线 $y=x^2$ 之间距离的一半. 因此在点 x 处的半径是

$$r=\frac{1}{2}((2-x^2)-x^2)=1-x^2.$$

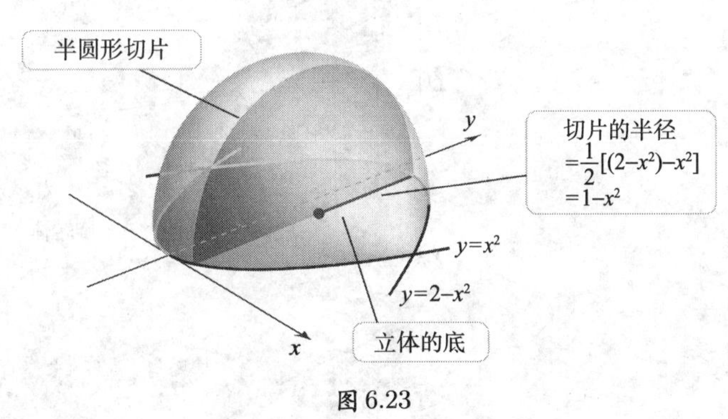

图 6.23

这意味着在点 x 处的半圆面积是

$$A(x)=\frac{1}{2}\pi r^2=\frac{\pi}{2}(1-x^2)^2.$$

两条曲线的交点满足 $2-x^2=x^2$, 其解是 $x=\pm1$. 因此, 截面介于 $x=-1$ 与 $x=1$ 之间. 对截面面积积分, 得立体体积是

迅速核查 2. 例 1 中如果垂直底的截面是正方形而不是半圆, 截面面积函数 $A(x)$ 是什么? ◀

$$\begin{aligned}V&=\int_{-1}^{1}A(x)dx &&\text{(一般的切片方法)}\\&=\int_{-1}^{1}\frac{\pi}{2}(1-x^2)^2dx &&\text{(代换 } A(x)\text{)}\\&=\frac{\pi}{2}\int_{-1}^{1}(1-2x^2+x^4)dx &&\text{(展开被积函数)}\end{aligned}$$

$$= \frac{8\pi}{15}. \qquad \text{(求值)}$$

相关习题 7～14 ◀

圆盘法

现在我们考虑叫做旋转体的一类特殊立体. 假设 f 是 $[a,b]$ 上的连续函数且 $f(x) \geqslant 0$. 设 R 是 f 的图像、x-轴及直线 $x=a$ 和 $x=b$ 所围成的区域 (见图 6.24). 现在绕 x-轴旋转 R. 当 R 绕 x-轴旋转一周时 R 扫出一个三维的**旋转体**(见图 6.25). 我们的目的是求这个立体的体积, 可用一般切片法达成.

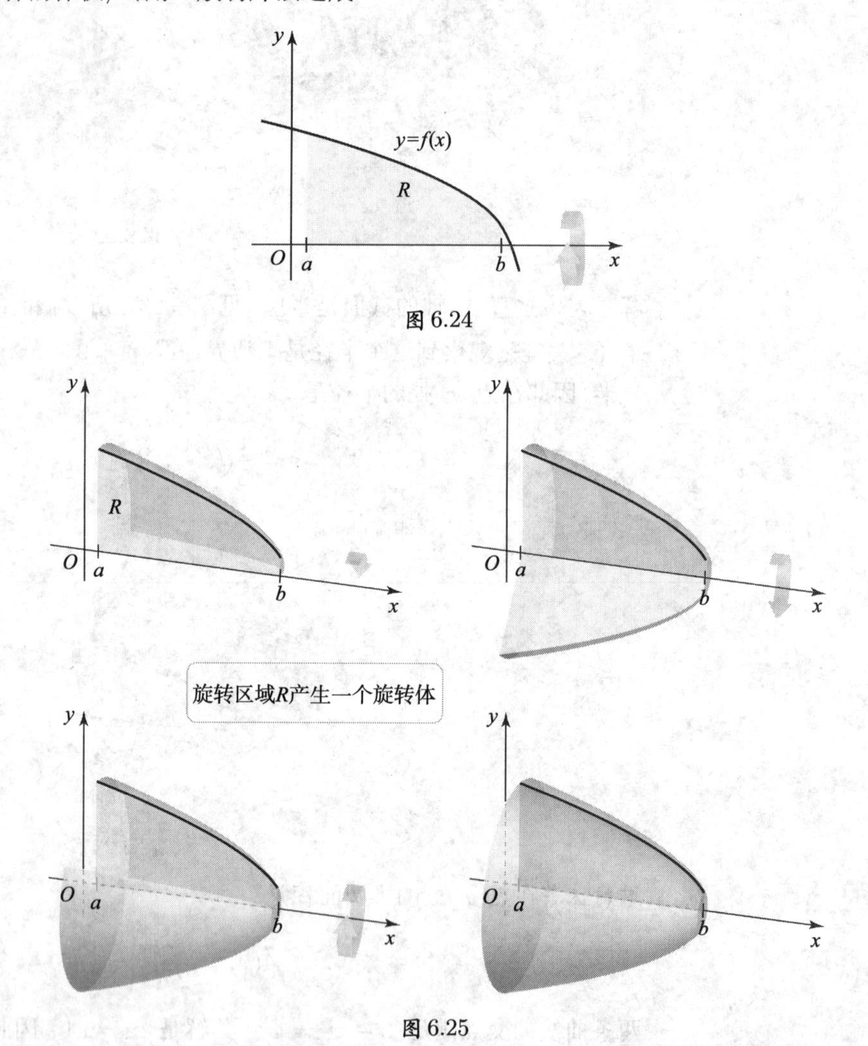

图 6.24

图 6.25

迅速核查 3. 如果 (a) R 是以 $(0,0),(0,2),(2,0),(2,2)$ 为顶点的正方形与 (b) R 是以 $(0,0),(0,2)$, $(2,0)$ 为顶点的三角形, 则 R 绕 x-轴旋转得到的立体是什么? ◀

对于旋转体, 截面面积函数有一个特殊的形式, 因为垂直于 x-轴的所有截面都是以 $f(x)$ 为半径的圆盘 (见图 6.26). 因此在点 $x(a \leqslant x \leqslant b)$ 处的面积是

$$A(x) = \pi(\text{半径})^2 = \pi f(x)^2.$$

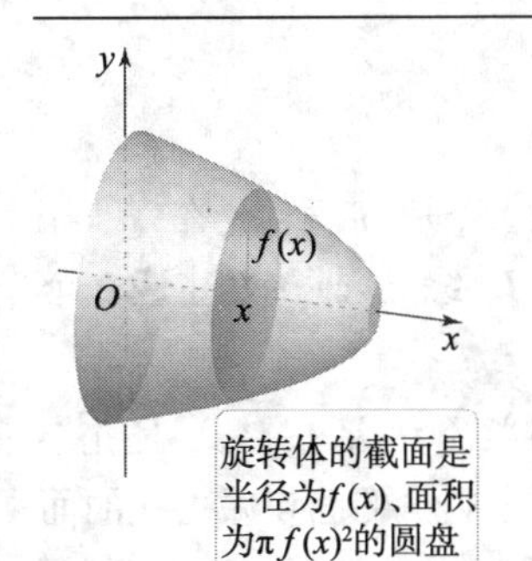

旋转体的截面是半径为$f(x)$、面积为$\pi f(x)^2$的圆盘

图 6.26

由一般切片法, 立体的体积是

$$V=\int_a^b A(x)dx=\int_a^b \pi f(x)^2 dx.$$

因为过立体的每个切片都是圆盘, 所以这个方法叫做**圆盘法**.

> **关于 x-轴的圆盘法**
>
> 设 f 是 $[a,b]$ 上的连续函数且 $f(x)\geqslant 0$. 如果由 f 的图像、x-轴及直线 $x=a$ 和 $x=b$ 围成的区域 R 绕 x-轴旋转, 则所得旋转体的体积是
>
> $$V=\int_a^b \pi f(x)^2 dx.$$

例 2 用圆盘法 设 R 是由 $f(x)=(x+1)^2$ 的图像, x-轴及直线 $x=0$ 和 $x=2$ 围成的区域. 求 R 绕 x-轴旋转所得旋转体的体积.

解 R 绕 x-轴旋转得到一个旋转体 (见图 6.27). 在点 $0\leqslant x\leqslant 2$ 处垂直于 x-轴的截面是半径为 $f(x)$ 的圆盘. 因此, 截面面积是

$$A(x)=\pi f(x)^2=\pi((x+1)^2)^2=\pi(x+1)^4.$$

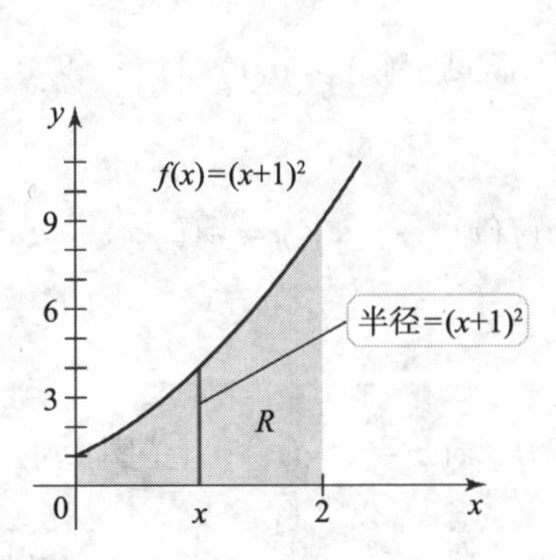

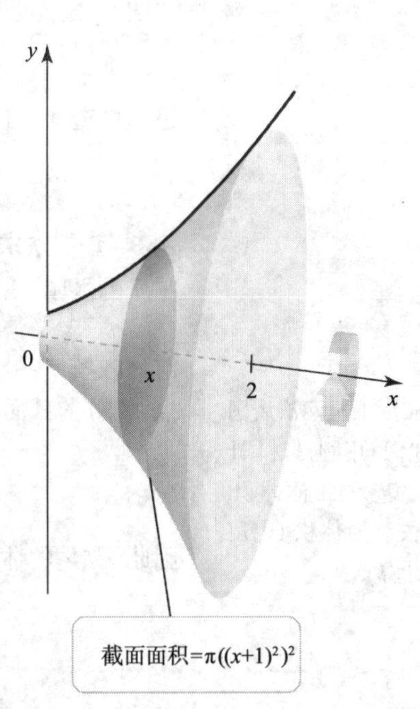

图 6.27

对这个截面面积在 $x=0$ 和 $x=2$ 之间积分, 得旋转体的体积是

$$\begin{aligned}V=\int_0^2 A(x)dx&=\int_0^2 \pi(x+1)^4 dx \qquad (\text{代入 } f(x))\\&=\pi\frac{u^5}{5}\bigg|_1^3=\frac{242\pi}{5}. \qquad (\text{令 } u=x+1 \text{ 并求值})\end{aligned}$$

相关习题 15～22 ◀

垫圈法

对圆盘法稍作改动可使我们能计算更多奇特的旋转体体积. 设 R 是 f 和 g 在 $x=a$ 和 $x=b$ 之间的图像所围成的区域, 其中 $f(x)\geqslant g(x)\geqslant 0$. 如果 R 绕 x-轴旋转生成一个旋转体, 则所得的立体一般会有一个贯穿的洞.

我们再次使用切片法. 在这种情况下, 垂直于 x-轴的截面是外半径为 $R=f(x)$ 且孔半径为 $r=g(x)$ 的圆形垫圈, 其中 $a\leqslant x\leqslant b$. 这个截面面积等于整个圆盘的面积减去孔的面积, 即

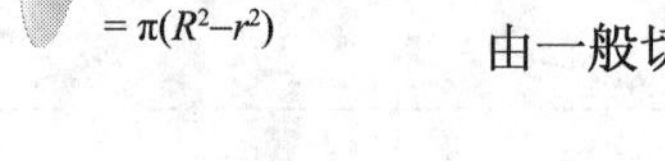

截面的面积
$=\pi(R^2-r^2)$

$$A(x)=\pi(R^2-r^2)=\pi(f(x)^2-g(x)^2).$$

由一般切片法可得立体的体积.

关于 x-轴的垫圈法

设 f 和 g 是 $[a,b]$ 上的连续函数且 $f(x)\geqslant g(x)\geqslant 0$. 设 R 是 f 和 g 在 $x=a$ 与 $x=b$ 之间的图像所围成的区域. R 绕 x-轴旋转所得的旋转体体积是

$$V=\int_a^b \pi(f(x)^2-g(x)^2)dx.$$

迅速核查 4. 证明如果垫圈法中的 $g(x)=0$, 则结果就是圆盘法. ◄

例 3　垫圈法求体积 区域 R 是 $f(x)=\sqrt{x}$ 和 $g(x)=x^2$ 的图像在 $x=0$ 与 $x=1$ 之间围成的区域. R 绕 x-轴旋转所得的立体体积是多少?

解　区域 R 由在 $[0,1]$ 上满足 $f(x)\geqslant g(x)$ 的 f 和 g 的图像围成, 故适用于垫圈法. 在点 x 处的截面积是

垫圈法实际上是两次用圆盘法. 我们 (用圆盘法) 计算没洞的整个立体体积, 然后减去洞的体积 (也用圆盘法计算).

$$A(x)=\pi(f(x)^2-g(x)^2)=\pi((\sqrt{x})^2-(x^2)^2)=\pi(x-x^4).$$

因此, 立体的体积是

$$\begin{aligned} V &= \int_0^1 \pi(x-x^4)dx \qquad (\text{垫圈}) \\ &= \pi\left(\frac{x^2}{2}-\frac{x^5}{5}\right)\Bigg|_0^1=\frac{3\pi}{10}. \qquad (\text{微积分基本定理}) \end{aligned}$$

相关习题 23～30 ◄

关于区域绕非坐标轴直线旋转的问题, 见习题 54～58.

迅速核查 5. 设例 3 的区域绕直线 $y=-1$ 而不是 x-轴旋转. (a) 垫圈的内半径是多少? (b) 垫圈的外半径是多少? ◄

绕 y-轴旋转

已学过的关于绕 x-轴旋转的一切都适用于绕 y-轴旋转. 考虑由右边曲线 $x=p(y)$、左边曲线 $x=q(y)$ 及水平直线 $y=c$ 和 $y=d$ 所围成的区域 (见图 6.28).

为求 R 绕 y-轴旋转所得的立体体积, 我们用关于 y-轴的一般切片法. 截面面积是 $A(y)=\pi(p(y)^2-q(y)^2), c\leqslant y\leqslant d$. 与前面一样, 对立体的这些截面积积分就得到体积.

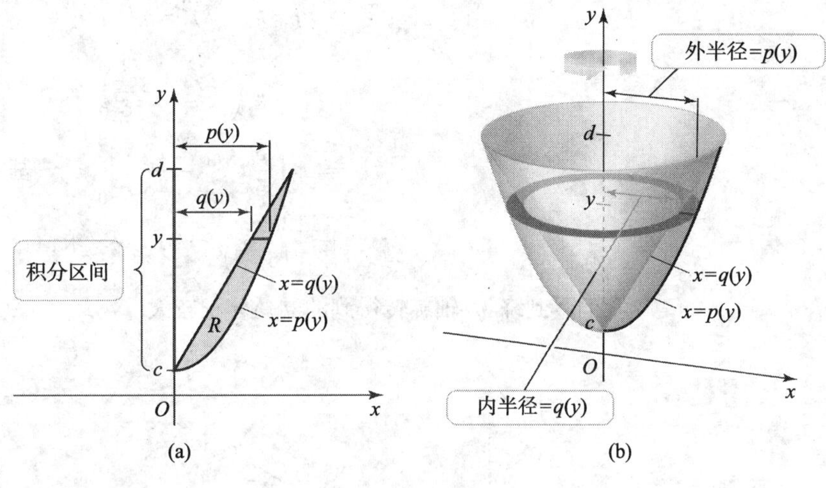

图 6.28

> **绕 y-轴旋转的圆盘法和垫圈法**
>
> 设 p 和 q 是在 $[c,d]$ 上满足 $p(y)\geqslant q(y)\geqslant 0$ 的连续函数. R 是曲线 $x=p(y)$ 和 $x=q(y)$ 以及直线 $y=c$ 和 $y=d$ 所围成的区域. R 绕 y-轴旋转所得的旋转体体积是
>
> $$V=\int_c^d \pi(p(y)^2-q(y)^2)dy.$$
>
> 如果 $q(y)=0$, 圆盘法是
>
> $$V=\int_c^d \pi p(y)^2 dy.$$

用 y 代替关于 x-轴的圆盘法/垫圈法中的 x 即得关于 y-轴的圆盘法/垫圈法.

例 4 哪个立体的体积较大? 设 R 是第一象限内由 $x=y^3$ 和 $x=4y$ 的图像围成的区域. R 绕 x-轴或 y-轴旋转所生成的立体体积哪个大?

解 解方程 $y^3=4y$ 或等价地 $y(y^2-4)=0$, 我们得到 R 的边界曲线相交于点 $(0,0)$ 和 $(8,2)$. 当区域 R 绕 y-轴旋转时生成一个内表面弯曲的漏斗. 垂直于 y-轴的垫圈形截面从 $y=0$ 延伸到 $y=2$. 截面在点 y 处的外半径由直线 $x=p(y)=4y$ 确定. 截面在点 y 处的内半径由曲线 $x=q(y)=y^3$ 确定. 用垫圈方法得到该立体的体积是

$$\begin{aligned} V &= \int_0^2 \pi(p(y)^2-q(y)^2)dy \quad &\text{(垫圈法)}\\ &= \int_0^2 \pi(16y^2-y^6)dy \quad &\text{(代入 } p \text{ 和 } q\text{)}\\ &= \pi\left(\frac{16}{3}y^3-\frac{y^7}{7}\right)\Bigg|_0^2 \quad &\text{(基本定理)} \end{aligned}$$

$$= \frac{512\pi}{21} \approx 76.60. \qquad \text{(求值)}$$

当区域 R 绕 x-轴旋转时, 生成一个内表面平坦的漏斗 (见图 6.29). 在 $x = 0$ 与 $x = 8$ 之间过立体的垂直切片形成垫圈. 此垫圈在点 x 处的外半径由曲线 $x = y^3$ 或 $y = f(x) = x^{1/3}$ 确定. 内半径由 $x = 4y$ 或 $y = g(x) = x/4$ 确定. 所得立体的体积是

$$\begin{aligned} V &= \int_0^8 \pi(f(x)^2 - g(x)^2)dx \qquad \text{(垫圈法)} \\ &= \int_0^8 \pi\left(x^{2/3} - \frac{x^2}{16}\right)dx \qquad \text{(代入 } f \text{ 和 } g\text{)} \\ &= \pi\left(\frac{3}{5}x^{5/3} - \frac{x^3}{48}\right)\bigg|_0^8 \qquad \text{(基本定理)} \\ &= \frac{128\pi}{15} \approx 26.81. \qquad \text{(求值)} \end{aligned}$$

我们看到绕 y-轴旋转得到的立体体积较大.

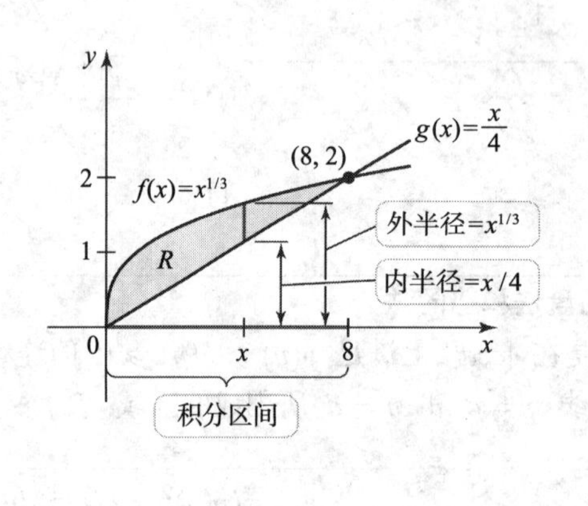

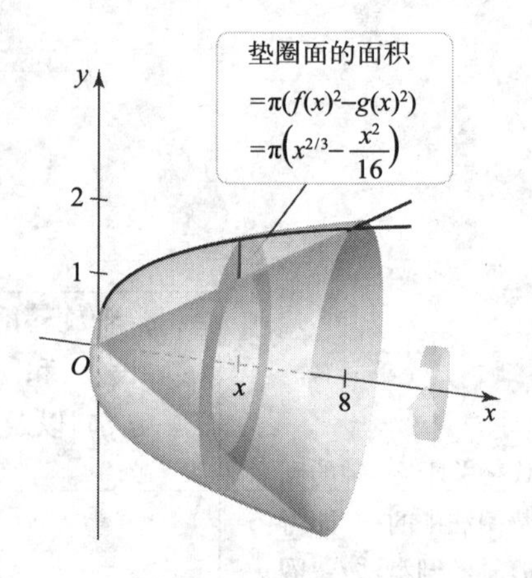

图 6.29

相关习题 31～40 ◀

迅速核查 6. 由 $y = x$ 和 $y = x^3$ 在第一象限围成的区域绕 y-轴旋转. 给出所生成的立体的体积积分. ◀

6.3 节 习题

复习题

1. 设在特定点 x 处垂直于 x-轴切割立体. 解释 $A(x)$ 的意义.

2. 描述旋转体是如何生成的.

3. 设曲线 $y = 2x, y = x^2$ 围成的区域绕 x-轴旋转. 写出所得立体的体积积分.

4. 设曲线 $y = 2x, y = x^2$ 围成的区域绕 y-轴旋转. 写出所得立体的体积积分.

5. 为什么圆盘法是一般切片法的特殊情形?

6. 一个立体以圆盘为底且垂直底的截面是正方形. 用什么方法求这个立体的体积?

基本技能

7～14. 一般切片法 用一般切片法求下列立体的体积.

7. 垂直边长为 3, 4, 5 的三角楔形 (用微积分).

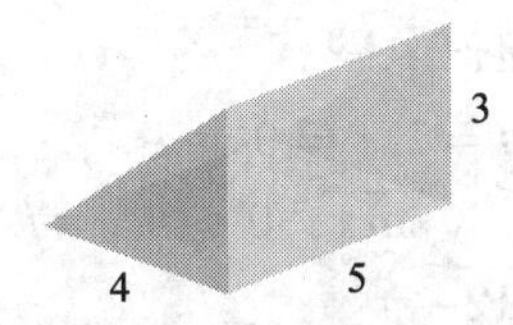

8. 以半径为 5 的圆为底, 垂直于底且平行于 x-轴的截面为等边三角形的立体.

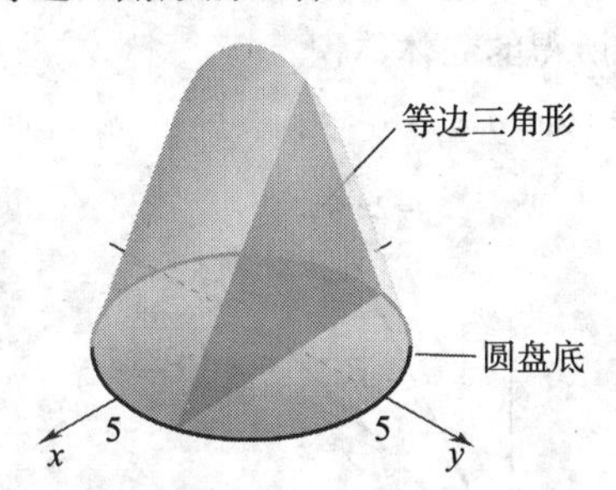

9. 以半径为 5 的圆为底, 垂直于底且平行于直径的截面为正方形的立体.

10. 底为 $y = x^2$ 与直线 $y = 1$ 围成的区域, 垂直于底且平行于 x-轴的截面为正方形的立体.

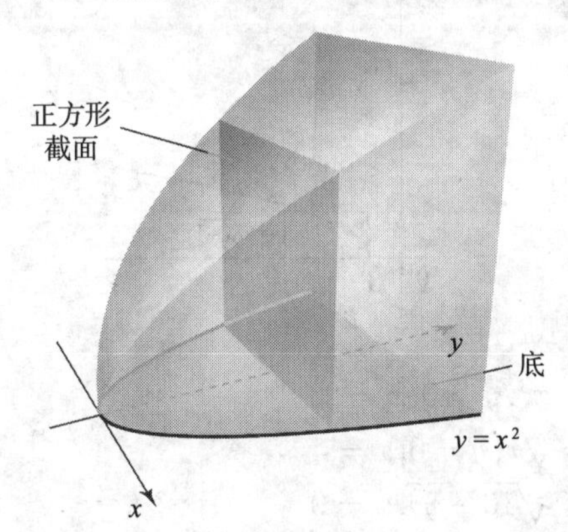

11. 底是以 $(0,0),(2,0),(0,2)$ 为顶点的三角形, 垂直于底且平行于 y-轴的截面为半圆的立体.

12. 以边长是 4m 的正方形为底, 高为 2m 的金字塔 (用微积分).

13. 所有边长都是 4 的四面体 (四个面都是三角形的金字塔).

14. 半径为 r、高为 h 且轴与底的夹角为 $\pi/4$ 的圆柱体.

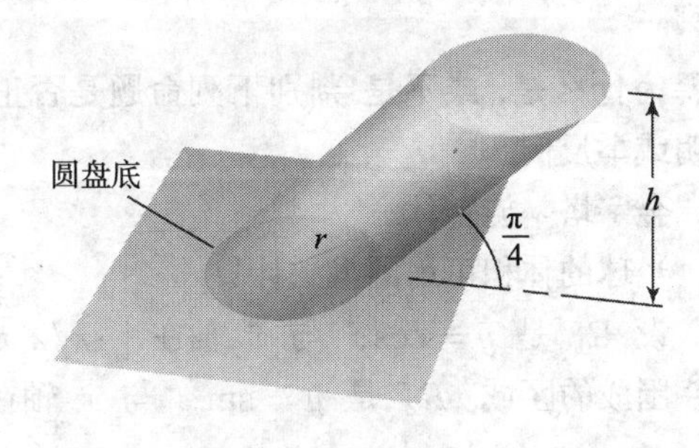

15～22. 圆盘法 设 R 是下列曲线围成的区域. 用圆盘法求 R 绕 x-轴旋转所得的立体体积.

15. $y = 2x, y = 0, x = 3$ (验证结果与圆锥体积公式一致).

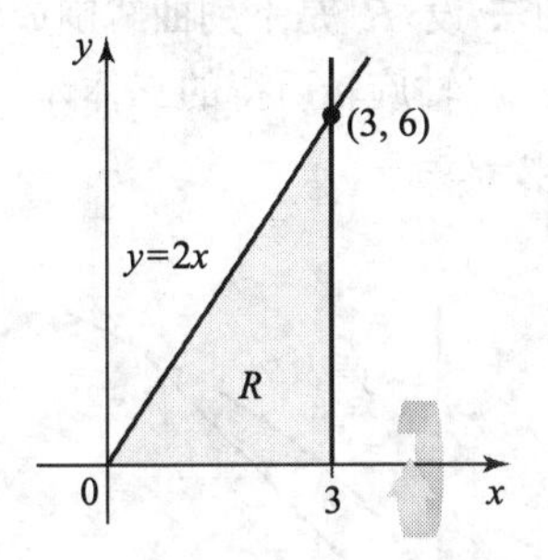

16. $y = 2 - 2x, y = 0, x = 0$ (验证结果与圆锥体积公式一致).

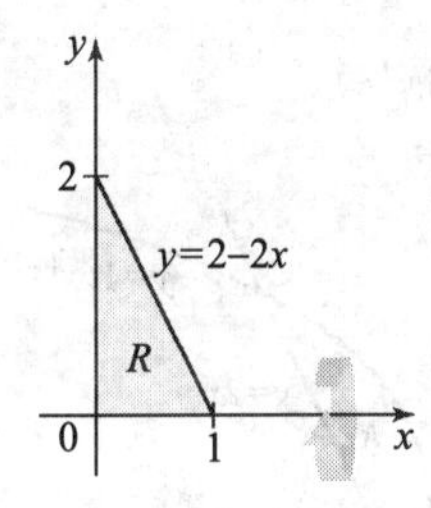

17. $y = 4 - x^2, y = 0, x = 0$.

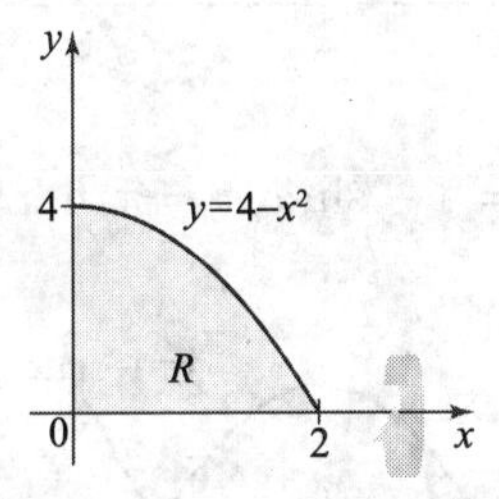

18. $y = \cos x, y = 0$, $x = 0$ (回顾 $\cos^2 x = \frac{1}{2}(1 + \cos 2x)$).

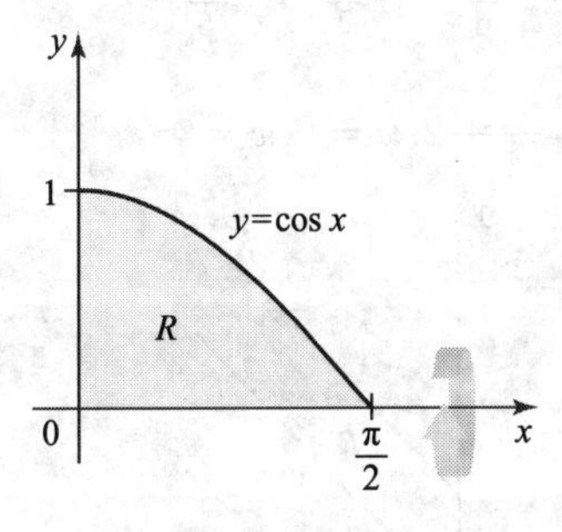

19. $y = \sin x, y = 0$, $0 \leqslant x \leqslant \pi$ (回顾 $\sin^2 x = \frac{1}{2}(1 - \cos 2x)$).

20. $y=\sqrt{25-x^2}, y=0$ (验证结果与球体积公式一致).

21. $y=\dfrac{1}{\sqrt[4]{1-x}}, y=0, x=0$ 和 $x=\dfrac{1}{2}$.

22. $y=\sec x, y=0, x=0$ 和 $x=\pi/4$.

23～30. 垫圈法 设 R 是下列曲线围成的区域. 用垫圈法求 R 绕 x-轴旋转所得的立体体积.

23. $y=x, y=2\sqrt{x}$.

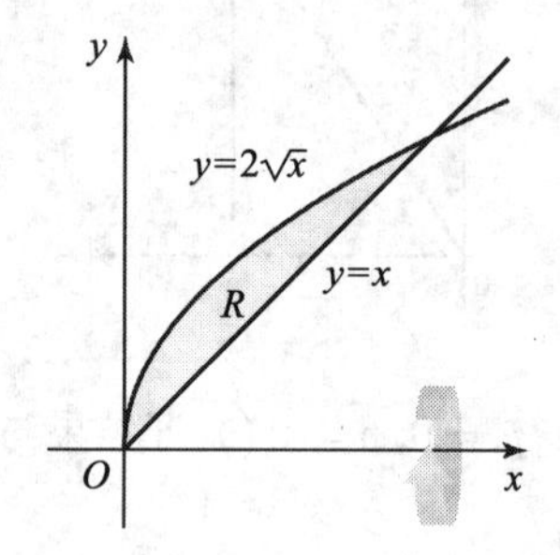

24. $y=2x, y=16x^{1/4}$.

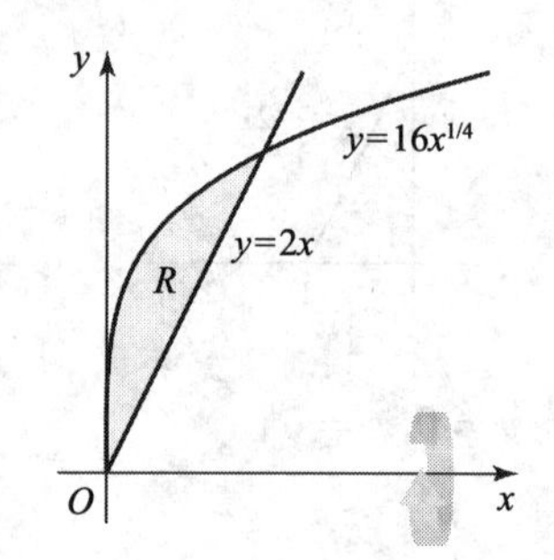

25. $y=\sin x, y=1-\sin x, x=\pi/6, x=5\pi/6$.

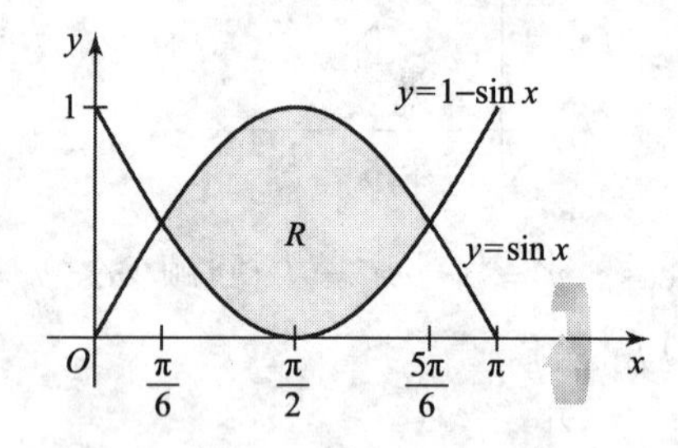

26. $y=x, y=x+2, x=0, x=4$.

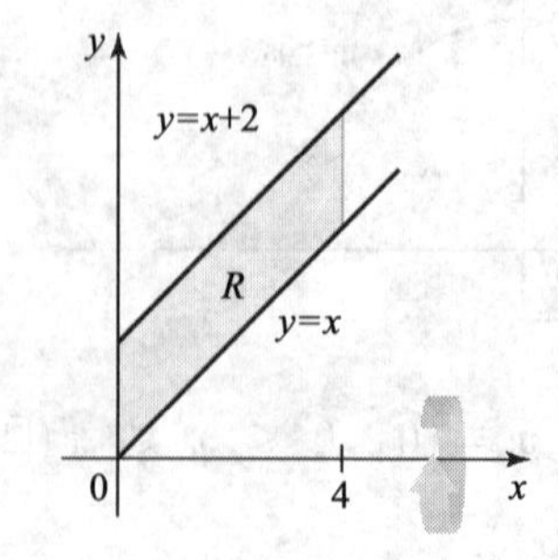

27. $y=4x, y=4x^2-x^3$.

28. $y=\sqrt{\sin x}, y=1, x=0$.

29. $y=\sin x, y=\sqrt{\sin x},\ 0\leqslant x\leqslant \pi/2$.

30. $y=|x|, y=12-x^2$.

31～36. 关于 y-轴的圆盘法/垫圈法 设 R 是下列直线与曲线围成的区域. 用圆盘法或垫圈法求 R 绕 y-轴旋转所得的立体体积.

31. $y=x, y=2x, y=6$.

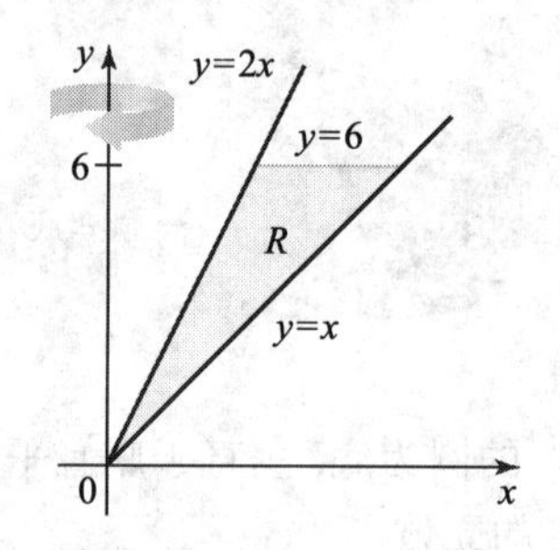

32. $y=0, y=\sqrt{x-1}, y=2, x=0$.

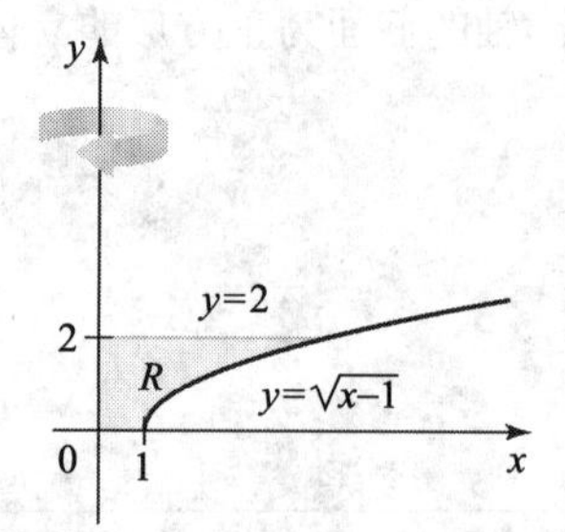

33. $y=x^3, y=0, x=2$.

34. $y=\sqrt{x}, y=0, x=4$.

35. $x=\sqrt{16-y^2}, x=0$.

36. $y=2+\sqrt{x}, y=2-\sqrt{x}, x=4$.

37～40. 哪个大? 对下列区域 R, 判断 R 绕 x-轴和 y-轴旋转所得的立体体积哪个大.

37. R 由 $y=2x$, x-轴及 $x=5$ 围成.

38. R 由 $y=4-2x$, x-轴及 y-轴围成.

39. R 由 $y=1-x^3$, x-轴及 y-轴围成.

40. R 由 $y=x^2$, $y=\sqrt{8x}$ 围成.

深入探究

41. 解释为什么是, 或不是 判别下列命题是否正确, 并证明或举反例.

a. 金字塔是旋转体.

b. 半球的体积可用圆盘法计算.

c. 设 R_1 是 $y=\cos x$ 与 x-轴在 $[-\pi/2,\pi/2]$ 上围成的区域, R_2 是 $y=\sin x$ 与 x-轴在 $[0,\pi]$

上围成的区域. R_1 和 R_2 绕 x-轴旋转所得立体的体积相等.

42～46. 旋转体 求旋转体的体积. 画问题中的区域草图.

42. 由 $y=4/\sqrt{x+1}$, $y=1$ 及 $x=0$ 围成的区域绕 y-轴旋转.

43. 由 $y=x^{-3/2}$, $y=1$, $x=1$ 及 $x=6$ 围成的区域绕 x-轴旋转.

44. 由 $y=\sec x$, $y=2$ 及 $x=0$ 围成的区域绕 x-轴旋转.

45. 由 $y=x^{1/3}$, $y=4-x^{1/3}$ 及 $x=0$ 围成的区域绕 y-轴旋转.

46. 由 $y=x^{-1}$, $y=0$, $x=1$ 及 $x=p>0$ 围成的区域绕 x-轴旋转 ($p\to\infty$ 时体积有界吗?).

47. 费马的体积计算 (1636) 设 R 是由 $y=\sqrt{x+a}(a>0)$, y-轴和 x-轴围成的区域. 设 S 是 R 绕 y-轴旋转所得的立体, T 是与 S 有相同的底及高为 $\sqrt{a}$ 的内接圆锥. 证明体积 (S)/体积 $(T)=\dfrac{8}{5}$.

48. 由分段函数得到的立体 设

$$f(x)=\begin{cases} x, & 0\leqslant x\leqslant 2 \\ 2x-2, & 2<x\leqslant 5 \\ -2x+18, & 5<x\leqslant 6 \end{cases}.$$

求由 f 的图像, x-轴及直线 $x=6$ 围成的区域绕 x-轴旋转所得的立体体积.

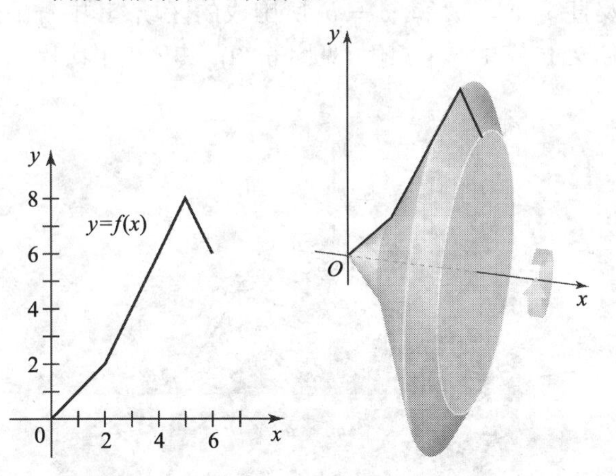

49. 由积分求立体 画旋转体, 其由圆盘法得到的体积由以下积分给出. 指出生成该立体的函数. 解不是唯一的.

a. $\displaystyle\int_0^{\pi}\pi\sin^2 x dx$.　　**b.** $\displaystyle\int_0^{2}\pi(x^2+2x+1)dx$.

附加练习

50. 木质物体的体积 一个从旋床取下来的木质物体长 50cm, 直径 (以 cm 度量) 如图所示. (旋床是旋转并切开木块使其有圆形截面的工具.) 用黎曼左和估计该物体的体积.

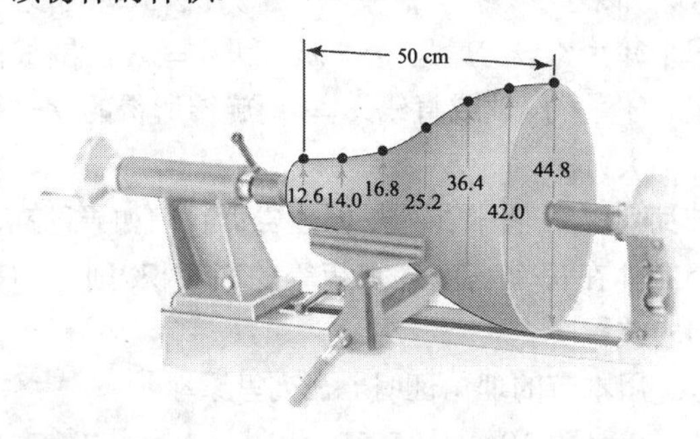

51. 圆柱, 圆锥及半球 高为 R、半径为 R 的正圆柱的体积是 $V_C=\pi R^3$ (高 = 半径).

a. 求与圆柱同底、高为 R 且内接于圆柱的圆锥体积. 用 V_C 表示这个体积.

b. 求内接于圆柱且与圆柱同底的半球体积. 用 V_C 表示这个体积.

52. 碗里的水 半径为 8 英寸的半球形碗装有深 h 英寸的水, $0\leqslant h\leqslant 8$. 把碗里水的体积表示成 h 的函数. (检验特殊情形 $h=0$ 和 $h=8$.)

53. 环体 (油炸圈饼) 求圆心为 $(3,0)$、半径为 2 的圆绕 y-轴旋转所得的圆环体体积. 用几何方法计算积分.

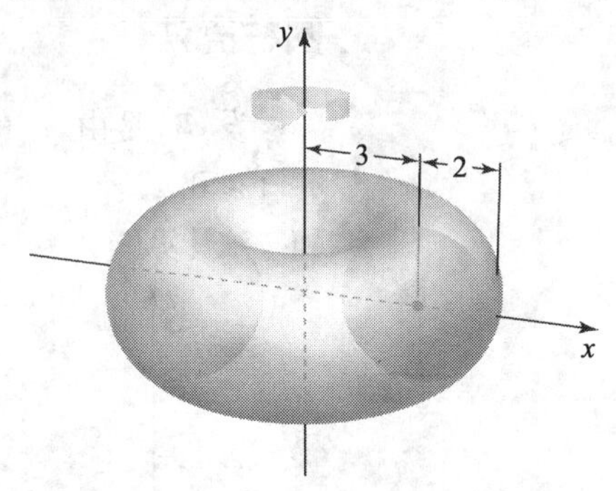

54～58. 不同的旋转轴 求第一象限内 $y=x^2, y=4$ 及 $x=0$ 围成的区域绕下列直线旋转所得的立体体积.

54. y-轴

55. $y=-2$.

56. $x=-1$.

57. $y=6$.

58. $x=2$.

59. 不同的旋转轴 设 R 是 $y=f(x)$ 和 $y=g(x)$ 在区间 $[a,b]$ 上围成的区域, 其中 $f(x)\geqslant g(x)\geqslant 0$.

a. 如果 R 绕位于 R 下方的水平线 $y=y_0$ 旋转，证明由垫圈法所得的立体体积是

$$V=\int_a^b \pi[(f(x)-y_0)^2-(g(x)-y_0)^2]dx.$$

b. 如果直线 $y=y_0$ 在 R 上方，公式如何变化？

60. 哪个较大？ 设 R 是 $y=x^2$ 和 $y=\sqrt{x}$ 围成的区域. R 绕 x-轴或直线 $y=1$ 旋转所得的立体体积哪个大？

61. 卡瓦列里原理 卡瓦列里原理告诉我们如果同高的两个立体在每个高度处有相等的截面积，则它们有相同的体积.

a. 用本节的理论证明卡瓦列里原理.

b. 求高为 10m 且与 $2\,\mathrm{m}\times 2\,\mathrm{m}\times 10\,\mathrm{m}$ 的长方体同体积的圆柱体的半径.

62. 求体积极限 考虑由 $y=x^{1/n}$ 和 $y=x^n$ 在第一象限内围成的区域 R.

a. 求 R 绕 x-轴旋转所得的立体体积 $V(n)$. 用 n 表示答案.

b. 求 $\lim\limits_{n\to\infty} V(n)$. 解释这个极限的几何意义.

迅速核查 答案

1. A 在 $[a,b]$ 上的平均值是 $\overline{A}=\dfrac{1}{b-a}\displaystyle\int_a^b A(x)dx$，因此 $V=(b-a)\overline{A}$.

2. $A(x)=(2-2x^2)^2$.

3. (a) 高为 2、半径为 2 的圆柱体; (b) 高为 2、底面半径为 2 的圆锥.

4. 当 $g(x)=0$ 时，垫圈法 $V=\displaystyle\int_a^b \pi(f(x)^2-g(x)^2)dx$ 退化到圆盘法 $V=\displaystyle\int_a^b \pi f(x)^2dx$.

5. (a) 内半径 $=\sqrt{x}+1$; (b) 外半径 $=x^2+1$.

6. $\displaystyle\int_0^1 \pi(y^{2/3}-y^2)dy$.

6.4 用柱壳法求体积

我们可以用圆盘法/垫圈法解决很多富有挑战性的体积问题. 然而仍有一些问题很难用这个方法解决. 由于这个原因，我们把对体积问题的讨论扩展到柱壳法. 它与圆盘法/垫圈法一样，用来计算旋转体的体积.

圆柱壳法

设 R 是由 f 的图像、x-轴以及直线 $x=a$ 和 $x=b$ 所围成的区域，其中 $f(x)\geqslant g(x)\geqslant 0, a\leqslant x\leqslant b$. 当 R 绕 y-轴旋转时，产生一个立体 (见图 6.30)，其体积用切片 — 求和方法计算.

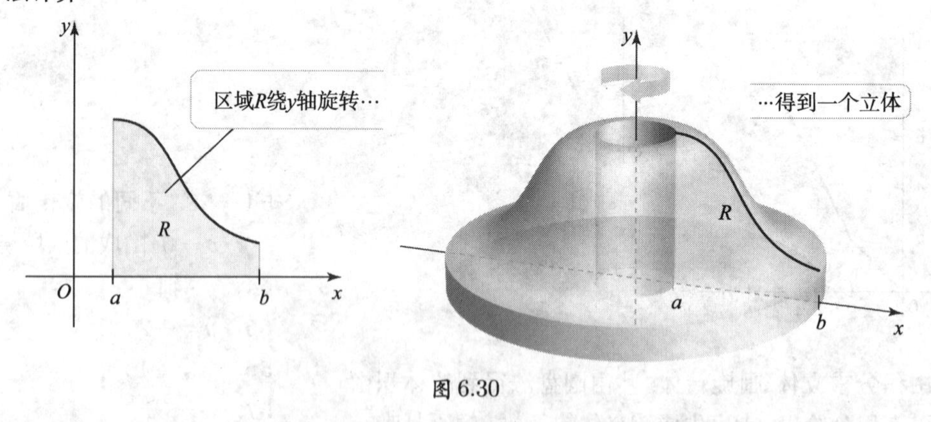

图 6.30

我们把 $[a,b]$ 分成 n 个长为 $\Delta x=(b-a)/n$ 的子区间并确定第 k 个子区间上的任意点为 $\overline{x}_k, k=1,2,\cdots,n$. 现在观察第 k 个子区间上高为 $f(\overline{x}_k)$、宽为 Δx 的矩形 (见图 6.32). 它绕 x-轴旋转时扫出一个圆柱形薄壳.

把第 k 个圆柱壳展开 (见图 6.32), 得到一个近似的长方形薄板. 薄板的近似长度是半径为 $\overline{x}_k$ 的圆周长, 即 $2\pi\overline{x}_k$. 薄板的高就是原来的矩形的高 $f(\overline{x}_k)$, 厚度是 Δx, 因此, 第 k 个壳的体积近似为

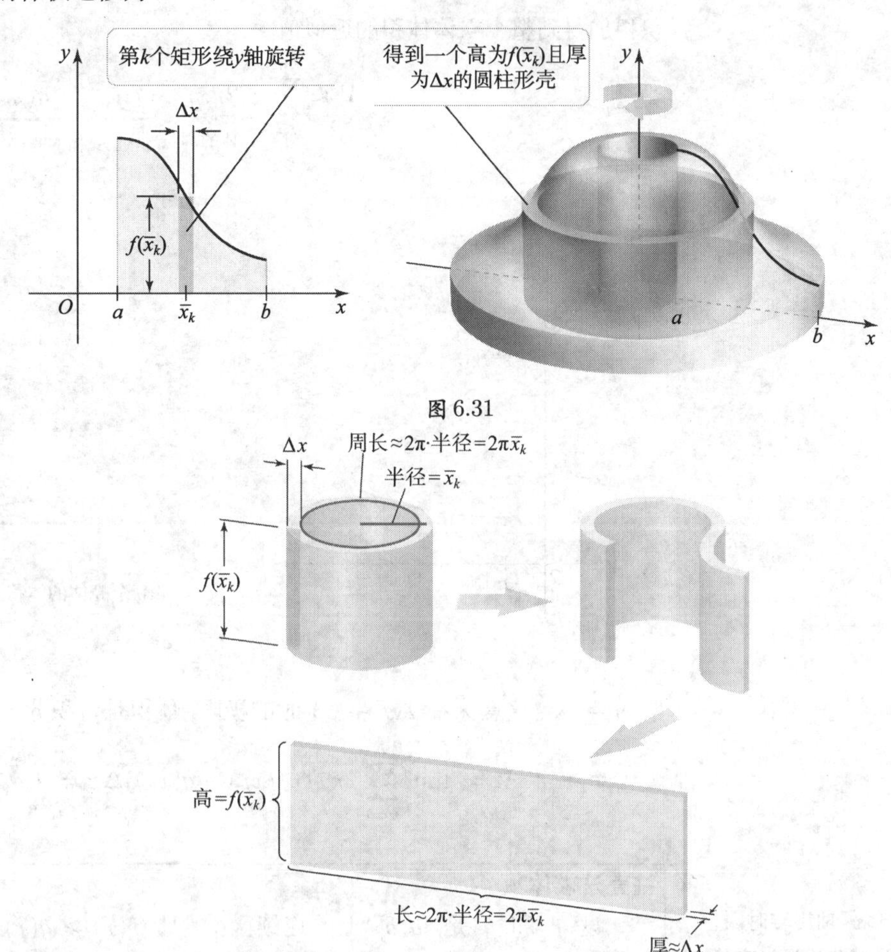

图 6.31

图 6.32

$$\underbrace{2\pi\overline{x}_k}_{\text{长}} \cdot \underbrace{f(\overline{x}_k)}_{\text{高}} \cdot \underbrace{\Delta x}_{\text{厚}} = 2\pi\overline{x}_k f(\overline{x}_k)\Delta x.$$

不要死记硬背, 要理解这个公式中各因式的意义: $f(x)$ 是单个圆柱壳的高, $2\pi x$ 是壳的周长, dx 对应于壳的厚度. 因此, $2\pi x f(x)dx$ 表示单个壳的体积. 我们把 $x=a$ 与 $x=b$ 之间的体积加起来. 注意, 到柱壳法的被积函数是半径为 $x(a \leqslant x \leqslant b)$ 的壳表面积函数 $A(x)$.

将这 n 个圆柱壳的体积相加得到整个立体体积的近似值:

$$V \approx \sum_{k=1}^{n} 2\pi\overline{x}_k f(\overline{x}_k)\Delta x.$$

当 n 增加及 Δx 趋于 0 时, 我们得到用定积分表示的立体体积为

$$V = \lim_{n\to\infty}\sum_{k=1}^{n} \underbrace{2\pi\overline{x}_k}_{\text{壳的周长}} \overbrace{f(\overline{x}_k)}^{\text{壳的高}} \underbrace{\Delta x}_{\text{壳的厚度}} = \int_a^b 2\pi x f(x)dx.$$

在介绍例题前, 我们像圆盘法所做的一样推广这个方法. 设 R 是两条曲线 $y=f(x)$ 和 $y=g(x)$ 围成的区域, 其中 $f(x) \geqslant g(x), a \leqslant x \leqslant b$ (见图 6.33). R 绕 y-轴旋转时得到的立体体积是什么?

情况与我们刚刚考虑过的情形相似. R 的一个典型的矩形扫出一个圆柱壳, 但现在第 k 个壳的高是 $f(\overline{x}_k)-g(\overline{x}_k)$, $k=1,2,\cdots,n$. 与以前一样, 我们取第 k 个壳的半径为 $\overline{x}_k$, 这意味着第 k 个壳的体积近似为 $2\pi\overline{x}_k(f(\overline{x}_k)-g(\overline{x}_k))\Delta x$ (见图 6.33). 将所有这些壳的体积相加得到整个立体体积的近似值:

$$V\approx\sum_{k=1}^{n}\underbrace{2\pi\bar{x}_k}_{\text{壳体的周长}}\underbrace{(f(\bar{x}_k)-g(\bar{x}_k))}_{\text{壳体的高}}\Delta x$$

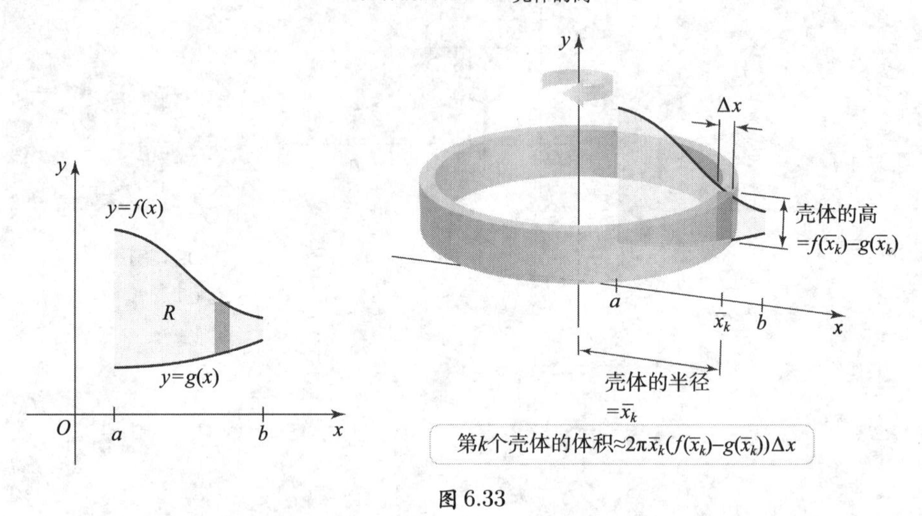

图 6.33

取 $n\to\infty$ (这意味着 $\Delta x\to 0$) 时的极限, 体积是定积分

$$V=\lim_{n\to\infty}\sum_{k=1}^{n}2\pi\bar{x}_k(f(\bar{x}_k)-g(\bar{x}_k))\Delta x=\int_a^b 2\pi x(f(x)-g(x))dx.$$

当 R 绕 x-轴旋转时, 柱壳法的类似公式通过交换 x 和 y 的角色得到:

$$V=\int_c^d 2\pi y(f(y)-g(y))dy.$$

柱壳法求体积

设 f 和 g 是 $[a,b]$ 上的连续函数, 且 $f(x)\geqslant g(x)$. 如果 R 是曲线 $y=f(x)$ 和 $y=g(x)$ 在直线 $x=a$ 与 $x=b$ 之间所围成的区域, 则 R 绕 y-轴旋转所得的立体体积是

$$V=\int_a^b 2\pi x(f(x)-g(x))dx.$$

例 1　正弦碗 设 R 是 $f(x)=\sin x^2$ 的图像、x-轴及垂直线 $x=\sqrt{\pi/2}$ 围成的区域 (见图 6.34). 求 R 绕 y-轴旋转所得的立体体积.

用柱壳法计算体积时, 最好在 xy- 平面内作区域 R 的草图并画出一个穿过区域生成典型壳的切片.

解　R 绕 y-轴旋转得一个碗形区域 (见图 6.35). 一个典型圆柱壳的半径为 x, 高为 $f(x)=\sin x^2$. 因此, 用柱壳法求体积得

$$V=\int_a^b 2\pi xf(x)dx=\int_0^{\sqrt{\pi/2}}2\pi x\sin x^2dx.$$

现在我们进行变量替换 $u=x^2$, 得 $du=2xdx$. 下限 $x=0$ 变为 $u=0$, 上限 $x=\sqrt{\pi/2}$ 变为 $u=\pi/2$. 立体的体积是

$$V=\int_0^{\sqrt{\pi/2}}2\pi x\sin x^2dx\ =\pi\int_0^{\pi/2}\sin udu\quad(u=x^2,du=2xdx)$$

$$= \pi(-\cos u)\Big|_0^{\pi/2} \qquad \text{(基本定理)}$$

$$= \pi[0-(-1)] = \pi. \qquad \text{(化简)}$$

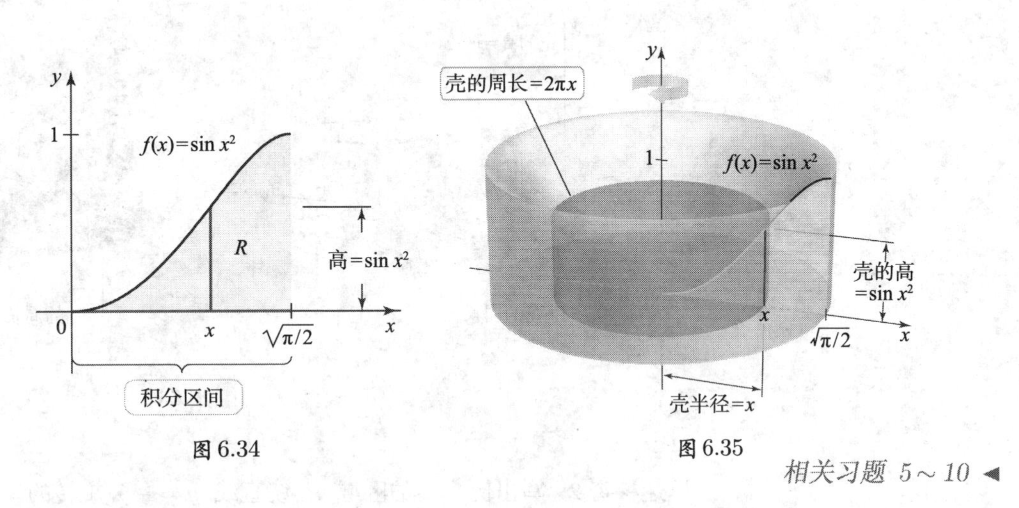

图 6.34

图 6.35

相关习题 5～10 ◀

迅速核查 1. 由 x-轴、直线 $y=2x$ 及 $x=1$ 围成的三角形绕 y-轴旋转. 用柱壳法写出等于所得立体体积的积分. ◀

我们可以用圆盘法/垫圈法求体积, 但注意到这个方法需要把区域分成两个子区域. 较好的方法是用柱壳法沿 y-轴积分.

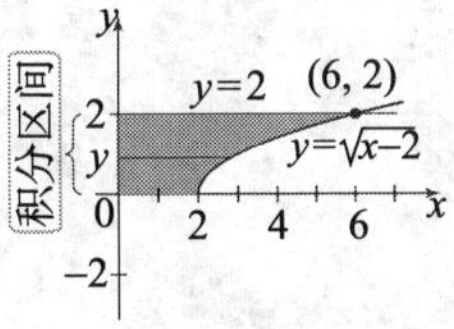

图 6.36

例 2 **关于 x-轴的壳** 设 R 是由 $y=\sqrt{x-2}$ 的图像与直线 $y=2$ 在第一象限内围成的区域.

a. 求 R 绕 x-轴旋转所得的立体体积.

b. 求 R 绕直线 $y=-2$ 旋转所得的立体体积.

解

a. 由于旋转是绕 x-轴进行的, 于是用柱壳法的积分是关于 y 的. 一个典型的壳平行于 x-轴, 其半径为 $y, 0\leqslant y\leqslant 2$; 这个壳从 y-轴延伸到曲线 $y=\sqrt{x-2}$ (见图 6.36). 我们从 $y=\sqrt{x-2}$ 中解得 $x=y^2+2$, 这是壳在点 y 处的高 (见图 6.37(a)). 对 y 积分得立体的体积是

$$V=\int_0^2 \underbrace{2\pi y}_{\text{壳体的周长}}\ \underbrace{(y^2+2)}_{\text{壳体的高}}dy = 2\pi\int_0^2 (y^3+2y)dy = 16\pi.$$

b. R 绕直线 $y=-2$ 旋转得到一个有圆柱形洞的立体 (见图 6.37(b)). 为求立体的体积, 我们对 (a) 中的计算作一个变化: 在点 y 处典型壳的半径现在是 $y+2$ (到 x-轴的距离加上从 x-轴到旋转轴的 2 个单位). 由于这个变化, 立体的体积是

$$V=\int_0^2 \underbrace{2\pi(y+2)}_{\text{壳体的周长}}\underbrace{(y^2+2)}_{\text{壳体的高}}dy = 2\pi\int_0^2 (y^3+2y^2+2y+4)dy = \frac{128\pi}{3}.$$

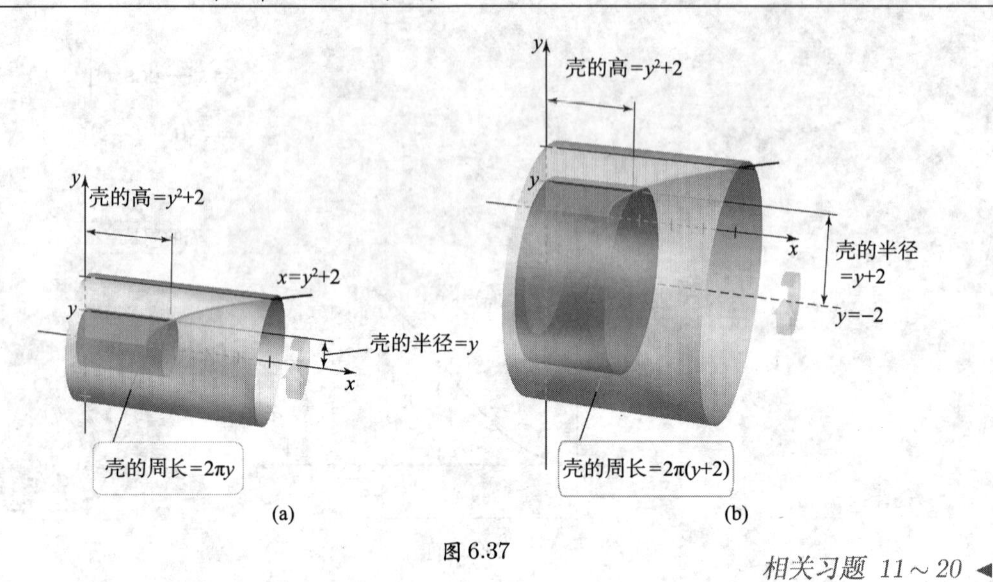

图 6.37

相关习题 11～20 ◀

迅速核查 2. 写出例 2 中的区域 R 绕直线 $y=-5$ 旋转的体积积分. ◀

例 3　带洞球的体积 从半径为 R 的一个球中经过球心对称地钻一个半径为 r 的圆柱形洞, 其中 $r \leqslant R$. 剩下的物质的体积是多少?

解　选择圆柱形洞的旋转轴为 y-轴. 我们用 D 表示 xy-平面内由半径为 R 的上半圆曲线 $f(x)=\sqrt{R^2-x^2}$ 和下半圆曲线 $g(x)=-\sqrt{R^2-x^2}$ 围成的区域, $r \leqslant x \leqslant R$ (见图 6.38(a)). 切片在 $x=r$ 与 $x=R$ 之间与 x-轴垂直. 当切片绕 y-轴旋转时, 扫出一个圆柱壳, 它与穿过球的洞同轴 (见图 6.38(b)). 典型壳的半径为 x, 高为 $f(x)-g(x)=2\sqrt{R^2-x^2}$. 因此, 球内剩下的物质的体积是

$$
\begin{aligned}
V &= \int_r^R 2\pi x(2\sqrt{R^2-x^2})dx \\
&= -2\pi \int_{R^2-r^2}^{0} \sqrt{u}du \quad (u=R^2-x^2, du=-2xdx) \\
&= 2\pi\left(\frac{2}{3}u^{3/2}\right)\bigg|_0^{R^2-r^2} \qquad \text{(微积分基本定理)} \\
&= \frac{4\pi}{3}(R^2-r^2)^{3/2}. \qquad \text{(化简)}
\end{aligned}
$$

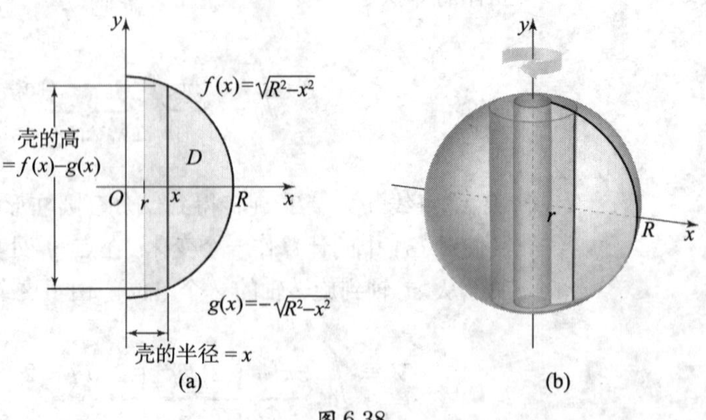

图 6.38

通过检验特殊情形核查结果是重要的. 在 $r = R$ (洞的半径等于球的半径) 的情形下, 我们计算的结果是体积为 0, 这是正确的. 在 $r = 0$ (球内没有洞) 的情形下, 我们计算的结果是球的正确体积 $\frac{4}{3}\pi R^3$.

相关习题 21 ~ 26 ◀

重建顺序

在使用切片法、圆盘法、垫圈法和柱壳法之后, 可能会感到有些不知所措. 如何选择一种方法以及哪种方法最好?

首先注意到圆盘法仅仅是垫圈法的一种特殊情形. 因此对于旋转体, 选择就在垫圈法和柱壳法之间进行. 原则上任何一种方法都能用. 但实际上一种方法产生的积分通常比另一种方法容易计算. 下表总结了这些方法.

总结	圆盘/垫圈法和柱壳法
关于 x 积分	**绕 x 轴的圆盘/垫圈法** 圆盘/垫圈垂直于 x 轴 $\int_a^b \pi(f(x)^2 - g(x)^2)dx$
	绕 y 轴的壳体法 壳平行于 y 轴 $\int_a^b 2\pi x(f(x) - g(x))dx$
关于 y 积分	**绕 y 轴的圆盘/垫圈法** 圆盘/垫圈垂直于 y 轴 $\int_c^d \pi(p(y)^2 - q(y)^2)dy$
	绕 x 轴的壳法 壳平行于 x 轴 $\int_c^d 2\pi y(p(y) - q(y))dy$

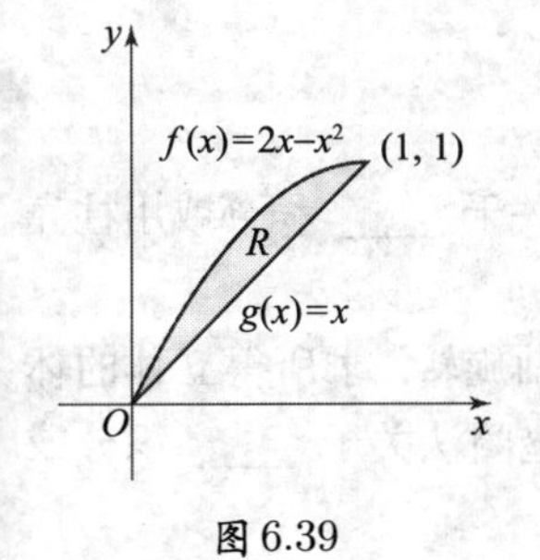

图 6.39

例 4 哪个方法求体积? 区域 R 是由 $f(x) = 2x - x^2$ 和 $g(x) = x$ 在区间 $[0,1]$ 上所围成的区域 (见图 6.39). 用垫圈法和柱壳法求 R 绕 x-轴旋转形成的立体体积.

解 解方程 $f(x) = g(x)$, 我们得两条曲线相交于点 $(0,0)$ 和 $(1,1)$. 用垫圈法, 上边界曲线是 f 的图像, 下边界曲线是 g 的图像, 一个典型的垫圈垂直于 x-轴 (见图 6.40). 因此, 体积是

$$\begin{aligned} V &= \int_0^1 \pi((2x-x^2)^2 - x^2)dx \qquad (\text{垫圈法}) \\ &= \pi \int_0^1 (x^4 - 4x^3 + 3x^2)dx \qquad (\text{展开被积函数}) \\ &= \pi \left(\frac{x^5}{5} - x^4 + x^3 \right) \Big|_0^1 = \frac{\pi}{5}. \qquad (\text{求积分}) \end{aligned}$$

柱壳法需要把右边界曲线表示成 $x = p(y)$ 的形式, 把左边界曲线表示成 $x = q(y)$ 的形式. 右边的曲线是 $x = y$. 从 $y = 2x - x^2$ 中解出 x, 我们发现 $x = 1 - \sqrt{1-y}$ 描述左边的曲线. 一个典型的壳平行于 x-轴 (见图 6.41). 因此, 体积是

$$V = \int_0^1 2\pi y[\underbrace{y}_{p(y)} - \underbrace{(1 - \sqrt{1-y})}_{q(y)}]dy.$$

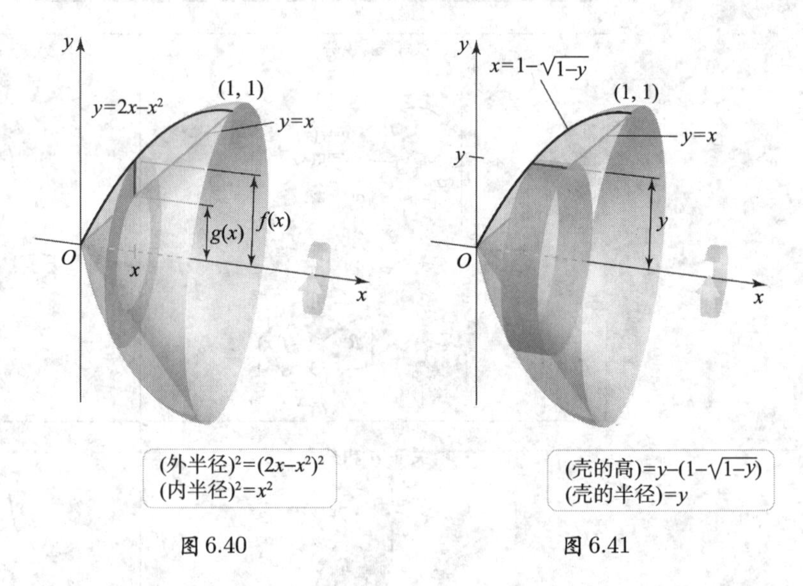

图 6.40　　　　图 6.41

为从 $y = 2x - x^2$ 中解出 x, 把方程写成 $x^2 - 2x + y = 0$, 配方或用二次公式.

虽然这个积分可以计算 (等于 $\frac{\pi}{5}$), 但它显然比垫圈法得到的积分更难. 在这种情形下, 垫圈法更好用. 当然对其他问题, 可能柱壳法更好用. *相关习题 27～32* ◂

迅速核查 3. 设例 4 中的区域绕 y-轴旋转, 由哪个方法 (垫圈法或柱壳法) 得到的积分较简单? ◂

6.4 节 习题

复习题

1. 设 f 和 g 是在 $[a,b]$ 上满足 $f(x) \geqslant g(x) \geqslant 0$ 的连续函数. f 和 g 的图像、直线 $x = a$ 与直线 $x = b$ 围成的区域绕 y-轴旋转. 用柱壳法写出等于所得立体体积的积分.

2. 填空: 区域 R 绕 y-轴旋转. 求所得立体的体积 (理论上) 能用圆盘法/垫圈法关于 ____ 积分或用柱壳法关于 ____ 积分.

3. 填空: 一个区域 R 绕 x-轴旋转. 求所得立体的体积 (理论上) 能用圆盘法/垫圈法关于 ____ 积分或用柱壳法关于 ____ 积分.

4. 计算柱壳法的积分比垫圈法的容易吗? 解释理由.

基本技能

5～10. 柱壳法 设 R 是由下列曲线围成的区域. 用柱壳法求 R 绕 y-轴旋转所得的立体体积.

5. $y=\dfrac{x}{2}+1$, $y=0$, $x=0$, $x=2$.

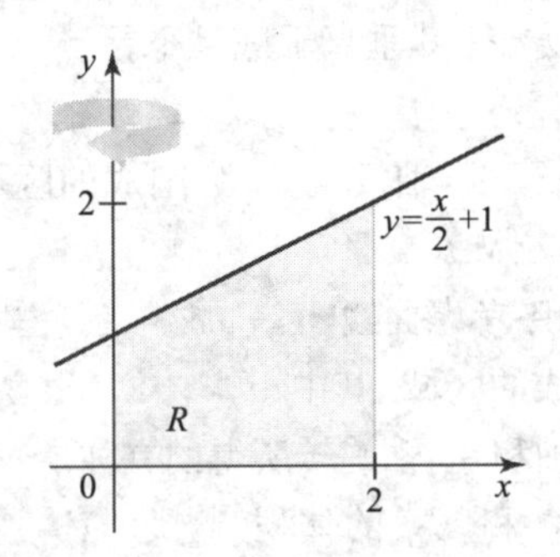

6. $y=6-x, y=0, x=2$, $x=4$.

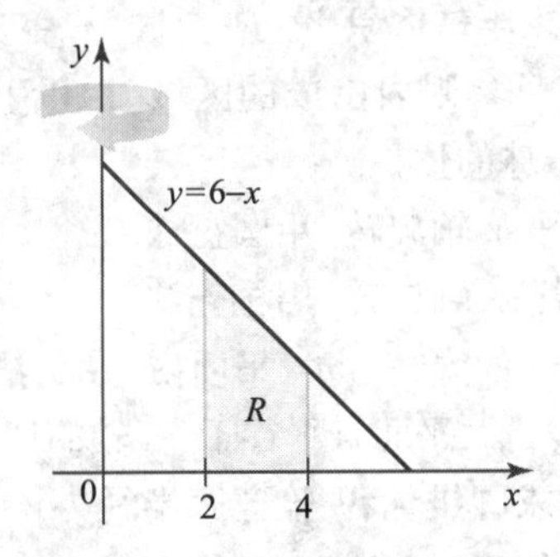

7. $y=3x, y=3$, $x=0$ (用微积分).

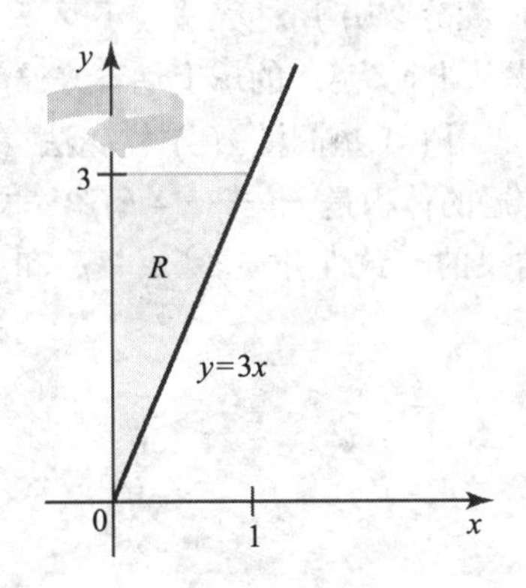

8. $y=\sqrt{x}, y=0$, $x=4$.

9. $y=\cos x^2, y=0, 0\leqslant x\leqslant\sqrt{\pi/2}$.

10. $y=\sqrt{4-2x^2}, y=0$, $x=0$, 在第一象限.

11～16. 柱壳法 用柱壳法求 R 绕 x-轴旋转所得的立体体积.

11. $y=\sqrt{x}, y=0$, $x=4$.

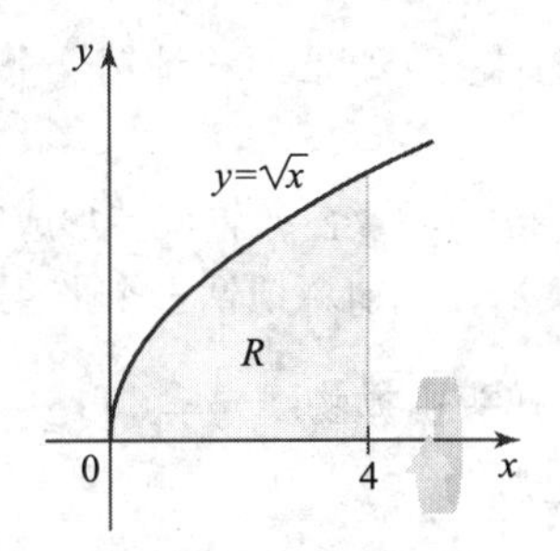

12. $y=8, y=2x+2, x=0$, $x=2$.

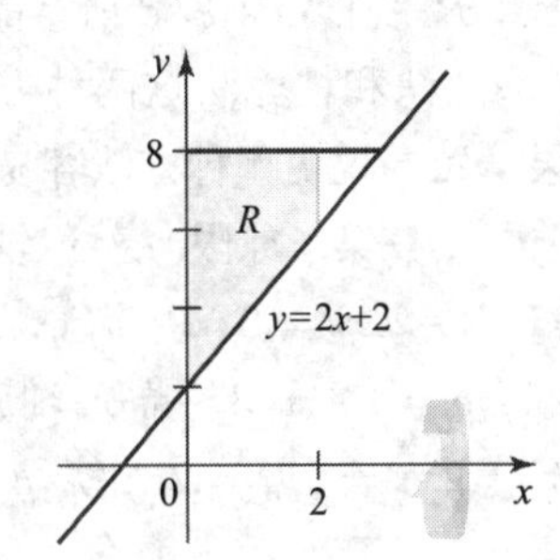

13. $y=4-x, y=2$, $x=0$.

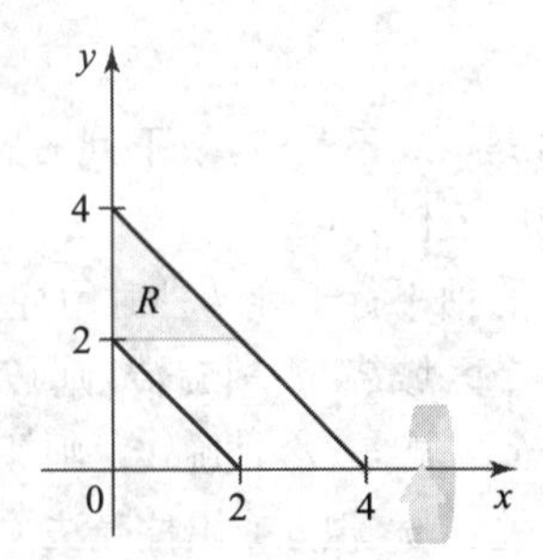

14. $y=x^3, y=8$, $x=0$.

15. $y=2x^{-3/2}, y=2, y=16$, $x=0$.

16. $y=\sqrt{50-2x^2}$, 在第一象限.

17～20. 绕其他直线的柱壳法 设 R 是 $y=x^2, x=1$ 及 $y=0$ 围成的区域. 用柱壳法求 R 绕下列直线旋转所得的立体体积.

17. $x=-2$.

18. $x=2$.

19. $y=-2$.

20. $y=2$.

21～26. 柱壳法 用柱壳法求下列立体的体积.

21. 半径为 3、高为 8 的直圆锥.

22. 从高为 6、半径为 4 的直圆柱沿其轴对称地钻一个半径为 2 的洞所形成的立体.

23. 从高为 9、半径为 6 的直圆锥沿其轴对称地钻一个半径为 3 的洞所形成的立体.

24. 半径为 6 的球关于球心对称地钻一个半径为 3 的洞形成的立体.

25. 椭圆 $x^2+2y^2=4$ 绕 y-轴旋转形成的椭球.

26. 从一颗弹头沿其轴对称地钻一个半径 $r \leqslant R$ 的洞形成的立体. 弹头由抛物线 $y=6\left(1-\dfrac{x^2}{R^2}\right), 0 \leqslant x \leqslant R$ 绕 y-轴旋转得到.

27～32. **垫圈法对柱壳法** 设 R 是以下曲线围成的区域. 令 S 表示 R 绕指定轴旋转所得的立体. 如果可能, 用圆盘/垫圈法和柱壳法这两种方法求 S 的体积. 验证结果一致并说明哪种方法容易应用.

27. $y=x, y=x^{1/3}$, 在第一象限; 绕 x 轴旋转.

28. $y=x^2/8, y=2-x, x=0$; 绕 y 轴旋转.

29. $y=1/(x+1), y=1-x/3$; 绕 x 轴旋转.

30. $y=(x-2)^3-2, x=0, y=25$; 绕 y 轴旋转.

31. $y=16-x^2, y=8-2x, x=0$; 绕 x 轴旋转.

32. $y=6/(x+3), y=2-x$; 绕 x 轴旋转.

深入探究

33. **解释为什么是, 或不是** 判断下列命题是否正确, 并说明理由或举反例.

a. 圆柱壳的轴平行于旋转轴时用柱壳法.

b. 如果一个区域绕 y-轴旋转, 则必须用柱壳法.

c. 如果一个区域绕 x-轴旋转, 则理论上可用圆盘/垫圈法关于 x 积分或用柱壳法关于 y 积分.

34～36. **旋转体** 求下列旋转体的体积. 作问题中的区域草图.

34. $y=(1-x)^{-1/2}, y=1, y=2$ 及 $x=0$ 围成的区域绕 y-轴旋转.

35. $y=1/x^3, y=0, x=2$ 及 $x=4$ 围成的区域绕 y-轴旋转.

36. $y=(x^2+1)^{-1/3}, y=0, x=0$ 及 $x=\sqrt{7}$ 围成的区域绕 y-轴旋转.

37～44. **选择方法** 选择方法求下列立体的体积.

37. 由 $y=x^2$ 及 $y=2-x^2$ 围成的区域绕 x-轴旋转形成的立体.

38. 由 $y=\sec x$ 及 $y=2$ 在区间 $[0,\pi/3]$ 上围成的区域绕 x-轴旋转形成的立体.

39. 由 $y=x, y=2x+2, x=2$ 及 $x=6$ 围成的区域绕 y-轴旋转形成的立体.

40. 由 $y=x^3$, x-轴及 $x=2$ 围成的区域绕 x-轴旋转形成的立体.

41. 底是 $y=x^2$ 及直线 $y=1$ 围成的区域, 其垂直于底且平行于 x-轴的截面是半圆的立体.

42. 由 $y=2, y=2x+2$ 及 $x=6$ 围成的区域绕 y-轴旋转形成的立体.

43. 底是 xy- 平面内以 $(1,0),(0,1),(-1,0),(0,-1)$ 为顶点的正方形, 其垂直于底且平行于 x-轴的截面是半圆的立体.

44. 由 $y=\sqrt{x}$, x-轴及 $x=4$ 围成的区域绕 x-轴旋转形成的立体.

45. **相等的体积** 考虑曲线 $y=ax^2+1, y=0, x=0$ 及 $x=1$ 围成的区域, 其中 $a \geqslant -1$. 设 S_1, S_2 分别是 R 绕 x-轴和 y-轴旋转所得的立体.

a. 求 S_1 和 S_2 的体积 V_1 和 V_2, 用 a 的函数表示.

b. 存在 $a \geqslant -1$ 的值使 $V_1(a)=V_2(a)$ 吗?

46. **几种方法求半球体积** 设 R 是圆 $x^2+y^2=r^2$ 与坐标轴在第一象限内围成的区域. 用以下方法求半径为 r 的半球的体积.

a. R 绕 x-轴旋转, 用圆盘法.

b. R 绕 x-轴旋转, 用柱壳法.

c. 设半球的底在 xy- 平面内, 用一般切片法考虑垂直 xy- 平面且平行于 x-轴的切片.

47. **两种方法求圆锥体积** 验证底半径为 r、高为 h 的正圆锥体积等于 $\pi r^2 h/3$. 用直线 $y=rx/h$, x-轴及直线 $x=h$ 围成的区域绕 x-轴旋转. (a) 用圆盘法关于 x 积分, (b) 用柱壳法关于 y 积分.

48. **球冠** 考虑从半径为 r 的球上切下来厚度为 h 的球冠 (见图). 用 (a) 垫圈法, (b) 柱壳法, (c) 一般切片法验证球冠的体积是 $\pi h^2(3r-h)/3$. 检查这三种方法所得结果的一致性并检验 $h=r$ 和 $h=0$ 的特殊情形.

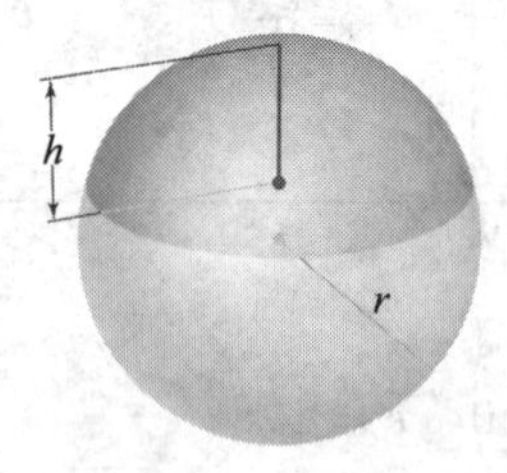

应用

49. **碗里的水** 半径为 8 英寸的半球形碗内有深度为 h 英寸的水, 其中 $0 \leqslant h \leqslant 8$ ($h=0$ 对应着空碗). 用柱壳法求碗里水的体积, 表示成 h 的函数 (检验特

殊情形 $h=0$ 和 $h=8$).

50. 从树上切下的楔子 想象半径为 a 的圆柱形树. 切两刀从树上得到一个楔子: 其中一刀在水平面 P 内且垂直于圆柱的轴, 另一刀与 P 成夹角 θ, 与 P 相交于圆柱的直径 (见图). 楔子的体积是多少?

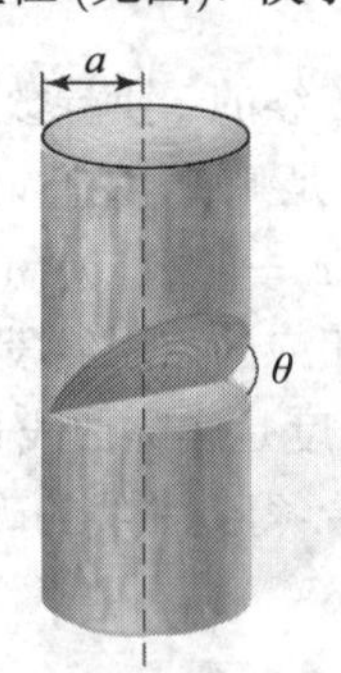

51. 环体 (油炸圈饼) 求圆心为 (3,0)、半径为 2 的圆绕 y-轴旋转所得的圆环体体积. 可能需要用计算机代数系统或积分表计算这个积分.

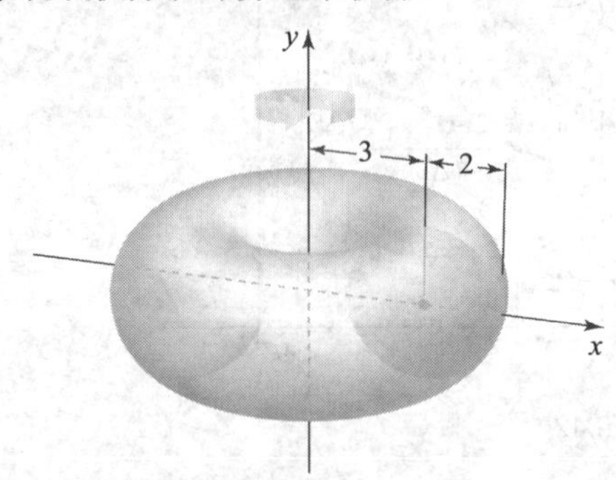

52. 不同旋转轴 设 R 是 $y=f(x)$ 和 $y=g(x)$ 在区间 $[a,b]$ 上围成的区域, 其中 $f(x)\geqslant g(x)$.

a. 证明若 R 绕垂直线 $x=x_0<a$ 旋转, 用柱壳法所得立体的体积是 $V=\int_a^b 2\pi(x-x_0)(f(x)-g(x))dx$.

b. 如果 $x_0>b$, 这个公式有何变化?

附加练习

53. 椭球 以原点为中心的椭圆方程是 $\frac{x^2}{a^2}+\frac{y^2}{b^2}=1$. 椭圆 R 绕任何一个坐标轴旋转所得的立体是椭球.

a. 求 R 绕 x-轴旋转所得的椭球体积 (用 a 和 b 表示).

b. 求 R 绕 y-轴旋转所得的椭球体积 (用 a 和 b 表示).

c. (a) 和 (b) 的结果相等吗? 解释为什么.

54. 变量替换 设对所有 x, $f(x)>0$ 且 $\int_0^4 f(x)dx=10$. 设 R 是由坐标轴、$y=f(x^2)$ 及 $x=2$ 在第一象限内所围成的区域. 求 R 绕 y-轴旋转所得立体的体积.

55. 相等的积分 不计算积分, 解释等式为什么成立. (提示: 画图.)

a. $\pi\int_0^4(8-2x)^2dx=2\pi\int_0^8 y\left(4-\frac{y}{2}\right)dy$.

b. $\int_0^2(25-(x^2+1)^2)dx=2\int_1^5 y\sqrt{y-1}dy$.

56. 不用微积分求体积 分别用和不用微积分解下列问题. 好的图形有帮助.

a. 边长 r 的正方体内接于一个球, 这个球内接于一个正圆锥, 且正圆锥内接于一个正圆柱. 圆锥的边长 (斜高) 等于它的直径. 圆柱的体积是多少?

b. 正方体内接于半径为 1、高为 3 的正圆锥内. 正方体的体积是多少?

c. 从球上过球心对称地挖一个长 10 英寸的圆柱形洞. 球剩下的体积是多少? (提供了足够多的信息.)

迅速核查 答案

1. $\int_0^1 2\pi x(2x)dx$.

2. $V=\int_0^2 2\pi(y+5)(y^2+2)dy$.

3. 柱壳法较容易.

6.5 曲线的弧长

一架航天飞机沿椭圆轨道绕地球运行, 环绕一周飞行了多远? 一个超级击球手打出一个全垒球到高平台上, 解说员宣布球落在离本垒板 480 英尺的地方, 但是实际上球沿着它的飞行路线走了多远? 这些问题涉及轨道的长度或更一般地, 弧长. 我们将看到, 它们的答案能通过积分求得.

有两种常用方法系统地阐述了关于弧长的问题: 曲线可用形式 $y=f(x)$ 显式表示或用参数定义. 本节我们处理第一种情形. 用参数曲线在 11.1 节介绍, 相关的弧长问题在 12.8 节讨论.

$y=f(x)$ 的弧长

设曲线由 $y=f(x)$ 给定, 其中 f 在区间 $[a,b]$ 上有连续的一阶导数. 目的是如果沿着曲线从 $(a,f(a)$ 走到 $(b,f(b))$, 确定走了多远. 这个路程就是弧长, 我们记为 L.

更一般地, 我们可以选择第 k 个子区间上的任意点, Δx 也可以各不相同. 我们这里用右端点简化讨论并得到相同的结果.

如图 6.42 所示, 我们把 $[a,b]$ 分成 n 个长度为 $\Delta x=(b-a)/n$ 的子区间, 其中 $x_k, k=1,2,\cdots,n$ 是第 k 个子区间的右端点. 把曲线上相应的点用线段连接起来, 我们得到包括 n 条线段的折线. 如果 n 大, Δx 小, 则折线的长度是实际曲线长度一个好的近似值. 策略是先求折线的长度, 然后令 n 增大, 使 Δx 趋于零, 得到曲线的确切长度.

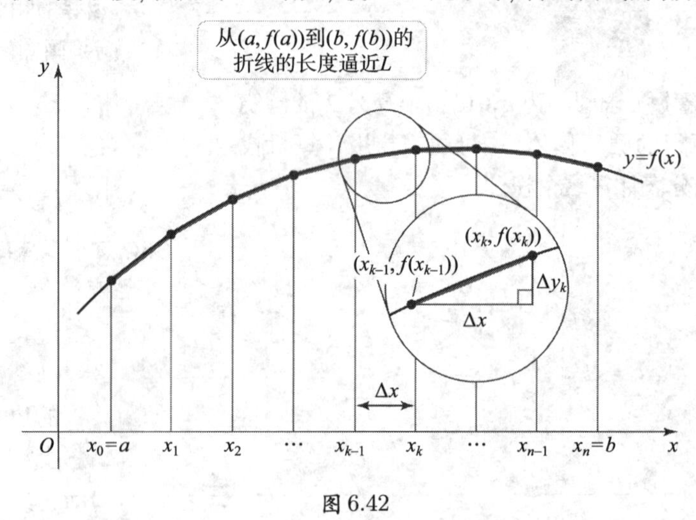

图 6.42

折线的第 k 条线段是直角边为 Δx 和 $\Delta y_k=|f(x_k)-f(x_{k-1})|$ 的一个直角三角形的斜边. 每条线段的长度是

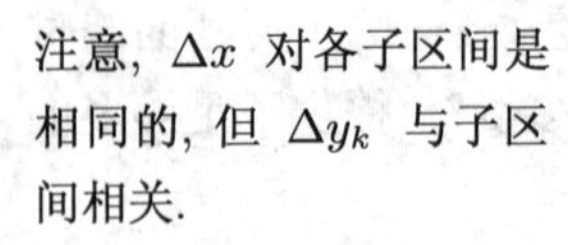
注意, Δx 对各子区间是相同的, 但 Δy_k 与子区间相关.

$$\sqrt{(\Delta x)^2+(\Delta y_k)^2},\quad k=1,2,\cdots,n.$$

把这些长度加起来, 我们得到折线的长度, 它是曲线长度 L 的近似值:

$$L\approx\sum_{k=1}^{n}\sqrt{(\Delta x)^2+(\Delta y_k)^2}.$$

在以前的积分应用中, 我们将在此时取 $n\to\infty$ 即 $\Delta x\to 0$ 时的极限来得到一个定积分. 然而由于出现 Δy_k 这一项, 在取极限前我们必须完成另外一步. 注意到第 k 个子区间上线段的斜率是 $\Delta y_k/\Delta x$ (上升除以路程). 由中值定理 (参见边图和 4.6 节), 存在第 k 个子区间上的某个点 $\overline{x}_k$, 使这个斜率等于 $f'(\overline{x}_k)$. 因此,

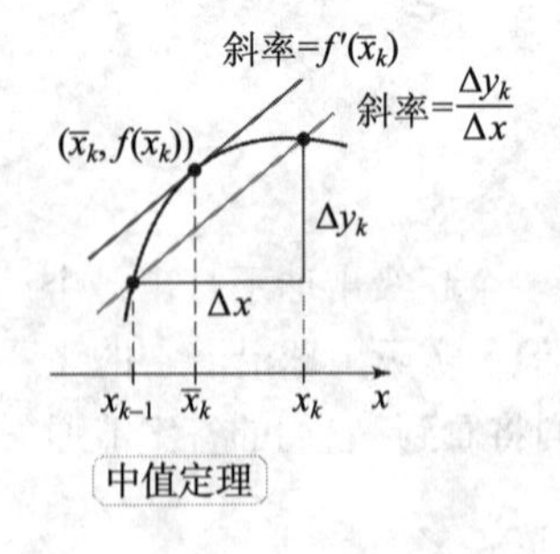

$$\begin{aligned}L&\approx\sum_{k=1}^{n}\sqrt{(\Delta x)^2+(\Delta y_k)^2}\\&=\sum_{k=1}^{n}\sqrt{(\Delta x)^2\left[1+\left(\frac{\Delta y_k}{\Delta x}\right)^2\right]}\qquad(\text{提出 }(\Delta x)^2\text{ })\\&=\sum_{k=1}^{n}\sqrt{1+\left(\frac{\Delta y_k}{\Delta x}\right)^2}\,\Delta x\qquad(\text{把 }\Delta x\text{ 提到根号外})\end{aligned}$$

$$= \sum_{k=1}^{n} \sqrt{1+f'(\bar{x}_k)^2}\Delta x. \qquad (\text{中值定理})$$

现在我们有一个黎曼和. 当 n 增大且 Δx 趋于零时, 这个和趋于一个定积分, 也就是曲线的弧长. 我们得

$$L = \lim_{n\to\infty} \sum_{k=1}^{n} \sqrt{1+f'(\bar{x}_k)^2}\Delta x = \int_a^b \sqrt{1+f'(x)^2}dx.$$

注意到 $1+f'(x)^2$ 是正的, 因此只要 f' 存在, 被积函数中的平方根就有定义. 为保证 $\sqrt{1+f'(x)^2}$ 在 $[a,b]$ 上可积, 我们要求 f' 在 $[a,b]$ 上连续.

定义 $y=f(x)$ **的弧长**

设 f 在区间 $[a,b]$ 上有一阶连续导数. 曲线从 $(a,f(a))$ 到 $(b,f(b))$ 的长度是

$$L = \int_a^b \sqrt{1+f'(x)^2}dx.$$

迅速核查 1. 对于直线 $y=x$ 在 $x=0$ 与 $x=a$, $a \geqslant 0$ 之间的长度, 弧长公式是什么? ◄

例 1 弧长 求曲线 $f(x)=x^{3/2}$ 在区间 $[0,4]$ 上的长度 (见图 6.43).

解 注意到 $f'(x)=\frac{3}{2}x^{1/2}$, 它在 $[0,4]$ 上连续. 用弧长公式, 我们得

$$\begin{aligned} L = \int_a^b \sqrt{1+f'(x)^2}dx &= \int_0^4 \sqrt{1+\left(\frac{3}{2}x^{1/2}\right)^2}dx \qquad (\text{代入 } f'(x)) \\ &= \int_0^4 \sqrt{1+\frac{9}{4}x}dx \qquad (\text{化简}) \\ &= \frac{4}{9}\int_1^{10} \sqrt{u}du \quad \left(u = 1+\frac{9x}{4}, du = \frac{9}{4}dx\right) \\ &= \frac{4}{9}\left(\frac{2}{3}u^{3/2}\right)\Big|_1^{10} \qquad (\text{基本定理}) \\ &= \frac{8}{27}(10^{3/2}-1). \qquad (\text{化简}) \end{aligned}$$

曲线的长度是 $\frac{8}{27}(10^{3/2}-1) \approx 9.1$ 个单位. *相关习题 3 ~ 10* ◄

例 2 弧长的计算 求曲线 $f(x)=x^3+\frac{1}{12x}$ 在区间 $\left[\frac{1}{2},2\right]$ 上的弧长 (见图 6.44).

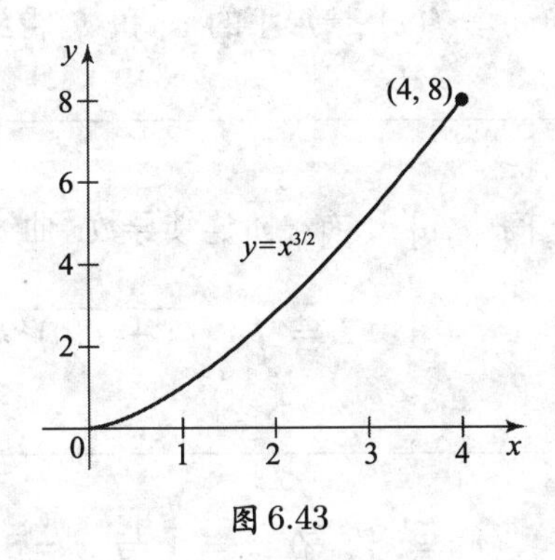

图 6.43

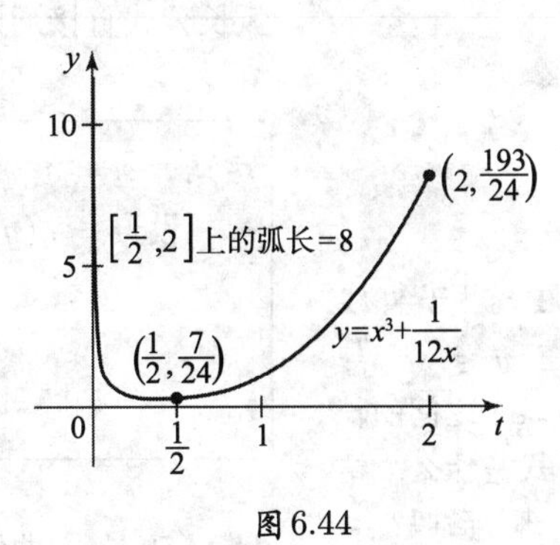

图 6.44

解　我们首先计算 $f'(x) = 3x^2 - \frac{1}{12x^2}$ 和 $f'(x)^2 = 9x^4 - \frac{1}{2} + \frac{1}{144x^4}$. 曲线在 $\left[\frac{1}{2}, 2\right]$ 上的弧长是

$$
\begin{aligned}
L = \int_{1/2}^{2} \sqrt{1+f'(x)^2}dx &= \int_{1/2}^{2} \sqrt{1+\left(9x^4 - \frac{1}{2} + \frac{1}{144x^4}\right)}dx \qquad \text{(代入)} \\
&= \int_{1/2}^{2} \sqrt{\left(3x^2 + \frac{1}{12x^2}\right)^2} dx \qquad \text{(分解因式)} \\
&= \int_{1/2}^{2} \left(3x^2 + \frac{1}{12x^2}\right) dx \qquad \text{(化简)} \\
&= \left(x^3 - \frac{1}{12x}\right)\bigg|_{1/2}^{2} = 8. \qquad \text{(求积分)}
\end{aligned}
$$

相关习题 3～10 ◀

例 3　前瞻 考虑抛物线 $f(x) = x^2$ 在区间 $[0, 2]$ 上的一段.

a. 写出曲线的弧长积分.

b. 用计算器计算积分.

解

a.　注意到 $f'(x) = 2x$, 弧长积分是

$$\int_0^2 \sqrt{1+f'(x)^2}dx = \int_0^2 \sqrt{1+4x^2}dx.$$

b.　简单的函数也能导致其弧长积分难以用分析方法计算, 有时甚至是不可能的. 用目前为止介绍的积分方法, 不能计算这个积分 (需要的方法在 8.3 节介绍). 不用分析方法, 我们可用数值方法逼近定积分的值 (8.6 节). 很多计算器设有为了此目的的内置功能. 对这个积分, 近似弧长为

$$\int_0^2 \sqrt{1+4x^2}dx \approx 4.647.$$

相关习题 11～20 ◀

借助技术力量时, 检验一个答案是否合理是一个好主意. 在例 3 中, 我们得到 $y = x^2$ 在 $[0, 2]$ 上的弧长大约是 4.647. $(0, 0)$ 与 $(2, 4)$ 之间的直线距离是 $\sqrt{20} \approx 4.472$, 因此我们的答案是合理的.

$x = g(y)$ 的弧长

计算弧长积分时, 有时把曲线描述为 y 的函数 (即 $x = g(y)$) 较有优势. 这种情形下的弧长公式直接通过交换 $y = f(x)$ 情形下的 x 和 y 得到. 所得结果是下面的弧长公式.

定义　$x = g(y)$ **的弧长**

设 $x = g(y)$ 在区间 $[c, d]$ 上有一阶连续导数. 曲线从 $(g(c), c)$ 到 $(g(d), d)$ 的长度是

$$L = \int_c^d \sqrt{1+g'(y)^2}dy.$$

迅速核查 2. 对于直线 $x = y$ 在 $y = c$ 与 $y = d\,(d \geqslant c)$ 之间的长度, 弧长公式是什么? 结果与勾股定理一致吗? ◀

例 4　弧长 求曲线 $y = f(x) = x^{2/3}$ 在 $x = 0$ 与 $x = 8$ 之间的长度 (见图 6.45).

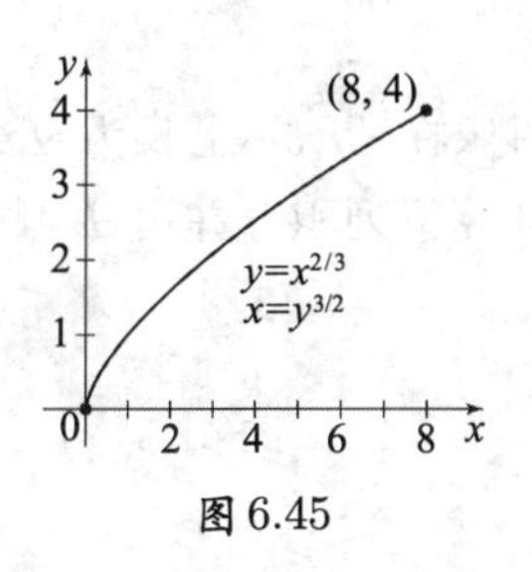

图 6.45

解 $f(x)=x^{2/3}$ 的导数是 $f'(x)=\frac{2}{3}x^{-1/3}$, 在 $x=0$ 处没有定义. 因此关于 x 的弧长积分不可用, 然而曲线看上去肯定有明确定义的长度.

关键是用 y 作为自变量描述曲线. 从 $y=x^{2/3}$ 解出 x, 我们得 $x=g(y)=\pm y^{3/2}$. 注意当 $x=8$ 时, $y=8^{2/3}=4$, 这告诉我们必须取 $\pm y^{3/2}$ 的正分支. 因此求曲线 $y=f(x)=x^{2/3}$ 从 $x=0$ 到 $x=8$ 的长度等价于求曲线 $x=g(y)=y^{3/2}$ 从 $y=0$ 到 $y=4$ 的长度. 这恰好是例 1 解决的问题. 弧长是 $\frac{8}{27}(10^{3/2}-1)\approx 9.1$ 个单位. *相关习题 21～24* ◄

迅速核查 3. 写出曲线 $x=\sin y$ 在区间 $0\leqslant y\leqslant \pi$ 上的弧长积分. ◄

6.5 节 习题

复习题

1. 说明求曲线 $y=f(x)$ 在 $x=a$ 与 $x=b$ 之间的弧长所需要的步骤.

2. 说明求曲线 $x=g(y)$ 在 $y=c$ 与 $y=d$ 之间的弧长所需要的步骤.

基本技能

3～10. 弧长的计算 用关于 x 的积分求下列曲线在指定区间上的弧长.

3. $y=2x+1$; $[1,5]$ (用微积分).

4. $y=\frac{x^3}{3}+\frac{1}{4x}; [1,5]$.

5. $y=\frac{1}{3}x^{3/2}; [0,60]$.

6. $y=\frac{3}{10}x^{1/3}-\frac{3}{2}x^{5/3}; [1,3]$.

7. $y=\frac{(x^2+2)^{3/2}}{3}; [0,1]$.

8. $y=\frac{x^{3/2}}{3}-x^{1/2}; [4,16]$.

9. $y=\frac{x^4}{4}+\frac{1}{8x^2}; [1,2]$.

10. $y=\frac{2}{3}x^{3/2}-\frac{1}{2}x^{1/2}; [1,9]$.

11～20. 用计算器求弧长

a. 写出下列曲线在指定区间上的弧长积分并化简.

b. 必要时用计算器计算积分或积分的近似值.

11. $y=x^2; [-1,1]$.

12. $y=\sin x; [0,\pi]$.

13. $y=\tan x; [0,\pi/4]$.

14. $y=\frac{x^3}{3}; [-1,1]$.

15. $y=\sqrt{x-2}; [3,4]$.

16. $y=\frac{8}{x^2}; [1,4]$.

17. $y=\cos 2x; [0,\pi]$.

18. $y=4x-x^2; [0,4]$.

19. $y=\frac{1}{x}; [1,10]$.

20. $y=\frac{1}{x^2+1}; [-5,5]$.

21～24. 关于 y 的弧长积分的计算 用关于 y 的积分求下列曲线的弧长.

21. $x=2y-4$, $-3\leqslant y\leqslant 4$.

22. $x=\frac{y^5}{5}+\frac{1}{12y^3}$, $2\leqslant y\leqslant 4$.

23. $x=\frac{y^4}{4}+\frac{1}{8y^2}$, $1\leqslant y\leqslant 2$.

24. $x=\frac{9}{4}y^{2/3}-\frac{1}{8}y^{4/3}$, $1\leqslant y\leqslant 2$.

深入探究

25. 解释为什么是, 或不是 判断下列命题是否正确, 并证明或举出反例.

a. $\int_a^b \sqrt{1+f'(x)^2}dx=\int_a^b(1+f'(x))dx$.

b. 设 f' 在区间 $[a,b]$ 上连续, 曲线 $y=f(x)$ 在 $[a,b]$ 上的长度等于在 $[a,b]$ 上曲线 $y=\sqrt{1+f'(x)^2}$ 下方的面积.

c. 如果在区间的某部分 $f(x)<0$, 则弧长可能为负.

26. 直线的弧长 考虑直线 $y=mx+c$ 在区间 $[a,b]$ 上的线段. 利用弧长积分公式证明线段的长度是

$(b-a)\sqrt{1+m^2}$. 用距离公式计算线段的长度来验证这个结果.

27. 由弧长求函数 下列积分给出的是哪个可积函数在 $[a,b]$ 上的弧长? 注意, 答案是不唯一的. 写出满足这些条件的一族函数.

a. $\int_a^b \sqrt{1+16x^4}dx$.　**b.** $\int_a^b \sqrt{1+36\cos^2(2x)}dx$.

28. 由弧长求函数 求过点 $(1,5)$ 且在区间 $[2,6]$ 上的弧长由积分 $\int_2^6 \sqrt{1+16x^{-6}}dx$ 确定的曲线方程.

29. 余弦对比抛物线 $y=1-x^2$ 和 $y=\cos(\pi x/2)$, 哪条曲线在 $[-1,1]$ 上有较大的长度?

30. 定积分定义的函数 写出曲线 $y=f(x)=\int_0^x \sin t\,dt$ 在区间 $[0,\pi]$ 上的弧长积分.

应用

31. 金门大桥的缆索 悬索桥的缆索轮廓的模型是一条抛物线. 金门大桥的中心跨度是 1 280m, 高是 152m(见图). 抛物线 $y=0.000\,37x^2$ 很好地拟合了缆索的形状, 其中 $|x|\leqslant 640$, x 和 y 以米度量. 求悬挂在两个塔顶部之间的缆索的近似长度.

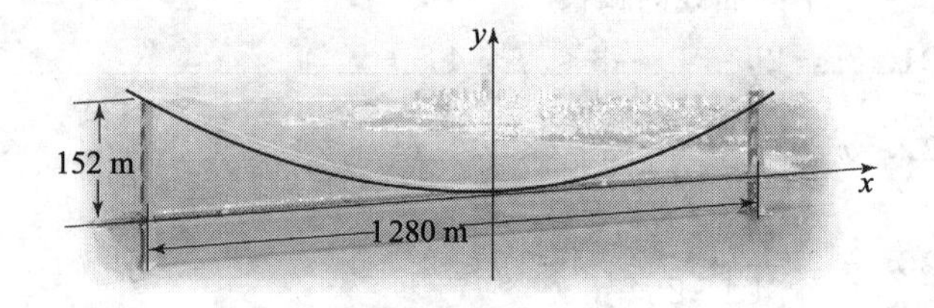

32. 大拱门 圣路易斯大拱门 (高度和底长为 630ft) 用函数

$y=630\left[1-\left(\frac{x}{315}\right)^2\right]$, $|x|\leqslant 315$ 模拟, 其中 x 和 y 用英尺度量 (见图). 估计大拱门的长.

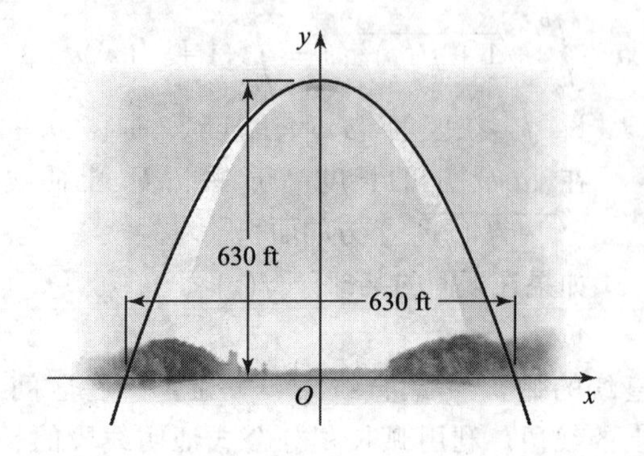

附加练习

33. 相关曲线的长度 设 f 的图像在 $[a,b]$ 上长为 L, 其中 f' 在 $[a,b]$ 上连续. 计算下列积分并用 L 表示.

a. $\int_{a/2}^{b/2} \sqrt{1+f'(2x)^2}dx$.

b. $\int_{a/c}^{b/c} \sqrt{1+f'(cx)^2}dx$, $c\neq 0$.

34. 对称曲线的长度 设曲线由 $y=f(x)$ 在区间 $[-b,b]$ 上描绘, 其中 f' 在 $[-b,b]$ 上连续. 证明如果 f 关于原点对称 (f 是奇函数) 或关于 y-轴对称 (f 是偶函数), 则曲线 $y=f(x)$ 从 $x=-b$ 到 $x=b$ 的长度是曲线从 $x=0$ 到 $x=b$ 的长度的两倍. 用几何方法论述, 然后用微积分分析地证明.

35. 一族代数函数

a. 证明函数 $f(x)=ax^n+\frac{1}{4an(n-2)x^{n-2}}$ 的弧长积分可以用已知方法求出, 其中 a,n 是正实数且 $n\neq 2$.

b. 验证曲线 $y=f(x)$ 在 $[1,2]$ 上的弧长是

$$a(2^n-1)+\frac{1-2^{2-n}}{4an(n-2)}.$$

36. 伯努利 "抛物线" 伯努利 (1667—1748) 计算了形如 $y=x^{(2n+1)/2n}$ 的曲线在 $[0,a]$ 上的弧长, 其中 n 是正整数.

a. 写出弧长积分.

b. 进行变量替换 $u^2=1+\left(\frac{2n+1}{2n}\right)^2 x^{1/n}$, 得到关于 u 的新积分.

c. 用二项定理展开被积函数并计算积分.

d. $n=1$ ($y=x^{3/2}$) 的情形已经在例 1 中讨论过. 对于 $a=1$, 计算 $n=2$ 和 $n=3$ 时的弧长. 弧长随 n 递增还是递减?

e. 对于 $a=1$, 绘制作为 n 的函数的抛物线的弧长的图像.

迅速核查　答案

1. $\sqrt{2}a$ (连接两点的线段长度).

2. $\sqrt{2}(d-c)$ (连接两点的线段长度).

3. $L=\int_0^\pi \sqrt{1+\cos^2 y}dy$.

6.6 物理应用

我们用积分在几个物理学和工程学问题中的应用来结束本章. 这些问题的物理主题是质量、功、压强和力. 共同的数学主旨是使用切分 — 求和策略, 这总能导致一个定积分.

密度和质量

密度是物体中质量的集中程度, 通常用质量每单位体积的单位度量 (比如, g/cm^3). 一个均匀密度的物体满足基本的关系式:

$$质量 = 密度 \times 体积.$$

在第 14 章中, 我们将回到二维和三维物体 (薄板和立体) 的质量计算.

如果一个物体的密度是变化的, 这个公式不再成立, 我们必须求助于微积分.

在本节中我们介绍可以看成线段的细物体 (例如, 金属线或细棒) 的质量计算. 图 6.46 所示的棒的密度 ρ 沿其长度变化. 对一维物体, 我们用单位为质量每单位长度 (比如, g/cm) 的线性密度.

迅速核查 1. 在图 6.46 中, 设 $a=0, b=3$, 杆的以 g/cm 计的密度是 $\rho(x)=4-x$. (a) 杆在何处最轻和最重? (b) 杆在中点处的密度是多少? ◀

我们从把区间 $a \leqslant x \leqslant b$ 代表的棒分成等长度 $\Delta x=(b-a)/n$ 的 n 个子区间 (见图 6.47) 开始. 设 $\bar{x}_k, k=1,2,\cdots,n$ 是第 k 个子区间上的任意一点. 棒的第 k 段的质量 m_k 近似地等于在 $\bar{x}_k$ 处的密度乘以区间的长度, 即 $m_k \approx \rho(\bar{x}_k)\Delta x$. 因此, 整个棒的近似质量是

$$\sum_{k=1}^{n} m_k \approx \sum_{k=1}^{n} \underbrace{\rho(\bar{x}_k)\Delta x}_{m_k}.$$

注意, 积分的单位可计算出来: ρ 的单位是质量每单位长度, dx 的单位是长度, 于是 $\rho(x)dx$ 的单位是质量.

精确质量通过取 $n \to \infty$ 或 $\Delta x \to 0$ 时的极限获得, 而这得到一个定积分.

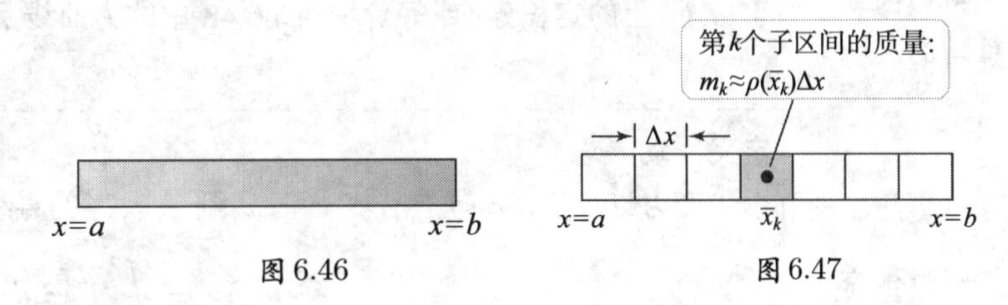

图 6.46　　图 6.47

> **定义　一维物体的质量**
>
> 设细棒或金属线表示为区间 $a \leqslant x \leqslant b$ 上的线段, 其密度函数是 ρ (单位为质量每单位长度). 该物体的**质量**是
>
> $$m=\int_a^b \rho(x)dx.$$

质量积分的另一解释是密度的平均值乘以棒的长 $b-a$.

例 1　由可变密度求质量 长 2m 的合金细棒由区间 $0 \leqslant x \leqslant 2$ 表示, 其以 kg/m 为单位的密度函数是 $\rho(x)=1+x^2$. 棒的质量是多少?

解　以千克计的质量是

$$m = \int_a^b \rho(x)dx = \int_0^2 (1+x^2)dx = \left(x + \frac{x^3}{3}\right)\Big|_0^2 = \frac{14}{3}.$$

相关习题 9～16 ◄

迅速核查 2. 一根细棒占据区间 $0 \leqslant x \leqslant 2$, 密度函数是 $\rho(x) = 1 + x^2$, 以 kg/m 计. 用密度的最小值, 物体质量的下界是多少? 用密度的最大值, 物体质量的上界是多少? ◄

功

功可描述为力引起物体移动时能量的变化. 当抬一台冰箱上楼梯或推一辆抛锚的汽车时, 用力导致物体移动, 则完成做功. 如果常力 F 使物体沿力的方向产生距离 d 的位移, 所做的功是力乘以距离:

$$功 = 力 \times 距离.$$

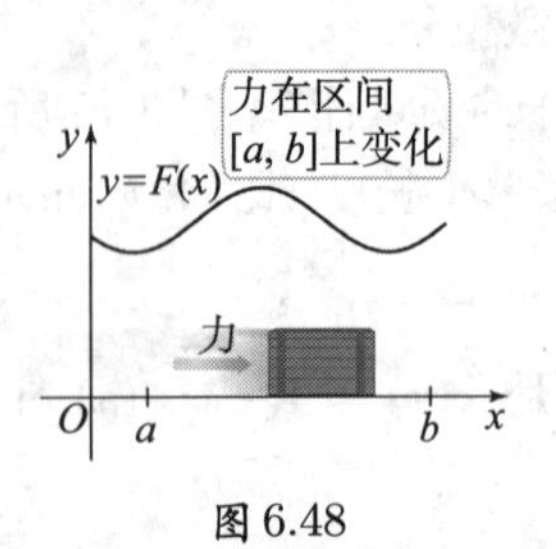

图 6.48

用力和功的公制单位最容易. 一牛顿 (N) 是使 1kg 质量的物体产生 1m/s^2 的加速度需要的力. 一焦耳 (J) 等于一牛顿 - 米 (Nm), 是 1N 的力在 1m 的距离上所做的功.

微积分用于变力的情形. 假设一物体在 x-轴方向的变力 F 的作用下沿 x-轴移动 (见图 6.48). 在 $x = a$ 与 $x = b$ 之间移动物体做了多少功? 我们再次用切分 — 求和的策略.

把区间 $[a, b]$ 分成相等长度 $\Delta x = (b - a)/n$ 的 n 个子区间. 我们令 $\overline{x}_k, k = 1, 2, \cdots, n$ 是第 k 个区间上的任意一点. 在这个区间上的力近似地等于常力 $F(\overline{x}_k)$. 因此在第 k 个子区间上移动物体所做的功近似地等于 $F(\overline{x}_k)\Delta x$ (力 $\times$ 距离). 把这 n 个子区间上所做的功相加得到 $[a, b]$ 上所做的总功近似值为

$$W \approx \sum_{k=1}^{n} F(\bar{x}_k)\Delta x.$$

迅速核查 3. 解释为什么 n 个子区间上所做的功之和仅仅是总功的近似值. ◄

我们取 $n \to \infty$ 或 $\Delta x \to 0$ 时的极限, 这个近似值变为精确值. 所做的总功等于力在区间 $[a, b]$ 上的定积分 (或等价地, 图 6.48 中的力曲线下的净面积).

> **定义　功**
>
> 变力 F 在其方向上沿从 $x = a$ 到 $x = b$ 的直线移动物体所做的功等于
>
> $$W = \int_a^b F(x)dx.$$

胡克定律由英国科学家罗伯特・胡克 (1635—1703) 提出. 他还创造了生物学术语细胞.

较大的弹簧系数 k 对应较大刚性的弹簧. 胡克定律适用于用很多普通材料制成的弹簧. 然而, 一些弹簧遵循更复杂的 (非线性) 弹簧定律 (见习题 41).

弹簧的拉伸和压缩容易使力和功的应用形象化. 假设一个物体系在无摩擦水平面上的一根弹簧上; 物体在弹簧的作用下来回滑动. 如果弹簧既不压缩也不拉伸, 我们称弹簧处于*平衡状态*. 为方便起见, 用 x 表示物体的位置, 其中 $x = 0$ 表示平衡位置 (见图 6.49).

根据**胡克定律**, 保持弹簧处于离平衡位置 x 单位的拉伸或压缩位置需要的力是 $F(x) = kx$, 其中弹簧系数 k 衡量弹簧的刚性. 注意, 要拉弹簧到位置 $x > 0$, 需要 $F > 0$ (在正方向上). 要压缩弹簧到位置 $x < 0$, 需要力 $F < 0$ (在负方向上, 见图 6.50). 换句话说, 移动弹簧需要的力总是在位移的方向上.

例 2　压缩弹簧 设从平衡位置拉伸一根弹簧 0.1m 并使它保持在那个位置需要 10N 的力.

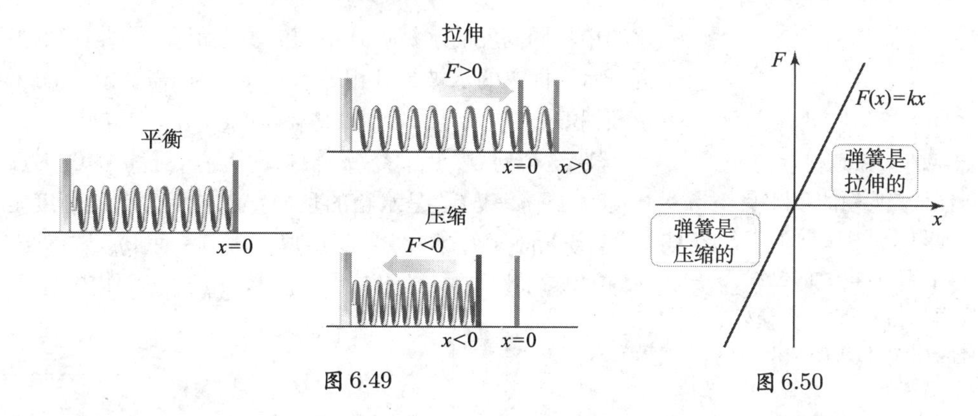

图 6.49　　图 6.50

a. 设弹簧遵循胡克定律, 求弹簧系数 k.

b. 从平衡位置压缩弹簧 0.5m 需要做多少功?

c. 从平衡位置拉伸弹簧 0.25m 需要做多少功?

d. 如果弹簧已经被拉离平衡位置 0.1m, 再拉伸弹簧 0.25m 需要另外再做多少功?

解

a. 保持弹簧拉伸到 $x=0.1\,\mathrm{m}$ 需要10N 的力这一事实意味着 $F(0.1)=k(0.1)\,\mathrm{m}=10\,\mathrm{N}$(根据胡克定律). 解出弹簧系数, 我们得 $k=100\,\mathrm{N/m}$. 因此这个弹簧的胡克定律是 $F(x)=100x$.

b. 从 $x=0$ 压缩到 $x=-0.5$ 需要做的以焦耳计的功等于

$$W=\int_a^b F(x)dx=\int_0^{-0.5}100xdx=50x^2\Big|_0^{-0.5}=12.5.$$

再次注意到积分中的单位是一致的. 如果 F 的单位是 N, x 的单位是 m, 则 W 有 Fdx 的单位, 即 Nm, 这就是功的单位 (1Nm=1J).

c. 从 $x=0$ 拉伸到 $x=0.25$ 需要做的以焦耳计的功等于

$$W=\int_a^b F(x)dx=\int_0^{0.25}100xdx=50x^2\Big|_0^{0.25}=3.125.$$

d. 从 $x=0.1$ 拉伸到 $x=0.35$ 需要做的以焦耳计的功等于

$$W=\int_a^b F(x)dx=\int_{0.1}^{0.35}100xdx=50x^2\Big|_{0.1}^{0.35}=5.625.$$

比较 (c) 和 (d), 我们发现从 $x=0.1$ 开始拉伸弹簧 0.25m 比从 $x=0$ 开始拉伸弹簧 0.25m 需要做更多的功.

相关习题 17～22 ◀

迅速核查 4. 解释例 2 中尽管位移相同, 但为什么 (d) 需做的功比 (c) 需做的功多. ◀

提升问题

另一类常见的做功问题出现在垂直运动且力是引力时. 作用在质量为 m 的物体上的引力是 $F=mg$, 其中 $g\approx 9.8\,\mathrm{m/s^2}$ 是引力加速度. 把质量为 m 的物体提升垂直距离 y 米所需要的以焦耳计的功是

$$功=力\times距离=mgy.$$

如果被提升的物体是水、绳子或链子, 这类问题就变得感兴趣. 这些情形下, 物体的不同部分被提升的距离也不同, 因此积分是必要的. 下面是一个典型的情形以及使用的对策.

设把水箱中像水一样的流体抽到高出水箱底部 h 处排出. 如果水箱装满水, 需做多少功? 通过三个关键的观察结论导出解:

- 水箱中不同高度的水被提升不同的垂直距离, 因此需要做不同的功.
- 同一水平面上的水被提升相等的距离, 因此需要做相同的功.
- V 体积水的质量是 ρV, 其中 $\rho=1\,\mathrm{g/cm^3}=1\,000\mathrm{kg/m^3}$ 是水的密度.

坐标系的选择是任意的, 它可能依赖问题的几何特性. 可以令 y-轴向上或向下, 且对 $y=0$ 的位置通常有些合理的选择. 应该体验用不同的坐标系.

为解决这个问题, 我们令 y-轴指向上方, 且 $y=0$ 对应水箱的底部. 被提升的水体从 $y=0$ 延伸到 $y=b$ (这是水箱的顶部). 水被提升到的高度是 $y=h, h\geqslant b$ (见图 6.51). 我们现在把水分成 n 个水平层, 每层厚 Δy. 区间 $[y_{k-1}, y_k], k=1,2,\cdots,n$, 上的第 k 层大约在水箱的底部上方 $\overline{y}_k$ 处, 其中 $\overline{y}_k$ 是 $[y_{k-1}, y_k]$ 内的任意一点.

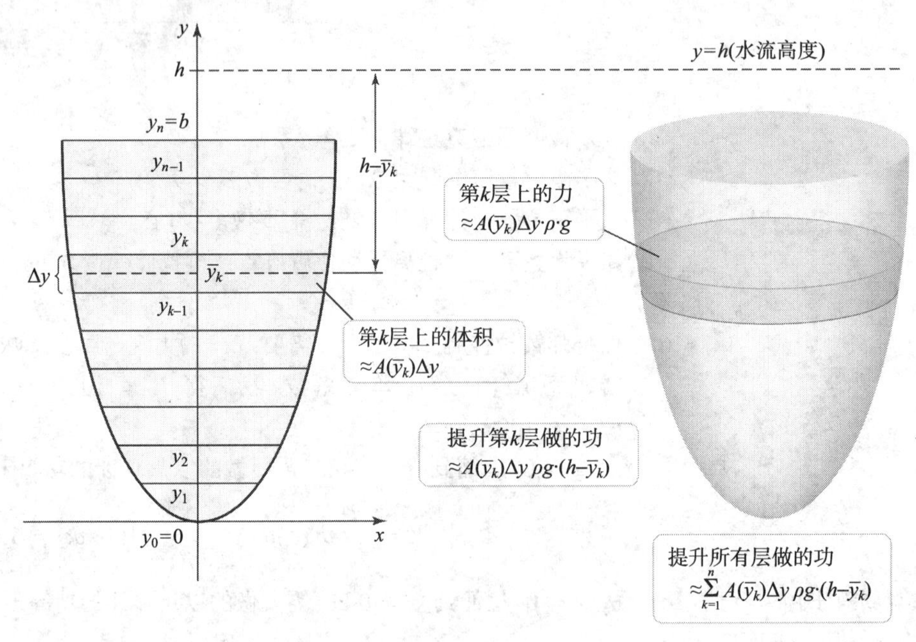

图 6.51

$\overline{y}_k$ 处的截面面积由水箱的形状决定, 记为 $A(\overline{y}_k)$; 答案取决于求所有 y 值对应的 A. 因此第 k 层的体积大约为 $A(\overline{y}_k)\Delta y$, 第 k 层受的力 (它的重量) 是

$$F_k = mg \approx \overbrace{\underbrace{A(\bar{y}_k)\Delta y}_{\text{体积}}\cdot\underbrace{\rho}_{\text{密度}}}^{\text{质量}}\cdot g.$$

为达到高度 $y=h$, 第 k 层被提升大约 $(h-\overline{y}_k)$ 的距离 (见图 6.51), 因此提升第 k 层到高度 h 所做的功近似地为

$$W_k = \underbrace{A(\bar{y}_k)\Delta y\rho g}_{\text{力}}\cdot\underbrace{(h-\bar{y}_k)}_{\text{距离}}.$$

对提升全部层到高度 h 做的功求和, 得到的总功是

$$W \approx \sum_{k=1}^{n} W_k = \sum_{k=1}^{n} A(\bar{y}_k)\rho g(h-\bar{y}_k)\Delta y.$$

当层的厚度 Δy 趋于零且层数趋于无穷大时, 这个近似值变得越来越精确. 我们从这个极限得到从 $y=0$ 到 $y=b$ 的积分. 抽空水箱所做的总功是

$$W = \lim_{n\to\infty}\sum_{k=1}^{n} A(\bar{y}_k)\rho g(h-\bar{y}_k)\Delta y = \int_0^b \rho g A(y)(h-y)dy.$$

这个公式假定桶的底部在 $y=0$ 上. 在这个假定条件下, 在高 y 处的切片必须被提升的距离是 $D(y)=h-y$. 如果选择坐标原点在不同位置, 函数 D 将会不同. 下面给出任意选择原点的一般过程.

解提升问题

1. 在垂直方向上作坐标轴并选择方便的坐标原点. 设区间 $[a,b]$ 对应流体的垂直范围.

2. 对 $a \leqslant y \leqslant b$, 求水平切片的截面积 $A(y)$ 及切片必须被提升的距离 $D(y)$.

3. 提升水做的功是

$$W=\int_a^b \rho g A(y) D(y) dy.$$

例 3 抽水 把高为 10m、半径为 5m 的圆柱形水箱内的水全部抽完需做多少功? 水被抽到位于水箱底上方 15m 处的排出管内.

解 图 6.52 显示装满水的圆柱形水箱及高出底部 15m 处的排出口. 我们用 $y=0$ 表示水箱底部, $y=10$ 表示水箱顶部. 在这个例子中, 所有水平切片是半径为 $r=5\,\mathrm{m}$ 的圆. 因此对 $0 \leqslant y \leqslant 10$, 截面面积是

$$A(y)=\pi r^2=\pi 5^2=25\pi.$$

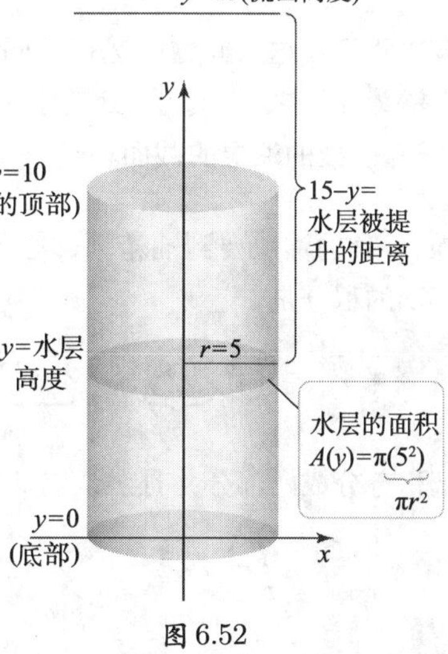

图 6.52

回顾 $g \approx 9.8\,\mathrm{m/s^2}$. 应该验证这个计算中的单位是一致的: $\rho, g, A(y), D(y)$ 和 dy 的单位分别是 $\mathrm{kg/m^3}$, $\mathrm{m/s^2}$, $\mathrm{m^2}$, m 和 m. W 的单位是 $\mathrm{kg \cdot m^2/s^2}$ 或 J. 方便表示大量功和能量的单位是千瓦时, 即 360 万 J.

注意 水被抽到高于水箱底部 15m 处, 因此提升距离是 $D(y)=15-y$. 所得功的积分是

$$W=\int_0^{10} \rho g \underbrace{A(y)}_{25\pi} \underbrace{D(y)}_{15-y} dy = 25\pi \rho g \int_0^{10} (15-y) dy.$$

代入 $\rho=1\,000\,\mathrm{kg/m^3}$ 和 $g=9.8\,\mathrm{m/s^2}$, 做的总功是

$$\begin{aligned} W &= 25\pi\rho g \int_0^{10} (15-y) dy \\ &= 25\pi \underbrace{(1\,000)}_{\rho} \times \underbrace{(9.8)}_{g} \left(15y-\frac{1}{2}y^2\right)\Big|_0^{10} \\ &\approx 7.7 \times 10^7. \end{aligned}$$

把水从水箱中抽空需要做的功大约是 7 700 万 J. *相关习题 23～29* ◀

迅速核查 5. 如果前例中的排出管在桶的顶部, 积分有何变化? ◄

例 4　抽汽油 长 10m、半径 5m 的圆柱形油箱横躺着并装半箱汽油 (见图 6.53). 通过油箱顶端的出油管把箱中油抽空需要做多少功? 油的密度是 $\rho \approx 737\,\mathrm{kg/m^3}$.

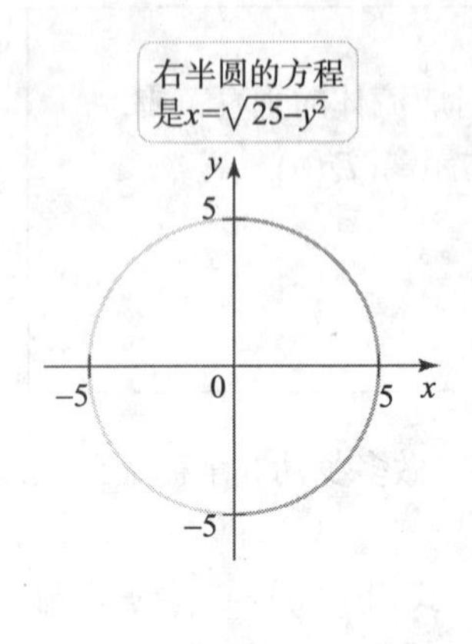

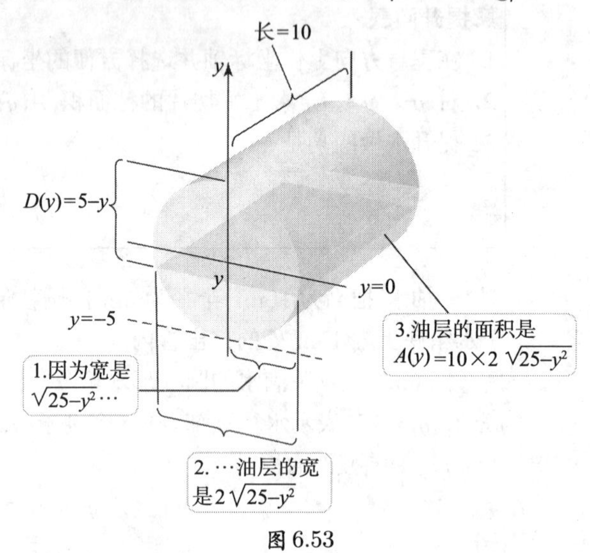

图 6.53

再次, 原点的位置可以有多种选择. 这个例子中的位置使 $A(y)$ 容易计算.

解　我们在这个问题中选择不同的原点, 令 $y=0$ 和 $y=-5$ 分别对应油箱的中心和底部. 在深为 $y(-5 \leqslant y \leqslant 0)$ 处的水平油层是长为 10m、宽为 $2\sqrt{25-y^2}$ 的矩形 (见图 6.53). 因此深 y 处的油层的截面积是

$$A(y)=20\sqrt{25-y^2}.$$

深 y 处的油层要到油箱顶部必须被提升的距离是 $D(y)=5-y$, 其中 $5 \leqslant D(y) \leqslant 10$. 所得功的积分是

$$W=\underbrace{737}_{\rho}\underbrace{(9.8)}_{g}\int_{-5}^{0}\underbrace{20\sqrt{25-y^2}}_{A(y)}\underbrace{(5-y)}_{D(y)}dy=144\,452\int_{-5}^{0}\sqrt{25-y^2}(5-y)dy.$$

把积分分成两部分并且辨认出其中一部分是半径为 5 的四分之一圆的面积, 计算这个积分:

$$\begin{aligned}\int_{-5}^{0}\sqrt{25-y^2}(5-y)dy &= 5\underbrace{\int_{-5}^{0}\sqrt{25-y^2}dy}_{\frac{1}{4}\text{圆的面积}}-\underbrace{\int_{-5}^{0}y\sqrt{25-y^2}dy}_{\text{令}u=25-y^2;du=-2ydy}\\ &=5\times\frac{25\pi}{4}+\frac{1}{2}\int_{0}^{25}\sqrt{u}du\\ &=\frac{125\pi}{4}+\frac{1}{3}u^{3/2}\Big|_{0}^{25}=\frac{375\pi+500}{12}.\end{aligned}$$

用 144 452 乘这个结果, 我们求得需要做的功大约为 2 020 万 J.　　*相关习题 23～29* ◄

压力和压强

积分的另一个应用是处理水体施加于曲面的压力. 我们还需要一些物理原理.

压强是每单位面积的力, 以牛顿每平方米 ($\mathrm{N/m^2}$) 这样的单位计量. 比如地球表面的大气压大约是 $14\mathrm{lb/in^2}$ (大约 100 千帕斯卡或 $10^5\,\mathrm{N/m^2}$). 举另一个例子, 站在游泳池底, 将感

觉到由于头上的水柱的压力 (重量) 产生的压强. 头是平的, 表面积为 $A\,\mathrm{m}^2$, 且在水面下 h 米处. 水柱施加的力是:

$$F = 质量 \times 加速度 = \underbrace{体积 \cdot 密度}_{质量} \cdot g = Ah\rho g,$$

其中 ρ 是水的密度, g 是引力加速度. 因此, 头上的压强等于力除以头的表面积:

$$压强 = \frac{力}{A} = \frac{Ah\rho g}{A} = \rho g h.$$

这个压强称作**液体静压强**(表示静止水的压强), 具有如下性质: 它在各个方向有相同的值. 具体地讲, 深 h 处垂直墙面上的压强也是 $\rho g h$. 这是我们求如水坝这样的垂直墙面所受总压力需要的唯一事实. 我们假设水完全覆盖水坝的表面.

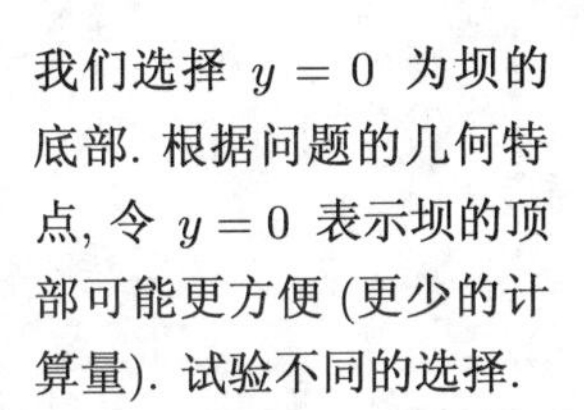

我们选择 $y=0$ 为坝的底部. 根据问题的几何特点, 令 $y=0$ 表示坝的顶部可能更方便 (更少的计算量). 试验不同的选择.

求水坝的表面承受的压力的第一步是引进坐标系. 我们选择 y-轴指垂直向上的方向, $y=0$ 对应坝的底部, $y=a$ 对应坝的顶部 (见图 6.54). 因为压强随深度 (y- 方向) 变化, 把坝水平分割成 n 个相等厚度 Δy 的长带. 第 k 条长带对应区间 $[y_{k-1}, y_k]$, 并设 $\overline{y}_k$ 是该区间上的任意一点. 这条长带的深度大约是 $h = a - \overline{y}_k$, 因此在其上的液体静压强大约是 $\rho g(a - \overline{y}_k)$.

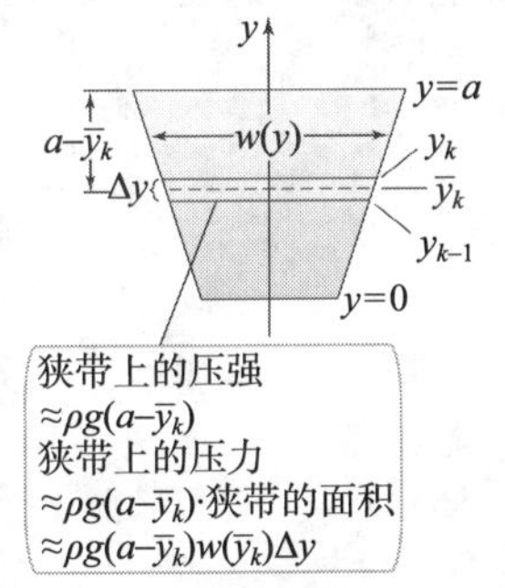

图 6.54

任何水坝问题的难点是求以 y 为变量的长带的宽度, 我们记为 $w(y)$. 每个水坝有它自己的宽度函数; 然而一旦得知宽度函数, 答案也就立即得到. 第 k 条长带的大概面积是其宽度乘以其厚度, 即 $w(\overline{y}_k)\Delta y$. 第 k 条长带上的压力 (长带的面积乘以压强) 近似地等于

$$F_k = \underbrace{w(\bar{y}_k)\Delta y}_{狭带的面积}\,\underbrace{\rho g(a - \bar{y}_k)}_{压强}.$$

把 n 条狭带上的压力相加得到总压力的近似值是

$$F \approx \sum_{k=1}^{n} F_k = \sum_{k=1}^{n} \rho g(a - \bar{y}_k) w(\bar{y}_k)\Delta y.$$

为求精确值, 我们令长带的厚度趋于零, 长带数趋于无穷大, 产生一个定积分. 积分的上下限对应坝底 ($y=0$) 及坝顶 ($y=a$). 因此, 水坝上的总压力是

$$F = \lim_{n\to\infty} \sum_{k=1}^{n} \rho g(a - \bar{y}_k) w(\bar{y}_k)\Delta y = \int_0^a \rho g(a-y)w(y)\,dy.$$

图 6.55

解压力/压强问题

1. 在水坝表面的垂直方向画 y-轴并选择一个合适的原点 (通常取坝底).
2. 求水坝的宽度函数 $w(y)$, $0 \leqslant y \leqslant a$.
3. 如果坝底在 $y=0$, 坝顶在 $y=a$, 则坝上的总压力是

$$F = \int_0^a \rho g \underbrace{(a-y)}_{深度}\,\underbrace{w(y)}_{宽}\,dy.$$

例 5　坝上的压强 一座形如对称梯形的垂直大坝高 30m, 底宽 20m, 顶宽 40m(见图 6.55). 当水库装满水时, 水坝表面承受的总压力有多大?

应该检查宽度函数: $w(0)=20$ (坝底宽) 和 $w(30)=40$ (坝顶宽).

解　我们置原点于坝底的中心 (见图 6.56). 坝右边的斜边是过点 $(10,0)$ 和 $(20,30)$ 的线段. 这条直线的方程是

$$y-0=\frac{30}{10}(x-10)\quad \text{或}\quad y=3x-30\quad \text{或}\quad x=\frac{1}{3}(y+30).$$

注意, 对深度 $0\leqslant y\leqslant 30$, 坝的宽度是

$$w(y)=2x=\frac{2}{3}(y+30).$$

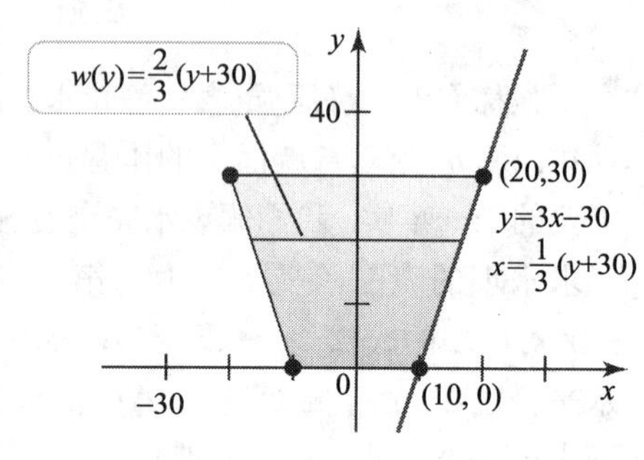

图 6.56

代入 $\rho=1\,000\,\mathrm{kg/m^3}$, $g=9.8\,\mathrm{m/s^2}$, 坝承受以牛顿计的总压力是

$$\begin{aligned}
F &= \int_0^a \rho g(a-y)w(y)dy && \text{(压力的积分)}\\
&= \rho g\int_0^{30}\underbrace{(30-y)}_{a-y}\underbrace{\frac{2}{3}(y+30)}_{w(y)}dy && \text{(代入)}\\
&= \frac{2}{3}\rho g\int_0^{30}(900-y^2)dy && \text{(化简)}\\
&= \frac{2}{3}\rho g\left(900y-\frac{y^3}{3}\right)\Big|_0^{30} && \text{(基本定理)}\\
&\approx 1.18\times 10^8.
\end{aligned}$$

坝上的总压力 $1.18\times10^8\,\mathrm{N}$ 大约相当于 2 600 万磅或 13 000 吨.　　*相关习题 30～38* ◀

6.6 节 习题

复习题

1. 如果 1m 长的圆柱形棒左半段有常数密度 1 g/cm, 右半段有常数密度 2g/cm, 它的质量是多少?
2. 解释如何求具有可变密度的一维物体的质量.
3. 解释如何求沿常力的方向使物体沿直线运动所做的功.
4. 为什么必须用积分计算变力所做的功?
5. 为什么必须用积分计算把水抽出水箱所做的功?
6. 为什么必须用积分计算水坝表面承受的总压力?
7. 水下 4m、面积为 $2\mathrm{m}^2$ 的水平曲面上的压强是多少?
8. 解释为什么求坝面承受的压力时, 沿垂直方向 (与引力加速度平行) 而不是水平方向积分.

基本技能

9～16. 一维物体的质量 用指定密度求下列细棒的质量.

9. $\rho(x)=1+\sin x$, $0\leqslant x\leqslant \pi$.
10. $\rho(x)=1+x^3$, $0\leqslant x\leqslant 1$.
11. $\rho(x)=2-x/2$, $0\leqslant x\leqslant 2$.
12. $\rho(x)=1+3\sin x$, $0\leqslant x\leqslant \pi$.
13. $\rho(x)=x\sqrt{2-x^2}$, $0\leqslant x\leqslant 1$.
14. $\rho(x)=\begin{cases}1, & 0\leqslant x\leqslant 2\\ 2, & 2<x\leqslant 3\end{cases}$.

15. $\rho(x)=\begin{cases}1, & 0\leqslant x\leqslant 2\\ 1+x, & 2<x\leqslant 4\end{cases}$.

16. $\rho(x)=\begin{cases}x^2, & 0\leqslant x\leqslant 1\\ x(2-x), & 1<x\leqslant 2\end{cases}$.

17. **由力求功** 沿 x-轴作用的常力 5N 把物体从 $x=0$ 移到 $x=5$ (以米度量) 需要做多少功?

18. **由力求功** 沿 x-轴作用的力 (以 N 计) $F(x)=2/x^2$ 把物体从 $x=1$ 移到 $x=3$ (以米度量) 需要做多少功?

19. **用弹簧** 用 50N 的力能把水平面上的一根弹簧从平衡位置拉伸或压缩 0.5m.
  a. 把弹簧从平衡位置拉伸 1.5m 做了多少功?
  b. 把弹簧从平衡位置压缩 0.5m 做了多少功?

20. **减震器** 一个重型减震器被质量为 500kg 的物体从平衡位置压缩 2cm. 把这个减震器从平衡位置压缩 4cm 需要做多少功? (500kg 的质量施加 $500g$ 的力 (以 N 计), 其中 $g\approx 9.8\,\text{m/s}^2$.)

21. **额外的拉伸** 从平衡位置拉伸一个弹簧 0.5m 要做 100J 的功. 要把它另外拉伸 0.75m 需做多少功?

22. **做功函数** 一弹簧的恢复力是 $F(x)=25x$. 设 $W(x)$ 是把弹簧从平衡位置 ($x=0$) 拉伸可变距离 x 需做的功. 作功函数的图像. 比较从平衡位置拉伸弹簧 x 单位和压缩弹簧 x 单位需做的功.

23. **排空游泳池** 一个长方形游泳池的底是 25m 乘 15m, 深 2.5m. 抽空装满水的游泳池需做多少功?

24. **排空圆柱形水箱** 一个圆柱形水箱高为 8m, 半径为 2m(见图).
  a. 如果水箱充满水, 把水从桶的顶端抽空需做多少功?
  b. 装满一半时抽空所做的功是装满时抽空做的功的一半, 对吗? 解释理由.

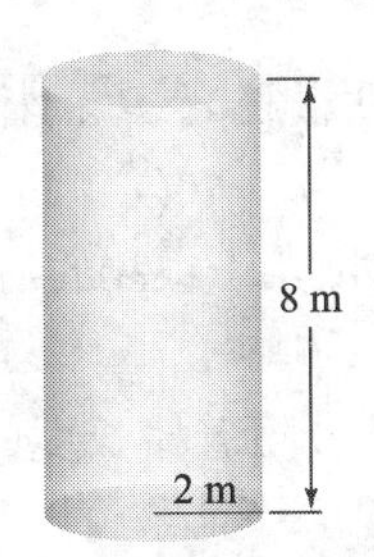

25. **排空圆锥形水箱** 一个形如倒圆锥形的水箱高为 6m, 底半径为 1.5m(见图).
  a. 如果水箱装满水, 把水从水箱的顶端抽空需做多少功?
  b. 装满一半高度时抽空所做的功是装满时抽空做的功的一半, 对吗? 解释理由.

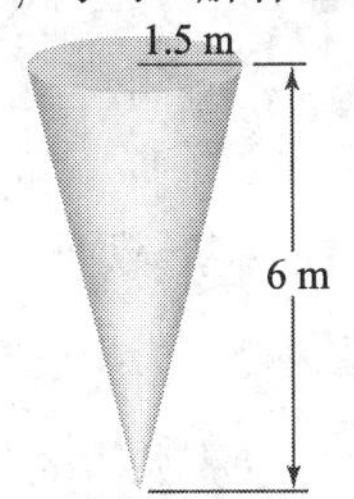

26. **排空真实的游泳池** 一个游泳池长 20m, 宽 10m, 其底从一端 1m 深均匀地倾斜到另一端 2m 深 (见图). 设游泳池装满水, 把水抽到游泳池顶端上方 0.2m 处需做多少功?

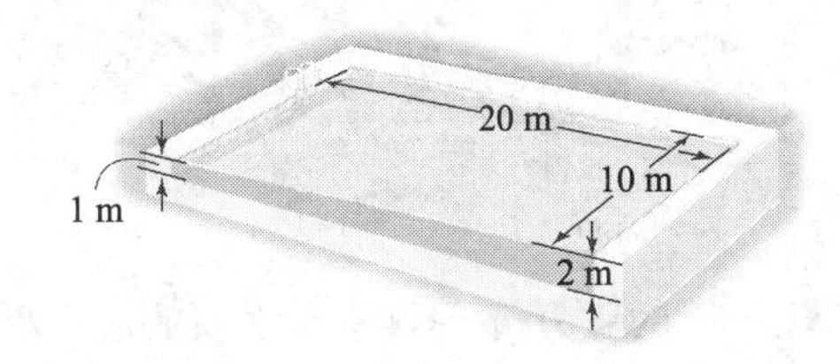

27. **注满球形水箱** 一个球形水箱的内半径是 8m, 其最低点在地面上方 2m. 通过连接在它最低点处的水管注水 (见图).
  a. 忽略流入管的体积, 如果水箱初始是空的, 注满它需要做多少功?
  b. 现在假设水管连接在水箱的最高点. 忽略流入管的体积, 如果水箱初始是空的, 注满它需要做多少功?

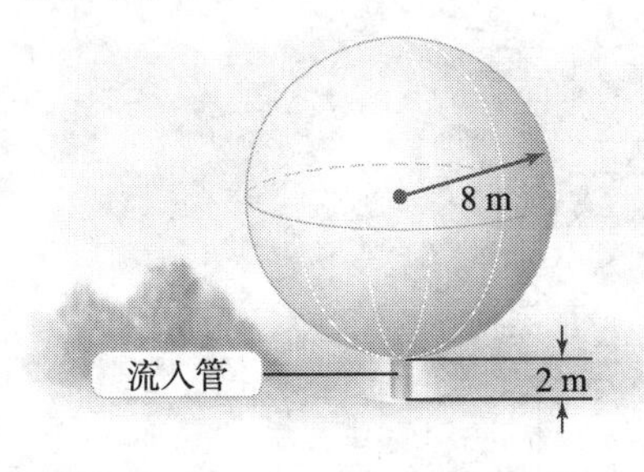

28. **排空水槽** 一水槽的半圆截面的半径为 0.25m, 长为 3m(见图).
  a. 如果它是满的, (从水槽的顶端) 抽完水需要做多少功?
  b. 如果长度加倍, 需要做的功加倍吗? 解释理由.
  c. 如果半径加倍, 需要做的功加倍吗? 解释理由.

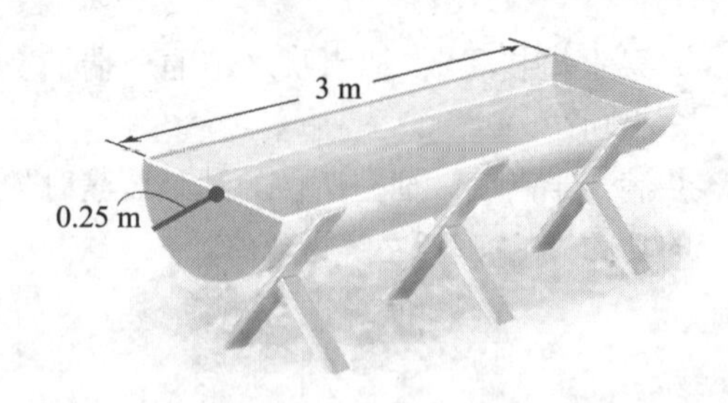

29. **排空水槽** 一水槽的梯形截面高为 1m, 水平边宽为 $\frac{1}{2}$ m 和 1m. 假设水槽长为 10m(见图).
   a. 如果它是满的, (从水槽的顶端) 抽完水需要做多少功?
   b. 如果长度加倍, 需要做的功加倍吗? 解释理由.

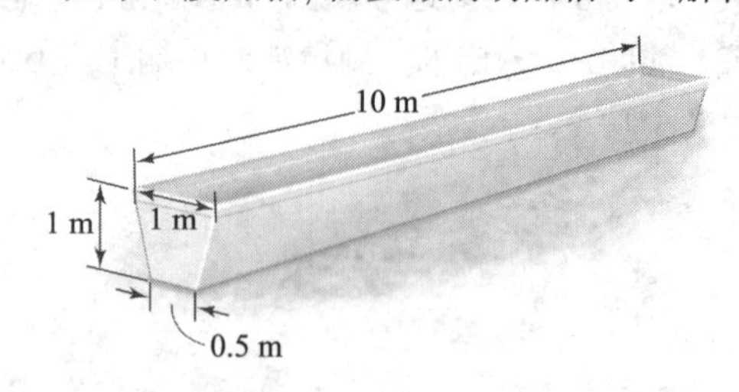

30 ~ 33. **坝承受的压力** 下图显示小水坝的形状和尺寸. 设水位在坝的顶端, 求水坝承受的总压力.

30.
31.
32.

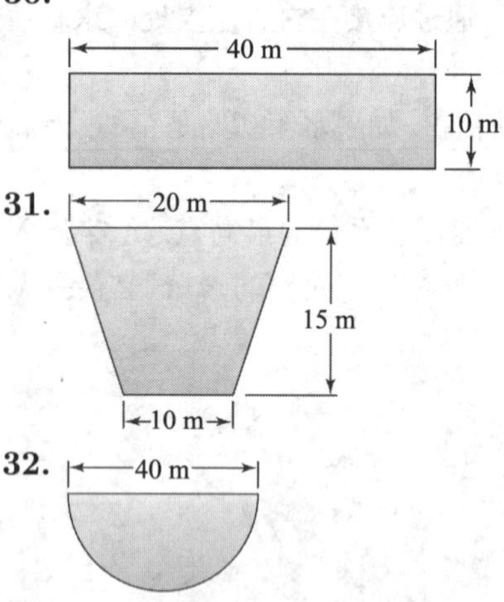

33.

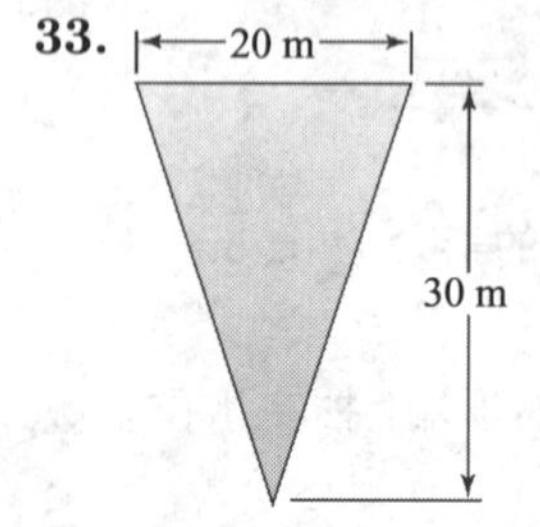

34. **抛物形水坝** 一座水坝的低边界是抛物线 $y = x^2/16$(见图). 用使 $y = 0$ 在坝底部的坐标系求水坝承受的总压力. 长度以米计.

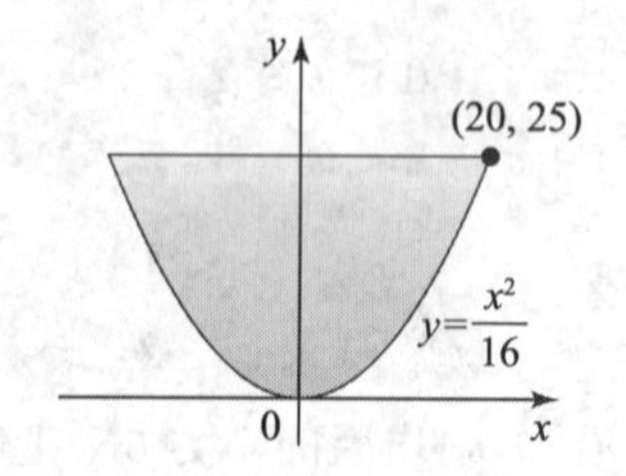

35. **建筑物承受的压力** 一座形如盒子的建筑物高为 50m, 一个面宽为 80m. 一股强风直接吹在建筑物的这个面上, 对地面产生的压强是 $150\mathrm{N/m}^2$, 且随高度按照 $P(y) = 150 + 2y$ 的方式增加, 其中 y 是地面上方的高度. 计算该建筑物承受的总压力. 这是在设计建筑物时必须考虑的抗力的一种度量.

36 ~ 38. **窗承受的压力** 一充满水的跳水池深 4m, 在它的一个垂直墙上有一扇观光窗. 求下列窗承受的压力.

36. 窗是正方形, 边长为 0.5m, 其最低边在跳水池的底端.

37. 窗是正方形, 边长 0.5m, 其最低边离跳水池的底端 1m.

38. 窗是圆形, 半径为 0.5m, 与跳水池的底端相切.

深入探究

39. **解释为什么是, 或不是** 判断下列命题是否正确, 并说明理由或举反例.
   a. 细金属线的质量等于线的长度乘以其平均密度.
   b. 从平衡位置拉开线性弹簧 (遵循胡克定律)100cm 需要做的功等于从平衡位置压缩 100cm 需要做的功.
   c. 把 10kg 重的物体垂直提升 10m 所做的功等于把重 20kg 的物体垂直提升 5m 所做的功.
   d. 一个池子 (水平) 底面 $10\mathrm{ft}^2$ 的区域承受的总压力等于池子 (竖直) 墙上 $10\mathrm{ft}^2$ 的区域承受的总压力.

40. **两根棒的质量** 两根长为 L 的棒的密度是 $\rho_1(x) = 4(x+1)^{-2}$ 和 $\rho_2(x) = 6(x+1)^{-3}$, $0 \leqslant x \leqslant L$.
   a. L 取何值时, 第一根棒的质量大于第二根棒的质量?
   b. 棒的质量是否随着棒长度的增大而无限增加? 解释理由.

41. **非线性弹簧** 胡克定律适用于理想化的、不被拉伸或压缩过度的 (线性) 弹簧. 考虑恢复力是 $F(x) = 16x - 0.1x^3$, $|x| \leqslant 7$ 的非线性弹簧.

a. 作恢复力的图像并解释图像.

b. 从平衡位置 ($x=0$) 拉伸弹簧到 $x=1.5$ 做了多少功?

c. 从平衡位置 ($x=0$) 压缩弹簧到 $x=-2$ 做了多少功?

42. 垂直弹簧 质量为 10kg 的物体系在垂直悬挂的弹簧上, 并被拉离弹簧的平衡位置 2m. 设弹簧是线性的, $F(x)=kx$.

a. 压缩弹簧使物体提升 0.5m 需要做多少功?

b. 拉伸弹簧使物体降低 0.5m 需要做多少功?

43. 喝果汁 一个玻璃杯的圆形截面从杯子顶部的半径 5cm(线性地) 逐渐变小到底部的 4cm. 杯高 15cm 且装满橙汁. 如果嘴在杯子上方 5cm 处, 用吸管喝完橙汁需要做多少功? 假设橙汁的密度等于水的密度.

44. 上面一半和下面一半 一个高为 8m、半径为 3m 的圆柱形水箱充满水. 必须通过其顶端上方 2m 处的排出管排空.

a. 计算排空水箱上半部分的水需要做的功.

b. 计算排空水箱下半部分的水 (等量) 需要做的功.

c. 解释 (a) 和 (b) 的结果.

附加练习

45. 引力场中的功 对距地球表面的大距离, 引力为 $F(x)=GMm/(x+R)^2$, 其中 $G=6.7\times10^{-11}\,\mathrm{Nm}^2/\mathrm{kg}^2$ 是引力常数, $M=6\times10^{24}\,\mathrm{kg}$ 是地球的质量, m 是引力场中物体的质量, $R=6.378\times10^6\,\mathrm{m}$ 是地球的半径, $x\geqslant0$ 是地球表面上方的距离 (以米计).

a. 沿垂直飞行轨道发射重 500kg 的火箭到 (离地球表面)2 500km 的高度需要做多少功?

b. 对 $x>0$, 求发射火箭到 $x\,\mathrm{km}$ 高度需要做的功.

c. 到外太空 ($x\to\infty$) 需要做多少功?

d. 令 (c) 中的功等于火箭的初始动能 $\frac{1}{2}mv^2$, 计算火箭的逃逸速度.

46. 用两个不同积分求功 质量 2kg 的刚体由于一个力的作用沿直线运动, 产生的位置函数是 $x(t)=4t^2$, 其中 x 以米度量, t 以秒度量. 用两种方法求前 5 秒所做的功.

a. 注意到 $x''(t)=8$, 用牛顿第二定律 ($F=ma=mx''(t)$)求功的积分 $W=\int_{x_0}^{x_f}F(x)dx$, 其中 x_0 和 x_f 分别表示初始位置和最终位置.

b. 在功的积分中进行变量替换并对 t 积分. 验证答案与 (a) 的相同.

47. 绞链 一根 30m 长的链子垂直地悬挂在系在绞车上的圆柱上. 假设系统无摩擦, 链子的密度是 5kg/m.

a. 用绞车把整个链条绕在圆柱上需要做多少功?

b. 如果有 50kg 的障碍物系在链子的末端, 把整个链子绕在圆柱上需要做多少功?

48. 卷绳子 60m 长、直径为 9.4mm 的绳子自由挂在一个支架上. 绳子的密度是 55g/m. 把整个绳索拉到支架上需要做多少功?

49. 提升摆 一质量为 m 的物体悬挂在可无摩擦摆动的长为 L 的杆上 (见图). 该质量被缓慢地沿圆弧拉到高为 h 处.

a. 假设引力是唯一作用在该物体上的力, 证明这个力沿运动弧的分量是 $F=mg\sin\theta$.

b. 注意到沿摆的路径的长度元是 $ds=Ld\theta$, 计算一个关于 θ 的积分证明提升物体到高度 h 处做的功是 mgh.

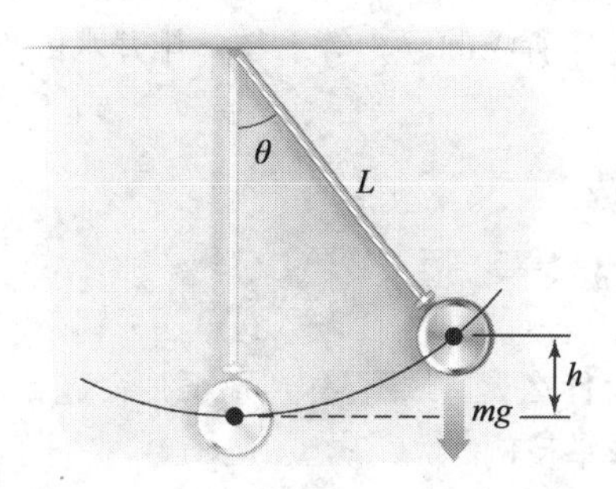

50. 定向与力 一块边长为 1m 的等边三角形平板被放在水池中水面下 1m 的竖直墙面上. 图中哪块平板承受的压力较大? 尝试预测答案, 然后计算每块平板承受的压力.

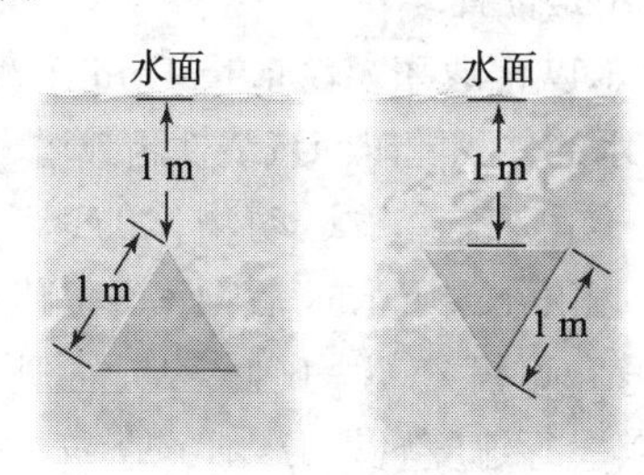

51. 定向与力 一块边长为 1m 的正方形平板被安放在水

池中水面下1m的竖直墙面上. 图中哪块平板承受的压力较大? 尝试预测答案, 然后计算每块平板承受的压力.

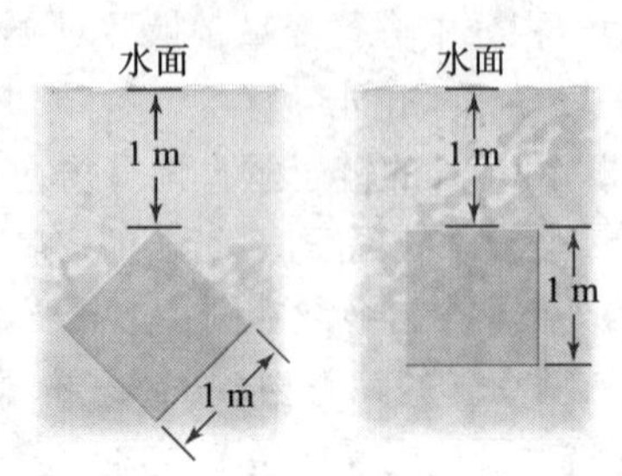

52. 无卡路里的奶昔? 设直径为 $\frac{1}{12}$ m、高为 $\frac{1}{10}$ m 的圆柱形玻璃杯盛满400Cal的奶昔. 设有一根长1.1m的吸管, 在吸奶昔时是否消耗掉奶昔中含有的所有卡路里? 设奶昔的密度是 1g/cm^3 (1Cal=4 184J).

53. 临界深度 大水箱的一面墙是一个塑料视窗, 其设计可承受的压力是90 000N. 这个正方形视窗的边长是2m, 其最低边距水箱底部1m.

  a. 如果水箱装有4m深的水, 视窗能承受由此产生的压力吗?

  b. 不使视窗破裂, 水箱能装水的最大深度是多少?

54. 浮力 阿基米德原理告诉我们, (部分或全部) 浸入水中的物体所受的浮力等于物体排开水的重量(见图). 设 $\rho_w = 1\,\text{g/cm}^3 = 1\,000\,\text{kg/m}^3$ 是水的密度, ρ 是水中物体的密度. 记 $f = \rho/\rho_w$. 如果 $0 < f \leqslant 1$, 则物体浮在水面上, 其体积的 $100f\,\%$浸入水中; 如果 $f > 1$, 则物体沉没.

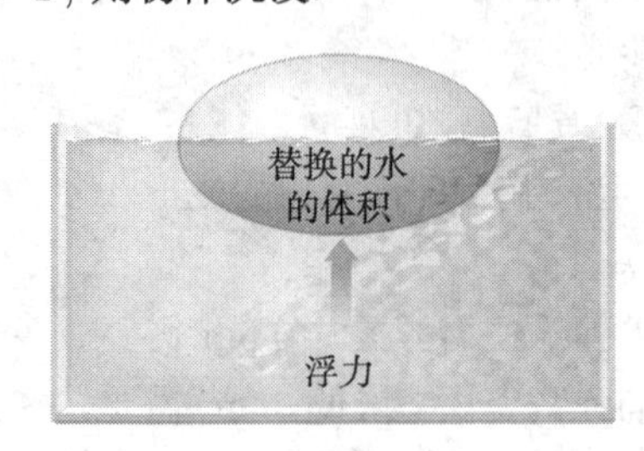

考虑一半体积浸入水中 ($\rho = \rho_w/2$) 的边长为2m的立方体盒子. 求使盒子完全浸入水中 (因此它的上表面在水平面上) 需要的力.

迅速核查 答案

1. (a) 棒在左端最重, 右端最轻. (b) $\rho = 2.5\,\text{g/cm}$.
2. 最小质量 =2 kg; 最大质量 = 10 kg.
3. 我们假设每个子区间上的力是常力而实际上力在各区间上是变化的.
4. 弹簧的恢复力随着弹簧被拉伸而增大 ($F(x) = 100x$). 区间 $[0.1, 0.35]$ 上的恢复力比区间 $[0, 0.25]$ 上的大.
5. 积分中的因式 $(15-y)$ 被替换成 $(10-y)$.

第6章 总复习题

1. 解释为什么是, 或不是 判别下列命题是否正确, 并证明或举反例.

  a. 区域 R 绕 y-轴旋转得到立体 S. 为求 S 的体积, 可以用圆盘法/垫圈法对 y 积分或用柱壳法对 x 积分.

  b. 只给出沿直线运动物体的速度, 能求出它的位移而不是位置.

  c. 如果水以常速率 (比如6gal/min) 流入水箱中, 箱中水的体积随时间按线性函数增大.

2. 由速度求位移 沿直线运动物体的速度是 $v(t) = 20\cos\pi t$ (以ft/s计). 1.5s后物体的位移是多少?

3. 位置, 位移和路程 在 $t=0$ 时, 从地面垂直发射一个发射体, 其飞行速度 (以m/s计) 是 $v(t) = 20 - 10t$. 对 $0 \leqslant t \leqslant 4$, 求 t 秒后的位置、位移和走过的路程. 设 $s(0) = 0$.

4. 减速度 $t=0$ 时, 一辆汽车从80ft/s的速度以 5ft/s^2 的常率减速. 设 $s(0) = 0$, 求其位置函数.

5. 振子 沿直线运动物体的加速度是 $a(t) = 2\sin\left(\frac{\pi t}{4}\right)$. 初始速度和位置分别是 $v(0) = -\frac{8}{\pi}$, $s(0) = 0$.

  a. 对 $t \geqslant 0$, 求速度和位置.

  b. s 的最小值和最大值是多少?

  c. 求区间 $[0, 8]$ 上的平均速度和平均位置.

6. 比赛 安娜和班尼分别以速度 (以mi/hr计) $v_A(t) = 2t+1$ 和 $v_B(t) = 4-t$ 从直路上的同一位置出发跑步.

  a. 对 $0 \leqslant t \leqslant 4$, 作速度函数的图像.

b. 如果跑步者跑 1hr, 谁跑得远? 用 (a) 的图像从几何上解释结论.

c. 如果跑步者跑 6mi, 谁赢得这场比赛? 用 (a) 的图像从几何上解释结论.

7. 燃料消耗 一架小飞机在飞行中的燃料消耗速度 (以 gal/min 计) 是

$$R'(t)=\begin{cases}4t^{1/3}, & 0\leqslant t\leqslant 8 \quad (\text{起飞})\\ 2, & t>8 \quad (\text{巡航})\end{cases}$$

a. 对 $0\leqslant t\leqslant 8$, 求消耗的燃料总量函数 R.

b. 对 $t\geqslant 0$, 求消耗的燃料总量函数 R.

c. 如果燃料箱的容积是 150gal, 燃料何时耗尽?

8. 减速 垂直发射抛物体, 其速度函数 (以 m/s 计) 是 $v(t)=\dfrac{200}{\sqrt{t+1}}$, $t\geqslant 0$.

a. 对 $t\geqslant 0$, 作速度函数的图像.

b. 设 $s(0)=0$, 求抛物体的位置函数并作图像 $(t\geqslant 0)$.

c. 给定无限的时间, 抛物体能飞行 2 500m 吗? 如果能, 飞行的路程何时等于 2 500m?

9～13. 区域的面积 用任何方法求所描述的区域的面积.

9. $y=x^p, y=\sqrt[p]{x}$ 在第一象限所围成的区域, 其中 $p=100$ 和 $p=1\,000$.

10. 区域 R_1 和 R_2 如图所示, 它们由 $y=16-x^2$ 及 $y=5x-8$ 的图像构成.

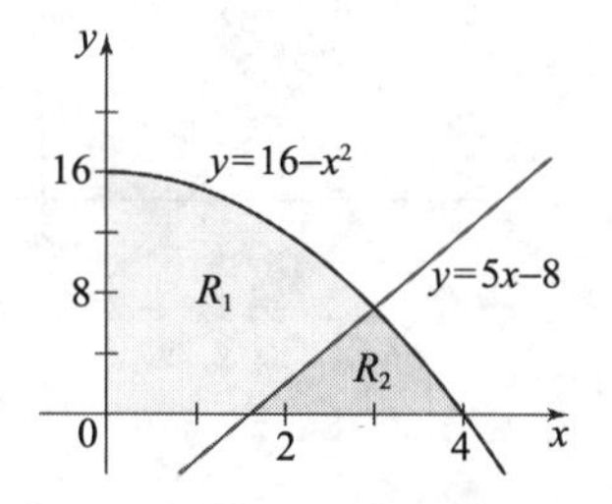

11. 由 $y=x^2, y=2x^2-4x$ 及 $y=0$ 围成的区域.

12. 由曲线 $\sqrt{x}+\sqrt{y}=1$ 在第一象限内围成的区域.

13. 由 $y=x/6$ 和 $y=1-|x/2-1|$ 在第一象限内围成的区域.

14. 面积函数 设 $R(x)$ 是图中 $y=f(t)$ 与 $y=g(t)$ 的图像之间的阴影区域的面积.

a. 对 $a\leqslant x\leqslant c$, 画 R 的可能图像.

b. 对 $a\leqslant x\leqslant c$, 给出 $R(x)$ 和 $R'(x)$ 的表达式.

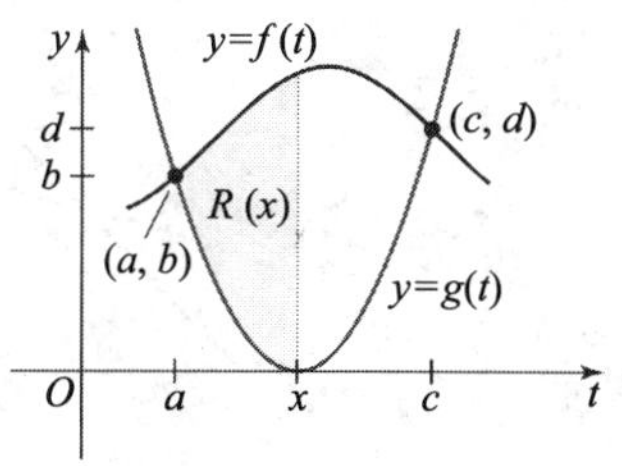

15. 面积函数 考虑函数 $y=\dfrac{x^2}{a}$ 和 $y=\sqrt{\dfrac{x}{a}}$, 其中 $a>0$. 求这两条曲线之间的区域面积 $A(a)$.

16. 三种方法 第一象限内半径为 R 的四分之一圆 $(x^2+y^2=R^2, x\geqslant 0, y\geqslant 0)$绕 x-轴旋转得到一个半球. 用下列方法证明半球的体积是 $\dfrac{2}{3}\pi R^3$:

a. 用圆盘法对 x 积分.

b. 用柱壳法对 y 积分.

c. 用一般切片法对 y 积分.

17～21. 立体的体积 选择一般切片法、圆盘法/垫圈法或柱壳法求下列立体体积.

17. 底是 xy- 平面内以 $(1,1),(1,-1),(-1,1),(-1,-1)$ 为顶点的正方形的金字塔. 金字塔所有平行于 xy-平面的截面都是正方形, 高是 12 个单位. 金字塔的体积是多少?

18. 由曲线 $y=-x^2+2x+2$ 及 $y=2x^2-4x+2$ 围成的区域绕 x-轴旋转. 所得立体的体积是多少?

19. 曲线 $y=1+\sqrt{x}, y=1-\sqrt{x}$ 及直线 $x=1$ 围成的区域绕 y-轴旋转. 通过 (a) 对 x 积分和 (b) 对 y 积分求所得立体的体积. 确保答案是一致的.

20. 由曲线 $y=x+1, y=12/x$ 及 $y=1$ 围成的区域绕 x-轴旋转, 所得立体的体积是多少?

21. 通过看成旋转体, 求半径为 r、高为 h 的正圆锥的体积.

22. 面积和体积 区域 R 由曲线 $x=y^2+2, y=x-4$ 及 $y=0$ 围成 (见图).

a. 写出计算 R 的面积的单一积分.

b. 写出用来计算 R 绕 x-轴旋转所得立体体积的单一积分.

c. 写出用来计算 R 绕 y-轴旋转所得立体体积的单一积分.

d. 设 S 是以 R 为底、垂直于 R 且平行于 x-轴的截面为半圆的立体. 写出计算 S 的体积的单一积分.

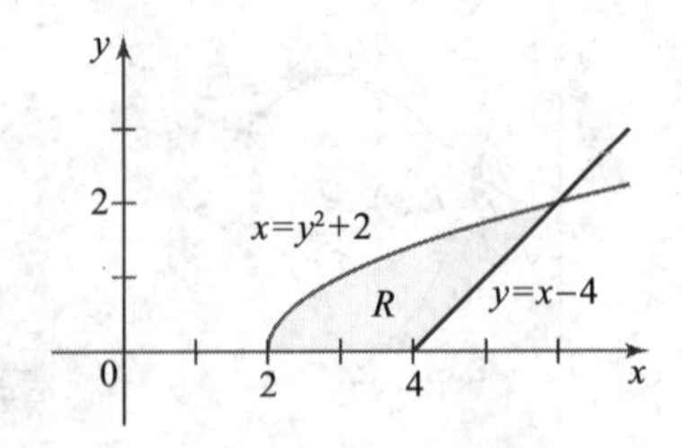

23. 比较体积 设 R 是 $y=1/x^p$ 与 x-轴在区间 $[1,a]$ 上围成的区域, 其中 $p>0, a>1$ (见图). 设 V_x 和 V_y 分别是 R 绕 x-轴和 y-轴旋转所得立体的体积.

a. 若 $a=2, p=1$, V_x 和 V_y 哪个大?

b. 若 $a=4, p=3$, V_x 和 V_y 哪个大?

c. 求用 a 和 p 表示的 V_x 的一般表达式, 其中 $p\neq\dfrac{1}{2}$.

d. 求用 a 和 p 表示的 V_y 的一般表达式, 其中 $p\neq 2$.

e. 能求出使 $V_x>V_y$ 成立的 a 和 p 的值吗?

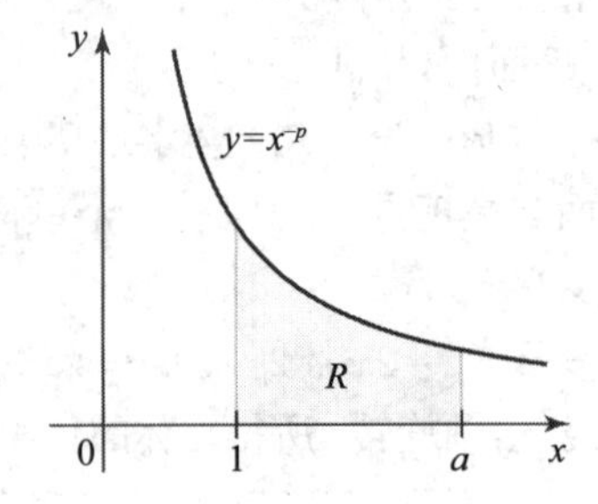

24～26 弧长 求下列曲线的弧长.

24. 区间 $[1,2]$ 上的 $y=x^3/6+1/(2x)$.

25. 区间 $[1,3]$ 上的 $y=x^{1/2}-x^{3/2}/3$.

26. 区间 $[0,4]$ 上的 $y=x^3/3+x^2+x+1/(4x+4)$.

27～28. 一维可变密度 求下列细棒的质量.

27. 区间 $0\leqslant x\leqslant 9$ 上的密度为 $\rho(x)=3+2\sqrt{x}$ 的细棒.

28. 区间 $0\leqslant x\leqslant 6$ 上的细棒, 其密度函数是

$$\rho(x)=\begin{cases}1, & 0\leqslant x<2\\ 2, & 2\leqslant x<4\\ 4, & 4\leqslant x\leqslant 6\end{cases}$$

29. 弹簧的功 从平衡位置拉伸弹簧 0.2m 做功 50J. 再拉伸它 0.5m 需要做多少功?

30. 抽水 一个圆柱形水箱高为 6m, 半径为 4m. 通过把水抽到水箱顶部的排水管来抽空满箱水需要做多少功?

31. 坝上的压力 求水库装满水时, 半径为 20m 的半圆形坝面上的总压力. 半圆的直径是坝的顶端.

32. 抛物线的等面积性质 设 $f(x)=ax^2+bx+c$ 是任意二次函数, 选择两点 $x=p$ 和 $x=q$. 设 L_1 是 f 的图像在点 $(p,f(p))$ 处的切线, L_2 是 f 的图像在点 $(q,f(q))$ 处的切线. 设 $x=s$ 是经过 L_1 和 L_2 的交点的垂线. 最后设 R_1 是由 $y=f(x), L_1$ 及垂线 $x=s$ 围成的区域; R_2 是由 $y=f(x), L_2$ 及垂线 $x=s$ 围成的区域. 证明 R_1 的面积等于 R_2 的面积.

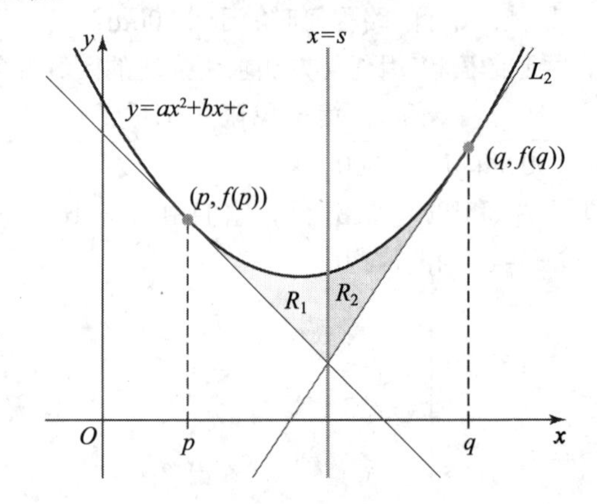

第7章　对数函数和指数函数

本章概要 到目前为止, 我们已经学习了多项式、代数函数及三角函数的微积分并探讨了它们的一些应用. 然而, 数学的很多领域依赖其他从代数中已经知道的函数, 比如指数函数和对数函数. 结果证明形如 $b^x, b>0$ 的指数函数是对数函数 $\log_b x$ 的反函数 (反过来也是). 由于这个事实, 本章开篇是反函数的一般讨论 —— 相互 "抵消" 作用的一对函数. 然后我们给出以 e 为底的对数函数的定义, 称为自然对数; 这个函数满足所有对数函数的所有熟知的代数性质, 而且它有重要的导数性质. 利用反函数的性质, 我们采取重要步骤引进自然对数的反函数, 即以 e 为底的指数函数. 至此, 稍费点工夫我们就能发展一般 (正数) 底的对数函数和指数函数. 接下来用反函数来定义反三角函数并获得它们的导数与积分性质. 最后, 借助对数函数和指数函数, 我们重新对第 4 章开始的洛必达法则进行讨论. 探索新的不定式, 并得出了根据增长率对函数进行的排序. 贯穿整章, 我们强调指数函数与对数函数的许多实际应用.

7.1　反　函　数

从代数的学习中, 我们知道当一个函数有*反函数*时, 这两个函数通过特殊的方式联系起来. 粗略地说, 一个函数的作用抵消了另一个函数的作用. 本节, 我们从对反函数的回顾开始: 它们何时存在, 如何求及如何作图. 然后我们研究函数的导数与其反函数导数的关系. 有了这些背景知识, 本章的剩余部分我们将致力于发掘新函数, 它们以我们所熟知的函数的反函数形式出现.

反函数的存在性

考虑线性函数 $f(x)=2x$, 它取 x 的任意值并将其加倍. 取 $f(x)=2x$ 的任意值然后将它映回 x 的这个逆过程所产生的函数称为 f 的反函数, 记作 f^{-1}. 在这个例子中, 反函数是 $f^{-1}(x)=x/2$. 连续应用这两个函数产生的效果如下:

$$x \xrightarrow{f} 2x \xrightarrow{f^{-1}} x.$$

现在我们把这个想法一般化.

定义　反函数

已知函数 f, 它的反函数 (如果存在) 是函数 f^{-1}, 使得当 $y=f(x)$ 时, 有 $f^{-1}(y)=x$ (见图 7.1).

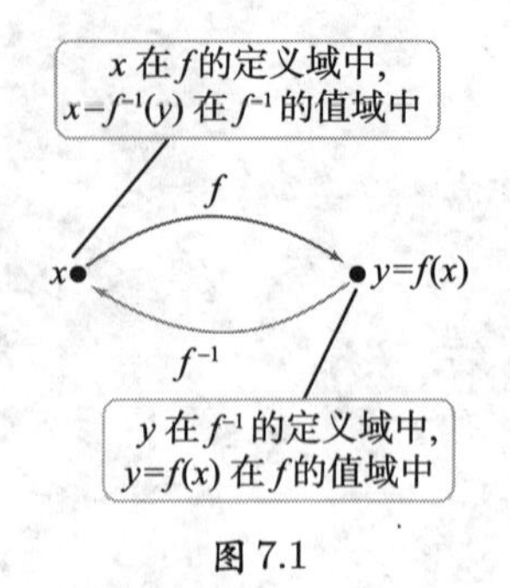

图 7.1

表示反函数的记号 f^{-1} 容易混淆. 反函数不是倒数, 即 $f^{-1}(x)$ 不是 $1/f(x)=(f(x))^{-1}$. 我们接受通常的习惯, 将反函数简称为逆.

迅速核查 1. $f(x)=\dfrac{1}{3}x$ 的反函数是什么? $f(x)=x-7$ 的反函数是什么? ◀

因为反函数抵消原函数的作用, 如果我们从 x 的值开始, 将 f 作用于它, 然后再将 f^{-1} 作用于所得结果, 我们恢复 x 的原始值, 即

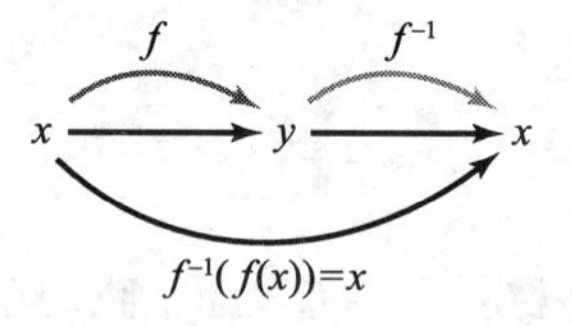

类似地, 如果我们将 f^{-1} 作用于 y, 然后将 f 作用于所得结果, 我们恢复 y 的原始值, 即

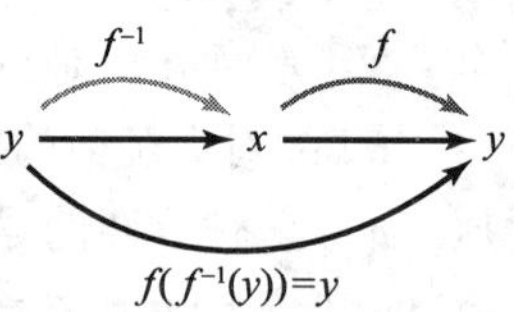

一对一函数 我们已经定义了函数的反函数, 但是我们没有提及反函数何时存在. 为保证 f 在定义域上有反函数, f 在该定义域上必须是一对一的. 这个性质意味着函数 f 的每个输出值必须恰好对应于一个输入值. 一对一性质用*水平线检验法*来图像检验.

垂直线检验法判断 f 是否为函数. 水平线检验法判断 f 是否为一对一的.

> **定义　一对一函数与水平线检验法**
>
> 设 f 是定义在 D 上的函数. 如果 $f(x)$ 的每个值恰好与 D 内 x 的一个值对应, 则称 f 在定义域 D 上是**一对一的**. 更确切地说, 如果对 D 内的 x_1, x_2, 当 $x_1 \neq x_2$ 时, $f(x_1) \neq f(x_2)$, 则 f 在 D 上是一对一的. **水平线检验法**说每一条水平线与一对一函数的图像至多相交一次 (见图 7.2).

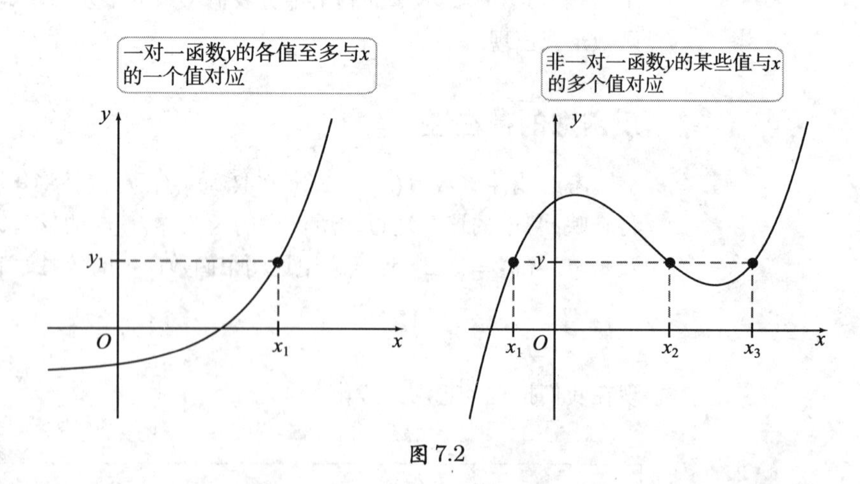

图 7.2

比如, 图 7.3 中, 某些水平直线与 $f(x)=x^2$ 的图像相交两次. 因此, f 在 $(-\infty,\infty)$ 上没有反函数. 然而, 如果 f 限制在 $(-\infty,0]$ 或 $[0,\infty)$ 上, 则它通过水平线检验, 在这些区间上是一对一的.

例 1 一对一函数 确定区间 (最大可能) 使函数 $f(x) = 2x^2 - x^4$ (见图 7.4) 在该区间上是一对一的.

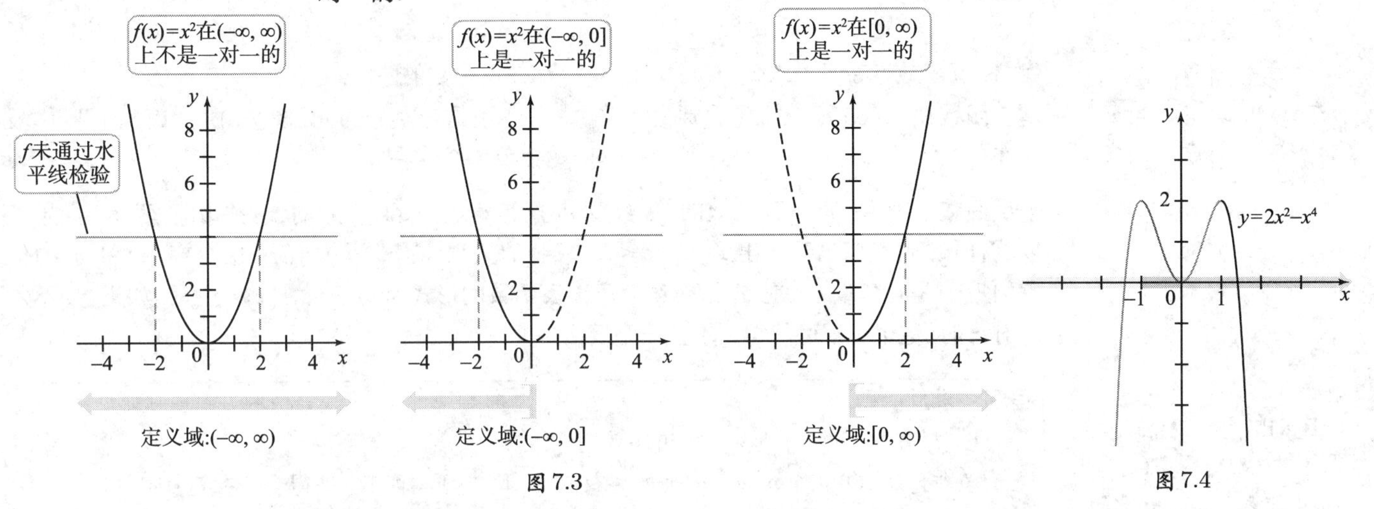

图 7.3　　　　图 7.4

解 f 的图像表明它在整条实轴上不是一对一的, 因为它不能通过水平线检验. 然而, 在区间 $(-\infty,-1],[-1,0],[0,1]$ 及 $[1,\infty)$ 上, f 是一对一的. 函数在这四个区间的任何子区间上也是一对一的.

相关习题 9～10◀

反函数存在的条件 图 7.5(a) 阐述了一对一函数 f 和它的反函数 f^{-1} 的作用. 我们看到 f 将 x 的值映射到唯一的一个 y 值. 反过来, f^{-1} 将 y 的值映射回 x 的原始值. 如果 f 不是一对一的, 这个过程无法进行 (见图 7.5(b)).

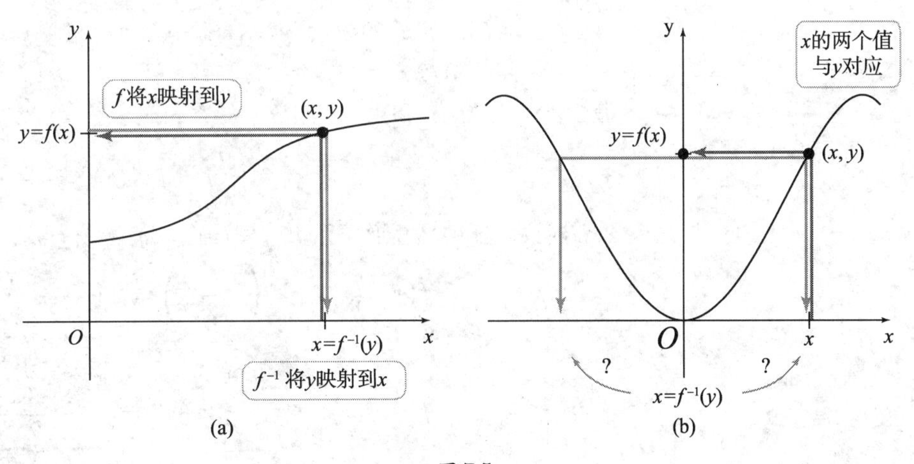

图 7.5

> **定理 7.1 反函数的存在性**
>
> 设 f 是区域 D 上的一对一函数, 其值域是 R. f 有以 R 为定义域且以 D 为值域的反函数 f^{-1}, 使得
>
> $$f^{-1}(f(x)) = x, \qquad f(f^{-1}(y)) = y,$$
>
> 其中 x 属于 D, y 属于 R.

根据图像, 一对一函数有反函数这个命题是可信的. 然而, 这个定理的证明是相当技术的, 因而被省略.

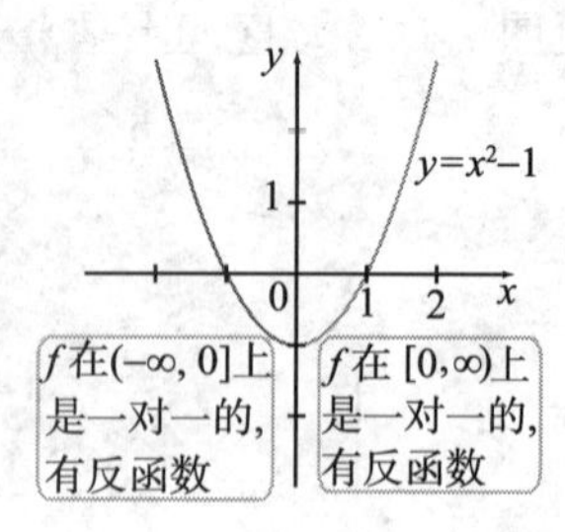

图 7.6

迅速核查 2. 用摄氏度表示华氏度的函数关系是 $F = 9C/5 + 32$. 解释为什么这个函数有反函数. ◄

例 2　反函数存在吗? 求使 $f(x) = x^2 - 1$ 存在反函数的区间.

解　函数在 $(-\infty,\infty)$ 上没有通过水平线检验, 不是一对一的 (见图 7.6). 然而, 如果 f 限制在 $(-\infty,0]$ 或 $[0,\infty)$ 上, 则它是一对一的, 反函数存在. *相关习题 11～14*◄

求反函数 求函数 f 的反函数的关键一步是解方程 $y = f(x)$ 中的 x 并用 y 表示. 如果可以这样做, 则我们已经求出形如 $x = f^{-1}(y)$ 的关系. 在 $x = f^{-1}(y)$ 中交换 x 和 y 的位置, 使 x 是自变量 (这是 x 的传统角色), 反函数的形式为 $y = f^{-1}(x)$. 注意, 如果 f 不是一对一的, 这个过程可能得到不止一个反函数.

一旦求出 f^{-1} 的公式, 可以通过核对 $f^{-1}(f(x)) = x$ 和 $f(f^{-1}(y)) = y$ 来验证工作.

程序　求反函数

设 f 在区间 I 上是一对一的. 为求 f^{-1}:

1. 解关于 x 的方程 $y = f(x)$. 如果有必要, 限制所得函数, 使得 x 在 I 中.

2. 交换 x 和 y 并记成 $y = f^{-1}(x)$.

例 3　求反函数 求以下函数的反函数. 如果有必要, 限制 f 的定义域.

a. $f(x) = 2x + 6$.　　**b.** $f(x) = x^2 - 1$.

解

常值函数 (图像为水平线) 不能通过水平线检验, 故没有逆.

a. 线性函数 (除常值线性函数外) 在整个实轴上是一对一的. 因此, 对所有 x, f 的反函数存在.

第 1 步: 解关于 x 的方程 $y = f(x)$: 我们看到 $y = 2x + 6$ 意味着 $2x = y - 6$ 或 $x = (y-6)/2$.

第 2 步: 交换 x 和 y 并记成 $y = f^{-1}(x)$:

$$y = f^{-1}(x) = \frac{x-6}{2}.$$

建议验证满足互逆关系 $f(f^{-1}(y)) = y, f^{-1}(f(x)) = x$:

$$f(f^{-1}(x)) = f\left(\frac{x-6}{2}\right) = \underbrace{2\left(\frac{x-6}{2}\right) + 6}_{f(x)=2x+6} = x - 6 + 6 = x,$$

$$f^{-1}(f(x)) = f^{-1}(2x+6) = \underbrace{\frac{(2x+6)-6}{2}}_{f^{-1}(x)=(x-6)/2} = x.$$

b. 如例 2 所示, 函数 $f(x) = x^2 - 1$ 在整个实轴上不是一对一的, 然而它在 $(-\infty, 0]$ 或 $[0,\infty)$ 上是一对一的. 如果我们将注意力限制在这两个区间中的一个, 可以求出反函数.

第 1 步: 从方程 $y = f(x)$ 中解 x:

$$\begin{aligned} y &= x^2 - 1, \\ x^2 &= y + 1, \\ x &= \begin{cases} \sqrt{y+1} \\ -\sqrt{y+1} \end{cases}. \end{aligned}$$

平方根的每个分支对应一个反函数.

第 2 步: 交换 x 和 y 并记成 $y=f^{-1}(x)$:

$$y=f^{-1}(x)=\sqrt{x+1} \quad \text{或} \quad y=f^{-1}(x)=-\sqrt{x+1}.$$

对这个结果的解释是重要的. 取平方根的正分支, 反函数 $y=f^{-1}(x)=\sqrt{x+1}$ 给出 y 的正值, 它对应于 $f(x)=x^2-1$ 在区间 $[0,\infty)$ 上的分支 (见图 7.7); 平方根的负分支 $y=f^{-1}(x)=-\sqrt{x+1}$ 是另一个反函数, 它给出 y 的负值, 对应于 $f(x)=x^2-1$ 在区间 $(-\infty,0]$ 上的分支.

相关习题 15～22 ◀

迅速核查 3. $f(x)=x^3$ 在哪个 (些) 区间上有反函数? ◀

画反函数的图像

函数的图像与反函数的图像有特殊的关系, 我们将在下面的例子中说明.

例 4 作反函数的图像 在同一坐标系下画 f 和 f^{-1} 的图像.

a. $f(x)=2x+6$. **b.** $f(x)=\sqrt{x-1}$.

解

a. 例 3 已求出 $f(x)=2x+6$ 的反函数是

$$y=f^{-1}(x)=\frac{x-6}{2}=\frac{x}{2}-3.$$

f 与 f^{-1} 的图像如图 7.8 所示. 注意, f, f^{-1} 都是递增的线性函数且它们相交于 $(-6,-6)$.

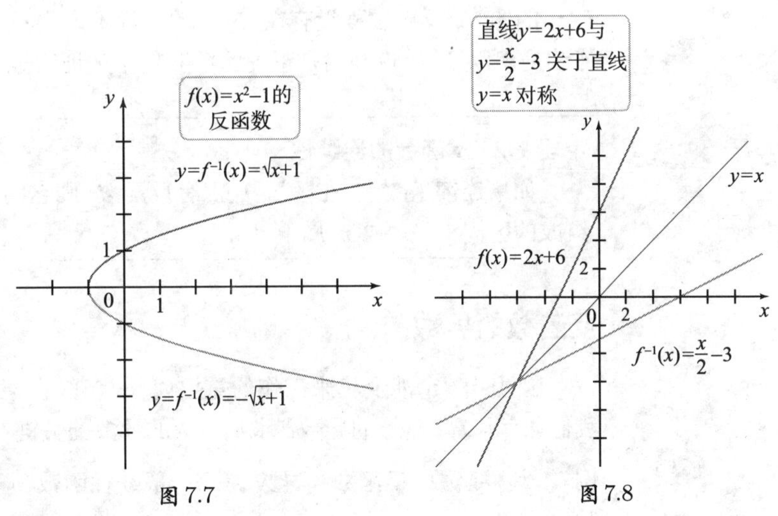

图 7.7 图 7.8

b. 函数 $f(x)=\sqrt{x-1}$ 的定义域是 $\{x: x\geqslant 1\}$. f 在这个定义域上是一对一的, 有反函数. 用两步可求出反函数:

第 1 步 解关于 x 的方程 $y=\sqrt{x-1}$:

$$y^2=x-1 \quad \text{或} \quad x=y^2+1.$$

第 2 步 交换 x 和 y 并记成 $y=f^{-1}(x)$:

$$y=f^{-1}(x)=x^2+1.$$

f 与 f^{-1} 的图像如图 7.9 所示.

相关习题 23～30 ◀

仔细观察图 7.8 和图 7.9 中的图像, 我们看到当一个函数和它的反函数的图像画在同一个坐标系下的时候, 总是出现对称性. 在每个图中, 一条曲线是另一条曲线关于直线 $y=x$ 的反射. 这些曲线关于直线 $y=x$ 对称, 这就是说当点 (b,a) 在一条曲线上时, 点 (a,b) 在另一条曲线上 (见图 7.10).

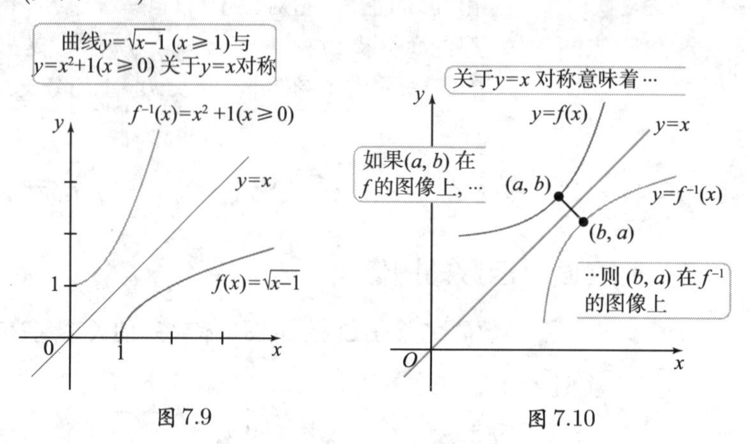

图 7.9　　　　图 7.10

关于对称性的解释直接来源于反函数的定义. 假设点 (a,b) 在 $y=f(x)$ 的图像上, 即 $f(a)=b$. 由反函数的定义, 我们得到 $a=f^{-1}(b)$, 这意味着 (b,a) 在 $y=f^{-1}(x)$ 的图像上. 该论证适用于所有相关的点 (a,b), 因此当 (a,b) 在 f 的图像上时, (b,a) 就在 f^{-1} 的图像上. 作为推论, 两个函数的图像关于 $y=x$ 对称.

现在假设 f 在区间 I 上连续且是一对一的. 作 f 的图像关于直线 $y=x$ 的反射生成 f^{-1} 的图像. 反射过程没有在 f^{-1} 的图像上产生不连续点，故 f^{-1} 在与 I 对应的区间上连续是貌似可信的 (确实是正确的). 我们不加证明地陈述这个事实.

定理 7.2　反函数的连续性

如果连续函数 f 在区间 I 上有反函数, 则它的反函数 f^{-1} 也是连续的 (在由点 $f(x)$ 组成的区间上, 其中 x 属于 I).

反函数的导数

这里是一个涉及将来工作的重要问题: 已知在某区间上的一对一函数 f 及其导数 f', 我们如何计算 f^{-1} 的导数? 求反函数的导数的关键在于 f 与 f^{-1} 的图像的对称性.

例 5　线性函数, 反函数和导数 考虑一般线性函数 $y=f(x)=mx+b$, 其中 $m\neq 0, b$ 是常数.

a. 将 f 的反函数表示成 $y=f^{-1}(x)$ 的形式.

b. 求反函数的导数 $\dfrac{d}{dx}[f^{-1}(x)]$.

c. 考虑 $f(x)=2x-6$ 这个具体的例子. 作 f 和 f^{-1} 的图像并求每条直线的斜率.

解

a. 从 $y=mx+b$ 中解出 x, 我们得 $mx=y-b$ 或 $x=\dfrac{y}{m}-\dfrac{b}{m}$. 将这个函数表示成 $y=f^{-1}(x)$ 的形式 (通过交换 x 和 y 的角色), 得

$$y=f^{-1}(x)=\frac{x}{m}-\frac{b}{m},$$

它表示一条斜率为 $\dfrac{1}{m}$ 的直线.

b. f^{-1} 的导数是

$$(f^{-1})'(x)=\frac{1}{m}=\frac{1}{f'(x)}.$$

注意到 $f'(x)=m$, 因此 f^{-1} 的导数是 f' 的倒数.

c. 当 $f(x)=2x-6$ 时, $f^{-1}(x)=x/2+3$. 这两条直线的图像关于直线 $y=x$ 对称 (见图 7.11). 而且直线 $y=f(x)$ 的斜率是 2, $y=f^{-1}(x)$ 的斜率是 $\dfrac{1}{2}$, 也就是说斜率 (因此导数) 互为倒数.

相关习题 31 ◀

例 5 中 f' 与 f^{-1} 所满足的倒数性质对所有函数成立. 图 7.12 显示了一个典型的一对一函数与其反函数的图像. 它也显示了一对对称点 —— f 的图像上的 (x_0,y_0) 和 f^{-1} 的图像上的 (y_0,x_0) —— 及在这两点处的切线. 注意到随着 f 的图像的切线 (当 x 增大时) 越来越陡, f^{-1} 的相应切线则越来越平坦. 接下来的定理更精确地描述了这种关系.

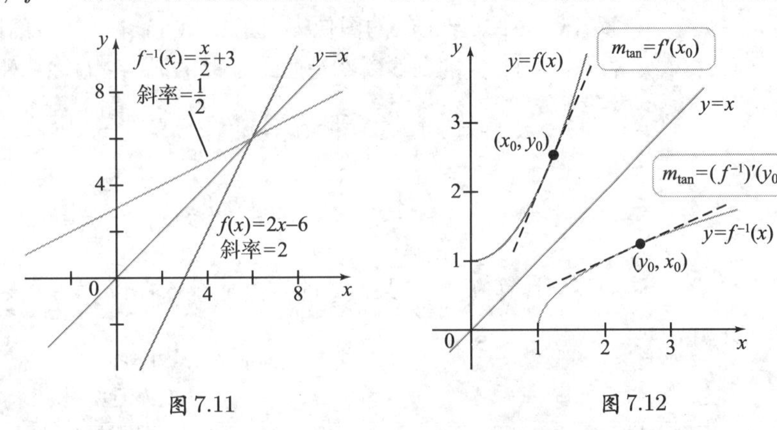

图 7.11　　　　图 7.12

> **定理 7.3　反函数的导数**
>
> 设 f 在区间 I 上可导且有反函数. 如果 x_0 是 I 内的点且 $f'(x_0)\neq 0$, 则 f^{-1} 在 $y_0=f(x_0)$ 处可导且
>
> $$(f^{-1})'(y_0)=\frac{1}{f'(x_0)},\quad 其中y_0=f(x_0).$$

定理 7.3 的结果也可以写成

$$(f^{-1})'(f(x_0))=\frac{1}{f'(x_0)}$$

或

$$(f^{-1})'(y_0)=\frac{1}{f'(f^{-1}(y_0))}.$$

为理解这个定理, 假设 (x_0,y_0) 是 f 图像上的一点, 这表明 (y_0,x_0) 是 f^{-1} 的图像上的对应点. f^{-1} 的图像在 (y_0,x_0) 处切线的斜率是 f 的图像在 (x_0,y_0) 处切线斜率的倒数. 重要的是, 这个定理告诉我们可以不求反函数本身而求出反函数的导数.

证明　在进行简短的计算前, 我们注意两个事实:

- 在 f 的可导点 x_0 处, $y_0=f(x_0)$, $x_0=f^{-1}(y_0)$.
- 因为 f 在 x_0 处可导, 所以 f 在 x_0 处连续 (定理 3.1), 这意味着 f^{-1} 在 y_0 处连续 (定理 7.2). 因此当 $y\to y_0$ 时, $x\to x_0$.

利用导数的定义,

$$(f^{-1})'(y_0)=\lim_{y\to y_0}\frac{f^{-1}(y)-f^{-1}(y_0)}{y-y_0}\qquad (f^{-1}\text{ 的导数的定义})$$

$$= \lim_{x \to x_0} \frac{x - x_0}{f(x) - f(x_0)} \quad (y = f(x), x = f^{-1}(y); x \to x_0, y \to y_0)$$

$$= \lim_{x \to x_0} \frac{1}{\dfrac{f(x) - f(x_0)}{x - x_0}} \quad (\frac{a}{b} = \frac{1}{b/a})$$

$$= \frac{1}{f'(x_0)}. \quad (f \text{ 的导数的定义})$$

我们已经证明 $(f^{-1})'(y_0)$ 存在 (f^{-1} 在 y_0 可导) 且等于 $f'(x_0)$ 的倒数. ◀

迅速核查 4. 作 $f(x) = x^3$ 和 $f^{-1}(x) = x^{1/3}$ 的图像, 然后验证 定理 7.3 在 $(1,1)$ 处成立. ◀

例 6　反函数的导数 当 $x \geqslant 0$ 时, $f(x) = \sqrt{x} + x^2 + 1$ 是一对一的, 且在该区间上有反函数. 求曲线 $y = f^{-1}(x)$ 在点 $(3,1)$ 处的斜率.

解　点 $(1,3)$ 在 f 的图像上, 因此 $(3,1)$ 在 f^{-1} 的图像上. 在本例中, 曲线 $y = f^{-1}(x)$ 在点 $(3,1)$ 处的切线斜率是曲线 $y = f(x)$ 在 $(1,3)$ 处切线斜率的倒数 (见图 7.13). 注意到 $f'(x) = \dfrac{1}{2\sqrt{x}} + 2x$, 这表明 $f'(1) = \dfrac{1}{2} + 2 = \dfrac{5}{2}$. 因此,

$$(f^{-1})'(3) = \frac{1}{f'(1)} = \frac{1}{5/2} = \frac{2}{5}.$$

观察到计算 f^{-1} 在某点处的导数时不必求出 f^{-1} 的表达式.　*相关习题 32 ~ 42* ◀

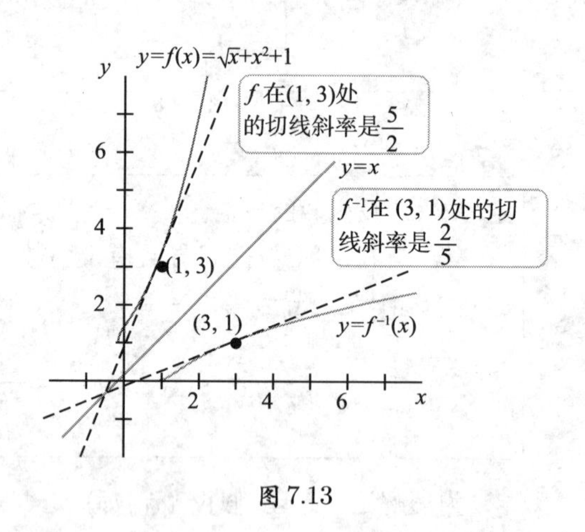

图 7.13

7.1 节 习题

复习题

1. 举一个在整个实轴上一对一函数的例子.
2. 解释为什么在区间 I 上不是一对一的函数在区间 I 上没有反函数.
3. 借助图形解释为什么当 (b,a) 在 f^{-1} 的图像上时, (a,b) 在 f 的图像上.
4. 作一个函数的图像使它对 $x \geqslant 0$ 是一对一的且是正的, 并作其反函数的草图.
5. 将 $f(x) = 3x - 4$ 的反函数表示成 $y = f^{-1}(x)$ 的形式.
6. 将函数 $f(x) = x^2, x \leqslant 0$ 的反函数表示成 $y = f^{-1}(x)$ 的形式.

7. 如果 f 是一对一函数且满足 $f(2)=8, f'(2)=4$，则 $(f^{-1})'(8)$ 的值是多少?

8. 已知 $y_0=f(x_0)$，说明如何求 $(f^{-1})'(y_0)$.

基本技能

9～10. 一对一函数 根据 f 的图像回答下列习题中的问题.

9. 求三个区间使 f 在每个区间上是一对一的, 使区间尽可能大.

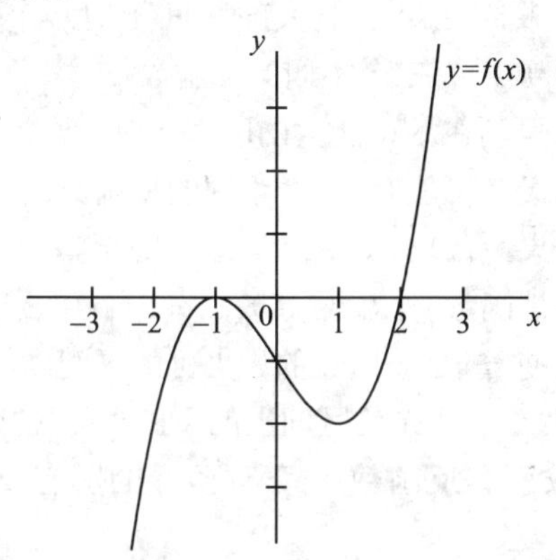

10. 求四个区间使 f 在每个区间上是一对一的, 使区间尽可能大.

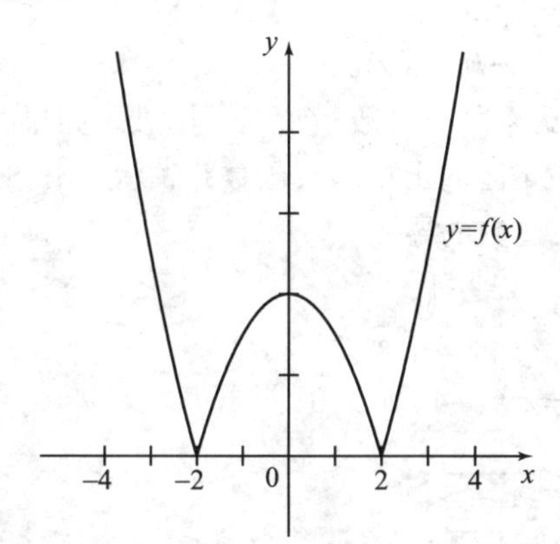

11～14. 何处存在反函数? 利用分析或作图的方法确定下列函数有反函数的区间 (使每个区间尽可能大).

11. $f(x)=3x+4$.

12. $f(x)=|2x+1|$.

13. $f(x)=1/(x-5)$.

14. $f(x)=-(6-x)^2$.

15～20 求反函数

a. 求每个函数的反函数 (如果特别指定, 则在指定区间上) 并将其表示成 $y=f^{-1}(x)$ 的形式.

b. 验证关系式 $f(f^{-1}(x))=x$ 及 $f^{-1}(f(x))=x$.

15. $f(x)=6-4x$.

16. $f(x)=3x^3$.

17. $f(x)=3x+5$.

18. $f(x)=x^2+4$, $x\geqslant 0$.

19. $f(x)=\sqrt{x+2}$, $x\geqslant -2$.

20. $f(x)=2/(x^2+1)$, $x\geqslant 0$.

21. 分割曲线 单位圆由四个一对一函数 $f_1(x)$, $f_2(x)$, $f_3(x)$, $f_4(x)$ 组成 (见图).

a. 求每个函数的定义域及表达式.

b. 求每个函数的反函数并表示成 $y=f^{-1}(x)$ 的形式.

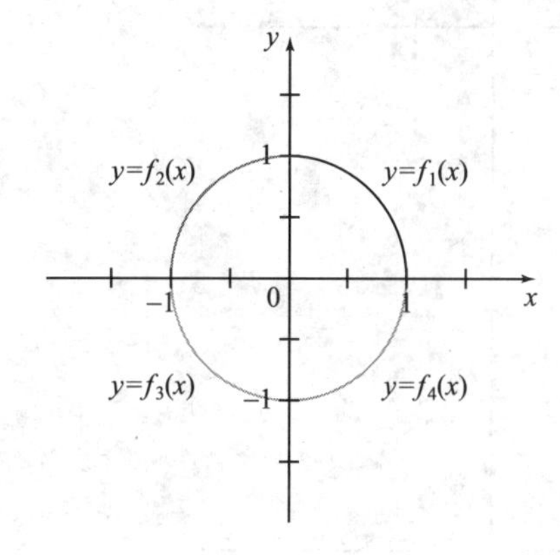

22. 分割曲线 方程 $y^4=4x^2$ 与四个一对一函数 $f_1(x)$, $f_2(x)$, $f_3(x)$, $f_4(x)$ 相关 (见图).

a. 求每个函数的定义域及表达式.

b. 求每个函数的反函数并表示成 $y=f^{-1}(x)$ 的形式.

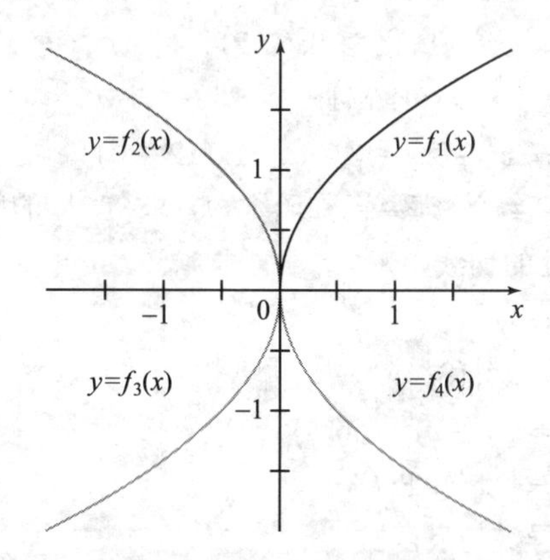

23～28. 作反函数的图像 求反函数 (如果特别指定, 则在指定的区间上), 并在同一坐标系下作 f 与 f^{-1} 的图像. 通过观察图像需要满足的对称性核对工作.

23. $f(x)=8-4x$.

24. $f(x)=4x-12$.

25. $f(x)=\sqrt{x}$, $x\geqslant 0$.

26. $f(x)=\sqrt{3-x}$, $x\leqslant 3$.

27. $f(x)=x^4+4$, $x>0$.

28. $f(x)=6/(x^2-9)$, $x>3$.

29～30 反函数的图像 作反函数的草图.

29.

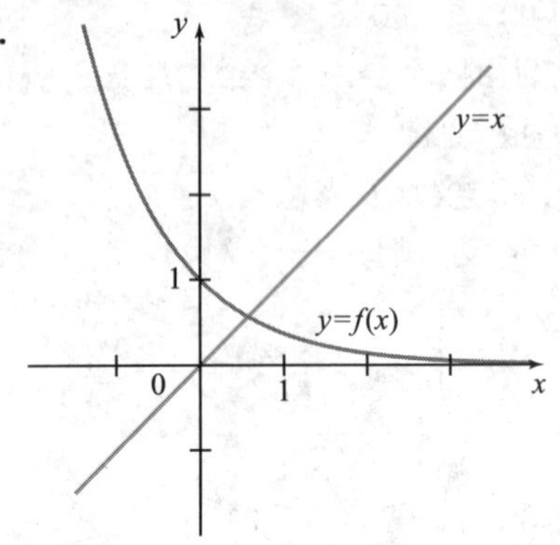

30.

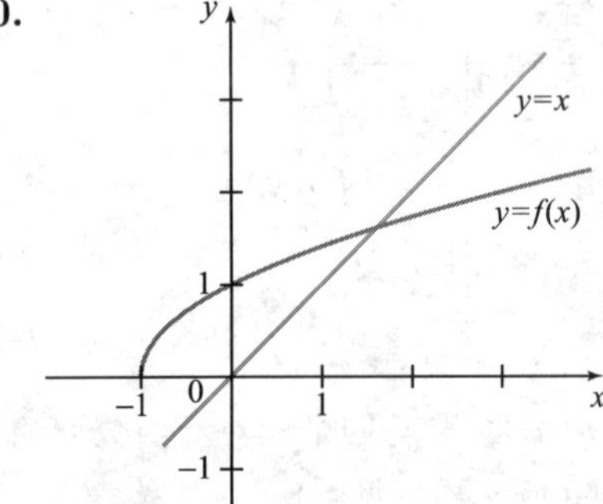

31～34. 反函数在一点处的导数 求下列函数的反函数在反函数图像上指定点处的导数. 不需要求 f^{-1}.

31. $f(x)=3x+4$; $(16, 4)$.

32. $f(x)=x^2+1$, $x\geqslant 0$; $(5,2)$.

33. $f(x)=\tan x$; $(1,\pi/4)$.

34. $f(x)=x^2-2x-3$, $x\geqslant 1$; $(12,-3)$.

35～38. 切线的斜率 已知函数 f, 求 f^{-1} 的图像在指定点处的切线斜率.

35. $f(x)=\sqrt{x}$; $(2, 4)$.

36. $f(x)=x^3$; $(8,2)$.

37. $f(x)=(x+2)^2$; $(36,4)$.

38. $f(x)=-x^2+8$; $(7,1)$.

39～42. 导数与反函数

39. 如果 $f(x)=x^3+x+1$, 求 $(f^{-1})'(3)$.

40. 如果曲线 $y=f(x)$ 在 $(7,4)$ 处的斜率是 $\dfrac{2}{3}$, 求曲线 $y=f^{-1}(x)$ 在 $(4,7)$ 处的斜率.

41. 如果曲线 $y=f^{-1}(x)$ 在 $(4,7)$ 处的斜率是 $\dfrac{4}{5}$, 求 $f'(7)$.

42. 如果曲线 $y=f(x)$ 在 $(4,7)$ 处的斜率是 $\dfrac{1}{5}$, 求 $(f^{-1})'(7)$.

深入探究

43. 解释为什么是, 或不是 判断下列命题是否正确, 并证明或举反例.

a. 如果 $f(x)=x^2+1$, 则 $f^{-1}(x)=1/(x^2+1)$.

b. 如果 $f(x)=1/x$, 则 $f^{-1}(x)=1/x$.

c. 当限制在尽可能大的区间上时, 函数 $f(x)=x^3+x$ 有三个不同的反函数.

d. 当限制在尽可能大的区间上时, 一个 10 次多项式最多可能有 10 个不同的反函数.

e. 如果 $f(x)=1/x$, 则 $(f^{-1}(x))'=-1/x^2$.

44. 分段线性函数 考虑函数 $f(x)=|x|-2|x-1|$.

a. 求使 f 是一对一的最大可能区间.

b. 求 f 在 (a) 的区间上的反函数的显式表达式.

45～48. 求所有反函数 求下列函数的所有反函数并阐明定义域.

45. $f(x)=(x+1)^3$.

46. $f(x)=(x-4)^2$.

47. $f(x)=2/(x^2+2)$.

48. $f(x)=2x/(x+2)$.

49～56. 反函数的导数 考虑下列函数 (如果特别指定, 则在指定区间上). 求反函数并表示成 x 的函数, 然后求反函数的导数.

49. $f(x)=3x-4$.

50. $f(x)=|x+2|$, $x\leqslant -2$.

51. $f(x)=x^2-4$, $x>0$.

52. $f(x)=\dfrac{x}{x+5}$.

53. $f(x)=\sqrt{x+2}$.

54. $f(x)=x^{2/3}$, $x>0$.

55. $f(x)=x^{-1/2}$, $x>0$.

56. $f(x)=x^3+3$.

应用

57～60. 几何函数 每个函数用半径描述三维立体的体积 V 或表面积 S. 求每个函数用 V 或 S 表示的半径的反函数. 设 r, V 和 S 是非负数. 将答案表示成 $r=f^{-1}(S)$ 或 $r=f^{-1}(V)$ 的形式.

57. 球: $V=\dfrac{4}{3}\pi r^3$.

58. 球: $S=4\pi r^2$.

59. 高为 10 的圆柱：$V = 10\pi r^2$.

60. 高为 12 的圆锥：$V = 4\pi r^2$.

附加练习

61. 四次函数的反函数 考虑四次多项式 $f(x) = x^4 - x^2$.

  a. 作 f 的图像并求最大可能区间使 f 在其上是一对一的. 我们的目标是求函数在这些区间上的反函数.

  b. 作变量替换 $u = x^2$, 解方程 $y = f(x)$, 用 y 表示 x . 保证得到了所有可能解.

  c. 将 (a) 中求得的反函数表示成 $y = f^{-1}(x)$ 的形式.

62. 复合函数的反函数

  a. 设 $g(x) = 2x + 3, h(x) = x^3$. 考虑复合函数 $f(x) = g(h(x))$. 直接求 f^{-1} , 然后用 g^{-1}, h^{-1} 表示 f 的反函数.

  b. 设 $g(x) = x^2 + 1, h(x) = \sqrt{x}, x \geqslant 0$. 考虑复合函数 $f(x) = g(h(x))$. 直接求 f^{-1} , 然后用 g^{-1}, h^{-1} 表示 f 的反函数.

  c. 解释为什么当 h 和 g 是一对一函数时, $f(x) = g(h(x))$ 的反函数存在.

63～64. (某些) 三次函数的反函数 求三次多项式的反函数相当于解三次方程. $f(x) = x^3 + ax$ 是比一般情况简单的一个特殊例子. 利用变量替换 $x = z - a/(3z)$ (著名的韦达替换) 求下列三次函数的反函数. 一定要指出函数在哪个区间上是一对一的.

63. $f(x) = x^3 + 2x$.

64. $f(x) = x^3 - 2x$.

65. 切线与反函数 设 $y = L(x) = ax + b\ (a \neq 0)$ 是一个一对一函数 f 的图像在 (x_0, y_0) 处的切线方程. 设 $y = M(x) = cx + d$ 是 f^{-1} 的图像在 (y_0, x_0) 处的切线方程.

  a. 用 x_0, y_0 表示 a, b .

  b. 用 x_0, y_0 表示 c, d .

  c. 证明 $L^{-1}(x) = M(x)$.

迅速核查 答案

1. $f^{-1}(x) = 3x$; $f^{-1}(x) = x + 7$.
2. 对每个华氏度, 恰好有一个摄氏度, 反之亦然. 给定的关系式也是一个线性函数. 它是一对一的, 因此有反函数.
3. 函数 $f(x) = x^3$ 在 $(-\infty, \infty)$ 上是一对一的, 因此对 x 的所有值有反函数.
4. $f'(1) = 3, (f^{-1})'(1) = \dfrac{1}{3}$.

7.2 自然对数与指数函数

对数是出于计算的目的由苏格兰人约翰·纳皮尔和英国人亨利·布里格斯于大约于 1600 年发明的. 不幸的是, 由表示推理 (logos) 与数 (arithmos) 的希腊文字派生的单词*logarithm*并不有助于对这个单词意义的理解. **当看到对数时, 应该想到指数.**

将对数与指数看成代数运算来理解是重要的, 而且它将被应用到后面的内容中. 比如, 可以回顾一下, 将要频繁使用的如下关系: 如果 $b > 0$ 且 $b \neq 1$ 是底, 则

$$y = b^x \quad \text{当且仅当} \quad x = \log_b y.$$

然而, 要处理对数与指数的微积分, 我们不能把它们仅仅理解成运算, 而是要看成函数. 一旦我们定义了对数函数与指数函数, 很多重要问题便随之而来.

- b^x 和 $\log_b x$ 的定义域是什么?
- 诸如 $2^\pi, \log_3 \pi$ 这类表达式, 我们赋予它们什么样的意义?
- 这些函数在它们的定义域上连续吗?
- 它们的导数是什么?
- 利用这些函数, 可以计算哪些新的积分?

所有这些都从用定积分表示的自然对数函数的定义开始. 我们将证明这个定义实际上生成一个满足对数代数性质的函数. 由于它的至关重要性, 自然对数的底被记为数 e . 接下来应用反函数的理论 (7.1 节) 发展自然指数函数 (也以 e 为底). 此时, 涉及自然对数与指数函数的导数和积分的相关结果就相当自然地获得了. 在 7.3 节中, 我们将导出以任意正数 b 为底的对数函数与指数函数的类似性质. 这些都是重要的工作, 我们来开始吧.

自然对数

我们的目的是利用定积分发掘自然对数的性质.

定义　自然对数

一个数 $x>0$ 的**自然对数** $\ln x$ 定义为

$$\ln x=\int_1^x \frac{1}{t}dt.$$

自然对数函数的所有性质从这个新的定积分定义直接获得.

自然对数的性质

定义域, 值域和符号 因为自然对数由定积分定义, 它的值等于由曲线 $y=\dfrac{1}{t}$ 与 t- 轴在 $t=1$ 与 $t=x$ 之间所围区域的净面积. 被积函数在 $t=0$ 时无定义, 因此 $\ln x$ 的定义域是 $(0,\infty)$. 在区间 $(1,\infty)$ 上, $\ln x$ 为正, 这是因为曲线下的净面积是正的 (见图 7.14(a)). 在 $(0,1)$ 上, 我们有 $\int_1^x \frac{1}{t}dt=-\int_x^1 \frac{1}{t}dt$, 这表明 $\ln x$ 为负 (见图 7.14(b)). 如我们所期望的, 当 $x=1$ 时, $\ln 1=\int_1^1 \frac{1}{t}dt=0$. $\ln x$ 的净面积解释也表明 $\ln x$ 的值域是 $(-\infty,\infty)$ (关于证明的概要, 见习题 78).

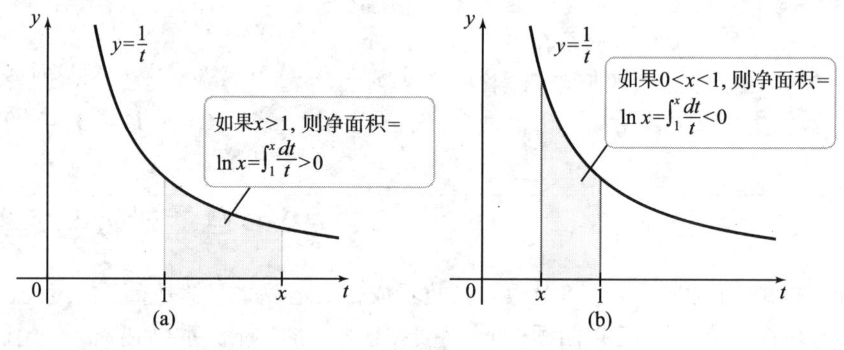

图 7.14

回顾微积分基本定理:

$$\frac{d}{dx}\int_a^x f(t)dt=f(x).$$

导数 自然对数的导数立即由它的定义及微积分基本定理得到:

$$\frac{d}{dx}(\ln x)=\frac{d}{dx}\int_1^x \frac{dt}{t}=\frac{1}{x},\quad x>0.$$

我们有两个重要推论:

- 因为对 $x>0$, $\ln x$ 的导数有定义, 因此 $\ln x$ 在 $x>0$ 处可导, 这也表明 $\ln x$ 在其定义域内连续 (定理 3.1).
- 因为对 $x>0$, $1/x>0$, $\ln x$ 在其定义域内严格递增且是一对一的, 因此它有反函数.

链法则允许我们将导数性质推广到所有非零实数 (习题 76). 当 $x<0$ 时, 通过对 $\ln(-x)$ 求导, 我们得到

$$\frac{d}{dx}(\ln|x|)=\frac{1}{x}.$$

更一般地, 由链法则,

$$\frac{d}{dx}(\ln|u(x)|)=\frac{d}{du}(\ln|u(x)|)u'(x)=\frac{u'(x)}{u(x)}.$$

迅速核查 1. $\ln|x|$ 的定义域是什么? ◂

$\ln x$ **的图像** 如前所述, 当 $x>0$ 时, $\ln x$ 是连续的且严格递增的. 对所有 x, 二阶导数 $\dfrac{d^2}{dx^2}(\ln x)=-\dfrac{1}{x^2}$ 是负的, 这表明 $\ln x$ 的图像在 $x>0$ 时是下凹的. 如习题 78 所阐述的,

$$\lim_{x\to\infty}\ln x=\infty,\qquad \lim_{x\to 0^+}\ln x=-\infty.$$

这个信息结合 $\ln 1=0$ 的事实给出 $y=\ln x$ 的图像 (见图 7.15). $y=\ln x$, $y=\ln|x|$ 及它们的导数的图像见图 7.16.

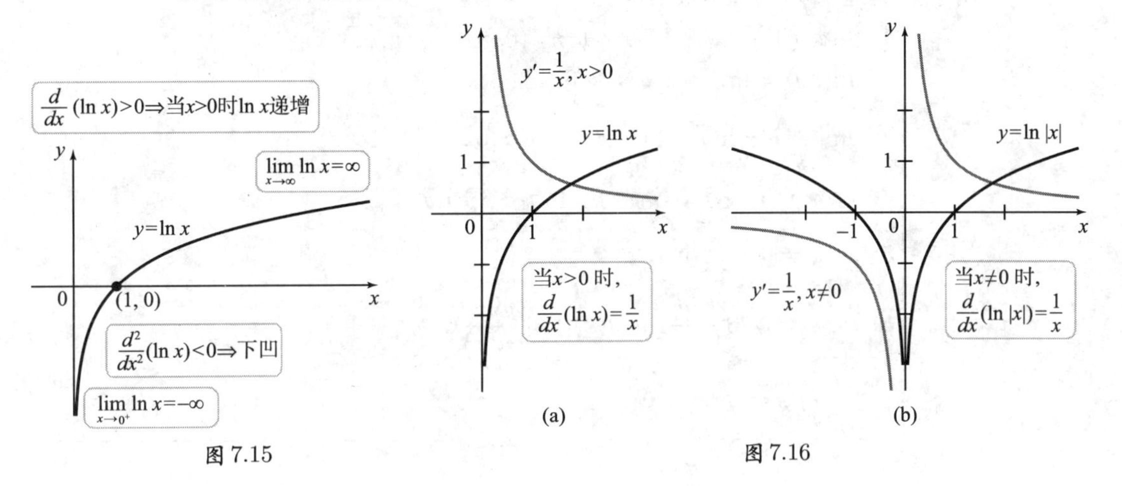

图 7.15

图 7.16

积的对数 熟知的对数性质

$$\ln(xy)=\ln x+\ln y,\qquad x>0,y>0.$$

可以利用定积分来证明:

$$\begin{aligned}
\ln(xy)&=\int_1^{xy}\frac{dt}{t} && (\ln(xy)\ \text{的定义})\\
&=\int_1^{x}\frac{dt}{t}+\int_x^{xy}\frac{dt}{t} && (\text{定积分的可加性})\\
&=\int_1^{x}\frac{dt}{t}+\int_1^{y}\frac{du}{u} && (\text{在第二个积分中用变量替换 } u=t/x;\ \frac{dt}{t}=\frac{du}{u})\\
&=\ln x+\ln y. && (\ln\ \text{的定义})
\end{aligned}$$

商的对数 假设 $x>0,y>0$, 由乘积性质及一点代数计算给出

$$\ln x=\ln\left(y\cdot\frac{x}{y}\right)=\ln y+\ln\left(\frac{x}{y}\right).$$

解 $\ln\left(\dfrac{x}{y}\right)$, 得

$$\ln\left(\frac{x}{y}\right)=\ln x-\ln y,$$

这就是对数的商性质 (也见习题 48).

幂的对数 如果 $x>0$, p 是正整数, 则由对数的积法则,

$$\ln x^p=\ln(\underbrace{x\cdot x\cdots x}_{p\ \text{个因子}})=\underbrace{\ln x+\cdots+\ln x}_{p\ \text{个因子}}=p\ln x.$$

本节稍后，我们将证明对 $x>0$ 及所有实数 p，$\ln x^p = p\ln x$.

积分 因为 $\dfrac{d}{dx}(\ln|x|)=\dfrac{1}{x}$，所以

$$\int \frac{1}{x}dx = \ln|x| + C.$$

我们已经证明的下列性质是积分定义的推论.

定理 7.4　自然对数的性质

1. $\ln x$ 的定义域和值域分别是 $(0,\infty),(-\infty,\infty)$.

2. $\ln(xy)=\ln x+\ln y, x>0, y>0$.

3. $\ln\left(\dfrac{x}{y}\right)=\ln x-\ln y, x>0, y>0$.

4. 对 $x>0$ 及所有实数 p，$\ln x^p = p\ln x$.

5. 对 $x\neq 0$，$\dfrac{d}{dx}(\ln|x|)=\dfrac{1}{x}$.

6. 对 $u(x)\neq 0$，$\dfrac{d}{dx}(\ln|u(x)|)=\dfrac{u'(x)}{u(x)}$.

7. $\displaystyle\int \frac{1}{x}dx=\ln|x|+C$.

例 1　含 $\ln x$ 的导数 对下列函数求 $\dfrac{dy}{dx}$.

a. $\ln(4x)$.

b. $y=x\ln x$.

c. $y=\ln|\sec x|$.

d. $y=\dfrac{\ln x^2}{x^2}$.

解

因为 $\ln x$ 和 $\ln(4x)$ 相差一个常数 ($\ln(4x)=\ln x+\ln 4$)，故 $\ln x$ 和 $\ln(4x)$ 的导数相等.

a. 利用链法则，

$$\frac{dy}{dx}=\frac{d}{dx}(\ln(4x))=\frac{1}{4x}\cdot 4=\frac{1}{x}.$$

另一种方法是在求导前利用对数的性质:

$$\begin{aligned}\frac{d}{dx}(\ln(4x)) &= \frac{d}{dx}(\ln 4+\ln x) \quad (\ln(xy)=\ln x+\ln y)\\ &= 0+\frac{1}{x}=\frac{1}{x}. \quad (\ln 4 \text{ 是常数})\end{aligned}$$

b. 由积法则，

$$\frac{dy}{dx}=\frac{d}{dx}(x\ln x)=1\cdot\ln x+x\cdot\frac{1}{x}=\ln x+1.$$

c. 利用 定理 7.4 中的性质 6,

$$\frac{dy}{dx}=\frac{1}{\sec x}\left[\frac{d}{dx}(\sec x)\right]=\frac{1}{\sec x}(\sec x\tan x)=\tan x.$$

$\ln x^2 = 2\ln x$ 这一事实被用来化简例 1d 的结果. 也可以在求导前应用它.

d. 由商法则及链法则得

$$\frac{dy}{dx} = \frac{x^2\left(\frac{1}{x^2}\cdot 2x\right) - (\ln x^2)2x}{(x^2)^2} = \frac{2x - 4x\ln x}{x^4} = \frac{2 - 4\ln x}{x^3}.$$

相关习题 7～14 ◀

迅速核查 2. 用两种方法求 $\frac{d}{dx}(\ln x^p)$, 其中 $x>0, p$ 是实数: (1) 利用链法则, (2) 先用对数的性质. ◀

例 2 与 $\ln x$ 有关的积分 计算 $\int_0^4 \frac{x}{x^2+9}dx$.

解

$$\begin{aligned}
\int_0^4 \frac{x}{x^2+9}dx &= \frac{1}{2}\int_9^{25}\frac{du}{u} && (令\ u = x^2+9; du = 2xdx.\ x=0\Rightarrow u=9, x=4\Rightarrow u=25)\\
&= \frac{1}{2}\ln|u|\Big|_9^{25} && (基本定理)\\
&= \frac{1}{2}(\ln 25 - \ln 9) && (求值)\\
&= \ln\frac{5}{3}. && (对数的性质)
\end{aligned}$$

相关习题 15～22 ◀

底的问题

自然对数是一个对数, 但它的底是什么? 现在我们求使 $\ln x = \log_b x$ 成立的底 b. 需要两步: 我们先证明 b 存在; 然后确定 b 的值.

任何对数都有一个代数性质：$\log_b b = 1, b>0$. 因此我们所求的数 b 满足性质 $\ln b = 1$ 或

$$\ln b = \int_1^b \frac{dt}{t} = 1.$$

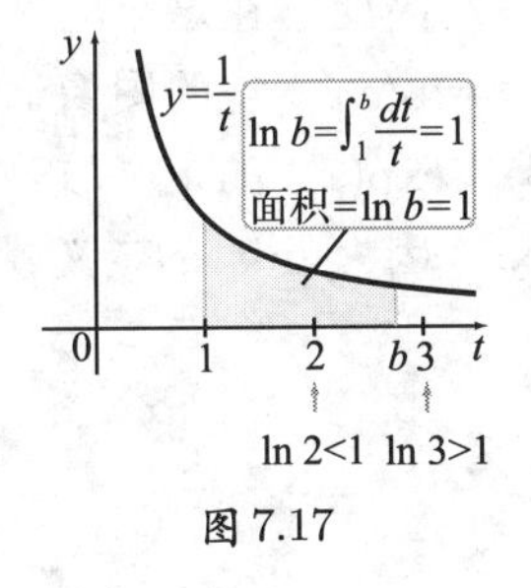

图 7.17

可见, b 是一个数, 使得在区间 $[1,b]$ 上曲线 $y=\frac{1}{t}$ 下方的区域面积恰好为 1(见图 7.17).

黎曼和的计算证明 $\ln 2 = \int_1^2 \frac{dt}{t} < 1$ 及 $\ln 3 = \int_1^3 \frac{dt}{t} > 1$ (习题 79). 因为 $\ln x$ 是连续函数, 介值定理说明存在数 $b(2<b<3)$, 使得 $\ln b = 1$. 这完成了第一步: 我们知道 b 存在且介于 2～3 之间.

因为 $\frac{d}{dx}(\ln x) = \frac{1}{x}$, 所以 $\frac{d}{dx}(\ln x)\big|_{x=1} = \frac{1}{1} = 1$.

为估计 b, 我们利用 $\ln x$ 在 $x=1$ 处的导数等于 1 这一事实. 由导数的定义, 得

$$\begin{aligned}
1 = \frac{d}{dx}(\ln x)\Big|_{x=1} &= \lim_{h\to 0}\frac{\ln(1+h)-\ln 1}{h} && (\ln\ x\ 在\ x=1\ 处的导数)\\
&= \lim_{h\to 0}\frac{\ln(1+h)}{h} && (\ln 1 = 0)\\
&= \lim_{h\to 0}\ln(1+h)^{1/h}. && (p\ln x = \ln x^p)
\end{aligned}$$

因为自然对数对 $x>0$ 连续, 于是可以交换 $\lim\limits_{h\to 0}$ 与 $\ln(1+h)^{1/h}$ 的次序. 所得结果为

这里我们利用 2.6 节的定理 2.10. 如果 f 在 $g(a)$ 连续且 g 在 a 连续, 则 $\lim_{x\to a} f(g(x)) = f(\lim_{x\to a} g(x))$.

$$\ln\underbrace{\left(\lim_{h\to 0}(1+h)^{1/h}\right)}_{b}=1.$$

因为 $\ln b=1$ 而且只有一个数满足这个方程, 我们观察到括号内的极限等于 b. 因此我们得出 b 是一个极限:

$$b=\lim_{h\to 0}(1+h)^{1/h}.$$

由表 7.1, 显然有当 $h\to 0$ 时 $(1+h)^{1/h}\to 2.718\,282\cdots$. 这个极限值是数学中的常数 e, 并已被计算到小数点后百万位. 一个较好的近似是

$$e\approx 2.718\,281\,828\,459\,045.$$

通过这些论证, 我们已经确定了自然对数的底: $b=e$.

表 7.1

h	$(1+h)^{1/h}$	h	$(1+h)^{1/h}$
10^{-1}	2.593 742	-10^{-1}	2.867 972
10^{-2}	2.704 814	-10^{-2}	2.731 999
10^{-3}	2.716 924	-10^{-3}	2.719 642
10^{-4}	2.718 146	-10^{-4}	2.718 418
10^{-5}	2.718 268	-10^{-5}	2.718 295
10^{-6}	2.718 280	-10^{-6}	2.718 283
10^{-7}	2.718 282	-10^{-7}	2.718 282

常数 e 由瑞士数学家莱昂哈德・欧拉 (1707—1783) 确定并命名, 也被称作欧拉常数.

定义　自然对数与数 e

自然对数是以 $e=\lim_{h\to 0}(1+h)^{1/h}\approx 2.718\,28$ 为底的对数. 由此得 $\ln e=1$.

指数函数

我们已经证明了 $f(x)=\ln x$ 在 $(0,\infty)$ 上是连续的递增函数. 因此它在这个区间上是一对一的, 且反函数存在. 我们将这个反函数记为 $f^{-1}(x)=\exp(x)$. 它的图像通过 $f(x)=\ln x$ 的图像作关于直线 $y=x$ 的反射得到 (见图 7.18). $\exp(x)$ 的定义域是 $(-\infty,\infty)$, 因为 $\ln x$ 的值域是 $(-\infty,\infty)$, 且 $\exp(x)$ 的值域是 $(0,\infty)$, 因为 $\ln x$ 的定义域是 $(0,\infty)$.

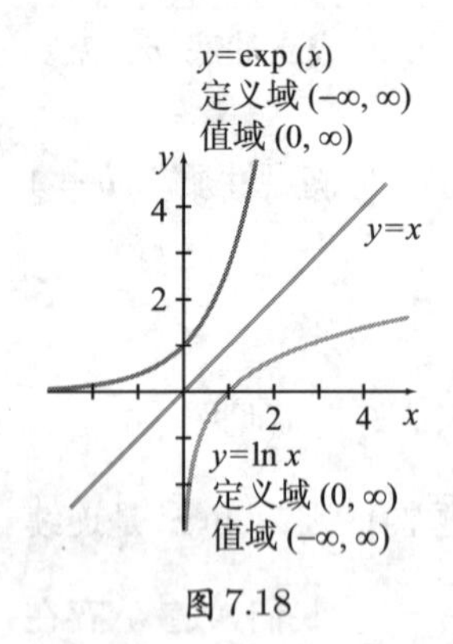

图 7.18

函数与反函数的通常关系也成立:

- $y=\exp(x)$ 当且仅当 $x=\ln y$.
- 对 $x>0$, $\exp(\ln x)=x$, 并且对所有 x, $\ln(\exp(x))=x$.

我们已经知道 $\exp(x)$ 的两个重要值. 因为 $\ln e=1$, 我们有 $\exp(1)=e$. 因为 $\ln 1=0$, 所以 $\exp(0)=1$.

现在我们应用 $\ln x$ 的性质及 $\ln x$ 与 $\exp(x)$ 的互逆关系证明 $\exp(x)$ 满足任何指数函数具有的性质. 比如, 如果 $x_1=\ln y_1$ (即 $y_1=\exp(x_1)$), $x_2=\ln y_2$ (即 $y_2=\exp(x_2)$), 则

$$\begin{aligned}\exp(x_1+x_2)&=\exp(\underbrace{\ln y_1+\ln y_2}_{\ln(y_1y_2)}) &&(\text{代入}x_1=\ln y_1, x_2=\ln y_2)\\&=\exp(\ln(y_1y_2)) &&(\text{对数的性质})\\&=\exp(x_1)\exp(x_2). &&(y_1=\exp(x_1), y_2=\exp(x_2))\end{aligned}$$

因此, $\exp(x)$ 满足指数函数的性质 $b^{x_1+x_2}=b^{x_1}b^{x_2}$. 类似的论证表明 $\exp(x)$ 满足所有指数函数的其他特征性质 (习题 77).

我们断定 $\exp(x)$ 是指数函数且它是 $\ln x$ 的反函数. 我们也知道 $\ln x$ 是以 e 为底的对数函数, 因此 $\exp(x)$ 的底也是 e, 从而对所有实数 x, 我们有 $\exp(x)=e^x$.

> **定义　指数函数**
>
> **(自然) 指数函数**是以 $e\approx 2.718\,28$ 为底的指数函数. 它是自然对数函数 $\ln x$ 的反函数.

$\ln x$ 与 e^x 的互逆性质蕴含对任意实数 x, $\ln(e^x)=x$, 且对任意实数 $x>0$, $e^{\ln x}=x$. 我们现在可以证明对 $x>0$ 及所有实数 p, $\ln x^p=p\ln x$ 这一性质. 我们先用 $e^{\ln x}=x$ 写成

$$x^p=(\underbrace{e^{\ln x}}_{x})^p=e^{p\ln x}.$$

因为对 $x>0$, $\ln x$ 是一对一函数, 即如果 $x=y$, 则 $\ln x=\ln y$. 因此, 我们能在方程两边同时取自然对数而得到一个有效方程.

两边同时取自然对数并利用 $\ln(e^x)=x$, 得

$$\ln(x^p)=\ln(e^{p\ln x})=p\ln x.$$

指数函数的基本性质总结在下面的定理中.

> **定理 7.5　e^x 的性质**
>
> 指数函数满足下列性质. 所有这些都是由 $\ln x$ 的定积分定义推得的. 设 x 和 y 是实数.
>
> **1.** $e^{x+y}=e^xe^y$.
>
> **2.** $e^{x-y}=e^x/e^y$.
>
> **3.** $(e^x)^y=e^{xy}$.
>
> **4.** $\ln(e^x)=x$.
>
> **5.** $e^{\ln x}=x$, $x>0$.

迅速核查 3. 化简 $e^{\ln 2x},\ln(e^{2x}),e^{2\ln x},\ln(2e^x)$. ◄

导数与积分 指数函数的导数直接从 定理 7.3 (反函数的导数) 或通过链法则得到. 采用后一种方法, 我们观察到 $\ln(e^x)=x$, 在等式两边同时对 x 求导:

$$\begin{aligned}\frac{d}{dx}(\ln(e^x)) &= \underbrace{\frac{d}{dx}(x)}_{1}\\ \frac{1}{e^x}\frac{d}{dx}(e^x) &= 1 \quad \left(\frac{d}{dx}(\ln u)=\frac{u'(x)}{u(x)}\right)\\ \frac{d}{dx}(e^x) &= e^x. \qquad \left(\text{解出}\frac{d}{dx}(e^x)\right)\end{aligned}$$

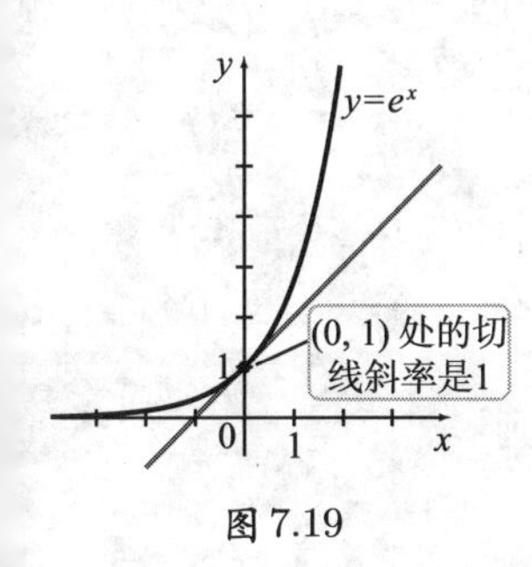

图 7.19

我们得到指数函数是它自己的导数这一著名结果, 这意味着 $y=e^x$ 的图像在 $(0,1)$ 处的切线斜率是 1(见图 7.19). 由此立即得到 e^x 与它自己的原函数相差一个常数, 即

$$\int e^x dx=e^x+C.$$

利用链法则推广这些结果, 我们有下面的结论.

定理 7.6　指数函数的导数与积分

对实数 x,

$$\frac{d}{dx}(e^{u(x)}) = e^{u(x)}u'(x), \int e^x dx = e^x + C.$$

迅速核查 4. 曲线 $y=e^x$ 在 $x=\ln 2$ 处的斜率是多少? 由 $y=e^x$ 的图像与 x- 轴在 $x=0$ 与 $x=\ln 2$ 之间所围区域的面积是多少? ◀

例 3　含指数函数的导数 求下列导数.

a. $\frac{d}{dx}(3e^{2x}-4e^x+e^{-3x})$.　　**b.** $\frac{d}{dt}\left(\frac{e^t}{e^{2t}-1}\right)$.　　**c.** $\left.\frac{d}{dx}(e^{\cos \pi x})\right|_{x=1/2}$.

解

a.

$$\begin{aligned}\frac{d}{dx}(3e^{2x}-4e^x+e^{-3x}) &= 3\frac{d}{dx}(e^{2x}) - 4\frac{d}{dx}(e^x) + \frac{d}{dx}(e^{-3x}) \quad \text{(和法则与常数倍法则)}\\ &= 3\cdot 2\cdot e^{2x} - 4e^x + (-3)e^{-3x} \quad \text{(链法则)}\\ &= 6e^{2x} - 4e^x - 3e^{-3x}. \quad \text{(化简)}\end{aligned}$$

b.

$$\frac{d}{dt}\left(\frac{e^t}{e^{2t}-1}\right) = \frac{(e^{2t}-1)e^t - e^t\cdot 2e^{2t}}{(e^{2t}-1)^2} = -\frac{e^{3t}+e^t}{(e^{2t}-1)^2}. \quad \text{(商法则)}$$

c. 首先由链法则, 我们有

$$\frac{d}{dx}(e^{\cos \pi x}) = -\pi \sin \pi x \cdot e^{\cos \pi x}.$$

因此,

$$\left.\frac{d}{dx}(e^{\cos \pi x})\right|_{x=1/2} = \left.(-\pi \underbrace{\sin \pi x}_{1} \cdot \underbrace{e^{\cos \pi x}}_{e^0=1})\right|_{x=1/2} = -\pi.$$

相关习题 23～28 ◀

例 4　求切线

a. 写出 $f(x) = 2x - \frac{e^x}{2}$ 的图像在点 $\left(0, -\frac{1}{2}\right)$ 处的切线方程.

b. 求 f 的图像上的点, 使 f 在该点处的切线是水平线.

解

a. 为求点 $\left(0, -\frac{1}{2}\right)$ 处的切线斜率, 我们首先计算 $f'(x)$:

$$\begin{aligned}f'(x) &= \frac{d}{dx}\left(2x - \frac{e^x}{2}\right)\\ &= \frac{d}{dx}(2x) - \frac{d}{dx}\left(\frac{1}{2}e^x\right) \quad \text{(差法则)}\\ &= 2 - \frac{1}{2}e^x. \quad \text{(求导数)}\end{aligned}$$

由此得在 $x=0$ 处的切线斜率是

$$f'(0) = 2 - \frac{1}{2}e^0 = \frac{3}{2}.$$

图 7.20 显示切线经过 $\left(0,-\frac{1}{2}\right)$, 其方程是

$$y-\left(-\frac{1}{2}\right)=\frac{3}{2}(x-0) \quad \text{或} \quad y=\frac{3}{2}x-\frac{1}{2}.$$

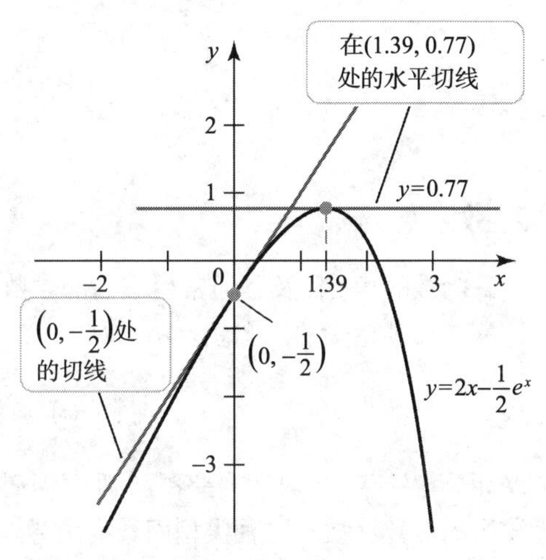

图 7.20

b. 因为水平切线的斜率是 0, 我们的目标是解 $f'(x)=2-\frac{1}{2}e^x=0$. 在方程两边同乘 2 并整理得到 $e^x=4$. 两侧取自然对数, 得 $x=\ln 4$. 因此, 在 $x=\ln 4\approx 1.39$ 处, $f'(x)=0$, f 在 $(\ln 4, f(\ln 4))\approx(1.39, 0.77)$ 处有水平切线 (见图 7.20).

相关习题 29～30 ◀

例 5 含 e^x 的积分 计算 $\int \frac{e^x}{1+e^x}dx$.

解 变量替换 $u=1+e^x$, 于是 $du=e^x dx$:

$$\begin{aligned}\int \underbrace{\frac{1}{1+e^x}}_{u}\underbrace{e^x dx}_{du} &= \int \frac{1}{u}du \quad (u=1+e^x, du=e^x dx)\\ &= \ln|u|+C \qquad (u^{-1}\ \text{的原函数})\\ &= \ln(1+e^x)+C. \qquad (\text{将}\ u=1+e^x\ \text{代入})\end{aligned}$$

注意, $\ln|u|$ 中的绝对值可以去掉, 因为对所有 x, $1+e^x>0$. *相关习题 31～38* ◀

例 6 指数曲线的弧长 求曲线 $f(x)=2e^x+\frac{1}{8}e^{-x}$ 在区间 $[0,\ln 2]$ 上的弧长.

解 我们先计算导数 $f'(x)=2e^x-\frac{1}{8}e^{-x}$ 及 $f'(x)^2=4e^{2x}-\frac{1}{2}+\frac{1}{64}e^{-2x}$. 曲线在区间 $[0,\ln 2]$ 上的弧长是

$$\begin{aligned}L=\int_0^{\ln 2}\sqrt{1+f'(x)^2}dx &= \int_0^{\ln 2}\sqrt{1+\left(4e^{2x}-\frac{1}{2}+\frac{1}{64}e^{-2x}\right)}dx\\ &= \int_0^{\ln 2}\sqrt{4e^{2x}+\frac{1}{2}+\frac{1}{64}e^{-2x}}dx \qquad (\text{化简})\end{aligned}$$

$$= \int_0^{\ln 2} \sqrt{\left(2e^x + \frac{1}{8}e^{-x}\right)^2}\, dx \qquad (分解因式)$$

$$= \int_0^{\ln 2} \left(2e^x + \frac{1}{8}e^{-x}\right) dx \qquad (化简)$$

$$= \left(2e^x - \frac{1}{8}e^{-x}\right)\Big|_0^{\ln 2} = \frac{33}{16}. \qquad (求积分)$$

相关习题 31～38 ◄

对数求导法

函数的积、商及幂通常用同名的导数法则 (可能结合链法则) 求导. 然而有时导数的直接计算是烦琐枯燥的. 考虑函数

$$f(x) = \frac{(x^3-1)^4\sqrt{3x-1}}{x^2+4}.$$

仅计算 $f'(x)$, 我们就需要商法则、积法则和链法则, 而且化简结果还需要额外的工作. 本节发展的对数性质对这种类型函数的求导非常有用.

对数求导法中需要的对数性质有:
1. $\ln(xy) = \ln x + \ln y$.
2. $\ln(x/y) = \ln x - \ln y$.
3. $\ln x^p = p\ln x$.
例 7 用到了所有这三条性质.

例 7　对数求导法 设 $f(x) = \dfrac{(x^3-1)^4\sqrt{3x-1}}{x^2+4}$, 计算 $f'(x)$.

解　我们首先在两边同时取自然对数并化简:

$$\begin{aligned}\ln(f(x)) &= \ln\left[\frac{(x^3-1)^4\sqrt{3x-1}}{x^2+4}\right]\\ &= \ln(x^3-1)^4 + \ln\sqrt{3x-1} - \ln(x^2+4) \quad (\log(xy) = \log x + \log y)\\ &= 4\ln(x^3-1) + \frac{1}{2}\ln(3x-1) - \ln(x^2+4). \quad (\log x^p = p\log x)\end{aligned}$$

现在我们用链法则对两边同时求导; 特别指出的是左边的导数为 $\dfrac{d}{dx}(\ln f(x)) = \dfrac{f'(x)}{f(x)}$. 因此

$$\frac{f'(x)}{f(x)} = 4\cdot\frac{1}{x^3-1}\cdot 3x^2 + \frac{1}{2}\cdot\frac{1}{3x-1}\cdot 3 - \frac{1}{x^2+4}\cdot 2x.$$

解出 $f'(x)$, 得

$$f'(x) = f(x)\left[\frac{12x^2}{x^3-1} + \frac{3}{2(3x-1)} - \frac{2x}{x^2+4}\right].$$

在对某些 x 的值, $f(x) \leqslant 0$ 的情况下, $\ln(f(x))$ 无定义. 在这种情况下, 我们一般求 $|y| = |f(x)|$ 的导数.

最后, 我们用最初的函数代替 $f(x)$:

$$f'(x) = \frac{(x^3-1)^4\sqrt{3x-1}}{x^2+4}\left[\frac{12x^2}{x^3-1} + \frac{3}{2(3x-1)} - \frac{2x}{x^2+4}\right].$$

相关习题 39～46 ◄

对数求导法也提供了一个方法, 求形如 $g(x)^{h(x)}$ 的函数的导数. 设 $x > 0$, $f(x) = x^x$ 的导数计算如下:

$$\begin{aligned}f(x) &= x^x\\ \ln(f(x)) = \ln(x^x) &= x\ln x \qquad (两边求对数; 利用性质)\end{aligned}$$

$$\begin{aligned} \frac{1}{f(x)}f'(x) &= \left(1\cdot\ln x + x\cdot\frac{1}{x}\right) && \text{(两边求导)} \\ f'(x) &= f(x)(\ln x+1) && \text{(解 } f'(x) \text{ 并化简)} \\ f'(x) &= x^x(\ln x+1). && \text{(用 } x^x \text{ 代替 } f(x)\text{)} \end{aligned}$$

7.2 节 习题

复习题

1. $\ln x$ 的定义域和值域是什么?
2. 从几何上解释函数 $\ln x = \int_1^x \frac{dt}{t}$.
3. 在 $x = e^y$ 两边对 x 求导, 证明当 $x > 0$ 时, $\frac{d}{dx}(\ln x) = \frac{1}{x}$.
4. 作 $f(x) = \ln|x|$ 的图像并解释图像如何证明 $f'(x) = \frac{1}{x}$.
5. 证明 $\frac{d}{dx}(\ln(kx)) = \frac{d}{dx}(\ln x)$, 其中 $x > 0, k > 0$ 为实数.
6. 说明对数求导法的一般过程.

基本技能

7～14. 与 $\ln x$ 有关的导数 求下列导数, 并指出结果在哪些区间上有效.

7. $\frac{d}{dx}(\ln x^2)$.
8. $\frac{d}{dx}(\ln(2x^8))$.
9. $\frac{d}{dx}\left[\ln\left(\frac{x+1}{x-1}\right)\right]$.
10. $\frac{d}{dx}(e^x \ln x)$.
11. $\frac{d}{dx}((x^2+1)\ln x)$.
12. $\frac{d}{dx}(\ln|x^2-1|)$.
13. $\frac{d}{dx}(\ln(\ln x))$.
14. $\frac{d}{dx}(\ln(\cos^2 x))$.

15～22. 与 $\ln x$ 有关的积分 计算下列积分, 只必要时包括绝对值.

15. $\int \frac{3}{x-10}dx$.
16. $\int \frac{dx}{4x-3}$.
17. $\int \left(\frac{2}{x-4} - \frac{3}{2x+1}\right)dx$.
18. $\int \frac{x^2}{2x^3+1}dx$.
19. $\int_0^3 \frac{2x-1}{x+1}dx$.
20. $\int \tan x dx$.
21. $\int_3^4 \frac{dx}{2x\ln x\ln^3(\ln x)}$.
22. $\int_0^{\pi/2} \frac{\sin x}{1+\cos x}dx$.

23～28. 与指数函数有关的导数 求下列函数的导数.

23. $f(x) = 9e^{-x} - 5e^{2x} - 6e^x$.
24. $g(x) = xe^{-x} - e^{2x}$.
25. $f(x) = \frac{e^{2x}}{e^{-x}+2}$.
26. $h(x) = \cot e^x$.
27. $f(x) = e^{\sin 2x}$ 在 $x = \pi/4$ 处.
28. $h(x) = \ln(e^{2x}+1)$ 在 $x = \ln 2$ 处.

29～30. 切线方程 求下列曲线在点 $(a, f(a)$ 处的切线方程.

29. $y = \frac{e^x}{4} - x$, $a = 0$.
30. $y = 2e^x - 1$, $a = \ln 3$.

31～38. 与 e^x 有关的积分 求下列积分.

31. $\int (e^{2x+1})dx$.
32. $\int 3e^{-4t}dt$.
33. $\int_0^{\ln 3} e^x(e^{3x}+e^{2x}+e^x)dx$.
34. $\int (2e^{-10z}+3e^{5z})dz$.
35. $\int \frac{e^x+e^{-x}}{e^x-e^{-x}}dx$.

36. $\int \frac{e^{\sin x}}{\sec x}dx$.

37. $\int \frac{e^{\sqrt{x}}}{\sqrt{x}}dx$.

38. $\int_{-2}^{2} \frac{e^{x/2}}{e^{x/2}+1}dx$.

39～46. **对数求导法** 利用对数求导法计算 $f'(x)$.

39. $f(x)=\frac{(x+1)^{10}}{(2x-4)^8}$.

40. $f(x)=x^2\cos x$.

41. $f(x)=x^{\ln x}$.

42. $f(x)=\frac{\tan^{10} x}{(5x+3)^6}$.

43. $f(x)=\frac{(x+1)^{3/2}(x-4)^{5/2}}{(5x+3)^{2/3}}$.

44. $f(x)=\frac{x^8\cos^3 x}{\sqrt{x-1}}$.

45. $f(x)=(\sin x)^{\tan x}$.

46. $f(x)=\left(1+\frac{1}{x}\right)^{2x}$.

深入探究

47. **解释为什么是, 或不是** 判别下列命题是否正确, 并证明或举反例. 设 $x>0, y>0$.
   a. $\ln(xy)=\ln x+\ln y$.
   b. $\ln 0=1$.
   c. $\ln(x+y)=\ln x+\ln y$.
   d. 如果 $f(x)=e^{kx}$, 则 $f^{(n)}(x)=k^n e^{kx}$.
   e. 在区间 $[1,e]$ 上曲线 $y=1/x$ 下方的面积是 1.

48. **对数性质** 利用自然对数的积分定义直接证明 $\ln(x/y)=\ln x-\ln y$.

49～52. **计算极限** 利用计算器作与表 7.1 类似的表来估计下列极限. 如果可能, 用洛必达法则验证结果.

49. $\lim\limits_{h\to 0}(1+2h)^{1/h}$.

50. $\lim\limits_{h\to 0}(1+3h)^{2/h}$.

51. $\lim\limits_{x\to 0}\frac{2^x-1}{x}$.

52. $\lim\limits_{x\to 0}\frac{\ln(1+x)}{x}$.

53. **前瞻: $\tan x$ 和 $\cot x$ 的积分**
   a. 利用变量变换证明
$$\int \tan x dx=-\ln|\cos x|+C=\ln|\sec x|+C.$$
   b. 证明
$$\int \cot x dx=\ln|\sin x|+C.$$

54. **原点处的性状** 对 $p=\frac{1}{2},1,2$, 用微积分与精确图像解释 $f(x)=x^p\ln x$ 的图像在 $x\to 0^+$ 时的不同之处.

55. **平均值** 对 $p>1$, $f(x)=1/x$ 在区间 $[1,p]$ 上的平均值是多少? $p\to\infty$ 时, f 的平均值是多少?

56～62. **各种各样的导数** 选择方法计算下列导数.

56. $\frac{d}{dx}(x^{2x})$.

57. $\frac{d}{dx}(e^{-10x^2})$.

58. $\frac{d}{dx}(x^{\tan x})$.

59. $\frac{d}{dx}(\ln\sqrt{10x})$.

60. $\frac{d}{dx}(x^e+e^x)$.

61. $\frac{d}{dx}\left[\frac{(x^2+1)(x-3)}{(x+2)^3}\right]$.

62. $\frac{d}{dx}(\ln(\sec^4 x\tan^2 x))$.

63～68. **各种各样的积分** 计算下列积分.

63. $\int x^2e^{x^3}dx$.

64. $\int_0^{\pi}\cos x\cdot e^{\sin x}dx$.

65. $\int_1^{2e}\frac{e^{\ln x}}{x}dx$.

66. $\int\frac{\sin(\ln x)}{4x}dx$.

67. $\int_1^{e^2}\frac{(\ln x)^5}{x}dx$.

68. $\int\frac{\ln^2 x+2\ln x-1}{x}dx$.

应用

69. **作为积分的概率** 从单位正方形的相邻两边各随机地取一点, 得两点 P 和 Q (见图). 由正方形的两边及线段 PQ 组成的三角形面积小于正方形面积的 $\frac{1}{4}$ 的概率是多少? 首先证明为满足面积条件, x,y 必须满足 $xy<\frac{1}{2}$. 然后证明所求概率是 $\frac{1}{2}+\int_{1/2}^{1}\frac{dx}{2x}$ 并计算积分.

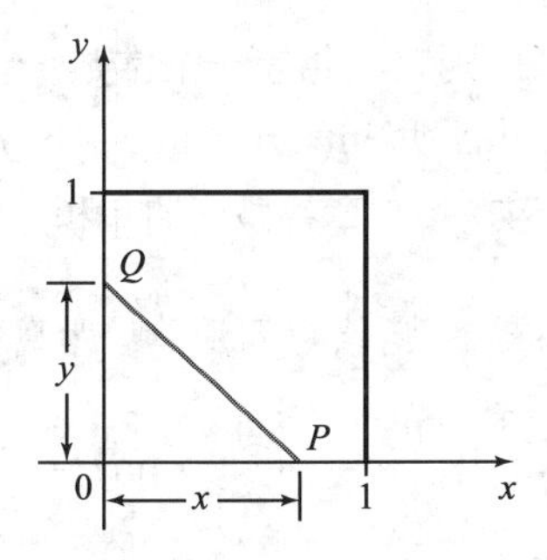

70～75 . 逻辑斯蒂增长 科学家们通常用逻辑斯蒂增长函数 $P(t)=\dfrac{P_0K}{P_0+(K-P_0)e^{-r_0t}}$ 模拟种群增长, 其中 P_0 是 $t=0$ 时的初始种群数量, K 是**承载容量**, r_0 是基本增长率. 承载容量是周边环境能够支撑的种群总量的理论上限. 图形显示了典型的逻辑斯蒂模型的 S 形曲线.

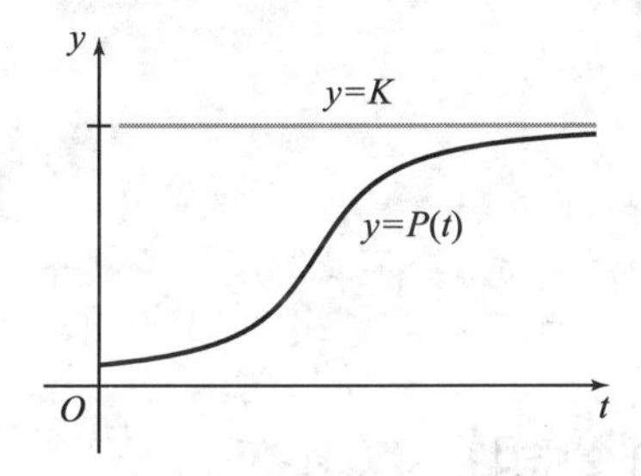

70. 种群崩溃 逻辑斯蒂模型可以用于初始种群数量 P_0 大于承载容量 K 的情形. 比如, 考虑岛上有 1 500 只鹿的鹿群, 而一场大火将承载容量降低到 1 000 只鹿.

a. 设基本增长率 $r_0=0.1$, 初始种群数量 $P(0)=1\,500$, 写出鹿群的逻辑斯蒂增长函数并作图像. 根据图像, 长期下去, 鹿群发生什么状况?

b. 在大火后的那一瞬间 ($t=0$), 鹿群的递减速度 (以只每年计) 是多少?

c. 多久之后鹿群数量下降到 1 200 只?

71. 养鱼 在水库新坝建成时, 投放 50 条鱼到该水库中. 据估计水库的承载容量是 8 000 条鱼. 鱼群的一个逻辑斯蒂模型是 $P(t)=\dfrac{400\,000}{50+7\,950e^{-0.5t}}$, 其中 t 以年计.

a. 利用绘图工具作 P 的图像. 选用不同的窗口试验, 得到一条 S 形曲线. 哪个窗口适宜这个函数?

b. 需要多长时间鱼群达到 5 000 条鱼? 多长时间达到承载容量的 90 %?

c. 鱼群在 $t=0$ 时的增加 (以条每年计) 有多快? $t=5$ 时呢?

d. 作 P' 的图像并根据图像估计鱼群哪一年的增长最快.

72. 世界人口 (第一部分) 世界人口在 1999 年 (t=0) 达到 60 亿. 假设承载容量是 150 亿, 基本增长率是 $r_0=0.025$ 每年.

a. 写出世界人口 (以十亿计) 的逻辑斯蒂增长函数并用绘图工具作所得方程在区间 $0\leqslant t\leqslant 200$ 上的图像.

b. 在 2020 年有多少人口? 何时人口达到 120 亿?

73. 世界人口 (第二部分) 函数 f 的相对增长率是函数在特定点处的变化率与函数值之比, 它的计算公式是 $r(t)=f'(t)/f(t)$.

a. 证实习题 72 中的逻辑斯蒂模型在 1999 年 ($t=0$) 的相对增长率是 $r(0)=P'(0)/P(0)=0.015$. 这表明 1999 年世界人口以每年 1.5 % 的速度增长.

b. 计算世界人口在 2010 年和 2020 年的相对增长率. 相对增长率是如何随时间变化的?

c. 计算 $\lim\limits_{t\to\infty}r(t)=\lim\limits_{t\to\infty}\dfrac{P'(t)}{P(t)}$, 其中 $P(t)$ 是习题 72 中的逻辑斯蒂增长函数. 对于服从逻辑斯蒂增长模型的人口, 所得答案说明什么?

74. 扫雪机问题 假设路面上有雪且雪以常速度落下. 扫雪机从中午开始沿直道路扫雪. 扫雪机在第 1 小时内扫雪的距离是第 2 小时的 2 倍. 何时开始下雪? 假设扫雪的速度与雪的深度成反比.

75. 自然资源的枯竭 设某国的采油率是 $r(t)=r_0e^{-kt}$, 其中 $r_0=10^7$ 桶/yr 是当前的采油率. 同时假设总油储量估计是 2×10^9 桶.

a. 求使总油储量永远用不完的最小衰减常数 k.

b. 设 $r_0=2\times10^7$ 桶/yr, 衰减常数 k 是 (a) 所求的最小值, 总油储量能坚持多久?

附加练习

76. $\ln|x|$ 的导数 对 $x>0$, 求 $\ln x$ 的导数, 并对 $x<0$, 求 $\ln(-x)$ 的导数, 得出结论 $\dfrac{d}{dx}(\ln|x|)=\dfrac{1}{x}$.

77. e^x 的性质 利用 $\ln x$ 与 e^x 的互逆关系及 $\ln x$ 的性质证明下列性质.

a. $e^{x-y}=\dfrac{e^x}{e^y}$.

b. $(e^x)^y = e^{xy}$.

78. $\ln x$ 无界 利用下面论述证明 $\lim\limits_{x\to\infty}\ln x = \infty$ 和 $\lim\limits_{x\to 0^+}\ln x = -\infty$.

a. 作 $f(x)=1/x$ 在区间 $[1,2]$ 上的图像. 解释为什么 $y=f(x)$ 和 x- 轴在 $[1,2]$ 上所围面积是 $\ln 2$.

b. 在 $[1,2]$ 上构造一个高为 $\frac{1}{2}$ 的矩形. 解释为什么 $\ln 2 > \frac{1}{2}$.

c. 证明 $\ln 2^n > n/2$ 及 $\ln 2^{-n} < -n/2$.

d. 得出结论 $\lim\limits_{x\to\infty}\ln x = \infty$ 和 $\lim\limits_{x\to 0^+}\ln x = -\infty$.

79. e 的界 用 $n=2$ 个等长子区间的黎曼左和估计 $\ln 2 = \int_1^2 \frac{dt}{t}$ 并证明 $\ln 2 < 1$. 用 $n=7$ 个等长子区间的黎曼右和估计 $\ln 3 = \int_1^3 \frac{dt}{t}$ 并证明 $\ln 3 > 1$.

80. 积性质的另一个证明 设 $y>0$ 固定, $x>0$. 证明 $\frac{d}{dx}(\ln(xy)) = \frac{d}{dx}(\ln x)$. 回忆一下, 如果两个函数有相同的导数, 则它们相差一个常数. 令 $x=1$, 计算这个常数, 并证明 $\ln(xy) = \ln x + \ln y$.

81. 调和和 我们在第 9 章将碰到调和和 $1+\frac{1}{2}+\frac{1}{3}+\cdots+\frac{1}{n}$. 利用黎曼右和(格点间是单位距离) 估计 $\int_1^n \frac{dx}{x}$ 并证明 $1+\frac{1}{2}+\frac{1}{3}+\cdots+\frac{1}{n} > \ln(n+1)$. 利用这个事实得出结论 $\lim\limits_{n\to\infty}\left(1+\frac{1}{2}+\frac{1}{3}+\cdots+\frac{1}{n}\right)$ 不存在.

82. 相切问题 容易证明 $y=x^2$ 与 $y=e^x$ 的图像没有交点 ($x>0$), 而 $y=x^3$ 与 $y=e^x$ 有两个交点. 由此得到, 对某 $2<p<3$, $y=x^p$ 与 $y=e^x$ 的图像在 $x>0$ 时恰有一个交点. 用分析或作图的方法, 确定 p 的值及唯一交点的坐标.

迅速核查 答案

1. $\{x : x \neq 0\}$.
2. p/x.
3. $2x, 2x, x^2, \ln 2 + x$.
4. 斜率 $=2$, 面积 $=1$.

7.3　其他底的对数和指数函数

偶尔会碰到一些场合, 用不同于 e 的底处理问题更方便. 我们在本节中将建立指数函数 b^x 和对数函数 $\log_b x$ 的性质, 其中 b 是正数且 $b\neq 1$. 在此之前, 我们按出现的先后顺序列出本节及上节整个方案的概要可能是有帮助的:

1. 我们首先定义了 $x>0$ 时的自然对数函数 $\ln x = \int_1^x \frac{dt}{t}$ (7.2 节).
2. 然后我们将反函数的性质应用到 $\ln x$, 引进了自然指数函数 e^x (7.2 节).
3. 本节我们将应用 e^x 的性质定义以 b 为底的指数函数 b^x.
4. 然后我们将反函数的性质应用到 b^x, 引进以 b 为底的对数函数 $\log_b x$.

这个进程的结果是得到以 b 为底的对数函数族, 每一个对数函数对应一个指数函数, 是其反函数.

指数函数

首先, 重要的是, 注意到函数 b^x 对所有底 b ($b>0, b\neq 1$) 及所有实数 x 有定义. 理由是

$$b^x = (e^{\ln b})^x = e^{x\ln b},$$

而我们已经知道 e^x 对所有实数 x 有定义. 我们现在可以叙述指数函数 b^x 的下列性质.

迅速核查 1. 正数 b 的幂能否是负数? 能否是零? ◀

$f(x)=b^x$ 的性质

1. 因为 $f(x)=b^x$ 对所有实数 x 有定义, 所以 f 的定义域是 $\{x : -\infty < x < \infty\}$. 由于 $b^x = e^{x\ln b}$ 及 e^x 的值域是 $(0,\infty)$, 故 b^x 的值域是 $\{y : 0 < y < \infty\}$.

2. 对所有 $b>0$，$b^0=e^{0\ln b}=1$，因此 $f(0)=1$.

3. 如果 $b>1$，则 $\ln b>0$，$b^x=e^{x\ln b}$ 是增函数 (见图 7.21). 例如, 如果 $b=2$，则当 $x>y$ 时，$2^x>2^y$.

4. 如果 $0<b<1$，则 $\ln b<0$，$b^x=e^{x\ln b}$ 是减函数 (见图 7.22). 例如, 如果 $b=\dfrac{1}{2}$，则

$$f(x)=\left(\frac{1}{2}\right)^x=\frac{1}{2^x}=2^{-x}.$$

由于 2^x 随 x 增加, 故 2^{-x} 随 x 递减.

迅速核查 2. 说明 $f(x)=(1/3)^x$ 是减函数的原因. ◀

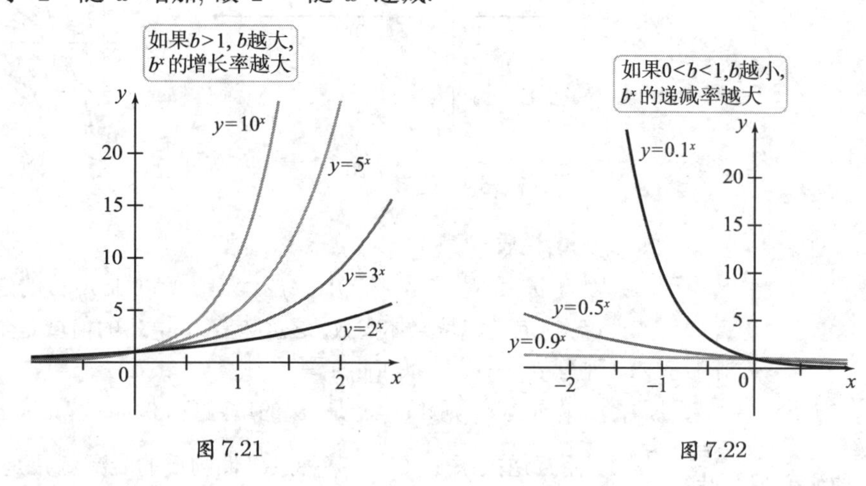

图 7.21　　图 7.22

对数函数

现在我们将学过的关于反函数的每一件事情都应用到指数函数 b^x. 对任意 $b>0, b\neq 1$, 这个函数在 $(-\infty,\infty)$ 是一对一的. 因此有反函数.

> **定义　以 b 为底的对数函数**
>
> 对任意底 $b>0$，$b\neq 1$，**以 b 为底的对数函数**是指数函数 b^x 的反函数, 记为 $\log_b x$.

对数函数与指数函数的互逆关系可以用多种方式精确表示出来. 首先, 我们有:

$$\text{如果 } b^y=x, \text{ 则 } y=\log_b x.$$

结合这两个条件得到两个重要关系.

> **指数函数与对数函数的互逆关系**
>
> 对任意底 $b>0, b\neq 1$, 下列互逆关系成立:
>
> **I1.** $b^{\log_b x}=x, x>0$.
>
> **I2.** $\log_b b^x=x$.

对数函数的图像用函数与反函数图像的对称性生成. 图 7.23 显示了如何将 $y=b^x, b>1$ 的图像由关于直线 $y=x$ 的反射得到 $y=\log_b x$ 的图像.

对于 $b>1$ 的几个不同底，$y=\log_b x$ 的图像如图 7.24 所示. 虽然具有分数底 ($0<b<1$) 的对数也有定义, 但通常不用. 事实上, 分数底通常能转化为 $b>1$ 的底.

以 $b>0$ 为底的对数函数满足与之前给出的指数函数性质相对应的性质.

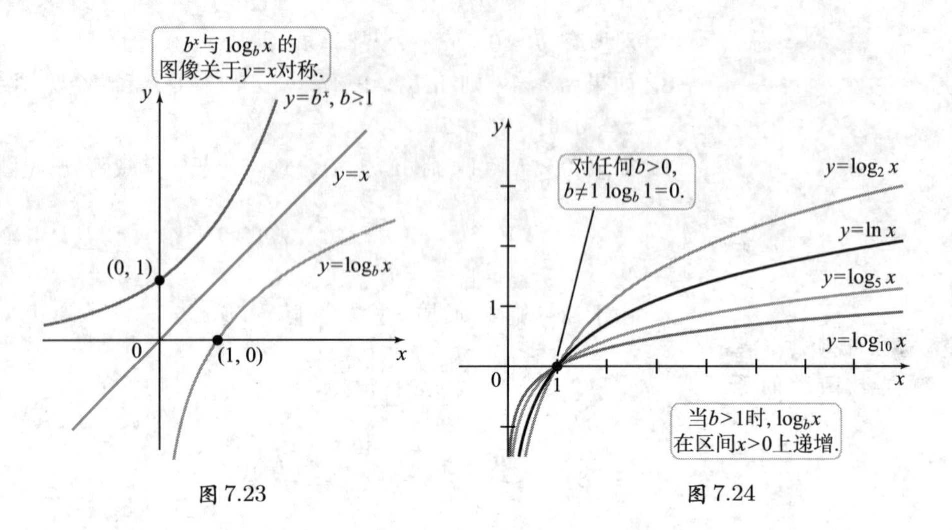

图 7.23　　图 7.24

$\log_b x$ 的性质

1. 因为 b^x 的值域是 $\{y: 0<y<\infty\}$, 所以 $\log_b x$ 的定义域是 $\{x: 0<x<\infty\}$.
2. b^x 的定义域是全体实数, 这意味着 $\log_b x$ 的值域是全体实数.
3. 因为 $b^0=1$, 所以 $\log_b 1=0$.
4. 如果 $b>1$, 则 $\log_b x$ 是 x 的增函数. 例如, 若 $b=e$, 则当 $x>y$ 时, $\ln x>\ln y$.

迅速核查 3. $f(x)=\log_b(x^2)$ 的定义域是什么? $f(x)=\log_b(x^2)$ 的值域是什么? ◄

例 1　用互逆关系 1 000 克某种放射性物质的衰减函数是 $m(t)=1\,000e^{-t/850}$, 其中 $t\geqslant 0$ 是时间, 以年计, m 以 g 计.

a. 该物质的质量何时达到安全水平 1g?

b. 将质量函数表示成以 $\dfrac{1}{2}$ 为底的函数.

解

a. 令 $m(t)=1$, 我们来解 $1\,000e^{-t/850}=1$, 在方程两边除以 1 000 并取自然对数:

$$\ln(e^{-t/850})=\ln\left(\frac{1}{1\,000}\right).$$

计算 $\ln(1/1\,000)\approx -6.908$ 来化简方程并注意到 $\ln(e^{-t/850})=-\dfrac{t}{850}$ (反函数的性质 I2). 因此,

$$-\frac{t}{850}\approx -6.908.$$

解 t, 求得 $t\approx(-850)\times(-6.908)\approx 5\,872$ 年.

b. 我们寻找函数 $p(t)$, 使得 $m(t)=1\,000e^{-t/850}=1\,000\left(\dfrac{1}{2}\right)^{p(t)}$. 消去 1 000 并在两边取自然对数, 我们继续如下:

$$\begin{aligned}\ln(e^{-t/850})&=\ln\left(\frac{1}{2}\right)^{p(t)}\\ -\frac{t}{850}&=p(t)\ln\left(\frac{1}{2}\right)=-p(t)\ln 2 \qquad \text{(对数的性质)}\\ p(t)&=\frac{t}{850\ln 2}. \qquad \text{(解 } p(t)\text{)}\end{aligned}$$

质量函数能表示成 $m(t) = 1\,000\left(\frac{1}{2}\right)^{t/(850\ln 2)}$，这说明当 t 每增加 $850\ln 2 \approx 589$ 年，质量就下降一半.

相关习题 9 ~ 20 ◀

b^x 的导数

计算 $b^x\,(b>0)$ 的导数有类似于 $\frac{d}{dx}(e^x) = e^x$ 的法则. 因为 $b^x = e^{x\ln b}$，b^x 的导数是

$$\frac{d}{dx}(b^x) = \frac{d}{dx}(e^{x\ln b}) = \underbrace{e^{x\ln b}}_{b^x}\cdot\ln b. \qquad (\text{链法则})$$

注意 $e^{x\ln b} = b^x$ 得到如下定理. 定理的第二部分来自链法则, 这里假设 u 在 x 处可导.

定理 7.7　b^x 的导数

如果 $b>0$, 则

$$\frac{d}{dx}(b^x) = b^x\ln b, \quad \frac{d}{dx}(b^{u(x)}) = b^{u(x)}(\ln b)u'(x).$$

验证当 $b=e$ 时, 定理 7.7 变为

$$\frac{d}{dx}(e^x) = e^x.$$

注意, 当 $b>1$ 时, $\ln b > 0$, $y=b^x$ 的图像在所有 x 处的切线有正斜率. 当 $0<b<1$ 时, $\ln b<0$, $y=b^x$ 的图像在所有 x 处的切线有负斜率. 在每种情况下, 在 $(0,1)$ 处切线的斜率为 $\ln b$ (见图 7.25).

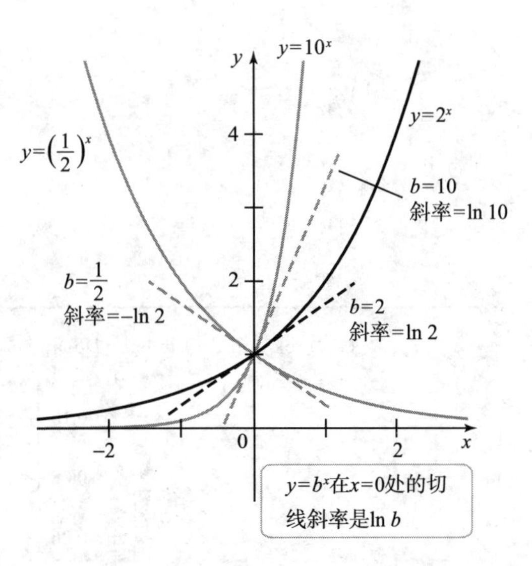

图 7.25

例 2　含 b^x 的导数 求下列函数的导数.

a. $f(x) = 3^x$.　　**b.** $g(t) = 108\cdot 2^{t/12}$.

解

a. 利用 定理 7.7, $f'(x) = 3^x\cdot\ln 3$.

b.
$$\begin{aligned} g'(t) &= 108\frac{d}{dt}(2^{t/12}) \quad \text{(常数倍法则)} \\ &= 108 \cdot 2^{t/12} \cdot \ln 2 \cdot \underbrace{\frac{d}{dt}\left(\frac{t}{12}\right)}_{1/12} \quad \text{(链法则)} \\ &= 9\ln 2 \cdot 2^{t/12}. \quad \text{(化简)} \end{aligned}$$

相关习题 21～26 ◄

例 3 指数模型 表 7.2 和图 7.26 显示了新生儿唐氏综合征的发生率是如何随母亲的年龄变化的. 该数据可用指数函数 $P(a) = \frac{1}{1\,613\,000}1.273\,3^a$ 模拟, 其中 a 是母亲的年龄 (以年计), $P(a)$ 是发生率 (所有新生儿中唐氏综合征的数量).

表 7.2

母亲的年龄	唐氏综合征的发生率	相等的小数
30	$\frac{1}{900}$	0.001 11
35	$\frac{1}{400}$	0.002 50
36	$\frac{1}{300}$	0.003 33
37	$\frac{1}{230}$	0.004 35
38	$\frac{1}{180}$	0.005 56
39	$\frac{1}{135}$	0.007 41
40	$\frac{1}{105}$	0.009 52
42	$\frac{1}{60}$	0.016 67
44	$\frac{1}{35}$	0.028 75
46	$\frac{1}{20}$	0.050 00
48	$\frac{1}{16}$	0.062 50
49	$\frac{1}{12}$	0.083 33

来源: E. G. Hook and A. Lindsjo, *Down Syndrome in Live Births by Single Year Maternal Age.*

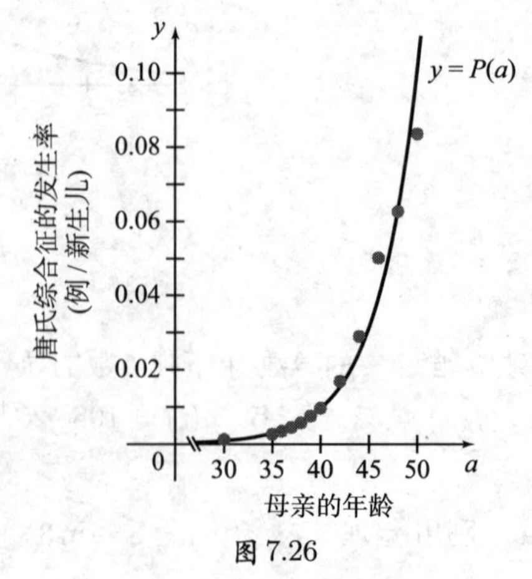

图 7.26

a. 根据模型, 唐氏综合征的发生率在哪个年龄等于 0.01(即百分之一)?

b. 求 $P'(a)$.

c. 求 $P'(35)$ 及 $P'(46)$ 并解释它们.

解

a. 我们令 $P(a)=0.01$ 并解 a:

$$\begin{aligned}0.01 &= \frac{1}{1\,613\,000}1.273\,3^a\\ \ln 16\,130 &= \ln(1.273\,3)^a \quad (\text{两边同除以 } 1\,613\,000 \text{ 并取对数})\\ \ln 16\,130 &= a\ln 1.273\,3 \quad (\text{对数的性质})\\ a &= \frac{\ln 16\,130}{\ln 1.273\,3} \approx 40\text{岁}. \quad (\text{解 } a)\end{aligned}$$

b.

$$\begin{aligned}P'(a) &= \frac{1}{1\,613\,000}\frac{d}{da}(1.273\,3^a)\\ &= \frac{1}{1\,613\,000}1.273\,3^a\cdot\ln 1.273\,3\\ &\approx \frac{1}{6\,676\,000}1.273\,3^a.\end{aligned}$$

例 3 中的模型通过被称为指数回归的方法得到. 选择参数 A 与 B 使函数 $P(a)=AB^a$ 最好地拟合该数据.

c. 导数度量发生率对于年龄的变化率. 对一个 35 岁的妇女,

$$P'(35)=\frac{1}{6\,676\,000}1.273\,3^{35}\approx 0.000\,7,$$

这表明发生率大约以 0.000 7/年的比率增长. 到了 46 岁, 变化率是

$$P'(46)=\frac{1}{6\,676\,000}1.273\,3^{46}\approx 0.01,$$

这相对于 35 岁时发生率的变化率有显著的增大.

迅速核查 4. 设 $A=500(1.045)^t$, 计算 $\frac{dA}{dt}$. ◄

相关习题 27～29 ◄

b^x 的积分

由 $\frac{d}{dx}(b^x)=b^x\ln b$ 的事实立即导出下面的不定积分公式.

> **定理 7.8 b^x 的不定积分**
>
> 对 $b>0, b\neq 1$, $\int b^x dx=\frac{1}{\ln b}b^x+C.$

例 4 涉及其他底的指数的积分 求下列不定积分.

a. $\int x3^{x^2}dx$. **b.** $\int_1^4 \frac{6^{-\sqrt{x}}}{\sqrt{x}}dx$.

解

a.

$$\begin{aligned}\int x3^{x^2}dx &= \frac{1}{2}\int 3^u du \quad (u=x^2, du=2xdx)\\ &= \frac{1}{2}\frac{1}{\ln 3}3^u+C \quad (\text{积分})\\ &= \frac{1}{2\ln 3}3^{x^2}+C. \quad (\text{代入} u=x^2)\end{aligned}$$

b.
$$\begin{aligned}\int_1^4 \frac{6^{-\sqrt{x}}}{\sqrt{x}}dx &= -2\int_{-1}^{-2} 6^u du \quad (u=-\sqrt{x}, du=-\frac{1}{2\sqrt{x}}dx)\\ &= -\frac{2}{\ln 6}6^u\Big|_{-1}^{-2} \quad (\text{基本定理})\\ &= \frac{5}{18\ln 6}. \quad (\text{化简})\end{aligned}$$

相关习题 30～34 ◄

一般幂法则

到现在为止, 导数的幂法则指出 $\frac{d}{dx}(x^p)=px^{p-1}$ 对有理指数 p 成立. 现在把这个结果推广到所有实数指数.

> **定理 7.9　一般幂法则**
>
> 对实数 p 及 $x>0$,
> $$\frac{d}{dx}(x^p)=px^{p-1}.$$
> 而且, 如果 u 在它的定义域内是可导的正值函数, 则
> $$\frac{d}{dx}(u(x)^p)=p(u(x))^{p-1}\cdot u'(x).$$

证明　对 $x>0$ 及实数 p, x^p 的导数计算如下:

$$\begin{aligned}\frac{d}{dx}(x^p) &= \frac{d}{dx}(e^{p\ln x}) \quad (x^p=e^{p\ln x})\\ &= \underbrace{e^{p\ln x}}_{x^p}\cdot\frac{p}{x} \quad (\text{链法则})\\ &= x^p\cdot\frac{p}{x} \quad (e^{p\ln x}=x^p)\\ &= px^{p-1}. \quad (\text{化简})\end{aligned}$$

我们看到对所有实数 p, $\frac{d}{dx}(x^p)=px^{p-1}$. 一般幂法则的第二部分由链法则得到. ◄

例 5　计算导数 求下列函数的导数.

a. $y=x^{\pi}$.　　**b.** $y=\pi^x$.　　**c.** $y=(x^2+4)^e$.

回顾一下, 幂函数是底为变量, 而指数函数是指数为变量.

解

a.　因为 $y=x^{\pi}$, 这是指数为无理数的幂函数; 由一般幂法则,

$$\frac{dy}{dx}=\pi x^{\pi-1},\quad x>0.$$

b.　这里是以 $b=\pi$ 为底的指数函数. 由 定理 7.7,

$$\frac{dy}{dx}=\pi^x\cdot\ln\pi.$$

c. 由链法则及一般幂法则得:

$$\frac{dy}{dx} = e(x^2+4)^{e-1} \cdot 2x = 2ex(x^2+4)^{e-1}.$$

因为对所有 x , $x^2+4>0$, 所以结果对所有 x 成立.

相关习题 35 ~ 40 ◀

设 g 和 h 都是非常值函数, 形如 $f(x)=(g(x))^{h(x)}$ 的函数既不是指数函数, 也不是幂函数 (有时称其为塔函数). 为求它们的导数, 我们利用恒等关系 $b^x = e^{x\ln b}$ 将 f 重写为以 e 为底的函数:

$$f(x) = (g(x))^{h(x)} = e^{h(x)\ln g(x)}.$$

这个函数隐含限制条件 $g(x)>0$. 然后 f 的导数可以通过本节提出的方法计算得到.

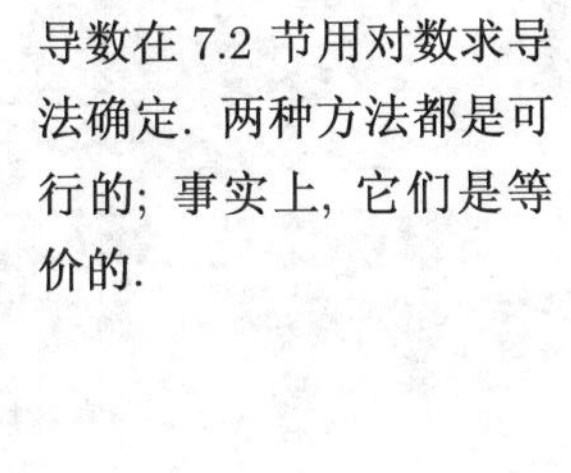

回顾一下, $f(x)=x^x$ 的导数在 7.2 节用对数求导法确定. 两种方法都是可行的; 事实上, 它们是等价的.

例 6 求水平切线 判断 $f(x)=x^x, x>0$ 的图像是否存在水平切线.

解 水平切线出现在 $f'(x)=0$ 时. 为求导数, 我们先记 $f(x)=x^x=e^{x\ln x}$. 然后

$$\begin{aligned}
\frac{d}{dx}(x^x) &= \frac{d}{dx}(e^{x\ln x}) \\
&= e^{x\ln x} \cdot \frac{d}{dx}(x\ln x) \qquad (\text{链法则}) \\
&= e^{x\ln x}\left(1\cdot \ln x + x\cdot \frac{1}{x}\right) \qquad (\text{积法则}) \\
&= x^x(\ln x + 1). \qquad (\text{化简}; e^{x\ln x} = x^x)
\end{aligned}$$

方程 $f'(x)=0$ 意味着 $x^x=0$ 或 $\ln x+1=0$. 因为对任意 $x>0$, $x^x=e^{x\ln x}>0$, 所以第一个方程无解. 我们解第二个方程 $\ln x+1=0$, 步骤如下:

$$\begin{aligned}
\ln x &= -1 \\
e^{\ln x} &= e^{-1} \qquad (\text{两边求指数}) \\
x &= \frac{1}{e}. \qquad (e^{\ln x} = x)
\end{aligned}$$

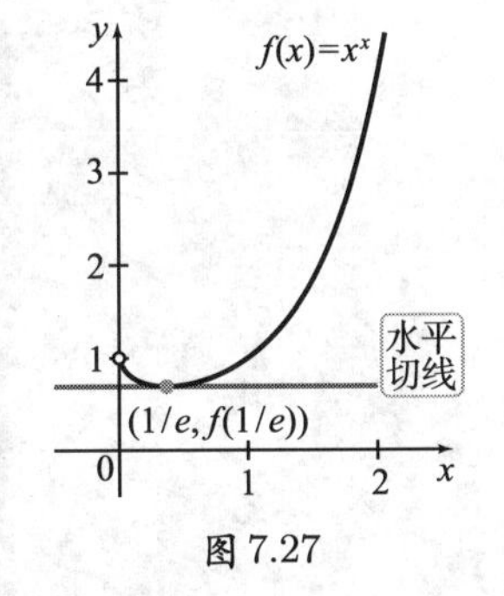

图 7.27

因此, $f(x)=x^x$ 的图像 (见图 7.27) 在 $(e^{-1}, f(e^{-1})) \approx (0.368, 0.692)$ 处有水平切线.

相关习题 41 ~ 50 ◀

一般对数函数的导数

当 $b>0$ 时, 一般指数函数 $f(x)=b^x$ 是一对一的. 它的反函数是以 b 为底的对数函数 $f^{-1}(x)=\log_b x$. 为求对数函数的导数, 我们从互逆关系着手:

$$y = \log_b x \quad \Leftrightarrow \quad x = b^y.$$

定理 7.10 的另一种证明方法是利用换底公式 $\log_b x = \dfrac{\ln x}{\ln b}$. 在这个等式两边同时求导得到相同的结果.

在 $x=b^y$ 的两边同时对 x 求导, 我们得到

$$\begin{aligned}
1 &= b^y \cdot \ln b \cdot \frac{dy}{dx} \qquad (\text{链法则}) \\
\frac{dy}{dx} &= \frac{1}{b^y \ln b} \qquad (\text{解}\frac{dy}{dx}) \\
\frac{dy}{dx} &= \frac{1}{x\ln b}. \qquad (b^y = x)
\end{aligned}$$

> **定理 7.10　$\log_b x$ 的导数**
> 如果 $b>0$ 且 $b\neq 1$, 则
> $$\frac{d}{dx}(\log_b x)=\frac{1}{x\ln b}, x>0,\quad \frac{d}{dx}(\log_b|x|)=\frac{1}{x\ln b}, x\neq 0.$$

迅速核查 5. 对 $y=\log_3 x$, 求 dy/dx. ◄

例 7　含一般对数的导数 计算每个函数的导数.

a. $f(x)=\log_5(2x+1)$.　　**b.** $T(n)=n\log_2 n$.

解

a. 假设 $2x+1>0$, 我们用 定理 7.10 及链法则:

$$f'(x)=\frac{1}{(2x+1)\ln 5}\cdot 2=\frac{2}{\ln 5}\cdot\frac{1}{2x+1}.$$

b. $T'(n)=\log_2 n+n\cdot\frac{1}{n\ln 2}=\log_2 n+\frac{1}{\ln 2}$.　(乘积法则)

我们可以改变底并将结果用底 e 表示:

$$T'(n)=\frac{\ln n}{\ln 2}+\frac{1}{\ln 2}=\frac{\ln n+1}{\ln 2}$$

例 7b 中的函数在计算机科学中被用来估计对含 n 项的队列执行排序算法所需要的时间.

相关习题 51～56 ◄

迅速核查 6. 证明例 7b 求得的导数可以用底 2 表示为 $T'(n)=\log_2(en)$. ◄

7.3 节 习题

复习题

1. 陈述指数函数 $f(x)=b^x$ 的求导法则. 它与 e^x 的求导法则有何不同?
2. 陈述对数函数 $f(x)=\log_b x$ 的求导法则. 它与 $\ln x$ 的求导法则有何不同?
3. 解释为何 $b^x=e^{x\ln b}$.
4. 将函数 $f(x)=g(x)^{h(x)}$ 表示成自然对数和自然指数函数的形式 (以 e 为底).
5. 计算 $\int 4^x dx$.
6. b^x 的反函数是什么? 它的定义域和值域呢?
7. 用底 e 表示 $3^x, x^\pi, x^{\sin x}$.
8. 计算 $\frac{d}{dx}(3^x)$.

基本技能

9～20. 解方程 不使用计算器解下列方程.

9. $\log_{10} x=3$.
10. $\log_5 x=-1$.
11. $\log_8 x=\frac{1}{3}$.
12. $\log_b 125=3$.
13. $10^{x^2-4}=1$.
14. $3^{x^2-5x-5}=\frac{1}{3}$.
15. $2^{|x|}=16$.
16. $9^x+3^{x+1}-18=0$.
17. $7^x=21$.
18. $2^x=55$.
19. $3^{3x-4}=15$.
20. $5^{3x}=29$.

21～26. b^x 的导数 求下列函数的导数.

21. $y=5\cdot 4^x$.
22. $y=4^{-x}\sin x$.
23. $y=x^3\cdot 3^x$.

24. $P=\dfrac{40}{1+2^{-t}}$.

25. $A=250(1.045)^{4t}$.

26. $y=\ln(10^x)$.

27. 指数模型 下表显示了当加压的机仓突然失去压力时在不同高度的有效意识时间. 压力的变化使可获得的氧气剧烈减少, 从而导致组织缺氧. 各时间区间的上界由 $T=10\cdot 2^{-0.274a}$ 模拟, 其中 T 是时间, 以分钟计, a 是 22 000 以上的高度, 以千英尺计 ($a=0$ 对应于 22 000ft).

高度 (英尺)	有效意识时间
22 000	5 ~ 10 分钟
25 000	3 ~ 5 分钟
28 000	2.5 ~ 3 分钟
30 000	1 ~ 2 分钟
35 000	30 ~ 60 秒
40 000	15 ~ 20 秒
45 000	9 ~ 15 秒

a. 在 38 000ft($a=16$) 高处飞行的利尔喷气式飞机因为窗户上的封口脱落突然失去压力. 根据这个模型, 飞行员及乘客在丧失意识之前应该用多长时间带好氧气面罩?

b. 在 24 000ft ~ 30 000ft 的区间上, T 关于 a 的平均变化率是多少 (包括单位)?

c. 求瞬时变化率 dT/da, 计算它在 30 000ft 处的值并解释它的含义.

28. 震级 震级为 M 的地震释放的能量 (以焦耳计) 由方程 $E=25\,000\cdot 10^{1.5M}$ 给出. (这个方程可用来确定地震的震级 M; 它是 1935 年由查尔斯 • 里克特创造的里氏震级的细化.)

a. 计算震级为 1, 2, 3, 4, 5 的地震释放的能量. 将点描在图像上并用光滑曲线连接.

b. 计算 dE/dM 并求 $M=3$ 时的值. 这个导数值表示什么含义? (M 没有单位, 因此导数的单位是 J /震级变化.)

29. 诊断扫描 碘 -123 是一种放射性同位素, 在医学上用于检验甲状腺的功能. 如果对病人施用 350 微居里 (μ Ci) 的碘 -123, 则 t 小时后留在身体内的量 Q 大约为 $Q=350\left(\dfrac{1}{2}\right)^{t/13.1}$.

a. 碘 -123 降到 $10\,\mu$ Ci 的水平要用多长时间?

b. 求碘 -123 的量在 12 小时、1 天、2 天时的变化率. 关于碘随时间的递减率, 答案说明什么?

30 ~ 34. 一般底的积分 计算下列积分.

30. $\displaystyle\int 2^{3x}dx$.

31. $\displaystyle\int_{-1}^{1} 10^x dx$.

32. $\displaystyle\int_0^{\pi/2} 4^{\sin x}\cos x dx$.

33. $\displaystyle\int_1^2 (1+\ln x)x^x dx$.

34. $\displaystyle\int_{1/3}^{1/2} \frac{10^{1/x}}{x^2}dx$.

35 ~ 40. 一般幂法则 在合适的时候应用一般幂法则求下列函数的导数.

35. $g(y)=e^y\cdot y^e$.

36. $f(x)=2x^{\sqrt{2}}$.

37. $s(t)=\cos(2^t)$.

38. $y=\ln(x^3+1)^{\pi}$.

39. $f(x)=(2x-3)x^{3/2}$.

40. $y=\tan(x^{0.74})$.

41 ~ 46. 导数 计算下列函数的导数.

41. $f(x)=(2x)^{4x}$.

42. $f(x)=x^{\pi}$.

43. $h(x)=2^{(x^2)}$.

44. $h(t)=(\sin t)^{\sqrt{t}}$.

45. $H(x)=(x+1)^{2x}$.

46. $p(x)=x^{-\ln x}$.

47 ~ 50. 切线与一般指数函数

47. 求 $x^{\sin x}$ 在 $x=1$ 处的切线方程.

48. 判断 $y=x^{\sqrt{x}}$ 的图像是否有水平切线.

49. $y=(x^2)^x$ 的图像有两条水平切线. 求这两条切线的方程.

50. $y=x^{\ln x}$ 的图像有一条水平切线. 求这条切线的方程.

51 ~ 56. 对数函数的导数 计算下列函数的导数.

51. $y=4\log_3(x^2-1)$.

52. $y=\log_{10}x$.

53. $y=(\cos x)\ln(\cos^2 x)$.

54. $y=\log_8|\tan x|$.

55. $y=\dfrac{1}{\log_4 x}$.

56. $y=\log_2\log_2 x$.

深入探究

57. 解释为什么是, 或不是 判别下列命题是否正确, 并证明或举反例.

- **a.** $\log_2 9$ 的导数是 $1/(9\ln 2)$.
- **b.** $\ln(x+1)+\ln(x-1)=\ln(x^2-1)$.
- **c.** 指数函数 2^{x+1} 可以用底 e 表示为 $e^{2\ln(x+1)}$.
- **d.** $\dfrac{d}{dx}(\sqrt{2}^x)=x\sqrt{2}^{x-1}$.
- **e.** $\dfrac{d}{dx}(x^{\sqrt{2}})=\sqrt{2}x^{\sqrt{2}-1}$.

58. 指数函数的图像 下面的图形给出了 $y=2^x, y=3^x, y=2^{-x}$ 及 $y=3^{-x}$ 的图像. 匹配每条曲线与正确的函数.

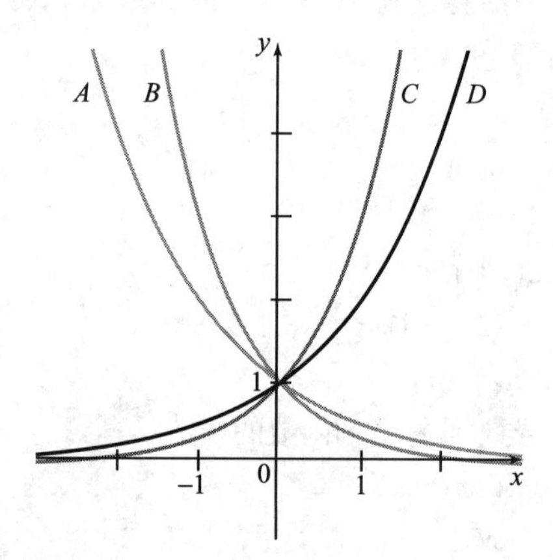

59. 对数函数的图像 下面的图形给出了 $y=\log_2 x, y=\log_4 x$ 及 $y=\log_{10} x$ 的图像. 匹配每条曲线与正确的函数.

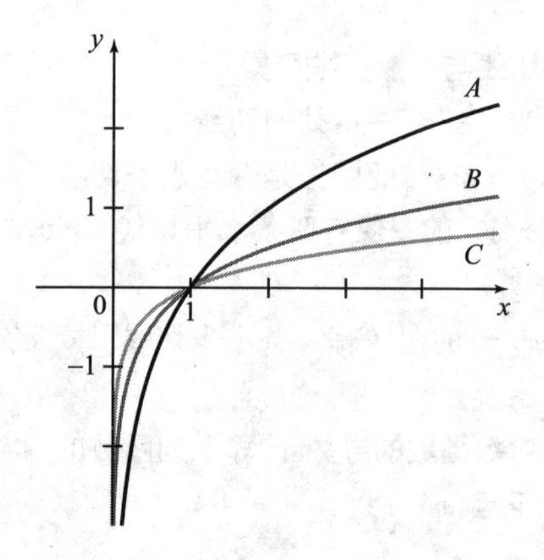

60. 修正的指数函数图像 不用绘图工具作 $y=2^x$ 的草图. 然后在同一坐标系作 $y=2^{-x}, y=2^{x-1}, y=2^x+1$ 及 $y=2^{2x}$ 的图像.

61. 修正的对数函数图像 不用绘图工具作 $y=\log_2 x$ 的草图. 然后在同一坐标系作 $y=\log_2(x-1)$, $y=\log_2 x^2$, $y=(\log_2 x)^2$ 及 $y=\log_2 x+1$ 的图像.

62. 大交点 不论用什么方法估计 $f(x)=e^x$ 与 $g(x)=x^{123}$ 的图像的交点. 考虑利用对数.

63～66. 高阶导数 求下列高阶导数.

63. $\dfrac{d^2}{dx^2}(\log x)$.

64. $\dfrac{d^3}{dx^3}(x^{4.2})\Big|_{x=1}$.

65. $\dfrac{d^3}{dx^3}(x^2\ln x)$.

66. $\dfrac{d^n}{dx^n}(2^x)$.

67～68. 不同方法求导数 用两种方法计算下列函数的导数: (i) 利用事实 $b^x=e^{x\ln b}$; (ii) 通过对数求导法. 验证两种方法答案相同.

67. $y=3^x$.

68. $y=(x^2+1)^x$.

69～72 对数函数的导数 在计算 $f'(x)$ 之前用对数性质化简下列函数.

69. $f(x)=\log_{10}\sqrt{10x}$.

70. $f(x)=\log_2\dfrac{8}{\sqrt{x+1}}$.

71. $f(x)=\ln\dfrac{(2x-1)(x+2)^3}{(1-4x)^2}$.

72. $f(x)=\ln(\sec^4 x\tan^2 x)$.

73. 切线 求 $y=2^{\sin x}$ 在 $x=\pi/2$ 处的切线方程. 作函数及切线的图像.

74. 水平切线 $y=\cos x\cdot\ln\cos^2 x$ 在区间 $[0,2\pi]$ 上有 7 条水平切线. 求所有这些切点的 x- 坐标.

75～82. 一般对数与指数的导数 计算下列导数. 在恰当的地方应用对数求导法.

75. $\dfrac{d}{dx}(x^{10x})$.

76. $\dfrac{d}{dx}(2x)^{2x}$.

77. $\dfrac{d}{dx}(x^{\cos x})$.

78. $\dfrac{d}{dx}(x^{\pi}+\pi^x)$.

79. $\dfrac{d}{dx}\left(1+\dfrac{1}{x}\right)^x$.

80. $\dfrac{d}{dx}(1+x^2)^{\sin x}$.

81. $\dfrac{d}{dx}[x^{(x^{10})}]$.

82. $\dfrac{d}{dx}(\ln x)^{x^2}$.

83～87. 各种各样的积分 计算下列积分.

83. $\displaystyle\int 3^{-2x}dx$.

84. $\displaystyle\int_0^5 5^{5x}dx$.

85. $\displaystyle\int x^2 10^{x^3}dx$.

86. $\displaystyle\int_0^{\pi} \cos x \cdot 2^{\sin x}dx$.

87. $\displaystyle\int_1^{2e} \frac{3^{\ln x}}{x}dx$.

附加练习

88. 三重交点 作函数 $f(x)=x^3, g(x)=3^x$ 与 $h(x)=x^x$ 的图像并 (精确) 求它们的公共交点.

89～92. 求精确极限 利用导数的定义计算下列极限.

89. $\displaystyle\lim_{x\to e}\frac{\ln x-1}{x-e}$.

90. $\displaystyle\lim_{h\to 0}\frac{\ln(e^8+h)-8}{h}$.

91. $\displaystyle\lim_{h\to 0}\frac{(3+h)^{3+h}-27}{h}$.

92. $\displaystyle\lim_{x\to 2}\frac{5^x-25}{x-2}$.

93. $u(x)^{v(x)}$ **的导数** 利用对数求导法证明

$$\frac{d}{dx}[u(x)^{v(x)}]=u(x)^{v(x)}\left[\frac{v(x)}{u(x)}\frac{du}{dx}+\ln u(x)\frac{dv}{dx}\right].$$

94. 相切问题 容易证明 $y=1.1^x$ 与 $y=x$ 的图像有两个交点, 而 $y=2^x$ 与 $y=x$ 的图像没有交点. 由此可知对某个实数 $1<p<2$, $y=p^x$ 与 $y=x$ 的图像恰有 1 个交点. 用分析或几何方法, 确定 p 及唯一交点的坐标.

95. 漂亮的性质 证明对 $b>0, c>0$, $(\log_b c)(\log_c b)=1$.

迅速核查 答案

1. 对所有 x 和正底 b, b^x 总是正的 (且不等于 0).
2. 因为 $(1/3)^x=1/3^x$, 3^x 随 x 增加而增加, 因此 $(1/3)^x$ 随 x 的增加而减小.
3. $\{x: x\neq 0\}$, $\mathbf{R}$.
4. $\dfrac{dA}{dt}=500(1.045)^t\cdot\ln 1.045\approx 22(1.045)^t$.
5. $\dfrac{dy}{dx}=\dfrac{1}{x\ln 3}$.
6. $$T'(n)=\log_2 n+\frac{1}{\ln 2}=\log_2 n+\frac{1}{\dfrac{\log_2 2}{\log_2 e}}$$ $$=\log_2 n+\log_2 e=\log_2(en).$$

7.4 指数模型

指数函数有广泛的应用. 在本节中我们将看到它们被应用到金融、医学、人文学、生物学、经济学、药物动力学、人类学和物理学.

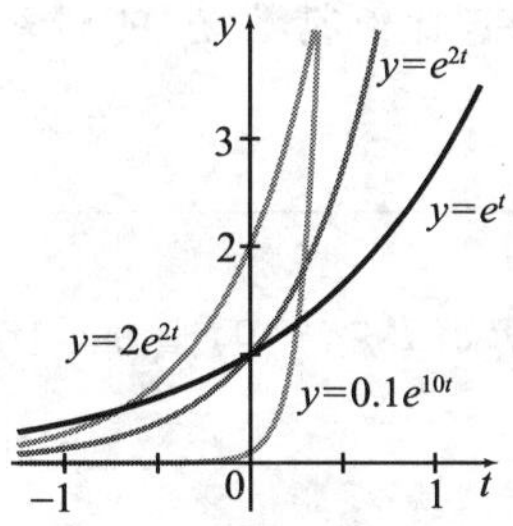

指数增长

指数增长模型利用形如 $y(t)=Ce^{kt}$ 的函数, 其中 t 表示时间, C 是常数, **比例常数** k 是正的 (见图 7.28).

图 7.28

如果我们从指数增长函数 $y(t)=Ce^{kt}$ 开始, 对它求导, 我们发现

$$\frac{dy}{dt}=\frac{d}{dt}(Ce^{kt})=C\cdot ke^{kt}=k(\underbrace{Ce^{kt}}_{y}),$$

即 $\dfrac{dy}{dt}=ky$. 这是关于指数函数的第一个深刻认识: 它们的变化率与它们的值成比例. 如果 y 代表人口数, 则 $\dfrac{dy}{dt}$ 是**增长率**, 其单位类似于人/月. 因此, 出现的人越多, 人口的增长越快.

导数 $\dfrac{dy}{dt}$ 是绝对增长率, 但通常简称为增长率.

另一讨论增长率的方法是用**相对增长率**, 它是增长率与量的现值之比, 即 $\dfrac{1}{y}\dfrac{dy}{dt}$. 例如, 如果 y 是人口数, 则相对增长率是人口在单位时间增长的比例或百分比. 相对增长率的例子

有每年增长 5 %或每月以因子 1.2 增长. 如果将 $\frac{dy}{dt}=ky$ 写成 $\frac{1}{y}\frac{dy}{dt}=k$ 的形式, 则有另一种解释: 呈指数增长的变量的相对增长率为常数. 常相对增长率或百分比变化是指数增长的特征.

以每年 4 %的常速率增长的消费物价指数是指数递增的. 以每月 3 %的常速率贬值的货币是指数递减的. 与此相反, 线性增长是以诸如每年 500 人或每月 \$400 的常绝对增长率为特征的.

例 1　线性增长对比指数增长 设松树镇的人口是 $P(t)=1\,500+125t$, 而云杉镇的人口是 $S(t)=1\,500e^{0.1t}$, 其中 $t\geqslant 0$ 以年计. 求这两个镇的人口增长率和相对增长率.

解　注意, 松树镇以线性增长, 而云杉镇以指数增长 (见图 7.29). 松树镇的增长率是 $\frac{dP}{dt}=125$ 人/年, 在任何时间都为常数. 云杉镇的增长率是

$$\frac{dS}{dt}=0.1(\underbrace{1\,500e^{0.1t}}_{S(t)})=0.1S(t),$$

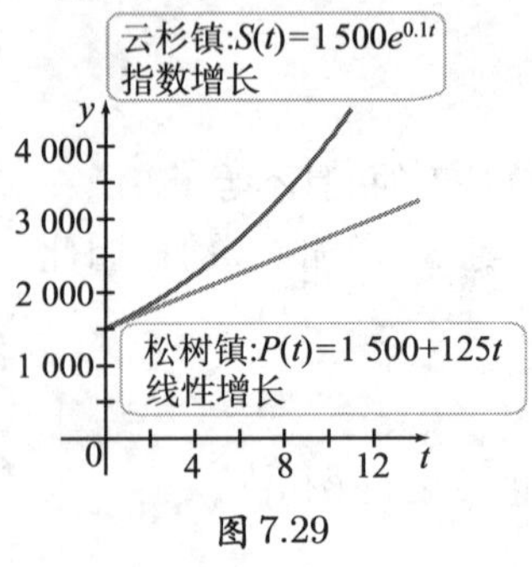

图 7.29

这表明增长率与人口数成比例. 松树镇的相对增长率是 $\frac{1}{P}\frac{dP}{dt}=\frac{125}{1\,500+125t}$, 随时间递减. 云杉镇的相对增长率是

$$\frac{1}{S}\frac{dS}{dt}=\frac{0.1\cdot 1\,500e^{0.1t}}{1\,500e^{0.1t}}=0.1,$$

在任何时刻都是常数. 总的来说, 线性人口函数的绝对增长率是常数, 而指数人口函数的相对增长率是常数.

相关习题 9～10 ◄

迅速核查 1. 人群 A 以常速率 4 %/yr 增长, 人群 B 以 500 人/yr 增长. 哪个人群以指数增长? 另一人群表现的是何种类型的增长? ◄

$y(t)=Ce^{kt}$ 中的比例常数 k 决定了指数函数的增长率. 我们约定 $k>0$, 则 $y(t)=Ce^{kt}$ 描述指数增长, 且 $y(t)=Ce^{-kt}$ 描述指数衰减. 对于涉及时间的问题, k 的单位是 时间$^{-1}$; 比如, 如果时间以月计, 则 k 的单位是 月$^{-1}$. 所以, 指数 kt 是无量纲的 (没单位).

单位 时间$^{-1}$ 读作每单位时间. 例如, 月$^{-1}$ 读作每月.

习惯上我们取 $t=0$ 作为时间的参照点, 除非有很好的理由才会更改. 注意由于 $y(t)=Ce^{kt}$, 我们有 $y(0)=C$. 因此, C 有一个简单的意义: 它是所感兴趣的变量的**初始值**, 我们记为 y_0. 在下面的例子中, 通常提供两条信息: 初始值及决定比例常数 k 的线索. 初始值及比例常数完全决定了指数增长函数.

指数增长函数

指数增长由形如 $y(t)=y_0e^{kt}$ 的函数描述. y 在 $t=0$ 时的初始值是 $y(0)=y_0$, 比例常数 $k>0$ 决定增长率. 指数增长的特征是相对增长率为常数.

注意, 初始值 y_0 出现在方程的两边, 它可以被消去, 这意味着倍增时间与初始值无关: 倍增时间对所有 t 是常数.

因为指数增长的特征是相对增长率为常数, 所以一个量翻番 (增长 100 %) 所需要的时间是常数. 因此描述一个量指数增长的方法就是给出其倍增时间. 为计算使函数 $y(t)=y_0e^{kt}$ 的值倍增, 即从 y_0 到 $2y_0$ 所需的时间, 我们求 t 的值使其满足

$$y(t)=2y_0\qquad\text{或}\qquad y_0e^{kt}=2y_0.$$

迅速核查 2. 证明 $y(t)=y_0e^{kt}$ 从 y_0 增长到 $2y_0$ 所需时间与从 $2y_0$ 增长到 $4y_0$ 所需时间相同. ◄

从方程 $y_0e^{kt}=2y_0$ 中消去 y_0 得方程 $e^{kt}=2$. 两边取对数, 我们得 $\ln e^{kt}=\ln 2$ 或 $kt=\ln 2$, 由此得到解是 $t=\frac{\ln 2}{k}$.

我们记倍增时间为 T_2, 因此 $T_2=\frac{\ln 2}{k}$. 如果 y 指数增长, 则从 100 增长到 200 所需时间与从 1 000 增长到 2 000 所需时间相等.

定义　倍增时间

由 $y(t)=y_0e^{kt}, k>0$ 描述的量具有常**倍增时间** $T_2=\dfrac{\ln 2}{k}$, 它与 t 有相同的单位.

例 2　世界人口 人口增长率随地域变化并且随时间波动. 世界人口的整体增长率 20 世纪 60 年代达到年增长率的峰值每年 2.1 %. 设 1999 年 ($t=0$) 的世界人口是 60 亿, 2009 年 ($t=10$) 是 69 亿.

世界人口	
1804	10 亿
1927	20 亿
1960	30 亿
1974	40 亿
1987	50 亿
1999	60 亿
2011	70 亿 (proj.)

a. 求拟合这两个数据的世界人口指数增长函数.

b. 根据 (a) 所得的模型, 求世界人口的倍增时间.

c. 求 (绝对) 增长率 $y'(t)$ 并作其图像, $0\leqslant t\leqslant 50$.

d. 2010 年 ($t=11$) 的人口增长有多快?

解

a. 设 $y(t)$ 是自 1999 年起的 t 年后以十亿计的世界人口数. 我们用增长函数 $y(t)=y_0e^{kt}$, 其中 y_0, k 待定. 初始值是 $y_0=6$ (十亿). 为求比例常数 k , 我们利用 $y(10)=6.9$. 将 $t=10$ 代入 $y_0=6$ 的增长函数得

$$y(10)=6e^{10k}=6.9.$$

解得比例常数 $k=\dfrac{\ln(6.9/6)}{10}\approx 0.013\,976\approx 0.014\text{yr}^{-1}$. 因此增长函数是

$$y(t)=6e^{0.014t}.$$

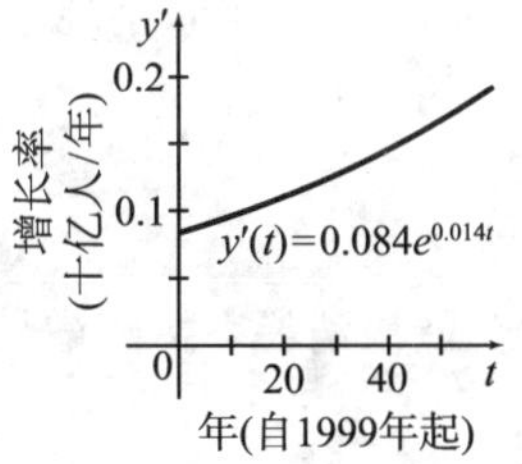

一个通常犯的错误是: 如果年增长率是每年 1.4 %, 则 $k=1.4\%=0.014\text{yr}^{-1}$. 比例常数 k 必须如例 2 给出 $k=0.013\,976$ 那样计算. 越大的增长率, k 与增长率之间的差越大.

b. 人口的倍增时间是

$$T_2=\frac{\ln 2}{k}\approx\frac{\ln 2}{0.014}\approx 50\text{年}.$$

c. 用增长函数 $y(t)=6e^{0.014t}$ 计算, 我们求得

$$y'(t)=6\times 0.014e^{0.014t}=0.084e^{0.014t},$$

它的单位是十亿人/年. 如图 7.30 所示, 增长率本身指数增长.

图 7.30

d. 2010 年 ($t=11$) 的增长率是

$$y'(11)=0.084e^{0.014\times 11}\approx 0.098\text{十亿人/年}$$

或 9 800 万人/年.

转化成日增长率 (除以 365) 得世界人口在 2010 年以大约每天 268 000 人的速度增长.

相关习题 11～16 ◀

迅速核查 3. 设 $y(t)=100e^{0.05t}$. 当 t 增加 1 个单位时, y 的增长百分比是多少? ◀

金融模型 在很多金融应用中都用到指数函数, 其中一些应用在习题中探究. 目前, 我们考虑一个简单的储蓄账户. 初始存款所得的利息将重新投资到该账户中, 利息按定期 (比如, 按年, 月或天) 或按连续复利支付. 不管什么情况, 账户余额按指数增长, 增长率根据广告的**年化收益率**(或 APY) 确定. 假设没有额外的存款存入, 则账户余额由指数增长函数 $y(t)=y_0e^{kt}$ 确定, 其中 y_0 是初始存款, t 以年计, k 由年化收益率决定.

例 3　连续复利 一个储蓄账户的 APY 是余额在一年期内增长的百分比. 假设将 \$500 存入 APY 为每年 6.18 %的储蓄账户. 设利率保持不变且没有额外的存款和取款发生. 账户余额要多久达到 \$2 500?

解　因为余额每年以固定的百分比增长, 因此是指数增长. 设 $y(t)$ 表示初始存款 $y_0 = \$500$ 在 t 年后的余额, 则 $y(t) = y_0e^{kt}$, 其中比例常数 k 待定. 注意, 如果初始存款是 y_0, 一年后的余额多了 6.18 %或

$$y(1) = 1.061\,8y_0 = y_0e^k.$$

如果利息在年末一次按复利计算, 则比例常数 k 是余额增长因子, 如本例中为 $0.06 = 6\,\%$. 在银行广告中通常称其为年化收益率 (或 APR). 如果余额在一年内增加 6.18 %, 则它在一年内按因子 1.061 8 增加.

解出 k, 我们得比例常数是

$$k = \ln 1.061\,8 \approx 0.060\text{yr}^{-1}.$$

因此任意时刻 $t \geqslant 0$ 的余额为 $y(t) = 500e^{0.060t}$. 为求余额达到 \$2 500 所需时间, 我们解方程

$$y(t) = 500e^{0.060t} = 2\,500.$$

两边同除以 500 并取自然对数得

$$0.060t = \ln 5.$$

余额在 $t = (\ln 5)/0.060 \approx 26.8\,\text{yr}$ 后达到 \$2 500.

相关习题 11～16 ◄

资源消耗 在人们使用的许多资源中, 能源当然是最重要的之一. 能量的基本单位是**焦耳**(J), 大约是将重 0.1kg 的物体 (比如说橘子) 提升 1m 需要的能量. 能量消耗率称作**功率**. 功率的基本单位是**瓦特**(W), 其中 1W=1J/s. 如果打开一支 100W 的灯泡 1 分钟, 灯泡的能量消耗率是 100J/s, 它消耗了 $100\text{J/s} \cdot 60\text{s}$=6 000J 的能量.

度量大能量的有用单位是**千瓦时**(kWh). 1 千瓦是 1 000W 或 1 000J/s. 如果以 1kW 的消耗率消耗能量 1hr(3 600s), 则消耗了 $1\,000\text{J/s} \cdot 3\,600\text{s} = 3.6 \times 10^6$ J 的能量, 即 1kWh. 一人跑步 1 小时大约消耗 1kWh 能量. 普通一家人一个月消耗 1000kWh 能量.

假设 (人、机器或城市) 消耗的总能量由函数 $E(t)$ 给出. 因为功率 $P(t)$ 是能量消耗率, 我们有 $P(t) = E'(t)$. 利用 6.1 节的思想, 在 $t = a$ 到 $t = b$ 之间消耗的总能量是

$$\text{消耗的总能量} = \int_a^b E'(t)dt = \int_a^b P(t)dt.$$

我们看到能量是功率曲线下的面积. 有了这些背景知识, 我们可以研究能量消耗率指数增长的情形.

例 4　能量消耗 丹佛市在 2006 年初的能量消耗率是 7 000 兆瓦 (MW), 其中 1MW= 10^6 W. 该消耗率预计以每年 2 %的年增长率增长.

a. 求在 2006 年后的任意时刻能量消耗率或功率的函数.

b. 求 2010 年消耗的总能量.

c. 求 2006 年与任意时间 $t \geqslant 0$ 之间消耗的总能量函数.

功率函数在一年内增长 2 %或以因子 1.02 增长.

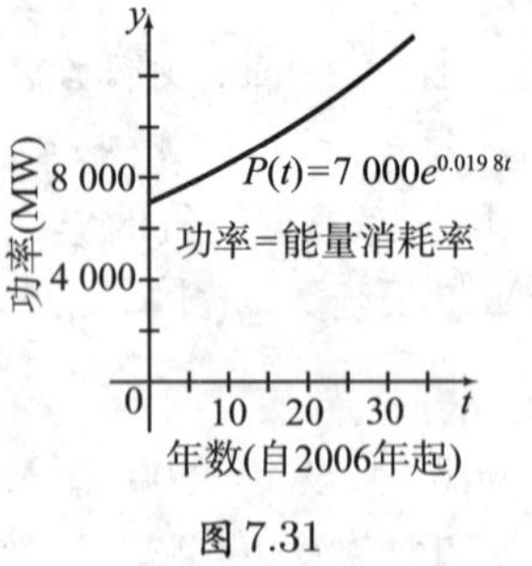

解

a.　设 $t \geqslant 0$ 表示 2006 年后的年数, $P(t)$ 是任意时刻能量消耗的功率函数. 因为 P 以每年 2 %的常速率增加, 它是指数增长. 因此 $P(t) = P_0e^{kt}$, 其中 $P_0 = 7\,000\,\text{MW}$. 我们像前面那样令 $t = 1$ 求 k; 一年后的功率是

$$P(1) = P_0e^k = 1.02P_0.$$

消去 P_0 并解 k, 我们求得 $k = \ln(1.02) \approx 0.019\,8$. 因此功率函数 (见图 7.31) 是

$$P(t) = 7\,000e^{0.019\,8t}, t \geqslant 0.$$

图 7.31

b.　整个 2010 年对应于区间 $4 \leqslant t \leqslant 5$. 代入 $P(t) = 7\,000e^{0.019\,8t}$, 2010 年消耗的总能量是

$$\begin{aligned}\int_4^5 P(t)dt &= \int_4^5 7\,000e^{0.019\,8t}dt \qquad (\text{代入 } P(t))\\&= \frac{7\,000}{0.019\,8}e^{0.019\,8t}\Big|_4^5 \qquad (\text{基本定理})\\&= 7\,652. \qquad (\text{求值})\end{aligned}$$

因为 P 的单位是 MW, 而 t 以年计, 所以能量的单位是 MW-yr. 为转化为 MWh, 我们乘以 8 760hr/yr, 得总能量大约为 6.7×10^7 MWh(或 6.7×10^{10} kWh).

c. $t=0$ 与任意未来时刻 t 之间消耗的总能量由未来值公式 (6.1 节)

$$E(t)=E(0)+\int_0^t E'(s)ds=E(0)+\int_0^t P(s)ds$$

确定. 假设 $t=0$ 对应 2006 年初, 我们取 $E(0)=0$. 再次代入功率函数 P, 到时刻 t 所消耗的总能量 (以 MW-yr 计) 是

$$\begin{aligned}E(t) &= E(0)+\int_0^t P(s)ds\\&= 0+\int_0^t 7\,000e^{0.019\,8s}ds \qquad (\text{代入 } P(s) \text{ 和 } E(0))\\&= \frac{7\,000}{0.019\,8}e^{0.019\,8s}\Big|_0^t \qquad (\text{基本定理})\\&= 353\,535(e^{0.019\,8t}-1). \qquad (\text{求值})\end{aligned}$$

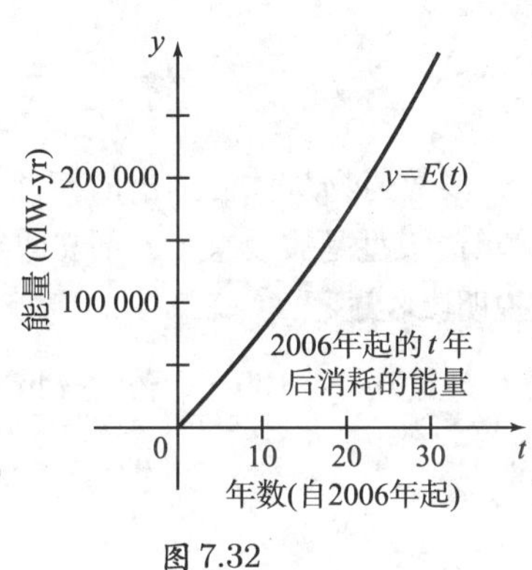

图 7.32

如图 7.32 所示, 若能量消耗率指数增长, 则消耗的总能量也指数增长.

相关习题 11～16 ◄

指数衰减

我们学习过的有关指数增长的一切都可以直接应用到指数衰减. 指数递减的函数具有形式 $y(t)=y_0e^{-kt}$, 其中 $y_0=y(0)$ 是初始值, $k>0$ 是比例常数.

指数衰减的特征是相对衰减率及**半衰期**均为常数. 例如, 放射性元素钚的半衰期是 24 000 年. 1mg 的初始样本在 24 000 年后衰变到 0.5mg, 48 000 年后衰变到 0.25mg. 为计算半衰期, 我们确定量 $y(t)=y_0e^{-kt}$ 衰变到它当前值的一半所需要的时间, 即从方程 $y_0e^{-kt}=y_0/2$ 中解 t. 两边消去 y_0 并取自然对数, 我们发现

$$e^{-kt}=\frac{1}{2} \quad\Rightarrow\quad -kt=\ln\left(\frac{1}{2}\right)=-\ln 2 \quad\Rightarrow\quad t=\frac{\ln 2}{k}.$$

半衰期由与倍增时间一样的公式给出.

迅速核查 4. 如果某量按每 30 年以因子 8 的速度递减, 它的半衰期是多少? ◄

> **指数衰减函数**
>
> 指数衰减由形如 $y(t)=y_0e^{-kt}$ 的函数描述. y 的初始值是 $y(0)=y_0$, 比例常数 $k>0$ 决定衰减率. 指数衰减的特征是相对衰减率为常数. 常半衰期为 $T_{1/2}=\dfrac{\ln 2}{k}$, 与 t 具有相同的单位.

放射性定年法 估计古代物体 (比如, 岩石、骨头、陨石和洞穴壁画) 年代的有效方法依赖某些元素的放射性衰变. 放射性定年法的通常方法用所有活生物体内都有的碳同位素 C-14. 当活着的生物死亡后, 就停止代谢 C-14, 而其体内的 C-14 以半衰期大约为 $T_{1/2}=5\,730$ yr 的速度衰减. 比较活的生物与死亡样本体内的 C-14 含量提供了其年代的一个估计.

例 5 研究人员确定骨头化石的 C-14 含量是活体骨头的 30 %. 估计骨头的年龄. 假设 C-14 的半衰期是 5 730yr.

解 研究具有常半衰期的所有衰变过程时, 可以调用指数衰减函数 $y(t)=y_0e^{-kt}$. 由半衰期公式, $T_{1/2}=\dfrac{\ln 2}{k}$. 将 $T_{1/2}=5\,730\,\text{yr}$ 代入得比例常数为

$$k=\frac{\ln 2}{T_{1/2}}=\frac{\ln 2}{5\,730\text{yr}}\approx 0.000\,121\text{yr}^{-1}.$$

设活体骨头内的 C-14 含量为 y_0 . t 年后, 骨头化石内的 C-14 衰变到它初始值的 30 %或 $0.3y_0$. 根据衰变函数, 我们得

$$0.3y_0=y_0e^{-0.000\,121t}.$$

解出 t, 以年计的骨头年龄是

$$t=\frac{\ln 0.3}{-0.000\,121}\approx 9\,950.$$

相关习题 17～24 ◀

常用药物的半衰期	
盘尼西林	1hr
阿莫西林	1hr
尼古丁	2hr
吗啡	3hr
四环素	9hr
洋地黄(强心剂)	33hr
苯巴比妥	2～6 天

药物动力学 药物动力学描述药物在体内被消化吸收的过程. 大多数药物从体内排出的模型可以是已知半衰期的指数衰减模型 (酒精是重要的例外). 最简单的模型是假设整个药剂立即被吸收到血液内. 这个假设有点理想化, 更精细的数学模型能说明吸收过程.

例 6 药物动力学 指数衰减函数 $y(t)=y_0e^{-kt}$ 模拟施用初始剂量 $y_0=100\,\text{mg}$ 药物 t hr 后血液中的药量. 假设特定药物的半衰期是 16hr.

a. 求控制血液中药量的指数衰减函数.

b. 药物达到初始剂量 1 %(1mg) 需要多长时间?

c. 如果第一剂药物施用 12hr 后施用第二剂 100mg 的药物, 药物水平达到 1mg 需要多长时间?

解

a. 已知半衰期是 16hr, 比例常数是

$$k=\frac{\ln 2}{T_{1/2}}=\frac{\ln 2}{16\text{hr}}\approx 0.043\,3\text{hr}^{-1}.$$

因此, 衰减函数是 $y(t)=100e^{-0.043\,3t}$.

b. 药物达到 1mg 所需时间是方程

$$100e^{-0.043\,3t}=1$$

的解. 解 t, 我们得

$$t=\frac{\ln 0.01}{-0.043\,3\text{hr}^{-1}}\approx 106\text{hr}.$$

药物减少到初始剂量的 1 %需要超过 4 天的时间.

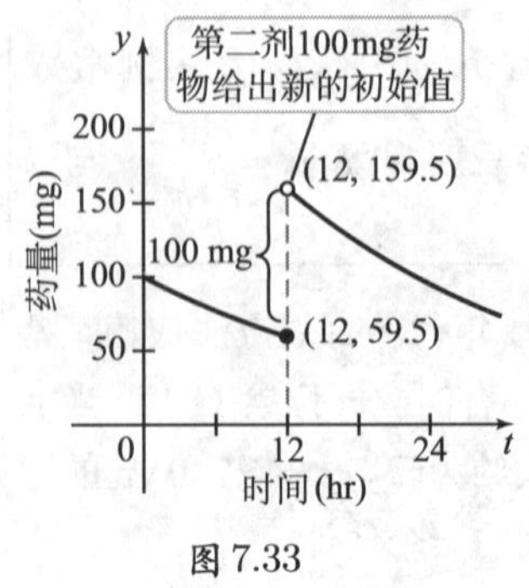

图 7.33

c. 利用 (a) 部分的指数衰减函数, 12hr 后血液内的药量为

$$y(12)=100e^{-0.043\,3\times 12}\approx 59.5\text{mg}.$$

12hr 后施用第二剂 100mg 使药量增加到 159.5mg(假设瞬间吸收). 这个量成为另一个指数衰减过程新的初始值 (见图 7.33). 从第二剂药物施用中计算 t, 血液内的药量是

$$y(t)=159.5e^{-0.043\,3t}.$$

当

$$y(t)=159.5e^{-0.043\,3t}=1$$

时, 药量达到 1mg. 这表明

$$t=\frac{-\ln 159.5}{-0.043\,3\text{hr}^{-1}}=117.1\text{hr}.$$

大约第二剂药物 117hr(或第一剂药物 129hr) 后, 药量达到初始剂量的 1 %.

相关习题 17～24 ◂

7.4节 习题

复习题

1. 用相对增长率阐述指数增长的典型性质.

2. 给出可以用来确定指数增长函数或指数衰减函数的两条信息.

3. 解释倍增时间的含义.

4. 解释半衰期的含义.

5. 比例常数与倍增时间有何联系?

6. 比例常数与半衰期有何联系?

7. 举出由指数增长模拟的两个过程的例子.

8. 举出由指数衰减模拟的两个过程的例子.

基本技能

9～10. 绝对增长率与相对增长率 已知两个函数 f 和 g. 证明线性函数的增长率是常数, 指数函数的相对增长率是常数.

9. $f(t)=100+10.5t$, $g(t)=100e^{t/10}$.

10. $f(t)=2\,200+400t$, $g(t)=400\cdot 2^{t/20}$.

11～14. 设计指数增长函数 设计指数增长函数使之拟合所给数据, 然后回答伴随的问题. 务必指出参照点 $(t=0)$ 及时间的单位.

11. 人口 2010 年人口为 90 000 的某镇人口以 2.4 %/yr 的速度增长. 哪一年的人口将翻番 (到 180 000)?

12. 人口 内华达州克拉克县 2008 年的人口是 190 万. 假设年增长率是 4.5 %/yr, 该县 2020 年的人口将是多少?

13. 上升的成本 2005—2010 年间, 平均通货膨胀率是 3 %(通过消费物价指数测得). 如果一车食品杂货在 2005 年要花费 \$100, 在假定通货膨胀率保持不变的情况下, 它在 2015 年要花费多少?

14. 细胞增长 肿瘤中的细胞数量从 8 个开始每 6 星期翻倍. 几个星期后, 肿瘤有 1 500 个细胞?

15. 预测的敏感性 根据 2000 年人口普查, 美国人口为 2.81 亿, 估计的增长率是 0.7 %/yr.

a. 根据这些数据, 求倍增时间并预测 2100 年的人口数.

b. 假设实际增长率仅比 0.7 %/yr 低和高 0.2 个百分点 (0.5 %和 0.9 %), 由此得到的倍增时间及预测的 2100 年的人口是多少?

c. 评价这些预测对增长率的敏感性.

16. 石油消耗 从 2010 年 $(t=0)$ 开始, 某小县城的石油消耗以 1.5 %/yr 的速度增加, 其初始消耗率是 120 万桶/yr.

a. 2010 年全年 ($t=0$ 与 $t=1$ 间) 消耗多少石油?

b. 求 $t=0$ 与未来时刻 t 之间消耗的石油总量的函数.

c. 2010 年的多少年后, 消耗的石油量达到 1000 万桶?

17～20. 设计指数衰减函数 设计指数衰减函数使之拟合所给数据, 然后回答伴随的问题. 务必指出参照点 $(t=0)$ 及时间的单位.

17. 犯罪率 2010 年有 800 起/yr 杀人案的某城市的杀人犯罪率以 3 %/yr 的速度递减. 按照这个速度, 杀人犯罪率何时达到 600 起/yr?

18. 药物的新陈代谢 某药物以 15 %/hr 的速度从体内排出. 多少小时后, 药量达到初始剂量的 10 %?

19. 大气压 在地球海平面上的大气压大约为 1 000 毫巴, 并且气压随高度指数递减. 在 30 000ft 高度 (大约是珠穆朗玛峰的海拔) 上, 气压是海平面大气压的三分之一. 在什么高度的气压是海平面气压的 $\frac{1}{2}$? 在什么高度的气压是海平面气压的 1 %?

20. 中国的人口 中国实施独生子女政策是为了实现将中国的人口 (从 2000 年的 12 亿) 降到 2050 年的 7 亿的目标. 假设中国的人口以 0.5 %/yr 的速度减少, 这个递减率是否能够实现这个目标?

21. 安定的新陈代谢 安定从血流中排出的半衰期是 36hr. 假设一个病人在半夜 12 点服用 20mg 的安定药.

a. 第二天中午 12 点时病人血液中有多少安定?

b. 安定的浓度何时达到初始水平的 10 %?

22. 碳定年法 C-14 的半衰期大约为 5 730 年.

a. 考古学家发现一块染有有机染料的布. 对布上染料的分析发现布上原有的 C-14 只剩下 77 %, 布是何时被染色的?

b. 在考古地址发现的一块保护很好的木头上 C-14 的含量是它活着时的 6.2 %, 估计木头何时被砍下.

23. 铀定年法 铀 -238(U-238) 的半衰期是 45 亿年. 地理学家发现一块含有 U-238 和绳索混合物的岩石并判断剩余的 U-238 是原来的 85 %, 其余的 15 %衰变到绳索中, 问这块岩石有多大年龄?

24. 放射性治疗 每年大约有 12 000 个美国人被诊断患甲状腺癌, 占癌症病例的 1 %. 女人患甲状腺癌的几率是男人的 3 倍. 幸运的是, 在很多用放射性碘 (I-131) 治疗的病例中甲状腺癌被成功地治愈. 这种不稳定碘同位素的半衰期是 8 天, 按照以毫居里计的小剂量使用.

a. 设一个病人被施用 100 毫居里的初始剂量, 求确定 $t \geqslant 0$ 天后体内 I-131 含量的函数.

b. 多长时间后, I-131 的含量达到初始剂量的 10% ?

c. 确定给一个特定病人施用的初始剂量是关键问题. 如果初始剂量提高 5 %, 达到初始剂量的 10 %所需时间如何变化?

深入探究

25. 解释为什么是, 或不是 判别下列命题是否正确, 并证明或举反例.

a. 以 6 %/yr 增长的量服从增长函数 $y(t) = y_0e^{0.06t}$.

b. 如果一个量以 10 %/yr 增长, 则在 3 年内增长 30 %.

c. 一个量每月递减 $\frac{1}{3}$, 因此它指数递减.

d. 如果指数增长函数的比例常数增大, 则倍增时间减小.

e. 如果一个量指数增长, 则增长为 10 倍所需时间对任何时刻都保持不变.

26. 三倍时间 一个量依指数函数 $y(t) = y_0e^{kt}$ 增长, 该量的三倍时间是多少? p 倍呢?

27. 常倍增时间 证明依指数增长的量的倍增时间对所有时刻都一样.

28. 超过 A 城市现有人口 500 000 并以 3 %/yr 的速度增长. B 城市现有人口 300 000 并以 5 %/yr 的速度增长.

a. 两个城市何时有相同的人口?

b. 假设 C 城市现有人口 $y_0 < 500\,000$ 并以 $p > 3$ %/yr 的速度增长. y_0 和 p 有何关系时, A 城市与 C 城市在 10 年后有相同的人口?

29. 减速的赛跑 亚伯与鲍勃同时同地出发赛跑, 他们的速度分别是 $u(t) = 4/(t+1)$ mi/hr, $v(t) = 4e^{-t/2}$ mi/hr, $t \geqslant 0$.

a. 5hr 后谁领先? 10hr 后呢?

b. 求两个赛跑者的位置函数并作图像. 哪个赛跑者在无限长的时间内只能跑有限的距离?

应用

30. 70 法则 银行家使用 70 法则: 如果账户以 p %/yr 的固定利率增长, 它的倍增时间大约为 $70/p$. 解释这个命题为什么成立及何时成立.

31. 复通货膨胀率 美国政府报告月通货膨胀率及年通货膨胀率 (用消费物价指数衡量). 假设某个月的月通货膨胀率报告为 0.8 %. 如果这个比率保持不变, 相应的年通货膨胀率是多少? 年通货膨胀率等于 12 乘以月通货膨胀率吗? 请解释.

32. 加速度, 速率与位置 设沿直线移动物体的加速度为 $a(t) = -kv(t)$, 其中 k 是正常数, v 是物体的速度. 如果初始速度及位置分别为 $v(0) = 10, s(0) = 0$.

a. 利用 $a(t) = v'(t)$ 求物体的速度并将它表示成时间的函数.

b. 利用 $v(t) = s'(t)$ 求物体的位置并将它表示成时间的函数.

c. 利用 $dv/dt = (dv/ds)(ds/dt)$ (链法则) 求速度并将它表示成位置的函数.

33. 自由落体(摘自普特南考试 1939) 除与速率成正比的空气阻力外, 物体沿直线自由运动; 这意味着它的加速度是 $a(t) = -kv(t)$. 物体的速度在 1 200ft 的距离内从 100ft/s 降低到 900ft/s. 估计发生这次减速需要的时间. (习题 32 可能有帮助.)

34. 跑步模型 短跑者起跑时的模型是速度函数 $v(t) = a(1-e^{-t/c})$, 其中 a 和 c 是正常数, v 的单位是 m/s. [*来源:* "A Theory of Competitive Running", Joe Keller, *Physics Today*, 26(Sept 1973).]

a. 对 $a = 12, c = 2$ 作速度函数图像. 短跑者的最大速度是多少?

b. 根据 (a) 中的速度及假定 $s(0) = 0$, 求位置函

数 $s(t), t \geqslant 0$.

c. 作位置函数图像并估计跑 100m 所需时间.

35. 肿瘤生长 设肿瘤的细胞被理想地认为是半径为 $5\,\mu$m (微米) 的球. 细胞数量的倍增时间是 35 天. 一个单一细胞扩散成体积为 0.5cm^3 (1cm= 10 000μm) 的多细胞的球形肿瘤大约需要多长时间? 设肿瘤球生长得很致密.

36. 中国和美国的碳排放 矿石燃料燃烧释放温室气体到空气中. 美国 1995 年排放大约 14 亿吨碳到空气中, 将近占全世界总量的四分之一. 中国是第二大排放国, 排放大约 8.5 亿吨碳. 然而中国的排放量以大约 4%/yr 的速度增加而美国以 1.3%/yr 的速度增加. 利用这些数据, 预测中国和美国在 2020 年释放的温室气体. 作这两个国家的预测排放量的图像. 评价观察的结果.

37. 收益模型 服装店老板知道对衬衣的需求随价格递减. 她实际上已经提出一个模型, 用于预测在每件衬衣 \$$x$ 的价格上, 她一天能出售 $D(x) = 40e^{-x/50}$ 件衬衣. 由此可得到一天的收益 (收到的总钱数) 是 $R(x) = xD(x)$ (\$$x$ /件 $\cdot D(x)$ 件). 为使收益最大, 老板应以何价格出售?

附加练习

38. 几何平均 一个量按照 $y(t) = y_0 e^{kt}$ 指数增长, 当 m, n, p 之间有何关系时, $y(p) = \sqrt{y(m)y(n)}$?

39. 等价的增长函数 同一个指数增长函数可以表示成 $y(t) = y_0 e^{kt}, y(t) = y_0(1+r)^t, y(t) = y_0 2^{t/T_2}$ 的形式, 导出 k, r, T_2 之间的关系.

40. 一般相对增长率 函数 f 在时间区间 T 上的相对增长率定义为 f 在长度为 T 的区间上的相对变化:

$$R_T = \frac{f(t+T) - f(t)}{f(t)}.$$

证明对指数增长函数 $y(t) = y_0 e^{kt}$, 相对增长率 R_T 对任何 T 都是常数, 即任选 T, 证明对任意 t, R_T 是常数.

迅速核查 答案

1. 人群 A 指数增长; 人群 B 线性增长.
2. 指数函数 $100e^{0.05t}$ 在 1 单位时间内按因子 1.051 3 增长或增长 5.13%.
3. 10yr.

7.5 反三角函数

我们用反函数的思想将自然对数函数与自然指数函数联系起来. 现在我们将对三角函数进行类似的过程. 我们的目标是详细介绍正弦函数与余弦函数的反函数. 然后以类似的方法得到其他四个三角函数的反函数. 我们研究反三角函数的微积分时, 将发现一些新的重要导数与积分.

反正弦与反余弦

到目前为止, 我们已经提出问题: 给定角 x, $\sin x$ 和 $\cos x$ 是什么? 现在我们提相反的问题: 给定数 y, 使 $\sin x = y$ 的角 x 是多少? 或使 $\cos x = y$ 的角 x 是多少? 这些都是反问题.

有一些事情要马上注意到. 首先如果 $|y| > 1$, 这些问题没有意义, 因为 $-1 \leqslant \sin x \leqslant 1$, $-1 \leqslant \cos x \leqslant 1$. 接下来, 我们选择一个可接受的 y 值, 比如说 $y = \dfrac{1}{2}$, 然后求满足 $\sin x = y = \dfrac{1}{2}$ 的角 x. 显然有无穷多个角满足 $\sin x = \dfrac{1}{2}$; 所有形如 $\pi/6 \pm 2n\pi$ 及 $5\pi/6 \pm 2n\pi$, n 是整数的角回答了反问题 (见图 7.34). 对余弦函数也有类似的情形发生.

这些反问题的答案不止一个, 因为 $\sin x$ 和 $\cos x$ 在它们的定义域内不是一对一的. 为定义它们的反函数, 这些函数必须限制在使它们一对一的区间上. 对正弦函数, 标准的选择是 $\left[-\dfrac{\pi}{2}, \dfrac{\pi}{2}\right]$; 对余弦函数, 是 $[0, \pi]$ (见图 7.35). 现在如果我们在区间 $\left[-\dfrac{\pi}{2}, \dfrac{\pi}{2}\right]$ 上求使

$\sin x=\dfrac{1}{2}$ 的 x, 则答案只有一个: $x=\pi/6$. 我们在区间 $[0,\pi]$ 上问使 $\cos x=-\dfrac{1}{2}$ 的 x, 答案也只有一个: $x=2\pi/3$.

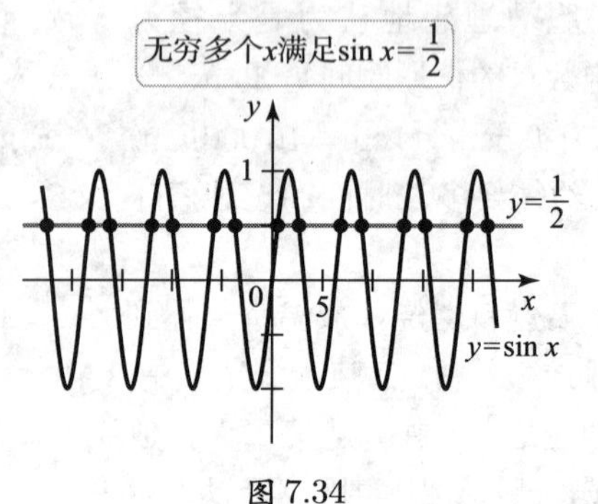

图 7.34

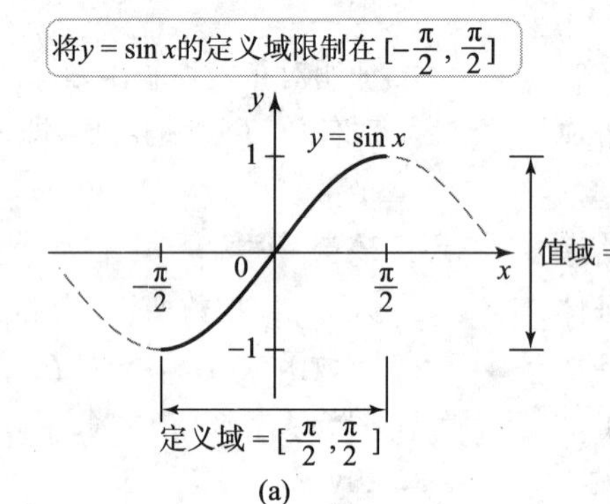

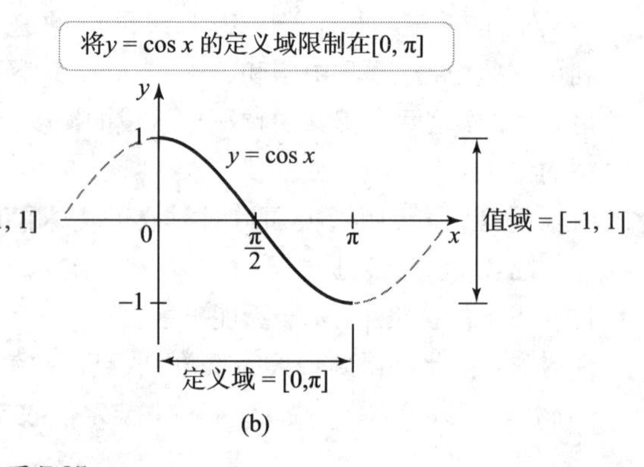

(a)　　(b)

图 7.35

我们定义**反正弦** $y=\sin^{-1}x$ 或 $y=\arcsin x$ 是区间 $\left[-\dfrac{\pi}{2},\dfrac{\pi}{2}\right]$ 内的角 y 使得其正弦值等于 x; 类似地, 我们定义**反余弦** $y=\cos^{-1}x$ 或 $y=\arccos x$ 是区间 $[0,\pi]$ 内的角 y 使得其余弦值等于 x.

反三角函数的记号会引起混淆: $\sin^{-1}x$ 和 $\cos^{-1}x$ 并不意味着 $\sin x$ 和 $\cos x$ 的倒数. $\sin^{-1}$ 和 $\cos^{-1}$ 的值是角.

定义　反正弦与反余弦

$y=\sin^{-1}x$ 是使 $x=\sin y$ 成立的 y 值, 其中 $-\dfrac{\pi}{2}\leqslant y\leqslant\dfrac{\pi}{2}$.

$y=\cos^{-1}x$ 是使 $x=\cos y$ 成立的 y 值, 其中 $0\leqslant y\leqslant\pi$.

$\sin^{-1}$ 和 $\cos^{-1}$ 的定义域都是 $\{x:-1\leqslant x\leqslant 1\}$.

任何可逆函数与其反函数都满足性质

$$f(f^{-1}(y))=y \qquad 和 \qquad f^{-1}(f(x))=x.$$

只要我们注意对定义域的限制, 这些性质也适用于反正弦与反余弦. 以下是我们能得到的:

- $\sin(\sin^{-1}x)=x$, $\cos(\cos^{-1}x)=x, -1\leqslant x\leqslant 1$.
- $\sin^{-1}(\sin y)=y$, $-\pi/2\leqslant y\leqslant\pi/2$.
- $\cos^{-1}(\cos y)=y$, $0\leqslant y\leqslant\pi$.

迅速核查 1. 解释为什么 $\sin^{-1}(\sin 0)=0$, 但 $\sin^{-1}(\sin 2\pi)\neq 2\pi$. ◄

例 1　应用反正弦与反余弦 计算下列表达式.

a. $\sin^{-1}(\sqrt{3}/2)$.　　**b.** $\cos^{-1}(-\sqrt{3}/2)$.　　**c.** $\cos^{-1}(\cos 3\pi)$.　　**d.** $\sin\left(\sin^{-1}\left(\dfrac{1}{2}\right)\right)$.

解

a. 因为 $\sin(\pi/3)=\sqrt{3}/2$ 且 $\pi/3$ 属于区间 $[-\pi/2,\pi/2]$，所以 $\sin^{-1}(\sqrt{3}/2)=\pi/3$.

b. 因为 $\cos(5\pi/6)=-\sqrt{3}/2$ 且 $5\pi/6$ 属于区间 $[0,\pi]$，所以 $\cos^{-1}(-\sqrt{3}/2)=5\pi/6$.

c. 这很容易诱使我们得出 $\cos^{-1}(3\pi)=3\pi$. 但反余弦运算的结果必须在区间 $[0,\pi]$ 内. 因为 $\cos(3\pi)=-1$ 及 $\cos^{-1}(-1)=\pi$，我们有

$$\cos^{-1}\underbrace{(\cos 3\pi)}_{-1}=\cos^{-1}(-1)=\pi.$$

d. $\sin\underbrace{\left(\sin^{-1}\left(\frac{1}{2}\right)\right)}_{\pi/6}=\sin\frac{\pi}{6}=\frac{1}{2}$.

相关习题 11 ~ 16 ◀

图像与性质 回顾 7.1 节，f^{-1} 的图像通过作 f 的图像关于直线 $y=x$ 的反射得到. 这样的操作产生反正弦的图像 (见图 7.36) 和反余弦的图像 (见图 7.37). 这些图像使我们容易对比每个函数及其反函数的定义域与值域.

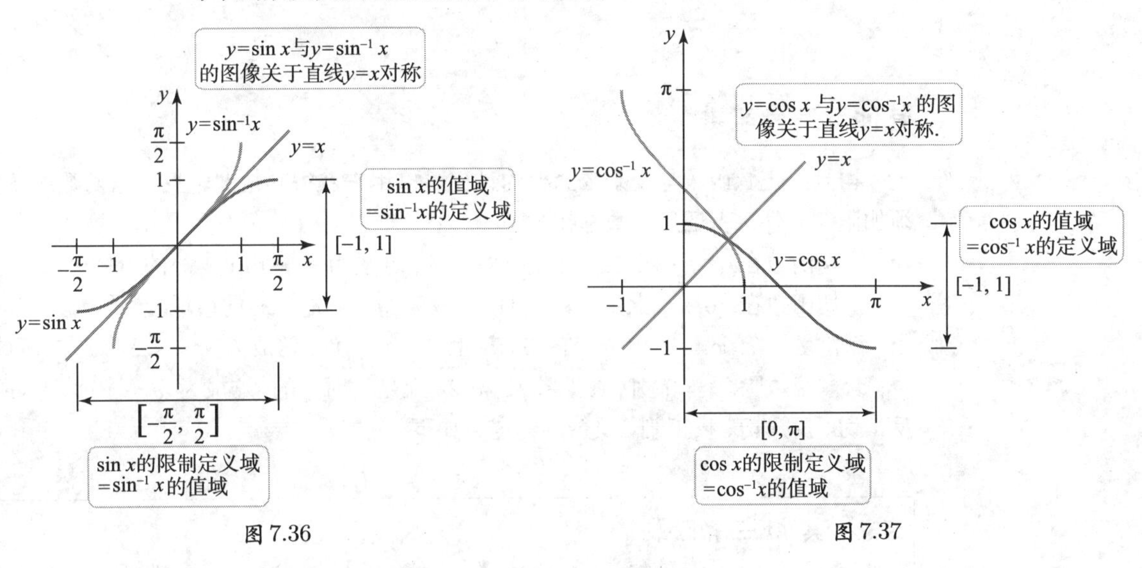

图 7.36　　　　图 7.37

例 2　直角三角形关系

a. 设 $\theta=\sin^{-1}(2/5)$，求 $\cos\theta$ 及 $\tan\theta$.

b. 用 x 将 $\cot(\cos^{-1}(x/4))$ 表示成另一种形式.

解

a. 利用直角三角形的简图通常可以简化三角函数与其反函数之间的关系. 图 7.38 中的直角三角形满足关系 $\sin\theta=\dfrac{2}{5}$ 或等价地，$\theta=\sin^{-1}\left(\dfrac{2}{5}\right)$. 我们标注角 θ 及两条边长; 然后得到第三条边的长度是 $\sqrt{21}$ (由勾股定理). 现在很容易从三角形直接得到

$$\cos\theta=\frac{\sqrt{21}}{5}\qquad 和\qquad \tan\theta=\frac{2}{\sqrt{21}}.$$

b. 我们画一个内角为 θ 的直角三角形，其中 θ 满足 $\cos\theta=x/4$ 或等价地，$\theta=\cos^{-1}(x/4)$ (见图 7.39). 三角形第三条边的长度是 $\sqrt{16-x^2}$. 于是，由此得到

$$\cot\underbrace{\left(\cos^{-1}\left(\frac{x}{4}\right)\right)}_{\theta}=\frac{x}{\sqrt{16-x^2}}.$$

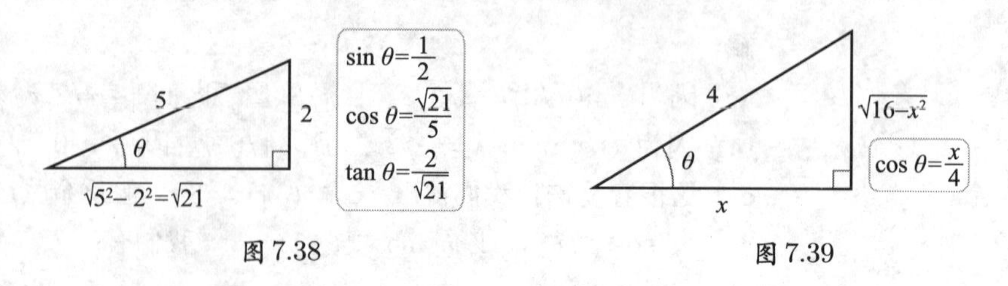

图 7.38　　图 7.39

相关习题 17～22 ◀

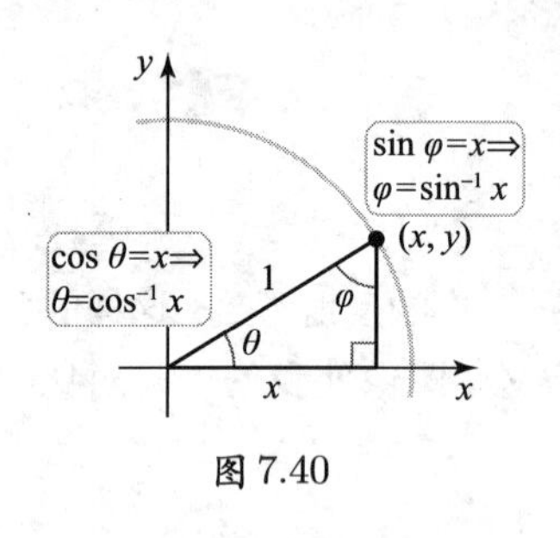

图 7.40

例 3　有用的恒等式 用直角三角形解释为什么 $\cos^{-1}x+\sin^{-1}x=\dfrac{\pi}{2}$.

解　我们在单位圆内画一个直角三角形并标注锐角 θ 和 φ(见图 7.40). 这些角满足 $\cos\theta=x$ 或 $\theta=\cos^{-1}x$, $\sin\varphi=x$ 或 $\varphi=\sin^{-1}x$. 因为 θ 和 φ 互为余角, 我们得

$$\frac{\pi}{2}=\theta+\varphi=\cos^{-1}x+\sin^{-1}x.$$

这个结果对 $0\leqslant x\leqslant 1$ 成立. 类似的论证将这条性质推广到 $-1\leqslant x\leqslant 1$.

相关习题 23～24 ◀

其他反三角函数

得到反正弦函数与反余弦函数的过程可以用来获得其他四个反三角函数. 每个函数都必须加限制条件以保证反函数存在.

- 正切函数在 $(-\pi/2,\pi/2)$ 上是一对一的, 这成为 $y=\tan^{-1}x$ 的值域.
- 正切函数在 $(0,\pi)$ 上是一对一的, 这成为 $y=\cot^{-1}x$ 的值域.
- 正割函数除 $x=\pi/2$ 外, 在 $[0,\pi]$ 上是一对一的, 这成为 $y=\sec^{-1}x$ 的值域.
- 余割函数除 $x=0$ 外, 在 $[-\pi/2,\pi/2]$ 上是一对一的, 这成为 $y=\csc^{-1}x$ 的值域.

反正切、反余切、反正割、反余割的定义如下.

关于反正割与反余割的定义, 在不同的表和书中是不同的. 有些书在 $x<0$ 时, 将 $\sec^{-1}x$ 定义在区间 $[-\pi,-\pi/2)$ 内.

定义　其他反三角函数

$y=\tan^{-1}x$ 是使得 $x=\tan y$ 的 y 值, 其中 $-\pi/2<y<\pi/2$.
$y=\cot^{-1}x$ 是使得 $x=\cot y$ 的 y 值, 其中 $0<y<\pi$.
$\tan^{-1}x$ 和 $\cot^{-1}x$ 的值域都是 $\{x:-\infty<x<\infty\}$.
$y=\sec^{-1}x$ 是使得 $x=\sec y$ 的 y 值, 其中 $0\leqslant y\leqslant\pi$ 且 $y\neq\pi/2$.
$y=\csc^{-1}x$ 是使得 $x=\csc y$ 的 y 值, 其中 $-\pi/2\leqslant y\leqslant\pi/2$ 且 $y\neq 0$.
$\sec^{-1}x$ 与 $\csc^{-1}x$ 的定义域都是 $\{x:|x|\geqslant 1\}$.

这些反三角函数的图像通过作原三角函数图像关于直线 $y=x$ 的反射得到 (见图 7.41～7.44). 反正割与反余割多少有点不规则. 正割函数 (见图 7.43) 的定义域被限制在除使其有垂直渐近线的点 $x=\pi/2$ 外的集合 $[0,\pi]$ 上. 这条渐近线将正割的值域分成两个不连接的区间 $(-\infty,-1]$ 和 $[1,\infty)$, 反过来将反正割函数的定义域分成同样的两个区间. 对余割有类似的情况发生.

例 4　用反三角函数 计算或化简下列表达式.

a. $\tan^{-1}(-1/\sqrt{3})$.　　**b.** $\sec^{-1}(-2)$.　　**c.** $\sin(\tan^{-1}x)$.

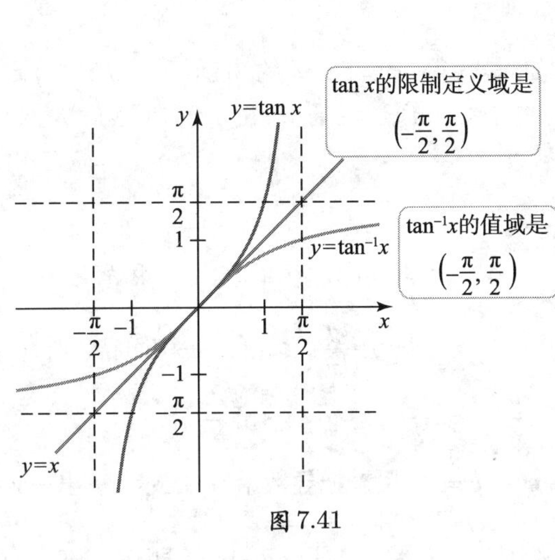

图 7.41

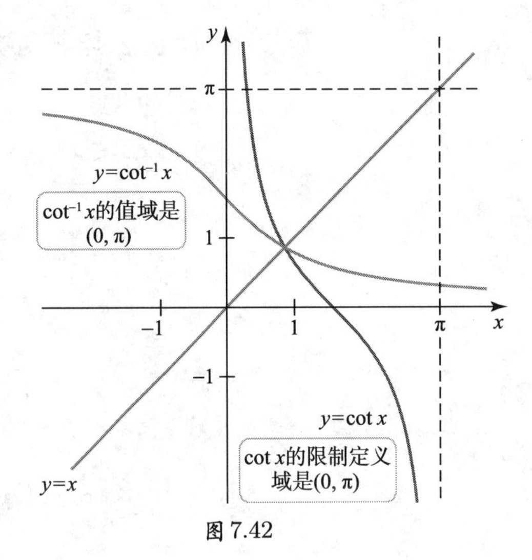

图 7.42

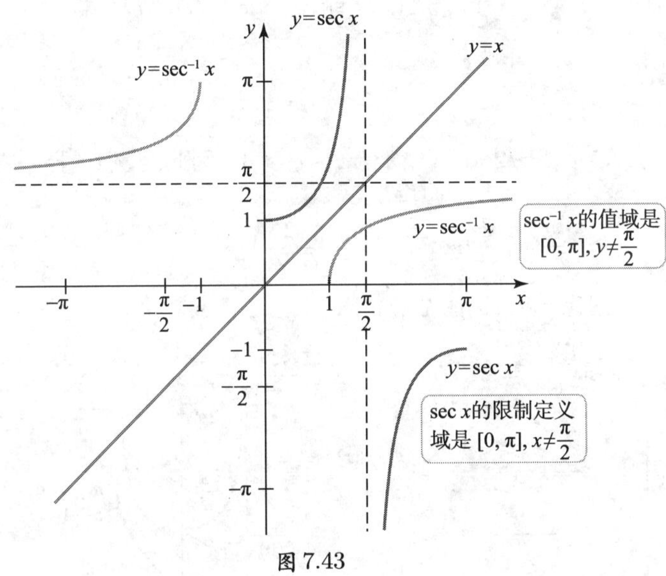

图 7.43

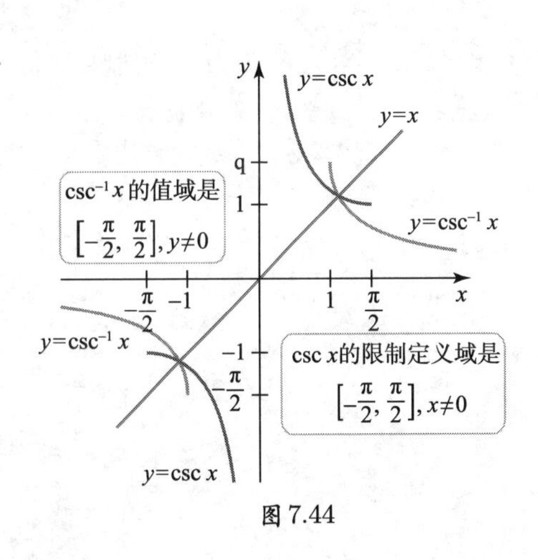

图 7.44

解

a. 反正切运算的结果必须在区间 $(-\pi/2, \pi/2)$ 内, 因此,

$$\tan^{-1}\left(-\frac{1}{\sqrt{3}}\right) = -\frac{\pi}{6}, \quad 因为 \quad \tan\left(-\frac{\pi}{6}\right) = -\frac{1}{\sqrt{3}}.$$

b. 反正割运算的结果当 $x \leqslant -1$ 时必须在区间 $(\pi/2, \pi]$ 中, 因此,

$$\sec^{-1}(-2) = \frac{2\pi}{3}, \quad 因为 \quad \sec\left(\frac{2\pi}{3}\right) = -2.$$

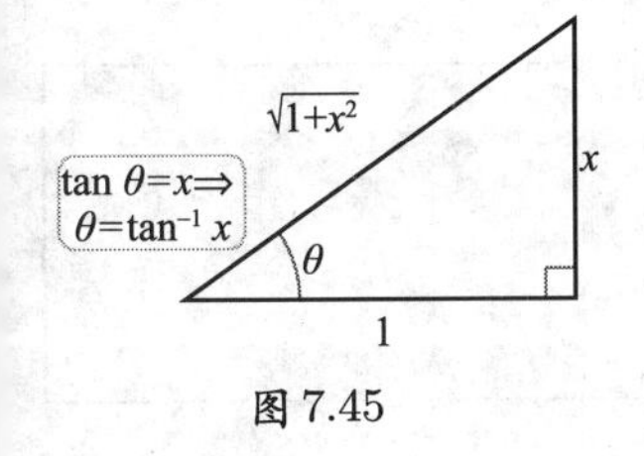

图 7.45

c. 图 7.45 显示在 $0 \leqslant \theta < \pi/2$ 的情况下, 满足关系式 $x = \tan\theta$ 或 $\theta = \tan^{-1} x$ 的直角三角形. 我们看到

$$\sin\underbrace{(\tan^{-1} x)}_{\theta} = \frac{x}{\sqrt{1+x^2}}.$$

如果 $-\pi/2 < \theta < 0$ 即在 $x < 0$, 且 $\sin\theta < 0$ 的条件下, 则这个结果也成立.

相关习题 25 ~ 40 ◀

迅速核查 2. 计算 $\sec^{-1} 1$ 和 $\tan^{-1} 1$. ◀

反正弦与其导数

回顾 $y=\sin^{-1}x$ 是使得 $x=\sin y$ 的 y 值, $-\pi/2\leqslant y\leqslant\pi/2$. $\sin^{-1}x$ 的定义域是 $\{x:-1\leqslant x\leqslant 1\}$ (见图 7.46). 通过在 $x=\sin y$ 两边关于 x 求导, 化简并解 dy/dx 可以得到 $y=\sin^{-1}x$ 的导数:

$$\begin{aligned}
x &= \sin y && (y=\sin^{-1}x \quad\Leftrightarrow\quad x=\sin y)\\
\frac{d}{dx}(x) &= \frac{d}{dx}(\sin y) && (\text{关于 } x \text{ 求导})\\
1 &= (\cos y)\frac{dy}{dx} && (\text{右侧应用链法则})\\
\frac{dy}{dx} &= \frac{1}{\cos y}. && (\text{解}\frac{dy}{dx})
\end{aligned}$$

恒等式 $\sin^2 y+\cos^2 y=1$ 用来把导数用 x 表示. 解出 $\cos y$ 得

$$\begin{aligned}
\cos y &= \pm\sqrt{1-\underbrace{\sin^2 y}_{x^2}} \quad (x=\sin y\Rightarrow x^2=\sin^2 y)\\
&= \pm\sqrt{1-x^2}.
\end{aligned}$$

因为 y 限制在区间 $-\pi/2\leqslant y\leqslant\pi/2$ 上, 我们有 $\cos y\geqslant 0$. 因此, 我们选择平方根的正分支, 由此得

$$\frac{dy}{dx}=\frac{d}{dx}(\sin^{-1}x)=\frac{1}{\sqrt{1-x^2}}.$$

这个结果与 $y=\sin^{-1}x$ 的图像一致 (见图 7.47).

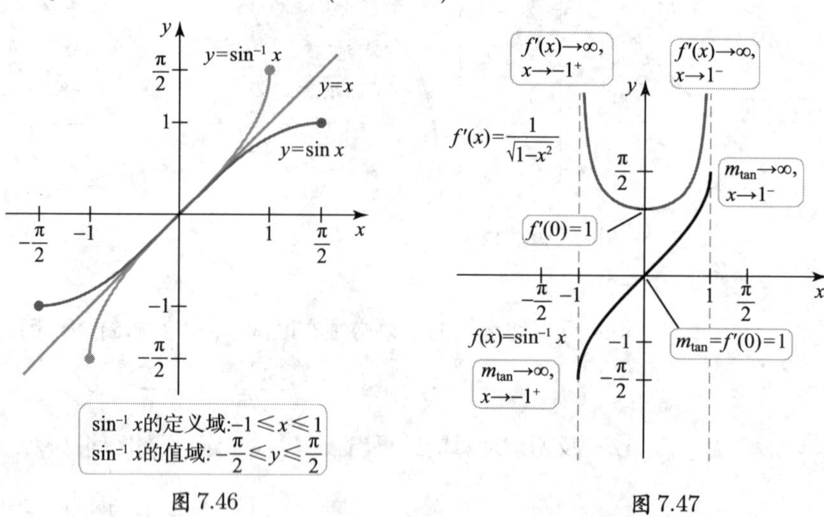

图 7.46　　　　图 7.47

> **定理 7.11　反正弦的导数**
>
> $$\frac{d}{dx}(\sin^{-1}x)=\frac{1}{\sqrt{1-x^2}},\quad -1<x<1.$$

例 5　与反正弦相关的导数 计算下列导数.

a. $\dfrac{d}{dx}(\sin^{-1}(x^2-1))$.　　**b.** $\dfrac{d}{dx}(\cos(\sin^{-1}x))$.

解 对两个导数应用链法则.

a. $$\frac{d}{dx}(\sin^{-1}\underbrace{(x^2-1)}_{u}) = \frac{1}{\sqrt{\underbrace{1-(x^2-1)^2}}}$$

在 $u=x^2-1$ 处求 $\sin^{-1}u$ 的导数值

b. $$\frac{d}{dx}(\cos\underbrace{(\sin^{-1}x)}_{u}) = \underbrace{-\sin(\sin^{-1}x)}_{\text{外函数 } \cos u \text{ 在 } u=\sin^{-1}x \text{ 的导数}} \cdot \underbrace{\frac{1}{\sqrt{1-x^2}}}_{\text{内函数 } \sin^{-1}x \text{ 的导数}} = -\frac{x}{\sqrt{1-x^2}}$$

这个结果对 $-1<x<1$ 成立, 因为在该区间上 $\sin(\sin^{-1}x)=x$.

相关习题 41 ~ 46 ◀

迅速核查 3. $f(x)=\sin^{-1}x$ 是奇函数还是偶函数? $f'(x)$ 是奇函数还是偶函数? ◀

例 5b 的结果可以通过对 $\cos(\sin^{-1}x)=\sqrt{1-x^2}$ 求导得到 (习题 94).

反正切与反正割的导数

反正切与反正割的导数可以通过类似于反正弦的方法得到. 只要知道这三个导数结果, 反余弦、反余切、反余割的导数立即得到.

反正切 回顾 $y=\tan^{-1}x$ 是使得 $x=\tan y$ 的 y 值, $-\pi/2<y<\pi/2$. $y=\tan^{-1}x$ 的定义域是 $\{x:-\infty<x<\infty\}$ (见图 7.48). 为求 $\frac{dy}{dx}$, 我们对 $x=\tan y$ 的两边求关于 x 的导数并化简:

$$\begin{aligned}
x &= \tan y && (y=\tan^{-1}x \quad\Leftrightarrow\quad x=\tan y)\\
\frac{d}{dx}(x) &= \frac{d}{dx}(\tan y) && (\text{关于 } x \text{ 求导})\\
1 &= \sec^2 y\cdot\frac{dy}{dx} && (\text{链法则})\\
\frac{dy}{dx} &= \frac{1}{\sec^2 y}. && (\text{解}\frac{dy}{dx})
\end{aligned}$$

为用 x 表示导数, 我们结合三角恒等式 $\sec^2 y=1+\tan^2 y$ 及 $x=\tan y$ 得到 $\sec^2 y=1+x^2$. 将这个结果代入 dy/dx 的表达式得到

$$\frac{dy}{dx}=\frac{d}{dx}(\tan^{-1}x)=\frac{1}{1+x^2}.$$

反正切与其导数的图像包含很多信息 (见图 7.49). 令 $f(x)=\tan^{-1}x$, $f'(x)=\frac{1}{1+x^2}$, 可

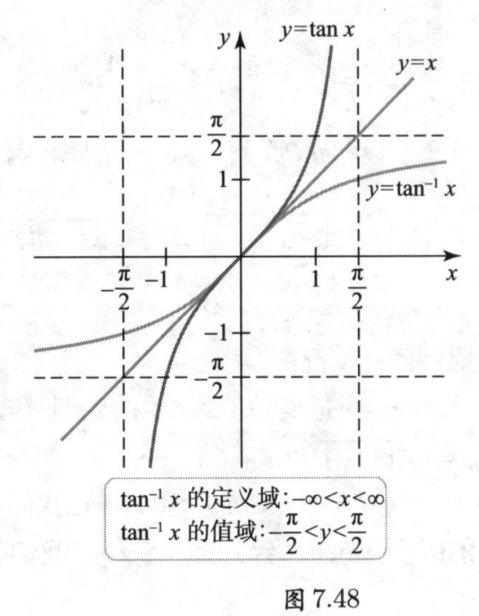

图 7.48

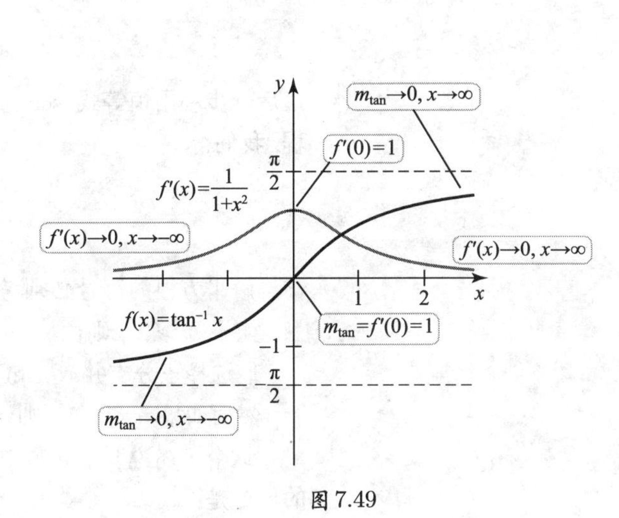

图 7.49

见 $f'(0)=1$, 这是导数的最大值, 即 $\tan^{-1}x$ 在 $x=0$ 处取到最大斜率. 当 $x\to\infty$ 时, $f'(x)$ 趋于零; 类似地, 当 $x\to-\infty$ 时, $f'(x)$ 也趋于零.

迅速核查 4. 当 $x\to\infty$ 时, $y=\tan^{-1}x$ 的图像的切线有何性状? ◀

反正割 回顾 $y=\sec^{-1}x$ 是使得 $x=\sec y$ 的 y 值, $0\leqslant y\leqslant\pi$且$y\neq\pi/2$. $y=\sec^{-1}x$ 的定义域是 $\{x:|x|\geqslant 1\}$ (见图 7.50).

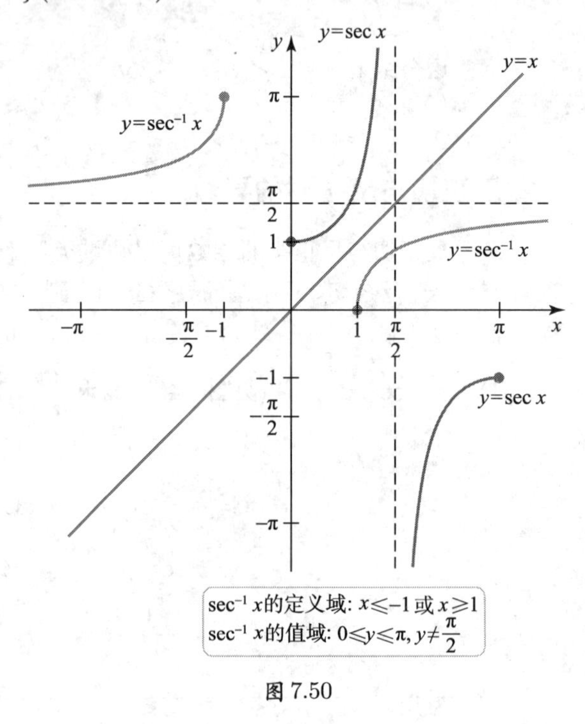

图 7.50

反正割的导数出现一个新的扭转. 令 $y=\sec^{-1}x$ 或 $x=\sec y$, 然后在 $x=\sec y$ 两边对 x 求导:

$$1=\sec y\tan y\frac{dy}{dx},$$

解 $\dfrac{dy}{dx}$ 得

$$\frac{dy}{dx}=\frac{d}{dx}(\sec^{-1}x)=\frac{1}{\sec y\tan y}.$$

最后一步利用恒等式 $\sec^2 y=1+\tan^2 y$ 把 $\sec y\tan y$ 用 x 表示. 解这个关于 $\tan y$ 的方程, 我们得

$$\tan y=\pm\sqrt{\underbrace{\sec^2 y}_{x^2}-1}=\pm\sqrt{x^2-1}.$$

解平方根的符号必须考虑到两种情况:

- 如果 $x\geqslant 1$, 则由 $y=\sec^{-1}x$ 的定义, $0\leqslant y<\pi/2$ 且 $\tan y>0$. 在这种情况下, 我们选择正分支并取 $\tan y=\sqrt{x^2-1}$.
- 然而如果 $x\leqslant -1$, 则 $\pi/2<y\leqslant\pi$ 且 $\tan y<0$. 现在我们选择负分支.

这个论述说明了导数中的因子 $\tan y$. 至于因子 $\sec y$, 我们有 $\sec y=x$. 因此, 反正割的导数是

$$\frac{d}{dx}(\sec^{-1}x)=\begin{cases}\dfrac{1}{x\sqrt{x^2-1}}, & x>1\\ -\dfrac{1}{x\sqrt{x^2-1}}, & x<-1\end{cases}.$$

这是一个不便的结果. 绝对值在这里发挥作用: 回顾, 如果 $x>0$, 则 $|x|=x$; 如果 $x<0$, $|x|=-x$. 由此得到

$$\frac{d}{dx}(\sec^{-1}x)=\frac{1}{|x|\sqrt{x^2-1}},\quad |x|>1.$$

我们看到反正割函数的斜率总是正的, 与这个导数结果一致 (见图 7.50).

其他反三角函数的导数 最难的工作已经完成. 反余弦函数的导数由恒等式

$$\cos^{-1}x+\sin^{-1}x=\frac{\pi}{2}$$

本节的例 3 证明了这个恒等式.

得到. 在这个方程两边关于 x 求导, 我们有

$$\frac{d}{dx}(\cos^{-1}x)+\underbrace{\frac{d}{dx}(\sin^{-1}x)}_{1/\sqrt{1-x^2}}=\underbrace{\frac{d}{dx}\left(\frac{\pi}{2}\right)}_{0}.$$

解 $\frac{d}{dx}(\cos^{-1}x)$, 所求导数为

$$\frac{d}{dx}(\cos^{-1}x)=-\frac{1}{\sqrt{1-x^2}}.$$

采用同样的方法, 用类似的恒等式

$$\cot^{-1}x+\tan^{-1}x=\frac{\pi}{2}\quad 和\quad \csc^{-1}x+\sec^{-1}x=\frac{\pi}{2}$$

证明 $\cot^{-1}x$ 和 $\csc^{-1}x$ 的导数分别是 $\tan^{-1}x$ 和 $\sec^{-1}x$ 的导数的相反数 (习题 93).

迅速核查 5. 总结反三角函数的导数与对应的余函数的反函数的导数有关 (例如, 反正切与反余切). ◂

定理 7.12 反三角函数的导数

$$\frac{d}{dx}(\sin^{-1}x)=\frac{1}{\sqrt{1-x^2}},\quad \frac{d}{dx}(\cos^{-1}x)=-\frac{1}{\sqrt{1-x^2}},-1<x<1;$$

$$\frac{d}{dx}(\tan^{-1}x)=\frac{1}{1+x^2},\quad \frac{d}{dx}(\cot^{-1}x)=-\frac{1}{1+x^2},\quad -\infty<x<\infty;$$

$$\frac{d}{dx}(\sec^{-1}x)=\frac{1}{|x|\sqrt{x^2-1}},\quad \frac{d}{dx}(\csc^{-1}x)=-\frac{1}{|x|\sqrt{x^2-1}},\quad |x|>1.$$

例 6 反三角函数的导数

a. 计算 $f'(2\sqrt{3})$, 其中 $f(x)=x\tan^{-1}(x/2)$.

b. 求 $g(x)=\sec^{-1}(2x)$ 的图像在点 $(1,\pi/3)$ 处的切线方程.

解

a.

$$f'(x)=1\cdot\tan^{-1}\left(\frac{x}{2}\right)+x\underbrace{\frac{1}{1+(x/2)^2}\cdot\frac{1}{2}}_{\frac{d}{dx}(\tan^{-1}(x/2))}\quad (乘积法则和链法则)$$

$$=\tan^{-1}\left(\frac{x}{2}\right)+\frac{2x}{4+x^2}.\quad (化简)$$

我们计算 f' 在 $2\sqrt{3}$ 处的值并注意到 $\tan^{-1}(\sqrt{3})=\pi/3$:

$$f'(2\sqrt{3})=\tan^{-1}(\sqrt{3})+\frac{2(2\sqrt{3})}{4+(2\sqrt{3})^2}=\frac{\pi}{3}+\frac{\sqrt{3}}{4}.$$

b. 点 $(1,\pi/3)$ 处的切线斜率是 $g'(1)$. 利用链法则, 我们得

$$g'(x)=\frac{d}{dx}(\sec^{-1}(2x))=\frac{2}{|2x|\sqrt{4x^2-1}}=\frac{1}{|x|\sqrt{4x^2-1}}.$$

由此得 $g'(1)=1/\sqrt{3}$. 切线方程为

$$\left(y-\frac{\pi}{3}\right)=\frac{1}{\sqrt{3}}(x-1)\quad 或 \quad y=\frac{1}{\sqrt{3}}x+\frac{\pi}{3}-\frac{1}{\sqrt{3}}.$$

相关习题 47～62 ◀

例 7 棒球场的影子 太阳在棒球场的 150ft 高的墙后落下时, 墙的影子穿过球场移动 (见图 7.51). 设 ℓ 是影子边缘与太阳之间的线段, θ 是太阳的仰角 —— ℓ 与水平线的夹角. 影子的长度 s 是影子的边缘与墙基之间的距离.

a. 将 θ 表示成影子的长度 s 的函数.

b. 若 $s=200\,\text{ft}$, 计算 $d\theta/ds$ 并说明这个变化率的含义.

解

a. θ 的正切是

$$\tan\theta=\frac{150}{s},$$

其中 $s>0$. 在方程的两边取反正切, 我们得

$$\theta=\tan^{-1}\left(\frac{150}{s}\right).$$

如图 7.52 所示, 当影子的长度趋于零时, 太阳的仰角 θ 趋于 $\pi/2$ ($\theta=\pi/2$ 意味着太阳在正上方). 当影子的长度增加时, θ 下降且趋于零.

图 7.51

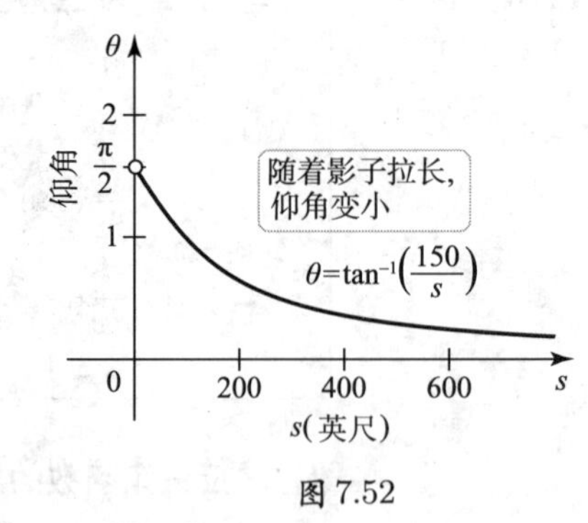

图 7.52

b. 利用链法则, 我们得

$$\begin{aligned}\frac{d\theta}{ds}&=\frac{1}{1+(150/s)^2}\frac{d}{ds}\left(\frac{150}{s}\right) && \left(链法则; \frac{d}{du}(\tan^{-1}u)=\frac{1}{1+u^2}\right)\\&=\frac{1}{1+(150/s)^2}\left(-\frac{150}{s^2}\right) && (求导数)\\&=-\frac{150}{s^2+22\,500}. && (化简)\end{aligned}$$

注意到对所有 s, $d\theta/ds$ 是负数, 这表明较长的影子伴随较小的太阳仰角 (见图 7.52). 当 $s=200\,\text{ft}$ 时, 我们有

$$\left.\frac{d\theta}{ds}\right|_{s=200}=-\frac{150}{200^2+150^2}=-0.002\,4\frac{\text{rad}}{\text{ft}}.$$

当影子的长度为 $s=200\,\text{ft}$ 时, 太阳仰角以 $-0.002\,4\,\text{rad/ft}$ 或 $-0.138°\,/\text{ft}$ 的速率变化.

相关习题 63～64 ◄

迅速核查 6. 例 7 断言 $d\theta/ds=-0.002\,4\,\text{rad/ft}$ 与 $d\theta/ds=-0.138°/\,\text{ft}$ 等价, 验证这个断言. ◄

含反三角函数的积分

现在将 定理 7.12 的结果用不定积分表示是自然的事情. 注意, 只有 3 个 (而不是 6 个) 新的积分以这种方式产生. 然而, 它们是以后章节中频繁用到的重要积分.

迅速核查 7. 为什么由 6 个反三角函数的导数只得到 3 个独立的不定积分? ◄

我们用下面关于反正弦的导数的结论推广积分. 因为

$$\frac{d}{dx}(\sin^{-1}x)=\frac{1}{\sqrt{1-x^2}},\quad |x|<1,$$

链法则证明

$$\frac{d}{dx}\left[\sin^{-1}\left(\frac{x}{a}\right)\right]=\frac{1}{\sqrt{1-(x/a)^2}}\cdot\frac{1}{a}=\frac{1}{\sqrt{a^2-x^2}},\quad |x|<a,$$

其中 $a>0$ 是常数. 将这个结果表示成不定积分,

$$\int\frac{dx}{\sqrt{a^2-x^2}}=\sin^{-1}\left(\frac{x}{a}\right)+C.$$

对反正切与反正割的类似计算得到下列不定积分.

定理 7.13 与反三角函数有关的积分

1. $\displaystyle\int\frac{dx}{\sqrt{a^2-x^2}}=\sin^{-1}\left(\frac{x}{a}\right)+C, a>0\,.$
2. $\displaystyle\int\frac{dx}{a^2+x^2}=\frac{1}{a}\tan^{-1}\left(\frac{x}{a}\right)+C, a\neq 0\,.$
3. $\displaystyle\int\frac{dx}{x\sqrt{x^2-a^2}}=\frac{1}{a}\sec^{-1}\left|\frac{x}{a}\right|+C, a>0\,.$

例 8 计算不定积分 确定下列不定积分.

a. $\displaystyle\int\frac{4}{\sqrt{9-x^2}}dx\,.$　　**b.** $\displaystyle\int\frac{dx}{16x^2+1}\,.$　　**c.** $\displaystyle\int_{5/\sqrt{3}}^{5}\frac{dx}{x\sqrt{4x^2-25}}.$

解

a. 在 定理 7.13 的第一个公式中令 $a=3$, 我们得

$$\int\frac{4}{\sqrt{9-x^2}}dx=4\int\frac{dx}{\sqrt{3^2-x^2}}=4\sin^{-1}\left(\frac{x}{3}\right)+C.$$

b. 需要用代数运算将这个积分表示成符合 定理 7.13 的形式. 我们首先记

$$\int \frac{dx}{16x^2+1} = \frac{1}{16}\int \frac{dx}{x^2+\left(\frac{1}{16}\right)} = \frac{1}{16}\int \frac{dx}{x^2+\left(\frac{1}{4}\right)^2}.$$

在 定理 7.13 的第 2 个公式中令 $a = \frac{1}{4}$ 得

$$\int \frac{dx}{16x^2+1} = \frac{1}{16}\int \frac{dx}{x^2+\left(\frac{1}{4}\right)^2} = \left(\frac{1}{16}\right)4\tan^{-1}4x + C = \frac{1}{4}\tan^{-1}4x + C.$$

c. 用变量替换将这个积分转化为 定理 7.13 的第三个积分的形式. 令 $u = 2x$, 得

$$\begin{aligned}
\int_{5/\sqrt{3}}^{5} \frac{dx}{x\sqrt{4x^2-25}} &= \int_{10/\sqrt{3}}^{10} \frac{\frac{1}{2}du}{\frac{1}{2}u\sqrt{u^2-25}} && (u = 2x, du = 2dx)\\
&= \int_{10/\sqrt{3}}^{10} \frac{du}{u\sqrt{u^2-25}} && (\text{化简})\\
&= \frac{1}{5}\sec^{-1}\left(\frac{u}{5}\right)\Big|_{10/\sqrt{3}}^{10} && (\text{定理 } 7.13, a = 5)\\
&= \frac{1}{5}\left[\sec^{-1}2 - \sec^{-1}\left(\frac{2}{\sqrt{3}}\right)\right] && (\text{计算})\\
&= \frac{1}{5}\left(\frac{\pi}{3} - \frac{\pi}{6}\right) = \frac{\pi}{30}. && (\text{化简})
\end{aligned}$$

相关习题 65 ~ 72 ◀

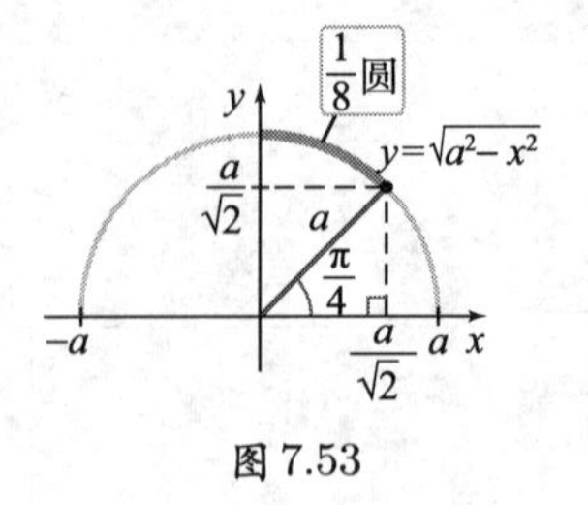

图 7.53

例 9　圆周长 验证半径为 a 的圆周长是 $2\pi a$.

解　半径为 a、圆心在 $(0,0)$ 处的上半圆由函数 $f(x) = \sqrt{a^2-x^2}, |x| \leqslant a$ 确定 (见图 7.53). 因此我们可以考虑用区间 $[-a,a]$ 上的弧长公式求半圆的长度. 然而圆在 $x = \pm a$ 处有垂直切线, $f'(\pm a)$ 没有定义, 这不允许我们用弧长公式. 备选的方法是用对称性避开点 $x = \pm a$. 比如我们计算在区间 $[0, a/\sqrt{2}]$ 上的 $\frac{1}{8}$ 圆的长度 (见图 7.53).

$[-a,a]$ 上半圆的弧长积分是一个反常积分, 在 8.7 节中考虑这个主题.

我们首先确定 $f'(x) = -\frac{x}{\sqrt{a^2-x^2}}$, 它在 $[0, a/\sqrt{2}]$ 上连续. 1/8 圆的长度为

$$\begin{aligned}
\int_0^{a/\sqrt{2}} \sqrt{1+f'(x)^2}dx &= \int_0^{a/\sqrt{2}} \sqrt{1+\left(-\frac{x}{\sqrt{a^2-x^2}}\right)^2}dx\\
&= a\int_0^{a/\sqrt{2}} \frac{dx}{\sqrt{a^2-x^2}} && (\text{化简})\\
&= a\sin^{-1}\left(\frac{x}{a}\right)\Big|_0^{a/\sqrt{2}} && (\text{积分})\\
&= a\left[\sin^{-1}\left(\frac{1}{\sqrt{2}}\right) - 0\right] && (\text{计算})\\
&= \frac{\pi a}{4}. && (\text{化简}, a > 0)
\end{aligned}$$

因此, 整个圆的周长是 $8(\pi a/4) = 2\pi a$.　　*相关习题 65 ~ 72* ◀

7.5节 习题

复习题

1. 解释为什么为定义正弦函数的反函数, 必须限制它的定义域.

2. 为什么 $\cos^{-1}x$ 的值在区间 $[0,\pi]$ 中?

3. $\tan(\tan^{-1}x)=x$ 是否正确? $\tan^{-1}(\tan x)=x$ 是否正确?

4. 在同一坐标系下作 $y=\cos x$ 与 $y=\cos^{-1}x$ 的图像.

5. 函数 $\tan x$ 在 $x=\pm\pi/2$ 处没有定义, 这一事实如何体现在 $y=\tan^{-1}x$ 的图像上?

6. $\sec^{-1}x$ 的定义域和值域是什么?

7. 陈述 $\sin^{-1}x, \tan^{-1}x$ 和 $\sec^{-1}x$ 的导数公式.

8. $y=\sin^{-1}x$ 的图像在 $x=0$ 处的切线斜率是多少?

9. $y=\tan^{-1}x$ 的图像在 $x=-2$ 处的切线斜率是多少?

10. $\sin^{-1}x$ 与 $\cos^{-1}x$ 的导数有何联系?

基本技能

11～16. 反正弦与反余弦 不用计算器, 计算下列表达式 (如果可能).

11. $\sin^{-1}(\sqrt{3}/2)$.

12. $\cos^{-1}2$.

13. $\cos^{-1}(-1/2)$.

14. $\sin^{-1}(-1)$.

15. $\cos(\cos^{-1}(-1))$.

16. $\cos^{-1}(\cos 7\pi/6)$.

17～22. 直角三角形的关系 画直角三角形以化简下列表达式.

17. $\cos(\sin^{-1}x)$.

18. $\cos(\sin^{-1}(x/3))$.

19. $\sin(\cos^{-1}(x/2))$.

20. $\sin^{-1}(\cos\theta)$.

21. $\sin(2\cos^{-1}x)$. (提示: 用 $\sin 2\theta=2\sin\theta\cos\theta$.)

22. $\cos(2\sin^{-1}x)$. (提示: 用 $\cos 2\theta=\cos^2\theta-\sin^2\theta$.)

23～24. 恒等式 用直角三角形解释为什么下列恒等式成立.

23. $\cos^{-1}x+\cos^{-1}(-x)=\pi$.

24. $\sin^{-1}y+\sin^{-1}(-y)=0$.

25～32. 计算反三角函数 不用计算器, 计算或化简下列表达式.

25. $\tan^{-1}\sqrt{3}$.

26. $\cot^{-1}(-1/\sqrt{3})$.

27. $\sec^{-1}2$.

28. $\csc^{-1}(-1)$.

29. $\tan^{-1}(\tan\pi/4)$.

30. $\tan^{-1}(\tan 3\pi/4)$.

31. $\csc^{-1}(\sec 2)$.

32. $\tan(\tan^{-1}1)$.

33～38. 直角三角形关系 画直角三角形以化简下列表达式.

33. $\cos(\tan^{-1}x)$.

34. $\tan(\cos^{-1}x)$.

35. $\cos(\sec^{-1}x)$.

36. $\cot(\tan^{-1}2x)$.

37. $\sin\left[\sec^{-1}\left(\dfrac{\sqrt{x^2+16}}{4}\right)\right]$.

38. $\cos\left(\tan^{-1}\left(\dfrac{x}{\sqrt{9-x^2}}\right)\right)$.

39～40. 直角三角形图形 利用反正弦、反正切和反正割将 θ 表示成 x 的函数.

39.

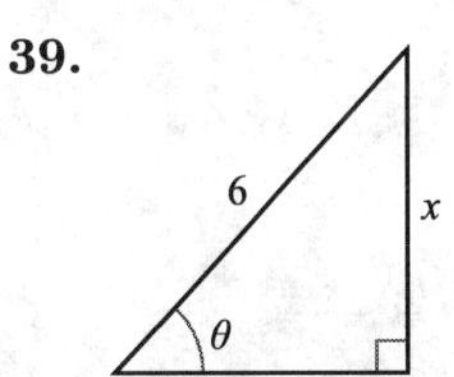

40.

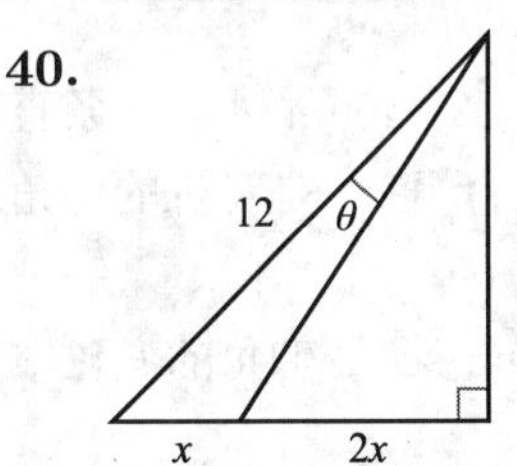

41～46. 反正弦的导数 计算下列函数的导数.

41. $f(x)=\sin^{-1}(2x)$.

42. $f(x)=x\sin^{-1}x$.

43. $f(w)=\cos(\sin^{-1}(2w))$.

44. $f(x)=\sin^{-1}(\ln x)$.

45. $f(x)=\sin^{-1}(e^{-2x})$.

46. $f(x)=\sin^{-1}(e^{\sin x})$.

47～62. 导数 计算下列函数的导数.

47. $f(y)=\tan^{-1}(2y^2-4)$.

48. $g(z)=\tan^{-1}(1/z)$.

49. $f(z)=\cot^{-1}\sqrt{z}$.

50. $f(x)=\sec^{-1}\sqrt{x}$.

51. $f(x)=\cos^{-1}(1/x)$.

52. $f(t)=(\cos^{-1}t)^2$.

53. $f(u)=\csc^{-1}(2u+1)$.

54. $f(t)=\ln(\tan^{-1}t)$.

55. $f(y)=\cot^{-1}(1/(y^2+1))$.

56. $f(w)=\sin(\sec^{-1}(2w))$.

57. $f(x)=\sec^{-1}(\ln x)$.

58. $f(x)=\tan^{-1}(e^{4x})$.

59. $f(x)=\csc^{-1}(\tan e^x)$.

60. $f(x)=\sin(\tan^{-1}(\ln x))$.

61. $f(s)=\cot^{-1}(e^s)$.

62. $f(x)=1/(\tan^{-1}(x^2+4))$.

63. 视角大小 一艘船朝伫立在港口边上高 150m 的摩天大楼笔直航行. 该楼的视角 θ 是观察者分别与楼的顶端和底部的连线构成的夹角 (见图).

a. 船与楼的距离是 500m 时, 视角的变化率 $d\theta/dx$ 是多少?

b. 绘制 $d\theta/dx$ 作为 x 的函数的图像, 并确定视角在何点处变化最快.

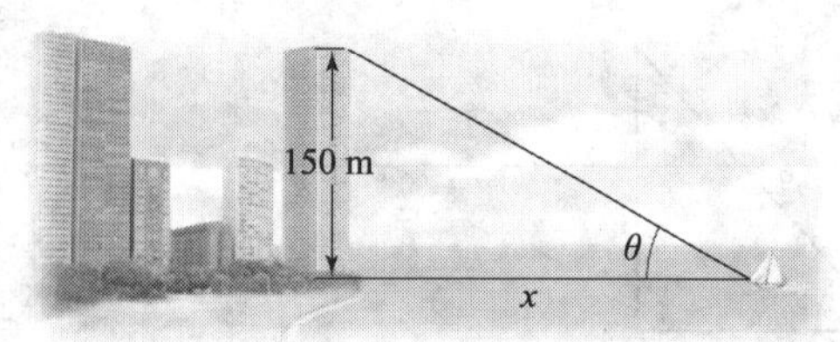

64. 仰角 一架小飞机在观察者正上方 400m 处的一条直线上以 70m/s 的速度水平飞行. 设 θ 是飞机的仰角 (见图).

a. 当飞机经过距观察者 500m 处时, 仰角的变化率 $d\theta/dx$ 是多少?

b. 绘制 $d\theta/dx$ 作为 x 的函数的图像, 并确定仰角在哪点处变化最快.

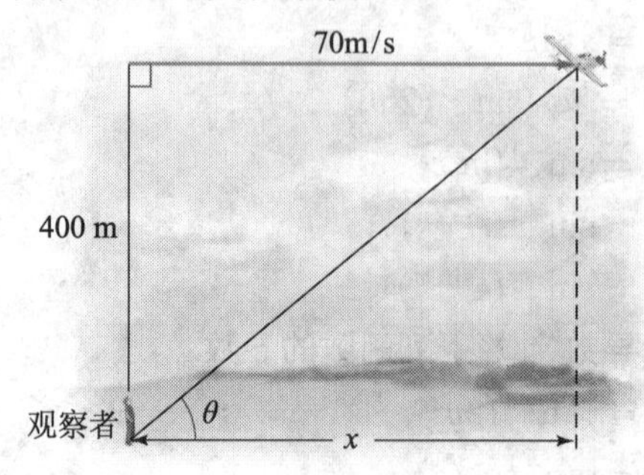

65～72. 与反三角函数有关的积分 计算下列积分.

65. $\int \frac{6}{\sqrt{25-x^2}}dx$.

66. $\int \frac{3}{4+v^2}dv$.

67. $\int \frac{dx}{x\sqrt{x^2-100}}$.

68. $\int \frac{2}{16z^2+25}dz$.

69. $\int_0^3 \frac{dx}{\sqrt{36-x^2}}$.

70. $\int_2^{2\sqrt{3}} \frac{5}{x^2+4}dx$.

71. $\int_0^{3/2} \frac{dx}{\sqrt{36-4x^2}}$.

72. $\int_0^{5/4} \frac{3}{64x^2+100}dx$.

深入探究

73. 解释为什么是, 或不是 判断下列命题是否正确, 并证明或举出反例.

a. $\frac{\sin^{-1}x}{\cos^{-1}x}=\tan^{-1}x$.

b. $\cos^{-1}(\cos(15\pi/16))=15\pi/16$.

c. $\sin^{-1}x=1/\sin x$.

d. $\frac{d}{dx}(\sin^{-1}x+\cos^{-1}x)=0$.

e. $\frac{d}{dx}(\tan^{-1}x)=\sec^2 x$.

f. $y=\sin^{-1}x$ 的图像在区间 $[-1,1]$ 上的切线有最小斜率 1.

g. $y=\sin x$ 的图像在区间 $[-\pi/2,\pi/2]$ 上的切线有最大斜率 1.

74～77. 一个函数确定所有六个 已知一个三角函数的以下信息, 求其他五个函数.

74. $\sin\theta=-\frac{4}{5}, \pi<\theta<3\pi/2$ (求 $\cos\theta, \tan\theta, \cot\theta, \sec\theta$ 及 $\csc\theta$).

75. $\cos\theta=\frac{5}{13}$, $0<\theta<\pi/2$.

76. $\sec\theta=\frac{5}{3}$, $3\pi/2<\theta<2\pi$.

77. $\csc\theta=\frac{13}{12}$, $0<\theta<\pi/2$.

78～81. 作 f 和 f' 的图像

a. 用绘图工具作 f 的图像.

b. 计算 f' 并作其图像.

c. 验证 f' 的零点对应 f 有水平切线的点.

78. $f(x)=(x-1)\sin^{-1}x, x\in[-1,1]$.

79. $f(x)=(x^2-1)\sin^{-1}x, x\in[-1,1]$.

80. $f(x)=(\sec^{-1}x)/x, x\in[1,\infty)$.

81. $f(x)=e^{-x}\tan^{-1}x, x\in[0,\infty)$.

82. 含反三角函数的函数作图

a. 作函数 $f(x)=\dfrac{\tan^{-1}x}{x^2+1}$ 的图像.

b. 计算 f' 并作图. 求 (也许是近似) $f'(x)=0$ 的点.

c. 验证 f' 的零点对应 f 在其处有水平切线的点.

83～86. 各种各样的积分 计算下列积分. 需要诸如完全平方或变量替换的预备步骤.

83. $\displaystyle\int\frac{dy}{y^2-4y+5}$.

84. $\displaystyle\int\frac{dx}{(x+3)\sqrt{x^2+6x}}$.

85. $\displaystyle\int\frac{e^x}{e^{2x}+4}dx$.

86. $\displaystyle\int\frac{dx}{x^3+x^{-1}}$.

应用

87. 拖船 在水面上方 10ft 高的绞车通过缆绳将一艘船拖向码头 (见图). 设 θ 是绞车的仰角, ℓ 是船被拖向码头的过程中缆绳的长度.

a. 证明 θ 关于 ℓ 的变化率是

$$\frac{d\theta}{d\ell}=\frac{-10}{\ell\sqrt{\ell^2-100}}.$$

b. 若 $\ell=50,20,11$ ft, 计算 $\dfrac{d\theta}{d\ell}$.

c. 显然图形表明当船被拉向码头时, θ 增加. 为什么 $\dfrac{d\theta}{d\ell}$ 是负数?

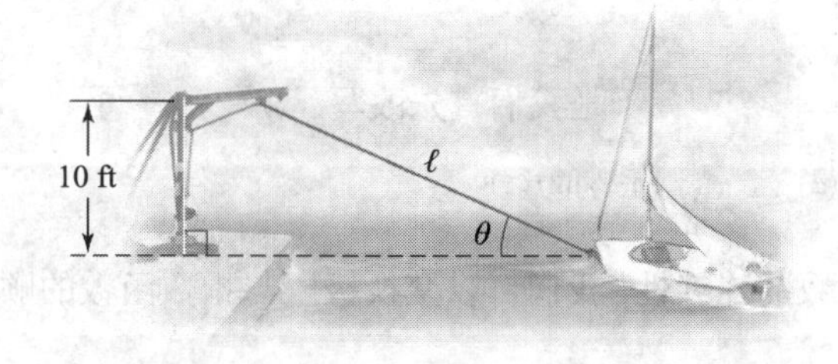

88. 俯冲追踪 生物学家站在垂直高度为 80ft 的悬崖下观察从悬崖顶部沿与水平方向成 45° 角俯冲的游隼 (见图).

a. 将从生物学家到游隼的仰角 θ 表示为该只鸟距地面高度 h 的函数 (提示: 悬崖顶部与鸟的垂直距离是 $80-h$).

b. 当鸟在地面上方 60ft 处时, θ 关于鸟的高度的变化率是多少?

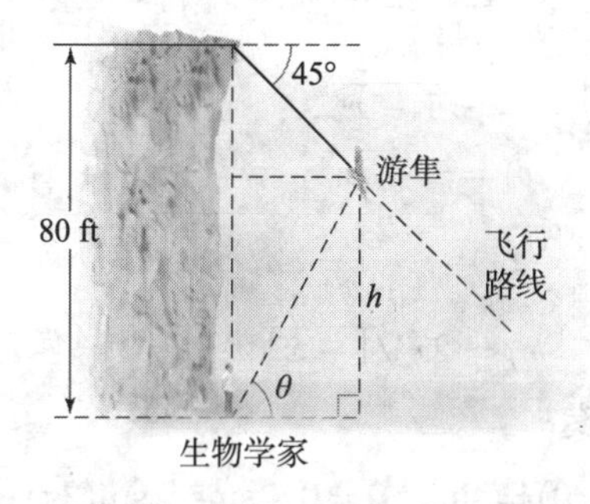

89. 粒子的角度 一粒子在直径为 R 的圆周轨道上顺时针运动. 在圆周上的 P 点处放置感应器监测粒子. 感应器所在直径的另一端点是 Q (见图). 设 θ 是直径 PQ 与感应器到粒子的直线的夹角. c 是粒子的位置到点 Q 的弦长.

a. 计算 $d\theta/dc$.

b. 计算 $\left.\dfrac{d\theta}{dc}\right|_{c=0}$.

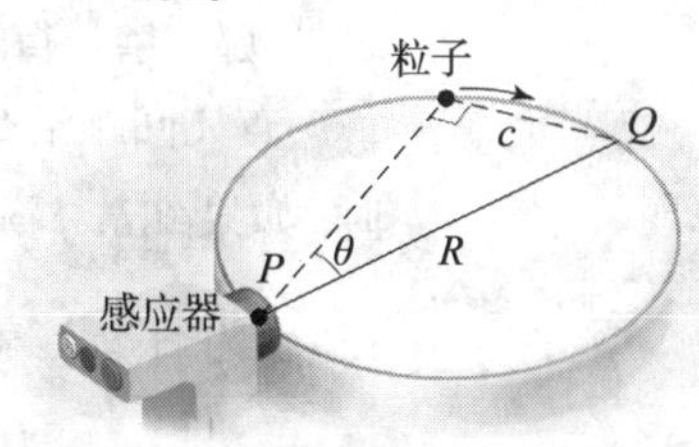

90. 粒子的角度, 第二部分 习题 89 的图显示粒子背离感应器运动, 这可能影响解答 (我们期望用反正弦函数). 现反过来假设粒子向感应器运动 (见图). 这将如何影响解答? 解释这两个答案的差异.

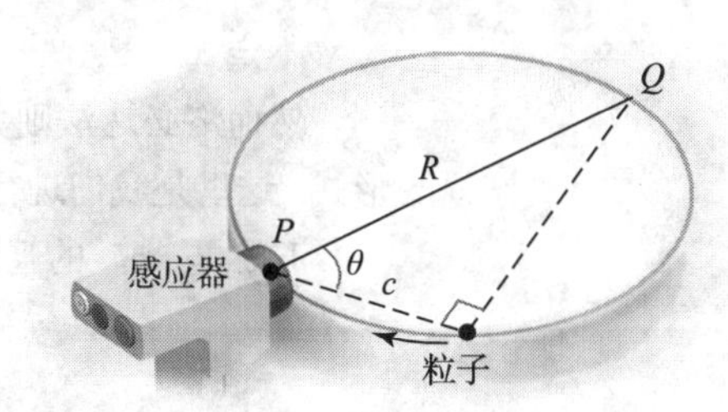

附加练习

91. 反正弦的导数 用 定理 7.3 求反正弦的导数.

92. 反余弦的导数 用下面两种方法求反余弦的导数.

a. 用 定理 7.3.

b. 用恒等式 $\sin^{-1}x+\cos^{-1}x=\pi/2$.

93. $\cot^{-1}x$ 和 $\csc^{-1}x$ 的导数 用三角恒等式证明反余切和反余割的导数分别与反正切和反正割的导数相差乘法因子 -1.

94～97. 恒等式的证明 证明下列恒等式并指出使它们成立的 x 值.

94. $\cos(\sin^{-1}x)=\sqrt{1-x^2}$.

95. $\cos(2\sin^{-1}x)=1-2x^2$.

96. $\tan(2\tan^{-1}x)=\dfrac{2x}{1-x^2}$.

97. $\sin(2\sin^{-1}x)=2x\sqrt{1-x^2}$.

迅速核查　答案

1. $\sin^{-1}(\sin 0)=\sin^{-1}0=0$, $\sin^{-1}(\sin(2\pi))=\sin^{-1}0=0$.

2. $0, \pi/4$.

3. $f(x)=\sin^{-1}x$ 是奇的, 而 $f'(x)=1/\sqrt{1-x^2}$ 是偶的.

4. 切线的斜率趋于 0.

5. 一个是另一个的相反数.

6. 回顾, $1°=\pi/180\,\text{rad}$, 因此 $0.0024\,\text{rad/ft}$ 等价于 $0.138°/\text{ft}$.

7. 因为 $\sin^{-1}x$ 与 $-\cos^{-1}x$[原文缺一个负号——译者注] 相差一个常数, 所以它们都是 $(1-x^2)^{-1/2}$ 的原函数. 类似的论述适用于 $\tan^{-1}x$ 与 $-\cot^{-1}x$[原文缺一个负号——译者注], $\sec^{-1}x$ 与 $-\csc^{-1}x$[原文缺一个负号——译者注].

7.6　洛必达法则与函数增长率

我们最初接触洛必达法则是在 4.7 节, 该节中它被直接应用到不定式 $0/0$ 和 ∞/∞. 我们现在结合指数函数的性质与洛必达法则来计算我们称为 $1^\infty, 0^0$ 和 ∞^0 型不定式的极限. 这个技术极大地提高了我们求极限的能力并提供了一些令人吃惊的结果. 本节一个有价值的结果就是根据当 $x\to\infty$ 时函数的增长率对函数排序. (比如, 当 $x\to\infty$ 时, 1.001^x 与 x^{100} 哪个增长得快?) 这种排序应该成为数学直观的一部分并可以应用到未来的章节中.

首先回顾洛必达法则 (定理 4.13 和定理 4.14). 该定理指出当 f 和 g 满足适当的条件时, 如果 $\lim\limits_{x\to a}f(x)=\lim\limits_{x\to a}g(x)=0$ 或 $\lim\limits_{x\to a}|f(x)|=\lim\limits_{x\to a}|g(x)|=\infty$, 则只要 $\lim\limits_{x\to a}\dfrac{f'(x)}{g'(x)}$ 存在 (或为 $\pm\infty$), 就有

$$\lim_{x\to a}\frac{f(x)}{g(x)}=\lim_{x\to a}\frac{f'(x)}{g'(x)},$$

把 $x\to a$ 换成 $x\to\pm\infty, x\to a^+, x\to a^-$, 这个法则也成立.

不定式 $1^\infty, 0^0, \infty^0$

不定式 $1^\infty, 0^0, \infty^0$ 都产生于形如 $\lim\limits_{x\to a}f(x)^{g(x)}$ 的极限.

然而洛必达法则并不能直接用于这些不定式. 必须首先把它们表示成 $0/0$ 或 ∞/∞ 的形式. 这里是我们进行的过程.

$\ln x$ 与 e^x 的互逆关系告诉我们 $f^g=e^{g\ln f}$, 于是我们首先改写

$$\lim_{x\to a}f(x)^{g(x)}=\lim_{x\to a}e^{g(x)\ln f(x)}.$$

如果 $\lim\limits_{x\to a}g(x)\ln f(x)$ 存在, 则由指数函数的连续性, 我们可以交换极限与指数函数的顺序, 得

$$\lim_{x\to a}f(x)^{g(x)}=\lim_{x\to a}e^{g(x)\ln f(x)}=e^{\lim\limits_{x\to a}g(x)\ln f(x)}.$$

因此, 我们可以用下面两个步骤计算 $\lim\limits_{x\to a}f(x)^{g(x)}$.

注意如下:

- 对于 1^∞, L 为 $\infty \cdot \ln 1 = \infty \cdot 0$ 型.
- 对于 0^0, L 为 $0 \cdot \ln 0 = 0 \cdot \infty$ 型.
- 对于 ∞^0, L 为 $0 \cdot \ln \infty = 0 \cdot \infty$ 型.

迅速核查 1. 解释为什么形如 0^∞ 的极限不是不定式. ◄

程序　不定式 $1^\infty, 0^0, \infty^0$

设 $\lim\limits_{x\to a} f(x)^{g(x)}$ 是不定式 $1^\infty, 0^0$ 或 ∞^0.

1. 计算 $L = \lim\limits_{x\to a} g(x)\ln f(x)$. 这个极限能转化为不定式 $0/0$ 或 ∞/∞, 可以用洛必达法则处理.
2. 然后 $\lim\limits_{x\to a} f(x)^{g(x)} = e^L$.

例 1　不定式 计算下列极限.

a. $\lim\limits_{x\to 0^+} x^x$.　　**b.** $\lim\limits_{x\to\infty}\left(1+\dfrac{1}{x}\right)^x$.　　**c.** $\lim\limits_{x\to 0^+}(\csc x)^x$.

解

a. 这个极限为 0^0 型. 利用所给的两个步骤, 我们注意到 $x^x = e^{x\ln x}$, 先求

$$L = \lim_{x\to 0^+} x\ln x.$$

这个极限为 $0\cdot\infty$ 型, 它可被转化为 ∞/∞ 型, 因此可用洛必达法则:

$$\begin{aligned} L = \lim_{x\to 0^+} x\ln x &= \lim_{x\to 0^+}\frac{\ln x}{1/x} && (x = \frac{1}{1/x}) \\ &= \lim_{x\to 0^+}\frac{1/x}{-1/x^2} && (\infty/\infty\ \text{型的洛必达法则}) \\ &= \lim_{x\to 0^+}(-x) = 0. && (\text{化简并求极限}) \end{aligned}$$

第二步指数化:

$$\lim_{x\to 0^+} x^x = e^L = e^0 = 1.$$

我们得到 $\lim\limits_{x\to 0^+} x^x = 1$ (见图 7.54).

b. 这个极限为 1^∞ 型. 注意到 $(1+1/x)^x = e^{x\ln(1+1/x)}$, 第一步计算

$$L = \lim_{x\to\infty} x\ln\left(1+\frac{1}{x}\right),$$

它为 $0\cdot\infty$ 型. 如同 (a) 进行计算, 我们得

$$\begin{aligned} L = \lim_{x\to\infty} x\ln\left(1+\frac{1}{x}\right) &= \lim_{x\to\infty}\frac{\ln(1+1/x)}{1/x} && (x = \frac{1}{1/x}) \\ &= \lim_{x\to\infty}\frac{\dfrac{1}{1+1/x}\cdot\left(-\dfrac{1}{x^2}\right)}{\left(-\dfrac{1}{x^2}\right)} && (0/0\text{型的洛必达法则}) \\ &= \lim_{x\to\infty}\frac{1}{1+1/x} = 1. && (\text{化简并求值}) \end{aligned}$$

第二步指数化:

$$\lim_{x\to\infty}\left(1+\frac{1}{x}\right)^x = e^L = e^1 = e.$$

函数 $y = (1+1/x)^x$ (见图 7.55) 有水平渐近线 $y = e \approx 2.718\,28$.

例 1b 的极限通常被当作 e 的定义给出. 它是更一般的极限

$$\lim_{x\to\infty}\left(1+\frac{a}{x}\right)^x = e^a$$

的特殊情况. 见习题 49.

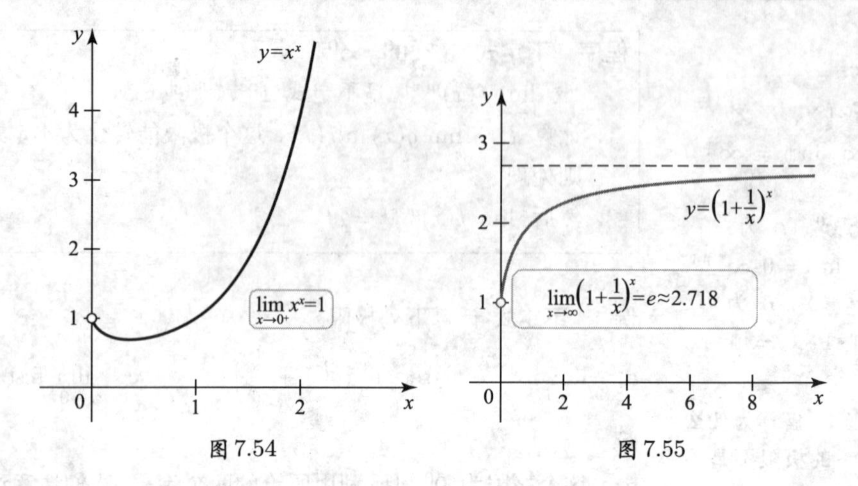

图 7.54　　图 7.55

c. 注意到 $\lim\limits_{x\to 0^+}\csc x=\infty$, 因此极限为 ∞^0 型. 对 $(\csc x)^x=e^{x\ln\csc x}$ 利用两步过程, 第一步计算

$$L=\lim_{x\to 0^+}x\ln\csc x=\lim_{x\to 0^+}\frac{\ln\csc x}{x^{-1}},$$

它为 ∞/∞ 型. 应用洛必达法则, 得

$$L=\lim_{x\to 0^+}\frac{\ln\csc x}{x^{-1}}=\lim_{x\to 0^+}\frac{\frac{1}{\csc x}(-\csc x\cot x)}{-x^{-2}}=\lim_{x\to 0^+}\frac{\cot x}{x^{-2}}.$$

所得结果是另一个不定式. 然而化简可得

$$L=\lim_{x\to 0^+}\frac{\cot x}{x^{-2}}=\lim_{x\to 0^+}\frac{x^2\cos x}{\sin x}=\underbrace{\lim_{x\to 0^+}\frac{x}{\sin x}}_{1}\cdot\underbrace{\lim_{x\to 0^+}x}_{0}\cdot\underbrace{\lim_{x\to 0^+}\cos x}_{1}=0.$$

因此 $L=0$, 从而 $\lim\limits_{x\to 0^+}(\csc x)^x=e^L=e^0=1$.

相关习题 7～16◀

函数的增长率

洛必达法则的一个重要应用是比较函数的增长率. 这里有两个问题：一个应用的, 一个理论的, 都说明比较函数增长率的重要性.

流行病模型产生的函数比这里给出的更复杂, 但它们有相同的一般特征.

- 模拟流行病传播的特别理论预测流行病开始 t 天后感染人数为

$$N(t)=2.5t^2e^{-0.01t}=2.5\frac{t^2}{e^{0.01t}}.$$

问题: 长远来看 ($t\to\infty$), 流行病传播或消失?

素数定理由雅克・阿达玛和查尔斯・德・拉・瓦莱・普桑借助黎曼提出的基本思想于 1896 年同时证明 (两个不同的证明).

- 素数是指只有 1 及其本身两个因数的整数 $p\geqslant 2$. 前几个素数是 2, 3, 5, 7, 11. 一个著名的定理陈述不超过 x 的素数个数大约为

$$对\ x\ 的大值,\quad P(x)=\frac{x}{\ln x}.$$

问题: 根据这个函数, 素数的个数是无限的吗?

两个问题都涉及两个函数的比较. 在第一个问题中, 如果当 $t\to\infty$ 时, t^2 比 $e^{0.01t}$ 增长得快, 则 $\lim\limits_{t\to\infty}N(t)=\infty$, 流行病传播. 如果当 $t\to\infty$ 时, $e^{0.01t}$ 比 t^2 增长得快, 则 $\lim\limits_{t\to\infty}N(t)=0$, 流行病消失. 我们不久将解释增长较快的含义是什么.

在第二个例子中比较的是 x 与 $\ln x$. 如果当 $x\to\infty$ 时, x 比 $\ln x$ 增长得快, 则 $\lim\limits_{x\to\infty} P(x)=\infty$, 素数的个数是无限的.

我们的目标是得到下列函数根据增长率的分级:

- mx, 其中 $m>0$ (代表线性函数).
- x^p, 其中 $p>0$ (代表多项式和代数函数).
- x^x (有时称作超指数函数或塔函数).
- $\ln x$ (代表对数函数).
- $\ln^q x$, 其中 $q>0$ (代表对数函数的幂).
- $x^p\ln x$, 其中 $p>0$ (幂函数与对数函数的结合).
- e^x (代表指数函数).

有大增长率的另一个函数是阶乘函数, 它对整数定义为 $f(n)=n!=n(n-1)\cdots 2\cdot 1$.

迅速核查 2. 在继续前, 根据直觉将上面给出的函数类按它们的增长率顺序分级. ◄

我们需要将增长率及当 $x\to\infty$ 时, f 比 g 增长得快的含义精确化. 我们使用下面的定义.

定义　函数的增长率 ($x\to\infty$)

设 f 和 g 是满足 $\lim\limits_{x\to\infty} f(x)=\lim\limits_{x\to\infty} g(x)=\infty$ 的两个函数, 如果

$$\lim_{x\to\infty}\frac{g(x)}{f(x)}=0 \qquad \text{或等价地,} \qquad \lim_{x\to\infty}\frac{f(x)}{g(x)}=\infty,$$

则称当 $x\to\infty$ 时, f **增长得比** g **快**. 如果

$$\lim_{x\to\infty}\frac{f(x)}{g(x)}=M,$$

其中 $0<M<\infty$ (M 非零且有限), 则称 f 和 g **有可比的增长率**.

用图像可以很好地说明增长率的思想. 图 7.56 显示一组形式为 $y=mx(m>0)$ 的线性函数和一组形式为 $y=x^p(p>1)$ 的多项式. 我们看到当 $x\to\infty$ 时, 多项式增长得 (它们的曲线以较大的变化率向上升) 比线性函数快.

图 7.57 显示当 $x\to\infty$ 时, 形式为 $y=b^x(b>1)$ 的指数函数增长得比形式为 $y=x^p(p>0)$ 的多项式快.

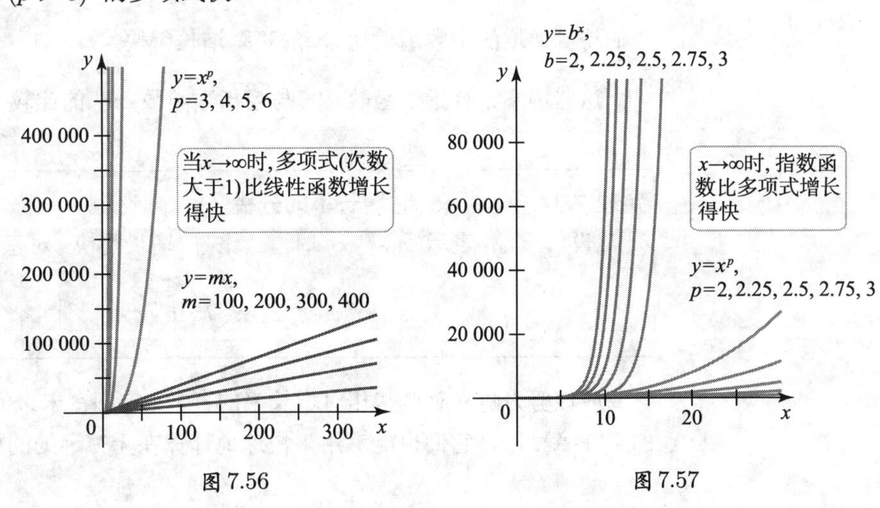

图 7.56　　　　图 7.57

迅速核查 3. 当 $x \to \infty$ 时, 比较 $f(x) = x^2$ 与 $g(x) = x^3$ 的增长率. 当 $x \to \infty$ 时, 比较 $f(x) = x^2$ 与 $g(x) = 10x^2$ 的增长率. ◄

例 2　**x 的幂与 $\ln x$ 的幂的比较** 当 $x \to \infty$ 时, 比较下面各对函数的增长率.

a. $f(x) = \ln x$ 与 $g(x) = x^p, p > 0$.

b. $f(x) = \ln^q x$ 与 $g(x) = x^p$, 其中 $p > 0, q > 0$.

解

a. 两个函数之比的极限是

$$\begin{aligned}\lim_{x\to\infty} \frac{\ln x}{x^p} &= \lim_{x\to\infty} \frac{1/x}{px^{p-1}} \qquad (\text{洛必达法则}) \\ &= \lim_{x\to\infty} \frac{1}{px^p} \qquad (\text{化简}) \\ &= 0. \qquad (\text{求极限})\end{aligned}$$

我们发现 x 的任意正幂增长得比 $\ln x$ 快.

b. 我们通过观察

$$\lim_{x\to\infty} \frac{\ln^q x}{x^p} = \lim_{x\to\infty} \left(\frac{\ln x}{x^{p/q}}\right)^q = \underbrace{\left(\lim_{x\to\infty} \frac{\ln x}{x^{p/q}}\right)^q}_{0}.$$

比较 $\ln^q x$ 与 x^p. 由 (a), $\lim\limits_{x\to\infty} \dfrac{\ln x}{x^{p/q}} = 0$ (因为 $p/q > 0$). 因此, $\lim\limits_{x\to\infty} \dfrac{\ln^q x}{x^p} = 0$ (因为 $q > 0$). 我们得出结论, x 的正幂比 $\ln x$ 的正幂增长得快.

相关习题 17～28 ◄

例 3　**x 的幂对指数函数** 当 $x \to \infty$ 时, 比较 $f(x) = x^p$ 与 $g(x) = e^x$ 的增长率, 其中 p 是正实数.

解　目的是计算 $\lim\limits_{x\to\infty} \dfrac{x^p}{e^x}$, $p > 0$. 利用例 2 和变量替换很容易完成这个比较. 我们令 $x = \ln t$ 并注意到当 $x \to \infty$ 时, 我们也有 $t \to \infty$. 用这个替换, $x^p = \ln^p t$, $e^x = e^{\ln t} = t$, 因此

$$\lim_{x\to\infty} \frac{x^p}{e^x} = \lim_{t\to\infty} \frac{\ln^p t}{t} = 0. \qquad (\text{例 } 2)$$

我们得到递增的指数函数比 x 的正幂增长得快.　*相关习题 17～28* ◄

这些例子结合指数函数 b^x 与超指数函数 x^x 的比较 (见习题 50) 建立了增长率的排序.

定理 7.14　**$x \to \infty$ 时增长率的分级**

设 $f \ll g$ 表示 $x \to \infty$ 时, g 比 f 增长得快. 对正实数 p, q, r, s 和 $b > 1$,

$$\ln^q x \ll x^p \ll x^p \ln^r x \ll x^{p+s} \ll b^x \ll x^x.$$

应该努力建立对这些相对增长率的直觉. 它们在未来的章节中很有用 (尤其是关于数列的第 9 章), 而且它们也能够用来快速地计算在无穷远处的极限.

7.6节 习题

复习题

1. 解释为什么 1^∞ 是不定式且不能够用代入法求值.
2. 陈述求形如 $\lim\limits_{x\to a} f(x)^{g(x)}$ 的极限的两步方法.
3. 如何用极限解释当 $x\to\infty$ 时 f 比 g 增长得快.
4. 如何用极限解释 $x\to\infty$ 时 f 与 g 的增长率可比.
5. 按当 $x\to\infty$ 时增长率的递增顺序, 将函数 x^3, $\ln x$, x^x 和 2^x 分级.
6. 按当 $x\to\infty$ 时增长率的递增顺序, 将函数 x^{100}, $\ln x^{10}$, x^x 和 10^x 分级.

基本技能

7～16. 不定式 $1^\infty, 0^0, \infty^0$ 求下列极限值或解释不存在的理由. 通过作图检验结果.

7. $\lim\limits_{x\to 0^+} x^{2x}$.
8. $\lim\limits_{x\to 0}(1+4x)^{3/x}$.
9. $\lim\limits_{\theta\to\pi/2^-}(\tan\theta)^{\cos\theta}$.
10. $\lim\limits_{\theta\to 0^+}(\sin\theta)^{\tan\theta}$.
11. $\lim\limits_{x\to 0^+}(1+x)^{\cot x}$.
12. $\lim\limits_{x\to\infty}\left(1+\dfrac{1}{x}\right)^{\ln x}$.
13. $\lim\limits_{x\to 0^+}(\tan x)^x$.
14. $\lim\limits_{z\to\infty}\left(1+\dfrac{10}{z^2}\right)^{z^2}$.
15. $\lim\limits_{x\to 0}(x+\cos x)^{1/x}$.
16. $\lim\limits_{x\to 0^+}\left(\dfrac{1}{3}\cdot 3^x+\dfrac{2}{3}\cdot 2^x\right)^{1/x}$.

17～28. 比较增长率 用极限方法判断两个已知函数中的哪一个增长得更快或说明它们有可比的增长率.

17. $x^{10}; e^{0.01x}$.
18. $x^2\ln x; \ln^2 x$.
19. $\ln x^{20}; \ln x$.
20. $\ln x; \ln(\ln x)$.
21. $100^x; x^x$.
22. $x^2\ln x; x^3$.
23. $x^{20}; 1.000\,01^x$.
24. $x^{10}\ln^{10}x; x^{11}$.
25. $x^x; (x/2)^x$.
26. $\ln\sqrt{x}; \ln^2 x$.
27. $e^{x^2}; e^{10x}$.
28. $e^{x^2}; x^{x/10}$.

深入探究

29. 解释为什么是, 或不是 判断下列命题是否正确, 并证明或举出反例.

a. $\lim\limits_{x\to 0^+} x^{1/x}$ 是不定式.

b. 1 的任何固定幂都等于 1, 因此, 由 $x\to 0$ 时 $(1+x)\to 1$, 得 $x\to 0$ 时 $(1+x)^{1/x}\to 1$.

c. 当 $x\to\infty$ 时函数 $\ln x^{100}$ 与 $\ln x$ 有可比的增长率.

d. $x\to\infty$ 时, e^x 比 2^x 增长得快.

30～36. 用任意方法求各种各样的极限 用分析方法计算下列极限.

30. $\lim\limits_{x\to 0^+} x^{\ln x}$.
31. $\lim\limits_{x\to 0}\left(\dfrac{\sin x}{x}\right)^{1/x^2}$.
32. $\lim\limits_{x\to 0^+}(\cot x)^x$.
33. $\lim\limits_{x\to\infty} x^{1/x}$.
34. $\lim\limits_{x\to\infty}\left(\dfrac{1}{2x}\right)^{3/x}$.
35. $\lim\limits_{x\to 1^+}(\sqrt{x-1})^{\sin\pi x}$.
36. $\lim\limits_{x\to 2^+}(\ln(x^2-3))^{x^3-2x-4}$.

37. 可能需要时间 教材中给出的增长率分级适用于 $x\to\infty$. 然而这些增长率可能对于 x 的小值并不清楚. 比如指数函数比任何幂函数增长得快. 然而, 当 $1<x<19\,800$ 时, x^2 大于 $e^{x/1\,000}$. 对于下列对各函数, 估计使增长快的函数超过增长慢的函数的点.

a. $\ln^3 x$ 和 $x^{0.3}$.　　b. $2^{x/100}$ 和 x^3.

c. $x^{x/100}$ 和 e^x.　　d. $\ln^{10}x$ 和 $e^{x/10}$.

38～41. 带参数的极限 计算下列用参数 a,b 表示的极限, 其中 a,b 是正实数. 在每种情况下, 作一些具体参数对应的函数图像来检验结果.

38. $\lim\limits_{x\to 0}(1+ax)^{b/x}$.
39. $\lim\limits_{x\to 0^+}(a^x-b^x)^x, a>b>0$.
40. $\lim\limits_{x\to 0^+}(a^x-b^x)^{1/x}, a>b>0$.
41. $\lim\limits_{x\to 0}\dfrac{a^x-b^x}{x}$.

42. 避免使用洛必达法则 设 $L=\lim_{x\to0}\frac{x-\sin x}{x^3}$.

a. 用洛必达法则计算 L .

b. 现在用另一种有趣的方法计算 L . 首先利用正弦的三倍角公式 $\sin 3x=3\sin x-4\sin^3 x$ 将 L 的表达式中的 $\sin x$ 替换为 $3\sin(x/3)-4\sin^3(x/3)$.

c. 令 $t=x/3$, 并注意到当 $x\to0$ 时, $t\to0$. 利用 $\lim_{t\to0}\frac{\sin t}{t}=1$ 证明 $L=\frac{L}{9}+\frac{4}{27}$.

d. 解出 L 并验证与 (a) 的一致性.

来源: "Teaching Mathematics and its Applications," Fabio Cavallini, no.3(1988):161.

应用

43. 复利 假设在年利率为 $100r$ %的储蓄账户中存入 \$$P$.

a. 证明如果利息按每年复利计算, t 年后的余额为 $B(t)=P(1+r)^t$.

b. 如果每年复利计息 m 次, 则 t 年后的余额为 $B(t)=P(1+r/m)^{mt}$. 比如, $m=12$ 对应按月复利计息, 每月的利率是 $r/12$. 如果 $m\to\infty$, 则复利称作是连续的. 证明连续复利计息 t 年后的余额是 $B(t)=Pe^{rt}$.

44. 算法的复杂性 计算机算法的复杂性是指算法为完成假设有 n 个输入的任务需要的运算次数或步骤数 (比如, 按升序输入 n 个数字需要的步骤数). 完成同一个任务的四个算法的复杂性为 A: $n^{3/2}$, B: $n\log_2 n$, C: $n(\log_2 n)^2$ 和 D: $\sqrt{n}\log_2 n$. 作这些复杂性随 n 变化的图像并说明观察到的结果.

附加练习

45. 指数函数与幂函数 证明任何指数函数 $b^x(b>1)$ 增长得比 $x^p(p>0)$ 快.

46. 不同底的指数函数 证明如果 $1<b<a$, 则当 $x\to\infty$ 时, $f(x)=a^x$ 比 $g(x)=b^x$ 增长得快.

47. 不同底的对数 证明当 $x\to\infty$ 时 $f(x)=\log_a x$ 与 $g(x)=\log_b x$ 的增长率可比, 其中 $a>1, b>1$.

48. 阶乘的增长率 阶乘函数通常在正整数上定义为 $n!=n(n-1)(n-2)\cdots 3\cdot2\cdot1$. 比如, $5!=5\cdot4\cdot3\cdot2\cdot1=120$. 对大 n 给出了 $n!$ 的好近似的一个有用结果是斯特林公式, $n!\approx\sqrt{2\pi n}n^n e^{-n}$. 利用该公式及计算器判断阶乘函数在增长率分级的哪个位置.

49. 指数极限 证明 $\lim_{x\to\infty}\left(1+\frac{a}{x}\right)^x=e^a, a\neq0$.

50. 指数函数对比超指数函数 证明当 $x\to\infty$ 时, x^x 比 $b^x(b>1)$ 增长得快.

51. 指数增长率

a. b 取何值时, 当 $x\to\infty$ 时, b^x 比 e^x 增长得快?

b. 对 $a>0$, 当 $x\to\infty$ 时, 比较 e^x 与 e^{ax} 的增长率.

52. 一个迷人的函数 考虑函数 $f(x)=(ab^x+(1-a)c^x)^{1/x}$, 其中 a,b,c 是正实数且 $0<a<1$.

a. 对几组 (a,b,c) 作 f 的图像. 验证在所有情况下, f 对所有 x 递增且有一个唯一的拐点.

b. 用分析方法确定 $\lim_{x\to0}f(x)$ 并用 a,b,c 表示.

c. 证明对任意 $0<a<1$, $\lim_{t\to\infty}f(t)=\max\{b,c\}$ 和 $\lim_{t\to-\infty}f(t)=\min\{b,c\}$.

d. 用分析方法确定 $\lim_{x\to\infty}f(x)$ 和 $\lim_{x\to-\infty}f(x)$.

e. 估计拐点的位置 (用 a,b,c 表示).

迅速核查 答案

1. 0^∞ (比如, $\lim_{x\to0^+}x^{1/x}$) 不是不定式, 因为随着底趋于零, 越来越大的指数驱使整个函数趋于零.

3. 当 $x\to\infty$ 时, x^3 比 x^2 增长得快, x^2 与 $10x^2$ 的增长率可比.

第 7 章 总复习题

1. 解释为什么是, 或不是 判别下列命题是否正确, 并证明或举反例.

a. 如果 $f(x)=2/x$, 则 $f^{-1}(x)=2/x$.

b. $\ln xy=(\ln x)(\ln y)$.

c. 当 t 增加一个单位时, 函数 $y=Ae^{0.1t}$ 增长 10 %.

d. $\frac{d}{dx}b^x=b^x$ 仅对一个 b 的值成立.

e. $\lim_{x\to0^+}x^{1/x}$ 是不定式.

f. $\tan^{-1}x$ 的定义域是 $\{x:|x|<\pi/2\}$.

g. $\pi^{3x}=e^{\pi\ln3x}$.

2～4. 对数与指数的性质 对下列习题应用对数与指数的性质, 不要用计算器.

2. 解关于 k 的方程 $48=6e^{4k}$.

3. 解关于 x 的方程 $\log x^2+3\log x=\log 32$. 答案依赖于 log 的底吗?

4. 对数函数与指数函数的图像 图形显示了函数 $y=2^x, y=3^{-x}, y=-\ln x$ 的图像, 匹配每条曲线与函数.

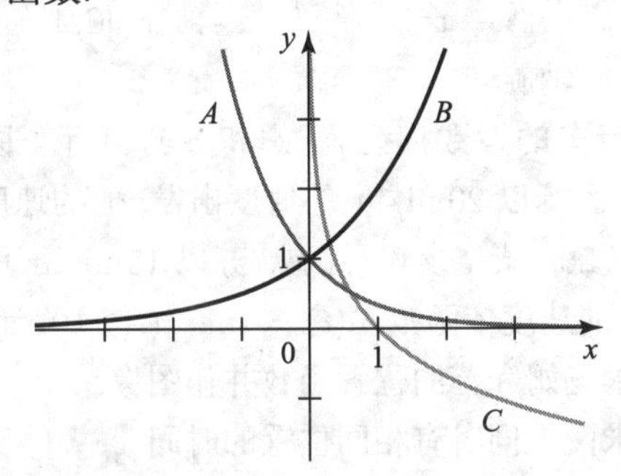

5～6. 反函数的存在性 用分析或作图的方法确定使下列函数有反函数的区间.

5. $f(x)=x^3-3x^2$.

6. $g(t)=2\sin(t/3)$.

7～8. 求反函数 求指定区间上的反函数并将它表示为 $y=f^{-1}(x)$ 的形式. 然后作 f 和 f' 的图像.

7. $f(x)=x^2-4x+5$, $x>2$.

8. $f(x)=1/x^2$, $x>0$.

9～11. 反函数在一点的导数 考虑下列函数. 在每种情况, 不求反函数计算反函数在指定点处的导数.

9. $f(x)=\cos x$ 在 $f(\pi/4)$.

10. $f(x)=1/(x+1)$ 在 $f(0)$.

11. $f(x)=x^4-2x^2-x$ 在 $f(0)$.

12～13. 反函数的导数 求下列函数的反函数. 以 x 为自变量表示结果.

12. $f(x)=12x-16$.

13. $f(x)=x^{-1/3}$.

14. 一个函数与其反函数 函数 $f(x)=\dfrac{x}{x+1}$ 对 $x>-1$ 是一对一的, 有反函数.

- **a.** 作 f 在 $x>-1$ 上的图像.
- **b.** 求与 (a) 所作函数图像对应的反函数 f^{-1}. 在与 (a) 相同的坐标系中作 f^{-1} 的图像.
- **c.** 计算 f^{-1} 在点 $\left(\dfrac{1}{2},1\right)$ 处的导数.
- **d.** 作 f 和 f^{-1} 的图像分别在点 $\left(1,\dfrac{1}{2}\right)$ 和 $\left(\dfrac{1}{2},1\right)$ 处的切线.

15～22. 反函数的导数 考虑下列 (如果指定, 则在已知区间上的) 函数. 求反函数并表示为 x 的函数, 然后求反函数的导数.

15. $f(x)=3x-4$.

16. $f(x)=|x+2|, x\leqslant -2$.

17. $f(x)=x^2-4, x>0$.

18. $f(x)=\dfrac{x}{x+5}$.

19. $f(x)=\sqrt{x+2}, x\geqslant -2$.

20. $f(x)=x^{2/3}, x>0$.

21. $f(x)=x^{-1/2}, x>0$.

22. $f(x)=x^3+3$.

23. 两种方法求反函数 设 $f(x)=\sin x, f^{-1}(x)=\sin^{-1}x$ 和点 $(x_0,y_0)=(\pi/4,1/\sqrt{2})$.

- **a.** 用定理 7.3 ($(f^{-1})'(y_0)=1/f'(x_0)$) 计算 $(f^{-1})'(1/\sqrt{2})$.
- **b.** 通过直接求 f^{-1} 的导数计算 $(f^{-1})'(1/\sqrt{2})$. 检验与 (a) 的一致性.

24～34. 求导数 求下列导数并化简.

24. $\dfrac{d}{dx}(xe^{-10x})$.

25. $\dfrac{d}{dx}(x\ln^2 x)$.

26. $\dfrac{d}{dw}(e^{-w}\ln w)$.

27. $\dfrac{d}{dx}(2^{x^2-x})$.

28. $\dfrac{d}{dx}(\log_3(x+8))$.

29. $\dfrac{d}{dx}\left[\sin^{-1}\left(\dfrac{1}{x}\right)\right]$.

30. $\dfrac{d}{dx}(x^{\sin x})$.

31. $f'(1)$, $f(x)=x^{1/x}$.

32. $f'(1)$, $f(x)=\tan^{-1}(4x^2)$.

33. $\left.\dfrac{d}{dx}(x\sec^{-1}x)\right|_{x=\frac{2}{\sqrt{3}}}$.

34. $\left.\dfrac{d}{dx}[\tan^{-1}(e^{-x})]\right|_{x=0}$.

35～40. 反正弦与反余弦 不用计算器, 计算或化简下列表达式.

35. $\cos^{-1}(\sqrt{3}/2)$.

36. $\cos^{-1}\left(-\dfrac{1}{2}\right)$.

37. $\sin^{-1}(-1)$.

38. $\cos(\cos^{-1}(-1))$.

39. $\sin(\sin^{-1} x)$.

40. $\cos^{-1}(\sin 3\pi)$.

41. 直角三角形 已知 $\theta=\sin^{-1}\left(\frac{12}{13}\right)$, 计算 $\cos\theta$, $\tan\theta$, $\cot\theta$, $\sec\theta$ 和 $\csc\theta$.

42～49. 直角三角形关系 画直角三角形以化简给定的表达式. 设 $x>0, 0\leqslant\theta\leqslant\pi/2$.

42. $\cos(\tan^{-1} x)$.

43. $\sin(\cos^{-1}(x/2))$.

44. $\tan(\sec^{-1}(x/2))$.

45. $\cos^{-1}(\tan\theta)$.

46. $\csc^{-1}(\sec\theta)$.

47. $\sin^{-1} x+\sin^{-1}(-x)$.

48. $\sin(2\sin^{-1} x)$ (提示: 用 $\sin 2\theta=2\sin\theta\cos\theta$).

49. $\cos(2\sin^{-1} x)$ (提示: 用 $\cos 2\theta=\cos^2-\sin^2\theta$).

50～59. 计算下列积分

50. $\int \frac{e^x}{4e^x+6}dx$.

51. $\int_{e^2}^{e^8} \frac{dx}{x\ln x}$.

52. $\int_1^4 \frac{10^{\sqrt{x}}}{\sqrt{x}}dx$.

53. $\int \frac{x+4}{x^2+8x+25}dx$.

54. $\int \frac{dx}{\sqrt{49-4x^2}}$.

55. $\int \frac{3}{2x^2+1}dx$.

56. $\int \frac{dt}{2t\sqrt{t^2-4}}$.

57. $\int_{-1}^{2\sqrt{3}-1} \frac{dx}{x^2+2x+5}$.

58. $\int \frac{(\ln\ln x)^4}{x\ln x}dx$.

59. $\int_{-2/3}^{2/\sqrt{3}} \frac{dx}{\sqrt{16-9x^2}}$.

60～63. 弧长 计算下列曲线的弧长.

60. $y=\frac{1}{2}(e^x+e^{-x})$ 在 $[-\ln 2, \ln 2]$ 上.

61. $y=3\ln x-\frac{x^2}{24}$ 在 $[1,6]$ 上.

62. $y=\ln(x-\sqrt{x^2-1})$ 在 $[1,\sqrt{2}]$ 上.

63. $x=2e^{\sqrt{2}y}+\frac{1}{16}e^{-\sqrt{2}y}$, $0\leqslant y\leqslant\frac{\ln 2}{\sqrt{2}}$.

64～66. 体积问题 求下列旋转体的体积.

64. 曲线 $y=e^{-x^2}$ 与 x-轴在 $[0,\sqrt{\ln 3}]$ 上所围区域绕 y-轴旋转.

65. 曲线 $y=\frac{2}{1+x^2}$ 与 x-轴在 $[0,4]$ 上所围区域绕 y-轴旋转.

66. 曲线 $y=(4-x^2)^{-1/4}$ 与 x-轴在 $[0,1]$ 上所围区域绕 x-轴旋转.

67. 骑自行车的指数模型 汤姆和苏骑自行车同时同地出发. 汤姆以 20mi/hr 的速度出发, 他的速度依函数 $v(t)=20e^{-2t}(t\geqslant 0)$ 递减. 苏以 15mi/hr 的速度出发, 她的速度依函数 $u(t)=15e^{-t}(t\geqslant 0)$ 递减.

a. 求汤姆和苏的位置函数并作图像.

b. 求两人同时有相同位置的时间.

c. 谁最终领先且一直保持领先?

68. 放射性衰变 某样本中放射性物质的质量自衰变开始后已经减少 30 %. 设半衰期是 1 500 年, 衰变在多久前开始?

69. 人口增长 某城市的人口从初始的 150 000 人以 4 %/yr 的年增长率增长, 需要多长时间该城市的人口达到 100 万?

70. 储蓄账户 某储蓄账户宣传有 5.4 %的年化收益率, 这表明账户中的余额以 5.4 %/yr 的年增长率增长.

a. 如果年化收益率不变且没有额外的存款和取款, 求初始存款为 \$1 500 的储蓄账户在 $t\geqslant 0$ 时的余额.

b. 余额的倍增时间是什么?

c. 多少年后, 结余达到 \$5 000?

71～72. 曲线作图 用 4.3 节介绍的作图方法作下列函数在其定义域上的图像. 指出极值点、拐点、凹性及末端性状. 绘图工具仅用来核对工作.

71. $f(x)=e^x(x^2-x)$.

72. $f(x)=\ln x-\ln^2 x$.

73. 已知

$$\int\frac{\sqrt{x^2+a^2}}{x}dx=\sqrt{x^2+a^2}-a\ln\left(\frac{a+\sqrt{x^2+a^2}}{x}\right)+C.$$

求曲线 $y=\ln x$ 在 $x=1$ 与 $x=b>1$ 之间的弧长. 用任何方式估计使曲线长度等于 2 的 b 值.

74～79. 不定式 $1^\infty, 0^0$ 和 ∞^0 求下列极限值. 通过作图核对结果.

74. $\lim\limits_{x\to\infty}\frac{\ln x^{100}}{\sqrt{x}}$.

75. $\lim\limits_{x\to\pi/2^-}(\sin x)^{\tan x}$.

76. $\lim\limits_{x\to\infty}\dfrac{\ln^3 x}{\sqrt{x}}$.

77. $\lim\limits_{x\to\infty}\ln\left(\dfrac{x+1}{x-1}\right)$.

78. $\lim\limits_{x\to\infty}x^{1/x}$.

79. $\lim\limits_{x\to\infty}\left(1-\dfrac{3}{x}\right)^x$.

80～87. 比较增长率 确定两个函数中哪个增长得更快，论述它们有可比的增长率.

80. $10x$ 和 $\ln x$.

81. $x^{1/2}$ 和 $x^{1/3}$.

82. $\ln x$ 和 $\log_{10}x$.

83. $\sqrt{x}$ 和 $\ln^{10}x$.

84. $10x$ 和 $\ln x^2$.

85. e^x 和 3^x.

86. $\sqrt{x^6+10}$ 和 x^3.

87. 2^x 和 $4^{x/2}$.

88. 对数的对数 比较 $\ln x, \ln(\ln x), \ln(\ln(\ln x))$ 的增长率.

89. 含指数的两个极限 计算 $\lim\limits_{x\to 0^+}\dfrac{x}{\sqrt{1-e^{-x^2}}}$ 和 $\lim\limits_{x\to 0^+}\dfrac{x^2}{\sqrt{1-e^{-x^2}}}$，并通过作图核对结果.

90. 几何平均 证明 $\lim\limits_{r\to 0}\left(\dfrac{a^r+b^r+c^r}{3}\right)^{1/r}=\sqrt[3]{abc}$，其中 a,b,c 是正实数.

91. 指数塔 函数 $f(x)=(x^x)^x$ 和 $g(x)=x^{x^x}$ 是两个不同的函数. 比如，$f(3)=19\,683$，$g(3)\approx 7.6\times 10^{12}$. 判断 $\lim\limits_{x\to 0^+}f(x)$ 和 $\lim\limits_{x\to 0^+}g(x)$ 是否为不定式，并求极限值.

92. 超指数函数族 设 $f(x)=(a+x)^x, a>0$.

a. f 的定义域 (用 a 表示) 是什么?

b. 描述 f 的末端性状 (在定义域的端点附近或当 $|x|\to\infty$ 时).

c. 计算 f'. 对 $a=0.5,1,2,3$，作 f 和 f' 的图像.

d. 证明 f 有一个唯一的极小值点 z，它满足 $(z+a)\ln(z+a)+z=0$.

e. 描述 ((d) 中所得到的) z 随 a 的增加如何变化，$f(z)$ 随 a 的增加如何变化.

93. 趋于 e 的极限 考虑函数 $g(x)=(1+1/x)^{x+a}$. 证明如果 $0\leqslant a<\dfrac{1}{2}$，则当 $x\to\infty$ 时，$g(x)$ 从下方趋于 e；如果 $\dfrac{1}{2}\leqslant a<1$，则当 $x\to\infty$ 时，$g(x)$ 从上方趋于 e.

94. 指数函数族的弧长

a. 证明函数 $f(x)=Ae^{ax}+\dfrac{1}{4Aa^2}e^{-ax}$，$a>0, A>0$ 的弧长积分可以通过已经了解的方法计算.

b. 验证曲线 $y=f(x)$ 在区间 $[0,\ln 2]$ 上的弧长是

$$A(2^a-1)-\frac{1}{4a^2A}(2^{-a}-1).$$

95. 对数正态概率分布 对数正态分布是概率统计中的一个常用分布. (如果一个随机变量的对数服从正态分布，则随机变量本身服从对数正态分布.) 分布函数是

$$f(x)=\frac{1}{x\sigma\sqrt{2\pi}}e^{-\ln^2 x/(2\sigma^2)},\quad x\geqslant 0,$$

其中 $\ln x$ 的期望是零，标准差为 $\sigma>0$.

a. 对 $\sigma=1/2,1,2$，作 f 的图像. 根据图像，$\lim\limits_{x\to 0}f(x)$ 看上去存在吗?

b. 求 $\lim\limits_{x\to 0}f(x)$ 的值. (*提示*: 令 $x=e^y$.)

c. 证明 f 在点 $x^*=e^{-\sigma^2}$ 处有唯一的极大值.

d. 计算 $f(x^*)$ 并将结果表示成 σ 的函数.

e. (d) 中的 $\sigma>0$ 取何值时，$f(x^*)$ 有极小值?

96. 交通拥堵函数 函数 $f(t)=\sin(e^{a\cos t})+1$ 是周期函数而且在区间 $[0,2\pi]$ 上的极值点的数量由参数 $a>0$ 决定. 对于 a 的某些值，此函数可用来模拟交通量 (每天两次高峰期) 或海洋潮汐 (每天两次高潮和两次低潮).

a. 对 $a=0.3,1.3$ 和 1.7，作 f 在区间 $[0,2\pi]$ 上的图像. 证实在这些情况下，f 在 $(0,2\pi)$ 上分别有 1, 3, 5 个极值.

b. 证明对任意 $a>0$，f 的周期是 2π.

c. 证明对任意 $a>0$，$0,\pi,2\pi$ 是 f 的极值点.

d. 证明如果 $0<a<\ln(\pi/2)$，则 f 在 $(0,2\pi)$ 上只有一个极小值.

e. 证明如果 $\ln(\pi/2)<a<\ln(3\pi/2)$，则 f 在 $(0,2\pi)$ 上有一个极小值和两个极大值.

f. 证明如果 $a>\ln(3\pi/2)$，则 f 在 $(0,2\pi)$ 上至少有 5 个极值点.

97. 血液化验 假设必须对有 N 个人的人群进行关于某种疾病的血液检测, 其中 N 很大. 最多必须做 N 次单独的化验. 下面的方法可以减少化验次数. 假设从人群中选出 100 个人并将他们的血样混在一起. 一次化验确定这 100 个人中是否有人呈阳性. 如果化验结果是阳性, 则要对这 100 个人单独化验, 这样就需要 101 次化验. 然而, 如果混合血样呈阴性, 则对这 100 个人的检测用一次化验完成. 然后重复这个过程. 概率论证明了如果每组的人数是 x (比如上面描述的 $x = 100$), 检测 N 个人需要的平均化验次数是 $N(1 - q^x + 1/x)$, 其中 q 是任何人检测结果呈阴性的概率. 在 $N = 10\,000$ 和 $q = 0.95$ 的条件下, x 取什么值使得平均化验次数最小? 假设 x 是非负实数.

第8章 积分方法

本章概要 在第 5 章引进的换元法是计算大量积分的一个强有力的工具. 然而, 还是有很多经常碰到的积分是换元法无法处理的. 因此本章的关键目标是: 发展另外的积分法帮助我们计算更多的积分. 我们这里介绍的分析方法 (纸和笔的方法) 是分部积分法、三角换元法和部分分式法. 然而即使有了这些新方法, 也还是有很多不能计算的积分, 认识这一点是重要的. 由于这个原因, 我们也介绍计算不定积分的其他策略以及基于计算机的定积分估计方法. 然后我们将讨论被积函数无界或者积分区间无限的积分. 这些反常积分展示了令人吃惊的结果并且有很多实际应用. 本章以微分方程的介绍性概述结束, 这是一个在数学理论和应用中占中心地位的巨大课题.

8.1 分部积分法

当我们将导数的链法则逆着使用就出现换元法 (5.5 节). 我们在本节应用类似的方法将导数的积法则逆过来. 所得积分方法被称为分部积分法. 为说明分部积分法的重要性, 考虑不定积分

$$\int e^x dx = e^x + C \qquad \text{和} \qquad \int xe^x dx = ?$$

第一个积分是我们已经学过的基本积分. 第二个积分只有一点不同, 然而被积函数中乘积 xe^x 的出现使这个积分 (暂时) 无法计算. 分部积分法是计算函数乘积的积分的理想工具. 这样的积分频繁出现.

不定积分的分部积分法

给定两个可导函数 u 和 v, 导数的积法则阐述

$$\frac{d}{dx}[u(x)v(x)] = u'(x)v(x) + u(x)v'(x).$$

对两边积分, 我们将这个法则用不定积分表示为:

$$u(x)v(x) = \int [u'(x)v(x) + u(x)v'(x)]dx.$$

整理这个表达式为

$$\int u(x)\underbrace{v'(x)dx}_{dv} = u(x)v(x) - \int v(x)\underbrace{u'(x)dx}_{du},$$

导出**分部积分法**的基本关系式. 令 $du = u'(x)dx, dv = v'(x)dx$, 可以把它表示得更紧凑. 压缩掉自变量 x, 我们得到

$$\int u dv = uv - \int v du.$$

把 $\int u dv$ 被当作指定积分. 我们用分部积分法将它表示成新的积分 $\int v du$. 如果能够计算新积分, 这个方法就成功了.

分部积分法

设 u, v 是可导函数, 则

$$\int u dv = uv - \int v du.$$

例 1　分部积分法 计算 $\int xe^x dx$.

解　被积函数中出现的乘积经常提醒我们使用分部积分法. 我们将积拆成两个因式, 其中一个必须被看成 u, 另一个被看成 dv (后者通常包含微分 dx). x 的幂通常是 u 的良好选择. dv 的选择应该容易积分, 因为它要产生在分部积分公式右边出现的函数 $v\left(v = \int dv\right)$. 在这个例子中, 选择 $u = x, dv = e^x dx$ 是可取的. 于是 $du = dx$. 关系式 $dv = e^x dx$ 表明 v 是 e^x 的一个原函数, 这意味着 $v = e^x$. 下面的表有助于组织这些计算.

分部积分的计算过程中可以不包括积分常数, 只要积分常数出现在最终结果中即可.

原来积分中的函数	$u = x$	$dv = e^x dx$
新积分中的函数	$du = dx$	$v = e^x$

现在应用分部积分法:

$$\int \underbrace{x}_{u} \underbrace{e^x dx}_{dv} = \underbrace{x}_{u} \underbrace{e^x}_{v} - \int \underbrace{e^x}_{v} \underbrace{dx}_{du}.$$

原积分 $\int xe^x dx$ 已经转换为更容易计算的 e^x 的积分: $\int e^x dx = e^x + C$. 整个过程如下:

$$\begin{aligned} \int xe^x dx &= xe^x - \int e^x dx \quad \text{(分部积分)} \\ &= xe^x - e^x + C. \quad \text{(计算新积分)} \end{aligned}$$

相关习题 7～22 ◀

为制表, 首先要将原来积分中的函数写成:

$u =$ ____ $, dv =$ ____.

然后通过对 u 微分和对 dv 积分求出新积分中的函数:

$du =$ ____ $, v =$ ____.

例 2　分部积分法 计算 $\int x \sin x dx$.

解　记住 x 的幂通常是 u 的良好选择, 我们制作下表.

$u = x$	$dv = \sin x dx$
$du = dx$	$v = -\cos x$

应用分部积分, 我们有

$$\begin{aligned} \int \underbrace{x}_{u} \underbrace{\sin x dx}_{dv} &= \underbrace{x}_{u} \underbrace{(-\cos x)}_{v} - \int \underbrace{(-\cos x)}_{v} \underbrace{dx}_{du} \quad \text{(分部积分)} \\ &= -x\cos x + \sin x + C. \quad \left(\text{计算} \int \cos x dx = \sin x\right) \end{aligned}$$

相关习题 7～22 ◀

迅速核查 1. 计算 $\int x \cos x dx$ 时, u 和 dv 的最好选择是什么? ◀

一般地, 如果我们选择的 dv 容易积分且新的积分比原来的容易计算, 分部积分法就有效. 分部积分法经常用于形如 $\int x^n f(x)dx$ 的积分, 其中 n 是正整数. 这样的积分一般需要使用分部积分法, 如下面例题所示.

例 3 重复用分部积分

a. 计算 $\int x^2 e^x dx$.

b. 如何计算 $\int x^n e^x dx$, 其中 n 是正整数?

解

$u = x^2$	$dv = e^x dx$
$du = 2xdx$	$v = e^x$

a. x^2 是 u 的良好选择, 剩下的是 $dv = e^x dx$. 然后我们得

$$\int \underbrace{x^2}_{u} \underbrace{e^x dx}_{dv} = \underbrace{x^2}_{u} \underbrace{e^x}_{v} - \int \underbrace{e^x}_{v} \underbrace{2xdx}_{du}.$$

注意到右边的新积分比原积分简单, 因为 x 的次数已经减少 1. 实际上, 新积分在例 1 中已经求出, 因此在两次应用分部积分法后, 我们得到

$$\begin{aligned}\int x^2 e^x dx &= x^2 e^x - 2\int xe^x dx \qquad \text{(分部积分)}\\ &= x^2 e^x - 2(xe^x - e^x) + C \qquad \text{(例 1 的结果)}\\ &= e^x(x^2 - 2x + 2) + C. \qquad \text{(化简)}\end{aligned}$$

$u = x^n$	$dv = e^x dx$
$du = nx^{n-1}dx$	$v = e^x$

b. 我们令 $u = x^n, dv = e^x dx$. 积分具有形式

$$\int x^n e^x dx = x^n e^x - n\int x^{n-1} e^x dx.$$

变量次数被降低的积分恒等式被称作**归约公式**. 习题 42～49 研究了归约公式的其他例子.

我们看到分部积分法降低了被积函数中积分变量的次数. (a) 中 $n = 2$ 的积分需要用两次分部积分. 可以预期计算 $\int x^n e^x dx$ 需要 n 次应用分部积分才可以得到容易计算的积分 $\int e^x dx$.

相关习题 7～22 ◀

例 4 重复用分部积分 计算 $\int e^{2x} \sin x dx$.

在例 4 中我们也能用 $u = \sin x$, $dv = e^{2x}dx$. 一般地, 用分部积分法可能需要试错. 有效的选择来自练习.

解 被积函数由乘积构成, 这启发我们用分部积分. 在这个例子中, 没有对 u 和 dv 的明显选择, 因此我们尝试下面的选择

$u = e^{2x}$	$dv = \sin x dx$
$du = 2e^{2x}dx$	$v = -\cos x$

然后积分变成

$$\int e^{2x} \sin x dx = -e^{2x} \cos x + 2\int e^{2x} \cos x dx. \tag{1}$$

原积分已经表示为新的积分 $\int e^{2x} \cos x dx$, 这个积分似乎并不比原积分容易计算. 这诱使我们开始重新选择 u 和 dv, 但是一点点的坚持就有回报. 假设我们用选择的如下分部积分法计算 $\int e^{2x} \cos x dx$:

$u = e^{2x}$	$dv = \cos x dx$
$du = 2e^{2x}dx$	$v = \sin x$

由分部积分, 我们得到

$$\int e^{2x}\cos x dx = e^{2x}\sin x - 2\int e^{2x}\sin x dx. \tag{2}$$

现在观察到方程 (2) 包含原积分 $\int e^{2x}\sin x dx$. 将方程 (2) 的结果代入方程 (1), 我们求得

$$\begin{aligned}\int e^{2x}\sin x dx &= -e^{2x}\cos x + 2\int e^{2x}\cos x dx\\ &= -e^{2x}\cos x + 2\left(e^{2x}\sin x - 2\int e^{2x}\sin x dx\right) \qquad (\text{代入} \int e^{2x}\cos x dx)\\ &= -e^{2x}\cos x + 2e^{2x}\sin x - 4\int e^{2x}\sin x dx. \qquad (\text{化简})\end{aligned}$$

现在的问题是解 $\int e^{2x}\sin x dx$ 并加上积分常数. 我们得

$$\int e^{2x}\sin x dx = \frac{1}{5}e^{2x}(2\sin x - \cos x) + C.$$

相关习题 23～28 ◄

定积分的分部积分法

用分部积分法处理定积分有两个选择. 可以用例 1～ 例 4 总结的方法求原函数, 然后计算原函数在积分上限与下限处的值. 另一种方法, 积分限可以直接合并进分部积分过程. 用第二种方法, 定积分的分部积分有如下形式.

定积分的分部积分法仍然具有形式 $\int udv = uv - \int vdu.$ 然而, 两个定积分必须写成关于 x 的积分.

定积分的分部积分法 设 u 和 v 可导, 则

$$\int_a^b u(x)v'(x)dx = u(x)v(x)\Big|_a^b - \int_a^b v(x)u'(x)dx.$$

例 5 定积分 计算 $\int_1^2 \ln x dx$.

解 这个例子具有启发性, 因为被积函数仿佛不是乘积. 关键是将被积函数看成乘积 $(\ln x)(1dx)$. 然后, 做如下选择:

$u = \ln x$	$dv = dx$
$du = \frac{1}{x}dx$	$v = x$

用分部积分, 我们得

$$\begin{aligned}\int_1^2 \underbrace{\ln x}_{u}\,\underbrace{dx}_{dv} &= (\underbrace{(\ln x}_{u}(\underbrace{x}_{v})\Big|_1^2 - \int_1^2 \underbrace{x}_{v}\,\underbrace{\frac{1}{x}dx}_{du} \qquad (\text{分部积分})\\ &= x\ln x\Big|_1^2 - \int_1^2 dx \qquad (\text{化简})\\ &= (2\ln 2 - 0) - (2-1) \qquad (\text{求值})\\ &= 2\ln 2 - 1 \approx 0.386. \qquad (\text{化简})\end{aligned}$$

相关习题 29～36 ◄

在例 5 中我们计算了 $\ln x$ 的一个定积分. 相应的不定积分可以加到我们的不定积分公式表中.

迅速核查 2. 通过求导验证 $\int \ln x dx = x\ln x - x + C$. ◀

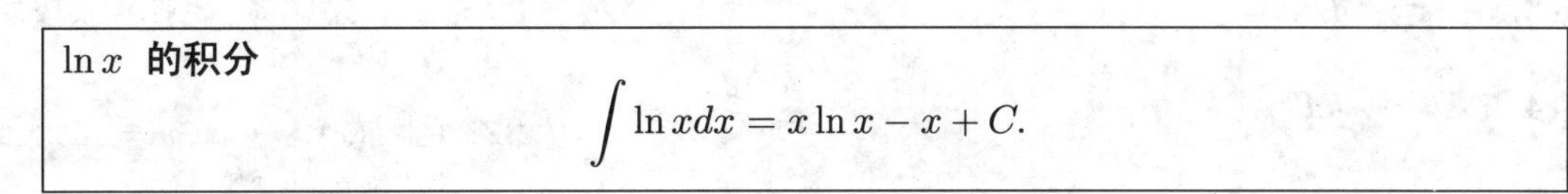

$\ln x$ 的积分

$$\int \ln x dx = x\ln x - x + C.$$

例 6 旋转体 设 R 是 $y=\ln x$, x- 轴及直线 $x=a(a>1)$ 所围成的区域 (见图 8.1). 求 R 绕 x- 轴旋转所得的旋转体体积.

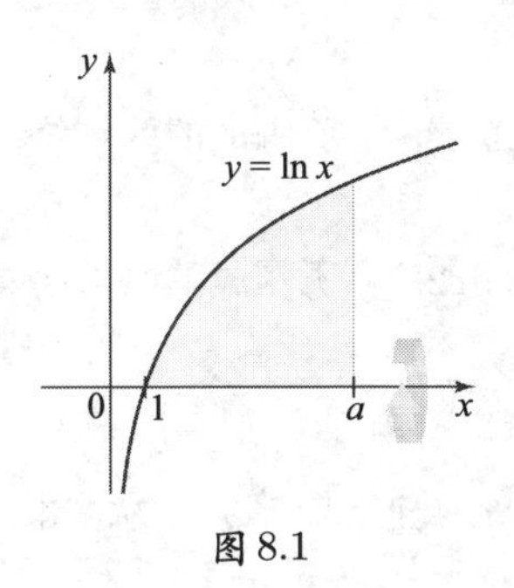

图 8.1

解 R 绕 x- 旋转得一立体, 其体积用圆盘法计算 (6.3 节). 它的体积是

$$V = \pi\int_1^a (\ln x)^2 dx.$$

我们按如下指定使用分部积分:

$u=(\ln x)^2$	$dv = dx$
$du = \dfrac{2\ln x}{x}dx$	$v = x$

积分过程完成如下, 其中用到了上面给出的 $\ln x$ 的不定积分:

$$\begin{aligned}
V &= \pi\int_1^a (\ln x)^2 dx \qquad (\text{圆盘法})\\
&= \pi\left[\underbrace{(\ln x)^2}_{u}\underbrace{x}_{v}\Big|_1^a - \int_1^a \underbrace{x}_{v}\underbrace{\frac{2\ln x}{x}dx}_{du}\right] \qquad (\text{分部积分})\\
&= \pi\left[x(\ln x)^2\Big|_1^a - 2\int_1^a \ln x dx\right] \qquad (\text{化简})\\
&= \pi\left(x(\ln x)^2\Big|_1^a - 2(x\ln x - x)\Big|_1^a\right) \qquad \left(\int \ln x dx = x\ln x - x + C\right)\\
&= \pi(a(\ln a)^2 - 2a\ln a + 2a - 2). \qquad (\text{求值并化简})
\end{aligned}$$

相关习题 37～40 ◀

回顾, 如果在 $[a,b]$ 上 $f(x)\geqslant 0$, f 的图像与 x- 轴在 $[a,b]$ 上所围区域绕 x- 轴旋转, 则产生的立体体积为

$$V = \pi\int_a^b f(x)^2 dx.$$

迅速核查 3. 需要用多少次分部积分可将 $\int_1^a (\ln x)^6 dx$ 推导到 $\ln x$ 的积分? ◀

8.1 节 习题

复习题

1. 分部积分法依据哪个求导法则?
2. 用分部积分法计算 $\int x^n e^{ax} dx$ 时, 如何选择 dv 这一项?
3. 用分部积分法计算 $\int x^n \cos ax dx$ 时, 如何选择 u 这一项?
4. 解释如何用分部积分法计算定积分.
5. 分部积分法对什么类型的被积函数有效?
6. 如何选择 u 和 dv 来化简 $\int x^4 e^{-2x} dx$?

基本技能

7～22. 分部积分法 计算下列积分.

7. $\int x\cos x dx$.
8. $\int x\sin 2x dx$.
9. $\int te^t dt$.
10. $\int 2xe^{3x} dx$.
11. $\int x^2 \sin 2x dx$.

12. $\int se^{-2s}ds$.

13. $\int x^2e^{4x}dx$.

14. $\int \theta\sec^2\theta d\theta$.

15. $\int x^2\ln xdx$.

16. $\int x\ln xdx$.

17. $\int \frac{\ln x}{x^{10}}dx$.

18. $\int \sin^{-1}xdx$.

19. $\int \tan^{-1}xdx$.

20. $\int x\sec^{-1}xdx, x\geqslant 1$.

21. $\int x\sin x\cos xdx$.

22. $\int x\tan^{-1}(x^2)dx$.

23 ~ 28 重复用分部积分法 计算下列积分.

23. $\int e^x\cos xdx$.

24. $\int e^{3x}\cos 2xdx$.

25. $\int e^{-x}\sin 4xdx$.

26. $\int x^2\ln^2 xdx$.

27. $\int t^3e^{-t}dt$.

28. $\int e^{-2\theta}\sin 6\theta d\theta$.

29 ~ 36. 定积分 计算下列定积分.

29. $\int_0^{\pi} s\sin xdx$.

30. $\int_1^{e} \ln 2xdx$.

31. $\int_0^{\pi/2} x\cos 2xdx$.

32. $\int_0^{\ln 2} xe^xdx$.

33. $\int_1^{e^2} x^2\ln xdx$.

34. $\int_0^{1/\sqrt{2}} y\tan^{-1}y^2dy$.

35. $\int_{1/2}^{\sqrt{3}/2} \sin^{-1}ydy$.

36. $\int_{2/\sqrt{3}}^{2} z\sec^{-1}zdz$.

37 ~ 40. 立体体积 求区域按所描述方式旋转所得的立体体积.

37. 由 $f(x)=e^{-x}, x=\ln 2$ 及坐标轴所围成的区域绕 y - 轴旋转.

38. $f(x)=\sin x$ 与 x - 轴在 $[0,\pi]$ 上所围成的区域绕 y - 轴旋转.

39. $f(x)=x\ln x$ 与 x - 轴在 $[1,e^2]$ 上所围成的区域绕 x - 轴旋转.

40. $f(x)=e^{-x}$ 与 x - 轴在 $[0,\ln 2]$ 上所围成的区域绕直线 $x=\ln 2$ 旋转.

深入探究

41. 解释为什么是, 或不是 判断下列命题是否正确, 并证明或举反例.

a. $\int uv'dx=\left(\int udx\right)\left(\int v'dx\right)$.

b. $\int uv'dx=uv-\int vu'dx$.

42 ~ 45. 归约公式 用分部积分导出下列归约公式.

42. $\int x^ne^{ax}dx=\frac{x^ne^{ax}}{a}-\frac{n}{a}\int x^{n-1}e^{ax}dx,\ a\neq 0$.

43. $\int x^n\cos axdx=\frac{x^n\sin ax}{a}-\frac{n}{a}\int x^{n-1}\sin axdx,$ $a\neq 0$.

44. $\int x^n\sin axdx=\frac{x^n\cos ax}{a}+\frac{n}{a}\int x^{n-1}\cos axdx,$ $a\neq 0$.

45. $\int \ln^n xdx=x\ln^n x-n\int \ln^{n-1}xdx$.

46 ~ 49. 应用归约公式 用习题 42 ~ 45 的归约公式计算下列积分.

46. $\int x^2e^{3x}dx$.

47. $\int x^2\cos 5xdx$.

48. $\int x^3\sin xdx$.

49. $\int \ln^4 xdx$.

50 ~ 51. 含 $\int \ln xdx$ 的积分 用换元法将下列积分转化为 $\int \ln udu$. 然后计算所得积分.

50. $\int \cos x\ln(\sin x)dx$.

51. $\int \sec^2 x \ln(\tan x + 2)dx$.

52. 两种方法

a. 用变量替换 $u = x^2$ 和 $\int \ln u du$ 的结果计算 $\int x \ln x^2 dx$.

b. 用分部积分法计算 $\int x \ln x^2 dx$.

c. 验证 (a) 和 (b) 的答案是一致的.

53. 以 b 为底的对数 证明

$$\int \log_b x dx = \frac{1}{\ln b}(x \ln x - x) + C.$$

54. 两种积分法 用分部积分法计算 $\int \sin x \cos x dx$. 然后用变量替换计算该积分. 统一答案.

55. 两种积分法的结合 先用换元法再用分部积分法计算 $\int \cos(\sqrt{x})dx$.

56. 两种积分法的结合 先用换元法再用分部积分法计算 $\int_0^{\pi^2/4} \sin(\sqrt{x})dx$.

57. 积分定义的函数 求函数 $f(x) = \int_e^x \sqrt{\ln^2 t - 1}dt$ 在 $[e, e^3]$ 上的弧长.

58. 一个指数函数族 $a = 1, 2, 3$ 时的曲线 $y = xe^{-ax}$ 如图所示.

a. 求 $y = xe^{-x}$ 和 x- 轴在区间 $[0, 4]$ 上所围区域的面积.

b. 求 $y = xe^{-ax}$ 和 x- 轴在区间 $[0, 4]$ 上所围区域的面积, 其中 $a > 0$.

c. 求 $y = xe^{-ax}$ 和 x- 轴在区间 $[0, b]$ 上所围区域的面积. 因为这个面积依赖 a 和 b, 我们将它记作 $A(a, b)$, 其中 $a > 0, b > 0$.

d. 用 (c) 证明 $A(1, \ln b) = 4A(2, (\ln b)/2)$.

e. 这种模式可以继续吗? $A(1, \ln b) = a^2 A(a, (\ln b)/a)$ 成立吗?

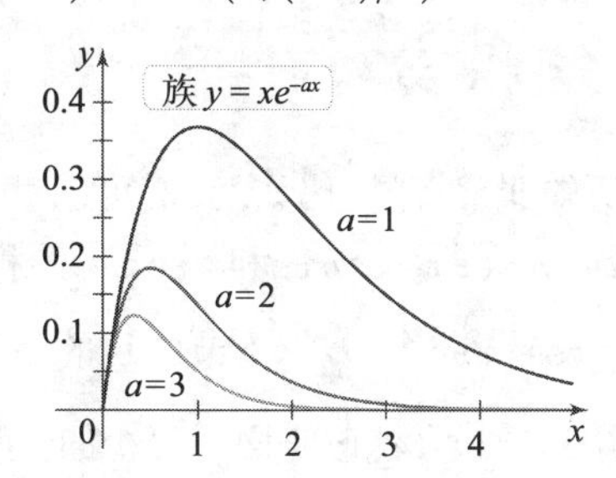

59. 旋转体 求 $y = \cos x$ 和 x- 轴在区间 $[0, \pi/2]$ 上所围区域绕 y- 轴旋转所得的立体体积.

60. 正弦与反正弦之间的面积 求 $y = \sin x$ 和 $y = \sin^{-1} x$ 在区间 $[0, 1]$ 上所围区域的面积.

61. 比较体积 设 R 是 $y = \sin x$ 和 x- 轴在区间 $[0, \pi]$ 上所围区域. R 绕 x- 轴旋转所得的立体体积与绕 y- 轴旋转所得的立体体积哪个大?

62. log 的积分 用分部积分法证明当 $m \neq -1$ 时,

$$\int x^m \ln x dx = \frac{x^{m+1}}{m+1}\left(\ln x - \frac{1}{m+1}\right) + C.$$

当 $m = -1$ 时,

$$\int \frac{\ln x}{x} dx = \frac{1}{2} \ln^2 x + C.$$

63. 一个有用的积分

a. 用分部积分法证明: 如果 f' 连续, 则

$$\int x f'(x)dx = x f(x) - \int f(x)dx.$$

b. 用 (a) 计算 $\int xe^{3x} dx$.

64. 对反函数积分

a. 设 $y = f^{-1}(x)$, 即 $x = f(y), dx = f'(y)dy$. 证明

$$\int f^{-1}(x)dx = \int y f'(y)dy.$$

b. 用习题 63 的结果证明

$$\int f^{-1}(x)dx = y f(y) - \int f(y)dy.$$

c. 用 (b) 的结果计算 $\int \ln x dx$ (用 x 表示结果).

d. 用 (b) 的结果计算 $\int \sin^{-1} x dx$.

e. 用 (b) 的结果计算 $\int \tan^{-1} x dx$.

65. $\sec^3 x$ 的积分 用分部积分法证明

$$\int \sec^3 x dx = \frac{1}{2} \sec x \tan x + \frac{1}{2} \int \sec x dx.$$

66. 两个有用的指数积分 设 a, b 是实数, 用分部积分法导出下列公式.

$$\int e^{ax} \sin bx dx = \frac{e^{ax}(a \sin bx - b \cos bx)}{a^2 + b^2} + C,$$

$$\int e^{ax} \cos bx dx = \frac{e^{ax}(a \cos bx + b \sin bx)}{a^2 + b^2} + C.$$

应用

67. 振子的位移 设由于摩擦慢下来的一个振子 (比如钟摆或弹簧上的质点) 的位置函数是 $s(t)=e^{-t}\sin t$.

a. 作位置函数的图像. 振子何时经过位置 $s=0$?

b. 求位置在区间 $[0,\pi]$ 上的平均值.

c. 推广 (b), 求位置函数在 $[n\pi,(n+1)\pi]$, $n=0$, 1, 2,$\cdots$ 上的平均值.

d. 设 a_n 是位置函数在 $[n\pi,(n+1)\pi]$ 上的平均值, $n=0,1,2,\cdots$. 描述数 $a_0,a_1,a_2,\cdots$ 的规律.

附加练习

68. 找错 假设用分部积分法计算 $\int \frac{dx}{x}$. 令 $u=1/x$, $dv=dx$, 发现 $du=-1/x^2dx, v=x$ 且

$$\int\frac{dx}{x}=\left(\frac{1}{x}\right)x-\int x\left(-\frac{1}{x^2}\right)dx=1+\int\frac{dx}{x}.$$

于是得出结论 $0=1$. 解释计算中出现的问题.

69. 不用文字证明 解释图中的图形如何阐述定积分的分部积分法.

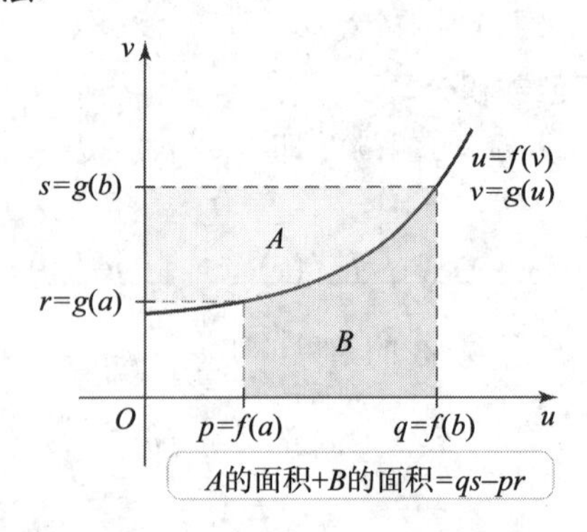

70. 一个恒等式 证明: 如果 f 和 g 有二阶连续导数且 $f(0)=f(1)=g(0)=g(1)=0$, 则

$$\int_0^1 f''(x)g(x)dx=\int_0^1 f(x)g''(x)dx.$$

71. 可能与不可能的积分 设 $I_n=\int x^n e^{-x^2}dx$, 其中 n 是非负整数.

a. $I_0=\int e^{-x^2}dx$ 不能表示为初等函数. 计算 I_1.

b. 用分部积分法计算 I_3.

c. 用分部积分法和 (b) 的结果计算 I_5.

d. 证明: 一般地, 如果 n 是奇数, 那么 $I_n=-\frac{1}{2}e^{-x^2}p_{n-1}(x)$, 其中 p_{n-1} 是次数为 $n-1$ 的偶多项式.

e. 论证: 如果 n 是偶数, 则 I_n 不能用初等函数表示.

72. 前瞻 (第 10 章) 设 f 在 $x=0$ 的附近有任意阶导数. 由微积分基本定理,

$$f(x)-f(0)=\int_0^x f'(t)dt.$$

a. 用分部积分法计算积分来证明

$$f(x)=f(0)+xf'(0)+\int_0^x f''(t)(x-t)dt.$$

b. 用 n 次分部积分法证明 (通过发现规律或归纳)

$$\begin{aligned}f(x)=&\ f(0)+xf'(0)+\frac{1}{2!}x^2f''(0)+\cdots\\&+\frac{1}{n!}x^nf^{(n)}(0)\\&+\frac{1}{n!}\int_0^x f^{(n+1)}(t)(x-t)^ndt+\cdots\end{aligned}$$

这个表达式被称作 f 在 $x=0$ 处的泰勒级数, 在第 10 章将再次看到.

迅速核查　答案

1. 令 $u=x, dv=\cos x dx$.
2. $\frac{d}{dx}(x\ln x-x+C)=\ln x$.
3. 必须用 5 次分部积分.

8.2　三角积分

到目前为止, 我们对涉及三角函数的积分所知非常有限. 比如, 我们可以对 $\sin ax, \cos ax$ 积分, 其中 a 是常数. 但清单中没有出现 $\tan ax, \cot ax, \sec ax$ 和 $\csc ax$ 的积分. 此外, 三角函数幂的积分也是重要的, 如 $\int\cos^5 xdx, \int\cos^2 x\sin^4 xdx$. 本节的目的是开发含三角函数积分的积分方法. 这些方法在我们下一节使用三角换元法时是必不可少的.

$\sin x$ 和 $\cos x$ 幂的积分

当我们计算形式为 $\int \sin^m x dx$ 或 $\int \cos^n x dx$ 的积分时有两种策略, 这里 m, n 是正整数. 它们都如第一个例题那样用三角恒等式变换被积函数.

例 1 正弦与余弦的幂 计算下列积分.

a. $\int \cos^5 x dx$. **b.** $\int \sin^4 x dx$.

毕达哥拉斯恒等式:

$\cos^2 x + \sin^2 x = 1$,

$1 + \tan^2 x = \sec^2 x$,

$\cot^2 x + 1 = \csc^2 x$.

解

a. $\cos x$ (或 $\sin x$) 奇次幂的积分通过提出一个因子 $\cos x$ (或 $\sin x$) 非常容易计算. 在这个例子中, 我们将 $\cos^5 x$ 写成 $\cos^4 x \cdot \cos x$. 用等式 $\cos^2 x = 1 - \sin^2 x$ 可以将 $\cos^4 x$ 用 $\sin x$ 表示. 所得结果是一个通过换元 $u = \sin x$ 可以迅速积分的被积函数:

$$\begin{aligned}
\int \cos^5 x dx &= \int \cos^4 x \cdot \cos x dx && (\text{分离 } \cos x) \\
&= \int (1 - \sin^2 x)^2 \cdot \cos x dx && (\text{毕达哥拉斯恒等式}) \\
&= \int (1 - u^2)^2 du && (\text{令 } u = \sin x; du = \cos x dx) \\
&= \int (1 - 2u^2 + u^4) du && (\text{展开}) \\
&= u - \frac{2}{3}u^3 + \frac{1}{5}u^5 + C && (\text{积分}) \\
&= \sin x - \frac{2}{3}\sin^3 x + \frac{1}{5}\sin^5 x + C. && (\text{将 } u \text{ 换成 } \sin x)
\end{aligned}$$

用短语 “正弦是减” 来记住负号伴随 $\sin^2 x$ 的半角公式, 而 $\cos^2 x$ 用正号.

b. 若被积函数是 $\sin x$ 或 $\cos x$ 的偶次幂, 我们用半角公式:

$$\sin^2 x = \frac{1 - \cos 2x}{2} \text{ 和 } \cos^2 x = \frac{1 + \cos 2x}{2}.$$

降低被积函数中的次数:

$$\begin{aligned}
\int \sin^4 x dx &= \int \Bigg(\underbrace{\frac{1 - \cos 2x}{2}}_{\sin^2 x}\Bigg)^2 dx && (\text{半角公式}) \\
&= \frac{1}{4}\int (1 - 2\cos 2x + \cos^2 2x) dx. && (\text{展开被积函数})
\end{aligned}$$

再次对 $\cos^2 2x$ 用半角公式, 然后完成计算:

$$\begin{aligned}
\int \sin^4 x dx &= \frac{1}{4}\int \Bigg(1 - 2\cos 2x + \underbrace{\frac{1 + \cos 4x}{2}}_{\cos^2 2x}\Bigg) && (\text{半角公式}) \\
&= \frac{1}{4}\int \left(\frac{3}{2} - 2\cos 2x + \frac{1}{2}\cos^2 4x\right) dx && (\text{化简}) \\
&= \frac{3x}{8} - \frac{1}{4}\sin 2x + \frac{1}{32}\sin 4x + C. && (\text{求积分})
\end{aligned}$$

相关习题 9 ~ 12 ◄

迅速核查 1. 通过提出因式 $\sin x$, 并且将 $\sin^2 x$ 用 $\cos x$ 表示以及利用恰当的 u- 换元计算 $\int \sin^3 x dx$. ◄

$\sin x$ 与 $\cos x$ 乘积的积分

我们现在考虑形如 $\int \sin^m x \cos^n x dx$ 的积分. 如果 m 是正奇数, 我们提出因式 $\sin x$ 并将剩余的 $\sin x$ 的偶次幂用余弦函数表示. 这个步骤为换元 $u = \cos x$ 准备好被积函数, 所得的积分可迅速求解. 如果 n 是正奇数, 可用类似的策略.

如果 m 和 n 都是正偶数, 用半角公式将被积函数转化成 $\cos 2x$ 的多项式, 每一项可以像例 2 那样积分.

例 2　正弦与余弦的乘积 求下列积分.

a. $\int \sin^4 x \cos^2 x dx$.　　　**b.** $\int \sin^3 x \cos^{-2} x dx$.

解

a. 两个指数都是偶数, 用半角公式:

$$\begin{aligned}\int \sin^4 x \cos^2 x dx &= \int \Big(\underbrace{\frac{1-\cos 2x}{2}}_{\sin^2 x}\Big)^2 \Big(\underbrace{\frac{1+\cos 2x}{2}}_{\cos^2 x}\Big) dx \qquad \text{(半角公式)} \\ &= \frac{1}{8}\int (1 - \cos 2x - \cos^2 2x + \cos^3 2x) dx. \qquad \text{(展开)}\end{aligned}$$

第三项再用半角公式变形. 对最后一项, 提出因式 $\cos 2x$, 剩余的 $\cos 2x$ 的偶次幂用 $\sin 2x$ 表示, 为 u- 换元作准备:

$$\begin{aligned}&\int \sin^4 x \cos^2 x dx \\ &= \frac{1}{8}\int \left[1 - \cos 2x - \Big(\overbrace{\frac{1+\cos 4x}{2}}^{\cos^2 2x}\Big)\right] dx + \frac{1}{8}\int \Big(\overbrace{(1-\sin^2 2x)}^{\cos^2 2x}\Big) \cdot \cos 2x dx.\end{aligned}$$

最后, 在第二个积分中用换元 $u = \sin 2x$ 计算积分. 化简后得

$$\int \sin^4 x \cos^2 x dx = \frac{1}{16}x - \frac{1}{64}\sin 4x - \frac{1}{48}\sin^3 2x + C.$$

b. 如果至少有一个指数是奇数, 用如下方法:

$$\begin{aligned}\int \sin^3 x \cos^{-2} x dx &= \int \sin^2 x \cos^{-2} x \cdot \sin x dx \qquad \text{(分离 } \sin x\text{)} \\ &= \int (1-\cos^2 x)\cos^{-2} x \cdot \sin x dx \qquad \text{(毕达哥拉斯恒等式)} \\ &= -\int (1-u^2)u^{-2} du \qquad (u = \cos x; du = -\sin x dx) \\ &= \int (1-u^{-2}) du = u + \frac{1}{u} + C \qquad \text{(求积分)} \\ &= \cos x + \sec x + C. \qquad \text{(将 } u \text{ 换成 } \cos x\text{)}\end{aligned}$$

相关习题 13～18 ◀

迅速核查 2. 用什么方法计算 $\int \sin^3 x \cos^3 x dx$? ◀

表 8.1 总结了形如 $\int \sin^m x \cos^n x dx$ 的积分的计算方法.

表 8.1

$\int \sin^m x \cos^n x dx$	方法
m 为奇, n 为实数	分离 $\sin x$, 将所得的 $\sin x$ 的偶次幂写成 $\cos x$ 的形式, 然后用 $u = \cos x$.
n 为奇, m 为实数	分离 $\cos x$, 将所得的 $\cos x$ 的偶次幂用 $\sin x$ 表示, 然后用 $u = \sin x$.
m 和 n 都是非负偶数	用半角公式将被积函数化为 $\cos 2x$ 的多项式, 然后对指数大于 1(比如 $\cos^2 2x$, $\cos^3 2x$, 等等) 的幂次再次用前述方法.

归约公式

用例 1b 的方法计算诸如 $\sin^8 xdx$ 的积分将是冗长乏味的. 由于这个原因, 我们开发归约公式来减少工作量. 归约公式将涉及函数幂的积分归于另一个涉及该函数低次幂的积分; 我们在 8.1 节的习题 42～45 中已经见到过归约公式. 这里是三角积分中频繁使用的归约公式.

归约公式

设 n 是正整数, 则

1. $\displaystyle\int \sin^n xdx = -\frac{\sin^{n-1} x\cos x}{n} + \frac{n-1}{n}\int \sin^{n-2} xdx\,.$

2. $\displaystyle\int \cos^n xdx = \frac{\cos^{n-1} x\sin x}{n} + \frac{n-1}{n}\int \cos^{n-2} xdx\,.$

3. $\displaystyle\int \tan^n xdx = \frac{\tan^{n-1} x}{n-1} - \int \tan^{n-2} xdx, n \neq 1\,.$

4. $\displaystyle\int \sec^n xdx = \frac{\sec^{n-2} x\tan x}{n-1} + \frac{n-2}{n-1}\int \sec^{n-2} xdx, n \neq 1\,.$

公式 1, 3, 4 从习题 52～54 得到. 公式 2 的推导类似于公式 1 的推导.

例 3　$\tan x$ 的幂 计算 $\displaystyle\int \tan^4 xdx$.

解　由归约公式 3 得

$$\begin{aligned}\int \tan^4 xdx &= \frac{1}{3}\tan^3 x - \underbrace{\int \tan^2 xdx}_{\text{再次用公式 3}} \\ &= \frac{1}{3}\tan^3 x - \left(\tan x - \int \underbrace{\tan^0 x}_{=1} dx\right) \\ &= \frac{1}{3}\tan^3 x - \tan x + x + C.\end{aligned}$$

另一种解法是用等式 $\tan^2 x = \sec^2 x - 1$:

$$\begin{aligned}\int \tan^4 xdx &= \int \tan^2 x(\sec^2 x - 1)dx \\ &= \int \tan^2 x\sec^2 xdx - \int \tan^2 xdx.\end{aligned}$$

在第一个积分中用换元 $u = \tan x, du = \sec^2 xdx$, 而在第二个积分中再次应用等式 $\tan^2 x = \sec^2 x - 1$:

$$\int \tan^4 xdx = \int \underbrace{\tan^2 x}_{u^2}\underbrace{\sec^2 xdx}_{du} - \int \tan^2 xdx$$

$$= \int u^2 du - \int (\sec^2 x - 1) dx \qquad (\text{换元和等式})$$
$$= \frac{u^3}{3} - \tan x + x + C \qquad (\text{求积分})$$
$$= \frac{1}{3}\tan^3 x - \tan x + x + C. \qquad (u = \tan x)$$

相关习题 19～24 ◀

注意, 对 $\tan x$ 和 $\sec x$ 的奇次幂的积分用归约公式 3 或公式 4 将最终得到 $\int \tan x dx$ 或 $\int \sec x dx$. 定理 8.1 给出了这两个积分的结果, 同时也有 $\cot x$ 和 $\csc x$ 的积分.

定理 8.1　$\tan x, \cot x, \sec x, \csc x$ 的积分

$$\int \tan x dx = -\ln|\cos x| + C = \ln|\sec x| + C, \quad \int \cot x dx = \ln|\sin x| + C,$$
$$\int \sec x dx = \ln|\sec x + \tan x| + C, \quad \int \csc x dx = -\ln|\csc x + \cot x| + C.$$

证明　在第一个积分中, 为进行标准的换元, 将 $\tan x$ 表示成 $\sin x$ 与 $\cos x$ 之比:

$$\int \tan x dx = \int \frac{\sin x}{\cos x} dx$$
$$= -\int \frac{1}{u} du \qquad (u = \cos x; du = -\sin x dx)$$
$$= -\ln|u| + C$$
$$= -\ln|\cos x| + C.$$

用对数的性质, 这个积分可以写成

$$\int \tan x dx = -\ln|\cos x| + C = \ln|(\cos x)^{-1}| + C = \ln|\sec x| + C.$$

其余积分的推导留作习题 34～36. ◀

$\tan x$ 与 $\sec x$ 乘积的积分

形如 $\int \tan^m x \sec^n x dx$ 的积分用类似用于 $\int \sin^m x \cos^n x dx$ 的方法计算. 比如, 如果 n 是偶数, 我们提出因式 $\sec^2 x$ 并将剩余的 $\sec x$ 的偶次幂用 $\tan x$ 表示. 这一步为换元 $u = \tan x$ 准备积分. 如果 m 是奇数, 我们提出 $\sec x \tan x$ ($\sec x$ 的导数), 为换元 $u = \sec x$ 准备积分. 如果 m 是偶数, n 是奇数, 则被积函数可表示成 $\sec x$ 的多项式, 每项积分用归约公式处理. 例 4 将阐述这些方法.

例 4　$\tan x$ 与 $\sec x$ 乘积 计算积分

a. $\int \tan^3 x \sec^4 x dx$.　　**b.** $\int \tan^2 x \sec x dx$.

解

a. 对 $\sec x$ 的偶次幂, 我们提出因式 $\sec^2 x$, 并将积分转化为可以用换元 $u = \tan x$ 的形式:

$$\int \tan^3 x \sec^4 x dx = \int \tan^3 x \sec^2 x \cdot \sec^2 x dx$$

$$= \int \tan^3 x(\tan^2 x + 1) \cdot \sec^2 x dx \qquad (\sec^2 x = \tan^2 x + 1)$$
$$= \int u^3(u^2+1)du \qquad (u = \tan x; du = \sec^2 x dx)$$
$$= \frac{1}{5}\tan^6 x + \frac{1}{4}\tan^4 x + C. \qquad (\text{计算}; u = \tan x)$$

因为被积函数也有 $\tan x$ 的奇次幂, 另一种解法就是提出因式 $\sec x \tan x$, 并将被积函数表示成换元法 $u = \sec x$ 适用的形式:

例 4a 中, 两种方法得到两个看上去不同但等价的结果. 这在计算三角积分中很常见. 例如, 对 $\int \sin^4 x dx$ 试用归约公式, 并比较所得结果与例 1b 中的答案

$$\frac{3x}{8} - \frac{1}{4}\sin 2x + \frac{1}{32}\sin 4x + C.$$

$$\int \tan^3 x \sec^4 x dx = \int \underbrace{\tan^2 x}_{\sec^2 x - 1} \sec^3 x \cdot \sec x \tan x dx$$
$$= \int (\sec^2 x - 1)\sec^3 x \cdot \sec x \tan x dx$$
$$= \int (u^2-1)u^3 du \qquad (u = \sec x; du = \sec x \tan x dx)$$
$$= \frac{1}{6}\sec^6 x - \frac{1}{4}\sec^4 x + C. \qquad (\text{计算}; u = \sec x)$$

这里给出的两个表面上不同的解通过用恒等式 $1 + \tan^2 x = \sec^2 x$ 将第二个结果转化成第一个结果证明是一致的, 它们的差别仅仅是一个加上的常数, 它是 C 的一部分.

b. 在这个例子中, 我们把 $\tan x$ 的偶次幂用 $\sec x$ 表示:

$$\int \tan^3 x \sec x dx = \int (\sec^2 x - 1)\sec x dx \qquad (\tan^2 x = \sec^2 x - 1)$$
$$= \int \sec^3 x dx - \int \sec x dx$$
$$= \overbrace{\frac{1}{2}\sec x \tan x + \frac{1}{2}\int \sec x dx}^{\text{换算公式 4}} - \int \sec x dx$$
$$= \frac{1}{2}\sec x \tan x - \frac{1}{2}\ln|\sec x + \tan x| + C \qquad (\text{增加割积分; 用定理 8.1})$$

相关习题 25～32 ◀

表 8.2 总结了 $\int \tan^m x \sec^n x dx$ 的积分方法. 对 $\int \cot^m x \csc^n x dx$ 用类似的方法.

表 8.2

$\int \tan^m x \sec^n x dx$	方法
n 为偶	分离 $\sec^2 x$, 用 $\tan x$ 表示剩余的 $\sec x$ 的偶次幂, 然后用 $u = \tan x$.
m 为奇	分离 $\sec x \tan x$, 用 $\sec x$ 表示剩余的 $\tan x$ 的偶次幂, 然后用 $u = \sec x$.
m 为偶, n 为奇	用 $\sec x$ 表示 $\tan x$ 的偶次幂, 得到 $\sec x$ 的多项式; 对各项用归约公式 4.

8.2 节 习题

复习题

1. 陈述用于对 $\sin^2 x$ 和 $\cos^2 x$ 积分的半角公式.
2. 陈述三个毕达哥拉斯恒等式.
3. 描述对 $\sin^3 x$ 积分的方法.
4. 描述当 m 为偶数, n 为奇数时, 对 $\sin^m x \cos^n x$ 积分的方法.
5. 什么是归约公式?
6. 如何计算 $\int \cos^2 x \sin^3 x dx$?

7. 如何计算 $\int \tan^{10} x \sec^2 x dx$?

8. 如何计算 $\int \sec^{12} x \tan x dx$?

基本技能

9～12. $\sin x$ 或 $\cos x$ 的积分 计算下列积分.

9. $\int \sin^2 x dx$.

10. $\int \cos^4 2x dx$.

11. $\int \sin^5 x dx$.

12. $\int \cos^3 20x dx$.

13～18. $\sin x$ 和 $\cos x$ 的积分 计算下列积分.

13. $\int \sin^2 x \cos^2 x dx$.

14. $\int \sin^3 x \cos^5 x dx$.

15. $\int \sin^5 x \cos^{-2} x dx$.

16. $\int \sin^{-3/2} x \cos^3 x dx$.

17. $\int \sin^2 x \cos^4 x dx$.

18. $\int \sin^3 x \cos^{3/2} x dx$.

19～24. $\tan x$ 或 $\cot x$ 的积分 计算下列积分.

19. $\int \tan^2 x dx$.

20. $\int 6\sec^4 x dx$.

21. $\int \tan^3 4x dx$.

22. $\int \sec^5 \theta d\theta$.

23. $\int 20\tan^6 x dx$.

24. $\int \cot^5 3x dx$.

25～32. $\tan x$ 和 $\sec x$ 的积分 计算下列积分.

25. $\int \sec^2 x \tan^{1/2} x dx$.

26. $\int \sec^{-2} x \tan^3 x dx$.

27. $\int \frac{\csc^4 x}{\cot^2 x} dx$.

28. $\int \csc^{10} x \cot^3 x dx$.

29. $\int_0^{\pi/4} \sec^4 \theta d\theta$.

30. $\int \tan^5 \theta \sec^4 \theta d\theta$.

31. $\int_{\pi/6}^{\pi/3} \cot^3 \theta d\theta$.

32. $\int_0^{\pi/4} \tan^3 \theta \sec^2 \theta d\theta$.

深入探究

33. **解释为什么是, 或不是** 判别下列命题是否正确, 并证明或举反例.

　a. 如果 m 是正整数, 则 $\int_0^{\pi} \cos^{2m+1} x dx = 0$.

　b. 如果 m 是正整数, 则 $\int_0^{\pi} \sin^m x dx = 0$.

34～37. $\cot x, \sec x, \csc x$ 的积分

34. 用变量替换证明证明 $\int \cot x dx = \ln|\sin x| + C$.

35. 证明 $\int \sec x dx = \ln|\sec x + \tan x| + C$. (提示: 被积函数的分子分母同乘以 $\sec x + \tan x$, 然后用变量替换 $u = \sec x + \tan x$.)

36. 证明 $\int \csc x dx = -\ln|\csc x + \cot x| + C$. (提示: 用类似习题 35 的方法.)

37. 用定理 8.1 的结果求 $\tan ax$ 和 $\sec ax$ 的不定积分, 其中 a 是非零实数.

38. **比较面积** 设 R_1 是 $y = \tan x$ 的图像与 x-轴在区间 $[0, \pi/3]$ 上围成的区域, R_2 是 $y = \sec x$ 的图像与 x-轴在区间 $[0, \pi/6]$ 上围成的区域. 哪个区域的面积较大?

39. **曲线间的区域** 求 $y = \tan x$ 和 $y = \sec x$ 的图像在区间 $[0, \pi/4]$ 上围成区域的面积.

40～45. 附加的积分 计算下列积分.

40. $\int_0^{\sqrt{\pi/2}} x \sin^3(x^2) dx$.

41. $\int \frac{\sec^4(\ln\theta)}{\theta} d\theta$.

42. $\int_{\pi/6}^{\pi/2} \frac{dy}{\sin y}$.

43. $\int_{-\pi/3}^{\pi/3}\sqrt{\sec^2\theta-1}d\theta$.

44. $\int_{-\pi/4}^{\pi/4}\tan^3 x\sec^2 xdx$.

45. $\int_0^{\pi}(1-\cos 2x)^{3/2}dx$.

46～49. 平方根 计算下列积分.

46. $\int_{-\pi/4}^{\pi/4}\sqrt{1+\cos 4x}dx$.

47. $\int_0^{\pi/2}\sqrt{1-\cos 2x}dx$.

48. $\int_0^{\pi/8}\sqrt{1-\cos 8x}dx$.

49. $\int_0^{\pi/4}(1+\cos 4x)^{3/2}dx$.

50. 正弦橄榄球 求 $y=\sin x$ 的图像与 x- 轴在区间 $[0,\pi]$ 上围成的区域绕 x- 轴旋转所得立体的体积.

51. 弧长 求曲线 $y=\ln(\cos x), 0\leqslant x\leqslant \pi/4$ 的长度.

52. 一个正弦归约公式 对正整数 n, 用分部积分法推导如下归约公式:

$$\int\sin^n xdx= -\sin^{n-1}x\cos x + (n-1)\int\sin^{n-2}x\cos^2 xdx.$$

然后用恒等式得归约公式

$$\int\sin^n xdx=-\frac{\sin^{n-1}x\cos x}{n}+\frac{n-1}{n}\int\sin^{n-2}xdx.$$

利用这个归约公式求 $\int\sin^6 xdx$ 的值.

53. 一个正切归约公式 对正整数 $n\neq 1$, 证明

$$\int\tan^n xdx=\frac{\tan^{n-1}x}{n-1}-\int\tan^{n-2}xdx.$$

利用这个公式求 $\int_0^{\pi/4}\tan^3 xdx$ 的值.

54. 一个正割归约公式 对正整数 $n\neq 1$, 证明

$$\int\sec^n xdx=\frac{\sec^{n-2}x\tan x}{n-1}+\frac{n-2}{n-1}\int\sec^{n-2}xdx.$$

(提示: 用 $u=\sec^{n-2}x, dv=\sec^2 xdx$ 进行分部积分.)

应用

55～59. 形如 $\int\sin mx\cos nxdx$ 的积分 用下面三个恒等式计算指定积分.

$$\sin mx\sin nx=\frac{1}{2}[\cos((m-n)x)-\cos((m+n)x)],$$
$$\sin mx\cos nx=\frac{1}{2}[\sin((m-n)x)+\sin((m+n)x)],$$
$$\cos mx\cos nx=\frac{1}{2}[\cos((m-n)x)+\cos((m+n)x)].$$

55. $\int\sin 3x\cos 7xdx$.

56. $\int\sin 5x\sin 7xdx$.

57. $\int\sin 3x\sin 2xdx$.

58. $\int\cos x\cos 2xdx$.

59. 证明下列**正交关系**(被用来生成傅立叶级数). 假设 m,n 是整数且 $m\neq n$.

a. $\int_0^{\pi}\sin mx\sin nxdx=0$.

b. $\int_0^{\pi}\cos mx\cos nxdx=0$.

c. $\int_0^{\pi}\sin mx\cos nxdx=0$.

60. 墨卡托地图投影 墨卡托地图投影由佛兰德地理学家基哈德斯 · 墨卡托 (1512—1594) 提出. 墨卡托地图的伸缩性表示成纬度 θ 的函数为

$$G(\theta)=\int_0^{\theta}\sec xdx.$$

作 G 在 $0\leqslant\theta<\pi/2$ 上的图像.

附加练习

61. 探索正弦和余弦的幂

a. 作函数 $f_1(x)=\sin^2 x$ 和 $f_2(x)=\sin^2 2x$ 在区间 $[0,\pi]$ 上的图像. 求在区间 $[0,\pi]$ 上这些曲线下的面积.

b. 作一些函数 $f_n(x)=\sin^2 nx$ 在区间 $[0,\pi]$ 上的图像, 其中 n 是正整数. 求区间 $[0,\pi]$ 上这些曲线下的面积. 评价所作的观察.

c. 证明对所有正整数 n, $\int_0^{\pi}\sin^2 nxdx$ 有相同的值.

d. 如果正弦换成余弦, (c) 的结论还成立吗?

e. 把 $\sin^2 x$ 换成 $\sin^4 x$ 重复 (a), (b), (c) 的过程.

f. 挑战性问题: 证明对 $m=1,2,3,\cdots$,

$$\int_0^{\pi}\sin^{2m}xdx=\int_0^{\pi}\cos^{2m}xdx=\pi\cdot\frac{1\cdot3\cdot5\cdots(2m-1)}{2\cdot4\cdot6\cdots2m}.$$

迅速核查 答案

1. $\frac{1}{3}\cos^3x-\cos x+C$.

2. $\int\sin^3x\cos^3xdx=\int\sin^2x\cos^3x\sin xdx=\int(1-\cos^2x)\cos^3x\sin xdx$. 然后用变量替换 $u=\cos x$. 或者从 $\int\sin^3x\cos^3xdx=\int\sin^3x\cos^2x\cos xdx$ 入手.

8.3　三角换元法

我们在 6.5 节将抛物线 $y=x^2$ 在区间 $[0,2]$ 上的弧长积分写成

$$\int_0^2\sqrt{1+4x^2}dx=\int_0^2 2\sqrt{\frac{1}{4}+x^2}dx.$$

当时我们没有计算这个积分需要的分析方法. 本节的目的是发掘计算这类积分所需要的工具.

与抛物线的弧长积分类似的积分在很多不同的场合出现. 比如, 静电力、磁力及万有引力都遵循平方反比定律 (它们的力与 $1/r^2$ 成比例, 其中 r 是距离). 计算这些二维力场导致诸如 $\int\frac{dx}{\sqrt{x^2+a^2}}$ 或 $\int\frac{dx}{(x^2+a^2)^{3/2}}$ 这样的积分. 结果是含 $a^2\pm x^2$ 或 x^2-a^2 的积分可以用某些出乎意料的涉及三角函数的换元法化简, 其中 a 是常数. 由这些换元法得到的新积分通常是前一节学习的三角积分.

下面的想法可能导致换元 $x=a\sin\theta$. $\sqrt{a^2-x^2}$ 这一项看起来像是斜边为 a、一边为 x 的直角三角形的第三条边. 记其中一个锐角为 θ, 我们得 $x=a\sin\theta$.

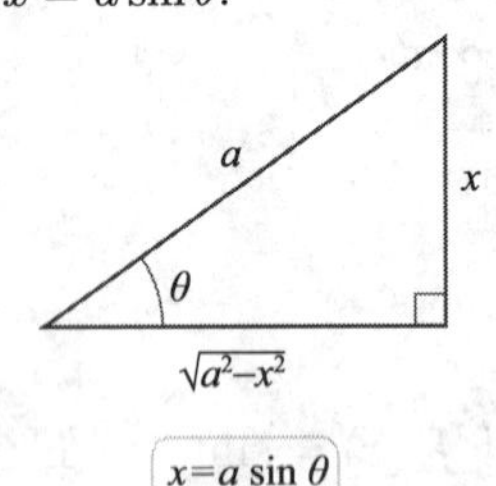

含 a^2-x^2 的积分

假设我们面对的是被积函数含 a^2-x^2 的积分, 其中 a 是正常数. 观察当用 $a\sin\theta$ 替换 x 时所发生的事情:

$$\begin{aligned}a^2-x^2&=a^2-(a\sin\theta)^2 &&(\text{用 } a\sin\theta \text{ 替换 } x)\\&=a^2-a^2\sin^2\theta &&(\text{化简})\\&=a^2(1-\sin^2\theta) &&(\text{提出因式})\\&=a^2\cos^2\theta. &&(1-\sin^2\theta=\cos^2\theta)\end{aligned}$$

这个计算显示用 $x=a\sin\theta$ 换元将差 a^2-x^2 转化为乘积 $a^2\cos^2\theta$. 所得的积分现在是关于 θ 的, 它通常比原积分更容易计算. 这个过程的细节用下面的例子详加说明.

迅速核查 1. 用形如 $x=a\sin\theta$ 的换元将 $9-x^2$ 转化为乘积形式. ◀

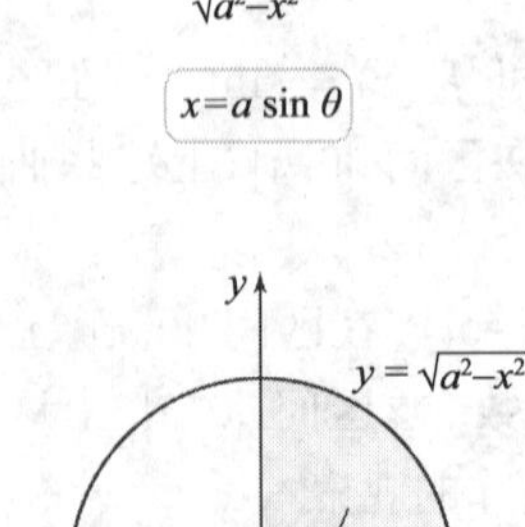

图 8.2

例 1　圆的面积 验证半径为 a 的圆面积是 πa^2.

解　函数 $f(x)=\sqrt{a^2-x^2}$ 描绘圆心为原点、半径为 a 的上半圆 (见图 8.2). 在区间 $[0,a]$ 上这条曲线下的区域是 $\frac{1}{4}$ 圆. 因此整个圆的面积是 $4\int_0^a\sqrt{a^2-x^2}dx$.

因为被积函数包括表达式 a^2-x^2, 故我们用三角换元 $x=a\sin\theta$. 对于所有替换, 必须计算与换元有关的微分:

$$x = a\sin\theta \qquad \text{意味着} \qquad dx = a\cos\theta d\theta.$$

换元 $x = a\sin\theta$ 也能写成 $\theta = \sin^{-1}(x/a)$, 其中 $-\dfrac{\pi}{2} \leqslant \theta \leqslant \dfrac{\pi}{2}$ (见图 8.3). 注意, 新变量 θ 起着角的作用. 这个换元很漂亮, 因为被积函数中的 x 换成 $a\sin\theta$ 后, 我们得

$$\begin{aligned}
\sqrt{a^2-x^2} &= \sqrt{a^2-(a\sin\theta)^2} && (\text{用 } a\sin\theta \text{ 替换 } x)\\
&= \sqrt{a^2(1-\sin^2\theta)} && (\text{分解因式})\\
&= \sqrt{a^2\cos^2\theta} && (1-\sin^2\theta = \cos^2\theta)\\
&= |a\cos\theta| && (\sqrt{x^2} = |x|)\\
&= a\cos\theta. && \left(a>0, \cos\theta>0, -\frac{\pi}{2} \leqslant \theta \leqslant \frac{\pi}{2}\right)
\end{aligned}$$

我们也要改变积分限: 当 $x = 0$ 时, $\theta = \sin^{-1}0 = 0$; 当 $x = a$ 时, $\theta = \sin^{-1}(a/a) = \sin^{-1}1 = \pi/2$. 将这些代入, 计算积分如下:

$$\begin{aligned}
4\int_0^a \sqrt{a^2-x^2}dx &= 4\int_0^{\pi/2} \underbrace{a\cos\theta}_{\text{简化被积函数}} \cdot \underbrace{a\cos\theta d\theta}_{dx} && (x = a\sin\theta, dx = a\cos\theta d\theta)\\
&= 4a^2\int_0^{\pi/2} \cos^2\theta d\theta && (\text{化简})\\
&= 4a^2\left(\frac{\theta}{2}+\frac{\sin 2\theta}{4}\right)\bigg|_0^{\pi/2} && \left(\cos^2\theta = \frac{1+\cos 2\theta}{2}\right)\\
&= 4a^2\left[\left(\frac{\pi}{4}+0\right)-(0+0)\right] = \pi a^2. && (\text{化简})
\end{aligned}$$

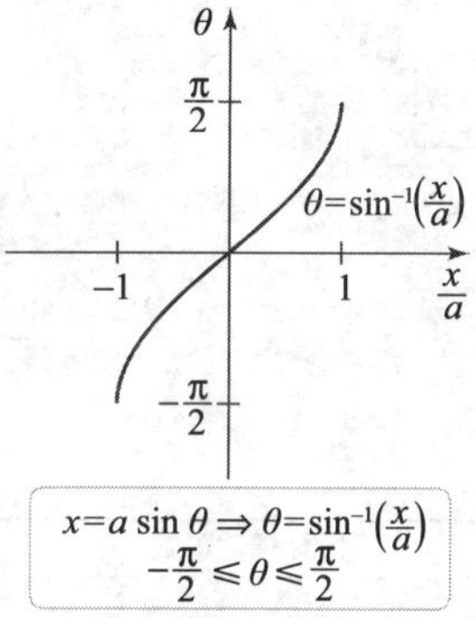

$x = a\sin\theta \Rightarrow \theta = \sin^{-1}\left(\dfrac{x}{a}\right)$

$-\dfrac{\pi}{2} \leqslant \theta \leqslant \dfrac{\pi}{2}$

图 8.3

通过类似的计算得到椭圆的面积 (习题 56). *相关习题 7～10* ◀

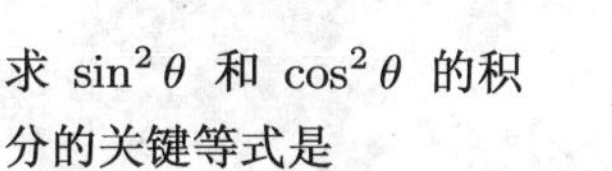

求 $\sin^2\theta$ 和 $\cos^2\theta$ 的积分的关键等式是

$$\sin^2\theta = \frac{1-\cos 2\theta}{2},$$
$$\cos^2\theta = \frac{1+\cos 2\theta}{2}.$$

例 2 正弦换元 计算 $\displaystyle\int \frac{dx}{(16-x^2)^{3/2}}$.

解 因式 $16-x^2$ 具有形式 a^2-x^2, 其 $a = 4$, 因此我们用三角换元 $x = 4\sin\theta$. 由此 $dx = 4\cos\theta d\theta$. 我们现在化简 $(16-x^2)^{3/2}$:

$$\begin{aligned}
(16-x^2)^{3/2} &= (16-(4\sin\theta)^2)^{3/2} && (\text{用 } x = 4\sin\theta \text{ 代换})\\
&= (16(1-\sin^2\theta))^{3/2} && (\text{提出因式})\\
&= (16\cos^2\theta)^{3/2} && (1-\sin^2\theta = \cos^2\theta)\\
&= 64\cos^3\theta. && (\text{化简})
\end{aligned}$$

将原积分中的 $(16-x^2)^{3/2}$ 和 dx 替换成 θ 的恰当表达式, 我们得

$$\begin{aligned}
\int \frac{\overbrace{dx}^{4\cos\theta d\theta}}{\underbrace{(16-x^2)^{3/2}}_{64\cos^3\theta}} &= \int \frac{4\cos\theta}{64\cos^3\theta}d\theta\\
&= \frac{1}{16}\int \frac{d\theta}{\cos^2\theta}\\
&= \frac{1}{16}\int \sec^2\theta d\theta && (\text{化简})\\
&= \frac{1}{16}\tan\theta + C. && (\text{求积分})
\end{aligned}$$

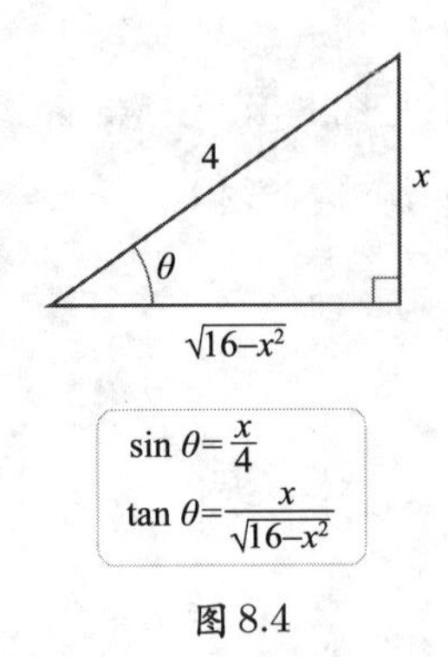

图 8.4

最后一步是用 x 表示这个结果. 在很多积分中, 借助显示 x 与 θ 之间关系的参照三角形, 这一步非常容易完成. 图 8.4 显示一角为 θ 且所注边满足 $x = 4\sin\theta$ (或 $\sin\theta = x/4$) 的直角三角形. 根据这个三角形, 我们看到 $\tan\theta = \dfrac{x}{\sqrt{16-x^2}}$, 这意味着

$$\int \frac{dx}{(16-x^2)^{3/2}} = \frac{1}{16}\tan\theta + C = \frac{x}{16\sqrt{16-x^2}} + C.$$

相关习题 11～14 ◀

含 a^2+x^2 或 x^2-a^2 的积分

其他涉及正切与正割的标准三角换元过程与正弦换元的过程类似. 图 8.5 和表 8.3 对实数 $a>0$ 总结了三个基本的三角换元.

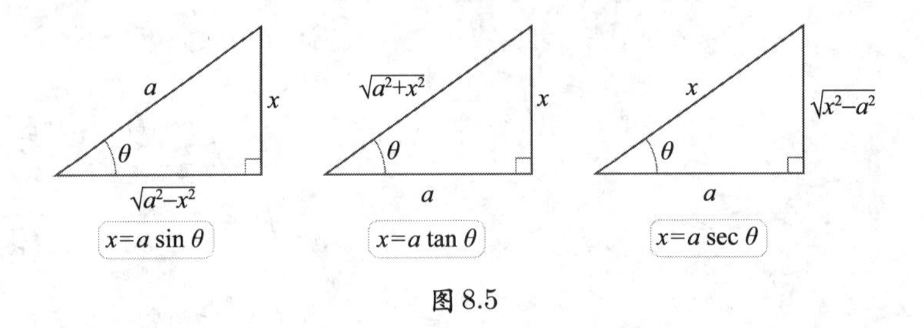

图 8.5

表 8.3

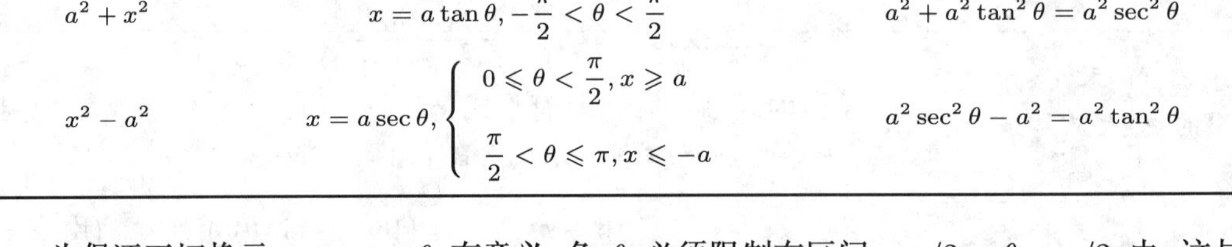

积分包含	相应的换元	有用的恒等式
a^2-x^2	$x=a\sin\theta, -\dfrac{\pi}{2}\leqslant\theta\leqslant\dfrac{\pi}{2}$	$a^2-a^2\sin^2\theta=a^2\cos^2\theta$
a^2+x^2	$x=a\tan\theta, -\dfrac{\pi}{2}<\theta<\dfrac{\pi}{2}$	$a^2+a^2\tan^2\theta=a^2\sec^2\theta$
x^2-a^2	$x=a\sec\theta, \begin{cases} 0\leqslant\theta<\dfrac{\pi}{2}, x\geqslant a \\ \dfrac{\pi}{2}<\theta\leqslant\pi, x\leqslant -a \end{cases}$	$a^2\sec^2\theta-a^2=a^2\tan^2\theta$

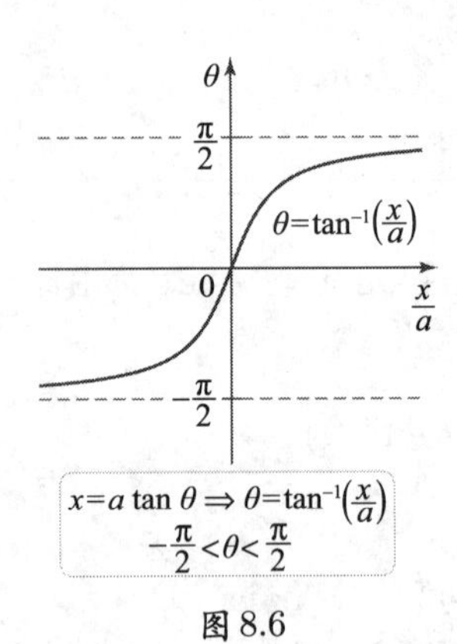

图 8.6

为保证正切换元 $x=a\tan\theta$ 有意义, 角 θ 必须限制在区间 $-\pi/2<\theta<\pi/2$ 内, 这与 $\tan^{-1}(x/a)$ 的定义一致 (见图 8.6). 在这个区间上, $\sec\theta>0$, 且由于 $a>0$, 写成

$$\sqrt{a^2+x^2}=\sqrt{a^2+(a\tan\theta)^2}=\sqrt{a^2\underbrace{(1+\tan^2\theta)}_{\sec^2\theta}}=a\sec\theta.$$

$x=a\sec\theta \Rightarrow \theta=\sec^{-1}\left(\frac{x}{a}\right)$

$0\leqslant\theta<\frac{\pi}{2}$ 或 $\frac{\pi}{2}<\theta\leqslant\pi$

图 8.7

对正割换元, 有技术性问题. 如 7.5 节所述, $\theta=\sec^{-1}(x/a)$ 仅对 $x\geqslant a$ 和 $x\leqslant -a$ 有定义, 且当 $x\geqslant a$ 时, $0\leqslant\theta<\pi/2$, 当 $x\leqslant -a$ 时, $\pi/2<\theta\leqslant\pi$ (见图 8.7). 化简有因式 $\sqrt{x^2-a^2}$ 的被积函数时必须小心对待这些关于 θ 的限制. 因为 $\tan\theta$ 在第一象限为正但在第二象限为负, 我们得

$$\sqrt{x^2-a^2}=\sqrt{a^2\underbrace{(\sec^2\theta-1)}_{\tan^2\theta}}=|a\tan\theta|=\begin{cases} a\tan\theta, & 0\leqslant\theta<\dfrac{\pi}{2} \\ -a\tan\theta, & \dfrac{\pi}{2}<\theta\leqslant\pi \end{cases}.$$

求定积分时, 必须检验积分限以判断是这两种情况中的哪一种. 至于不定积分, 通常需要一个分段公式, 除非关于变量的限制在问题中已经给出 (见习题 75～78).

迅速核查 2. 对积分

(a) $\displaystyle\int \frac{x^2}{\sqrt{x^2+9}}dx$ 和

(b) $\displaystyle\int \frac{3}{3\sqrt{16-x^2}}dx$

将采用什么变量替换? ◂

因为我们在求定积分, 故我们将积分限变为从 $\theta=0$ 到 $\theta=\tan^{-1}4$. 然而 $\tan^{-1}4$ 不是一个标准角, 所以用 x 表示原函数及用原来的积分限更简单.

例 3 抛物线的弧长 求抛物线 $y=x^2$ 在区间 $[0,2]$ 上的弧长 $\displaystyle\int_0^2\sqrt{1+4x^2}dx$.

解 从根号中提出因子 4, 我们得

$$\int_0^2\sqrt{1+4x^2}dx=2\int_0^2\sqrt{\frac{1}{4}+x^2}dx=2\int_0^2\sqrt{\left(\frac{1}{2}\right)^2+x^2}dx.$$

被积函数包含表达式 a^2+x^2, 其中 $a=\dfrac{1}{2}$, 它暗示我们用换元 $x=\dfrac{1}{2}\tan\theta$. 由此得 $dx=\dfrac{1}{2}\sec^2\theta d\theta$, 并且

$$\sqrt{\left(\frac{1}{2}\right)^2+x^2}=\sqrt{\left(\frac{1}{2}\right)^2+\left(\frac{1}{2}\tan\theta\right)^2}=\frac{1}{2}\sqrt{\underbrace{1+\tan^2\theta}_{\sec^2\theta}}=\frac{1}{2}\sec\theta.$$

先不考虑积分限, 我们计算原函数

$$\begin{aligned}2\int\sqrt{\left(\frac{1}{2}\right)^2+x^2}dx&=2\int\frac{1}{2}\sec\theta\underbrace{\frac{1}{2}\sec^2\theta d\theta}_{dx}\qquad\left(x=\frac{1}{2}\tan\theta, dx=\frac{1}{2}\sec^2\theta d\theta\right)\\&=\frac{1}{2}\int\sec^3\theta d\theta\qquad(\text{化简})\\&=\frac{1}{4}(\sec\theta\tan\theta+\ln|\sec\theta+\tan\theta|).\qquad(\text{归约公式, 8.2 节})\end{aligned}$$

我们根据参照三角形 (见图 8.8) 用原来的变量 x 表示原函数并求定积分:

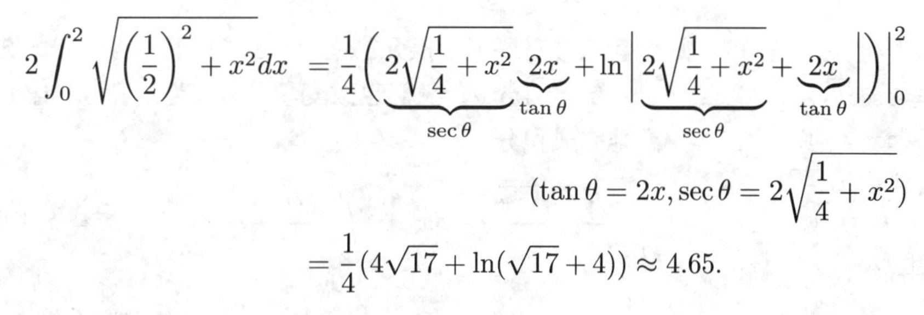

$$\begin{aligned}2\int_0^2\sqrt{\left(\frac{1}{2}\right)^2+x^2}dx&=\frac{1}{4}\left(\underbrace{2\sqrt{\frac{1}{4}+x^2}}_{\sec\theta}\underbrace{2x}_{\tan\theta}+\ln\left|\underbrace{2\sqrt{\frac{1}{4}+x^2}}_{\sec\theta}+\underbrace{2x}_{\tan\theta}\right|\right)\Bigg|_0^2\\&\qquad\left(\tan\theta=2x, \sec\theta=2\sqrt{\frac{1}{4}+x^2}\right)\\&=\frac{1}{4}(4\sqrt{17}+\ln(\sqrt{17}+4))\approx 4.65.\end{aligned}$$

相关习题 15 ~ 46 ◂

$\sqrt{\frac{1}{4}+x^2}$ x θ $\frac{1}{2}$

$\tan\theta=2x$

$\sec\theta=2\sqrt{\frac{1}{4}+x^2}$

图 8.8

例 4 另一个正切换元 计算 $\displaystyle\int\frac{dx}{(1+x^2)^2}$.

解 因式 $1+x^2$ 暗示我们用换元 $x=\tan\theta$, 由此, $dx=\sec^2\theta d\theta$ 及

$$(1+x^2)^2=(1+\tan^2\theta)^2=\sec^4\theta.$$

代入这些因式得

$$\begin{aligned}\int\frac{dx}{(1+x^2)^2}&=\int\frac{\sec^2\theta}{\sec^4\theta}d\theta\qquad(x=\tan\theta, dx=\sec^2\theta d\theta)\\&=\int\cos^2\theta d\theta\qquad(\text{化简})\\&=\left(\frac{\theta}{2}+\frac{\sin 2\theta}{4}\right)+C.\quad\left(\text{求 }\cos^2\theta=\frac{1+\cos 2\theta}{2}\text{ 的积分}\right)\end{aligned}$$

迅速核查 3. 积分

$$\int\frac{dx}{a^2+x^2}=\frac{1}{a}\tan^{-1}\frac{x}{a}+C$$

在 7.5 节给出. 用合适的三角换元证明这个结果. ◂

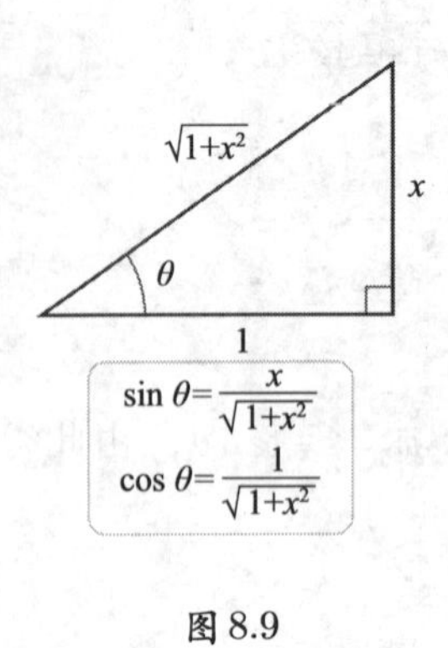

图 8.9

最后一步是回到初始变量 x. 第一项 $\frac{\theta}{2}$ 换成 $\frac{1}{2}\tan^{-1}x$. 涉及 $\sin 2\theta$ 的第二项需要恒等式 $\sin 2\theta = 2\sin\theta\cos\theta$. 参照三角形 (见图 8.9) 告诉我们

$$\frac{1}{4}\sin 2\theta = \frac{1}{2}\sin\theta\cos\theta = \frac{1}{2}\cdot\frac{x}{\sqrt{1+x^2}}\cdot\frac{1}{\sqrt{1+x^2}} = \frac{1}{2}\cdot\frac{x}{1+x^2}.$$

现在完成积分:

$$\int\frac{dx}{(1+x^2)^2} = \left(\frac{\theta}{2}+\frac{\sin 2\theta}{4}\right)+C$$
$$= \frac{1}{2}\tan^{-1}x + \frac{x}{2(1+x^2)}+C.$$

相关习题 15～46 ◂

例 5　正割换元 计算 $\int_1^4 \frac{\sqrt{x^2+4x-5}}{x+2}dx$.

回顾一下, 将 x^2+bx+c 配方, 要在表达式中加减项 $(b/2)^2$, 然后分解因式得到完全平方. 例 5 中也能只作一次换元 $x+2=3\sec\theta$.

解　这个例子在进行三角换元前需要一个有用的预备步骤. 这个被积函数不包含表 8.3 中提示用三角换元的任何形式. 然而完全平方将导致这些形式中的一个. 注意到 $x^2+4x-5=(x+2)^2-9$, 我们用 $u=x+2$ 进行变量替换并将积分写成

$$\int_1^4 \frac{\sqrt{x^2+4x-5}}{x+2}dx = \int_1^4 \frac{\sqrt{(x+2)^2-9}}{x+2}dx \quad (\text{配方})$$
$$= \int_3^6 \frac{\sqrt{u^2-9}}{u}du. \quad (u=x+2, du=dx,\ \text{改变积分限})$$

这个新积分需要正割换元 $u=3\sec\theta$ (其中 $0\leqslant\theta<\pi/2$), 它意味着 $du=3\sec\theta\tan\theta d\theta$ 且 $\sqrt{u^2-9}=3\tan\theta$. 我们也改变积分限: 当 $u=3$ 时, $\theta=0$; 当 $u=6$ 时, $\theta=\pi/3$. 现在完整地完成积分:

换元 $u=3\sec\theta$ 可以写成 $\theta=\sec^{-1}(u/3)$. 因为在积分 $\int_3^6\frac{\sqrt{u^2-9}}{u}du$ 中, $u\geqslant 3$, 所以 $0\leqslant\theta<\pi/2$.

$$\int_1^4 \frac{\sqrt{x^2+4x-5}}{x+2}dx = \int_3^6 \frac{\sqrt{u^2-9}}{u}du \quad (u=x+2, du=dx)$$
$$= \int_0^{\pi/3}\frac{3\tan\theta}{3\sec\theta}3\sec\theta\tan\theta d\theta \quad (u=3\sec\theta, du=3\sec\theta\tan\theta d\theta)$$
$$= 3\int_0^{\pi/3}\tan^2\theta d\theta \quad (\text{化简})$$
$$= 3\int_0^{\pi/3}(\sec^2\theta-1)d\theta \quad (\tan^2\theta=\sec^2\theta-1)$$
$$= 3(\tan\theta-\theta)\Big|_0^{\pi/3} \quad (\text{求积分})$$
$$= 3\sqrt{3}-\pi. \quad (\text{化简})$$

相关习题 15～46 ◂

8.3节 习题

复习题

1. 含 $\sqrt{x^2-9}$ 的积分提示用什么变量替换?

2. 含 $\sqrt{x^2+36}$ 的积分提示用什么变量替换?

3. 含 $\sqrt{100-x^2}$ 的积分提示用什么变量替换?

4. 如果 $x=4\tan\theta$, 用 x 表示 $\sin\theta$.

5. 如果 $x=2\sin\theta$, 用 x 表示 $\cot\theta$.

6. 如果 $x=8\sec\theta$, 用 x 表示 $\tan\theta$.

基本技能

7～10. 计算下列积分.

7. $\int_0^{5/2}\frac{dx}{\sqrt{25-x^2}}$.

8. $\int_0^{3/2}\frac{dx}{(9-x^2)^{3/2}}$.

9. $\int_5^{10}\sqrt{100-x^2}dx$.

10. $\int_0^{\sqrt{2}}\frac{x^2}{\sqrt{4-x^2}}dx$.

11～14. 计算下列积分.

11. $\int\frac{dx}{(16-x^2)^{1/2}}$.

12. $\int\sqrt{36-x^2}dx$.

13. $\int\frac{\sqrt{9-x^2}}{x}dx$.

14. $\int(36-9x^2)^{-3/2}dx$.

15～40. 计算下列积分.

15. $\int\sqrt{64-x^2}dx$.

16. $\int\frac{dx}{\sqrt{x^2-49}}, x>7$.

17. $\int\frac{dx}{\sqrt{36-x^2}}$.

18. $\int\frac{dx}{\sqrt{16+4x^2}}$.

19. $\int\frac{dx}{\sqrt{x^2-81}}, x>9$.

20. $\int\frac{dx}{\sqrt{1-2x^2}}$.

21. $\int\frac{dx}{(1+4x^2)^{3/2}}$.

22. $\int\frac{dx}{(x^2-36)^{3/2}}, x>6$.

23. $\int\frac{x^2}{\sqrt{16-x^2}}dx$.

24. $\int\frac{dx}{(81+x^2)^2}$.

25. $\int\frac{\sqrt{x^2-9}}{x}dx, x>3$.

26. $\int\sqrt{9-4x^2}dx$.

27. $\int\frac{x^2}{\sqrt{4+x^2}}dx$.

28. $\int\frac{\sqrt{4x^2-1}}{x^2}dx, x>\frac{1}{2}$.

29. $\int\frac{dx}{\sqrt{3-2x-x^2}}$.

30. $\int\frac{x^4}{1+x^2}dx$.

31. $\int\frac{\sqrt{9x^2-25}}{x^3}dx, x>\frac{5}{3}$.

32. $\int\frac{\sqrt{9-x^2}}{x^2}dx$.

33. $\int\frac{x^2}{(25+x^2)^2}dx$.

34. $\int\frac{dx}{x^2\sqrt{9x^2-1}}, x>\frac{1}{3}$.

35. $\int\frac{x^2}{(100-x^2)^{3/2}}dx$.

36. $\int\frac{dx}{x^3\sqrt{x^2-100}}, x>10$.

37. $\int\frac{x^3}{(81-x^2)^2}dx$.

38. $\int\frac{dx}{x^3\sqrt{x^2-1}}, x>1$.

39. $\int\frac{dx}{x(x^2-1)^{3/2}}, x>1$.

40. $\int\frac{x^3}{(x^2-16)^{3/2}}dx, x<-4$.

41～46. 计算定积分 计算下列定积分.

41. $\int_0^1\frac{dx}{\sqrt{x^2+16}}$.

42. $\int_{8\sqrt{2}}^{16}\frac{dx}{\sqrt{x^2-64}}$.

43. $\int_0^{1/3}\frac{dx}{(9x^2+1)^{3/2}}$.

44. $\int_{10/\sqrt{3}}^{10}\frac{dx}{\sqrt{x^2-25}}$.

45. $\int_{4/\sqrt{3}}^{4}\frac{dx}{x^2(x^2-4)}$.

46. $\int_6^{6\sqrt{3}}\frac{x^2}{(x^2+36)^2}dx$.

深入探究

47. **解释为什么是, 或不是** 判别下列命题是否正确, 并证明或举反例.

a. 如果 $x=4\tan\theta$, 则 $\csc\theta=4/x$.

b. 积分 $\int_1^2\sqrt{1-x^2}dx$ 没有有限值.

c. 积分 $\int_1^2\sqrt{x^2-1}dx$ 没有有限值.

d. 不能用三角换元法计算积分 $\int\frac{dx}{x^2+4x+9}$.

48～55. **完全平方** 计算下列积分.

48. $\int\frac{dx}{x^2-2x+10}$.

49. $\int\frac{dx}{x^2+6x+18}$.

50. $\int\frac{dx}{2x^2-12x+36}$.

51. $\int\frac{x^2-2x+1}{\sqrt{x^2-2x+10}}dx$.

52. $\int\frac{x^2+2x+4}{\sqrt{x^2-4x}}dx, x>4$.

53. $\int\frac{x^2-8x+16}{(9+8x-x^2)^{3/2}}dx$.

54. $\int_1^4\frac{dx}{x^2-2x+10}$.

55. $\int_{1/2}^{(\sqrt{2}+3)/(2\sqrt{2})}\frac{dx}{8x^2-8x+11}$.

56. **椭圆的面积** 中心在原点、两轴长分别为 $2a$ 和 $2b$ 的上半椭圆由 $y=\frac{b}{a}\sqrt{a^2-x^2}$ 描绘 (见图). 计算椭圆的面积, 用 a,b 表示.

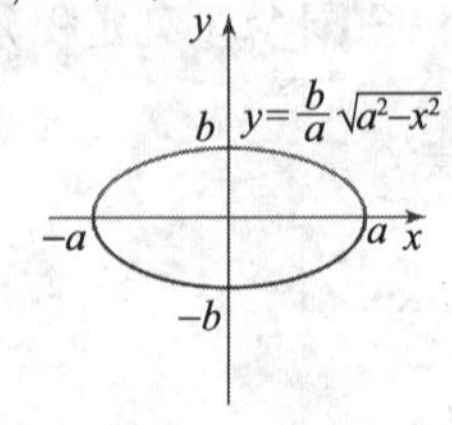

57. **弓形的面积** 用两种方法证明半径为 a、圆心角为 θ 的弓形 (或帽形) 面积是

$$A_{\text{seg}}=\frac{1}{2}r^2(\theta-\sin\theta).$$

a. 用几何方法 (不用微积分) 求面积.

b. 用微积分求面积.

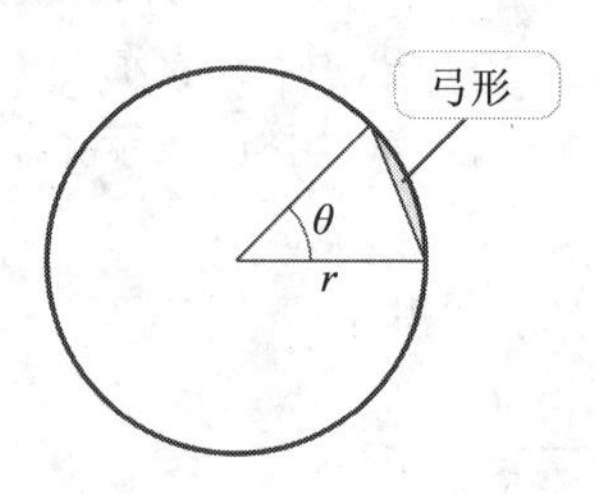

58. **月形的面积** 月形指两条圆弧所围成的弯月形区域. 设 C_1 是圆心为原点、半径为 4 的圆, 设 C_2 是圆心为 $(2,0)$、半径为 3 的圆. 求在 C_1 内部但在 C_2 外部的月形区域 (图中的阴影部分) 的面积.

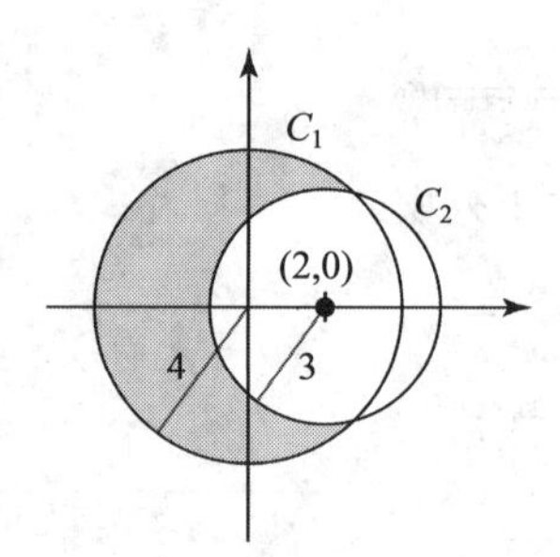

59. **面积与体积** 考虑函数 $f(x)=(9+x^2)^{-1/2}$ 及在区间 $[0,4]$ 上的区域 R (见图).

a. 求 R 的面积.

b. 求 R 绕 x- 轴旋转所得立体的体积.

c. 求 R 绕 y- 轴旋转所得立体的体积.

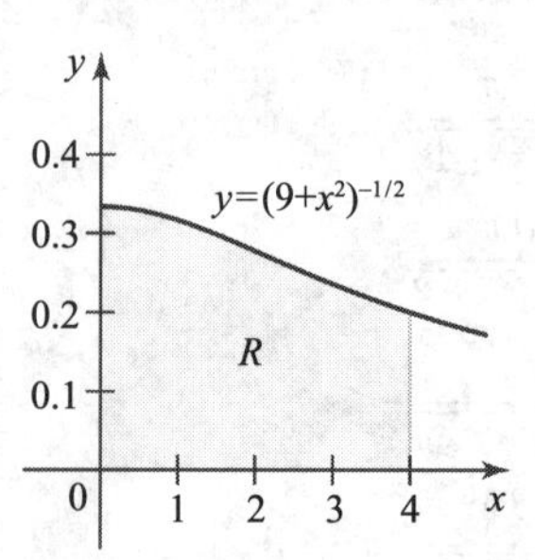

60. **区域面积** 作函数 $f(x)=(16+x^2)^{-3/2}$ 的图像并求这条曲线和 x- 轴在区间 $[0,3]$ 上所围区域的面积.

61. **抛物线的弧长** 求曲线 $y=ax^2$ 从 $x=0$ 到 $x=10$ 的弧长, 其中 $a>0$ 是实数.

62. 比较面积 $f(x)=x^2/3$ 与 $g(x)=x^2(9-x^2)^{-1/2}$ 在区间 $[0,2]$ 上的形状相似.

a. 求 f 的图像与 x- 轴在区间 $[0,2]$ 上所围区域的面积.

b. 求 g 的图像与 x- 轴在区间 $[0,2]$ 上所围区域的面积.

c. 哪个区域的面积较大?

63～65 用 $\sec^3 u$ 的积分 由 8.2 节的归约公式 4,

$$\int \sec^3 u du=\frac{1}{2}(\sec u\tan u+\ln|\sec u+\tan u|)+C.$$

作下列函数的图像并求在指定区间上曲线下的面积.

63. $f(x)=(9-x^2)^{-2},\left[0,\frac{3}{2}\right]$.

64. $f(x)=(4+x^2)^{1/2},[0,2]$.

65. $f(x)=(x^2-25)^{1/2},[5,10]$.

66～67. 非对称的被积函数 计算下列积分. 考虑完全平方.

66. $\displaystyle\int\frac{dx}{\sqrt{(x-1)(3-x)}}$.

67. $\displaystyle\int_{2+\sqrt{2}}^{4}\frac{dx}{\sqrt{(x-1)(x-3)}}$.

68. 用 $x=2\tan^{-1}\theta$ 换元来计算 $\displaystyle\int\frac{dx}{1+\sin x+\cos x}$. 恒等式 $\sin x=2\sin\frac{x}{2}\cos\frac{x}{2}$ 以及 $\cos x=\cos^2\frac{x}{2}-\sin^2\frac{x}{2}$ 有助于解题.

应用

69. 环体 (油炸圈饼) 求半径为 4、圆心在 $(0,6)$ 处的圆绕 x- 轴旋转所得的环体体积.

70. 面包圈战 鲍勃和布鲁斯都生产硬面包圈 (形状如圆环). 他们生产内半径为 0.5in、外半径为 2.5in 的标准硬面包圈. 鲍勃计划以减小内半径 20%(保持外半径不变) 的方式增大他面包的体积. 布鲁斯计划以增加外半径 20%(保持内半径不变) 的方式增大他面包的体积. 谁的新面包的体积较大? 这个结果依赖原来的面包大小吗? 请解释.

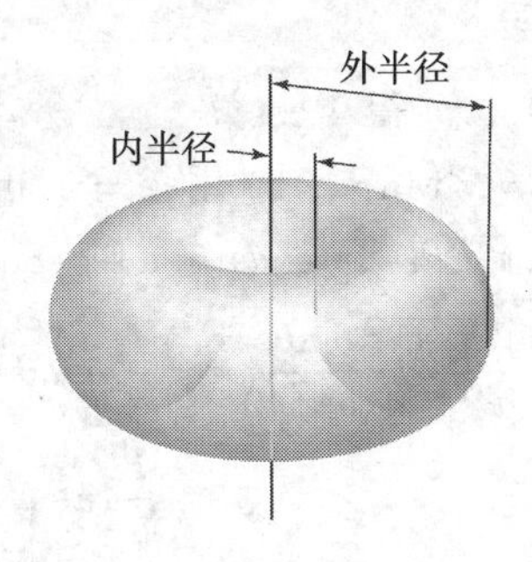

71. 线电荷产生的电场 总电荷 Q 均匀分布在 y- 轴上长度为 $2L$ 的线段上 (见图). 电场在点 $(a,0)$ 处的 x- 轴分量是

$$E_x(a)=\frac{kQa}{2L}\int_{-L}^{L}\frac{dy}{(a^2+y^2)^{3/2}},$$

其中 k 是物理常数, $a>0$.

a. 确认 $E_x(a)=\dfrac{kQ}{a\sqrt{a^2+L^2}}$.

b. 设 $\rho=Q/2L$ 是线段上的电荷密度, 证明如果 $L\to\infty$, 则 $E_x(a)=2k\rho/a$.

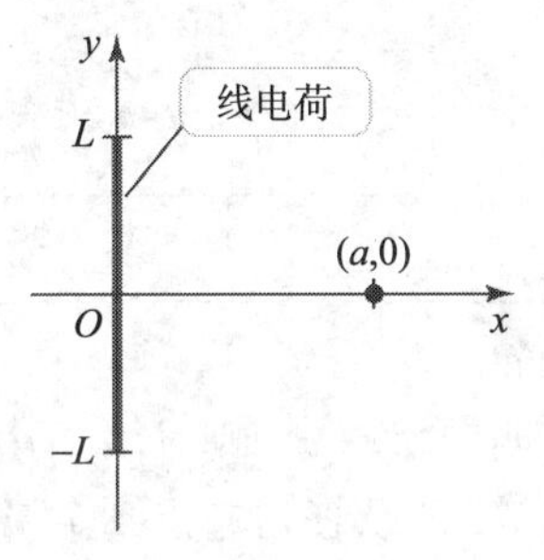

72. 直线中电流产生的磁场 y- 轴上长为 $2L$ 的电线上有电流 I. 根据毕奥–萨伐尔定律, 电流在 $(a,0)$ 处产生的磁场强度是

$$B(a)=\frac{\mu_0 I}{4\pi}\int_{-L}^{L}\frac{\sin\theta}{r^2}dy,$$

其中 μ_0 是物理常数, $a>0$, θ,r,y 之间的关系如图所示.

a. 证明在 $(a,0)$ 处的磁场强度是

$$B(a)=\frac{\mu_0 IL}{2\pi a\sqrt{a^2+L^2}}.$$

b. 由无限长的电线 ($L\to\infty$) 产生的磁场在 $(a,0)$ 处的强度是什么?

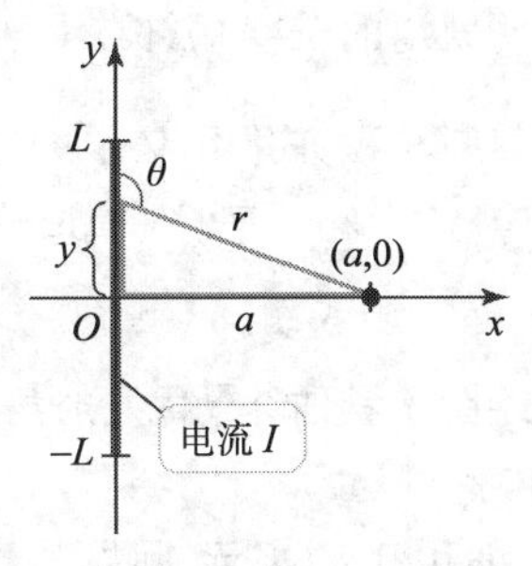

73. 最速下降时间 旋轮线是旋转的轮子边缘上一点所描绘出来的曲线. 想象一根形状如颠倒的旋轮线的

金属线 (见图). 沿着这根金属线无摩擦下滑的珠子有些著名的性质. 在金属线的所有形状中, 旋轮线达到最速下降时间. 可以证明曲线上任意两点 $0 \leqslant a \leqslant b \leqslant \pi$ 之间的下降时间是

$$\text{下降时间} = \int_a^b \sqrt{\frac{1-\cos t}{g(\cos a - \cos t)}}dt,$$

其中 g 是引力加速度, $t=0$ 对应金属线的顶部, $t=\pi$ 对应金属线上的最低点.

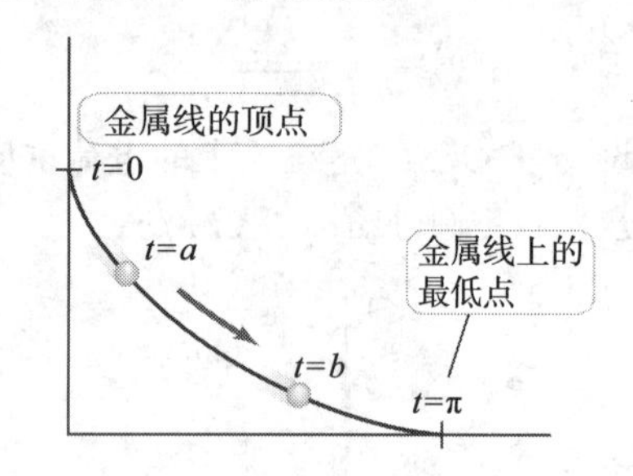

a. 通过换元 $u = \cos t$ 求在区间 $[a,b]$ 上的下降时间.

b. 证明若 $b=\pi$, 则对 a 的所有值, 下降时间都相等, 即从任何起点到金属线最低点的下降时间都一样.

74. 抛射体的最长轨道 (摘自普特南考试 1940) 一个抛射体从地面以初始速度 V 向与水平线夹角 θ 的方向发射. 假设 x- 轴是水平地面, y 是距地面的高度. 忽略空气阻力, 设 g 是引力加速度, 可以证明抛射体的轨道为

$$y = -\frac{1}{2}kx^2 + y_{\max},$$

其中 $k = \dfrac{g}{(V\cos\theta)^2}$, $\quad y_{\max} = \dfrac{(V\sin\theta)^2}{2g}$.

a. 注意, 轨道的最高点出现在 $(0, y_{\max})$ 处. 如果抛射体在地面的位置是 $(-a,0)$ 和 $(a,0)$, a 是多少?

b. 证明轨道的长度 (弧长) 是 $2\displaystyle\int_0^a \sqrt{1+k^2x^2}dx$.

c. 计算弧长积分并用 V, g, θ 表示结果.

d. 固定 V 和 g, 证明使轨道最长的发射角 θ 满足

$$(\sin\theta)\ln(\sec\theta + \tan\theta) = 1.$$

e. 用绘图工具估计最优发射角.

附加练习

75～78. 仔细用正割换元 回顾一下换元 $x = a\sec\theta$ 蕴含 $x \geqslant a$ $(0 \leqslant \theta < \pi/2, \tan\theta \geqslant 0)$ 或 $x \leqslant -a$ $(\pi/2 < \theta \leqslant \pi, \tan\theta \leqslant 0)$.

75. 证明

$$\int \frac{dx}{x\sqrt{x^2-1}} = \begin{cases} \sec^{-1}x + C = \tan^{-1}\sqrt{x^2-1}+C, & x>1. \\ -\sec^{-1}x + C = -\tan^{-1}\sqrt{x^2-1}+C, & x<-1 \end{cases}$$

76. 对 $x>1$ 和 $x<-1$, 计算 $\displaystyle\int \frac{\sqrt{x^2-1}}{x^3}dx$.

77. 作 $f(x) = \dfrac{\sqrt{x^2-9}}{x}$ 的图像并考虑曲线与 x- 轴在 $[-6,-3]$ 上围成的区域. 然后计算 $\displaystyle\int_{-6}^{-3} \frac{\sqrt{x^2-9}}{x}dx$. 确保结果与图像一致.

78. 作 $f(x) = \dfrac{1}{x\sqrt{x^2-36}}$ 在其定义域上的图像. 然后求曲线和 x- 轴在 $[-12, -12/\sqrt{3}]$ 上围成的区域 R_1 的面积及曲线和 x- 轴在 $[12/\sqrt{3}, 12]$ 上围成的区域 R_2 的面积. 确保结果和图像一致.

79. 直观证明 设 $F(x) = \displaystyle\int_0^x \sqrt{a^2-t^2}dt$. 图形显示 $F(x)=$ 扇形 OAB 的面积 $+$ 三角形 OBC 的面积.

a. 根据图形证明

$$F(x) = \frac{a^2\sin^{-1}(x/a)}{2} + \frac{x\sqrt{a^2-x^2}}{2}.$$

b. 得出结论

$$\int \sqrt{a^2-x^2}dx = \frac{a^2\sin^{-1}(x/a)}{2} + \frac{x\sqrt{a^2-x^2}}{2} + C.$$

[来源: *The College Mathematics Journal* 34, no. 3(May 2003)]

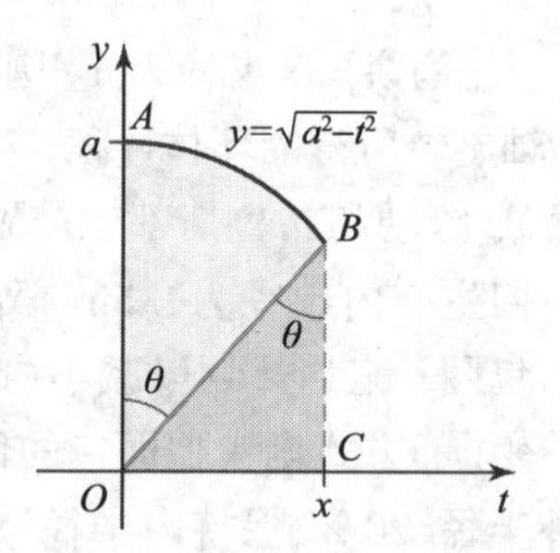

迅速核查 答案

1. 用 $x = 3\sin\theta$ 得 $9\cos^2\theta$.

2. (a) 用 $x = 3\tan\theta$. (b) 用 $x = 4\sin\theta$.

3. 令 $x = a\tan\theta$, 于是 $dx = a\sec^2\theta d\theta$. 新积分是

$$\int \frac{a\sec^2\theta d\theta}{a^2(1+\tan^2\theta)} = \frac{1}{a}\int d\theta = \frac{1}{a}\theta + C = \frac{1}{a}\tan^{-1}\frac{x}{a} + C.$$

8.4 部分分式

我们将在本章稍后看到求跳伞运动员的速度需要计算形如 $\int \frac{dv}{a-bv^2}$ 的积分, 其中 a, b 是常数. 类似地, 求规模受到限制的种群大小涉及形如 $\int \frac{dP}{aP(1-bP)}$ 的积分, 其中 a, b 是常数. 这些积分有个共同的特征, 就是它们的被积函数为有理函数. 类似的积分产生于对机械和电子网络的模拟. 本节的目的是介绍求有理函数积分的部分分式方法. 与标准积分公式及三角换元结合后, 这个方法使我们 (原理上) 能计算任何有理函数的积分.

有理函数的形式是 $\frac{p}{q}$, 其中 p 和 q 是多项式.

部分分式法

给定函数如

$$f(x)=\frac{1}{x-2}+\frac{2}{x+4},$$

一个直接的任务是求公分母, 然后写出等价的表达式

$$f(x)=\frac{(x+4)+2(x-2)}{(x-2)(x+4)}=\frac{3x}{(x-2)(x+4)}=\frac{3x}{x^2+2x-8}.$$

部分分式的目的是这个过程的逆过程. 已知一个难以积分的有理函数, 部分分式法产生一个更容易积分的等价函数.

有理函数	部分分式方法	部分分式分解
$\frac{3x}{(x-2)(x+4)}=\frac{3x}{x^2+2x-8}$	$\longrightarrow$	$\frac{1}{x-2}+\frac{2}{x+4}$
难积		易积
$\int \frac{3x}{x^2+2x-8}dx$		$\int \left(\frac{1}{x-2}+\frac{2}{x+4}\right)dx$

关键思想 以同一函数 $f(x)=\frac{3x}{(x-2)(x+4)}$ 为例, 我们的目标是将其写成

$$\frac{A}{x-2}+\frac{B}{x+4}$$

的形式, 其中 A, B 是待定常数. 这个表达式称作原来函数的**部分分式分解**. 在这个例子中, 它有两项, 每一项是原函数分母的一个因式.

迅速核查 1. 求 $f(x)=\frac{1}{x-2}+\frac{2}{x+4}$ 的原函数. ◂

注意, 原有理函数的分子不影响部分分式分解的形式. 常数 A 和 B 称为待定系数.

常数 A 和 B 由原函数 f 与其部分分式分解必须在 x 的所有值处相等这一条件决定, 即

$$\frac{3x}{(x-2)(x+4)}=\frac{A}{x-2}+\frac{B}{x+4}. \tag{1}$$

方程 (1) 两边同乘 $(x-2)(x+4)$ 得

$$3x=A(x+4)+B(x-2).$$

这一步要求 $x\neq 2, x\neq -4$; 这两个值都不在 f 的定义域内.

合并 x 的同次项得

$$3x=(A+B)x+(4A-2B). \tag{2}$$

如果方程 (2) 对所有 x 成立, 则

- 方程两边 x^1 的系数必须相等;
- 方程两边 x^0 的系数 (即常数项) 必须相等.

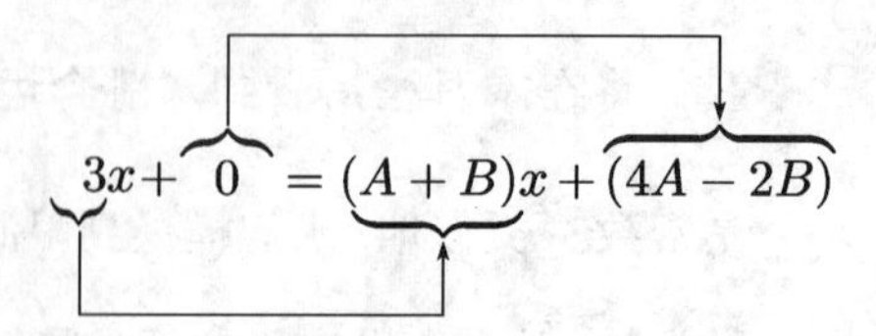

这样的观察得到两个关于 A 和 B 的方程:

$$x^1\text{的系数相等}: \quad 3 = A + B$$

$$x^0\text{的系数相等}: \quad 0 = 4A - 2B$$

由第一个方程得 $A = 3 - B$. 将 $A = 3 - B$ 代入第二个方程得 $0 = 4(3 - B) - 2B$. 解 B, 我们得到 $6B = 12$ 或 $B = 2$. A 的值现在得到, $A = 3 - B = 1$.

将 A, B 的值代入方程 (1), 部分分式分解为

$$\frac{3x}{(x-2)(x+4)} = \frac{1}{x-2} + \frac{2}{x+4}.$$

线性单因式

前面例子阐释了**线性单因式**的情形, 即原有理函数的分母仅包含形如 $x - r$ 的线性因式, 每个因式出现一次幂但没有更高次幂. 下面是这种情况的一般过程.

与分数一样, 如果有理函数的分子和分母没有公因式, 则称其为**既约形的**; 如果分子的次数小于分母的次数, 则称它为**真的**.

程序　线性单因式的部分分式

设 $f(x) = p(x)/q(x)$, 其中 p 和 q 是没有公因式的多项式, 且 p 的次数小于 q 的次数. 设 q 是线性单因式的乘积. 部分分式分解由下列步骤得到:

第 1 步. 因式分解分母 q 为 $(x - r_1)(x - r_2)\cdots(x - r_n)$ 的形式, 其中 $r_1, r_2, \cdots, r_n$ 是互异实数.

第 2 步. 部分分式分解 构造部分分式分解

$$\frac{p(x)}{q(x)} = \frac{A_1}{(x-r_1)} + \frac{A_2}{(x-r_2)} + \cdots + \frac{A_n}{(x-r_n)}.$$

第 3 步. 消去分母 在第 2 步中的方程两边同乘 $q(x) = (x - r_1)(x - r_2)\cdots(x - r_n)$, 从而得到关于 $A_1, A_2, \cdots, A_n$ 的条件.

第 4 步. 解系数 比较第 3 步中的 x 同次幂, 解出待定系数 $A_1, A_2, \cdots, A_n$.

迅速核查 2. 如果一个有理函数的分母是 $(x-1)(x+5)(x-10)$, 它的部分分式分解的一般形式是什么? ◄

例 1　用部分分式积分

a. 求 $f(x) = \dfrac{3x^2 + 7x - 2}{x^3 - x^2 - 2x}$ 的部分分式分解.　　**b.** 计算 $\int f(x)dx$.

解

a.　部分分式分解分四步完成.

第 1 步:　因式分解分母, 我们得

$$x^3 - x^2 - 2x = x(x+1)(x-2),$$

其中只有线性单因式出现.

这些待定系数可以记为 $A_1, A_2, A_3, \cdots$ 或 $A, B, C, \cdots$. 首选后者, 因为它没有下标.

第 2 步: 部分分式分解对于分母中的每个因式有一项:

$$\frac{3x^2+7x-2}{x(x+1)(x-2)}=\frac{A}{x}+\frac{B}{x+1}+\frac{C}{x-2},$$

目标是求待定系数 A, B, C.

第 3 步: 我们在方程 (3) 两边同乘 $x(x+1)(x-2)$:

$$\begin{aligned}3x^2+7x-2 &= A(x+1)(x-2)+Bx(x-2)+Cx(x+1)\\ &= (A+B+C)x^2+(-A-2B+C)x-2A.\end{aligned}$$

第 4 步: 我们现在比较第 3 步中方程两边 x^2, x^1, x^0 的系数:

x^2 的系数相等: $A+B+C=3$

x^1 的系数相等: $-A-2B+C=7$

x^0 的系数相等: $-2A=-2$

第三个方程意味着 $A=1$, 将其代入前两个方程得

$$B+C=2,\quad -2B+C=8.$$

解 B 和 C, 我们得 $A=1, B=-2, C=4$. 将 A, B, C 的值代入方程 (3), 得部分分式分解是

$$f(x)=\frac{1}{x}-\frac{2}{x+1}+\frac{4}{x-2}.$$

b. 现在积分是简单的:

$$\begin{aligned}\int\frac{3x^2+7x-2}{x^3-x^2-2x}dx &= \int\left(\frac{1}{x}-\frac{2}{x+1}+\frac{4}{x-2}\right)dx \quad \text{(部分分式)}\\ &= \ln|x|-2\ln|x+1|+4\ln|x-2|+K \quad \text{(积分; 任意常数 } K\text{)}\\ &= \ln\frac{|x|(x-2)^4}{(x+1)^2}+K. \quad \text{(对数的性质)}\end{aligned}$$

相关习题 5 ~ 18 ◄

捷径 部分分式分解中含三个以上的待定系数时, 求解可能困难. 在线性单因式的情况下, 一个快捷方法可以节省时间. 例 1 中, 由第 3 步得

$$3x^2+7x-2=A(x+1)(x-2)+Bx(x-2)+Cx(x+1).$$

在不是简单的线性函数的情况下, 这个快捷方法可用来求一些 (但不是所有的) 系数, 这减少了求其余系数的工作量.

因为这个方程对 x 的所有值成立, 必然对 x 的任意特殊值也成立. 通过明智地选择 x 的值可很容易求解 A, B, C. 例如在方程中令 $x=0$, 得 $-2=-2A$ 或 $A=1$. 令 $x=-1$, 得 $-6=3B$ 或 $B=-2$. 令 $x=2$, 得 $24=6C$ 或 $C=4$. 在每种情况中, 我们选择 x 的值消去方程右边除一项以外的所有项.

线性重因式

"单" 意味着因式是 1 次幂, "重" 意味着因式的次数大于 1.

前面的讨论建立在有理函数的分母可以分解为形如 $(x-r)$ 的线性单因式的假设上. 但是对诸如 $x^2(x-3)$ 或 $(x+2)^2(x-4)^3$ 这样的线性因式次数大于 1 的分母, 情况会怎样呢? 在这些例子中, 有**线性重因式**, 因此必须对前面的过程进行修改.

以下是修改方法: 设因式 $(x-r)^m$ 在分母中出现, 其中 $m>1$, 则必然有一个部分分式代表 $(x-r)$ 的直到 m 的各次幂并且包括 m 次幂. 例如, 如果 $x^2(x-3)^4$ 出现在分母中, 则部分分式分解包括

将 x^2 看成线性重因式 $(x-0)^2$.

$$\frac{A}{x}+\frac{B}{x^2}+\frac{C}{(x-3)}+\frac{D}{(x-3)^2}+\frac{E}{(x-3)^3}+\frac{F}{(x-3)^4}.$$

部分分式过程的其余过程是相同的, 尽管工作量随系数数目的增多而增加.

程序　线性重因式的部分分式

设线性重因式 $(x-r)^m$ 出现在既约真有理函数的分母中. 部分分式分解的一个部分分式对应 $(x-r)$ 的直到 m 并且包括 m 的各次幂, 即部分分式分解包含和

$$\frac{A_1}{(x-r)}+\frac{A_2}{(x-r)^2}+\frac{A_3}{(x-r)^3}+\cdots+\frac{A_m}{(x-r)^m},$$

其中 $A_1,A_2,\cdots,A_m$ 是待定常数.

例 2　线性重因式的积分 计算 $\int f(x)dx$, 其中 $f(x)=\dfrac{5x^2-3x+2}{x^3-2x^2}$.

迅速核查 3. 如果 $q(x)=x^2(x-3)^2(x-1)$, 写出有理函数 $p(x)/q(x)$ 部分分式分解的形式. ◀

解　因式分解分母为 $x^3-2x^2=x^2(x-2)$, 故分母有一个线性单因式 $(x-2)$ 和一个线性重因式 x^2. 部分分式分解的形式为

$$\frac{5x^2-3x+2}{x^2(x-2)}=\frac{A}{x}+\frac{B}{x^2}+\frac{C}{(x-2)}.$$

在这个部分分式分解两边同乘 $x^2(x-2)$, 我们有

$$\begin{aligned}5x^2-3x+2&=Ax(x-2)+B(x-2)+Cx^2\\&=(A+C)x^2+(-2A+B)x-2B.\end{aligned}$$

用快捷方法可容易地求三个系数中的两个. 选择 $x=0$ 可求 B. 选 $x=2$ 确定 C. 为求 A, 可代入 x 的其他任何值.

系数 A,B,C 通过比较 x^2,x^1,x^0 的系数求得:

x^2 的系数相等:　$A+C=5$

x^1 的系数相等:　$-2A+B=-3$

x^0 的系数相等:　$-2B=2$

解这三个关于三个未知数的方程, 得到 $A=1,B=-1,C=4$. 代入 A,B,C 后, 部分分式分解是

$$f(x)=\frac{1}{x}-\frac{1}{x^2}+\frac{4}{x-2}.$$

现在积分是简单的:

$$\begin{aligned}\int\frac{5x^2-3x+2}{x^3-2x^2}dx&=\int\left(\frac{1}{x}-\frac{1}{x^2}+\frac{4}{x-2}\right)dx &&\text{(部分分式)}\\&=\ln|x|+\frac{1}{x}+4\ln|x-2|+K &&\text{(积分; 任意常数 } K\text{)}\\&=\frac{1}{x}+\ln(|x|(x-2)^4)+K. &&\text{(对数的性质)}\end{aligned}$$

相关习题 19～25 ◀

不可约二次因式

事实上, 一个实系数多项式可以写成形如 $x-r$ 的线性因式与形如 ax^2+bx+c 的不可约二次因式的乘积, 其中 r,a,b,c 是实数. 所谓不可约表示 ax^2+bx+c 在实数范围内不能再分解. 比如多项式

如果 $b^2-4ac<0$, 则二次多项式 ax^2+bx+c 没实根, 所以在实数范围内不能再分解.

$$x^9+4x^8+6x^7+34x^6+64x^5-84x^4-287x^3-500x^2-354x-180$$

可分解为

$$\underbrace{(x-2)}_{\text{线性因式}}\underbrace{(x+3)^2}_{\text{重复的线性因式}}\underbrace{(x^2-2x+10)}_{\text{不可约二次因式}}\underbrace{(x^2+x+1)^2}_{\text{重复的不可约二次因式}}.$$

我们在这个分解式中看到线性因式 (单的和重的) 和不可约二次因式 (单的和重的).

对不可约二次因式, 两种情况必须考虑到: 单因式与重因式. 下面的例子考察了二次单因式情形, 二次重因式的情形 (一般涉及更长的计算) 将在习题中探究.

程序　不可约二次单因式的部分分式

设不可约二次单因式 ax^2+bx+c 出现在既约真有理函数的分母中. 部分分式分解包含一项形如

$$\frac{Ax+B}{ax^2+bx+c},$$

其中 A 和 B 是待定系数.

例 3　建立部分分式 对下列函数写出部分分式分解的适当形式.

a. $\dfrac{x^2+1}{x^4-4x^3-32x^2}$.　　**b.** $\dfrac{10}{(x-2)^2(x^2+2x+2)}$.

解

a. 分母的分解因式为 $x^2(x^2-4x-32)=x^2(x-8)(x+4)$. 因此, x 是一个线性重因式, $(x-8)$ 和 $(x+4)$ 是线性单因式. 分解的形式为

$$\frac{A}{x}+\frac{B}{x^2}+\frac{C}{x-8}+\frac{D}{x+4}.$$

我们看到因式 $x^2-4x-32$ 是二次多项式, 但是它能进一步分解, 因此它不是不可约的.

b. 分母已经完全分解. 二次因式 x^2+2x+2 不能用实数继续分解, 因此它是不可约的. 分解的形式为

$$\frac{A}{x-2}+\frac{B}{(x-2)^2}+\frac{Cx+D}{x^2+2x+2}.$$

相关习题 26～29 ◀

例 4　用部分分式积分 求

$$\int\frac{7x^2-13x+13}{(x-2)(x^2-2x+3)}dx.$$

解　部分分式分解的合适形式是

$$\frac{7x^2-13x+13}{(x-2)(x^2-2x+3)}=\frac{A}{x-2}+\frac{Bx+C}{x^2-2x+3}.$$

注意, 不可约二次因式需要 $Bx+C$ 作为第二个分式的分子. 方程两边同乘 $(x-2)(x^2-2x+3)$, 推出

$$\begin{aligned} 7x^2-13x+13 &= A(x^2-2x+3)+(Bx+C)(x-2) \\ &= (A+B)x^2+(-2A-2B+C)x+(3A-2C). \end{aligned}$$

比较 x 同次幂的系数, 导出方程组

$$A+B=7, \quad -2A-2B+C=-13, \quad 3A-2C=13.$$

解这个方程组得 $A=5, B=2, C=1$, 因此原积分可以写成

$$\int \frac{7x^2-13x+13}{(x-2)(x^2-2x+3)}dx = \int \frac{5}{x-2}dx + \int \frac{2x+1}{x^2-2x+3}dx.$$

让我们进行第二个积分 (更难). 如果 $du=(2x-2)dx$ 出现在分子中, 可以用换元 $u=x^2-2x+3$. 由于这个原因, 我们将分子写成 $2x+1=(2x-2)+3$ 并把积分拆为:

$$\int \frac{2x+1}{x^2-2x+3}dx = \int \frac{2x-2}{x^2-2x+3}dx + \int \frac{3}{x^2-2x+3}dx.$$

将所有项合起来, 我们得到

$$\begin{aligned} &\int \frac{7x^2-13x+13}{(x-2)(x^2-2x+3)}dx \\ &= \int \frac{5}{x-2}dx + \int \underbrace{\frac{2x-2}{x^2-2x+3}}_{\text{令 } u=x^2-2x+3} dx + \int \underbrace{\frac{3}{x^2-2x+3}}_{(x-1)^2+2} dx \\ &= 5\ln|x-2| + \ln|x^2-2x+3| + \frac{3}{\sqrt{2}}\tan^{-1}\left(\frac{x-1}{\sqrt{2}}\right) + C \qquad \text{(积分)} \\ &= \ln|(x-2)^5(x^2-2x+3)| + \frac{3}{\sqrt{2}}\tan^{-1}\left(\frac{x-1}{\sqrt{2}}\right) + C. \qquad \text{(对数的性质)} \end{aligned}$$

为求最后一个积分 $\int \frac{3dx}{x^2-2x+3}$, 我们把分母配方并用换元 $u=x-1$ 得标准形式 $\int \frac{3du}{u^2+2}$.

相关习题 30～36 ◀

最后的注释 前面关于部分分式分解的讨论假定 $f(x)=p(x)/q(x)$ 是真有理函数. 如果情况不是如此, 则我们面对一个非真的有理函数 f , 我们用分母除以分子并把 f 表示成两部分. 一部分是多项式, 一部分是真有理函数. 比如, 给定函数

$$f(x)=\frac{2x^3+11x^2+28x+33}{x^2-x+6},$$

我们进行长除法:

$$\begin{array}{r} 2x+13 \\ x^2-x+6 \overline{)\,2x^3+11x^2+28x+33} \\ \underline{2x^3-2x^2+12x} \\ 13x^2+16x+33 \\ \underline{13x^2-13x+78} \\ 29x-45 \end{array}$$

由此得

$$f(x)= \underbrace{2x+13}_{\text{容易积分的多项式}} + \underbrace{\frac{29x-45}{x^2-x+6}}_{\text{用部分分式分解}}.$$

第一部分容易积分, 现在第二部分适合本节所描述的方法.

总结 部分分式分解

设 $f(x)=p(x)/q(x)$ 是既约真有理函数. 设分母 q 在实数范围内已经完全分解, m 是正整数.

1. 线性单因式 分母的一个因式 $x-r$ 要求部分分式 $\frac{A}{x-r}$.

2. 线性重因式 分母的一个因式 $(x-r)^m, m>1$ 要求部分分式

$$\frac{A_1}{(x-r)}+\frac{A_2}{(x-r)^2}+\frac{A_3}{(x-r)^3}+\cdots+\frac{A_m}{(x-r)^m}.$$

3. 不可约二次单因式 分母的一个不可约因式 ax^2+bx+c 要求部分分式

$$\frac{Ax+B}{ax^2+bx+c}.$$

4. 不可约二次重因式 (见习题 67～70) 分母的一个不可约因式 $(ax^2+bx+c)^m, m>1$ 要求部分分式

$$\frac{A_1x+B_1}{ax^2+bx+c}+\frac{A_2x+B_2}{(ax^2+bx+c)^2}+\cdots+\frac{A_mx+B_m}{(ax^2+bx+c)^m}.$$

8.4节 习题

复习题

1. 什么类型的函数可以用部分分式分解积分?

2. 对下列情形举例.

　a. 一个线性单因式.

　b. 一个线性重因式.

　c. 一个不可约二次单因式.

　d. 一个不可约二次重因式.

3. 哪个 (些) 项应出现在含以下项的真有理函数的部分分式分解中?

　a. 分母有因式 $x-3$.

　b. 分母有因式 $(x-4)^3$.

　c. 分母有因式 x^2+2x+6.

4. 对 $\frac{x^2+2x-3}{x+1}$ 积分的第一步是什么?

基本技能

5～8. 建立部分分式分解 写出下列函数部分分式分解的适当形式.

5. $\frac{2}{x^2-2x-8}$.

6. $\frac{x-9}{x^2-3x-18}$.

7. $\frac{x^2}{x^3-16x}$.

8. $\frac{x^2-3x}{x^3-3x^2-4x}$.

9～18. 线性单因式 计算下列积分.

9. $\int\frac{dx}{(x-1)(x+2)}$.

10. $\int\frac{8}{(x-2)(x+6)}dx$.

11. $\int\frac{3}{x^2-1}dx$.

12. $\int\frac{dt}{t^2-9}$.

13. $\int\frac{2}{x^2-x-6}dx$.

14. $\int\frac{3}{x^3-x^2-12x}dx$.

15. $\int\frac{dx}{x^2-2x-24}$.

16. $\int\frac{y+1}{y^3+3y^2-18y}dy$.

17. $\int\frac{1}{x^4-10x^2+9}dx$.

18. $\int \frac{2}{x^2-4x-32}dx$.

19～25. 线性重因式 计算下列积分.

19. $\int \frac{3}{x^3-9x^2}dx$.

20. $\int \frac{x}{(x-6)(x+2)^2}dx$.

21. $\int \frac{x}{(x+3)^2}dx$.

22. $\int \frac{dx}{x^3-2x^2-4x+8}$.

23. $\int \frac{2}{x^3+x^2}dx$.

24. $\int \frac{2}{t^3(t+1)}dt$.

25. $\int \frac{x-5}{x^2(x+1)}dx$.

26～29. 建立部分分式分解 写出下列函数部分分式分解的适当形式.

26. $\frac{2}{x(x^2-6x+9)}$.

27. $\frac{20x}{(x-1)^2(x^2+1)}$.

28. $\frac{x^2}{x^3(x^2+1)}$.

29. $\frac{2x^2+3}{(x^2-8x+16)(x^2+3x+4)}$.

30～36. 不可约二次单因式 计算下列积分.

30. $\int \frac{x^2+2}{x(x^2+5x+8)}dx$.

31. $\int \frac{2}{(x-4)(x^2+2x+6)}dx$.

32. $\int \frac{z+1}{z(z^2+4)}dz$.

33. $\int \frac{x^2}{(x-1)(x^2+4x+5)}dx$.

34. $\int \frac{2x+1}{x^2+4}dx$.

35. $\int \frac{x^2}{x^3-x^2+4x-4}dx$.

36. $\int \frac{1}{(y^2+1)(y^2+2)}dy$.

深入探究

37. 解释为什么是, 或不是 判别下列命题是否正确, 并证明或举反例.

a. 求 $\int \frac{4x^6}{x^4+3x^2}dx$ 的第一步是求被积函数的部分分式分解.

b. 求 $\int \frac{6x+1}{3x^2+x}dx$ 的较容易的方法是用被积函数的部分分式分解.

c. 有理函数 $f(x)=\frac{1}{x^2-13x+42}$ 的分母是不可约二次多项式.

d. 有理函数 $f(x)=\frac{1}{x^2-13x+43}$ 的分母是不可约二次多项式.

38～41. 区域的面积 求以下区域的面积. 在每种情形下, 作相关函数的图像并标注问题中的区域.

38. 曲线 $y=x/(1+x)$, x- 轴和直线 $x=4$ 所围区域.

39. 曲线 $y=10/(x^2-2x-24)$, x- 轴及直线 $x=-2, x=2$ 所围区域.

40. 曲线 $y=1/x, y=x/(3x+4)$ 及直线 $x=10$ 所围区域.

41. 曲线 $y=\frac{x^2-4x-4}{x^2-4x-5}$ 及 x- 轴所围区域.

42～47. 立体的体积 求下列立体的体积.

42. $y=1/(x+1), y=0, x=0$ 及 $x=2$ 围成的区域绕 y- 轴旋转.

43. $y=x/(x+1)$, x- 轴以及 $x=4$ 围成的区域绕 x- 轴旋转.

44. $y=(1-x^2)^{-1/2}$, $y=4$ 围成的区域绕 x- 轴旋转.

45. $y=\frac{1}{\sqrt{x(3-x)}}, y=0, x=1$ 及 $x=2$ 围成的区域绕 x- 轴旋转.

46. $y=\frac{1}{\sqrt{4-x^2}}, y=0, x=-1$ 及 $x=2$ 围成的区域绕 x- 轴旋转.

47. $y=1/(x+2), y=0, x=0$ 及 $x=3$ 围成的区域绕直线 $x=-1$ 旋转.

48. 哪里错了? 如果我们令

$$\frac{x^2}{(x-4)(x+5)}=\frac{A}{x-4}+\frac{B}{x+5}.$$

解释为什么不能求出系数 A 和 B.

49～59. 预备步骤 下列积分在用部分分式法之前需要如长除法或变量替换这样的预备步骤. 计算这些积分.

49. $\int \frac{dx}{1+e^x}$.

50. $\int \frac{x^4+1}{x^3+9x}dx$.

51. $\int \frac{3x^2+4x-6}{x^2-3x+2}dx$.

52. $\int \frac{2x^3+x^2-6x+7}{x^2+x-6}dx$.

53. $\int \frac{dt}{2+e^{-t}}$.

54. $\int \frac{dx}{e^x+e^{2x}}$.

55. $\int \frac{\sec\theta}{1+\sin\theta}d\theta$.

56. $\int \sqrt{e^x+1}dx$.

57. $\int \frac{e^x}{(e^x-1)(e^x+2)}dx$.

58. $\int \frac{\cos x}{(\sin^3 x-4\sin x)}dx$.

59. $\int \frac{dx}{(e^x+e^{-x})^2}$.

60～65. 分数指数幂 利用提示的换元法将给定积分转化为有理函数的积分. 计算所得积分.

60. $\int \frac{dx}{x-\sqrt[3]{x}}; x=u^3$.

61. $\int \frac{dx}{\sqrt[4]{x+2}+1}; x+2=u^4$.

62. $\int \frac{dx}{x\sqrt{1+2x}}; 1+2x=u^2$.

63. $\int \frac{dx}{\sqrt{x}+\sqrt[3]{x}}; x=u^6$.

64. $\int \frac{dx}{x-\sqrt[4]{x}}; x=u^4$.

65. $\int \frac{dx}{\sqrt{1+\sqrt{x}}}; x=(u^2-1)^2$.

66. 自然对数的弧长 考虑曲线 $y=\ln x$.

a. 求曲线从 $x=0$ 到 $x=a$ 的长度, 并记为 $L(a)$. (*提示*: 作变量替换 $u=\sqrt{x^2+1}$ 使积分能用部分分式计算.)

b. 作 $L(a)$ 的图像.

c. 当 a 递增时, $L(a)$ 按 a 的几次幂增加?

67～70. 二次重因式 参考 485 页的总结框计算下列积分.

67. $\int \frac{2}{x(x^2+1)^2}dx$.

68. $\int \frac{dx}{(x+1)(x^2+2x+2)^2}$.

69. $\int \frac{x}{(x-1)(x^2+2x+2)^2}dx$.

70. $\int \frac{x^3+1}{x(x^2+x+1)^2}dx$.

71. 两种方法 设 $x>1$, 用两种方法计算 $\int \frac{dx}{x^2-1}$: 用部分分式法和三角换元法, 并使答案一致.

72～78. 三角函数的有理函数 分子和分母是三角函数的被积函数通常能用 $u=\tan(x/2)$ 或 $x=2\tan^{-1}u$ 换元, 从而转化成一个有理函数. 在作这个变量替换时要用下面的关系.

$$A:\ dx=\frac{2}{1+u^2}du \quad B:\ \sin x=\frac{2u}{1+u^2}$$

$$C:\ \cos x=\frac{1-u^2}{1+u^2}$$

72. 通过对 $x=2\tan^{-1}u$ 求导, 验证关系式 A. 用直角三角形图形及倍角公式 $\sin x=2\sin\left(\frac{x}{2}\right)\cos\left(\frac{x}{2}\right)$, $\cos x=2\cos^2\left(\frac{x}{2}\right)-1$ 验证关系式 B 和 C.

73. 计算 $\int \frac{dx}{1+\sin x}$.

74. 计算 $\int \frac{dx}{2+\cos x}$.

75. 计算 $\int \frac{dx}{1-\cos x}$.

76. 计算 $\int \frac{dx}{1+\sin x+\cos x}$.

77. 计算 $\int \frac{d\theta}{\cos\theta-\sin\theta}$.

78. 计算 $\int \sec t dt$.

应用

79. 三个起动 三辆车 A, B, C 从静止起动并分别以下列速度函数沿一条直线加速.

$$v_A(t)=\frac{88t}{t+1},\quad v_B(t)=\frac{88t^2}{(t+1)^2},\quad v_C(t)=\frac{88t^2}{t^2+1}.$$

a. $t=1\,\mathrm{s}$ 后, 哪辆汽车行驶得最远?

b. $t=5\,\mathrm{s}$ 后, 哪辆汽车行驶得最远?

c. 设三辆汽车均从原点出发, 求它们的位置函数.

d. 哪辆车最终领先并且一直保持?

80. 跳伞 一个跳伞运动员的下降速度是

$$v(t)=V\left(\frac{1-e^{-2gt/V}}{1+e^{-2gt/V}}\right),$$

其中 $t=0$ 是跳伞运动员下落那一瞬间, $g\approx 9.8\,\mathrm{m/s^2}$ 是引力加速度, V 是跳伞运动员的最终速度.

a. 计算 $v(0)$ 及 $\lim\limits_{t\to\infty}v(t)$ 并解释这些结果.

b. 作速度函数的图像.

c. 通过积分证明位置函数是

$$s(t)=Vt+\frac{V^2}{g}\ln\left(\frac{1+e^{-2gt/V}}{2}\right),$$

其中 $s'(t)=v(t), s(0)=0$.

d. 作位置函数的图像.

附加练习

81. $\boldsymbol{\pi<\frac{22}{7}}$ π 最早的近似值之一是 $\frac{22}{7}$. 证明: $0<\int_0^1\frac{x^4(1-x)^4}{1+x^2}dx=\frac{22}{7}-\pi$. 为什么能作出论断 $\pi<\frac{22}{7}$?

82. 挑战 证明: 用 $u=\sqrt{\tan x}$ 作变量替换, 可以把积分 $\int\sqrt{\tan x}dx$ 转化为适于用部分分式的积分. 求 $\int_0^{\pi/4}\sqrt{\tan x}dx$.

迅速核查 答案

1. $\ln|x-2|+2\ln|x+4|=\ln|(x-2)(x+4)^2|$.
2. $A/(x-1)+B/(x+5)+C/(x-10)$.
3. $A/x+B/x^2+C/(x-3)+D/(x-3)^2+E/(x-1)$.

8.5　其他积分法

目前已经学过的积分法即各种换元法、分部积分法及部分分式法都是分析方法的例子, 只需纸和笔并能用它们得出确切的结果. 虽然有很多积分能用分析方法来计算, 但更多的积分还是不能用这些方法处理的. 例如, 下列积分就不能用熟悉的函数表示出来:

$$\int e^{x^2}dx,\quad \int\sin(x^2)dx,\quad \int\frac{\sin x}{x}dx,\quad \int\frac{e^{-x}}{x}dx,\quad \int\ln(\ln x)dx.$$

下面两节考察当标准分析方法不管用时计算积分的替代策略. 这些策略分成三类.

1. **积分表** 本书末尾是许多标准积分的积分表. 因为这些积分是通过分析方法计算出来的, 所以用这个表被认为是分析方法. 积分表也包含像 8.1 节和 8.2 节讨论的归约公式.
2. **计算机代数系统** 计算机代数系统有一套精细复杂的法则来计算困难的积分. 很多不定积分和定积分都能用这个系统确切地计算出来.
3. **数值方法** 用下节将要介绍的数值方法可以准确地估计定积分值. "数值的"意味着这些方法计算数而不是操作符号. 计算机和计算器通常有内置函数来执行这些计算.

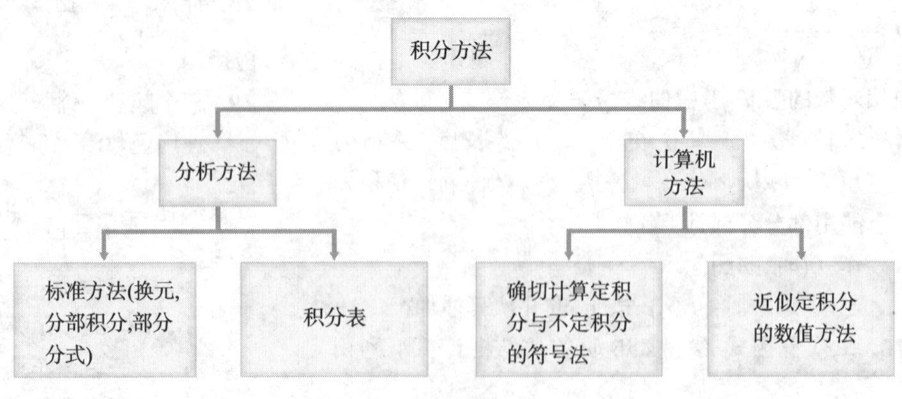

图 8.10

本书后附有一个简短的积分表. 更长的积分表可从网上和一些珍贵的手册中找到, 如*CRC Mathematical Tables* 以及 Abramowitz 与 Stegun 主编的 *Handbook of Mathematical Functions.*

用积分表

给定一个具体的积分, 也许能从积分表中找到一个同样的积分. 但更多的是, 需要一些预备工作将指定的积分转化为在表内出现的积分. 大多数表只提供不定积分, 然而有些表也包括特殊的定积分. 下面的例子阐述了用积分表的各种方法.

例 1 用积分表 计算积分 $\int \frac{dx}{x\sqrt{2x-9}}$.

解 值得一提的是这个积分可以用变量替换 $u^2 = 2x - 9$ 计算. 另一种选择是, 积分表包括积分

$$\int \frac{dx}{x\sqrt{ax-b}} = \frac{2}{\sqrt{b}} \tan^{-1}\sqrt{\frac{ax-b}{b}} + C, \quad b > 0,$$

这与指定积分吻合 . 令 $a = 2, b = 9$, 我们求出

$$\int \frac{dx}{x\sqrt{2x-9}} = \frac{2}{\sqrt{9}} \tan^{-1}\sqrt{\frac{2x-9}{9}} + C = \frac{2}{3}\tan^{-1}\frac{\sqrt{2x-9}}{3} + C.$$

令 $u^2=2x-9$, 则 $udu = dx, x = \frac{1}{2}(u^2+9)$. 因此, $\int\frac{dx}{x\sqrt{2x-9}} = 2\int\frac{du}{u^2+9}$.

相关习题 5 ~ 20 ◄

例 2 预备工作 计算 $\int \sqrt{x^2+6x}dx$.

解 大多数积分表不包含这个积分. 与之最接近的积分是 $\int \sqrt{x^2 \pm a^2}dx$. 通过配方及换元, 把所求积分转化为这种形式:

$$x^2 + 6x = x^2 + 6x + 9 - 9 = (x+3)^2 - 9,$$

用变量替换 $u = x + 3$, 积分如下:

$$\begin{aligned}
\int \sqrt{x^2+6x}dx &= \int \sqrt{(x+3)^2-9}dx \qquad (\text{配方}) \\
&= \int \sqrt{u^2-9}du \qquad (u = x+3, du = dx) \\
&= \frac{u}{2}\sqrt{u^2-9} - \frac{9}{2}\ln|u+\sqrt{u^2-9}| + C \qquad (\text{积分表}) \\
&= \frac{x+3}{2}\sqrt{(x+3)^2-9} - \frac{9}{2}\ln|x+3+\sqrt{(x+3)^2-9}| + C \\
&= \frac{x+3}{2}\sqrt{x^2+6x} - \frac{9}{2}\ln|x+3+\sqrt{x^2+6x}| + C.
\end{aligned}$$

相关习题 21 ~ 32 ◄

例 3 用积分表求面积 求曲线 $y = \frac{1}{1+\sin x}$ 和 x - 轴围成的在 $x = 0$ 与 $x = \pi$ 之间的区域面积.

解 问题中的区域完全落在 x - 轴的上方 (见图 8.11), 因此它的面积等于 $\int_0^\pi \frac{dx}{1+\sin x}$. 积分表中与之匹配的积分是

$$\int \frac{dx}{1+\sin ax} = -\frac{1}{a}\tan\left(\frac{\pi}{4} - \frac{ax}{2}\right) + C.$$

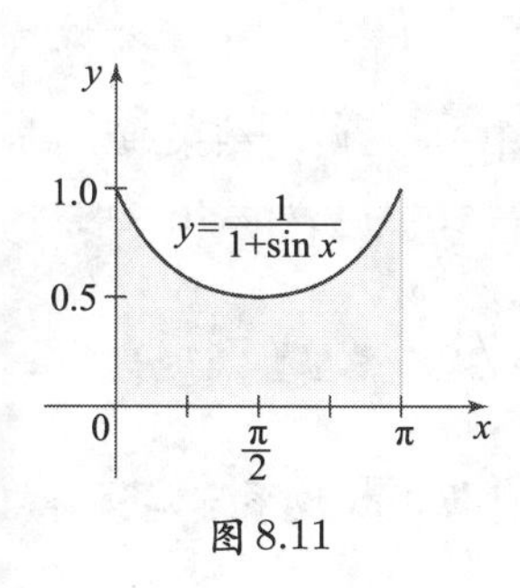

图 8.11

取 $a = 1$ 计算定积分, 得

$$\int_0^\pi \frac{dx}{1+\sin x} = -\tan\left(\frac{\pi}{4} - \frac{x}{2}\right)\Big|_0^\pi = -\tan\left(-\frac{\pi}{4}\right) - \left(-\tan\frac{\pi}{4}\right) = 2.$$

相关习题 33 ~ 40 ◄

迅速核查 1. 用例 3 的结果计算 $\int_0^{\pi/2}\frac{dx}{1+\sin x}$. ◀

用计算机代数系统

计算机代数系统用符号方法准确地计算很多积分, 也用数值方法估计很多定积分. 不同的软件包可能对同一不定积分产生不同的结果, 但是它们最终必须是一致的. 接下来的讨论不依赖某个特别的计算机代数系统. 相反它阐述了不同系统的结果并显示使用计算机代数系统的一些特质.

大多数计算机代数系统计算的不定积分不包括积分常数. 但是报告结果时积分常数总被包括进来.

迅速核查 2. 用一个计算机代数系统得 $\int \sin x\cos x dx=\frac{1}{2}\sin^2 x+C$; 用另一个计算机代数系统得 $\int \sin x\cos x dx=-\frac{1}{2}\cos^2 x+C$. 统一这两个答案. ◀

例 4 表面的差异 用表和计算机代数系统求 $\int\frac{dx}{\sqrt{e^x+1}}$.

双曲正切函数定义为

$$\tanh x=\frac{e^x-e^{-x}}{e^x+e^{-x}}.$$

它的反函数称作反双曲正切, 记作 $\tanh^{-1}x$.

解 用某特殊的计算机代数系统, 我们求得

$$\int\frac{dx}{\sqrt{e^x+1}}=-2\tanh^{-1}(\sqrt{e^x+1})+C,$$

其中 $\tanh^{-1}x$ 是反双曲正切函数. 然而先用 $u=e^x$ 换元, 即 $du=e^x dx$ 或 $dx=du/e^x=du/u$, 我们能得到一个用更熟悉的函数表示的结果. 通过换元原积分变成

$$\int\frac{dx}{\sqrt{e^x+1}}=\int\frac{du}{u\sqrt{u+1}}.$$

有些计算机代数系统用 $\log x$ 表示 $\ln x$.

再用计算机代数系统, 我们得

$$\begin{aligned}\int\frac{dx}{\sqrt{e^x+1}}=\int\frac{du}{u\sqrt{u+1}}&=\ln(\sqrt{1+u}-1)-\ln(\sqrt{1+u}+1)\\&=\ln(\sqrt{1+e^x}-1)-\ln(\sqrt{1+e^x}+1).\end{aligned}$$

由积分表导出这个积分的第三个等价形式:

$$\begin{aligned}\int\frac{dx}{\sqrt{e^x+1}}=\int\frac{du}{u\sqrt{u+1}}&=\ln\left(\frac{\sqrt{u+1}-1}{\sqrt{u+1}+1}\right)+C\\&=\ln\left(\frac{\sqrt{e^x+1}-1}{\sqrt{e^x+1}+1}\right)+C.\end{aligned}$$

两个结果的差别通常是代数的不同形式或三角恒等式. 在这个例子中, 最后两个结果通过对数的性质得到统一. 这个例子表明计算机代数系统一般不包括积分常数, 且在对数出现时可能省略掉绝对值符号. 使用者要判断是否需要积分常数和绝对值符号.

相关习题 41 ~ 56 ◀

迅速核查 3. 我们用部分分式得 $\int\frac{dx}{x(x+1)}=\ln\left|\frac{x}{x+1}\right|+C$. 用计算机代数系统, 我们得 $\int\frac{dx}{x(x+1)}=\ln x-\ln(x+1)+C$. 由计算机代数系统得到的结果有什么错误? ◀

例 5 符号积分对比数值积分 利用计算机代数系统估计 $\int_0^1 \sin(x^2)dx$.

解 计算机代数系统有时候能对不熟悉的函数给出确切的定积分值或不能确切地计算积分. 比如, 一个特别的计算机代数系统返回结果

$$\int_0^1 \sin(x^2)dx = \sqrt{\frac{\pi}{2}} S\left(\sqrt{\frac{2}{\pi}}\right),$$

其中 S 是菲涅尔积分函数 $\left(S(x) = \int_0^x \sin\left(\frac{\pi t^2}{2}\right) dt\right)$. 然而, 如果用计算机代数系统来计算近似解, 结果为

$$\int_0^1 \sin(x^2)dx \approx 0.310\,268\,301\,7,$$

这是一个极好的近似.

相关习题 41 ~ 56 ◀

8.5 节 习题

复习题

1. 举一些分析方法求积分的例子.
2. 计算机代数系统为不定积分提供确切的结果吗? 请解释.
3. 为什么用表与用计算机代数系统求同一积分所得结果可能不同呢?
4. 归约公式是分析方法或数值方法吗? 请解释.

基本技能

5 ~ 20. 查表求积分 用积分表求下列不定积分.

5. $\int \frac{dx}{\sqrt{x^2+16}}$.
6. $\int \frac{dx}{\sqrt{x^2-25}}$.
7. $\int \frac{3u}{2u+7} du$.
8. $\int \frac{dy}{y(2y+9)}$.
9. $\int \frac{dx}{1-\cos 4x}$.
10. $\int \frac{dx}{x\sqrt{81-x^2}}$.
11. $\int \frac{dx}{\sqrt{4x+1}}$.
12. $\int \sqrt{4x+12}dx$.
13. $\int \frac{dx}{\sqrt{9x^2-100}}$.
14. $\int \frac{dx}{225-16x^2}$.
15. $\int \frac{dx}{(16+9x^2)^{3/2}}$.
16. $\int \sqrt{4x^2-9}dx$.
17. $\int \frac{dx}{x\sqrt{144-x^2}}$.
18. $\int \frac{dx}{x(x^3+8)}$.
19. $\int \frac{dx}{x(x^{10}+1)}$.
20. $\int \frac{dx}{x(x^8-256)}$.

21 ~ 32. 预备工作 用积分表求下列积分. 这些积分在从表中查到以前, 需要诸如配方或变量替换这样的预备工作.

21. $\int \frac{dx}{x^2+2x+10}$.
22. $\int \sqrt{x^2-4x+8}dx$.
23. $\int \frac{dx}{x^2-6x}$.
24. $\int \frac{dx}{\sqrt{x^2+10x}}$.

25. $\int \frac{e^x}{\sqrt{e^{2x}+4}}dx$.

26. $\int \frac{\sqrt{\ln^2 x+4}}{x}dx$.

27. $\int \frac{\cos x}{\sin^2 x+2\sin x}dx$.

28. $\int \frac{\cos^{-1}\sqrt{x}}{\sqrt{x}dx}$.

29. $\int \frac{\tan^{-1}x^3}{x^4}dx$.

30. $\int \frac{e^t}{\sqrt{3+4e^t}}dt$.

31. $\int \frac{\ln x\sin^{-1}(\ln x)}{x}dx$.

32. $\int \frac{dt}{\sqrt{1+4e^t}}$.

33～40. 几何问题 用积分表解下列问题.

33. 求曲线 $y=x^2/4$ 在区间 $[0,8]$ 上的长度.

34. 求曲线 $y=x^{3/2}+8$ 在区间 $[0,2]$ 上的长度.

35. 求曲线 $y=e^x$ 在区间 $[0,\ln 2]$ 上的长度.

36. 由 $y=1/(x+10)$ 和 x- 轴在区间 $[0,3]$ 上围成的区域绕 x- 轴旋转所形成的立体体积是多少?

37. 由 $y=\frac{1}{\sqrt{x+4}}$ 和 x- 轴在区间 $[0,12]$ 上围成的区域绕 y- 轴旋转所形成的立体体积是多少?

38. 求 $y=\frac{1}{\sqrt{x^2-2x+2}}$ 的图像与 x- 轴围成的区域在 $x=0$ 与 $x=3$ 之间的面积.

39. 由 $y=\pi/2, y=\sin^{-1}x$ 的图像和 y- 轴围成的区域绕 y- 轴旋转所形成的立体体积是多少?

40. $f(x)=\frac{2}{x^2+1}$ 和 $g(x)=\frac{7}{4\sqrt{x^2+1}}$ 的图像如附图所示. f 和 g 在区间 $[-1,1]$ 上的平均值哪个大?

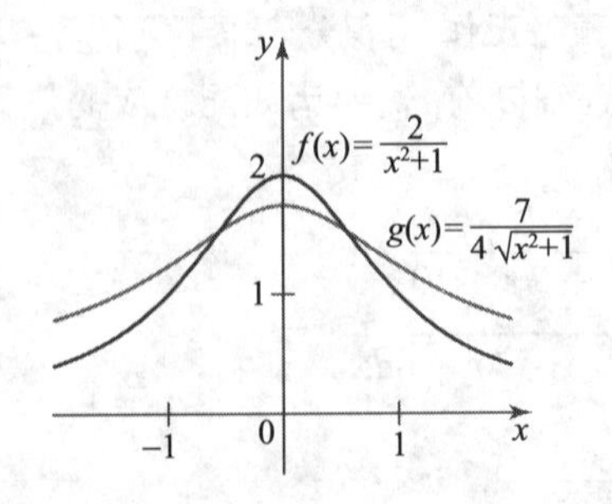

41～48. 不定积分 用计算机代数系统求下列不定积分. 设 a 是正实数.

41. $\int \frac{x}{\sqrt{2x+3}}dx$.

42. $\int \sqrt{4x^2+36}dx$.

43. $\int \tan^2 3xdx$.

44. $\int (a^2-x^2)^{-2}dx$.

45. $\int \frac{(x^2-a^2)^{3/2}}{x}dx$.

46. $\int \frac{dx}{x(a^2-x^2)^2}$.

47. $\int (a^2-x^2)^{3/2}dx$.

48. $\int (x^2+a^2)^{-5/2}dx$.

49～56. 定积分 用计算机代数系统求下列定积分值. 在各题中, 求积分的精确值 (由符号方法得到) 和近似值 (由数值方法得到). 比较结果.

49. $\int_{2/3}^{4/5} x^8 dx$.

50. $\int_0^{\pi/2} \cos^6 xdx$.

51. $\int_0^4 (9+x^2)^{3/2}dx$.

52. $\int_{1/2}^1 \frac{\sin^{-1}x}{x}dx$.

53. $\int_0^{\pi/2} \frac{dx}{1+\tan^2 x}$.

54. $\int_0^{2\pi} \frac{dx}{(4+2\sin x)^2}$.

55. $\int_0^1 \ln x\ln(1+x)dx$.

56. $\int_0^{\pi/4} \ln(1+\tan x)dx$.

深入探究

57. 解释为什么是, 或不是 判断下列命题是否正确, 并证明或举出反例.

a. 由计算机代数系统得 $\int \frac{dx}{x(x-1)}=\ln(x-1)-\ln x$ 和由积分表得 $\int \frac{dx}{x(x-1)}=\ln\left|\frac{x-1}{x}\right|+C$ 是可能的.

b. 计算机代数系统在符号模式下提供的结果是

$\int_0^1 x^8 dx = \frac{1}{9}$，在近似 (数值) 模式下提供的结果是 $\int_0^1 x^8 dx = 0.111\,111\,11$.

58. 表面的差异 三个不同的计算机代数系统提供下面的结果

$$\int \frac{dx}{x\sqrt{x^4-1}} = \frac{1}{2}\cos^{-1}\sqrt{x^{-4}} = \frac{1}{2}\cos^{-1}x^{-2} = \frac{1}{2}\tan^{-1}\sqrt{x^4-1}.$$

解释为什么它们都正确.

59. 统一结果 由一个计算机代数系统得到 $\int \frac{dx}{1+\sin x} = \frac{\sin x - 1}{\cos x}$；由另一个计算机代数系统得到 $\int \frac{dx}{1+\sin x} = \frac{2\sin(x/2)}{\cos(x/2)+\sin(x/2)}$. 使两个结果一致.

60. 表面的差异 解释

$$\int \frac{dx}{x(x-1)(x+2)} = \frac{1}{6}\ln\frac{(x-1)^2|x+2|}{|x|^3} + C$$

和

$$\int \frac{dx}{x(x-1)(x+2)} = \frac{\ln|x-1|}{3} + \frac{\ln|x+2|}{6} - \frac{\ln|x|}{2} + C$$

表面上的不同.

61～64. 归约公式 用积分表中的归约公式计算下列积分.

61. $\int x^3 e^{2x} dx$.

62. $\int x^2 e^{-3x} dx$.

63. $\int \tan^4 3y dy$.

64. $\int \sec^4 4x dx$.

65～70. 两次查表 下面的积分可能需要不止一次查表. 用积分表计算积分, 然后用计算机代数系统验证答案. 若有参数 a, 假设 $a > 0$.

65. $\int x\sin^{-1}2x dx$.

66. $\int 4x\cos^{-1}10x dx$.

67. $\int \frac{\tan^{-1}x}{x^2} dx$.

68. $\int \frac{\sin^{-1}ax}{x^2} dx$.

69. $\int \frac{dx}{\sqrt{2ax-x^2}}$.

70. $\int \sqrt{2ax-x^2} dx$.

应用

71. 摆的周期 考虑只在引力作用下摆动的长 L m 的摆. 设钟摆以初始位移 θ_0 弧度 (见图) 开始摆动. 其周期 (完成完整一转所需时间) 为

$$T = \frac{4}{\omega}\int_0^{\pi/2} \frac{d\varphi}{\sqrt{1-k^2\sin^2\varphi}},$$

其中 $\omega^2 = g/L$, $g \approx 9.8\,\mathrm{m/s^2}$ 是引力加速度, $k^2 = \sin^2(\theta_0/2)$. 设 $L = 9.8$ m, 这表示 $\omega = 1\,\mathrm{s}^{-1}$.

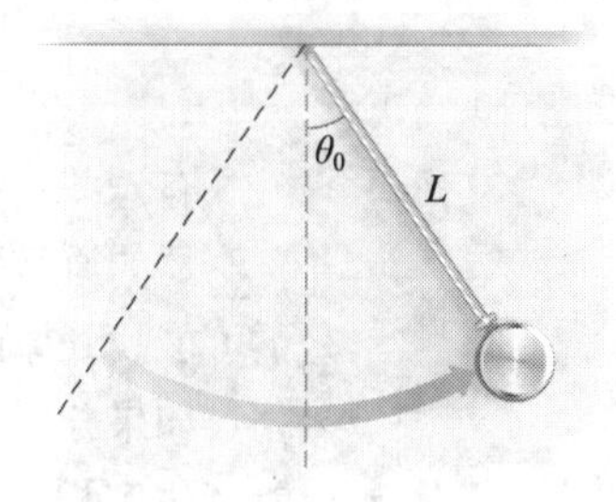

a. 对于 $\theta_0 = 0.1, 0.2, \cdots, 0.9, 1.0$ rad, 用计算机代数系统求钟摆的周期.

b. 对于小 θ_0, 周期近似为 2π s. θ_0 的哪些值使计算结果在 2π 的 10 %内 (相对误差小于 0.1)?

附加练习

72. 抛物线的弧长 设 $L(c)$ 是抛物线 $f(x) = x^2$ 从 $x = 0$ 到 $x = c$ 的长度, 其中 $c \geqslant 0$ 是常数.

a. 求 L 的表达式并作图像.

b. L 在区间 $[0, \infty)$ 是上凹还是下凹?

c. 证明随着 c 增大, 弧长函数按 c^2 增加, 即 $L(c) \approx kc^2$, 其中 k 是常数.

73～76. 推导公式 计算下列积分. 设 a, b 是实数, n 是整数.

73. $\int \frac{x}{ax+b} dx$；用 $u = ax + b$.

74. $\int \frac{x}{\sqrt{ax+b}} dx$；用 $u^2 = ax + b$.

75. $\int x(ax+b)^n dx$；用 $u = ax + b$.

76. $\int x^n \sin^{-1} x dx$；用分部积分.

77. 正弦与余弦的幂 可以证明

$$\int_0^{\pi/2} \sin^n x dx = \int_0^{\pi/2} \cos^n x dx$$

$$= \begin{cases} \dfrac{1\cdot 3\cdot 5\cdots(n-1)}{2\cdot 4\cdot 6\cdots n}\cdot\dfrac{\pi}{2}, & \text{如果}\ n\geqslant 2\ \text{是偶数} \\ \dfrac{2\cdot 4\cdot 6\cdots(n-1)}{3\cdot 5\cdot 7\cdots n}, & \text{如果}\ n\geqslant 3\ \text{是奇数} \end{cases}.$$

a. 用计算机代数系统证实 $n=2,3,4,5$ 时的结果.

b. 计算 $n=10$ 的积分并证实结果.

c. 用绘图或符号计算, 确定积分值随 n 的增加递增还是递减.

78. 一个著名的积分 实际上对所有实数 m,

$$\int_0^{\pi/2} \frac{dx}{1+\tan^m x} = \frac{\pi}{4}.$$

a. 对 $m=-2,-3/2,-1,-1/2,0,1/2,1,3/2,2$, 作被积函数的图像. 从几何上解释当 m 变化时在区间 $[0,\pi/2]$ 上曲线下的面积保持不变.

b. 用计算机代数系统证实该积分对所有 m 都是常数.

迅速核查　答案

1. 1.

2. 因为 $\sin^2 x = 1-\cos^2 x$, 这两个结果相差一个能被任意常数 C 吸收的常数.

3. 当 $x>0$ 时, 用 $\ln a - \ln b = \ln(a/b)$, 得第二个结果与第一个结果一致; 第二个结果必须有绝对值符号和任意常数.

8.6　数 值 积 分

有一些定积分不能用截至目前我们所开发的所有分析方法来计算. 例如, 当被积函数没有明显的原函数时 (如 $\cos(x^2)$ 和 $1/\ln x$), 或者被积函数也许由离散的数据点表示, 这使得不可能找到原函数.

如果分析方法失败, 我们通常转向数值方法, 借助计算器或计算机完成计算. 这些方法不能产生定积分的精确值, 但它们提供相当精确的近似值. 很多计算器、软件包和计算机代数系统有内置的数值积分方法. 我们在本节探究其中一些方法.

绝对误差和相对误差

因为数值方法通常不产生准确结果, 我们应该关注近似的精确度, 这导致绝对误差和相对误差的思想.

定义　绝对误差和相对误差

设 c 是某问题的数值解, 该问题的精确解为 x. 对 c 作为 x 的近似值时产生的误差, 有两种常用度量:

$$\text{绝对误差} = |c-x|$$

和

$$\text{相对误差} = \frac{|c-x|}{|x|}\quad (x\neq 0).$$

因为精确解通常未知, 实际的目标是估计误差的最大值.

例 1　绝对误差和相对误差 古希腊人用 $\dfrac{22}{7}$ 作为 π 的近似值. 确定 π 的这个近似值的绝对误差和相对误差.

解　设 $c=\dfrac{22}{7}$ 是 $x=\pi$ 的近似值, 我们求得

$$\text{绝对误差} = \left|\frac{22}{7}-\pi\right| \approx 0.001\,26$$

和

$$\text{相对误差} = \frac{\left|\frac{22}{7} - \pi\right|}{|\pi|} \approx 0.000\,402 \approx 4\%.$$

相关习题 7～10 ◀

中点法则

许多数值积分方法基于黎曼和的潜在思想; 这些方法逼近曲线所界区域的净面积. 一个典型的问题如图 8.12 所示. 图中显示定义在区间 $[a,b]$ 上的函数 f. 目的是估计 $\int_a^b f(x)dx$ 的值. 如同黎曼和那样, 我们首先将区间 $[a,b]$ 划分成 n 个长度均为 $\Delta x = (b-a)/n$ 的子区间. 这个划分建立 $n+1$ 个格点:

$$x_0 = a, \quad x_1 = a + \Delta x, \quad x_2 = a + 2\Delta x, \cdots, \quad x_k = a + k\Delta x, \cdots, \quad x_n = b.$$

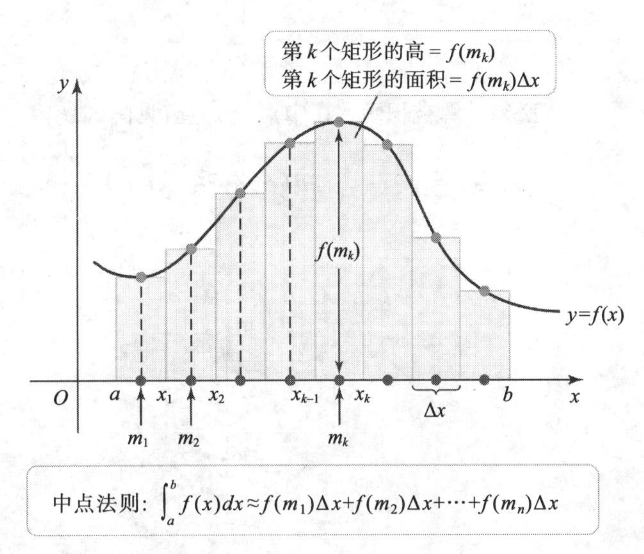

图 8.12

第 k 个子区间是 $[x_{k-1}, x_k], k = 1, 2, \cdots, n$.

中点法则是取每个子区间中点为 $\overline{x}_k$ 的黎曼和.

中点法则用矩形逼近曲线下的区域. 矩形的底宽为 Δx. 第 k 个矩形的高为 $f(m_k)$, 其中 $m_k = (x_{k-1} + x_k)/2$ 是第 k 个子区间的中点 (见图 8.12). 因此, 第 k 个矩形的净面积等于 $f(m_k)\Delta x$.

设 $M(n)$ 是用 n 个矩形的中点法则时积分的近似值. 对这些矩形的净面积求和, 我们得

如果对某个 k, $f(m_k) < 0$, 则该矩形的净面积是负数, 对近似值作负贡献 (5.2 节).

$$\begin{aligned}\int_a^b f(x)dx &\approx M(n) \\ &= f(m_1)\Delta x + f(m_2)\Delta x + \cdots + f(m_n)\Delta x \\ &= \sum_{k=1}^{n} f\left(\frac{x_{k-1} + x_k}{2}\right)\Delta x.\end{aligned}$$

$\int_a^b f(x)dx$ 的中点法则逼近与黎曼和一样一般随 n 的增大而提高.

定义　中点法则

设 f 在 $[a,b]$ 上有定义且可积. 用 $[a,b]$ 上 n 个等宽子区间的中点法则逼近 $\int_a^b f(x)dx$ 的近似值是

$$\begin{aligned} M(n) &= f(m_1)\Delta x + f(m_2)\Delta x + \cdots + f(m_n)\Delta x \\ &= \sum_{k=1}^{n} f\left(\frac{x_{k-1}+x_k}{2}\right)\Delta x, \end{aligned}$$

其中 $\Delta x = (b-a)/n, x_k = a + k\Delta x$, m_k 是 $[x_{k-1}, x_k]$ 的中点, $k = 1, 2, \cdots, n$.

迅速核查 1. 在区间 $[3,11]$ 上用中点法则, 若 $n=4$, 要计算被积函数在哪些点的值? ◄

例 2　用中点法则 用 $n=4$ 和 $n=8$ 个子区间的中点法则估计 $\int_2^4 x^2 dx$.

解　对 $a=2, b=4$ 和 $n=4$ 个子区间, 每个子区间的长度是 $\Delta x = (b-a)/n = 2/4 = 0.5$. 格点是

$$x_0 = 2, \quad x_1 = 2.5, \quad x_2 = 3, \quad x_3 = 3.5, \quad x_4 = 4.$$

必须计算被积函数在中点处的值 (见图 8.13):

$$m_1 = 2.25, \quad m_2 = 2.75, \quad m_3 = 3.25, \quad m_4 = 3.75.$$

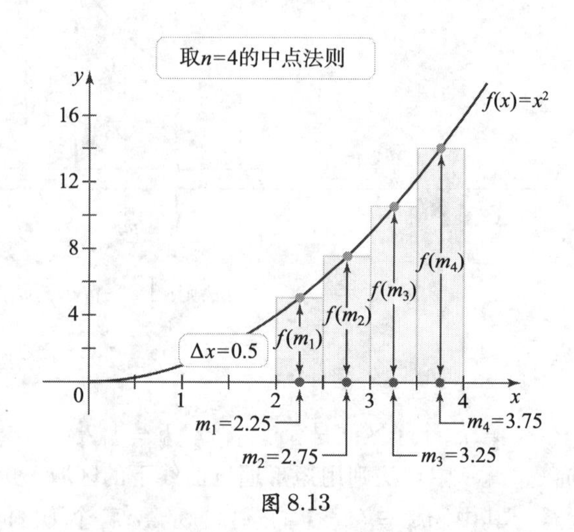

图 8.13

由于 $f(x) = x^2, n = 4$, 中点法则逼近是

$$\begin{aligned} M(4) &= f(m_1)\Delta x + f(m_2)\Delta x + f(m_3)\Delta x + f(m_4)\Delta x \\ &= (m_1^2 + m_2^2 + m_3^2 + m_4^2)\Delta x \\ &= (2.25^2 + 2.75^2 + 3.25^2 + 3.75^2) \times 0.5 \\ &= 18.625. \end{aligned}$$

区域的确切面积是 $\dfrac{56}{3}$, 因此中点法则的绝对误差是

$$|18.625 - 56/3| \approx 0.041\,7,$$

相对误差是

$$\left|\frac{18.625-56/3}{56/3}\right| \approx 0.002\,23 = 0.223\%.$$

用 $n=8$ 个子区间, 中点法则逼近是

$$M(8)=\sum_{k=1}^{8} f(m_k)\Delta x = 18.656\,25,$$

其绝对误差大约为 0.010 4, 相对误差大约为 0.055 8 %. 我们发现增大 n 而用更多的矩形可减小近似的误差.

相关习题 11～14 ◀

梯形法则

估计 $\int_a^b f(x)dx$ 的另一种方法是梯形法则, 它用的区间 $[a,b]$ 的划分与中点法则描述的划分相同. 但梯形法则不是用矩形逼近曲线下的区域, 而是用梯形 (还有什么?). 梯形的底宽为 Δx . 第 k 个梯形的边长为 $f(x_{k-1})$ 和 $f(x_k), k=1,2,\cdots,n$ (见图 8.14). 因此, 第 k 个梯形的面积是 $\left(\frac{f(x_{k-1})+f(x_k)}{2}\right)\Delta x$.

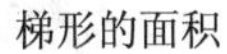
梯形的面积

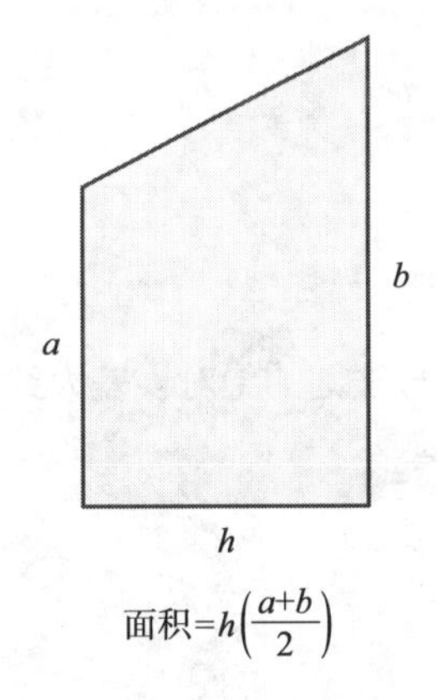

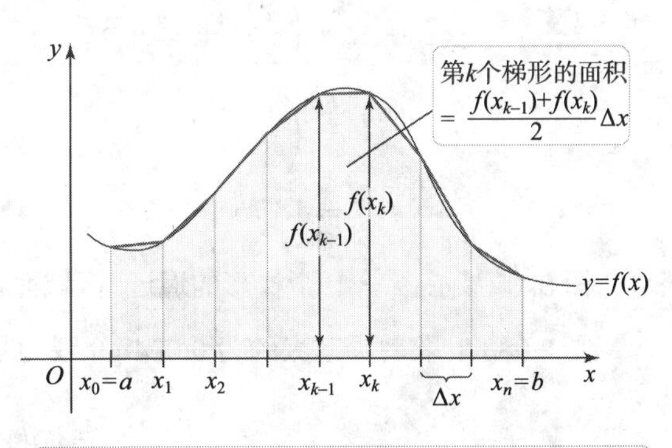

梯形法则: $\int_a^b f(x)dx \approx \left[\frac{1}{2}f(x_0)+f(x_1)+\cdots+f(x_{n-1})+\frac{1}{2}f(x_n)\right]\Delta x$

图 8.14

令 $T(n)$ 是用 n 个子区间的梯形法则时积分的近似值, 我们得

$$\begin{aligned}
&\int_a^b f(x)dx \approx T(n)\\
&=\underbrace{\left(\frac{f(x_0)+f(x_1)}{2}\right)}_{\text{第 1 个梯形}}\Delta x+\underbrace{\left(\frac{f(x_1)+f(x_2)}{2}\right)}_{\text{第 2 个梯形}}\Delta x+\cdots+\underbrace{\left(\frac{f(x_{n-1})+f(x_n)}{2}\right)}_{\text{第 } n \text{ 个梯形}}\Delta x\\
&=\left(\frac{f(x_0)}{2}+\underbrace{\frac{f(x_1)}{2}+\frac{f(x_1)}{2}}_{f(x_1)}+\cdots+\underbrace{\frac{f(x_{n-1})}{2}+\frac{f(x_{n-1})}{2}}_{f(x_{n-1})}+\frac{f(x_n)}{2}\right)\Delta x\\
&=\left(\frac{f(x_0)}{2}+\underbrace{f(x_1)+\cdots+f(x_{n-1})}_{\sum_{k=1}^{n-1} f(x_k)}+\frac{f(x_n)}{2}\right)\Delta x,
\end{aligned}$$

与中点法则一样, 梯形法则逼近一般随 n 的增大而提高.

定义　梯形法则

设 f 在 $[a,b]$ 上有定义且可积. 用 $[a,b]$ 上 n 个等宽子区间的梯形法则逼近 $\int_a^b f(x)dx$ 的近似值是

$$T(n)=\left(\frac{1}{2}f(x_0)+\sum_{k=1}^{n-1}f(x_k)+\frac{1}{2}f(x_n)\right)\Delta x,$$

其中 $\Delta x=(b-a)/n, x_k=a+k\Delta x$, $k=1,2,\cdots,n$.

迅速核查 2. 梯形法则是低估还是高估 $\int_0^4 x^2dx$ 的值? ◀

例 3　用梯形法则 用 $n=4$ 个子区间的梯形法则估计 $\int_2^4 x^2dx$.

解　如例 2, 格点是

$$x_0=2,\quad x_1=2.5,\quad x_2=3,\quad x_3=3.5,\quad x_4=4.$$

对 $f(x)=x^2, n=4$, 梯形法则逼近是

$$\begin{aligned}T(4)&=\frac{1}{2}f(x_0)\Delta x+f(x_1)\Delta x+f(x_2)\Delta x+f(x_3)\Delta x+\frac{1}{2}f(x_4)\Delta x\\&=\left(\frac{1}{2}x_0^2+x_1^2+x_2^2+x_3^2+\frac{1}{2}x_4^2\right)\Delta x\\&=\left(\frac{1}{2}\times 2^2+2.5^2+3^2+\frac{1}{2}\times 4^2\right)\times 0.5\\&=18.75.\end{aligned}$$

图 8.15 显示 $n=4$ 个梯形的逼近. 区域面积的精确值是 $\frac{56}{3}$, 因此梯形法则的绝对误差大约是 0.083 3, 相对误差大约为 0.004 46 或 0.446 %. 增加 n 可减小误差.

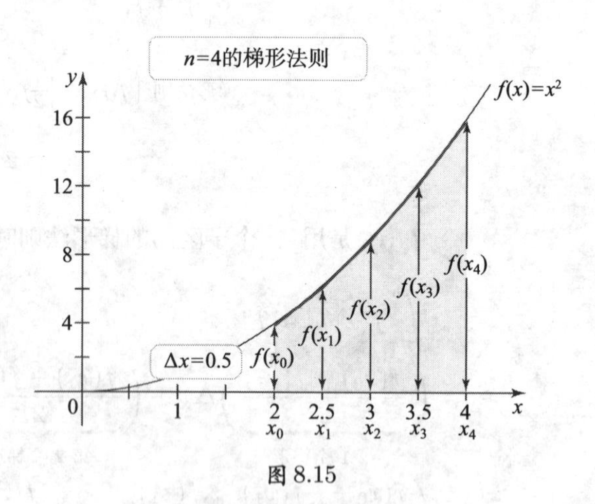

图 8.15

相关习题 15～18 ◀

例 4　中点法则与梯形法则的误差 已知

$$\int_0^1 xe^{-x}dx=1-2e^{-1}.$$

求 $n=4,8,16,32,64,128$ 时用中点法则和梯形法则逼近积分的绝对误差.

解 因为积分的精确值已知 (在实际问题中通常不会发生), 我们能计算不同近似值的误差. 比如, 如果 $n=16$, 则

$$\Delta x=\frac{1}{16},\quad x_k=\frac{k}{16}, k=0,1,\cdots,n.$$

我们用西格玛记号和一个计算机代数系统得

$$M(16)=\overbrace{\sum_{k=1}^{16}}^{n} f\left(\frac{\overbrace{(k-1)/16}^{x_{k-1}}+\overbrace{k/16}^{x_k}}{2}\right)\overbrace{\frac{1}{16}}^{\Delta x}=\sum_{k=1}^{16} f\left(\frac{2k-1}{32}\right)\frac{1}{16}\approx 0.264\,403\,836\,093\,18$$

和

$$T(16)=\left(\frac{1}{2}f\underbrace{(0)}_{x_0=a}+\overbrace{\sum_{k=1}^{15}}^{n-1} f\underbrace{(k/16)}_{x_k}+\frac{1}{2}f\underbrace{(1)}_{x_{16}=b}\right)\frac{1}{16}\approx 0.263\,915\,644\,802\,35.$$

$n=16$ 时, 中点法则的绝对误差是 $|M(16)-(1-2e^{-1})|\approx 0.000\,163$, 梯形法则的绝对误差是 $|T(16)-(1-2e^{-1})|\approx 0.000\,325$.

对 n 的一些不同取值, 积分的中点法则与梯形法则的近似值及相应的绝对误差一起列在表 8.4 中. 注意到随着 n 的增大, 两种方法的误差像我们期望的那样减小. 对 $n=128$ 个子区间, 近似值 $M(128)$ 和 $T(128)$ 的小数点后前 4 位相等. 根据这些近似值, 积分的一个好估计是 0.264 2. 误差递减的方式也值得注意. 如果仔细观察表 8.4 的两个误差栏, 将发现 n 每增加一倍 (或 Δx 减半), 误差的下降因子大约是 4.

迅速核查 3. 计算表 8.4 中 $T(16)$ 与 $T(32)$, $T(32)$ 与 $T(64)$ 之间误差递减因子的近似值. ◀

表 8.4

n	$M(n)$	$T(n)$	$M(n)$ 的误差	$T(n)$ 的误差
4	0.266 834 563 103 19	0.259 045 040 191 41	0.002 59	0.005 20
8	0.264 891 487 957 40	0.262 939 801 647 30	0.000 650	0.001 30
16	0.264 403 836 093 18	0.263 915 644 802 35	0.001 63	0.000 325
32	0.264 281 805 137 18	0.264 159 740 447 77	0.000 040 7	0.000 081 4
64	0.264 251 290 019 15	0.264 220 772 792 47	0.000 010 2	0.000 020 3
128	0.264 243 660 778 37	0.264 236 031 405 81	0.000 002 54	0.000 005 09

相关习题 19～26 ◀

表 8.5

年份	世界油产量 (十亿桶/年)
1992	22.3
1993	21.9
1994	21.5
1995	21.9
1996	22.3
1997	23.0
1998	23.7
1999	24.5
2000	23.7
2001	25.2
2002	24.8
2003	24.5
2004	25.2
2005	25.9
2006	26.3
2007	27.0
2008	27.5

例 5 世界石油产量 表 8.5 和图 8.16 列出 16 年间世界石油产量的变化率 (以十亿桶/yr 计) 数据. 如果世界石油产量的变化率为函数 R, 则在 $a\leqslant t\leqslant b$ 期间的石油总产量是 $Q=\int_a^b R(t)dt$ (6.1 节). 用中点法则和梯形法则逼近 1992—2008 年间的石油总产量.

解 为方便起见, 我们用 $t=0$ 表示 1992 年, $t=16$ 表示 2008 年. 我们用 $R(t)$ 表示 t 对应的那一年的石油产量的变化率 (比如, $R(6)=23.7$ 是 1998 年的变化率). 目的是估计 $Q=\int_0^{16} R(t)dt$. 如果我们用 $n=4$ 个子区间, 则 $\Delta t=4$ 年. 所得的中点法则与梯形法则的近似值 (以十亿桶计) 分别为

$$\begin{aligned}Q\approx M(4)&=[R(2)+R(6)+R(10)+R(14)]\Delta t\\&=(21.5+23.7+24.8+26.3)\times 4\\&=385.2\end{aligned}$$

和

$$
\begin{aligned}
Q \approx T(4) &= \left[\frac{1}{2}R(0) + R(4) + R(8) + R(12) + \frac{1}{2}R(16)\right]\Delta t \\
&= \left(\frac{1}{2}\times 22.3 + 22.3 + 23.7 + 25.2 + \frac{1}{2}\times 27.5\right)\times 4 \\
&= 384.4.
\end{aligned}
$$

这两种方法给出的答案比较一致. 用 $n=8, \Delta t=2$ 年, 由类似的计算得到近似值为

$$
Q \approx M(8) = 387.8 \quad \text{和} \quad Q \approx T(8) = 384.8.
$$

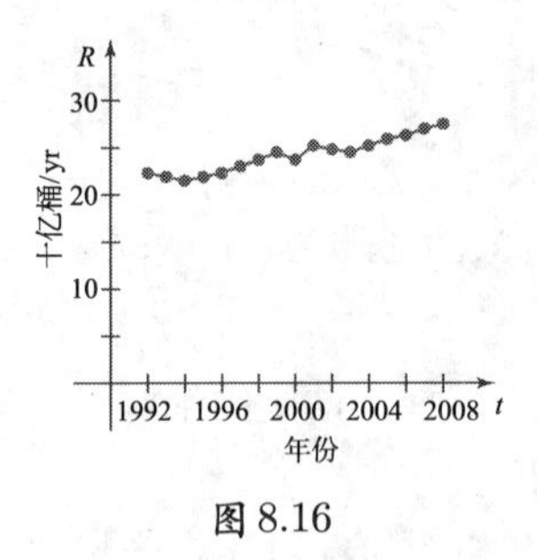

图 8.16

来源: U.S. Energy Information Administration

所给的数据不允许我们计算下一个中点法则近似值 $M(16)$. 然而我们能计算下一个梯形法则近似值 $T(16)$. 这里有一个好办法去完成它. 如果 $T(n), M(n)$ 已知, 则下一个梯形法则近似值是 (习题 58)

$$
T(2n) = \frac{T(n)+M(n)}{2}.
$$

我们用这个技巧得

$$
T(16) = \frac{T(8)+M(8)}{2} = \frac{384.8+387.8}{2} = 386.3.
$$

根据这些计算, 1992—2008 年间石油总产量的最好估计是 3 863 亿桶.

相关习题 27～30 ◀

辛普森法则

可以通过用曲线而不是线段逼近 f 的图像来改进中点法则与梯形法则. 让我们回到中点法则与梯形法则所用的划分, 但我们现在假设用曲线 $y=f(x)$ 上三个相邻点, 比如 $(x_0, f(x_0)), (x_1, f(x_1)), (x_2, f(x_2))$. 这三个点确定一条抛物线, 且容易求出区间 $[x_0, x_2]$ 上这条抛物线所围的净面积. 将这个想法应用到积分区间上由三个相邻点构成的每组点上, 就得到**辛普森法则**. 若取 n 个子区间, 辛普森法则用 $S(n)$ 表示, 且

$$
\begin{aligned}
\int_a^b f(x)dx \approx S(n) = (f(x_0) &+ 4f(x_1) + 2f(x_2) + 4f(x_3) + \cdots \\
&+ 2f(x_{n-2}) + 4f(x_{n-1}) + f(x_n))\frac{\Delta x}{3}.
\end{aligned}
$$

注意, 除第一项和最后一项外, 系数在 4 和 2 之间交错变化; 这个法则要求 n **必须是偶数**.

可以用上面给出的辛普森法则公式计算, 但这里有一个更容易的方法. 如果已经有梯形法则近似值 $T(n)$ 和 $T(2n)$, 则通过简单的计算立即得到下一个辛普森法则近似值 (习题 60):

$$
S(2n) = \frac{4T(2n)-T(n)}{3}.
$$

定义　辛普森法则

设 f 在 $[a,b]$ 上有定义且可积. 用 $[a,b]$ 上 n 个等宽度子区间的辛普森法则逼近 $\int_a^b f(x)dx$ 的近似值是

$$
S(n) = [f(x_0) + 4f(x_1) + 2f(x_2) + 4f(x_3) + \cdots + 4f(x_{n-1}) + f(x_n)]\frac{\Delta x}{3},
$$

其中 n 是偶数, $\Delta x=(b-a)/n, x_k=a+k\Delta x$, $k=1,2,\cdots,n$. 另一种方法是, 如果梯形法则近似值 $T(n)$ 和 $T(2n)$ 已知, 则

$$S(2n)=\frac{4T(2n)-T(n)}{3}.$$

例 6 梯形法则与辛普森法则的误差 已知 $\int_0^1 xe^{-x}dx=1-2e^{-1}$, 求 $n=8,16,32,64,128$ 时梯形法则和辛普森法则逼近积分的绝对误差.

解 因为辛普森法则的快捷公式以梯形法则产生的值为基础, 因此最好先计算梯形法则的近似值. 表 8.6 的第二列是例 4 计算出来的梯形法则近似值. 有了梯形法则逼近, 相应的辛普森法则近似值就容易得到了. 比如, 如果 $n=8$, 则

$$S(8)=\frac{4T(8)-T(4)}{3}\approx 0.264\,238\,055\,465\,93.$$

表中也列出逼近的绝对误差. 辛普森法则的误差比梯形法则的误差递减得更快. 通过仔细观察, 将发现辛普森法则误差以明显的规律递减: 每次 n 翻倍 (或 Δx 减半), 误差以近似因子 16 递减, 这使得辛普森法则是一个更有效率、更精确的方法.

表 8.6

n	$T(n)$	$S(n)$	$T(n)$ 的误差	$S(n)$ 的误差
4	0.259 045 010 191 41		0.005 20	
8	0.262 939 801 647 30	0.264 238 055 465 93	0.001 30	0.000 003 06
16	0.263 915 644 802 35	0.264 240 925 854 04	0.000 325	0.000 000 192
32	0.264 159 740 447 77	0.264 241 105 662 91	0.000 081 4	0.000 000 012 0
64	0.264 220 772 792 47	0.264 241 116 907 38	0.000 020 3	0.000 000 000 750
128	0.264 236 031 405 81	0.264 241 117 610 26	0.000 005 09	0.000 000 000 046 9

迅速核查 4. 计算表 8.6 中 $S(16)$ 与 $S(32)$, $S(32)$ 与 $S(64)$ 之间误差递减因子的近似值. ◄

相关习题 31～38 ◄

数值积分中的误差

对我们已经讨论过的三种方法产生的误差的详细分析超出了本书的范围. 我们不加证明地陈述各种方法的标准误差定理, 注意例 3、例 4 和例 6 与这些结果一致.

定理 8.2 数值积分中的误差

设 f'' 是区间 $[a,b]$ 上的连续函数, k 是实数使得 $|f''(x)|<k$ 对 $[a,b]$ 中的所有 x 成立. 用 n 个子区间的中点法则和梯形法则逼近积分 $\int_a^b f(x)dx$ 所产生的绝对误差分别满足不等式

$$E_M\leqslant\frac{k(b-a)}{24}(\Delta x)^2 \quad 和 \quad E_T\leqslant\frac{k(b-a)}{12}(\Delta x)^2,$$

其中 $\Delta x=(b-a)/n$.

设 $f^{(4)}$ 是区间 $[a,b]$ 上的连续函数, K 是实数使得 $|f^{(4)}(x)|<K$ 对 $[a,b]$ 中的所有 x 成立. 用 n 个子区间的辛普森法则逼近积分 $\int_a^b f(x)dx$ 所产生的绝对误差满足不等式

$$E_S\leqslant\frac{K(b-a)}{180}(\Delta x)^4.$$

由中点法则与梯形法则产生的绝对误差与 $(\Delta x)^2$ 成比例. 因此, 如果 Δx 以因子 2 递减, 则误差大约以因子 4 递减, 正如例 4 所看到的. 辛普森法则是更精确的方法; 它的误差与 $(\Delta x)^4$ 成比例, 这意味着如果 Δx 以因子 2 递减, 则误差大约以因子 16 递减, 正如例 6 所看到的. 像例 6 那样同时计算梯形法则和辛普森法则是一种高效的方法, 它用相对少的工作量得到更精确的近似值.

8.6 节 习题

复习题

1. 如果把区间 $[4,18]$ 划分成 $n=28$ 个等宽的子区间, Δx 是多少?

2. 从几何上解释如何用中点法则逼近定积分.

3. 从几何上解释如何用梯形法则逼近定积分.

4. 如果在区间 $[-1,11]$ 上用 $n=3$ 个子区间的中点法则, 计算被积函数在哪些 x- 坐标处的值?

5. 如果在区间 $[-1,9]$ 上用 $n=5$ 个子区间的梯形法则, 计算被积函数在哪些 x- 坐标处的值?

6. 如果梯形法则近似值 $T(2n)$ 和 $T(n)$ 已知, 陈述如何计算辛普森法则近似值 $S(2n)$.

基本技能

7～10. 绝对误差和相对误差 计算用 c 估计 x 的绝对误差和相对误差.

7. $x=\pi; c=3.14$.

8. $x=\sqrt{2}; c=1.414$.

9. $x=e; c=2.72$.

10. $x=e; c=2.718$.

11～14. 中点法则逼近 求下列积分的指定中点法则近似值.

11. $\int_2^{10} 2x^2dx$, 用 $n=1,2,4$ 个子区间.

12. $\int_1^9 x^3dx$, 用 $n=1,2,4$ 个子区间.

13. $\int_0^1 \sin\pi x dx$, 用 $n=6$ 个子区间.

14. $\int_0^1 e^{-x}dx$, 用 $n=8$ 个子区间.

15～18. 梯形法则逼近 求下列积分的指定梯形法则近似值.

15. $\int_2^{10} 2x^2dx$, 用 $n=2,4,8$ 个子区间.

16. $\int_1^9 x^3dx$, 用 $n=2,4,8$ 个子区间.

17. $\int_0^1 \sin\pi x dx$, 用 $n=6$ 个子区间.

18. $\int_0^1 e^{-x}dx$, 用 $n=8$ 个子区间.

19. 中点法则, 梯形法则和相对误差 求用 $n=25$ 个子区间的中点法则和梯形法则逼近 $\int_0^1 \sin\pi x dx$ 的近似值. 计算每个近似的相对误差.

20. 中点法则, 梯形法则和相对误差 求用 $n=50$ 个子区间的中点法则和梯形法则逼近 $\int_0^1 e^{-x}dx$ 的近似值. 计算每个近似的相对误差.

21～26. 比较中点法则与梯形法则 对下列积分用中点法则和梯形法则. 列出与表 8.4 相似的表, 显示 $n=4,8,16$ 和 32 时的近似值与误差. 为计算误差, 已给出积分的精确值.

21. $\int_1^5 (3x^2-2x)dx=100$.

22. $\int_{-2}^6 \left(\frac{x^3}{16}-x\right)dx=4$.

23. $\int_0^{\pi/4} 3\sin 2x dx=\frac{3}{2}$.

24. $\int_1^e \ln x dx=1$.

25. $\int_0^\pi \sin x\cos 3x dx=0$.

26. $\int_0^8 e^{-2x}dx=\frac{1-e^{-16}}{2}\approx 0.499\,999\,9$.

27～30. 温度数据 1 月份同一天 12 小时期间科罗拉多州的博尔德、加利福尼亚州的旧金山、马萨诸塞州的楠塔基特和明尼苏达州的德鲁斯四个地方每小时的温度数据如图所示. 设这些数据来自一个连续的温度函数 $T(t)$. 12 小时期间的平均温度是 $\overline{T}=\frac{1}{12}\int_0^{12}T(t)dt$.

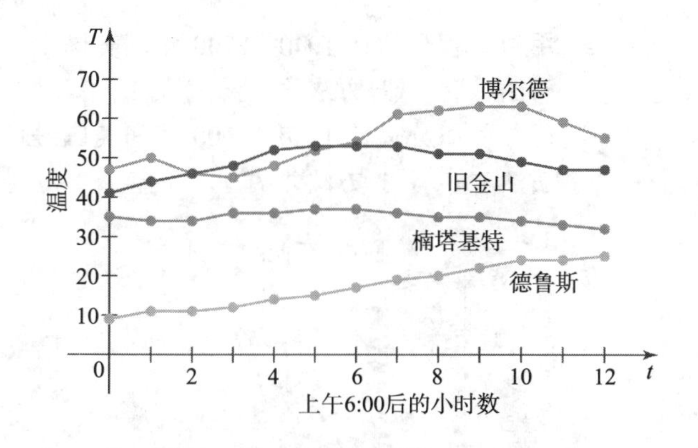

t	0	1	2	3	4	5	6	7	8	9	10	11	12
博尔德	47	50	46	45	48	52	54	61	62	63	63	59	55
旧金山	41	44	46	48	52	53	53	53	51	51	49	47	47
楠塔基特	35	34	34	36	36	37	37	36	35	35	34	33	32
德鲁斯	9	11	11	12	14	15	17	19	20	22	24	24	25

27. 求博尔德 12 小时期间的平均温度的精确近似值. 陈述使用的方法.

28. 求旧金山 12 小时期间的平均温度的精确近似值. 陈述使用的方法.

29. 求楠塔基特 12 小时期间的平均温度的精确近似值. 陈述使用的方法.

30. 求德鲁斯 12 小时期间的平均温度的精确近似值. 陈述使用的方法.

31～34. 梯形法则和辛普森法则 考虑下列积分及 n 的指定值.

a. 求用 n 和 $2n$ 个子区间的梯形法则逼近积分的近似值.

b. 求用 $2n$ 个子区间的辛普森法则逼近积分的近似值. 与例 6 中一样, 由梯形法则近似值得到辛普森法则近似值是最容易的.

c. 计算用 $2n$ 个子区间时梯形法则和辛普森法则的绝对误差.

31. $\int_0^1 e^{2x}dx; n=25$.

32. $\int_0^2 x^4 dx; n=30$.

33. $\int_1^e \frac{1}{x}dx; n=50$.

34. $\int_0^{\pi/4} \frac{1}{1+x^2}dx; n=64$.

35～38. 辛普森法则 对下列积分用辛普森法则. 与例 6 中一样, 由梯形法则近似值得到辛普森法则近似值是最容易的. 列出一个与表 8.6 相似的表显示 $n=4,8,16,32$ 时的近似值和误差. 为计算误差, 已给出积分的精确值.

35. $\int_0^4 (3x^5-8x^3)dx = 1536$.

36. $\int_1^e \ln x dx = 1$.

37. $\int_0^{\pi} e^{-t}\sin t dt = \frac{1}{2}(e^{-\pi}+1)$.

38. $\int_0^6 3e^{-3x}dx = 1-e^{-18} \approx 1.000000$.

深入探究

39. 解释为什么是, 或不是 判断下列命题是否正确, 并证明或举出反例.

a. 梯形法则用来逼近线性函数的定积分时得出精确值.

b. 当中点法则中的子区间数量以因子 3 增加时, 预计误差以因子 8 减小.

c. 当梯形法则中的子区间数量以因子 4 增加时, 预计误差以因子 16 减小.

40～43. 比较中点法则与梯形法则 对于下列积分 (精确值已知), 比较用 $n=4,8,16,32$ 个子区间的中点法则和梯形法则时的误差.

40. $\int_0^{\pi/2} \sin^6 x dx = \frac{5\pi}{32}$.

41. $\int_0^{\pi/2} \cos^9 x dx = \frac{128}{315}$.

42. $\int_0^1 (8x^7-7x^8)dx = \frac{2}{9}$.

43. $\int_0^{\pi} \ln(5+3\cos x)dx = \pi\ln\frac{9}{2}$.

44～47. 用辛普森法则 用辛普森法则逼近下列积分. 试验 n 的值以保证误差小于 10^{-3}.

44. $\int_0^{2\pi} \frac{dx}{(5+3\sin x)^2} = \frac{5\pi}{32}$.

45. $\int_0^{\pi} \frac{\cos x}{\frac{5}{4}-\cos x}dx = \frac{2\pi}{3}$.

46. $\int_0^{\pi} \ln(2+\cos x)dx = \pi\ln\left(\frac{2+\sqrt{3}}{2}\right)$.

47. $\int_0^{\pi} \sin 6x\cos 3x dx = \frac{4}{9}$.

应用

48. 摆的周期 长为 L 的标准摆在仅有引力作用下 (无阻力) 的摆动周期为

$$T=\frac{4}{\omega}\int_0^{\pi/2}\frac{d\varphi}{\sqrt{1-k^2\sin^2\varphi}},$$

其中 $\omega^2=g/L, k^2=\sin^2(\theta_0/2), g\approx 9.8\,\mathrm{m/s}^2$ 是引力加速度, θ_0 是钟摆被释放时的初始角度 (以弧度计). 用数值积分估计 $L=1\,\mathrm{m}$ 且从角 $\theta_0=\pi/4\,\mathrm{rad}$ 处释放的钟摆周期.

49. 椭圆周长 轴长为 $2a$ 和 $2b$ 的椭圆周长是

$$\int_0^{2\pi}\sqrt{a^2\cos^2 t+b^2\sin^2 t}dt.$$

用数值积分及试验 n 的不同值逼近 $a=4$ 且 $b=8$ 的椭圆周长.

50. 正弦积分 衍射理论产生正弦积分函数 $\mathrm{Si}(x)=\int_0^x\frac{\sin t}{t}dt$. 用中点法则逼近 $\mathrm{Si}(1)$ 和 $\mathrm{Si}(10)$. (回顾 $\lim\limits_{x\to 0}\sin x/x=1$.) 试验子区间的个数直至得到误差小于 10^{-3} 的近似值. 经验法则是如果连续两个逼近的差小于 10^{-3}, 那么误差通常小于 10^{-3}.

51. 身高的正态分布 美国男人的身高服从均值为 69in、标准差为 3in 的正态分布. 这表示身高介于 a 和 $b(a<b)$ 之间的男人比例由积分

$$\frac{1}{3\sqrt{2\pi}}\int_a^b e^{-[(x-69)/3]^2/2}dx$$

确定. 身高在 66～77in 之间的美国男人的百分比是多少? 选择逼近方法及试验 n 的值直至得到连续逼近的差小于 10^{-3}.

52. 电影长度的正态分布 近期的研究表明美国电影时长服从均值为 110min、标准差为 22min 的正态分布. 这表示时长介于 $a\sim b\,\mathrm{min}(a<b)$ 之间的电影比例由积分

$$\frac{1}{22\sqrt{2\pi}}\int_a^b e^{-[(x-110)/22]^2/2}dx$$

给定. 电影时长在 1hr～1.5hr 之间 (60～90min) 的美国电影的百分比是多少?

53. 美国生产和进口的石油 图形显示 1920—2005 年间美国石油生产和进口的变化率, 单位是百万桶每天. 石油生产或进口的总量是相应曲线下的区域面积. 注意单位, 因为这个数据集同时用天和年.

a. 用数值积分估计 1940—2000 年间美国生产的石油总量. 选择方法并试验 n 的值.

b. 用数值积分估计 1940—2000 年间美国进口的石油总量. 选择方法并试验 n 的值.

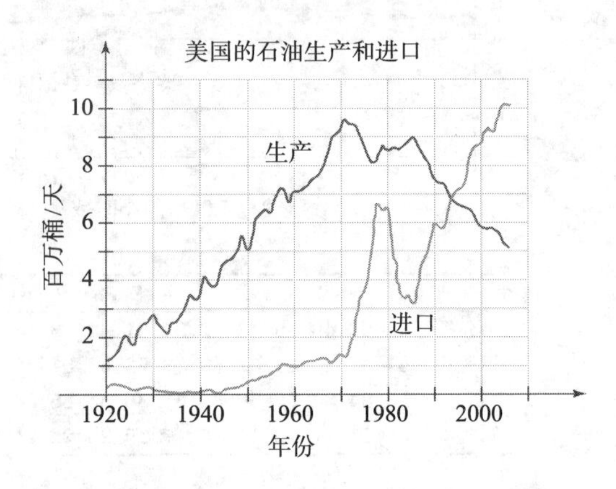

附加练习

54. 估计误差 参考 定理 8.2 并设 $f(x)=e^{x^2}$.

a. 用 $n=50$ 个子区间求梯形法则逼近 $\int_0^1 e^{x^2}dx$ 的近似值.

b. 计算 $f''(x)$.

c. 已知 $e<3$, 解释为什么在 $[0,1]$ 上 $|f''(x)|<18$.

d. 用 定理 8.2 求 (a) 中所得估计的绝对误差的上界.

55. 估计误差 参考 定理 8.2 并设 $f(x)=\sin e^x$.

a. 用 $n=40$ 个子区间求梯形法则逼近 $\int_0^1\sin(e^x)dx$ 的近似值.

b. 计算 $f''(x)$.

c. 已知 $e<3$, 解释为什么在 $[0,1]$ 上 $|f''(x)|<6$. (*提示: 作* f'' 的图像.)

d. 用 定理 8.2 求 (a) 中所得估计的绝对误差的上界.

56. 精确的梯形法则 证明梯形法则用来逼近线性函数的定积分时是精确的 (无误差).

57. 精确的辛普森法则 证明辛普森法则用来逼近线性函数和二次函数的定积分时是精确的 (无误差).

58. 梯形法则的快捷方法 证明如果已知 $M(n)$ 和 $T(n)$ (n 个子区间的中点法则近似值和梯形法则近似值), 则 $T(2n)=(T(n)+M(n))/2$.

59. 梯形法则与凹性 设 f 是正值函数且其二阶导数在 $[a,b]$ 上连续. 如果 f'' 在 $[a,b]$ 上是正的, 则

$\int_a^b f(x)dx$ 的梯形法则估计低估还是高估积分? 用定理 8.2 和图示证明答案.

60. 辛普森法则的快捷方法 用本教材的记号证明 $S(2n)=\dfrac{4T(2n)-T(n)}{3}, n\geqslant 1$.

61. 辛普森法则的另一个公式 辛普森法则的另一个公式是对 $n\geqslant 1$, $S(2n)=\dfrac{2M(n)+T(n)}{3}$. 取 $n=10$, 用这个法则估计 $\int_1^e 1/x\,dx$.

迅速核查 答案

1. 4, 6, 8, 10.

2. 高估.

3. 4 和 4.

4. 16 和 16.

8.7 反常积分

到目前为止我们碰到的定积分只涉及有界函数和有限的积分区间. 在本节我们将看到当这些不被满足的时候, 定积分有时候也能计算出来. 这里有一个例子. 从地球表面 (距离地心的距离 $R=6\,370\,\mathrm{km}$) 发射火箭到高度 H 需要的能量可以用积分 $\int_R^{R+H} k/x^2dx$ 表示, 其中 k 是包含火箭的质量、地球的质量及引力常数的常数. 对任意有限高度 $H>0$, 可以计算这个积分. 现在假设目标是发射火箭到任意的高度以保证火箭逃逸地球的引力场, 则所需的能量为 $H\to\infty$ 时的上述积分, 我们记为 $\int_R^{\infty} k/x^2dx$. 这个积分是反常积分的一个例子且有有限值 (这也解释了为什么发射火箭到外太空是可能的). 由于历史的原因, 术语“反常积分”用于下述情形:

- 积分区间是无限的, 或
- 被积函数在积分区间上是无界的.

我们在本节探讨反常积分及它们的很多应用.

无穷区间

一个简单的例子阐释了对一个函数在无穷区间上积分时会发生什么. 对任意实数 $b>1$, 考虑积分 $\int_1^b \frac{1}{x^2}dx$. 如图 8.17 所示, 这个积分表示曲线 $y=x^{-2}$ 和 x- 轴在 $x=1$ 与 $x=b$ 之间所围区域的面积. 事实上, 积分值为

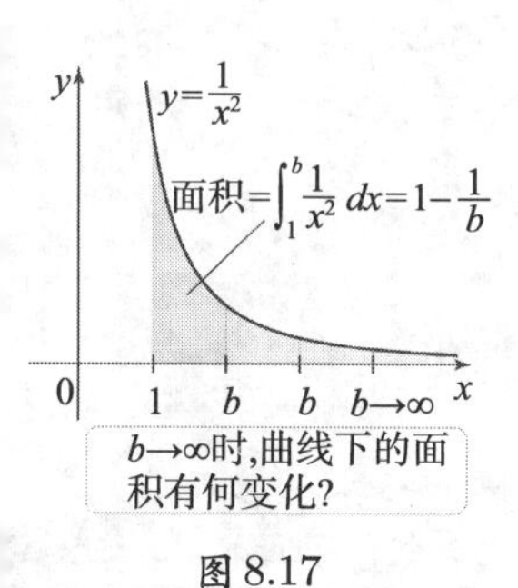

图 8.17

$$\int_1^b \frac{1}{x^2}dx=-\frac{1}{x}\bigg|_1^b=1-\frac{1}{b}.$$

例如, 如果 $b=2$, 则曲线下的面积是 $\frac{1}{2}$; 如果 $b=3$, 则曲线下的面积是 $\frac{2}{3}$. 一般地, 若 b 增加, 则曲线下的面积增大.

现在我们问当 b 任意变大时, 面积有何变化. 令 $b\to\infty$, 曲线下区域的面积等于

$$\lim_{b\to\infty}\left(1-\frac{1}{b}\right)=1.$$

我们发现一条无限长的曲线围成一个面积有限 (1 平方单位) 的区域. 这看起来令人吃惊.

我们把这个结果表示成

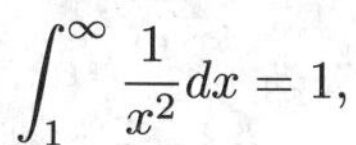

$$\int_1^{\infty}\frac{1}{x^2}dx=1,$$

这是一个反常积分, 因为 ∞ 出现在上限. 一般地, 为计算 $\int_a^{\infty} f(x)dx$, 我们先在有限区间 $[a,b]$ 上积分, 然后令 $b\to\infty$. 相似的过程可用于计算 $\int_{-\infty}^{b} f(x)dx$ 和 $\int_{-\infty}^{\infty} f(x)dx$.

双重无穷积分 (定义的第三种情况) 必须当作两个独立的极限计算, 而不是

$$\int_{-\infty}^{\infty} f(x)dx = \lim_{b\to\infty}\int_{-b}^{b} f(x)dx.$$

定义　无穷区间上的反常积分

1. 如果 f 在 $[a,\infty)$ 上连续, 则

$$\int_a^{\infty} f(x)dx = \lim_{b\to\infty}\int_a^b f(x)dx,$$

假设极限存在.

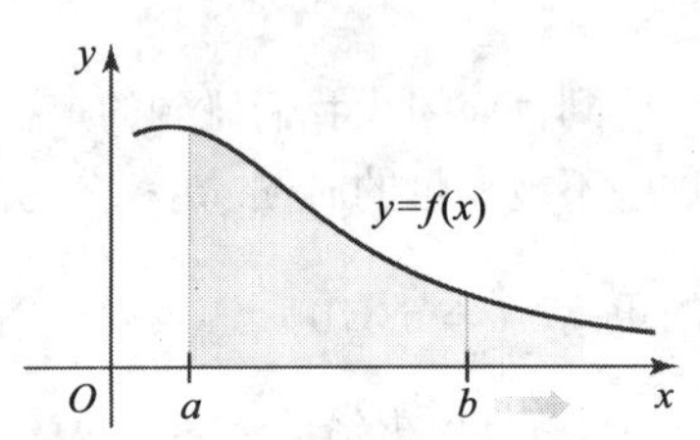

2. 如果 f 在 $(-\infty,b]$ 上连续, 则

$$\int_{-\infty}^{b} f(x)dx = \lim_{a\to-\infty}\int_a^b f(x)dx,$$

假设极限存在.

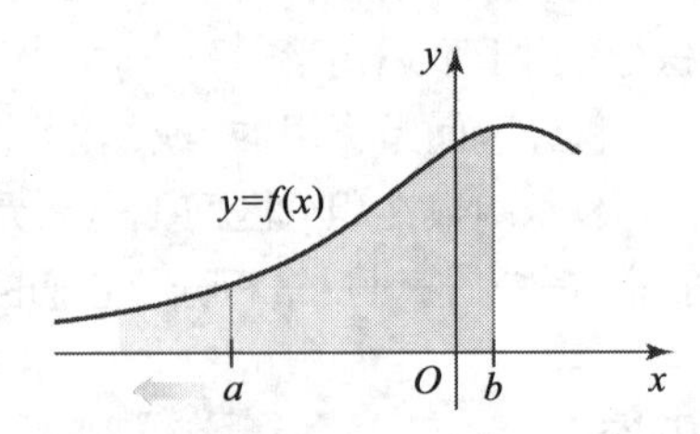

3. 如果 f 在 $(-\infty,\infty)$ 上连续, 则

$$\int_{-\infty}^{\infty} f(x)dx = \lim_{a\to-\infty}\int_a^c f(x)dx + \lim_{b\to\infty}\int_c^b f(x)dx,$$

假设两个极限都存在, 其中 c 是任意实数.

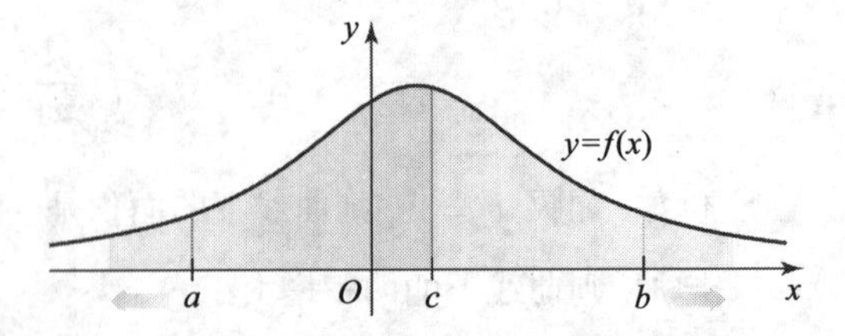

在每种情况下, 如果极限存在, 则称反常积分**收敛**; 如果极限不存在, 则称反常积分**发散**.

例 1　无穷区间 计算各个积分.

a. $\int_0^{\infty} e^{-3x}dx$.　　**b.** $\int_0^{\infty} \dfrac{1}{1+x^2}dx$.

解

a. 用反常积分的定义, 我们有

$$\begin{aligned}\int_0^{\infty} e^{-3x}dx &= \lim_{b\to\infty}\int_0^b e^{-3x}dx \qquad \text{(反常积分的定义)}\\ &= \lim_{b\to\infty}\left(-\frac{1}{3}e^{-3x}\right)\Big|_0^b \qquad \text{(求积分)}\\ &= \lim_{b\to\infty}\frac{1}{3}(1-e^{-3b}) \qquad \text{(化简)}\\ &= \frac{1}{3}\Big(1-\underbrace{\lim_{b\to\infty}\frac{1}{e^{3b}}}_{\text{等于 }0}\Big)=\frac{1}{3}. \qquad \left(e^{-3b}=\frac{1}{e^{3b}}\right)\end{aligned}$$

回顾

$$\int\frac{dx}{a^2+x^2} = \frac{1}{a}\tan^{-1}\left(\frac{x}{a}\right)+C.$$

$y=\tan^{-1}x$ 的图像显示

$$\lim_{x\to\infty}\tan^{-1}x=\frac{\pi}{2}.$$

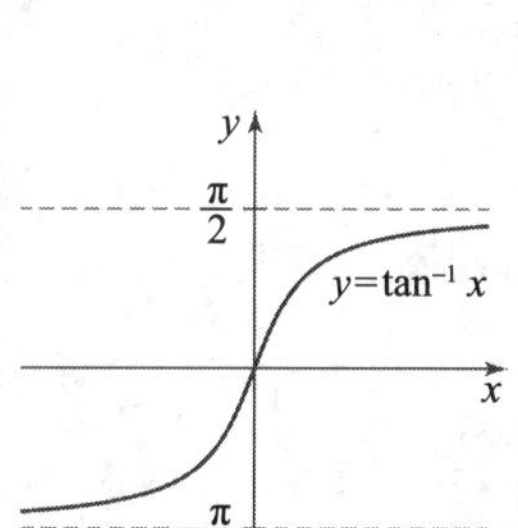

在这个例子中, 极限存在, 因此积分收敛, 曲线下的区域有有限面积 $\frac{1}{3}$ (见图 8.18).

b. 由反常积分的定义, 我们有

$$\begin{aligned}\int_0^{\infty}\frac{dx}{1+x^2} &= \lim_{b\to\infty}\int_0^b\frac{dx}{1+x^2} \qquad \text{(反常积分的定义)}\\ &= \lim_{b\to\infty}(\tan^{-1}x)\Big|_0^b \qquad \text{(求积分)}\\ &= \lim_{b\to\infty}(\tan^{-1}b-\tan^{-1}0) \quad \text{(化简)}\\ &= \frac{\pi}{2}-0=\frac{\pi}{2}. \quad \left(\lim_{b\to\infty}\tan^{-1}b=\frac{\pi}{2}, \tan^{-1}(0)=0\right)\end{aligned}$$

图 8.19 显示了由这个积分表示的该有限面积的区域.

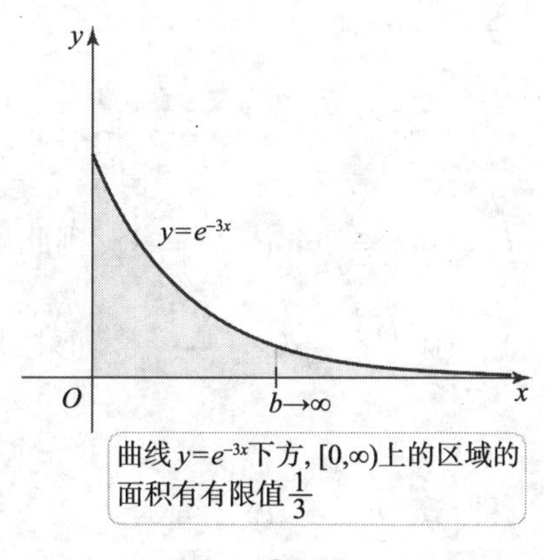

图 8.18

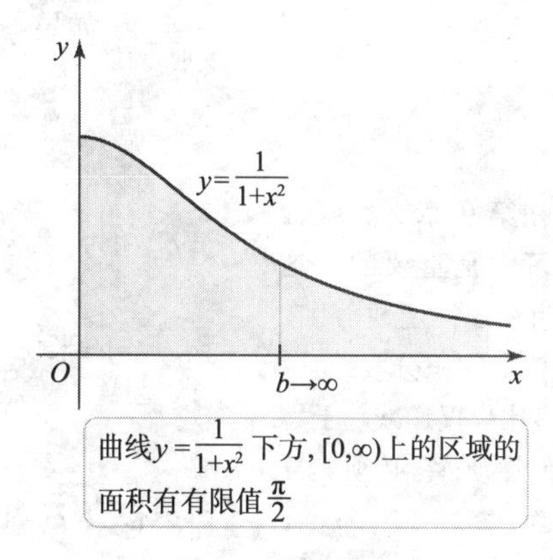

图 8.19

相关习题 5 ~ 20 ◀

迅速核查 1. $x\to\infty$ 时, 函数 $f(x)=1+x^{-1}$ 递减趋于 1, $\int_1^{\infty}f(x)dx$ 存在吗? ◀

回顾 $p\neq 1$ 时 [原文误为 -1 —— 译者注],

$$\int\frac{1}{x^p}dx = \int x^{-p}dx = \frac{x^{-p+1}}{-p+1}+C = \frac{x^{1-p}}{1-p}+C$$

例 2 函数族 $f(x)=1/x^p$ 考虑函数族 $f(x)=1/x^p$, 其中 p 是实数. p 取何值时, $\int_1^{\infty}f(x)dx$ 收敛?

解 对 $p>0$, 当 $x\to\infty$ 时, 函数 $f(x)=1/x^p$ 趋于零, 且 p 越大, 递减率越大 (见图 8.20). 设 $p\neq 1$, 积分的计算如下:

$$\int_1^{\infty}\frac{1}{x^p}dx = \lim_{b\to\infty}\int_1^b x^{-p}dx \qquad \text{(反常积分的定义)}$$

$$= \frac{1}{1-p} \lim_{b\to\infty} \left(x^{1-p} \Big|_1^b \right) \qquad \text{(求有限区间上的积分)}$$

$$= \frac{1}{1-p} \lim_{b\to\infty} (b^{1-p} - 1). \qquad \text{(化简)}$$

分三种情况考虑最容易.

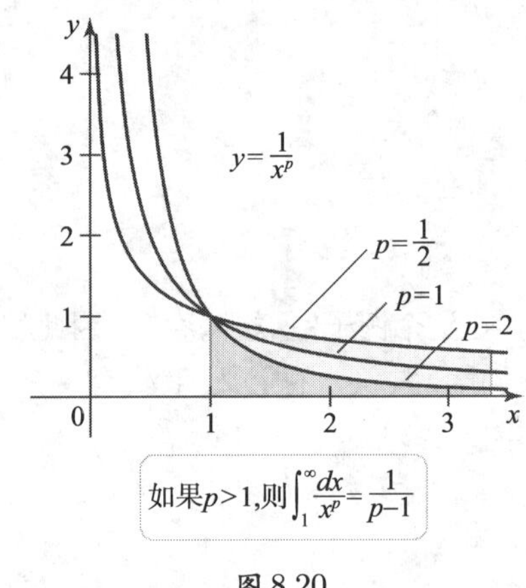

图 8.20

情况 1: 如果 $p>1$, 则 $p-1>0$, 当 $b\to\infty$ 时, $b^{1-p}=1/b^{p-1}$ 趋于零, 因此,

$$\int_1^{\infty} \frac{1}{x^p} dx = \frac{1}{1-p} \lim_{b\to\infty} (\underbrace{b^{1-p}}_{\text{趋于 0}} - 1) = \frac{1}{p-1}.$$

情况 2: 如果 $p<1$, 则 $1-p>0$ 且

$$\int_1^{\infty} \frac{1}{x^p} dx = \lim_{b\to\infty} \frac{1}{1-p} (\underbrace{b^{1-p}}_{\text{任意大}} - 1) = \infty.$$

例 2 在第 9 章无穷级数的学习中是重要的. 这显示为使连续函数 f 在 $[a,\infty)$ 上的积分收敛, f 必须有比仅仅递减趋于零更强的性质; 它必须充分快地趋于零.

情况 3: 如果 $p=1$, 则 $\int_1^{\infty} \frac{1}{x} dx = \lim_{b\to\infty} (\ln b) = \infty$, 因此积分发散.

总的来说, 如果 $p>1$, 则 $\int_1^{\infty} \frac{1}{x^p} dx = \frac{1}{p-1}$; 如果 $p \leqslant 1$, 积分发散.

相关习题 5～20 ◀

迅速核查 2. 用例 2 的结果计算 $\int_1^{\infty} \frac{1}{x^4} dx$. ◀

例 3a 中的立体叫做加百列号角或托里切利喇叭, 它的体积有限, 表面积无限 (参见 15.6 节).

例 3 旋转体 设 R 是 $y=x^{-1}$ 的图像与 x- 轴 $(x \geqslant 1)$ 所围成的区域.

a. R 绕 x- 轴旋转所得立体的体积是多少?

b. R 绕 y- 轴旋转所得立体的体积是多少?

解

a. 问题中的区域及相应的旋转体如图 8.21 所示. 我们在区间 $[1,b]$ 上用圆盘法 (6.3 节), 然后令 $b\to\infty$:

$$\text{体积} = \pi \int_1^{\infty} (f(x))^2 dx \qquad \text{(圆盘法)}$$

$$= \pi \lim_{b\to\infty} \int_1^b \frac{1}{x^2} dx \qquad \text{(反常积分的定义)}$$

$$= \pi \lim_{b\to\infty}\left(1-\frac{1}{b}\right) = \pi. \qquad (\text{求积分})$$

反常积分存在, 立体的体积为 π 立方单位.

b. 问题中的区域及相应的旋转体如图 8.22 所示. 我们在区间 $[1,b)$ 上用柱壳法 (6.4 节), 然后令 $b\to\infty$, 体积为

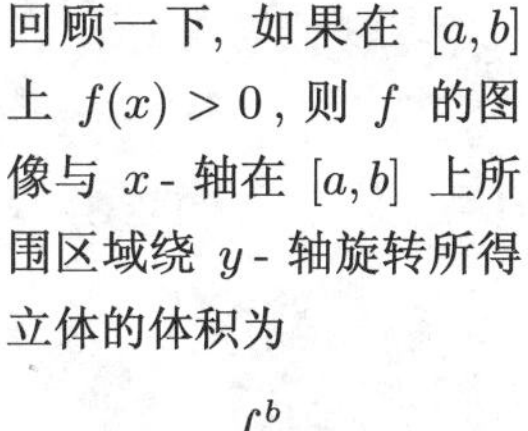

回顾一下, 如果在 $[a,b]$ 上 $f(x)>0$, 则 f 的图像与 x-轴在 $[a,b]$ 上所围区域绕 y-轴旋转所得立体的体积为

$$V = 2\pi\int_a^b xf(x)dx.$$

$$\begin{aligned}
\text{体积} &= 2\pi\int_1^{\infty} xf(x)dx \qquad (\text{柱壳法})\\
&= 2\pi\int_1^{\infty} 1dx \qquad (f(x)=x^{-1})\\
&= 2\pi\lim_{b\to\infty}\int_1^b 1dx \qquad (\text{反常积分的定义})\\
&= 2\pi\lim_{b\to\infty}(b-1) \qquad (\text{求有限区间上的积分})\\
&= \infty.
\end{aligned}$$

在这情况下, 立体的体积是无限的.

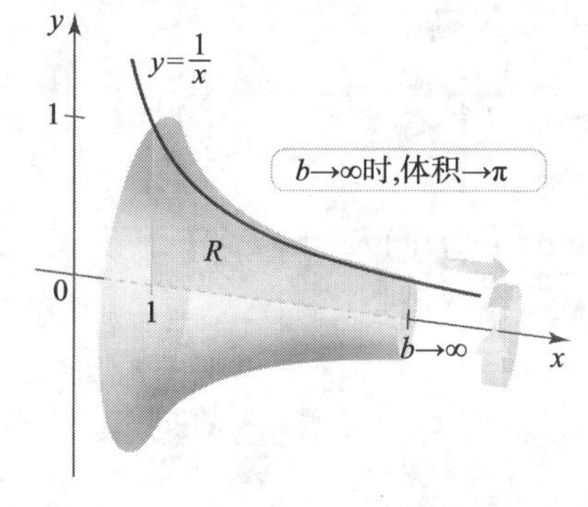

图 8.21

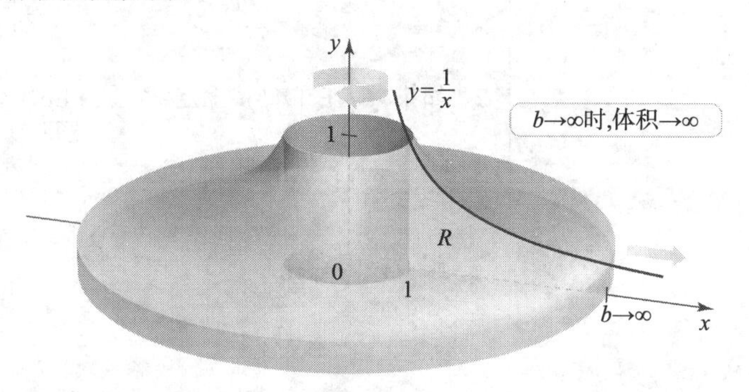

图 8.22

相关习题 21 ~ 26 ◀

无界的被积函数

反常积分也在被积函数在积分区间上的某处变为无限时发生. 考虑函数 $f(x)=1/\sqrt{x}$ (见图 8.23). 我们来观察 f 的图像在 $x=0$ 与 $x=1$ 之间所围区域的面积. 注意到 f 甚至在 $x=0$ 处无定义, 而且当 $x\to 0^+$ 时它无限增大.

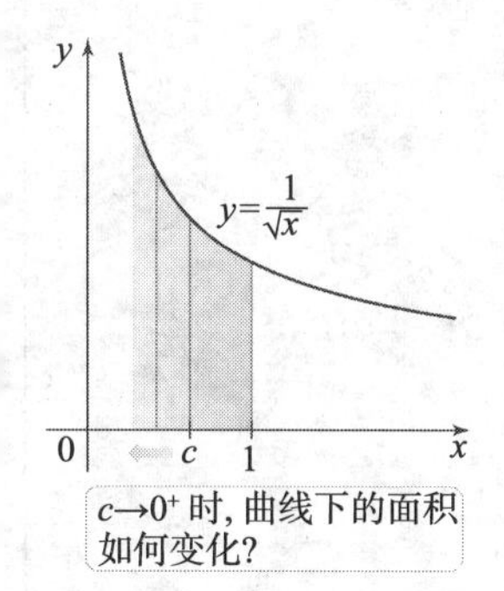

图 8.23

这里的想法是把下限 0 用邻近的正数 c 替换, 然后考虑积分 $\int_c^1 \frac{1}{\sqrt{x}}dx$, 其中 $0<c<1$. 我们发现

$$\int_c^1 \frac{1}{\sqrt{x}}dx = 2\sqrt{x}\Big|_c^1 = 2(1-\sqrt{c}).$$

为求整个区间 $[0,1]$ 上曲线下区域的面积, 我们令 $c\to 0^+$. 所得面积是

$$\lim_{c\to 0^+}\int_0^1 \frac{1}{\sqrt{x}}dx = \lim_{c\to 0^+} 2(1-\sqrt{c}) = 2.$$

我们记为 $\int_0^1 \frac{1}{\sqrt{x}}dx$.

我们再次得到一个令人吃惊的结果: 尽管问题中的区域有无穷长的边界曲线, 但区域的面积是有限的.

对 $p>0$, 函数 $f(x)=1/x^p$ 在 $x=0$ 处无界. 可以证明 (习题 60) 如果 $p<1$, 则

$$\int_0^1 \frac{dx}{x^p} = \frac{1}{1-p}.$$

否则积分发散.

迅速核查 3. 解释为什么在这个例子中必须用单侧极限 $c\to 0^+$ (而不是双侧极限)? ◀

前面的例子表明如果一个函数在 c 点无界, 对这个函数在包含 c 的区间上积分也是可能的. 点 c 可能是积分区间的端点或内点.

定义 无界被积函数的反常积分

1. 如果 f 在 $(a,b]$ 上连续, 且 $\lim\limits_{x\to a^+} f(x)=\pm\infty$, 则

$$\int_a^b f(x)dx=\lim_{c\to a^+}\int_c^b f(x)dx,$$

假设极限存在.

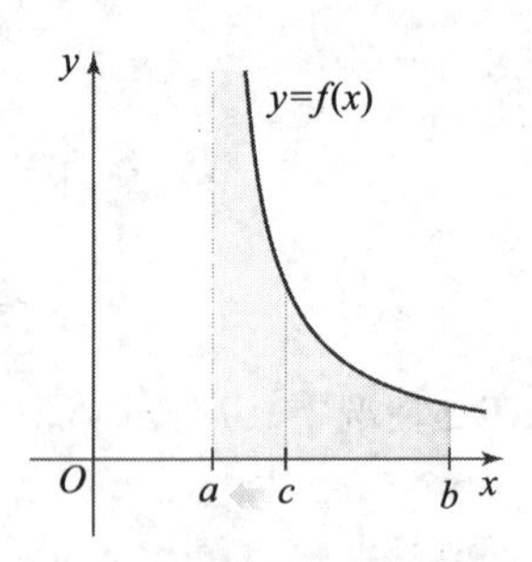

2. 如果 f 在 $[a,b)$ 上连续, 且 $\lim\limits_{x\to b^-} f(x)=\pm\infty$, 则

$$\int_a^b f(x)dx=\lim_{c\to b^-}\int_a^c f(x)dx,$$

假设极限存在.

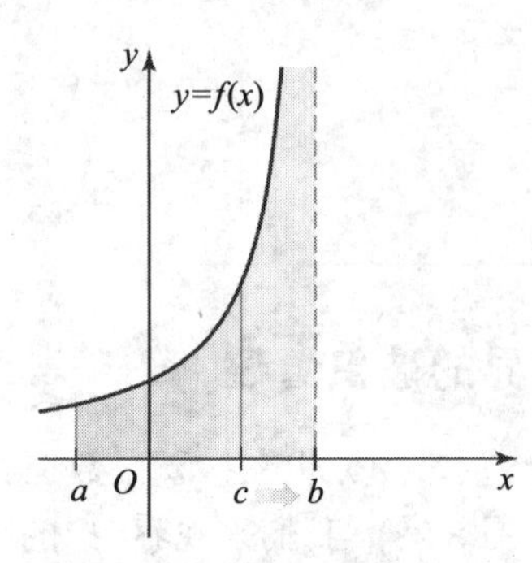

3. 如果 f 在 $[a,b]$ 上除内点 p 外连续, f 在 p 点无界, 则

$$\int_a^b f(x)dx=\int_a^p f(x)dx+\int_p^b f(x)dx,$$

假设右边的反常积分都存在.

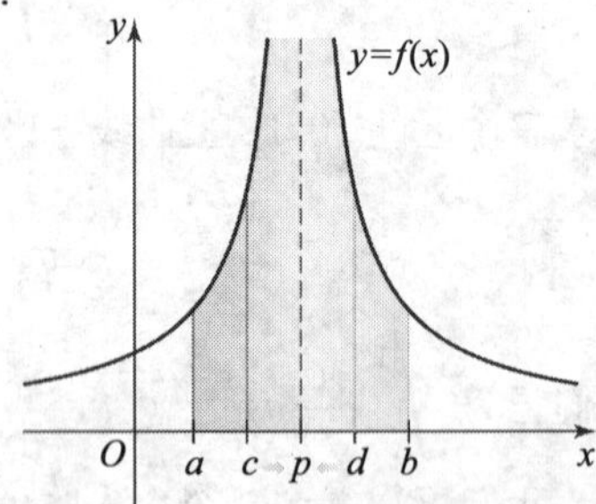

在每种情况下, 如果极限存在, 则称反常积分**收敛**; 如果极限不存在, 则称反常积分**发散**.

例 4　无限被积函数 求 $f(x)=\dfrac{1}{\sqrt{9-x^2}}$ 的图像与 x- 轴在区间 $[-3,3]$ 上围成的区域 R 的面积 (如果存在).

解　被积函数是偶函数, 在 $x=\pm 3$ 处有垂直渐近线 (见图 8.24). 由对称性, R 的面积为

$$\int_{-3}^{3}\frac{1}{\sqrt{9-x^2}}dx=2\int_{0}^{3}\frac{1}{\sqrt{9-x^2}}dx,$$

回顾

$$\int\frac{dx}{\sqrt{a^2-x^2}}=\sin^{-1}\left(\frac{x}{a}\right)+C.$$

假设这些反常积分存在. 因为被积函数在 $x=3$ 处无界, 我们把上限换成 $x=c$, 求所得的积分, 然后令 $c\to 3^-$:

$$\begin{aligned}2\int_{0}^{3}\frac{dx}{\sqrt{9-x^2}}&=2\lim_{c\to 3^-}\int_{0}^{c}\frac{dx}{\sqrt{9-x^2}} && \text{(反常积分的定义)}\\&=2\lim_{c\to 3^-}\sin^{-1}\left(\frac{x}{3}\right)\Bigg|_{0}^{c} && \text{(求积分)}\\&=2\lim_{c\to 3^-}\Bigg(\underbrace{\sin^{-1}\left(\frac{c}{3}\right)}_{\text{趋于 }\pi/2}-\underbrace{\sin^{-1}0}_{\text{等于 }0}\Bigg). && \text{(化简)}\end{aligned}$$

注意到当 $c\to 3^-$ 时, $\sin^{-1}(c/3)\to\sin^{-1}1=\pi/2$. 因此, R 的面积是

$$2\int_{0}^{3}\frac{1}{\sqrt{9-x^2}}dx=2\left(\frac{\pi}{2}-0\right)=\pi.$$

相关习题 27～40 ◄

例 5　内摆线的长度 求 $x^{2/3}+y^{2/3}=a^{2/3}$ ($a>0$) 确定的整个内摆线 (或星形线; 见图 8.25) 的长 L.

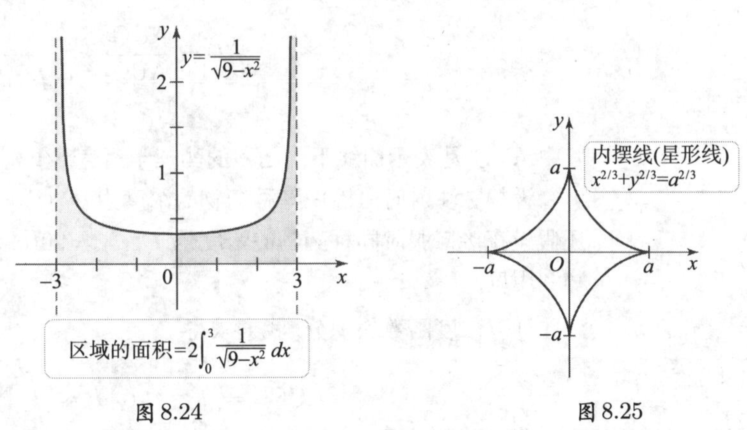

图 8.24　　　图 8.25

解　从方程 $x^{2/3}+y^{2/3}=a^{2/3}$ 中解出 y, 我们发现曲线由函数 $f(x)=\pm(a^{2/3}-x^{2/3})^{3/2}$ 描绘 (对应曲线的上半部分和下半部分). 由对称性, 整条曲线的长度是曲线 $f(x)=(a^{2/3}-x^{2/3})^{3/2}, 0\leqslant x\leqslant a$ 在第一象限内长度的四倍. 为求弧长积分, 我们需要导数 f':

$$f'(x)=\frac{3}{2}(a^{2/3}-x^{2/3})^{1/2}\left(-\frac{2}{3}x^{-1/3}\right)=-x^{-1/3}(a^{2/3}-x^{2/3})^{1/2}.$$

现在可以计算弧长:

$$L=4\int_{0}^{a}\sqrt{1+f'(x)^2}dx$$

$$= 4\int_0^a \sqrt{1+(-x^{-1/3}(a^{2/3}-x^{2/3})^{1/2})^2}dx \qquad (\text{代入 } f')$$
$$= 4\int_0^a \sqrt{a^{2/3}x^{-2/3}}dx \qquad (\text{化简})$$
$$= 4a^{1/3}\int_0^a x^{-1/3}dx. \qquad (\text{化简})$$

因为当 $x \to 0^+$ 时, $x^{-1/3} \to \infty$, 所以所得积分是一个反常积分, 可以用通常的方式处理:

$$\begin{aligned} L &= 4a^{1/3}\lim_{c\to 0^+}\int_c^a x^{-1/3}dx && (\text{反常积分}) \\ &= 4a^{1/3}\lim_{c\to 0^+}\left(\frac{3}{2}x^{2/3}\right)\Big|_c^a && (\text{求积分}) \\ &= 6a^{1/3}\lim_{c\to 0^+}(a^{2/3}-\underbrace{c^{2/3}}_{\to 0}) && (\text{化简}) \\ &= 6a. && (\text{求极限}) \end{aligned}$$

整个内摆线的长度为 $6a$ 单位.　　　　*相关习题 41～42* ◀

例 6　生物利用度 把药物输送到其目标位置最有效的方法是静脉注射给药 (直接进入血液). 如果以其他方式给药 (例如口服、鼻吸或皮肤涂抹), 则有些药物在进入血液前会因为吸收而流失. 据定义, 一种药的生物利用度衡量非静脉注射与静脉注射的效果之比. 静脉注射药剂的生物利用度是 100 %.

设 $C_i(t), C_o(t)(t \geqslant 0)$ 分别表示用静脉注射和口服药物的方法时血液中药物的浓度. 设用两种方法给予等量药物, 则口服药的生物利用度定义为

$$F = \frac{\mathrm{AUC}_o}{\mathrm{AUC}_i} = \frac{\displaystyle\int_0^\infty C_o(t)dt}{\displaystyle\int_0^\infty C_i(t)dt},$$

其中 AUC 是表示曲线下的面积的药理学语言.

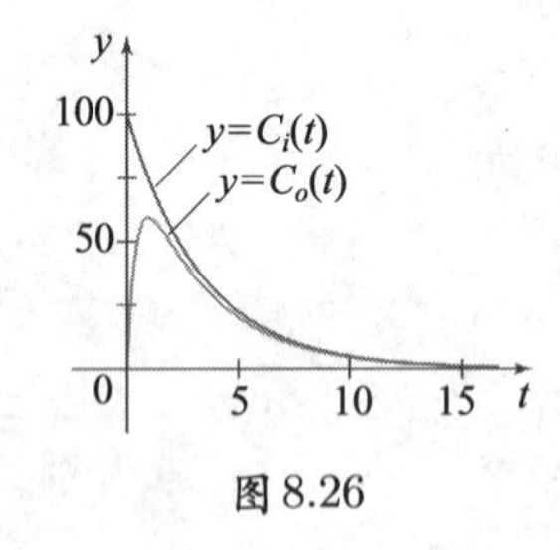

图 8.26

设静脉注射时血液中某种药物的浓度为 $C_i(t) = 100e^{-0.3t}$ mg/L, 其中 $t \geqslant 0$ 以小时计. 还假设直接口服时同种药物的浓度是 $C_o(t) = 90(e^{-0.3t} - e^{-2.5t})$ (见图 8.26). 求该药物的生物利用度.

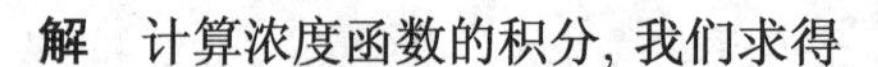

解　计算浓度函数的积分, 我们求得

$$\begin{aligned} \mathrm{AUC}_i &= \int_0^\infty C_i(t)dt = \int_0^\infty 100e^{-0.3t}dt \\ &= \lim_{b\to\infty}\int_0^b 100e^{-0.3t}dt && (\text{反常积分}) \\ &= \lim_{b\to\infty}\frac{1\,000}{3}(1-\underbrace{e^{-0.3b}}_{\text{趋于零}}) && (\text{求积分}) \\ &= \frac{1000}{3}. && (\text{求极限}) \end{aligned}$$

类似地,

$$\mathrm{AUC}_o = \int_0^\infty C_o(t)dt = \int_0^\infty 90(e^{-0.3t}-e^{-2.5t})dt$$

$$= \lim_{b\to\infty}\int_0^b 90(e^{-0.3t}-e^{-2.5t})dt \qquad \text{(反常积分)}$$

$$= \lim_{b\to\infty}[300(1-\underbrace{e^{-0.3b}}_{\text{趋于零}})-36(1-\underbrace{e^{-2.5b}}_{\text{趋于零}})] \qquad \text{(求积分)}$$

$$= 264. \qquad \text{(求极限)}$$

因此生物利用度是 $F = 264/(1000/3) = 0.792$, 这意味着药物的口服效果大约是静脉注射的 80 %. 注意, F 是区间 $[0,\infty)$ 上两条曲线下的面积之比. *相关习题 43～46* ◀

8.7 节 习题

复习题

1. 出现反常积分的两种普遍方式是什么?
2. 解释如何计算 $\int_a^\infty f(x)dx$.
3. 解释如何计算 $\int_0^1 x^{-1/2}dx$.
4. p 为何值时, $\int_1^\infty x^{-p}dx$ 收敛?

基本技能

5～20. 无穷积分区间 计算下列积分或说明它们发散.

5. $\int_1^\infty x^{-2}dx$.
6. $\int_0^\infty \frac{dx}{(x+1)^3}$.
7. $\int_2^\infty \frac{dx}{\sqrt{x}}$.
8. $\int_0^\infty \frac{dx}{\sqrt[3]{x+2}}$.
9. $\int_0^\infty e^{-2x}dx$.
10. $\int_2^\infty \frac{dx}{x\ln x}$.
11. $\int_{e^2}^\infty \frac{dx}{x\ln^p x}, p>1$.
12. $\int_0^\infty \frac{x}{\sqrt[5]{x^2+1}}dx$.
13. $\int_0^\infty xe^{-x^2}dx$.
14. $\int_0^\infty \cos x dx$.
15. $\int_2^\infty \frac{\cos(\pi/x)}{x^2}dx$.
16. $\int_0^\infty \frac{dx}{1+x^2}$.
17. $\int_0^\infty \frac{x}{\sqrt{x^4+1}}dx$.
18. $\int_a^\infty \sqrt{e^{-x}}dx$, a 为任意常数.
19. $\int_2^\infty \frac{x}{(x+2)^2}dx$.
20. $\int_1^\infty \frac{\tan^{-1}x}{x^2+1}dx$.

21～26. 无穷区间上的体积 求所述的旋转体体积或说明它不存在.

21. $f(x)=x^{-2}$ 与 x - 轴在区间 $[1,\infty)$ 上所围区域绕 x - 轴旋转.
22. $f(x)=(x^2+1)^{-1/2}$ 与 x - 轴在区间 $[2,\infty)$ 上所围区域绕 x - 轴旋转.
23. $f(x)=\sqrt{\frac{x+1}{x^3}}$ 与 x - 轴在区间 $[1,\infty)$ 上所围区域绕 x - 轴旋转.
24. $f(x)=(x+1)^{-3}$ 与 x - 轴在区间 $[0,\infty)$ 上所围区域绕 y - 轴旋转.
25. $f(x)=\frac{1}{\sqrt{x}\ln x}$ 与 x - 轴在区间 $[2,\infty)$ 上所围区域绕 x - 轴旋转.
26. $f(x)=\frac{\sqrt{x}}{\sqrt[3]{x^2+1}}$ 与 x - 轴在区间 $[0,\infty)$ 上所围区域绕 x - 轴旋转.

27～36. 无界被积函数的积分 计算下列积分或说明它们发散.

27. $\int_0^8 \frac{dx}{\sqrt[3]{x}}$.
28. $\int_0^{\pi/2} \tan\theta d\theta$.

29. $\int_0^1 \frac{x^3}{x^4-1}dx$.

30. $\int_1^\infty \frac{dx}{\sqrt[3]{x-1}}$.

31. $\int_0^{10} \frac{dx}{\sqrt[4]{10-x}}$.

32. $\int_1^{11} \frac{dx}{(x-3)^{2/3}}$.

33. $\int_0^1 \ln x^2 dx$.

34. $\int_{-1}^1 \frac{x}{x^2+2x+1}dx$.

35. $\int_{-2}^2 \frac{dx}{\sqrt{4-x^2}}$.

36. $\int_0^{\pi/2} \sec\theta d\theta$.

37～40. 无穷被积函数的体积 计算所述旋转体的体积或说明它不存在.

37. $f(x)=(x-1)^{-1/4}$ 与 x- 轴在区间 $(1,2]$ 上所围区域绕 x- 轴旋转.

38. $f(x)=(x^2-1)^{-1/4}$ 与 x- 轴在区间 $(1,2]$ 上所围区域绕 y- 轴旋转.

39. $f(x)=(4-x)^{-1/3}$ 与 x- 轴在区间 $[0,4)$ 上所围区域绕 y- 轴旋转.

40. $f(x)=(x+1)^{-3/2}$ 与 y- 轴在区间 $(-1,1]$ 上所围区域绕直线 $x=-1$ 旋转.

41. 弧长 求内摆线 (或星形线) $x^{2/3}+y^{2/3}=4$ 的长度.

42. 圆周长 用微积分求半径为 a 的圆的周长.

43. 生物利用度 静脉注射某药物时, 血液中该药物的浓度是 $C_i(t)=250e^{-0.08t}, t\geqslant 0$. 当口服该药物时, 血液中的药物浓度是 $C_o(t)=200(e^{-0.08t}-e^{-1.8t})$, $t\geqslant 0$. 计算该药物的生物利用度.

44. 水池排水 从水池中以 $R(t)=100e^{-0.05t}$ gal/hr 的速度排水. 如果排水孔无限期地打开, 多少水从水池中排出?

45. 最大距离 一物体以速度 $v(t)=10/(t+1)^2, t\geqslant 0$ mi/hr 沿直线移动. 物体能够移动的最大距离是多少?

46. 油储量的消耗 设某公司以 $r(t)=r_0e^{-kt}$ 的速度开采石油, 其中 $r_0=10^7$ 桶/yr, $k=0.005\,\text{yr}^{-1}$. 也设总油储量估计是 2×10^9 桶. 如果无限期地开采, 储备会耗尽吗?

深入探究

47. 解释为什么是, 或不是 判断下列命题是否正确, 并证明或举出反例.

a. 如果在区间 $[0,\infty)$ 上, f 连续, $0<f(x)<g(x)$ 且 $\int_0^\infty g(x)dx=M<\infty$, 则 $\int_0^\infty f(x)dx$ 存在.

b. 如果 $\lim_{x\to\infty} f(x)=1$, 则 $\int_0^\infty f(x)dx$ 存在.

c. 如果 $\int_0^1 x^{-p}dx$ 存在, 则当 $q>p$ 时, $\int_0^1 x^{-q}dx$ 存在.

d. 如果 $\int_1^\infty x^{-p}dx$ 存在, 则当 $q>p$ 时, $\int_1^\infty x^{-q}dx$ 存在.

e. 对 $p>-\frac{1}{3}$, $\int_1^\infty \frac{dx}{x^{3p+2}}$ 存在.

48. 不准确的计算 这个计算有什么错误?

$$\int_{-1}^1 \frac{dx}{x}=\ln|x|\Big|_{-1}^1=\ln 1-\ln 1=0.$$

49. 用对称性 用对称性计算下列积分.

a. $\int_{-\infty}^\infty e^{-|x|}dx$.　**b.** $\int_{-\infty}^\infty \frac{x^3}{1+x^8}dx$.

50. 带参数的积分 p 取何值时积分 $\int_2^\infty \frac{dx}{x\ln^p x}$ 存在? 积分值是多少 (用 p 表示)?

51. 数值方法求反常积分 用梯形法则 (8.6 节) 逼近 $\int_0^R e^{-x^2}dx$, 其中 $R=2,4,8$. 对 R 的每个值, 取 $n=4,8,16,32$ 并比较 n 的连续值对应的近似值. 用这些近似值估计 $I=\int_0^\infty e^{-x^2}dx$.

52～54. 分部积分 用分部积分法计算下列反常积分.

52. $\int_0^\infty xe^{-x}dx$.

53. $\int_0^1 x\ln x dx$.

54. $\int_1^\infty \frac{\ln x}{x^2}dx$.

55. 相近的比较 作被积函数的图像, 然后求积分 $\int_0^\infty xe^{-x^2}dx$ 和 $\int_0^\infty x^2e^{-x^2}dx$ 并比较它们的值.

56. 曲线之间的面积 设 R 是 $y=x^{-p}$ 和 $y=x^{-q}$ 的图像在 $x\geqslant 1$ 上围成的区域, 其中 $q>p>1$. 求

R 的面积.

57. 曲线之间的面积 设 R 是 $y=e^{-ax}$ 和 $y=e^{-bx}$ 的图像在 $x\geqslant 0$ 上围成的区域, 其中 $a>b>0$. 求 R 的面积.

58. 一个面积函数 设 $A(a)$ 是 $y=e^{-ax}$ 与 x- 轴在 $[0,\infty)$ 上所围区域的面积. 作 $A(a)$, $0<a<\infty$ 的图像. 描述区域的面积如何随参数 a 的增大而减小.

59. 指数函数所围区域 设 $a>0$, R 是 $y=e^{-ax}$ 与 x- 轴在 $[b,\infty)$ 上所围区域.

a. 求 R 的面积 $A(a,b)$, 将其表示成 a,b 的函数.

b. 求使 $A(a,b)=2$ 成立的关系式 $b=g(a)$.

c. 求 b 的最小值 (记为 b^*) 使得当 $b>b^*$ 时, 存在某个 $a>0$ 使得 $A(a,b)=2$.

60. 重访函数族 $f(x)=1/x^p$ 考虑函数族 $f(x)=1/x^p$, 其中 p 是实数. p 取何值时, 积分 $\int_0^1 f(x)dx$ 存在? 它的值等于多少?

61. 体积何时有限? 设 R 是 $f(x)=x^{-p}$ 的图像与 x- 轴在 $0<x<1$ 上所围区域.

a. 设 S 表示 R 绕 x- 轴旋转所得立体. p 为何值时, S 的体积有限?

b. 设 S 表示 R 绕 y- 轴旋转所得立体. p 为何值时, S 的体积有限?

62. 体积何时有限? 设 R 是 $f(x)=x^{-p}$ 的图像与 x- 轴在 $x\geqslant 1$ 上所围区域.

a. 设 S 表示 R 绕 x- 轴旋转所得立体. p 为何值时, S 的体积有限?

b. 设 S 表示 R 绕 y- 轴旋转所得立体. p 为何值时, S 的体积有限?

63～66. 用所有方法 用任何方法证明 (或尽可能接近的近似) 下列积分.

63. $\int_0^{\pi/2}\ln(\sin x)dx=\int_0^{\pi/2}\ln(\cos x)dx=-\frac{\pi\ln 2}{2}$.

64. $\int_0^{\infty}\frac{\sin^2 x}{x^2}dx=\frac{\pi}{2}$.

65. $\int_0^{\infty}\ln\left(\frac{e^x+1}{e^x-1}\right)dx=\frac{\pi^2}{4}$.

66. $\int_0^{1}\frac{\ln x}{1+x}dx=-\frac{\pi^2}{12}$.

应用

67. 永久年金 想象今天要在一个储蓄账户中存入 \$$B$, 该账户以每年 p%的利率连续计复利 (见 7.4 节). 目的是永久地从该账户中每年提取 \$$I$. 必须存入账户的金额是 $B=I\int_0^{\infty}e^{-rt}dt$, 其中 $r=p/100$. 假设某账户获得的年利率是 12%, 并且希望每年从账户支取 \$5 000, 今天必须存入多少钱?

68. 贮水池放水 从容积 3 000gal 的贮水池排水, 其初始速度是 100gal/hr 且以 5%/hr 连续下降. 如果排水孔无限期地打开, 多少水从贮水池排出? 以这个速度排水, 装满水的贮水池能被排空吗?

69. 衰减振荡 设 $a>0,b$ 是实数. 用积分证明下列恒等式.

a. $\int_0^{\infty}e^{-ax}\cos bx dx=\frac{a}{a^2+b^2}$.

b. $\int_0^{\infty}e^{-ax}\sin bx dx=\frac{b}{a^2+b^2}$.

70. 电子芯片 设一种电脑芯片运行 $t=a$ 小时后坏掉的概率是 $0.000\,05\int_0^{\infty}e^{-0.000\,05t}dt$.

a. 求这个电子芯片运行 15 000 小时后失效的概率.

b. 在运行 15 000 小时后仍然运行的电子芯片中, 仍将至少运行另外 15 000 小时的比例有多少?

c. 计算 $0.000\,05\int_0^{\infty}e^{-0.000\,05t}dt$ 并解释其意义.

71. 平均寿命 电子芯片的平均寿命 (见习题 70) 是 $0.000\,05\int_0^{\infty}te^{-0.000\,05t}dt$. 求这个值.

72. 埃菲尔铁塔性质 设 R 表示 $y=e^{-cx}$ 与 $y=-e^{-cx}$ 在区间 $[a,\infty)$ 上所围区域, 其中 $a\geqslant 0,c>0$. R 的质心是 $(\bar{x},0)$, 其中 $\bar{x}=\frac{\int_a^{\infty}xe^{-cx}dx}{\int_a^{\infty}e^{-cx}dx}$. (埃菲尔铁塔的轮廓模型是两条指数曲线.)

a. 对 $a=0,c=2$, 作定义 R 的曲线草图, 求 R 的质心. 标出质心的位置.

b. 对 $a=0,c=2$, 求曲线在与 $x=0$ 相对应的点处的切线方程.

c. 证明切线相交于质心.

d. 证明这一性质对任何 $a\geqslant 0,c>0$ 成立, 即曲线 $y=\pm e^{-cx}$ 在 $x=a$ 处的切线相交于 R 的质心.

(*来源*: P. Weidman and I. Pinelis, *Comptes Rendu, Mechanique* 332(2004): 571-584. 也参见指导项目.)

73. 逃逸速度和黑洞 从地球表面发射一个物体到外太空需要做的功为 $W=\int_R^{\infty}F(x)dx$，其中 $R=$ 6 370km 是地球的半径，$F(x)=GMm/x^2$ 是地球和物体间的万有引力，G 是引力常数，M 是地球的质量，m 是物体的质量且 $GM=4\times10^{14}\,\mathrm{m}^3/\mathrm{s}^2$.

a. 用 m 表示发射一个物体所做的功.

b. 需要多大的逃逸速度 v_e 才能使物体的动能 $\frac{1}{2}mv_e^2$ 等于 W？

c. 法国科学家拉普拉斯在 18 世纪用下面的论证预测了黑洞的存在性：如果一个物体的逃逸速度等于或大于光速 $c=300\,000\,\mathrm{km/s}$，那么光不能逃离物体以致其不会被看到. 证明这样一个物体的半径 $R\leqslant 2GM/c^2$. 地球要成为黑洞，它的半径必须是多少？

74. 把质子加到原子核 因为原子核由带正电荷的质子和不带电荷的中子组成，所以它带有正电荷. 把一个自由质子移向原子核必须克服排斥力 $F(r)=kqQ/r^2$，其中 $q=1.6\times10^{-19}\,\mathrm{C}$ 是质子带的电荷，$k=9\times10^9\,\mathrm{N\text{-}m^2/C^2}$，$Q$ 是原子核的电荷，r 是原子核的中心到质子的距离. 求把一个自由质子 (假设是质点) 从很远的距离 ($r\to\infty$) 移到电荷 $Q=50q$、半径为 $6\times10^{-11}\,\mathrm{m}$ 的原子核边缘所需要做的功.

75. 高斯函数 统计学中一个重要的函数是高斯 (或正态分布，或钟形曲线) 函数 $f(x)=e^{-ax^2}$.

a. 作 $a=0.5,1,2$ 的高斯函数图像.

b. 已知 $\int_{-\infty}^{\infty}e^{-ax^2}dx=\sqrt{\frac{\pi}{a}}$，求 (a) 中曲线下的面积.

c. 运用完全平方来计算 $\int_{-\infty}^{\infty}e^{-(ax^2+bx+c)}dx$，其中 $a>0$，b,c 是实数.

76～80. 拉普拉斯变换 拉普拉斯变换是解决工程和物理问题的一个强有力的工具. 给定一个函数 $f(t)$，拉普拉斯变换是一个新函数，它定义为

$$F(s)=\int_0^{\infty}e^{-st}f(t)dt,$$

其中我们假设 s 是正实数. 比如为求 $f(t)=e^{-t}$ 的拉普拉斯变换，就要用分部积分计算下面的反常积分：

$$F(s)=\int_0^{\infty}e^{-st}e^{-t}dt=\int_0^{\infty}e^{-(s+1)t}dt=\frac{1}{s+1}.$$

验证下列拉普拉斯变换，其中 a 是实数.

76. $f(t)=1\to F(x)=\frac{1}{s}$.

77. $f(t)=e^{at}\to F(s)=\frac{1}{s-a}$.

78. $f(t)=t\to F(s)=\frac{1}{s^2}$.

79. $f(t)=\sin at\to F(s)=\frac{a}{s^2+a^2}$.

80. $f(t)=\cos at\to F(s)=\frac{s}{s^2+a^2}$.

附加练习

81. 反常积分 计算下列反常积分 (普特南考试, 1939).

a. $\int_1^3\frac{dx}{\sqrt{(x-1)(3-x)}}$.　　**b.** $\int_1^{\infty}\frac{dx}{e^{x+1}+e^{3-x}}$.

82. 更好的方法 用分部积分计算 $\int_0^1\ln x\,dx$. 然后解释为什么 $-\int_0^{\infty}e^{-x}dx$ (更容易的积分) 给出相同的结果.

83. 竞争的幂 $p>0$ 取何值时，$\int_0^{\infty}\frac{dx}{x^p+x^{-p}}<\infty$？

84. 伽玛函数 伽玛函数定义为 $\Gamma(p)=\int_0^{\infty}x^{p-1}e^{-x}dx$，其中 p 不等于零且不等于负整数.

a. 用归约公式

$$\int_0^{\infty}x^pe^{-x}dx=p\int_0^{\infty}x^{p-1}e^{-x}dx,\quad p=1,2,3,\cdots$$

证明 $\Gamma(p+1)=p!$ (p 的阶乘).

b. 用换元法 $x=u^2$ 和事实 $\int_0^{\infty}e^{-u^2}du=\frac{\sqrt{\pi}}{2}$ 证明 $\Gamma\left(\frac{1}{2}\right)=\sqrt{\pi}$.

85. 需要很多方法 用下列步骤证明 $\int_0^{\infty}\frac{\sqrt{x}\ln x}{(1+x)^2}dx=\pi$.

a. 令 $u=\sqrt{x}\ln x$ 进行分部积分.

b. 通过 $y=1/x$ 作变量替换.

c. 证明 $\int_0^1\frac{\ln x}{\sqrt{x}(1+x)}dx=-\int_1^{\infty}\frac{\ln x}{\sqrt{x}(1+x)}dx$，并得出结论 $\int_0^{\infty}\frac{\ln x}{\sqrt{x}(1+x)}dx=0$.

d. 用变量替换 $z=\sqrt{x}$ 求其余积分.

(*来源: Mathematics Magazine* 59, no.1, February 1986: 49)

86. 由黎曼和求积分 用下列步骤证明

$$L=\lim_{n\to\infty}\left(\frac{1}{n}\ln n!-\ln n\right)=-1.$$

a. 注意, $n!=n(n-1)(n-2)\cdots 1$ 及用 $\ln(ab)=\ln a+\ln b$ 证明

$$\begin{aligned}L&=\lim_{n\to\infty}\left[\left(\frac{1}{n}\sum_{k=1}^{n}\ln k\right)-\ln n\right]\\&=\lim_{n\to\infty}\frac{1}{n}\sum_{k=1}^{n}\ln\left(\frac{k}{n}\right).\end{aligned}$$

b. 把这个和的极限看成 $\int_0^1 \ln x dx$ 的黎曼和. 用分部积分求这个反常积分以得到想要的结论.

迅速核查 答案

1. 积分发散. $\lim\limits_{b\to\infty}\int_1^b(1+x^{-1})dx=\lim\limits_{b\to\infty}(x+\ln x)\Big|_1^b$ 不存在.

2. $\frac{1}{3}$.

3. c 必须在积分区间 $(0,1)$ 内取值趋于 0, 因此 $c\to 0^+$.

8.8 微分方程简介

如果阅读过 4.8 节和 6.1 节, 就已经接触过微分方程. 这两节介绍了已知函数的导数, 如何用积分求函数本身. 这个过程就相当于解微分方程.

如果我们不得不向怀疑者说明数学的实用性, 那么最令人信服的方法是引证微分方程. 这个巨大的课题是数学建模的核心, 被广泛应用于工程学、自然和生物学、经济学、管理学和金融学. 微分方程很大程度上依赖于微积分. 它们通常在微积分的后续高级课程中学习. 不过, 现在我们已经有足够的微积分知识来理解微分方程的简单概述并感受它们的功效.

概述

一个微分方程包含一个未知函数 y 和它的导数. 微分方程中未知的不是一个数 (像代数方程中的那样), 而是一个函数或关系. 下面是一些微分方程的例子:

$$\text{(A)}\ \frac{dy}{dx}+4y=\cos x,\qquad \text{(B)}\ \frac{d^2y}{dx^2}+16y=0,\qquad \text{(C)}\ y'(t)=0.1y(100-y).$$

微分方程中自变量的常用记号是 x 和 t, 其中 t 用于与时间有关的问题.

在每种情形中, 目标是求满足方程的函数 y.

微分方程的**阶**是方程中出现的最高阶导数的阶数. 在刚刚给出的三个微分方程中, (A) 和 (C) 是一阶的, (B) 是二阶的. 如果微分方程的未知函数和其导数都只出现一次幂且没有与其他函数复合, 则称微分方程是**线性的**. 在上面这些方程中, (A) 和 (B) 是线性的, 但是 (C) 不是线性的 (因为右边有 y^2).

线性微分方程不能包含 y^2, yy' 或 $\sin y$ 这样的项, 其中 y 是未知函数. 最一般的一阶线性微分方程的形式为 $y'+py=q$, 其中 p,q 是自变量的函数.

解一阶微分方程需要积分, 为求 $y(t)$, 我们必须"消去"导数 $y'(t)$. 而积分引进一个积分常数, 因此一阶微分方程的**通解**包含一个任意常数. 类似地, 二阶微分方程的通解包含两个任意常数; 至于 n 阶微分方程, 通解包含 n 个任意常数.

与 4.8 节中讨论的一样, 如果微分方程有初始条件, 则可能确定任意常数的一个具体值. 微分方程与适当个数的初始条件一起被称作**初始值问题**. 一个初始值问题的解必须同时满足微分方程和初始条件.

例 1 一个初始值问题 解初始值问题

$$y'(t)=10e^{-t/2},\quad y(0)=4.$$

解　通过在微分方程两边对 t 积分求解:

计算中的两个积分各产生一个积分常数. 这两个常数可以组合成一个任意常数.

$$\underbrace{\int y'(t)dt}_{y(t)} = \int 10e^{-t/2}dt \qquad \text{(两边关于 } t \text{ 求积分)}$$

$$y(t) = -20e^{-t/2} + C. \qquad \text{(求积分; } y(t) \text{ 是 } y'(t) \text{ 的原函数)}$$

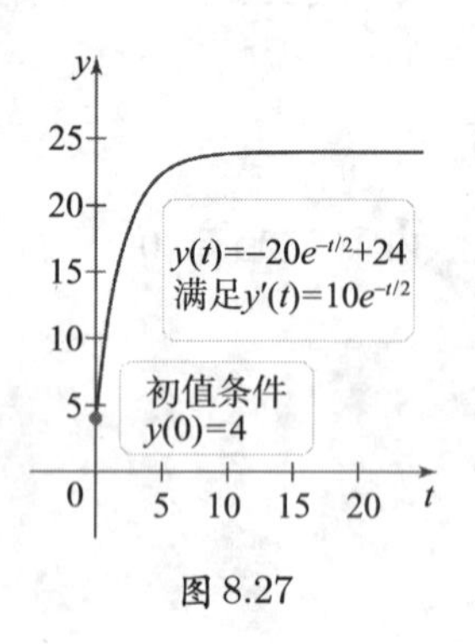

图 8.27

我们已经求得包含一个任意常数的通解. 为确定任意常数的值, 我们用初始条件, 将 $t=0, y=4$ 代入通解:

$$y(0) = (-20e^{-t/2} + C)|_{t=0} = -20 + C = 4 \Rightarrow C = 24.$$

因此初始值问题的解是 $y(t) = -20e^{-t/2} + 24$ (见图 8.27). 应该检验这个函数满足微分方程和初始条件.

相关习题 9～12 ◄

迅速核查 1. 例 1 中微分方程的阶是多少? 它是线性的还是非线性的? ◄

一阶线性微分方程

我们在 7.4 节研究了体现指数增长或衰减的函数. 这类函数的性质是它们在特定点的变化率与在该点处的函数值成比例. 换句话说, 这些函数满足形如 $y'(t) = ky(t)$ (k 是实数) 的一阶微分方程. 应该通过代入来验证 $y(t) = Ce^{kt}$ 是这个方程的通解, 其中 C 是任意常数.

方程 $y'(t) = ky(t)$ 的解是 $y(t)=Ce^{kt}$. 当 $k>0$ 时它是指数增长模型, 当 $k<0$ 时它是指数衰减模型.

现在我们来推广并考虑一阶线性方程 $y'(t) = ky(t) + b$, 其中 k, b 是实数. 这个方程的解有更广泛的应用 (依赖 k 和 b 的值). 方程本身有很多应用的模型. 特别需要指出的是, 方程中的各项有如下的含义:

$$\underbrace{y'(t)}_{y \text{ 的变化率}} = \underbrace{ky(t)}_{y \text{ 的自然增长或衰变率}} + \underbrace{b}_{\text{由于外部影响产生的增长率或衰变率}}.$$

例如, 如果 y 表示鱼苗孵化场鱼的数量, 则 $ky(t)$ ($k>0$) 模拟在没有其他因素影响下鱼群的指数增长, $b<0$ 是使鱼群减小的捕捞率. 另一个例子, 如果 y 表示血液中药物的总量, 则 $ky(t)$ ($k<0$) 模拟药物经过肾脏的指数衰减, $b>0$ 是药物通过静脉注射入血液的速率. 我们能提供方程 $y'(t) = ky(t) + b$ 的显式解.

我们先用 $ky+b$ 除方程 $y'(t) = ky+b$ 的两边, 得

$$\frac{y'(t)}{ky+b} = 1.$$

因为目标是由 $y'(t)$ 确定 $y(t)$, 我们在这个方程的两边对 t 积分:

$$\int \frac{y'(t)}{ky+b}dt = \int dt.$$

积分的任意常数只需要包含在其中一个积分中.

左边的因式 $y'(t)dt$ 就是 dy. 作变量替换并计算积分, 我们得到

$$\int \frac{dy}{ky+b} = \int dt \quad \text{或} \quad \frac{1}{k}\ln|ky+b| = t + C.$$

我们暂时假设 $ky+b \geqslant 0$, 即 $y \geqslant -b/k$, 于是可以去掉绝对值符号. 整个方程乘 k, 方程两边指数化, 然后解出 y, 得到解 $y(t) = Ce^{kt} - b/k$. 在解 y 的过程中, 我们持续地重新定义

C: 如果 C 是任意常数, 则 kC 和 e^C 也是任意常数. 我们也可以证明如果 $ky+b<0$ 或 $y<-b/k$, 则得到同样的解.

方程 $y'(t)=ky(t)+b$ 是很多一阶线性微分方程中的一个. 如果 k,b 是 t 的函数, 这个方程仍然是一阶线性的.

一阶线性微分方程的解

一阶线性微分方程 $y'(t)=ky(t)+b$ (k,b 是实数) 的通解是 $y(t)=Ce^{kt}-b/k$, 其中 C 是任意常数. 给定一个初始条件, 可以确定 C 的值.

迅速核查 2. 通过代入验证 $y(t)=Ce^{kt}-b/k$ 是方程 $y'(t)=ky(t)+b$ 的解. ◀

例 2 用药剂量的初始值问题 一种药物以 6mg/hr 的速度通过静脉注射给病人. 药物的半衰期对应 0.03/hr 的比例常数 (7.4 节). 设 $y(t)$ 是 $t\geqslant 0$ 时血液中的药量. 解下面的初始值问题并解释这个解.

$$\text{微分方程：}\quad y'(t)=-0.03y(t)+6$$
$$\text{初始条件：}\quad y(0)=0$$

解 微分方程的形式为 $y'(t)=ky(t)+b$, 其中 $k=-0.03$, $b=6$. 因此, 通解是 $y(t)=Ce^{-0.03t}+200$. 为确定这个特定问题的常数 C, 我们把 $y(0)=0$ 代入通解, 得到 $y(0)=C+200=0$, 推出 $C=-200$. 因此, 初始值问题的解是

$$y(t)=-200e^{-0.03t}+200=200(1-e^{-0.03t}).$$

解的图像 (见图 8.28) 揭示一个重要事实: 血液中的药量单调增加, 但是最终趋近

$$\lim_{t\to\infty}y(t)=\lim_{t\to\infty}[200(1-e^{-0.03t})]=200\text{mg}$$

的稳定水平. *相关习题 13～22* ◀

迅速核查 3. $y'(t)=3y(t)+6$ 且初始条件为 $y(0)=14$ 的解是什么? ◀

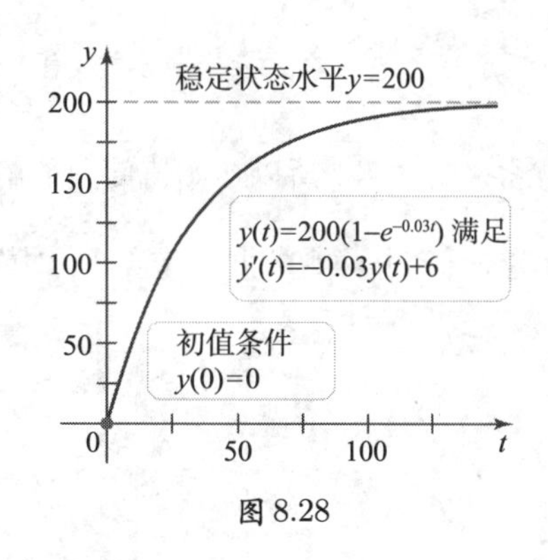

图 8.28

可分离变量的一阶微分方程

最一般的一阶微分方程的形式为 $y'(t)=F(t,y)$, 其中 F 是包含两个变量的已知函数. 我们有机会解可以写成形如

$$g(y)y'(t)=h(t)$$

的方程, 其中含 y 的项从含 t 的项中分离出来, 放在方程的一边. 可以写成这种形式的方程称为**可分离变量的方程**.

上面给出的线性方程 $y'(t)=ky(t)+b$ 的解是可分离变量微分方程解法的一个具体例子. 一般地, 我们通过在方程的两边对 t 积分来解可分离变量的方程 $g(y)y'(t)=h(t)$:

$$\int g(y)\underbrace{y'(t)dt}_{dy} = \int h(t)dt \qquad \text{(两边积分)}$$

$$\int g(y)dy = \int h(t)dt. \qquad \text{(左边变量替换)}$$

这个变量替换的结果是方程左边对 y 积分, 右边对 t 积分. 由于这个原因, 这个快捷方法是允许的并且经常被采用.

左边的变量替换使我们得到两个需要计算的积分: 一个关于 y, 另一个关于 t. 求解依赖于计算这两个积分.

迅速核查 4. 将 $y'(t)=(t^2+1)/y^3$ 表示成分离变量的形式. ◄

例 3　可分离变量的方程 求满足以下初始值问题的方程.

$$\frac{dy}{dx}=y^2e^{-x}, \quad y(0)=\frac{1}{2}.$$

解　我们用 y^2 除方程的两边将方程写成分离变量的形式 $y'(x)/y^2=e^{-x}$. 现在我们在方程的两边对 x 积分并计算所得的积分:

$$\int \frac{1}{y^2}\underbrace{y'(x)dx}_{dy} = \int e^{-x}dx$$

$$\int \frac{dy}{y^2} = \int e^{-x}dx \qquad \text{(左边变量替换)}$$

$$-\frac{1}{y} = -e^{-x}+C. \qquad \text{(求积分)}$$

解 y 得到通解

$$y(x)=\frac{1}{e^{-x}-C}.$$

由初始条件 $y(0)=\frac{1}{2}$ 推出

$$y(0)=\frac{1}{e^0-C}=\frac{1}{1-C}=\frac{1}{2}.$$

解得 $C=-1$, 所以初始值问题的解是 $y(x)=\frac{1}{e^{-x}+1}$. 解的图像 (见图 8.29) 从 $\left(0,\frac{1}{2}\right)$ 出发, 递增并趋于渐近线 $y=1$, 因为 $\lim\limits_{x\to\infty}\frac{1}{e^{-x}+1}=1$.

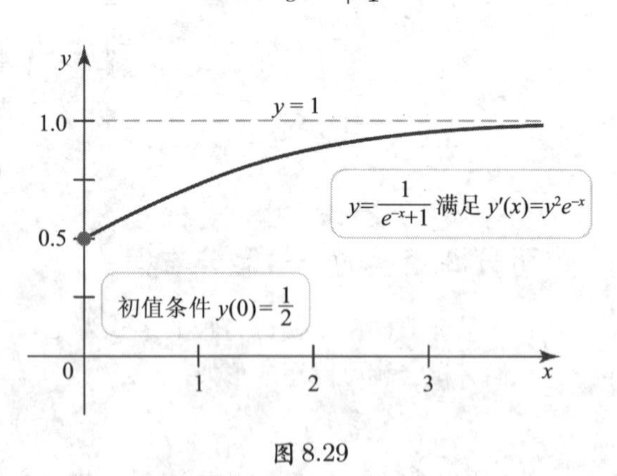

图 8.29

相关习题 23 ~ 32 ◄

逻辑斯蒂函数用来模拟很多不同种群，以及谣言和流行病的传播 (习题 33 ~ 34).

例 4 逻辑斯蒂种群增长 在实验开始时，一个大容器内有 50 只果蝇. 设 $P(t)$ 是 t 天后容器内果蝇的数量. 开始时，果蝇数量以指数增长，但是由于空间与食物供给的局限，增长率下降，并使得果蝇数量不能无限增长. 这个实验可以用初始条件为 $P(0)=50$ 的逻辑斯蒂方程

$$\frac{dP}{dt}=0.1P\left(1-\frac{P}{300}\right)$$

模拟. 解这个初始值问题.

解 我们知道这个方程是可分离变量的，因为可以将它写成

$$\frac{1}{P\left(1-\dfrac{P}{300}\right)}\cdot\frac{dP}{dt}=0.1.$$

两边对 t 积分推出方程

$$\int\frac{1}{P\left(1-\dfrac{P}{300}\right)}dP=\underbrace{\int 0.1dt}_{0.1t+C} \tag{1}$$

方程 (1) 右边的积分是 $\int 0.1dt=0.1t+C$. 因为左边的被积函数是 P 的有理函数，我们用部分分式法. 应该验证

$$\frac{1}{P\left(1-\dfrac{P}{300}\right)}=\frac{300}{P(300-P)}=\frac{1}{P}+\frac{1}{300-P},$$

因此，

$$\int\frac{1}{P\left(1-\dfrac{P}{300}\right)}dP=\int\left(\frac{1}{P}+\frac{1}{300-P}\right)dP=\ln\left|\frac{P}{300-P}\right|+C.$$

再次注意两个积分常数已经组合成一个.

方程 (1) 现在成为

$$\ln\left|\frac{P}{300-P}\right|=0.1t+C. \tag{2}$$

最后一步是解对数里的 P. 为简单起见，我们假设：如果初始蝇口 $P(0)$ 介于 $0\sim300$ 之间，则对所有 $t>0$，$0<P(t)<300$. 这个假设 (能够独立地证明) 使我们能够去掉方程 (2) 左边的绝对值.

验证最后的解满足初始条件是个好想法. 本例中，$P(0)=50$.

用初始条件 $P(0)=50$ 解 C (习题 60)，我们得 $C=\ln\frac{1}{5}$. 所以初始值问题的解是

$$P(t)=\frac{300}{1+5e^{-0.1t}}.$$

解的图像 (见图 8.30) 显示果蝇数量递增，但不是无界的. 相反，它趋于一个稳定状态值

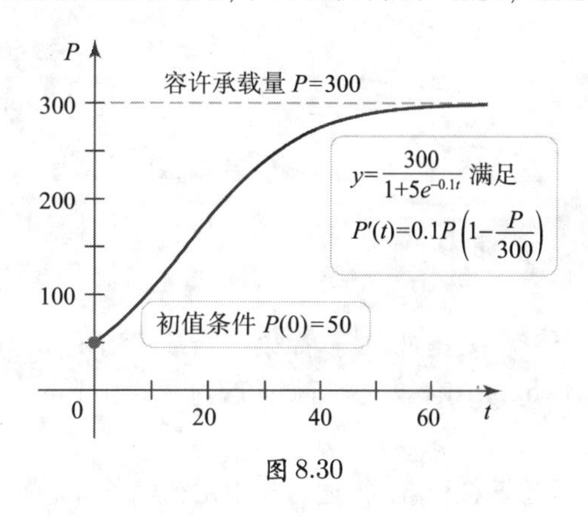

图 8.30

$$\lim_{t\to\infty} P(t) = \lim_{t\to\infty} \frac{300}{1+5e^{-0.1t}} = 300,$$

这是环境 (空间和食物供给) 能维持的最大果蝇数量. 这个稳定状态的种群数量称作**容许承载量**.

相关习题 33 ~ 34 ◀

方向场

一阶微分方程的几何特征用方向场得到完美地展示. 考虑一般的一阶微分方程 $y'(t)=F(t,y)$, 其中 F 是含 t 和 (或) y 的已知函数. 这个方程的解具有性质: 在解曲线上的每一点 (t,y) 处, 曲线的斜率是 $F(t,y)$. **方向场**仅仅是一个显示解在 ty- 平面内一些选定点处的斜率的图形.

用手画方向场是烦琐的. 最好用计算器或软件.

例如, 考虑方程 $y'(t)=y^2e^{-t}$. 我们在 ty- 平面选择规则的网格点, 且在每个点 (t,y) 处, 我们画一条斜率是 y^2e^{-t} 的小线段. P 点处的线段给出解曲线经过点 P 处的斜率 (见图 8.31). 比如线段沿 t- 轴 ($y=0$) 的斜率是 $F(t,0)=0$, 线段沿 y- 轴 ($t=0$) 的斜率是 $F(0,y)=y^2$.

现在假设初始条件 $y(a)=A$ 给定. 我们从方向场中的点 (a,A) 处开始画一条沿正 t- 方向跟随方向场流的曲线. 在解曲线的每一点处, 斜率与方向场一致. 不同的初始条件确定不同的解曲线 (见图 8.31). 不同初始条件的解曲线集表示方程的通解.

例 5　线性方程的方向场 画一阶线性方程 $y'(t)=3y-6$ 的方向场. 在 $t=0$ 处的什么初始条件使解是递增的?

解　注意到 $y=2$ 时 $y'(t)=0$. 因此, 在 $y=2$ 上的方向场是一条水平线. 这条直线对应一个均衡解, 即始终为常值的解: 如果初始条件是 $y(0)=2$, 则解是 $y=2, t\geqslant 0$.

我们也清楚当 $y>2$ 时, $y'(t)>0$. 因此, 方向场在直线 $y=2$ 上方小线段的斜率为正. 当 $y<2$ 时, $y'(t)<0$, 方向场在直线 $y=2$ 下方小线段的斜率为负 (见图 8.32).

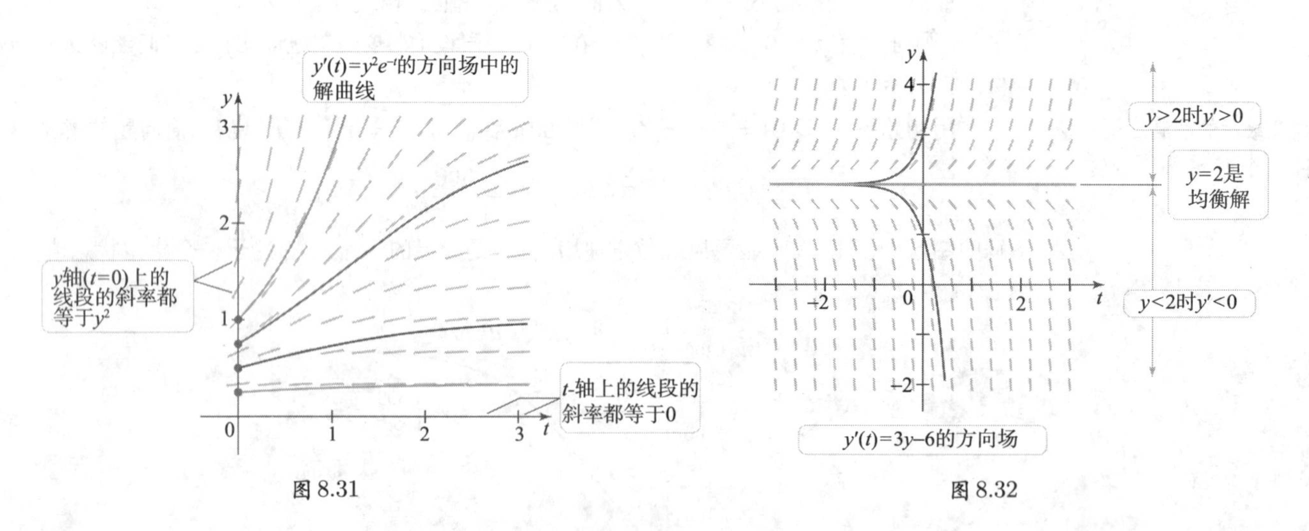

图 8.31　　图 8.32

根据方向场, 如果初始条件满足 $y(0)>2$, 则所得的解对 $t\geqslant 0$ 递增. 如果初始条件满足 $y(0)<2$, 则所得的解对 $t\geqslant 0$ 递减.

相关习题 35 ~ 40 ◀

迅速核查 5. 描述例 5 中由初始条件 (a) $y(-1)=3$ 和 (b) $y(-2)=0$ 得到的解的性状. ◀

例 6 逻辑斯蒂方程的方向场 考虑例 4 中的逻辑斯蒂方程

$$\frac{dP}{dt}=0.1P\left(1-\frac{P}{300}\right),\qquad t\geqslant 0$$

及其方向场 (见图 8.33). 作对应初始条件 $y(0)=50, y(0)=150$ 和 $y(0)=350$ 的解曲线图像.

解 作一些预先的观察是有益的. 因为 P 是种群数量, 我们假设 $P\geqslant 0$.

- 注意到如果 $P=0$ 或 $P=300$, 则 $\dfrac{dP}{dt}=0$. 因此, 如果初始数量是 $P=0$ 或 $P=300$, 则对所有 $t\geqslant 0$, $\dfrac{dP}{dt}=0$, 解是常数. 由于这个原因, 方向场在 $P=0$ 和 $P=300$ 处的线段是水平的.
- 方程蕴含只要 $0<P<300$ 就有 $dP/dt>0$. 因此, 对 $t\geqslant 0, 0<P<300$, 方向场的斜率为正, 解是递增的.
- 方程也蕴含只要 $P>300$ 就有 $dP/dt<0$. 因此, 对 $t\geqslant 0, P>300$, 方向场的斜率为负, 解是递减的.

常值解 $P=0$ 和 $P=300$ 是均衡解. 解 $P=0$ 是不稳定的, 因为附近的解曲线从 $P=0$ 离开. 与此相反, $P=300$ 是稳定的, 因为附近的解曲线被吸引到 $P=300$.

图 8.34 显示这个方向场, 其中画出三个不同初始条件对应的三条解曲线. 水平线 $P=300$ 对应种群的容许承载量. 我们发现如果初始数量小于 300, 则所得解从下方趋于容许承载量; 如果初始数量大于 300, 所得解从上方趋于容许承载量.

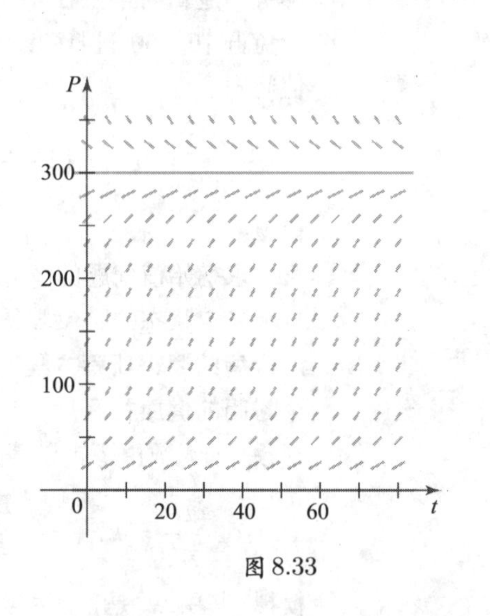

图 8.33

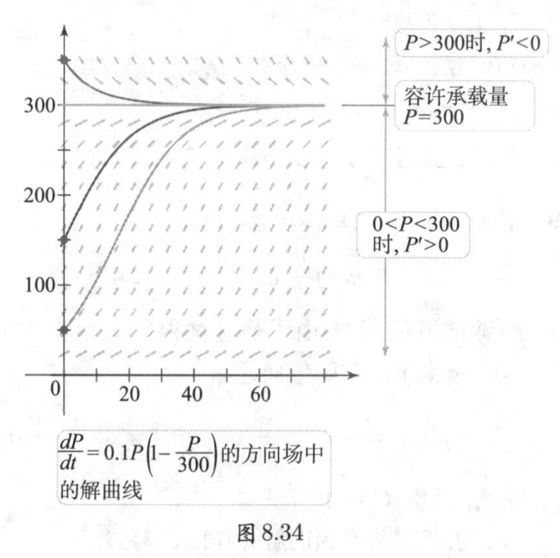

图 8.34

相关习题 35-40 ◄

至少有两个原因说明方向场是有用的. 如例 5 所示, 不用解方程方向场就能提供关于微分方程解的有价值的性质信息. 另外, 可以证明方向场是计算机方法求微分方程近似解的基础. 计算机从初始条件出发, 一小步一小步地紧随方向场趋向于解.

8.8 节 习题

复习题

1. $y''(t)+9y(t)=10$ 的阶是多少?
2. $y''(t)+9y(t)=10$ 是线性的还是非线性的?
3. $y''(t)+9y(t)=10$ 的通解有几个任意常数?
4. 如果一个微分方程的通解是 $y(t)=Ce^{-3t}+10$, 满足初始条件 $y(0)=5$ 的解是什么?
5. 什么是可分离变量的一阶微分方程?
6. 方程 $t^2y'(t)=(t+4)/y^2$ 是可分离变量的吗?

7. 解释如何解形如 $g(y)y'(t)=h(t)$ 的可分离变量的微分方程.

8. 解释如何画方程 $y'(t)=F(t,y)$ 的方向场, 其中 F 已知.

基本技能

9～12. 初始值问题预备练习 解下列问题.

9. $y'(t)=3t^2-4t+10, y(0)=20$.

10. $\frac{dy}{dt}=8e^{-4t}+1, y(0)=5$.

11. $y'(t)=(2t^2+4)/t, y(1)=2$.

12. $\frac{dy}{dx}=3\cos 2x+2\sin 3x, y(\pi/2)=8$.

13～16. 一阶线性方程 求下列方程的通解.

13. $y'(t)=3y-4$.

14. $\frac{dy}{dx}=-y+2$.

15. $y'(x)=-2y-4$.

16. $\frac{dy}{dt}=2y+6$.

17～20. 初始值问题 解下列问题.

17. $y'(t)=3y-6, y(0)=9$.

18. $\frac{dy}{dx}=-y+2, y(0)=-2$.

19. $y'(t)=-2y-4, y(0)=0$.

20. $\frac{du}{dx}=2u+6, u(1)=6$.

21. **静脉注射的药量** 由于静脉注射病人血液中的药量 (以 mg 计) 由初始值问题

$$y'(t)=-0.02y+3, \quad y(0)=0, \quad t\geqslant 0$$

决定, 其中 t 以小时度量.

a. 求初始值问题的解并作图像.

b. 药物的稳定状态水平是什么?

c. 何时药量水平达到稳定状态水平的 90%?

22. **鱼的收获** 孵化场在 $t=0$ 时有 500 条鱼, 开始以 b 条/yr($b>0$) 的速度收获鱼. 鱼群由初始值问题

$$y'(t)=0.1y-b, \quad y(0)=500, \quad t\geqslant 0$$

决定, 其中 t 以年度量.

a. 用捕鱼率 b 表示鱼群数量, $t\geqslant 0$.

b. 作 $b=40$ 条/yr 时解的图像并描述解.

c. 作 $b=60$ 条/yr 时解的图像并描述解.

23～26. 可分离变量的微分方程 求下列方程的通解.

23. $\frac{dy}{dt}=\frac{3t^2}{y}$.

24. $\frac{dy}{dx}=y(x^2+1), \quad y>0$.

25. $y'(t)=e^{y/2}\sin t$.

26. $x^2\frac{dw}{dx}=\sqrt{w}(3x+1)$.

27～32. 可分离变量的微分方程 判断下列方程是否可分离变量. 如果是, 解给定的初始值问题.

27. $\frac{dy}{dt}=ty+2, y(1)=2$.

28. $y'(t)=y(4t^3+1), y(0)=4$.

29. $y'(t)=\frac{e^t}{2y}, y(\ln 2)=1$.

30. $(\sec x)y'(x)=y^3, y(0)=3$.

31. $\frac{dy}{dx}=e^{x-y}, y(0)=\ln 3$.

32. $y'(t)=2e^{3y-t}, y(0)=0$.

33. **种群的逻辑斯蒂方程** 在 $t=0$ 开始观察时, 岛上的野兔群中有 50 只野兔. $t\geqslant 0$ 时的野兔数量由初始值问题

$$\frac{dP}{dt}=0.08P\left(1-\frac{P}{200}\right), \qquad P(0)=50$$

模拟.

a. 求初始值问题的解并作图像.

b. 稳定状态的野兔数量是多少?

34. **流行病的逻辑斯蒂方程** 一个被感染的人进入另外一个封闭的健康社区后, 开始感染这种疾病 (没有其他干预) 的人数由逻辑斯蒂方程

$$\frac{dP}{dt}=kP\left(1-\frac{P}{A}\right), \qquad P(0)=P_0$$

模拟, 其中 k 是正的感染率, A 是社区的人数, P_0 是 $t=0$ 时受感染的人数. 模型假设没有康复或干预.

a. 求初始值问题的解, 用 k, A, P_0 表示.

b. 在 $k=0.025, A=300, P_0=1$ 的条件下, 作解的图像.

c. 对固定的 k 和 A, 对任意 $P_0(0<P_0<A)$, 描述解的长期性状.

35～36. 方向场 已知微分方程及其方向场. 作每个初始条件对应的解的图像.

35. $y'(t)=\frac{t^2}{y^2+1}, y(0)=-2$ 和 $y(-2)=0$.

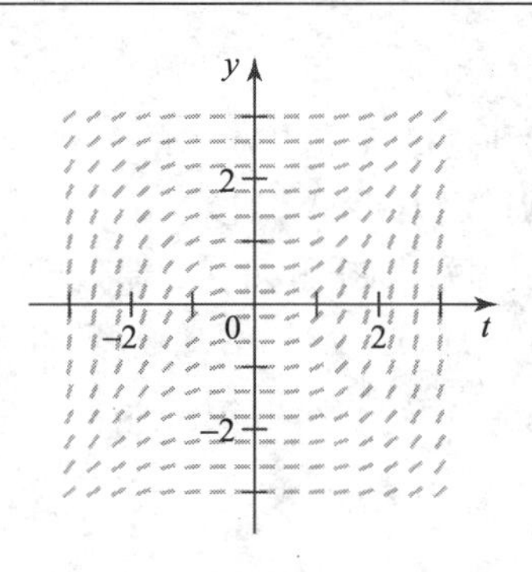

36. $y'(t)=\dfrac{\sin t}{y}, y(-2)=-2$ 和 $y(2)=2$.

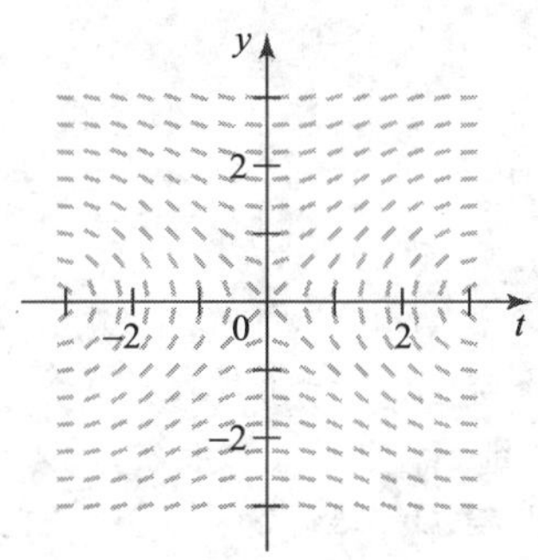

37. 匹配方向场 将方程 (a)~(d) 与方向场 (A)~(D) 配对.

(a) $y'(t)=t/2$.

(b) $y'(t)=y/2$.

(c) $y'(t)=(t^2+y^2)/2$.

(d) $y'(t)=y/t$.

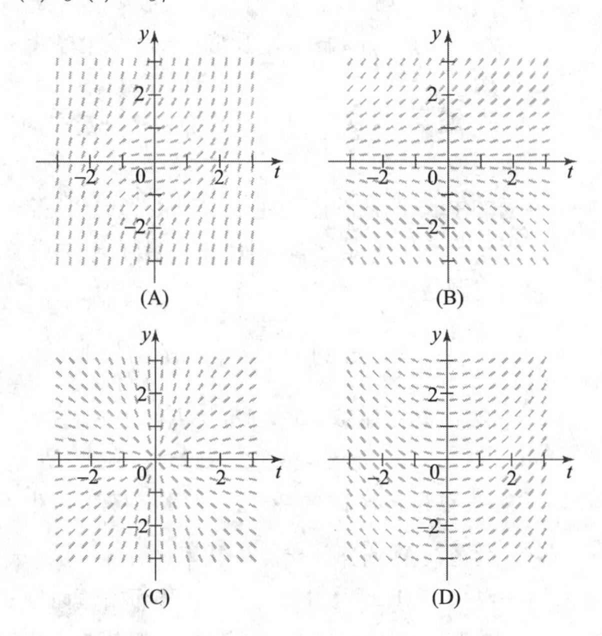

(A) (B) (C) (D)

38～40. 画方向场 在窗口 $[-2,2]\times[-2,2]$ 中画下列方程的方向场. 然后作与指定初始条件对应的解曲线.

38. $y'(t)=y-3, y(0)=1$.

39. $y'(x)=\sin x, y(-2)=2$.

40. $y'(t)=\sin y, y(-2)=\dfrac{1}{2}$.

深入探究

41. 解释为什么是, 或不是 判断下列命题是否正确, 并证明或举出反例.

a. $y'(t)=20y$ 的通解是 $y=e^{20t}$.

b. 函数 $y=2e^{-2t}$ 和 $y=10e^{-2t}$ 不都满足微分方程 $y'+2y=0$.

c. 方程 $y'(t)=ty+2y+2t+4$ 不是可分离变量的.

d. $y'(t)=2\sqrt{y}$ 的一个解是 $y=(t+1)^2$.

42～47. 均衡解 形如 $y'(t)=F(y)$ (函数 F 仅依赖于 y) 的微分方程称作是**自控**的. 如果 $F(y_0)=0$, 则常值函数 $y=y_0$ 是方程的均衡解 (因为此时 $y'(t)=0$, 解对所有 t 保持常值). 注意, 均衡解与方向场中的水平线段对应. 还要注意自控方程的方向场与 t 无关. 考虑下列方程.

a. 求所有的均衡解.

b. 对 $t\geqslant 0$, 在均衡解两边画方向场.

c. 作与初始条件 $y(0)=1$ 对应的解曲线.

42. $y'(t)=2y+4$.

43. $y'(t)=y^2$.

44. $y'(t)=y(2-y)$.

45. $y'(t)=y(y-3)$.

46. $y'(t)=\sin y$.

47. $y'(t)=y(y-3)(y+2)$.

48～51. 解初始值问题 选择方法解下列问题.

48. $u'(t)=4u-2, u(0)=4$.

49. $\dfrac{dp}{dt}=\dfrac{p+1}{t^2}, p(1)=3$.

50. $\dfrac{dz}{dx}=\dfrac{z^2}{1+x^2}, z(0)=\dfrac{1}{6}$.

51. $w'(t)=2t\cos^2 w, w(0)=\pi/2$.

52. 最优收获率 设 $y(t)$ 是正在收获的某物种的收获量. 考虑收获模型 $y'(t)=0.008y-h, y(0)=y_0$, 其中 $h>0$ 是年收获率, y_0 是该物种的初始数量.

a. 如果 $y_0=2000$, 应该用多少收获率能保持 $y=2000$ 的常种群数量?

b. 如果收获率是 $h=200$ /年, 初始数量为何时能保证常种群数量 ($t\geqslant 0$)?

应用

53. 谣言传播的逻辑斯蒂方程 社会学家用逻辑斯蒂方

程模拟谣言的传播. 关键的假设是在任何给定的时刻, 知道这个谣言的人在人群中占的比例是 y, $0 \leqslant y \leqslant 1$, 而余下不知道的人所占比例是 $1-y$. 谣言在那些知道与不知道的人之间通过交流传播. 这样交流的数量与 $y(1-y)$ 成比例. 因此, 模拟谣言传播的方程为 $y'(t)=ky(1-y)$, 其中 k 是正实数. 最早知道谣言的人的比例是 $y(0)=y_0$, 其中 $0<y_0<1$.

a. 解这个初始值问题并用 k 和 y_0 表示解.

b. 设 $k=0.3$ 星期 $^{-1}$, 作 $y_0=0.1$ 和 $y_0=0.7$ 时解的图像.

c. 对 $0<y_0<1$, 描述并解释谣言函数的长期性状.

54. 自由落体 自由落下的物体可通过假设只有引力和阻力 (由物体周围介质产生的摩擦力) 作用来建立模型. 根据牛顿第二定律 (质量 $\times$ 加速度 = 外力的和), 物体的速度满足微分方程

$$\underbrace{m}_{\text{质量}} \cdot \underbrace{v'(t)}_{\text{加速度}} = \underbrace{mg+f(v)}_{\text{外力}},$$

其中 f 是模拟阻力的函数, 向下是正方向. 一个常用的假设 (通常用于空气中的运动) 是 $f(v)=-kv^2$, 其中 $k>0$ 是阻力系数.

a. 证明方程可以写成 $v'(t)=g-av^2$ 的形式, 其中 $a=k/m$.

b. v 取何 (正) 值时, $v'(t)=0$? (该均衡解叫做**终端速度**.)

c. 设 $v(0)=0$ 和 $0<v(t)^2<g/a, t \geqslant 0$, 求这个可分离变量方程的解.

d. 对 $g=9.8\,\text{m/s}^2$, $m=1\,\text{kg}$, $k=0.1\,\text{kg/m}$, 作 (c) 所求的解的图像并验证终端速度与 (b) 求得的值相等.

55. 自由落体 用习题 54 的背景, 设阻力为 $f(v)=-Rv$, 其中 $R>0$ 是阻力系数 (通常对水或油这样的重介质所做的假设).

a. 证明方程可以写成 $v'(t)=g-bv$ 的形式, 其中 $b=R/m$.

b. v 取何 (正) 值时, $v'(t)=0$? (该均衡解叫做**终端速度**.)

c. 设 $v(0)=0, 0<v<g/b$, 求这个可分离变量方程的解.

d. 对 $g=9.8\,\text{m/s}^2$, $m=1\,\text{kg}$, $R=0.1\,\text{kg/s}$, 作 (c) 所求的解的图像并验证终端速度与 (b) 求得的值相等.

56. 托里切利定律 最初装满水的圆柱形无盖水桶从它底部的洞排水 (见图). 如果 $h(t)$ 表示 $t \geqslant 0$ 时水桶中水的深度, 则托里切利定律蕴含 $h'(t)=-2k\sqrt{h}$, 其中 $k>0$ 是包含引力加速度、水桶的半径及排水口半径的常数. 设水的初始深度是 $h(0)=H$.

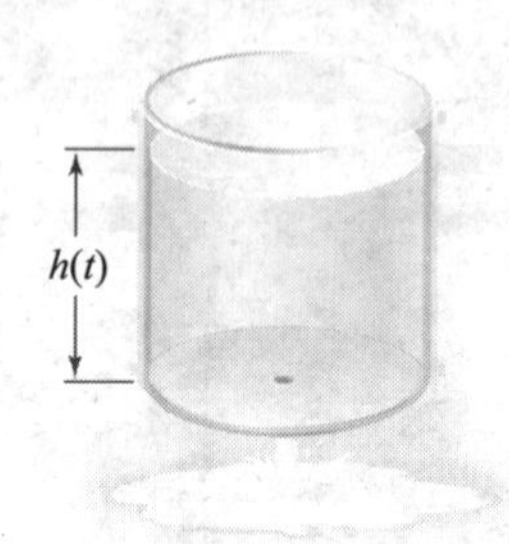

a. 求这个方程的通解.

b. 在 $k=0.1, H=0.5\,\text{m}$ 的条件下求解.

c. 一般地, 需要多久 (用 k, H 表示) 水桶排空?

57. 化学率方程 化合物的反应通常可以用微分方程模拟. 设 $y(t)$ 是反应中某种物质在 $t \geqslant 0$ 时的浓度 (y 的常用单位是 mol/L.) 在适当条件下, 物质浓度的变化是 $\dfrac{dy}{dt}=-ky^n$, 其中 $k>0$ 是比例常数, 正整数 n 是反应的阶.

a. 证明对一阶反应 ($n=1$), 浓度服从指数衰减律.

b. 设 $y(0)=y_0$, 解二阶反应 ($n=2$) 的初始值问题.

c. 设 $k=0.1, y_0=1$, 作一阶和二阶反应的浓度图像并进行比较.

58. 肿瘤的生长 恶性肿瘤的生长可以由龚柏兹生长模型模拟. 设 $M(t)$ 是 $t \geqslant 0$ 时肿瘤的质量. 相关的初始值问题是

$$\frac{dM}{dt}=-aM\ln\left(\frac{M}{K}\right), \quad M(0)=M_0,$$

其中 a, k 是正常数, $0<M_0<K$.

a. 假设 $a=1, k=4$, 作生长率函数 $R(M)=-aM\ln\left(\dfrac{M}{K}\right)$ 的图像. M 取何值时, 生长率为正? M 取何值时, 生长率最大?

b. 对 $a=1, K=4, M_0=1$, 解初始值问题并作解的图像. 描述肿瘤的生长规律. 生长是无限的吗? 如果不是, 肿瘤的极限大小是多少?

c. K 在一般方程中的含义是什么?

59. 储蓄保险模型 储蓄保险是一个投资账户, 理想情况

是其余额保持不变, 仅提取账户所获得的利息. 这样一个账户可以用初始值问题 $B'(t) = aB - m, t \geqslant 0, B(0) = B_0$ 模拟. 常数 a 反映年利率, m 是年取款额, B_0 是账户中的初始余额.

a. 对 $a = 0.05, m = \$1\,000/\text{yr}, B_0 = \$15\,000$, 解这个初始值问题. 账户的结余是增加还是减少?

b. 如果 $a = 0.05, B_0 = \$50\,000$, 年取款额为多少时确保账户的余额是常数? 这个常余额是多少?

附加练习

60. 逻辑斯蒂方程的解 考虑例 4 中逻辑斯蒂方程的解.

a. 由通解 $\ln\left|\dfrac{P}{300-P}\right| = 0.1t + C$, 证明初始条件 $P(0) = 50$ 蕴含 $C = \ln\dfrac{1}{5}$.

b. 解 P 并证明 $P(t) = \dfrac{300}{1+5e^{-0.1t}}$.

61. 方向场分析 考虑一般的一阶初始值问题 $y'(t) = ay + b, y(0) = y_0, t \geqslant 0$, 其中 a, b, y_0 是实数.

a. 解释为什么 $y = -b/a$ 是均衡解且对应方向场中的一条水平线.

b. 画 $a > 0$ 情况下一个有代表性的方向场. 证明如果 $y_0 > -b/a$, 则解对 $t \geqslant 0$ 递增; 如果 $y_0 < -b/a$, 则解对 $t \geqslant 0$ 递减.

c. 画 $a < 0$ 情况下一个有代表性的方向场. 证明如果 $y_0 > -b/a$, 则解对 $t \geqslant 0$ 递减; 如果 $y_0 < -b/a$, 则解对 $t \geqslant 0$ 递增.

迅速核查 答案

1. 方程是一阶的, 线性的.

3. 解是 $y(t) = 16e^{3t} - 2$.

4. $y^3 y'(t) = t^2 + 1$.

5. a. 解在 $t \geqslant -1$ 上递增. **b.** 解在 $t \geqslant -2$ 上递减.

第 8 章 总复习题

1. 解释为什么是, 或不是 判别下列命题是否正确, 并证明或举反例.

a. 积分 $\int x^2 e^{2x} dx$ 能够用分部积分法计算.

b. 为分析地计算 $\int \dfrac{dx}{\sqrt{x^2-100}}$, 最好用部分分式法.

c. 一个计算机代数系统产生 $\int 2\sin x\cos x dx = \sin^2 x$. 而另一个计算机代数系统产生 $\int 2\sin x\cos x dx = -\cos^2 x$. 则有一个计算机代数系统是错误的 (除了缺失的常数).

2 ~ 19. 积分 分析地计算下列积分.

2. $\int x^2 \cos x dx$.

3. $\int e^x \sin x dx$.

4. $\int_1^e x^2 \ln x dx$.

5. $\int \cos^2 4\theta d\theta$.

6. $\int \sin 3x \cos^6 3x dx$.

7. $\int \sec^5 z \tan z dz$.

8. $\int_0^{\pi/2} \cos^4 x dx$.

9. $\int_0^{\pi/6} \sin^5 \theta d\theta$.

10. $\int \tan^4 u du$.

11. $\int \dfrac{dx}{\sqrt{4-x^2}}$.

12. $\int \dfrac{dx}{\sqrt{9x^2-25}}, x > \dfrac{5}{3}$.

13. $\int \dfrac{dy}{y^2\sqrt{9-y^2}}$.

14. $\int_0^{\sqrt{3}/2} \dfrac{x^2}{(1-x^2)^{3/2}} dx$.

15. $\int_0^{\sqrt{3}/2} \dfrac{4}{9+4x^2} dx$.

16. $\int \dfrac{(1-u^2)^{5/2}}{u^8} du$.

17. $\int \dfrac{dx}{x^2-2x-15}$.

18. $\int \dfrac{dx}{x^3-2x^2}$.

19. $\int_0^1 \dfrac{dy}{(y+1)(y^2+1)}$.

20～22. 积分表 用积分表求下列积分.

20. $\int x(2x+3)^5dx$.

21. $\int \frac{dx}{x\sqrt{4x-6}}$.

22. $\int_0^{\pi/2} \frac{d\theta}{1+\sin 2\theta}$.

23～24. 逼近 用计算机代数系统估计下列积分的值.

23. $\int_{-1}^{1} e^{-2x^2}dx$.

24. $\int_1^{\sqrt{e}} x^3(\ln x)^3dx$.

25. 数值积分方法 令 $I=\int_0^3 x^2dx=9$, 考虑 I 的梯形法则近似值 $T(n)$ 和中点法则近似值 $M(n)$.

a. 计算 $T(6)$ 和 $M(6)$.

b. 计算 $T(12)$ 和 $M(12)$.

26. 数值积分的误差 设 $I=\int_{-1}^{2}\left(x^7-3x^5-x^2+\frac{7}{8}\right)dx$ 并注意到 $I=0$.

a. 在下表中填入对于不同 n 逼近 I 的梯形法则 $T(n)$ 和中点法则 $M(n)$.

b. 在误差栏填入 (a) 中近似值的绝对误差.

n	$T(n)$	$M(n)$	$T(n)$ 的绝对误差	$M(n)$ 的绝对误差
4				
8				
16				
32				
64				

c. 当 n 加倍时, $T(n)$ 的误差如何减小?

d. 当 n 加倍时, $M(n)$ 的误差如何减小?

27. 最佳近似 设 $I=\int_0^1 \frac{x^2-x}{\ln x}dx$. 选择方法计算 I 的好近似. 可用事实 $\lim\limits_{x\to 0^+}\frac{x^2-x}{\ln x}=0$ 和 $\lim\limits_{x\to 1}\frac{x^2-x}{\ln x}=1$.

28～31. 反常积分 计算下列积分.

28. $\int_1^{\infty} \frac{dx}{(x+1)^9}$.

29. $\int_0^{\infty} xe^{-x}dx$.

30. $\int_0^8 \frac{dx}{\sqrt{2x}}$.

31. $\int_0^3 \frac{dx}{\sqrt{9-x^2}}$.

32～37. 预备工作 计算下列积分前作变量替换或用代数运算.

32. $\int_{-1}^{1} \frac{dx}{x^2+2x+5}$.

33. $\int \frac{dx}{x^2-x-2}$.

34. $\int \frac{3x^2+x-3}{x^2-1}dx$.

35. $\int \frac{2x^2-4x}{x^2-4}dx$.

36. $\int_{1/12}^{1/4} \frac{dx}{\sqrt{x}(1+4x)}$.

37. $\int \frac{e^{2t}}{(1+e^{4t})^{3/2}}dt$.

38. 两种方法 用部分分式和三角换元计算 $\int \frac{dx}{4-x^2}$, 并证明两个结果是一致的.

39～42. 体积 区域 R 是曲线 $y=\ln x$ 和 x - 轴在区间 $[1,e]$ 上围成的区域. 求 R 以下列方式旋转所得立体的体积.

39. 绕 x - 轴.

40. 绕 y - 轴.

41. 绕直线 $x=1$.

42. 绕直线 $y=1$.

43. 比较体积 设 R 是 $y=\sin x$ 的图像和 x - 轴在区间 $[0,\pi]$ 上所围成的区域. R 绕 x - 轴或 y - 轴旋转所得立体的体积哪个大?

44. 比较面积 证明 $y=ae^{-ax}$ 的图像与 x - 轴在 $[0,\infty)$ 上所围区域的面积对所有 $a>0$ 都是一样的.

45. 零对数积分 显然根据 $y=\ln x$ 的图像, 对任意的实数 $a(0<a<1)$, 存在唯一的实数 $b=g(a)>1$ 使得 $\int_a^b \ln x dx=0$ ($y=\ln x$ 的图像在 $[a,b]$ 上所围区域的净面积等于 0).

a. 求 $b=g\left(\frac{1}{2}\right)$ 的近似值.

b. 求 $b=g\left(\frac{1}{3}\right)$ 的近似值.

c. 求所有使 $b=g(a)$ 成立的数对 (a,b) 满足的方程.

d. g 是 a 的增函数还是减函数? 请解释.

46. 弧长 求曲线 $y=\ln x$ 从 $x=1$ 到 $x=e^2$ 的长度.

47. 平均速度 求在区间 $0\leqslant t\leqslant\pi$ 上的速度为 $v(t)=10\sin 3t$ 的弹头的平均速度.

48. 比较距离 两辆汽车同时同地 ($t=0,s=0$) 出发, 汽车 A 的速度是 $u(t)=40/(t+1)\,\mathrm{mi/hr}$, 汽车 B 的速度是 $v(t)=40e^{-t/2}\,\mathrm{mi/hr}$.

a. $t=2\,\mathrm{hr}$ 后, 哪辆汽车行驶较长的距离?

b. $t=3\,\mathrm{hr}$ 后, 哪辆汽车行驶较长的距离?

c. 如果允许无限行驶, 哪辆汽车将行驶有限的距离?

49. 交通流量 当拟合交通研究中的数据为一条曲线时, 发现经过公路上某位置的汽车的流速是 $R(t)=800te^{-t/2}$ 辆/hr. 在时间区间 $0\leqslant t\leqslant 4$ 内, 多少辆汽车经过该监测点?

50. 比较积分 作函数 $f(x)=\pm 1/x^2$, $g(x)=(\cos x)/x^2$, 和 $h(x)=(\cos^2 x)/x^2$ 的图像. 不求积分且已知 $\int_1^\infty f(x)dx$ 有有限值, 确定 $\int_1^\infty g(x)dx$ 和 $\int_1^\infty h(x)dx$ 是否有有限值.

51. 对数积分族 设 $I(p)=\int_1^e \frac{\ln x}{x^p}dx$, 其中 p 是实数.

a. 对所有实数 p, 求 $I(p)$ 的表达式.

b. 计算 $\lim\limits_{p\to\infty} I(p)$ 和 $\lim\limits_{p\to-\infty} -I(p)$.

c. p 取何值时, $I(p)=1$?

52. CAS 逼近 用计算机代数系统确定整数 n, 使之满足

$$\int_0^{1/2}\frac{\ln(1+2x)}{x}dx=\frac{\pi^2}{n}.$$

53. CAS 逼近 用计算机代数系统确定整数 n, 使之满足

$$\int_0^1\frac{\sin^{-1}x}{x}dx=\frac{\pi\ln 2}{n}.$$

54. 两个有价值的积分

a. 设 $I(a)=\int_0^\infty\frac{dx}{(1+x^a)(1+x^2)}$, 其中 a 是实数. 计算 $I(a)$ 并证明它的值与 a 无关. (*提示:* 将积分分成 $[0,1]$ 和 $[1,\infty)$ 上的两个积分, 然后用变量替换将第二个积分转化为 $[0,1]$ 上的积分.)

b. 设 f 是 $[0,\pi/2]$ 上的正值连续函数, 计算

$$\int_0^{\pi/2}\frac{f(\cos x)}{f(\cos x)+f(\sin x)}dx.$$

(*提示:* 用恒等式 $\cos(\pi/2-x)=\sin x$.)

(*来源: Mathematics Magazine*, 81, no.2, April 2008: 152-154)

55～58. 初始值问题 选择方法解初始值问题.

55. $y'(t)=2y+4, y(0)=8$.

56. $\frac{dy}{dt}=\frac{2ty}{\ln y}, y(2)=e$.

57. $y'(t)=\frac{t+1}{2ty}, y(1)=4$.

58. $\frac{dy}{dt}=\sqrt{y}\sin t, y(0)=4$.

59. 解的极限 计算 $\lim\limits_{t\to\infty}y(t)$, 其中 y 是初始值问题 $y'(t)=\frac{\sec y}{t^2}, y(1)=0$ 的解.

60～62. 画方向场 在窗口 $[-2,2]\times[-2,2]$ 中画指定微分方程的方向场. 然后作与指定初始条件对应的解曲线图像.

60. $y'(t)=3y-6, y(0)=1$.

61. $y'(t)=t^2, y(-1)=-1$.

62. $y'(t)=y-t, y(-2)=\frac{1}{2}$.

63. 酶动力学 在酶反应中底物的消耗通常用米氏动力学模拟, 这涉及初始值问题 $\frac{ds}{dt}=-\frac{Qs}{K+s}, s(0)=s_0$, 其中 $s(t)$ 是 $t\geqslant 0$ 时底物的量, Q,K 是正常数. 解 $Q=10,K=5,s_0=50$ 的初始值问题. 注意解能够显式地表示, 只不过是把 t 表示成 s 的函数. 作解的图像并描述当 $t\to\infty$ 时 s 的性状.

64. 投资模型 一个有规律存款的投资账户赚取利息, 其模型是初始值问题 $B'(t)=aB+m$, $t\geqslant 0$, $B(0)=B_0$, 其中常数 a 表示月利率, m 是月存款率, B_0 是账户的初始余额. 解 $a=0.005$, $m=\$100$/月, $B_0=\$100$ 的初始值问题. 多少月后账户余额为 $\$7\,500$?

65. 比较体积 设 R 是 $y=\ln x$, x-轴及直线 $x=a$ 所围成的区域, 其中 $a>1$.

a. 求 R 绕 x-轴旋转所得立体的体积 $V_1(a)$ (作为 a 的函数).

b. 求 R 绕 y-轴旋转所得立体的体积 $V_2(a)$ (作为 a 的函数).

c. 作 V_1,V_2 的图像. $a>1$ 取何值时, $V_1(a)>$

$V_2(a)$？

66. 相等的体积

a. 设 R 是 $f(x)=x^{-p}$ 的图像和 x- 轴在 $x\geqslant 1$ 上围成的区域. 设 V_1, V_2 分别表示 R 绕 x- 轴和 y- 轴旋转所得立体的体积, 如果它们存在. p 取何值 (如果有) 时, $V_1=V_2$？

b. 在区间 $(0,1]$ 上重复 (a).

67. 相等的体积 设 R_1 是 $y=e^{-ax}$ 的图像和 x- 轴在 $[0,b]$ 上围成的区域, 其中 $a>0, b>0$. R_2 是 $y=e^{-ax}$ 的图像和 x- 轴在 $[b,\infty)$ 上围成的区域. 设 V_1, V_2 分别表示 R_1, R_2 绕 x- 轴旋转所得立体的体积. 求 $V_1=V_2$ 时 a, b 满足的关系并作图.

图书在版编目(CIP)数据

微积分. 上册/(美)布里格斯, (美)科克伦, (美)吉勒特著；阳庆节等译. —北京：中国人民大学出版社, 2014.6
(国外经典数学教材译丛)
ISBN 978-7-300-18869-0

Ⅰ. ①微… Ⅱ. ①布… ②科… ③吉… ④阳… Ⅲ. ①微积分-高等学校-教材 Ⅳ. ①O172

中国版本图书馆 CIP 数据核字(2014) 第 125023 号

国外经典数学教材译丛
微积分(上册)
[美] 威廉·布里格斯, 莱尔·科克伦, 伯纳德·吉勒特 著
阳庆节 黄志勇 周泽民 陈 慈 译
Weijifen

出版发行 中国人民大学出版社
社 址 北京中关村大街 31 号 邮政编码 100080
电 话 010-62511242（总编室） 010-62511770（质管部）
010-82501766（邮购部） 010-62514148（门市部）
010-62515195（发行公司） 010-62515275（盗版举报）
网 址 http: //www.crup.com.cn
http: //www.ttrnet.com(人大教研网)
经 销 新华书店
印 刷 涿州市星河印刷有限公司
规 格 215mm×275mm 16 开本 版 次 2014 年 9 月第 1 版
印 张 33.75 插页 1 印 次 2020 年 3 月第 2 次印刷
字 数 890 000 定 价 75.00 元

PEARSON ALWAYS LEARNING

为了确保您及时有效地申请培生整体教学资源，请您务必完整填写如下表格，加盖学院的公章后传真给我们，我们将会在2-3个工作日内为您处理。

需要申请的资源（请在您需要的项目后划“✓”）：

☐ 教师手册、PPT、题库、试卷生成器等常规教辅资源

☐ MyLab 学科在线教学作业系统

☐ CourseConnect 整体教学方案解决平台

请填写所需教辅的开课信息：

采用教材			☐中文版 ☐英文版 ☐双语版
作　者		出版社	
版　次		ISBN	
课程时间	始于　年　月　日	学生人数	
	止于　年　月　日	学生年级	☐专科　☐本科 1/2 年级 ☐研究生　☐本科 3/4 年级

请填写您的个人信息：

学　校			
院系/专业			
姓　名		职　称	☐助教 ☐讲师 ☐副教授 ☐教授
通信地址/邮编			
手　机		电　话	
传　真			
official email(必填) (eg:XXX@ruc.edu.cn)		email (eg:XXX@163.com)	
是否愿意接受我们定期的新书讯息通知：　☐是　☐否			

系 / 院主任：__________（签字）

（系 / 院办公室章）

___年___月___日

100013　北京市东城区北三环东路 36 号环球贸易中心 D 座 1208 室
电话：(8610)57355169
传真：(8610)58257961
Please send this form to：Service.CN@pearson.com
Website: www.pearsonhighered.com/educator